SYMBOLAE SINICAE

BOTANISCHE ERGEBNISSE DER EXPEDITION DER AKADEMIE DER WISSENSCHAFTEN IN WIEN NACH SÜDWEST-CHINA 1914/1918

UNTER MITARBEIT VON

VIKTOR F. BROTHERUS · HEINRICH HANDEL-MAZZETTI
THEODOR HERZOG · KARL KEISSLER · HEINRICH LOHWAG
WILLIAM E. NICHOLSON · HEINRICH SKUJA
FRANS VERDOORN · ALEXANDER ZAHLBRUCKNER
UND ANDEREN FACHMÄNNERN

HERAUSGEGEBEN VON

HEINRICH HANDEL-MAZZETTI

IN SIEBEN TEILEN

MIT 30 TAFELN

VII. TEIL

ANTHOPHYTA

VON

HEINRICH HANDEL-MAZZETTI

MIT 43 TEXTABBILDUNGEN UND 19 TAFELN

SPRINGER-VERLAG WIEN GMBH

1929—1936

ISBN 978-3-662-27868-0   ISBN 978-3-662-29370-6 (eBook)
DOI 10.1007/978-3-662-29370-6

Die einzelnen Lieferungen des Teiles VII Anthophyta sind erschienen:
1. Lieferung: Seite   1— 210, Tafeln 1— 4 am 5. Oktober 1929
2. Lieferung: Seite 211— 448, Tafeln 5— 8 am 10. August 1931
3. Lieferung: Seite 449— 730, Tafeln 9—12 am 28. August 1933
4. Lieferung: Seite 731—1186, Tafeln 13—19 am 1. Februar 1936
5. Lieferung: Seite 1187—1450,   —   am 15. September 1936

Berichtigung

S 1107, Z. 3 von oben lies *I. nervosa* statt *1. venosa*;
ebenso im Sachverzeichnis auf S. 1411, Spalte 3.

Abkürzungsverzeichnis.

In den Standortsaufzählungen sind folgende Abkürzungen benützt:

F. = Fukien,

H. = Hunan,

Ki. = Kiangsi (Djianghsi),

Kw. = Guidschou („Kweitschou"),

S. = Setschwan (südwestlichster Teil),

Y. = Yünnan,

birm. Mons. = Nordost-birmanisch—west-yünnanesisches Monsungebiet,

mittelchin. Fl. = mittelchinesisch-mitteljapanisches Florengebiet in Yünnan, sonst = Guidschou, Hunan, Kiangsi, Fukien in dieser Sammlung (s. mein oben zitiertes Kärtchen in KARSTEN u. SCHENCK),

Hg. St. = Hochgebirgs- (alpine) Stufe,

ktp. St. = kalttemperierte (subalpine) Stufe,

str. St. = subtropische Stufe,

tp. St. = temperierte Stufe,

tr. St. = tropische Stufe,

wtp. St. = warmtemperierte Stufe,

* = neu für China,

** = neue systematische Einheit.

Plumbaginaceae

Ceratostigma Bunge

C. minus STAPF. **Y.**: An Dämmen, Felsen und anderen trockenen Stellen von der str. bis in die tp. St., 1800—3125 m. Becken von Yünnan-hsien. Latsaiti zwischen Beyendjing und Tieso (TEN 22). Von Hsiagwan über Dali (SCHNEIDER 2584) bis über Niugai und Djientschwan. Meti sw von Dschungdien (7788). Soyiba bei Ronscha am Djiu-tschu, einem w Seitenflusse des Yangtse, 27⁰ 46'. Am Mekong von Hsiao-Weihsi bis Anadon unter Weihsi. Ober Londjre viel bis innerhalb des Lagerplatzes Tschoschwa am Doker-la-Wege. Mile (HENRY 9586a). **W-S.**: Min-Tal von Maodschou bis unter Wöntschwan (WEIGOLD).

Die Behaarung ist zwar auf beiden Blattflächen recht reichlich, aber weder hier, noch am Stengel abstehend, so daß die Pflanze nicht zu *C. Griffithii* CLKE. gehören kann, das ich allerdings nicht sah. LIMPRICHT 2167 ist *C. minus*, 1625 liegt mir nur sehr mangelhaft vor, ist aber wahrscheinlich das Folgende.

C. Willmottianum STAPF in Bot. Mag., t. 8591 (1914). **W-S.**: Min-Tal von Maodschou bis unter Wöntschwan (WEIGOLD).

Plumbago L.

P. zeylanica L. **Y.**: Tr. Bambusdschungel und Savannenwälder flußaufwärts gegenüber Manhao, Tonschiefer, 200 m (5832).

Primulaceae

Lysimachia L.

L. insignis HEMSL. Im tr. **Y.** an Bambusdschungelrändern bei Yaotou zwischen Möngdse und Manhao, Kalk, 1000 m (5986).

Beschreibung der Blüten, sowie Bemerkungen über die anderen Arten siehe in meiner Bearbeitung der chinesischen Lysimachien in Not. Bot. Gard. Edinb., XVI., 69 u. f.

L. capillipes HEMSL. **Kw.**: Feuchte Stellen der wtp. Wälder auf Sandstein und Quarzit, 800—1250 m. Tschwenning-schan bei Guiyang (10507). Maotsaoping zwischen Duyün und Badschai.

— — v a r. *Cavaleriei* (LÉVL.) HAND.-MZT. ap. REHDER in Journ. Arn. Arb., XV., 294 (1934) (*Andrachne Cavaleriei* LÉVL. in Rep. sp. nov., XII., 187 [1913], e typo).

Caules tenues, rigiduli, vix alati, juveniles dense subsessili-glandulosi. Folia margine dissite serrulato-aspera, subtus minute sessili-glandulosa. Calyx fere glanduloso-pubescens. Varietas forsitan *L. lancifoliam* CRB. appropinquans foliis saepe eodem modo serrulatis, sed nervo submarginali percurrente caulibus pedicellisque rigidioribus praeditam. *L. capillipes* typica multo glabrior, caule molliore, alato, foliorum margine papilloso-aspero tantum.

Kw. (ESQUIROL 2238).

L. Millietii (LÉVL.) HAND.-MZT. (*Andrachne M.* LÉVL. in Bull. Ac. Géogr. Bot., XXIV., 146 [1914], e typo) gehört in die Verwandtschaft der vorigen und der damit verglichenen Art, ist aber durch dicke, glauke Blätter ohne vortretendes Adernetz ausgezeichnet.

L. ramosa WALL. NW-Y.: In den tp. Regenwäldern des birm. Mons. im Tale unter dem Gomba-la bei Tschamutong am Salwin, Granit, 2900 m (9543).

L. vulgaris L. var. ***stenophylla*** BOISS. Y.: In der tp. St. auf den Schilfinseln im See von Yünnanfu, 1890 m (SCHOCH 221).

L. phyllocephala HAND.-MZT. in Not. Bot. Gard. Edinb., XVI., 83 (1928). E-Y.: An der Grenze von **Kw.** am Hauptwege von Yünnanfu nach Guiyang (NORDSTROEM).

L. trientaloides HEMSL. Laub- und Mischwälder der wtp. St., 850 bis 1250 m. SW-H.: Häufig auf dem Yün-schan bei Wukang (12088). **Kw.**: W unter Badschai. Zwischen Guiding und Wongtschengtjiao. Tschwenning-schan bei Guiyang (10514).

L. paridiformis FRANCH. p. p. (var. *elliptica* FRANCH.). Wälder der str. St., 350—600 m. SW-H.: Flußschlucht zwischen Dsingdschou und Moschi. E-Kw.: Yangyugai zwischen Badschai und Sandjio (10787).

L. deltoidea WIGHT var. ***cinerascens*** FRANCH. Rasenplätze, insbesondere Heidewiesen der wtp. und tp. St. **Y.**: 2300—3200 m. Überall zwischen Yungbei und Lidjiang und gegen Yungning bis Piyi (3222). Haba, Waschwa und Dugwan-tsun se von Dschungdien (ob diese?). **S.**: Rücken ober Fumadi am Wolo-ho zwischen Yungning und Yenyüen (3040). **W-Kw.**: Gemein von Nanmutschang über Hwangtsaoba bis Yünnan, 1300—1700 m.

L. Franchetii R. KNUTH (*L. bracteata* FORR. — *L. longisepala* FORR. — *L. ovalifolia* PAX et HOFFM.). **Y.**: Gebüsche und Wälder der wtp. St., 1900 bis 3000 m. Haiyen-se bei Yünnanfu (SCHOCH 301). Zwischen Mongschipu und Beyin-se bei Gwangdung an der Straße nach Dali (4888). Beyendjing (TEN 65). Hsiao-Djing-ho (T. 1193). Von Yungbei bis Boloti (3328).

L. congestiflora HEMSL. NW-Y.: Im str. Regenlaubwalde des birm. Mons. unter Schutsche am Taron (Djiou-djiang, e Irrawadi-Oberlaufe), 27^0 53′, Granit, 1725—2000 m (9422).

L. Hui DIELS ap. HAND.-MZT. in Sitzgsanz. Ak. W. W., LXII., 145 (1925); in Not. B. G. Edinb., XVI., 94 (1928). Grasplätze, Gebüsche und feuchte Stellen der str. und wtp. St., 200—1300 m. **H.**: Hsikwangschan bei Hsinhwa, 29. V. 1918 (11962). Yün-schan bei Wukang überall (12011). **W-Ki.**: Um Pinghsiang (Plt. sin. 172).

Die in Not. B. G. Edinb. gegebenen ausführlichen Beschreibungen wiederhole ich hier nicht.

L. gymnocephala HAND.-MZT. in Not. B. G. Edinb., XVI., 95 (1928). **Y.**: Am Bächlein der wtp. St. unter dem Tempel Tjiungdschu-se bei Yünnanfu, 2000 (SCHOCH 120).

L. drynarifolia FRANCH., transiens in ***L. Fargesii*** FRANCH. NW-Y.: Im tp. Buschwalde ober Duinaoko e von Lidjiang, Kalk, 2900—3100 m (3444).

L. Christinae HANCE var. ***pubescens*** FRANCH. **Y.**: Yünnanfu, Wiesen der wtp. St. auf Kalk, 2200—2300 m (SCHOCH).

** ***L. chrysosplenioides*** HAND.-MZT. in Sitzgsanz. Ak. W. W., LXII., 24 (1925); in Not. B. G. Edinb., XVI., 100 (1928). E-Kw.: Feuchtschattige Stellen im str. Mischwalde des Baotie-schan bei Gudschou, Mergel, 500 m,

20. VII. 1917 (10881). Yaojen-schan bei Sanhwa, 400 m, 3. VIII. 1930 (TSIANG 6257).

Blumenkronen liegen auch an TSIANGS Pflanze nicht vor.

L. Alfredi HANCE. W-Ki.: Um Pinghsiang, c. 600 m (Plt. sin. 171). Ki.-F.-Grenze: Steinige Stellen am Fuße des Dinghwa-schan zwischen Schitscheng und Ninghwa, c. 600 m (Plt. sin. 325).

L. rubiginosa HEMSL. (*L. involucrata* HEMSL). Kw.: Schattiger Schluchtwald bei Madjiadwen zwischen Guiding und Duyün, Sandstein der wtp. St., 1100 m (10614).

L. melampyroides R. KNUTH. SW-H. In der wtp. St. des Yün-schan bei Wukang im Laubhochwalde ober dem Tempel Gwanyin-go, 1200 m (10974) und in Gebüschen unter dem Tempel Wulingan, 650—800 m (12013).

** *L. fukienensis* HAND.-MZT. in Sitzgsanz. Ak. W. W., LXII., 25 (1925); in Not. B. G. Edinb., XVI., 104 (1928). W-F.: Steinige Stellen des Tienhwa-schan w von Dingdschou („Tingchow"), Sandstein, 800 m, VI.—VII. 1921 WANG-TE-HUI (Plt. sin. 415).

** *L. Rosthorniana* HAND.-MZT., 11. c. Ki.-F.-Grenze: Felsiger Hang des Schehsing-schan am Dunghwa-schan zwischen Schitscheng und Ninghwa, c. 1200 m, 7. V. 1921 WANG-TE-HUI (Plt. sin. 328).

L. stenosepala HEMSL. Kw.: Sumpfgräben der wtp. St. bei Tschingdschen, Mergel, 1200 m (10459).

L. Fortunei MAXIM. Wiesen und Gebüsche der str. St., 200—400 m. S-H.: Zwischen Wukang und Hsinning (12521) und bis Dungngan. E-Kw.: Baotie-schan bei Gudschou. Am Du-djiang unter Sandjio (10831).

L. clethroides DUBY. Wiesen der wtp. St. SW-H.: Überall am Yün-schan bei Wukang, 1000—1400 m (12239). Kw.: Von Guiding zerstreut über Guiyang bis Baling und hier häufig bis Tjiaolou ne von Hwangtsaoba (10332), 1100—1700 m. Y.: Yünnanfu, Laubwald beim Tempel Haiyen-se, 2100—2200 m (SCHOCH 201).

** *L. reflexiloba* HAND.-MZT. in Sitzgsanz. Ak. W. W., LX., 136 (1923); in Not. B. G. Edinb., XVI., 111 (1928). (Taf. XIII, Abb. 1). NW-Y.: Steppen der str. St. zwischen Yumi und Sandjia-tsun am Zuflusse des Yangtse n von Lidjiang, 27⁰ 46—50′, Phyllit, 1700—2200 m, 10. VIII. 1915 (7572).

L. circaeoides HEMSL. H.: Grasige Hänge der str. St. auf Kalk bei Hsikwangschan im Bezirke Hsinhwa, 550 m (11975).

— — ** var. *lyratifolia* HAND.-MZT. in Sitzgsanz. Ak. W. W., LXII., 26 (1925); in Not. B. G. Edinb., XVI., 113 (1928). H.: Feuchte, bebuschte Stellen der wtp. St. bei Hsikwangschan, Kalk, 650—680 m, 23. V. 1918 (11927).

L. lobelioides WALL. Bachränder, Quellen, Sümpfe, feuchte Gebüsche und Waldstellen der str. und wtp. St., 1400—2700 m. Y.: Haiyen-se bei Yünnanfu (SCHOCH 205) und überall zerstreut auf dem Hochland. Überall zwischen Baodu und Piyi am Wege von Yungbei nach Yungning (3217). S.: Zwischen Djiangyi und Hokou s von Huili. Zwischen Yenyüen und Beidjeho. Datjiaoku im Yalung-Tale n von hier (2707). Kw.: Im SW von Tjiaolou (10309) über Hwangtsaoba bis Yünnan. Wongtschengtjiao e von Guiyang?

L. glaucina FRANCH. Y.: Kalkfelsen der wtp. St. unter dem Tempel Haiyen-se bei Yünnanfu, 2200 m (SCHOCH 315). Wälder bei Beyendjing (TEN 123).

L. lichiangensis G. Forr. NW-Y.: Um Lidjiang, v. E. (4131). Im NE an Bachrändern der Täler von Jematschwan bei Dungtschwan, 3200 m (Maire 275/1913).

L. violascens Franch. S.: Rasen der tp. St. ober Fumadi am Wolo-ho zwischen Yenyüen und Yungning, 3000—3200 m (3041). Y.: Äcker bei Beyendjing (Ten 65 p. p. fl. albo). Wälder am Betsaolin bei Beyendjing (Ten 1403). Sümpfe bei Guti (Ten 77).

* *L. prolifera* Klatt in Abh. Nat. Ver. Hambg., IV/4, 30 (1866). NW-Y.: Im Gerölle der tp. St. am Bache ober Schutsche am Taron (e Irrawadi-Oberlaufe), 27° 58′, Granit, 3000—3150 m, 9. VII. 1916 (9439).

L. pumila (Baudo) Franch. Rasenplätze und auf bloßer Erde in Wiesen der tp. bis in die ktp. St., 3100—4030 m. Y.: Paß Dsuningkou ober Dienso zwischen Dali und Hodjing (6565). Waha bei Yungning. S.: Liuku-liangdse zwischen Yenyüen und Kwapi (2286) und ober Ngaitschekou jenseits des Yalung n von hier, 28° 10′.

L. parvifolia Franch. (*L. humifusa* R. Knuth). Raine und feuchte Rasenplätze der str. bis an die tp. St., 1450—2800 m. Y.: Um Yünnanfu (Schoch 38). Guti bei Beyendjing (Ten 371). S.: Huili (841). Dötschang (1141). Daschuitang bei Yenyüen. Tschoso am See von Yungning (3113).

* *L. obovata* Buch-Ham. in Hook. f., Fl. Brit. Ind., III., 502 (1882). H.: Feuchte Grasplätze der str. St. bei Tschangscha gegen Schaotangho, Sandstein, 50 m (11705).

* *L. thyrsiflora* L. Y.: Schilfinseln der wtp. St. im seichten Teile des Sees von Yünnanfu, 1890 m, 19. IV. 1916 (8630).

Samolus L.

S. Valerandi L. Y.: An Gewässern der str. St., 1570—1700 m. Unter Beyendjing halbwegs zwischen Tschuhsiung und Yungbei (6232. Ten ex hb. Berol. 197). Hier zwischen Gwanfang und Tschalaschao. Zwischen Piendjio und Hwangdjiaping.

Primula L.

P. lichiangensis G. Forr. in Gard. Chron., 3. ser., L., 473 (1911) (*P. cortusoides* L. var. *l.* Forr. in Not. Bot. Gard. Edinb., IV., 217 [1908]). NW-Y.: Bei Lidjiang, v. E. (4118). Atendse über dem Mekong, 3500 m (Gebauer).

P. hymenophylla Balf. f. et Forr. in N. B. G. Edinb., XIII., 11 [1920]). S.: In der ktp. St. auf dem Rücken n des Passes Tschescha zwischen Muli und Yungning, Kalk, 3875 m, 25. VII. 1915 (7219).

Umbellae interdum 2 superpositae.

P. humicola Balf. f. et Forr., l. c., 10 (1920). NW-Y.: Im obersten ktp. Mischwald an der Ostseite des Si-la zwischen Mekong und Salwin, Tonschiefer, 3900—4150 m, 17. VI. 1916 (8945).

P. septemloba Franch. NW-Y.: Bei Lidjiang, v. E. (4117). Hier an Bambusdschungelrändern der tp. St. auf dem Yao-schan bei Ganhaidse, Kalk, 3500 m (6732).

P. eucyclia W. W. Sm. et Forr. in Not. Bot. Gard. Edinb., XIV., 41 (1923). NW-Y.: Im ktp. Tannenwald mit Bambusunterwuchs im birm. Mons.

an der Westseite des Passes Tschiangschel zwischen Salwin und Irrawadi, 27° 52′, Glimmerschiefer, 3500—3800 m, 5. VII. 1916 (9387).

FORRESTS Fundorte liegen, wie die aller seiner Pflanzen (ROCK mündl.), nicht in Tibet, und ihre Breite ist um 20′ geringer als angegeben.

P. werringtonensis G. FORR. in Not. Bot. Gard. Edinb., XIV., 55 (1923). Bachränder und besonders in dichten Gebüschen, auch an Felsen der wtp. bis in die tp. St., 2250—3200 m. S.: Sattel zwischen Tjiaodjio und Lemoka im Daliang-schan e von Ningyüen (1580). Laodschang (1461) und ober Wudadjing (1382) am Lose-schan s von hier. S von Linkan am Houdsengai bei Dötschang (1841). Kwapi (2738) und Gwandien (2804) n von Yenyüen. Ober Fumadi zwischen Yenyüen und Yungning (3044). Zwischen Tschoso und Woloho dort (SCHNEIDER 1572). Im W auf dem Wa-schan s von Yadschou (WEIGOLD). Y.: Ober der Haiyen-se bei Yünnanfu (SCHOCH 345).

Von den vom Autor angegebenen Unterschieden gegenüber *P. obconica* HANCE erweist sich nur jener in der Länge der Kronenröhre als konstant, denn die Itschanger Pflanze liegt z. B. in WILSON 121 in einem nahezu ganz kahlen Exemplar mit recht tief herzförmigen Blättern vor, die Blütenfarbe besonders der kultivierten Pflanze von dort ist auch recht lebhaft, und jene der von mir in Yünnan und Setschwan gesammelten recht veränderlich. Zu *P. werringtonensis* gehören auch WILSON 4055 aus W-China und LIMPRICHT 1267, während FABER 324, 330 und 3366, die erste vom Flußufer bei Suifu, der *P. obconica* mindestens näher stehen.

P. Bonatii R. KNUTH, e typo. Y.: Bikitschwan bei Bintschwan (PY in DUCLOUX 551). Yao-dschou (PY in D. 1624). Im NE auf Matten dürrer Berge bei Djintschungschan, 2600 m (MAIRE).

Die Art steht viel näher der vorigen, als der *P. obconica*, zu der sie BALFOUR in Trans. Bot. Soc. Edinb., XXVI., 335 (1915) stellte, allerdings bevor jene abgetrennt war. Sie unterscheidet sich von ihr nur durch wesentlich dickere Blätter mit (meist) weniger herzförmigem Grunde. Wenn man sie nicht getrennt halten will, müßte der Name *P. werringtonensis* fallen, wenn man nicht *P. Bonatii* wegen der älteren, allerdings eingezogenen *P. Bonatiana* PETITMG. als ungültig betrachten will.

P. Petitmenginii BONATI. Y.: Felsen bei Lindjiangtji nächst Beyendjing (TEN).

P. begoniiformis PETITMGN. Lungdji bei Beyendjing, an Felsen (TEN).

P. sino-Listeri BALF. f. in Journ. Hortic. Soc. Lond., XXXIX., 135, 142 (1913); in Trans. Bot. Soc. Edinb., XXVI., 330 (1915). Y.: Wälder der tp. St. auf Sandstein, 2900—3100 m. Osthang des Dji-schan ne von Dali (6379). Paß Dsuningkou ober Dienso zwischen Dali und Hodjing, 26° 24′ (6563).

P. ambita BALF. f., l. c. (1913); in Trans. Bot. Soc. Edinb., XXVI., 325 (1915), e typo (*P. flavicans* HAND.-MZT. in Sitzgsanz. Ak. W. W., LXI., 131 [1924]). Y.: In schattigen Mulden der wtp. St. ober Tschischingai am Taohwa-schan bei Beyendjing, Sandstein, 2400—2700 m (6241).

Folia articulato-ciliata. Corolla pallidissime flava (e nota ad vivum), extus densiuscule pilosa.

Die vom Autor nicht angegebene Blütenfarbe ist auch am Typus noch deutlich zu sehen, ebenso wie die anderen hier ergänzten Merkmale, die mich, bevor ich ihn sah, eine andere Art vermuten und beschreiben ließen.

P. dumicola W. W. SM. et FORR. in Not. Bot. Gard. Edinb., XIV., 40 (1923). NW-Y.: Granitfelsen an Bächlein im wtp. Regenmischwalde des birm. Mons. ober Schutsche am Taron (e Irrawadi-Oberlaufe), 27° 55', 2400—2800 m, 9. VII. 1916 (9459).

P. Vilmoriniana PETITMGN., e typo (*P. subtropica* HAND.-MZT. in Sitzgsanz. Ak. W. W., LXI., 133 [1924]). Y.: Im Schatten von Gebüschen der str. St. unter Beyendjing halbwegs zwischen Tschuhsiung und Yungbei, Kalkschiefer, 1600 m (6295). Hier in Wäldern bei Dasungping (TEN: Hb. Paris).

Ad descriptionem addenda: Folia sinu basali saepe lobis transgredientibus clauso, hic illic nervis excurrentibus mucronulato-denticulata et juniora undulato-sinuata, chartacea, et fulvido- et albido villoso-hirsuta et subtus glandulis minutis lente simplici vix conspicuis aureis stipitatis dense induta; petiolus crassus subnullus usque laminam subaequans. Pedicelli cum calycibus pilis glutinosis ecapitatis dense induti, illi demem ad 8 mm longi.

P. oreodoxa FRANCH. W-S.: Wa-schan s von Yadschou (WEIGOLD). Teilweise mit 2 Blütenquirlen über einander.

P. malvacea FRANCH. NW-Y.: Bei Lidjiang, v. E. (4124).

** ***P. barybotrys*** HAND.-MZT. in Sitzgsanz. Ak. W. W., LX., 116 (VI. 1923) (*P. atrotubata* W. W. SM. et FORR. in Not. Bot. Gard. Edinb., XIV., 33 [XI. 1923], e typo). Steppen und bebuschte Hänge der str. St., 1700—2300 m. S.: Unterhalb Muli, 2. VIII. 1915 (7382). NW-Y.: Am Zuflusse des Yangtse n von Lidjiang zwischen Sandjia-tsun und Yumi, 27° 46—50', 10. VIII. 1915 (7568).

Ad descriptionem *P. atrotubatae* addenda: Folia ad 9 cm longa, interdum transverse latiora, sinu basali subquadrato vel late aperto. Scapi ad 30 cm longi, pilis albis plerisque glandulis pallidis minutis terminatis induti. Florum verticilli 2—12, ± regulares, 2—4 flori paulo supra basin vel medio scapo incipientes vel soluti racemum densum irregularem formantes. Bracteae imae raro ovatae, ad 12 mm longae. Pedicelli sub fructu apice sursum arcuati, usque ad 24 mm longi. Calycis fructiferi lobi interdum obtusi. Floris brevistyli antherae medio tubo filamentis aequilongis insertae; stylus 2 mm longus. Capsula globosa, 4—5 mm diametro.

P. blattariformis FRANCH. S.: Gebüschränder der wtp. St. bei Muli, Sandstein, 2800 m (7263).

P. bathangensis PETITMGN. (*P. pintchouanensis* PETITMGN. — *P. racemosa* BONATI. — *P. stephanocalyx* HAND.-MZT. in Sitzgsanz. Ak. W. W., LX., 136 [1923]; LXI., 85 [1924]). NW-Y.: Erdabrisse unter Gebüschrändern der str. St., 1600—2050 m. Bei Lidjiang, v. E. (4125). N von hier um die Mündung des Schou-tschu in den Yangtse zerstreut, 27° 46' (7593) und bei Mujendu w von ihr.

Ad descriptiones PETITMENGINIanas et BONATIanam addenda: Scapi crassi, fistulosi. Folia grosse et repande crenata tantum vel lobulata et toto margine nervis excurrentibus remote denticulata, herbacea, supra scabrida et parce, subtus in nervis venisque prominuis necnon margine dense pilosa. Corollae limbus 2—3 cm diametro, lobis rotundatis, obcordatis.

P. celsiaeformis BALF. f. in Not. Bot. Gard. Edinb., IX., 7 (1915). Y.: Beyendjing, Felsen bei Jendsewo (Djokula) (TEN 36).

P. aromatica W. W. Sм. et Forr. in N. B. G. Edinb., XIV., 32 (1923).
NW-Y.: An einem feuchten Kalkfelsen der tp. St. zwischen den Sätteln des Berges Lamatso zwischen Yungning und Dschungdien, 3200 m, 12. VIII. 1915 (7617).

P. silaënsis Petitmgn. NW-Y.: Sümpfe und nasse Rasenstellen der ktp. und Hg. St. des birm. Mons., 3400—4300 m. In der Mekong—Salwin-Kette unter der Alm Dotitong an der Ostseite des Si-la (8891) und auf dem Maya. Zwischen Salwin und Irrawadi im Tjiontson-lumba und auf dem Passe Pangblanglong sw von Tschamutong.

P. brevifolia G. Forr. Grasplätze, Moorwiesen und Schneetälchen der ktp. und Hg. St., 3600—4375 m. NW-Y.: Rücken zwischen Haba und Dugwantsun se von Dschungdien (6899). Nguka-la sw von hier. Paß Lenago zwischen Yangtse und Mekong, 27⁰ 45′ (8853. Gebauer). S.: Paß Tschescha zwischen Yungning und Muli (7228). Pässe Santante und Döko sw von hier. Tschahungnyotscha ober Ngaitschekou jenseits des Yalung n von Yenyüen, 28⁰ 15′ (2637).

** ***P. Valentiniana***[1] Hand.-Mzt. in Sitzgsanz. Ak. W. W., LIX., 249 (1922). (Taf. XIII, Abb. 4).

Sect. *Amethystina* Balf. f.

In rhizomate crasso brevissimo radicum longorum crassorum crebre fibrosorum fasciculum edente singula vel gemina, efarinosa et praeter corollam epilosa. Squamae paucae, laxae, late ovatae, usque ad 1 cm longae, rotundatae et apiculatae usque conspicue mucronatae, rigidulae, castaneae, pallide marginatae. Folia latius angustiusve obovata, cum petiolo latissime alato indistincto $1^1/_2$ usque $2^1/_2$ cm longa, acuta, integra vel margine saepe anguste revoluto remote undulato-denticulata, rigidula, supra atroviridia, versus marginem subcartilagineum pallide pustulata, subtus pallidiora et glandulis minutis peltatis crebre punctulata; costa latissima, subtus prominua, nervis latiusculis obliquis irregularibus ramosis, hic in sicco conspicuis. Scapus singulus, gracilis, $\pm\,^1/_2$ mm crassus, $2^1/_2$—$4^1/_2$ cm longus. Pedicelli singuli vel bini, cernui, 2—9 mm longi, bracteis subulatis 2—8 mm longis fulti. Calyx late infundibularis, $3^1/_2$—5 mm longus et ore latus, purpurascens, ad tertium superum vel vix dimidium in lobos late triangulares vel ovato-triangulares obtusiusculos, sinubus acutis seiunctos fissus, nervis 5 conspicuis nec prominuis. Corolla atrorubra (e nota ad vivum), e tubo vix 1 mm longitudinis cylindrico, dein cum limbo eiusque lobis rectilineo late infundibuliformis, 13—16 mm longa et lata, lobis $5^1/_2$—8 mm longis, longitudine subaequilatis, contiguis, antice rotundatis undulatis tantum vel emarginatis cum vel sine apiculo vel conspicue quadrilobulatis, venosa, extus glabra, intus eglanduloso albo-puberula. Stamina in flore brevistylo 3—4 mm, in longistylo 1 mm supra basin corollae inserta, filamentis basi late triangularibus dein filiformibus 2 mm longis, antheris flavis oblongis, paulum ultra 1—$1^1/_2$ mm longis. Ovarium crasse ovoideum; stylus floris brevistyli 3, longistyli 6—7 mm longus, glaber, stigmate parvo.

NW-Y.: Rasen der Hg. St. des birm. Mons. in der Salwin—Irrawadi-Kette beiderseits des Passes Tschiangschel, 27⁰ 52′, Glimmerschiefer, 3950—4075 m, 4. VII. 1916 (9057) und viel um den Paß Buschao, 27⁰ 58′, Granit, 4125 m.

---

[1] Missionario P. Valentin, nunc episcopo tatsienluënsi, qui a flumine Mekong me profecturum eodem modo ac collegae sui iuvit, dedicata.

Proxima *P. silaënsi*, quae differt habitu multo graciliore, foliis valde denticulatis epunctatis, distinctius petiolatis, bracteis brevioribus, floribus saepe pluribus, calycis lobis acutissimis, corollae minoris purpureae tubo cylindrico calycem excedente. *P. brevifolia*, robustior, ceterum eisdem notis floreque roseo distat. Glandulae eaedem ac in *P. Dickieana*, sed corolla valde diversa.

P. Faberi Oliv. (*P. cylindriflora* Hand.-Mzt. in Sitzgsanz. Ak. W. W., LVII., 270 [1920]). S.: Feuchte Wiesen der tp. St. bei Lanba im Daliang-schan (Lolo-Lande) e von Ningyüen, Sandstein, 2725 m (1767).

Ad descriptionem addenda: Folia lanceolata usque subrhombeo-obovata. Scapus praesertim apice saepe densissime et tenuissime ferrugineo-glandulosus. Bracteae saepe 6 mm tantum longae et vix sesquiangustiores, marginibus interdum irregulariter dentatis vel lobulatis. Calyx tertia parte in lobos ovatos minutissime apiculatos fissus. Corolla cylindrica, ab insertione staminum in brevistyla paulum supra tertium inferum sita vix infundibulari-dilatata, intus circa stamina puberula, lobis porrectis tubi $^1/_3$ aequantibus, latitudine sua sesquilongioribus. Stylus brevis ovarium aequans, longus hoc triplo superans.

***P. Dickieana** Watt in Journ. Linn. Soc., Bot., XX., 9 (1882) **var. Pantlingii** (King) W. W. Sm. in Not. Bot. Gard. Edinb., XIV., 39 (1923) (*P. Pantlingii* King in Journ. As. Soc. Beng., LV., 228 [1886]). NW-Y.: Rasen der ktp. St. des birm. Mons. beiderseits des Passes Tschiangschel zwischen Salwin und Irrawadi, 27° 52′, 3500—3950 m (7163) und an der Ostseite an einem Lawinenstrich bei 3275 m, Glimmerschiefer, 3. VII. 1916 (9218).

Die zweite Nummer hat Blätter von nur 4 mm Breite bei 35 mm Länge.

P. vernicosa Ward in Not. Bot. Gard. Edinb., IX., 203 (1916) NW-Y.: Tannenwälder der ktp. und Schneewässer der Hg. St. des birm. Mons. auf Glimmerschiefer, 3450—4375 m. Zwischen Mekong und Salwin an der Ostseite des Si-la (8948) und des Nisselaka (8970). Zwischen Salwin und Irrawadi beiderseits des Passes Tschiangschel. 27° 52′—28°.

Scapus sub fructu usque ad 14 cm longus.

P. praticola Craib in Not. Bot. Gard. Edinb., XI., 178 (1919), det. W. W. Smith. NW-Y.: Unter Bambus in der ktp. St. des birm. Mons. ober Tjionatong am Salwin, 28° 7′, Schiefer, 3600—3800 m, 8. VIII. 1916 (9766).

P. sonchifolia Franch. Humöse Stellen unter *Abies* und *Rhododendron* in der ktp. bis in die tp. St., auch unter Felsen in der Hg. St., 3200—4200 m. NW-Y.: Ober der Wiese Ndwolo am Yülung-schan bei Lidjiang (4299). Hang des Nguka-la sw von Dschungdien gegen Djitsung. Atendse (Gebauer). Im birm. Mons. in der Mekong—Salwin-Kette im Tale vom Schöndsu-la nach Londjre häufig (8245). S.: Paß Tschescha s und Lagerplatz Tschako sw von Muli. Liuku-liangdse zwischen Yenyüen und Kwapi (2377). Tschahungnyotscha jenseits des Yalung n von hier, 28° 15′ (2636). Lose-schan s von Ningyüen, häufig (1403).

P. drymophila Craib, 1. c., 170 (1919). W-S.: Wa-schan s von Yadschou (Weigold).

P. moupinensis Franch. W-S.: Wa-schan (Weigold).

P. odontocalyx (Franch.) Pax. W-Hubei: Kui (Wilson 1810). Flores usque ad 7.

P. euosma Craib, 1. c., 172 (1919), det. W. W. Smith. NW-Y.: Granitfelsen an Bächlein im wtp. Regenmischwalde des birm. Mons. ober Schutsche am Taron (e Irrawadi-Oberlaufe), 27° 55′, 2400—2800 m, 9. VII. 1916 (9466).

P. Limprichtii Pax et Hoffm. in Rep. sp. nov., XVII., 94 (1921). W-S.: Wa-schan s von Yadschou (Weigold).

**** *P. crassa* Hand.-Mzt. in Sitzgsanz. Ak. W. W., LXI., 132 (1924). (Taf. XIII, Abb. 2).

Sect. *Petiolares* Pax, Subsect. *Davidii* (Balf. f.) W. W. Sm.

Rhizoma brevissimum, radicibus numerosissimis tenuibus fibrosissimis. Squamae anthesi exeunte nullae. Folia solo adpressa, obovata, $2^1/_2$—11 cm longa, rotundata vel subemarginata, basi in petiolum crassum et brevem cuneato- vel subrotundato-attenuata, margine indistincte undulato-crenulata, partim persistentia et chartacea, supra atroviridia, subtus pallidiora et pilis brevissimis serius sebaceis conspersa et praeterea in costa nervisque utrinsecus 8—15 subhorizontalibus cum venis laxe reticulatis prominuis et supra in illa et locis bullato-elevatis inter has et margine pilis albidis articulatis subhirsuta. Scapus singulus, crassus, folia $\pm$ aequans, cum pedicellis 2—7^{nis} umbellatis crassis 5—12 mm longis erectopatulis aeque ac petioli iisdem pilis villoso-hirsutus. Bracteae brunneo-membranaceae, 4—9 mm longae, ovato-lanceolatae, parcipilosae. Calyx urceolato-turbinatus, $\pm$ 7 usque demum 9 mm longus, fere ad $^1/_2$ in lobos late ovatos, acutos, tenues, fulvescentes, glabriores, margine breviter ciliolatos, longitudinaliter venulosos fissus. Corolla violascenti-rosea (e nota ad vivum), tubo 8 mm longo floris longistyli medio ampliato antheras oblongas $1^1/_4$ mm longas filamentis plus duplo longiores gerente, fauce annulo lato quinquecalloso instructo; limbus 15 mm diametro, disco $1^1/_2$ mm lato, lobis obcordatis vel obovatis late emarginatis. Stylus floris longistyli 7 mm longus, tenuis, stigmate magno. Capsula globosa, calycis tubo inclusa.

S.: Im Grunde einer Waldschlucht der tp. St. am Soso-liangdse im Daliang-schan (Lolo-Lande) e von Ningyüen, Sandstein, 2600—2800 m, 25. IV. 1914 (1720).

Proxima *P. coerulea* G. Forr. differt foliis supra $\pm$ glabris, scapo pauci-floro, calyce angustiore, corollae multo maioris tubo inferne $\pm$ piloso fauce exan-nulato, antheris apiculatis; *P. polia* Craib longius distat.

P. chartacea Franch. Y.: Beyendjing, an Felsen bei Matsaowan (Ten 55). Die Drüsenflecke an den Korollen sind durchaus nicht konstant.

**P. effusa* W. W. Sm. et G. Forr. in Not. Bot. Gard. Edinb., XIV., 40 (1923). Y.: Überhängende Konglomeratfelsen der str. St. unter Dschenmindö in einer Seitenschlucht des Yangtse n von Yünnanfu, 1400 m (693). Im NE an Reisfeldrainen der Ebene von Djiu-tsin (Ducloux 1178), Hsiao-Niulan in der Gegend Tjiaodjia, 10. I. 1909 (Ten in Ducloux 1179) und ohne Fundort (Maire).

**P. Duclouxii* Petitmgn. (*P. Forbesii* Franch. var. *brevipes* Bonati in Bull. Soc. bot. Fr., LVI., 465 [1909]. — *P. refracta* Hand.-Mzt. in Sitzgsanz. Ak. W. W., LVII., 173 [1920]; LXI., 133 [1924]). Y.: Kalkfelsritzen der wtp. St. bei Yünnanfu bei den Tempeln des Hsi-schan, 2250 m (351) und bei Schilungba (Schneider 4012).

Ad descriptionem addenda: Perennans, ubique pilis glanduliferis albis tenuibus inaequalibus usque ad 2 mm longis, praecipue inferne densis et saepe arachnoideo-conglutinatis et farina alba nunc ubique densissima, nunc in facie inferiore foliorum juvenilium tantum sparsa induta. Folia oblonga, apice rotundata, basi breviter cuneata vel truncata vel leviter cordata; petioli laminis ± aequilongi. Scapi gracillimi, umbellas simplices vel sub his verticillos approximatos 1—2 gerentes et tunc ad nodos infracto-flexuosi. Pedicelli floriferi erecto-patuli, fructiferi toris basalibus supra valde incrassatis secus scapos refracti. Calyx campanulatus, 4 mm longus, ad medium c. in lobos angustissime vel latius triangulares obtusiusculos fissus, sicut extus corolla brevissime glandulosus et ± farinosus, fructifer ad 6 mm longus. Corollae lobi $5^1/_2$—7 mm lati, ad tertiam partem bifidi, lobulis late ovatis obtusis. Floris longistyli stamina prope basin inserta, stylus tubi $^3/_4$ aequans; brevistyli stamina medio tubo vel tertio supero, stylus calyce multo brevior. Capsula globosa, calycis tubum vix superans.

Eine gute Art, unter den Verwandten der *P. Forbesii* durch schmälere Blätter, verkürzte, verbogene Schäfte, schließlich zurückgeschlagene Blütenstiele und große Blüten ausgezeichnet und von eigenartigem Vorkommen, im November und Februar bis Anfang März blühend.

**** *P. hypoleuca* Hand.-Mzt.** in Sitzgsanz. Ak. W. W., LVII., 238 (1920). (Taf. XIII, Abb. 3).

Sect. *Monocarpicae* Franch.

Biennis monocarpica, glaberrima, rosulam multifoliam et caules 1 usque complures strictos 10—30 cm longos demum ad 3 mm crassos edens. Folia petiolis anguste alatis aequilonga, subrectangulari-elliptica, $16 \times 11 — 45 \times 25$ mm, basi et apice truncato-rotundata vel illic subcordata, lobulis utrinque c. 5 late rotundatis $1^1/_2$—3 mm longis, interdum paucicrenatis, subtus dense niveo- et serius albogriseo-farinosa, nervis patentibus nudis, venis paucis inconspicuis, moribunda glabrata. Florum verticilli 1—3, $2^1/_2$—$5^1/_2$ cm distantes, 4—10 flori. Pedicelli erectopatuli, inaequales, 8—24 mm longi, tenues; bracteae lanceolatae, 3—5 mm longae, farinosae. Calyx poculiformis, florifer $3^1/_2$—4, fructifer 5 mm longus, ad medium in dentes triangulares acutos fissus, extus dense, intus sparse farinosus. Corolla rosea, extus initio farinosa, tubo cylindrico, 4—$4^1/_2$ mm longo, fauce nudo, limbo plano floris brevistyli 12, floris longistyli $8^1/_2$ mm diametro, lobis obcordatis, sinubus angustis ultra $^1/_4$ penetrantibus. Capsula globosa, $4^1/_2$ mm diametro.

Y.: In der wtp. St. auf den Schilfinseln im seichten Teile des Sees von Yünnanfu, kalkhaltiger Grund, 1890 m, 19. IV. 1916 (8632), 4. V. 1916 (Schoch 78, Typus).

Species ab affinibus *P. Forbesii* Franch. et *P. androsacea* Pax glabritie, scapis strictis, farina compacta diversa stationemque peculiarem incolens, ubi etiam a cl. Ducloux collecta fuit.

***P. androsacea* Pax.** In *Vicia-Faba-* (späteren Reis-) Feldern und an deren Rainen, sowie im Gras längs Bächen in der wtp. St., 1880—2000 m, von November bis März blühend. **Y.:** Häufig um Yünnanfu (386. Schoch). Schilungba hier (112). Dschennan. **S.:** Um Huili (844) und s von dort.

***P. Forbesii* Franch.** (*P. Willmottiae* Petitmgn., e typo). **E-Y.:** Feuchte Grasplätze der str. St. bei Yiliang, Kalk. 1600 m (33) und hinauf bis Kopaotsun, 1760 m.

Als *P. Willmottiae* wurde die Originalaufsammlung der *P. Forbesii* nochmals beschrieben.

P. Barbeyana Petitmgn., e typo. S.: An einer Quelle in der wtp. St. ober Djiuba-se zwischen Yalung und Nganning-ho, 27° 43′, Granit, 2400 m (2024. Schneider 1126).

Diese Planze ist offenbar die Fig. 50 des Journ. Hortic. Soc., XXXIX, als *P. Forbesii.* Sie ist aber perenn und in den Blättern und den kleinen Blüten bedeutend von dieser verschieden.

P. Forrestii Balf. f. NW-Y.: Kalkfelsnischen der tp. St. an der Ostseite des Yülung-schan bei Lidjiang, 3300 m (4115).

P. rufa Balf. f. in Trans. Bot. Soc. Edinb., XXVI., 197 (1913). Y.: Häufig zwischen Kalkfelsen der tp. St. unter Heniuschao bei Hodjing, 2850—2950 m (8754).

** ***P. ulophylla*** Hand.-Mzt. in Sitzgsanz. Ak. W. W., LXII., 10 (1925). (Taf. XIII, Abb. 5).

Sect. *Bullatae* Pax.

Radix tenuis et longa, rigidula, longifibrosa, monocephala, esquamata, rosulam permultifoliam et scapos 1—3 edens. Folia oblonga, 3—$10^{1}/_{2}$ cm longa, longitudine $1^{3}/_{4}$ usque ultra $2^{1}/_{2}^{plo}$ angustiora, obtusa, basi $\pm$ rotundata, margine valde undulato $\pm$ grosse crenata, herbacea, saturate viridia, pilis brevibus sordidis glanduloso-capitatis supra sparsiuscule et in costa dense, subtus in nervis venisque maioribus obsita et margine dense ciliata; costa nervique utrinsecus 4—8 valde obliqui antice ramosi, in sicco supra tenuiter, subtus latius prominui; venulae laxe reticulatae nonnisi in foliis desiccatis fulvescentibus conspicuae; petiolus lamina multoties brevior usque (raro) paulo longior, latiuscule alatus alis ad basin paulum dilatatis et rubescentibus, dense glanduloso-pubescens. Scapi foliis breviores, usque ad 8 cm longi, tenuiusculi, cum pedicellis 7—15^{nis} 6—15 mm longis densissime glanduloso-pilosi. Bracteae numerosae, pedicellos vel fere calyces quoque aequantes, erectae, ovato-oblongae, usque ad $6^{1}/_{2}$ mm latae, obtusissimae, herbaceae, multivenosae, margine interdum repando et praesertim subtus in costa dense glanduolso-ciliatae. Calyx campanulatus, 7—9 mm longus, ad vel paulum infra medium in lobos ovato-oblongos, $2^{1}/_{2}$ mm latos rotundatos venosos fissus, herbaceus, viridis, utrinque et praesertim margine dense glanduloso-ciliatus. Corolla lutea (e nota ad vivum), extus glanduloso-pubescens, exannulata; tubus calycem paulo excedens, infra stamina $2^{1}/_{2}$, supra haec $3^{1}/_{2}$ mm diametro; limbus planus 14—16 mm diametro, lobis 5—7 mm longis late obovatis breviter et anguste emarginatis; antherae oblongae, $1^{1}/_{2}$ mm longae, subsessiles, floris brevistyli faucem attingentes, longistyli 2 mm supra basin corollae insertae; stylus crassus, longus calycem aequans, brevis $1^{1}/_{2}$ mm longus. Capsula globosa, 5 mm diametro.

Y.: Sandsteinfelsen der wtp. St. ober Tschischingai am Taohwa-schan bei Beyendjing, 2600 m, 10. V. 1915 (6238).

Proxima *P. bracteatae* Franch., „plus minusve pubescenti" foliis longius petiolatis magis rotundatis bracteis angustioribus, monente cl. W. W. Smith imprimis calyce longo et angusto diversae.

P. dryadifolia Franch. NW-Y.: Bei Lidjiang, v. E. (4123). Gehängeschutt (Kalk) der Hg. St. an der Westseite des Gebirges Piepun se von Dschungdien, 4450—4650 m (4706).

P. chrysophylla Balf. f. et Forr. in Not. Bot. Gard. Edinb., XIII., 6

(1920). NW-Y.: Humöse Stellen der Hg. St. zwischen Steinen (Schiefer) der windabgewendeten Seite des Rückens zwischen Haba und Dugwan-tsun se von Dschungdien, 4350—4450 m, 23. VI. 1915 (6917).

* *P. cycliophylla* Balf. f. et Farrer, l. c., 9 (1920). NW-Y.: Im Rasen der Hg. St. des birm. Mons. besonders in Schneetälchen große Rasen bildend auf Glimmerschiefer und Granit in der Salwin—Irrawadi-Kette, 4059—4100 m, auf dem Passe Tschiangschel, 27⁰ 52′, 4. VII. 1916 (9310) und hinter dem Gomba-la bei Tschamutong gegen den Paß Buschao (9503).

* *P. mystrophylla* Balf. f. et Forr., l. c., 14 (1920). NW-Y.: Gesteinfluren auf Glimmerschiefer in der Hg. St. des birm. Mons. auf dem Si-la zwischen Mekong und Salwin, 28⁰, 4400—4450 m, 27. VIII. 1916 (9972).

P. bella Franch. (*P. Bonatiana* Petitmgn.). Steinige Matten der Hg. St. des birm. Mons. bis in die ktp., 3900—4475 m. In der Mekong—Salwin-Kette häufig auf dem Si-la (8937), Nisselaka, Maya, Gondon-rungu und Doker-la. Paß Tschiangschel zwischen Salwin und Irrawadi, 27⁰ 52′—28⁰ 16′.

Teilweise mehlig, so auch Forrest 14285 und 18733, *P. Bonatiana* also nicht trennbar.

** *P. cyclostegia* Hand.-Mzt. in Sitzgsanz. Ak. W. W., LXVII., 87 (III. 1920).

Syn.: *P. magnobella* Balf. f. et Forr. in Not. Bot. Gard. Edinb., IX., 187 (1917) nom. nud.

Sect. *Bellae* Balf. f.

Gregaria, rhizomate tenui, horizontali, squamato, apice radices longas, albas, fungosas, fibris crebris obsitas edente et foliis emortuis copiosissimis, intactis, fuscis et brunneis involucrato. Folia hornotina numerosa, minutissima, 3—8 mm longa, carnosula, margine angustissime revoluta, olivaceo-viridia, subtus flavofarinosa et nervis porrectis glabris striata; lamina rhombeo-orbicularis, in petiolum aequilongum, anguste alatum sensim vel sinuato-attenuata, dentibus utrinque 2—7, aequalibus, lanceolatis, obtusis, porrecto-patulis, inferioribus interdum retrorsum subarcuatis ultra $^1/_3$ maximae latitudinis incisa. Scapus unicus, 10—32 mm longus, tenuis, rigidus, cum bracteis calycibusque herbaceis, violascentibus, marginibus saepe erosulis — hisce praesertim intus — dense et minutissime farinoso-glandulosus, uni-—3florus. Bracteae ternae, pseudoverticillatae, exterior calycem dimidium paulo superans, orbicularis vel rarius late ovata et acutiuscula, interiores saepe angustiores vel multo minores. Flores subsessiles, speciosi. Calyx late campanulatus, $\pm$ 3 mm latus, sursum subpatulus, nervis dorso $\pm$ undulato-angulatis, floris brevistyli 4—5 mm longus, ultra $^1/_3$, floris longistyli 5—5$^1/_2$ mm longus, ad $^1/_2$ in dentes oblongos vel obovatos, rotundatos, raro acutiusculos, saepe marginibus invicem incumbentes fissus, sinubus acutis. Corolla intense violacea, extus glabra; tubus cylindricus, vix 1$^1/_2$ mm latus, calyce 1 mm longior, intus superne pilosus et fauce annulo densissimo pilorum erectorum, alborum, $^2/_3$ mm longorum clausus; limbus planiusculus, ad basin quinquefidus, lobis remotis, versus medium usque bilobis, lobulis 2—3 mm latis, erectopatulis, obtusissimis et saepe crenulatis, in flore brevistylo 14—18, in longistylo 18—20 mm diametro. Antherae minutae, subsessiles, floris longistyli in tertio infero, floris brevistyli sub ore tubi insertae. Stylus longus tubum subaequans, brevi duplo longior. Capsula calyce paulo brevior.

NW-Y.: Schneetälchen und steiniger Rasen auf Kalk und Tonschiefer der Hg. St., 4200—4650 m. Westseite des Gebirges Piepun, 11. VIII. 1914 (4722, Typus) und Rücken zwischen Haba und Dugwan-tsun, 22. VI. 1915 (6894) se von Dschungdien. Berge ne der Yangtse-Schleife (FORREST 10407). S.: Wahrscheinlich diese auf den Bergen Saganai und Gonschiga bei Muli, 4500—4730 m.

Species in sua sectione bracteis latis peculiaris, *P. bellae* proxima, quae praeterea differt foliis maioribus, calycis lobis deltoideo-ovatis acutis et species calcifuga est.

— — var. *nanobella* (BALF. f. et FORR.) HAND.-MZT. (*P. nanobella* BF. f. et FORR. in Not. Bot. Gard. Edinb., XIII., 15 [IX. 1920]). NW-Y.: Yülung-schan bei Lidjiang, v. E. (4122).

Nonnisi longitudine scapi a typo diversa et in eum transiens, nil nisi forma altealpina est.

P. florida BALF. f. et FORR. l. c., IX., 16 (1915). NW-Y.: Felsen und steinige Stellen der ktp. St., 3750—4275 m. Berg Schusutsu ober Bödö se von Dschungdien (4506). Ober der Alm Maoniubi am Waha bei Yungning (7121).

P. yunnanensis FRANCH. NW-Y.: Sandige Wälder und felsige Stellen der tp. St. auf Kalk, 2800—3400 m. Bei Lidjiang, v. E. (4120). Hier auf dem Sattel gegen Ganhaidse (6613) und im alten Moränenzirkus am Yülung-schan (6801). Piyi s von Yungning (SCHNEIDER 1641).

P. chrysopa BALF. f. et FORR. in Trans. Bot. Soc. Edinb., XXVII., 231 (1918). NW-Y.: Kalkboden in der Hg. St. des birm. Mons. auf dem Maya in der Mekong—Salwin-Kette, 28⁰ 4', 4050—4575 m (9657).

Die Verschiedenheit von *P. gemmifera* BAT. ist mir immer noch fraglich, obwohl sie in Edinburgh getrennt gehalten wird.

P. yargongensis PETITMGN. (*P. Wardii* BALF. f.). NW-Y.: Sümpfe der Hg. St. bis herab in feuchte Gebüsche der tp. St., 3100—4325 m. Ober Mudidjin s von Yungning (3171). Beim See Waha-schimi hier (7117). Im birm. Mons. an der Ostseite des Si-la zwischen Mekong und Salwin, 28⁰ (8924).

** *P. Genestieriana*[1] HAND.-MZT. in Sitzgsanz. Ak. W. W., LIX., 250 (1922). (Abb. 24, Nr. 1 auf S. 873).

Syn: *P. doshongensis* W. W. SMITH in Not. Bot. Gard. Edinb., XV., 72 (1926) ex ipso.

Sect. *Aleuritia* DUBY, em. SCHOTT.

Gregaria, tenera, efarinosa, glaberrima. Rhizoma minutum radicibus longis pallidis fibrosissimis. Squamae paucae, laxae, late oblongo-orbiculares, usque ad 5 mm longae, paululum apiculatae, pallide brunneae, venosae, in folia transeuntes. Folia numerosa, pallide viridia, concoloria, latius angustiusve obovata, cum petiolo late alato in laminam sensim dilatato eaque ± aequilongo 6 usque 20 mm longa, acutiuscula, margine praeter partem basalem dentibus late vel anguste triangularibus saepe excurvis inter sinus rotundatos grosse et irregulariter dentata; costa lata et saepe nervi utrinsecus c. 4 obliqui recti subtus prominuli. Scapus singulus, 16—33 mm longus, tenuis, umbellam planam florum 3—6 gerens. Pedicelli tenues, 1—2¹/₂ mm longi. Bracteae ²/₃ — fere

---

[1] P. GENESTIER, missionario in vico Tjionatong ad fluvium Salwin, dedicata, qui comiter curavit, ut famuli mei iterum in montes illos irent collecturi.

1 mm longae, late ovatae, acutae, basi breviter et late productae rotundatae. Calyx campanulatus, 2—3 mm longus, crassiusculus, teres, extus enervius, caesius, ad $\pm$ $^1/_3$ superum in lobos intus plurivenosos, rectangulares, latitudine paulo longiores antice rotundatos inter sinus angustissimos fissus. Corollae violascenti-roseae tubus calycem aequans, late cylindricus, sursum paulum ampliatus, fauce annulo plicato aurantiaco instructus; limbus planus, 5 usque 7 mm diametro, ad $^2/_3$ mm supra basin fissus, lobis late vel anguste obcordatis, distantibus vel contiguis, ad $^1/_4$ usque fere ad $^1/_2$ in lobulos semiorbiculares usque lineari-oblongos, obtusatos bifidis. Antherae subsessiles, fere 1 mm longae, vix exsertae. Ovarium crasse ovatum; stylus ad 2 mm longus, crassiusculus, stigmate parvo.

NW-Y.: Rasen der Hg. St. des birm. Mons. in der Salwin—Irrawadi-Kette nahe der Grenze von Tibet zwischen den Pässen Schualo und Buschao hinter dem Gomba-la bei Tschamutong, Granit, 4100 m, 10. VII. 1916 (9290).

P. alta BALF. f. et FORR. in Not. Bot. Gard. Edinb., IX., 5 (1915). **Y.**: In der wtp. St. auf Mergel und Sandstein, 1800—2000 m. Djindien-se bei Yünnanfu (5959). Becken Hsiaodsang jenseits des Pudu-ho n von hier, 25° 46' (547). Mekong—Salwin-Scheidekette, 26° 10' (GEBAUER).

Die Behaarung meiner beiden Pflanzen ist zwar kurz, aber sie stimmen sonst, besonders auch in den kleinen Blüten, so gut, daß ich sie nicht für abtrennbar halte.

P. sinodenticulata BALF. f. et FORR., l. c., XIII., 19 (1920). **S-Y.**: Steppen der wtp. St. um den Paß zwischen Möngdse und Schuidien, Kalk, 1700—2050 m (6052).

Damit scheint die PAXsche, schon von BALFOUR angezweifelte Angabe von *P. denticulata* SM. für Möngdse richtiggestellt zu sein. Von der folgenden scheint die Pflanze übrigens kaum verschieden zu sein.

P. cyanocephala BALF. f., l. c., 8 (1920). **S.**: Auf bloßer Erde, in Gebüschen und an Quellen der tp. St., 2450—3600 m, auf Schiefer und Sandstein. Houdsengai bei Dötschang im Djientschang (1204). Wudadjing (1385) und ober Loudschang am Lose-schan s von Ningyüen. Dsiliba e von hier.

P. pseudodenticulata PAX, e typo (*P. auriculata* LAM. var. *polyphylla* FRANCH., e typo. — *P. polyphylla* [FR.] PETITMENG., e typo). **Y.**: Sumpfstellen, besonders in Erosionsgräben und an Quellen, in der wtp. St., 2000—2300 m. Um Yünnanfu bei der Djindien-se (45), an der Ostseite des Tschangtschung-schan (13055) und zwischen Sidian und Schilungba (148). Beischan zwischen Dali und Lidjiang, 26° 16' (8540).

— — ** var. **monticola** HAND.-MZT. (*P. polyphylla* var. *m.* HAND.-MZT. in Sitzgsanz. Ak. W. W., LXI., 133 [1924]).

A typo differt squamis ovatis usque ad $3^1/_2$ cm longis, herbaceis, flavidis, usque ad fructificandi tempus persistentibus et foliis latioribus, usque ad $5 \times 1^1/_2$ vel 9×2 cm, haud glaucis, densissime denticulatis.

S.: Feuchte Wiesen, Moor- und Sumpfstellen der wtp. und tp. St., auf Sandstein, 2400—3300 m. Schao-schan se, 15. IV. 1914 (1357) und Lose-schan s von Ningyüen, 16. IV. 1914 (1440). Von Lolokou bis zum Passe Dsiliba e von hier, 21. IV. 1914 (1505, Typus). **Y.**: Zwischen Djientschwan und dem Mekong (FORREST 23061). Berge w von Fongkou n von Lidjiang (F. 12529, annähernd).

Annäherungen in der Blattzähnung auch bei Yünnanfu in Nr. 45, also vom Typus nicht scharf geschieden.

P. sphaerocephala BALF. f. in Journ. Hort. Soc. Lond., XXXIX., 138, 154 (1913). BALF. f. et FORR. in Not. Bot. Gard. Edinb., IX., 45 (1915). NW-Y.: Grasige Waldlichtungen in der ktp. St. unter dem Doker-la an der Grenze von Tibet, Granit, 3600 m (8040).

P. cernua FRANCH. S.: Föhrenwälder der tp. bis an die ktp. St. auf Sandstein und Schiefern, 2700—3650 m. Um Muli. Ober Doloho s (7193) und unter Piyi sw von hier. Sattel zwischen Mabaho und Hwapolu n von Yenyüen, 27° 45′ (5558).

P. lepta BALF. f. et FORR. in Not. Bot. Gard. Edinb., XIII., 12 (1920). Schneetälchen und andere humöse Stellen der Hg. St. auf Kalk, 4350—4650 m. NW-Y.: Westseite des Gebirges Piepun se von Dschungdien, 11. VIII. 1914 (4733). S.: Saganai ober Muli, 30. VII. 1915 (7337).

Calycis lobi variant acuti et obtusi.

P. pinnatifida FRANCH. Tannenwälder der ktp. und Schneetälchen und Gehängeschutt der Hg. St., 4000—4730 m. NW-Y.: Osthang des Gipfels Ünlüpe im Yülung-schan bei Lidjiang (3549). Rücken zwischen Haba und Dugwan-tsun se von Dschungdien (6960?, junges Zwergexemplar). Nordseite des Passes Tschescha s von Muli (7244) und sw von hier häufig auf dem Rücken vom Lagerplatze Tschako bis unter den Gipfel des Gonschiga.

P. muscarioides HEMSL. (*P. conica* BALF. f. et FORR. var. *brachyadenia* HAND.-MZT. in Sitzgsanz. Ak. W. W., LXI., 133 [1924]). NW-Y.: Sumpfstellen und Matten der Hg. und ktp. bis in die tp. St. des birm. Mons. auf Schiefer, 3300—4375 m. In der Mekong—Salwin-Kette an der Ostseite des Si-la (8907) und Westseite des Nisselaka, häufig am Rücken Pongatong (9660) und am Tongong ober Tjionatong. In der Salwin—Irrawadi-Kette zwischen See und Paß Tsukue ober Tschamutong.

P. conica BALF. f. et FORR. in Not. Bot. Gard. Edinb., IX., 157 (1916). NW-Y.: Wiesen der ktp. St. auf dem Passe Lenago zwischen Yangtse und Mekong, 27° 45′, Kalk, 4050 m (8851).

P. Viali DELAV. ap. FRANCH. p. p., e typo (*P. Littoniana* G. FORR.). In sumpfigen und trockenen Wiesen und verschiedenen Gebüschen der tp. St., 2800—3500 m. NW-Y.: Ganhaidse bei Lidjiang (4121). Lanyitji n von Yungbei. Häufig um Yungning s bis San-tsun (3164), sw bis unter den nach Fongkou führenden Paß, n nach S.: über Wudjio (7156) bis zur Dapingdse im Gebiete von Muli. Hier ober Dseia und auf der Waldwiese Gumadi. Häufig bei Hwayi sw von hier. Um Yenyüen zerstreut bei Malade, Lidsekou (5461) und Mabaho, sowie auf dem Sandaoschan.

Der einzige Unterschied, den der Typus gegenüber diesen Pflanzen zeigt, ist seine mit Ausnahme der Mehldrüsen vollkommene Kahlheit, die bei der Veränderlichkeit dieses Merkmals keinen Artunterschied bilden kann. Ober Dseia beobachtete ich einen Albino mit hellen Kelchen und fast weißen Blumenkronen, der, wie meine Nr. 7156, der *P. Littoniana* var. *robusta* G. FORR. in Not. Bot. Gard. Edinb., XIV., 47 (1923) angehört, die kaum systematischen Wert besitzt. Vgl. im übrigen meine Bemerkungen in Act. Hort. Gothob., II., 111 (1926), KARST. u. SCHENCK, Vegetatb., 22. R., Taf. 44 b und Journ. Hortic. Soc. Lond., LIV., 56.

P. nutans DELAV. Y.: Tieso bei Beyendjing (TEN ex hb. Berol. 300).
S.: Steinige Stellen der tp. St. auf Diabas am Lungdschu-schan bei Huili, 3300
bis 3675 m (5214).

P. brevicula BALF. f. et FORR. in Not. Bot. Gard. Edinb., IX., 150 (1916),
det. W. W. SMITH (*P. glacialis* FRANCH., non WILLD. 1819 nec RUPR. 1863. —
P. leucops W. W. SM. et WARD var. *anopa* HAND.-MZT. in Sitzgsanz. Ak. W. W.,
LXI., 134 [1924]; LXII., 145 [1925]). NW-Y.: Humöse Stellen zwischen Schiefer-
steinen an der windabgewendeten Seite des Rückens zwischen Haba und Dugwan-
tsun se von Dschungdien, Hg. St., 4350—4450 m (6909).

P. rigida BALF. f. et FORR. in Not. Bot. Gard. Edinb., VIII., 17 (1920),
teste W. W. SMITH. S.: Humöse Stellen der Hg. St. zwischen Schieferblöcken
und Rasen auf dem Gonschiga sw von Muli, 4625—4725 m (7474).

P. pulchella FRANCH. Felsen, selten auf Erde, in der tp. St., 2900 bis
3350 m. Y.: Ober den Tempeln des Dji-schan ne von Dali (6404?). Im NE bei
Lidjiang, v. E. (4119). Hier ober Duinaoko (3447). Häufig von Boloti bis zum
Sattel Gwamaoschan zwischen Yungbei und Yungning. Santsun s von hier. Berg
Lamatso zwischen Yungning und Dschungdien. S.: Paß Linbinkou, 27⁰ 46',
zwischen Yenyüen und Kwapi (2836).

Nr. 7610 nähert sich *P. pulchelloides* WARD in Not. Bot. Gard. Edinb., IX., 38
(1915), deren Merkmale nach Sir WILLIAM in der Kultur nicht konstant sind.
Nr. 6404, junge Exemplare, legt die Frage nach der Zugehörigkeit der *P. kichanensis* FRANCH. nahe, die von BALFOUR zu *P. yunnanensis* gestellt wird, mit
der meine Pflanze nichts zu tun hat; diese stimmt vielmehr viel besser mit der
Beschreibung und primitiven Abbildung der *P. kichanensis*.

P. boreio-calliantha BALF. f. et FORR. in Not. Bot. Gard. Edinb., XIII., 5
(1920) (*P. propinqua* BALF. f. et FORR., 1. c., 16 [1920]), teste W. W. SMITH.
NW-Y.: Steiniger Rasen auf Glimmerschiefer in der Hg. und ktp. St. des birm.
Mons. am Si-la zwischen Mekong und Salwin, 28⁰, 3900—4375 m (10226).

P. calliantha FRANCH. Y.: Tannen- und *Rhododendron*-Wälder und
steinige Matten der ktp. bis in die Hg. St., 3600—4375 m. Dsang-schan bei
Dali, häufig (8706). Im birm. Mons. zwischen Mekong und Salwin häufig
auf dem Si-la (8933) und Nisselaka (8968), dem Schöndsu-la (8375) und ober
Tjionatong.

— — * var. *nuda* FARRER in Not. Bot. Gard. Edinb., XIV., 36 (1923).
NW-Y.: Paß Lenago zwischen Yangtse und Mekong, 27⁰ 45', sehr häufig in
Tannenwäldern, 7. VI. 1916 (8838).

P. Agleniana BALF. f. et FORR. in Not. Bot. Gard. Edinb., XIII., 3 (1920)
var. *alba* G. FORR., 1. c., XIV., 32 (1923). NW-Y.: Feuchte, steinige Stellen
der ktp. bis in die Hg. und tp. St. auf Glimmerschiefer und Granit, 3150—4100 m,
zwischen Salwin und Irrawadi an der Ostseite des Passes Tschiangschel, 4. VII.
1916 (9302) und um den Paß Pangblanglong, 27⁰ 52—59'. S. KARST. u. SCHENCK,
Vegetatb., 17. R., Taf. 43b.

** *P. muliensis* HAND.-MZT. in Sitzgsanz. Ak. W. W., LX., 116 (VI. 1923)
(*P. Coryana* BALF. f. et FORR. in Not. Bot. Gard. Edinb., XIV., 37 [XI. 1923]).
Dichte Tannenwälder der ktp. St. auf Kalk, 4000—4200 m, an der Nordseite
des Passes Tschescha s von Muli, 25. VII. 1915 (7240) und gegenüber dem Lagerplatz Tschako sw von hier.

Ad descriptionem *P. Coryanae* addenda: Folia raro obsolete et late, plerumque grosse et duplicato acutidentata, carnosula, subtus juvenilia niveo-, adultiora caesio-farinosa, nervis numerosis valde obliquis tenuissimis ramosis, venis laxe reticulatis conspicuis. Scapi ad 62 cm longi, internodiis usque ad 14 cm longis. Calyx sub anthesi saepe 8 mm tantum longus. Corollae limbus e basi late infundibulari zona lata farinosa notata versus lucem horizontaliter expansus, lobis late angustiusve obovatis ad $^1/_4$ vel $^1/_5$ bifidis. Stylus brevis saepe 1 mm tantum longus. Capsula ovoideo-cylindrica, saepe 2 cm tantum longa.

P. limbata BALF. f. et FORR. in Not. Bot. Gard.. Edinb., XIII., 13 (1920). NW-Y.: Kalkfelsen der Hg. St. auf dem Berge Maya in der Mekong—Salwin-Kette, 28° 4', 4250 m, 3. VIII. 1916 (9630).

Dieser Pflanze kommt *P. longipetiolata* PAX et HOFFM. in Rep. sp. n., XVII., 98 (1921) sehr nahe, denn FORREST 19559 hat die Blätter ebenfalls lang gestielt, was mit Vorkommen in lockerem Rasen zusammenhängen dürfte.

**** P. leucochnoa** HAND.-MZT. in Sitzgsanz. Ak. W. W., LXI., 133 (1924). Sect. *Nivales* PAX.

Rhizoma simplex, breve, radicibus numerosis crassis et longis. Cataphylla ad 7—9 cm longa, lanceolata, acuminata, scariosa, castanea, foliis mortuis persistentibus fuscis crasse involuta, in folia transeuntia. Folia sub anthesi nondum maturissima marginibus late revolutis, lineari-lanceolata, 13—22 cm longa, 1,2—2,5 cm lata, acuta, integra, carnosula, supra atroviridia, subtus dense albo-farinosa, costa latissima nervisque numerosis valde obliquis tenuibus ramosis utrinque conspicuis; petiolus indistinctus, late alatus, cataphyllis inclusus. Scapi 1—3, crassi, 22—35 cm longi, superne cum pedicellis dense albo-farinosi, umbellas plerumque 2 multifloras arcte superpositas gerentes. Bracteae 8—25 mm longae, e basi paulo latiore lineares, subscariosae. Pedicelli validi, 1—4 cm longi, demum apice nutantes. Calyx anguste campanulatus, $\pm$ 1 cm longus, basi acutus, ad $^1/_2$ vel paulo profundius in lobos oblongos, obtusos, candide farinoso-marginatos, longitudinaliter multivenosos fissus, intus item farinosus. Corolla purpurea (e nota ad vivum), tubo quam calyx subduplo longiore floris brevistyli extra illum, floris longistyli 4 mm supra basin ampliato, ore 5 mm lato, limbo plano $\pm$ 2 cm diametiente fere toto in lobos ovatos, obtusos, margine subtiliter glanduloso-ciliolatos fisso. Antherae oblongae, 2 mm longae, subsessiles, tubo supra basin partis inflatae insertae. Stylus brevis 4—5, longus 8—10 mm longus. Capsula, si specimina nr. 7299 foliis evolutis remote cartilagineo-denticulatis praedita huc pertinent, crasse cylindrica, 12—15 mm longa, obtusata, pallide brunnea.

S.: Bestandteil der Modermatte der ktp. St. auf dem Tschahungnyotscha jenseits des Yalung n von Yenyüen, 28° 15', Schiefer, 3600—3900 m, 26. V. 1914 (2618, Typus. SCHNEIDER 4080 saltem p. p.). Steinige Waldlichtungen der ktp. St. bei der Alm Bädö ober Muli, 3900 m, auf Kalk, 29. VII. 1915 (7299).

Species suae sectionis albofarinosae affines *P. russeola* BALF. f. et FORR. foliis obtusis crebre denticulatis, vaginis solubilibus, calyce multo profundius fisso, *P. Purdomii* VEITCH floribus pendulis et ex icone in Journ. Hort. Soc., XXXIX., fig. 68 habitu valde differunt.

P. sinoplantaginea BALF. f. in Not. Bot. Gard. Edinb., XIII., 20 (1920).
S.: Modermatten der ktp. St. auf dem Liuku-liangdse, 27° 48', zwischen Yenyüen
und Kwapi, Kalk, 3700—4200 m (1596).

P. sinopurpurea BALF. f., l. c. Modermatten, humöse Stellen und feuchte
Schneemulden der ktp. und Hg. St., 3700—4300 m. NW-Y.: Ostseite des Gipfels
Ünlüpe im Yülung-schan bei Lidjiang (6714). Westseite des Rückens zwischen
Haba und Dungwan-tsun se von Dschungdien (6864). Atendse über dem Mekong
(GEBAUER). S.: Liuku-liangdse, mit voriger (2350).

P. chionantha BALF. f. et FORR., l. c., IX., 11 (1915). NW-Y.: Hochkrautfluren der ktp. St. an der Westseite des Gebirges Piepun se von Dschungdien, 3700—4200 m (4662).

Folia usque ad 38 cm, scapi sub fructu ad 80 cm longi.

P. szechuanica PAX (*P. Gagnepainiana* HAND.-MZT. in Sitzgsanz. Ak.
W. W., LX., 98 [1923]; LXI., 200 [1924]). NW.-Y.: Humöse Stellen und steiniger
Rasen der ktp. und Hg. St. auf Tonschiefer des Rückens zwischen Haba und
Dugwan-tsun se von Dschungdien, 4050—4250 m (6707).

Calyx fere ad medium fissus. Corollae lobi variant anguste obtusi et retusi
et paulum emarginati.

P. sikkimensis HOOK. Quellen, feuchte Wiesen und andere feuchte
Stellen der tp. bis in die Hg. St., 3200—4730 m, in den Notizen jedoch nicht
von der folgenden unterschieden. NW-Y.: Mahaidse n von Lidjiang am kleinen
Wege nach Yungning. Ober Mudidjin (3195) und am Waha-schimi s von hier.
Hsiao-Niutschang zwischen Bödö und Alo se von Dschungdien. Im birm.
Mons. in der Mekong—Salwin-Kette an der Ostseite des Si-la und auf dem
Rücken Pongatong.

P. pseudosikkimensis G. FORR. in Not. Bot. Gard. Edinb., XIV.,
52 (1923). NW-Y.: Schneetälchen und andere humöse Stellen, auch steinige
Matten in der ktp. und Hg. St., 3700—4050 m. Ostseite des Gipfels Ünlüpe im
Yülung-schan bei Lidjiang (3526). Rücken zwischen Haba und Dugwan-tsun
se von Dschungdien (6863).

P. flexilipes BALF. f. et FORR., l. c., XIII., 10 (1920). NW-Y.: Im birm.
Mons. in der Salwin—Irrawadi-Kette an Wässern in den tp. Regenmischwäldern
im Tjiontson-lumba unter Tschamutong, Granit, 2950—3150 m, 2. VII. 1916
(9205) und auf Glimmerschiefer in der Hg. St. am Hange des Gomba-la gegen
den Paß Tsukue, über 4200 m, v. E. (9882).

P. secundiflora FRANCH. NW-Y.: Humöse Stellen der Hg. St. an der
Ostseite des Gipfels Ünlüpe im Yülung-schan bei Lidjiang, Kalk, 3700—4225 m
(3550).

P. vittata BUR. et FRANCH. Sumpfwiesen und moorige Rhododendretenränder der tp. und ktp. St., 3325—4400 m, in den Notizen nicht von der vorigen
unterschieden. NW-Y.: Bei Lidjiang, v. E. (4203). N von hier auf dem Sattel
Gaogu. Häufig von Hsiao-Dschungdien gegen Bödö bis zur Alm Da-Niutschang
(4572). Bei der Schwefelquelle unter Baoschi bei Dschungdien. Ober Dugwan-
tsun und auf dem Sattel Gitüdü ober Anangu. S.: Ober Muli bei der Alm Bädö,
auf dem Passe Tschescha und auf dem gegen Dschungdien führenden Rücken
(7448).

**** P. microloma** HAND.-MZT. in Sitzgsanz. Ak. W. W., LXI., 134 (1924). (Taf. XIII, Abb. 6).

Sect. *Cankrienia* DE VRIESE.

Gracilis, glaberrima, foliis subtus et pedicellis papillis flavido-farinosis conspersis nec vero farina obtectis. Rhizoma breve, radicibus numerosis, longis. Cataphylla sub anthesi nulla. Folia latius angustiusve obovata, $3^1/_2$—9 cm longa, longitudine $\pm$ triplo et exteriora duplo angustiora, late rotundata vel subtruncata, basi sensim angustata, petiolo indistincto usque $^1/_3$ folii efficiente, late alato, toto margine argute et dense denticulata, herbacea, saturate viridia, costa inferne lata subtus cum nervis utrinsecus 9—15 sub 55—70° patentibus latis ramosis prominua; venularum rete laxum, conspicuum. Scapi 1—2, tenues, 11—26 cm longi, umbellas 2—6floras vel verticillos 2, $2^1/_2$—4 cm inter se distantes gerentes. Bracteae 4—8 mm longae, subulato- vel ligulato-lineares vel late rhomboideae. Pedicelli 5—20 mm longi, apice nutantes. Calyx campanulatus, $3^1/_2$—$5^1/_2$ mm longus, dentibus vix 1 mm longis, triangularibus, ecarinatis, sinubus rotundatis late et fere ad basin calycis membranaceis. Corolla albida (?), brevistyla tantum praesens utrinque velutino-papillosa, tubo calyce $\pm$ sesquilongiore, subcylindrico, 2—3 mm lato, fauce crasse annulato; limbus infundibularis, fere totus in lobos obovatos, 2—$2^1/_2$ mm longos et latos, paulum emarginatos fissus. Antherae sua longitudine ab annulo distantes, filamentis supra medium tubum insertis paulo breviores. Stylus crassus, eas attingens. Capsula subglobosa, calycem aequans.

NW-Y.: Unter *Rhododendron* im Tannenwaldunterwuchs der ktp. St. des birm. Mons. an der Ostseite des Passes Tschiangschel zwischen Salwin und Irrawadi, Glimmerschiefer, 3400 m, 3. VII. 1916 (9215).

Proxima *P. brachystomae* W. W. SM. efarinosae et foliis longioribus angustioribus antice angustatis apiculatisque et corollae (atrioris?) lobis paulo longioribus diversae.

Da es nicht mehr erkenntlich ist, nach was für einer Aufzeichnung ich die Blütenfarbe beim Schreiben der endgültigen Etiketten als weißlich angab, aber spätere Notizen vorliegen, die sich nur auf diese Art beziehen können und nach denen die Blüten dunkelgelb sind, bleibt jene noch etwas zweifelhaft. Nach diesen Notizen findet sich die Pflanze auf derselben Bergkette auch an der Westseite des Tschiangschel und unter dem Passe Pangblanglong, 3300 m.

P. serratifolia FRANCH. NW-Y.: *Rhododendron*-Bestände der ktp. und Hg. St. des birm. Mons. auf Glimmerschiefer, 3600—4200 m, an der Ostseite des Si-la (8894) und n des Schöndsu-la zwischen Mekong und Salwin und am Hange des Gomba-la gegen den See Tsukue zwischen Salwin und Irrawadi, v. E. (9879).

P. anisodora BALF. f. et FORR. in Not. Bot. Gard. Edinb., IX., 147 (1916). An Bächen, in Quellsümpfen und feuchten Gebüschen der tp. bis in die wtp. St., auf Schiefer, 2400—3200 m. NW-Y.: Hungschischao zwischen Lidjiang und Dschungdien (6966). S.: Im Gebiete von Muli bei Hosö und Agwadien (7522) in dem nw von Yungning herabziehenden Tale. Ober Datscho bei Wali jenseits des Yalung n von Yenyüen, 28° 10′ (2581).

P. Poissonii FRANCH., e typo (*P. Wilsoni* DUNN, e typo. — *P. glycyosma* PETITMENG., e typo. — *P. oblanceolata* BALF. f. in Not. Bot. Gard. Edinb., IX., 148 [1916], nomen, e typo). An Bächen, auf, besonders feuchten, Wiesen und solchen

Gebüschen in der wtp. bis in die tp. St., 1900—3350 m. **Y.**: Yünnanfu (Schoch 100). Ober Lodse-Magai gegen Fumin (6155). Houdjing e des Dsolin-ho (4937). Schanyakou und Dayao w desselben. Beyendjing (Ten ex hb. Berol. 338). Hier auf dem Taohwa-schan. Im S bei Semao (Wilson 75). Im NW unter Djingutang am direkten Wege von Weihsi nach Djientschwan (10031). **S.**: In Mengen von Hwayi bis Hosö nw von Yungning im Gebiete von Muli (7512). Um Muli selbst (Forrest 22104) und gegen Dseia (7255). Wahrscheinlich diese bei Yiwanschui und ober Hungga zwischen Yungning und Yenyüen. Im Becken von Yenyüen bei Schuitangdse (2831), Schamenkou und Schwangfang.

**** *P. planiflora* Forr. et Hand.-Mzt.** in Journ. Hort. Soc. Lond., LIV., 55 (1929).

Syn.: *P. Poissonii* J. D. Hooker in Bot. Mag., CXVIII., t. 7216. Dunn in Gardn. Chron., 3. ser., XXXI., 413. Forr. in Not. Bot. Gard. Edinb., IV., 231. Balf. in Journ. Hort. Soc., XXXIX., Fig. 75, non Franch. — *P. Wilsoni* Gard. Chron., LXXXIV., Fig. 210, non Dunn.

A *P. Poissonii* corollae limbo plane expanso, $\pm$ 2 cm diametiente praesertim in vivo valde distincta.

In Sumpfwiesen und an Bächen oft massenhaft, selten in Gebüschen, in der tp. St., 2800—3400 m. **NW-Y.**: Überall um Lidjiang, v. E. (4116. Gebauer) bis Ganhaidse und zum He-schui. Ober Dawan am Wege von dort nach Yungbei (phot.). Gwamaoschan und Piyi am Wege von hier nach Yungning. Hier in der Umgebung überall. Bödö, Alo und Hsiao-Dschungdien (4624). Döku bei Kakatang unter Weihsi? Zwischen Djientschwan und dem Mekong (Forrest 23244). **S.**: Unter Piyi im Gebiete von Muli nw von Yungning. Tschoso e von hier. Ober Fumadi am Wolo-ho halbwegs von hier gegen Yenyüen (3045).

**** $\times$ *P. dschungdienensis* Hand.-Mzt.** in Sitzgsanz. Ak. W. W., LVII., 87 (1920) ut *P. Poissonii* $\times$ *secundiflora*; LXI., 133 (1924) ut *P. vittata* $\times$ *Poissonii* **(*P. planiflora* $\times$ *vittata*).**

Folia oblonga, $2^{1}/_{2} \times 11$ usque $3,8 \times 13$ cm, in petiolos breves, indistinctos, latissime alatos sensim attenuata, apicibus rotundata, marginibus dense, sed irregulariter 1 mm profunde argute denticulata, crassiuscula, cum caule et calycibus caesia, nervis medianis latis, secundariis utrinque conspicuis, venulis indistinctis. Caulis crassus, e basi arcuata erectus, 12—40 cm altus, florum verticillos approximatos vel remotissimos gerens et ad illos cum pedicellis parcissime farinosus. Bracteae lanceolato-subulatae, 5—7 mm longae. Flores cuiusque verticilli 10—15, pedicellis 6—30 mm longis, nutantibus. Calyx campanulato-infundibuliformis, 5—6 mm longus, ad tertiam partem in dentes ovato-triangulares, acutos fissus, herbaceus, extus fuscescens, concolor, intus pallidus et ad marginem et sinus interdum etiam extus sparse farinosus. Corolla longistyla kermesina, $\pm$ 2 cm longa et lata; tubus latissimus, sursum dilatatus, calyce subduplo longior; limbus late infundibuliformis, lobis aequilatis ac longis, paulum emarginatis; stamina infra medium tubum inserta, filamentis subnullis, polline maxima parte sterili. Capsula globosa, calyce duplo brevior; stylus 6 mm longus.

NW-Y.: In einem Sumpfe der tp. St. an der Mündung des Tales e von Hsiao-Dschungdien, Kalk, 3400 m, mit den Eltern, 9. VIII. 1914 (4623).

Hybrida duobus speciminibus inventa, iam viva evidentissima. Differt a *P. planiflora* nervis secundariis magis conspicuis, florum verticillis paucioribus, pedicellis longioribus, calyce maiore minus fisso, atriore, intus farinoso, corollae limbo infundibuliformi lobis minus emarginatis; a *P. vittata* foliis latioribus, crassioribus, caesiis, inconspicue venulosis, caule minus farinoso, bracteis longioribus, pedicellis brevioribus, calyce minore, pallidiore, extus nec farinoso- nec membranaceo-striato, dentibus angustioribus, corollae limbo paulo planiore lobis latioribus, ab utraque corolla paulo maiore, atriore. Similis etiam *P. anisodorae*, corolla aterrima minore breviloba etc. diversae.

P. angustidens (FRANCH.) PAX ist eine Planze mit zahlreichen, ziemlich kleinen, flachen Blüten, die im Habitus der folgenden Art nahekommt und sich auch bei Bintschwan (PY in DUCLOUX 7066) und in Ost-Y. bei Sidsung und Dungtschwan findet (MAIRE).

P. Beesiana G. FORR. in Gard. Chron., Ser. 3, L., 242 (1911). Bachränder und Sumpfwiesen der tp. St., 2800—3250 m. NW-Y.: Ngulukö (4235) und Ganhaidse (6723) bei Lidjiang. Mehrfach um Yungning. S.: Haimendschou am See e von Yungning (3086).

P. aurantiaca W. W. SM. et FORR. in Not. Bot. Gard. Edinb., XIV., 34 (1923). S.: Feuchte Wiesenstellen und an Bächen der tp. St., 3000—3550 m, bei Gwandien (2806), s des Sattels Linbinkou massenhaft, und auf dem Liukuliangdse, 17. V. 1914 (2275), zwischen Yenyüen und Kwapi, 27⁰ 46—48'.

P. Bulleyana G. FORR. Feuchte Stellen der oberen wtp. bis in die tp. St., 2400—3050 m. Y.: Zwischen Yungbei und Yungning um den Sattel Gwamaoschan und überall von Baodu bis ober Piyi (3219). N von Lidjiang am He-schui und viel bei Tsasopie. S.: Um Gaitiu und Sandjia-tsun am w Zuflusse des Woloho e von Yungning (3073).

P. (sect. *Cankrienia*) sp. S.: Feuchte Wiesen der tp. St. bei Lanba im Lolo-Lande e von Ningyüen, Sandstein, 2725 m (1761, im Knospenzustande).

Omphalogramma FRANCH.

O. vinciflorum FRANCH. NW-Y.: Bei Lidjiang, v. E. (4126). S.: Modermatte der ktp. St. auf dem Liuku-liangdse zwischen Yenyüen und Kwapi, 27⁰ 48', 3900 m (2348).

Variiert, wie an dem Exemplar 2348, mit verkehrt-eiförmigen, gar nicht ausgerandeten Kronzipfeln.

O. elegans G. FORR. in Not. Bot. Gard. Edinb., XIV., 55 (1923), det. W. W. SMITH. NW-Y.: Rasen der ktp. St. des birm. Mons. an einem Lawinenstrich an der Ostseite des Passes Tschiangschel zwischen Salwin und Irrawadi, 27⁰ 52', Glimmerschiefer, 3275 m, 3. VII. 1916 (9222).

O. Souliei FRANCH. NW-Y.: Rasen und Sumpfstellen der Hg. bis in die ktp. St. auf Glimmerschiefer, 3750—4375 m. Paß Lenago zwischen Yangtse und Mekong, 27⁰ 43' (GEBAUER). Im birm. Mons. zwischen Mekong und Salwin auf dem Si-la (8931) und Nisselaka (8965), 28⁰, und im Tale Schidsaru, 28⁰ 9', und zwischen Salwin und Irrawadi an der Westseite des Passes Tschiangschel, 27⁰ 52' (9270) und auf dem Passe Pangblanglong.

** *O. minus* HAND.-MZT. in Sitzgsanz. Ak. W. W., LIX., 248 (1922).

E rhizomate descendente ultra 1 cm crasso, brevi, radicibus longissimis crassis fibrosis obsito uni- usque tricaule, pumilum, 4—11 cm altum. Vaginae basales persistentes, scariosae, brunneae, tenuiter plurinerves, glabrae vel sparse sessili-glandulosae $\pm$ 8 mm latae, late rotundatae, interiores 2—3 cm longae interdum in folia transeuntes, exteriores sensim multo breviores. Folia ovata, basi saepe subtruncata, sub anthesi usque ad $2^1/_2$ demum ad 8 cm longa, acutiuscula, herbacea, margine paululum undulato-repanda pilis crispulis articulatis minute glanduliferis ad $^1/_2$ mm longis fulvidis dense barbato-ciliata et facie superiore sparse induta, subtus paulo pallidiora praeter costam glabra glandulis minutis scutatis sessilibus primum fulvis mox fuscis laxe punctata; costa lata et nervi tenues patentes rectiusculi pauci irregulares in sicco utrinque paulum prominuli; petioli breviores usque paulo longiores, anguste alati, sicut scapi iisdem pilis dense obsiti. Scapi e rosula singuli vel bini, $1^1/_4$ mm crassi. Flos foliis coëtaneus, vix cernuus, 6-, raro 5 merus. Calyx ad basin in dentes lineari-lanceolatos, 5—6 mm longos, obtusiusculos, tenuiter trinervios, praesertim margine parcius et saepe brevius glanduloso-pilosos fissus. Corolla violaceo-purpurea, conspicue nervata, extus densiuscule, intus sparse iisdem ac folia pilis quin etiam longioribus obsita; tubus 4—5 mm latus, sursum paulum ampliatus; limbus ad $^3/_4$ vel infra $^4/_5$ in lobos patentes, obovatos usque late lineares, 4—6 mm latos, rotundatos, in flore brevistylo 30 mm longo breviter bilobos et saepe leviter paucilobulatos, in longistylo 20—22 mm longo grosse 7 dentatos fissus. Filamenta linearia bressime glandulosa, tertio supero tubi inserta, antheris linearibus aurantiacis floris longistyli 3 mm longis faucem paulo superantibus paulo longiora, floris brevistyli brevia antheris 2 mm longis inclusis stylo superatis. Ovarium ovatum, calyce tertia parte brevius; stylus tenuis glaber, brevis antherarum bases attingens; stigmá parvum.

NW-Y.: Rasen der Hg. St. des birm. Mons. an beiden Seiten des Passes Tschiangschel zwischen Salwin und Irrawadi, 27⁰ 52', Glimmerschiefer, 4025 bis 4075 m, 4. VII. 1916 (9055). In derselben Kette weiter n (Forrest 20047, 21795, 25868).

Non dubito, quin plantae haec petalorum forma satis diversae eiusdem speciei sint, sed e speciminibus longistylis 2 tantum praesentibus nescio, an differentia illa cum heterostylia congruat.

Proximum *O. Coxii* Balf. fil. foliis cordiformibus et calyce duplo longiore differt, *O. Souliei* partibus omnibus duplo maioribus, vaginis pallidis supra dense sessili-glandulosis, foliis margine glabris vel brevius et sparsius glanduloso-ciliatis, subtus quoque puberulis, in petiolum late alatum sensim decurrentibus, calyce ubique pilis brevibus glandulis maioribus terminatis dense obsito, tubo corollae dimidio superiore infundibulari-ampliato, corollae pilis multo minoribus longius distat. *O. Elwesianum* (King) Franch. et *Delavayi* Fr. parviflora quoque ceteris notis longe distant.

Androsace L.

A. Graceae G. Forr. in Not. Bot. Gard. Edinb., VIII., 331 (1915). NW-Y.: Kalkfelsen der Hg. St. des birm. Mon... auf dem Maya in der Mekong—Salwin-Kette, 28⁰ 4', 4000—4575 m (9658).

A. Henryi Oliv. Y.: Beyendjing, Felsen bei Hsiunggwai (Ten 59). Im NE an Felsen bei Belungtsin, 3200 m (Maire). Im NW im wtp. Regenmischwalde des birm. Mons. ober Schutsche am Taron (e Irrawadi-Oberlaufe), 27⁰ 55', Granit, 2400—2800 m (9471).

** *A. gracilis* HAND.-MZT. in Sitzgsanz. Ak. W. W., LXI., 135 (1924); in Not. Bot. Gard. Edinb., XV., 271 (1927); XVI., 162. **Y.**: Beyendjing, Felsen bei Tienhwangtschai, 10. VI. 1919 (TEN 46) und Sumpfstellen bei Lindjiangtji, 4. IV. 1919 (T. 353, Typus).

Die in meiner Revision der chinesischen *Androsace*-Arten, l. c., 259—298, und dem Supplement dazu, l. c., XVI., 161—166 gebrachten Beschreibungen und Bemerkungen wiederhole ich hier nicht.

A. saxifragifolia BGE. (*A. umbellata* [LOUR.?] MERR. in Philipp. Journ. Sci., XV., 237 [1919]). Gebüsche, Grashänge und Hohlwegränder der str. bis in die wtp. St., 150—950 m. **H.**: Hsikwangschan bei Hsinhwa (11761). Lantien e von dort (11747). **E-Kw.**: Rücken Maotunggai zwischen Gudschou und Liping (10916). **Y.**: Beyendjing (TEN 358).

Die Beschreibung der *Drosera umbellata* LOUR., Fl. Cochinch., 186 (1790), die MERRILLS Kombination zugrunde liegt, läßt die Pflanze, von der kein Originalexemplar besteht, nicht als unsere erkennen, denn sie erwähnt nicht die Kerbung der Blätter und spricht von 5 Petalen. Die von MERRILL excludendo vorgenommene Deutung scheint mir daher zu unsicher.

A. dissecta FRANCH. Laubwälder und Grasplätze der tp. und ktp. St., auf Sandstein und Schiefer, 3250—3900 m. **Y.**: Um den Paß Sanschischao (Kualapo) bei Hodjing (8741). **S.**: Tschahungnyotscha jenseits des Yalung n von Yenyüen (2620. SCHNEIDER 1408).

Nr. 2620 ist kürzer behaart als die anderen Exemplare.

** **A. Gagnepainiana**[1] HAND.-MZT. in Sitzgsanz. Ak. W. W., LXI., 200 (1924); in Not. Bot. Gard. Edinb., XV., 272. (Taf. XIII, Abb. 7). **NW-Y.**: Rasen der Schneetälchen der Hg. St. des birm. Mons. hinter dem Gombə-la in der Salwin—Irrawadi-Kette ober Tschamutong gegen den Paß Buschao, Granit, 4050—4100 m, 10. VII. 1916 (9495, Typus).

A. geraniifolia WATT. HAND.-MZT., l. c., XV., 273; XVI., 163. **NW-Y.**: Wtp. Regenmischwälder des birm. Mons. im Doyon-lumba am Salwin, 28° 2', Schiefer, 2800—3000 m, 24. IX. 1915 (8394).

A. axillaris FRANCH. Kalkfelsen, Gebüsche, Bach- und Wegränder der wtp. und tp. St., 2200—3250 m. **Y.**: Laodjing-schan bei Yünnanfu (SCHOCH 162). Tjientschanggwan bei Dayao. Ober Schuidsai ne von Dali (6444). Im NW ober Losiwan und bei Dugwan-tsun zwischen Lidjiang und Dschungdien. **S.**: Viel bei Fumadi zwischen Yungning und Yenyüen. Im Becken hier bei Schidschen und Hwalipu (2243). N von hier am Fuße des Liuku-liangdse ober Kalapa (2299).

A. alchemilloides FRANCH. **NW-Y.**: Felsen und steinige Matten der Hg. St. am Yülung-schan bei Lidjiang, 3600—4000 m: Osthang des Gipfels Ünlüpe (4267) und in der Schlucht Lokü (6818).

A. Bulleyana FORR. HAND.-MZT. in Not. Bot. Gard. Edinb., XV., 276. **NW-Y.**: Felsige Hänge bei Tangtui zwischen Lidjiang und Dschungdien (SCHNEIDER 2193).

** **A. euryantha** HAND.-MZT. in Sitzgsanz. Ak. W. W., LXI., 137 (1924); in Not. Bot. Gard. Edinb., XV., 282. **NW-Y.**: Steinige Stellen auf Kalk in der

---

[1] Botanico illo Parisiensi de flora sinica valde merito meosque de ea labores e liberali suo mente adiuvanti dedicata.

Hg. St. auf dem Waha bei Yungning, 4300—4500 m, 20. VII. 1915 (7107, Typus).
S.: Berg Saganai ober Muli, bis zum Gipfel, 4525 m.

A. Delavayi Franch. Hand.-Mzt., l. c., XV., 284; XVI., 164. NW-Y.:
An humösen Stellen zwischen Blöcken der Hg. St. auf Schiefer und Granit,
4225—4450 m. Yülung-schan bei Lidjiang, v. E. (Substrat?) (4128). Kamm
zwischen Haba und Dugwan-tsun se von Dschungdien (6915). Im birm. Mons.
in der Mekong—Salwin-Kette auf dem Si-la, unter dem Doker-la und an der
Westseite des Passes Gondon-rungu (9747).

A. tapete Maxim. Hand.-Mzt., l. c., XV., 284. S.: In der Hg. St. des
Berges Yinimi bei Kwapi n von Yenyüen, 27° 53′, Kalk, v. E. (2791).

** **A. rigida** Hand.-Mzt. in Sitzgsanz. Ak. W. W., LXI., 136 (1924) (excl.
Limpricht 1036); in Not. Bot. Gard. Edinb., XV., 290. (Abb. 24, Nr. 2, 3 auf
S. 873). Trockene Hänge und felsige Stellen der tp. St., 3100—3500 m. NW-Y.:
Ober Ngulukö bei Lidjiang, 10. VI. 1915 (6692, Typus. Schneider 1855). S.:
Bei Kwapi n von Yenyüen, 27° 53′ (Schneider 1336). Hier ober Wadi, 22. V.
1914 (2504).

—— ** var. **minor** Hand.-Mzt. in Not. Bot. Gard. Edinb., XV., 291
(1927). NW-Y.: Bei Lidjiang, v. E., 1914—1916 (4129). S.: Schieferfelsen eines
Rückens in der Hg. St. des Tschahungnyotscha jenseits des Yalung n von Yenyüen,
4150—4300 m, 27. V. 1914 (2654, Typus).

** **A. mollis** Hand.-Mzt. in Sitzgsanz. Ak. W. W., LXI., 136 (1924); in Not.
Bot. Gard. Edinb., XV., 291. (Abb. 24, Nr. 4 auf S. 873). NW-Y.: Rasen und Felsen
auf Glimmerschiefer der Hg. St. des birm. Mons., 3600—4075 m. In der Mekong—
Salwin-Kette an der Ostseite des Si-la, 16. VI. 1916 (8896, Typus). Westseite des
Passes Tschiangschel zwischen Salwin und Irrawadi, 4. VII. 1916 (9280).

A. spinulifera (Franch.) R. Knuth. Modermatten und andere Rasenplätze, trockene Hänge und Gebüsche in der tp. und ktp. St., 2900—3775 m.
Y.: Dji-schan ne von Dali (6400). Ober Hodjing gegen Heniuschao. Hsinyingpan
zwischen Yungbei und Yungning, auf dem Berge Hungguwo (3271) und jenseits
des Passes Gwamaoschan. Im NW bei Lidjiang, v. E. (4127), in Mengen ober
Dugwan-tsun se von Dschungdien und bei Yungning (3160). S.: Ober Muli.
Paß Daörlbi halbwegs zwischen Yungning und Yenyüen (2993). Paß Linbinkou
und ober Wadi bei Kwapi (2509) n von Yenyüen.

** **A. sublanata** Hand.-Mzt. in Sitzgsanz. Ak. W. W., LXI., 135 (1924); in
Not. Bot. Gard. Edinb., XV., 295. NW-Y.: Offene Gebüsche und Föhrenwälder der
tp. St., 2700—3200 m. Bei Lidjiang, v. E. (4130). Hier ober Lukudsche (4351).
Zwischen Sape und Haba se von Dschungdien, 2. VIII. 1914 (4412, Typus).

A. erecta Maxim. NW-Y.: Steinige Matten der Hg. St. an der Ostseite
des Gipfels Ünlüpe im Yülung-schan bei Lidjiang, 3750—4000 m (ob Verwechslung?) (4275). Überall auf Heidewiesen der tp. St. um Dschungdien,
3400—3450 m (7707).

Myrsinaceae

Maesa Forsk.

* **M. montana** DC., Prodr., VIII., 79 (1844), det. Walker. W-Y.: Tengkeng im Salwin-Tal, 25° 50′, 950 m, 14. II. 1914 (Gebauer). S.: Schattige
Schluchten der str. St. des Yalung-Tales zwischen Huili und Yenyüen von

Lanba, 25. IX. 1914 (5321) bis ober Siwanho an seinem Nebenflusse, Granit, 27⁰ 8—17′, 1200—1450 m.

Auch die indischen Pflanzen sind von „foliis glaberrimis", wie Mez in Pflzenr., IV/236., 17 sie nennt, weit entfernt.

M. japonica (Thbg.) Mor. in Zollgr., Syst. Verz. Ind. Arch., 61 (1846) (*Doraena j.* Thunbg., Nov. Gen. Pl., III., 59 [1783]. — *Maesa Doraena* Bl.). H.: In Hartlaubwäldern der str. St., 70—200 m, Sandstein. Yolu-schan bei Tschangscha, an schattigeren Stellen (11420). Dungtai-schan bei Hsiang-hsiang (12739). Kw.: Schattiger Schluchtwald an der Grenze der wtp. St. bei Madjiadwen zwischen Guiding und Duyün, Sandstein, 1100 m (10645).

M. indica (Roxb.) Wall. S-Y.: In tr. Bambusbeständen und Savannen-wäldern flußaufwärts gegenüber Manhao nahe der tonkinesischen Grenze, Ton-schiefer, 200 m (5821).

Nicht genau zweihäusig, sondern in einer Infloreszenz ♂ neben ♀ Blüten. Korollen kahl, aber so auch bei indischem Material.

— — ** var. *retusa* Hand.-Mzt.

Differt a typo foliis obovatis, truncatis et emarginatis, abrupte apiculatis et trabeculis subtus prominuis.

NW-Y.: Im wtp. Regenmischwalde des birm. Mons. bei Bahan am Salwin, 27⁰ 58′, Schiefer, 2400—2600 m, 23. VI. 1916 (9031).

Die Blattform erinnert an *M. rugosa* Clke. var. *Griffithii* Clke., die Mez nicht trennt und die in Wiener.Exemplaren noch über das vom Autor beschrie-bene Extrem hinausgeht. Mez reiht diese Art unter „Sepala margine glabra", doch sind sie etwas zwischen gezähnelt und gewimpert. Ihre Blätter sind aber viel schwächer gezähnt und haben viel mehr Nerven.

* **M. argentea** Wall. Y.: Feuchte Wälder der str. St. unter Beyendjing halbwegs zwischen Tschuhsiung und Yungbei, 1500—1600 m (6294). S.: Tälchen-ränder der wtp. St. bei Gobankou am Houdsengai bei Dötschang im Djien-tschang, 2100 m, 6. IV. 1914 (1185).

Die yünannesische Pflanze wurde verglichen mit Exemplaren des Kew-Herbars von Buisur (Madden), Sikkim (Hooker) und E-Nepal, die setschwa-nesische von Walker hierzugezogen.

Ardisia Swartz

A. punctata Lindl. W-Ki.: Um Pinghsiang (Plt. sin. 249). F.: Fudschou (Warburg 5774, von Mez als *A. crispa* angeführt).

A. brevicaulis Diels, det. Walker. Ki.-F.-Grenze: In tiefen, schattigen Gräben des Dunghwa-schan zwischen Schitscheng und Ninghwa (Plt. sin. 287). H.: In der str. St. im Hartlaubwalde des Yolu-schan bei Tschangscha, Sandstein, 100—200 m (11476). Kw.: An der Grenze der str. St. im Bambushain des Hügels bei Dodjie zwischen Duyün und Badschai, Kalk, 700 m (10718).

Von Diels richtig, von Mez hinsichtlich der Blattstiellänge und der Punk-tierung der Spreite falsch beschrieben und darnach falsch eingereiht.

A. crenata Sims., Bot. Mag., XLV., tab. 1950 (1818) (*A. crispa* DC., non *Bladhia c.* Thunbg.). W-F.: Wäldchen am Tienhwa-schan w von Dingdschou Sandstein, c. 1100 m (Plt. sin. 398). Ki.-F.-Grenze: Steinige Stellen in tiefen

Gräben am Dunghwa-schan zwischen Schitscheng und Ninghwa (Plt. sin. 296). W-Ki.: Um Pinghsiang, c. 600 m (Plt. sin. 133). H.: Hartlaubwald der str. St. des Yoluschan bei Tschangscha, Sandstein, 200 m (11 421). Im wtp. Laubhochwalde des Yün-schan bei Wukang, Tonschiefer, 900—1150 m (12 826).

Da nach WALKER in Journ. Arn. Arb., XV., 290 (1934) *A. elegans* ANDR. von dieser Pflanze verschieden ist, hat die jetzt unter dem Namen *A. crispa* geläufige Art *A. crenata* zu heißen. KOIDZUMIS Bemerkung in Bot. Mag. Tok., XXXIX., 308 (1925), daß *Bladhia crispa* nicht diese Pflanze sei, ist zutreffend, doch ist seine Zuweisung falsch, wie unter *A. hortorum* dargelegt wird. Da ROXBURGHS Hortus Bengalensis nur nomina nuda enthält, ist die Veröffentlichung durch SIMS die erste gültige des Namens, denn die nächste von MEZ angeführte Stelle „Fl. Ind., I., 583" ist die zweite Ausgabe von 1832 und jünger als II., 276 (1824). SIMS erwähnt ROXBURGH nicht und beschreibt nur die chinesische Pflanze. Auch wenn FORBES und HEMSLEY recht haben, daß ROXBURGHS Pflanze nicht dieselbe ist, bleibt also SIMS' Name gültig. Er ist allerdings eine willkürliche Änderung des Namens *A. crenulata* LODD. und könnte als totgeboren betrachtet werden, ist aber wegen der seinem Autor unbekannten älteren *A. crenulata* VENT. berechtigt. Plt. sin. 398 (det. WALKER) gleicht in der Infloreszenz der *A. virens* KURZ (*A. radians* HEMSL. et MEZ), hat aber nicht deren Kelchmerkmale.

 *** A. macrocarpa** WALL. in ROXB., Fl. Ind., II., 277 (1824). NW-Y.: In wtp. und str. Regenwäldern des birm. Mons. am Salwin, 27⁰ 58' — 28⁰ 7', 1725 bis 2650 m. Bahan, 20. VI. 1916 (8997), Tjiontson-lumba (9123) und häufig von Tschamutong bis unter Tjionatong (9801).

 A. hortorum MAXIM. in Gartenflora, XIV., 363 (1865) e descr. et icone (*Bladhia crispa* THUNBG., e typo, non *A. crispa* [„THBG."] DC., nom. confusum. — *A. Henryi* HEMSL., e typo. — *A. Dielsii* LÉVL. in Rep. sp. n., IX., 461 [1911], e typo. — *A. Henryi* var. *Dielsii* [LÉVL.] WALK. in Journ. Arn. Arb., XV., 290 [1934]). SW-H.: Im wtp. Laubhochwalde des Yün-schan bei Wukang, Tonschiefer, 900—1150 m (12 128).

 — — **** var. brachysepala** HAND.-MZT.
Sepala late ovata, 1 mm longa. Petala subeglandulosa. Pedicelli dense brunneo furfuraceo-velutini. Folia membranacea.

Kw.: Bambushain des Hügels bei Dodjie zwischen Badschai und Duyün, Kalk der str. St., 700 m, 13. VII. 1917 (10 716).

Durch den gleichgeformten Kelch bei Mangel der anderen Merkmale nähert sich eine Pflanze FABERS der Varietät.

Der Vergleich des mir durch Hrn. Dr. ALM freundlichst geliehenen THUNBERGSCHEN Originals zeigt, daß KOIDZUMI im Irrtum war, als er dieses in Bot. Mag. Tok., XXXIX., 309 (1925) mit *A. punctata* LINDL. identifizierte. Es unterscheidet sich von dieser durch die großen Drüsen an den Nervenenden in den Falten des Blattrandes, die auf den Spitzenteil des Blattes beschränkten kleinen Drüsenschüppchen der Unterseite ohne sonstige Punkte, die länglichen, durch runde Buchten getrennten, vollständig ungewimperten Kelchzipfel, drüsenlosen Antheren und kahlen Fruchtknoten. Von *A. crenata* ist es durch längere, lang zugespitzte, nicht wirklich gekerbte, wenignervige Blätter und dicht und kurz drüsenhaarige Blütenstände verschieden. Dies sind die von MAXIMOWICZ angegebenen Unterschiede der *A. hortorum*, die von MEZ fälschlich mit seiner *A. crispa* (*crenata*) vereinigt, von MATSUMURA, Ind. Pl. Japon., III., 472 aber getrennt gehalten wird; seine japanische Bemerkung in Bot. Mag. Tok., VIII., 381 (1894) kann ich nicht lesen. *A. Henryi* ist nach den beiden mir fruchtend vorliegenden Originalnummern HENRYS nicht „undique glabra". Diese haben reichliche abschabbare winzige Drüsenschuppen auf der Blattunterseite, die, wenn man das Blatt gegen das Licht hält, als dunkle Punkte decken, aber keine inneren Drüsen außer den großen in den Falten des Blattrandes. THUNBERGS Pflanze entspricht in den Schüppchen und der Blattform und Größe einer anderen, blühenden, nach ihren Ausmaßen in HEMSLEYS Beschreibung inbegriffenen Pflanze von FABER (ohne genaue Angabe, vielleicht wirklich von HENRY, als *A. Henryi* erhalten); diese hat aber außerdem innere Drüsen sehr spärlich und nur gegen die Blattspitze zu. Dieses Merkmal ist bei der Art offenbar veränderlich sowohl in Japan, denn MAXIMOWICZ beschreibt seine Pflanze mit unterseits punktierten Blättern, als in China, denn WILSON, Veitch Exp. 414 hat in den ganzen Blättern reichlich innere Drüsen und stimmt vollkommen mit meiner Pflanze, sonst aber in allem auch mit jener THUNBERGS. *A. Dielsii* fällt in den Umfang der Originalbeschreibung.

A. japonica (THBG.) BLUME. Gebüsche, Hartlaub- und Mischwälder der str. bis in die wtp. St., auf Sandstein, 50—1250 m. **H.**: Tschangscha (11399). Hier auf dem Yolu-schan (11477). **Kw.**: Tschwenning-schan bei Guiyang (Kweiyang) (10517).

A. pusilla A. DC. (*A. reptans* MERR. in Philip. Journ. Sci., V., 220 [1919]; XXI., 505 [1922]. MEZ in Rep. sp. nov., XVI., 415 [1920]). **H.**: Im str. Hartlaubwalde des Yolu-schan bei Tschangscha, Sandstein, 150 m (11470).

Die Beschreibungen von MERRILL und MEZ, die beide auf derselben Aufsammlung beruhen, lassen keinen Unterschied von der chinesischen Pflanze erkennen, die mit der japanischen identisch ist, und Herr WALKER bestätigt mir die Identität auch jener.

A. rhynchotechioides (KRÄNZL.) HAND.-MZT. ad interim (*Conandron r.* KRÄNZL. in Rep. sp. nov., XXIV., 218 [1928], e typo).

Diese Mißgeburt, eine der letzten (und ärgsten) KRÄNZLINS, konnte ich bisher mit keiner bekannten Art identifizieren.

Embelia BURM.

** *E. rudis*[1] HAND.-MZT. in Sitzgsanz. Ak. W. W., LIX., 108 (1922). WALKER in Lingn. Sci. Journ., X., 478 (1931).

Subgen. *Heterembelia* A. DC.

Frutex divaricatus scandens. Rami rigidi, florigeri $\pm$ 2 mm crassi, cortice rufobrunneo longitudinaliter plicatulo et serius rimoso, lenticellis ellipticis fusculis densissime verrucoso, hornotini cum petiolis racemisque subtilissime brunneo glanduloso-puberuli. Folia persistentia, ovato-lanceolata et rarius lanceolata, 42 $\times$ 19, 44 $\times$ 16 et 52 $\times$ 17 — 72 $\times$ 30 et 103 $\times$ 31 vel 35 mm, breviter

---

[1] Nomen e caule verrucoso foliisque reticulatis datum. Bei WALKER l. c., 480, Z. 1. ist „not" vor „prominently raised-reticulate" ausgefallen.

obtuse acuminata, basi rotundata vel paulum attenuata, margine angustissime cartilagineo parte basali excepta brevissime vel grosse et hic illic duplicato patule serrata, opaca, juvenilia in costa subtus farinoso-puberula, ubique glandulis crassis vinosis crebre punctata, adulta rigide coriacea sicca brunneo-olivacea, glandulis occultis hic illic transparentibus; costa supra anguste et profunde impressa, subtus valde prominua subspadicea; nervi utrinsecus 12—27, sub angulis $\pm$ 70⁰ patuli, paulum paralleli, marginem non attingentes et multi breviores interjecti cum venis et venulis hic illic caecis rete arctum utrinque valde prominuum pallidum formant; petiolus 6—9 mm longus, recurvus, crassiusculus, supra concavus, praesertim sursum alis angustis undulatis praeditus. Racemi ♂ laterales, saepe terni, 9—20 mm longi, dense multiflori, ferrugineo glanduloso-puberuli, pedicellis $\pm$ 2 mm longis, bracteas minutissimas filiformes multo superantibus. Flos ♂ c. 3 mm diametro. Sepala sublibera, ovata, carnosula, acutiuscula, breviter glanduloso-ciliata, epunctata. Corollae brevissime gamopetalae lobi elliptici vel oblongi, obtusi, punctis glandulosis 3—8 atris, extus glabri, intus medio albide furfuracei, margine tenuiter ciliolati. Stamina iis longiora, filamentis tenuibus sigmoideo-curvatis, demum rectis, antheris $^1/_2$ mm longis obtusis vel acutiusculis, connectivi dorso minute atro-punctulatis, longitudinaliter dehiscentibus. Racemi fructiferi in axillis foliorum annotinorum necnon delapsorum singuli, sessiles, stricti, 6—15 mm longi, c. 10—15flori; bracteae triangulari-subulatae, 1 mm longae, basi nonnullae breviores steriles (?) aggregatae; pedicelli squarrosi 2—2$^1/_2$ mm longi, 0,3 mm crassi. Calyx 2 mm diametro, lobis 5—6, ad $^1/_4$ vel $^1/_3$ connatis, oblongis, obtusis vel acutiusculis, brevissime glanduloso-ciliatis, sub fructu patulis, obscure paucipunctatis (?). Fructus globosus, 4 mm diametro, maturus ruber, indistincte rubello-multistriatus et fusco-punctatus; stylus 1$^1/_2$—2 mm longus, e basi crassiore tenuis, stigmate applanato.

W-Ki.: Um Pinghsiang, c. 600 m, Frühling 1920, Wang-Te-Hui (Plt. sin. 157, Typus). N-F.: Nahe der Tschekiang-Grenze, 600—1200 m, VIII. 1924 (Ching 2275). Tschekiang: Suanke s von Pingyung, 125—185 m, 6.—12. VII. 1924 (Ching 2050). N-Kwangtung: Hamyütan s von Schihsing, XI. 1928 (Fenzel 112 ♂).

Simillima *E. Gardneriana* Wight ramis levibus, iuvenilibus villosis, foliis brevioribus supra nitidis, pedicellis longioribus differt. *E. oblongifolia* Hemsl. valde distat foliis supra sublevibus, remote serratis, sepalis obovatis, connectivo epunctato, fructu maiore, *E. prunifolia* Mez reti multo laxiore et irregulari minusque prominuo et pedicellis longioribus.

E. parviflora Wall. SE-Kw.: Laubwald der str. St. bei Pingü am Flusse unter Sandjio, Grauwacke, 350 m (10848).

Blätter nur 8 × 5—14 × 7 mm, in Kasia von dieser Größe aufwärts. Wegen der reichlichen Punkte derselben kann ich die Pflanze nicht zu *E. myrtifolia* Hemsl. et Mez stellen.

? * *E. subcoriacea* (Clarke) Mez in Pflzenr., IV/236., 329 (1902) (*E. nagushia* D. Don var. *subcoriacea* Clke. in Hook., Fl. Brit. Ind., III., 516 [1882]), det. Walker. S-S.: Nantschwan (Bock u. Rosthorn 145, steril).

Myrsine L.

M. semiserrata Wall. In Wäldern der str. und unteren wtp. St., 1600 bis 2000 m. **Y.**: Hsinlung jenseits des Pudu-ho n von Yünnanfu (487). Beyendjing (Ten 135, 181, 241 p. p., 277; ex hb. Berol. 397, 399). Hier auf dem Dahe-schan bei Guti (Ten 136). Im E auf dem Hügel bei Djindjischan nächst Loping (10190). Im NW im birm. Mons. bis in die tp. St., 1735—3050 m, am Salwin massenhaft im Doyon-lumba, 28° 2′ (8380) und am Irrawadi unter Schutsche w von hier (9423). **S.**: Feuchte Grabenränder bei Schangliangdse nächst Dötschang im Djientschang (1183). **SW-Kw.**: Hwangtsaoba (Cavalerie 8072).

M. africana L. Sonnige Hänge, Gebüsche, besonders im Hartlaubbusch bezeichnend, Nadel- und Mischwälder der ganzen wtp. St. **Y.**: 1800—2850 m. Überall um Yünnanfu (39). Hier ober Sandjio hinter dem Tschangtschung-schan (13064). Nach N über Jöschuitang (436) bis Djiaohsi ober dem Yangtse. Gwangdung und überall n von dort. Beyendjing (Ten 130). Mitien hier. Unter Gwanyilang w von Yungbei. Sattel Örlbintang am Wege von hier nach Yungbei. Im S s von Möngdse. Im E über Loping bis an die Grenze von Guidschou. Im NW ober Ndaku n Lidjiang, bei Koma zwischen Yangtse und Mekong, 27° 36′, und an diesem unter Yetsche. **S.**: Ebenso. Rücken Luidaschu und zwischen Djiangyi und Hokou s von Huili. Pudi zwischen Huili und Yenyüen. Osthang des Lu-schan bei Ningyüen. Wolo-ho zwischen Yenyüen und Yungning. Überall um Kwapi (2406) n von Yenyüen, 27° 53′. **Kw.**: 1100—1500 m. Ahung ne von Hwangtsaoba. Zwischen Guiyang und Gwanyinschan.

Rapanea Aubl.

R. yunnanensis Mez. Hartlaubgebüsche, Bach- und Flußufer und Schluchtwälder der wtp. und str. St., 500—2200 m. **Y.**: Jöschuitang n von Yünnanfu (Schneider 288). An der Straße nach Dali ober Yaoschangai (8601), w von Lufeng und mehrfach zwischen Hungngai und Dschaodschou. W von Beyendjing von Gwanfang gegen Midien (6300) und w von Piendjio. Häufig unter Datiengai und jenseits des Yangtse um Hsindschwang e von Yungbei (13019). Im NE an Felsen bei Tsiaogai (Maire). **S.**: Yibaschan unter Dötschang im Djientschang (1119).

Puncti resinosi cum lineis sparsis et brevibus mixti versus foliorum margines occurrunt. Flores ♀ glabri a Mez false describuntur, distincte papilloso-pilosi illustrantur. Flores ♂ adhuc ignoti e planta Maireana describantur: Inflorescentiae subumbellatae, densiflorae, 5—8 mm longae, pedicellis crassis, sparse glanduloso-puberulis, bracteis ovatis, subrotundatis paulo longioribus. Sepala vix ultra $^1/_4$ coalita, anguste ovata, ± acuta, ± ciliata, punctis glandulosis minutis. Petala lanceolata 2—3 mm longa, ± acuta, papilloso-velutina, lineis glandulosis fuscis. Stamina brevia, petala vix superantia, antheris subsagittatis, apiculatis, apice papillosis.

Von dieser Art unterscheidet sich *R. Playfairii* Mez durch an der Spitze abgerundete Blätter und länger gestielte Blüten. In der Form der Kelchzipfel besteht kein Unterschied.

? *R. kwangsiensis* Walk. in Journ. Washingt. Acad. Sci., XXI., 479 (1931).
SW-Kw.: Dürre Gebüsche an der Grenze der str. und wtp. St. unter Tingdaoyin
im Tale des Hwatjiao-ho am Wege nach Hwangtsaoba, Kalk, 1100 m, 20. VI.
1917 (10376, steril, Früchte nur unerreichbar gesehen).

** *R. Walkeriana* Hand.-Mzt.

Frutex ramulis crassis, juvenilibus apice cum gemmis acuminatis ferrugineo papilloso-velutinis mox glaberrimis fuscis, lenticellis et cicatricibus verru-
cosi. Folia elliptica vel oblongo-elliptica, 2—8 cm longa, longitudine triplo —
raro quadruplo angustiora, acuta vel subacuminata, in petiolum crassum sulcatum c. 5 mm longum obsolete ciliolatum angustata, integerrima, persistentia,
coriacea, glabra, punctis lineolisque glandulosis utrinque crasse prominuis, densis,
costa supra paulum sulcata, nervis utrinsecus 16—25 obliquis prope marginem
anastomosantibus cum reti venarum laxo utrinque tenuiter prominuis. Flores
in ramulorum partibus inferioribus 3—5^{ni} glomerati; pedicelli vix 1 mm longi,
glabri. Calyx fere ad basin in lobos 5 ovatos, 1 mm longos, obtusos vel subacutos,
glanduloso-punctatos et breviter glanduloso-fimbriatos fissus. Petala floris ♀
c. 2 mm longa, ad $^1/_3$ connata, late ovata, obtusa, patula, margine ferrugineo-
furfuracea. Antherae sessiles, oblongae, petalis breviores, basi hastatae, apice
rotundatae, subtiliter papillosae. Ovarium ellipsoideum, stylo filiformi, plerumque deciduo. Fructus globosus, 3—4 mm diametro, dense glanduloso-
vittatus.

SW-Kw.: Dürre Gebüsche der wtp. St. bei Hwangtsaoba, Kalk, 1400 m,
15. VI. 1917 (10274).

Species simillima et proxima *R. neriifoliae* (Siebd. et Zucc.) Mez, quae
differt foliis plerumque angustioribus, vix glandulosis, nervis subtus inconspicuis,
et pedicellis longioribus.

Clethraceae

Clethra L.

C. kaipoënsis Lévl. in Rep. sp. nov., X., 475 (1912). Rehder in Journ.
Arn. Arb., XV., 268 (1934) (*C. pinfaënsis* Lévl., l. c., 476, teste Evans, e typo).
Kw.: Wälder und Gebüsche der wtp. St. auf Sandstein, Tonschiefer und Mergel
häufig von Liping bis gegen Pingtschaso, 600—700 m (10997) und zwischen
Badschai und Tailaohsin 1050 m (10766). Diese oder die folgende auch auf
dem Nandjing-schan bei Liping und mehrfach zwischen Gudschou und
Tschaimou und in SW-H.: überall auf den Höhen zwischen Pukai, Ngaidso
und Hsüning.

C. Cavaleriei Lévl., l. c. Rehder, l. c., 267. Laub- und *Cunninghamia*-
Wälder der wtp. St., 850—1350 m. Kw.: Mehrfach zwischen Wongtschengtjiao
und Gwanyinschan bei Lungli (10557). Unter Tailaohsin zwischen Duyün und
Badschai (10778). SW-H.: Yün-schan bei Wukang, an offenen Stellen (12397).
F.: Baodschu-schan bei Yenping (Chung 2923). Nahe der Grenze von Tschekiang
(Ching 2300). S-Tschekiang: Zwischen Pingyung und Taihsuan, 500 bis
900 m (Ching 2101).

**** *C. Brammeriana*[1] Hand.-Mzt. in Sitzgsanz. Ak. W. W., LVIII., 151 (1921).**

Rami robusti, hornotini sicut petioli et pedunculi et perulae adpresse stellato griseo-tomentosi et pilis stellarum centralibus elongatis vel stellis parciramosis fulvo-hirtelli, annotini cortice fusco serius spadiceo glabro longitudinaliter striato-plicatulo desiliente. Folia decidua, dispersa et ad ramorum apices subverticillatim approximata, patula vel inferiora deflexa, infima parva glabriuscula saepe obtusa, cetera obovato- vel saepe subrhombico-oblonga, 10—16 cm longa et 2—$2^3/_4^{\mathrm{plo}}$ angustiora acuta, basi late cuneata usque rotundata et anguste truncata saepe paulum obliqua, margine integro parte basali excepta nervorum ante illum arcuatim anastomosantium ramulis excurrentibus sat crebre mucronulato-ciliata, rigide herbacea, supra atroviridia juvenilia stellipila mox praeter costam paulum sulcatam glaberrima, venulis fulvis reticulatis picta, subtus pallide olivacea, pilis stellatis longiramosis molliter et laxiuscule cinereo-tomentosa, costa et nervis utrinsecus 13—16 sub angulo dimidio abeuntibus rectis vel paulum prorsus curvatis, initio pilis densioribus cinctis, serius calvescentibus et venis transversis laxis prominulis fulvis; petiolus 7—22 mm longus, crassiusculus, supra paulum concavus. Gemmae anguste ovatae, acutae, 8—9 mm longae, perulis crassis lanceolatis. Racemi apice ramorum in axillis foliorum saepe reductorum 3—15, subdigitatim approximati, 8—18 cm longi, unus alterve supra basin divaricate 1—2 ramosus, laterales patuli, fere a basi densiflori, floribus nutantibus, rhachi crassa cum bracteis crasse subulatis flores aequantibus caducis infimis autem paucis multo longioribus gilve hirsuto-tomentosa. Pedicelli crassi, patuli, 1—3 mm longi, sicut calyces $3^1/_2$—4 mm longi ad $^2/_3$—$^3/_4$ in lobos lanceolatos, intus tomentellos, interiores obtusos, exteriores acutiusculos fissi pilis fasciculatis albido-tomentosi. Petala alba (nota collectoris) calyce $\pm$ 1 mm longiora, lineari-obovata, glabra, apice paulum calloso truncata vel subemarginata. Stamina 10, filamentis inferne dilatatis, antheris 1 mm longis paulum exsertis, late obcordatis, basi acutis, loculis apice discretis poris brevibus dehiscentibus. Ovarium albo-sericeum; stylus denique ad 6 mm longus, crassiusculus, glaber, stigmate vix dilatato, subintegro. (Capsula ignota).

W-Ki.: Um das Kohlenbergwerk Pinghsiang, 600 m, Sommer 1920, Wang-Te-Hui (Plt. sin. 247).

Speciebus medio-americanis magis quam asiaticis affinis, simillima *C. occidentali* (L.) Steud. (*C. tinifoliae* Sw.) foliis obovatis, nervis brunneo-villosis, petalis membranaceis profundius fimbriatis, stylis brevibus etc. diversae.

---

[1] Species amico meo nunc defuncto A. Brammer, antea portitori sinensi, qui curavit, ut collector meus in opere esset, dedicata.

Pirolaceae

(„*Pyrolaceae*")

Von Heinrich Andres (Bonn)

Pirola L.

P. atropurpurea Franch. H. Andr. in Allg. Bot. Zeitschr., XIX., 85 (1913). NW-Y.: In der tp. St. auf Schiefer und Granit, 3000—3200 m. Föhrenwald ober Schuba zwischen Yangtse und Mekong (8864). Im birm. Mons. in Regenmischwäldern des vom Schöndsu-la nach Londjre am Mekong herabziehenden Tales 28⁰ 6′ (8199).

Nr. 8199 mit fast reifen Kapseln, die andere in Knospe, bieten Gelegenheit, die Beschreibung zu ergänzen. Knospe $\pm$ kugelig (bei *P. chlorantha* Sw. umgekehrt-oval), ziemlich dick; Kapsel 4—5 mm hoch und 5—6 mm breit, stets breiter als hoch, Griffel tief eingesenkt, dünn, 10—13 mm lang. Durch die roten Blüten, deren Rand häufiger gelblich ist, leicht von der grünblühenden *P. renifolia* Max. zu unterscheiden.

P. sororia H. Andr. in Not. Bot. Gard. Edinb., VIII., 8 (1913); in Österr. Bot. Zeitschr., LXIII., 447 (1913). NW-Y.: Föhrenwälder der wtp. St. auf Schiefer, SW ober Londjre am Mekong, 29⁰ 9′ 2700—3000 m (8205).

Forrests Pflanzen (Nr. 5065) standen in Vollblüte, die vorliegenden sind kurz vor der Fruchtreife gesammelt. Ausgewachsen wird *P. sororia* bis 32 cm hoch, ist ziemlich derb und kräftig. Die Kapseln sind wie bei *P. media* Sw. groß, 7—9 mm breit und 5—6 mm hoch, die Samen trocken etwas gebogen. Die Testa ist weitmaschig.

Nach der Sepalenform und der vorhandenen Narbenscheibe gehört in die gleiche Sektion *Erxlebenia* Nr. 4368 aus trockenen Wäldern der tp. St. über dem He-schui n von Lidjiang, Sandstein, 3000—3400 m, deren Bestimmung leider unmöglich ist, da die Knospen noch zu jung sind.

P. rotundifolia L. var. *incarnata* (Fisch.) DC. NW-S.: Gebirge um Sungpan (Weigold).

** *P. oreodoxa* H. Andr.

Sect. *Eu-Thelaia* H. Andr., Subsect. *Alefeldiana* H. Andr., Ser. *Genuina* H. Andr.

Suffrutex erectus racemo incluso ad 18 cm altus. Stolones crassi, firmi, lignescentes. Rosula 2- (—3-) foliata. Squamae firmae, anguste lanceolatae, obtusae. Petiolus lamina brevior, late alatus. Laminae firmae, coriaceae, late ovato-ellipticae, obtusae, in petiolum angustatae, medio fere latissimae, 4—5 cm longae, 3—3,2 cm latae, supra obscure virides reticulo inconspicuo pallidiore, fere laeves, subtus glaucae roseo tinctae, margine toroso-revolutae. Scapus firmus, purpureo tinctus, squamulis 1—2 (—3) parvis, angustis obsitus. Racemus confertus, pauci- (5—6-) florus, sub anthesi fere capitulatus. Bracteae lanceolatae, acutae, pedicellis tenuibus longiores. Flores parvi, nutantes, campanulati, 1 cm diametientes. Sepala ovato-lanceolata, 4 mm longa, 1,1—1,3 mm lata, supra basin latissima, viridia margine pallidiore, ad 2/3 petalorum fere attingentia. Petala 6,5—7 mm longa, 5,2—5,5 mm lata, oblonga, reticulo nigro. Stamina 10; filamenta basi plana, 0,7—0,85 mm lata, 5,5—8,5 mm longa; antherae parvae,

2,5—3 mm longae, 1 mm latae, laeves, breviter mucronatae, poro longo ovato usque orbiculato-triangulo. Stylus tenuis, valde arcuatus, brevis, 5—5,2 mm tantum longus, vix e flore exsertus, staminibus paullo tantum longior, apicem versus clavato-incrassatus, margine ± revoluto; stigmata gibberoso-prominula. Ovarium depresso-globosum, (ut in *P. renifolia*) obscure 5-costatum. Capsula et semina ignota.

Y.: Wälder des Betsaolin bei Djilamo-tsun nächst Beyendjing, 27. IX. 1919 (Ten 1386).

Leider liegt diese, wohl sehr konstante Art nur in wenigen Exemplaren vor. Habituell durch den starren Wuchs, die lederige Textur der Blätter und die kleine dichte Traube auffällig, erinnert sie in der Blütenform sehr an unsere *P. rotundifolia*, doch sind die Blumen kleiner und engglockiger, der sehr dünne Griffel ragt nur wenig hervor. Der Jahrestrieb bildet nur 1, seltener 2 normale Blätter aus, die anfangs dunkelgrün sind und bald in ein schwach lederfarbiges Colorit übergehen. In der Textur gleicht das Blatt keiner Art der Gruppe. Durch die feine schwarze Nervatur sind die blendend weißen Blumenblätter eigenartig gezeichnet.

P. szechuanica H. Andr. in Act. Hort. Gothob., I., 170 (1924). NW-S.: Gebirge um Sungpan, 1914 (Weigold).

P. alba H. Andr. in Rep. sp. nov., XIX., 80 (1923) **var. *viridiflora* H. Andr.

Planta ad 28 cm alta; rosula paucifolia. Folia elongato-elliptica usque oblongo-ovata, longe petiolata, ad 6 cm longa, 4 cm lata, tenuia; petiolus anguste alatus, laminam longitudine aequans. Scapus ad 26 cm altus, tenuis. Inflorescentia pauci-(ca. 5)flora, terminalis. Flores sat magni, campanulati, 1—1,2 cm dia-metientes, tenues; sepala lanceolata, longe acuminata, $4^1/_2$—$5^1/_2$ mm longa, 1,7—2 mm lata, basi latissima; petala viridia, late ovata, 7—8 mm longa, $4^1/_2$ usque 5 mm lata; stylus crassus, valde arcuatus, apicem versus valde incrassatus, longe exsertus; stamina breviora quam petala (fructus et semina desunt).

Kw.: Gebüsche der wtp. St. bei Gutscha nächst Guiyang (Kweiyang), Mergel, 1300 m, 27. VI. 1917 (10488).

Es ist schwierig, diese Pflanze richtig zu bewerten, da von *P. alba* nur ein Exemplar bekannt ist und von der neuen Varietät nur wenig Material vor-liegt. Mit *P. alba* hat sie das weichere Blattwerk gemeinsam und unterscheidet sich dadurch wesentlich von *P. decorata* H. Andr., mit der sie aber wieder durch die grünen Blumen und die Blattform verbunden ist. Im Habitus der Infloreszenz stimmt sie mehr mit *P. albo-reticulata* Hayata überein, doch sind deren Blüten fast doppelt so groß; sie kommt also nicht in Frage. Die meisten Beziehungen hat sie zu *P. alba* aus Guidschou, deren Sammler Esquirol (nicht „Erpinol") ist. Von dieser werden weiße Blüten angegeben. Es ist nicht aus-geschlossen, daß diese Angabe auf einem Versehen beruht. Die Verwandtschaft beider wäre dann noch größer, andernfalls stellt unsere Pflanze doch noch eine neue Art dar.

**** P. Handeliana** H. Andr. (Taf. XIII, Abb. 1).

Sect. *Eu-Thelaia* H. Andr., subsect. *Alefeldiana* H. Andr., Ser. *Amoena* H. Andr.

Suffrutex nanus, 15—30 cm altus, glaber. Foliorum rosulae coacervatae, foliosae, firmae. Squamae firmae, numerosae, usque 18 mm longae. Folia late elliptica, utrinque fere aequaliter angustata, apice obtuso, 2,3—3 cm lata, 4,2 usque 5,6 cm longa, nervis validis et venis paucis, supra fusco-viridia, margine incrassata, nervis pallidioribus; petiolus late alatus, tertiam vel dimidiam folii partem attingens. Caules floriferi 1—2, recti, crassi, 12—27 cm longi, bracteis paucis lanceolatis obsiti. Inflorescentia 5—10flora; pedicelli tenues, sepala longitudine aequantes; bracteae 9—11 mm longae, 1,3—2 mm latae, membranaceae, nervo medio valido. Flores magni, late campanulati, usque $1^1/_2$ cm diametientes; sepala petalorum $^1/_2$—$^2/_3$ attingentia, lanceolata usque fere ovato-lanceolata, 5—$7^1/_2$ mm longa, $2^1/_2$ mm lata, basi torosa $\pm$ connata, hic vel rarius tertio infero latissima; petala 5, late elliptica usque fere orbicularia, nervis 3 percursa, 9—11 mm longa, 7—8 mm lata, extus viridia, intus alba; stamina iis breviora, 6—7 mm longa, basi applanata, $^1/_2$ mm lata; antherae oblongae, 3—4 mm longae, basi acuminatae usque rotundatae, poro dilutiore $^1/_2$ mm diametiente; stylus arcuatus, 8—9 mm longus, vix exsertus, tenuis, apicem versus paullum tantum dilatatus; stigma 5 lobum; ovarium globosum, depressum; capsula globosa, depressa, humilis, 6—7 mm lata, 4—$4^1/_2$ mm alta; semina numerosa, testa laxa.

Trockene Kiefern- und Kiefern-Eichen-Mischwälder der wtp. und tp. St., 2300—3250 m. NW-Y.: Bei Ngulukö nächst Lidjiang, 16. VII. 1914 (3498, Typus). Im birm. Mons. unter Hsiolamenkou bei Tschamutong am Salwin, 28⁰, 27. VI. 1916 (9115). S.: Überall um Wudjio und Lidjia-tsun im Gebiete von Muli, 23. VII. 1915 (7166).

Von *P. Corbieri* Lévl., abgesehen vom Kolorit der Blüten, durch die reichblütige Infloreszenz, die größeren, offenen Blüten und den langen Griffel gut getrennt. In Blattform und Reichblätterigkeit weist sie mehr auf *P. albo-reticulata* Hayata, Ic. Plant. Form., III., Pl. XXV aus Formosa hin, die aber nur 2—3blütig ist.

**** *P. elegantula* H. Andr.**

Ser. praecedentis.

Suffrutex humilis; caules adscendentes racemis inclusis ad 25 cm alti. Rosulae folia 4—5. Squamae anguste lineares, 8—10 mm longae, 1—3 mm latae. Folia longe petiolata, ovata, acuta, 4—5 cm longa, 2,6—3,1 cm lata, distanter minutiuscule denticulata, supra obscure, subtus dilutius viridia, subrubescentia; nervi tenuiter prominuli, supra in vivo dilute virides, subtus concolores; petiolus lamina aequilongus vel paulo brevior, anguste alatus. Scapus erectus, gracilis, rectus, squamulis 1—2 linearibus brevibus obsitus. Inflorescentia laxa, pluriflora, quartam scapi partem occupans; pedicelli tenues, 7 usque 9 mm longi, bracteis anguste linearibus aequilongi, paullum arcuati. Flores magni, late campanulati, 12—15 mm diametientes; sepala, linguiformia, ad medium aequilata, apicem versus sensim angustata, petalis tertia parte breviora, 5—6 mm longa, 2—$2^1/_2$ mm lata; petala late obovato-rotundata, 7—10 mm longa, 6—$7^1/_2$ mm lata, conspicue reticulata; filamenta valde arcuata, basi dilatata, 6—7 mm longa, obscura; antherae parvae, luteae, $3^1/_2$—4 mm longae, tubulis longis, poris parvis; stylus tenuis, 11—13 mm longus, recurvatus, paullum arcuatus; ovarium depressum, altitudine latius; capsula et semina ignota.

Gwangdung: Yuyüen, 12. V., 1. VII. 1933 (Ko 9111).

Im Habitus nähert sich diese neue Species etwas *P. decorata*, hat aber fast doppelt so große, flachglockige Blüten. Leider ist ihre Farbe nicht angegeben, doch kommen grün oder gelblich nicht in Frage. Mit *P. albo-reticulata* hat sie nur die Nervatur der Blätter und die großen Blüten gemeinsam. Ihre Unterschiede gegen *P. Handeliana* liegen gleichfalls in der Blütengröße, aber auch im Gesamthabitus. *P. Handeliana* hat dichte Blattrosetten, kurzgestielte, derbe Blätter, bei *P. elegantula* sind die Blätter langgestielt und dünner.[1]

Der Formenkreis der um *P. decorata* sich gruppierenden Arten weist größere Mannigfaltigkeit auf, als angenommen werden konnte. Bei *P. decorata* und *alba* entspricht die Blütenform der unserer *P. rotundifolia*, bei den übrigen schlägt sie eine eigene Richtung ein. Mit Ausnahme der letzten Art gehören alle China an.

Übersicht der bis jetzt bekannten Arten der ser. *Amoena* H. Andr. in Verh. Bot. Ver. Prov. Brandb., LV., 52 (1913) u. Öst. Bot. Zeitschr. LXIV., 251—253 (1914):

1. *P. decorata* H. Andr. Infloreszenz ziemlich locker, reichblütig. Blüten grün, von *rotundifolia*-Größe.

2. *P. alba* H. Andr. Arm- und kleinblütig, Blüten reinweiß bis grünlich. Blätter langgestielt.

3. *P. Handeliana* H. Andr. Infloreszenz dicht- und $\pm$ reichblütig. Blüten außen grünlich, innen weiß, bedeutend größer. Blätter derb, kurzgestielt.

4. *P. elegantula* H. Andr. Infloreszenz locker, mehr- und sehr großblütig. Blüten weitglockig. Blätter langgestielt.

5. *P. Corbieri* Lévl. Infloreszenz reichblütig, Blüten größer als bei *decorata*, aber kleiner als bei *Handeliana*, $\pm$ engglockig, außen braun, innen weiß.

6. *P. albo-reticulata* Hayata. Infloreszenz 2—3blütig. Blüten groß und flachglockig.

Chimaphila Pursh

C. japonica Miq. (*C. astyla* Maxim.). NW-Y.: Wälder der tp. St., 2850 bis 3500? m. Jenseits des Passes Yenaping w von Djientschwan. Gegen Tsasopie am kleinen Wege von Lidjiang nach Yungning (7018). Ober Dugwan-tsun und Bödö (4561) se von Dschungdien. Im birm. Mons. ober Londjre am Mekong und auf dem Rücken Alülaka unter Tschamutong am Salwin (9506).

Trotz der weiten Verbreitung und des Eindringens in den Regenwald (9506) bleibt die Art sehr konstant. Gelegentlich finden sich gegabelte Blütenstiele; die Blütenfarbe variiert von Weiß zu Wachsweiß (Gelblichweiß).

Monotropa L.

M. hypopitys L. var. *hirsuta* Roth, Tent. Fl. Germ., II., 462 (1789). H. Andr. in Verh. Naturh. Ver. Rheinl. u. Westf., LXVI., 145 (1909). Domin in Sitzgsber. Ges. Wiss. Prag, m.-n. Kl., I., 12 (1915). Y.: Gebüsche, unter immergrünen Bäumen und in Föhrenwäldern der oberen wtp. und tp. St., Sandstein und Tonschiefer, 2600—3500 m. Rücken zwischen Dsaodjidjing und Hwadung e des Dsolin-ho (4962). Im NW in der Kette zwischen Djientschwan und

---

[1] Bei einem Blatte ist der Hauptnerv in der Mitte gegabelt; an der Spitze weist es eine schwache Teilung in Form einer Einbuchtung auf.

dem Mekong (Forrest 23226, als var. *lanuginosa*). Bei Lidjiang, v. E. (3769). Berg Schusutsu ober Bödö (4486) und ober Alo (4580) se von Dschungdien.

Von den europäischen Varietäten ist nur diese aus Zentral- und West-China nachgewiesen und in Höhen zwischen 2600 und 3500 m häufig. Wie bei uns, variiert sie etwas in der Dichte der Behaarung, unterscheidet sich aber sonst nicht.

— — var. *lanuginosa* (Michx.) Pursh, Fl. Bor.-Amer., 266 (1803). Andr. in Verhandl. Bot. Ver. Prov. Brandenb., LII., 93 (1910). Laubwälder der str. und wtp. St. auf Tonschiefer und Phyllit. SW-H.: Unter Eichen e ober dem Tempel Gwanyin-go auf dem Yün-schan bei Wukang, 1280 m (12455). Y.: Supingschao bei Beyendjing (Ten 1236). Im NW bei Lidjiang (Forrest 2585). Im birm. Mons. bei der Seilbrücke ober Wuli am Salwin, 28° 6′, 1725 m (9795).

Diese Varietät, die vielleicht mit der amerikanischen nicht identisch ist, reicht in Asien bis in den subtropischen Wald. Sie ist im allgemeinen stärker als jene, auch steifer behaart. Die Behaarung, die am unteren Teile des Stengels und im Alter öfters $\pm$ schwindet, ist bei beiden fast filzig, seidig und gibt der Pflanze einen eigenartigen Schimmer; getrocknet glänzt sie etwas rötlich und ist im Herbar leichter zu erkennen. *M. chinensis* Koidz., Fl. Symb. or.-as., 28 (1930) gehört in den Formenkreis dieser Varietät, übertrifft aber ihre typische Form an Höhe und Größe bei weitem.

** *Monotropastrum* H. Andres

Chlorophylli egens. Flores singuli, terminales, magni; sepala 0; petala 3—4, libera; stamina 6—8; antherae subrotundo-reniformes, rima transversa dehiscentes; pollinis granula libera; ovarium unicum, lageniforme, columella centrali nulla, placenta parietali; stylus brevissimus; stigma magnum, rotundum, infundibuliforme, margine torosum; bacca pendula, crassa, placenta parte inferiore gynaecei medium versus longe protensa; semina numerosa, magna, testa arcte accumbente, rotunda. — Species unica:

** *M. macrocarpum* H. Andres. (Abb. 23).

Herba saprophytica, perennis. Radices numerosae, breves, crassae, carnosae, arcte confertae. Caulis 8—15 cm altus, carnosus, glaber, pallidus. Squamae sessiles, alternae, late ellipticae usque late ovatae, plurinerviae, margine integrae, 9—15 mm longae, 6—10 mm latae, florem versus capituliformi-coarctatae, in petala transeuntes. Flos albus (e notis collectorum), glaber, 15—22 mm longus, 14 usque 18 mm latus, nutans usque pendulus. Petala diu persistentia, late linearia, plurinervia, 16—18 mm longa, 8—9 mm lata, apice rotundata vel $\pm$ retusa, basi saccata et carinata. Stamina stigmatis marginem attingentia; filamenta complanata, glabra vel deorsum sparse pilosa; antherarum thecae connectivo superatae, luteae. Ovarium in stylum transiens, extus laeve, glabrum; stylus crassus, 2—3 mm longus; stigma latius quam stylus, plumbeo-coeruleum (e nota ad vivum). Bacca crasse ellipsoidea, $2^{1}/_{2}$ cm longa, 2 cm lata, nutans, pericarpio crasso carnoso, ad basin tantum inaequaliter septata. Semina late ellipsoidea, c. 1 mm longa, $^{1}/_{2}$—$^{3}/_{4}$ mm lata.

Y.: Maörl-schan, Parasit auf *Rhododendron*, 6. X. 1889 (Delavay 4118). Wälder des Betsaolin bei Beyendjing, 25. IX. 1919 (Ten 1389). Im NW in tp. und wtp. Regenmischwäldern des birm. Mons. auf Granit und Glimmerschiefer, 2250—3450 m. Im Doyon-lumba gegen den Rücken Alülaka am

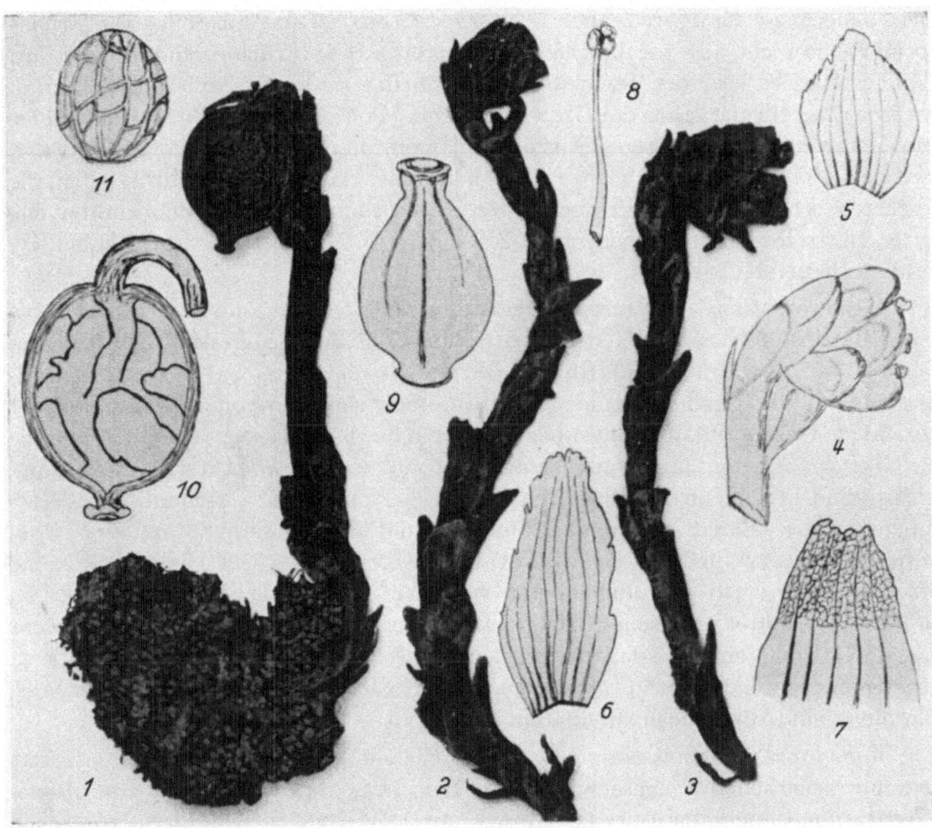

Abb. 23. *Monotropastrum macrocarpum* H. Andr. 1 mit fast reifer Frucht. 2, 3 blühend. 4 Blüte im Umriß. 5 Schuppenblatt aus der unteren, 6 aus der Blütenregion des Stengels. 7 Spitze eines Petalums. 8 Anthere nach dem Stäuben. 9 Fruchtknoten, etwa halbreif. 10 Längsschnitt durch die fast reife Frucht; die unregelmäßigen Linien tragen die Samen; Fruchtwand gestrichelt. 11 Same mit Testa. 1, 2, 10, 11 H.-M. 9117, übriges 9354. 1—3 ³/₄ nat. Gr. 4 nat. Gr. 5—8 stark vergr. 9 dreifach vergr. 11 c. 30fach vergr.

Salwin unter Tschamutong. Hier gegen den Irrawadi im Tjiontson-lumba, 28. VI. 1916 (9117 bl. u. fr., Typus) und jenseits des Passes Tschiangschel, 27⁰ 52′, 5. VII. 1916 (9354 bl.).

Habituell *Monotropa uniflora* L. ähnlich. Stengel mit nur einer dicken, weitglockigen, weißen Blüte (bei *M. u.* ± röhrig bis röhrig-glockig) die epinastisch gekrümmt ist und sich auch post anthesin nicht streckt. In der Gestaltung der Antheren mag sie zwischen *Wirtgenia* und *Monotropa* stehen; ganz junge Blüten liegen leider nicht vor. Die Filamente sind gleichlang und erreichen den Narbenrand. Der Fruchtknoten ist jung flaschenförmig, ohne Rippen und läuft in den sehr kurzen, dicken Griffel aus. Dieser ist also nicht dem Fruchtknoten aufgesetzt oder eingesenkt (vgl. die ausgezeichnete Abbildung bei Lange in Vidensk. Medd. f. 1867, t. II), sondern dessen Fortsetzung (Abb. 23, Fig. 1, 9, 10). Er verdickt sich bald und erreicht die Größe und Form einer Gartenstachelbeere. Die Fächerung stimmt weitgehend mit *Pleuricospora* Gray überein. Die Frucht springt also nicht auf wie bei *Monotropa*. Ganz reife Früchte sind unbekannt. Wahrscheinlich wird der Stengel später von der schweren, reifen Frucht umgezogen, sie fällt dann aus der Umhüllung, wie bei *Cryptophila* Wolf, die Fruchtwände faulen und entlassen die großen Samen, deren Testa zurückgebildet ist, weil sie als Flugorgan nicht mehr in Frage kommt. Autogamie ist gut möglich, die Antheren schmiegen sich in der weiten Blüte dem glatten Fruchtknoten eng an und erreichen den Narbenrand. Die entleerte Theka wird vom Konnektivband bedeutend überragt.

Monotropastrum stellt unzweifelhaft eine neue Gattung dar, die zu *Pleuricospora* Beziehungen hat. Bei der Beurteilung der zu *Monotropa* L. gerechneten Formen waren Habitus und Blütenzahl für die Zuteilung zu den Arten maßgebend, auf die Ausbildung des Fruchtknotens wurde weniger oder gar nicht geachtet. Unsere Pflanze hat aber Beeren oder beerenartige Früchte, wie sie für *Wirtgenia* schon lange angegeben und für *Cryptophila* bestimmt nachgewiesen sind. Ähnliche Fruchtbildung kehrt bei mehreren amerikanischen Gattungen wieder. So ist auch nach Abbildung und Beschreibung zu urteilen *Mon. californica* Eastw. in Bull. Torrey Bot. Club, XXIX., 75 (1902) bestimmt keine *Monotropa*, sie wird aber auch nicht, wie Small in North. Am. Flora, XXIX., 16 (1914) vermutet, zu seiner *Pityopus* gehören, sondern Repräsentant einer neuen Gattung sein. Beide, offenbar große Seltenheiten, stehen weit eher zu unserer neuen Gattung in phylogenetischen Beziehungen als zu *Monotropa*; allerdings sind diese noch zu klären.

Monotropastrum macrocarpum wird vielleicht weiter verbreitet sein. Das von mir neuerlich durchgesehene reiche Himalaya-Material enthält nur *Monotropa uniflora*; auch aus Amerika sah ich nur diese Art, alle Abbildungen bringen *Monotropa*-Früchte. Dagegen wäre die japanische und die hinterindische Pflanze erneut zu prüfen. Nördlich von Lutschang im Salwin-Tale (um 27° n. Br.) sammelte Forrest (801) nur *Monotropa uniflora* L. Sie ist mit der nordamerikanischen und japanischen Pflanze identisch. Seine Nr. 20 369 konnte ich nicht einsehen. Die typische *M. uniflora* ist schneeweiß (H. D. House, Wild flowers of New-York, t. 152 [1920]) während Forrest für seine Pflanze „stahlgrau" angibt, eine Farbe, die bisher aus der Gattung *Monotropa* nicht bekannt ist.

Ericaceae

Rhododendron L.

R. Simsii Planch. (*R. indicum* Forb. et Hemsl., non Sweet). W-Ki.: Um Pinghsiang (Plt. sin. 135). II.: In trockenen Wäldern und Gebüschen, seltener in der Buschwiese und an felsigen Hängen auf Sandstein und Tonschiefer in der str. bis in die wtp. St., 50—1150 m. Gemein überall um Tschangscha

(11569). Von hier überall bis Ngandjiapu und Hsikwangschan (11833). Yün-schan bei Wukang (Plt. sin. 3), am Westhang. **Kw.**: Föhren-Eichen-Mischwälder der wtp. St. überall zwischen Gwanyinschan und Wongtschengtjiao bei Guiyang, 950—1250 m (10556). **Y.**: In der wtp. St. auf Sandstein wohl dieses in Menge an den niedrigen Steilhängen und in der Sohle des Bachgrabens von Hsiangschuigwan bis Schedse an der Straße von Yünnanfu nach Dali. In der Tiefe von Erosions-gräben bei Hsiaoschidschou n von dieser e des Dsolin-ho, Sandstein, 2100 m (6184). Im NE im Gestrüpp der Berge hinter Dungtschwan, 2600 m (MAIRE ex Arb. Arn. 321).

Die borstige Behaarung des Fruchtknotens reicht bei Nr. 6184 noch etwas am Griffel hinauf.

R. microphyton FRANCH. Trockene und üppigere Gebüsche, Tälchen-sohlen und offene Mischwälder. **Y.**: In der wtp. St., 1800—2500 m. Zwischen Hwangduho und Tjitien e von Yünnanfu (13084). Hwagung bei Fumin (6094) und häufig zwischen Fumin und Lodse-Magai (6108, 6157). Hsiaoschidschou e des Dsolin-ho (6183). E ober Yünnanyi und häufig zwischen Schadschou und Mupangpu (8688). Um Dayao n von hier. Mitien zwischen Beyendjing und Bintschwan. **S.**: Bis herab in die str. St., 1300—2400 m. Djingwandschou unter Dötschang (1104). Lu-schan (1933) und Schao-schan (1339) bei Ningyüen (Lingyüen).

Nr. 13084 ist eine große Form, deren Blätter 5 cm und Blüten 2 cm Länge erreichen. Einige Kelchzipfel sind kronenartig ausgebildet, und die Schuppen-haare des Fruchtknotens steigen etwas am Griffel hinauf.

R. Seniavinii MAXIM. SW-H.: Laubwaldränder der wtp. St. auf dem Yün-schan bei Wukang, Tonschiefer, 1150—1400 m (12065).

Über diese und die übrigen Arten des Subgen. *Anthodendron* vgl. WILSON und REHDER, A Monogr. of Azaleas (1921).

**** R. rivulare** HAND.-MZT. in Sitzgsanz. Ak. W. W., LVIII., 152 (1921).

Subgen. *Anthodendron* ENDL., sect. *Tsutsutsi* G. DON.

Frutex ultra 1 m usque ad 6 m (e CHING) altus, partibus juvenilibus vis-cosissimis. Rami tenues cum petiolis, pedicellis, calycibus pilis patulis tenuius-culis eglandulosis ad 4 mm longis et tenuiter glandulosis dimidio brevioribus hornotinis ferrugineis partim rufis, annotinis fuscis densissime hirsuti, biennes calvescentes, cortice cinereo rimuloso. Gemmae angustae, 3—5 mm longae, rufo-hirtae. Folia sparsa et apicibus innovationum breviorum subcomosa, hiemantia, ovato-lanceolata, acuminata, mucrone 1 mm longo terminata, basi cuneata ipsaque interdum anguste rotundata, 5—12 cm longa et longitudine plus quam 2—3^{plo} angustiora, tenuiter chartacea, supra atroviridia praeter costam nervosque vix sulcatos pilis collapsis dense repletos parce hirsuta et partim glanduloso-pilosa, mox glabrescentia, subtus olivascentia vel flavescentia, pilis eglandulosis laxe hirsuta et margine dense fimbriata, nervis utrinsecus 4—7 irregularibus sub 55—60⁰ abeuntibus, tenuibus, procul a margine anastomo-santibus, cum venulis laxe reticulatis supra paulum impressis subtus prominuis et rufis; petiolus lamina 5—7^{plo} brevior, supra leviter sulcatus. Umbellae ter-minales inter innovationes foliis minoribus ob petiolos deorsum dilatato-alatos lyratis fultas et interdum praeterea in ramis brevibus sine innovationibus, multiflorae. Rhachis brevis, cupreo-hirsuta. Bracteae exteriores deciduae, crustaceae, late ovatae, 15 mm longae, brevissime albo-velutinae, marginibus longipilosae, apicibus rufobarbatae, extimae truncatae mucronatae, mediae obtusae, interiores lineari-spathulatae membranaceae, illis aequilongae, rufobarbatae. Pedicelli rigidi, 14—22 mm longi. Calycis cupula vix $1^1/_2$ mm longa; lobi anguste triangulares, 3—5 mm longi, longissime fimbriati. Corolla extus glabra, intus basi papilloso-pubescens (colore ignoto); tubus $2^1/_2$ cm longus, superne infundibularis, ore 1 cm diametro; lobi oblanceolati, $2^1/_2$ cm longi, 7 mm lati, acuti. Filamenta 5, $3^1/_2$ cm longa, ultra $^1/_3$ papilloso-puberula; antherae 4 mm longae. Ovarium cupreo-hirsutum; stylus 4 cm longus, glaber. Capsula 1 cm longa.

Kw.: An Bächen der wtp. St. auf Kalk zwischen Duyün und Lopu-se mehrfach, 750—900 m, 11. VII. 1917 (10 696, Typus). Wahrscheinlich dieses als Hauptbestandteil des Busches längs Bächen um den Sattel zwischen Gudschou und Tschaimou, Tonschiefer, 750 m. N-Kwanghsi: Dschufeng-schan sw von Schanfang im Bezirke Lüdschen, sehr gemein im Gehölz eines tiefen Grabens, 720 m, 8. VI. 1928 (Ching 5815) und recht gemein in dichtem Wald, 1100 m, 9. VI. 1928 (Ching 5893).

Species *R. Oldhamii* Maxim. simillima et affinis, foliis minus acuminatis brevius petiolatis, bracteis medio strigoso-pilosis, floribus paucioribus, pedicellis calyces tantum aequantibus, corollae lobis rotundatis, staminibus 10, ovario glanduloso-setoso diverso.

Meine ursprüngliche Beschreibung konnte ich durch Analyse einer verwelkten Blüte, die sich an Chings Nr. 5893 fand, ergänzen. Ihre Farbe ist leider nicht angegeben und nicht erkennbar. Ihre spitzen Zipfel scheinen ein besonders auffälliges Merkmal zu sein.

**** *R. rufohirtum*** Hand.-Mzt. in Sitzgsanz. Ak. W. W., LXVIII., 153 (1921). Sectio praecedentis.

Frutex c. 1 m altus. Rami tenues, saepe verticillati, hornotini cum foliis totis petiolisque pilis tenuibus patulis inaequalibus, brevioribus albescentibus, longioribus rufis 2—$2^1/_2$ mm longis, in foliorum facie superiore marcescendo basi fasciculatim fissilibus dense hirti, biennes glabrescentes, cortice brunneo longitudinaliter rimoso tecti. Folia saepe subopposita vel 3 subverticillata, hiemantia, ovato-lanceolata, basi angustata vel subrotundata, maiora longe, minora umbellas et bracteis delapsis ramos fulcrantia brevius acuminata, illa usque ad $9^1/_2$ cm longa et $2^1/_3$—3^{plo} angustiora, petiolis 7—9 mm longis, haec 2 cm longa, 1 cm lata, petiolis semiteretibus 3—6 mm longis, chartacea, supra atroviridia, subtus pallidiora, costa nervisque utrinsecus 3—8 tenuibus irregularibus sub c. 50^0 abeuntibus procul a margine anastomosantibus supra paulum impressis subtus pallidis argute prominulis et densissime hirtis, venularum reti denso supra impresso subtus fusculo. Umbellae terminales pauciflorae, bracteis membranaceis, exterioribus triangularibus acutis, interioribus late ovatis obtusis, 7 mm longis, venosis, dorso brevissime albo-velutinis, omnibus cum bracteolis linearibus paulo longioribus ciliolatis viscosissimis. Pedicelli subnulli usque 4 mm longi et calyces ad basin in dentes ovatos acutos $2^1/_2$ mm longos fissi densissime et bracteae ± pilis angustis 3 mm longis aureo-fulvis nitidis strigosi. Corolla e tubo 4 mm lato campanulata, 2 cm longa, intense rosea, ultra $^1/_2$ in lobos 5 lineari-oblongos, 6 mm latos obtusos fissa, extus glaberrima, intus basin versus sicut staminum

10 corollam aequantium filamenta nonnulla ultra medium usque papilloso-pilosa. Ovarium aureo-comatum: stylus paulum exsertus, glaber, stigmate 1 mm lato turbinato-capitato.

Y.: Waldschluchten der wtp. St. bei Hsinlung jenseits des Pudu-ho n von Yünnanfu, Sandstein, 2000 m, 10. III. 1914 (493, Typus). Schilungba bei Yünnanfu, 19. II. 1914 (SCHNEIDER 4040). Auch auf dem Sattel ober Hsinlung und weiter n bei Schalungschu ober dem Yangtse verbreitet, bis 2350 m.

Species indumento etsi eglanduloso ceterumque praecedenti similis textura et nervatione foliorum, bracteis et pedicellis longis staminumque numero diversae, forsitan *Rh. atrovirenti* FRANCH. adpresse paleaceo-setoso affinis. *R. Oldhamii* quoque praesertim indumento glanduloso differt.

R. Mariesii HEMSL. et WILS. H.: Im Walde der wtp. St. ober Tungdjiapai bei Hsikwangschan, Sandstein, 750 m (11854). Ki.-F.-Grenze: Dunghwa-schan zwischen Schitscheng und Ninghwa, c. 1000 m (Plt. sin. 289).

R. molle (BLUME) G. DON (*R. sinense* [LODD.] SWEET). W-Ki.: Um Pinghsiang 600 m (Plt. sin. 124). H.: In der str. St. auf Sandstein, 70—400 m. Um Tschangscha stellenweise häufig (11583). Um Widin, Daloping und Tanschi n bzw. w von Hsianghsiang.

R. ovatum PLANCH. Ki.: Kuling, an Berghängen selten (FABER). E-Kw.: Häufig in Wäldern der wtp. St. zwischen Gudschou und Liping, Tonschiefer und Mergel, 600—900 m (10955?).

Nr. 10955 hat die Blätter gar nicht spärlich klein gesägt, mit abfälligen Borstenspitzen auf den Sägezähnen, was kein anderes Exemplar zeigt und auch nirgends erwähnt wird. In dem ungewimperten Kelch stimmt es mit *R. ovatum*, doch fällt der Fundort außerhalb des Verbreitungsgebietes dieses. Nur fruchtend mit reifen Blättern.

R. Bachii LÉVL. in Rep. sp. nov., XII., 103 (1913). HUTCHINSON in STEVENSON, Sp. Rhodod., 559 (1930). H.: Buschwälder der str. bis in die wtp. St., auf Sandstein und Tonschiefer, 50—700 m. Um Tschangscha. Dungtaischan bei Hsianghsiang. Yün-schan bei Wukang (Plt. sin. 4). Am Wege von hier nach Dsingdschou häufig auf dem Rücken zwischen Meikou und Pukai (11077). Ebenso e ober Moschi und spärlich zwischen Moschi und Dsingdschou. W-Ki.: Um Pinghsiang (Plt. sin. 145).

Die von HUTCHINSON l. c. angegebenen Unterschiede von vorigem in den Blättern finde ich keineswegs durchgreifend. Im Kelch bildet die Pflanze von Kuling einen Übergang zwischen beiden.

R. leptothrium BALF. et FORR. in Not. Bot. Gard. Edinb., XI., 84 (1919). NW-Y.: Üppiger Schluchtwald der str. St. unter Meti am Hange des Yangtse-Tales sw von Dschungdien, 2400 m (7777). Buschwälder der wtp. St. zwischen Schogo und Selüboto am Wege von Djitsung am Yangtse nach Kakatang unter Weihsi, 2200—2600 m (7851).

R. stamineum FRANCH. (*R. pittosporifolium* HEMSL.). SW-H.: Im wtp. Laubhochwalde des Yün-schan bei Wukang, Tonschiefer, 1170 m (12038).

In der Identifizierung folge ich HUTCHINSON l. c., 853, obwohl er S. 623 *R. stamineum* nur mit 10 Staubgefäßen beschreibt. WILSONS Trennung in Journ. Arn. Arb., V., 105 (1924) beruht hauptsächlich auf dem Argument, daß Yünnan-Pflanzen nicht bis Mittel-China gehen, doch liegt Dschenfungschan, der Originalfundort, wie Lungdji im mittelchinesischen Florengebiete (s. Karsten u. Schenck, Vegetatb., 17 R., H. 7/8).

R. stenaulum Balf. f. et W. W. Sm. in Not. Bot. Gard. Edinb., X., 157 (1917) (*R. Mackenzianum* Forr., l. c., XII., 132 [1920]). NW-Y.: Im str. Regenlaubwalde des birm. Mons. in der Seitenschlucht Naiwanglong des Taron (e Irrawadi-Oberlaufes), 27⁰ 53′, Granit, 1900 m (9409).

R. Wilsonae Hemsl. et Wils. H.: In der str. St. zwischen Ninghsiang und Loudi, Sandstein, 100 m, H. Wolf (11750).

R. mekongense Franch. NW-Y.: Rasen und Gebüsche der ktp. St. des birm. Mons. auf Glimmerschiefer in der Mekong—Salwin-Kette, 28⁰, um die Alm Dotitong am Si-la, 3900 m (8901) und am Nisselaka, 4200 m (8960).

R. trichocladum Franch. Y.: Häufig in Gebüschen mit Bambus in der tp. bis in die ktp. St. auf dem Dsang-schan ober Dali, kristallinisches Gestein, 2850—3750 m (8714).

R. oreotrephes W. W. Sm. NW-Y.: Bei Lidjiang, v. E. (3777). Hier in der ktp. St. auf dem Gipfel des Yao-schan ober Ganhaidse den Wald teilweise bildend, Kalk, 3825 m (6759).

** ***R. hirsuticostatum*** Hand.-Mzt. in Sitzgsanz. Ak. W. W., LVII., 287 (1920).

Subgen. *Lepidorhodium* Koehne, sect. *Lepidota* Max., ser. *Triflorum*, subser. *Yunnanense*.

Frutex $1^1/_2$ m ramis saepe subverticillato-approximatis, annotinis 6—34 cm longis 2—5 mm crassis rufis passim vernicoso-nitidis glaberrimis vel apice subtilissime papilloso-puberulis, vetustis fuscobrunneis levibus. Gemmae innovationum maturae $1^1/_2$ cm longae, ovato-lanceolatae, 3 mm crassae. Perulae deciduae, c. 16, intus glabrae, extus minute glanduloso-lepidotae et dense breviter argenteo-sericeae; exteriores calvescentes, coriaceae, brevissime ovatae, acutae, unicostulatae, interiores oblongo-lanceolatae, 3 mm latae, obtusiusculae. Folia per duos annos persistentia, juvenilia in ramulis sparse pallide lepidotis, supra ad totam costam puberula; matura coriacea, recurva, oblonga, 33 × 12—55 × 20 mm, acuta, basi cuneata vel anguste rotundata, margine anguste cartilaginea, utrinque subtiliter rugulosa et opaca, supra interdum sparsissime squamata, subtus pallidiora, brunnescentia, squamis aequalibus distantibus 2—4 pro mm² subsessilibus planis fuscobrunneis resinosis vix nitidulis institis angustis luteolis radiatim multistriatis cinctis punctata; costa media supra paulum impressa subtiliter puberula vel calvescens, subtus ultra medium usque valde elevata et albo-hirsuta; nervi secundarii 6—11^{ni} subtus paulum impressi, supra aegre conspicui; petioli 4—6 mm longi, crassiusculi, subtus lepidoti, supra subtilissime puberuli. Umbellae 2—4florae, 2—6 ad apices ramorum conglomeratae, rhachidibus brevissimis glabris. Bracteae deciduae purpurascentes, margine tantum sericeae, sicut bracteolae filiformes ciliatae 6 mm longae. Flores praecoces. Pedicelli crassi 4—12 mm longi, atri, sparse lepidoti et interdum parce puberuli. Calyx cupularis, vix 1 mm longus, pallide squamatus, haud vel vix lobatus. Corolla alborosea, $2^1/_2$ cm longa, 4—$4^1/_2$ cm lata, e tubo brevi infundibuliformi late aperta, zygomorpha, lobis 5, inferioribus ultra $^2/_3$, superioribus ad $^1/_2$ penetrantibus, ovato-oblongis, 9—10 mm latis, obtusis, basi undulata invicem se tegentibus, medio dorso atrius striatis superioribus basi parce maculatis, tubo intus puberulo, extus glandulis, hyalinis nitidis subtilissimis crebris adspersa et parce squamata. Filamenta 10, purpurascentia, inaequalia, supra basin dense villosa, longiora corollam paulo excedentia; antherae ellipticae, 2 mm longae. Ovarium ovatum, 2 mm longum, squamis confertis griseum; stylus basi puberulus, roseus, 35 mm longus, stigmate lato obsolete lobato.

S.: Gebüsche der wtp. St. des Schao-schan se von Ningyüen, Sandstein, 2200—2700 m, 15. IV. 1914 (1353, Typus). Ebenso in der tp. St. auf dem Lungdschu-schan bei Huili, Diabas, 2700—3600 m, 26. III. 1914 (889).

Species distinctissima forsitan *Rh. stereophyllo* BALF. f. et W. W. SM. affinis, a *R. yunnanensi* FRANCH. etiam foliis margine eciliatis diversa.

R. caeruleum LÉVL. in Rep. sp. nov., XII., 284 (1913) e TAGG in Rhod. Soc. Notes, III., 228 (1928) (*R. rarosquameum* BALF. f. in Not. Bot. Gard. Edinb., X., 137 [1917], e typo. — *R. eriandrum* LÉVL. ap. STEVENSON, Spec. Rhodod., 798 [1930]). Mischwälder und Gebüsche der tp. bis in die wtp. St., 2400—3500 m, oft in Mengen. Y.: Taohwa-schan bei Beyendjing (6237). Yünnanfu? (CAVALERIE 4629). Gipfel des Dji-schan ne von Dali. Ober Hsiangschuiho, ober Dienso und um den Paß Sanschischao (Kualapo) s von Hodjing. Im NW ober Mudidjin s von Yungning, bei Ganhaidse und Dugwan-tsun am Wege von Lidjiang nach Yungning. Ober Schuba zwischen Yangtse und Mekong, 27⁰ 45'. S.: Mehrfach zwischen Yungning und Yenyüen. N von hier ober Luhungti und Oti, unter Bakuwe und Liuku (2403) bei Kwapi und jenseits des Yalung ober Molien und Ngaitschekou. Berg Dadjin ne von Yenyüen (2153. SCHNEIDER 4107).

Die Zugehörigkeit aller Notizen zu dieser durch die Zartheit ihrer Blüten prächtigen Art kann ich natürlich nicht behaupten. Jedenfalls schließen sie auch Exemplare mit gehäuften Blütendolden ein, wie sie an 2153 neben einzeln endständigen und an 6237 ausschließlich vorkommen.

R. siderophyllum FRANCH. (*R. obscurum* FRANCH. ap. BALF. f. in Not. Bot. Gard. Edinb., XIII., 278 [1922]). Gebüsche, Dschungel, buschige Wälder, Waldschluchten in der wtp. und unteren tp. St., vielleicht nur auf Sandstein, 2000—3300 m, meist häufig. Y.: Ober Sugö und Dschangkou nw von Yünnanfu (1990). Hsinlung (494) und Sanyingpan (613) n von hier. Dadschwangkou (6169) und zwischen Yanggai und Hwadung (4955) e des Dsolin-ho. S.: Houdsengai bei Dötschang (1798). Lose-schan s (1435) und zwischen Alami und Sikwai im Lolo-Lande (1485) e von Ningyüen. Doline ober Kalapa n von Yenyüen? **Kw.**: Nganschun (CAVALERIE 4028).

Die Nummern 494, 613, 1990, 4955 und 6169 entsprechen dem *R. obscurum* und lassen sich von den anderen gut unterscheiden, doch will ich die Möglichkeit ihrer Vereinigung, die HUTCHINSON in STEV., Spec. Rhod., 809 durchführt, nicht ausschließen. Die dortige Verbreitungsangabe ist aber irrtümlich.

R. heliolepis FRANCH. (*R. plebeium* BALF. f. et W. W. SM.). NW-Y.: Gebüschränder und Tannenwälder der ktp. St. auf Schiefer, 3600—4175 m. Alm Daniutschang zwischen Bödö und Alo se von Dschungdien (4545). Im birm. Mons. zwischen Mekong und Salwin, 28⁰ 7'—9', oberhalb Tjionatong (9764) und am Hange des Tales Schidsaru unter dem Gondon-rungu (9762).

? **R. pholidotum** BALF. f. et W. W. SM. in Not. Bot. Gard. Edinb., X., 132 (1917). Y.: In der tp. St. des Passes Dsuningkou ober Dienso zwischen Dali und Lidjiang, Sandstein, 3400 m (6567, ster.).

R. desquamatum BALF. f. et FORR., l. c., XIII., 40 (1920) (*R. steno-plastum* BALF. f. et FORR., l. c., 60, det. W. W. SMITH). NW-Y.: Tannenwälder der ktp. St. auf dem Passe Lenago zwischen Yangtse und Mekong, 27° 45′, Schiefer, 3600—4050 m, 7. VI. 1916 (8833).

R. rubiginosum FRANCH. NW-Y.: Bei Lidjiang, v. E. (3776). S.: In der tp. und ktp. St. Gebüsche bildend, 3500—3900 m. Ober Piyi sw von Muli. Hang des Daörlbi ober Hungga halbwegs zwischen Yenyüen und Yungning (2959). Tschahungnyotscha ober Ngaitschekou jenseits des Yalung n von Yenyüen, 28° 15′ (2616, s. Naturbild. a. SW-China, Farbenbild 31).

*** R. virgatum*** HOOK., Rhod. Sikk. Himal., t. 26 (1851). NW-Y.: Trockene Hänge der str. und untersten wtp. St. und *Pteridium*-Wiesen des birm. Mons. auf Schiefer am Salwin von Tschamutong bis Dara häufig, 13. VII. 1916 (9567) und oberhalb um Tjionatong, vor 1916 P. GENESTIER (9952), 1750—2000 m.

Blumenkrone entgegen HUTCHINSON in Spec. Rhod., 831 nur wenig schwächer behaart und beschuppt als *oleifolium*, aber nach TAGG brieflich 28. I. 1926 an der Pflanze von Butan ebenso; Griffel am Grunde behaart, innere Knospen-schuppen kurz und dicht seidig, Blüten viel größer als *oleifolium*, dies alles Merk-male von *virgatum*, an das sich meine Pflanze auch geographisch besser anschließt.

R. oleifolium FRANCH. Y.: Feuchte Stellen der wtp. St. beim Tempel Tanghwaschan auf dem Taohwa-schan bei Beyendjing, Sandstein, 2775 m (6244).

R. racemosum FRANCH. In trockenen Wäldern, Gebüschen und an offenen Stellen Gestrüppe bildend häufig, selten im Dschungel, in der oberen wtp. und der tp., seltener ktp. und Hg. St., 2400—3900, selten 4200 m. Y.: Spärlich bei Sanyingpan n von Yünnanfu, 26° (609). Beyendjing (TEN 301). Hang des Dsang-schan ober Dali. Ober Hsiangschuiho zwischen Dali und Hodjing (6490). Im NW um Ngulukö, Ganhaidse (6619) und ober Ahsi bei Lidjiang. S von Yungning. Um Dschungdien. Jenseits des Sattels Gitüdü bei Anangu se von hier. Zwischen Haba und Dugwan-tsun hier bis auf den Kamm, 4200 m (6897). Weihsi (GE-BAUER). Hier am Aufstieg zum Litiping. Im NE bei Hsiao-Wulung (MAIRE ex Arb. Arn. 316). S.: Alm Bätö bei Muli. Schidschön auf der Ebene von Yenyüen (2250). Kalapa, Liuku-liangdse (2280), überall um Gwandien und Kwapi (2786) und jenseits des Yalung von Mclien bis ober Ngaitschekou. Sandaoschan (2207) ne und Paß gegen Niutschang se von Yenyüen. Berg Dadjin e von jenem (2154). Houdsengai bei Dötschang (1852). Laodschang am Lose-schan (1459) im S und von Lanba bis zum Dsiliba im Lolo-Lande (1512) im E von Ningyüen.

Fein behaarte Blütenstiele und mit wenigen, langen Wimpern besetzte Kelche kommen besonders bei Nr. 6619 vor. Die hohe Angabe für Nr. 6897 könnte sich als irrtümlich erweisen, obwohl kein Anzeichen dafür vorliegt.

R. hemitrichotum BALF. f. et FORR. in Not. Bot. Gard. Edinb., XII., 115 (1920). S.: In der tp. bis in die wtp. St. Im Erosionsgraben vom Sattel Duörlliangdse zum Dorf Mubaying w von Yenyüen, 2900 m, 12. VI. 1914 (2882). Wahrscheinlich dieses auch ober Hungga dort. Föhrenwälder ober Sili bei Muli, 3100—3600 m (7216).

R. pubescens BALF. f. et FORR., l. c., 153 (1920). Trockene Stellen der tp. St., auf Sandstein, 2750—3200 m. Y.: Häufig von Boloti bis Hsinyingpan zwischen Yungbei und Yungning (3293). S.: Houdsengai bei Dötschang (Te-tschang) in Djientschang (Kientschang), 5. IV. 1914 (1850).

R. scabrifolium FRANCH. Y.: Gebüsche der wtp. St. auf Sandsteinen und Dahamit, 1800—2500 m. Taohwa-schan bei Beyendjing (6253). Zwischen Schadschou und Bupeng zwischen Tschuhsiung und Dali. W-Hang des Dji-schan ne von hier, viel. Ebenso von Sunggwe gegen Hodjing. Im NE bei Hsiao-Wulung (MAIRE ex Arb. Arn. 205).

R. spiciferum FRANCH. Gebüsche, selten offene Wälder, besonders massenhaft in Steppen der wtp. bis in die str. St., 1600—2550 m. Y.: Überall um Yünnanfu (40. SCHOCH 60). Ober Butji und auf dem Dalitjing-yakou (8619) nw von hier. Spärlicher nach N bis Sanyingpan. An der Straße nach Dali bis Yünnanyi. N von ihr zwischen Landjing und Dingyüen. S.: Ningyüen (1247) und wahrscheinlich dieses bei Sikwai im Lolo-Lande.

R. spinuliferum FRANCH. Steppen, Erosionsgräbenränder, Hartlaub-gebüsche, *Keteleeria-* und Eichenwälder der wtp., selten bis in die tp. St., 2000 bis 3150 m. Y.: Um Yünnanfu beim Tempel Schili-ngan (286), häufig auf dem Tschangtschung-schan (322), beim Tempel Taihwa-se (phot.), ober Butji, auf dem Dalitjing-yakou (8622) bis Sugö häufig. Hsinlung und häufig um Sanyingpan (669) bis Schalungschu ober dem Yangtse. Viel jenseits Fumin. Gegen Hedjing e des Dsolin-ho. Gegen Gwangdung und spärlich zwischen Butsangho und Schadschou w von Tschuhsiung. Im NE bei Schangpadse, 700 m (MAIRE). S.: Dawanying und Yimen n und Sandawan nw von Huili. Houdsengai bei Dötschang im Djientschang, von Gobankou bis auf den Gipfel (1188). Ober Daschiban bei Ningyüen und mehrfach jenseits Hohsi am Abstieg zum Yalung.

× **R. Duclouxii** LÉVL. **(R. spiciferum × spinuliferum).**

Folia maiora latioraque quam in *R. spicifero*, minora quam in *spinulifero*, pilis mollibus huius tantum, sed crebrioribus, supra subglabra aspera ut in utroque. Corollae color inter igneum vel scarlatinum *R. spinuliferi* et roseum *R. spiciferi*, forma intermedia, infundibuliformis enim, 1,6—2 cm longa, ore 12—13 mm lata, extus laxe lepidota, lobis in directione tubi exacta erectopatentibus. Antherae vix vel breviter exsertae. Stylus iis multo longior.

Y.: Steppen und Gebüsche der wtp. St. auf dem Sattel Dalitjing-yakou nw von Yünnanfu mit den Eltern, Sandstein, 2400 m, 23. III. 1916 (8621), auch auf dem Sattel ober Butji. Hierher auch MAIRE 1119, 1122 im Herb. Berlin.

Meine Pflanze ist sicher dieser Bastard. MAIRE 1119 fand ich von DIELS als diesen bezeichnet, 1122 und den *Duclouxii*-Typus dort damit übereinstimmend. Die Übereinstimmung meiner Pflanze mit diesem bestätigte auch Herr COWAN in Edinburgh am 27. VI. 1933. Die Identifizierung mit *R. spinuliferum* durch HUTCHINSON in Spec. Rhod., 606 kann daher nicht richtig sein. Der Pollen zeigt keine Sterilität, doch läßt er auch bei *R. intermedium* TAUSCH keine erkennen.

R. sinonuttallii BALF. f. et FORR. in Not. Bot. Gard. Edinb., XIII., 60 (1920), teste TAGG. NW-Y.: Im wtp. Regenwalde des birm. Mons. im Tjiontson-lumba zwischen Salwin und Irrawadi unter Tschamutong, Granit, 2250—2650 m, 28. VI. 1916 (9122).

R. ciliicalyx FRANCH. (*R. atentsiense* HAND.-MZT. in Sitzgsanz. Ak. W. W., LVIII., 152 [1921]). NW-Y.: Bergrücken zwischen Atendse und dem Mekong, gegen 4000 m (GEBAUER).

Meine Pflanze wurde von HUTCHINSON nach Untersuchung des Exemplares in Spec. Rhod., 456 (1930) zu *R. ciliicalyx* gezogen. In seiner Beschreibung sind aber ihre von dessen Typus abweichenden Merkmale, die nur 6—10 mm langen Blattstiele, außen überall ganz spärlich beschuppten, aber nicht behaarten Korollen und haarlosen Griffel nicht aufgenommen.

*** R. carneum** HUTCH. in Bot. Mag., CXLI., tab. 8634 (1915), det. M. COWAN, e typo. Y.: Buschwälder der wtp. St. unter Djiunienping jenseits Fumin nw von Yünnanfu, 1900—2200 m, 28. IV. 1915 (6131).

R. sulphureum FRANCH. Y.: Kristallinische Felsen der ktp. bis in die tp. St. des Dsang-schan bei Dali, 3625—3975 m (8717).

R. megeratum BALF. f. et FORR. in Not. Bot. Gard. Edinb., XII., 140 (1920) (*R. tapeinum* BALF. f. et FORR., l. c., 164). NW-Y.: Epiphytisch bis in die höchsten Baumwipfel in den tp. und ktp. Mischwäldern des birm. Mons., 2800 bis 3800 m, 27° 52'—28° 9'. Doyon-lumba (8341) und ober Tjionatong zwischen Mekong und Salwin. Westseite des Passes Tschiangschel zwischen Salwin und Irrawadi (9356).

Oft zweiblütig.

R. hypolepidotum (FRANCH.) BALF. f. et FORR. in Not. Bot. Gard. Edinb., XIII., 266 (1922) (*R. brachyanthum* var. *h.* FRANCH.). NW-Y.: Gebüsche und Bachgerölle auf Granit und Urgesteinen in der tp. und ktp. St. des birm. Mons. in der Salwin—Irrawadi-Kette ober Schutsche (9437) bis unter den Paß Pangblanglong, 3100 bis 3600 m.

R. campylogynum FRANCH. Y.: Tannenwälder der ktp. St. auf dem Dsang-schan bei Dali, kristallinischer Boden, 3900—4050 m (8707). Im NW in der Hg. St. des birm. Mons. im Rasen, auf Glimmerschiefer, 3950—4400 m. Si-la und Pongatong (9681) zwischen Mekong und Salwin. Beiderseits des Passes Tschiangschel (9058) und auf dem Buschao zwischen Salwin und Irrawadi.

R. prostratum W. W. SM. in Not. Bot. Gard. Edinb., VIII., 202 (1914). NW-Y.: Bei Lidjiang, v. E. (3775). Humöse, steinige Stellen der windabgewendeten Seite des Kammes zwischen Haba und Dugwan-tsun se von Dschungdien, Schiefer, 4350—4450 m (6920).

R. saluenense FRANCH. NW-Y.: In der ktp. und Hg. St. des birm. Mons., 3600—4575 m. In der Mekong—Salwin-Kette auf dem Si-la Zwerggesträuche bildend (8440, 8897), spärlich auf dem Nisselaka und dem Maya (9654). Beiderseits des Passes Tschiangschel zwischen Salwin und Irrawadi, 27° 52' (9307).

Nr. 8897, vom Originalfundorte, hat den Kelch bald ohne, bald mit Schuppen, Zweige und Rippe mehr oder weniger oder diese gar nicht borstig, und die Blütenstiele mit oder ohne Borsten, mitunter auch einige größere und dunklere Schuppen auf der Blattunterseite. Ich muß daher STAPF in Bot. Mag., t. 9095 (1926) beistimmen, daß *R. chameunum* BALF. f. et FORR. in Not. Bot. Gard. Edinb., XIII., 37 (1920) in die Variationsweite dieses fällt, obwohl es von HUTCHINSON in STEV., Sp. Rhod., 591 getrennt gehalten wird.

R. keleticum BALF. f. et FORR. in Not. Bot. Gard. Edinb., XIII., 50 (1920). NW-Y.: Rasen der ktp. St. des birm. Mons. an der Ostseite des Passes Tschiangschel zwischen Salwin und Irrawadi, 27° 52', Glimmerschiefer, 3275 m, 3. VII. 1916 (9227).

R. elaeagnoides HOOK. f., Rhod. Sikk. Him., Tab. 23 B (1851). HUTCHINSON in Stev., Sp. Rhod., 439 (1930). NW-Y.: Kalkfelsen am Ostfuße des Yülungschan bei Lidjiang, 3000 m, v. E. (3774).

R. cremnophilum BALF. f. et W. W. SM. in Not. Bot. Gard. Edinb., IX., 223 (1916). NW-Y.: Gehängeschutt und Matten der Hg. St. auf Kalk, 4300 bis 4500 m. Westseite des Gebirges Piepun (4695) und Gipfel neben dem Passe zwischen Bödö und Alo (4538) se von Dschungdien.

R. radinum BALF. f. et W. W. SM., l. c., IX., 268 (1916), e typo. NW-Y.: Bei Lidjiang, v. E. (3773).

R. cephalanthum FRANCH. Y.: Felsige Stellen unter Bambus in der tp. St. des Dsang-schan ober Dali, 3350 m (8719). Im birm. Mons. auf dem Maya zwischen Mekong und Salwin, 28⁰ 4' in Menge bis zum Gipfel, 4025—4575 m (8376) und wohl dieses am Tschiangschel zwischen Salwin und Irrawadi.

R. cephalanthoides BALF. f. et W. W. SM. in Not. Bot. Gard. Edinb., IX., 216 (1916). Steinige Matten der Hg. bis in die ktp. St., auf Kalk und Tonschiefer. NW-Y.: 4000—4450 m. Osthang des Gipfels Ünlüpe im Yülung-schan bei Lidjiang (6702). Waha bei Yungning. Westkante des Passes Lenago zwischen Yangtse und Mekong, 27⁰ 45' (8857). S.: Wahrscheinlich dieses auf dem Berge Saganai ober Muli, 4350—4525 m.

R. ledoides BALF. f. et W. W. SM., l. c., 243 (1916). Besonders in Föhrenwäldern, aber auch an offenen trockenen Stellen niedrige Gebüsche bildend in der tp. bis an die wtp. St., 2750—3600 m. S.: Rücken des Dadjin zwischen dem Yalung und Yenyüen, 27⁰ 31' (2145). Ober Bakuwe bei Kwapi n von hier (2492, s. KARSTEN u. SCHENCK, Vegetatb., 20 R., Taf. 42a. SCHNEIDER 4108). Molien jenseits des Yalung (SCHNEIDER 3545). Rücken ober Fumadi am Wolo-ho zwischen Yenyüen und Yungning (3032). S ober Muli. Sw von hier zwischen Hwayi und Hosö. NW-Y.: Sattel zwischen Tschoso und Yungning und s von hier bis ober Sandjiaho.

Kronenzipfel mitunter außen etwas beschuppt.

R. complexum BALF. f. et W. W. SM., l. c., 222 (1916), e typo. NW-Y.: Steinige, humöse, windabgewendete Stellen des höchsten Rückens zwischen Haba und Dugwan-tsun se von Dschungdien, Schiefer, 4350—4450 m (6912).

R. fastigiatum FRANCH. Y.: Offene Stellen des ktp. Tannenwaldes auf dem Dsang-schan bei Dali, kristallinischer Boden, 4050 m (8709).

R. impeditum BALF. f. et W. W. SM., l. c., 239 (1916) **var. *praticolum*** HAND.-MZT.

Ramuli etiam annotini praeter squamas dense hirtello-velutini.

S.: Modermatte der ktp. St. auf dem Tschahungnyotscha jenseits des Yalung n von Yenyüen, 28⁰ 15', Schiefer, 3600—3900 m, 26. V. 1914 (2622).

Entgegen der Beschreibung hat der Griffel auch an einigen Blüten des Typus der Art am Grunde nicht weniger Haare als bei meiner Pflanze. Spuren derselben Zweigbehaarung zeigt WARD 4444 von der Scheidekette zwischen Yalung und Hsiao-djing-ho (Litang-Fluß) ne von Muli, also dem am weitesten gegen meinen vorgeschobenen Fundorte.

R. telmateium BALF. f. et W. W. SM., l. c., 280 (1916), e typo. S.: Föhrenwälder der tp. St. bei Hosö im Gebiete von Muli in dem nw von Yungning herabziehenden Tale, Schiefer, 2950 m (7544).

R. alpicola REHD. et WILS. in Plt. Wils., I., 506 (1913). NW-S.: Gebirge um Sungpan (WEIGOLD).

R. intricatum FRANCH. Rasen, besonders an moorigen Stellen, und Modermatten der tp. bis in die Hg. St., (2750—) 3100—4075 (—4525) m. S.: Im Lolo-Lande e von Ningyüen vom Passe Dsiliba bis Lolokou häufig (1506). Liukuliangdse (2342) und Hwang-liangdse (5527), zwischen Yenyüen und Kwapi. Von Molien bis unter den Tschahungnyotscha jenseits des Yalung n von dort. Einzeln an Felsen in Föhrenwäldern bei Gaitiu und auf dem Sattel zwischen Tschoso und Yungning in NW-Y. Hier mit Stecheichen auf dem Hoörl. In Mengen auf dem Paß Sanschischao zwischen Hodjing und Gwanyinschan. In den Aufzeichnungen jedoch von folgenden nicht deutlich unterschieden, weshalb die darauf beruhenden Höhengrenzen in Klammern gesetzt.

R. hippophaeoides BALF. f. et W. W. SM. in Not. Bot. Gard. Edinb., IX., 236 (1916). Sümpfe, Mo ore, Modermatten und andere feuchte Stellen der tp. und ktp. St., 3150—3900m, ob dieses auch an trockeneren Stellen der Hg. St. bis 4525 m? (s. unter vorigem). S.: SW-Seite des Sandao-schan zwischen Yenyüen und dem Yalung, 27° 31′ (2217). Daörlbi (2986) und Rücken ober Fumadi (3031) zwischen Yenyüen und Yungning. Pässe Tschescha und Döko und Berge Saganai und Gonschiga bei Muli. NW-Y.: Mahaidse n von Lidjiang. Massenhaft auf dem Waha bei Yungning. Beischaogo bei Dschungdien (7767). Westseite des Gebirges Piepun (4645), Paß Hsiao-Niutschang ober Bödö und Rücken zwischen Haba und Dugwan-tsun se von hier.

R. cuneatum W. W. SM., l. c., VIII., 200 (1914). NW-Y.: In der ktp. St. auf dem Gipfel des Yao-schan ober Ganhaidse bei Lidjiang, Kalk, 3825 m (6758).

** *R. Amundsenianum*[1] HAND.-MZT. in Sitzgsanz. Ak. W. W., LVIII., 25 (1921).

Subgen. *Lepidorhodium* KOEHNE, sect. *Osmothamnus* MAX., ser. *Lapponicum*.

Frutex ultra 30 cm altus, fastigiato-ramosus, ramulis crassis elongatis, squamis persistentibus annotinis atro-ferrugineis vetustis nigris dense tectis, sero decorticatis. Folia elliptica vel obovato-elliptica, 9 × 5 et 12 × 6 usque 18 × 8 et 17 × 9 mm, apice rotundata vel subtruncata cum mucrone punctiformi saepe reflexo, basi cuneata vel subrotundata, coriacea, margine revoluto hic illic paulum ciliata, supra atroviridia rugulosa, squamis aequalibus brevissime stipitatis umbone resinoso-nitidis margine laxo angusto albido-membranaceis contiguis obsita, costa paulum sulcata, subtus pallide olivacea, squamis densis passim discontiguis adpressis disco pallidius atriusve resinoso-nitido instita decolore instructis pallide ferruginea et paucis paulum atrioribus instita quoque resinosa ± distincte punctata, costa basin versus distincte et interdum nervis lateralibus 2 valde obliquis paululum prominuis; petiolus 1—1¹/₂ mm longus, dense lepidotus. Umbella c. 3flora. Bracteae persistentes, 5 mm longae, exteriores crustaceae, late ovatae, dorso dense lepidotae, intus superne sericeae, margine dense barbatae. Bracteolae filiformes, ciliatae. Pedicelli crassi, 2—3 mm longi, dense lepidoti. Calyx 4—5 mm longus, fere ad basin partitus, lobis ovatis intus brevissime sericeis, extus medio lepidotis, margine dense ciliatis. (Corolla staminaque ignota.) Ovarium dense resinicolori-lepidotum; stylus ad 15 mm longus, dimidio inferiore dense pilosus. Capsula 5 mm longa.

S.: In der ktp. und Hg. St. des Lose-schan s von Ningyüen (Lingyüen), Sandstein, 3900—4250 m, 16. IV. 1914 (1414).

---

[1] Species missionario E. AMUNDSEN in urbe Yünnanfu, qui ut collectiones a me factae domum mitterentur enixe opem dedit, dedicata.

Species imperfecte nota, *R. nitidulo* REHD. et WILS., *ravo* BALF. f. et SM., *dasypetalo* BALF. f. et FORR. affinis, sed squamis in foliorum facie superiore crassis et resinosis insignis ceterisque notis pluribus differens. *R. pycnocladum* BALF. f. et SM. longius distat.

Die Verschiedenheit der Schuppen der Blattunterseite ist so gering, daß die Pflanze wohl mit den gleichschuppigen näher verwandt ist als mit den verschiedenschuppigen, obwohl auch unter diesen bei *R. rupicolum* W. W. SM. die Schuppen im Alter mehr oder weniger gleich werden.

R. chryseum BALF. f. et WARD in Not. Bot. Gard. Edinb., IX., 219 (1916). NW-Y.: In offenen bambusreichen Mischwäldern und Tannenwäldern mit Weidenunterwuchs der ktp. und in offenem Lande der Hg. St. des birm. Mons. auf Granit und Glimmerschiefer, 3700—4280 m. In der Mekong—Salwin-Kette an der Westseite des Si-la (8947), unter dem Doker-la (8114) und in Menge auf dem Sattel Tonggong ober Tjionatong. Zwischen Salwin und Irrawadi beiderseits des Passes Tschiangschel (9306) und auf dem Rücken zwischen dem Tale Gümbalo und dem See Tsukue ober Tschamutong, v. E. (9922).

Calyx variat longe ciliatus et squamis tantum fimbriatus in uno eodemque specimine nri. 9922.

R. rupicolum W. W. SM. in Not. Bot. Gard. Edinb., VIII., 203 (1914). NW-Y.: In steinigem sowohl als humösem Rasen der ktp. und Hg. St. des Rückens zwischen Haba und Dugwan-tsun se von Dschungdien, Tonschiefer, 4050—4250 m (6862).

R. muliense BALF. f. et. FORR., l. c., IX., 101 (1919), e typo. S.: Modermatte der ktp. St. auf dem Tschahungnyotscha ober Ngaitschekou jenseits des Yalung n von Yenyüen, 28° 15′, Schiefer, 3600—3900 m, 26. V. 1914 (2623).

R. irroratum FRANCH. (*R. Maximowiczianum* LÉVL., e typo). Y.: Trockene Gebüsche und auch üppigere Wälder der wtp. bis in die tp. St. auf Sandstein, Tonschiefer und Diabas, 2000—3350 m. Zwischen Butji und Lugö bei Yünnanfu. Wahrscheinlich hier (CAVALERIE 4627). Unter Hsinlung jenseits des Pudu-ho n von hier (498). Ober Lodse-Magai gegen Fumin (6154). Häufig auf dem Taohwa-schan bei Beyendjing (6234). Gipfelkamm des Dji-schan ne von Dali (6414). Ober Dienso zwischen Dali und Hodjing gegen den Paß Dsuningkou (6576). S.: Paß Linbinkou zwischen Yenyüen und Kwapi (2827 ?, fruchtend, vielleicht das folgende).

Nr. 6234 hat nur 5 mm lange Blütenstiele und kaum $2^1/_2$ cm lange Kronen, stimmt aber mit FORRESTschen Pflanzen überein; 498 hat drüsenlose Krone und gerundete bis fast spitze Blätter.

**** R. ningyüenense** HAND.-MZT. in Sitzgsanz. Ak. W. W., LVII., 288 (1920). TAGG in STEVENSON, Spec. Rhod., 353 (1930).

A praecedente diversum corollis vix vel paulum tantum maculatis, filamentis glabris vel in tertio infero parce papilloso-puberulis, ovario glandulis clavatis rufis et pilis parcioribus albis serius caducis partim glanduliferis pulverulento.

S.: In gelichteten Mischwäldern der tp. St. auf Sandstein und Diabas, 2700—3350 m. Ober Luschui am Loseschan s von Ningyüen, 16. IV. 1914 (1445, Typus). Ober Dindjia-tsun am Lungdschu-schan bei Huili, 26. III. 1914 (900). Nordostseite des Sandao-schan zwischen Yenyüen und dem Yalung, 27° 31′, 12. V. 1914 (2211).

Die ursprünglich von mir beschriebenen Börstchen auf der Blattunterseite erwiesen sich als Pilzbildungen.

R. eritimum BALF. f. et W. W. SM. in Trans. Bot. Soc. Edinb., XXVII., 190 (1917), det. TAGG. NW-Y.: Tannenwälder der ktp. und Mischwälder der tp. St., 2950—4280 m. Nguka-la zwischen Dschungdien und Djitsung am Yangtse, Diabas (7800). Im birm. Mons. ober Bahan und auf dem Schöndsu-la (8353) in der Mekong—Salwin-Kette auf Glimmerschiefer. Zwischen Salwin und Irrawadi im Tjiontson-lumba unter Tschamutong auf Granit (9207, nach TAGG wahrscheinlich die als *R. heptamerum* BALF. f. in Not. Bot. Gard. Edinb., XIII., 48 [1920] beschriebene Form, nur fruchtend) und in der wtp. St. in der Seitenschlucht Naiwanglong des e Irrawadi-Oberlaufes, 2275 m.

**** R. persicinum** HAND.-MZT. in Sitzgsanz. Ak. W. W., LX., 97 (1923) (*R. eritimum* ssp. *p.* [H.-M.] TAGG in STEVENS., Spec. Rhod., 343 [1930]).

A praecedente diversum ramulis glaberrimis, pedicellis superne interdum glutinoso-pilosulis, corollis persicinis.

Y.: Wälder der tp. St. am Passe Dsuningkou ober Dienso zwischen Dali und Hodjing, 26° 24′, 3050—3400 m, 27. V. 1915 (6549).

Diese Pflanze, ein Baum mit glatter, weißer Rinde und zart, aber gesättigt pfirsichblütenfarbenen Blumenkronen, ist eines der eindrucksvollsten Rhododendren, die ich sah. Inwieweit die Zuweisung als Subspezies zu *R. eritimum* berechtigt ist, kann ich nicht beurteilen, da ich dieses und seine übrigen Unterarten nicht blühend sah. Das in derselben Gegend heimische *R. anthosphaerum* DIELS (inkl. *R. hylothreptum* BALF. f. et W. W. SM.), das mit 5- bis 7zähligen Blüten variiert, ist durch dicht flockige und drüsige junge Zweige, ganz andere, nicht wachsige und dünner, aber stärker netznervige Blattunterseite, drüsigen Kelch und behaarte Blütenstiele, Staubfäden und Griffel viel weiter verschieden.

R. denudatum LÉVL. in Rep. sp. nov., XIII., 339 (1914), det. TAGG e typo. Mischwälder und offenere Stellen zwischen Bäumen und Bambus in der tp. St. auf Sandstein und Schiefer, 2600—3500 m. S.: Im Daliang-schan (Lolo-Lande) e von Ningyüen bei Lolokou und ober Yendselou (1471) und am Sosoliangdse (1666). Ober Ngaitschekou jenseits des Yalung n von Yenyüen, 28° 10′ (2633). NE-Y.: Berg von Belung-tsun (MAIRE ex Arb. Arn. 494).

Der hell ockerfarbige Filz wird schließlich silberig aschgrau.

R. hypoglaucum HEMSL. (*R. gracilipes* FRANCH., det. TAGG). S-S.: Nantschwan (BOCK u. ROSTHORN 91).

R. Delavayi FRANCH. Y.: Trockene Gebüsche, Buschwälder und Lorbeereichenwälder der wtp. und unteren tp. St., 2150—3100 m. Nw von Yünnanfu ob Sugö jenseits des Dalitjing-yakou (1993). N von hier unter dem Sattel Yunengo (580), bei Modsutan und auf dem Laoling-schan (670) bei Sanyingpan. E des Dsolin-ho ober Wayaodjing (4913) und Dadschwangkou (6168), bei Hsiaoschidschou und unter Laowanpo. Schanyakou bei Dingyüen. Beyendjing (TEN 288). Hier viel auf dem Taohwa-schan. Ostseite des Dji-schan ne von Dali (6382). Ober Dienso s von Hodjing gegen den Paß Dsuningkou. Ober Gwanyinschan am Wege nach Hodjing. Gemein von Santschwanba unter Yungbei bis Dawan. Ober Duinaoko e von Lidjiang (3456). Tschouko am direkten Wege von Weihsi nach Djientschwan. Im Salwin-Tale gegen den Schweli (GEBAUER). Im E auf dem Rücken ober Yadjitang zwischen Magai und Sidsung.

R. crinigerum FRANCH. (*R. ixeuticum* BALF. f. et W. W. SM. in Not.
Bot. Gard. Edinb., IX., 240 [1916], det. W. W. SM.). NW-Y.: Im tp. Regenmischwalde und zwischen Bambus in der ktp. St. des birm. Mons. auf Schiefer
und Granit, 3000—3800 m. Ober Tjionatong am Salwin, 28⁰ 7′ (9771). Massenhaft im Tjiontson-lumba unter Tschamutong gegen den Irrawadi (9204).

R. glischrum BALF. f. et W. W. SM., l. c., 229 (1916), det. TAGG. NW-Y.:
Im str. Regenlaubwalde des birm. Mons. der Seitenschlucht Naiwanglong des
Taron (e Irrawadi-Oberlaufes), 27⁰ 53′, Granit, 2250 m (9348).

Steril, nur mit einer alten Rhachis. Blätter mehr eiförmig-elliptisch und
rein elliptisch, als obovat-elliptisch, Unterseite viel kürzer behaart, aber Oberseite lang und dauernd recht dicht behaart. Standort ganz verschieden. Mag
so lange bei dieser im Blatt recht veränderlichen Art bleiben, als nicht mehr
davon vorliegt.

R. monosematum HUTCH. in Bot. Mag., CXLII., t. 8675 (1916). W-S.:
Wa-schan s von Yadschou (WEIGOLD).

R. cyanocarpum (FRANCH.) W. W. SM. in Trans. Bot. Soc., Edinb.,
XXVI., 275 (1914), det. TAGG (*R. hedythamnum* BALF. f. et FORR. var. *eglandulosum* HAND.-MZT. in Sitzgsanz. Ak. W. W., LX., 154 [1923]). Y.: Tannenwälder
der ktp. St. auf dem Dsang-schan ober Dali, kristallinisches Gestein, 3900 bis
4050 m (8712).

R. telopeum BALF. f. et FORR. in Not. Bot. Gard. Edinb., XIII., 61
(1920). NW-Y.: An der unteren Grenze der Hg. St. des birm. Mons. an der
Westseite des Passes Ulüla zwischen Salwin und Irrawadi, 27⁰ 52′, Glimmerschiefer, 4000 m, 4. VII. 1916 (9292).

** ***R. dasycladoides*** HAND.-MZT.

Subgen. *Eurhododendron* MAX., ser. *Thomsonii*, subser. *Selense*.

Arbuscula ad 4 m alta (e SCHNEIDER), ramulis hornotinis 3 mm crassis,
fuscis, ut petioli costaeque dorsum setulis minutis glandulisque crebris angustis
fulvis in stipitibus tenuibus ¹/₂ mm longis dense indutis, annotinis earum residuis
asperis, vetustioribus griseis. Folia aggregata, oblongo- vel subovato-elliptica,
3—7 cm longa, longitudine ± duplo angustiora, acuta, mucrone 1—2 mm
longo, basi anguste rotundata vel minute cordata, coriacea, margine latiuscule
cartilagineo aspera, supra valde alutacea, in costae sulco puberula, ceterum
glabra, opaca, subtus subferruginea, glanduloso-papillosa et pilis glandulosis
fulvis conspersa, nervis utrinsecus 12—13 tenuiter prominuis, venularum reti
densissimo fusco; petiolus 7—10 mm longus, crassus, ut ramuli costaeque dorsum
indutus. Inflorescentia subumbellata, c. 8flora, rhachi pedicellisque ut ramuli,
imo densius, indutis. Bracteae exteriores suborbiculares, ad 1¹/₂ cm longae,
coriaceae, extus dense albo-sericeae et stipitato-glandulosae, deciduae, intimae
sensim subfiliformes longe sericeae. Pedicelli 7—10 mm longi, crassi. Calycis
cupula brevissima; lobi oblongi, 5—7 mm longi, extus dense glanduloso-pilosi.
Corolla rosea superne tenuiter purpureo-maculata et -striolata, late infundibularis, c. 3¹/₂ cm longa, basi paulum carnosa nectariis indistinctis, intus tubi
latere inferiore albo-pilosula, lobis 5, rotundatis, c. 2 cm latis, leviter emarginatis,
tubo brevioribus. Stamina 10, lobis breviora, filamentis inferne dense puberulis.
Ovarium praeter basin densissime et partim glanduloso rufo-hirsutum; stylus
glaber, exsertus, stigmate crasso, lobulato. (Capsula ignota.)

S.: Im Alpenrosenwald der ktp. St. des Tschahungnyotscha ober Ngaitsche-kou jenseits des Yalung n von Yenyüen, 28⁰ 15′, Schiefer, 3600—3900 m, 26. V. 1914 (2617. Schneider 4083).

Species monente cl. Tagg proxime affinis *R. dasyclado* Balf. f. et W. W. Sm. quod differt foliis obtusis, subtus minute pilosis, costa hic subglabra, venularum reti inconspicuo, petiolis longioribus, glabrescentibus, pedicellis longioribus, calycis lobis multo brevioribus, stylo basi glanduloso.

R. croceum Balf. f. et W. W. Sm. in Not. Bot. Gard. Edinb., X., 93 (1917). NW-Y.: Im bambusreichen Walde an der Grenze der tp. und ktp. St. an der Westseite des Rückens zwischen Haba und Dugwan-tsun se von Dschung-dien, Kalk, 3700 m (6907).

R. litiense Balf. f. et Forr., l. c., XII., 126 (1920), e typo. NW-Y.: Bambusetenränder der tp. St. am Moor auf dem Passe Da-Litiping zwischen Yangtse und Mekong, 27⁰ 12′, Sandstein, 3450 m, 11. X. 1915 (8499).

R. panteumorphum Balf. f. et W. W. Sm. l. c., XI., 257 (1916). NW.-Y.: Um die Alm Dotitong in der kpt. St. des birm. Mons. an der Ostseite des Si-la zwischen Mekong und Salwin, 28⁰, Glimmerschiefer, 3900 m (8906). Weiter n häufig im oberen Doyon-lumba und ober Tjionatong, 3400—4000 m.

Die gesammelte Pflanze, vom Originalfundorte des *R. selense* Franch., gehört nach Cowan (briefl. 15. III. 1934) nicht zu dieser Art, sondern stimmt nahezu genau mit dem Typus von *R. panteumorphum*, das in Stev., Sp. Rhod. zu Unrecht mit *selense* vereinigt wird.

R. sutchuenense Franch. S-S.: Nantschwan (Bock u. Rosthorn 944).

R. Fortunei Lindl. S-S.: Nantschwan (Bock u. Rosthorn 945).

R. decorum Franch. (*R. hexamerum* Hand.-Mzt. in Sitzgsanz. Ak. W. W. LVIII., 27 [1921]). Trockene Hänge und offene Gebüsche und Föhrenwälder, selten in dichtem Buschwald, in der wtp. bis in die tp. St., (1600—) 2000—3300, selten 3600 m. Y.: Um Yünnanfu selten bei der Djindien-se; überall auf den Bergen im W (Schoch 106). N von hier von Djiaohsi (682) bis Schalungschu über dem Yangtse. Im W überall zerstreut an der Straße nach Dali (auch Lim-pricht 854 als *R. glanduliferum* Franch.), aber häufig ober Hungngai. N von hier wenig bei Hedjing und Tschientschanggwan. Ober Gwanfang und bei Mitien e von Bintschwan. Hsiangschuiho zwischen Dali und Hodjing und viel auf dem Passe Sanschischao (Kualapo) hier. Im NW um Lidjiang, bis Ndaku und Bödö. Um Yungning (s. Karsten u. Schenck, Vegetatb., 22. R., Taf. 43 b), ober Piyi und ober Hsinyingpan s von hier. Ober Tschwadse zwischen Yungning und Dschungdien. Jenseits des Nguka-la sw von hier. Unter Lutien e von Weihsi. Taidsedien am direkten Wege von hier nach Djientschwan. Unter dem Tschrana-laka bei Tseku und ober Londjre am Mekong. Im birm. Mons. ober Tjiontson am Salwin. Im E viel ober Yadjitang zwischen Magai und Sidsung. S.: Um Muli. Häufig von Fumadi bis Bitieliangdse über dem Wolo-ho. Im Becken von Yenyüen gegen Hungga und noch in Erosionsgräben der Steppe bei Schuitangdse. Um Kalapa, Gwandien, Kwapi und Molien n von dort. Berg Dadjin ne (2151) und ober Niutschang se von Yenyüen. Schao-schan se von Ningyüen (1343) und e von hier im Lolo-Lande auf dem Dsiliba, sehr viel am Soso-liangdse, bei Mohatscho und auf dem Sattel zwischen Tjiaodjio und Lemoka (972). Houdsengai bei Dötschang (1851). Sehr viel am Lungdschu-schan bei Huili. SW-Kw.: Zwischen Pingdetang und Hsindiendse ober Djiangdi.

R. hexamerum habe ich beschrieben, bevor die Veränderlichkeit in den Zahlen der Blütenteile richtig erkannt war.

R. vernicosum FRANCH. (*R. Sheltonae* HEMSL. et WILS., det. TAGG). NW-Y.: Atendse über dem Mekong, 28⁰ 28′, 3500 m (GEBAUER).

Dieses Vorkommen zeigt, daß von den von TAGG als kaum unterscheidbare geographische Formen unter *R. vernicosum* gestellten Arten wenigstens *R. Sheltonae* nicht einmal als solche betrachtet werden kann.

R. sino-grande BALF. f. et W. W. SM. in Not. Bot. Gard. Edinb., IX., 274 (1916) var. **boreale** TAGG et FORR., l. c., XV., 119 (1926), det. TAGG. NW-Y.: Tp. Regenwälder des birm. Mons. bis in die wtp. und ktp. auf Schiefer und Granit, 2470—3800 m. Zwischen Mekong und Salwin in dem vom Si-la nach Tsedjrong herabführenden Tale, sowie jenseits ober Bahan, im Doyon-lumba, 23. IX. 1915 (8307) und ober Tjionatong. Zwischen Salwin und Irrawadi im Tjiontson-lumba und am Westhang des Passes Tschiangschel, auch als Gelegenheitsepiphyt.

R. praestans BALF. f. et W. W. SM., l. c., IX., 263 (1916). NW-Y.: Mischwälder und feuchte Bambusbestände der tp. St. auf Kalk, 3200—3450 m. Zwischen Tsasopie und dem Sattel Hwayanggo n von Lidjiang am kleinen Wege nach Yungning, 27⁰ 27′ (7030). Westseite des Passes Lenago zwischen Yangtse und Mekong, 27⁰ 45′ (8848).

R. coryphaeum BALF. f. et FORR., l. c., XII., 100 (1920). NW-Y.: In den tp. und ktp. Regenwäldern des birm. Mons. auf Schiefern und Granit, 2620 bis über 4000 m, oft massenhaft. Zwischen Mekong und Salwin beiderseits des Schöndsu-la, 28⁰ 6′, 22. IX. 1915 (8246), im obersten Doyon-lumba und ober Tjionatong. Zwischen Salwin und Irrawadi im Tale unter dem Gomba-la.

R. basilicum BALF. f. et W. W. SM., l. c., IX., 214 (1916). NW-Y.: In den tp. bis in die ktp. Regenwälder des birm. Mons. zwischen Salwin und Irrawadi, auf Schiefer und Granit, 2620—3700 m. Tjiontson-lumba unter Tschamutong (9206) und jenseits des Passes Tschiangschel, unter dem Gomba-la und ober Schutsche, die Notizen aber vielleicht gemischt mit *R. coryphaeum*.

R. Rex LÉVL. in Rep. sp. nov., XIII., 340 (1914), det. TAGG e typo. S.: An Bachrändern, im Bambusdschungel meist einzeln in der tp. St. bis in Tannenwälder der ktp. auf Sandstein, Diabas und Schiefer, 3075—3650 m. Ober Djifangkou am Lungdschu-schan bei Huili (921). Ober Laodschang am Lose-schan s von Ningyüen (1394). Um Lolokou (1472) und Yendselou im Lolo-Lande e von hier. Hwang-liangdse zwischen Yenyüen und dem Yalung und ober Ngaitschekou jenseits desselben n von hier.

R. Bureavii FRANCH. Y.: In dschungelerfüllten Waldschluchten und dichtem Ericaceen- und Eichenwald der tp. St. auf Sandstein und Diabas, 3150 bis 3400 m. Zwischen Dali und Hodjing ober Hsiangschuiho, 26⁰ 15′ (6489), unter dem Passe Dsuningkou bei Dienso und zwischen Heniuschao und dem Passe Sanschischao.

R. adenogynum DIELS in Not. Bot. Gard. Edinb., V., 216 (1912). NW-Y.: Auf Hg.-Matten und an Felsen der Ostseite des Gipfels Ünlüpe im Yülung-schan bei Lidjiang, Kalk, 4000—4100 m (6711). Die Notizen, nach denen sehr ähnliche Pflanzen in den Tannenwäldern der ktp. St. eine große Rolle spielen und darüber selbständige Krummholzwälder bilden bis 4600 m, auf dem Gipfel des Yao-schan bei Lidjiang, 3825 m, ober Dugwan-tsun, Bödö und am Piepun und Schulakadsa se von Dschungdien, Waha bei Yungning und in S.: auf dem Passe Tschescha und dem ganzen Rücken sw von Muli, sind bei den geringen Unterschieden der beschriebenen Arten nicht sicher zuzuweisen.

R. aischropeplum Balf. f. et Forr., l. c., XIII., 229 (1922). NW-Y.: Tannenwälder der ktp. St. auf dem Rücken Lenago zwischen Yangtse und Mekong, 27° 45′, Tonschiefer, 4050 m, 7. VI. 1916 (8834).

** *R. cucullatum* Hand.-Mzt. in Sitzgsanz. Ak. W. W., LVIII., 26 (1921) (*R. coccinopeplum* Balf. f. et Forr. in Not. Bot. Gard. Edinb., XIII., 248 [1922]). S.: Dichte, bis zu 4 m hohe Krummholzwälder an und über der Baumgrenze bildend auf Sandstein und Schiefer, 3900—4300 m. Lose-schan s von Ningyüen, 16. IV. 1914 (1416, Typus). Ostrücken des Tschahungnyotscha ober Ngaitschekou jenseits des Yalung n von Yenyüen, 28° 15′, 27. V. 1914 (2650).

Wiederholung der Beschreibung erübrigt sich nach der von Balfour und von Tagg gegebenen. Hutchinson zieht in Bot. Mag., CLVIII., Tab. 9383 (1935) *R. aischropeplum, coccinopeplum, poecilodermum* Balf. f. et Forr. und *cucullatum* als Synonyme zu *R. Roxieanum* Forr. in Not. Bot. Gard. Edinb., VIII., 344 (1915), bildet es aber mit scharf zugespitzten Blättern ab und beschreibt diese als allmählich verschmälert zur Spitze und mit kurz drüsenhaarigem Blattstiel. Wenngleich gewiß zu viele Rhododendren beschrieben wurden, geht eine solche Zusammenziehung doch sicher viel zu weit.

R. recurvum Balf. f. et Forr., l. c., XI., 110 (1919), teste Tagg. NW-Y.: Sumpfrand der ktp. St. auf dem Nguka-la sw von Dschungdien („Chungtien"), Tonschiefer, 4125 m (7755). Wahrscheinlich dieses auch auf dem Kamme zwischen Haba und Dugwan-tsun se von hier.

R. phaeochrysum Balf. f. et W. W. Sm., l. c., X., 131 (1917). S.: Gebüschränder und Tannenwälder von der Hg. bis in die tp. St., 3000—4075 m. Ober Luschui am Lose-schan s von Ningyüen (1419). Zwischen Yenyüen und Kwapi bei Gwandien (2797) und auf dem Hwang-liangdse (5513).

R. neriiflorum Franch. Y.: Häufig in der tp. St. am Hange des Dsang-schan ober Dali mit Bambus, kristallinisches Gestein, 2850—3600 m (8716).

R. haematodes Franch. Y.: Massenhaft in Tannenwäldern der ktp. St. des Dsang-schan ober Dali, 3700—4050 m, kristallinisches Gestein (8719).

R. chaetomallum Balf. f. et Forr., l. c., XII., 95 (1920), det. W. W. Smith. NW-Y.: Tannenwälder der ktp. St. auf dem Passe Lenago zwischen Yangtse und Mekong, 27° 45′, Tonschiefer, 4050 m, 7. VI. 1916 (8831).

R. eudoxum Balf. f. et Forr., l. c., XI., 62 (1919) (*R. temenium* Balf. f. et Forr., l. c., 146 [1919]). NW-Y.: In Staudenfluren der Hg. St. des birm. Mons. auf dem Schöndsu-la zwischen Mekong und Salwin, 28° 4′, Kalk, 4025 m, 22. IX. 1915 (8247).

R. sanguineum Franch. NW-Y.: In der ktp. bis in die Hg. St. des birm. Mons. Zwergkrummholz bildend auf Glimmerschiefer, 3600—4200 m. Zwischen Mekong und Salwin an der Ostseite des Si-la (8898, 8905), spärlich auf dem Nisselaka und massenhaft am Rücken Pongatong gegen das oberste Doyon-lumba. Ober Schutsche am Taron (e Irrawadi-Oberlaufe) gegen den Paß Pangblanglong.

Die gesammelten Pflanzen, vom Originalfundorte, variieren mit dunkel-purpurroten (8905) und gelb- bis rotorangen (8898) Blüten. 8905 hat die Fila-mente im unteren Drittel sogar ziemlich stark behaart, stimmt aber in Blättern und Blütenfarbe nicht mit *R. haemaleum.* Die Behaarung der Blütenstiele ist ohne Zusammenhang mit der Farbe ganz kurz sternförmig oder länger büschelig. Die Blätter sind an den rotorangen Stücken etwas spitzer. Auch SOULIÉ gibt nach BALFOUR in Not. Bot. Gard. Edinb., XI., 79 orange als Farbe an.

R. didymum BALF. f. et FORR. in Not. Bot. Gard. Edinb., XIII., 256 (1922). NW-Y.: Tannenwälder und offene, grasige Stellen der ktp. und tp. St. des birm. Mons. auf Glimmerschiefer, 3075—3400 m. Häufig an der Ostseite des Passes Tschiangschel zwischen Salwin und Irrawadi, 27⁰ 52′, 3. VII. 1916 (9221). Ober Schutsche am Taron gegen den Paß Pangblanglong.

R. haemaleum BALF. f. et FORR., l. c., XI., 71 (1919). NW-Y.: Tannen- und *Rhododendron*-Bestände der ktp. St. unter dem See Tsukue hinter dem Gom-ba-la in der Salwin—Irrawadi-Kette ober Tschamutong, Glimmerschiefer, 3650 m (9532).

R. citriniflorum BALF. f. et FORR., l. c., 35 (1919). NW-Y.: In der Hg. St. des birm. Mons. an der Westseite des Passes Ulüla zwischen Salwin und Irrawadi, 27⁰ 52′, Glimmerschiefer, 4000—4085 m, 4. VII. 1916 (9287).

R. Forrestii BALF. f., l. c., V., 211 (1912). NW-Y.: In der ktp. St. des birm. Mons. kriechend auf Glimmerschiefersteinen im Sumpf bei der Alm Dotitong an der Ostseite des Si-la zwischen Mekong und Salwin, 3900 m (8950). Wahrscheinlich dieses auch in der Hg. St. an der Ostseite des Passes Tschiangschel zwischen Salwin und Irrawadi und besonders häufig auf Matten an dessen Westseite, 3850—4050 m.

R. lacteum FRANCH. Y.: Häufig in ktp. Tannenwäldern auf dem Dsang-schan ober Dali, kristallinischer Boden, 3900—4050 m (8711).

R. Beesianum DIELS in Not. Bot. Gard. Edinb., V., 214 (1912). Tannen-wälder und Bachränder der ktp. bis an die tp. St., 3550—4100 m. NW-Y.: Paß Lenago zwischen Yangtse und Mekong, 27⁰ 45′ (8837). Westseite des Rückens zwischen Bödö und Alo (4598) und in Menge beim Sumpf Djolo ober Anangu se von Dschungdien. S.: Bei Muli an der Nordseite des Passes Tschescha (7242), ober Gumadi und häufig unter dem Lagerplatze Tschako.

R. colletum BALF. f. et FORR., l. c., XI., 39 (1919). NW-Y.: In der ktp. St. des birm. Mons. in den obersten Mischwäldern am Si-la, 17. VI. 1916 (8943) und Nisselaka zwischen Mekong und Salwin, Glimmerschiefer, 3900—4225 m.

R. uvariifolium DIELS, l. c., V., 213 (1912) (*R. Monbeigii* REHD. et WILS. in Plt. Wils., I., 536 [1913]). NW-Y.: Wälder der tp. und ktp. St. des birm. Mons. auf Granit und Glimmerschiefer, 3100—3750 m. Zwischen Mekong und Salwin viel um die Almen Doschiratscho und Rüschaton an der Ostseite des Si-la, und unter dem Doker-la (8024). Am Abstiege vom Paß Tschiangschel zum Irrawadi.

Die gesammelte Pflanze ist nach TAGG „vielleicht näher *R. niphargum* BALF. f. et WARD", l. c., X., 125 (1917).

R. fulvoides BALF. f. et FORR., l. c., XII., 112 (1920), det. TAGG. NW-Y.: Im ktp. Tannenwalde an der Ostseite des Passes Lenago zwischen Yangtse und Mekong, 27⁰ 45′, Glimmerschiefer, 3600—3700 m (8850).

R. bullatum FRANCH. NW-Y.: In der tp. bis in die wtp. St., 2475 bis 3200 m. In den obersten Föhrenwäldern auf Sandstein an der Westseite des Passes Lenago zwischen Yangtse und Mekong (8858). Im birm. Mons. von Schiefer- und Granitfelsen hängend in den Regenwäldern bei der Brücke Schingudoba im Doyon-lumba (9603) und im Tjiontson-lumba (9171) unter Tschamutong am Salwin. Epiphytisch am Abstiege vom Paß Tschiangschel zum Taron.

Diplarche HOOK. f. et THOMS.

D. multiflora HOOK. f. et THOMS. NW-Y.: In der Hg. St. des birm. Mons. bis in die ktp., oft mit Rhododendren, auf Glimmerschiefer, 3675—4375 m. In der Mekong—Salwin-Kette auf dem Rücken Pongatong, 28⁰ 9′ (9680) und jenseits des Passes Yigöru gegen das Tal Schidsaru. Zwischen Salwin und Irrawadi an der Westseite des Passes Tschiangschel, 27⁰ 52′ (9283) und unter dem Pangblanglong.

* ***D. pauciflora*** HOOK. f. et THOMS. in Journ. of Bot., VI., 383 (1854). NW-Y.: Schneetälchen der Hg. St. des birm. Mons. auf dem Si-la zwischen Mekong und Salwin, 29. IX. 1915 (8429). Salwin—Irrawadi-Kette w von hier (FORREST 18923).

Enkianthus LOUR.

E. chinensis FRANCH. NW.-Y.: Mischwälder der tp. St., 2700—3660 m, auf Sandstein, Granit und Glimmerschiefer. W ober Ganhaidse bei Lidjiang (6724). Westfuß des Litiping bei Weihsi und Paß Akelo, 27⁰ 19′ (7915) zwischen Yangtse und Mekong. Im birm. Mons. zwischen Mekong und Salwin im Doyonlumba streckenweise Hauptbestandteil des Unterwuchses, unter dem Doker-la und ober Tjionatong, und gegen den Irrawadi im Tjiontson-lumba.

Die Angabe REHDER u. WILSONS in Plt. Wils., I., 551, die Früchte seien größer als bei *E. deflexus* (GRIFF.) SCHNDR., ist offenbar versehentlich für kleiner.

E. serrulatus (WILS.) C. SCHNDR., Ill. Handb. Laubhzkde., II., 519 (1911) (*E. quinqueflorus* LOUR. var. *serrulatus* WILS. in Gard. Chron., 3. ser., XLI., 344 [1907]). Y.: Beyendjing, Wälder bei Tienbatou (TEN 337) und Lungdji (TEN 338).

Am vorderen Rande gezähnelte Blätter kommen auch bei *E. quinqueflorus* in Hongkong vor (HANCE), aber die Konsistenz ist eine andere, und die Pflanze mit durchaus gezähnelten Blättern bewohnt ein sehr großes Gebiet allein. Daß der Unterschied nur in den Blättern liegt, berechtigt meines Erachtens nicht zu niedriger Bewertung.

Cassiope D. DON

C. selaginoides HOOK. f. et THOMS. An Felsen, in steinigem Rasen, gerne unter Rhododendren und an Rändern ihrer Bestände, in der Hg. St. und bis wenig unter die Baumgrenze, 4025—4600 m. NW-Y.: Bei Lidjiang, v. E. (3771). Se von Dschungdien auf dem Rücken zwischen Haba und Dugwan-tsun (6893), auf dem Gipfel neben dem Passe zwischen Bödö und Alo (4542), an der Westseite des Gebirges Piepun und auf dem Passe Schulakadsa. Waha bei Yungning. Im birm. Mons. zwischen Mekong und Salwin, an der Ostseite des

Si-la, auf dem Schöndsu-la (8251) und Doker-la. S.: Gipfel e des Gonschiga sw von Muli. Lose-schan s von Ningyüen (SCHNEIDER 925).

**** C. abbreviata** HAND.-MZT. in Sitzgsanz. Ak. W. W., LXII., 131 (1925) (*C. fastigiata* HAND.-MZT., l. c., 65 [1925], non D. DON. — *C. selaginoides* DIELS in Bot. Jahrb., XXIX., 515 [1901], non HOOK. f. et THOMS.). (Abb. 24, Nr. 7 auf S. 873).

Folia $2^1/_2$ usque vix 5 mm longa, $1^1/_2$—2 mm lata, mucrone brevissimo, lato. Calycis lob^i 3 mm longi, 2 mm lati, obtusissimi. Ceterum cum *C. fastigiata* congruens.

S.: Im NW auf Gebirgen um Sungpan, VI.—VIII. 1914 (WEIGOLD, Typus). Im W bei Tsakulao, 1891 (BOCK u. ROSTHORN 2578, ster.).

Der breite, nur fein gewimperte Hautrand der Blätter dieser Art und der *C. fastigiata* bildet ein gutes Unterscheidungsmerkmal gegen *C. selaginoides*, deren Blätter ohne Hautrand dieselben Wimpern zeigen. Der Ansicht R. GOODS in Journ. of Bot., LXIV., 6 (1926) kann ich nicht beipflichten. Mit Rücksicht auf die Verbreitung weit abseits von der in China offenbar fehlenden *C. fastigiata* möchte ich auch *C. abbreviata* für eine eigene Art halten.

**** C. dendrotricha** HAND.-MZT., l. c., 65 (1925).

Differt a proxima *C. fastigiata* D. DON foliis densioribus et longioribus, 5—6 mm longis, margine non membranaceo pilis fere 1 mm longis sordidis barbellatis obsitis, ramulis foliatis igitur 7 (nec vix 5) mm latis et sepalis $2^1/_2$ mm tantum longis, ovatis, rotundatis (nec lanceolatis acutis longioribus). Pedicelli 7—18 mm longi.

NW-Y.: An Felsblöcken, Sumpfstellen, auf Rücken in der ktp. und Hg. St., 3600—4225 m. Paß Lenago zwischen Yangtse und Mekong, 27° 45′, 7. VI. 1916 (8854, Typus). Zwischen Djientschwan und dem Mekong (FORREST 22258). Im birm. Mons. zwischen Mekong und Salwin am Si-la, 16. VI. 1916 (8892), Nisselaka, Schöndsu-la und Doker-la, 17. IX. 1915 (8086). Zwischen Salwin und Irrawadi an der Westseite des Passes Tschiangschel und auf dem Buschao.

In KARSTEN u. SCHENCK, Vegetatb., 17. R., Taf. 44 (1927) hatte ich nach STAPFS mir 1925 noch nicht bekannter Beschreibung diese Art mit seiner *C. pectinata* synonym gesetzt. Das inzwischen eingesehene Original zeigt aber, daß mit dieser meine *C. macrantha* zusammenfällt. *C. dendrotricha* steht zunächst *C. Wardii* MARQ. et SHAW in Journ. Linn. Soc., Bot., XLVIII., 199 (1929); beide sind die ansehnlichsten Arten der Gattung. *C. fastigiata* kommt noch in Ost-Tibet bei Tsela-Dsong vor (WARD 5663 als *C. selaginoides*).

C. pectinata STAPF in Bot. Mag., CXLIX., sub tab. 9003B (1924), e typo (*C. macrantha* HAND.-MZT. in Sitzgsanz. Ak. W. W., LXII,. 65 [1925]. — **C. dendrotricha × selaginoides**?).

Foliis 3—4 mm longis indumento *C. dendrotrichae* sed breviore magis albo interdum deciduo denticulis tantum remanentibus, basi paulum (multo minus quam in *C. selaginoidi*) dilatatis, suae longitudinis tertia parte (nec ut in hac plus dimidio) inter se distantibus, pedicellis fere $2^1/_2$ cm longis et calycibus 3 mm longis acutilobis et corollis speciosis 1 cm longis hanc fere excedens.

NW-Y.: Sumpfstellen und Glimmerschieferfelsen der ktp. St. des birm. Mons., 3700—3950 m. Si-la zwischen Mekong und Salwin, 28°, 16. VI. 1916 (8767). Weiter im N (FORREST 19495). Beiderseits des Passes Tschiangschel zwischen Salwin und Irrawadi, 27° 52′ (9301). Zwischen Djientschwan und dem Mekong (Forrest 23133).

Den Eindruck, daß diese Pflanze ein Bastard sei, hatte ich auf dem Si-la, und die anderen Vorkommen sprechen nicht dagegen. Da Stapf *C. dendrotricha* noch nicht kannte, wird die oben gegebene Wiederholung meiner Diagnose angebracht sein. Sein Zitat Forrest 14158 ist versehentlich für 14185. Meine Nummer 9301 hat viel längere und schmälere, zum Grunde kaum verbreiterte, locker stehende Blätter, die den Stengel überall durchblicken lassen, und nur die jüngsten derselben wollig gewimpert, die anderen entfernt gezähnelt. Diese Unterschiede könnten ohneweiters auf Standortseinfluß zurückzuführen sein, sind aber bei einem Bastard noch leichter erklärlich als der *C. selaginoides* näherkommend.

C. palpebrata W. W. Sm. in Not. Bot. Gard. Edinb., VIII., 182 (1914). NW-Y.: Glimmerschieferfelsen der Hg. St. bis in die tp. St. des birm. Mons. 3100—4475 m. Zwischen Mekong und Salwin auf dem Si-la, beim See am Pongatong n des Schöndsu-la und gemein auf dem Gondon-rungu. Zwischen Salwin und Irrawadi beiderseits des Passes Tschiangschel (9300) und ober Schutsche.

Lyonia Nutt.

(*Xolisma* Raf., nom. rejic. — *Pieris* D. Don).

L. ovalifolia (Wall.) Drude in Nat. Pflzfam., IV/1., 44 (1897) (*Pieris o.* [Wall.] D. Don). In Steppen, Gebüschen und Föhrenwäldern meist häufig, seltener in dichten Eichen- und Ericaceenwäldern, in der wtp., nur stellenweise in der tp. und str. St., 1400—3460 m. Y.: Um Yünnanfu und überall von Butji bis Sangtang (1984). Zwischen Fumin und Lodse-Magai (6106). Ober Hedjing. Zwischen Bupeng und Yünnanyi und zwischen Hungngai und Dschaodschou. Beyendjing. Dji-schan. Ober Hsiangschuiho zwischen Dali und Hodjing. Hsinyingpan zwischen Yungbei und Yungning. Dawan und Duinaoko zwischen Yungbei und Lidjiang. Hier, v. E. (3768). Zwischen dem Laschiba und Ahsi. Ober Dugwan-tsun und zwischen Bödö und Waschwa se von Dschungdien. Im birm. Mons. um Tschamutong und auf dem Rücken Alülaka am Salwin auch an feuchten Stellen und in der Seitenschlucht Naiwanglong des Taron. Im S jenseits Asandschai bei Möngdse. Im E überall von Yiliang bis jenseits Tienschenggwan. S.: S von Muli. Ober Gaitiu und Duörlliangdse zwischen Yenyüen und Yungning. Kwapi und Molien n von dort. Unter Dugungpu und ober Lumapu (2085) ne von dort.

— — var. **lanceolata** (Wall.) Hand.-Mzt. (*Pieris ovalifolia* var. *l.* [Wall.] C. B. Clke.). NW-Y.: Lidjiang (Gebauer). S.: Steppen und Gebüsche der str. bis in die wtp. St., 1300—2300 m. Am s Zuflusse des Djientschang gegen Huili (1049, annähernd). Bei Ningyüen gegen Dahsintschang (1778) und am Lu-schan (1934). In den Notizen die Varietät nicht unterschieden.

— — var. **elliptica** (Siebd. et Zucc.) Hand.-Mzt. (*Pieris ovalifolia* var. *e.* [S. et Z.] Rehd. et Wils. in Plt. Wils., I., 552 [1913]). SE-Ki.: Am Bergfuße bei Yuanhsiangschi nächst Ningdu (Plt. sin. 360). SW-H.: Gebüsche der str. und wtp. St. bei Wukang, 350—1400 m (11995). E-Kw.: Zwischen Dayung und Matang am Wege von Gudschou nach Liping, 900 m, wohl diese var.

L. villosa (WALL.) HAND.-MZT. (*Andromeda v.* WALL. e HOOK. f., Fl. Brit. Ind., III., 461 [1882]. — *Pieris v.* HOOK. f., l. c. — *Xolisma v.* REHD. in Journ. Arn. Arb., V., 53 [1924]). Y.: Häufig in Gebüschen der tp. St. auf dem Berge Hungguwo ober Hsinyingpan zwischen Yungbei und Yungning, 2900 bis 3475 m (3248). Im NW bei Lidjiang, v. E. (3780). S.: Unter Fumadi halbwegs zwischen Yenyüen und Yungning (SCHNEIDER 3485). Trockene Hänge der tp. St. bei Lanba im Lolo-Lande e von Ningyüen, 2750 m (1665?, unvollst.).

— — ** var. *sphaerantha* HAND.-MZT. (*Xolisma sphaerantha* HAND.-MZT. in Sitzgsanz. Ak. W. W., LXII., 131 [1925]).

Racemi sessiles, brevissimi usque $1^1/_2$ cm longi, usque ad 7flori. Corolla alba, globosa, 6—7 mm diametro.

NW-Y.: In der tp. bis in die ktp. St. des birm. Mons. auf Granit und Schiefer, 3100—3800 m, zwischen Mekong und Salwin in den Regenwäldern des Tales von Tseku zum Si-la, 16. VI. 1916 (8918, Typus), in Menge in Weidengebüschen im obersten Doyon-lumba, unter dem Rücken Tonggong ober Tjionatong. Viel am Abstieg vom Passe Tschiangschel zur Seitenschlucht Naiwanglong des Irrawadi. Hierher auch FORREST 15807, 18131, wohl auch 17609 (steril).

Die Feststellung der unten beschriebenen Varietät von *L. compta* veranlaßt mich, auch *sphaerantha* nur als Varietät zu betrachten. Ihre Korolle ist zwar von jener meiner Nr. 3248 sehr verschieden; HOOKERs Pflanze aus Sikkim hat aber auch ganz kurze Trauben und die Blütenform anscheinend intermediär.

Nachdem *Lyonia* auf dem Cambridger Kongreß als nomen conservandum gegenüber *Xolisma* erklärt wurde, ist jener der älteste Name für *Pieris* nach Ausschluß von *Chamaedaphne* MÖNCH (*Cassandra* D. DON), die wohl als eigene Gattung zu betrachten ist. Über die Zusammengehörigkeit ihrer restlichen Teile vgl. MATTHEWS u. KNOX in Trans. a. Proc. Bot. Soc. Edinb., XXIX., 254 (1926) und ANTHONY in Not. Bot. Gard. Edinb., XV., 243 (1927).

** *L. doyonensis* HAND.-MZT. (*Pieris d.* HAND.-MZT. in Sitzgsanz. Ak. W. W., LX., 185 [1923]). (Abb. 26, Nr. 1 auf S. 894).

Frutex magnus (et arbor?), ramosissimus, ramulis validis glabris, cortice demum spadiceo, nitido, deciduo. Gemmae crasse ellipsoideae, perulis coriaceis, glabris. Folia orbicularia et latissime elliptica, $3^1/_2$—$12^1/_2$ cm longa, brevissime apiculata, basi haud profunde et saepe anguste cordata, integerrima, rigide pergamena, decidua, supra laete viridia glabra, subtus paulum canescentia, pilis parvis crassis seriebus 2 cellularum constructis debilibus spadiceis, in costa petioloque crasso planoconvexo 6—11 mm longo etiam albis $\pm$ sparse induta; costa aurantiaca subtus prominua; nervi utrinsecus 7—10 infimi patuli arcuati cum ceteris obliquis hic illic furcatis prope marginem arcuato-anastomosantes aurantiaci, cum trabeculis crebris arcuatis subtus tantum aurantiacis retique venularum denso utrinque, subtus valde, prominui. Racemi singuli raro gemini in ramulis brevibus subaphyllis vel 2—3foliis terminales, horizontales, 9—15 cm longi, densiflori, rhachi valida, floribus infimis paucis saepe foliis minoribus haud cordatis bracteatis, ceteris ebracteatis. Pedicelli 3—4 mm longi, carnosuli, rubelli, sicut calyces corollaeque albido papilloso-pilosi. Calyx rubellus, scutellatus, 2 mm longus, ad tertium inferum in dentes triangulari-ovatos acutos fissus. Corolla alba, tubuloso-campanulata, 11—13 mm longa, 4 mm lata, intus glabra, lobis brevissimis obtusis revolutis. Stamina basi corollae inserta, 4 mm longa, antheris 1½ mm longis exaristatis, filamentis basi pilosis, prope apices appendicibus 2 minutis subulatis instructis. Gynoeceum corollam aequans, glabrum. Capsula globosa, 4½ mm diametro.

NW-Y.: In der tp. St. des birm. Mons. auf Schiefer, 2700—2900 m, in den Regenmischwäldern und besonders in *Pteridium*-reichen Föhrenwäldern im Doyon-lumba am Lu-djiang (Salwin), 28° 2′, 1. VIII. 1916 (9600, Typus) und dort ober Bahan, abgefallene Blätter mit Pilz, 23. VIII. 1916.

Species quodammodo inter *L. villosam* et *ovalifoliam* ponenda, sed ambabus maior et foliis latissimis cordatis excellens. Praeterea differt illa racemis multo brevioribus, calycibus longioribus nervosis pilosis, corollis brevioribus, filamentis vix appendiculatis, haec floribus bracteatis.

L. compta (W. W. Sm. et J. F. Jeff.) Hand.-Mzt. (*Pieris c.* W. W. Sm. et Jeff. in Not. Bot. Gard. Edinb., IX., 116 [1916]. — *Xolisma c.* Rehd. in Journ. Arn. Arb., V., 53 [1924]). Y.: Gebüsche, Steppen und feuchte Stellen der wtp. St. auf Mergel und Sandstein, 1700—2300 m. Hang des Mangan-schan bei Yünnanfu (Schoch 145). Von hier nach SE gegen Hwangduho (13085). E (8657) und w ober Luföng an der Straße nach Dali.

Folia usque ad 50 × 26 mm, glandulis setiformibus faciei inferioris vinosis demum nigris, deciduis et probabiliter interdum deficientibus.

— — ** var. *stenantha* Hand.-Mzt.

Corollae cylindrico-ovoideae, 6 mm longae, 3 mm latae. Planta pilosior.

Y.: Steppen der wtp. St. auf dem Hügel s des Tempels Djindien-se bei Yünnanfu, Mergel, 2100 m, 23. V. 1917 (13077).

Verhält sich zum Arttypus, wie *L. villosa* zu ihrer var. *sphaerantha*. Es scheint sich um einen Blütendimorphismus eher als um Variabilität zu handeln, doch konnte ich keinen Zusammenhang mit Geschlechtsverschiedenheit finden.

L. formosa (Wall.) Hand.-Mzt. (*Pieris formosa* [Wall.] D. Don). Gebüsche und offene Föhren- und Eichenwälder, auch einzeln in Steppen, aber auch als Hauptbestandteil ganz dichter Ericaceen- und Eichenbuschwälder, in der wtp. und tp. St., 1700—3400 m. Y.: Überall um Yünnanfu (142), wie beim Tempel Schili-ngan (298) und auf dem Hsi-schan (6067). Jöschuitang n von dort (Schneider 4056). NW-Seite des Dji-schan ne von Dali (6432). Ober Hsiangschuiho und um den Paß Sanschischao (8742) s von Hodjing. Dawan und ober Duinaoko (3458) zwischen Lidjiang und Yungning. Im NW am Fuße des Litiping bei Weihsi und häufig bei Kaku zwischen Djitsung und Kakatang. Im NE bei Wulung und Datjiao (Maire). S.: Zwischen Molien und Tiaolu (2612) und unter Ngaitschekou jenseits des Yalung n von Yenyüen, 28° 10′. W-Hubei: Tschangyang (Wilson, Veitch Exp. 442).

Craibiodendron W. W. Sm.

C. stellatum (Pierre) W. W. Sm. in Kew Bull., 1914, 129 (*Schima st.* Pierre, Fl. Forest. Cochinch., II., t. 122 [1884]. — *Crabiodendron shanicum* W. W. Sm. in Rec. Bot. Surv. Ind., IV., 276 [1911]). S-Y.: Trockene Hänge der tr. St. bei Manhao am Roten Fluß s von Möngdse, Tonschiefer, 200—400 m (5875).

C. yunnanense W. W. Sm. in Not. Bot. Gard. Edinb., V., 159 (1912). Y.: Buschwälder der wtp. St. an der Nordwestseite des Dji-schan ne von Dali, Dahamit, 2200—2550 m (6429).

Gaultheria L.

G. yunnanensis (FRANCH.) REHD. in Journ. Arn. Arb., XV., 282 (1934) (*Vaccinium yunnanense* FRANCH. — *G. laxiflora* DIELS). In verschiedenen Wäldern, Buschwäldern und Gebüschen der wtp. St. **Y.**: 1980—2500 m. Tempel Schili-ngan am Tschangtschung-schan bei Yünnanfu (288). Djiaohsi n von hier unweit des Yangtse (681). Zwischen Yanggai und Hwadung e des Dsolin-ho (4950). Im NE bei Sandjia (MAIRE ex Arb. Arn. 34) und im mittelchin. Fl. bei Dschenfungschan, 650 m (MAIRE). **S.**: Lemoka im Lolo-Lande e von Ningyüen. **Kw.**: 850—1250 m. Tschwenning-schan bei Guiyang (10530). Wongtschengtjiao. Wendwen bei Duyün (10694). **SW-II.**: Überall von Lianglitang über Hsüning bis Ngaidso zwischen Dsingdschou und Wukang, 450—600 m.

Flores in vivo virides.

Die Art steht zunächst *G. leucocarpa* BL., hat aber fast schwarze Früchte. *G. Cumingiana* VID. unterscheidet sich durch meist behaarte Stengel und viel kürzere Infloreszenzen.

G. Griffithiana WIGHT in Calc. Journ. Nat. Hist., VIII., 176 (1847). **NW-Y.**: Mischwälder der tp. St. an der Westseite des Passes Lenago zwischen Yangtse und Mekong, 27⁰ 45′, 3050—3450 m (8843, 8844). Im birm. Mons. an gleichem Standort auf dem Sattel Tschranalaka ober Tseku gegen den Si-la. **S.**: In einem wtp. Wäldchen ober Daliaopingdse am Berge Dadjin zwischen Yenyüen und dem Yalung, 27⁰ 31′, 2550 m (2134?, mit Knospen).

Nr. 8844 hat ☿ Blüten von normaler Form und grüner Farbe, 8843 schmälere, rötlichgrüne Korollen mit rudimentären Staubgefäßen, aber ausgebildeten Fruchtknoten. Auch auf dem Tschranalaka sah ich beide Formen. STAPF bezweifelt in Bot. Mag., tab. 9228 (1928) auf Grund meiner Veröffentlichung in Naturbilder aus SW-China, 220 (1927) die Richtigkeit meiner Bestimmung, da die himalaische Pflanze in beiden Geschlechtern weit glockige, grüne Korollen hat. Der Unterschied meiner Pflanzen ist allerdings nicht groß und im Herbar wenig, aber im Leben sehr deutlich, analog den oben angeführten Varietäten von *Lyonia villosa* und *compta*. Jedenfalls kann ich sie zu keiner anderen bekannten Art stellen und sehe sonst keine Verschiedenheit von *G. Griffithiana*.

G. Forrestii DIELS in Not. Bot. Gard. Edinb., V., 210 (1912). **Y.**: Gebüsche, Föhrenwälder und üppige Buschwälder der wtp. und im birm. Mons. in *Pteridium*-Wiesen und Regenwäldern der tp. St., 2000—3600 m. Am Wege von Yünnanfu nach Dali jenseits Dschennan, ober Tienschengtang (8679) und ober Dschaodschou. N desselben häufig zwischen Hoschaodien und Tjientschanggwan (6207), ober Beyendjing (TEN 153) und viel in der Gipfelregion des Taohwa-schan hier. Hsiangschuiho und viel ober Dienso und Heniuschao s von Hodjing. Im NW unter Djitsung und zwischen Yangtse und Mekong häufig zwischen Schogo und Selüboto, 27⁰ 30—38′ (7849) und bei Schuba, 27⁰ 45′. Am Salwin neben (9027) und ober (8953) Bahan und im oberen Doyon-lumba. Über dem Irrawadi massenhaft am Hang des Ulüla zur Seitenschlucht Naiwanglong, spärlicher ober Schutsche.

Die Nummern 8953 und 9027, sowie die bei Schutsche und im Naiwanglong beobachteten Pflanzen sind kleinblütig und rein ♀.

G. Hookeri C. B. CLKE. **NW-Y.**: Gebüsche der ktp. St. des birm. Mons.

an der Westseite des Passes Pangblanglong zwischen Salwin und Irrawadi, 27⁰ 58',
Glimmerschiefer, 3500—3800 m (9509).

G. pyroloides Hook. f. et Thoms. ap. Miq. in Ann. Mus. Bot. Lugd. Bat.,
I., 30 (1864). NW-Y.: Feuchtes, felsiges Moorland in der Salwin—Irrawadi-
Kette 28⁰ 20', 3950—4200 m, VII. 1921 (Forrest 19865, als *G. prostrata*
W. W. Sm.).

— — var. **cuneata** Rehd. et Wils. in Plt. Wils., I., 554 (1913) (*G. cuneata*
[R. et W.] Bean in Bot. Mag., CXLV., t. 8829 [1919]). NW-Y.: Tannenwald der
ktp. St. des birm. Mons. im Tale Schidsaru unter dem Passe Gondon-rungu
zwischen Mekong und Salwin, 28⁰ 9', Glimmerschiefer, 3900—4100 m (9757).

Miquels Veröffentlichung beruht, was Bean übersah, auf den Etiketten,
mit denen Hookers Pflanze aus Sikkim verteilt wurde. Der Name kann also
füglich nicht auf die japanische Pflanze bezogen werden, sicher nicht mit Hooker
u. Thomsons Autorschaft. Die mir vorliegenden Sikkim-Exemplare sind ♀ und
haben die Antheren und damit auch ihre Grannen schlecht ausgebildet. Forrest 19865 ist ☿ und hat die 4 Grannen fast so lang wie die Theken. Sie hat
behaarten Fruchtknoten, stimmt aber in den Blättern völlig mit dem Typus.
Solange ich mich nicht von der Verschiedenheit der japanischen Pflanze über-
zeugen kann, möchte ich bei der Auffassung Rehder und Wilsons bleiben, da
sich sowohl Merkmale als Verbreitung übergreifen und die Verteilung der Blätter
doch nur mit der Wuchsform zusammenhängt.

** **G. cardiosepala** Hand.-Mzt. in Sitzgsanz. Ak. W. W., LX., 185 (1923).
(Abb. 24, Nr. 5, 6 auf S. 873).

Caulibus rigidulis, tenuibus, decumbentibus, radicantibus, subfasciculato-
ramosis, partim dense cicatricosis, partim nitide brunneo-corticatis, ramis ascendentibus sparsiuscule et breviter fulvo-, serius spadiceo-strigillosis, dense foliatis
Ericae carneae modo crescens. Folia infima brevia, squamiformia, subacicularia,
cetera lineari-oblonga, patula, 6—12 mm longa, longitudine 3¹/₂—6ᵖˡᵒ angustiora,
acutiuscula, in petiolum brevissimum sensim attenuata, tenuiter coriacea,
margine saepe anguste revoluto remote et minute serrata mucronulis appressis,
saturate viridia, subtus olivascentia, costa hic prominula, supra ± impressa,
nervis paucis tenuibus hic indistincte prominulis areolas elongatas formantibus.
Flores pauci, axillares, singuli, pedicellis deflexis, validis, angulatis, glabris, 2 mm
longis, esquamatis, bracteolis 2 membranaceis, late ovatis, c. 1 mm longis, calyci
contiguis, patulis fulti, heteroeci. Calyx basi truncatus, fere totus in lobos 5 herbaceos, margine submembranaceos, ovatos, tenuiter uninervios et basi dilatata
invicem se tegentes, floris ☿ 2¹/₂ mm, floris ♀ 3—3¹/₂ mm longos, plerosque marginibus late et apice acuto breviter reflexos fissus. Corollae tubus anguste urceolatus, angulatus, 4—4¹/₂ mm longus; lobi oblongi, 1 mm longi, revoluti.
Stamina 10, filamentis conicis, papillosis, loculis iis longioribus, quoque aristis
2 aureis eo subaequilongis instructo, floris ♀ abortiva, subsessilia, bicornia.
Discus in lobos 5 albos, depressos, obtuse trilobos lobis mediis minutis fissus.
Ovarium depresse globosum, quinquelobum, cum stylo longiore crasso ultra
2¹/₂ mm longum, stigmate in subulas minutas 5 productum. Capsula in calycis
tubo solo carnoso aucto, albo (e Forrest) lobis explanatis subcoriaceis inclusa,
globosa, tenuis, loculicide dehiscens; semina numerosa, oblique ellipsoidea, subcompressa, brunnea, levia, nitida.

Y.: In der tp. St., 2850—3600 m. Moderiger Boden auf dem Gipfelkamme des Dji-schan ne von Dali (Talifu), Diabas, 21. V. 1915 (6416, Typus). Viel unter Bambus und Sträuchern am Hange des Dsang-schan ober Dali, 15. V. 1916 (8722). Gebüsch und Moorboden zwischen Djientschwan und dem Mekong, IX. 1922 (Forrest 22333, als *G. trichophylla* Royle). Im NW im birm. Mons. im Granitgerölle am Bache ober Schutsche am Djiu-djiang (e Irrawadi-Ober-laufe), 9. VII. 1916 (9441). Ober-Birma, 1924—1925 (Forrest 26867).

Proxima *G. trichophyllae* Royle, quae foliis latioribus, fimbriatis, pedicellis squamatis, corollae latae lobis maioribus ovatis, antheris biaristatis tantum, sepalis in fructu carnosis coeruleis valde differt.

G. sinensis Anth. in Not. Bot. Gard. Edinb., XVIII., 19 (1933). NW-Y.: Unter Sträuchern in der ktp. St. des birm. Mons. bis in die tp., 3400—3850 m, auf Granit und Glimmerschiefer zwischen Mekong und Salwin in Mengen bei der Alm Dewatschratscho ober Tseku, auf dem Schöndsu-la, 28° 4′ (8243) und im obersten Doyon-lumba (phot.).

— — var. *nivea* Anth., l. c., 20. NW-Y.: Auf Rasen und in bambusreichen Tannenwäldern der ktp. St. des birm. Mons. auf Glimmerschiefer, 3500—4200 m und an Lawinenstrichen herab bis 3275 m. Zwischen Mekong und Salwin auf dem Passe Nisselaka, 28° (8961). Zwischen Salwin und Irrawadi im oberen Tjiontson-lumba (9225) und an der Westseite des Passes Tschiangschel, 27° 52′ (9382).

Die fruchtende Nr. 8243 wurde von Anthony hierhergestellt. Ihre jüngeren Blätter tragen oft Borsten auf den Kerben, ähnlich wie *G. trichophylla*, doch sind diese abfällig. Die Blätter sind größer als bei dieser, aber verhältnismäßig bedeutend schmäler, als z. B. bei den Exemplaren von Bijan (Kings coll.) und Pangling (Prains coll. 78), nicht breiter, wie der Autor sagt. 9225 hat noch unreife Früchte, zeigt die viergrannigen Antheren und stimmt mit dem Typus der Varietät, dessen Blätter ebenfalls schmäler als bei *G. trichophylla* sind. Die restlichen Nummern stimmen in den Blättern mit den genannten Sikkim-Pflanzen teilweise überein.

G. suborbicularis W. W. Sm. in Not. Bot. Gard. Edinb., VIII., 186 (1914). NW-Y.: In dichten Wäldern der ktp. St. des birm. Mons., auch an morschen Strünken, 3700—3850 m. Zwischen Mekong und Salwin an der Ostseite des Schöndsu-la, 28° 4′, 22. IX. 1915 (8255) und in dem nach Tibet hinabführenden Tale Schidsaru.

Fructus autori ignoti descripsi in Sitzgsanz. Ak. W. W., LX., 186 (1923): Calyce accreto carnoso rubro cincti, ceterum *G. sinensis* fructibus aequales, sed minores, vix 1 cm diametro.

G. nummularioides D. Don. NW-Y.: In der tp. bis an die ktp. St. des birm. Mons. im Rasen, zwischen *Pteridium*, unter Föhren besonders an Erd-abrissen, und im Regenmischwalde auf Sandstein, Schiefer und Granit, 2800 bis 3275 m. Am Salwin über dem Rücken Alülaka häufig (9589), ober Punka bei Tjionatong (9763) und im obersten Tjiontson-lumba (9232). Am Djiou-djiang ober Schutsche, 27° 55′ (9449).

Vaccinium L.

V. Griffithianum Wight * var. **glabratum** Hook. f. et Thoms., Fl. Brit. Ind., III., 454 (1882). **Y.:** In der wtp. St. auf dem Rücken e von Gwangdung am Wege von Yünnanfu nach Dali, Mergel, 2000 m, 2. V. 1916 (8671).

Wights Abbildung zeigt die Korolle innen kahl, aber ein blühendes Exemplar aus Kasia von Lobb hat sie behaart. Blattgrund meiner Pflanze schmal gerundet, aber nach Brakteen und Kelchen ist sie nur hierher zu stellen.

V. Duclouxii (Lévl.) Hand.-Mzt. in Sitzgsanz. Ak. W. W., LXII., 146 (1925) (*Pieris D.* Lévl., e typo. — *Vaccinium Forrestii* Diels in Not. Bot. Gard. Edinb., V., 294 [1912]).

Differt a *V. mandarinorum* Diels floribus brevissime pedicellatis et bracteolis 2 latis calyci contiguis, a *V. Doniano* Wight praeter eosdem characteres etiam foliis crassissimis minime caudato-acuminatis. Calyx variabilis, glaber vel fimbriis glandulosis crassis vel parce et tenuiter ciliatus.

Y.: Gebüsche und Eichenwälder der wtp. bis in die tp. St., 1800—3000 m. Yünnanfu, auf den Hügeln im N und W (Schoch 64), beim Tempel Haiyen-se (Sch. 117) und auf dem Hsi-schan (6066). N von hier ober Sugö und Dschangkou (1995), jenseits des Pudu-ho unter Hsinlung und im Becken Hsiaodsang, 25° 40' (550). Wahrscheinlich dieses mehrfach zwischen Bupeng und Yünnanyi se von Dali. Beyendjing (Ten ex hb. Berol. 76, 138). Hier in der Gipfelregion des Taohwa-schan. Seitentäler zwischen Djientschwan und dem Mekong (Forrest 21535 als *V. Donianum*).

Bei vollständiger Anerkennung der Darlegungen Anthonys in Not. Bot. Gard. Edinb., XVIII., 13—16 (1933) ist die Pflanze des Yünnan-Hochlandes durch Blattform und Textur, durch die kurzen Blütenstiele dichte Ähren, und lange, schmale Blumenkronen so einheitlich und von der indischen so abweichend, daß ich sie getrennt halten möchte. Ob die Verhältnisse um Tengyüe auf Zusammentreffen zweier Arten und Kreuzung oder auf Übergehen an der geographischen Grenze oder auf Variation nach Standortsverhältnissen beruhen, ist noch zu untersuchen.

V. brachybotrys (Franch.) Hand.-Mzt. in Sitzgsanz. Ak. W. W., LXII., 146 (1925) excl. Nr. 550 et 1871 et nota de racemis (*V. Donianum* Wight var. *br.* Franch. in Journ. de Bot., IX., 369 [1895] teste Gagnepain e typo).

A. *V. Doniano* praeter folia minora pluries crassiora et glaucescentia racemis brevibus corollis brevibus crasse ovoideis et filamentis exappendiculatis vel hic illic penes appendiculatis differt.

Y.: Gebüsche der wtp. St. auf Mergel und Sandstein, 1800—1850 m. Im Becken Hsiaodsang jenseits des Pudu-ho n von Yünnanfu, 25° 40' (549). Bei Lupiao an der Straße von Yünnanfu nach Dali (8644).

Auch bezüglich dieser Pflanze kann ich Anthony l. c. nicht beipflichten, insbesondere solange eine Analogie mit den oben für *Lyonia villosa* und *compta* dargelegten Verhältnissen nicht festgestellt ist.

V. mandarinorum Diels. **Y.:** Buschwälder der wtp. St. des Tälchens unter Djiunienping jenseits Fumin bei Yünnanfu, 1900—2000 m (6144). **S.:** Häufig in der str. St. des Djientschang unter Dötschang, 1300—1450 m (1099).

Die von Metcalf l. c. für *V. mandarinorum* angegebene Merkmalskombination, die Anthony an Yünnan-Pflanzen nicht, wohl aber an allen seinen Pflanzen aus Hubei und Kansu beobachtete, trifft bei Wilson, Veitch Exp. 1010 nicht zu. Diese hat sowohl behaarten, als auch gewimperten Kelch und auf den Rippen behaarte Blumenkrone, gewimperten Kelch auch Arn. Arb. Exp. 2705; beide haben, ebenso wie Ching in Wulsin 1379 aus Tschekiang auch behaarte Zweige, auf Grund deren Anthony *Pieris longicornu* aufrecht erhält. Das zweite Merkmal dieser, die besonders langen Antherengrannen, ist jenes der var. *austrosinense*, zu der ich sie, zumal da Reste von Brakteen vorhanden sind, jetzt stelle, und nicht, wie in Sitzgsanz. Ak. W. W., LXII., 146 (1925), zu *V. Donianum*.

— — ** var. *austrosinense* (Hand.-Mzt.) Metc. in Journ. Arn. Arb., XII., 274 (1931) (*V. Donianum* Wight var. *austrosinense* Hand.-Mzt. in Sitzgsanz. Ak. W. W., LVIII., 177 [1922]. — *Pieris longicornu* Lévl. et Vant., e typo).

Folia quam in typo crassiora, saepe late elliptica, acuminata. Racemi $3^1/_2$ usque 8 cm longi, interdum compositi, bracteis herbaceis lanceolatis vel late ellipticis, 4—15 mm longis, saepe denticulatis, diu persistentibus, pedicellis 1—4 mm longis. Corolla 8—11 mm longa, lobis brevissimis; antherarum aristae tenuissimae, 4 mm longae.

China (Lindley: Hb. Mus. Wien. Fortune 47, in Forb. u. Hemsl. als *V. bracteatum*). Tschekiang: Tientai (Faber). Ki.-F.-Grenze: Überall auf dem Dunghwa-schan zwischen Schitscheng und Ninghwa (Plt. sin. 285). Ki.: Um Pinghsiang (Plt. sin. 163). Kuling (Wilson 1700, 1701, 1704). H.: Wälder und Gebüsche der str. bis in die wtp. St., 140—950 m. Zwischen Daloping und Loudi im Bezirke von Hsianghsiang, 5. V. 1918 (11732). Hsikwangschan bei Hsinhwa (11922). Bei Wukang gegen Djütjitjiao (11996) und auf dem Yün-schan, 12. VII. 1918 fr. (12284), IV. 1919 Wang-Te-Hui, bl. (Plt. sin. 100, Typus).

Planta bracteis magnis persistentibus insignis, his tenuibus corolla ovarioque glabris foliorumque textura et nervatione a *V. bracteato* Thbg. diversa nec cum *V. mandarinorum* var. *laeto* (Diels) Metc., l. c., floribus minoribus longius pedicellatis, bracteis minutis, antherarum aristis brevioribus praedito, congruens.

In dieser Pflanze handelt es sich offenbar um eine weitverbreitete Rasse subtropischer und wenig höherer Lagen. In Nr. 163 liegen Pflanzen mit 8—9 mm langen und solche mit nur 6—7 mm langen Korollen bei gleicher Dicke von 4 mm und gleichem, vollkommen zwitterigem Geschlecht vor. Dem zweiten Typus entspricht auch Nr. 285, während 100 die beiden teilweise verbindet und teilweise behaarte Zweige und Spindeln hat, wie Lindleys Pflanze, deren Antherengrannen aber kürzer sind.

V. salweenense W. W. Sm. in Not. Bot. Gard. Edinb., IX., 134 (1915). S.: Häufig in Gebüschen der str. St. zwischen Ningyüen und Dötschang im Djientschang, Sandstein, 1500—1650 m (1871).

Ich stelle diese Pflanze wegen der mit dem Typus übereinstimmenden feinen, abstehenden, mit zerstreuten gröberen Stieldrüsen gemischten Behaarung der Blütenstände trotz der breiteren (bis 26 × 19 mm) Blätter und der ansehnlichen Antherenanhängsel zu dieser Art, weil nach Anthony diese auch bei *V. Donianum* mitunter fehlen, und überlasse es weiteren Untersuchungen, den systematischen Wert festzustellen.

V. iteophyllum Hce. Kw.: Mischwälder der wtp. und str. St., 500 bis

1100 m, auf Mergel und Sandstein. Baotie-schan bei Gudschou (10855). Zwischen Badschai und Tailaohsin. Madjiadwen zwischen Duyün und Badschai (10636).

— — ** var. *hispidum* HAND.-MZT.

Indumentum imprimis in ramulis annotinis et dorsis costarum praeter pilos breves setis glandulosis praesertim illic densis constans. Folia ovata, basi rotundata. Racemi fructiferi usque ad 11 cm longi.

E-Kw.: Gebüsche längs Bächen der wtp. St. zwischen Maliaotang und Pingtschaso bei Liping, Tonschiefer, 600—700 m, 29. VII. 1917 (10988).

Sehr kräftige Triebe, deren diesjährige Zweige aber nur ganz vereinzelte Borsten zeigen. Eine Annäherung an die Varietät bildet TSIANG 5415 von Guiding mit ähnlicher Blattform und einzelnen Borsten besonders an den Blattstielen. Das Indument erinnert an *V. fragile*, das aber schon durch die Ausmaße weit abweicht.

V. bracteatum THUNBG. H.: Hartlaubwälder und Gebüsche der str. bis in die wtp. St., 100—800 m. Häufig auf dem Yolu-schan bei Tschangscha (11343). Dungtai-schan bei Hsianghsiang. Hsikwangschan bei Hsinhwa (11829).

V. pubicalyx FRANCH. (*V. spicigerum* W. W. SM. in Not. Bot. Gard. Edinb., IX., 135 [1916], e typo). Y.: Gebüsche und üppige Wälder der wtp. St., 2000—2700 m. Rücken zwischen Dsaodjidjing und Hwadung e des Dsolin-ho (4972). Zwischen Mupangpu und Bupeng am Wege von Tschuhsiung nach Dali (8686). Ober Schidsilu bei Yungbei (3325). Im E häufig zwischen Magai und Sidsung (10129). Kw.: Rücken e Nganping, 1400 m?

V. fragile FRANCH. Charaktersträuchlein der Steppen der wtp. bis in die str. St., selten in Bachgeröllen und lichten Wäldern, auf trockenen Rücken noch massenhaft in der tp. St., doch nicht oder selten auf Kalk, 1400—3400 m. Y.: Überall um Yünnanfu (291, 6071. SCHOCH 56). Sanyingpan n von hier. Zwischen Magai und Gwannandün bei Lodse (6159). Zwischen Landjing und Dingyüen. Im NW bei Lidjiang, v. E. (3767), hier bei Duinaoko und zwischen dem Laschiba und Ahsi. Hoörl bei Yungning. Zwischen Tschatü und Waschwa se und unter Meti sw von Dschungdien. Am Zuflusse Djiu-tschu des Yangtse (GEBAUER). Im birm. Mons. ober Tjiontson bei Tschamutong am Salwin. S.: S von Muli. Fumadi am Wolo-ho. Ober Duörlliangdse und bei Tschwanfang im Becken von Yenyüen. Gwandien n von hier. Dugungpu (2126) und Berg Dadjin ne von hier. Ningyüen (1249) Daschiban, zwischen Hwanglienpo und Hwangschuitang (1884) und bei Mosoying und Dawanying im Djientschang. Kw.: Rücken e Nganping.

Die Nummern 2126, 6071, 6159, SCHOCH 56 und GEBAUER gehören zur **var. *myrtifolium*** FRANCH. in Journ. de Bot., IX., 367 (1895) (*Pieris repens* LÉVL. e typo. — *Vaccinium r.* [LÉVL.] REHD. in Journ. Arn. Arb., XV., 283 [1934]).

V. Dunalianum WIGHT. NW-Y.: In der str. Wäldern des birm. Mons., 1700—2100 m. Häufig an trockeneren Stellen bei Tschamutong am Salwin (9551). In der Seitenschlucht Naiwanglong des Taron (e Irrawadi-Oberlaufes), 27° 53′, epiphytisch, hängend (9403).

** *V. camphorifolium* HAND.-MZT. in Sitzgsanz. Ak. W. W., LXII., 132 (1925).

Proximum praecedenti; differt tantum foliis multo brevius caudatis cauda quintam totius folii partem non efficiente, saepe decimam vix excedente, corolla flavoviridi et rubescente et virescente, urceolata, longitudine sua latiore, intus albo-puberula.

Gebüsche und Mischwälder der wtp. St. **Y.**: 1980—2350 m. Nordhang des Tschangtschung-schan bei Yünnanfu (SCHOCH 122). Am Hauptwege von hier nach Dali (Talifu) zwischen Laoyagwan und Yaoschangai, 6. XI. 1915, fr., 30. IV. 1916 bl. (8654, Typus), bei Daschao e Schedse, w von Schadschou, zwischen Bupeng und Yünnanyi und ober Hungngai. Sanyingpan n von Yünnanfu, 26⁰ (SCHNEIDER 383). Beyendjing (TEN 312). Im W zwischen Salwin und Schweli (FORREST 24487, 25341, 26163). Im E um Daschao bei Yiliang (10116). W-S.: (WILSON, Arn. Arb. Exp. 4294, als *V. Dunalianum*). **Kw.**: Zwischen Nganping und Tschingdschen. Tschwenning-schan bei Guiyang.

Eine durch den Mangel der Träufelspitze einem trockeneren Klimagebiete angepaßte Pflanze, womit vielleicht auch die Behaarung der Korolleninnenseite zusammenhängt. Im übrigen möchte ich mich jetzt hinsichtlich der Blütenmerkmale vorsichtig verhalten. Von *V. Dunalianum* liegen mir einige verwitterte Blüten meiner Nr. 9551 vor, die innen kahl sind, wie auch WIGHTS Abbildung zeigt. Im übrigen entspricht jene bis auf die allmählich zugespitzten Blätter der var. *urophyllum* REHD. et WILS. in Plt. Wils., I., 560 (1913), während Nr. 9403 kahler, aber auch nicht ganz kahl ist. CAVALERIE 1176 aus Guidschou, die *V. camphorifolium* entspricht, zeigt aber analoge Behaarung. In WIGHTS Abbildung ist die Blattspitze wohl zu kurz geraten; er kannte nur GRIFFITHS Pflanze, die, von Kew unter 3459 verteilt, die lange Träufelspitze hat. Jene wie meine 9551 zeigt viel schmälere Korollen, doch hat sie FORREST 26582 aus Ober-Birma auch innen kahl, sonst mangelhaft, aber nicht viel schmäler als *camphorifolium*, und auch seine Nr. 15940 in der Form kaum von diesem verschieden. In der Korollenform steht meiner Pflanze *V. urceolatum* HEMSL. nahe; es unterscheidet sich aber durch fast gestutzten bis herzförmigen Blattgrund, ganz andere Nervatur und am Rücken weiß borstelige Blattrippe.

**** *V. diaphanoloma*** HAND.-MZT. in Sitzgsanz. Ak. W. W., LXII., 133 (1925). (Taf. XIV, Abb. 2).

Subgen *Epigynium* (KLOTZSCH) DRUDE?

Frutex (?) setulis glandulosis pallidis in tergo costae exceptis glaber, ramulis crassis, cortice griseo plicatili, lenticellis crebris elongatis pallide brunneis vix elevatis. Gemmae 7 mm longae, crasse ovoideae, perulis imbricatis, late ovatis, rotundatis, extimis brevibus glaucescentibus coriaceis, interioribus tenuioribus castaneis. Folia dispersa, elliptica, $9^1/_2 \times 4$—11×6 cm, acuta, basi subrotundata in petiolum 5—10 mm longum, plano-convexum, cum alis 3—5 mm latum decurrentia, margine late cartilagineo, flavido, pellucido, supra basin glandula una alterave sessili praedito et antice interdum paucidenticulato, persistentia, tenuiter coriacea, sicca subconcolori olivaceo-viridia, opaca; costa supra plana, subtus cum nervis utrinsecus 8—9 tenuibus sub c. 50⁰ patentibus arcuatis, ante marginem anastomosantibus, supra prominulis argute prominua; trabeculae dissitae arcuatae venaeque paucae subtus prominuae, supra in foliis annotinis impressae. Racemi axillares, ad 10flori, rhachi 6—10 mm longa, floribus plerisque basalibus fasciculiformes. Bracteae spathulatae et lineari-lanceolatae, membranaceae, deciduae. Pedicelli arcuato-deflexi, 5—6 mm longi, apice articulati. Calycis lobi 1 mm longi, triangulari-ovati, erecti, submembranacei.

Corolla (inaperta) rubella, anguste ovoidea, 4—5 mm longa, subacuta, lobis vix 1 mm longis, intus pubescens. Filamenta et connectiva pubescentia, haec apice appendicibus subulatis instructa; aristae antheris aequilongae. Stylus superne pubescens. (Fructus ignotus.)

NW-Y.: Im str. Regenlaubwalde des birm. Mons. in der Seitenschlucht Naiwanglong des Taron (Djiou-djiang, e Irrawadi-Oberlaufes), 27⁰ 53′, Schiefer und Granit, 1725—2150 m, 6. VII. 1916 (9402).

Ramulus unicus plantae *V. arbutoideo* C. B. CLKE. simillimae, quod differt racemis cum calycibus pilosis, horum dentibus 3 mm longis, lanceolatis. *V. glaucoalbum* HOOK. f. foliis glaucis, setoso-serrulatis longius distat.

V. oreotrephes W. W. SM. in Not. Bot. Gard. Edinb., XI., 230 (1920). NW-Y.: Zwischen Rhododendren in der Hg. St. des birm. Mons. an der Westseite des Passes Ulüla zwischen Salwin und Irrawadi, 27⁰ 52′, Glimmerschiefer, 4000—4085 m, 4. VII. 1916 (9284).

V. Delavayi FRANCH. In der tp. St., auf Diabas, **Y.**: Auf humösem, moderigem Boden auf dem Gipfelkamm des Dji-schan ne von Dali (Talifu), 3350 m (6409). **S.**: Laubwald auf dem sw Gipfelkamme des Lungdschu-schan bei Huili, 3550 m (910).

** **V. dendrocharis** HAND.-MZT. in Sitzgsanz. Ak. W. W., LXII., 132 (1925).

Valde affine praecedenti, sed differt ramulis dense et brevissime albo-hirtellis (nec indumento brevissimo cum setis longis mixto) et foliis praeter emarginaturam apicalem angustam integerrimis eciliatis (nec ciliato-denticulatis vel saltem ciliorum deciduorum partibus basalibus in foliorum pristinorum crenis conspicuis et glandulis binis juxta hydathodem terminalem sitis).

NW-Y.: Epiphytisch auf Bäumen, selten an Felsen in Wäldern der tp. bis in die wtp. und ktp. St., 2500—3650 m. Westseite des Passes Lenago zwischen Yangtse und Mekong, 27⁰ 45′, 7. VI. 1916 (8847). Im birm. Mons. zwischen Mekong und Salwin bei der Alm Doschiratscho an der Ostseite des Si-la, im Doyon-lumba, 23. IX. 1915 (8328, Typus), ober Londjre, VII. 1921 (FORREST 19624 als *V. Delavayi*) und ober Tjionatong. Zwischen Salwin und Irrawadi im Tjiontson-lumba unter Tschamutong, 29. VI. 1916 (9162) und w von hier,[1] VI. 1922 (FORREST 21805, ebenso).

V. moupinensi FRANCH. quoque simillimum, quod foliis non emarginatis et remote crenulatis in crenis mucronulatis differt. *V. retuso* GRIFF. quoque appropinquatur eocumque indumento congruit, quod autem foliis multo laxioribus, maioribus et latioribus, antice angustatis, in emarginatura apiculatis, nervis subtus prominuis magis distat. *V. pumilum* KURZ e descriptione simile quoque videtur, sed foliis utrinque angustatis maioribus, indistincte crenato-serratis, calycum pilosorum dentibus tubos aequantibus diversum.

Diese Art ist ein gut unterschiedener nördlicher Vertreter des *V. Delavayi*, welches noch zwischen Salwin und Schweli am 25⁰ 40′ vorkommt (FORREST 18124). FORREST 27078 aus Ober-Birma hat die Zweigbehaarung von *V. dendrocharis*, aber an den Rändern der Blätter und Brakteen nur nicht vortretende Hydathoden, zwei solche auch beiderseits des ganz gestutzten Endspitzchens,

---

[1] FORREST gibt für diesen Fundort an 28⁰ 18′. Tschamutong liegt 28⁰ 2′ 30″ N. Siehe meine Bemerkungen unter *Primula eucyclia*.

und dicht kurz und fein weiß wimperhaarige Brakteen. Durch diese fällt sie außerhalb dieses und des *V. Delavayi*, die es nach den anderen Merkmalen verbinden würde.

V. modestum W. W. Sm. in Not. Bot. Gard. Edinb., VIII., 210 (1914). NW-Y.: Im birm. Mons. auf Glimmer- und Tonschiefer. In der ktp. St. bei der Alm Dotitong an der Ostseite des Si-la zwischen Mekong und Salwin, 3900 m. In Rasen an Lawinenstrichen in der tp. St. zwischen Salwin und Irrawadi im Tjiontson-lumba, 3275 m (9229) und im Tale unter dem Gomba-la, 3150 m, bei Tschamutong.

Hugeria Small,

Fl. SE Un. States, 896, 1336 (1903) (*Oxycoccoides* [Benth. et Hook.] Nakai in Bot. Mag. Tok., XXXI., 246 [1917])

H. japonica (Miq.) Nakai, Tr. Shr. Jap., ed. 2., I., 227 (1927), e Maekawa (*Vaccinium japonicum* Miq.). SW-H.: Im wtp. Laubhochwalde des Yünschan bei Wukang, Tonschiefer, 1180—1300 m (12112).

— — var. *sinica* (Nak.) Hand.-Mzt. (*Oxycoccoides japonica* var. *sinica* Nak., Tr. Shr. Jap., ed. 1., I., 168 [1922]. — *Vaccinium japonicum* var. *sinicum* [Nak.] Rehd. in Journ. Arn. Arb., V., 56 [1924]. — *Hugeria sinica* [Nak.] Maekawa in Bot. Mag. Tok., XLVII., 615 [1933]). Kw.: In der wtp. St. im Mischwalde des Tschwenning-schan bei Guiyang (Kweiyang), Sandstein, 1100—1250 m, Originalfundort von *Agapetes vaccinioidea* Lévl. (10522). Hubei (Henry 4666. Faber [in Henry?] 4949).

Die Blattform meiner Nr. 12112 ist genau dieselbe wie am japanischen Typus. Behaarte Blattstiele kommen auch hier vor (Omine-san, japanischer Sammler: Univ. Wien). Die Kronenröhre zweimal so lang wie die Kelchzipfel hat Wilson 1631 aus China, nur wenig länger als diese die erwähnte Pflanze vom Omine-san, die auch recht schmalblätterig ist, und an Nr. 10522 variiert die Kronenröhre an einem Stück. 6 Staubgefäße, die Maekawa angibt, kommen ebenso zufällig auch in Japan (Faurie 613) vor, wie 4. Die Merkmale sind also durchaus nicht immer verbunden, vielmehr macht der Arttypus eher den Eindruck einer extremen Schattenform.

Der Abtrennung von *Oxycoccos* und *Hugeria* kann ich vollkommen zustimmen. Ob die beiden untereinander generisch verschieden sind, scheint mir aber diskutierbar.

Pentapterygium Klotzsch

** **P. interdictum**[1] Hand.-Mzt. in Sitzgsanz. Ak. W. W., LX., 186 (1923).

Fruticulus epiphyticus, habitu *P. rugosi* Hook. f., ramulis tenuibus hic illic radicantibus, hornotinis strictis, elongatis, subtiliter albo-hirtellis et setis longis fulvis glandulis minutis terminatis sparse obsitis, inferne squamas lanceolatas, superne folia patula persistentia dispersa gerentibus. Gemmae paululum supraaxillares, globosae, perulis late ovatis, acuminatis, extimis 2 saepe subulato-lanceolatis et solis praesentibus stipulas simulantibus. Folia elliptica, acutissima vel vetusta apiculata, basi in petiolos latos, brevissimos, supra subtiliter hirtellos et demum pruinosos attenuata, 2—3^1/$_2$ cm longa et dimidio usque 2^1/$_2$^{plo} angusti-

---

[1] In itinere illo meo versus fines non fixas tunc accessu interdictas collectum.

ora, coriacea, margine angustissime cartilagineo saepe reflexo antice paucidenti-
culata dentibus setaceis appressis, saturate viridia, costa albida et nervis utrinsecus
7—12 obliquis irregularibus haud procul a margine arcuato-anastomosantibus
utrinque et venarum reti densiusculo subtus prominuis. Flores in gibberibus
squamis parvis ovatis obsitis, sicut pedicelli reflexi 7—13 mm longi hic illic
breviter glanduloso-setosi subtiliter albo-hirtellis ramorum annotinorum singuli
ad terni. Calyx tubuloso-campanulatus, submembranaceus, rubescens, 13 usque
16 mm longus, 7—8 mm latus, versus medium in lobos 5 ovatos, acutissimos,
multivenosos fissus, alis deorsum in appendices rotundatos breviter productis.
Capsula immatura $^3/_4$ calycis tubi inclusa.

NW-Y.: Im wtp. Regenmischwalde des birm. Mons. ober Schutsche am
Taron (Djiou-djiang, e Irrawadi-Oberlaufe), 27⁰ 55', 2400—2800 m, 9. VII. 1916
(9465).

Beschreibung der Korolle, Variabilität und Vorkommen in Indien siehe bei
Evans in Not. Bot. Gard. Edinb., XV., 207 (1927).

Agapetes G. Don

* *A. Lacei* Craib in Kew Bull, 1913, 43. Evans in Not. Bot. Gard. Edinb.,
XV., 203 (1927). NW-Y.: Epiphytisch, hängend im str. Laubwalde des birm.
Mons. am Salwin von der Schlucht ober Tschamutong bis Tjionatong, 1725 bis
1750 m, 14. VIII. 1916 (9794).

Große, holzige Knollen bildend. Blätter in der Form veränderlich, wie in
Indien, auch spitzlich. Ihre Unterseite anscheinend nur an solchen Trieben
behaart, die dem Stamm des Nährbaumes anliegen.

A. pensilis Airy-Shaw in Kew Bull., 1935, 52. NW-Y.: Im tp. und ktp.
Regenmischwalde des birm. Mons. an der Westseite des Passes Tschiangschel
zwischen Salwin und Irrawadi, epiphytisch, hängend, 2800—3800 m, 5. VII.
1916 (9352).

Diapensiaceae

Diapensia L.

D. himalaica Hook. f. et Thoms. NW-Y.: Auf bemoosten Glimmerschieferfelsen der Hg. St. des birm. Mons. an der Ostseite des Passes Tschiangschel zwischen Salwin und Irrawadi, 27⁰ 52', 4000 m (9269).

— — ** var. *acutifolia* (Hand.-Mzt.) Evans in Not. Bot. Gard. Edinb.,
XV., 227 (1927) (*D. acutifolia* Hand.-Mzt. in Sitzgsanz. Ak. W. W., LX., 154
[1923]). NW-Y.: Steinige Stellen der ktp. bis in die tp. St. des birm. Mons. am
Si-la zwischen Mekong und Salwin, Glimmerschiefer, 3900—4375 m (8935).

Die Nr. 9269 stach durch sehr kleine Blüten von nur 8 mm Durchmesser
von der folgenden Art ab. Gleich große liegen aus Indien vor, während die Beschreibung das Doppelte angibt, was der Varietät entspricht.

D. purpurea Diels in Rep. sp. nov., X., 419 (1914). Granit- und Glimmerschieferfelsen, Rasen und humöse Stellen, auch in Mooren in der Hg. St.,
selten in der ktp. und an Lawinenstrichen in die tp. St., (3150—) 3900—4450 m.
NW-Y.: Rücken zwischen Haba und Dugwan-tsun se (6922) und Nguka-la sw

von Dschungdien. Im birm. Mons. auf dem Si-la (8934), Nisselaka, Pongatong und massenhaft auf dem Gondon-rungu (5773) zwischen Mekong und Salwin sowie beiderseits des Tschiangschel (9264), auf dem Pangblanglong und im Tale unter dem Gomba-la (9547) zwischen Salwin und Irrawadi.

Die Fruchtstiele werden bis 8 cm lang.

D. Bulleyana FORR. in Not. Bot. Gard. Edinb., V., 207 (1912) (*D. purpurea* DIELS var. *B.* [FORR.] EVANS, l. c., XV., 228 [1927]). **Y.**: An offenen Stellen der ktp. Tannenwälder am Dsang-schan bei Dali, kristallinischer Boden, 3975 bis 4050 m (8708).

Mit Rücksicht auf die Konstanz der Blütenfarbe und die eigene (südliche) Verbreitung möchte ich die Pflanze doch als Art betrachten.

Berneuxia DECNE.

B. thibetica DECNE. in Bull. Soc. Bot. Fr., XX., 159 (1873) (*Shortia t.* [DECNE.] FRANCH.). Wälder und Rhododendronbestände, gerne im Moos über Felsen in der ktp., seltener in die tp. und bis an die wtp. St., 2650—4100 m. **Y.**: Lohanpin bei Beyendjing (TEN 42). Nach einheimischen Angaben bei Lidjiang. Im NW auf dem Nguka-la sw von Dschungdien (7804). Im birm. Mons. zwischen Mekong und Salwin unter Dotitong am Si-la (8893), ober Bahan, im Doyon-lumba und Schidsaru. Zwischen Salwin und Irrawadi im Tjiontson-lumba, am Hang des Naiwanglong, ober Schutsche und auf dem Buschao. **W-S.**: Wa-schan s von Yadschou (WEIGOLD).

Ebenaceae

Diospyros L.

D. sinensis HEMSL. **H.**: In der str. St. ober Lantien im Bezirke von Hsinhwa, Kalk, 150 m (11812). W-Hubei: Kui (WILSON, Veitch Exp. 1813).

Flores ♂ (adhuc indescripti) in cymis trifloris, raro singuli, pedunculis tenuibus 7—12 mm, pedicellis ad 6 mm longis utrisque densiuscule hirtellis. Calyx fere ad basin quadripartitus, lobis triangularibus 2—3 mm longis, utrinque dense pilosis, apice ferrugineo-penicillatis. Corolla urceolata, 5—7 mm longa, extus cano-tomentella, intus pilosula, lobis 4, brevibus, late ovatis, rotundatis, reflexis, praefloratione imbricatis. Stamina 16, filamentis inaequilongis hirtis, quam antherae lineares, glabrae, acuminatae brevioribus. Ovarii rudimentum flavido-strigosum.

D. mollifolia REHD. et WILS. in Plt. Wils., II., 591 (1916). Trockene Wälder und Gebüsche der wtp. und str. St., 1200—2400 m. **Y.**: Jöschuitang (442) und zwischen Homöndschang und Bödschagwan über dem Yangtse (767) n von Yünnanfu. Am Wege von hier nach Dali zerstreut um Luföng und Schidse (8662). N von ihm häufig jenseits Fumin, zwischen Gwannandün und Da-tschwangkou (6166), gegen Dayao, um Midien und Biendjio, unter Datiengai und ober Hsintschwang bei Hwaping. Unter Datschang e Yungbei. Im NW s Ober Ndaku n von Lidjiang. Im E zwischen Datji und Djidien und mehrfach bis jenseits Loping. **S.**: Dsengo im Gebiete von Muli w von Yungning. Woloho zwischen Yungning und Yenyüen. Wali und häufig bei Oti am Yalung n von hier. Überall zwischen Hohsi und Delipu (2031) und bei Lanba am Yalung ne und se von Yenyüen. Im Djientschang gegenüber Ningyüen und häufig unter Dötschang bis Loyao (1118). SW-Kw.: Bei Djiangdi gegen Hwangtsaoba.

Diospyri species parvifoliae (foliis 2—6 cm longis) huic affines distinguntur:

1. a) Folia supra ± molliter adpresse pubescentia, subtus densius quam illic pubescentia: D. *mollifolia* Rehd. et Wils.

b) Folia ubique vel saltem supra glabrescentia vel supra densius quam subtus pilosa: 2.

2. a), Folia juvenilia utrinque sparse pilosa, adulta margine ciliato et costa subtus sparse pilosa exceptis glabra vel fere glabra: D. *yunnanensis* Rehd. et Wils.

b) Folia supra tantum glabrescentia vel supra densius quam subtus pilosa: 3.

3. a) Folia supra primum ± pilosula, demum glabrescentia, subtus ad costam nervosque dense et ceterum sparsius fulvo-pilosa. Petiolus ± 2 mm longus. Corolla ♂ extus lineis albo-pilosis praedita: D. *dumetorum* W. W. Sm.

b) Folia supra molliter et adpresse pubescentia, subtus longius et sparsius flavescenti-pilosa. Petiolus 6—10 mm longus. Corolla ♂ haud lineata: D. *Esquirolii* Lévl., e typo.

D. Lotus L. An Bächen und in Buschwäldern der str. und wtp. St., 1500 bis 2550 m. Y.: Bei Yünnanfu gegen Fumin (Schoch) und jenseits unter Djiunienping (6139). Unter Alaodjing und überall um Schayidjia (6182) e des Dsolinho. Westseite des Dinschi-ling bei Hungngai (8697). Im NE in den Ebenen von Dungtschwan und von Lagu (Maire: Hb. Edinb.). S.: Sili bei Muli. Woloho zwischen Yungning und Yenyüen. Um Ningyüen gemein am Lu-schan und einmal zwischen Hwanglienpo und Dötschang (1874). **Kw.**: Pinfa (Cavalerie 3416). **H.**: Wohl dieser im Hügelwalde der Schlucht unter Tungdjiapai bei Hsikwangschan, 500 m.

Schochs Pflanze hat Fruchtknoten und Griffelansatz ganz kahl.

D. Morrisiana Hance. SW-H.: Im wtp. Laubhochwalde des Yün-schan bei Wukang, Tonschiefer, 1000—1300 m (12213). W-Ki.: Um Pinghsiang, c. 600 m (Plt. sin. 201).

Blätter an Nr. 12213 viel größer, als in Kwangtung, nämlich bis 15 × 6,2 cm, auch Blüten etwas größer, 9 mm lang.

D. Kaki L. f. **H.**: In der str. St. am Rande eines Wäldchens bei Tschangscha, 50 m (11713). **S.**: In der str. St. im Seitentale des Djientschang gegen Huili, 1300—1750 m (1046). Im S bei Nantschwan (Bock u. Rosthorn 865). **Y.**: Überall am oberen Yangtse.

— — var. *silvestris* Mak. Gebüsche, Buschwälder und Bachränder der str. und wtp. St. **H.**: 300—500 m. Hsikwangschan bei Hsinhwa. Häufig um Tschükoupu bei Baotjing (11984). Ober Djintie-se zwischen Yungdschou und Hsinning (11250). Yün-schan bei Wukang (Plt. sin. 72). **S.**: Nantschwan (Bock u. Rosthorn 541, als *D. Lotus*). **Y.**: 1850—2300 m. Unter Djiunienping jenseits Fumin bei Yünnanfu (6150). Gegen Lühogai am Wege von hier nach Dali (8674) und ober Hungngai sw von hier. Um Dayao und Beyendjing (Ten 40).

Nr. 11984 hat die ganzen Fruchtknoten dicht seidig behaart.

— — ** var. *macrantha* Hand.-Mzt.

Corolla ♂ ad 1 cm longa, tubo intus breviter sericeo. Sepala 4, lineari-lanceolata, corolla aequilonga vel plerumque longiora, obtusiuscula, subglabra. Stamina c. 12—14, dense et adpresse sericea.

SW-H.: Yün-schan bei Wukang, zwischen 400 und 1400 m, IV. 1910 WANG-TE-HUI (Plt. sin. 52).

Styracaceae

Styrax L.

S. dasyantha PERK. var. **cinerascens** REHD. in Plt. Wils., I., 289 (1912). **H.**: Am Bache der str. St. unter Tjilidjiang bei Hsikwangschan im Bezirk Hsinhwa, Kalk, 550 m (11966).

S. philadelphoides PERK. SE-Ki.: Lienhwa-schan bei Ningdu, Quarzit, c. 700 m (Plt. sin. 467).

Fructus (adhuc indescriptus) subglobosus, $\pm$ 1 cm diametro, densissime avellaneo stellato-tomentosus, ad stylum persistentem breviter mucronatus, fere ad medium calyce persistente cinctus, apice valvis 3 irregulariter dehiscens, pericarpio sublignoso; semen singulum, anguste obovoideum, c. 9 mm longum et duplo angustius, brunneum, tenuiter granulatum.

S. Faberi PERK. Mischwälder, Hartlaubwälder und Gebüsche der str. und wtp. St., auf Sandstein, Mergel und Tonschiefer, 70—1200 m. **H.**: Besonders in den Schluchten des Yolu-schan bei Tschangscha (11697). Widin, Wadsiping (11722) und Daloping im Bezirke Hsianghsiang. Im SW am Yün-schan bei Wukang (Plt. sin. 81). **Kw.**: Tschingdschen (10451).

S. japonica SIEBD. et ZUCC. Laubwälder und Gebüsche der wtp. St., 650—1650 m. SW-H.: Yün-schan bei Wukang (12044). Zwischen Lianglitang und Hsüning am Wege nach Dsingdschou. **Kw.**: Badschai. Madjiadwen. Nganschun (CAVALERIE 4526). Sattel zwischen Tjiaolou und Ahung (10310) und e von dort. S-S.: Nantschwan (BOCK u. ROSTHORN 634). NE-Y.: Im mittelchin. Fl. bei Lungdji und Gulungtschang (MAIRE).

S. grandiflora GRIFF. **Y.**: Buschwälder der wtp. bis an die str. St., 800 bis 2450 m. Umgebung von Yünnanfu (MAIRE ex hb. Edinb. 1321). Ober Djiunienping jenseits Fumin (6119). Im NE im mittelchin. Fl. bei Gulungtschang (MAIRE).

S. langkongensis W. W. SM. in Not. Bot. Gard. Edinb., VIII., 208 (1914). Gebüsche an trockenen Hängen und felsigen Stellen der str. und wtp. St., 1950 bis 2400 m. **Y.**: Tjitiaowan (3209) und Baodu zwischen Yungning und Yungbei. Ob dieser bei Okananpo, Hanio und Sunggwe zwischen Hodjing und Lidjiang? Bei Lidjianʒ, v. E. (3965). Unter Gwanyilang e von hier. S.: Datjiaoku (2518) und ober Datji bei Wali am Yalung n von Yenyüen, 28° 8'. Schahsinpu und s ober Lumapu (2068) ne von hier.

Flores interdum vix ultra 1 cm tantum longi, calycis indumento leviter tantum brunnescente. Folia usque ad 6 cm longa et $3^{1}/_{2}$ cm lata. Fructus superus, subglobosus, c. 1 cm diametro, granulatus et striatus, aureo usque griseo stellato-tomentosus, basi styli persistente, pericarpio suberoso plerumque ab apice valvis 3 irregularibus dehiscente, calyce persistente breviter cupulari; semen singulum, crassum, testa avellanea.

S. shweliensis W. W. Sm., l. c., XII., 236 (1920). **Y.**: Im NW in den tp. Regenmischwäldern des birm. Mons. auf Granit und Schiefer, 2700—2900 m, 27⁰ 55—58′. Am Salwin ober Bahan (9060) und im Tjiontson-lumba. Am Irrawadi ober Schutsche (9456). Im NE an Felsen bei Mahung, 3000 m, 1910 (Maire).

Maires Pflanze hat nur etwas kleinere Blätter (bis 55 × 28 mm), stimmt sonst mit der westlichen überein.

S. Limprichtii Lingsh. et Borza in Rep. sp. nov., XIII., 386 (1914), e typo. **Y.**: Gebüsche der wtp. bis in die str. St. auf Kalkschiefer und Sandstein, 1500—2100 m. Überall um Landjing, Dingyüen, Dayao (6224) und häufig um Beyendjing (6297) nw von Tschuhsiung. Viel bei Hsiagwan s von Dali.

Die von den Autoren nicht angegebene Verwandtschaft ist bei *S. Wilsonii* Rehd., die sich nur durch etwas starrere, unregelmäßiger geformte Blätter mit vielleicht etwas kompakterem Filz und die deutlich dimorphen Haare der Kelche (die goldbraunen viel größer und dicker) unterscheidet, während hier der ganze feine Filz des Kelches später gelbliche Farbe annimmt.

Alniphyllum Matsum.

A. Fortunei (Hemsl.) Perk. **E-Kw.**: Laubwald der wtp. St. bei Dayung zwischen Gudschou und Liping, Tonschiefer, 700 m (10936). **W-Kw.**: Um Pinghsiang, c. 600 m (Plt. sin. 142).

** *Melliodendron* Hand.-Mzt.
in Sitzgsanz. Ak. W. W., LIX., 109 (1922)

Arbor floribus pedicellatis singulis vel geminis e gemmis sessilibus e ligno vetustiore erumpentibus enatis, pentameris. Calyx parvus, turbinatus, brevilobatus, ad sinus angulatus et sub tomento pluricostulatus. Corolla magna, campanulata, versus basin usque partita, lobis in aestivatione imbricatis. Stamina 10, uniseriata, corolla multo breviora, aequalia, filamentis linearibus, basi in tubum brevem a corolla liberum ore longe villosum connatis, antheris linearibus subaequilongis, introrsum rimis 2 longitudinalibus dehiscentibus. Ovarium duis tertiis inferum, imperfecte quinqueloculare, septis ultra dimidium in columellam superne crassam connatis, sursum liberis, marginibus incrassatis hirsutis; placentae in media ovarii longitudine ad septa productae, ovulum alterum ascendens alterum descendens gerentes, loculi igitur 4 ovulati. Stylus staminibus longior. Fructus maximus, obovoideus, apiculatus, exocarpio crasso suberoso, maiore parte cum calyce truncato ramosinervoso connato, mesocarpio crasso, lignoso, durissimo. Semina in quoque loculo singula evoluta, loculo uno vel pluribus abortivis, subcomplanato-ellipsoidea, maxima, endocarpio tenui suberoso, intus parietibus columella corrugata e septis ortis crasse lignosis cincta. Testa membranacea; albumen carnosum.

Genus *Halesiae* Ellis affine, quae calycis nervis in lobis sitis, ovario tetramero et fructibus angustis, alatis, haud lignosis differt. *Pterostyrax* Sieb. et Zucc. fructuum forma haud dissimilis floribus paniculatis, petalis subliberis, fructibus parvis teneribus multo magis differt, utrumque genus etiam antheris brevibus.

**** *M. xylocarpum* Hand.-Mzt., l. c. Hu et Chun, I c. Pl., sin., t. 197.**

Arbor 6—9 m alta (nota collectoris), ramulis validis, junioribus quadrangulis, brunneis, levibus, primum parce fasciculato-pilosis, senioribus fuscogriseis, cortice supra lenticellas magnas elongatas humiles pallidas in ligulas elongatas fissili, deciduo. Gemmae anguste ovatae, ad 10 mm longae, perulis paucis herbaceis, ellipticis, acutis, ciliato-denticulatis, penninerviis, intus glabris, extus stellato-tomentosis. Folia decidua, ovato-lanceolata, usque ad $7{,}5 \times 2{,}7$ cm (maturissima ignota), acuminatissima, basi acuta, margine crebre porrecte mucronulato-denticulata, membranacea, juvenilia supra parcissime, subtus parce albo-stellipilosa, praeter costam nervosque supra dense breviterque stellipilosa certe mox glaberrima; nervi utrinsecus 7—9, subtus cum costa trabeculisque numerosis prominuli; venularum rete densiusculum, subtus (denique?) fusculum conspicuum; petiolus $3—3^{1}/_{2}$ mm longus, supra late canaliculatus. Pedicelli 8—20 mm longi, validi, sicut calyces et corollae juveniles extus densissime griseo stellato-tomentosi. Calyx 3—4 mm longus, lobis nullis vel latissimis acutis. Corolla 20 usque 25 mm longa, ad $2^{1}/_{2}$ mm gamopetala, lobis oblongis, 8—14 mm latis, obtusis, utrinque dense intus tenuissime extus crassius fasciculato-tomentellis. Stamina 10 mm longa, filamentis extus sub antheris papillosis. Ovarii pars libera glaberrima, in stylum glaberrimum tenuem, 13 mm longum attenuata; stigmata indistincta. Fructus brunneus, 4—4,3 cm (et ultra) longus, $\pm\, 2^{1}/_{2}$ cm crassus, calyce accreto cum exocarpio arcte connato obtuse nervoso ultra $^{2}/_{3}$ tectus, parte libera obtusata, breviter apiculata, sicut calyx dense stellato tomentella. Exocarpium et endocarpium 3 mm crassa, hoc ad septa paulum constrictum, illius delapsi fasciculorum 10 partes basales huic contiguae persistentes; septorum lignum purpureo-vittatum. Semina $1^{1}/_{2}$ cm longa, ad 5 mm crassa.

SW-H.: Im wtp. Laubhochwalde des Yün-schan bei Wukang, Tonschiefer, 1000 m, 12. VII. 1918, aufgelesene Früchte (12282). N-Kwangtung: Wälder des Lungtou-schan 60 km e von Siudsao (Schaodschou), Granit, 250—600 m, 5. IV. 1917, bl. (Mell) und hier auf dem Gipfel Yiu-schan, 20. X. 1917, fr., v. E. (Mell 37, Typus). Yingtak (Chun 30408).

Es liegen leider nur einzelne am Boden aufgelesene Früchte vor und ließe sich daher ihre Zugehörigkeit zur blühenden Pflanze bezweifeln, zumal da sie einen Unterschied zeigen, nämlich Behaarung des oberen, freien, Teiles, während dieser an den Blüten gänzlich kahl ist. Es kann sich darin aber sehr wohl um individuelle Variation oder um späteres Auftreten der Haarbildungen handeln. Größe und Gewicht der Früchte lassen kaum einen Zweifel daran, daß sie zu einer kaulifloren Pflanze gehören, und die Übereinstimmung ist eine so große, daß die blühend vorliegende mindestens eine äußerst nahe verwandte Form darstellen muß. Sollte sie sich etwa als spezifisch verschieden erweisen, so möchte ich meinen Namen auf die heute fruchtend vorliegende Pflanze bezogen wissen, auf der die Aufstellung der neuen Gattung beruht.

Pterostyrax Siebd. et Zucc.

P. Leveillei (Fedde) Chun in Hook., Ic. Pl., XXXII., t. 3161 (1932) (*Styrax Cavaleriei* Lévl. in Rep. sp. nov., IX., 447 [1911], non 1907. — *S. Leveillei*

Fedde in Lévl., Fl. Kouy-Tch., 407 [1915]. — *Pterostyrax Cavaleriei* [Lévl.] Guill. in Bull. Soc. Bot. France, LXX., 886 [1924]). S-S.: Nantschwan, 1891 (Bock u. Rosthorn 177).

P. corymbosa Siebd. et Zucc. SW-H.: Im str. Laubhochwalde der Flußschlucht bei Moschi ober Dsingdschou, Tonschiefer, 400 m (11041).

Symplocaceae
Symplocos Jacq.

S. setchuensis Brd. H : Häufig im str. Hartlaubwalde des Yolu-schan bei Tschangscha, Sandstein, 70—250 m (12782).

S. Ernesti Dunn 1911 (*S. Wilsoni* Brd., non Hemsl. — *S. coronigera* Lévl. in Rep. sp. nov., X., 431 [1912]. Rehd. in Journ. Arn. Arb., XV., 296 [1934]). **H.**: Häufig im str. Hartlaubwalde des Yolu-schan bei Tschangscha, Sandstein, 70—250 m, über Winter, oft unter einer Eiskruste, blühend (11341, 12780). Im SW im wtp. Laubhochwalde des Yün-schan bei Wukang, 1000 bis 1200 m (11106). **Y.**: Wälder bei Guti nächst Beyendjing (Ten 190, 302). Im NW in der str. St. des birm. Mons. um Tjionatong ober Tschamutong am Salwin, c. 2000 m, P. Genestier (9953).

Meine Nr. 11341 und 12780 haben ungefähr 20 Staubgefäße und auf der ganzen Fläche behaarte und äußerst kurz gewimperte Brakteen, aber kahle Kelchzipfel, nähern sich daher der vorigen Art. Die Blattstiele sind nur 4—10 mm lang, also kürzer als sonst bei beiden. 9953 hat $\pm$ behaarte Traubenstiele und -achsen; Ten 302 8—12 mm lange Blattstiele. Seine Nr. 190 hat ungefähr 25 Stamina, aber gewimperte Brakteen, weshalb sie nicht zu *S. discolor* Brd. gehören kann.

S. paniculata (Thbg.) Miq. **H.**: In der str. St. auf Sandstein, bei Tschangscha in Waldschluchten des Yolu-schan, 80 m (12759) und in Gebüschen der Hügel Wuayang-schan, 70 m (11654).

S. chinensis (Lour.) Druce in Rep. Bot. Exch. Cl. Brit. Isl. f. 1916, 650 (1917) (*S. sinica* Ker). Mischwälder und Gebüsche, auch einzeln in Steppen und Wiesen in der wtp., seltener in der str. und tp. St. **Ki.-F.-Grenze:** Überall auf dem Dunghwa-schan zwischen Schitscheng und Ninghwa, 600—1400 m (Plt. sin. 322). Nganhui: Hwang-schan (Chien 1045). **W-Ki.:** Um Pinghsiang (Plt. sin. 169). **H.:** 60—800 m. Zwischen Daolin und Loudi im Bezirke Hsianghsiang (11721). Häufig um Hsikwangschan bei Hsinhwa (11944). Yün-schan bei Wukang (Plt. sin. 63). **Y.:** 1750—2950 m. Häufig um Yünnanfu (6074. Schoch 50). Mehrfach an der Straße nach Dali besonders viel zwischen Bupeng und Yünnanyi, und n von ihr von Fumin bis gegen den Dsolin-ho. Beyendjing (Ten ex hb. Berol. 371). Guti (T. 349) und Daschui-tsun hier (T. 308). Zwischen Yungning und Baodu (Schneider 1659). Ober Lipin bei Djientschwan und weiter im NW überall zwischen Yisutsa und Weihsi, e von hier unter Lutien (8504) und weiter n zwischen Donaku und dem Passe Akelo, 27° 19′ (7922). Im E bei Pienschan zwischen Sidsung und Loping (10134). Im NE im mittelchin. Fl. bei Gulungtschang, 800 m (Maire).

— — var. **vestita** (Hemsl.) Hand.-Mzt. (*S. sinica* var. *v.* Hemsl.). S.-H.: Überall in Gebüschen der str. St. zwischen Dungngan und Wangdjiapu am Wege von Linling (Yungdschou) nach Hsinning, Kalk, 150—250 m (11277).

Die Unterschiede zwischen *S. paniculata* und *chinensis* in Behaarung von Infloreszenz, Kelch und Frucht sind nicht so scharf, wie GUILLAUMIN in Bull. Soc. Bot. France, LXXI., 276 (1924) angibt. Trotzdem sind die Arten besonders in der Natur gut zu unterscheiden. *S. paniculata* hat lockere Rispen und kleinere Blüten (Knospe 2—4 mm lang, Korollendurchmesser 6—8 mm) mit ungefähr 30 Staubgefäßen, *S. chinensis* dichtere Rispen, 6 mm lange Knospen, Korollendurchmesser von 7—10 mm und ungefähr 50 Staubgefäße.

** *S. hunanensis* HAND.-MZT. (Taf. XIV, Abb. 3).

Subgen. *Hopea* (L. f.) CLKE., sect. *Bobua* (DC.) BRD., subsect. *Palura* (BUCH.-HAM.) BENTH. et HOOK.

Arbuscula (e nota ad vivum), ramulis crassiusculis primum griseis, serius spadiceis opacis sparse lenticellatis. Folia subsessilia, obovato-lanceolata, 6 usque 17 cm longa, longitudine c. triplo angustiora, longiuscule acuminata, basi anguste rotundata vel leviter cordata, inferne remote, superne dense et regulariter serrulata, mucronibus longis incurvis apice glandulosis, decidua, sicca chartacea, supra minute et densiuscule strigillosa, costa anguste impressa, subtus pallidius viridia et praesertim in nervis fulvescentibus lateralibus 7—9^{nis} obliquis arcuato-anastomosantibus dense pubescentia, his cum venarum reti laxo subtus magis quam supra prominuis. Paniculae terminales, laxae, flexuoso-divaricatae, 7—12 cm longae, dense hirtellae, ebracteatae. Pedicelli longiores usque ad 5 mm longi. Calycis tubus 1—2 mm longus, obconicus, dense hirtellus; lobi late triangulari-ovati vel semiorbiculares, vix 1 mm longi, flavido-membranacei, minutissime denticulati, ciliati, extus pilosi. Corollae flavidae (e nota ad vivum) c. 7 mm diametientis lobi subliberi, elliptico-lanceolati, obtusi. Stamina 30—40, manifeste pentadelpha; filamenta glabra, filiformia, inaequilonga, longissima petalis longiora; antherae minutae, globoso-didymae. Ovarium apice villosum, biloculare; stylus glaber. (Fructus ignotus.)

SW-H.: Im wtp. Laubhochwalde des Yün-schan bei Wukang ober dem Tempel Gwanyin-go, Tonschiefer, 1100—1350 m, 11. VI. 1918 (12095).

Species foliis magnis et angustis, subsessilibus, paniculis amplis laxis divaricatis, pedicellis longis, corollae flavidae lobis angustis a binis praecedentibus egregie diversa.

S. intermedia BRD. Y.: Hänge der str. St. zwischen Hwaping (Djiuyaping) und Hsingai über dem Yangtse e von Yungbei, Sandstein, 1400—1800 m (13024).

Durch den an der Spitze wolligen Fruchtknoten gegen die var. *trichantha* HAND.-MZT. in Sinensia, V., 5 (1934) neigend. Rippe auf der Blattoberseite nicht sehr deutlich eingedrückt.

S. laurina (RETZ.) WALL., Cat., nr. 4416 (1830) (*Myrtus laurinus* RETZ., Observ., 26 [1786]. — *Symplocos spicata* ROXB., Fl. Ind., ed 2, II., 541 [1832]). SW-H.: Im wtp. Laubhochwalde des Yün-schan bei Wukang, Tonschiefer, 950 bis 1200 m (11137). S-S.: Nantschwan (BOCK u. ROSTHORN 610, als *Prunus spinulosa* SIEBD. et ZUCC.). NE-Y.: Im mittelchin. Fl. auf Bergen bei Dschenfungschan, 650 m (MAIRE).

S. lancifolia SIEBD. et ZUCC. SW-H.: Im wtp. Laubhochwalde des Yün-schan bei Wukang, Tonschiefer, 950—1250 m (11132).

S. caudata WALL. Y.: Beyendjing, Wälder bei Lungdji (TEN 332). H.: Wälder der str. St., 80—400 m. Yolu-schan bei Tschangscha, s. KARSTEN u.

Schenck, Vegetatb., 14. R., Taf. 8 (11570). Unweit Tjiyang (11332). Ober Djintie-se zwischen Yungdschou und Hsinning (11246). Um die Häuser von Wukang gegen Gaoscha-se (12542).

Die var. *maculata* Brd. beruht auf alter, trockener, daher weißer Rinde, die von einem Pilz befallen ist, und ist zu streichen.

*** S. ramosissima** Wall. **** var. salwinensis** Hand.-Mzt.

Ramuli juveniles dense rufo-sericei. Folii costa quoque et interdum nervi dorso sparse sericei. Racemi ad 3 cm longi, basi saepe ramosi, bracteis minutis. Stamina c. 40 (nec in typo 25, ut a Brand indicatur).

NW-Y.: In den wtp. und tp. Regenmischwäldern des birm. Mons. am Salwin, auf Schiefer, 2400—2900 m. Bei Bahan, 27° 58′, 20. VI. 1916 (9019, Typus). Im Doyon-lumba, 28° 2′, 1. VIII. 1916 (9604).

S. botryantha Franch. SW-H.: Auf dem Yün-schan bei Wukang, Tonschiefer, zwischen 400 und 1420 m (Plt. sin. 86).

S. anomala Brd. **** var. liosiphon** Hand.-Mzt.

A typo calycis tubo extus glaberrimo tantum diversa.

SW-H.: Im wtp. Laubhochwalde des Yün-schan bei Wukang, Tonschiefer, 1300 m, 11. VIII. 1918 (12400).

S. glomerata King ap. Gamble, Darjeel. List, 54 (1878). NW-Y.: In den wtp. Regenmischwäldern des birm. Mons., auf Schiefer und Granit, 2400 bis 2800 m, bei Bahan am Salwin, 27° 58′ (9000) und ober Schutsche am Irrawadi, 27° 55′ (9461).

Die Früchte (an Nr. 9000) sind etwas klein (5 mm lang), aber sonst ist die Übereinstimmung vollständig.

S. confusa Brd. **** var. lysiostemon** Hand.-Mzt. in Sitzgsanz. Ak. W. W., LVIII., 92 (1921).

Stamina c. 35, triseriata, inaequilonga, dimidia, i. e. a margine tubi corollae $2^1/_2$ mm longi libera, ligulata, superne paulum cuneato-incrassata. Stylus basi tantum pilosus. Arbor 5 m alta.

E-Kw.: Im wtp. Mischwald des Nandjing-schan bei Liping, Mergel, 700 m, 25. VII. 1917 (10986).

Non possum quin plantam ceterum cum typo omnino congruentem meram varietatem habeam.

Convolvulaceae

Dichondra Forst.

D. repens Forst. Y.: Nackte Gartenerde der str. und wtp. St., 1300 bis 1980 m. Yünnanfu (8638). Möngdse (5735).

Evolvulus L.

E. alsinoides L. (typ.). H.: Häufig in Steppen der str. St. von Yungdschou gegen Schitjidian-se, Kalk, 150 m (11320).

— — **var. decumbens** (R. Br.) v. Ooststr. in Meded. Bot. Mus. Utr., XIV., 26 (1934) (*E. decumbens* R. Br., Prodr. Fl. Nov. Holl., 489 [1810]). Y.:

Steppen und steinige Stellen der str. St. auf Mergel und Sandstein, 1500—1800 m. Unter Yanggai nw von Yünnanfu (5004). Zwischen Hsingai und Tie-tsun e von Dali (6341).

Porana Burm.

P. sinensis Hemsl. E-Kw.: Gebüsche der str. St. beim Tempel Yanggumiao nächst Gudschou, Konglomerat, 300 m (10877).

P. Mairei Gagnep. in Not. Syst., III., 154 (1915), e typo (*P. microsepala* Hand.-Mzt. in Sitzgsanz. Ak. W. W., LVIII., 229 [1921]). Y.: Gebüsche der wtp. St. auf Sandstein zwischen Alaodjing und Dsaodjidjing e des Dsolin-ho häufig, 2000—2350 m (4929). Beyendjing (Ten ex hb. Berol. 226). Hier bei Guti (T. 1980) und Tieso (T. 285). S.: Unter Dindjia-tsun am Lungdschu-schan bei Huili, Diabas, 2350 m, und zwischen Samuping und Niutschang se von Yenyüen.

Stigmata etiam in typo clavato-cylindrica et sepala marginibus tantum sericeo-strigosa. *P. decora* W. W. Sm. in Not. Bot. Gard. Edinb., VIII., 197 (1914) unterscheidet sich nach der Originalaufsammlung nur durch die stärkere Behaarung und vielleicht rosa Blütenfarbe.

P. racemosa Roxb. Offene Wälder, Gebüsche und Hecken der str. bis in die wtp. St. Y.: 650—2200 m. Yanglin ne von Yünnanfu (Schoch 358). S von Dschaodschou bei Dali. Im NW am Mekong unter Hsiao-Weihsi (10020) und gegenüber Tseku. Im NE bei Baörlgai (Maire). S.: Von Yalung gegen Yenyüen bei Tienba, 27° 18′ (5363) und zwischen Lumapu und Meidsepu, 27° 40′. E-Kw.: Am Du-djiang unter Sandjio, 350—400 m (10813). H.: Bei Lengschuidjiang am Tsi-djiang ober Hsinhwa gegen Hsikwangschan, 300 m (12693).

Maires Pflanze hat rosa Blüten und bis 7 mm lange Blütenstiele.

P. Duclouxii Gagnep. et Courch. in Not. Syst., III., 153 (1915) (*P. triserialis* C. Schndr. in Plt. Wils., III., 356 [1916]). W-Hubei: (Wilson, Veitch Exp. 2453). Wuschan-Schlucht (Faber 1199).

— — var. *lasia* (Schndr.) Hand.-Mzt. (*P. triserialis* var. *lasia* Schndr. l. c., 362). NW-Y.: Gebüsche der str. und wtp. St., 2100—2750 m, um das Nordende der Lidjianger Schleife des Yangtse, nämlich bei Hewa sw von Yungning (7041) und bei Dsowa an seinem Zuflusse Schou-tschu.

Fabers Pflanze ist auch etwas klebrig-haarig, meine aber extrem so.

Cardiochlamys Oliv.

** **C. sinensis** Hand.-Mzt. in Sitzgsanz. Ak. W. W., LVII., 241 (1920) excl. nota de flore; LX., 98 (1923).

Frutex caulibus lignescentibus tenuibus, vix $2^1/_2$ mm crassis, levibus, teretibus, volubilibus vel tortis, laxe foliatis alte scandens, totus praeter caules vetustos brunneos nitidos pilis e basi bifurcis brunnescenti-tomentosus. Rami floriferi 25—50 cm longi, bis et basi ter divaricate paniculato-ramosi. Folia caulina et paniculae basi 10 usque sub fructu 30 cm latae ramos fulcrantia illis sensim minora ceterum aequalia late cordato-ovata, usque ad 10 cm longa et 6 cm lata, tenuiter acuminata, sinu basali aperto, integra, nervis palmatis 5—7 rectiusculis, maioribus paulum ramosis, omnibus cum trabeculis remotiusculis tenuibus supra indistincte impressis, subtus prominulis; petiolus ad 3 cm longus, saepe curvulus. Bracteae ramulorum infimae parvae, lanceolatae vel lineares, pedicellorum minutae. Pedicelli racemosi, tenues, 3—4 mm longi. Bracteolae 3, subulatae, $^1/_2$ mm longae, calyci adpressae. Calyx sub anthesi $1^1/_2$ mm longus; sepala sublibera, extus tomentosa, exteriora 3 ovata, interiora 2 breviora lanceolata. Corolla alba (e Maire), 4 mm longa, late infundibularis, breviter 5crenata, extus tubo et striis 5 latis limbi illum paulo superantis tomentella. Filamenta supra basin inserta, inferne longe ciliata; antherae cordato-ellipticae, albidae, $^3/_4$ mm longae, summae limbum attingentes. Discus annularis, obsolete gibbosus. Ovarium subsessile, angulato-ovatum, apiculatum, glabrum vel superne tantum puberulum, uniloculare; stylus crassus, $^1/_2$ mm longus; stigmata 2, globosa, sessilia; ovula 4. Calycis fructiferi sepala interna immutata, externa e basi cordata orbicularia, 12—15 mm diametro, intra margines ad dimidium connata, membranacea, calvescentia, violascentia et venulis violaceis prominulis dense reticulata. Capsula crasse obovata, 5 mm longa, glabra, membranacea, longitudinaliter venosa, indehiscens. Semen unicum, magnum, globosum, fuscum, albido-papillosum, opacum.

Y.: In der str. St. der Schlucht des Djinscha-djiang („Yangtse") n von Yünnanfu, 900—1100 m, im Tälchen ober der Herberge Lagatschang, 19. III. 1914, fr. (751, Typus) und in Gebüschen um Homendschang, 28. X. 1914, bl. (5663). Im NE am Ufer des Yangtse bei Hsiaoho, 450 m, XI. 1910 (Maire, distr. Bonati B 3452, 6393).

Florifera *Poranae paniculatae* Roxb, simillima, sed tomento crassiore calycisque lobis linearibus styloque breviore distinguenda. *Cardiochlamys Thorelii* Gagnep. ex Indochina indumento parciore albido, inflorescentia racemosa, pedicellis longioribus, sepalis et corolla utrinque tomentosis, illis ad fructum pubescentem multo maioribus, stylo gracili, capsula pubescente differt. Species madagascarienses longius distant.

Convolvulus L.

** *C. steppicola* Hand.-Mzt.

E radice ♃ lignescente, crassa, perpendiculari multicaulis, totus dense flavido-tomentellus. Caules diffusi et volubiles, ad $1^1/_2$ m longi, tenues, basi sublignescentes, paulum ramosi, teretes, aequaliter et dissite foliati. Folia subsessilia vel inferiora petiolis usque ad 5 mm longis, infima lineari-oblonga, usque ad 32 mm longa, longitudine c. triplo angustiora, cetera linearia, omnia basi sagittata, lobis retrorsum falcatis leviter et obtuse lobulatis, ceterum remote undulato-crenata vel subintegra, acutiuscula, crassiuscula. Pedicelli axillares singuli, $1^1/_2$—$5^1/_2$ cm longi, supra medium bracteolis 2, lanceolatis, $1^1/_2$—3 mm longis obtusis instructi. Sepala 5—6 mm longa, exteriora ovato-lanceolata, interiora late ovata, illa demum, haec ab initio praeter cilia glabrescentia, omnia apiculata et demum scarioso-crustacea. Corolla infundibularis, c. 12 mm longa, lobis 5 late triangularibus, medio dorso usque ad apices adpresse pilosis, ceterum glabra. Stamina basalia, filamentis filiformibus deorsum paulum dilatatis, glabris, antheris linearibus $2^1/_2$ mm longis, tubum non superantibus, basi breviter sagittatis. Discus annularis. Ovarium glabrum, stylo tenui 7 mm longo ad quartum superum bifido, biloculare, ovulis 1—2^{nis}. Capsula globosa, c. 8 mm diametro, apiculata, glabra, apice irregulariter dehiscens; semina ovoidea, 3 usque 4 mm longa, atrobrunnea, minutissime tuberculata.

Y.: Überall in Steppen der str. St. zwischen Bintschwan und Piendjio ne von Dali (Talifu), 1600 m, 17. V. 1915 (6351).

Eine auffallende, recht isolierte Art, typische Steppenpflanze, deren Blütenfarbe leider nicht notiert wurde, daher jedenfalls weiß oder rosa ist, am ehesten vergleichbar mit *C. galaticus* Rost.

Calystegia R. Br.

C. hederacea Wall. (*C. japonica* [Thbg.] Koidz. in Bot. Mag. Tok., XXXIX., 304 (1925), non Choisy nec Miq.). **Y.**: Äcker, Wegränder und Raine der wtp. bis in die tp. St., 1900—2725 m. Yünnanfu, in der Ebene (Schoch 80) und beim Dorfe Hsischan (330). Dingyüen. Im NW bei Yungning (3143).

Obwohl nach Koidzumi, der Thunbergs Original gesehen hat, *Convolvulus japonicus* Thbg. diese Pflanze ist, kann sie wegen *Calystegia japonica* Choisy (s. unter *C. sepium*) jetzt nicht diesen Artnamen führen.

C. sepium (L.) R. Br. Komarow in Act. Hort. Petrop., XXV., 305 (1907). (*C. sepium* var. *integrifolia* Liou in Contr. Lab. Bot. Ac. Peipg., I., 24, tab. VI, fig. 1 [1931]. — *C. japonica* Liou, l. c., 24 p. p. et excl. var. *elongata*; tab. VI, fig. 4. Liou et Ling in Fl. ill. N. Chine, I., 27 cum var. *tntegrifolia* Franch. et Sav.; tab. IX, fig. 1, 2 [1931], non [Thbg.] Koidz. nec Choisy). **W-Ki.**: Um Pinghsiang, c. 600 m (Plt. sin. 186). **SW-H.**: Kräuterreiche Grashänge der wtp. St. beim Tempel Gwanyin-go auf dem Yün-schan bei Wukang, Tonschiefer, 1200 m (12291). W-Hubei (Wilson 1361). **NE-Y.**: Dungtschwan (Maire).

— — **var. japonica** (Choisy) Mak. ap. Matsum., Ind. Pl. Jap., II/2, 516 (1912) (*C. japonica* Choisy in Zollgr., Syst. Verz. Ind. Arch. Jap., 132 [1854]. — *C. japonica* var. *elongata* Liou in Contr. Lab. Bot. Ac. Peipg., I., 25, tab. VI, fig. 5 [1931]. Liou et Ling in Fl. ill. N. Chine, I., 27, tab. IX, fig. 3 [1931]). **SW-Kw.**: Häufig in Gebüschen der wtp. St. zwischen Gwanling und Muyu, Kalk, 1050—1200 m (10408). **Y.**: Wasserscheidehöhe am Wege von Yünnanfu nach Suifu (Mell).

Vom Typus verschieden durch stark dreilappige Blätter mit abstehenden Seitenlappen und schmalem, an der Spitze gerundetem Mittellappen. Choisys Pflanze ist nach der Beschreibung offenkundig diese Varietät, und nicht *C. hederacea*. Sein Name beruht nicht auf jenem Thunbergs, denn er erklärt es für zweifelhaft, ob dessen Pflanze dieselbe ist. Blütengröße und Farbe sind in gleicher Weise veränderlich, wie beim Typus. Zwischenformen gibt es auch in Japan: Hokkaido (Tanaka 299), und Liou bildet eine Reihe in Contr. Lab. Bot. Ac. Peipg., I., tab. VI., fig. 3 aus China als *C. japonica typica* ab.

— — **var. gracilis** Kom. in Act. Hort. Petrop., XXV., 307 (1907) sub forma (*C. sepium typica* Liou in Contr. Lab. Bot. Ac. Peipg., I., 33, tab. VI, fig. 2 [1931]. Liou et Ling in Fl. ill. N. Chine., I., 29, tab. X [1931]).

Blätter dreilappig mit oft eckigen, abstehenden Seitenlappen und sehr spitzem Mittellappen, dieser etwas schmäler als beim Typus.

— — **var. dahurica** (Herb.) Choisy in DC., Prodr., IX., 433 (1845) (*Con-*

volvulus dahuricus Herb. in Bot. Mag., LIII., t. 2609 [1826]. — *Calystegia pubescens* Lindl. in Journ. Hort. Soc. I., 70 [1846]. — *C. rosea* Kom. in Act. Hort. Petrop. XXV., 307 [1907], non Philippi 1857, vix *C. sepium β rosea* Choisy) läßt sich als eine behaarte Form von Typus getrennt halten, falls dieses Merkmal einigermaßen konstant ist. Eine Pflanze von Faber vom Tsien-Gebirge steht jedenfalls in der Mitte.

C. pellita (Led.) G. Don, Gen. Syst., IV., 296 (1837). Liou in Contr. Lab. Bot. Ac. Peipg., I., 25, tab. V, fig. 1 (1931). Liou et Ling, Fl. ill. N. Chine, I., 23, tab. VII (1931) (*Convolvulus pellitus* Led., Fl. Alt., I., 223 [1829]. — *C. dahurica β pellita* Choisy in DC., Prodr., IX., 433 [1845]. — *C. dahurica* Kom. in Act. Hort. Petr., XXV., 304 [1907]; Key Pl. E. Reg. U. S. S. R., 879 [1932], non [Herb.] Choisy. — *C. subvolubilis* Liou in Contr. Lab. Bot. Ac. Peipg., I., 25, tab. V, fig. 2 [1931]. — Liou et Ling, Fl. ill. N. Chine, I., 21, tab. VI, non [Led.] Don).

W-Hubei: Fang (Wilson, Veitch Exp. 2299).

Die von Liou und Ling abgebildeten Extreme sind durch viel häufigere Zwischenformen verbunden und stellen eine und dieselbe Art dar. Auf die dort ebenfalls fälschlich als verschiedene Arten betrachteten *Convolvulus arvensis* L. und *sagittifolius* (Fisch.) Liou et Ling einzugehen, ist hier nicht Gelegenheit (s. Österr. bot. Zeitschr. LXXXIII., 302 [1934]).

C. subvolubilis (Ledeb.) Don, Gen. Syst., IV., 296 (1837) (*Convolvulus s.* Led., Fl. Alt., I., 222 [1829]) wird nach Komarow in Act. Hort. Petr., XXV., 307 von Korshinsky in Mél. biol., XIII., 503—507, die ich noch nicht sehen konnte, als Bastard *C. pellita* × *sepium* gedeutet. Nach dem Wiener Originalexemplar ist dies sehr ansprechend. Wawra 873 von Kupeiku, wo unter anderen Nummern die beiden Arten auch gesammelt wurden, stellt offenbar auch einen solchen dar, und auch Liou und Ling dürften ihn unter ihren behaarten *C. japonica*-Formen inbegriffen haben.

Merremia Dennst.

M. vitifolia (Burm.) Hallier f. in Bot. Jahrb., XVI., 552 (1893). **Y.:** Trockene Hänge der tr. St. n von Manhao nahe der Grenze von Tonking, Tonschiefer, 200—650 m (5775).

M. umbellata (Mey.) Hallier f., l. c. (*Ipomaea u.* Mey., Prim. Fl. Esseq., 99 [1818]. — *I. cymosa* Roem. et Schult.). **S-Y.:** Gebüsche der tr. St. hinter dem Dorfe Manhao nahe der Grenze von Tonking, Tonschiefer, 200—400 m (5797).

M. sibirica (Pers.) Hallier f., l. c. Hecken und Gebüsche der wtp. St. **Y.:** Bei Dali, 2400 m (Schneider 2784). **S.:** Zerstreut zwischen Hokou und Fongsaying s von Huili, Sandstein, 1800—2000 m (5101).

Ipomaea L.

I. Nil (L.) Roth. In der str. und wtp. St. **Y.:** In üppigen Gebüschen zwischen Tschuhsiung und Gwangdung, 1800—2100 m (4844). Granitgerölle s Lunggai am Yangtse, 1000 m (phot.). Beyendjing, in Äckern (Ten 13). Santschwanba unter Yungbei, 1750 m. Im NE im mittelchin. Fl. in Gärten von

Dschenfungschan, 600 m (MAIRE). S.: Zwischen Lumapu und Meidsepu im Yalung-Tale ne von Yenyüen, 1550 m. W-Ki.: Um Pinghsiang (Plt. sin. 257).

I. obscura (L.) KER (typ. = var. *indica* HALLIER f. in Bot. Jahrb., XXVIII., 39 [1899]). Y.: Steinige Steppe der str. St. zwischen Hwanggwayüen und Hailo in der Niederung s des Yangtse nw von Yünnanfu, Granit, 1000—1060 m (5075).

I. yunnanensis COURCH. et GAGNEP. in Not. Syst., III., 151 (1915). NW-Y.: Trockene Stellen der str. St. am Nordende der Lidjianger Schleife des Yangtse, Sandstein und Phyllit, 1900—2300 m. Ober Tschwadse (7626) und am Zuflusse Schou-tschu in Föhrenwäldern ober Yumi, 27° 50' (7564).

I. hungaiensis LINGELSH. et BORZA in Rep. sp. nov., XIII., 389 (1914), e typo. Äcker, offene Hänge und Wälder und üppige Gebüsche der wtp. bis in die str. St., 1800—2800 m. Y.: Fuß des Hsi-schan bei Yünnanfu (SCHOCH 215). Zwischen Tschuhsiung und Gwangdung (4856). Beyendjing (TEN 24, 35). Zwischen Dali und Yungtschang (GEBAUER). Im NW auf dem Hügel bei Lidjiang (3478). Zwischen Dsondio und Djitsung am Yangtse nw von hier. Im NE um Dung-tschwan (MAIRE). S.: Muli.

TENS Pflanze hat außerordentlich schmale Blätter (50 × 4—9 mm).

I. cairica (L.) SWEET, Hort. Brit., ed. 1., 287 (1827) (*Convolvulus cairicus* L., Syst. Nat., ed. 10, 922 [1759]. — *Ipomaea palmata* FORSK., Fl. Aeg.-Arab., 43 [1775]). Y.: Beyendjing (TEN ex hb. Berol. 297). Im NW in Gebüschen der str. St. um die Mündung des Schou-tschou („Dou-tschu") in den Yangtse n von Lidjiang, zerstreut, 27° 46', Phyllit, 1600—1800 m (7586).

Argyreia LOUR.

? *A. Wallichii* CHOISY. S-Y.: An trockenen Hängen der tr. St. bei Manhao s von Möngdse, Tonschiefer, 200 m (5764).

Mit schon aufgesprungenen Früchten. Blätter oberseits behaart, aber die Nerven nicht eingesenkt.

A. Seguini (LÉVL.) VANT. ap. LÉVL., Fl. Kouy-Tch., 113 (1914). REHD. in Journ. Arn. Arb., XV., 319 [1934]) (*Lettsomia S.* LÉVL. in Rep. sp. nov., IX., 452 [1911]).

Ab *A. Wallichii* differt imprimis e speciminibus floriferis TSIANG 7211 et 9297 bracteis suborbicularibus usque ad $3^1/_2$ cm longis, cucullatis, purpureis et sepalis oblongis ad 3 mm latis.

SW-Kw.: Im str. Walde an der Südseite der Schlucht des Hwatjiao-ho am Wege von Dschenning nach Hwangtsaoba, Kalk, 900 m (10355).

Cuscutaceae

Cuscuta L.

C. chinensis LAM., sensu ENGELM. Y.: Heidewiesen, Steppen und Ge-büsche der str. bis in die tp. St., 1000—3400 m. Am Yangtse bei Lanipato n von Yünnanfu (5651) und häufig um Lunggai nw von hier (5071). Im NW zer-streut um die Mündung des Schou-tschu, 27° 46' (7587) und unter dem Lama-kloster von Dschungdien (7744).

Gagnepain zitiert in Fl. gén. Indo-Ch., IV., 311 (1915) *C. chinensis* mit ? als Synonym zu *C. Hygrophilae* Pears. in Hook., Ic. Pl., XXVIII., t. 2704 (1891) und gibt diese auch für China an. Er schreibt mir aber 1935, daß Lamarcks Originalexemplar die Blüten in lockeren Knäueln, gestielt und viel größer hat als jene. Alle mir vorliegenden chinesischen Pflanzen entsprechen jener Lamarcks.

C. japonica Choisy (var. *thyrsoidea* Engelm.). Hecken, Gebüsche, Trockenwälder, auch feuchte Stellen der str. und wtp. St. H.: 50—800 m. Guschan bei Tschangscha (11358). Hsikwangschan bei Hsinhwa (12646). S.: 1700—2750 m. Laodjitschang bei Huili (5187). Überall zwischen Banschan und Puti am Wege von hier nach Yenyüen (5250). Am Aufstieg zum Sandaoschan ne von hier. Y.: 1750—2650 m. Becken Hsiaodsang jenseits des Pudu-ho n von Yünnanfu. Im NW bei Haba se von Dschungdien (4446). Viel von Djitsung am oberen Yangtse gegen Kakatang. Häufig am Mekong, 27° 35—50' (8470). Im NE in der Ebene von Dungtschwan (Maire).

Nr. 8470 weicht etwas ab durch die Korolle von nur doppelter Kelchlänge.

C. reflexa Roxb., Plt. Cormand., II., 3, t. 104 (1798) var. **brachystigma** Engelm. in Trans. Ac. St. Louis, I., 519 (1859). Y.: Gebüsche der wtp. St., 2100—2200 m. Zwischen Tschuhsiung und Gwangdung und ober Houyendjing ne von hier. Häufig bei Dali (8543).

Polemoniaceae

Polemonium L.

P. coeruleum L. NW-S.: Gebirge um Sungpan (Weigold). Hierher aus N-China Limpricht 2490, Licent 3057, 3103 und Chanet 654, und aus Mittel-China Wilson Veitch Exp. 2289 und Arn. Arb. Exp. 3187.

— — * var. **himalayanum** Bak. in Gard. Chron., 3. ser., I., 766 (1887). NW-Y.: Im tp. Walde ober Alo se von Dschungdien, 3350—3475 m, 9. VIII. 1914 (4633).

Die unter dem Typus angeführten Pflanzen haben nichts mit *P. acutiflorum* Willd. zu tun, mit dem sie nach den Bemerkungen von Hultén in K. Sv. Vet. Ak. Handlg., 3. ser., VIII./2., 73 zu vergleichen waren. *P. chinense* Brand in Rep. sp. nov., XVII., 316 (1921) (*P. coeruleum* var. *ch.* Brd. in Ann. Cons. Bot. Genève XIV/XV., 324 [1913]) sah ich nur aus W-Kansu (Licent 4110, 4596), Schanhsi (Licent 10645, 10692) und der Mandschurei (Jettmar).

Borraginaceae

Cordia L.

* *C. Clarkei* Brace in Prain, Beng. Plts., 714 (1903), det. A. Henry e typo. Y.: Im tr. Regenwalde unter Yaotou zwischen Möngdse und Manhao, Tonschiefer, 800—900 m (5960). Yüandjiang (Henry 13251). Semao (H. 13386). Kwanghsi: Lungdschou (Morse 414), diese alle nach Henry briefl. I. 1925.

Der Ansicht Friesens in Bull. Soc. Bot. Genève, 2. sér., XXIV., 117 (1933), daß die Gattung *Cordia* L. totgeboren und hinfällig sei, kann man nicht beistimmen, denn es kommt nicht darauf an, ob Linné einen vorlinnéischen Namen in demselben Sinne verwendete, wie sein ursprünglicher Autor. LINNÉS *Cordia* umfaßt *C. Myxa*, und der erste, der die Gattung aufteilt, ist RAFINESQUE, Sylva Tellur., 37 (1838), indem er diese Art in der Gattung *Cordia* beläßt. Sie bleibt also der Typus dieser Gattung, s. str. GAERTNERS *Sebestena* ist eine willkürliche Umänderung des Namens *Cordia* L. und daher totgeboren; zudem enthält sie nur *S. officinalis* GAERTN., die *Cordia Myxa* L. ist. Vergl. auch JOHNSTON in Journ. Arn. Arb., XVI., 4 (1935).

Ehretia L.

E. acuminata R. BR. (*E. thyrsiflora* [SIEBD. et ZUCC.] NAKAI in Journ. Arn. Arb., V., 38 [1924]). — *E. taiwaniana* NAKAI, l. c.). SW-H.: Buschwald der str. St. auf dem Sattel zwischen Hsüning und Ngaidso am Wege von Wukang nach Dsingdschou, Tonschiefer, 550 m (11073). Y.: Wälder bei Beyendjing (TEN 291).

Die von NAKAI l. c. angegebenen Unterschiede zwischen *E. acuminata* und *E. serrata* ROXB. in Form und Bespitzung der Antheren bestehen ebensowenig, wie jener in der Färbung der Zweige. Die Blätter überwintern in Australien offenbar auch nur gelegentlich, denn ein Herbarexemplar mit reichlichen vorjährigen Zweigstücken zeigt keine Blätter daran. Das gelegentliche Überwintern der Blätter kann also auch keinen Unterschied zwischen *E. taiwaniana* und *serrata* einerseits und *E. thyrsiflora* andererseits bilden. Die Blütezeit wechselt sehr. Die letztgenannte im Sinne NAKAIS liegt mir im August sowohl aufblühend, als mehrfach fruchtend gesammelt vor. Jedenfalls ist die chinesische Pflanze von der australischen nach gutem Material beider nicht zu unterscheiden. Ganz kahl sind die Blätter unterseits auf der Fläche nicht immer, sondern es kommen bräunliche Härchen vor.

E. Dicksoni HANCE (var. *typica* NAK., l. c., 40 [1924]). H.: Gebüsche der str. und wtp. St. um Hsikwangschan bei Hsinhwa, Kalk, 500—700 m (11931).

E. corylifolia C. H. WR. Laubwälder der str. und wtp. St., auch viel in und um Ortschaften, 1300—2600 m. Y.: Yünnanfu (SCHOCH 73). Viel zwischen Djitien und Dadji e von hier. Am Wege nach Dali ober Lufung und sehr viel zwischen Schidse und Gwangdung. Landjing n von hier. Zwischen Dali und Langtjiung. Im NW ober Dsilidjiang, bei Ladsagu n von Lidjiang und nw von hier am Yangtse gemein bis ober Ronscha an seinem Zuflusse Djiu-tschu. Im birm. Mons. um Tjionatong am Salwin, 28° 7′, GENESTIER (9954). Im NE in der Ebene von Dungtschwan (MAIRE ex Arb. Arn. 483). S.: Dseia bei Muli. Im Tale des Wolo-ho zwischen Yenyüen und Yungning (3009). Im Djientschang bei Ningyüen und an seinem Zuflusse gegen Huili (1051). SW-Kw.: Sehr viel in den Dörfern von Djiangdi über Hwangtsaoba bis Dinghsiao (ob die vorige?).

Die echte *E. macrophylla* WALL. habe ich nicht gesehen. NAKAIS Angaben (l. c.) über die Anordnung der Blüten widersprechen einander, denn er sagt von *E. Dicksoni* „floribus corymbosim dispositis" und „racemosly arranged flowers", dann für *corylifolia* „a praecedente (*Dicksoni*)- - -floribus corymbososcorpioideis". In der Tat ist in der Infloreszenz überhaupt kein und in der Form und Zähnung der Blätter kein konstanter Unterschied zwischen diesen beiden Arten; nur der geringe in der oberseits rauhen Behaarung der *E. Dicksoni* ist konstant.

** *E. volubilis* Hand.-Mzt. in Sitzgsanz. Ak. W. W., LXI., 164 (1924).
Sect. *Beurerioides* Benth. (sph. *Bourrerioides*).

Alte scandens, ramosissima, statu aphyllo florens, ramulis tenuibus, olivaceis serius cinereis, levibus, cicatricibus foliorum multis, dispersis. Folia valde juvenilia elliptica, acuta, basi in petiolum attenuata, integra, glaberrima, nervis distinctis 4paribus. Cymae pleraeque ramulis terminales, valde compositae, planae, 4—9 cm diametro, densae, axibus ultimis tantum hic illic cincinnatis, totae cum calycibus glandulis tenuissimis brevistipitatis densissimis valde glutinosae. Pedicelli nulli usque 4 mm longi, crassi. Calyx campanulatus, 2 mm longus et ore latus, crassus, fere ad $^1/_2$ in lobos late ovatos rotundatos fissus. Corolla albida (e nota ad vivum), glabra, tubo angusto, 4—5 mm longo, cylindrico, limbo reflexo lobis longe triangularibus, 3—$3^1/_2$ mm longis, basi $1^1/_2$ mm latis, acutiusculis. Antherae oblongae, $1^1/_2$ mm longae, basi vix sagittatae, connectivo non producto, filamentis 2—3 mm exsertis. Stylus 7 mm longus, apice bifidus.

S-Y.: In tr. Bambusbeständen und Savannenwäldern flußaufwärts gegenüber Manhao s von Möngdse und noch am nächsten Zuflusse dort, Tonschiefer, 200 m, 3. III. 1915 (5895).

Proxima *E. longiflorae* Champ. et *E. Wallichianae* Hook. f. et Thoms., sed crescendi modo et indumento excellens.

Onosma L.

O. paniculatum Bur. et Franch. Heidewiesen, besonders als Unterwuchs von Föhrenwäldern, auch Waldschläge, in der wtp. und tp. St., 2600—3400 m, die Notizen (herab bis in die str. St., 1600 m) vielleicht auf die Varietät bezüglich. Y.: Mehrfach zwischen Beyendjing und Piendjio. Um Lidjiang, v. E. (7009). Hier ober Duinaoko. Halbwegs zwischen Dsutoupo und Gwamaoschan am Wege von Yungbei nach Yungning (3319). Weiter im NW ober Bödö und beim Tempel Minyü se von Dschungdien. Im NE bei Dungtschwan (Maire). S.: Im Gebiete von Muli unter Piyi nw von Yungning und bis zur Wiese Dapingdse n von hier. Pudi zwischen Yalung und Nganning-ho, 27° 1′.

Maires Pflanze weicht von der Beschreibung durch dicht borstige Filamente und Korolleninnenseite (außer dem Haarring am Grunde) ab, wurde aber von Johnston mit dem Typus übereinstimmend befunden. 7009 hat kahle Filamente.

— — var. *hirsutistylum* Lingelsh. et Borza in Rep. sp. nov., XIII., 389 (1914). Y.: In der wtp. St. auf dem Laodjing-schan bei Yünnanfu, Kalk, 2200—2300 m (Schoch 225). Einzeln am Hang des Dsang-schan bei Dali gesehen (Mell). Im NW in Heidewiesen und offenen Föhren- und Mischwäldern der tp. St. von Lidjiang gegen das Be-schui, Kalk, 2950—3100 m (4164). Im NE in lichtem Wald an Grasplätzen auf Höhen zwischen Hsin-tsun und Hsiagwan einzeln, 2800 m (Mell).

Schochs Pflanze hat die Blumenkrone innen auf 5 breiten Streifen schwach borstig, Filamente und Griffel rauhhaarig, meine Nr. 4164 diese ebenso, und zwar sehr dicht.

O. exsertum Hemsl., teste Johnston e typo. Y.: Buschsteppen der wtp. St. zwischen Tschuhsiung und Gwangdung, Sandstein, 1800—2100 m (4826).

S.: Vielleicht dieses zwischen Hokou und Fungsaying s von Huili. In der str. St. bei Hangdschou am Zuflusse des Yalung gegen Yenyüen, 27° 48'.

Die gesammelte Pflanze sehr breitblätterig (bis 70 × 30 mm), doch liegen übereinstimmende Exemplare von DELAVAY in Paris.

**** *O. multiramosum* HAND.-MZT.** in Sitzgsanz. Ak. W. W., LXI., 166 (1924). (Abb. 24, Nr. 8 auf S. 873).

Sect. *Euonosma* C. B. CLKE., § *Haplotricha* BOISS.

Bienne unicaule vel certe haud diu perennans pluricaule, radice crassa brevi in fibras plures crassas exeunte, totum calycibus inclusis setis tuberculatis longis pratereaque tenuibus brevibus, omnibus albis, nusquam stellatis dense hispidum. Caulis crassus, erectus, 55 cm altus, teres, a basi late pyramidatim multiramosus, ramis sub anthesi gemmiferis patentibus, cum his ubique foliatus. Folia elongato-lanceolata, inferiora 18 cm longa et 3 cm lata, sursum ad bracteas pro longitudine latiores sensim decrescentia, obtusa, basi angustata etsi lata sessilia, herbacea, subtus quam supra pallidius viridia, costa tenui supra impressa, subtus prominua et magis setosa, nervis inconspicuis. Cincinni ramis omnibus terminales, simplices, toti bracteati, sed pedicellis saepe concaulescentibus, primum densi et argenteo-strigosi, post anthesin laxissimi. Pedicelli 3—8 mm longi, erectopatentes. Calyx 5—7 mm longus, ad basin in dentes subulato-lanceolatos fissus. Corolla illum vix 2 mm excedens, ad 2 mm anguste tubulosa, dein campanulata, ore 4 mm lata, lobis vix 1 mm longis, late triangularibus, conniventibus, sordide violacea (e nota ad vivum), extus densissime strigillosa, intus ima basi annulo pilorum et dimidio superiore vittis parce sed longiuscule pilosis instructa. Filamenta tenuia, glabra, illam vix excedentia; antherae cum appendicibus 2—3 mm longis conum angustum longe attenuatum exsertum curvatum corolla aequilongum coeruleum (e nota ad vivum) formant. Stylus stamina aequans, tenuissimus, glaber, stigmate minuto. (Fructus ignotus.)

NW-Y.: Trockene Stellen der str. St. an der Mündung des Schou-tschu („Dou-tschu") in den Yangtse n von Lidjiang, 27° 46', Phyllit, 1650 m, 11. VIII. 1915 (7595). Ebenso w des Mekong im Tale unter Londjre, 28° 11', 2100 m.

O. exsertum caule inferne simplici, indumento diversissimo, antheris brevius acuminatis, *O. album* W. W. SM. et JEFFR. in Not. Bot. Gard. Edinb., IX., 112 (1916) minus, simplex, foliis linearibus, calycibus maioribus, corollarum albarum lobis 2 mm longis distant. Proximum autem e descriptione videtur *O. Waddellii* DUTHIE, caulibus tenuibus procumbentibus, foliis multo minoribus, calycibus brevioribus diversum.

O. sinicum DIELS. **W-S.**: Min-Tal von Tietschi bis Maodschou (WEIGOLD).

Lithospermum L.

L. officinale* L. ssp. *erythrorrhizon (SIEBD. et ZUCC.) HAND.-MZT. (*L. erythrorrhizon* SIEBD. et ZUCC. — *L. officinale* β e. MAXIM. — *L. officinale* FORB. et HEMSL., non L.). **H.**: Buschsteppen an der Grenze der str. und wtp. St. bei Hsikwangschan im Bezirke Hsinhwa, Kalk, 600—700 m (11919).

Die von MAXIMOWICZ richtig angegebenen Unterschiede sind nicht durchgreifend genug, um der Pflanze Artwert zuzuerkennen.

***L. Zollingeri* DC. H.**: Gebüsche bei Hsikwangschan, wie voriges (11768).

L. arvense L. NE-Y.: Äcker der Ebene von Dungtschwan, 2500 m (Maire).

L. chinense Hook. ist nach dem vom Autor erhaltenen Typus (Vachell 286) im Wiener Museum genau identisch mit Hance 1441 von Makao und ist *Heliotropium strigosum* Willd. var. *brevifolium* (Wall.) C. B. Clke.

Lithodora Griseb.

L. Hancockiana (Oliv.) Hand.-Mzt. (*Lithospermum Hancockianum* Oliv. in Hook., Ic. Pl. XXV., t. 2457 [1896]) Y.: Kalkfelsen der wtp. St., 2300 bis 2500 m. Laodjing-schan (6058, s. meine Naturbilder aus SW-China, Abb. 2), Hsi-schan und Gipfel des Tschangtschung-schan (321) bei Yünnanfu. Im Berliner Herbar mehrfach aus NE (Maire).

Da die Korolle gar keine Fornices und auch keine Schlundbehaarung hat und die Pflanze im polsterig-strauchigen Wuchs völlig *L. rosmarinifolia* (Ten.) Johnst. gleicht, gehört sie zu dieser von Johnston in Contr. Gray Herb., LXXIII., 55 (1924) wiederhergestellten Gattung. Nur die getrennten Wülste über den Gefäßbündeln am Grunde der Kronenröhre erinnern an *Lithospermum*. Nüßchen liegen nicht vor.

Trigonotis Stev.

**** T. heliotropifolia** Hand.-Mzt. in Sitzgsanz. Ak. W. W., LXI., 165 (1924).

Radix perennis, tenuis, valde fibrosa, collo foliorum radicalium sub anthesi evanidorum petiolis fuscis cincta. Caulis singulus, 17—53 cm longus, debilis etsi $\pm$ erectus, laxe vel densius aequaliter foliatus, saepe superne breviramosus et ex axillis foliorum infimorum stolones ultra 70 cm longos distantius foliatos hic illic radicantes edens, cum inflorescentiis calycibusque his intus quoque dense albo-strigillosus. Folia sursum accrescentia, ovato-elliptica, 16—50 mm longa, longitudine dimidio usque duplo angustiora, acuta, basi $\pm$ rotundata et in petiolum producta, herbacea, supra strigis fere transversis ad juga inter nervos valde impressos autem porrectis quasi strias formantibus densissime et nitidule sub-velutina, subtus pilis minoribus curvulis saepe laxius induta et in nervis argute prominuis dense porrecte strigosa; nervi utrinsecus 4—7, quorum 2—3 basales, sub angulis acutissimis abeuntes longe subarcuatim producti, in nervum sub-marginalem confluentes; petiolus brevis usque (in foliis inferioribus) laminam subaequans. Cincinni terminales et serius in ramis, simplices, pedunculati, ebracteati, sub anthesi laxiusculi, serius laxi, multiflori. Pedicelli 4—6 mm longi, erectopatuli, validi. Calyx 3—3$^{1}/_{2}$ mm longus, infundibularis, fere totus in lobos lanceolatos acutos fissus. Corolla speciosa, coerulea (e nota ad vivum), extus dense et minute adpresse pilosa; tubus calyce fere duplo brevior, latus; limbus planus, $\pm$ 1 cm diametro, in lobos obovatos fissus, sinubus acutis. Fornices crassi, late ovati $^{3}/_{4}$ mm lati, emarginati, papilloso-velutini. Antherae ellipticae, tubi tertio supero sessiles, fornices attingentes. Stylus $^{1}/_{2}$ mm longus, crassius-culus, stigmate parvo. Nuculae depresse tetraëdricae, 1 mm longae, brunneae, immarginatae, papillis conicis densissime obsitae, igitur vix nitidae.

Y.: Gebüsche der wtp. St. am Bache bei Dschaoping n von Yungbei (Yung-peh), Sandstein, 2675 m, 30. VI. 1914 (3344, Typus). In dieser Gegend, VIII. 1922 (Forrest 22054 als *T. microcarpa* Benth. vel aff.). Dawan w von Yungbei.

S.: Berge um Muli, trockene, steinige Matten, 3100 m, VIII. 1918 (FORREST 16807).

Foliis *Heliotropia* aemulans, cum *T. radicante* (DC.) GÜRKE tantum comparabilis, sed valde diversa. *Trigonotis elevato-venosa* HAY. habitu similis esse videtur, sed nervi supra prominui pauciores (?) et patentes, pedicelli breves etc.

Nach der fruchtend vorliegenden Nr. 16807 FORRESTS, nach der ich die Beschreibung ergänzen konnte, handelt es sich tatsächlich um eine *Trigonotis*, was ich ursprünglich nur mit ? behaupten konnte.

T. Cavaleriei (LÉVL.) HAND.-MZT. (*T. brevipes* FORB. et HEMSL. in Journ. Linn. Soc., XXVI., 152 [1890], non MAX. — *Omphalodes Cavaleriei* LÉVL. in Rep. sp. nov., XII., 188 [1913], e typo. — *O. Esquirolii* LÉVL., l. c., e typo. — *Trigonotis Faberi* HAND.-MZT. in Sitzgsanz. Ak. W. W., LXI., 165 [1924]).

Rhizoma crassiusculum, radicibus longis validis longe fibrosis. Caulis crassiusculus, rigidus etsi paulum flexuosus, 11 usque (e HEMSLEY) 33 cm altus, sicut petioli setis $\pm$ deflexis albis dense hirtus. Folia et radicalia et caulina illis maiora praeter summa subverticillato-farcta et subsessilia petiolis 20—32 (—140) mm longis crassiusculis basi paulum dilatatis, anguste usque latiuscule et elliptico-ovata, 3—8 (—10) cm longa, longitudine sesqui- usque $2^{1}/_{2}^{plo}$ angustiora, acutissima vel acutiuscula et mucronulata, basi leviter cordata, herbacea, utrinque setis tuberculatis maioribus (in sicco saltem) fulvescentibus et plerumque minoribus albis dense vel densissime strigosa et margine hirta, vetusta $\pm$ bullato-rugosa; costa subtus prominua; nervi pauci inconspicui. Cincinni terminales et ex axillis summis, sessiles et pedunculati, sub anthesi 2 cm longi, densi, sub fructu 5—8 cm longi, recti, laxe multiflori, ebracteati, cum calycibus breviter et adpresse strigosi. Pedicelli rigidi, non incrassati, 3—4 mm longi, erecti. Calyx 2 mm longus, vix ad $^{1}/_{2}$ in lobos late ovatos, obtusos, antice glabriores fissus, fructifer vix accretus, turbinatus, quinquecostatus. Corolla 6 mm diametro, coerulea, tubo incluso, lobis late ovatis 2 mm longis, antheris inclusis. Nuculae 1 mm longae, spadiceae, immarginatae, nitidissimae, glaberrimae.

S.: In dichten Gebüschen der wtp. St. im Tale s von Linkan am Houdsengai bei Dötschang im Djientschang, Sandstein, 2400 m, 5. IV. 1914 (1836?, in Knospe). Im W auf dem Omei-schan, 1600 m (FABER 671: Mus. Wien, Typus von *T. Faberi*).

Foliis tantum *T. Hookeri* BENTH. appropinquatur. *T. formosana* HAY. e descriptione similis videtur, caules autem ascendentes stoloniferos, folia forma diversa, pedicellos breviores, nuculas pilosulas habet; *T. philippinensis* MERR. forsitan propior folia multo minora, cincinnos singulos, indumentum adpressum.

Der Typus von *Omphalodes Esquirolii* unterscheidet sich von den beiden anderen Pflanzen nur durch die breiteren Blätter und das Fehlen der dünneren Borsten. Beides pflegt in der Variationsweite zu liegen. Die Maße meiner fraglichen Pflanze habe ich in Klammern eingefügt. *T. omeiensis* MATSUDA in Bot. Mag. Tok., XXXIII., 148 (1919) ist die Pflanze nach JOHNSTON briefl. nicht.

T. microcarpa (WALL.) BENTH. Y.: An einem Bächlein im Walde der wtp. St. beim Tempel Haiyen-se nächst Yünnanfu, 2200 m (SCHOCH 194). Beyendjing (TEN ex hb. Berol. 239). Hier in Wäldern am Mangan-schan (TEN 1297). Im NW im birm. Mons. im tp. Regenmischwalde im Doyon-lumba am Salwin, 28° 2′, 2600—3000 m (9598).

T. brevipes Max. **H.**: Gebüsche der str. St. am Liuyang-ho bei Tschang-scha, Sandstein, 35 m (11687).

T. rotundifolia (Wall.) Benth. **NW-Y.**: Bei Lidjiang, v. E. (3725). Gudu-schan n von hier, 28⁰ 12′ (Forrest 20519 als *Omphalodes*). **S.**: Massenhaft unter dem Passe Döko sw von Muli, 3650 m.

**** *T. delicatula*** Hand.-Mzt. in Sitzgsanz. Ak. W. W., LXII., 26 (II. 1925) (*T. contortipes* Johnst. in Contr. Gray Herb., n. ser., LXXV., 46 [IX. 1925], ex autore). Feuchte, steinige Stellen der ktp. St. auf Kalk, 3900—4100 m. **NW-Y.**: Bei Lidjiang, v. E. (3724). **S.**: Hänge des Passes Tschescha s von Muli, 25. VIII. 1915 (7253, Typus). Bei der Alm Bätö ober Muli. Im N (Potanin nach Fedtschenko briefl.).

Petiolis interdum lamina longioribus ad 15 mm longis ultra descriptionem Johnstonianam variat.

T. peduncularis (Trev.) Benth. Reisfelder, Raine, sandige und trockene Stellen in der str. und wtp. St. **H.**: Häufig bei Tschangscha (11638) und bis Lengschuidjiang ober Hsinhwa. **S.**: Huili (835). Unter Muli (7379). Im W auf dem Wa-schan (Weigold). **Y.**: Yünnanfu, beim Dorfe Hsischan (329) und bei Schilungba (183). Beyendjing (Ten 45 p. p., 362).

Hackelia Opiz

H. Dielsii (Brand) Johnst. in Contr. Gray Herb., LXVIII., 45 (1923) (*Cynoglossum* sp. n.? Forbes et Hemsl. in Journ. Linn. Soc., Bot., XXVI., 150 [1890]. — *Lappula* D. Brd. in Rep. sp. nov., XIV., 147 [1915]). Bambus-dschungel, auch in Gebüschen und Staudenfluren in der tp. und ktp. St., 3050 bis 4050 m. **Y.**: Unter dem Passe Dsuningkou ober Dienso zwischen Dali und Hodjing, 26⁰ 24′ (6560). Im NW bei Lidjiang, v. E. (3623). Ober Dugwan-tsun und auf dem Hsiao-Niutschang se und dem Nguka-la sw von Dschungdien. Beiderseits des Passes Lenago zwischen Yangtse und Mekong, 27⁰ 45′. Im birm. Mons. zwischen Mekong und Salwin um die Alm Rüschaton unter dem Si-la und gemein im Tale von Londjre gegen den Schöndsu-la. Zwischen Salwin und Irrawadi gemein im ganzen Tjiontson-lumba. **S.**: Paß Daörlbi halbwegs zwischen Yenyüen und Yungning (3000). Im W auf dem Gipfel des Omi-schan (Faber).

Microula Benth.
(*Tretocarya* Maxim.)

M. sikkimensis (Clke.) Hemsl. in Hook., Ic. Plant., XXVI., sub t. 2562 (1898) (*Tretocarya s.* [Clke.] Oliv. — *Anoplocaryum Limprichtii* Brand in Rep. sp. nov., XXVI., 170 [1929]). Gesteinfluren, Hochgekräute und Sumpf-wiesen der ktp. und Hg. bis in die tp. St., 3350—4730 m. **NW-Y.**: Überall zwischen der Alm Da-Niutschang und dem Gehöfte Alo se von Dschungdien (4573) und bis auf den Gipfel neben dem Passe Hsiao-Niutschang. **S.**: Im Gebiete von Muli an der Südseite des Passes Tschescha (7173), ober der Alm Bätö (phot.) und auf dem Gonschiga fast bis zum Gipfel. Im NW auf Gebirgen um Sungpan (Weigold).

Ich muß Johnston recht geben, daß die Gattungen *Anoplocaryum* und *Omphalodes* von Brand in Pflzenr., IV/252 (1921 und 1931) ganz unnatürlich umgrenzt sind. Unter WEIGOLDS Aufsammlung hat ein Individuum bedeutend breitere Blüten als die anderen mit gleich langen, also relativ kürzeren Röhren. Es sind die ersten aufblühenden, und sie entsprechen jenen meiner Pflanzen, deren Durchmesser 10—15 mm beträgt. Die besonders üppig entwickelten Blüten haben auch die Schlundschuppen nicht so kurz braun papillös-samtig, sondern etwas länger gewimpert.

M. Forrestii (DIELS) JOHNST. in Contr. Gray Herb., LXXXI., 83 (1928) (*Omphalodes Forrestii* DIELS in Not. Bot. Gard. Edinb., V., 169 [1912]. — *Microula hirsuta* JOHNST., l. c., LXXV., 48 [1925]), det. JOHNSTON. NW-Y.: Steiniger Rasen der Hg. St. an der Ostseite des Gipfels Ünlüpe im Yülung-schan bei Lidjiang, Kalk, 3750—4000 m (4276).

Auf die Lidjianger Pflanze beschränkt, unterscheidet sich diese Art von der vorigen durch die außen, allerdings mitunter nur sehr spärlich, behaarte Korolle, die stumpferen Blätter und eine viel dichtere und weichere Behaarung.

M. trichocarpa (MAXIM.) JOHNST., l. c., LXXXI., 83 (1928) (*Omphalodes t.* MAX.), det. JOHNSTON. NW-Y.: Bei Lidjiang, v. E. (3722). NW-S.: Gebirge um Sungpan (WEIGOLD).

M. pustulosa (C. B. CLKE.) DUTHIE in Kew Bull., 1912, 39 (sph. *pustulata*) (*Eritrichium pustulosum* C. B. CL. in HOOK., Fl. Brit. Ind., IV., 164 [1885]). In der Hg. bis in die tp. St. NW-Y.: Ziemlich trockene Wiesen der tp. St. zwischen Alo und Hsiao-Dschungdien, 3500 m (4611). Im birm. Mons. auf dem Maya zwischen Mekong und Salwin, 28⁰ 4′, 4050—4575 m (9652). SE-**Tibet**: Tsarong, in schlammigem Schutt auf dem Doker-la, 4600 m (8152). NW-S.: Gebirge um Sungpan (WEIGOLD).

** *M. oblongifolia* HAND.-MZT.

Radix ♃, longa, fusca, fibris fuscis densissime obsita, partim cylindrice incrassata, caulem singulum a basi longiramosum vel caules plures (procumbentes?) ad 20 cm longos, ad 2 mm crassos, albo-hirsutos edens. Folia valde dissita, oblonga et oblanceolato-oblonga, ad 5 cm longa et 1,4 cm lata, superiora interdum hic illic opposita et floralia farcta, haec ovata, 1 cm tantum longa, omnia obtusa et crasse mucronulata, basi late cuneata sessilia et infima in petiolos indistinctos alatos longe attenuata, crassiuscula, ut sepala utrinque aequaliter albo-hirsuta et margine dense magis strigosa, costa latiuscula, nervis paucis inconspicuis. Flores pauci subessiles subcapitato-circinnati et inferiores remoti, ob folia concaulescentia saepe ebracteati, pedicellis ad $2^1/_2$ mm longis. Calycis lobi subliberi, oblongi, $2^1/_2$ mm longi, sub fructu late triangulari-ovati, acutiusculi, 4 mm longi. Corollae (certe coeruleae) tubus latus, 2 mm longus, intus basi pilosulus; limbus planus ± 5 mm diametro, lobis late cordato-ovatis, rotundatis, integris; fornices brevissimi, rufo papilloso-puberuli. Antherae eos vix attingentes. Stylus tenuis, tubum dimidium aequans. Nuculae ovoideo-tetraëdricae, praeter carinam ventralem suprahilarem ubique ± rotundatae, breviter muricatae et papilloso-hirtellae, foramine nullo vel (in specimine a cl. JOHNSTON viso) praesente.

NW-Y.: Bei Lidjiang, VI.—IX. 1914—1916, v. E. (3721, Typus). Ebendort (ROCK 4676, nach JOHNSTON).

Proxima *M. pustulosae*, quae differt minor et gracilior foliorumque forma. *M. tangutica* MAXIM. floribus sessilibus duplo minoribus describitur.

M. myosotidea (Franch.) Johnst. in Contr. Gray Herb., LXXIII., 62 (1924) (*Schistocaryum myosotideum* Franch. — *Anoplocaryum m.* Brand in Rep. sp. nov., XXVI., 170 [1929]), det. Johnst., e typo. NW-Y.: Heidewiesen der tp. St. unter dem Lamakloster von Dschungdien, Kalk, 3400 m (7743).

Die Pflanze wurde 1933 von Johnston in Paris mit dem Typus in Habitus Behaarung, Blattform usw. identisch befunden, obwohl Franchet die vegetativen Teile nur durch Habitus von *Myosotis palustris* L. beschreibt, den meine Pflanze keineswegs hat. In Kew notierte Johnston gleich darauf: Sehr nahe *M. pustulosa* und wahrscheinlich nicht davon trennbar. Meine Pflanze unterscheidet sich von den vorliegenden Exemplaren dieser durch dickere, dicht abstehend behaarte Stengel mit kürzeren Internodien, dadurch anderen Habitus, abstehende, gröbere, lockere Behaarung von Blättern und Kelchen und viel kürzere Blütenstiele. Nr. 4611 könnte jedoch eine Annäherung darstellen.

Lasiocaryum Johnst.

in Contr. Gray Herb., n. ser., LXXV., 45 (1925) (*Oreogenia* Johnst., l. c., LXXIII., 65 [1924], non *Orogenia* Wats. 1871)

**** *L. trichocarpum*** (Hand.-Mzt.) Johnst., l. c., LXXV., 45 (1925) (*Microcaryum t.* Hand.-Mzt. in Sitzgsanz. Ak. W. W., LXI., 164 [1924]. — *Oreogenia trichocarpa* [H.-M.] Brand in Rep. sp. nov., XXII., 102 [1925]).

Annuum (summum bienne?), radice tenui simplici longa crebre fibrosa, totum longe et porrecte albo strigoso-hirtum. Caulis e rosula paucifolia foliis emarcidis paucis cincta singulus, erectus, $^{1}/_{2}$—$9^{1}/_{2}$ cm longus, simplex vel fere a basi vel superne cymoso-ramosus, disperse paucifoliatus. Folia elliptica vel oblongo-elliptica, 3—10 mm longa, acuta vel obtusa, uninervia, sessilia. Flores usque ad 7 in cincinnis laxis, pedicellis tenuibus 2 usque, infimo saepe prope basin caulis orto, 6 mm longis, subarcuato-erectis, inferioribus foliis, superioribus non bracteatis. Calyx paulum ultra 2 usque ad 3 mm longus, lobis lineari-oblongis $\pm\,^{1}/_{2}$ mm latis, obtusis. Corolla coerulea (e nota ad vivum), glabra, tubo calycem aequante, limbo 4 mm diametiente, lobis orbicularibus, sinubus acutis; fornices crassiusculi, $^{1}/_{2}$ mm lati et subduplo breviores, emarginati, lobis rotundatis, lateribus papilloso-velutini. Antherae medio tubo subsessiles, minutae, globosae, pallidae. Stylus crassus, $^{1}/_{2}$ mm longus; stigma magnum, globosum. Nuculae ovoideae, 2 mm longae, ventre ad $^{1}/_{2}$ c. adnatae, transverse rugosae, setulis albis non glochidiatis strigillosae.

NW-Y.: Steinige Stellen der Hg. St. auf Kalk auf dem Berge Waha bei Yungning, 4300—4500 m, 20. VII. 1915 (7100, Typus). Gudu-schan, VII. 1921 (Forrest 20426 als *Eritrichium*). S.: Sicher dieses in der ktp. St. bei der Alm Bätö ober Muli, 3900 m.

Die ursprüngliche Beschreibung habe ich nach der etwas kurzen Brands in Pflzenr., IV/252., 186 (1931), wo die Pflanze auch abgebildet und eine 1914 gesammelte Nummer Schneiders einbezogen ist, und Forrests Pflanze erweitert.

Trichodesma R. Br.

T. calycosum Coll. et Hemsl. in Journ. Linn. Soc., Bot., XXVIII., 92 (1890) (*T. Hemsleyanum* Lévl., in Rep. sp. nov., IX., 327 [1916]. — *T. sinicum*

BRD. in Rep. sp. nov., XII., 504 [1913]. — *Lacaitaea calycosa* [COLL. et HEMSL.] BRD. in Pflzenr., IV/252., 44 [1921]). S-Y.: In der tr. Waldschlucht hinter Manhao nahe der Grenze von Tonking, Tonschiefer, 200—400 m (5800), auch im Gebüsche ober Yaotou und an der Bahn ober Dalungtan, bis 1100 m. **Kw.**: Lofu (CAVALERIE 3494).

Auch *T. khasianum* C. B. CLKE. hat deutliche Schlundschuppen als kurze, kahle Wülste ausgebildet. „Petala rotundata villosula" in LÉVEILLÉS Beschreibung ist falsch. Die Identität der hier synonym gesetzten Pflanzen wurde mir von JOHNSTON nach den Typen bestätigt, ebenso die geringe Berechtigung der Gattung *Lacaitaea*.

Omphalodes MOENCH

O. moupinensis FRANCH. W-S.: Wa-schan s von Yadschou (WEIGOLD).

Cynoglossum L.

C. triste DIELS in Not. Bot. Gard. Edinb., V., 169 (1912).

Nuculae submaturae (ut in Sitzgsanz. Ak. W. W., LXI., 164 [1924] descripsi) cum stylo connatae fructum depressum ad 15 mm latum formantes, dorso convexae, toto glochidiis ad 2 mm longis flavidis dense obsitae. Species igitur in sectionem *Eu-Cynoglossum* BRD. ponenda *C. divaricato* STEPH. necnon *C. montano* L. affinis.

Föhrenwälder, Lichtungen, Bambusdschungel und trockene Hänge der tp. und ktp. St., 2900—3700 m. NW-Y.: Häufig n von Lidjiang am kleinen Wege nach Yungning (7032). S.: Ober Dapingdse s von Muli. Unter Bitieliangdse und am Daörlbi (2920) zwischen Yungning und Yenyüen. Unter Gwandien n von hier (2825).

* **C. glochidiatum** WALL. in Bot. Reg., XXVII., t. 15 (1841). NW-Y.: Gehängeschutt und Hochkrautfluren in der str. St., 1725—2300 m. Ndaku am Yangtse n von Lidjiang, 1. VIII. 1914 (4393). Häufig an seinem Zufluß von Laba e von Dschungdien abwärts, 27° 47' (7641). S.: Sand am Yalung-Ufer bei Wali n von Yenyüen 29. V. 1914 (2717?, erst im Aufblühen).

C. zeylanicum (VAHL) THBG. ap. LEHM. in N. Schr. Naturf. Ges. Halle, III/2., 20 (1817) (*C. furcatum* WALL. in ROXB., Fl. Ind., II., 6 [1824]). Y.: Im NW im Mekong-Tale, 27° 30' — 28° 20' (GEBAUER). Im NE auf Matten der Hügel bei Dungtschwan, 2500 m (MAIRE).

C. amabile STAPF et DRUMM. Äcker, Heidewiesen und üppigere Stellen der Steppen, auch in Quellfluren und anderen nassen Stellen, in der wtp., selten bis in die str. und tp. St., 1500—3200 m. Y.: Yünnanfu (SCHOCH 39). Gemein an der Straße von hier nach Dali und n von ihr über Tieso bei Beyendjing (TEN 19) bis Bintschwan. Ober Hsiangschuiho zwischen Dali und Hodjing (6474). Bei Lidjiang, v. E. (3720). Hier sehr viel in der Ebene und noch ober Ganhaidse gegen Ngulukö (phot.), sowie häufig am Yangtse um Dsilidjiang (3442). Yungning. Im NE in der Ebene von Dungtschwan (MAIRE). S.: Dseia bei Muli. Yenyüen. Huili (827) und s von hier.

Blütendurchmesser an nassen Stellen, wie an Nr. 6474 und wohl auch ober Ganhaidse bis 15 mm.

C. lanceolatum FORSK., Fl. Aeg.-Arab., 41 (1775) (*C. micranthum* DESF.)

ssp. **eu-lanceolatum** Brd. in Pflzenr., IV/252., 139 (1921). Raine und Heidewiesen und Äcker der str. und wtp. St., 1250—2550 m. Y.: Yünnanfu (Schoch). Tieso bei Beyendjing (Ten 20). Im NW bei Yulo zwischen Lidjiang und Dschungdien. Im NE hinter Hungsi am Wege von Yünnanfu nach Suifu (Mell). Dungtschwan (Maire). S.: Dseia bei Muli. Am Yalung bei Podjio se und zwischen Datung und Delipu (5603) ne von Yenyüen. Dötschang im Djientschang (1137). Kw.: Pinfa (Cavalerie 13).

Bothriospermum Bunge

B. tenellum (Roem. et Schult.) Fisch. et Mey. H.: Gebüsche der str. St. bei Tschangscha, 50 m (12816). S.: Äcker, Raine, Gräben und nasser Schlamm der str. und wtp. St., 1450—2800 m. Huili (837). Dötschang (1131) und Ningyüen (1229) im Djientschang. Am See von Yungning an der Grenze von Y. (3115). Y.: Setaohotjiao bei Beyendjing (Ten 45 p. p.).

B. *secundum* Max. W-S.: Omei, 1050 m (Faber).

** **B. hispidissimum** Hand.-Mzt. in Sitzgsanz. Ak. W. W., LVII., 240 (1920). Syn.: *B. chinense* Diels in Not. Bot. Gard. Edinb., VII., 240 (1912), non Bge.

B. *secundum* Gusul. in Beih. Bot. Centrbl., XLIII/1., 258, Fig. I (1926), non Max.

Radix annua, fusiformis, superne usque ad 8 mm crassa, brevis, subsimplex foliorum rosulam et caulem centralem unicum vel multos usque ad 50 cm longos subflexuosos, sursum tantum et sparse vel a basi copiosissime longe et porrecte ramosos, angulatos, demum basi indurascentes et ultra 2 mm crassos edens. Indumentum totius plantae densissimum, e setis primum brunnescentibus, dein albis, $1^{1}/_{2}$—3 mm longis, patulis, praecipue in foliis inferioribus bulbulis albo-areolatis insidentibus et pilis brevibus tenuissimis compositum. Folia basalia ligulato-lanceolata, cum petiolo indistincto late alato 5 × 1 usque 8 × $1^{1}/_{2}$ cm, acutiuscula, margine undulato-crenulata, nervis obsoletis, lateralibus paucis valde porrectis; caulina inferiora aequalia, superiora sensim minora, basi cuneata sessilia, in bracteas ovales cincinnorum evolutorum dimidios caules occupantium vagorum 5—20 mm inter se distantes, inferiores in axillis saepe cincinnos abbreviatos gerentes, infimas 20, summas 7 mm longas transeuntia. Flores extra-axillares, pedicellis nutantibus vix 2 mm longis. Calyx campanulatus, florifer $1^{1}/_{2}$ mm, fructifer 3 mm longus, fere ad basin in lobos ovato-lanceolatos, obtusiusculos fissus. Corolla coerulea; tubus late cylindricus, $1^{1}/_{2}$ mm longus, sub quarto infero annulo lobato instructus, antheris in tertio infero filamentis brevissimis insertis, subrotundis, squamis e basi dilatata quadratis emarginatis, papillosis, ad faucem insertis, sinus inter lobos patulos, late rotundatos paulum ultra 1 mm longos et sesquilatiores attingentibus. Discus planus; stylus brevissimus. Nuculae semiovatae, ad $1^{1}/_{2}$ mm longae, brunneae, ubique (microscopice) papilloso-asperae et dorso irregulariter minute tuberculatae, ventre fovea longitudinali occupato volvis binis annularibus circumdata interiore membranacea exteriore depressa rugulosa cornea nunc hac alba illa brunnea nunc hac brunnea illa albida.

Äcker, Weg- und Kanalränder der str. und wtp. St. auf Sandstein, 1600 bis 2100 m. Y.: Um Yünnanfu, 1915—1916 (Schoch 40). Dali, VI. 1906 (Forrest 4473). NE-Ende des Tales von Yungtschang, IV. 1922 (Forrest 21098). S.:

Ober Dötschang, 6. IV. 1914 (1176). Um Ningyüen (Lingyüen), 11. IV. 1914 (1234, Typus).

Species indumento fere incana, *B. chinensi* BGE. affinis, quod differt nuculae fovea orbiculari, nisi semper distincte transversali, et calycibus maioribus. *B. secundum* inflorescentia secunda, pedicellis pluries longioribus, bracteis ovatis acutis, calycibus maioribus longe distat. *B. Kusnezowii* BGE. autem, quamvis quodammodo proximum, bracteis imo longioribus linearibus acutis et indumento multo hispidiore differt.

Der von mir in der Originalbeschreibung angegebene Unterschied gegenüber *B. Kusnezowii* beruhte auf einem falsch bestimmten *Thyrocarpus*-Exemplar. GUŞULEAC hat in seiner sonst sehr sorgfältigen Untersuchung die Art oder wohl eher *B. secundum* vollständig verkannt. Es muß aber hier gesagt werden, daß sowohl er als GÜRKE (in Nat. Pflzfam., IV/3a., 111) die Berichtigung in Fl. Brit. Ind., IV., 734 (1885) ganz übersehen haben, obwohl im Register darauf hingewiesen ist.

** *Antiotrema* HAND.-MZT.

in Sitzgsanz. Ak. W. W., LVII., 239 (1920) (*Henryettana* BRAND in Rep. sp. nov., XXVI., 171 [1929], teste JOHNSTON e typo)

Borraginaceae — Cynoglosseae.

Calyx ad tertium inferum fissus, fructifer vix auctus. Corollae tubus infundibulari-cylindricus, latitudine paulo longior. Stamina aequalia, inter squamulas oblongas, obtusas, papillosas in medio tubo inserta, filamentis ad dimidium corollae adnatis, faucem superantibus, antheris parvis, oblongis. Limbi lobi orbiculares, tubo duplo breviores. Nuculae 4, erectae, facie basali parva, rotundato-triangulari, plana gynobasi latae planae adnatae, parvae, semiovoideae, latere ventrali libero fovea longitudinaliter elongata, volvis binis annularibus, interiore membranacea, exteriore cornea cincta occupato, dorsali irregulariter toruloso et papilloso-aspero. Stylus nuculas plus duplo superans, subinteger. Micropyle basalis. Embryo rectus, erectus. Herba perennis, rosulifera, caulibus infrarosularibus, ascendentibus, subrobustis, foliosis, paniculatis, floribus conspicuis, coeruleis.

Nuculae structura omnino *Bothriospermi*, sed embryo erectus valde peculiaris (JOHNSTON in litt.) et corollae differentiae habitusque valde diversi.

A. Dunnianum (DIELS) HAND.-MZT., l. c., 240 (1920) (*Cynoglossum?* D. DIELS in Not. Bot. Gard. Edinb., V., 168 [1912]. — *C. Cavaleriei* LÉVL. in Rep. sp. nov., XII., 534 [1913], e typo. — *Henryettana mirabilis* BRD. in Rep. sp. nov., XXVI., 171 [1929], teste JOHNSTON). Steppen und Heidewiesen, auch als Föhrenwaldunterwuchs in der wtp. bis in die str. St., 1600—2650 m. Y.: Sattel zwischen Möngdse und Schuidien (6053). Häufig auf dem Tschangtschung-schan (319) und auf dem Hsi-schan (SCHOCH 88) bei Yünnanfu. Überall nach W bis gegen Beyendjing (TEN 141). Viel s von Sunggwe. Lidjiang. Zwischen Yungbei und Yungning massenhaft unter Boloti (phot.) und häufig zwischen Baodu und Daschan (3227). S.: Um Ningyüen (1248).

Thyrocarpus Hance

T. Sampsoni Hance. In der str. und tr. St. H.: Gebüsche bei Tschang-scha, 50 m (12815). S.: Unter Lumapu am Zuflusse des Yalung gegen Yenyüen, 27° 40′, 1300—1600 m (2092). Y.: Hochgrasdschungelränder bei Manhao, 200 m (5923). Äcker bei Beyendjing (Ten 62).

Solanaceae

Nicandra Adans.

N. physaloides (L.) Gärtn. Y.: Ruderal in der wtp. St. bei Yünnanfu, 1900 m (Schoch 222) und beim Tempel Djindien-se dort, 2000 m (8604).

Lycium L.

L. chinense Mill. Y.: An Mauern und Kanalrändern in der wtp. bis in die str. St., 1900—2500 m. Stadtmauer von Yünnanfu (Schoch 124). Tschangyi ne von hier (Schoch 368). Im NW bei Tjibi zwischen Yangtse und Mekong, 27° 36′ (7838). Im NE in der Ebene von Dungtschwan (Maire). S.: Im W im Min-Tale von Maodschou bis unter Wöntschwan (Weigold). W-Hubei (Wilson, Veitch Exp. 804).

Anisodus Link et Otto

* *A. luridus* Link et Otto, Ic. Pl. select., 77 (1824) (*Physalis stramoni-folia* Wall. in Roxb., Fl. Ind., II., 242 [1824]. — *Scopolia lurida* [Lk. et Otto] Dunal in DC., Prodr., XIII/1., 555 [1852]). Wiesen, Waldschläge, Hochgekräute, Ackerränder und üppige Ruderalplätze in der tp. bis an die wtp. St., 2800—3600 m. NW-Y.: Bei Lidjiang, v. E. (3866). Westseite des Piepun und bei der Schwefelquelle unter Baoschi se von Dschungdien. S.: Muli und ober Doloho am Wege von hier nach Yungning. Betiaoho und Gwandien, 3. VI. 1914 (2800) n von Yenyüen, 27° 46′.

Hyoscyamus L.

H. niger L. NW-Y.: Ober Ronscha am Zuflusse Djiu-tschu des Yangtse nw von Lidjiang, 2230 m. NW-S.: Gebirge um Sungpan (Weigold).

Physalis L.

P. Alkekengi L. NW-Y.: In der wtp. St., 2215—2225 m, zwischen Yangtse und Mekong bei Schogo, 27° 38′ und an Mauern in Ronscha, 27° 45′ (8829). Im Mekong-Tale (Forrest 19466 als *P. peruviana* L.). Im NE im Tale von Tjiaometi, 3000 u. 3100 m (Maire). W-Hubei: Tschangyang (Wilson, Veitch Exp. 1105).

Die var. *orientalis* Pamp. in N. Giorn. Bot. Ital., n. ser., XVIII., 136 (1911) könnte höchstens auf die größere Kahlheit der oberen Stengelteile hin getrennt gehalten werden. Wilsons Pflanze hat aber die Fruchtkelche borstelig, wie die

europäische, und die Korolle recht tief gespalten, während Blüten, wie sie PAM-
PANINI für seine Varietät abbildet, in Mitteleuropa auch nicht selten sind.

P. minima L. NW-Y.: Schuttplätze der str. St. bei Dsütong im Yangtse-
Tale nw von Lidjiang, 27° 34', 2100 m (7835).

Capsicum L.

C. annuum L. Von H. bis Y.; überall kultiviert.

C. frutescens L. S-Y.: In der tr. St. beim ersten Dorfe am nächsten
rechtsseitigen Zuflusse oberhalb Manhao, Tonschiefer, 200 m (5904).

Solanum L.

S. Dulcamara L. SW-H.: Grasige, kräuterreiche Hänge der wtp. St.
beim Tempel Gwanyin-go auf dem Yün-schan bei Wukang, Tonschiefer, 1200 m
(12401).

— — var. **pubescens** BLUME, Bijdr., 698 (1825) (*S. lyratum* THBG.).
S.: An Bächen der wtp. St. bei Hwalipu in der Hochebene von Yenyüen, Kalk,
2500 m (2249).

— — var. **chinense** DUNAL. In der wtp. St. SW-H.: Im Laubhochwalde
des Yün-schan bei Wukang, 1150 m (11140). Y.: Um 2500 m. Im NW in Hecken
an Bächen in der Ebene Laschiba bei Lidjiang (8776) und bei Niugai s von hier
(ob die Var.?). Im NE in Hecken der Ebene von Dungtschwan (MAIRE).

S. nigrum L. Hecken, Mauern, Äcker und Schuttplätze der wtp. bis
in die str. St., 1350—2500 m. Y.: Ebene von Yünnanfu (SCHOCH 67). Ami
(ENANDER). Beyendjing (TEN 12, 374). Im NW bei Tsedjrong am Mekong. Im
NE in der Ebene von Dungtschwan (MAIRE). S.: Dawanying bei Huili. Im W
im Min-Tale von Maodschou bis unter Wöntschwan (WEIGOLD).

Alle diese Pflanzen, die (vielleicht mit Ausnahme von TEN 12) wegen der
Blattform nicht zum Folgenden gestellt werden können, sind sehr kahl; ihre
Fruchtfarbe ist wenig bekannt.

* *S. humile* BERNH. ap. WILLD., Enum. Hort. Berol., I., 236 (1809). NE-Y.:
Kulturen der wtp. St. in der Ebene von Dungtschwan, 2500 m (MAIRE).

S. Pseudo-Capsicum L. S.: An Mauern der str. St. in der Stadt Ningyüen, Sandstein, 1650 m (1267).

S. spirale ROXB. S-Y.: Im tr. buschigen Savannenwalde bei Schuidien
zwischen Möngdse und Manhao häufig, Kalk, 1200—1400 m (6004).

S. verbascifolium L. Trockene Stellen der str. bis in die wtp. St. auf
Sandstein und Schiefern, 600—2100 m. Y.: Manhao. Pohsi, Hsiao-Lungtan
und Yiliang an der Bahn. Lagatschang am Yangtse n von Yünnanfu (phot.).
Um Biendjio und Hwangdjiaping bis ober Djiangying ne von Dali. Hungngai
se von hier. Unter Weischa e von Yungbei. Im NE in der Ebene von Schangbadse
(MAIRE) und bei Tandu am Wege nach Suifu (MELL). S.: Hochebene s von
Huili (825). Am unteren Nganning-ho und Yalung bis 27° 43' (2044).

S. torvum SWARTZ. S-Y.: Im tr. Bambusdschungel und Savannenwald flußaufwärts gegenüber Manhao nahe der Grenze von Tonking, Tonschiefer,
200 m (5845).

S. indicum L. p. p., sensu Nees. Trockene Stellen und buschige Savannenwälder der tr. und str. St., 200—1750 m. **Y.**: Manhao (5759, 5767). Häufig bei Schuidien zwischen Möngdse und Manhao (6003). Ober Lagatschang in der Yangtse-Schlucht n von Yünnanfu (752). Tieso (Ten 25) und Gwanfang bei Beyendjing. Viel von Bintschwan bis Biendjio. Santschwanba unter Yungbei. **S.**: Am s Zuflusse des Djientschang gegen Huili (1055).

Nr. 5759 ist unbewehrt, wie Hooker und Thomsons Pflanze aus der Ganges-ebene. 6003 hat ganz hell violettliche Blüten, und die Bewehrung erinnert etwas an die folgende Art.

S. xanthocarpum Schrad. **Y.**: Äcker der str. St. am Hange der Yangtse-Schlucht n von Yünnanfu von Lagatschang bis gegen Bödschagwan, kristalinischer Boden, 900—1400 m (725). In der wtp. St. bei Hungngai se und an der Kanalböschung gegen Langtjiung n von Dali, 2100 m.

S. Melongena L. Kult. im tr. **Y.** bei Manhao, 200 m (5758).

Lycianthes (Dun.) Bitt.

L. lysimachioides (Wall.) Bitt. in Abh. Nat. Ver. Brem., XXIV., 491 (1919) (*Solanum l.* Wall.). SW-H.: Im wtp. schattigen Laubhochwalde des Yün-schan bei Wukang, Tonschiefer, 900—1200 m (11164).

Nicht der var. *sinensis* Bitt., l. c., 493 entsprechend.

— — var. *sinensis* Bitt., l. c. NW-Y.: Im wtp. Regenmischwalde des birm. Mons. bei Bahan (Pehalo) am Salwin, 27° 58′, Schiefer, 2400—2600 m (9043).

— — * var. *caulorrhiza* (Dun.) Bitt., l. c., 493 (1919) (*Solanum caulorrhizum* Dun. in DC., Prodr., XIII/1., 181 [1852]). **Kw.**: Lungdjiatsing, Djiensi, 31. VIII. 1930 (Tsiang 8806).

Beide Varietäten scheinen nur unbedeutende Standortsformen zu sein.

Mandragora L.

M. caulescens C. B. Clarke (*Anisodus Mariae* Pasch. — *Mairella yunnanensis* Lévl., Cat. Pl. Yun., 199 [1916] ex Evans in litt.). Rasen und Modermatten der ktp. St., 3700—4200 m. NW-Y.: Westseite des Rückens zwischen Haba und Dugwan-tsun se von Dschungdien (6876). Im birm. Mons. zwischen Mekong und Salwin auf dem Nisselaka, 28° (8967) und unter dem Doker-la, 28° 15′. S.: Paß Tschescha zwischen Muli und Yungning. Daörlbi halbwegs zwischen Yungning und Yenyüen (2987). Liuku-liangdse n von hier (2349).

Nach Pascher (mündl.) gehört die Pflanze nach der von Clarke klar beschriebenen Frucht zu *Mandragora*, nicht zu *Anisodus*, wohin sie von Diels in Rep. sp. nov., Beih., XII., 480 (1922) gestellt wird.

Datura L.

D. Stramonium L. Ruderal in der wtp. bis in die str. St., 1900—2500 m. **Y.**: Yünnanfu (Schoch 280). Mehrfach n der Dali-Straße bis Dayao. Im NW bei Losiwan zwischen Lidjiang und Dschungdien und jenseits Ndaku n von dort.

Am Mekong überall bis Tsedjrong, 28⁰. Im NE in der Ebene von Dungtschwan (MAIRE). S.: Im W im Min-Tale von Tietschi bis Maodschou (WEIGOLD).

D. alba NEES. Y.: Ruderal in der str. Niederung zwischen Yüenmou und Hailo s des Yangtse nw von Yünnanfu, 1050—1350 m (5040). Beyendjing, in Gärten (TEN 1435).

Scrophulariaceae

Verbascum L.

V. Thapsus L., det. MURBECK. Äcker und trockene Hänge der wtp. St., 1900—2800 m. S.: Ober Lodjiahoschan bei Yenyüen. Überall beiderseits des Dorfes Woloho am Wege nach Yungning (2951). Tschoso e von hier. Zwischen Muli und Dseia. Y.: Schilungba bei Yünnanfu (SCHOCH 210). Beyendjing (TEN 67) und Guti (TEN 4). Ngulukö bei Lidjiang. Möga bei Hsinyingpan. Dschadse sw von Yungning.

Celsia L.

C. coromandeliana VAHL var. *chinensis* MURB. in Lunds Univ. Årsskr., N. F. avd. 2., XXII/1., 133 (1925). Y.: Hänge an einem Bach der wtp. St. ober Landjing w des Dsolin-ho Sandstein, 1700 m (6199). Äcker bei Beyendjing (TEN 378). Am Bach in der str. St. bei Hwangdjiaping ne von Dali, Sandstein, 1550 m (6373).

Linaria MILL.

L. yunnanensis W. W. SM. in Not. Bot. Gard. Edinb., IX., 110 (1916). NW-Y.: Gebüsche der tp. St. bei Hsiao-Dschungdien, 3350 m (4600).

Blüten hellblau mit gelbem Gaumen. FORRESTS Nr. 22068, die mir nur als Blattexemplar vorliegt, stimmt vollständig und ist ausdauernd, wie meine Pflanze; ihre Blütenfarbe wird mit hell grünlich gelb angegeben. Im ersten Jahre kam wohl das kultivierte gelbblütige Original zur Blüte.

Scrophularia L.

*** S. elatior** BENTH., Scroph. Ind., 18 (1835) (*S. Petitmenginii* BONATI in Bull. Soc. Bot. Fr., LVIII., 521 [1911]). Y.: Rasenplätze der wtp. St., 2150 bis 2550 m. Houdjing e des Dsolin-ho, Sandstein, 7. IX. 1914 (4935). Paß zwischen Magai und Manganschan nw und bei Djiaohsi n von Yünnanfu. Im NE bei Maliwan (MAIRE). S.: Wahrscheinlich diese am Fuße des Lungdschu-schan bei Huili und in der tp. St. ober Niutschang se von Yenyüen, 3400 m.

Die von BONATI auf STIEFELHAGENS Anraten als Unterschiede gegenüber *S. elatior* angegebenen Merkmale zeigt reicheres indisches Material auch. Die Infloreszenz ist nicht kahl.

S. spicata FRANCH. Y.: Trockene Wälder der tp. St. auf dem Berge Hungguwo bei Hsinyingpan zwischen Yungbei und Yungning, 2800—3100 m (3283). Im NW bei Lidjiang, v. E. (3887) und wohl diese n von hier gegen den Paß Hwayanggo, bis 3400 m, und bei Beitsopie sw von Yungning.

S. Delavayi FRANCH. Wälder, trockene Hänge, Modermatten, Gehängeschutt und Felsen der tp. und ktp. St., 2900—4000 m. NW-Y.: Westseite

des Rückens zwischen Alo und Bödö se von Dschungdien (4595). Im birm.
Mons. zwischen Salwin und Irrawadi auf dem Rücken an der Westseite des
Passes Tschiangschel, 27⁰ 52′ (9316) und ober Schutsche gegen den Paß Pang-
blanglong. S.: Daörlbi halbwegs zwischen Yungning und Yenyüen (2921). Unter
Gwandien und jenseits des Yalung am Tschahungnyotscha, 28⁰ 15′ (2619.
SCHNEIDER 4085) n von hier.

Nr. 9316 hat den Kelch mitunter auch locker drüsenhaarig. 2921 aus tiefer
Lage ist 40 cm hoch mit fast 6 cm langen Blattspreiten, aber nur 7 mm langen,
allerdings letzten, Blüten.

S. chasmophila W. W. SM. in Not. Bot. Gard. Edinb., XIII., 181 (1921).
S.: In tiefem Gehängeschutt (Kalk) der Hg. St. unter dem Sattel Santante ober
Muli, 4300—4575 m (7324).

**** S. hypsophila** HAND.-MZT. in Sitzgsanz. Ak. W. W., LXII., 238 (1925).
Sect. *Anastomosantes* STIEFHG. in Bot. Jahrb., XLIV., 425 (1910), Subsect.
Scorodoniae (BENTH.) STIEFHG., l. c., 428.

E radice demum ad 3 cm crassa et longissima fissili farcte pluricipite pluricaulis, 8—18 cm alta, glaberrima vel inflorescentia parcissime brevistipitato-
glandulosa, exsiccando nigrescens. Caulis inferne flexuosus, basi squamis nonnullis congestis late ovatis sursum in folia transeuntibus, c. 2 mm crassus, multiramosus. Folia late angustiusve ovata, $1^1/_2$—3 cm longa, obtusa, basi cuneata
usque subtruncata et in petiolum brevissimum usque laminam dimidiam
aequantem decurrentia, argute serrata; costa nervique perpauci plerique subbasales arcuati parce reticulati in sicco utrinque conspicui. Inflorescentia terminalis pauciflora, subcapitata, pedunculo 7—30 mm longo. Bracteae lanceolatae,
pedicellos brevissimos usque 2 mm longos aequantes vel infimae foliiformes.
Calyx 4 mm longus, obliquus, lobis anguste ovatis vel latis et sinuatis margine
vix membranaceis. Corolla pallide viridiflava (e nota ad vivum), 1 cm longa, tubo
globoso; labium superius 5 mm longum, trilobum, lobo medio orbiculari-obcordato
$3^1/_2$ mm lato imo breviore, lobis lateralibus brevibus semiorbiculatis, inferius
late ovatum $1^1/_2$ mm longum. Stamina stylusque crassa, faucem attingentia, glabra.

NW-Y.: Matten und Gehängeschutt der Hg. St. des birm. Mons. zwischen
Salwin und Irrawadi an der Westseite des Passes Tschiangschel, 27⁰ 52′, Glimmer-
schiefer, 4. VII. 1916 (9282, Typus) und hinter dem Gomba-la gegen den Paß
Buschao, Granit, 10. VII. 1916 (9496); 4050—4100 m.

Proxima *S. chasmophila* corollis longioribus cum calycibus pilosis et radice
simplici tenui differt. *S. Henryi* HEMSL. corolla parva, e sicco (WILSON, Veitch
Exp. 2042, var. *glabrescens*) flavoviridi quoque instructa differt eius labio superiore valde elongato et foliis multo longioribus; eius radix adhuc ignota est.

S. nodosa L. NW-Y.: Gebüsche der str. St. bei Gwanyilang in der
Yangtse-Schlucht e von Lidjiang, 2300 m, Sandstein (3424).

S. ningpoënsis HEMSL., e typo. SW-H.: Gebüsche der wtp. St. des
Yün-schan bei Wukang am Bache des nach NE hinabführenden Tales, Tonschiefer, 800—1300 m (12532).

Herba ultra 2 m alta. Pedicelli longi et stricti, haud tenuissimi. Corolla
ad 8 mm longa, rubrobrunnea (e nota ad vivum). Von *S. nodosa*, mit der sie
von STIEFELHAGEN in Bot. Jahrb., XLIV., 461 (1910) vereinigt wird, weit verschieden.

Scrofella Maxim.

S. chinensis Max. (*Calorhabdos c.* Franch. in Bull. Soc. Bot. Fr., XLVII., 19 [1900]). NW-S.: Gebirge um Sungpan (Weigold).

Brandisia Hook. f. et Thoms.

B. Hancei Hook. f. Hu in Journ. Arn. Arb., V., 233 (1924). Laub-, *Keteleeria-* und Mischwälder und Gebüsche der wtp. St., **Y.**: 1600—2500 m. Djindien-se (104), Taihwa-se (13053) und Schilungba bei Yünnanfu. Hsinlung (495) und bis Djiaohsi vor dem Yangtse n von hier überall. Ebenso nach W bis jenseits Dayao häufig. E von Schödse. Zwischen Hungngai und Yünnan-hsien. Ober Magai. Im E bei Daschao ober Yiliang. Djindjischan bei Loping (10198). Im S s von Möngdse gegen Manhao. Im NW ober Laba e von Dschungdien. **E-Kw.**: Maotsaoping zwischen Badschai und Duyün, 800 m.

Blüht im Spätherbst und ganzen Winter.

B. racemosa Hemsl. (*Deutzia funebris* Lévl., Sert. Yun., 1 [1916], e typo). **Y.**: Gebüsche der str. St. zwischen Hoyenschan und Djiangyi an der Grenze von Setschwan n von Lunggai am Yangtse nw von Yünnanfu, Sandstein, 1400—1900 m (5051) und wahrscheinlich auch ober Matouschan bei Magai s von dort. Im NE am Ufer des Yangtse bei Djiangpien, 350 m (Maire).

Paulownia Siebd. et Zucc.

P. tomentosa (Thunbg.) Steud., Nomencl. bot., II., 278 (1841) (*P. imperialis* Siebd. et Zucc.). **S.**: In der str. St. des Yalung-Tales zwischen Delipu und Dawanpu, 27° 40′, Schiefer, 1500—2200 m (2028) und bis Schahsinpu. Datjiaoku n von Yenyüen.

— —**var. lanata** (Dode) C. Schneid., Ill. Handb. Laubhzkd., II., 618 (1911) (*P. imperialis* var. *lanata* Dode in Bull. Soc. Dendr. Fr., nr 8., 160 (1908). **S.**: In der wtp. St., bei Yangdschouba nächst Huili, Mergel, 2400 m (1024). **Kw.**: Sehr viel in der wtp. St. besonders um die Dörfer von Gwanling bis Tschingdschen, Mergel, 1200 m (10469) und ober Sandjio.

** **P. Rehderiana** Hand.-Mzt. in Sitzgsanz. Ak. W. W., LVIII., 153 (1921).

Arbor? ramulis annotinis et inflorescentiae axibus gracilibus fuscis glaberrimis, his summis apicibus tantum squamoso-tomentellis, lenticellis sparsis, parvis, pallidis, ovalibus. Folia nondum explicata pilis brevibus glandulosis et fasciculato-ramosis eglandulosis dense obsita, deinde (valde juvenilia) glandulosa tantum, subtus paulo pallidiora, ovata, acuta, basi rotundato-cuneata et in petiolum lamina 2—3$^{1}/_{2}$plo breviorem, sparse furfuraceo-pilosum paulum decurrentia, membranacea, integerrima, nervis utrinsecus 4—5 subtus prominulis et cum venulis laxe anastomosantibus atrius coloratis. Paniculae 28 usque ultra 50 cm longae, in dimidio inferiore ramorum elongatorum sursum curvatorum paribus (interdum ramo altero abortivo) paucis instructae. Cymae 3- (raro 2 usque 5-)florae, sessiles vel infimae brevissime crassipedunculatae, pleraeque oppositae, internodiis inferne 3—4 superne saepe 1 cm longis. (Bracteae florendi tempore delapsae). Pedicelli 4—9 mm longi, crassi, curvati, sicut calyces pilis stellatis crispulis sordide flavido-tomentosi. Calyx late campanulato-infundibuliformis, 9—11 mm longus, coriaceus, intus glaber nigellus, ad medium in lobos anguste triangulares vel ovato-triangulares obtusos fissus. Corolla $4^1/_2$ cm longa, albo-violacea (e collectore), carnosula, tubo intus glabro excepto utrinque sparsiuscule breviter et tenuiter glanduloso-pilosa; tubus 3 cm longus, supra basin angustam valde campanulato-ampliatus, $1^1/_2$ usque fere 2 cm latus, paulum prorsus curvatus; labium superius ultra dimidium bilobum, inferius illo vix sesquilongius eodem modo trilobum; lobi omnes rotundi, longitudine latiores, marginibus undulato-crenulatis ciliolatis basi invicem se tegentes. Stamina 2 cm longa, glaberrima, antherarum loculis divaricatis 3 mm longis rotundatis. Ovarium dense et stylus illis paulo longior basi dense, superne cum stigmate oblique clavato sparse et tenuiter brevistipitato-glandulosa.

W-Ki.: Um die Kohlengrube Pinghsiang, c. 600 m, Frühling 1920, Wang-Te-Hui (Plt. sin. 126).

P. thyrsoideae Rehd. affinis, quae differt foliis sinuatis, pilis longis hyalinis instructis, corollae tubo multo angustiore, lobis minoribus, stylo excepta basi glabro.

Über den Bau der Infloreszenz möge die Mitteilung von R. Wagner in Sitzgsanz. Ak. W. W., LXV., 226 (1928) eingesehen werden.

P. Fortunei (Seem.) Hemsl., excl. descr. foliorum (*Campsis Fortunei* Seem.).

Folia post flores evoluta, ovata, ad 12 cm longa (demum forsitan maiora), acuta, basi leviter et late cordata, integra, juvenilia utrinque cum petiolis ramulisque minute ochraceo stellato-tomentosa, mox subtus tantum et magis albide tomentella, petiolis quam laminae subsesqui- usque plus duplo brevioribus. Corolla (e nota ad vivum) perpallide violacea, intus alba et flavescens, atroviolaceo-punctata, paulum fragrans.

H.: In der str. St., 40 — c. 400 m. An Häusern und Wegen um Tschangscha (11 584). Im SW bei Wukang (Plt. sin. 106).

Da ich die Blätter um 16 Tage später als die Blüten von denselben Bäumen sammelte, die Blüten aber vollkommen Fortunes Nummern 46 und 48, die von Seeman ebenfalls als frühblühend beschrieben werden, entsprechen, können die von Hemsley beschriebenen Blätter nicht zu dieser Art gehören. Dode schrieb in Bull. Soc. Dendr. Fr., nr. 8., 162 (1908) offenbar nur Hemsleys Beschreibung derselben ab. Die von Hemsley beschriebene Blattpflanze liegt mir ebenfalls aus dem Kantoner Nordflußgebiete in Fenzel 110 vor, zu der die von Ko unter Nr. 50173 (Sunyatsen Univ.) dort gesammelten, von jenen der *P. Fortunei* deutlich verschiedenen Blüten zu gehören scheinen. Ich nenne diese Pflanze ** *P. longifolia* Hand.-Mzt. und werde in Plt. Mellianae in den Beih. Bot. Centrbl. darauf zurückkommen.

Mimulus L.

M. tenellus Bunge 1833 (*M. nepalensis* Benth. 1835). An Bächen der wtp. St. SW-II.: Tempel Gwanyin-go am Yün-schan bei Wukang, Tonschiefer, 1180 m (12471). Y.: 790—2200 (—2400?) m. Tempel Haiyen-se bei Yünnanfu (Schoch 195). Auf dem Hochland bis zum Dji-schan ne von Dali und bei Bödö se von Dschungdien, wenn nicht folgende Art. Im NE in Kulturen bei Dschenfungschan (Maire).

— —* **var. *procerus*** (Grant) Hand.-Mzt. (*M. nepalensis* Benth. var. *p.*

Grant in Ann. Miss. Bot. Gard., XL., 207, pl. 3, fig. 2 [1924]). Y.: Beyendjing, an Felsen bei Tiendschangkou (Ten 54). Im NW: Wälder und überflutete Steine in Bächen der tp. St., 2700—3000 m. Ober Akalü jenseits Ganhaidse bei Lidjiang, 19. VI. 1915 (6833). Dugwan-tsun se von Dschungdien. Im birm. Mons. ober Bahan (9052) und im Tjiontson-lumba am Salwin, 27° 58′.

Die Wiener Exemplare der von Grant zum Typus zitierten Wilsonschen Nr. 1302 (Veitch Exp.) sind untereinander stark verschieden und stehen teils der var. *japonicus* (Miq.) Hand.-Mzt. (*M. nepalensis* var. *j.* Miq.) nahe, teils entsprechen sie fast der var. *procerus*.

— — var. *maior* (H. Winkl.) Hand.-Mzt. (*M. nepalensis* var. *m.* H. Winkl. in Rep. sp. nov., Beih. XII., 480 [1922]) ist dieser sehr ähnlich, doch ist der vergrößerte obere Kelchzahn auffallend, sowie die sitzenden Blätter, worin sie wohl dem von mir nicht gesehenen *M. sessilifolius* Maxim. nahekommt. *M. szechuanensis* Pai in Contr. Inst. Bot. Nat. Acad. Peipg., II., 119 (1934) stellt offenbar einen Übergang zu dieser Varietät dar.

M. Bodinieri Vant. Y.: In der wtp. St. an einem Bächlein unter der Tjiungdschu-se bei Yünnanfu, 2000 m (Schoch 121). Im NW in der tp. St. an einem Tümpel bei Ngulukö nächst Lidjiang, 2900 m (Schneider 1863).

Mazus Lour.

M. Delavayi Bonati. Y.: Äcker bei Beyendjing (Ten 63). Auf, besonders feuchten, Wiesen der tp. St. zwischen Dsutoupo und Gwamaoschan am Wege von Yungbei nach Yungning, Sandstein, 2800—3100 m (3301). S.: Ackerraine der wtp. St. bei Huili, 1960 m (836).

Dieser Art mindestens sehr nahe stehende Pflanzen sind in nördlichen Indien sehr verbreitet und gehen als und meist mit *M. rugosus*: E-Himalaya (Griffith Kew distr. 3881/1). NW-Himalaya (Thomson). N. Oudh (Duthie). Massuri (Hügel). Nepal (Wallich). Nachan (Stoliczka mit *M. surculosus* Don).

M. japonicus (Thbg. p. p.) O. Ktze., Rev. Gen., 462 (1891), non Bonati 1908 (*M. rugosus* Lour.). Äcker, Raine und Gräben der str. und wtp. St. II.: Massenhaft um Tschangscha (11683). S.: 1600—2800 m. Huili (831). Im ganzen Djientschang und bei Lemoka im Lolo-Lande. Um den Yalung und Yenyüen. Tschoso am See von Yungning. Y.: Becken Hsiaodsang n von Yünnanfu (560). Setaohotjiao bei Beyendjing (Ten 50). NW-Y.: Überall s von Yungning, bis über 3000 m (ob dieser?)

Von den beiden Originalbogen der *Lindernia japonica* Thunbg., die mir von H. Prof. Svedelius freundlichst geliehen wurden, ist der eine *M. japonicus*, der andere, mit zahlreichen und in voller Blüte befindlichen Exemplaren, *M. Miquelii*. Thunbergs Beschreibung erwähnt keines der unterscheidenden Merkmale der beiden Arten. Zuerst wurde aber sein Artname in der Gattung *Mazus* von O. Kuntze verwendet, und zwar im Sinne von *M. rugosus*.

** **M. celsioides** Hand.-Mzt. (Abb. 25, **Nr.** 9 auf S. 878).

Sect. *Annui* Bont., subsect. *Stachydifolii* Bont. in Bull. Herb. Boiss., 2. sér., VIII., 526 (1908).

Annuus vel saltem monocarpicus, estolonosus, robustus, totus laxe et longe articulato- et in inflorescentia glanduloso-pilosus foliis glabrescentibus. Caulis erectus cum inflorescentia ad 40 cm altus, rigidus, a basi longiramosus, ramis iterum ramosis omnibus racemiferis. Folia rosularia et caulina ramealiaque saltem superiora opposita aequalia, illa ad 10 cm longa, haec paulum decrescentia, omnia ambitu oblongo-obovata, apice rotundata, basi subpetiolato-angustata lyrato-pinnatifida, lobis ovatis acutiusculis, ceterum late denticulata, herbacea, costa nervisque ad 5^{nis} obliquis subtus valde prominuis. Racemi sessiles, terminalis caule plus triplo longior, ceteri breviores, omnes multiflori, sub fructu laxiusculi. Bracteae minutae, angustissimae. Pedicelli ad 4 mm longi, erecti. Calyx anguste infundibularis, curvatus, sub anthesi $3^1/_2$, sub fructu latior et $\pm$ 6 mm longus, valide 10nervatus, tertia parte in lobos late ovatos, acutiusculos, marginibus papilloso-scabros fissus. Corolla eo duplo longior, violacea (e nota ad vivum); tubus calycis tubum paulum excedens, superne ventre subinflatus; limbi labium superius subfornicatum, angustum, breviter et obtusiuscule bilobum; inferius convexum, breviter trilobum lobis rotundatis, medio angustiore, in plicis 2 papillosum ceterumque longiuscule clavato-pilosum. Stamina 4, paulum supra tertiam tubi partem inserta, filamentis filiformibus subaequilongis glabris, antherarum loculis suborbicularibus limbi tertiam partem attingentibus. Ovarium glabrum; stylus staminibus aequilongus; stigmata lamelliformia breviter cuneata. Capsula inclusa, complanato-ovoidea; semina minuta, pallida, leviter sulcata et gibberosa.

NW-Y.: *Pteridium*-Wiese der wtp. St. des birm. Mons. bei Nitscheluang und Schutsche am Taron (Djiou-djiang, e Irrawadi-Oberlaufe), 27° 54′, Granit, 2000 m, 7. VII. 1916 (9427).

Species omnium robustissima, forsitan *M. caducifero* Hce. maxime affinis.

Es liegen nur die letzten Blüten vor; die früher entwickelten sind vielleicht größer.

**** *M. saltuarius* Hand.-Mzt.** in Sitzgsanz. Ak. W. W., LXIII., 3 (1926). (Abb. 25, Nr. 8 auf S. 878).

Sect. *Annui* Bont., subs. *Stachydifolii* Bont., l. c.

Radix parva, fasciculato-fibrosa, tenuis, $\odot$ vel saltem monocarpica, foliorum rosulam et caulem singulum vel caules ad 4 erectos et partim ascendentes edens. Folia rosularia anguste obovata, 15—50 mm longa, rotundata, partim in petiolos distinctos lamina duplo breviores angustata, caulina remota 2—4paria vel raro in caule altero alterna, orbiculari-obovata, illis 2—3^{plo} breviora, vix decrescentia, brevissime petiolata, omnia herbacea, praesertim caulina subinciso-crenata, raro basi lobulata, supra ubique, subtus praesertim ad costam nervosque 3—4^{nos} arcuatos laxe adpresse pilosa et margine ciliata. Caules 6—20 cm longi, dense et patule albo-pilosi, racemo laxe 3—12floro tunc breviter nunc infra dimidium occupati. Bracteae membranaceae, lanceolatae, vix 2 mm longae, saepe pedicellis concaulescentes, vel infima foliacea. Pedicelli erectopatentes, (superiores) 4— (inferiores) 10—13 mm longi, cum rhachi iisdem ac caulis pilis sed brevibus et partim glanduloso-capitatis pilosi. Calyx infundibularis, 6—7 mm longus et apice latus, ad dimidium c. in lobos erectopatentes ovatos anguste rotundatos raro lanceolato-ovatos et acutiusculos tenuiter nervosos fissus, herbaceus, viridis, $\pm$ pilosus et ciliatus. Corolla pallide violacea (e nota ad vivum), 13—16 mm longa, extus glabra, intus palato breviter albo clavato-pilosa; tubus c. 7 mm longus, ore 5 mm latus, dimidio superiore ampliatus; labium superius eo aequilongum, anguste triangulari-ovatum, rotundatum, apice bifidum; inferius ad 12 mm latum, infra dimidium trilobum, lobis rotundatis medio quam laterales paulo longiore et subduplo angustiore. Filamenta glabra late arcuata, superiora e fauce paulo exserta. Stylus 8—10 mm longus, ut ovarium glaber, stigmate late spathulato, antice subtiliter fimbriatulo. (Fructus ignotus.)

H.: Waldschluchten der str. St. auf dem Yolu-schan bei Tschangscha, Sandstein, 100 m, 4. IV. 1918 (11573).

Proximus *M. stachydifolio* Max., sed foliorum forma calyceque valde diversus. Foliis haud dissimilis *M. pulchello* valde autem ramoso corollisque multo maioribus et calycis lobis acutis instructo et in var. *primuliformi* Bont. quoque multo glabriori. Habitu similis *M. Wilsoni* Bont., cuius specimina mihi visa stolonibus carent, sed multo glabriora et vix crenatifolia sunt.

M. longipes Bont. In feuchtem Rasen, an Lachen und Bächlein in der wtp. und tp. St. auf Sandstein, 2000—2700 m. S.: Im Lolo-Lande e von Ningyüen bei Lanba (1484), auf dem Sattel e Sikwai und bei Lugweyinba jenseits Tjiaodjio. NE-Y.: Ebene von Dungtschwan, 2500 m (Maire).

*** M. Miquelii** Mak. in Bot. Mag. Tok., XVI., 162 (1902), incl. var. *stolonifer* (Max.) Nak., l. c., XLVIII., 783 (1935) (*M. rugosus* Lour. var. *stolonifer* Maxim. in Mel. Biol., IX., 402 [1874]. — *M. r.* var. *macranthus* Franch. et Sav., Enum. Pl. Jap., I., 544 [1875]. — *M. stolonifer* [Max.] Mak. in List Seeds Bot. Gard. Tok. 1896, 17, nom. nud.? — *M. japonicus* Bont. in Bull. Herb. Boiss., 2. sér., VIII., 536 [1908], non [Thunbg.] O. Ktze.). H.: Häufig an Grabenrändern der str. St. bei Tschangscha, Sandstein, 50 m, 4. IV. 1918 (12814). Nganhui: Nanking (Chen u. Teng 19, 47. Chen 8675). Tschekiang: Ningpo (Limpricht 20 als *M. rugosus*). S.: Tschengdu, 23. III. 1893 (Potanin). Wan (Limpricht 1171 als *M. rugosus*).

Da Makino den Namen *M. stolonifer* nicht beibehält, dürfte er an der zitierten, von mir nicht gesehenen Stelle nicht gültig veröffentlicht sein. Bonatis Name beruht nicht auf *Lindernia japonica* Thunb. und ist durch *Mazus japonicus* (Thunb. p. p.) O. Ktze. vorweggenommen (s. oben). Var. *stolonifer* im Sinne Nakais unterscheidet sich nur durch Kahlheit nicht genügend.

**** M. japonicus** (Thbg.) O. Ktze. × **Miquelii** Mak.

Habitu florumque magnitudine inter species intermedius.

H.: In Gräben der str. St. bei Tschangscha gegen den Liuyang-ho, 35 m, 25. IV. 1918 (11680).

Beim Sammeln als Bastard erkannt. Die Arten sind sonst um Tschangscha scharf geschieden. Daß sie Bonati in verschiedene Sektionen stellt, scheint mir allerdings unnatürlich.

M. Lecomtei Bont. Y.: Steinige Stellen der str. St. zwischen Hsingai und Tie-tsun ober Bintschwan e von Dali, Sandstein, 1650—1800 m (6344).

**** M. humilis** Hand.-Mzt. in Sitzgsanz. Ak. W. W., LXIII., 4 (1926). (Abb. 25, Nr. 7 auf S. 878).

Sect. *Caespitosi* Bont.

Rhizomate brevi serius pluricipite radices fasciculatas longas crassiusculas $\pm$ crebre fibrosas et foliorum depressorum rosulam singulam vel plures edente $\pm$ cespitosus. Folia obovata et oblongo-obovata, 1—$3^1/_2$ cm longa, petiolis indistinctis vel laminas aequantibus anguste alatis, obtusissima vel rotundata, basi longe attenuata, margine remote crenulata usque — praesertim inferne — ad mediam laminam paucilobata, lobulis subdivaricatis oblongis rotundatis vel latioribus, crassiuscule herbacea, utrinque pilis crassiusculis articulatis albis sparse induta, nervis lateralibus paucis valde obliquis. Scapi 1— multi, erecti, 2—3 cm longi, aphylli, uni- vel a basi racemose et superne saepe subumbellatim usque ad 7flori, cum pedicellis 1—2 cm longis suberectis calycibusque $\pm$ dense breviter et partim glanduloso-hirtelli. Calyx infundibularis, 5—7 mm longus, ad dimidium in lobos oblongos obtusos nervis mediis conspicuis et binis submarginalibus instructos fissus. Corolla alba vel purpureo-maculata (e nota Forrestii), 1 cm longa; labium superius porrectum, ad 3 mm longum, oblongo-triangulare, quarta parte bifidum lobis retusis; inferius 5 mm longum et latum, palato clavato-pilosulum, in lobos 3, quorum medius laterales pluries maiores paulo superat, fissum. Stamina ut in *M. saltuario*. Stylus glaber, 7 mm longus, stigmate late cochleato margine subtiliter fimbriatulo.

Y.: Häufig in Gebüschen der tp. St. auf dem Hungguwo bei Hsinyingpan zwischen Yungbei und Yungning, 2900—3475 m, 28. VI. 1914 (3249, Typus). Vielleicht auch dieser auf der Wiese von Ganhaidse bei Lidjiang. **S.**: Feuchte, kiesige Wiesen der Berge ne von Muli, 3050—3350 m, VII. 1922 (Forrest 21381).

Pedicellis longis excellens, habitu *M. pulchello* Hemsl. haud dissimilis, qui annuus floribus multo maioribus etc.

Lancea Hook. f. et Thoms.

L. tibetica Hook. f. et Thoms. NW-S.: Gebirge um Sungpan (Weigold).

Lindenbergia Lehm.

L. philippensis (Cham.) Benth. (*L. Melvillei* Sp. Moore in Journ. of Bot., XLIII., 144 [1905]). Erdabrisse und Felsen der tr. und str. St., 200—2000 m. **Y.**: Überall zwischen Möngdse und Manhao (5779). Zwischen Lagatschang und Dschenmindö in der Yangtse-Schlucht n von Yünnanfu (772). Im NE bei Schidsiangfang am Yangtse-Ufer (Maire). **S.**: Im Seitentale des Djientschang gegen Huili (1050). W-Hubei: Batung (Wilson, Veitch Exp. 470).

Die von Moore angegebenen Unterschiede seiner *L. Melvillei* erweisen sich nicht als konstant.

L. ruderalis (Vahl) O. Ktze., Rev. Gen., 462 (1891) (*Stemodia r.* Vahl, Symb., II., 69 [1791]. — *Lindenbergia urticifolia* Lehm.). Felsen, abgerissene Wegränder, Mauern und Flußufer der tr. und str. St., 100—1650 m. **Y.**: Djokula (1417) und Djilamo bei Tieso (20) nächst Beyendjing (Ten). Im NW bei Lakalo in der Yangtse-Schlucht n von Lidjiang, 27° 37′ (7042). Im NE bei Lagu (Maire). **S.**: Zwischen Meidsepu und Lumapu an einem w Zuflusse des Yalung, 27° 40′ (5591). **Tonking**: Laokai (Wilson 2776).

Limnophila R. Br.
(*Ambulia* Lam.)

L. aromatica (Lam.) Merr., Interpr. Rumph. Hb. Amb., 466 (1917) (*Ambulia a.* Lam., Encycl., I., 128 [1783]. — *Limnophila gratissima* Bl.). **Y.**:

An Gräben der str. St. bei Dschenmindö in der Yangtse-Schlucht n von Yünnanfu, 1700 m (781).

L. connata (HAM.) HAND.-MZT. (*Cybbanthera c.* HAM. in DON, Prodr. Fl. Nep., 87 [1825]. — *Stemodia hypericifolia* BENTH., Scroph. Ind., 23 [1835]. — *Limnophila h.* BENTH.). H.: Lachen der str. St. unter Loudi im Bezirke Hsianghsiang, Kalk, 90 m (12731).

L. sessiliflora (VAHL) BL. H.: Schlamm von Tümpeln in der str. St. bei Hsianghsiang, 40 m (12748). Y.: Wiesentümpel der wtp. St. beim See unter Dali, 2070 m (8555).

L. sp. (steril). Kw.: Moorlachen der wtp. St. bei Maotsaoping zwischen Badschai und Duyün, 800 m (10753).

Dopatrium BUCH.-HAM.

D. junceum (ROXB.) HAM. Reisfelder und Lachen der wtp. St., 1950 bis 2600 m. Y.: Yünnanfu. Im NW bei Koma zwischen Yangtse und Mekong, 27° 37′ (7863). S.: Zwischen Schidjia-tsun und Schamenkou in der Hochebene von Yenyüen (5446).

Bacopa AUBL.

(*Herpestis* GAERTN.)

B. Monniera (L.) WETTST. in Nat. Pflzfam., IV/3 b., 77 (1895). Y.: An Gräben der str. St. zwischen Yüenmou und Hailo nw von Yünnanfu, Mergel, 1050—1350 m (5032).

Limosella L.

* *L. aquatica* L. Feuchter Schlamm von Reisfeldern, auch unter Wasser, in der wtp. St., 1900—2325 m. Y.: Butji bei Yünnanfu, 6. III. 1914 (1975). Bitsei bei Sanyingpan n von hier. S.: Am Fluß bei Huili (855).

Torenia L.

T. concolor LINDL. Kw.: Wälder, Quellsümpfe und feuchter Rasen der str. St. auf Mergel und Grauwacke, 350—500 m. Baotie-schan bei Gudschou (10883). Unter Sandjio (10837) und bei Pingü (10856). Tonking: Bambusbestände der tr. St. bei Laogai an der Grenze von Yünnan, 150 m (9).

T. vagans ROXB. Y.: Im E an Ackerrändern der wtp. St. des mittelchin. Fl. bei Loping, 1600 m (10157). Im NE in der str. St. bei Dschenfungschan und Baörlgai, 600 m (MAIRE).

T. cordifolia ROXB. S.: Reisfeldraine der str. St. bei Dsaluping an einem Zuflusse des Yalung gegen Yenyüen, 27° 18′, Kalk, 1620 m (5367). In China ohne nähere Angabe schon von STAUNTON gesammelt (Mus. Wien).

Lindernia ALL.

(*Vandellia* L.)

L. nummularifolia (G. DON) WETTST. in Nat. Pflzfam., IV/3 b., 79 (1895) (*Vandellia n.* G. DON). Y.: Beyendjing (TEN 1274; ex hb. Berol. 220). Im NW im birm. Mons. im Bachgerölle der tp. und wtp. St. im Tale unter dem Gomba-la bei Tschamutong am Salwin, 2300—3100 m, von Einheimischen (9860) und im str. Regenlaubwald unter Schutsche am Irrawadi, 27º 53′, Granit, 1725 bis 2000 m. Im NE im mittelchin. Fl. in Kulturen bei Lungdji, 600 m (Maire).

Alle Pflanzen haben die Stengel ganz kurz papillös-rauhhaarig und die Blätter so gewimpert; 9860 hat weiße Blüten.

*** L. sessiliflora** (Benth.) Wettst., l. c. (*Vandellia s.* Benth., Scroph. Ind., 37 [1835]). Y.: An einer Quelle in der wtp. St. auf dem Rücken zwischen Hwadung und Dsaodjidjing e des Dsolin-ho, Sandstein, 2600 m, 8. IX. 1914 (4947).

L. elata (Benth.) Wettst., l. c. var. **chinensis** (Bonati) Hand.-Mzt. (*Vandellia e.* Benth. var. *c.* Bonati in Not. Syst., I., 333 [1911]). E-Kw.: Im Schlammsand der str. St. bei Pingü am Flusse unter Sandjio, Grauwacke, 350 m (10844).

L. pyxidaria All. SW-H.: Schlammig-sandige Reisfeldränder der str. St. zwischen Ngaidso und Pukai am Wege von Wukang nach Dsingdschou, Schiefer, 400—600 m (11089).

L. crustacea (L.) F. Müll. Y.: Erdabrisse der str. St. am Wege zwischen Hwaping (Djiuyaping) und Hsingai e von Yungbei, Sandstein, 1400—1800 m (13027).

Ilysanthes Raf.

I. hyssopoides (L.) Benth. Y.: Kanalränder der wtp. St. am See bei Dali, 2070 m (8557).

I. antipoda (L.) Merr., Interpr. Rumph. Hb. Amb., 467 (1917) (*Ruellia a.* L., Sp. Pl., 635 [1753]. — *Bonnaya veronicifolia* [Retz.] Spreng.). H.: Sumpfstellen der str. bis in die wtp. St. von Yungdschou über Hsinning und Wukang bis Ngaidso am Wege nach Dsingdschou, überall, 120—700 m. S.: Reisfelder der str. St. gegen Datschangba bei Dötschang im Djientschang, 1450 m (5617).

I. ciliata (Colsm.) O. Ktze., Rev. Gen., 461 (1891) (*Gratiola c.* Colsm. in Vahl, Enum., I., 97 [1804]. — *Bonnaya reptans* Spreng.). NE-Y.: Unterholz bei Dschenfungschan im mittelchin. Fl., 600 m (Maire).

Hemiphragma Wall.

H. heterophyllum Wall. Gebüsche, Dschungel, Wiesen, Heidewiesen, Ackerränder und andere offene Stellen in der wtp. bis in die Hg. St., 1900 bis 4350 m. Y.: Zwischen Hsinlung und Hsiaodsang jenseits des Pudu-ho n von Yünnanfu (Schneider 385). Zwischen Dsaodjidjing und Hwadung e des Dsolin-ho. Paß Dsuningkou s von Hodjing. Im NW auf dem Waha bei Yungning, zwischen Ngulukö und Ganhaidse bei Lidjiang (phot.), um Dugwan-tsun se von Dschungdien (4805). Im birm. Mons. am Schöndsu-la zwischen Mekong und Salwin und sonst mehrfach dort, bei Schutsche am Taron. Im NE bei Dungtschwan (Maire). S.: Gemein um Muli. Zwischen Yenyüen und Yungning ober Hungga und Fumadi (3023). Ober Niutschang se von Yenyüen, Dadjin ne und gegen Gwandien n von hier. Molien jenseits des Yalung. Zwischen Wudadjing und Luschue am Lose-schan s von Yenyüen (1434). Houdsengai bei Dötschang

(1849). Lungdschu-schan bei Huili (901). Im W auf dem Wa-schan s von Yadschou (WEIGOLD).

—— ** var. *pedicellatum* HAND.-MZT. in Sitzgsanz. Ak. W. W., LX., 154 (1923). (Abb. 24, Nr. 10 auf S. 873).

Caulis gracillimus cortice tenui, surculis hornotinis brevissime retrorsum hirtellis. Folia longitudine latiora, basi latissime cuneata vel truncata in petiolum breviter decurrentia, dentibus quam in typo maioribus utrinque 2—4 tantum instructa. Flores surculis abbreviatis terminales, pedicellis tenuissimis 4—15 mm longis.

NW-Y.: Tannenwälder der ktp. St. auf dem Passe Lenago zwischen Yangtse und Mekong, 27° 45', Schiefer, 3600—4050 m, 7. VI. 1916 (8830).

Ob folia pro specie propria haberem, nisi primo vere evoluta tantum adessent et flores surculorum elongatorum fructusque annotini subsessiles et flores plantae WILSON, Veitch Exp. 1829 e Hubei occid. foliis fragmentariis praeditae pedicellis quoque 3—4 mm longis praediti essent.

Veronica L.
Bestimmt von Bruno WATZL (Wien)

V. spuria L. Ki.: Grasige Stelle auf dem Gipfel des Hangaodsu zwischen Ningdu und Tjingan („Ki-an"), c. 1000 m (Plt. sin. 480). NE-Y.: Matten der Hügel bei Tschehai, 2550 m (MAIRE).

V. spicata L. NE-Y.: Kräuterbewachsener Kalkhügel bei Djintschung-schan, 2550 m (MAIRE).

V. serpyllifolia L. An Bächen, Quellen, auf — besonders feuchten — Wiesen und kräuterreichen Stellen von Matten in der wtp. bis in die ktp. St., 2299—3550 m. S.: Dawanying bei Huili (1034). Alami (1470) und Lanba im Lolo-Lande e von Ningyüen. Im W auf dem Wa-schan (WEIGOLD). Y.: Hsiang-schuiho zwischen Dali und Lidjiang (6462). Zwischen Dsutoupo und Gwamaoschan am Wege von Yungbei nach Yungning (3311). Im NW bei Lidjiang, v. E. (3889). Im birm. Mons. bei der Alm Dewatschratscho an der Ostseite des Si-la (9989).

V. peregrina L. H.: Ackerraine und Schlammsand am Hsiang-djiang bei Tschangscha, str. St., Sandstein, 25—50 m (11564).

V. polita FR. H.: Ackerraine der str. St. bei Tschangscha, 50 m (11565).

V. laxa BENTH. Gebüsche und Matten der wtp. St. Y.: Yünnanfu, 1950 m (SCHOCH). Im NE zwischen Djiangdi und Toyüen, 2700 m (MELL). Berge bei Dungtschwan, 2600 m (MAIRE). Kw.: Zerstreut zwischen Nganping und Tsching-dschen, 1200—1300 m (10465). Ebenso auf dem Passe zwischen Badschai und Tailaohsin, 1150 m.

Die sehr große Pflanze 10465 ist auch auffallend reichblütig (bis über 20 Blüten in der Traube).

V. cana WALL. Y.: Gebüsche und Bambusdschungel der tp. St. auf dem Hungguwo bei Hsinyingpan zwischen Yungbei und Yungning, 3100—3450 m (3270). Im NW auf steinigen Matten der Hg. St. an der Ostseite des Gipfels Ünlüpe im Yülung-schan bei Lidjiang, 3700—4250 m (3533). NW-S.: Gebirge um Sungpan (WEIGOLD).

WEIGOLDs Pflanze ist eine Kümmerform, die sich in der Kelchbehaarung der *V. capitata* nähert.

V. Riae H. WINKL. in Rep. sp. nov., Beih., XII., 481 (1922). NW-Y.: In der tp. St. in Gebüschen ober Mudidjin bei Yungning, 3100—3400 m (3181). Im birm. Mons. in tp. Regenmischwäldern im Tale vom Si-la nach Tseku am Mekong, 3200—3500 m (8923).

Die zweite Pflanze nähert sich stark der *V. cana*, von der die Art wohl kaum als solche getrennt gehalten werden kann.

V. capitata ROYLE. NW-Y.: In der Hg. St. des birm. Mons. am Hange des Gomba-la bei Tschamutong gegen den Paß Tsukue in der Salwin—Irrawadi-Kette, Glimmerschiefer, über 4200 m, v. E. (9881). S.: Unter Tannen in der ktp. St. beim Lagerplatze Tschako ober Muli am Wege nach Dschungdien, Tonschiefer, 4100 m (7394).

V. szechuanica BAT., e descr. S-Y.: Äcker der tr. St. bei Yaotou zwischen Möngdse und Manhao, Kalk, 1000 m (5975).

Capsulae ut in *V. capitata* marginibus undulatis dissilientes.

V. pirolaeformis FRANCH. Heidewiesen, besonders im Unterwuchs von Wäldern, und andere trockene Stellen der tp. bis in die ktp. und an die wtp. St., 2800—3800 m. Y.: Berg Hungguwo bei Hsinyingpan (3284) und Sattel Gwamaoschan s von hier zwischen Yungbei und Yungning. Im NW bei Lidjiang, v. E. (3888). Hier bei Duinaoko. S.: Paß Daörlbi halbwegs zwischen Yungning und Yenyüen (2975). Von hier gegen den Paß Sandaoschan.

FORREST 21542 von der Kette zwischen Djientschwan und dem Mekong scheint sich der *V. Fargesii* FRANCH. zu nähern.

V. beccabunga L. S.: Bächlein der wtp. St. ober Datscho bei Wali jenseits des Yalung n von Yenyüen, Schiefer, 2400—2800 m (2589. SCHNEIDER 4075).

V. Anagallis L. An Gräben, Rainen, in nassen Äckern und im Sand von Bächen in der str. und wtp. St., 1000—2000 m. S.: Ningyüen (1232). Huili (852). Oti über dem Yalung n von Yenyüen. Y.: Ober Lagatschang in der Yangtse-Schlucht n von Yünnanfu (735). Unter Biendjio ne von Dali (6355).

* ***V. aquatica*** BERNH., Üb. Begr. Pflzart., 66 (1834). Y.: Im Schlammsand der tp. St. bei Yungning, 2725 m, 22. VI. 1914 (3144). Beyendjing, an Felsen (TEN 363).

V. ciliata FISCH. Gehängeschutt und steinige Matten der Hg. St. auf Kalk, 3750—4375 m. S.: Berg Saganai ober Muli (7322). Im NW auf Gebirgen um Sungpan (WEIGOLD). NW-Y.: Osthang des Gipfels Ünlüpe im Yülung-schan bei Lidjiang (4274).

V. eriogyne H. WINKL. in Rep. sp. nov., Beih. XII., 480 (1922), e typo. NW-S.: Gebirge um Sungpan (WEIGOLD).

Der Autor möchte die Art zu der von RÖMPP in Rep. sp. nov., Beih. L., 7 (1928) wieder als Gattung angesehenen Sektion *Paederota* (L.) WETTST. stellen, wofür aber die Kronröhre viel zu kurz ist und die Kelchzipfel auch nicht stimmen. Die Verwandtschaft ist vielmehr bei *V. ciliata*. RÖMPP erwähnt die Art nicht.

Lagotis J. GAERTN.

L. yunnanensis W. W. SM. in Not. Bot. Gard. Edinb., XI., 219 (1920). NW-Y.: Kräuterreiche Mulden der Hg. St. auf dem Waha bei Yungning, Kalk, 4400—4500 m, 20. VII. 1915 (7094).

Folia saepe $\pm$ integra.

*** ? *L. crassifolia* Prain** in Journ. As. Soc. Beng., LXV., 63 (1896). S.: Im tiefen Kalkschutt der Hg. St. unter dem Sattel Santante am Berge Saganai ober Muli, 4300—4375 m, 30. VII. 1915 (7321). Ebenso auf Schiefer auf dem Gonschiga sw von hier, über 4400 m.

Verpilzt, daher die Blütenanalyse nicht ganz befriedigend, aber jedenfalls dieser Art besser entsprechend, als der verwandten chinesischen *L. alutacea* W. W. Sm. in Not. Bot. Gard. Edinb., XI., 215 (1920).

**** *L. micrantha* Hand.-Mzt.** in Sitzgsanz. Ak. W. W., LXII., 240 (1925).

Rhizoma crassum, simplex vel biceps, radicibus permultis fasciculatis, longissimis, rigidulis, parcissime fibrosis, folia multa et caules extrarosulares singulos vel complures iis $\pm$ aequilongos, praeter bracteas foliaceas aphyllos, crassos edens. Folia oblongo-ovata, 6—8 cm longa, $2^1/_2$—$3^1/_2$ cm lata, obtusa, basi late cuneata in petiolos laminis aequilongos vel sesquilongiores inferne longe et anguste membranaceo-alatos decurrentia, integerrima vel raro (monstrose?) medio paulum excisa, sicca coriacea, nigricantia, ut (calyce excepto) tota planta glaberrima, costa lata nervisque utrinsecus c. 6 tenuibus valde obliquis irregularibus subtus paululum prominuis. Spica densissima cum bracteis inferioribus foliaceis compluribus sterilibus sessilibus vel brevipetiolatis ovatis usque ad $2^1/_2$ cm longis dimidium caulem vel paulo plus occupans, $1^1/_2$ cm crassa. Bracteae superiores calyce dimidio vix longiores, ovatae, herbaceae. Calyx spathaceus, 7 mm longus et expansus latus, biangulatus dorso lato plano, praeter nervos 2 remotos extus nervis alteris minoribus secutos albido-membranaceus, antice rotundatus et intra nervos bicrenatus, margine ciliolatus. Corollae albae (e nota ad vivum) tubus bractea brevior, valde incurvus, supra basin paulum inflatus; limbus 2 mm longus, labio inferiore quam superius latitudine sua aequilongum late rotundato-truncatum vix emarginatum complicatum paulo longiore, toto in lobos 2 lanceolatos, obtusos, convolutos fisso. Filamenta brevissima; antherae 1 mm diametro. Staminodium nullum. Stylus 4 mm longus, tenuis, inferne subcomplanatus, inclusus; stigma parvum, semiorbiculare. Capsula e basi turbinata lobulata conica, 6 mm longa, nigra, tenuiter bicarinata, crasse suberosa; semina 2, 3 mm longa, compresso-ellipsoidea, nigra, rugulosa.

S.: In festem Schlammsand der Hg. St. auf dem Passe s des Lagerplatzes Tschako ober Muli am Wege nach Dschungdien, Schiefer, 4325 m, 5. VIII. 1915 (7449). NW-Y.: In der ktp. St. auf dem Nguka-la sw von Dschungdien, 4125 m.

Proxima *L. integrae* W. W. Sm. in Not. Bot. Gard. Edinb., XI., 216 (1920), quae differt caule quam folia multo longiore, foliis parvis lanceolatis obsito, bracteis lanceolatis, calyce glabro (saltem indumenti mentione nulla), corollae intense coeruleae lobis 3 mm longis, labio superiore ovato-lanceolato, stylo imo breviore.

**** *L. incisifolia* Hand.-Mzt.** in Sitzgsanz. Ak. W. W., LIX., 252 (1922). (Abb. 24, Nr, 9 auf S. 873).

Praeter bracteas calycesque glaberrima, exsiccando nigricans. Rhizoma breve, ascendens, 3 mm crassum, annulatum, ubique radicibus longissimis tenuibus spongiosis parce ramosis praeditum, apice squamis 2—4 scariosis brunneis latius angustiusve ovatis acuminatissimis obsitum. Folia 2—6, hysteranthia, juvenilia cum scapis spicisque carnosula, cum petiolo deorsum anguste alato laminam aequante usque quadruplo longiore 1,2—2,5 cm longa; lamina ovata, obtusa, basi late cuneata, usque ad 4 mm lata, ultra dimidium utriusque lateris crenato-incisa, lobis utrinsecus 3—5 farctis, linearibus, obtusis. Scapus singulus, intra hypophylla foliis lateralis, erectus, 2—4 cm longus, crassiusculus, nudus. Spica densissima, globosa, raro flore infimo paulo minus contiguo brevissime ovoidea, 8—10 mm lata. Bracteae adpressae, late obovatae, rotundatae, 4—6 mm longae, inferiores margine anteriore crenato-dentatae, superiores integrae margine brevissime glanduloso-ciliatae. Flores sessiles (si bene reminiscor, violacei). Calyx 2 mm longus, versus basin usque in lobos 2 lanceolatos, argute uninervios, margine longe albo-ciliatos fissus. Corollae glabrae membranaceae tubus paulum ultra 2 mm longus cylindricus, labium superius anguste obovatum, 3 mm longum, labii inferioris lobi 2 late ligulati, tubo aequilongi, retusi. Filamenta corollae aequilonga; antherae 1 mm latae, reniformi-didymae. Stylus corollae limbo brevior, tenuis, stigmate parvo globoso.

S.: Kalkschutt der Hg. St. auf dem Gipfel Holoscha zwischen Yenyüen und Kwapi, 27° 48', 4300 m, 18. V. 1914 (2319).

L. ramalana Bat. in Act. Hort. Petrop., XIV., 177 (1895) proxima videtur, cuius flores praecoces esse non dicuntur, imo vero nervatio foliorum tunc certe evolutorum describitur, folia insuper crenata tantum, flores 7 mm longi, tubo quam limbo longiore sunt. *L. praecox* W. W. Sm. in Not. Bot. Gard. Edinb., XI., 217 (1920) multo maior, rhizomate non squamato, foliis alte crenatis, bracteis superioribus pro corollis minoribus (eciliatis?) longius distare videtur.

Calorrhabdos Benth.

C. Brunoniana (Wall.) Benth. NW-Y.: Überall in der tp. St. zwischen dem Be-schui und Lukudsche an der Ostseite des Yülung-schan bei Lidjiang, Sandstein, 3100—3300 m (4359).

C. cauloptera Hance. H.: Gebüsche der str. St. auf Kalk, 160—200 m. Paka und unter Dschangdjiatang e von Hsikwangschan. Lengschuidjiang am Tsi-djiang ober Hsinhwa (12692). W-Hubei (Wilson, Veitch Exp. 1724). NE-Y.: Im mittelchin. Fl. im Tale von Lungdji, 600 m (Maire).

Maires Pflanze hat dünne, aber starre, nur schmal geflügelte, spreizend verästelte Stengel, teilweise länger gestielte Blätter mit Kerbzähnen mit angesetzten, eingekrümmten Spitzen und nickende, locker stehende Blüten.

Botryopleuron Hemsl.

B. axillare (Siebd. et Zucc.) Hemsl. S.: Gebüsche der wtp. St. zwischen Samuping und Niutschang se von Yenyüen, 27° 21', Kalk, 2100—2400 m (5347).

Fruchtähren an Zweigen von 1$^1/_2$—7 cm Länge mit bis zu 4 Blättchen.

B. stenostachyum Hemsl. H.: Gebüsche der str. St., 150—350 m. Mehrfach um Lengschuidjiang und Lududsai zwischen Hsinhwa und Wukang (12705). Südfuß des Sattels Hsiungbeiling zwischen Höngdschou und Yungdschou (11335).

Wegen der kurzen Kronenzipfel hierher gestellt und nicht zur vorigen Art. Stamina und Griffel weit herausragend im Gegensatz zu Hemsleys allerdings vorsichtiger Angabe, aber bei *B. venosum* Hemsl. ist dieses Merkmal veränderlich.

Rehmannia LIBOSCH.

R. glutinosa (GAERTN.) LIBOSCH. W-S.: Wa-schan s von Yadschou (WEI-GOLD).

Melasma BERG.

M. arvense (BENTH.) HAND.-MZT. (*Glossostylis arvensis* BENTH. 1835. — *Alectra indica* BENTH. 1856. — *A. arvensis* (BENTH.) MERR. in Philip. Journ. Sci., XII., 109 [1917]). Y.: In der str. und wtp. St. auf Sandstein und Schiefer, 1400 bis 2600 m. Gebüsche unter Dadse-se am Wege von Yünnanfu nach Dali (8596). Steppen zwischen Hwaping und Hsingai über dem Yangtse e von Yungbei (13032). Im NW im birm. Mons. in *Pteridium*-Wiesen bei Bahan unter Tschamutong am Salwin (8413).

Sopubia BUCH.-HAM.

S. trifida HAM. Steppen der wtp. St., 1950—2400 m. Y.: Haiyen-se bei Yünnanfu (SCHOCH 298). Paß zwischen Yünnan-hsien und Hungngai se von Dali (8573). S.: Zwischen Fongsaying und Lutschang s von Huili (5122).

Centranthera R. BR.

C. hispida R. BR. Y.: Feuchte Stellen der wtp. St. auf Sandstein zwischen Tschuhsiung und Gwangdung, 1800—2100 m (4867). Nasser Rasen an Bächlein über Sandsteinfelsen der str. St. zwischen Hwaping und Hsingai e von Yungbei, 1700 m (13029). Äcker bei Nigumo (Guti) nächst Beyendjing (TEN 3).

Striga LOUR.

S. asiatica (L.) O. KTZE., Rev. gen., 466 (1891) (*Buchnera a.* L., Sp. pl. 630 [1753]. — *Striga lutea* LOUR.). Wiesen der str. St. SE-Ki.: Am Fuße des Lienhwa-schan bei Ningdu, Quarzit (Plt. sin. 468). E-Kw.: Hang des Baotie-schan bei Gudschou, Mergel, 300—500 m (10899). Y.: Hsiao-Djing-ho bei Beyendjing (TEN 1190).

S. Masuria (HAM.) BENTH. Steppen der str. und wtp. St., 1450—2700 m. Y.: Hang des Hsi-schan bei Yünnanfu (SCHOCH 226). Selten zwischen Yüenmou und Yanggai nw von hier (5003). Beyendjing (TEN 144). Hsiao-Djing-ho (TEN 1192). Im NW in der Yangtse-Schlucht e von Lidjiang (3416). Zwischen Yumi und Sandjia-tsun an dessen Zufluß Schou-tschu n von hier, 27° 46—50′ (7570). S.: Zwischen Kupesu und Schamenkou auf der Hochebene von Yenyüen.

Melampyrum L.

Daß BEAUVERD in Mém. Soc. Phys. Hist. nat. Genève, XXXVIII (1916) die natürlichen Einheiten auch bei *Melampyrum* nicht erfaßt hat, bedarf wohl keines Beweises mehr. Viel besser ist die Auffassung von Sóo über die ostasiatischen Arten in Journ. of Bot., LXV., 138—145 (V. 1927) und Rep. sp. nov., XXIV., 129, 164—166, 190, 191 (XII. 1927), aber er berücksichtigt nicht alle Merkmale genügend und beobachtete nicht alle Zusammenhänge. Auch macht er mehrere unzutreffende Angaben; so „capsula glabra" für *M. laxum* in Rep., l. c., 129 und andeutungsweise in Journ. of B., l. c., 143, während hier 142 „caps.

pilosa", ebenso für das indische *M. indicum* Hook. f. et Thoms., während beide in Wirklichkeit mindestens papillös-borstelige Kapseln haben; zurückgerichtete Kelchhaare für *M. Henryanum* als Unterschied von *M. roseum*, das genau dieselben hat; der Kronenröhre fast gleich lange Kelchzähne für *M. roseum* var. *setaceum* (Journ. of B., 143). Mißverständlich ist auch seine Angabe „Calyx—dentibus—tubo multoties brevioribus", für *M. Klebelsbergianum*, da sie doch sicher jeder auf die Kelchröhre und nicht die Kronröhre beziehen wird.

Während ich die meisten von diesen Autoren zitierten Exemplare und dazu das gesamte Material der Gattung aus dem Edinburgher Herbar gesehen habe, kann ich die von Nakai in Bot. Mag. Tok., XXXI., 107—108 unterschiedenen koreanischen Pflanzen gar nicht unterbringen, denn er schreibt dort dem *M. roseum* einen „calyx glaber vel —" zu, obwohl er nach der Beschreibung der Brakteen offenbar die unten unter *M. Klebelsbergianum* zu erwähnende Pflanze meint, stellt aber dazu S. 108 als *f. albiflorum* Nak. Taquet 1171 und 4367, die zu *M. ciliare* gehören. *M. latifolium* Nak. ist als breitblätterige Waldpflanze gekennzeichnet, was nicht ausschlaggebend ist, und die übrigen Namen, die ich nicht zuweisen kann, sind sein *M. setaceum β latifolium* l. c. 108 und *γ congestum* l. c., während *M. ovalifolium* Nak. wegen der kleinen Kelche ohne Grannen wahrscheinlich zu *M. roseum* gehört.

Grundsätzlich ist zu bemerken, daß Verzweigungsunterschiede in Ostasien (ausschließlich Indien) nicht in Betracht kommen und Saisondimorphismus fehlt. Nur 3 Stücke von *M. ciliare*, leg. Mochizuki im Juni (Hb. Edinburgh) sind niedrig und fast einfach mit sehr großen Blüten, vielleicht durch zufälligen Witterungseinfluß. Einen Übergang hiezu bildet aber Faurie ohne Nummer von Matsushima (Univ. Wien). Daß die Breite der Blätter nur zur Unterscheidung niedriger systematischer Einheiten verwendet werden kann, ist bekannt. Über die Veränderlichkeit der Behaarung mag insbesondere unten unter *M. ciliare* verglichen werden; aber auch *M. Esquirolii* zeigt unter Plt. sin. 483 ganz glatte neben oben papillösen Früchten.

Clavis analytica *Melampyrorum* sinensium et japonicorum:

1. a) Calycis dentes rotundati, eius tubo $\pm$ aequilongi. Calyx 2—3 mm longus, sublevis vel costis breviter setulosus. Corollae tubus labiis plus triplo usque quintuplo longior, inferne tenuissimus. Bracteae integrae, raro utrinque aristis breviusculis usque ad 3 instructae (Japonia):   *M. laxum.*

b) Calycis dentes acuti. Corollae tubus vix duplo usque maximum triplo longior quam labia: 2.

2. a) Bracteae integrae vel basi dentibus herbaceis praeditae. Calyx $\pm$ papillosus saepeque in costis longius furfuraceo-pilosus pilis inferioribus retrorsis, anterioribus antrorsis; eius dentes tubo $\pm$ aequilongi, $\pm$ et saepe subaristato acuti. Corolla 11—15 mm longa, tubo lato. Capsula parce papillosa: 3.

b) Bracteae saltem superiores dentibus aristatis praeditae: 4.

3. a) Folia bracteaeque elliptica, rotundato-obtusa, basi interdum angulata: *1. M. obtusifolium.*

b) Folia bracteaeque ovato-lanceolata, longe acuminata etsi apice ipso obtusiuscula: *2. M. Klebelsbergianum.*

4. a) Aristae bractearum laminae diametro breviores. Calyx praeter costas

pilis paleaceis brevioribus longioribusve praeditas levis vel lamina quoque pilis brevissimis papillaceis inferioribus retrorsus obsitus; eius dentes lati, triangulares et acuti usque sublanceolati et fere subulato-acuminati, tubo $\pm$ aequilongi. Corolla 13—20 mm longa: *3. M. Esquirolii.*

b) Aristae bractearum diametro longiores. Calycis dentes lanceolati, apice subulati vel aristati: 5.

5. a) Calycis tubus papilloso-hispidulus, papillis vel pilis inferioribus retrorsis; eius dentes lanceolati, in subulam vel aristam brevem acuminati, longiores eius tubo usque duplo longiores. Corolla 15—17 mm longa: *4. M. roseum.*

b) Calycis tubus levis et glaber vel pilis articulatis brevibus vel longis mollibus in costis vel ubique obsitus; eius dentes tubo aequilongi usque paulo plus duplo longiores, laminis herbaceis magnis et in aristas longas angustati. Corolla 12—19 mm longa. Capsula haud papilloso-scabra, sed glaberrima vel pilosa (Japonia): *M. ciliare.*

M. laxum MIQ. FRANCH. et SAV., Enum. Pl. Jap., II., 461. NAKAI in Bot. Mag. Tok., XXIII., 10 (*M. laxum* ssp. *laxum* et var. *nikkoënse* BEAUVD. in Mém. Soc. Phys. Hist. nat. Genève, XXXVIII., 541 [1916]. — *M. arcuatum* NAK., l. c. 6 [1909]. — *M. laxum* f. *nikkoënse* et var. *arcuatum* Sóo in Journ. of Bot., 65., 141, 142 [1927]; in Rep. sp. nov., XXIV., 164, 190 [1927]). Japan.

——var. *platyphyllum* BEAUVD., l. c., 542 (f. *p.* Sóo, l. l. c.) ist breitblätterig mit begrannten Brakteenzähnen. Japan.

In der Originalbeschreibung ist „Calycis dentes brevi-triangulares" (sic!) kein sehr zutreffender Ausdruck, wohl aber ist die Längenangabe richtig, und ein aus Leiden erhaltenes Exemplar läßt keinen Zweifel über die Deutung. NAKAI will *M. arcuatum* durch achselständige Blüten von allen anderen Arten mit lockeren oder dichten Blütenähren unterscheiden. Die Blüten sind bei allen in den Achseln von mehr oder weniger blattgleichen Brakteen und zu Ähren zusammengestellt.

Meine im Schlüssel gegebene Charakteristik bezieht sich nur auf echtes *M. laxum.* In seine nächste Nähe gehören andere japanische Formen, die durch spitze Kelchzähne abweichen, nämlich FAURIE 2271, bei der die oberen weit verwachsen sind, MAXIMOWICZ von Simabara, die ein mehr aufgesetztes Spitzchen auf den Kelchzähnen zeigt und vielleicht doch zur Art zu rechnen ist, und eine vom Berge Iwaki (SAKURAI: Hb. Edinburgh) mit außerordentlich kurzen Kelchzipfeln. NAKAI unterscheidet l. c., 10 mit spitzen Kelchzipfeln *M. laxum* f. *australe* NAK. und var. *longitubum* NAK.

1. *M. obtusifolium* Bont. (*M. laxum* ssp. *Henryanum* var. γ o. (BONT.) BEAUVD., l. c., 542 [1916]). Hubei (SILVESTRI 2170).

Von dieser Pflanze erhielt ich durch die Freundlichkeit Prof. PAMPANINIS einen Zweig geliehen. Er hat keine solchen Blätter, wie BEAUVERD S. 447, fig. IX 1 b zeichnet, sondern sie sind elliptisch, mindestens um die Hälfte länger als breit, allerdings abgerundet-stumpf, am Grunde mitunter mit einer Ecke, die Brakteen ebenso. Die Kelchzähne sind gleichseitig dreieckig, spitz, aber nicht, wie BONATI sagt, acuminat; die Bucht zwischen den hinteren und vorderen reicht bis unter das vordere Drittel der Kelchlänge herab. Der Kelch ist papillös, mit vereinzelten kurzen Börstchen auf den Nerven, und im ganzen 3 mm lang, nicht die Röhre, wie Beauverd l. c., 543 ergibt. Ich kann die Pflanze vorläufig nur als Art betrachten.

2. *M. Klebelsbergianum* Sóo in Journ. of Bot., LXV., 144 (V. 1927); in Rep. sp. nov., XXIV., 191 (XII. 1927), amplif. (*M. chinense* Dahl e Loes. in Bot. Jahrb., XXXIV., Beibl. LXXV., 66[1904], nom. nud.[1]. — *M. roseum* ssp. *eu-roseum* var. *hirsutum* Beauvd., l. c., 548 p. p., quoad pl. Mairei. — *M. Henryanum* Sóo, l. c., LXV., 143 p. p., XXIV., 166 p. p., 190). Wälder, Buschwerk und offene, steinige Matten der wtp. bis in die str. und tp. St. **Y.**: 2100—3100 m. Beyendjing (Ten 229; ex hb. Berol. 246). Guti hier (Ten 1304). Osthang des Dsang-schan bei Dali (Forrest 4506, 7049. Hier? Delavay). Im NW ober Duinaoko e von Lidjiang (3459). NE der Yangtse-Schleife (Forrest 11011). Dschungdien-Hochland (F. 12747). Zwischen Yangtse und Mekong überall um Weihsi und Basulo; bei Tjibi, 27° 36′ (7843). Am Mekong bei Tseku (Monbeig 207, 35/1912. Forrest 606), Serä, und unter dem Kakerbo (F. 14525). Wo? (F. 28901). Im NE hinter Dungtschwan (Maire 79/1913) und bei Tschoudjiawan (M. 554/1914). **S.**: SE von Muli (Forrest 22459). Schanhsi (Licent 1383).

Daß es zwischen dieser Art und *M. Esquirolii* an der Verbreitungsgrenze Mittelformen gibt, ist nicht ausgeschlossen, so ein Teil von: Unterholz der Hügel e von Dungtschwan, 2550 m (Maire: Mus. Wien, Edinburgh).

Vorläufig muß ich auch zu *M. Klebelsbergianum* die Pflanze stellen, die Komarow in Act. Hort. Petr., XXV., 440 (1907) als *M. roseum* f. 2 führt. Vielleicht läßt sie sich auf Grund der deutlicheren Grannenzähne der Brakteen unterscheiden. Ich sah sie von: Schanhsi: Hsiyang (Chanet 823). Tapingti (Licent 1417), Tschili (Serre 2589. Licent 1539, 7660. Clemens 6375). Korea: (Tschinnampo (Faurie 789). Amurgebiet: Zwischen Taleiho und Nunkiang (Jettmar).

Einander ganz gleich sind Pflanzen von Tschemulpo (Carles 123) und Kiangsu: Djindjiang (Carles 493), die auch als Übergänge zu *M. Esquirolii* gedeutet werden könnten.

3. *M. Esquirolii* (Lévl. et Vant.) Hand.-Mzt. (*Scutellaria* E. Lévl. et Vant. e typo. — *M. laxum* ssp. *Henryanum* Beauvd., l. c., 543 [1916]. — *M. Henryanum* [Bvd.] Sóo in J. of B., l. c., 143 [1927] p. p.; in Rep., l. c., 166 p. p. — *M. roseum* ssp. *hirsutum* Sóo in Rep., l. c., 190 p. p.). **Ki.**: Wiesen auf dem Gipfel des Hangaodsu zwischen Ningdu und Tjingan, über 1000 m (Plt. sin. 483). N-F. (Ching 2290). **Kwangtung**: Lungtou-schan (Cant. Christ. Coll. 12415. Mell 756). **Kw.**: Pinfa (Cavalerie 228, 818, 821, 2548). Paß von Paiia bis Paiyang und Kailang (Esquirol 484). Tsingai gegen Dschouse häufig (Bodinier 2511). Umgebung von Nganping und Langtang (Martin u. Bodinier 1776). Yimpan bei Nganping (M. u. B. 2511). Hubei (Henry 4519. Wilson, Veitch Exp. 1310). S-Schanhsi (Licent 2302).

Sehr einheitlich sind alle Exemplare aus Guidschou durch die genau dreieckigen Kelchzähne. Weiter n und e wird ihre Form etwas veränderlich, ohne daß man eine Grenze zur Abtrennung von Formen finden könnte.

Zwischen *M. roseum* und *Esquirolii* schwanken Exemplare aus einem verhältnismäßig kleinen Gebiete, die meist schlecht präpariert sind, nämlich:

---

[1] Die Tsingtauer Pflanze habe ich nicht gesehen, nur die in Not. Bot. Gard. Edinb., VII., 46, 243 (1912) erwähnten Forrests.

Nganhui: Hwang-schan (CHIEN 1200. STEWARD 7161). **Ki.**: Kiukiang (CARLES 159). Kuling (SCHINDLER 364. CHUNG 4111). Tschekiang (CHING 1736). BEAUVERD stellte solche unter *M. roseum* ssp. *eu-roseum* BVD. var. *hirsutum* BVD., l. c., 548 p. p.

4. M. roseum MAXIM. (*M. r. α typica* FRANCH. et SAV., Enum. Pl. Jap., II., 461 [1879]. — *M. r.* f. 1 KOMAROW in Act. Hort. Petr., XXV., 440 [1907]. — *M. r.* ssp. *eu-roseum* var. *typicum* BVD., l. c., 546 p. p., excl. pl. japonica; var. *setaceum* f. *latifolium* [NAK.] BVD., l. c., 547 [1916]. — *M. r.* cum f. *Beauverdi* et ssp. *hirsutum* p. p. Sóo in J. of B., l. c., 142 [1927]. — *M. r.* et var. *hirsutum* p. p. cum f. *Beauverdi* Sóo in Rep., l. c., 165 [1927]. — ? *M. ovalifolium* NAK. in Bot. Mag. Tok., XXIII., 8 [1909]. — *M. roseum* ssp. *ovalifolium* [NAK.] BVD., l. c., 548 [1916]). Amur (RADDE. KARO 65). Ussuri (MAXIMOWICZ). Mandschurei (WILFORD). Korea (KOMAROW 1407. FAURIE 449. BODINIER 273). Tschekiang: Yentang-schan, Tientai, Guidjing-se, felsige Hänge, 300 m (CHIAO: Un. Nankg. Herb. 14261).

Sóos Angabe in J. of B., l. c., 142 für Sibirien ist irrtümlich, denn KOMAROWS Pflanze stammt aus Korea.

— — var. *setaceum* MAXIM. ap. PALIB. in Act. Hort. Petr., XVIII., 168 (1900) (*M. roseum* ssp. *eu-roseum* var. *setaceum* f. *genuinum* BEAUVD., l. c., 547 [1916] p. p., excl. pl. japonica. — *M. setaceum* [MAX.] NAK. in Bot. Mag. Tok., XXIII., 9 [1909] p. p. min. — *M. s. α genuinum* Sóo in J. of B., l. c., 143; in Rep., l. c., 165 [1927]). Korea: Söul (GOTTSCHE: Hb. Berlin). Nam-san bei Söul (FAURIE 447).

Kelchzipfel fast gleich lang bis $1^1/_2$ mal so lang wie Kelchröhre. Kronenröhre mitunter fast 4mal so lang wie die Lippen. Brakteengrannen bis $5^1/_2$ mm lang, bis dreimal so lang wie die Breite der Lamina, diese verlängert-dreieckig (11 × 3 mm) bis (die unteren) dreieckig-lineal, 28 × 2 mm. Blätter lineallanzettlich.

M. ciliare MIQ. in Ann. Mus. Bot. Lugd. Bat., II., 122 (1865), non *M. ciliatum* BOISS. et HELDR. 1843 (*M. iedoënse* MIQ., l. c., f. *luxurians* MIQ., l. c., 196, non MAXIM. — *M. nemorosum* L. var. *japonicum* FRANCH. et SAV., Enum. Pl. Japon., I., 352 [1875]. — *M. roseum* MAX. var. *japonicum* FRANCH. et SAV., l. c., II., 460 [1879]. — *M.* [an *ciliare* MIQ.?] FR. et SAV., l. c. — *M. roseum* var. *typica* NAK. in Bot. Mag. Tok., XXIII., 7 [1909] p. p., non FR. et SAV., var. *ciliare* [MIQ.] NAK., l. c., 8, ssp. *japonicum* [FR. et SAV.] NAK., l. c. 8 α *typicum* NAK., l. c., β *leucanthum* NAK. l. c., 9. — *M. setaceum* NAK., l. c., 9 α *genuinum* p. p., ? β *latifolium* NAK., l. c. — *M. japonicum* [FR. et SAV.] NAK. in MATSUM., Ind. Pl. Jap., II., 564 [1912]. Sóo in J. of B., LXV., 144 cum f. *leucanthum* NAK. [1927]. — *M. laxum* MIQ. ssp. *aristatum* [=] var. *aristatum* BVD., l. c., 542 subvarr. *heteracanthum* et *albiflorum* BEAUVD., l. c., 651 [1916]. — *M. roseum* ssp. *eu-roseum* var. *ciliare* [MIQ.] BVD. et var. *aristatum* BVD.; ssp. *japonicum* cum var. *sendaiense* BVD., var. *japonicum* [FR. et SAV.] BVD., l. c., 548, subvarr. *purpureum* BVD. et *leucanthum* [NAK.] BVD., l. c., 549 [1916]. — *M. roseum* ssp. *hirsutum* Sóo in J. of B., l. c., 143 p. p. [1927]; in Rep., l. c., 164, 190 p. p. — *M. aristatum* [BVD.] Sóo l. c., 143 [1927]; l. c., 165 cum lus. *albiflorum* [BVD.] Sóo [1927]). Japan (FAURIE 234, 235, 2314. BISSET 3349. MOCHIZUKI: Hb. Edinb.). Simabara (MAXIMOWICZ: Mus. Wien). Ikao (Warburg 7107). Iwaki (jap. Sammler: Univ. Wien). Shimotsuke (Sakurai: Hb. Edinb.). Yato (Takeda: Hb. Edinb.). Bandaisan (Yokoh. Nurs. Co.: Hb. Edinb.). Japan and Corean Arch. (Oldham 646). Quelpert (Faurie 788, 1928. Taquet 262, 1171, 1193, 4368, 5834, 5836).

M. ciliare ist besonders im Indument und in der Länge der Kelchgrannen sehr veränderlich, aber an dem im Schlüssel angegebenen Merkmal des Kelchinduments stets leicht von *M. roseum* zu unterscheiden und auch geographisch von ihm getrennt. Am extremsten sind Exemplare mit fast wolligen Brakteen (Faurie 2314. Komagatake, jap. Sammler: Univ. Wien), bei denen diese Behaarung auch auf die Kapsel übergeht und die Kelchgrannen gewimpert werden (Faurie 234). Die Pflanzen von Quelpert würden sich durch nur auf den Rippen und dort lang behaarte Kelche auszeichnen, wenn nicht Taquet 5836 die ganzen Flächen kurz behaart hätte, ganz so wie Oldham 646, etwas länger und viel feiner und gleichmäßiger als *M. roseum*. Diese beiden verbinden die kahlkelchigen mit den langhaarigen Formen, so daß sich Grenzen zwischen den hier zusammengefaßten Formen nirgends ziehen lassen. Miquels Beschreibung ist vollkommen eindeutig und betrifft eine großkelchige, stark behaarte Form, sein *M. iedoënse* eine kahlere mit kürzeren Kelchzähnen und sein *M. roseum* eine kleinkelchige dicht behaarte. Diese beschrieben Franchet und Savatier, die *M. ciliare* und *iedoënse* nicht sahen, als *M. nemorosum*, bzw. *roseum* var. *japonicum*. Maximowicz identifizierte auf Etiketten die beiden Miquelschen Arten mit *M. roseum*, veröffentlichte dies aber nicht.

Phtheirospermum Bunge

P. chinense Bge. Gebüsche, Waldlichtungen, Hochgrasfluren und Buschsteppen der wtp. St. **H.**: Hsikwangschan bei Hsinhwa, 700 m (12578). **Kw.**: (Cavalerie 396). **Y.**: 2000—3000 m. Zwischen Lungli und Malung ne von Yünnanfu (Schoch 361). Schedse am Wege nach Dali. Im NW unter Dodse bei Yungning, zwischen Yangtse und Mekong, bei Basulo s von Weihsi und bei Schatyama, 27° 21′, an diesem von Yedsche aufwärts gemein und noch sw ober Londjre, 28° 9′, (8204). Im NE bei Banpiengai (Maire) und im mittelchin. Fl. bei Dschenfungschan, 650 m (M.). **S.**: 1750—2100 m. Dungngan und Dawanying (5636) bei Huili. Zwischen Puti und Banschan jenseits des Yalung am Wege von hier nach Yenyüen (5266). Unter Dugungpu ne von hier.

P. tenuisectum Bur. et Franch. Steppen und Heidewiesen, auch im Unterwuchs der Föhrenwälder, in der wtp. bis in die tp. und str. St., 1750 bis 2950 m. **Y.**: Haiyen-se bei Yünnanfu (Schoch 198). Zwischen Dsaodjidjing und Hwadung e des Dsolin-ho. Beyendjing (Ten 136). Hsiao-Djing-ho hier (Ten 1191). Ober Mitien gegen Bintschwan. Überall zwischen Yungbei und Yungning (3220). Dawan w von dort. Im NE bei Lidjiang, v. E. (3886). Gegenüber Ndaku n von hier (4386). Djisö w von Yungning. Im NE bei Dungtschwan, Swenwui, Lagu, Tschedji und Banpiengai (Maire). **S.**: Überall zwischen Yungning und Yenyüen. Unter Gwandien n von hier (2821). Lu-schan bei Ningyüen (1956). Im W im Min-Tal von Sungpan bis Tietschi (Weigold).

Variiert mit bis 2 mm breiter Blattspindel und wenig schmäleren bis fast fadenförmigen Blattzipfeln und in ganz schmale Zipfel gespaltenen oder ein-

fachen und etwas breiteren Kelchzipfeln. Die irrtümliche Angabe der Blütenfarbe durch die Autoren wurde von BONATI in Not. Bot. Gard. Edinb., XIII.,
106 (1921) in Gelb richtiggestellt.

Euphrasia L.

*** *E. Regelii* WETTST.,** Mon. G. Euphr., 81 (1896), det. autor. NW-Y.:
Heidewiesen, Wiesen, Sumpfstellen und Moore der tp. bis an die ktp. St., 3350
bis 3550 m. Unter dem Lamakloster von Dschungdien. Se von hier am Tal-
eingang e von Hsiao-Dschungdien (4625), jenseits Dungapi s von hier, bei Alo,
8. VIII. 1914 (4568) und bei Djolo ober Anangu (7678). NW-S.: Gebirge um
Sungpan (WEIGOLD), gegen *E. tatarica* FISCH. neigend.

Pedicularis L.

P. *tsekouensis* BONATI. NW-Y.: Matten und Krautfluren an der Waldgrenze und in der Hg. St. des birm. Mons., 4025—4375 m. Zwischen Mekong
und Salwin am Westhang des Nisselaka, 28⁰, häufig n des Schöndsu-la gegen
den Rücken Pongatong, 28⁰ 6′ (9661, s. KARSTEN u. SCHENCK, Vegetb., 17. R.
Taf. 46) und e des Passes Gondon-rungu.
Üppige Exemplare haben bis zu 6 Stengelblätter.
P. *Oederi* VAHL var. *bracteosa* BONT. in Not. Bot. Gard. Edinb., VIII.,
42 (1913). NW-Y.: Yülung-schan bei Lidjiang, v. E. (3870).
P. *salicifolia* BONT. in Bull. Soc. Bot. Genève, 2. sér., XV., 112 (1924).
NW-Y.: Gebüsche und Föhrenwälder der str. und wtp. St. auf Kalk, 2200 bis
2700 m. Bei Lidjiang, v. E. (3885). N von hier bei Sape gegenüber Ndaku
(4428) und ober Tschwadse am Nordende der Yangtse-Schleife (7614).
Alle meine Exemplare sind unverzweigt. Die Einreihung seitens des Autors
wäre wegen der gegenständigen Blätter nicht richtig, doch halte ich die Blatt-
stellung als Einteilungsprinzip für ungeeignet und das System der Gattung für
sehr revisionsbedürftig, bevor es auf Natürlichkeit Anspruch machen kann.
P. *verticillata* L. NW-S.: Gebirge um Sungpan (WEIGOLD). Hierher
auch ROCK 14161 und 12244 (in Journ. Arn. Arb., XIV., 34 als *P. szetschuanica*).
P. *szetschuanica* MAXIM. NW.-S.: Gebirge um Sungpan (WEIGOLD).
**** P. *holocalyx* HAND.-MZT.** (*P. szetschuanica* var. *elata* BONT. in Bull.
Soc. Bot. France, LIV., 187 [1907], non *P. elata* WILLD.).
Das Wiener Exemplar der Originalaufsammlung hat den Kelchsaum voll-
kommen ungezähnt, bzw. die Zähne zu zwei nur schwach gezähnten, breiten,
runden Lappen verwachsen. Steht auch sehr nahe *P. refracta* MAX., hat aber
einen viel kürzeren Helm. Von *P. szetschuanica* entschieden artlich zu trennen.
Längere Staubfäden unter der Spitze spärlich behaart. Blätter bis 7 cm lang.
P. *lineata* FRANCH. NW-Y.: Bambusdschungelränder an der Baumgrenze am Osthang des Gipfels Ünlüpe im Yülung-schan bei Lidjiang, Kalk,
3750 m (4273).
P. *likiangensis* FRANCH. NW-Y.: Yülung-schan bei Lidjiang, v. E.
(3869). Im birm. Mons. auf feuchten, grasigen Felsen der Hg. St. des Berges
Maya zwischen Mekong und Salwin, 4300 m 28⁰ 4′ (9649) und in Gebüschen der

ktp. an der Westseite des Passes Pangblanglong zwischen Salwin und Irrawadi, 27° 58′, 3500—3800 m (9508).

♃ und oft vielstengelig. Kelchzipfel sehr lang und schmal, aber keineswegs immer pfriemenförmig und ganz, sondern an der Spitze etwas verbreitert und oft mit einzelnen Zähnen.

P. rupicola FRANCH. Steinige Waldlichtungen, Gehängeschutt und Moränen auf Kalk in der ktp. und Hg. St., 3625—4730 m. NW-Y.: Südfuß des Gipfels Santseto im Yülung-schan bei Lidjiang (6814). Westseite des Piepun se von Dschungdien (4701, 4708). Ober Muli bei der Alm Bädö (7288) und gleich unter dem Gipfel Gonschiga sw von hier.

P. Roylei MAX. S.: Schutt, steinige und humöse Stellen der Hg. St. auf dem Gipfel Saganai ober Muli, Kalk, 4100—4500 m (7334). NW-Y.: Felsen und Rasen der Hg. St. auf dem Maya zwischen Mekong und Salwin, 28° 4′, Kalk, 4025—4575 m (9643?, mangelhaft).

P. microchila FRANCH., e typo. S.: Steinige, feuchte Stellen der Hänge der ktp. St. am Passe Tschescha zwischen Muli und Yungning, Kalk, 4100 m (7248).

Üppige Exemplare. Helm gleich lang wie die Unterlippe, auch an einem schmächtigen Original so. MAXIMOWICZS Größenangaben, wie 4 mm für die Blüte, offenbar irrtümlich.

P. brevilabris FRANCH. NW-S.: Gebirge um Sungpan (WEIGOLD).

P. kansuënsis MAXIM. NW-S.: Gebirge um Sungpan (WEIGOLD).

P. densispica FRANCH. Trockene, selten sumpfige Wiesen und Waldlichtungen der tp. bis in die wtp. St., 2500—3600 m. Y.: Im NW bei Ganhaidse nächst Lidjiang (Naturb. SW-China, Abb. 39, als *P. oxycarpa*). Daidsedien zwischen Yangtse und Mekong am Wege von Djientschwan nach Weihsi (10051). Haba und an der Westseite des Piepun (phot.) bei Dschungdien. Massenhaft bei Yungning (phot.) und gegen Yungbei bis jenseits des Sattels Gwamao-schan. Ober Dawan w von dort. Im NE bei Dungtschwan und Lagu (MAIRE). S.: Beim See e von Yungning (3109) und ober Fumadi (3019) und am Daörlbi (2913) am Wege von hier nach Yenyüen.

— — var. **Schneideri** BONT. in Not. Bot. Gard. Edinb., XIII., 133 (1923). Y̊.: Trockene Stellen und Wiesen der tp. St., 3000—3225 m. Berg Hungguwo bei Hsinyingpan zwischen Yungbei und Yungning (3285). Im NW auf dem Sattel Hungschischao se von Dschungdien (6857).

P. salviaeflora FRANCH. Wälder, Gebüsche und Hecken der wtp. bis in die ktp. St., 2400—3900 m. Y.: Gwanschan zwischen Dali und Lidjiang (8519). Rücken zwischen Djientschwan und Liping. Im NW bei Lidjiang, v. E. (3882). Beim Tempel Minyü, zwischen Bödö und Alo (4581) und auf dem Patü-la ober Anangu (7685) se von Dschungdien. Im NE an Felsen der Berge bei Dungtschwan (MAIRE). S.: Unter Lidsekou n von Yenyüen.

Kelchzipfel wechseln ganzrandig und gestielt-fächerförmig, eingeschnitten an 7685. Kronenröhre außen nicht ganz kahl. Nur der Habitus unterscheidet die folgende, aber sehr deutlich.

P. imperialis FRANCH. Y.: In der wtp. St. bei Yünnanfu (CAVALERIE 39: Hb. Stockholm).

P. Wardii BONT. in Not. Bot. Gard. Edinb., XIII., 133 (1921). NW-Y.:

Unter Bambus in Wäldern der ktp. St. des birm. Mons. ober Tjionatong am Salwin, 28⁰ 7′, Schiefer, 3600—3800 m (9768).

Oberlippe außen behaart. Kelch wird durch die Frucht aufgerissen.

** *P. aloënsis* HAND.-MZT. in Sitzgsanz. Ak. W. W., LX., 99 (1923).

Sect. *Erostres* PRAIN, subs. *Subbidentatae* PRAIN, ser. *Fragiles* PRAIN.

Perennis, radice parva, tenuiter longifibrosa, caulibus pluribus, 15 usque ad 40 cm longis, flaccidis, tenuibus, quadrangulis, hic illic bifariam et praesertim ad nodos sicut rhachides foliorum parce pilosis, dissite oppositifoliis et ramosis. Folia (basalia sub anthesi nulla) ambitu triangulari-ovata, usque ad 5 cm longa, inferiora 4—5jugo-, superiora parcius pinnata pinnis patulis hic illic oppositis inferioribus remotis brevipetiolulatis superioribus confluentibus, ovato-ellipticis 4—6jugo pinnatilobatis lobis latis rotundatis duplicato-latidentatis vel obsolete lobulatis, membranacea, saturate viridia, in sicco dense reticulato-venulosa, summa in bracteas foliaceas summas trifidas tantum decrescentia; petioli inferiorum laminas aequantes, plani, angusti, aequales, superiorum breviores. Flores in caulis ramorumque medio superiore axillares oppositi valde dissiti, pedicellis 1, denique 2 mm longis. Calyx campanulatus, clausus, membranaceus, $\pm$ 3^1/$_2$ mm longus, ad nervos 5 in dentes parvos triangulares mucrone viridi terminatos ^{1}/$_2$—1 mm longos excurrentes interdum parce pilosus et margine tenuiter ciliatus, nervis sinuum tenuibus. Corolla flava, 14—16 mm longa, intus praeter barbulas breves ad basin filamentorum sitas glabra, extus praesertim superne parce puberula; tubus a basi sensim dilatatus; labium superius basi 4 mm latum, vix inclinatum, sensim attenuatum, obtusum, cucullatum, margine glabro demum inflexum, eo aequilongum; inferius 2^1/$_2$ mm longum, patulum, latum, ad medium in lobos 3 aequilongos ciliatos medium quam laterales ovato-lanceolati acutiusculi duplo latiorem rotundatum fissum, plicis 2 e sinubus acutis in tubum paulum decurrentibus auctum. Filamenta 1^1/$_2$ mm supra basin tubi orta, subaequilonga, breviora inferne tantum, longiora corollam aequantia ubique breviter ciliata; antherae parvae, basi longe mucronatae. Stylus illis aequilongus, stigmate parvo. Capsula patula, breviter cultriformis, acutissima, ad 1 cm longa, supra basin 3 mm lata.

NW-Y.: Wald der ktp. St. ober Alo gegen Bödö se von Dschungdien („Chungtien"), Tonschiefer, 3800 m, 8. VIII. 1914 (4582).

P. Wardii BONT. nostrae proxima differt corollae tubo 2 mm diametiente, galea falciformi, filamentis glabris.

** *P. bambusetorum* HAND.-MZT., l. c. (1923). (Taf. XV, Abb. 3).

A *P. alöensi* differt tantum: Caulis ramosissimus. Folia ad 7 cm longa, 7jugo pinnata et saepe bipinnata, pinnulis inferioribus 7jugis, laminis omnibus paulo angustioribus. Inflorescentia distinctior, crebre et longe glanduloso-pilosa, pluriflora, bracteis omnibus longipetiolatis. Calyx 4 mm longus. Corollae labium inferius ad 3 mm longum. Stylus exsertus.

NW-Y.: Bambusbestände in der tp. St. des birm. Mons. an der Ostseite des Passes Tschiangschel zwischen Salwin und Irrawadi, 27⁰ 52′, Glimmerschiefer, 3275—3350 m, 3. VII. 1916 (9034).

** *P. corydaloides* HAND.-MZT. (Taf. XV. Abb. 4).

Ser. praecedentium.

Caudiculi e radice (ignota) probabiliter plures, tenues, ad 5 cm longi, squamis alternis remotis lanceolatis 2—7 mm longis concavis obtusis obsiti, in caules a basi

alterne multiramosos incrassati. Caulis centralis 4—10 cm altus, erectus, a basi
florifer; rami radiatim patentes procumbentes et ascendentes, racemis abbreviatis
terminati, superne villosuli. Folia in caule ramisque accrescentia, sparsa, floralia
opposita, omnia ambitu elliptica, 1—3$^1/_2$ cm longa, longitudine c. duplo angustiora, 4—6jugo pinnatipartita, lobis late oblongis, posterioribus basi aequilata
sessilibus, anterioribus $\pm$ alte confluentibus, omnibus ambitu obtusis, fere ad
dimidiam laminam ad 5pari-lobulatis lobulis latis, apiculatis, saepe iterum
$\pm$ lobulatis, subtus ad nervos articulato-pilosa, venularum reti hic valde conspicuo, exsiccando fuscescentia; petiolus lamina duplo brevior usque (in inferioribus) multo longior, tenuis. Racemi secundi, praesertim centralis multiflorus, superne densi, bracteis foliaceis, summis minoribus ceterum immutatis.
Pedicelli infimi ad 1 cm, summi sensim vix 2 mm longi. Calyx 5—6 mm longus,
articulato-pilosus, lobis 5 tubo pallido brevioribus, lobo postico 1$^1/_2$ mm tantum
longo, lanceolato, integro vel unidentato, lobis ceteris e basi lineari obovato-
dilatatis, foliaceis, mucronulato-dentatis. Corollae pallide sulphureae (e nota ad
vivum) tubus cylindricus, calyce paulo usque subduplo longior, paulum extra
illum infundibulari-dilatatus et paulum incurvus; galea recta, 6 mm longa, e basi
paulum dilatata linearis, a latere ad 2 mm lata, apice rotundata fronte interdum
minute apiculata, dorso sparse glandulosa et minutissime pilosula; labium
inferius patens, galea subaequilongum, minutissime ciliolatum, fere ad basin
trilobum, lobis inter se aequalibus suborbicularibus. Stamina infra medium
tubum inserta, pilosula, antheris obtusis c. 1 mm diametientibus. Stylus glaber,
inclusus. (Capsula ignota.)

NW-Y.: Bambusreiche Gebüsche der ktp. St. des birm. Mons. an der
Westseite des Passes Pangblanglong zwischen Salwin und Irrawadi, 27^0 58',
Glimmerschiefer, 3500—3800 m, 10. VII. 1916 (9515).

Species racemis densis et bracteis tantum oppositis in serie excellens,
habitu *P. Cymbalariae* Bont. similis, quae galea dentata foliorumque forma
valde differt.

Trotzdem nur an den Ästen einige Brakteen gegenständig sind, kann die
Verwandtschaft dieser schönen Art meines Erachtens nur bei den *Fragiles* ge-
sucht werden. Einige der untersten Blüten einer mittleren Traube scheinen
kleistogam zu sein, denn ihre Kronenröhren überragen die Kelchröhren kaum,
und die Griffel ragen kurz hervor.

**** *P. pseudoversicolor* Hand.-Mzt.** in Sitzgsanz. Ak. W. W., LVII., 104
(1920). (Taf. XV, Abb. 1, 2).

Sect. *Erostres* Prain, subs. *Bidentatae* Maxim., ser. *Pseudo-Oederianae*
Limpr. in Rep. sp. nov., XX., 182, 217 (1924).

Rhizoma crassum, radicibus napiformibus usque ad 8 mm crassis interdum
ramosis seape multis, raro singula ad 20 cm longa, collo squamis brunneis late
ovatis usque ad 6 mm longis obsitum, folia plura et caules 1 vel plures edens.
Caulis folia raro superans, absque spica 2—5 cm longus, crassus, nudus usque
trifolius, 2—4fariam pilosus. Folia glabra vel parcissime ciliata, lanceolata,
2—3,7 cm longa, longitudine 2$^1/_2$—5^{plo} angustiora, obtusa, deorsum longe angustata, $\pm$ 12jugo usque ad rhachidem anguste alatam pinnatisecta, lobis oblongis vel obovatis, basi latis, apice obtusis, invicem se tegentibus, ad dimidiam
laminam crenato-incisis, crenis saepe duplicatis et apiculatis, subtus albo-squa-

mata, venularum reti purpurascente; petiolus lamina aequilongus vel subduplo
brevior. Spica densissima, 6- usque ultra 20flora, 3—5 cm longa, flore imo raro
paulum remoto; bractea illius foliiformis vel pinnarum pari infimo remoto in
ceteras e petiolis dilatatis inaequaliter trisectas, ceterum paulum lobatas, calyces
aequantes et cum his articulato-ciliatas transiens. Pedicelli subnulli usque ad
4 mm longi, crassi. Calyx 10—12 mm longus, paulum inflatus, praeter costas
submembranaceus, lobis tubo quater brevioribus inter se aequilongis, posteriore
subulato, ceteris petiolato-spathulatis, apice dentato-lobulatis. Corolla flava
galea rubescente (e nota ad vivum), 23—28 mm longa; tubus cylindricus, calyce
paulo longior, superne paulum inclinatus, $2^1/_2$ mm latus, sursum paulum dilatatus,
extus dimidio superiore ventre bifariam pilosus; galea 10—14 mm longa, tubo vix
latior, dorso recta, ventre fere ad medium paulum dilatata marginibus latiuscule
reflexis acie aspera, lateribus hic parce sessili-glandulosa, superne dorso semior-
biculari-convexa, ventre paulum concava, apice truncato 1 mm lato leviter emarginata et dentibus 2 brevibus obtusiusculis vel nullis praedita; labium inferius
ea multo brevior $\pm$ 10 mm latum, fere ad basin trilobum, patulum, lobo medio
7 mm longo parte basali triangulari et terminali suborbiculari $2^1/_2$ mm diametiente constante, lobis lateralibus orbicularibus $\pm$ 5 mm diametientibus,
omnibus apicibus plerumque emarginatis et marginibus sparse et rigidule ciliatis.
Stamina supra medium tubum inserta, longiora filamentis sursum villosis,
antherarum loculis basi acutiusculis. Stylus vix vel breviter exsertus. (Capsula
ignota).

NW-Y.: Gehängeschutt und steiniger Rasen der Hg. St. se von Dschungdien
an der Westseite des Gebirges Piepun, Kalk, 4350—4650 m, 11. VIII. 1914
(4705, Typus) und auf dem Kamme zwischen Haba und Dugwan-tsun, Tonschiefer, 4200—4250 m, 22. VI. 1915 (6898).

Species proxima *P. rhynchodontae*, quae differt floribus roseis et labio
inferiore quam galea fere longiore. Simillima etiam *P. habachanensi* BONT. in
Not. Bot. Gard. Edinb., XV., 151 (1926), cuius galea edentata et color, si recte
indicatur, roseus. *P. angustiflora* LIMPR. (*P. stenantha* FRANCH. 1901, non 1891)
etiam similis certeque affinis differt flore concolore, minore, labio inferiore firmo,
glabro (e LIMPRICHT 1668 nec descriptione FRANCHETiana).

LIMPRICHT stellt die Pflanze, l. c., 217, sicher an die richtige Stelle. Die
Veränderlichkeit der Helmzähne, die an der in der Originalbeschreibung
noch nicht inbegriffenen Nr. 6898 ganz klein und meist gar nicht vorhanden
sind, zeigt, daß auch auf dieses Merkmal nicht allzu viel Gewicht gelegt
werden darf.

P. rhynchodonta BUR. et FRANCH. S.: Modermatten der ktp. St. auf dem
Liuku-liangdse zwischen Yenyüen und Kwapi, 27° 48′, Kalk, 3900—4200 m
(2343) und wohl auch diese auf dem Daörlbi w von dort, 3750 m.

P. Rex C. B. CLKE. Gebüsche, Gekräute, üppige Steppen, Felsen und
Bachränder in der wtp. und tp., selten bis in die str. und ktp. St., 1800—4000 m.
Y.: Laodjing-schan (SCHOCH 166) und Gipfel des Hsi-schan bei Yünnanfu.
Zwischen Dsaodjidjing und Hwadung e des Dsolin-ho. Zwischen Dali und
Yungtschang (GEBAUER). Beyendjing (TEN 1182). Ober Yungbei und häufig auf
dem Hungguwo bei Hsinyingpan n von hier (3251). Im NW bei Lidjiang, v. E.
(3875). Hier ober Duinaoko (3451) und in der Ebene bei Wulali (3471). Haba,

Berg Schusutsu ober Bödö (4491), Westseite des Piepun und sonst überall gemein se von Dschungdien. Unter Laba e von hier (7632). Im NE bei Djintschungschan (MAIRE). S.: Um Muli (phot.). Zwischen Djiangyi und Hokou s von Huili (5090).

Die Nr. 3875 entspricht der *P. mahoangensis* BONT. in Not. Bot. Gard. Edinb., XV., 152 (1926), sie sich kaum als Varietät aufrechterhalten läßt.

— — ** var. *lopingensis* HAND.-MZT. (*Pedicularis l.* HAND.-MZT. in Sitzgsanz. Ak. W. W., LXII., 238 [1925]).

Corolla lutea (e nota ad vivum). Folia ambitu elliptico-lanceolata, longitudine 2—3^{plo} tantum angustiora, inferiora petiolis basi paululum tantum dilatatis liberis. Corolla dorso et tubo extus circumcirca villosis.

E-Y.: Äcker der wtp. St. am Beling-schan bei Loping, häufig, Kalk, 1900 bis 2100 m, 10.—11. VI. 1917 (10208).

Nach dem reichen Material, das ich seit der Beschreibung dieser Pflanze vergleichen konnte, bleibt als durchgreifender Unterschied nur der allerdings sehr auffallende in der Blütenfarbe, der aber doch nicht als Artmerkmal zu werten ist.

— — ** var. *thamnophila* HAND.-MZT.

Caulis 4 mm tantum crassus, flaccidulus, crebre longiramosus. Inflorescentiae breves, caulis ramorumque partes summas tantum occupantes, earum bracteae tantum vaginato-connatae vaginis viridibus non ultra 12 mm longis; folia cetera evaginata, lata, usque ad 10×5 cm, pinnis inter se sat remotis. Planta superne $\pm$ furfuraceo- et glanduloso-pilosa. Corolla 22—32 mm longa, flava, brunneo striolata.

Bambusdschungel und Hochstaudenfluren der tp. St., 3200—3500 m. NW-Y.: Bei Yungning jenseits des nach Fongkou führenden Passes, 16. VII. 1915 (7043, Typus). S.: Unter der Wiese Dapingdse zwischen Muli und Yungning, 24. VII. 1915 (7186).

Ebenfalls eine sehr auffallende Form, aber bei der Variabilität des Arttypus nur als ein Extrem der Art zu betrachten.

P. superba FRANCH. Wälder, Wiesen, steinige Matten und Hochgekräute der ktp. und Hg. St., 3700—4300 m. NW-Y.: Osthang des Gipfels Ünlüpe im Yülung-schan bei Lidjiang (3509). Um die Alm Maoniubi auf dem Waha bei Yungning (7068). Berg Schusutsu ober Bödö (phot.) und Paß Schulakadsa se von Dschungdien. S.: Südseite des Passes Tschescha, ober der Alm Bädö (s. Naturb. a. SW-China, Abb. 86) und Lagerplatz Tschako bei Muli.

P. comptoniaefolia FRANCH. Lichte Föhrenwälder, Gebüsche und offéne, steinige Stellen der wtp. bis in die tp. St., 2050—3640 m. Y.: Ober der Taihwa-se bei Yünnanfu (SCHOCH 335). Alaodjing e des Dsolin-ho (4942). Beyendjing (TEN 110). Im NW bei Lidjiang, v. E. (3883). Im NE bei Tschoudjia (MAIRE). S.: Hosö im Bereiche von Muli in dem nw von Yungning herabziehenden Tale (7547). Häufig ober Schamenkou bei Yenyüen (5469). Auf dem Rücken von hier gegen den Yalung, 27° 22' (5376).

P. rigida FRANCH. NE-Y.: Dürre Hügel der wtp. St. bei Lagu, 3450 m (MAIRE).

P. melampyriflora FRANCH. S.: Gebüsche und Hochgekräute der tp. St. ober Agwadien im Bereiche von Muli in dem nw von Yungning herabziehenden Tale, massenhaft, Schiefer, 3200 m (7519).

Die längeren Filamente zerstreut behaart, sonst mit der Beschreibung völlig stimmend. Verbindet vielleicht den Typus mit *P. floribunda* FRANCH.

P. cernua BONT., e typo. NW-Y.: Gebüsche der ktp. und Matten der Hg. St. des birm. Mons., 3500—4575 m. Maya zwischen Mekong und Salwin, 28° 4′ (9642). Beiderseits des Passes Tschiangschel (9298) und Westseite des Pangblanglong (9514) zwischen Salwin und Irrawadi, 27° 52 u. 58′.

P. Cymbalaria BONT. in Not. Bot. Gard. Edinb., XIII., 136 (1921). NW-Y.: Zwischen Stecheichenbusch in der ktp. St. auf der Hochfläche gegen die Alm Dsilu bei Dschungdien, Sandstein, 3900—4025 m (7715). S.: Steinige Stellen der tp. St. des Sattels zwischen Yenyüen und dem Yalung, 27° 22′, Sandstein, 3550—3640 m, 30. IX. 1914 (5417).

P. deltoidea FRANCH. Y.: Rücken des Betsaolin bei Beyendjing (TEN 1373). Matten des Dsang-schan bei Dali, 3300 m (SCHNEIDER 2512).

P. lutescens FRANCH. NW-Y.: Bambusdschungelränder der tp. St. bei Yungning unter dem nach Fongkou führenden Passe, Kalk, 3300 m (7061). S.: In tiefem Kalkschutt der Hg. St. unter dem Sattel Santante ober Muli. 4200—4375 m (7314).

—— var. *brevifolia* BONT. in Not. Bot. Gard. Edinb., XIII., 135 (1921). Sumpfwiesen, steiniger Rasen und kräuterreiche Stellen der tp. und ktp. St. auf Sandstein und Diabas, 3000—4000 m. NW-Y.: He-schui am Yülung-schan bei Lidjiang (4379). Berg Schusutsu bei Bödö (4494), Dungapi und Westseite des Piepun se von Dschungdien. S.: Lungdschu-schan bei Huili (5170).

—— var. *ramosa* BONT., l. c. NW-Y.: Bei Lidjiang, v. E. (3871).

P. galeata BONT., l. c., 130 (1921). NW-Y.: In der Hg. St. des birm. Mons. auf dem Passe zwischen dem Tale Gümbalo und dem See Tsukue in der Salwin— Irrawadi-Kette ober Tschamutong, Glimmerschiefer, c. 4000 m, 15.—17. VIII. 1916, v. E. (9921).

** *P. dolichocymba* HAND.-MZT. in Sitzgsanz. Ak. W. W., LVII., 102 (1920). (Abb. 25, N. 5, 6 auf S. 878).

Sect. *Rhynchophorae* LIMPR., subsect. *Eurhyncholophae* PRAIN, ser. *Tristes* BENTH.

Rhizoma caudiculos tenues, elongatos, usque ad 10 cm longos, repentes, hypophyllis remotis, triangulari-lanceolatis, membranaceis, brunneis, suboppositis et ad apices radicibus tenuibus fasciculatis obsitos edens. Caulis e quoque caudiculo unicus, plerumque floriferus, strictus, rectus vel subarcuatus, simplex, 14—18 cm longus, ad quatuor angulos pilis albis, articulatis, $\pm$ 1¹/₂ mm longis, reflexis, hic illic glanduliferis obsitus, inferne ob folia ima parva mox marcescentia nudus, superne densissime foliatus, exsiccando cum tota planta nigrescens. Folia alterna, erectopatula, chartacea, subtus rufescentia lanceolata, usque ad 4¹/₂ cm longa et quadruplo angustiora, glabra vel in nervo medio lato, cum nervis secundariis et anastomosantibus laxis utrinque paulum prominulo sparsissime pilosula, basi palmatinervia cordato-amplexicauli sessilia, marginibus paulum revolutis ad tertiam usque dimidiam latitudinis partem pectinato-lobata, lobis utrinque $\pm$ 20, semicircularibus vel paulum angustioribus, duplicato-dentatis, sinubus angustis, summa basibus dilatatis in bracteas sensim transeuntia. Spica brevis, ovata, 4—5 cm longa, 2¹/₂ cm lata, densa, rarius floribus imis paulum remotis. Bracteae e basibus cuneatis, longe ciliatis triangulares, duplicato-dentatae, calyces aequantes. Flores subsessiles, torsione tubi corollae resupinati. Calyx late ovatus, inflatus, $\pm$ 12 mm longus, $\pm$ 8 mm latus, ore obliquus, ultra quartam partem in lobos quinos subaequales, spathulato-oblongos, subpalmatim dentatos, herbaceos fissus, ceterum subherbaceus, nervis quinis angulosis et venis plerumque singulis interjectis, venulis anastomosantibus paucis, praecipue ad nervos et marginem pilis patulis, tenuibus, brunneis, longioribus eglandulosis et brevioribus glandulosis parce obsitus. Corolla 3 cm longa, flava, galea rufa; tubus calycem aequans, rectus, 4 mm latus, dimidio superiore infundi-buliformi-dilatatus et hic antice intus pubescens, extus praeter striam pilosam ex utroque sinu labii decurrentem glaber; labium inferius laxe adcumbens, 9 mm longum, 6 mm latum, longe et late unguiculatum, unguis marginibus deorsum anguste reflexis, trilobum, lobis firmis, aequalibus, ovatis, concavis, ungue brevioribus, lateralibus medium fere tegentibus, margine pilis mollibus, ad 1 mm longis dense ciliatis; labium superius illo plusquam sesquilongius, parte basali paulum inclinata, $3^{1}/_{2}$ mm lata, ungue breviore, galea naviculari, coriacea, 5 mm lata, sensim rotundato-inclinata, erostri, antice dimidia paulum rotundato-convexa et sursum ad apicem angustum, obtusum, brevissime bifidum rectilineo-producta, pilis ad 2 mm longis, .violaceo-articulatis dorso sparsissime obsita et margine convexo densissime barbata. Filamenta medio tubo (basi partis am-pliatae) inserta, glabra; antherae liberae, obtusae. Stylus longissime exsertus et hic semicirculariter inflexus. (Capsula ignota.)

NW-Y.: Ränder von *Rhododendron*-Beständen in der Hg. St. auf dem Gipfel neben dem Passe zwischen Bödö und Alo se von Dschungdien, Kalk, 4300 m, 7. VIII. 1914 (4543).

Species inter affines foliorum forma, galea longissima, stylo longe exserto distinctissima.

** *P. aequibarbis* Hand.-Mzt., l. c., 103 (1920). (Taf. XV, Abb. 5).
Ser. praecedentis.

Rhizoma verticale, crassum, apice fasciculo radicum tenuium praeditum et caules aliquot erectos, altissimos, 1—1,6 m (absque spica) longos, 12 mm crassos, medulloso-fistulosos, teretes, pilosulos, infra ob folia mox marcescentia nudos, sursum crebre foliatos edens. Folia alterna, erectopatula, magna, herbacea, glabra vel sparsissime pilosa, inferiora maiora latius (19 × 5 cm), summa minora anguste (9 × 1,8 cm) lanceolata, auriculis lobis propinquis longioribus et omnibus latioribus semiamplexicauli-sessilia, obtusiuscula, ima usque ad 4, summa ad 3 mm a nervo mediano lato pectinato-pinnatifida, segmentis subpatulis, oblongis, obtusiusculis, 20—26jugis, foliorum inferiorum iterum obsolete 5—6jugo lobatis, superiorum tantum duplicato-serratis, sinubus angustis obtusis, venis secundariis utrinque et venularum reti denso inferne conspicuis. Spica $\pm$ 30 cm longa, $2^{1}/_{2}$ cm lata, laxa, floribus infimis ad $2^{1}/_{2}$ cm remotis. Bracteae foliis summis similes, summae glanduloso-pubescentes, calyces aequantes. Flores sessiles, flavi, 2 cm longi. Calyx cylindricus, 10 mm longus, 5 mm latus, herbaceus, ad quartam partem in dentes quattuor oblongos, obtusos, subintegros et quintum posticum minutum subulatum fissus, teres, nervis indistinctis, pilis paucis $2^{1}/_{2}$ mm longis praecipue ad illos et crebris 1 mm longis glanduliferis ubique obsitus. Corollae dorso versus apicem usque pilis vix $^{1}/_{2}$ mm longis, in medio aliquot glanduliferis dense pubescentis tubus rectus, cylindricus, sursum vix ampliatus, 12 mm longus,

3 mm crassus, intus villosus; labium inferius deflexum, vix unguiculatum, concavum, 1 cm longum et paulo latius, ad dimidium in lobos obtusos, integros, laterales orbiculares medium transverse latiorem dimidium obtegentes fissum; labii superioris pars erecta 2 mm lata et longa, in galeam horizontalem, labio inferiore aequilongam, 5 mm latam, marginibus aequaliter convexis erostrem, acutam, integram arcuato-producta; galea et labii loborum margines pilis aequalibus, 2 mm longis, sordidis, fusco-septatis densissime barbati. Filamenta imo tubo inserta, longiora inferne sparsissime pilosa; antherae liberae, loculis basi acutis. Stylus breviter vel haud exsertus. Capsula matura ignota, minuta manere videtur.

NW-Y.: Wälder der tp. St. zwischen dem Be-schui und Lukudsche an der Ostseite des Yülung-schan bei Lidjiang, 3100—3300 m, 31. VII. 1914 (4357). Tannenbestände der ktp. St. an der Westseite des Gebirges Piepun se von Dschungdien, 3600 m, 12. VIII. 1914 (4796, Typus).

Inter affines, quarum proxima probabiliter *P. princeps* FRANCH., imprimis corollae labio utroque aequaliter barbato insignis. Quo charactere *P. rudis* MAX. tantum congruit, galea antice truncata et labio inferiore breviter tantum ciliato diversa.

P. rudis MAXIM. NW-S.: Gebirge um Sungpan (WEIGOLD).

P. rhodotricha MAX. NW-Y.: Matten und steinige Stellen der ktp. und Hg. St. auf Kalk, 3675—4500 m. Yülung-schan bei Lidjiang, v. E. (3880). Mahaidse am Wege von hier nach Yungning. Waha s von hier (7109).

P. trichoglossa HOOK. f. NW-Y.: Matten der Hg. St. auf dem Gipfel neben dem Passe zwischen Bödö und Alo se von Dschungdien, Kalk, 4300 m (4539). Diese, wenn nicht die vorige, auch an der Westseite des Piepun, auf dem Nguka-la sw von dort und im birm. Mons. unter dem Doker-la zwischen Mekong und Salwin, bis in die ktp. St., 3880 m.

P. pseudo-Steiningeri BONT. in Not. Bot. Gard. Edinb., XV., 157 (1926). Steinige Waldlichtungen der ktp. St. auf Kalk, 3900—4275 m. NW-Y.: Ober der Alm Maoniubi auf dem Waha bei Yungning, 20. VII. 1915 (7123). S.: Alm Bädö ober Muli (7298). Hierher auch FORREST 22134 (als *P. ingens*).

E rhizomate saepe crassissimo pluricaulis. Corolla flava.

Auch *P. ingens* MAX. hat nach dem nur 35 cm hohen, aber sicher richtig bestimmten Exemplar ROCK 14481 nur zwei Filamente bärtig. Ihre Brakteen überragen aber nur die Blütenknospen, nach MAXIMOWICZ den Kelch.

P. recurva MAX. var. **polyantha** BONT. in Not. Bot. Gard. Edinb., V., 88 (1911). NW-Y.: Steinige Matten der Hg. St. an der Ostseite des Gipfels Ünlüpe im Yülung-schan bei Lidjiang, Kalk, 3750—4100 m (4266).

P. lachnoglossa HOOK. f. NW-Y.: Steinige Matten der Hg. St. des Yülung-schan bei Lidjiang, 3700 m, v. E. (3876). Bei Bödö se von Dschungdien bis in die wtp. St., 2500 m, herab. Waha bei Yungning. S.: Sattel Santante oder Muli, 4375 m.

Die gesammelte Pflanze entspricht der var. *macrantha* BONT., l. c., VIII., 41 (1913), die aber vom Typus kaum verschieden ist.

P. Viali FRANCH. Wälder der ktp. St., 3800—4000 m. NW-Y.: Westseite des Rückens zwischen Bödö und Alo se von Dschungdien (4597). Wohl diese im birm. Mons. zwischen Mekong und Salwin im obersten Doyon-lumba unter dem

Rücken Pongatong. S.: Bei Muli auf dem Rücken n des Passes Tschescha (7218) und unter dem Lagerplatz Tschako jenseits des Passes Döko.

P. Filicula Franch. NW-Y.: Yülung-schan bei Lidjiang, v. E. (3873).

— — ** var. *saganaica* Hand.-Mzt.

Rostrum quam in typo paulo brevius. Labii inferioris lobus medius maior. Filamenta glabra.

S.: Humöse Stellen auf dem Gipfel Saganai ober Muli, Kalk, 4475—4525 m, 30. VII. 1915 (7341).

** ***P. mayana*** Hand.-Mzt. (Taf. XV, Abb. 10).

Sect. *Rhynchophorae*, subs. *Rostratae* Maxim., ser. *Asplenifoliae* Prain.

E radice crassa, petiolis vetustis setaceis 1—4 cm longis comata multicaulis, cespitosa. Caules erecti, 4—9 cm alti, simplices, aphylli, bifariam albido-villosuli, interdum glabrescentes. Folia radicalia multa, scapis aequilonga, ambitu ovato-lanceolata, 8—15 mm longa, longitudine 2—3^{plo} angustiora, obtusa, 5—7jugo pinnatisecta, pinnis lanceolatis, crenato-serratis, inter se subremotis, inferioribus vix decrescentibus, praesertim subtus sparse pilosa; petiolus lamina 2—4^{plo} longior, tenuis, ± pilosus. Flores pauci subcapitati, raro singulus. Bracteae foliaceae brevipetiolatae, 4—6 mm longae. Calyx c. 7 mm longus, inflatus, costis sparsissime pilosus; lobi 5, summus triangulari-lanceolatus, c. 2 mm longus, ceteri ovati, 2^1/$_2$—3 mm longi, foliacei, crenulati. Corolla 15—18 mm longa, rubra (e nota ad vivum); tubus anguste cylindricus, 10—12 mm longus, superne paulum dilatatus, glaber; galea fere in semicirculum curvata, 2 mm lata, ad verticem 5 mm alta, in rostrum paulum declinatum 3—4 mm longum, paulo plusquam ^{1}/$_2$ mm latum, emarginatum cito attenuata, minute rubescenti-glandulosa; labium inferius 6—8 mm longum et duplo latius, sessile, glabrum, ad tertium anticum trilobum, lobis rotundatis, margine minute undulatis, glabris, medio quam laterales paulo angustiore. Filamenta basi tubi inserta, glabra. Stylus glaber, paulum exsertus.

NW-Y.: Matten auf Kalk in der Hg. St. des birm. Mons. am Hange des Maya gegen den Schöndsu-la in der Mekong—Salwin-Kette, 28° 4′, 4300—4575 m, 3. VIII. 1916 (9641).

Proxima *P. albiflorae* Prain, sikkimensi, quae differt floribus maioribus, calycis lobis acutioribus, rostro crassiore sensim attenuato curvato, iisdem autem fibris basalibus instructa est.

** ***P. aphyllocaulis*** Hand.-Mzt. in Sitzgsanz. Ak. W. W., LXII., 239 (1925). (Taf. XV, Abb. 6).

Subsect. praecedentis, ser. *Paucifoliatae* Prain.

Radices fasciculatae, napiformi-incrassatae, parce fibrosae, caules 1—2, 4—14 cm altos, aphyllos vel folio singulo instructos edentes. Folia basalia complura, vaginis aphyllis nonnullis brunneis, obtusis, usque ad 1^1/$_2$ cm longis cincta, ut caulinum oblonga et lanceolata, 1^1/$_2$—3^1/$_2$ cm longa, longitudine 2—4^1/$_2$^{plo} angustiora, ad mediam latitudinem vel fere ad costam 8—16jugo pinnatipartita vel ad eam ipsam pinnata, lobis oblongis vel ovatis, obtusis, serratis vel fere pinnatifidis, deorsum saepe longe decrescentibus, crassiuscula, nigricantia, supra glabra, subtus albo-pilosa vel calceo-squamulata; petiolus laminam ± aequans. Scapus crassiusculus, cum pedicellis usque ad 4 mm longis brevissime brunnescenti-velutinus. Flores 3 usque c. 12 capitati vel brevissime et dense spicati, foliis brevistipitatis bracteati et inferiores aequati. Calycis tubus ellipsoideus, 5 mm longus, ventre breviter fissus, interdum basi velutinus et superne parce pilosus; lobi 5, foliacei, laterales stipitati, flabellati, posticus et antici parvi, lanceolati, dentati. Corollae roseae (e nota ad vivum) tubus erectus, 8—9 mm longus, $1^1/_2$ mm diametro, interdum extus pilosus; labium superius ad 3—4 mm erectum marginibus parallelis ad 2 mm latum, galea basi horizontalis margine inferiore subconvexo $2^1/_4$ mm lata, in rostrum ea longius tenue, decurvum, truncatum sensim attenuata et cum eo 8—9 mm longa, lateribus tenuiter glandulosa; labium inferius sessile, 7 mm longum, ad $1^1/_2$ cm latum, dense ciliatum, ad medium trilobum, lobis late ovatis interdum emarginatis, lateralibus medio paulo maioribus. Filamenta tertio infero tubi inserta, omnia valde barbata; antherae angustae, $2^1/_2$ mm longae. Stylus glaber, vix vel non exsertus. (Capsula ignota).

NW-Y.: Matten der ktp. und Hg. St. des birm. Mons. auf Glimmerschiefer, 3950—4200 m. Nisselaka zwischen Mekong und Salwin, 28⁰, 18. VI. 1916 (8959). Hier bei 28⁰ 12′, IX. 1918 (FORREST 18718). Beiderseits des Passes Tschiangschel zwischen Salwin und Irrawadi, 27⁰ 52′, 4. VII. 1916 (9265, Typus). Hier bei 28⁰ 40′ (?), VII. 1919 (FORREST 19304).

Proxima certe *P. yunnanensi* FRANCH., quae multo elatior, foliorum ambitu alio, racemo laxo, filamentis longioribus tantum et hisce paulum pilosis.

P. crassicaulis VANT. (*P. resupinata* L. var. *c.* [VANT.] BONT. in Rep. sp. nov., 336 [1927]). **Kw.**: Wegrand zwischen Guiyang und Gwanyinschan, Kalk, 1000 m (SCHOCH 424).

Schwächer, als *P. crassicaulis* beschrieben ist, und mit nur gegenständigen Blättern, aber sonst stimmend. Kann wegen des kurzen Schnabels nicht zu *P. resupinata* gestellt werden. Dieser erinnert an *P. Collettii* PRAIN, die aber andere Blätter, anderen Kelchsaum und viel größere Blüten mit nur am Grunde behaarten Filamenten hat.

P. nigra (VANT.) BONT. in Not. Bot. Gard. Edinb., XIII., 129 (1921) (*P. Collettii* PRAIN var. *n.* VANT. ap. BONT. in Bull. Ac. Géogr. Bot., XIII., 240 [1904]). **Y.**: In der wtp. St., 2200—2600 m. Mischwald ober dem Tempel Haiyen-se bei Yünnanfu (SCHOCH 334). Rücken zwischen Dsaodjidjing und Hwadung e des Dsolin-ho (4976).

P. crenata MAXIM. **Y.**: Matten der wtp. St., 2000—2600 m. Tschangyi ne von Yünnanfu, Kalk (SCHOCH 376). Im NE auf Hügeln bei Djintschungschan (MAIRE).

— — var. **crenatiformis** BONT. in Not. Bot. Gard. Edinb., XV., 159 (1926). **Y.**: Steppen der wtp. St. jenseits des Sattels Balaschu bei Djientschwan zwischen Dali und Lidjiang, 26⁰ 28′, Sandstein, 2800 m, 23. IX. 1916 (10059).

P. Henryi MAXIM. Buschwiesen, Buschsteppen und humöse Matten der wtp. St., 600—2100 m. **H.**: Hsikwangschan bei Hsinhwa (11903). Gipfel des Yün-schan bei Wukang (Plt. sin. 101). **W-Kw.**: Zerstreut zwischen Ahung und Tjiaolou ne von Hwangtsaoba. **E-Y.**: Rücken des Beling-schan bei Loping an der Grenze des mittelchin. Fl. (10147).

P. tenuisecta FRANCH. Föhrenwälder der tp. St., 2900—3450 m. **Y.**: Beyendjing (TEN 104). Im NW häufig ober Gaba und dem He-schui n von Lidjiang (4338). Paß Lamatso w des Nordendes der Yangtse-Schleife. Tomulan s und unter Meti sw von Dschungdien. Unter dem Doker-la an der tibetischen

Grenze. S.: Überall um Wudjio und Lidjia-tsun (7165) und bei Hosö im Gebiete von Muli. Unter Lidsekou bei Yenyüen.

P. veronicifolia Franch. Steppen der wtp. St., 2300—2800 m. Y.: Ober der Taihwa-se bei Yünnanfu (Schoch). S.: Häufig ober Schamenkou bei Yenyüen (5465) und ober Dugungpu ne von hier am Abstieg zum Yalung.

* *P. Pantlingii* Prain in Journ. As. Soc. Beng., LVIII/2., 273 (1889) var. *chimiliensis* Bont. in Not. Bot. Gard. Edinb., XIII., 125 (1921). NW-Y.: Im Kräuterunterwuchs der tp. Regenwälder des birm. Mons. im Tjiontson-lumba vom Salwin gegen den Irrawadi unter Tschamutong, selten, Granit, 2700—2900 m, 29. VI. 1916 (9148) und ähnlich am Westhange des Passes Pangblanglong nw von dort, 3400 m.

P. longicaulis Franch., e typo. Y.: Im lichten, buschigen Wald der wtp. St. am Hsi-schan bei Yünnanfu, 2100 m (Schoch 277. Mell).

P. gruina Franch. Sumpfgräben und andere feuchte Stellen der wtp. St. auf Sandstein, 2000—2750 m. Y.: Häufig zwischen Alaodjing und Dsaodjidjing e des Dsolin-ho (4902). Um Gwanschan zwischen Dali und Lidjiang (8517). Im NW am Yangtse ober Schigu, überall von Weihsi bis Daidsedien am direkten Wege nach Djientschwan, und bei Tima ober Kakatang (7905). S.: Unter Dindjia-tsun am Fuße des Lungdschu-schan bei Huili.

** *P. Limprichtiana* Hand.-Mzt. in Sitzgsanz. Ak. W. W., LXII., 239 (1925). (Abb. 25, Nr. 3 auf S. 878).

Sect. *Rhynchophorae*, subs. *Polyphyllae* Maxim., ser. *Polyphyllatae* Bont. in Not. Bot. Gard. Edinb., XIII., 121 (1921).

Radix tenuis, hic illic fibras dauciformi-incrassatas edens, caule singulo erecto 8—20 cm longo vel caulibus pluribus nunc lateralibus ascendentibus vel procumbenti-ascendentibus et elóngatis, saepe longiramosis, teretibus, rigidulis, $1\frac{1}{2}$—2 mm crassis, albo-pubescentibus. Folia basalia sub anthesi plerumque nulla, caulina alterna et hic illic vel omnia opposita, oblonga, $1\frac{1}{2}$—5 cm longa, longitudine 2—$2\frac{1}{2}^{plo}$ angustiora, postice usque ad costam, antice saepe ad $1\frac{1}{2}$ mm tantum ab hac 8—12 jugo pinnatipartita, lobis patulis deorsum sensim decrescentibus, oblongis, obtusis, grosse et interdum duplicato crenato-serratis, crenaturis plerisque cartilagineo-mucronulatis, sinubus acutis, herbacea, sicca atroviridia, supra sparse, subtus praesertim ad nervos densius pilosa et hic minute calceo-squamulata et dense fusco reticulato-venulosa; petiolus brevissimus usque lamina $2\frac{1}{2}^{plo}$ brevior, angustus, pilosus. Flores subcapitato-congesti et nonnulli remotiores axillares, foliis bracteati, quorum nonnulla pinnis binis infimis distantibus longistipitatis flabellatis instructa. Pedicelli breves usque 8 mm longi, graciles. Calycis tubus ellipsoideus, 8 mm longus, longe et grosse albovillosus, ventre infra medium fissus; lobi 5 et interdum tantum 3, foliacei, longius breviusve stipitati, ovato-orbiculares, incisi. Corolla rosea (e nota ad vivum), glabra; tubus 15 mm longus, inferne $2\frac{1}{2}$ mm diametro, summis 3 mm infundibulari-dilatatus; labium superius paululum reclinatum, ad 4 mm rectum $2\frac{1}{2}$ mm diametro, hic constrictum, galea 5 mm longa sub angulo 40° nutante 3 mm lata, in rostrum 4 mm longum, tenue, declinatum, emarginatulum subito angustata; labium inferius sessile, 8 mm longum, 15 mm latum, parce ciliatum, ad $\frac{1}{2}$ trilobum, lobo medio late obovato leviter emarginato, lobis lateralibus duplo longioribus, late ovato-rotundatis. Filamenta basi tubi partis dilatatae inserta, glabra; antherae $2^1/_2$ mm longae. Stylus glaber, paululum exsertus. Capsula anguste ovoidea, acutissima, calyce aequilonga.

S.: Steiniger Rasen und Bambusdschungelränder der tp. St. auf dem Lung-dschu-schan bei Huili, Diabas, 3100—3400 m, 16. IX. 1914 (5175, Typus, s. Naturb. a. SW-China, Abb. 59). Wahrscheinlich diese jenseits Lidsekou n von Yenyüen, c. 3000 m. Y.: In der wtp. St., 2100—2800 m. Wegrand am Hsi-schan bei Yünnanfu, 7. VIII. 1916 (Schoch 277 p. p.). Im NE auf Bergwiesen und Rainen, auch an etwas feuchten Stellen, hinter Gungschan am Wege nach Suifu, 4. IX. 1914 (Mell). Schlammige und feuchte Täler der Berge bei Dungtschwan, VII. und IX. (Maire).

Habitu *P. cephalanthae* Franch. simillima, quae laete viridis, corollae tubo non dilatato, galea dentata etc. Affinis certe *P. gruinae*, quae differt foliis mino-ribus, alternis tantum, floribus secus caulem dissitis minoribus longipedicellatis, corollae tubo angusto minus exserto, galeae parte lata breviore et rostro longiore.

Die richtige Einreihung der Art macht Schwierigkeiten. Ich hatte sie ur-sprünglich zur Reihe *Furfuraceae* Prain der Sekt. *Resupinatae* Max. gestellt, was ich nicht aufrechterhalten kann, da sie bei den dortigen Arten, von denen übrigens *P. Hemsleyana* Prain von Limpricht mit Unrecht als gelbblütig be-zeichnet wird, keinen näheren Anschluß findet und die Schuppen auch bei vielen anderen Arten, wie z. B. bei *P. gruina*, ebenso vorkommen. Die oberwärts deutlich erweiterte Kronenröhre bildet meines Erachtens kein Hindernis, die natürliche Verwandtschaft bei den in allem anderen ähnlichsten Arten zu suchen.

P. polyphylla Franch., e typo. S.: Nasse Stellen der wtp. St. in der Hochebene von Yenyüen ober Lodjiahoschan (5420) und zwischen Kupesu und Schamenkou, Kalk, 2700—2900 m.

P. polyphylloides Bont. in Not. Bot. Gard. Edinb., VIII., 38 (1913). NW-Y.: Heidewiesen und offene Wälder der tp. bis in die wtp. St., 2500—3550 m. Bei Lidjiang gegen das Be-schui (4168). Berg Lamatso w des Nordendes der Yangtse-Schleife. Ober Haba und Bödö se von Dschungdien. Daidsedien zwischen Weihsi und Djientschwan.

** *P. pinetorum* Hand.-Mzt. (Taf. XV, Abb. 12—14).

Sect. *Rhynchophorae*, subs. *Polyphyllae* Max., ser. *Polyphyllatae* Bont.

Radices fasciculatae, tenuiter dauciformes. Caulis singulus, e basi saepe attenuata crassiusculus, 21—35 cm longus, simplex, albido-villosus, aequaliter et dissite alternifolius, foliis imis interdum subrosulatis. Folia ambitu elliptica vel oblonga, 2—$5^1/_2$ cm longa, longitudine 2—4^{plo} angustiora, rotundata, basi in petiolos usque ad 13 mm longos, latos contracta, superiora sensim sub-sessilia, ad mediam latitudinem 6—9 jugo lobata, lobis rotundato-subquadratis, contiguis, mucronulato-crenulatis, utrinque pilis longis articulatis laxe villosa, in bracteas tripartitas lobis omnibus flabellatis crenatis, lateralibus quam ter-minales paulo minoribus, summas quoque 1 cm longas sensim transeuntia. Flores secus dimidium saltem caulem laxe et superne dense racemosi, pedicellis gracilibus ad 5 mm tantum longis. Calyx campanulatus, c. 1 cm longus, fauce c. 7 mm latus, lobis 5, summo c. $1^1/_2$ mm longo et lato, obtuso, ceteris rotundatis eo aequilongis sed 3—4^{plo} latioribus, crenulatis. Corollae rubrae (e nota ad vivum), 16—18 mm longae tubus calyce inclusus, anguste cylindricus, glaber; galea ad 6 mm erecta, vix 2 mm lata, hic utrinque gibbosa, dein breviter falcata paulo latior, glandulosa, in rostrum tenue 5 mm longum leviter sursum curvatum, emarginatum constricta; labium inferius sessile, c. 1 cm longum et subduplo latius, glabrum, lobis suborbicularibus integris, medio quam laterales multo minore. Filamenta basi tubi inserta, superne sparsissime pilosula. Stylus glaber paululum exsertus.

NW-Y.: Föhrenwälder der wtp. St. ober Tschwadse am Nordende der Lidjianger Schleife des Yangtse zwischen Yungning und Dschungdien, Kalk, 2500 bis 2800 m, 12. VIII. 1915 (7624).

Proxime affinis praecedenti, sed floribus subsessilibus et bracteis triflabellatis valde insignis.

P. cephalantha FRANCH. An Waldbächen, in Sumpfwiesen und Hochgekräute der tp. und ktp. St. 2725—3950 m. Y.: Lanyitji n Yungbei. Im NW bei Yungning (3140). Ganhaidse und He-schui bei Lidjiang. Zwischen Bödö und Hsiao-Dschungdien (4639) und bei Dungapi s von hier. S.: Südseite des Passes Tschescha (7170) und unter dem Lagerplatze Tschako ober Muli.

Folia ambitu saepe late ovato-elliptica, 6—13 jugo pinnata. Bracteae pilis latis hyalinis $2^1/_2$ mm longis patulis ciliatae. Labium inferius glabrum vel (in eodem nro. 3140 et in 7170) potius crispo-pilosum quam ciliatum; galea margine dente singulo tantum in latere (e fauce viso) dextro instructa. Filamenta etiam infra medium tubum inserta, antherarum loculis obtusis.

— — var. ***szetchuanica*** BONT. in Not. Bot. Gard. Edinb., XIII., 118 (1921). NW-Y.: Üppige Wiese der ktp. St. bei der Alm Maoniubi am Waha bei Yungning, 4050 m (7082). S.: Trockene Hänge der tp. St. am Rücken Daörlbi halbwegs zwischen Yenyüen und Yungning, 2900—3600 m (2916). Am Bache der tp. St. auf dem Rücken ober Fumadi dort, 3300 m (3052). Steinige Waldlichtungen der ktp. St. bei der Alm Bädö ober Muli, 3900 m (7291), die beiden letzten nur annähernd die var.

7082 hat auch teilweise Spuren von Wimpern an der Unterlippe. Keine meiner Pflanzen hat die von BONATI, l. c., 119 im Schlüssel angegebene Behaarung des Helmrückens.

P. Monbeigiana BONT. in Bull. Soc. Bot. Genève, 2. sér., V., 112 (1913). NW-Y.: Bambusdschungel und Staudenfluren der ktp. bis an die tp. St. des birm. Mons. auf Glimmerschiefer, 3275—4200 m. Zwischen Mekong und Salwin am Nisselaka (8419) und überall im Saoa-lumba, 28°, am Schöndsu-la (9616) und überall im oberen Doyon-lumba, im Tale Schidsaru, 28° 9'. Zwischen Salwin und Irrawadi an der Ostseite des Passes Tschiangschel (9235) und am Hange des Gomba-la ober Tschamutong gegen den See Tsukue, v. E. (9892, fl. albo).

Alle meine Pflanzen haben nur 3 Kelchzipfel, zwei gestielte laubige und einen ganz kleinen pfriemenförmigen.

P. torta MAXIM. NW-S.: Gebirge um Sungpan (WEIGOLD).

P. Davidii FRANCH. NW.-S.: Gebirge um Sungpan (WEIGOLD).

P. oxycarpa FRANCH. Föhrenwälder, trockene und steinige Matten, Dschungelränder, auch an Bächen in der tp. bis in die wtp. und an die ktp. St., 2500—3800 m. NW-Y.: Zwischen Yungbei und Yungning gegen den Sattel Gwamaoschan und ober Mudidjin (3191). Bei Lidjiang, v. E. (3872). Ober Bödö, auf dem Sattel Gitüdü bei Anangu und an der Westseite des Piepun (s. KARSTEN u. SCHENCK, Vegetatb., 22. R., Taf. 47) se von Dschungdien. Im NE hinter

Gungschan (MELL) und bei Tschehai (MAIRE). S.: Gemein um Muli. Rücken Daörlbi halbwegs zwischen Yungning und Yenyüen (2917). Ober Malade und bei Hwangliangdse n von hier. Rücken gegen den Yalung, 27⁰ 22′ (5380).

P. macilenta FRANCH. NW-Y.: Bambusetenränder der tp. St. bei Yungning unter dem nach Fongkou führenden Passe, Kalk, 3300 m (7060). Vielleicht hierher die Notizen unter voriger aus hohen Lagen um Muli.

** *P. dichrocephala* HAND.-MZT. (Taf. XV, Abb. 9).

Sect. *Rhynchophorae*, subs. *Polyphyllae* MAX., ser. *Oxycarpae* PRAIN.

Radix parva, verticalis, annua, apice praesertim ramosa. Caulis singulus, erectus, validus, 40—60 cm altus, plerumque totus longiramosus, quadrangulus, bi- vel quadrifariam villosulus, dissite alterni- vel oppositifolius. Folia ambitu anguste ovata vel elliptica, 3—6 cm longa, longitudine vix sesqui- usque duplo angustiora, subrotundata, basi truncata vel subcordata, ad mediam laminam vel raro inferne profundius 6—9 pari pinnatifida, pinnis contiguis oblongis vel ellipticis, late rotundatis, duplicato- et lobulato crenato-dentatis, minute ciliatis, ceterum supra dense et breviter adcumbenti-pilosa, subtus ad nervos conspicuos valde patentes longius et patenter pilosa ceterumque albide furfuraceo-squamulata, venularum reti densissimo hic fusco; petiolus lamina aequilongus, superiorum sensim multo brevior, $\pm$ ciliatus. Flores in capitula caule ramisque terminalia dense congesti, bracteis inferioribus foliaceis floribus subaequilongis, superioribus parvis, subsessiles. Calyx cylindricus 1 cm longus, superne inflatus, ventre ad medium fissus, costis longe pilosis, lobis 5 subaequalibus suborbicularibus, 1—2 mm diametientibus, crenulatis, reflexis, breviter strigillosis. Corollae tubus calyce sesqui- usque duplo longior, cylindricus, superne paulum dilatatus, minutissime glandulosus et sparsissime pilosulus; galea rosea (e nota ad vivum), parte ascendente vix 2 mm longa, dein horizontalis ad 6 mm longa, 3 mm lata, in rostrum tenue rectum declinatum subintegrum cristae humilis saepe autem subrectangulae ope contractum, ut tubus induta; labium inferius album (e nota ad vivum), sessile, c. 8 mm longum et duplo latius, ciliolatum, fere ad ²/₃ trilobum, lobis late ovatis inter se aequalibus. Stamina tertio supero tubi inserta, apice barbata. Stylus glaber, breviter exsertus.

NW-Y.: Gebüsche der ktp. St., 3800—4100 m. Paß zwischen Bödö und Alo se von Dschungdien, 7. VIII. 1914 (4521) und in einem Längstal an der Westseite des Gebirges Piepun dort.

Habitus *P. furfuraceae* WALL. Squamis autem *P. Davidi* quoque instructa est. In serie floribus capitatis valde excellens. Foliis partim oppositis similis et certe etiam affinis *P. verbenifoliae* formae maiori.

P. labellata JACQUEM. NW-S.: Gebirge um Sungpan (WEIGOLD).

— — var. *tibetica* (BONT.) HAND.-MZT. (*P. rhinanthoides* SCHRENK var. *t.* BONT. in Bull. Soc. Bot. Genève, 2. sér., V., 113 [1913]). Tannenwälder und moorige Rhododendretenränder der ktp. St., Matten und schlammiger Schutt der Hg. St., 3400—4600 m. NW-Y.: Im birm. Mons. Maya zwischen Mekong und Salwin, 28⁰ 4′ (8145). Auf dem und an der Ostseite des Tschiangschel zwischen Salwin und Irrawadi, 27⁰ 52′ (9213). SE-Tibet: Doker-la zwischen Mekong und Salwin (8145). S.: Rücken sw von Muli gegen Dschungdien (7447) und auf dem Gonschiga dort.

Der Unterschied im Schnabel zwischen *P. rhinanthoides* und *labellata* ist bedeutend und mit geographischer Trennung verbunden, so daß ich keinen Anstand nehme, beide als Arten zu betrachten. Meine Nr. 9651 entspricht nur annähernd der Varietät. 8145 hat die letzten Blüten mit kürzerer Röhre.

**** *P. tricolor* Hand.-Mzt.** in Sitzgsanz. Ak. W. W., LIX., 250 (1922). Sect. *Rhynchophorae* Limpr., subs. *Eusiphonanthae* Prain, ser. *Longiflorae* Prain.

Radix monocarpica, parva, perpendicularis, simplex, vix vel non incrassata, fibris paucis tenuibus. Caules singuli vel numerosi, simplices, centralis brevis vix 5 cm altus, a basi florifer, laterales crassi debiles, in cespitem densum vel laxiorem usque ad 25 cm latum expansi, saepe tertio supero tantum florigeri, glabri. Folia radicalia complura, caulinorum par unicum bracteaeque inferiores opposita, petiolis anguste alatis brevibus usque laminam subaequantibus, ambitu lanceolata, acutiuscula, $2^1/_2$—$4^1/_2$ cm longa, 7—12 mm lata, glabra, subtus hic illic excretionibus calcis squamulata, nervo latissimo subtus prominuo, ad rhachin late, raro subanguste alatam 11—14 jugo pinnatipartita; lobi late angustiusve lanceolati, patuli, toto margine lobulati, lobulis ovatis saepe mucronulatis paucidentatis; sinus lobis aequilati vel imprimis superiores angustissimi, angulo inferiore acuto. Flores usque ad 15^{ni}, inferiores saepe dissiti, superiores spicati. Bracteae petiolis deorsum latius membranaceo-alatis, longe villoso-ciliatis praeditae, ceterum foliis aequales. Pedicelli 2—8 mm longi, crassi, glabri. Calycis tubus ovatus, 8—12 mm longus, fere ad basin fissus, 15 nervius, longe et densiuscule albo-villosus; lobi 3, foliacei, erecti, laterales tubum aequantes, medius paulo minor, brevistipitati, sicut folia 5—7 jugo pinnatipartiti. Corollae tubus latiuscule cylindricus, extus praesertim infra pilis debilibus pubescens, aequalis, $3^1/_2$—5 cm longus, 2 mm latus, intus glaber; labium superius rubellum, $2^1/_2$—3 mm latum, basi paulum reclinatum, ad 5 mm erectum, dein in galeam aequilatam, cum rostro quam ipsa longiore sensim attenuato in lobos tenues late ligulatos convolutos profunde fisso 15—17 mm longam, in circulum curvatam, basi rostri superne crista brevi angusta integra auctam productum, basi galeae subsessiliglandulosum; labium inferius ad 3 cm latum, 17 mm longum, basi late et profunde cordatum, marginibus undulatum, glabrum, flavum, versus margines albidum, ad tertium inferum trilobum lobo medio lateralibus paulo angustiore leviter emarginato marginibus mediis cum lateralibus orbicularibus supra sinus orbiculares contiguo. Stamina tubi ore inserta, subaequilonga, glabra, antheris ultra 2 mm longis, ad medium usque acute biauritis. Stylus rostrum excedens. (Capsula ignota.)

NW-Y.: Heidewiesen der tp. und ktp. St. bei Dschungdien bis oberhalb Baoschi, 3400—3700 m, 17. VIII. 1915 (7526).

Simillima *P. cranolopha* Maxim. eiusque var. *Garnieri* Bont. differunt filamentis villosis, floribus concolori-flavis, calycis lobo postico minore, var. *Garnieri* e descriptione etiam foliis radicalibus evanescentibus ovatis, calyce glabro paulum fisso, corollae labio inferiore minore ciliato.

***P. longiflora* Rud.** Sumpfwiesen der tp. und ktp. St., 3325—4100 m. NW-Y.: Bei Lidjiang, v. E. (3877). Massenhaft auf dem Hochland von Dschungdien zwischen Da-Niutschang und Alo (4571), Gitüdü und Djolo ober Anangu, Dungapi und Hsiao-Dschungdien, und von Dschungdien bis zur Alm Dsilu (7697). S.: Paß Tschescha (7251) und jenseits des Passes Döko bei Muli. Im NW auf Gebirgen um Sungpan (Weigold).

P. siphonantha D. Don. Steinige Stellen, Matten und Sumpfwiesen der Hg. und ktp. bis in die tp. St., 3200—4730 m. NW-Y.: Bei Lidjiang, v. E. (3878). Hier am Osthang des Gipfels Ünlüpe im Yülung-schan (3537). Waha bei Yungning (7098). Hsiao-Niutschang (4547), Da-Niutschang, Alo, Gitüdü und Djolo ober Anangu und massenhaft bei Dungapi se von Dschungdien. S.: Im Gebiete von Muli auf dem Sattel zwischen Wudjio und Lidjia-tsun (7168), bei der Alm Bädö (7287) und auf dem Gonschiga bis nahe dem Gipfel (7481).

— — ** var. **dolichosiphon** Hand.-Mzt. in Sitzgsanz. Ak. W. W., LX., 117 (1923).

Humilis, expansa, crebre et longe pilosa. Foliorum pinnae numerosae, approximatae. Calycis dentes 3, posterior quoque foliaceus, spathulatus, lobatus. Corollae pallidiuscule roseae fauce flavido-maculatae tubus tenuissimus, $5^1/_2$ usque 9 cm longus.

S.: Offene Föhren-Eichenbestände der tp. St. bei der Matte Djatsüla ober Muli, Sandstein, 3425 m, 3. VIII. 1915 (7391, Typus). Im W am Südhang des Passes Ngupalatoti zwischen Sama und Maoschi n von Batang, 4000 m, 16. VIII. 1914 (Limpricht 2182).

Dem Zunehmen der Röhrenlänge von W nach E entsprechend die östlichste Form mit der längsten Kronenröhre.

P. macrosiphon Franch. NW-Y.: Föhrenwälder und *Pteridium*-Wiesen der tp. St. des birm. Mons., Granit und Schiefer, 2800—3300 m. Sattel Tschranalaka ober Tseku am Mekong (8889). Gemein auf dem Rücken Alülaka unter Tschamutong am Salwin (8402). NW-S.: Gebirge um Sungpan (Weigold).

P. microphyton Bur. et Franch. Matten der Hg. und oberen ktp. St. auf Kalk und Kalkschiefer, 4100—4730 m. S.: Gipfel Gonschiga sw von Muli (7478). NW-Y.: Berg Waha bei Yungning (7093).

Kelch variiert mit 3 und 5 Zähnen. Die Blüte hat einen leichten Geruch nach *Bifora radians*.

P. insignis Bont. in Not. Bot. Gard. Edinb., XIII., 109 (1921). NW-Y.: In der Hg. St. des birm. Mons. zwischen Mekong und Salwin, 4450—4600 m. Glimmerschieferfelsen auf dem Passe Gondon-rungu, $28^0 9'$ (9743) und am Doker-la an der tibetischen Grenze (8136).

P. Elwesii Hook. f. NW-Y.: Matten der Hg. St., selten in Hochgekräute von Waldlichtungen der ktp. St., 3850—4300 m. Yülung-schan bei Lidjiang, v. E. (3881). Westseite des Rückens zwischen Haba und Dugwan-tsun (6962) und Gipfel neben dem Passe zwischen Bödö und Alo (4537) se von Dschungdien. Im birm. Mons. zwischen Mekong und Salwin auf dem Schöndsu-la, $28^0 4'$ (9620) und ober Tjionatong.

P. axillaris Franch. Wälder, Bambusdschungel, kräuterreiche Stellen der tp. und ktp., selten der Hg. St., 3350—4075 m. Ostseite des Yülung-schan bei Lidjiang ober Ngulukö (phot.) und im Moränenzirkus ober Saba (6804). Waha und unter dem Paß gegen Fongkou bei Yungning. Ober Dugwan-tsun, Minyü, Schusutsu ober Bödö (4492), zwischen Da-Niutschang und Alo und an der Westseite des Piepun se von Dschungdien. Im birm. Mons. ober Tjionatong am Salwin (9774) und auf dem Kamme des Passes Tschiangschel gegen den Irrawadi, $27^0 52'$ (9311). S.: Nordseite des Passes Tschescha zwischen Muli und Yungning.

Einzelne Haare kommen an einzelnen Filamenten bei Nr. 6804 vor.

** *P. lophocentra* Hand.-Mzt. in Sitzgsanz. Ak. W. W., LIX., 251 (1922). (Taf. XV, Abb. 15, 16).

Sect. *Rhynchophorae* Limpr., subs. *Axillares* Maxim., ser. *Longipedes* Prain.

Perennis, radicibus fasciculatis, serius fusiformi-incrassatis, longissimis, parce longifibrosis, caule brevissimo, vaginis vetustis sparse obsito, ramosissimo. Rami inter glaream elongati, diffusi, simplices, cespitem laxum usque ad 25 cm diametientem formantes, stria unica vel binis exceptis pilis reflexis subtilibus furfuraceo-velutini, parte emersa cum axi racemi 4—6 cm alta. Folia opposita, petiolis angustissime deorsum subdilatato-alatis glabris vel longe villoso-ciliatis sicut rhachis supra subtiliter velutinis, aequilongis vel duplo longioribus quam lamina exsiccando nigrescens, subtus praesertim in costa parce longipilosa, ambitu oblongo-lanceolata, 1,8—3,5 cm longa et $\pm$ triplo angustior, 5—8jugo pinnatipartita, rhachi subanguste alata, lobis late ovatis fere ad $^2/_3$ utriusque lateris plerumque trijugo lobulatis, superioribus saltem marginibus mediis invicem se tegentibus, lobulis latis argute angulato- et mucronulato-paucidentatis. Flores in quoque ramo usque ad 10, dissiti. Bracteae pro longitudine saepe latiores, subtus necnon supra magis pilosae, petioli ala deorsum paulum dilatata dense villoso-ciliata, ceterum autem foliis pares, superiores $\pm$ alternantes. Pedicelli laxe erecti, 3—6 cm longi, 1 mm crassi, unilateraliter crispule $\pm$ velutini. Calycis tubus anguste ovatus, 8 mm longus, antice ad tertium inferum c. fissus vix membranaceus, argute 5 nervius, in nervis fere totis vel versus basin tantum longe villoso-ciliatus; dentes variant 3 vel 5, foliacei, patuli, medius parvus interdum subinteger, laterales late brevistipitati, rhombei, profunde trifidi, lobis inciso-dentatis. Corollae roseae tubus calycis tubum aequans, rectus, anguste cylindricus, glaber; galea ad 1 cm recta, dein sub angulo recto prorsus arcuata, margine anteriore sinu parvo constricta, $3^1/_2$—4 mm lata, parte porrecta 5 mm longa, crista angusta integra in calcar porrectopatens $\pm$ 3 mm longum exeunte praedita, in rostrum tenue 8 mm longum paululum sigmoideo-deflexum, apice brevissime bilobum lobis ovatis obtusis arcuato-contracta, basi dense, sursum laxius glandulis brevistipitatis atris induta. Labium inferius verticale 3 cm latum, $1^1/_2$ cm longum, paulum ultra $^1/_2$ trilobum, sinubus angustissimis rotundatis, lobis lateralibus rotundis margine paululum undulatis, medio obtrapezoideo angulis rotundatis, antice paululum emarginato, 7 mm lato, subtus praeter partes marginales laxe brevistipitato-glandulosum, margine subtilissime ciliatum. Filamenta paulum infra faucem inserta, longiuscule et superne densius glanduloso-pilosa, praeterea breviora sparsissime, longiora superne dense et longissime eglanduloso-barbata; antherae late obovatae, fere 3 mm longae, perpallidae, thecis basi apiculatis.

S.: In tiefem Kalkschutt der Hg. St. unter dem Sattel Santante ober Muli, 4300—4375 m, 30. VII. 1915 (7144). Gonschiga sw von hier, über 4400 m, Tonschiefer.

Species robusta, alpina, in serie aberrans.

Die Stellung, die ich ursprünglich der Art anwies und in der sie Limpricht in Rep. sp. nov., XX., 251 (1924) übernahm, halte ich nicht mehr für richtig. Die sehr auffallende Struktur des Schnabels teilt sie mit *P. birostris* Bur., die zu *P. cranolopha* gestellt wird und einen noch längeren Sporn hat, und mit *P. si-*

phonantha var. *birmanica* BONT. in Not. Bot. Gard. Edinb., XIII., 108 (1921), bei welcher der Sporn unter rechtem Winkel abstehen soll. Dieser ist also wohl nicht von größter Bedeutung.

P. gracilis WALL. S.: Offene, steinige Stellen der tp. St. auf dem Rücken zwischen Yenyüen und dem Yalung, 27° 22′, Sandstein, 3000—3640 m (5381). NE-Y.: Täler von Dungtschwan, wtp. St., 2600 m (MAIRE).

— — *f. stricta* (WALL.) PRAIN in Ann. Calc. Bot. Gard., III., 140 (1891). Y.: Schutt, Matten, Raine, etwas feuchte Wiesen der wtp. und tp. St. auf Sandstein und Schiefer, 2500—3250 m. Rücken zwischen Dsaodjdjing und Hwadung e des Dsolin-ho (4993). Im NW ober Dugwan-tsun se von Dschungdien (4807). Im NE hinter Gungschan (MELL), bei Dungtschwan (MAIRE) und Swenwui (MAIRE ex hb. Arb. Arn. 546).

P. porrecta WALL. NW-Y.: Krautfluren der ktp. St. des birm. Mons. am Westfuße des Passes Pangblanglong zwischen Salwin und Irrawadi, 27° 58′, Glimmerschiefer, 3300 m (9526).

** **P. trigonophylla** HAND.-MZT. (Taf. XV, Abb. 8).

Syn.: *P. villosula* LIMPR. in Rep. sp. nov., XX., 260 (1924) p. p.

Sect. *Rhynchophorae*, subs. *Euorthorhynchae* PRAIN, ser. *Debiles* PRAIN.

E radice tenui unicaulis, ⊙ vel saltem monocarpica, tota praeter corollas pilis albis articulatis longis villosula. Caulis erectus, 6—11 cm altus, tenuis, rigidulus, simplex vel basi parce ramosus, foliorum paribus inferne approximatis, superne dissitis obsitus. Folia ambitu triangularia vel late ovata, 4—10 mm longa et aequilata vel paulo angustiora, 2—4pari fere ad costam pinnatipartita, pinnis ellipticis ad medium lobatis et foliorum superiorum infimis ovatis et subpinnatipartitis, lobulis ovatis cartilagineo-apiculatis, subtus dense lepidota; petioli inferiorum laminis c. duplo breviores, superiorum sensim nulli. Flores in spicam brevem densissimam congesti, nonnullis interdum axillaribus remotis. Bracteae foliaceae, summae tantum magis flabellato-partitae. Pedicelli inferiores 2 mm longi, ceteri subnulli. Calyx inflatus, 8—9 mm longus, versus medium in lobos 5 partitus; lobus posticus minimus apice paululum dilatatus, ceteri lamina stipitata flabellato-paucicrenata. Corollae roseae (e nota ad vivum) 1¹/₂—2 cm longae tubus tenuis calyce c. sesquilongior, superne paululum ampliatus et inclinatus, extus sparse pilosulus; labium superius ad 3 mm erectum illoque aequicrassum, galea brevis, e basi ventre paulum convexa semicircularis, 2 mm lata, extus glandulosa, in rostrum tenue, ad 7 mm longum, rectum, paulum declinatum, apice emarginatum sensim producta; labium inferius sessile, c. 1 cm diametro, ad tertium anticum trilobum, lobo medio obovato cucullato, lobis lateralibus eo brevioribus, latissime ovatis, rotundatis, ciliatum. Stamina fauce inserta, glabra. Stylus glaber, paululum exsertus. Capsula calycem paulo excedens, longiacuminata, glabra.

S.: Steinige Stellen der tp. St. auf dem Lungdschu-schan bei Huili, Diabas, 3300—3625 m, 17. IX. 1914 (5207, Typus). Im W bei Dungngolo bei Tatsienlu (SOULIÉ 2841, 2879).

Species proxima *P. villosulae* FRANCH. (e typo) multo sparsius pilosae et foliis angustioribus omnibus petiolatis minus divisis, corollae tubo, etsi variabili, semper multo longiore diversae. Inter *Debiles* foliis ambitu latis et subsessilibus excellens.

P. villosula Franch., e typo (*P. subacaulis* Bont. in Not. Bot. Gard. Edinb., XV., 165 [1926], e typo). NW-Y.: Yülung-schan bei Lidjiang, v. E. (3874).

Diese und Rocks Exemplare verbinden den Typus, der bis 9 cm Höhe erreicht, bis 7 Blüten trägt und auch an den unteren Blättern so (spärlich) behaart ist, wie hier die Infloreszenz, mit der Varietät. Ein Exemplar jenes treibt vom Stengelgrunde einen blühenden Ast; eines trägt unterhalb zweier Blattpaare ein einzelstehendes Blatt am Stengel. Bonati stellte seine Art offenbar beim Vergleich mit der von ihm als *P. villosula* bestimmten *P. trigonophylla* von Soulié auf.

————** var. ***parvifolia*** Hand.-Mzt. (*P. parvifolia* Hand.-Mzt. in Sitzgsanz. Ak. W. W., LVII., 88 [1920]).

Caulis 1—3 cm longus, cum foliis glaberrimus. Folia alterna. Flores 1—2, 2—2½ cm tantum longi. Galea crista angusta, subdeclivi, antice truncata praedita.

NW-Y.: Schneetälchen der Hg. St. an der Westseite des Gebirges Piepun se von Dschungdien, Kalk, 4400—4650 m, 11. VIII. 1914 (4723).

Die Verbindung mit *P. villosula*, deren Behaarung auch recht spärlich ist, ist insbesondere durch Rocks Pflanze hergestellt. Ein einzelnes Stengelblatt zeigt auch ein mir vorliegendes Stück von *P. confertiflora* Prain, und *P. longiflora* Red. hat die Blätter teilweise gegenständig. Ein mehr oder weniger deutlicher Kamm ist auch bei typischer *P. villosula* meist vorhanden.

P. verbenaefolia Franch. NW-Y.: *Rhododendron*-Bestände der ktp. St. des birm. Mons. an der Ostseite des Si-la zwischen Mekong und Salwin, 28⁰, Glimmerschiefer, 3600—4000 m (8895).

? ***P. Handel-Mazzettii*** Bont. in Not. Bot. Gard. Edinb., XIII., 124 (1921). NW.-Y.: Wälder der ktp. St. des birm. Mons. unter dem Doker-la an der tibetischen Grenze, Granit, 3600—3750 m (8022).

Könnte, mit dem Typus verglichen, eine größere Form mit zu dreien quirligen Blättern sein, im übrigen mangelhaft. Ebenso Nr. 7892 vom gleichen Fundort, die sich durch gegenständige, länger gestielte Blätter, viel kahlere Unterlippe, deutlichen Kamm des Helmes und geraden Schnabel unterscheidet.

** ***P. remotiloba*** Hand.-Mzt. (Taf. XV, Abb. 7).

Sect. *Rhynchophorae*, subs. *Euorthorhynchae*, ser. *Debiles* Prain.

E radicibus fasciculatis, ± incrassatis pluricaulis, perennis, debilis, 6—12 cm alta. Caulis gracilis, breviter crispo-pilosus vel glabrescens, aphyllus vel unifolius, raro cum ramo florifero brevi. Folia basalia complura et caulinum ambitu oblonga, 1—3 cm longa, longitudine c. triplo angustiora, 3—6 pari pinnata, pinnis plerisque alternis, praesertim inferioribus 4—7 mm remotis, late ovatis vel suborbicularibus, lobulato duplicato-dentatis, illis basi cuneatis et partim petiolulatis, glabra, exsiccando fuscescentia; petiolus lamina aequilongus usque subtriplo longior. Racemi ovoidei, laxi, 2—6 flori, floribus 2 interdum remotis; bracteae oppositae, suborbiculares, petiolatae, foliaceae, 4—6 mm diametro, tripartitae et inferiores bijugo pinnatipartitae, ut folia dentatae. Pedicelli inferiores ad 3 mm longi, superiores brevissimi. Calyx cylindricus, 3—4 mm longus, basi ut bracteae ± villosulus, ad tertium superum in dentes 5 aequales, lanceolatos, ± obtusos, subintegros fissus. Corollae roseae (e nota ad vivum), 10 usque 12 mm longae tubus tenuis, calyce plus duplo longior, glaber; labium superius dilatatum, ad 1¹/₂ mm erectum et hic ventre dentibus 2 triangularibus instructum, galea curvata 2 mm lata, in rostrum tenue 3—4 mm longum, rectum, horizontale subintegrum subito attenuata, minutissime glandulosa; labium inferius sessile, galea subaequilongum, longitudine duplo latius, glabrum, infra medium in lobos 3 aequales, rotundatos fissum. Filamenta infra medium tubum inserta, glabra. Stylus glaber, paulum exsertus. (Capsula ignota.)

NW-Y.: Offener Rasen der ktp. und Hg. St. des birm. Mons. im obersten Doyon-lumba zwischen Mekong und Salwin, 28⁰ 9′, Glimmerschiefer, 3800 bis 4200 m, 5. VIII. 1916 (9698).

Habitu simillima *P. confertiflorae* PRAIN pinnis remotis quoque praeditae, sed valde pilosae et oppositifoliae. *P. nudicaulis* BONT. e descriptione differt caule inferne villosissimo et bracteis inferioribus palmatis, superioribus simplicibus.

Auch diese Pflanze kann ich, trotzdem die beiden vorhandenen Stengelblätter einzeln stehen, nur in diese Gruppe stellen.

P. sp. aff. *brevifoliae* DON? NW-S.: Gebirge um Sungpan (WEIGOLD).

**** *P. lamioides* HAND.-MZT.** (Abb. 25, Nr. 4 auf S. 878).

Ser. praecedentium.

E radice parva annua uni- vel pluricaulis, erecta vel caulibus lateralibus ascendentibus. Caulis 7—15 cm altus, bifariam villosulus, centralis crassiusculus. Folia basalia pauca, minuta, caulina uniparia, ad bracteas iis omnino pares accrescentia, late vel triangulari-ovata, 7—30 mm longa et paulo angustiora, subsessilia vel petiolis 2—5 mm longis, obtusa, basi truncata, ad mediam laminam vel plerumque multo levius crenato-lobata, lobis rotundatis, crenulatis, ciliolatis, praesertim ad petiolos albo-pilosa et subtus squamulata, exsiccando laete viridia nisi imprimis bracteae supra purpurascentes. Racemi in caulibus omnibus, breves, densi vel inferne laxi, ad 10 flori. Pedicelli 2—5 mm longi. Calyx ventricoso-campanulatus, c. 8 mm longus, nervis villosus, lobis 5 brevibus, summo acuto, ceteris late rotundatis crenatis. Corollae intense roseae (e nota ad vivum) 18—22 mm longae tubus tenuis, calyce c. duplo longior; labium superius ad 2 mm erectum et tubo aequilatum, galea brevi curvata 2 mm lata minute et dense glandulosa, in rostrum 5—7 mm longum tenue paulum decurvum subintegrum subito angustata; labium inferius sessile, ea aequilongum, fere ²/₃ trilobum, lobis rotundatis c. 5 mm diametientibus, glabrum. Stamina medio tubo vel altius inserta, glabra. Stylus glaber, inclusus. Capsula lata, apiculata, paulum exserta.

NW-Y.: Im birm. Mons. in ktp. Wäldern und *Rhododendron*-Beständen zwischen dem Teich Tsuka und dem Nisselaka in der Mekong—Salwin-Kette, 28⁰, Glimmerschiefer, 4150 m, 26. VIII. 1916 (9942). Wiese der Hg. St. beim See Tsukue hinter dem Gomba-la ober Tschamutong gegen den Irrawadi, Glimmerschiefer, 3825 m, v. E., 15.—17. VIII. 1916 (9912, Typus).

Habitu coloreque *Lamii amplexicaulis* L., in serie foliorum forma valde excellens, habitu etiam similis *P. Handel-Mazzettii* BONT., sed folia multo minus divisa etc. Labium profunde partitum *P. instar* PRAIN admonet.

**** *P. muliensis* HAND.-MZT.** (Taf. XV, Abb. 11).

Sect. *Rhynchophorae*, subs. *Tenuirostres* MAXIM., ser. *Semitortae* PRAIN.

Annua, radice brevi cum ramis tenuiuscula, uni- vel pluricaulis, foliis basalibus sub anthesi nullis. Caules 18—34 cm alti, erecti vel ascendenti-erecti, simplices vel breviramosi, quadrifariam albo-villosuli, foliorum quaternorum verticillis dissitis. Folia ambitu anguste ovata vel lanceolata, $1^1/_2$—$3^1/_2$ cm longa, longitudine 2—3^{plo} angustiora, ad 10jugo pinnatisecta, pinnis remotis linearibus 3—4jugo pinnatipartitis, lobis subporrectis maioribus parce mucronato-serratis, subtus praesertim in nervis sparse villosula; petiolus inferiorum ad 16 mm longus, superiorum sensim nullus. Spicae 6—13 cm longae, superne densiusculae, inferne interruptae. Bracteae oppositae et verticillatae, inferiores foliaceae, superiores sensim reductae, vaginis late ovatis dense articulato-ciliatis insidentes. Flores subsessiles, c. 2 cm longi. Calyx inflato-ovoideus, c. 8 mm longus, costis longe et sparse pilosus, lobis 5, postico lanceolato c. 1 mm longo acuto, ceteris ad $2^1/_2$ mm longis e stipite lato, ciliato ovatis, serratis et crenatis. Corollae rubrae (e sicco) tubus cylindricus, calycem non excedens; labium superius breviter erectum, galea brevissima 2 mm lata, basi replicata in rostrum tenuissimum fere in circulum $\pm$ 7 mm diametientem sursum curvatum, truncatum, integrum sensim abiens; labium inferius sessile, late cordatum, ad 1 cm longum et subduplo latius, dense ciliolatum, breviter trilobum, lobis lateralibus late ovato-rotundatis, lobo medio suborbiculari iis c. 4^{plo} minore. Filamenta tertio supero tubi inserta, superne barbata. Stylus glandulosus, stigmate longiuscule infra rostri apicem exserto.

S.: Steinige Gebüsche der Hg. St. an der Nordseite des Passes Döko sw von Muli, Tonschiefer, 4200—4300 m, 4. VIII. 1915 (7419).

Eadem galea *P. Oliveriana* PRAIN instructa est, foliis autem minus divisis, bracteis basi non dilatatis, labio ad 8 mm tantum lato (eciliato?), filamentis glabris differt. Habitu simillima *P. gracilis* WALL. bracteis non dilatatis, labio inferiore glabro, rostro breviore non torto diversa est. Rostri forma etiam *P. gyrorrhyncha* FRANCH. comparabilis, floribus flavis et rostro non inverso longins distans.

Eine sehr charakteristische Art, merkwürdig auch durch die recht weit unter seinem Ende aus dem Schnabel kurz herausragende Narbe.

P. Roborowskii MAXIM. NW-S.: Gebirge um Sungpan (WEIGOLD).

P. cristata MAXIM. NW-S.: Ebendort (WEIGOLD).

Blüten tatsächlich rot.

P. dichotoma BONT. var. **Wardiana** BONT. in Not. Bot. Gard. Edinb., XIII., 123 (1921), e typo. NW-Y.: Sümpfe der tp. St. bei Dschungdien gegen das Lamakloster, Kalk, 3400 m, 22. VIII. 1915 (7734).

P. Duclouxii BONT. NW-Y.: Wälder der tp. St. ober Alo se von Hsiao-Dschungdien, 3350—3475 m (4632).

Die vorliegende, weit über 1 m hohe Pflanze verbindet den nicht S-förmig gekrümmten Schnabel und die dichte Lippenwimperung von *P. gyrorrhyncha* FRANCH. mit den Brakteen, Kelchzipfeln und kahlen Filamenten von *P. Duclouxii*. Mit der Pflanze und ihrem Verbreitungsgebiet hatte DUCLOUX allerdings nichts zu tun.

P. Smithiana BONT. NW-Y.: Im Gehängeschutt der Hg. St. unter dem Kar Schitako am Osthange des Yülung-schan bei Lidjiang, Tonschiefer, 4000 m (4301).

P. Alopecuros FRANCH. Äcker, steinige Rasenplätze und Kiefernwälder der tp. bis in die wtp. und ktp. St., 2400—3650 m. Y.: Zwischen Dsutoupo und

Gwamaoschan am Wege von Yungbei nach Yungning (3298). Im NW an der Ostseite des Yülung-schan bei Lidjiang, v. E. (3884). Ober Anangu se von Dschungdien. S.: Ober Doloho (7192) und bei Hosö im Gebiete von Muli. Dindjia-tsun am Lungdschu-schan bei Huili (5139).

P. gyrorrhyncha Franch. NW-Y.: Überall in der tp. St. zwischen dem Be-schui und dem Dorfe Lukudsche n von Lidjiang, Sandstein, 3100—3300 m (4354).

P. integrifolia Hook. f. Heidewiesen der tp. St., 3200—3525 m. NW-Y.: Bei Lidjiang gegen das Be-schui, v. E. (3879) und häufig zwischen Alo und Hsiao-Dschungdien (4615). S.: Wohl diese in der ktp. St. bei der Alm Bädö ober Muli, 3900 m.

P. sp. nova? NW-S.: Gebirge um Sungpan (Weigold).

Siphonostegia Benth.

S. chinensis Benth. In der str. und wtp. St., 1800—2550 m. Y.: Dsaisangtjiao bei Beyendjing (Ten 1202). Im NW an dürren Hängen ober Laba e von Dschungdien (7653) und am Mekong bei Yedsche und Guta. Im birm. Mons. häufig bei Tjionatong am Salwin, 28° 8′. Im NE bei Dungtschwan (Maire). S.: An Gräben zwischen Djiangyi und Hokou s von Huili (5082). SE-Ki.: Gipfel des Wuhwa-schan bei Ningdu, c. 1000 m (Plt. sin. 454).

S. laeta Sp. Moore. H.: Gebüsche der str. St. auf Schiefer und Sandstein, 50—300 m. Tschangscha. Sattel Hsiungbeiling zwischen Höngdschou und Yungdschou (11334). Ki.: Am Originalfundort von Schindler unter 337 gemischt mit *S. chinensis* gesammelt.

Pterygiella Oliv.

P. Duclouxii Franch. Mischwälder, Gebüsche und Hochgrassteppen der wtp. bis in die str. St., 1700—2600 m. Y.: Unter der Taihwa-se bei Yünnanfu (Schoch 333). Rücken zwischen Dsaodjidjing und Hwadung e des Dsolin-ho (4965). Beyendjing (Ten 232). Im NE bei Djintschungschan (Maire). S.: Zwischen Dsaluping und Gwanyinngai am Zuflusse des Yalung gegen Yenyüen, 27° 18′.

** *P. bartschioides* Hand.-Mzt. in Sitzgsanz. Ak. W. W., LX., 186 (1923). (Abb. 25, Nr. 2 auf S. 878).

E rhizomate simplici, longo, tenui, descendente, radices longas, rigidas emittente, squamis parvis late ovatis laxe obsito uni- vel fasciculatim pluricaulis, superne cum floribus breviter glanduloso-pilosa, exsiccando nigrescens. Caulis e basi saepe geniculata erectus, simplex vel cum ramo uno alterove, 14—50 cm longus, rigidulus, quadrangulus, foliis ab hypophyllis basi farctis ovatis acutis subcoriaceis sursum accrescentibus, oppositis, internodiis 8—40 mm longis. Folia sessilia, late elliptica, 1—2$^1/_2$ cm longa, utrinque obtusa usque rotundata, praeter basin crebre et $\pm$ grosse acutidentata, margine ipso revoluto, carnosula, a basi 5—7nervia, nervis eorumque ramis pronis subtus costata, venis latis laxe reticulatis in sicco subtus fusculis et albo-squamulatis. Flores in axillis foliorum superiorum singuli, pedicellis tenuibus usque ad 3 mm longis, erectis racemum laxum formantes, horizontales, bracteolis 2 subulatis 2 mm longis calyci appressis

(semper?) fulti. Calyx campanulatus, 8—14 mm longus, ad $^1/_3$ et ventre in medio
ultra $^1/_2$ in dentes 5 ovato-lanceolatos, acutos, paulum sursum curvatos fissus,
10nervius, ad fructum chartaceus. Corolla paulum exserta, atrobrunnea (e nota
ad vivum), intus glabra, inflato-tubulosa, labio inferiore 3 mm longo, declinato,
ad basin in lobos 3 aequales oblongos fisso, superiore porrecto brevi et lato,
paulum emarginato, vernatione apicibus labii inferioris partim tecto. Stamina 4,
aequalia, inclusa, tubi parte inferiore inserta, antherarum loculis oblongis basi
acutis, non confluentibus, sicut ovarium hirsutis. Filamenta et stylus paululum
exsertus apice incrassatus indivisus breviter et antice glanduloso-hirtella.
(Capsula ignota.)

NW-Y.: Sumpfstellen in der untersten ktp. St. des birm. Mons. im Doyon-
lumba zwischen Mekong und Salwin unter dem Rücken Pongatong, 28º 7′,
Glimmerschiefer, 3450 m, 4. VIII. 1916 (9671).

Foliis *Bartschiam alpinam* L. imitantibus in genere valde insignis.

Monochasma MAXIM.

M. Savatieri FRANCH. W-Ki.: Wegrand am Fuße des Yüntou-ling (Plt.
sin. 84). II.: Steppen der str. St. auf Sandstein, 50—400 m. Gu-schan bei
Tschangscha (11633) und hinter der Stadt. Widin und Wadsiping, leg. A. WOLF
(11751) und nw von Hsianghsiang.

M. Sheareri (Sp. MOORE) MAXIM. II.: In der str. St. auf Sandstein bei
Tschangscha in Lichtungen des Hartlaubwaldes des Yolu-schan, 280 m (11695)
und in Föhrenwäldern des Wuayang-schan, 70—100 m (11655).

Die erste Nummer unterscheidet sich von der zweiten, den vorliegenden
japanischen Exemplaren und der Abbildung MAXIMOWICZ' durch kleinere Kelche
und demgemäß relativ größere Blumenkronen mit stumpfen Zipfeln.

† R. WETTSTEIN.

Lentibulariaceae

Pinguicula L.

P. alpina L. NW-Y.: In der ktp. bis in die tp. St., 3350—3900 m. Sandige
Wälder im oberen Teile des Moränenzirkus Saba am Yülung-schan bei Lidjiang
(6807). Im birm. Mons. in *Rhododendron*-Beständen um die Alm Dotitong am
Si-la zwischen Mekong und Salwin (8902), an Bächen an der Ostseite des Passes
Tschiangschel (9297) und auf dem Passe Pangblanglong zwischen Salwin und
Irrawadi.

Utricularia L.

U. bifida L. In der str. bis in die wtp. St. W-Ki.: Um Pinghsiang, c.
600 m (Plt. sin. 250). SW-II.: Reisfelder von Wukang gegen Gaoscha-se (12541),
zwischen Schischi-se und Yungdschou und bei Hsüning, 120—450 m. Kw.: Nasse
Stellen bei Maliaotang unweit Liping, 600 m (10990). Gewässer einer Moorwiese
zwischen Lungli und Lungdsu, 1100 m (10566). Y.: Lung-schan bei Beyendjing
(TEN 1464). Tümpel winziger Bächlein über Sandsteinfelsen zwischen Hwaping
und Hsingai e von Yungbei, 1700 m (13030).

U. racemosa WALL. **Y.**: In nassem Rasen an Bächlein über Sandsteinfelsen zwischen Hwaping und Hsingai, 1700 m (13026).

* ***U. brachiata*** OLIV. in Journ. Linn. Soc. Bot., III., 187 (1859). NW-**Y.**:
An Gewässern der tp. St. des birm. Mons. im Tale unter dem Gomba-la ober
Tschamutong nahe der birmanisch-tibetischen Grenze, Granit, 3150 m, 14. bis
17. VIII. 1916, v. E. (9925).

Abb. 24. 1 *Primula Genestieriana* H.-M. (H.-M. 9290). 2, 3 *Androsace rigida* H.-M.
(H.-M. 6692). 4 *Androsace mollis* H.-M. (H.-M. 9280). 5, 6 *Gaultheria cardiosepala*
H.-M. (H.-M. 9441). 7 *Cassiope abbreviata* H.-M. (WEIGOLD). 8 Zweiginfloreszenz
von *Onosma multiramosum* H.-M. 9 *Lagotis incisifolia* H.-M. 10 *Hemiphragma
heterophyllum* WALL. var. *pedicellatum* H.-M. (H.-M. 8830). 11 Unterlippe von
Utricularia salwinensis H.-M. Habitusbilder nat. Gr. 6 $2^1/_2$f. vergr. 11 zweif. vergr.

U. striatula SM. in REES, Cycl., XXXVII., *Utr.* nr. 17 (1817) (*U. orbiculata*
WALL.).S-**Y.**: Semao (HENRY 12405 oder 12497, gemischt erhalten). **S.**: Feuchte
Sandsteinfelsen der wtp. St. bei Hsiaodün s von Huili, 1800 m (5098).

U. multicaulis OLIV. NW-**Y.**: In der Hg. St. des birm. Mons. am Hange
des Gomba-la in der Salwin—Irrawadi-Kette gegen den See Tsukue, 28°, 3900 m,
v. E. (9887).

** ***U. salwinensis*** HAND.-MZT. (Abb. 24, Nr. 11).

Sect. *Phyllaria* S. KURZ.

Annua, gregaria, 4—$6^1/_2$ cm alta, praeter palatum glaberrima, stolonibus
brevibus cum vesiculis parvis. Folia rosulata persistentia, spathulato-orbicularia,

1—1^1/$_2$ mm longa et lata, integerrima, in petiolos 4—6 mm longos angustata. Scapus uniflorus, gracilis, erectus, 2—6 mm sub apice bracteis binis sessilibus, e basi truncata anguste ovatis ^{1}/$_2$—1 mm longis acutiusculis instructus. Calyx minutissime papillosus, ad basin bipartitus; labium superius truncato-spathulatum, ad 2 mm longum, inferius eo 2—3^{plo} minus, orbiculare. Corolla 5—6 mm longa, pallide rosea (e nota ad vivum); labium superius calyci inclusum, rotundatum; inferius planum, ad 4 mm latum, fere ad medium trilobum, lobo medio rectangulari angulis rotundatis, lobis lateralibus patentibus eo multo brevioribus sed subaequilatis, oblique truncato-bilobulis, palato alto rectangulo papilloso-velutino, calcare oblongo, crasso, obtusissimo, quam labium subduplo breviore eique adpresso.

NW-Y.: Rasen der ktp. St. des birm. Mons. an einem Lawinenstrich an der Ostseite des Passes Tschiangschel zwischen Salwin und Taron (e Irrawadi-Oberlaufe), 27° 52′, Glimmerschiefer, 3275 m, 3. VII. 1916 (9223).

Proxima *U. kumaonensi* Oliv., quae differt omnibus partibus duplo minor, labii inferioris lobis lateralibus profundius fissis et calcare breviore deorsum descendente.

U. aurea Lour. (*U. flexuosa* Vahl). In der str. bis an die wtp. St. **H.**: In Lachen, 40 m, an der Militärstraße bei Tschangscha (11350) und bei Hsiang-hsiang (12747). **Kw.**: Reisfelder zwischen Tschaimou und Dayung am Wege von Gudschou nach Liping, 600 m (10934). Tümpel der Moorwiese zwischen Lungli und Lungdsu, 1100 m (10359). **S.**: Reisfelder bei Mola gegen den Nganning-ho nw von Huili, 1300 m (5235?, ster.).

* ? **U. neglecta** Lehm., Nov. Stirp. Pug., I., 38 (1828). **SW-II.**: Teiche der str. St. zwischen Wukang und Gaoscha-se, Kalk, 350 m, 22. VIII. 1918 (12545).

Nach der ausgesprochen flachen Unterlippe hierher gestellt, obwohl die Blüten dottergelb und etwas klein sind. Fruchtstiele auffallend stark herabgekrümmt. Blütenmaterial für sichere Entscheidung oder Neubeschreibung nicht ausreichend.

? **U. exoleta** R. Br. **NW-Y.**: Im Schlamm des Wiesenmoores der tp. St. auf dem Da-Litiping e von Weihsi, Sandstein, 3450 m (8491).

Steril, im Oktober gesammelt, mit Winterknospen.

Orobanchaceae

Aeginetia L.

A. indica L. (*A. japonica* Siebd. et Zucc., e typo). In der str. St. **S.**: Föhrenwälder und Grasplätze an Grabenrändern zwischen Hetaoping und Siwangho an einem Zuflusse des Yalung gegen Yenyüen, 1300—1425 m (5325). **SW-II.**: Grashang zwischen Schilischan und Niaoschuhsia zwischen Hsinhwa und Wukang, 360 m (12558).

Den Typus der *A. japonica* hatte Beck, von ihm als *A. indica* revidiert, 1899 nach München zurückgesandt, von wo er mir von Herrn Prof. Wettstein freundlichst geliehen wurde. Seine Narbe hat 2 mm Durchmesser und ist sehr dick, nicht schildförmig. In Indien findet man sie noch breiter. Mit ihm stimmt ein Exemplar aus Tokio (japanischer Sammler: Universität Wien), das mit ganzrandigen und gekerbten Kronlappen variiert.

A. sinensis BECK in Pflzenr., IV/261., 19 (1930). In der wtp. St. W-F.: Gipfel des Tienhwa-schan w von Dingdschou („Tingchow"), c. 1100 m (Plt. sin. 413). Y.: Bergwiesen der Kette des Hsi-schan bei Yünnanfu, 2300 m (SCHOCH 299). Nganhui: Hwang-schan (CHIEN 1280). Japan: Nambu (TSCHONOSKI: Mus. Wien). Hakone (LIMPRICHT 151 a). Sendai (FAURIE 5960).

Orobanche L.

O. coerulescens STEPH. (*O. Bodinieri* LÉVL. in Rep. sp. nov., IX., 451 [1911], e typo. — *O. Mairei* LÉVL., l. c., XII., 285 [1913], e typo. — *O. pycnostachya* HCE. var. *yünnanensis* BECK in Pflzenr., IV/261., 118 [1930]). Y.: Auf *Artemisia* in Steppen der wtp. St. bei Yadjia-tsun am Hsi-schan nächst Yünnanfu, 1900 m (6068).

Wie H. SMITH in Act. Hort. Gothobg., VIII., 127 (1933) vermutet, gehört BECKs Pflanze entschieden zu *O. coerulescens*; sie ist mit der typischen Form vollkommen identisch.

**** O. yuennanensis** (BECK) HAND.-MZT. (*O. alsatica* KIRSCHL. var. *γ yünnanensis* BECK in Pflzenr., IV/261., 259 [1930]). Y.: Im NW in der tp. St., 2900—3100 m auf *Origanum* und anderen Labiaten? in Heidewiesen und trockenen Wäldern. Ngulukö bei Lidjiang, 22. VII. 1914 (4308). Von hier gegen das Be-schui, 18. VII. 1914 (4188), 9. VII. 1915 (7010). Bei Yungning gegen den Berg Waha, 19. VII. 1915 (7077). Zwischen Hsin-tsun und Hsiagwan bei Dali in der wtp. St., 2100 m (MELL). Im NE bei Sandjia, 2600 m (MAIRE).

Von *O. alsatica* meines Erachtens so beträchtlich und konstant verschieden, daß sie, in Verbindung mit der eigenen Verbreitung, Artwert beansprucht.

* *Gleadovia* GAMBLE et PRAIN

*** G. ruborum** GAMBLE et PRAIN in Journ. As. Soc. Beng., LXIX/2., 489 (1900). NW-Y.: Unter einem morschen Stamm im bambusreichen tp. Regenmischwalde des birm. Mons. im Tjiontson-lumba am Salwin unter Tschamutong gegen den Irrawadi, 2950 m, 29. VI. 1916 (9146).

Christisonia GARDN.

**** C. chinensis** BECK in Pflzenr., IV/261., 314 (1930). NW-Y.: Unter Bambus im tp. Regenlaubwalde des birm. Mons. auf dem Rücken Alülaka am Salwin unter Tschamutong, 2850 m, 31. VII. 1916 (9595).

Äußerlich *Gleadovia ruborum* täuschend ähnlich, nur von etwas hellerer Farbe.

Boschniakia C. A. MEY.

B. himalaica HOOK. f. et THOMS. (*Xylanche h.* [HK. f. et THOMS.] BECK. — *Boschniakia Handelii* BECK in Pflzenr., IV/261, 328 [1930]). NW-Y.: In tp. Eichenwäldern, ktp. Tannenwäldern mit *Rhododendron* und unter solchem in der Hg. St., 3000—4200 m. Bei Lidjiang, v. E. (4148). Ober Dschadse zwischen

Fongkou und Yungning (7059). Auf dem Waha hier, auf *Rhododendron* (*adeno-gynum?*). Kamm zwischen Haba und Dugwan-tsun se von Dschungdien. Zwischen Yangtse und Mekong an der Ostseite des Passes Lenago. Im birm. Mons. zwischen Salwin und Irrawadi an der Westseite des Passes Ulüla, 27° 52′, 4. VII. 1916 (9285) und unter dem See Tsukue ober Tschamutong (9531).

Nr. 9285 wird von Beck, l. c., 329 als *B. Handelii* f. *minor* unterschieden, ist aber als kleinste Form der Hg. St. wohl ohne systematischen Wert. Nach den Feststellungen H. Smiths in Act. Hort. Gothobg., VIII., 139—143 kann kein Zweifel sein, daß *B. Handelii* mit *Xylanche himalaica* zusammenfällt. Da Beck, l. c., 330 für diese 3 oder 2 Plazenten angibt, ist die Gattung *Xylanche* offenbar hinfällig.

Gesneraceae

Corallodiscus Batalin

C. conchifolius Bat. W-S.: Min-Tal von Tietschi bis Maodschou (Wei-gold).

Petrocosmea Oliv.

P. oblata Craib in Not. Bot. Gard. Edinb., XI., 270 (1920), e typo. **Y.**: Sitaohotjiao bei Beyendjing (Ten 1406).

Blätter teilweise mit bis zu 11 starken Kerben, aber teilweise fast ganz-randig, beim Typus nur ganzrandig, aber sonst mit ihm stimmend.

P. nervosa Craib, l. c., 271. Unter Gebüsch, an Felsen oft unter herab-hängenden Gräsern versteckt, in der str. bis in die wtp. St., 1200—1950 m. **Y.**: Yanggai e des Dsolin-ho (phot.). Im E bei Dschwandjiadjio ober Djitsung (ob diese?). Beyendjing (Ten 100). Schwangschetou bei Dapingdse, 15. IX. 1888 (Delavay). Unter Yungbei und ober Hsindschwang (13014) e von hier. **S.**: Um den Yalung bei Waluping nächst Puti (5287), bei Podjio (s. Naturb. SW-China, Abb. 62) und zwischen Lumapu und Meidsipu, 27° 40′.

P. sinensis Oliv. W-S.: Wa-schan s von Yadschou (Weigold). **Y.**: Felsen in Wäldern bei Dadjingtou nächst Tieso bei Beyendjing (Ten 1426).

Weigolds Pflanze ist eine kleine, sehr stark behaarte, jene Tens eine große, sehr kahle Form.

P. Duclouxii Craib, l. c., 274. **Y.**: Kalkfelsen der wtp. St. gegen den Tempel Haiyen-se bei Yünnanfu, 2300 m (Schoch 344). Feuchte Sandsteinfelsen unter Hsinlung n von hier, 25° 34′, 2000 m (523?, steril).

Oreocharis Benth.

O. sericea Lévl. in Rep. sp. nov., IX., 329 (1911) (*Chirita s.* Lévl.), e typo. **Kw.**: Sandsteinfelsen der wtp. St. auf dem Passe zwischen Badschai und Tailaohsin, 1150 m (10764).

O. Forrestii (Diels) Skan in Bot. Mag., CXLIII., tab. 8719 (1917) (*Roettlera F.* Diels in Not. Bot. Gard. Edinb., V., 224 [1912]). NW-Y.: In der tp. St. in der Heidewiese Gaba vor dem Be-schui bei Lidjiang, 3050 m (4214). Wohl diese epiphytisch auf den höchsten Eichenästen zwischen Ganhaidse und Akalü nw von hier, 3100 m. **S.**: Sandsteinfelsen in Gebüschen am Nordhang

des Berges Dadjin zwischen Yenyüen und dem Yalung, 27° 31′, 2700—3000 m
(2159?, kurz- und stumpfblätterig, nur fruchtend).

O. fokienensis FRANCH. SE-Ki.: Steinige Stellen am Gwanyin-ling bei
Ningdu (Plt. sin. 277).

Infloreszenz drüsenlos, sonst mit dem Typus stimmend.

O. Henryana OLIV. (*O. squamigera* LÉVL. in Bull. Ac. Géogr. Bot., XXV.,
24 [1915], e typo). Y.: Felsen bei Guti nächst Beyendjing (TEN 1318).

O. cordatula (CRB.) PELLEGR. in Bull. Soc. Bot. Fr., LXXII., 873 (1925)
(*Perantha c.* CRAIB in Not. Bot. Gard. Edinb., X., 214 [1918]). S.: Steinige
Gebüsche und Kalkfelsen der str. und wtp. St., 1950—2750 m. S ober Lumapu
am Zuflusse des Yalung gegen Yenyüen, 27° 37′ (2055). Kwapi n von Yenyüen,
27° 53′ (2775).

Der Blütentypus der Sectio *Stomactin* C. B. CLKE. ist durch *O. Henryana*,
auch durch ROCK 5157, die wohl nur eine kurzblütige *O. aurantiaca* ist, zu sehr
mit *Euoreocharis* C. B. CLKE. verbunden, als daß ich nicht PELLEGRIN, l. c.,
zustimmen könnte.

O. aurantiaca FRANCH. (*Perantha Forrestii* CRAIB, l. c., 213, e PELLEGRIN,
l. c.). Y.: Beyendjing, Motschala-tsun bei Guti (TEN 1233).

O. Auricula (Sp. MOORE) CLKE. SW-II.: Tonschieferfelsen im wtp.
schattigen Laubhochwalde des Yün-schan bei Wukang, 900—1000 m (11215).

Dasydesmus CRAIB

in Not. Bot. Gard. Edinb., XI., 253 (1919)

D. Bodinieri (LÉVL.) CRAIB, l. c. (*Oreocharis B.* LÉVL. in Bull. Ac. Géogr.
Bot., XXV., 40 [1915]). NE-Y.: Felsen des Laogui-schan, 2600 m (MAIRE).

Tremacron CRAIB,

l. c., X., 217 (1918)

T. Forrestii CRAIB, l. c. Erdabrisse, Föhrenwälder und dichte Gebüsche
der str. und wtp. St., 1400—3000 m. Y.: Tieso bei Beyendjing (TEN 99, 224). Im
NW zwischen Haba und Waschwa se von Dschungdien (4430) und bei Mujendu
e von hier. S.: Muli (7351). Ober Luguho am Zuflusse des Yalung gegen Yenyüen,
27° 11′ (5324).

TEN 99 hat längere Korollen mit kürzer herausragenden Antheren.

** *T. rubrum* HAND.-MZT. (Abb. 25, Nr. 1).

Rosulatum, multifolium et pluriscapum, radicibus permultis tenuissimis.
Folia laxe erecta, ovato- vel elliptico-lanceolata, 3—15 cm longa, longitudine
3—4^{plo} angustiora, obtusa vel subrotundata, basi in petiolos subnullos usque
laminas dimidias aequantes decurrentia, late et inferne interdum sublobulato-
crenata, sicca subchartacea, supra atro-, subtus flavido-viridia, juvenilia utrinque
densissime et coerulescenti-, adulta laxius sericeo-strigosa et subtus ad costam
ut petioli patenter et longius fulvido-pilosa; nervi utrinsecus 5—9, valde obliqui,
ad marginem furcati, haud anastomosantes, subtus magis quam supra prominuli.
Scapi graciles, $4^{1}/_{2}$—15 cm alti, inferne patenter et longe fulvo-pilosi, superne
cum inflorescentiis latis et laxis, ter — quater cymoso-ramosis ad 20floris sparse
longipilosi pratereaque breviter et dense eglanduloso-albipilosi et longius glan-

duloso-pilosi. Bracteae ovato-triangulares, obtusae, c. 5 mm longae. Pedicelli usque ad 3 cm longi. Calyx ad basin in dentes 5 lanceolatos subacutos 3—4 mm longos, trinervios extus dense strigillosos fissus. Corolla rubra, urceolato-tubulosa, 7—10 mm longa, ore obliquo c. 4 mm lata, extus papillosa et inferne sparse pilosula, labiis 1 mm longis porrectis, superiore rotundato, ad medium c. emarginato, inferiore trilobo lobis lateralibus semiorbicularibus, lobo medio ovato-triangulari, omnibus margine papillosis vel sparsissime ciliolatis. Filamenta paulum supra tubi basin inserta, subaequalia vel subdidynama, corollam duis tertiis exce-

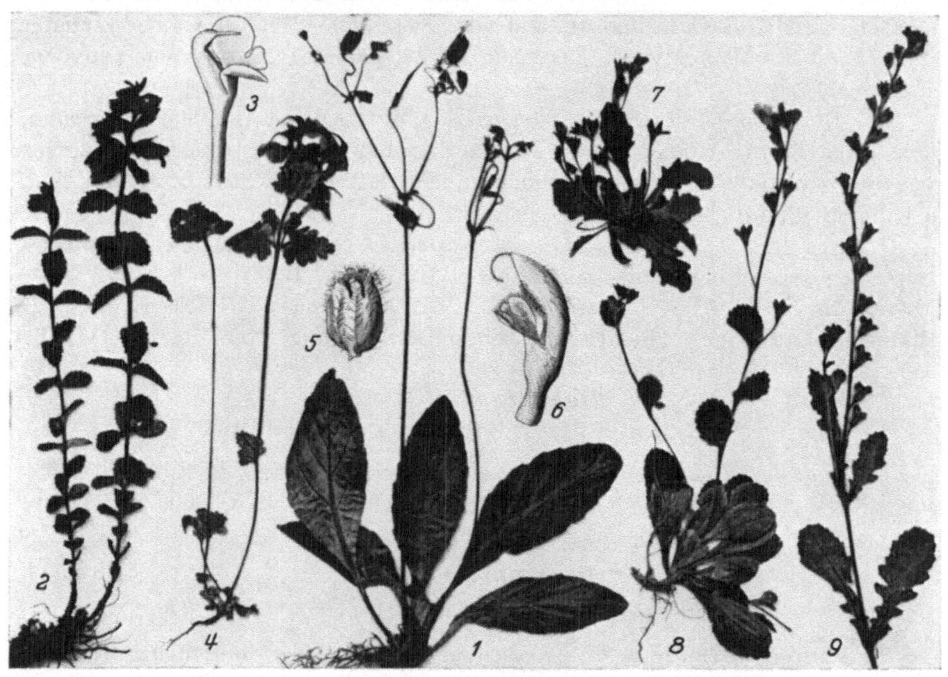

Abb. 25. 1 *Tremacron rubrum* H.-M. 2 *Pterygiella bartschioides* H.-M. 3 Korolle von *Pedicularis Limprichtiana* H.-M. (H.-M. 5175). 4 *Pedicularis lamioides* H.-M. (H.-M. 5207). 5 Kelch, 6 Korolle von *Pedicularis dolichocymba* H.-M. (H.-M. 4543). 7 *Mazus humilis* H.-M. (H.-M. 3249). 8 *Mazus saltuarius* H.-M. 9 Ast von *Mazus celsioides* H.-M. Habitusbilder $^2/_5$ nat. Gr. 3, 5, 6 $^4/_5$ nat. Gr.

dentia, filiformia, patenter et superne partim glanduloso-pilosula; antherae rotundatae, loculis discretis; staminodium minutum, subulatum. Discus cupuliformis. Ovarium cylindricum, cum stylo brevi corollam non excedente glanduloso-pilosulum; stigma discoideum. Capsula immatura cum stylo c. 32 mm longa, glabrescens.

Y.: Dschoutschang bei Beyendjing, 3. IX. 1919 (Ten 1226, Typus; ex hb. Berol. 185).

Species foliis angustis, tenuibus, simpliciter crenatis, brevistrigosis, florum colore etc. insignis.

Bezüglich der Blütenfarbe verlasse ich mich nicht auf die Angabe Tens, der auch *T. Forrestii* als rot bezeichnete und andere Fehler machte, sondern auf die mindestens rot überlaufenen Herbarexemplare.

Didissandra C. B. Clke.

D. grandis Craib in Not. Bot. Gard. Edinb., XI., 244 (1920). Kalkfelsen der tp. St., 3200—3400 m. NW-Y.: Bei Yungning in der Waldschlucht jenseits des nach Fongkou führenden Passes (7052). S.: Im Gebiete von Muli gegen den Paß Tschescha und viel bei der Wiese Dapingdse am Wege nach Yungning.

D. cordatula Craib, l. c., 242, e typo. Felsen der str. St., 900—2000 m. S.: Am Yalung zwischen Delipu und Datung (2036) und unter Lumapu (2102), 27⁰ 40—43′. Wohl auch diese bei Podjio, 27⁰ 10′, bei Kwapi n von Yenyüen und auf dem Lu-schan bei Ningyüen. Im W im Min-Tal von Maodschou bis unter Wöntschwan (Weigold?, stark behaart, mangelhaft). Y.: Zwischen Homön-dschang und Bödschagwan in der Yangtse-Schlucht n von Yünnanfu (713). Zwischen Yüenmou und Hailo s von diesem nw von Yünnanfu (5046). Im NW im birm. Mons. häufig am Salwin ober Tschamutong (9791). W-Hubei (Henry 4167). Schanhsi: Mehrfach (Licent 3006, 11127, 11132; Serre 498) bis Ningwu und Wuping gegen den Wutai-schan. Als stärker behaarte Formen wohl auch hierher gehörig: NE-S.: Dschengkou (Farges) und SE-Kansu: Hsigu (Potanin).

D. lineata Craib, l. c., 245. NW-Y.: Bei Lidjiang, v. E. (3791). Hier in der str. St. der Yangtse-Schlucht um Dsilidjiang, 1450—2100 m (3401).

Insbesondere nach dem reichen Material Rocks von *D. plicata* Franch. wohl nicht getrennt zu halten.

D. sericea Craib, l. c., 248. NW-Y.: Kalk- und Konglomeratfelsen der tp. St. bei Lidjiang, 3000—3150 m. Ganhaidse (phot.), n von Ngulukö (phot.) und hier auf dem Sattel gegen das Be-schui (4227).

D. flabellata (Franch.) Craib, l. c., 243, 261 (*D. lanuginosa* C. B. Clke. var. *flabellata* Franch. ap. Diels in Not. Bot. Gard. Edinb., VII., 271 [1912], nomen). Felsen und dürre Erdhänge der wtp. bis in die str. St., 1700—2800 m. Y.: Kette des Hsi-schan bei Yünnanfu (Schoch 239). Schilungba bei Yünnanfu. Zerstreut bis Yünnanyi se von Dali. Zwischen Gwanfang und Tschalaschao unter Beyendjing. Im NW bei Yungning und auf dem Hoörl dort. Bei Lidjiang, v. E. (3792). Hier auf dem Hügel ober der Stadt (3484). Massenhaft auf Haus-dächern in Yulo nw von hier. Beim See unter dem Lamakloster von Dschungdien. Ober Sape se von hier. Im NE bei Djintschungschan (Maire). S.: Um Muli (phot.). Unter Piyi sw von hier. Gaitiu und Hungga zwischen Yungning und Yenyüen. Die Notizen jedoch vielleicht zu einer anderen Art.

Briggsia Craib
in Not. Bot. Gard. Edinb., XI., 236 (1920)

B. amabilis (Diels) Craib, l. c., 263 (1920) (*Didissandra a.* Diels, l. c., V., 224 [1912]). NW-Y.: Bei Lidjiang, v. E. (3794). Gegen Dschungdien (Schneider 3195).

Nach Evans, l. c., XV., 134 (1928) von *B. Kurzii* (C. B. Clke.) Ev., l. c., 134 wahrscheinlich nicht verschieden.

B. muscicola (Diels) Craib, l. c., 264 (*Didissandra m.* Diels, l. c., V., 225). NW-Y.: Epiphytisch auf Bäumen der tp. Regenmischwälder des birm. Mons. zwischen Mekong und Salwin im Tale von Tseku zum Si-la, 3200 m (8453).

Didymocarpus Wall.
(*Roettlera* Vahl)

**** *D. minutus* Hand.-Mzt.** (Taf. XVII, Abb. 1).

Sectionem propriam ab *Eudidymocarpo* Benth. et Hook. calyce ad basin diviso et scapis unifloris diversam, **** *Petrocosmeopsis* Hand.-Mzt.** nuncupandam formans.

In rhizomate brevi, verticali, radicibus multis tenuibus obsito rosulatus, multifolius et pluriscapus, totus longe et dense cinereo sericeo-villosus, gracilis et pumilus. Folia anguste obovata vel elliptica, 0,8—4 cm longa, longitudine duplo — triplo angustiora, acutiuscula usque rotundata, basi in petiolum lamina plus duplo usque 4^{plo} breviorem decurrentia, integerrima, sicca herbacea, nervis inconspicuis, indumento pilis brevibus mixto. Scapi $1^{1}/_{2}$—3 cm longi, tenues, supra medium bracteis 2, subulatis, c. 1 mm longis, uniflori. Calyx fere ad basin in lobos 5 lineari-lanceolatos apice obtusos et reflexos 3—5 mm longos, inter se aequales partitus. Corolla violacea (e collectore), $1^{1}/_{2}$—2 cm longa, $\pm$ horizontalis, extus sparse et breviter pilosula; tubus anguste cylindricus, c. 1 cm longus; limbus ad basin bilabiatus, labio superiore erecto versus basin bilobo, inferiore eo longiore fere toto trilobo, lobis omnibus late obovatis, rotundatis. Stamina fertilia 2, medio c. tubo inserta, filamentis tenuibus obsolete geniculatis conniventia, antheris tubo inclusis orbicularibus c. 1 mm diametientibus liberis, loculis confluentibus. Staminodia 2 profundius quam stamina inserta, minutissima, breviter filiformia, apice irregulariter dilatata. Discus humilis, 5lobus. Ovarium fusiforme, in stylum aequilongum angustatum, cum eo densissime albo-sericeum; stigma discoideum, obsolete bilobum. Capsula fusiformis, 7—10 mm longa, c. 2 mm crassa, valvis 4 dehiscens.

NE-Y.: Grotte von Hwawuping, 800 m, April (Maire).

Der Habitus dieser merkwürdigen Pflanze ist von *Petrocosmea*; in der Korolle verhält sie sich zu dieser, wie *Perantha* zu *Oreocharis*, doch kommt die große Verschiedenheit der Frucht dazu. Daß diese schließlich auch fachspaltig aufspringt, würde sie von *Didymocarpus* entfernen, doch möchte ich dem wenig Gewicht beimessen, da *Petrocosmea*-Früchte schließlich auch Fachspalten bekommen (H.-M. 5287). Die freien Antheren entfernen sie von allen diesen, doch möchte ich auch daraufhin keine neue Gattung aufstellen, was die letzte Ausflucht wäre, wenn man die Pflanze nicht bei *Didymocarpus* lassen will. Die Kapselform stimmt auch mit *Petrodoxa* Anth. in Not. Bot. Gard. Edinb., XVIII., 203 (1934), die aber 4 fertile Staubgefäße hat.

D. stenanthos C. B. Clke., e typo (*Oreocharis micrantha* Lévl. in Bull. Ac. Géogr. Bot., XXV., 24 [1915], e typo). **S.**: Sandsteinfelsen eines Grabens der wtp. St. zwischen Banschan und Dahai-tsun zwischen Yalung und Nganning-ho, 27⁰, 1800 m (5260).

D. silvarum W. W. Sm. in Not. Bot. Gard. Edinb., V., 151 (1912) appr. **var. glandulosus** W. W. Sm., l. c. **S.**: Betropfte Felsspalten der Kalkberge am Dagwan-ho am Wege von Suifu nach Yünnanfu (Mell).

Behaarung der Varietät, aber Blattgrund des Typus. Die Art steht auch der vorigen nahe, hat aber ganz geteilten Kelch und cymöse, nicht traubige oder aus Trauben zusammengesetzte Infloreszenz.

D., sect. *Eudidymocarpus* BENTH. sp. E-Kw.: Massenhaft an Konglomerat-felsen der str. St. im Walde des Tempels Yanggu-miao bei Gudschou, 300 m (10876, nur fruchtend).

** ***D. heucherifolius*** HAND.-MZT.

Sect. *Gibbosaccus* CLKE.

In rhizomate crasso, 6—8 cm longo, radicibus tenuibus dense obsito rosu-latus, plurifolius et pluriscapus. Folia cordato-orbicularia vel late cordato-ovata, 4—8 cm diametro, rotundata, raro subacuta, sinu basali angusto $\pm$ pro-fundo, late duplicato crenato-dentata vel leviter ad 19loba lobis irregulariter crenato-dentatis, crassa, supra breviter longeque strigoso-sericea juveniliaque cinerea, subtus flavescentia, ad nervos ut petioli scapique longe et patenter atro-brunneo-pilosa, lamina breviter strigillosa; nervi palmati 5 medianique secun-darii parte inferiore abeuntes 2 antice furcati in lobos excurrentes ramulis anasto-mosantes supra paulum, subtus prominui; petiolus crassus, lamina duplo brevior usque paulo longior. Scapi ascendentes, 8—16 cm longi, tenuiusculi, sero glabrescentes. Cymae laxae, bis vel ter dichotomae cum floribus alaribus saepe geminis; bracteae infimae obovatae, 5—7 mm longae, herbaceae, sparse dentatae. Pedicelli 0,5—2,5 cm longi, ut pedunculi dense et pallide glanduloso-pilosi, pilis longis albis sparse intermixtis. Calyx ad basin in lobos 5 subaequales, lanceolatos vel anguste ovatos, 4—6 mm longos, obtusos, integros vel dentatos, densiuscule albo vel brunnescenti eglanduloso-pilosos fissus. Corolla rubra (e collectore), 2—3 cm longa, extus sparse glanduloso-pilosa; tubus basi latus, ventre paulum inflatus, superne campanulatus, intus pilosulus; limbus tubo c. duplo brevior; labium inferius ad tertium inferum in lobos 3 ovatos rotundatos partitum, palato vittis elevatis 2 in sicco luteis pilosis instructum; superius eo paulo brevius breviter bilobum lobis late rotundatis. Stamina 2, supra medium tubum affixa, filamentis medio ad 1 mm dilatatis et papillosis, superne sparse glanduloso-pilosis, antheris orbicularibus $2^1/_2$ mm latis non exsertis. Staminodia nulla. Discus cupularis, c. 2 mm altus, margine obliquo vix lobulatus. Ovarium fusi-forme, densissime glanduloso-pilosum, in stylum brevem superne attenuatum et glabrescentem angustatum, stigmate subcapitato. Capsula ad 10 cm longa, clavato-linearis, sub apice ad 3 mm crassa, demum quadrivalvis et glabrescens.

Ki.-F.-Grenze: Steiniger Hang des Schehsing-schan am Dunghwa-schan zwischen Schitscheng und Ninghwa, c. 1200 m, 7. V. 1921 WANG-TE-HUI (Plt. sin. 330).

Folia staminaque e descriptione eadem ac *D. cortusifolii* (HANCE) LÉVL. in Cpte. Rd. Assoc. Franc. Av. Sci., 34. sess., 427 (1906), sed nihil tomentosum, calyx diversissimus corollaque multo maior.

D. Anthonyanus HAND.-MZT. *(Chirita pumila* D. DON, non *Didymocarpus pumilus* RIDL. 1905). NW-Y.: In der str. St. des birm. Mons. in Wäldern am Salwin von Tschamutong bis gegen Tjionatong häufig, kristallinischer Kalk, 1720—1750 m (9809).

D. thibeticus (FRANCH.) HAND.-MZT. *(Roettlera thibetica* FRANCH., e descr.). S.: Schattige Gebüschränder der wtp. St. bei Lutschang s von Huili, Sandstein, 1900 m (5114). Y.: Wälder des Mangan-schan zwischen Beyendjing und Guti (TEN 1313).

Von *D. Anthonyanus* und *D. Forrestii* insbesondere durch die fast ganzrandigen Blätter und weißen Blüten mit drüsenhaarigen Fruchtknoten verschieden. Die Blätter erreichen 7×3—$4^1/_2$ cm. Das Original war wohl besonders klein.

D. Forrestii (Anth.) Hand.-Mzt. (*Chirita F.* Anth. in Not. Bot. Gard. Edinb., XVIII., 192 [1934]). S.: Felsen und schattige Steilabrisse der wtp. St., 2200—2600 m. Am Bache bei Djisö im Gebiete von Muli ne von Yungning (7543). Zwischen Samuping und Niutschang am Zuflusse des Yalung gegen Yenyüen, 27⁰ 21′ (5343).

D. Dielsii Borza in Rep. sp. nov., XIII., 390 (1914), e typo (*Chirita orbi-cularis* W. W. Sm. in Not. Bot. Gard. Edinb., IX., 94 [1916], e typo). NW-Y.: Trockene Stellen der str. St. bei Gwanyilang und unter Duinaoko e von Lịdjiang 2300 m (3423).

**** D. fimbrisepalus** Hand.-Mzt.

Syn.: *Chirita fimbrisepala* Hand.-Mzt. in Sitzgsanz. Ak. W. W., LXII., 65 (1925).

Sect. *Euchirita* C. B. Clke.

Rhizoma 1—2 cm crassum, nodosum, repens, radicibus permultis, longis, tenuibus, fibrosis, apice foliorum paucorum rosulam et scapos 1—4 crassius-culos, 6—14 cm longos, 1- usque umbellatim 4- usque cymose 6 floros, pilis et brevibus et longioribus albis fuscopurpureo-septatis hirtellos edens. Folia cor-dato-ovata usque -orbicularia, usque ad 14 cm longa, paulum obliqua, obtusa, plerumque autem rotundata, sinu basali levi aperto, lamina in petiolum sub-nullum usque eam demum saepe subaequantem, crassum, succosum brevissime producta, toto margine crenata et bicrenata, crassiuscule herbacea, saturate concolori-viridia, juvenilia dense, adulta utrinque laxe similiter ac caulis sed crassius strigillosa; costa nervique basales 2—3pares et secundarii utrinsecus 2—3 valde obliqui, furcati, lati, subtus rufescentes et paulum prominui. Bracteae sepalis simillimae, liberae. Pedicelli validi, erecti, 15—30, sub fructo usque 45 mm longi, ut scapi calycesque induti. Calyx ad basin in lobos 5 subaequales, erectos, oblongo-ovatos, 7—13 mm longos, acutos, herbaceos, saepe purpuras-centes, antice crasse fimbriato-paucidentatos partitus. Corolla horizontalis, violacea (e nota collectoris), inferne vittis brevibus atrioribus maculata et 2 longis luteis in medium labium productis striata, $5^1/_2$—6 cm longa, tubo 10—12 mm lato, sensim paululum sursum curvato et ampliato, ore paulum obliquo, labio superiore 1 cm longo, ad basin bipartito, erecto, inferiore eo duplo longiore, ad $^1/_2$ trifido, porrecto, lobis omnibus transverse latioribus, late rotundatis undu-latis, basi invicem se tegentibus, medio inferiore interdum subemarginato et apicu-lato, extus densiuscule glanduloso-pubescens, intus glabra. Stamina 2, medio tubo inserta, filamentis 1 cm longis, basi geniculatis, superne glandulosis, antheris ellipsoideis, 5 mm longis, cohaerentibus, fauce inclusis. Staminodia profundius sita, linearia, $3^1/_2$ mm longa, glabra. Ovarium cum stylo apice tenuiter glan-duloso-pilosulo albo-velutinum, stigmate loriformi bifido faucem attingente. Capsula ensiformis, sessilis, 8—9 cm longa, 3—$3^1/_2$ mm crassa, quadricostulata, velutina, univalvis; semina fusiformia, ellipsoidea, $^2/_3$ mm longa, spadicea, rugosa.

SW-H.: Feuchte Tonschieferfelsen im Schatten des wtp. Laubhochwaldes des Yün-schan bei Wukang, 850—1000 m, 9. VIII. 1917 fr., IV. 1919 Wang-Te-Hui bl. (11225).

Species calyce ad basin in segmenta lata serrata fisso etiam inter habitu similes, quae sunt *D. brevipes* (CLARKE) HAND.-MZT. (*Chirita b.* CLARKE), *D. speciosus* (KURZ) HAND.-MZT. (*Chirita speciosa* KURZ), *D. Traillianus* (FORR. et W. W. SM.) HAND.MZT. (*Chirita Trailliana* FORR. et W. W. SM. in Not. Bot. Gard. Edinb., IX., 95 [1916]) valde excellens.

D. eburneus (HANCE) LÉVL. in Cpt. Rend. Ass. Franc. Av. Sci., 34. sess., 427 (1906) (*Chirita eburnea* HCE. — *C. Fauriei* FRANCH.). Felsen der str. und wtp. St., 300—1400 m. S-H.: Hwalin-se zwischen Yungdschou und Hsinning (11258). **Kw.**: Zwischen Tschingdschen und Guiyang und häufig zwischen Nganschun und Dschenning (10432, s. KARSTEN u. SCHENCK, Vegetb., 14. R., Taf. 13). Hügel bei Djitschangping nächst Muyu (10401).

D. aureus (FRANCH.) DIELS in LÉVL., Cat. Plt. Yun., 123 (1916) (*Roettlera aurea* FRANCH.). **Y.**: Wälder der tp. St. an der Ostseite des Dji-schan bei Dali, Sandstein, 2900 m (6383).

D. tonkinensis (KRÄNZL.) HAND.-MZT. ad int. (*Oreocharis t.* KRÄNZL. in Rep. sp. nov., XXIV., 216 [1928], e typo). Die Pflanze hat schon als Halbstrauch mit *Oreocharis* gar nichts zu tun. In Ermanglung von Blüten läßt sich nur sagen, daß sie gewissen *Didymocarpus*-Arten, wie *Chirita acuminata* R. BR. (non *Did. acuminatus* R. BR.) am ähnlichsten ist. Da ich sie mit keiner Art identifizieren konnte, mag sie vorläufig den obigen Namen führen.

Boea COMM.

B. Clarkeana HEMSL. NW-Y.: Mauern bei Gwanyilang in der str. St. über dem Yangtse e von Lidjiang, 2300 m (3419).

Brakteen oft recht groß, bis 22 × 10 mm. Blüten meiner Pflanze blau.

B. hygrometrica (BGE.) R. BR. **Ki.-F.**-Grenze: Felsiger Hang des Schehsingschan am Dunghwa-schan zwischen Schitscheng und Ninghwa, c. 1200 m (Plt. sin. 331). S-Y.: Yüendjiang (WILSON 129).

WILSONS Pflanze ist nur ein kleines Individuum, aber mit Blüte und Frucht und darnach sicher hierher gehörig.

B. rufescens FRANCH. **Y.**: Kristallinische Felsen der str. St. zwischen Homöndschang und Bödschagwan in einer Seitenschlucht des Yangtse n von Yünnanfu, 900—2000 m (714).

B. crassifolia HEMSL. **Y.**: Kalkfelsen der wtp. St. auf dem Hsi-schan bei Yünnanfu, 2100 m (SCHOCH 286).

Unterscheidet sich von *B. rufescens* nur durch die kahle oder anfangs wollhaarige, nicht angedrückt borstige Blattoberseite. Die Farbe des unterseitigen Filzes ist mit dem Alter der Blätter veränderlich. In CAVALERIE 3145 aus Guidschou liegen beide Arten gemischt vor.

Dichiloboea STAPF
in Kew Bull., 1913, 354

D. birmanica (CRAIB) STAPF, l. c., 355, e typo (*Boea b.* CRAIB, l. c., 1913, 114. — *B. paniculata* HAND.-MZT. in Sitzgsanz. Ak. W. W., LXII., 66 [1925], non RIDL. 1896). **S.**: Berieselte Kalkfelsen der str. St. zwischen Dsaluping und Gwanyinngai am Zuflusse des Yalung gegen Yenyüen, 27° 19′, 1650 m (5358).

Folia in typo quoque supra intense viridia, densissime strigilloso-velutina, corolla glaberrima, capsula saepe 10 mm tantum longa.

Rhabdothamnopsis Hemsl.

R. chinensis (Franch.) Hand.-Mzt. (*Streptocarpus ch.* Franch. 1899. — *Rhabdothamnopsis sinensis* Hemsl. 1903. — *R. Limprichtiana* Lingsh. et Borza in Rep. sp. nov., XIII., 390 [1914], e typo). Y.: Sandstein der wtp. St. am Bergfuß unter der Taihwa-se bei Yünnanfu, 2000 m (Schoch 218). Im NE bei Banpiengai, 2550 m (Maire, distr. Bonati 6263 B). **Kw.**: Tuschan (Cavalerie et Bodinier 2347).

— — var. **ochroleuca** (W. W. Sm.) Hand.-Mzt. (*R. sinensis* var. *o.* W. W. Sm. in Not. Bot. Gard. Edinb., XIV., 234 [1924]) Phyllitfelsen und beschattete Erdabrisse der str. und wtp. St., 1800—2700 m. **Y.**: Beyendjing (Ten ex hb. Berol. 175). Sankouschui (Ten 1211) und Tieso (T. 282) hier. Im NW bei Lidjiang, v. E. (3795). Ahsi w von hier (Delavay 3662). Tschwadse am Nordende der Yangtse-Schleife. **S.**: Muli bis gegen Sili (7209). Dsengo sw von hier.

Franchets und Hemsleys Aufstellungen beruhen u. a. auf derselben Nummer Pratts und wahrscheinlich auf derselben Ducloux', ohne daß Hemsley damals Franchets Veröffentlichung kannte. Durch das Zitat (Franch.) Hemsl. wurde die Identität im Pariser Herbar schon erkannt. Aus der Beschreibung Lingelsheims und Borzas ergibt sich als Unterschied ihrer Art nur das labium superius trilobum, inferius unico lobo rotundato, was aber an dem mir vorliegenden Originalexemplar gar nicht zutrifft, sondern die Unterlippe ist dreilappig, wie immer, die Lappen sind von einander ebensowenig verschieden, wie in der Originalabbildung. Der Arttypus geht nur wenig w von Yünnanfu und ist im ganzen nw Yünnan und angrenzenden Setschwan durch die Varietät vertreten.

Aeschynanthus Jack

A. grandiflorus Spreng. W-Y.: Bergwälder des birm. Mons. zwischen Salwin und Schweli am Wege von Dali nach Tengyüe, 1800 m (Gebauer).

A. chorisepalus Orr in Not. Bot. Gard. Edinb., VIII., 223 (1914). NW-Y.: An Felsen und hoch auf Bäume kletternd im str. Laubwalde des birm. Mons. zwischen Tjiontson und Pipiti am Salwin unter Tschamutong, 1700 m (9832).

Blätter nur 5—8 × 2—3 cm, Kelch wie Blütenstiele und Zweige oft mehr oder weniger lang gliederhaarig, jener bis 1 cm lang. Basale Haare an den nur mehr sehr spärlichen Samen mehr als 2, aber nicht über 4. Trotzdem wahrscheinlich hierher gehörig, jedenfalls bei keiner anderen bekannten Art unterzubringen.

** **A. tenuis** Hand.-Mzt.

Sect. *Haplotrichium* Benth.

Scandens, praeter corollas glaberrimus. Caules ramique tenues, teretes, pallide brunnei. Folia anguste ovata, $2^1/_2$—4 cm longa, longitudine 3—4^{plo} angustiora, in caudas c. $^1/_3$ laminae metientes apice ipso obtusas attenuata, basi rotundata vel late cuneata, tenuiter coriacea, hiemantia, sicca supra olivacea, subtus fulvida et minute glanduloso-foveolata, costa subtus paulum prominua, nervis 2—3^{nis} hic paululum conspicuis valde obliquis; petioli 2—3 mm longi, sulcati. Pedicelli foliis inferioribus axillares singuli, 4—5 cm longi vel in ramulis subumbellatim congesti, in cymis ad florem unicum reductis 1 cm tantum longi. Bracteae 2—3 mm longae, lineares. Calyx ad basin in lobos lanceolato-lineares, obtusos, c. 5 mm longos, $\pm \, ^3/_4$ mm latos partitus. Corolla rubra (e nota ad vivum), c. $2^1/_2$ cm longa, tubo sensim ampliato, ore 7 mm lato, limbo c. 5 mm longo, lobis 5 subaequalibus ovato-rotundatis dense ciliolatis. Stamina 4, medio tubo inserta, corollam aequantia, filamentis rectis glabris, antheris orbicularibus $1^1/_2$ mm latis. Ovarium lineare, glabrum, in stylum 2 mm longum, dense glandu-loso-pilosum angustatum, stigmate discoideo. Capsula ad 6 cm longa, basi stipitiformis, antice 3 mm lata, acuta. Semina oblonga, $^3/_4$ mm longa, brunnea, aspera, utrinque pilo singulo crasso eis duplo longiore instructa.

NW-Y.: Granitfelsen im str. Regenlaubwalde des birm. Mons. unter Schutsche am Taron (Djiou-djiang, e Irrawadi-Oberlaufe), 27⁰ 53′, 1725—2000 m, 7. VII. 1916 (9418).

Proximi certe *A. stenosepalus* ANTH. in Not. Bot. Gard. Edinb., XVIII., 191 (1934) foliis maioribus corolla longiore basi globosa et *A. tubulosus* ANTH. l. c., 192 foliis acutis tantum, corolla maiore, staminibus longe exsertis diversi.

* *A. Peelii* HOOK. f. et THOMS. in HOOK., Ill. Himal. Pl., t. 17 (1855), cfr. ANTHONY in Not. Bot. Gard. Edinb., XVIII., 191. NW-Y.: Von Phyllit- und Granitfelsen hängend in der str. St. des birm. Mons. zwischen Tjiontson und Dara bei Tschamutong am Salwin, 1700 m, 16. VIII. 1916 (9824) und im Tale unter dem Gomba-la dort bis in die wtp. St., 2300 m, v. E. (9864).

Lysionotus D. DON

L. pauciflorus MAXIM. (*L. Wilsonii* KRÄNZL. in Rep. sp. nov., XXIV., 217, 222 [1928]; XXV., 32, e typo, non REHDER 1916). Schiefer- und Sandstein-felsen und Bäume der str. und wtp. St., 350—1400 m. SW-H.: Im Walde des Yün-schan bei Wukang (12497). Kw.: Schlucht bei Pingü am Du-djiang unter Sandjiang (10855). Zerstreut um Guiding, über Guiyang und häufig bis Ngan-schun (10439).

WILSONS Nr. ist 1312.

** *L. sessilifolius* HAND.-MZT. in Sitzgsanz. Ak. W. W., LXI., 21 (1924).

Rhizoma repens, radicibus tenuibus, albo-tomentosis, caulem singulum erectum subsimplicem 40—65 cm longum validum, subaequaliter foliatum, inferne lignescentem edens. Folia opposita vel terna, ovato-lanceolata, $4^1/_2$—11 cm longa, longitudine 2—$2^1/_2$plo angustiora, in apicem ipsum obtusum breviter acuminata, basi — nonnulla oblique — rotundata, margine $\pm$ crebre obsolete usque subargute sinuato-serrata, persistentia, vix pergamena, atroviridia, subtus pallidiora et olivascentia; costa subtus late prominua, nervi 6—9ni patentes mox prorsus arcuati paulum anastomosantes utrinque tenuiter prominui; petiolus crassus subnullus usque 6 mm longus. Pedunculi plures, in axillis singuli, rigidi, $4^1/_2$—8 cm longi, cymas 2—15 floras laxiusculas gerentes. Bracteae lanceolatae usque ovatae et obovatae, interdum sinuatae, usque ad 8 mm longae, sicut sepala nonnulla tenuiter albo setoso-ciliatae. Pedicelli 4—10 mm longi, rigiduli. Calyx 4—6 mm longus, ad basin in lobos oblongos, carnosulos, purpurascentes, triner-vios, superne saepe recurvos fissus. Corolla $2^1/_2$—$3^1/_2$ cm longa, violacea (e nota ad vivum), tubo ad medium cylindrico, dein ventre dilatato, ore 5 mm lato, fauce flavo bicostato intus papillosa, labio superiore brevissimo et lato ad medium fisso, inferiore $\pm$ 1 cm longo, trilobo, lobis rotundatis, medio quam laterales subduplo longiore. Stamina sub fauce inserta, filamentis 2 mm longis, antheris inclusis. Staminodia paulo profundius inserta, subulata. Ovarium glabrum, in stylum 5 mm longum attenuatum, stigmate disciformi incluso. Capsula ultra 2 cm longa; semina ignota.

NW-Y.: Häufig an Felsen und Stämmen der str. St. des birm. Mons. unter Tjionatong bei Tschamutong am Salwin, 1725—1800 m, 14. VIII. 1916 und früher leg. Genestier (9793). In derselben Gegend (Forrest 16204, 19101, 20346).

Proximus *L. serratus* D. Don differt foliis maioribus, magis membranaceis, basi attenuatis, longius petiolatis, corolla minore, capsula longiore; *L. confertus* (Griff.) Clke. e descriptione foliis crassis nervis patentissimis obscuris longius distat, *L. Forrestii* W. W. Sm. praeter pilositatem inflorescentiis 1—2floris etc.

** ***L. sulphureus*** Hand.-Mzt. in Sitzgsanz. Ak. W. W., LXI., 20 (1924).

Rhizomate tenui subsucculento in truncis putridis longe repens, caules ascendentes 2—8 cm longos, simplices, graciles, herbaceos, cum petiolis et interdum pedunculis minute albo-strigillosos, foliorum paribus aliis remotis aliis subverticillatis obsitos edens. Folia lanceolato- et ovato-elliptica, 10—25 mm longa et dimidio usque triplo angustiora, utrinque acuta vel haec basi subrotundata, serraturis utrinsecus usque ad 5 brevibus rectangulis hydathode crasso terminatis, tenuia, pauca hiemantia, atroviridia, subtus olivascentia; costa subtus lata et prominula, nervi utrinsecus 4—6 valde obliqui arcuati ante marginem confluentes tenuissimi inconspicui; petiolus lamina 3—4^{plo} brevior, angustus. Pedunculi axillares solitarii, filiformes, nutantes, 3—4 cm longi, uniflori, apice bracteolis 2, subulato-lanceolatis, 1—1^1/$_2$ mm longis, deciduis instructi. Pedicellus 5 mm, sub fructu paulum incrassatus ad 10 mm longus. Calyx 4—5 usque demum 7 mm longus, ad basin in lobos erectos lineari-lanceolatos hydathode obtuso terminatos trinervios fissus. Corolla vix 2 cm longa, pallide sulphurea (e nota ad vivum), glabra, tubo ventre dilatato ad 5 mm lato, lobis brevibus (nondum explicatis). Stamina et staminodia medio tubo supra costulas pilosulas inserta, illa corollam saltem æquantia, haec filiformia, 3 mm longa. Ovarium glabrum, in stylum ultra 2 mm longum attenuatum. Capsula clavato-linearis, 28—42 mm longa, 2 mm crassa, in stylum 6—7 mm longum stigmate parvo capitato terminatum angustata; semina fusiformia, purpurascentia, cum appendicibus subulatis aequilongis 2—2^1/$_2$ mm longa.

NW-Y.: Morsche Stämme im tp. Regenlaubwalde des birm. Mons. auf dem Rücken Alülaka unter Tschamutong am Salwin, 2850 m, 24. IX. 1915 fr., 31. VII. 1916 bl. (9597).

Proximus *L. gracili* W. W. Sm. in Not. Bot. Gard. Edinb. X., 186 (1918) foliis maioribus acuminatis coriaceis costae basi pilosis, floribus maioribus albis roseopurpureo-striatis, stylo longiore diverso et *L. Wardii* W. W. Sm., qui calycis lobis multo latioribus, rotundatis, ut corolla grosse articulato-pilosis distat.

*? ***L. Wardii*** W. W. Sm., l. c. (1918). NW-Y.: Auf lebenden Stämmen in den tp. Regenwäldern des birm. Mons. im Tale unter dem Gomba-la in der Salwin—Irrawadi-Kette ober Tschamutong, 2900 m, 12. VII. 1916 (9544).

Nur mit ganz jungen Knospen.

* *Rhynchoglossum* BLUME

R. obliquum BL. S.: An Reisfeldmauern in der str. St. bei Dsaluping in einem Seitentale des Yalung gegen Yenyüen, 27° 18′, 1620 m, 29. IX. 1914 (5366).

War nur aus Formosa angegeben. Seither auch in Kwanghsi: Linyen, in der Quellenhöhle gemein (CHING 6755) gefunden.

Hemiboea CLKE.

H. Henryi CLKE. H.: In der str. und wtp. St., 150—1300 m. Kalkfelsen im Walde unter Tungdjiapai und an anderen Stellen der Umgebung von Hsikwangschan bei Hsinhwa (12594), so bei Ngandjiapu und Tangtiaotjiao. Im S. an Kalkfelsen bei Yungdschou (11312). Im SW im schattigen Laubhochwalde des Yün-schan bei Wukang (11201).

Bei 12594 Cystolithen sehr spärlich, Haare kommen auch vor, mitunter fehlt beides; bei 11201 Haare und Cystolithen, aber manchmal die ersten fehlend und mitunter, gerade an stark behaarten Blättern, keine Cystolithen. Die dünnere Blattextur dieser Nummer ist aus dem Standort erklärlich, die Behaarung aber nicht. Unterlippe auf dem gelben Fleck in 3 Streifen dicht weiß behaart.

H. subcapitata CLKE. SW-H.: Im wtp. schattigen Laubhochwalde des Yün-schan bei Wukang in dem e des Tempels Gwanyin-go herabziehenden Graben, Tonschiefer, 1000—1200 m (12511).

Unterlippe auf 3 gelben Streifen spärlich behaart. Dieser Unterschied gegenüber der vorigen scheint auch an FABERS und WILSONS Pflanzen zu bestehen. Über den durch die verwachsenen Brakteen gebildeten Wasserkelch machte ich bei beiden Arten dieselbe Beobachtung, wie BODINIER nach FRANCHET in Bull. Mus. Par., V., 252.

**** H. subacaulis** HAND.-MZT. in Sitzgsanz. Ak. W. W., LXII., 66 (1925). (Taf. XIV, Abb. 4, 5).

Sect. *Subcapitatae* CLKE. (*Leucoboea* FRITSCH).

Stolonibus epigaeis filiformibus ramosis usque ad 70 cm longis ubique radicantibus squamarum orbiculari-ovatarum 1½ mm longarum membranacearum paribus valde distantibus obsitis et apicibus caules singulos edentibus repens, tota pilis albis articulatis inferne magis villoso-, superne magis patule hirtella. Caulis ascendens, subnullus usque 9 cm longus, tenuis. Folia 4—8 apice subverticillata vel pari infimo magis remoto, ovata vel elliptica, usque ad 12 × 7 et 9 × 6,3 cm, summis saepe minutis, obtusa, basi in petiolos brevissimos usque ad 3½ cm longos, 1½—2½ mm latos decurrentia, integerrima, membranacea, laete viridia, costa basi lata nervisque utrinsecus 4—5 valde obliquis et arcuatis ante marginem confluentibus tenuissimis utrinque prominulis, cystolithis nullis. Pedunculus terminalis, tenuis, erectus, 1½—5 cm longus. Bractea 10—15 mm longa, transverse latior, apiculata, inferne rotundata, navicularis, herbacea, marginibus late membranaceis antice ± connatis serius ruptis. Flores singuli, rarius 2—3, nutantes, pedicellis crassis, glabris, 2—3 mm longis. Calyx 8 mm longus, membranaceus (vivus carnosulus?), pallidus, glaberrimus, in lobos 5 rotundatos, posteriores 3 inter se altissime, cum lateralibus oblongis ad ⅓ connatos et antice ad basin usque fissus. Corolla 3—4 cm longa, tenera, rosea, purpureo-punctata, palato luteo (e nota ad vivum), extus parce et breviter glanduloso-brevipila, intus praeter costam unam latam grosse pilosam palati et annulum pilorum suprabasalem glabra; tubus supra basin paululum inflatus ± 6 mm latus, dein ad medium sensim ampliatus hic 14 mm latus, ad limbum erectopatentem paulum obliquum in lobos 5 subaequales 6—7 mm longos late ovatos rotundatos fissum aequilatus. Stamina 2, media corolla inserta, glabra, filamentis tenuibus 1 cm longis basi geniculatis, arcuatis, antheris cordato-oblongis, 3 mm longis, contiguis. Staminodia 2 filiformia minute capitata filamentis paulo profundius inserta et duplo breviora, 1 brevissimum (e nota ad vivum). Discus annularis, dorso tantum emarginatus. Ovarium angustum, in stylum c. 2 cm longum crassum sensim attenuatum, glabrum, stigmate eo aequilato, obtuso, loculo sterili aeque ac fertili per totum ovarium producto.

H.: Beschattete Sandsteinfelsen der str. St. in der Waldschlucht hinter der Schule am Yolu-schan bei Tschangscha, 80 m, 20. X. 1918 (12758).

Proxima *H. gracilis* FRANCH. corollae tubo glaberrimo et calyce 5partito lobis oblongis differt. Ceterae species dissimiles sunt.

Das sterile Fruchtknotenfach ist länger, als bei den anderen Arten der Gattung und führt zu dem Gedanken, ob es sich nicht um eine *Didymocarpus*-Art mit Verkümmerung eines Faches handelt, zumal da einige Arten der Sektion *Chirita* habituell ähnlich sind. Doch stimmt keine bekannte, und die Infloreszenz ist von *Hemiboea*.

Bignoniaceae

Oroxylon VENT.

O. indicum (L.) VENT. Trockene Hänge, Savannenwälder der str. St., 600—1375 m. **Y.**: Unter Jenhogai zwischen Yungbei und Huili. **S.**: Am Nganningho bei Mola nw von Huili (5237) und ober Gungmuying, 27° 12′ (phot.). Unter Pudi gegen den Yalung sw von hier. **SW-Kw.**: Schlucht des Hwatjiaoho am Wege von Dschenning nach Hwangtsaoba (10357).

Der Kelch der übelriechenden Blüten wird von Ameisen besucht.

Campsis LOUR.

C. chinensis (LAM.) VOSS, Vilm. Blumengärtn., ed. 3., 801 (1896). Gebüsche, Mauern, Ackerränder der str. St., 500 bis gegen 800 m. **Ki.**: Im SE am Wuhwa-schan bei Ningdu (Plt. sin. 452). Im E um Pinghsiang (Plt. sin. 238). **H.**: Hinter Tschangscha. Im SW in Gebüschen bei Oudwan an der Grenze von Guidschou (11014).

Incarvillea JUSS.

I. sinensis LAM. Sandige, buschige Stellen der str. St. NW-Y.: 1900 bis 2050 m. Zwischen Ahsi und Schigu am Yangtse w von Lidjiang. An der Mündung des Tales von Londjre in den Mekong (7980). W-S.: Min-Tal von Sungpan bis Tietschi (WEIGOLD).

I. lutea FRANCH. Steinige Fichtenwälder und buschige Hänge der tp. bis an die ktp. St., 2800—3850 m. S.: Hungga (SCHNEIDER 1526), unter Yiwanschui (2940) und Bitieliangdse über dem Wolc-ho zwischen Yenyüen und Yungning. Jenseits des Passes Tschescha bei Muli. **Y.**: Berg Hungguwo bei Hsinyingpan zwischen Yungbei und Yungning. Im NW ober Ngulukö bei Lidjiang (6637).

I. grandiflora Bur. et Franch. Wiesen und Matten, gerne an steinigen Stellen, oft in Menge, in der tp. und ktp. St., 2750—4100 m. **S.**: Liuku-liangdse zwischen Yenyüen und Kwapi (2264). Ober Ngaitschekou jenseits des Yalung n von hier. Rücken Daörlbi halbwegs zwischen Yenyüen und Yungning. **Y.**: Ober Hsinyingpan zwischen Yungbei und Yungning. Im NW am Yülung-schan bei Lidjiang bis in die Ebene n von Ngulukö (3793). Ober Dugwan-tsun se von Dschungdien und auf dem Passe Schulakadsa e von hier.

Amphicome (Royle) Lindl.

A. arguta (Royle) Lindl. Trockene Hänge und felsige Stellen der str. und wtp. St., 1300—2850 m. **Y.**: Dschanyi ne von Yünnanfu (Schoch 364). Ober Matouschan bei Magai nw von hier. Hsiaotouschao bei Tschuhsiung. Unter Laowanpo und Yanggai n von hier. Zwischen Yünnan-hsien und Yünnanyi s von Dali. Hsingai bei Bintschwan. Möga (phot.) und Örlbintang zwischen Yungbei und Yungning. Unter Gwanyilang w von hier. Im NW s ober Ndaku im N und ober Lendo im NW von Lidjiang. **S.**: Dadsui am See von Yungning. Unter Hungga bei Yenyüen. Unter Molien jenseits des Yalung n von hier. Um den Yalung am 27° 43′ (2030). Ober Dungngan s von Huili (793). **W-Kw.**: Häufig von Nganschun bis jenseits Dschenning (10431).

Catalpa Scop.

C. ovata G. Don, Gen. Syst., IV., 230 (1837) (*C. Kaempferi* Siebd. et Zucc.). In der str. und wtp. St. NE-Y.: 2500 m. Tal von Toudung (Maire ex Arb. Arn. 394). Ebene von Tschehai (M.). **Kw.**: Um die Dörfer, 1000—1600 m. Laibedou bei Hwangtsaoba und mehrfach über Tjiaolou (10312), Dschenning und Guiyang bis Badschai. **SW-H.**: Zerstreut sw von Wukang, 500 m.

C. Duclouxii Dode. Laubwälder der wtp. bis in die str. St., auch häufig um Dörfer und Tempel. **Y.**: 1550—2500 m. Yünnanfu, in der Ebene (Schoch 2) und auf dem Hsi-schan (6069). Gegen Fumin und gegen Gwangdung. N von hier bei Ganhaidse nächst Hedjing und gegen W viel bis unter Beyendjing. Im NW viel um Lidjiang, ober Keluwan am Yangtse und bei Yato gegen den Mekong nw von dort. **Kw.**: 950—2100 m. Liangtoho (Schoch 394). Häufig zwischen Hwangtsaoba und Tjiaolou (10311), über Dschenning und Guiyang bis Badschai.

Markhamia Seem.

M. stipulata (Wall.) Seem. in Journ. of Bot., I., 226 (1863) (*Spathodea s.* Wall., Plt. As. rar., III., 20 [1832]) var. *Kerrii* Sprague in Kew Bull., 1919, 310. **S-Y.**: In der tr. Waldschlucht hinter dem Dorfe Manhao s von Möngdse, Tonschiefer, 200—400 m (5798).

Stereospermum Cham.

S. tetragonum (Wall.) DC., Prodr., IX., 210 (1845) (*Bignonia tetragona* Wall. ined. — *Stereospermum chelonoides* DC., non *Bignonia c.* L., cfr. Haines in Kew Bull., 1922, 121). S-Y.: Tropische Savannenwälder flußabwärts gegenüber Manhao, Tonschiefer, 200—400 m (5908).

Radermachera Zoll. et Mor.

R. sinica (Hce.) Hemsl. in Hook., Ic. Pl., XXVIII., t. 2728 et index (1902) (*Stereospermum sinicum* Hce.). Y.: Im feuchten str. Schluchtwalde unter Daschuming bei Beyendjing halbwegs zwischen Tschuhsiung und Yungbei, Kalkschiefer, 1550 m (6285).

R. pentandra Hemsl. S-Y.: Im tr. Savannenwalde bei Schuidien zwischen Möngdse und Manhao, Kalk, 1300 m (6020).

Mayodendron Kurz

M. igneum Kurz, Prel. Pegu For. Rep., App. D, 1 (1875) (*Spathodea ignea* Kurz in Journ. As. Soc. Beng., XL/2., 77 [1871]). S-Y.: Tr. Savannenwälder und Bambusbestände flußaufwärts (5897) und flußabwärts gegenüber Manhao, Tonschiefer, 200 m (s. Naturbilder SW-China, Abb. 67). Für Yünnan schon von C. B. Cl. in Fl. Brit. Ind., IV., 382 (1884) angegeben.

Pedaliaceae

Sesamum L.

S. indicum L. Y.: Gebaut bei Yüenmou nw von Yünnanfu, 1300 m, und bei Kunghsientjiao bei Beyendjing (Ten 1348).

Trapella Oliv.

T. sinensis Oliv. II.: Lachen in der str. St., 50—360 m. Tschangscha. Loudi halbwegs zwischen Hsianghsiang und Hsinhwa. Höngdschou (11340). Hwangtjiaopu unter Wukang und von hier gegen Gaoscha-se.

Acanthaceae

Thunbergia Retz.

T. grandiflora (Rottl. et Willd.) Roxb. Gebüsche, Wälder und Hochgrasfluren der tr. St., 150—400 m, auf kristallinischem Boden. S-Y.: Hinter dem Dorfe Manhao (5801). **Tonking**: Gemein bei Laogai an der Yünnan-Grenze (14).

T. fragrans Roxb. Felsen und üppige Gebüsche der wtp. und str. St., 600—2350 m. Y.: Haiyen-se bei Yünnanfu (Schoch 285). Zwischen Tschuhsiung und Gwangdung (4847). Beyendjing (Ten 121 p. p., 1188). Im NW bei Mujendu e von Dschungdien. Im NE bei Puörldu am Dagwan-ho (Mell) und Laowatan (Maire). S.: Dsengo bei Muli (7566). Zwischen Liyüen und Sandawan über dem Nganning-ho nw von Huili.

Hygrophila R. Br.

H. salicifolia (Vahl) Nees, sensu Clarke in Fl. Brit. Ind., non Lindau in Nat. Pflzfam., IV/3b, 297, quae *H. quadrivalvis* sensu Fl. Brit. Ind. H.: Lachen-

und Reisfeldränder der str. St., Sandstein, 40—50 m. Bei Tschangscha gegen den Gu-schan (11354). Bei Hsianghsiang (12794).

Aechmanthera NEES

A. tomentosa (WALL.) NEES. S-Y.: Steinige Stellen der wtp. St. auf dem Sattel zwischen Möngdse und Schuidien, Kalk, 2050 m (6050).

* *A. gossypina* (WALL.) NEES in WALL., Plt. As. rar., III., 87 (1832) (*Ruellia g.* WALL., nom. nud. — *Aechmanthera Wallichii* NEES in DC., Prodr., XI., 170 [1847]. — *A. tomentosa* var. *Wallichii* [NEES] C. B. CLKE. in Fl. Brit. Ind., IV., 428 [1884]). W-Kw.: Wiesen bei Maoguho, Kalk, 1500 m, 12. X. 1916 (SCHOCH 402).

Gutzlaffia HANCE 1849
(*Pseudostenosiphonium* LINDAU in Nat. Pflzfam., IV/3 b., 303 [1895])

G. aprica HANCE (*Strobilanthes apricus* [HCE.] T. ANDS. — *S. Dielsianus* W. W. SM. in Nct. Bot. Gard. Edinb., VIII., 207 [1914]. — *Gutzlaffia Dielsiana* [W. W. SM.] MOORE in Journ. of Bot., LXIII., 167 [1925]). Steppen, Hecken, Gebüsche und offene Föhrenwälder der wtp. bis in die tp. St., auf Sandstein, 1800—3000 m. Y.: W von Yünnanfu (SCHOCH 330). Tschuhsiung. Beyendjing (TEN 126). Hsiagwan. Im NW bei Duinaoko e von Lidjiang (3425). Zwischen Sape und Haba se von Dschungdien (4409). S.: Mehrfach zwischen Hokou und Fongsaying s von Huili (5104).

G. anisandra (R. BEN.) HAND.-MZT. (*Strobilanthes anisandrus* R. BEN. in Bull. Mus. Hist. nat. Par., XXVIII., 190 [1922]). NE-Y.: Sandsteinberge am Ufer des Gwa-ho bei Tandu am Wege von Yünnanfu nach Suifu (MELL). Wälder und Wege am Mangan-schan bei Beyendjing (TEN 1295).

Blätter hier lanzettlich, bis 90 × 18 mm. Blüten „sahnefarbig". Pollen von MAIRES Typus, sowie hier und an allen Exemplaren der Varietät stachelig, daher zu dieser Gattung gehörig.

— — ** var. *drosothyrsa* HAND.-MZT.

Inflorescentia dense glanduloso-pilosa. Flores albi violaceo-punctati vel pallide sulphurei brunneo-punctati (e notis ad vivum).

Y.: An einem Kanal in der wtp. St. bei Tschangyi ne von Yünnanfu, 1950 m, 2. X. 1916 (SCHOCH 373). Beyendjing, in Wäldern (Ten 121). Im NW im üppigen str. Schluchtwalde unter Meti über dem Yangtse sw von Dschungdien, Tonschiefer, 2400 m, 25. VIII. 1915 (7780, Typus).

Der Typus der Varietät ist kahlblätterig, die beiden anderen Pflanzen haben die Blätter gewimpert und unterseits an den Nerven behaart. Die Varietät wird dem *Strobilanthes consanguineus* (NEES) CLKE. var. *hypoleucus* (NEES) CLKE. sehr ähnlich und läßt sich außer durch den Pollen nur durch weniger als 7 Nervenpaare der Blätter (doch nach WALLICH auch dort mitunter nur 5) und mit Ausnahme des obersten Teiles behaarte Staubfäden unterscheiden. Über die Blütenfarbe jenes finde ich keine Angabe.

** *G. multiramosa* HAND.-MZT. (Abb. 28, Nr. 1 auf S. 939).

Caulis erectus vel e basi radicante ascendens, totus crebre longiramosus, inferne indurascens, viridis, teres, ramificationibus juvenilibus tantum leviter quadrangulis, ad 60 cm altus, ut illae pilis recurvulis flavescentibus dense hirtel-

lus, internodiis aequalibus longis. Folia ovata et summa suborbicularia, 1 usque
$4^1/_2$ cm longa, longitudine plerumque paulo angustiora, breviuscule acuminata,
basi ad petiolos laminis $\pm$ duplo breviores, graciles, dense et patenter pilosos
late cuneata et superiora ad quadruplo breviores truncata, omnia crebre et
angustiuscule crenata, herbacea, ciliata, supra sicca atroviridia, dense et minute
lineolata, sparse et breviter strigillosa, ad costam longius setulosa, subtus pallidiora et $\pm$ dense albo-pilosa. Spicastra caule ramulisque terminalia, florum
paribus paucis $\pm$ remotis constantia, bracteis folia summa aequantibus, summis
minoribus sessilibus. Calycis segmenta linearia, rarius spathulata, 5—8 mm longa,
inter se subaequalia, obtusa, densissime lineolata, margine dorsoque dense et
breviter ciliolata. Corollae 1,8—2,3 cm longae extus brevissime pilosulae pallide
coeruleae (e notis certe huc pertinentibus) tubus 1,2—1,5 cm longus, e basi
anguste cylindrica subito ventricoso-ampliatus; limbus bilabiatus, labio superiore
ad tertium superum trilobo lobis late ovatis paulum emarginatis basi rotundato-
auriculatis, inferiore fere ad basin bilobo, lobis ovatis, rotundatis. Stamina
fertilia 2, apice tubi angusti inserta, corolla $\pm$ aequilonga, filamentis inferne
barbatis et breviter glanduloso-pilosis, antheris sagittato-ellipticis, ad 2 mm
longis; staminodia 2, staminibus altius inserta, $1^1/_2$—2 mm longa, capitata;
pollinis grana tuberculis longitudinaliter seriatis echinata. Ovarium apice
glanduloso-pilosum, stylo glabro. Capsula crasse fusiformis, c. 7 mm longa,
glabrescens. Semina 3, ovata, complanata, c. 2 mm longa et paulo angustiora,
acuta, basi oblique truncata, membranaceo-marginata, adpresse et dense lepidota.

NW-Y.: Hänge der trockenen str. St. am Mekong unter Lota, 27⁰ 50—55',
kristallinischer Boden, 1950 m, 5. X. 1915 (8463) und bei Anadon an seinem
Zuflusse unter Weihsi. Viel im birm. Mons. zwischen Sitjitong und Tjionatong
ober Tschamutong am Salwin.

Habitus speciei praecedentis, sed indumentum et inflorescentia valde
diversa. Proxima *G. Henryi* (HEMSL.) C. B. CLKE. ap. Sp. MOORE in Journ. of
Bot., LXIII., 167 (1925), quae imprimis indumento sparsiore retrorsum adpresso
inflorescentiaque glanduloso-pilosa differt.

Strobilanthes BLUME

S. Feddei LÉVL. in Rep. sp. nov., XII., 20 (1913), e typo. Y.: Zwischen
Kalkfelsen der wtp. St. auf dem Hsi-schan bei Yünnanfu, 2300 m (SCHOCH 331).
Beyendjing (TEN ex hb. Berol. 263). Hier in Wäldern und an Wegen bei Nigu
(Tieso) (TEN 1336).

TEN 1336 teilweise durch reichliche Äste mit je einem Blattpaar buschig,
mit Blättern bis 13 × 7 cm (ohne die Stiele), Vorderränder ihrer Zähne bis $2^1/_2$ mm
lang.

S. torrentium R. BEN. in Bull. Mus. Hist. nat. Par., XXVIII., 188 (1922),
e descr. Y.: Laubwald der tp. St. am Hsi-schan bei Yünnanfu, 2200—2300 m
(SCHOCH 272). Waldschlucht der wtp. St. unter Yaoying bei Wuding e des
Dsolin-ho, 1900 m (13048).

Nr. 13048 weicht von der Beschreibung nur durch kleinere, bis 7 × 3 cm
große Blätter und nebst bräunlicher auch weißliche Behaarung ab, SCHOCHS
Pflanze von jener durch schmälere Brakteen und Drüsenlosigkeit.

S. Cyclus C. B. Clke. ap. W. W. Sm. in Not. Bot. Gard. Edinb., X., 192 (1918). Y.: An einer feuchten Stelle der wtp. St. beim Tempel Haiyen-se nächst Yünnanfu, Kalk, 2300 m (Schoch 332).

**** S. panduratus** Hand.-Mzt. (Abb. 26, Nr. 3).

Sect. *Eustrobilanthes* Clke., subsect. *Bracteati* Clke.

Rhizoma lignosum, ramosum, crassum, pluriceps, radicibus multis, longissimis, crassis, caules plures edens c. 65 cm altos, erectos, virides, quadrisulcatos, in sulcis et nodis dense hirtellos, superne tantum paniculato-ramosos. Folia sessilia, e basi rotundata fere auriculata fere ad tertiam longitudinis partem late linearia, dein lanceolata ideoque subpandurata, 5—15 cm longa, longitudine c. triplo angustiora, acuminata, prater partem inferiorem remote serrata, obscure viridia, densissime lineolata, supra sparse strigosa, subtus pallidiora et praesertim in nervis brevipilosa, his 6—10^{nis} valde obliquis et arcuatis cum costa utrinque prominulis. Inflorescentia pseudoracemis laxis late paniculata, corollis exceptis dense glanduloso-pilosa, floribus plurimis oppositis. Bracteae infimae foliaceae, mox decrescentes, ovato-lanceolatae, obtusae, calycibus breviores, sub anthesi persistentes. Calyx 10—15 mm longus, fere ad basin in lobos 5 lineares obtusos fissus, lobo uno ceteris longiore. Corolla c. 3 cm longa, paulum curvata, intus lineis 2 brevipilosis a staminum insertione decurrentibus et fauce sparse longipilosa; tubus superne subsensim ampliatus; lobi breves, rotundati. Stamina 4, didynama, filamentis basi sparse pilosulis, antheris obtusis, pollinis granulis costatis. Ovarium apice pilosulum, stylo glabro. (Fructus deest.)

S.: Föhren-Eichen-Mischwälder der tp. St. zwischen Hosö und Hwayi im Gebiete von Muli in dem nw von Yungning herabziehenden Tale, Schiefer, 2900 bis 3200 m, 7. VIII. 1915 (7518). Y.: Wohl dieser auf dem Sattel des Berges Lamatso w des Nordendes der Lidjianger Yangtse-Schleife, 3300 m.

Species foliorum forma insignis, specimine unico collecta, proxime affinis certe *S. scoriarum* W. W. Sm. in Not. Bot. Gard. Edinb., X., 199 (1918), qui e typo differt foliis e basi dilatata ovatis et inflorescentia minus foliata prater glandulas sessiles pilosque eglandulosos brevissimos distichos glabra.

**** S. Larium** Hand.-Mzt. (Abb. 26, Nr. 2).

Sect. *Eustrobilanthes* Clke., subs. *Bracteati* Clke.

Rhizoma crassum, repens vel descendens, caules singulos vel plures erectos, ultra 2 m altos, basi ad 12 mm crassos, fistulosos, paulum ramosos, quadrangulos, superne sparse albide patentipilos, summitate praeterea dense glanduloso-pilosos edens. Folia late usque anguste ovata, 7—20 cm longa, longitudine duplo usque triplo angustiora, caudato- vel falcato-acuminata, in petiolos laminis subduplo usque subtriplo breviores, sparse glanduloso-pilosos vel glabrescentes longe decurrentia, praeter basin caudamque grosse dentato-serrata, dentibus crasse mucronatis, herbacea, intense viridia, utrinque lineolata et glabra, nervis lateralibus 3—6^{nis}, arcuatis, procul a margine anastomosantibus, supra pallidis, subtus cum trabeculis dissitis tenuiter prominuis; floralia sensim anguste lanceolata integra, subsessilia, partim 3 cm tantum longa. Spicastra terminalia necnon axillaria, pedunculata, brevia, densiuscula. Flores sessiles, plurimi oppositi; bracteolae parvae, sepalis aequales, saepe deciduae. Calyx fere ad basin in lobos 5, lanceolatos, inter se subaequilongos, 6—12 mm longos, obtusos fissus, dense glanduloso-pilosus. Corolla cleistogana tantum praesens campanulata, 6 mm longa, tubo utrinque glabro, labiis eo c. 4^{plo} brevioribus extus brevissime pubescentibus, inferiore ad basin in lobos 3 retuso-suborbiculares sinistrorsum tegentes ± emarginatos, superiore ad medium in lobos 2 angustiores fisso. Stamina 4, tertio infero tubi inserta, inter se aequalia, filamentis quam antherae ellipticae inclusae utrinque acutae brevioribus; pollinis grana costata. Ovarium glabrum, ovulis 4; stylus eo aequilongus, oblique truncatus (an intactus?). (Capsula ignota.)

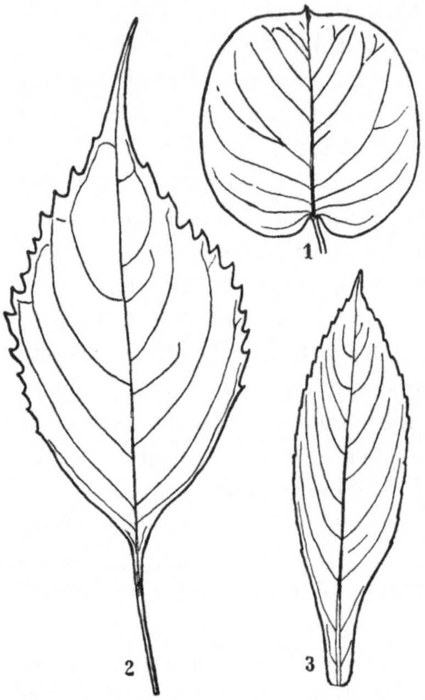

NW-Y.: In üppigen tp. Regenwäldern des birm. Mons. auf Glimmerschiefer und Granit, 2700—3500 m, Massenunterwuchs. Zwischen Mekong und Salwin vom Tschranalaka ober Tseku gegen die Alm Doschiratscho, im ganzen Doyon-lumba (phot.) und unter dem Doker-la, 16. IX. 1915 (8043). Wohl dieser gegen den Irrawadi zwischen Hsiolamenkou und Lussu and herab bis in die str. St., 1675 m, an der Mündung des Tjiontson-lumba und zwischen Sitjitong und Wuli am Salwin (s. Karsten u. Schenck, Vegetb., 17. R., Taf. 40 b).

Diese Charakterpflanze ihres Gebietes gehört jedenfalls zu jenen Arten, die erst nach einer gewissen Anzahl von Jahren und dann infolge gleichzeitiger Aussaat massenhaft blühen. Sie ist schon nach den in dem vorliegenden Zustand erkennbaren Merkmalen mit keiner bekannten chinesischen oder indischen Art identisch, weshalb ich von der Neubeschreibung nicht Abstand nehmen kann. Die vorliegenden Blüten sind offenbar kleistogam, woraus auch die unter sich gleichlangen, kurzen Filamente zu erklären sein werden.

Abb. 26. Blätter von 1 *Lyonia doyonensis* H.-M., 2 *Strobilanthes Larium* H.-M., 3 *Strobilanthes panduratus* H.-M. ¹/₃ nat. Gr.

* *S. glutinosus* Nees. **Y.**: Beyendjing, in Wäldern (Ten 266).

S. versicolor Diels in Not. Bot. Gard. Edinb., V., 163 (1912). Auf Buschwiesen und Sumpfwiesen meist massenhaft, auch in Gebüschen, Dschungel und Hochgekräute in der tp. St., 2800—3500 m, seltener der wtp. bei 2475 m. **Y.**: Von Dschaoping n Yungbei gegen Yungning bis ober Hsinyingpan. Im NW überall um Yungning (3161) bis ober Mudidjin. Bei Lidjiang, v. E. (3743). Hier an Bächen in der Ebene, überall um Ganhaidse und an der Ostseite des Yülungschan (s Naturb. a. SW-China, Farbenb. 44). Um Haba, Waschwa, Bödö, Tomulang und Minyü se von Dschungdien. Im birm. Mons. zwischen Salwin und Irrawadi im Tjiontson-lumba (9253) und im Tale unter dem Gomba-la bei Tschamutong, sowie jenseits ober Schutsche. **S.**: Tschoso am See von Yungning. Rücken ober Fumadi am Wolo-ho (3069).

Der Typus ist drüsenlos, meine Nr. 9253 und nach W. W. Smith briefl. später hinzugekommene Exemplare Forrests sind oberwärts drüsig.

S. hygrophiloides C. B. CLKE. ap. W. W. SM. in Not. Bot. Gard. Edinb., X., 194 (1918) ** var. **brachytrichus** HAND.-MZT.

Ramuli juveniles plerumque bifariam tantum crispule flavido pilosi. Bracteolae (in typo speciei quoque!) longe ciliatae sparseque glanduloso-pilosae. Calyx subglaber.

NW-Y.: An Gräben der wtp. St. bei Bödö se von Dschungdien, Kalk, 2500 bis 2600 m, 4. VIII. 1914 (4463).

Der Arttypus hat ringsum dicht und abstehend drüsenhaarige Zweige und (teilweise drüsig) behaarte Kelchzipfel. Meine Pflanze ist am besten hierher als Varietät zu stellen.

S. yunnanensis DIELS in Not. Bot. Gard. Edinb., V., 164 (1912), e typo. NW-Y.: Bei Lidjiang, v. E. (3742).

S. sp. n. ? W-S.: Kwan-hsien (WEIGOLD).

Von vorigen durch zweiseitig ganz kurz zurückgekrümmt-rauhhaarige Zweige und den Kelchzipfeln fast gleiche Brakteen verschieden, von *S. Austini* C. B. CLKE. ap. W. W. SM. in Not. Bot. Gard. Edinb., X., 190 (1918) ebenfalls durch die Behaarung, dann durch die zugespitzten Blätter und Brakteen verschieden. Blätter im Umriß wie *S. Larium*, aber gekerbt, und Pflanze drüsenlos. Nur kurze Endstücke vorliegend.

S. pentastemonoides (NEES) T. ANDERS. NE-Y.: Dschenfungschan im mittelchin. Fl., 650 m (MAIRE). S-S.: Nantschwan (BOCK u. ROSTHORN 1145). W-Hubei (WILSON, Veitch Exp. 2454). Yitschang (W., V. E. 103).

Alle Pflanzen mit kurz drüsenhaarigen Kelchen und groben, lang geschwänzten Blättern, genau mit den indischen übereinstimmend. In Hubei daher nicht nur *S. hupehensis* W. W. SM. in Not. Bot. Gard. Edinb., X., 193 (1918), wie der Autor dieses vermutet.

S. sp. aff. *paupero* C. B. CLKE. E-Y.: In dichtem Gras an leicht schattigem Waldrand hinter Gungschan am Wege von Yünnanfu nach Suifu, 2700 m, und 2 Tagereisen nach Dschaodung (MELL).

Ganze Pflanze viel kahler als *S. pauper* und Infloreszenz drüsenlos.

*** S. extensus** NEES in DC., Prodr., XI., 195 (1847) (*Goldfussia extensa* NEES in WALL., Plt. As. rar., III., 88 [1832]). Y.: Laodjing-schan bei Yünnanfu, Kalk, 2300 m, 10. VII. 1916 (SCHOCH 241). Dichter Rasen an sonnigem Waldrand hinter Gungschan am Wege von Yünnanfu nach Suifu, 2400 m, 4. IX. 1914 (MELL).

SCHOCHs Pflanze ist weiter herab drüsig, als die mir vorliegende aus Kasia, und ihr Stengel ist vom Grunde an beblättert, also nicht eigentlich strauchig, obwohl unten hart. MELLs Pflanze ist mangelhaft, hat schmälere, mehr fiedernervige Blätter.

S. Cusia (HAM.) O. KTZE., Rev. Gen., 499 (1891) (*Goldfussia C.* [HAM.] NEES in WALL., Plt. As. rar., III., 88 [1832]. — *S. flaccidifolius* NEES in DC., Prodr., XI., 194 [1847]). Y.: Gebaut in der wtp. St. bei Dali, 2100 m (8548). Im NE bei Dschenfungschan im mittelchin. Fl., 650 m (MAIRE). SW-Kw.: Sonnige Gebüsche auf einer Kalkfelskante bei Hwangtsaoba, 1400 m (10278 ? ster.).

S. Wallichii NEES. SW-H.: Im wtp. schattigen Laubhochwalde des Yün-schan bei Wukang, Tonschiefer, 950—1200 m (12515).

S. claviculatus C. B. Clke. ap. W. W. Sm. in Not. Bot. Gard. Edinb., X., 191 (1918), e typo. NW-Y.: Bambusreiche Waldschluchten der tp. St. um den Paß Yenaping zwischen Djientschwan und dem Mekong, 2850—3200 m (10057).

S. sp.? Y.: Steinige Stellen der str. St. zwischen Hsingai und Tie-tsun e von Dali, Sandstein, 1650—1800 m (6347).

Eine niedrige einblütige Pflanze, vielleicht verarmt, vegetativ und im Kelch ähnlich *Aechmanthera*. Nur 2 Blüten, die ich nicht für Untersuchung der Ovula-Zahl opfern will.

Ruellia L.

R. drymophila (Diels) Hand.-Mzt. in Sitzgsanz. Ak. W. W., LXI., 169 (1924) (*Hemigraphis d.* Diels in Not. Bot. Gard. Edinb., V., 161 [1912]. — *Ruellia arcuata* Lingsh. et Borza in Rep. sp. nov., XIII., 390 [1914], e typis). Steppen und andere Rasenplätze der str. bis an die wtp. St. Y.: 1300—2500 m. Zwischen Djiaoping und Bödschagwan in einer Seitenschlucht des Yangtse n von Yünnanfu. Matouschan, Magai, Tsodjio und überall im Becken s des Yangtse. Beyendjing (Ten 1200). Wo? (Delavay 4822). Dahwaschu bei Yungbei (3388). Bei Bödö se von Dschungdien gegen Waschwa (4464). S.: Überall um Huili bis Hokou und unter Pudi. SW-Kw.: Zwischen Felsen unter Tingdaoyin in der Schlucht des Hwatjiao-ho am Wege von Dschenning nach Hwangtsaoba, 1100 m (10372?, jung). Ne der Lidjianger Yangtse-Schleife (Forrest 10710). Im NE bei Lagu (Maire). Ami (Enander).

Die Pflanze hat Wabenpollen und ist weder eine *Hemigraphis*, noch eine *Aporuellia*. Die ihr sehr ähnliche *Aporuellia flagelliformis* (Roxb.) C. B. Clke. in Journ. As. Soc. Beng., LXXIV/2., 650 (1908) (*Ebermaiera concinnula* Hce. — *Staurogyne c.* [Hce.] O. Ktze., Rev. Gen., 497 [1891], cfr. Benoist in Bull. Soc. Bot. Fr., LX., 269 [1913]) läßt sich äußerlich, auch wenn sie, wie in Wilson, Veitch Exp. 1702, nur 2 bis 3 Blütenquirle übereinander hat, durch die weniger zahlreichen, stark vorwärts gebogenen Blattnerven und die stets kleineren Brakteen unterscheiden. Auf *Ruellia drymophila* beruht offenbar die Sektion *Schizothecium* Baill. in Bull. mens. Soc. Linn. Par., 852 (1890), obwohl Delavays Exemplar mit dem Manuskriptnamen *R. flagelliformis* var. *Delavayana* Baill. ausgegeben worden war.

Eranthemum L.

E. nervosum (Vahl) R. Br. (*Daedalacanthus nervosus* T. Anders.). Y.: In tr. Bambusbeständen und Savannenwäldern flußaufwärts gegenüber Manhao, Tonschiefer, 200 m (5844).

*** E. polyanthum** C. B. Clke. in Hook., Ic. Pl., XX., t. 2000 (1891). S-Y.: Wie voriges (5850). In der Gegend schon von Henry gesammelt.

Lepidagathis Willd.

L. incurva Don, Prodr. Fl. Nep., 119 (1825) (*L. hyalina* Nees 1832). S-Y.: Gebüsche der tr. St. bei Yaotou zwischen Möngdse und Manhao, Kalk, 1000 m (5989).

Barleria L.

B. cristata L. Felsen, Gebüsche und feuchte Hecken der str. bis an die wtp. St., 1200—2000 m. **Y.**: Hungngai s von Dali. Unter Duinaoko in der Yangtse-Schlucht e von Lidjiang (12996). **S.**: Im Yalung-Tale ober Datiaoku, 27⁰ 10′ (5303) und zwischen Meidsepu und Lumapu an seinem Zuflusse gegen Yenyüen, 27⁰ 40′ (5586).

B. Mairei Lévl. in Rep. sp. nov., XII., 285 (1913), e typo. **Y.**: Trockene Hänge der str. St., 900—1700 m. Zwischen Homöndschang und Bödschagwan in einer Seitenschlucht des Yangtse n von Yünnanfu (695). Beyendjing. Hsingai bei Bintschwan. Im NW bei Tschwadse am Ncrdende der Lidjianger Yangtse-Schleife. Die Notizen jedoch vielleicht zu voriger.

Xeromorpher als die vorige, mit kleinen Blättern und Brakteen; Dorne ohne jeden Flügelrand.

Phlogacanthus Nees

P. vitellinus (Roxb.) T. Ands. (*P. asperulus* Nees). **S-Y.**: In tr. Gebüschen um die heiße Quelle bei Manhao, Tonschiefer, 200 m (5780) und wahrscheinlich auch flußaufwärts gegenüber diesem Ort.

Infloreszenz nur pulverig behaart. Kapsel bis 3 cm lang.

Cystacanthus T. Anders.

C. yunnanensis W. W. Sm. in Not. Bot. Gard. Edinb., IX., 104 (1916). Trockene Stellen, Hecken, Mauern der str. bis an die wtp. St., 1000—2100 m. **Y.**: Ober Lagatschang am Yangtse n von Yünnanfu (734. Schneider 470). Zwischen Hedjing und Landjing w des Dsolin-ho häufig (6192). Ober Gwanfang bei Beyendjing. Guti (Ten 137). Piendjio. Im NE (Maire). **S.**: Im Djientschang überall um Loyao und Gungmuying, massenhaft bei Ningyüen (1283), an seinem Zuflusse gegen Huili (1056).

Bis 3 m hoher Strauch. Reichlichkeit der Drüsen und Kronzipfelform ziemlich veränderlich, diese an meinen Pflanzen immer spitzlich. Wenn Anderson so schlechte Exemplare hatte, wie manche meiner, könnte die Art doch identisch sein mit seinem *C. cymosus*.

Asystasia Blume

A. chinensis Sp. Moore. **SW-H.**: Krautige Stellen im schattigen wtp. Laubhochwalde und an Lichtungen auf dem Yün-schan bei Wukang, Tonschiefer, 850—1350 m (11213). **Y.**: Beyendjing (Ten ex hb. Berol.). Nasse Stellen bei Tjilatscha zwischen Beyendjing und Guti (Ten 1310). **W-S.**: Wa-schan s von Yadschou (Weigold).

Peristrophe Nees

*** P. bicalyculata** (Retz.) Nees in Wall., Plt. As. rar., III., 113 (1832) (*Justicia b.* Vahl, Symb., II., 13 [1791]). **Y.**: Gebüsche der str. St. um Homöndschang in der Seitenschlucht des Yangtse n von Yünnanfu, Schiefer, 900 bis 1000, 28. X. 1914 (5666).

P. yunnanensis W. W. Sm. in Not. Bot. Gard. Edinb., X., 187 (1918).

Hecken und Gebüsche der wtp. bis in die str. St., 1050—2150 m. **Y.**: Zwischen Wumo und Magai, bei Daschuidjing, Hsintschwang bei Hwaping im Becken von Lunggai am Yangtse. Beyendjing. Häufig von Niugai bis Dali. **S.**: Laogaidse (883) und häufig bei Dschwangmalu nächst Huili. Überall von Ngaigogo bis unter Bögowan im Seitentale des Djientschang n von hier. Unter Gobankou bei Dötschang.

Rungia NEES

R. pectinata (L.) NEES in DĊ., Prodr., XI., 469 (1841) (*Justicia p.* L., Amoen. Acad., IV., 29ʔ [1760]. — *J. parviflora* [RETZ 1789] NEES var. *pectinata* (L.) C. B. CLKE. in HOOK., Fl. Brit. Ind., IV., 550 [1885]). **S-Y.**: In tr. Bambusdschungel und Savannenwald flußaufwärts gegenüber Manhao, Tonschiefer, 200 m (5818).

— —var. *Clarkeana* HAND.-MZT. (*R. parviflora* NEES in WALL., Plt. As. rar., III., 110 [1832] p. p.; in DC., Prodr., XI., 469 p. p. C. B. CLKE. in HOOK., Fl. Brit. Ind., IV., 550, excl. varr., non *Justicia p.* RETZ. 1789). **Kw.** (CAVALERIE 8156).

Da man *R. parviflora* var. *pectinata* im Sinne der Fl. Brit. Ind. wirklich nur als Varietät betrachten kann, muß nach den Nomenklaturregeln die Nomenklatur geändert werden, wobei der Arttypus im Sinne CLARKES einen neuen Namen erhalten muß.

R. hirpex R. BEN. in Bull. Mus. Par., 2. sér., II., 149 (1930). **NE-Y.**: Flußufer bei Dagwan, 500 m (MAIRE).

Dicliptera JUSS.

D. elegans W. W. SM. in Not. Bot. Gard. Edinb., X., 174 (1918). Auf Kalk in der str. St. **NW-Y.**: Im üppigen Wald zwischen Bolo und Dsowa am Schou-tschu n von Lidjiang, 27° 47′, 2000 m (7579). **S.**: Gebüsche zwischen Meidsepu und Lumapu am Zuflusse des Yalung gegen Yenyüen, 27° 40′, 1500 bis 1600 m (5588).

Die Brakteen der zweiten Nummer sind genau kreisrund, nur mit ganz kurzen Spitzchen; die Behaarung ist schwächer, als an der ersten. In der Brakteenform nimmt FORREST 15182 eine Mittelstellung zwischen dieser, die dem Typus entspricht, und 5779 mit eiförmigen, sehr spitzen Brakteen ein; sie ist noch schwächer behaart, als diese.

D. japonica (THBG.) MAK. in Bot. Mag. Tok., XVII., 90 (1903) (*D. crinita* [THBG.] NEES). **SW-H.**: Im wtp. Laubhochwalde des Yün-schan bei Wukang, Tonschiefer, 900—1150 m (11143).

D. riparia NEES in WALL., Plt. As. rar., III., 112 (1832) ** var. *yuennanensis* HAND.-MZT.

Differt a typo pilis crassioribus, brevioribus, curvatis, saepe sparsioribus et foliis minoribus, usque ad $5^1/_2 \times 2^1/_2$ cm metientibus, crenatis.

Y.: Gekräute und feuchte Gebüsche der wtp. St., 1830—2250 m. Yünnanfu (CAVALERIE 48: Hb. Stockholm). Tschepei und weiter nw von dort gemein. Hedso bei Gwangdung, 6. IX. 1914 (4885, Typus) und ober Yünnan-hsien, 29. X. 1915 (8566) an der Straße nach Dali. Berg außerhalb Ami, 24. IX. 1926 (ENANDER: Hb. Stockh.).

Die aus Kew zum Vergleich erhaltene Nr. 265 GRIFFITHS von Moulmein

(WALLICH Cat. 2183 B) zeigt lange und dünne, abstehende Behaarung; nach der Fl. Brit. Ind. kommen aber die Blätter auch kahl vor. Entfernt geschweift-gezähnelte Blätter kommen bei der nahe verwandten *D. Roxburghiana* ebenfalls hier und da vor. Wahrscheinlich gehört FORREST 613 auch zur Varietät. Von *D. chinensis* (L.) NEES unterscheidet sich diese durch die viel schmäleren, vorne gerundeten Brakteen.

D. Roxburghiana NEES. Y.: Hänge der str. St. zwischen Homöndschang und Bödschagwan in der Seitenschlucht des Yangtse n von Yünnanfu, kristallinischer Boden, 1000—1200 m (703).

Justicia L.

J. Gendarussa L. f. S-Y.: Im Sand am ersten rechtsseitigen Zufluß oberhalb Manhao, tr. St., Tonschiefer, 200 m (5901).

J. procumbens L. Gebüsche und Kulturen der str. bis in die wtp. St., 600—1830 m. Y.: Hedso bei Gwangdung nächst Tschuhsiung (4883). Im NE bei Baörlgai (MAIRE). Beyendjing (TEN ex hb. Berol. 360). Hier bei Wangdjia-tschwang (TEN 1471). S.: Podjio am Yalung, 27⁰ 11′ (phot.).

— — * var. *latispica* C. B. CLKE. in HOOK., Fl. Brit. Ind., IV., 539 (1885). Y.: Hecken der ktp. St. ober Hsiaoschao bei Dschaodschou an der Straße von Yünnanfu nach Dali, 2300 m, 28. X. 1915 (8561).

J. Championi T. ANDERS. (*Adhatoda chinensis* BENTH., non *Justicia c.* VAHL. — *Dicliptera cyclostegia* HAND.-MZT. in Sitzgsanz. Ak. W. W., LXII., 235 [1925]). H.: Wälder der wtp. St. Ober Tungdjiapai bei Hsikwangschan, 700 m (12595). Yün-schan bei Wukang, 700—1150 m (11144). Nganhui: Hwang-schan (CHIEN 1057). Ki.: Lu-schan bei Kuling (SCHINDLER 341). W-Hubei (WILSON, Veitch Exp. 2442a). Paokang (W., V. E. 2442). S.: Überall im str. Gekräute am Zuflusse des Yalung gegen Yenyüen, 27⁰ 12—20′, 1250—1700 m (5351). NW-Y.: In der str. St., 1500—2250 m. Felsen unter Duinoako e von Lidjiang (12995). Steppen gegenüber Ndaku n von hier, 27⁰ 20′ (4387).

Blüten blau, gelblich oder weiß mit roter oder bräunlicher Zeichnung.

J. xerobatica W. W. SM. in Not. Bot. Gard. Edinb., XI., 213 (1920). NE-Y.: Trockene Hänge n von Hungsi am Wege von Yünnanfu nach Suifu (MELL).

J. sp. n. S.: Gebüsche der trockenen str. St. am Yalung bei Wali n von Yenyüen, Phyllit, 1725 m (2530).

Von *J. Wardii* W. W. SM., l. c., X., 184 (1918) vor allem durch den Habitus (Besenstrauch mit verlängerten Zweigen und weit entfernten Internodien), dann durch die viel kahleren Zweige und Blätter verschieden, während nach der Beschreibung Infloreszenz, Korollen und Kelche übereinstimmen. Mangelhaftes Material.

Verbenaceae

Verbena L.

V. officinalis L. Weg- und Grabenränder der str. und wtp. St., 1700 bis 2800 m. Y.: Yünnanfu (SCHOCH 75). Hang der Yangtse-Schlucht n von hier (780). Tieso bei Beyendjing (TEN 15). Dingyüen. Santschwanba unter Yungbei.

Im NW w des Nordendes der Lidjianger Yangtse-Schleife und bei Yedsche am Mekong. S.: Huili und Djientschang. Im W im Min-Tal von Maodschou bis unter Wöntschwan (Weigold).

Lippia L.

L. nodiflora (L.) Michx. Äcker, Schlamm längs Bächen, Flußbetten der str. und wtp. St., 1250—2300 m. Y.: Beyendjing (6249. Ten 74). Piendjio (Ten 1230). Yünnanyi se von Dali. Viel um die heiße Quelle zwischen Hsaying und Niugai n von hier. S.: Gungmuying und Ningyüen (1298) im Djientschang. SW-Kw.: Hwangtsaoba (Cavalerie 3501, 4563).

Callicarpa L.

C. macrophylla Vahl. Trockene Hänge, Hochgrasdschungel und Lorbeerbusch der tr. und str. St., 200—1050 m. Y.: N von Manhao (5776). An der Bahn ober Dalungtan. SW-Kw.: Bei der Brücke über den Hwatjiao-ho am Wege von Dschenning nach Hwangtsaoba (10350). Über dem Baling-tjiao unter Muyu.

C. Bodinieri Lévl. in Rep. sp. nov., IX., 456 (1911). Rehder in Journ. Arn. Arb., XV., 321 (1934) (*C. Giraldiana* Hesse var. *subcanescens* Rehd. in Plt. Wils., III., 368 [1916]). Ki.-F.-Grenze: An Gräben am Fuße des Hwangdschu-ling zwischen Dingdschou und Ningdu (Plt. sin. 364). Y.: In der wtp. St., 1900—2300 m. In Buschwäldern unter Djiunienping jenseits Fumin bei Yünnanfu (6136). Schlucht des Passes Dinschiling ober Hungngai se von Dali (8691).

— — var. ***Giraldii*** (Hesse) Rehd. in Journ. Arn. Arb., XV., 322 (1934) (*C. G.* Hesse ap. Rehd. in Bail., Stand. Cycl. Hortic., II., 629 [1914]. — *C. Giraldiana* Hesse ap. Rehd. in Plt. Wils., III., 366 [1916]). Gebüsche und üppige Wälder der str. bis in die wtp. St. auf Schiefern und Mergel. W-Ki.: Um Pinghsiang, c. 600 m (Plt. sin. 224). Kw.: 600—1200 m. Überall von Liping ober Gudschou, Sandjio und Guiding bis Gutscha w Guiyang („Kweiyang") (10487). Y.: 1800—2700 m. Zwischen Tschalaschao und Hwangtsaoschao unter Beyendjing halbwegs zwischen Tschuhsiung und Yungbei (6317). Im NW überall zwischen Hsiao-Weihsi und Gangpu am Mekong, 27° 26—35′ (7936). Im birm. Mons. ober Bahan am Salwin, 27° 58′ (9045) und wohl diese ober Tschamutong.

— — var. ***Lyi*** (Lévl.) Rehd., l. c., 322 (1934) (*C. Lyi* Lévl. in Rep. sp. nov., X., 439 [1912]. — *C. grisea* Hand.-Mzt. in Sitzgsanz. Ak. W. W., LVIII., 230 [1921]).

Differt a typo ramulis foliisque calycibusque pilis fasciculatis brevissimis dense cinereo-tomentosis, his supra serius calvescentibus, subtus sub tomento glandulis scutellatis pallide luteis adspersis. Ideo *C. canae* L. similis, quae differt tomento grossiore magis floccoso in calycibus saepe parco, in foliorum faciebus superioribus citissime evanido.

W-Ki.: Um Pinghsiang, c. 600 m, Frühjahr 1920, Wang-Te-Hui (Plt. Sin. 182, Typus von *C. grisea*). Kw.: Kalkfelsen der wtp. St. unter Tailaohsin zwischen Duyün und Badschai, 900 m, 14. VII. 1917 (10781).

Wesentlich verschiedene Triebe, worauf der Unterschied in der Blattzähnung beruhen mag, bei Nr. 182 breit dreieckigen, bis $1^1/_2$ mm langen Zähnen, bei 10781 nur winzigen Sägezähnchen. Die letzte wurde von H. EVANS mit dem Typus von *C. Lyi* identisch befunden. Ebenso kleine Zähne zeigen WILSON 2443 und BOCK u. ROSTHORN 293. Zwischen der typischen *C. Bodinieri* und der var. *Giraldii* besteht in der Behaarung keine Grenze. Besser lassen sich vielleicht nach den Drüsen der Blattunterseite verschiedene Formen unterscheiden, eine mit ganz kleinen hellgelben, eine andere mit größeren roten. Die var. *Lyi* ist gegenüber dem Typus, mit dem sie von PEI in Mem. Sci. Soc. China, I/3., 34 (1932) als var. *subcanescens* vereinigt wird, viel besser abgegrenzt. WILSON, Veitch Exp. 1342 wird von ihm sowohl als von REHDER unter *C. japonica* THBG. var. *angustata* REHD. angeführt, hat aber längs aufspringende Antheren und gehört zu *C. Bodinieri*, entspricht in den Blättern der var. *Rosthornii* (DIELS) REHD. in Journ. Arn. Arb., XV., 323 (1934), ist aber viel kahler, der Kelch sogar so kahl, wie bei *C. dichotoma* (LOUR.) RÄUSCH, die aber längere Infloreszenzstiele hat. Die Angabe PEIS in seiner zitierten Arbeit, die einen Rekord an Druckfehlern und ähnlichen Versehen darstellt, auf S. 16 über die Antheren von *C. Giraldiana* ist unzutreffend.

    C. rubella LINDL. SW-H.: Im wtp. Laubhochwalde des Yün-schan bei Wukang, Tonschiefer, 900—1300 m (12430).

    — — var. *angustata* PEI in Mem. Sci. Soc. China, I/3., 40 (1932) ut forma. S.: Gebüsche in Gräben der wtp. St. zwischen Banschan und Dahai-tsun zwischen Nganning-ho und Yalung, 27⁰, 1800 m (5262) und w dieses in der str. St. bei Siwanho, 1425 m, Sandstein.

    — — var. *Hemsleyana* DIELS. NE-Y.: Gebüsche von Lundji im mittelchin. Fl., 700 m (MAIRE).

    C. brevipes (BENTH.) HANCE. W-Ki.: Um Pinghsiang (Plt. sin. 245). SW-H.: Häufig im wtp. Laubhochwalde und in Gebüschen auf dem Yün-schan bei Wukang, Tonschiefer, 1100—1350 m (12315).

    Variat foliis usque ad 20 cm longis et 9 cm latis in eodem ramo cum $13^1/_2 \times 3^1/_2$ cm metientibus, cymis ad $5^1/_2$ cm latis, laxe ad 40floris, sed semper brevipedunculatis. Antherae ut in typo poris apicalibus aperiundae.

    Meine Exemplare entsprechen der *C. kwangtungensis* CHUN in Sunyats., I., 302 (1934) und stellen wohl nur eine größere, kahlere Waldform dar. Sowohl diese als Originalexemplare von *C. brevipes* haben auf der Blattunterseite nebst den Drüsen große Schildschuppen; meine Pflanze vom Yün-schan hat an jüngeren Blättern auch winzige Sternhaare auf dem Rücken der Rippe. Die Art steht zunächst *C. japonica* THBG. und besonders ihrer var. *angustata* REHD., unterscheidet sich aber durch stets bis zur nicht abgesetzten Spitze gezähnelte, unterseits weder kahle noch drüsenlose Blätter. Auch die Hongkonger Pflanze ist je nach den Trieben sehr veränderlich, doch immer schmächtiger, als meine Wolkenwaldpflanze, die wohl den phylogenetischen Typus darstellt. Das Wiener Exemplar von WILSON, Veitch Exp. 1342 ist *C. Giraldiana*.

    C. dichotoma (LOUR.) RÄUSCH. (*C. purpurea* JUSS.). W-Ki.: Um Pinghsiang (Plt. sin. 235). SW-H.: In der str. St. an Bächlein am Ostfuße des Yünschan bei Wukang, 450 m (12524). E-Kw.: Paß zwischen Gudschou und Tschaimou, bis in die wtp. St., 750 m. Tientang am Flusse unter Sandjio, 320 m (10865).

Premna L.

**** *P. steppicola* Hand.-Mzt.**

Sect. *Premnos* (Hassk.) Briq.

Frutex ramulis tenuibus, gracilibus, primum dense puberulis, dein glabrescentibus et cinerascentibus. Folia late ovata, $1^{1}/_{2}$—$3^{1}/_{2}$ cm longa et paulo angustiora, acuminata, basi late rotundata, praeter partem basalem breviter et lata, raro indistincte tantum dentata, utrinque breviter et in costa nervisque lateralibus 3—4^{nis} prominulis densius pilosula et minute glandulosa, subconcoloria; petiolus lamina 4—5^{plo} brevior, dense et adpresse puberulus. Corymbi terminales, subsessiles, $1^{1}/_{2}$—2 cm diametro, densi, subcapitati, c. 20 flori. Bracteae bracteolaeque minutissimae, lineares, patenter albo-pilosae. Calyx campanulatus, 3—4 mm longus, cum corolla dense glandulosus et sparse hirtellus, ad tertium inferum in dentes 5 aequilongos, lanceolatos, acutos fissus. Corolla c. 6 mm longa, labio superiore concavo, inferiore trilobato, fauce dense barbata. Stamina subaequilonga, subinclusa. Ovarium apice minute glandulosum. Capsula $2^{1}/_{2}$ mm diametro, fusca.

Y.: Steppen zwischen Hsindschwang und Hwaping (Djiuyaping) in der str. St. am Yangtse e von Yungbei, 1400—1500 m, 31. X. 1916 (13017). Wahrscheinlich diese e von hier in der wtp. St. bei Djiangyi s von Huili, 1925 m.

Proxima *P. parvilimbae* Pei in Mem. Sci. Soc. China, I/3., 62 (1932), sed foliorum forma cymisque densis nimis diversa, quin conjungatur.

— — **** var. *Henryana* Hand.-Mzt.** (*P. glandulosa* Pei, l. c., 63., non Hand.-Mzt.).

Ramuli breviores, paulum crassiores. Folia basi interdum subcordata, subintegra, primum supra dense pilosula, subtus cano-puberula et densius glandulosa, dein glabrescentia. Corymbi densius pilosi. Corollae densissime glandulosae. Ovarium apice praeter glandulas sparse pilosum.

S-Y.: Möngdsc (Henry 10327).

Die Varietät ist von *P. glandulosa*, die Pei nicht sah, durch die stärkere und dichtere Behaarung besonders der jungen Blätter und durch den größeren, c. 3 mm langen, bis unter die Mitte geteilten Kelch mit lanzettlichen, spitzen Zähnen weit verschieden.

**** *P. glandulosa* Hand.-Mzt.** in Sitzgsanz. Ak. W. W., LVIII., 231 (1921).

Sectio praecedentis.

Frutex (?) ramis gracilibus erectopatulis hic elongatis strictis illic dense ramosis flexuosis, ramulis annotinis cum petiolis inflorescentiisque dense et brevissime crispulo-puberulis et sicut folia glandulosis, mox glabris, cortice brunneo, lenticellis sparsis minutis suborbicularibus albidis. Folia decidua, late et nonnulla anguste ovata $(3 \times 1^{1}/_{2}$ —) $2,7 \times 2,2$ — $4^{1}/_{2} \times 3$ vel $3,3$ cm, alia obtusa et subemarginata, alia sensim acuminata, basi inaequilaterali late rotundata usque subcordata, (parium inferiorum saepe alterum minutum), margine praeter acumen remote crenata usque crebre et plerumque regulariter haud profunde crenato-dentata, membranacea, subconcolori-atroviridia, opaca, supra ubique, subtus in nervis tantum brevissime strigoso-hirta et glandulis resinosis et nigellis parvis supra evanidis subtus densis permanentibus induta; costa et nervi utrinsecus 3—4, infimis basalibus vel subbasalibus singulis vel binis utrinque auctis, valde proni, arcuati, raro et irregulariter anastomosantes, supra furfuracei paulum sulcati, subtus prominuli; trabeculae rarae irregulares, utrinque tenuissime, subtus magis, prominulae; venularum rete densum subtus aegre conspicuum; petioli tenues, 5—15 mm longi, planoconvexi. Corymbi in ramulis brevibus terminales praetereaque interdum e foliorum summorum axillis laterales, pedunculis 6—17 mm longis, densi, subcapitati, $1^1/_2 \times 2$—$2^1/_2$ cm, multiflori, ramis patulis anguste ancipitibus, bracteis linearibus ad 4 mm longis, rarius infimis subfoliaceis, pedicellis tenuibus, 1—2 mm longis. Calyx campanulatus, $1^1/_2$—2 mm longus, cum corolla glandulosus et sparse furfuraceus, vix obliquus, ad tertium superum in dentes subaequales latius angustiusve ovatos obtusos fissus, fructifer globosus drupam includens. Corolla (e collectore) violacea, $4^1/_2$—5 mm longa, ad dimidium bilabiata, labio inferiore quam superius dimidio breviore subaequilonge trilobo, lobis omnibus late rotundatis, intus glabra fauce albovillosa. Stamina paulum inaequalia et stylus breviter bifidus corolla breviora; antherae fuscae obcordato-globosae. Ovarium globosum, apice glandulosum. (Fructus ignoti).

Y.: Beyendjing (TEN ex hb. Berol. 169). Hier bei Santschaho, 7. VIII. 1919 (TEN 1208, Typus).

Affinis sequenti et *P. anthopotamicae*, illae foliis subtus incano-pilosulis, corymbis paucifloris, calyce multo maiore, profundius fisso, corolla extus sub-glabra diversae et *Pr. urticifoliae* REHD. in Plt. Wils., III., 158 (1917) eglandulosae et foliis impresse punctatis et calyce maiore etc. diversis.

P. acutata W. W. SM. in Not. Bot. Gard. Edinb., IX., 119 (1916). **S.**: Zwischen Kalkfelsen der wtp. St. bei Handschwang auf der Hochebene von Yenyüen, 2600 m (2259). Wahrscheinlich diese neben Muli, 2800 m.

**** P. anthopotamica** HAND.-MZT. in Sitzgsanz. Ak. W. W., LVIII., 231 (1921). Abb.: PEI in Mem. Sci. Soc. China, I/3., Taf. X.

Sectio praecedentium.

Frutex ramis elongatis, gracilibus, divaricate ramosis, junioribus cum petiolis et inflorescentiis brevissime griseo-velutinis, cortice vetusto glabro castaneo in fibras fissili, lenticellis ellipticis pallidis verrucoso. Folia decidua, anguste ovata, 2—5,7 cm longa et $2^1/_2$—3^{plo} angustiora, sensim acuminata (parium inferiorum saepe alterum obtusum necnon minutum brevipetiolatum), basi rotundata plerumque aliquantum inaequalia, margine acumine excepto sparse et late denticulata vel mucronulato-crenulata, herbacea, supra atroviridia, opaca, papilloso-velutina et glandulis minutis flavis adspersa, subtus supra tales densissimas tomento tenui cinerea, costa supra furfuracea, utrinque cum nervis utrinsecus 4—5 valde obliquis sensim arcuatis vix anastomosantibus binis infimis fere basalibus saepe singulis vel etiam binis utrinque auctis atrata et subtus prominula; trabeculae arcuatae densae, raro conspicuae; petioli tenues, 4—15 mm longi, vix sulcati. Corymbi in ramulis brevibus terminales, pedunculis 5—15 mm longis, parvi, densi, $\pm$ 1 × 2 cm, ramis erectopatulis validis, bracteis linearibus usque ad 3 mm longis, pedicellis vix 1 mm longis. Calyx anguste cupularis, 2 usque $2^1/_2$ mm longus, glandulosus et subtiliter hirtellus, vix obliquus, subtus ad dimidium, supra paulo minus in dentes ovatos, acutiusculos fissus, fructifer ad 3 mm auctus dentibus immutatis nec ampliatus. Corolla rubella, 7 mm longa, extus subtiliter glandulosa et papilloso-pubescens, intus ore longe et dense violascentivillosa ceterum glabra, labio superiore 2 mm longo et lato retuso, inferiore paulo breviore trilobo, lobis lateralibus medio multo brevioribus omnibus rotundatis. Stylus et stamina longiora labia, breviora faucis villos aequantia; antherae orbiculares, basi cordatae, 2 mm longae. Ovarium subtruncato-globosum, toto apice papilloso-puberulum; stylus tenuis, glaber, stigmate uncato breviter bifido.

SW-Kw.: Kalkfelsrücken der str. St. bei Falang in der Schlucht des Hwatjiaoho am Wege von Dschenning nach Hwangtsaoba, 900 m, 20. VI. 1917 (10381).

Species *P. subcapitatae* Rehd. in Pl. Wils., III., 458 (1917), *yunnanensi* et *mekongensi* W. W. Sm. in Not. Bot. Gard. Edinb., IX., 120 (1916) affinis, imprimis indumento et calyce brevi peculiaris.

P. yunnanensis W. W. Sm. in Not. Bot. Gard. Edinb., IX., 120 (1916). **NW-Y.**: Trockene Stellen der str. St. um Dschoutang bei Ndaku über dem Yangtse n von Lidjiang, 2000—2450 m (4343). Wohl auch diese in ähnlichen Lagen ober Schigu w und an der Mündung des Schou-tschu, 27° 46', n von Lidjiang, sowie bei Waschwa se von Dschungdien, bis 2500 m.

Pei hat übersehen, daß *P. yunnanensis* Dop 1923, non W. W. Sm. bereits in *P. tapintzeana* Dop in Bull. Soc. Bot. France, LXX., 836 (1923) umgenannt wurde. Er unterscheidet *P. yunnanensis* W. W. Sm. und *subcapitata* Rehd. nach sitzender und gestielter, wenig-, bzw. vielblütiger Infloreszenz. Diese Merkmale variieren an meinem Material. In den anderen nach den Beschreibungen verschiedenen Merkmalen steht meine Pflanze ungefähr zwischen beiden, hat aber den Fruchtknoten an der Spitze spärlich dunkel borstelig. Da Rehder Smiths Beschreibung offenbar noch nicht kannte, glaube ich, daß beide Arten zusammengehören.

** ***P. crassa*** Hand.-Mzt. in Sitzgsanz. Ak. W. W., LVIII., 230 (1921).

Sectio praecedentium.

Frutex validus, divaricate scandens. Trunci elongati et rami breves crassi medullosi, cortice primum brunneo et hornotino cum petiolis cymisque panno hirtello sordide flavido incrassato, serius calvo fuscescente dense granulato et lenticellis sparsis minutis ovalibus ochraceis praedito, longitudinaliter fissili. Folia decidua, orbiculari-ovata, $(3^{1}/_{2}$ —) 6—9 cm longa et paulo angustiora, in acumen breve obtusum subito contracta, basi rotundata usque subcordata, margine integra vel dimidio superiore leviter et regulariter late dentata, chartacea, exsiccando brunnescentia, opaca, subtus pallidiora viridioraque, utrinque dense et in costa nervisque densissime supra strigoso- et asperulo-, subtus mollius et subtomentoso-pilosa; costa supra paulum impressa, subtus prominula; nervi secundarii utrinsecus 5—7, infimi basales plerumque 1—2 additis vel statim ramosi, omnes sub angulis c. 30° abeuntes, rectiusculi, prope marginem arcuatim anastomosantes, supra prominuli, subtus cum trabeculis supra vix conspicuis et venis laxe reticulatis argute prominui et rufi; petioli crassiusculi, supra plani, foliorum inferiorum diminutorum 5 mm, superiorum usque ad 30 mm longi, exsiccando decidui. Corymbi in ramulis terminales, pedunculis 5—18 mm longis, densi, fructiferi $1^{1}/_{2}$—5 cm longi et usque duplo latiores, compositi, ramis primariis subpatulis crassis ancipitibus convexi, bracteis ad 8 mm longis lineari-lanceolatis pannosis. Flores sessiles. Calyx fructifer cupularis, brevissime hirtellus, 5 mm diametro, vix ad dimidium indistincte bilabiatus, labiis minus profunde altero bi- altero trilobo, lobis latis rotundatis. (Corolla ignota). Dupra globosa, 4 mm diametro, nigra, opaca.

SW-Kw.: Wälder der str. St. an der Südseite der Schlucht des Hwatjiao-
ho am Wege von Dschenning nach Hwangtsaoba, Kalk, 580—950 m, 20. VI.
1917 (10361).

Species, etsi flores desunt, indumento, foliorum forma, corymbis densis
notabilis, forsitan *P. integrifoliae* L. affinis.

Es scheint mir kaum zweifelhaft, daß *P. Fortunati* DOP in Bull. Soc. Bot.
France, LXX., 444 (1923), die von demselben Fundorte stammt, sich mit meiner
Art als identisch erweisen wird.

P. latifolia ROXB. Y.: In der wtp. St. unter Midien e von Dali (Talifu)
gegen Beyendjing, Sandstein, 1950—2050 m (6330).

P. ligustroides HEMSL. W-Ki.: Um Pinghsiang, c. 600 m (Plt. sin. 180).

P. microphylla TURCZ. W-F.: An Bächlein am Fuße des Tienhwa-schan
w von Dingdschou („Tingchow") (Plt. sin. 400). H.: Zerstreut in Gebüschen der
str. St. zwischen Tienhsin und Gwantjiling zwischen Hsinhwa und Baotjing,
300—400 m (11982). E-Kw.: Häufig in Gebüschen derselben St. zwischen
Tschaimou und Matang am Wege von Liping nach Gudschou, 600—900 m (10922).

P. puberula PAMP. (*P. Bodinieri* LÉVL. in Rep. sp. nov., X., 440 [1912].
DOP in Bull. Soc. Bot. France, LXX., 446 [1923]. PEI in Mem. Sci. Soc. China,
I/3., 80 [1932]). Trockene Gebüsche der str. bis in die wtp. St. H.: 400—900 m.
Hsikwangschan bei Hsinhwa (11925). Unter dem Tempel Wuli-ngan am Yün-
schan bei Wukang (12006). SW-Kw.: 1400—1700 m. Um Djiangdi bis Loping
in E-Y. (10269). S-S.: Nantschwan, Dumatou (BOCK u. ROSTHORN 320).

PEI unterscheidet *P. Bodinieri* von *puberula* im Schlüssel durch die Behaarung der Blätter, in der aber keine Grenze zu finden ist, in der Bemerkung
auf S. 80 durch langgespitzte Blätter und behaartes Ovar. Die Länge der Blattspitze ist veränderlich, und auch *P. puberula* hat das Ovar an der Spitze behaart.
Die von mir gesehene FORRESTsche Pflanze läßt keinen Unterschied erkennen.
DOP kennt in seiner Aufzählung S. 440 *P. puberula* überhaupt nicht.

Vitex L.

V. quinata (LOUR.) WILLS. in Bull. Herb. Boiss., sér. 2., V., 431 (1905)
(*V. heterophylla* ROXB.). S-H.: Hügelwälder der str. St. ober Djintie-se zwischen
Yungdschou und Hsinning, Kalk, 400 m (11254). Kw.: Am Bach in der str.
St. bei Dodjie zwischen Duyün und Badschai, Kalk, 660 m (10703).

Die zweite Nr. hat alle vorhandenen Blätter dreizählig; ihre Blütenfarbe
ist aus den allein vorliegenden Knospen nicht erkennbar. Daher ist sie etwas
fraglich. *V. kweichowensis* PEI aus derselben Gegend ist es nicht, denn die Blätter
sind fast kahl. 11254 hat die Blattunterseite nebst den Drüsen dicht kurz borstelig, aber auch OLDHAMS Pflanze aus Formosa hat reichliche Spuren davon.
V. quinata ist auch die von PEI in Sinensia, II., 70 (1931) als *V. canescens* KURZ
(in sched. als f. *subglabra* PEI) angegebene Pflanze aus Guidschou und Kwanghsi.
In den Kelchzähnen besteht kein durchgreifender Unterschied zwischen beiden.

V. Negundo L. Fluß- und Bachränder, Savannenwälder, Gehängeschutt
und Karstland der str. bis an die wtp. St. Y.: 960—2550 m. Zwischen Fumin
und Tschepei nw von Yünnanfu. Von Lunggai am Yangtse s bis gegen Yüenmou
(5041). W von dort bei der Fähre von Daschuidjing. Biendjio ne von Dali.

Im NW bei Lidjiang, v. E. (3832). N von hier um Ndaku und Waschwa und gegenüber Fongkou bis Beiya. **Kw.**: 750—1150 m. Von Duyün über Guiyang bis Muyu (10407) überall.

— —f. *laxipaniculata* Pei in Mem. Sci. Soc. China, I/3., 104 (1932). NW-Y.: In der str. St. der Yangtse-Schlucht e von Lidjiang, 1450—2100 m (3410).

— —f. *intermedia* Pei, l. c., 105. Y.: In einem Tälchen der str. St. ober Lagatschang in der Yangtse-Schlucht n von Yünnanfu, 1000—1100 m (733). **Kw.**: Wegrand bei Schiping nahe Tschenyüen, 800 m (Schoch 427). **H.**: Massenhaft in Gebüschen und anderen Formationen der str. St., 25—500 m. Um Tschangscha, leg. Brammer (11908). Lengschuidjiang ober Hsinhwa. Von Ludu bis Wukang. Um Schischi-se (11319) und bis Hsinning. Über Ngaidso bis Sandjingtjiao an der Grenze von Guidschou. **Ki.**: Unter Kuling bei Djiudjiang („Kiukiang") (Faber).

— — f. *alba* Pei, l. c., 104. Y.: Tälchen der str. St. ober Lagatschang am Yangtse n von Yünnanfu, Kalk, 1000—1100 m, 19. III. 1914 (732).

— —** var. *microphylla* Hand.-Mzt.

Folia fere omnia quinata; foliola 1—4 cm tantum longa, integra, nervis lateralibus summum 5^{nis}. Inflorescentia dense candido-tomentella. Corollae 5—8 mm longae tubus calyce triplo longior, dense brevipilosus; labium inferius tubo fere aequilongum. Calyx fructifer auctus, lobis acutis, 2—3 mm longis, patentibus, fructum dense brevipilosum multo superantibus.

NW-Y.: In der str. St. ober Ahsi am Yangtse w von Lidjiang, 2050 m, 29. V. 1916, bl. (8781, Typus). Gehängeschutt an der Mündung des vom Doker-la herabkommenden Tales in den Mekong, 2100 m, 15. IX. 1915, fr. (8006).

Die Merkmale dieser sehr auffallenden Form sind jene der var. *alba*, doch sind die Blüten viel größer, die Blättchen viel kleiner und wenignervig und die Früchte dicht behaart. Eine Zwischenform zum Typus ist meine Nr. 3832 mit ähnlichen Blüten, aber normalem Blattwerk.

V. Sampsoni Hce. **H.**: Gebüsche der str. St. bei Tschangscha gegen den Gu-schan, Sandstein, 50 m (11362).

V. yunnanensis W. W. Sm. in Not. Bot. Gard. Edinb., IX., 141 (1916). Trockene Wälder, Gebüsche und im Gehängeschutt der str. bis in die wtp. St., 1300—2800 m. NW-Y.: Bei Lidjiang, v. E. (3867). In der Yangtse-Schlucht e von hier und n überall um Fongkou und an der Mündung des Schou-tschu. Waschwa bei Bödö se von Dschungdien. **S.**: Unter Muli (7390). Woloho zwischen Yungning und Yenyüen. Ober Helugö (2460), ober Datjiaoku (2751) und unter Oti bei Kwapi n von hier. Ober (2109) und unter (2098) Lumapu zwischen Yenyüen und dem Yalung, 27° 40′.

Ad descriptionem addenda: Foliolum terminale sub fructu usque ad $6^{1}/_{2}$ cm longum, petiolulo ad 1 cm longo, interdum parce et grosse crenatum vel imo lobatum, supra quoque saepe breviter strigillosum, interdum subtus quoque in costa tantum et brevissime crispulo-pilosulum.

Gmelina L.

G. Delavayana Dop in Bull. Soc. bot. France, LXI., 321 (1914) (*G. montana* W. W. Sm. in Not. Bot. Gard. Edinb., IX., 107 [1916]). Steppen, Gebüsche und trockene Wälder der str. St., 1600—2000 m. **Y.**: NW von Dali bei Biendjio und ober Hwangdjiaping (6365), sowie ober Yidjiatschwang hier (6435). Im Santschwanba unter Yungbei (3373). **S.**: Lu-schan bei Ningyüen (1787).

Clerodendrum L.

C. canescens WALL. **W-Ki.**: Um Pinghsiang, c. 600 m (Plt. sin. 194).

Von der von PEI in Mem. Sci. Soc. China, I/3., 130 (1932) behaupteten Zugehörigkeit zu *C. viscosum* VENT. kann ich mich nicht überzeugt erklären.

C. Lindleyi DECNE. ap. PLANCH. in Fl. d. Serres, IX., 17 (1853) (*C. fragrans* FORB. et HEMSL. p. p. min. PEI, l. c., 133 p. p. min., excl. typo et *C. yunnanensi*). **W-F.**: Wiese am Fuße des Tienhwa-schan w von Dingdschou (Plt. sin. 435). **W-Ki.**: Um Pinghsiang, c. 600 m (Plt. sin. 223). **SW-H.**: Gebüsche der wtp. St. am Yün-schan bei Wukang, Tonschiefer, 850 m (12272).

Diese wilde Pflanze, die sich von *C. fragrans* VENT. nebst den kleineren und schmäleren Kronzipfeln auch durch die schwächere Behaarung und umfangreichere, viel reichblütigere Infloreszenz unterscheidet, ist nach den sehr klaren Bemerkungen des Autors und der zitierten Abbildung Bot. Reg., XXIV., 41 (als *C. fragrans*) *C. Lindleyi*. *C. fragraιs*, wie ich es ungefüllt in Haiphong in Tonking sammelte und es in HENRY 12066 A und 12100 von Semao in S-Yünnan vorliegt, unterscheidet sich nebst der Korolle mit dickerem, oben stark verbreitertem Tubus und viel breiteren Zipfeln und über 2 cm lang vorragenden Staubgefäßen durch die weiche, graue Behaarung aller Teile. Im vorliegenden Material sind keine deutlichen Übergangsformen vorhanden, weshalb ich es um so mehr als Art aufrecht erhalten will, als die Merkmale nicht dafür sprechen, daß es sich nur um die wilde Stammform von *C. fragrans* handeln würde, dessen ungefüllte Exemplare verwilderte Rückschläge sein müßten. Meine Exemplare erinnern in den verhältnismäßig stark buchtig gezähnten Blättern an *C. Bungei*, das aber in den Kelchzähnen stark verschieden ist. Eine Mittelstellung zwischen diesen beiden nimmt aber eine Pflanze aus NE-Y.: auf Hügeln im mittelchin. Fl. bei Dschenfungschan, 650 m (MAIRE) ein, indem die Kelchzähne die Form von *C. Bungei*, aber die Länge von *Lindleyi* haben.

C. Bungei STEUD. (*C. foetidum* BGE. 1832, non DON 1825, quod *Caryopteris grata* [WALL.] BENTH. — *C. yatschuënse* WINKL. in Rep. sp. nov., Beih. XII., 474 [1992], e typo). **W-S.**: Min-Tal n von Kwan-hsien (WEIGOLD). **W-Hubei**: Tschangyang (WILSON, Veitch Exp. 1088). **NW-Y.**: Hecken der str. St. bei Tjibi zwischen Yangtse und Mekong am Wege von Djitsung nach Kakatang, 27° 36′, Schiefer, 2125 m (7837).

** **C. yunnanense** HU in Sitzgsanz. Ak. W. W., LXI., 168 (1924) (*C. fragrans* PEI in Mem. Sci. Soc. China I/3., 133 [1932] p. p., non VENT.).

Sect. *Euclerodendron* SCHAU., subs. *Densiflora* SCHAU.

Frutex magnus, ramis crassis, spadiceis. lenticellatis. Ramuli hornotini, inflorescentiae, folia juniora pilis longis articulatis $\pm$ dense flavescenti-tomentosa. Folia late ovata, 6—11 cm longa, longitudine paulo angustiora, acuta, basi truncata vel rotundata vel anguste cordata, integra vel grosse et irregulariter serrata dentibus prorsus curvatis, supra demum scabrida pilis brevibus adpressis, subtus praeter tomentum laxum minute glandulosa; petiolus lamina

4—5^{plo} brevior, pubescens. Corymbus densus, sessilis vel pedunculatus, 4—6 cm diametro, bracteis infimis subfoliaceis vel lineari-lanceolatis, mox decrescentibus. Calyx infundibularis, 6—9 mm longus, lobis tubo c. duplo brevioribus ovatis triangulari-acuminatis. Corollae roseae vel albae tubus gracilis, c. 7 mm longus, calyce fere inclusus; limbus 5—7 mm longus, lobis latis rotundatis; stamina c. 1 cm exserta, stylo longiora. Fructus 5 mm diametro, calyce immutato scarlatino inclusus.

Gebüsche, gerne in Bachtälchen, in der wtp. bis in die str. St. Y.: 1900 bis 2750 m. W von Yünnanfu, 26. V. 1916 (SCHOCH 150, bl. Typus). Unter Djiunienping jenseits Fumin (6132). Um Gwangdung an der Straße nach Dali und Alaodjing n von dort. Zwischen Schadschou und Butsangho w von dort. Ober Schuidschou am Dji-schan ne von Dali. Djinschuiho n von Yungbei und Hsinyingpan weiter n am Wege nach Yungning, 28. VI. 1914 (3287). Im NW bei Gwanyilang e von Lidjiang, 3. VII. 1914 (3420, fr. Typus). Hewa gegenüber Fongkou am Yangtse n von Lidjiang, 27° 39'. Im NE bei Djintschungschan, 2550 m (MAIRE ex Arb. Arn. 484). Ob auch dieses in der tr. St. zwischen Manhao und Yaotou, 950 m und viel in Kw. bis gegen Guiyang?

Species affinis *C. Bungei* et *fragranti* et *Lindleyi*, corollae tubo incluso valde insignis. Praeterea illa differunt indumento praesertim cymarum brevi, posteriora bina calycis lobis tubo $\pm$ aequilongis lanceolatis usque linearibus et foliis cymisque maioribus.

Es ist mir unverständlich, wie PEI diese Art, die immer noch dem *C. Bungei* näher steht, mit *C. fragrans* vereinigen konnte.

C. mandarinorum DIELS. **E-Kw.**: Üppige Wälder der str. St. auf Mergel, Grauwacke und Tonschiefer, 300—700 m. Baotie-schan bei Gudschou (10884). Von hier gegen Tschaimou und an einer Stelle unter Sandjio.

C. cyrtophyllum TURCZ. Gebüsche und Laubhochwälder der str. und wtp. St. auf Sandstein und Tonschiefer, 200—1150 m. **Ki.**: Im SE am Lienhwa-schan bei Ningdu (Plt. sin. 463). Im W bei Pinghsiang (Plt. sin. 227). **H.**: Yolu-schan bei Tschangscha, leg. BRAMMER (11910). Im SW auf dem Yün-schan bei Wukang (12367) und bei Moschi e von Dsingdschou (11044). **E-Kw.**: Zwischen Ludwan und Matang am Wege von Liping nach Gudschou. Zwischen Badschai und Tailaohsin (10762).

Zu *C. Henryi* PEI in Mem. Sci. Soc. China, I/3., 152 (1932) gehören auch HENRY 9302 und 11585 B, die von PEI, l. c., 150 zu *C. nutans* WALL. gestellt werden. Zu *C. longilimbum* PEI l. c., 151 gehört HENRY 11585.

Caryopteris BUNGE

C. incana (THUNBG.) MIQ. (*C. Mastacanthus* SCHAU.). **H.**: Buschsteppen der str. bis in die wtp. St., 30—800 m. Häufig um Tschangscha (11346) und Hsikwangschan (12602).

C. Forrestii DIELS in Not. Bot. Gard. Edinb., V., 296 (1912). **Y.**: Steppen, Felsen und trockene Gebüsche der str. St., 900—2725 m. Homöndschang am Yangtse n von Yünnanfu (SCHNEIDER 435). Guti bei Beyendjing (TEN 203). Im NW bei Lidjiang, v. E. (4070), n von hier gegenüber Ndaku, s. KARSTEN u. SCHENCK, Vegetatb., 20. R., Taf. 37a (4382), am Hange des

Lamatso w des Nordendes der Yangtse-Schleife und bei Bölo an seinem Zuflusse Schou-tschu dort, 27° 46' (7577). Ober Lota am Mekong, 27° 55' (7972).

C. paniculata Clke. S-Y.: Bahnstation Notsu, 1300 m (Scnheider 12).

* *C. odorata* (Ham.) C. B. Rob. in Proc. Amer. Ac., LI., 531 (1916) (*Clerodendron odoratum* [Ham.] Don, Prodr. Fl. Nep., 102 [1825]. — *Caryopteris Wallichiana* Schau. in DC., Prodr., XI., 625 [1847]). Y.: Trockene Hänge der str. St. in der Yangtse-Schlucht n von Yünnanfu am kleinen direkten Wege nach Huili, 900—2000 m, zwischen Homöndschang und Bödschagwan, 18. III. 1914 (715) und in einem Tälchen ober der Herberge Lagatschang (749).

C. divaricata (Siebd. et Zucc.) Maxim. In der wtp. bis in die tp. St., 2500—2850 m. S.: Bei der Brücke ober Doloho im Gebiete von Muli (7191). NW-Y.: In der Waldschlucht unter Tima zwischen Yangtse und Mekong am Wege von Djitsung nach Kakatang, 27° 18' (7929).

C. terniflora Maxim. W-S.: Wa-schan s von Yadschou (Weigold).

Teilinfloreszenzen bis 11blütig. Pflanze durchaus nicht immer niederliegend. Unterschiede gegenüber der vorigen bleiben nur Größe von Kelch und Korolle und, daß diese nie einblütig vorkommt. Die Grenze dürfte keine scharfe sein.

** *Schnabelia*[1] Hand.-Mzt.
in Sitzgsanz. Ak. W. W., LVIII., 92 (1921)

Verbenaceae — Caryopteridoideae.

Herba ♃, pedunculis capillaribus ad nodos valde dissitos binis, deflexis, unifloris, bibracteolatis, pedicellis primum deflexis, anthesi genu subapicali sursum curvatis. Calycis rigiduli tubus brevissimus; lobi 5, longi, angusti. Corollae tubus longus, tenuis, basi ventre paulum convexus, rectus; limbus oblique patulus, bilabiatus, labio superiore bipartito, inferiore eo paulo longiore trilobo. Stamina 4, medio tubo inserta, corollam longe excedentia, leviter deorsum geniculata, 2 paulo breviora; antherae reniformes, medio dorso affixae, loculis apice confluentibus; pollinis grana globosa, laxe et subtilissime aculeata. Staminodia nulla. Discus obsoletus, planus. Ovarium depresse subdidymo-globosum, a latere compressum, 4 loculare, ovulis in loculis singulis, hemianatropis, e medio septo longitudinali pendulis; stylus staminibus longior, bifidus, ramis subulatis, aequalibus.

Genus ob ovariorum angustiam caute tantum prope *Caryopteridem* inserendum, ab hac praeter notas vegetativas gravissimas calyce chorisepalo *Acanthaceas* admonente et inflorescentia diversum.

** *S. oligophylla* Hand.-Mzt., l. c., 93. Abb.: Pei in Contr. Biol. Lab. Sci. Soc. China, Bot. ser., VII., 213 (1932).

Rhizoma brevissimum, radices longas fibris interdum fasciculatis et caules singulos vel paucos basi paulum indurascentes edens. Caulis rectus, superne ad dumos subvolubilis, 25—55 cm longus, inferne saepe ramis paucis longis erectis praeditus, sicut hi obtuse quadrisulcatus et alis 4 argutis 1—2 mm latis, pergamenis, atroviridibus, longitudinaliter striatulis, ad nodos 4—10 cm inter se

S. S. 591.

distantes constrictis usque ad apicem cinctus, glaberrimus. Folia ad nodos inferiores tantum evoluta, opposita, mox decidua, superiora ad bracteas reducta, illa ambitu ovato-triangularia, 8—20 mm longa et lata, basi late cordata, grosse paucilobata, lobis late ovatis acutiusculis, vel bifida vel ternata, foliolis brevipetiolulatis similibus, membranacea, viridia, praeter nevos paucos palmatos reticulato-venosa, cum petiolis usque ad 8 mm longis latiusculis utrinque laxe hirta. Pedunculi 3—11 mm longi; bracteolae minutae, subulatae: pedicelli 2—5 mm longi, cum calyce subtilissime pilosi. Calycis cupula 1 mm longa; dentes lineari-lanceolati, acuminati, 6 mm longi, c. 1 mm lati, pergameni, virides, costa et marginibus incrassatis setuloso-ciliatis rigiduli, nervis secundariis obliquis conspicuis, inferioribus paulum patulis. Corollae roseae atrius vittatae (e nota ad vivum) ubique pilosulae tubus 9—12 mm longus, 1 mm latus, labium superius et labii inferioris 7 mm longi lobi rotundati 5 mm diametro. Stamina parallela, corollae faucem 6—8 mm excedentia, glabra; antherae $^3/_4$ mm diametro, violaceae, polline quoque violascente. Ovarium calycis tubum aequans, dense pubescens; styli glabri rami $\pm$ 2 mm longi, saepe torti. (Capsula matura, si eam semel vidisse bene reminiscor, nigra magnitudine lentis).

H.: Gebüsche auf Kalksand der str. St. am Ufer des Tsi- djiang gleich unterhalb Lengschuidjiang ober Hsinhwa, 200 m, 29. V. 1918 (11 967). Ähnliche Stellen an einem Bache s von Laodao (Lududsai) am Wege von hier nach Wukang, 300 m.

Solange Früchte nicht bekannt sind, muß die Gattung als zunächst verwandt mit *Caryopteris* betrachtet werden und ist die von Pei, l. c., 211 und in Sinensia, II., 77 (1932) ausgesprochene Ansicht, sie gehöre zu den Labiaten, so lange unbegründet, als man nicht *Caryopteris* und mit Junell in Symb. Bot. Upsal., IV (1935) den größeren Teil der jetzigen Verbenaceen überhaupt zu den Labiaten stellen will. Dies hätte einem „Monographen" schon der Habitus zeigen müssen. Sie kommt insbesondere *C. nepetifolia* (Benth.) Max. nahe. Die von mir wegen ihrer drüsigen Behaarung mit Vorbehalt als *Schnabelia oligophylla* bestimmte Pflanze aus Kwanghsi (Ching 5428), von der ich keine Blüte sah, ist, falls sich Peis Beschreibung l. c., 211, was nicht zu ersehen ist, nur auf sie bezieht, auch durch die Behaarung der Staubfäden und des Griffels von meiner so verschieden, daß es sich um eine zweite Art handeln kann; andernfalls wäre meine Beschreibung durch die dortigen Angaben zu ergänzen. Meine ursprüngliche Angabe über ungeteilte Oberlippe ist versehentlich.

Labiatae

Ajuga L.

A. macrosperma Wall. * var. **Thomsoni** (Max.) Hook. f., Fl. Brit. Ind., IV., 704 (1885) (*A. Thomsoni* Maxim. in Bull. Ac. Sci. St. Petbg., XXIX., 189 [1884]). NW-Y.: Im birm. Mons. in der str. Schlucht des Lu-djiang (Salwin) ober Tschamutong, kristallinischer Kalk, 1720 m, 15. VIII. 1916 (9803).

A. decumbens Thunbg. An Gräben, Rainen, Mauern und im Hartlaubwalde der str. bis in die wtp. St., 40—2000 m. II.: Yolu-schan bei Tschangscha (11613). Ngandjiapu bei Hsikwangschan. Yün-schan bei Wukang (Plt. Sin. 44).

Sw von hier zwischen Schidjiaping und Meikou (11080). S.: Huili (847). Unter Gobankou bei Dötschang. Im W am Wa-schan s von Yadschou (WEIGOLD). Y.: Dschenmindö in der Schlucht des Yangtse n von Yünnanfu (774). Im NE bei Lagu (MAIRE).

— — v a r. *pallescens* (MAX.) HAND.-MZT. in Act Hort. Gothob., IX., 72 (1934) (*A. pallescens* [MAX.] PRICE et METC. in Lingn. Sci. Journ., XIII., 135 [1934]).

Y.: Beyendjing, in Äckern bei Setaohotjiao (TEN 41).

Vgl. meine Ausführungen l. c.

A. campylantha DIELS. NW-Y.: Buschwälder, Heidewiesen und Föhrenwälder der tp. St. auf Kalk, 2900—3100 m. Bei Lidjiang gegen das Be-schui (7008) und ober Duinaoko (3460).

A. bracteosa WALL. (*A. remota* BENTH.). Y.: Feuchte Stellen der wtp. St. bei Lodse-Magai e des Dsolin-ho, Sandstein, 1900 m (6162).

Da HOOKER in Fl. Brit. Ind., IV., 702 (1885) der erste ist, der die beiden gleichalten Arten zusammenzieht, und zwar unter dem hier angenommenen Namen, muß dieser gelten. Bei DUNN ist in Not. Bot. Gard. Edinb., VI., 195 nicht zu ersehen, ob er seine *A. remota* von *bracteosa* für verschieden hält.

A. Forrestii DIELS in Not. Bot. Gard. Edinb., V., 242 (1912), e typo (*A. Mairei* LÉVL. in Rep. sp. n., XII., 533 [1913], e typo). Heidewiesen und Hecken der wtp. und tp. St., 2500—3200 m. Y.: Im NW an der Ostseite des Yülung-schan bei Lidjiang (SCHNEIDER 1872). Dort über Duinaoko und von Yungbei bis gegen Yungning. Wahrscheinlich diese im birm. Mons. in der *Pteridium*-Wiese bei Bahan, Tjionra und auf dem Alülaka im Salwin-Tale, 27º 58'. Im NE hinter Hungsi am Wege nach Suifu (MELL). S.: Hosö w von Yungning im Bereiche von Muli. Unter Yenyüen (2871). Dindjia-tsun am Lungdschu-schan bei Huili.

Die obersten Brakteen überragen auch beim Typus nicht immer die Blüten. Bei einigen Stücken von 2871 und von MAIRE sind auch die mittleren nur ziemlich gleichlang mit diesen. MELLS einziges Individuum hat eine ganz kurze, fast kopfförmige Infloreszenz.

** *A. pantantha* HAND.-MZT. (Taf. XIII, Abb. 11).

Sect. *Bugula* BENTH., subsect. *Genevenses* MAXIM.

E radice parva perenni uni- vel multicaulis, foliis basalibus nullis, caulibus tenuibus geniculato-ascendentibus, 7—32 cm longis, basi nudis, dein aequaliter et dissite foliatis, pilis articulatis albis $\pm$ dense villosis. Folia cuneato- vel subrectangulo-, rarius oblongo-obovata, 1—3$^1/_2$ cm longa, longitudine duplo usque paulo angustiora, obtusa vel rotundata, basi in petiolum lamina plus triplo usque multoties breviorem villosum cuneato-angustata, praesertim antice grosse crenato-lobata crenis utrinque 1—3, summa interdum integra, crassa, sicca chartacea, atra, subtus saepe sanguinea, hic densius quam supra iisdem pilis induta, costa nervisque paucis subtus prominuis. Verticillastri 4—8 flori in axillis foliorum fere omnium sessiles. Calyx purpurascens, tubulosus, c. 5 mm longus, ad medium in dentes aequales, lanceolatos, acutos fissus, articulatovillosus. Corollae c. 1 cm longae roseae vel pallide violaceae (e collectoribus) pallide glandulosae et extus dense pubescentis tubus rectus calycem superans; labium superius breve, rotundatum; inferius c. 4 mm longum, profunde trilobum, lobo medio obovato emarginato, lobis lateralibus oblongis. Genitalia breviter exserta; stylus apice breviter et aequaliter bifidus. Nuculae oblongae, fuscae, reticulato-rugosae.

NE-Y.: Fuß der Berge hinter Dungtschwan, 2550 m, VIII. 1910 (MAIRE, als *A. ciliata* BGE., Typus). Ebene von Lagu, 2400 m, Mai bis November (MAIRE). Trockene Berghöhen zwischen Djiangdi und Doyüen, Sandstein? c. 2700 m, 10. IX. 1914 (MELL).

Species rigiditate, indumento, foliorum forma necnon colore saepe partim sanguineo excellens.

A. calantha DIELS in Rep. sp. n., Beih. XII., 475 (1922). NW-S.: Gebirge um Sungpan (WEIGOLD).

— — var. **angustifolia** DIELS, l. c. S.: Im ktp. Walde von der Alm Bädö ober Muli (7278) bis zur Baumgrenze, Kalk 3900—4300 m.

A. sciaphila W. W. SM. in Not. Bot. Gard. Edinb., XII., 193 (1920). NW-Y.: In der tp. St., 2900—3500 m, Kalk. Bambusdschungel bei Yungning jenseits des nach Fongkou führenden Passes (7044). Berg Lamatso halbwegs zwischen Yungning und Dschungdien. S.: Hosö im Gebiete von Muli.

* **A. lobata** DON, Prodr. Fl. Nepal., 108 (1825). Y.: Dichte Wälder der wtp. St. des Taohwa-schan bei Beyendjing halbwegs zwischen Tschuhsiung und Yungbei, Sandstein, 2400—2700 m, 10. V. 1915 (6240).

A. lupulina MAXIM. Steinige Matten und üppige Wiesen der ktp. und Hg. St., 3700—4300 m. S.: Unter den Pässen Santante und Döko ober Muli. Lagerplatz Guyi am Wege von hier nach Yungning. NW-Y.: Alm Maoniubi auf dem Waha bei Yungning (7078). Osthang des Gipfels Ünlüpe im Yülung-schan bei Lidjiang (3520). Zwischen Haba und Dugwan-tsun und zwischen Bödö und Alo se von Dschungdien.

Teucrium L.

T. japonicum WILLD. SW-H.: Hochkrautfluren der wtp. St. auf dem Yün-schan bei Wukang, Tonschiefer, 1300 m (12403).

T. quadrifarium HAM. Kw.: Matten der Hügel an der Grenze der str. und wtp. St. zwischen Duyün und Maotsaoping, 800—1000 m (10710).

T. simplex VANT. Y.: Yünnanfu (SCHOCH).

Diese Pflanzen sind größer, als der Typus, nämlich bis 65 cm hoch. Die graue Behaarung ist nur ganz kurz. Die Blüte stimmt mit der von DUNN in Not. Bot. Gard. Edinb., VI., 191 gegebenen Charakteristik, doch fehlt das eine Lappen-paar der Unterlippe mitunter völlig. Der Kelch entspricht jenem der Gattung *Kinostemon* KUDO in Mem. Fac. Sci. Agr. Taih. Univ., II., 298 (1929), auch der Habitus; die Stamina sind aber kürzer. Die Art bildet daher ein so deutliches Bindeglied, daß mir diese Gattung nicht berechtigt erscheint.

T. bidentatum HEMSL. H.: Gebüsche der str. St. am Hange zum Tsi-djiang gegenüber Lengschuidjiang ober Hsinhwa, Kalk, 200 m (12703). NE-Y.: Tal von Baörlgai, 600 m (MAIRE).

Leucosceptrum SM.

L. canum SM. Y.: Häufig in trockenen tr. und str. Buschwäldern von Yaotou bis gegen den nach Möngdse führenden Sattel, 1050—1900 m (6006).

Im NW in Gebüschen und offenen Wäldern an der Grenze der wtp. St. ober Gwanyilang zwischen Lidjiang und Yungbei, 2400 m (12998).

Amethystea L.

A. coerulea L. **Y.**: Gebüsche und sandige Flächen der str. und wtp. St., 1950—2800 m. Lidjiang (SCHNEIDER 2016). Im NW überall am Mekong von Nakontu bis Tsedjrong, 27° 52'—28° 2' (7967). Im NE bei Lagu, Djintschung-schan und Hsiaowulung (MAIRE).

Scutellaria L.

**** S. lantienensis** HAND.-MZT. (Taf. XIII, Abb. 13, 14).

E radice tenui, repente ascendens vel erecta, caule 19—25 cm alto, a basi et longe vel altius et breviter ramoso, tenui, quadrangulo, superne $\pm$ patenti-piloso, aequaliter foliato. Folia inferiora late triangulari-ovata, 10—23 mm longa et subaequilata, rotundata vel obtusa, basi truncata vel leviter cordata, utrinque grosse 4—6 crenata, crena terminali maiore, herbacea, supra subsparse et ad-presse articulato-pilosa, subtus vix pallidiora, brevius et praesertim in nervis paucis patentius pilosa, petiolis quam laminae usque sublongioribus, $\pm$ dense pilosulis; superiora sensim minora et angustiora, summa floribus c. aequilonga, brevius petiolata usque sessilia, ovato-lanceolata, basi cuneata, nonnulla sub-integra. Flores in axillis foliorum fere omnium, pedicellis 3—4 mm longis, densius quam rhachis tenuiter et patenter et partim glanduloso-pilosis, 7—9 mm longi, pallide violacei, fauce albi (e nota ad vivum). Calyx c. 2 mm longus, campa-nulatus, dense glanduloso-pilosus, scutello suborbiculari. Corollae tubus rectus, superne dilatatus, fauce 2 mm latus, intus sub medio pilosus, exannulatus; labium superius inconspicuum, c. $1^1/_2$ mm longum, emarginatum; inferius eo duplo longius, lobo medio lato, semiorbiculari, lobis' lateralibus oblongo-ovatis, labio superiori fere totis adnatis. Genitalia inclusa. Nuculae in gynophoro columnari, aurantiacae, utrinque praeter alas latas margine pectinatas muricatae.

H.: An Dämmen in der str. St. um Lantien zwischen Loudi und Hsinhwa, Kalk, 150 m, 6. V. 1918 (11744).

Corollae structura ob labium superius minutum *S. dependentis* MAXIM. ceterum diversissimae. Nuculis quoque peculiaris videtur.

S. barbata DON 1825 (*S. rivularis* WALL. 1830) Lachenränder, Reisfeld-raine und andere Sumpfstellen der str. bis an die wtp. St., 90—1900 m. **Y.**: Hwangtsaoschao unter Beyendjing (6333) und Hwangdjiaping ne von Dali (Talifu). Hungngai se von hier. **H.**: Yün-schan bei Wukang (Plt. Sin. 99). Hsikwangschan bei Hsinhwa (11917). Um Loudi am Wege von hier nach Tschangscha (11724). **Kiangsu** (LIMPRICHT 435 als *S. galericulata* L.?).

S. veronicifolia LÉVL., Cat. Plt. Yun., 146 (1916), e typo (*S. tenax* W. W. SM. in Not. Bot. Gard. Edinb., XII., 222 [1920], e typo). Bachränder, Rasen-plätze, Gebüsche und Wälder der str. bis in die wtp. St., 1500—2600 m. **Y.**: Dahwaschu (3386) und zwischen Gwanyilang und Dawan (13001) bei Yungbei. Im NW zwischen Boloti und Yumi n der Lidjianger Yangtse-Schleife (7580). **S.**: Schangliangdse bei Dötschang im Djientschang („Kientschang") (1180). Dschenbaörl am w Zuflusse des Yalung, 27° 4' (5293).

Pflanzen bis gegen 1 m hoch und wahrscheinlich noch höher, dann niederliegend mit einseitig aufsteigenden blühenden Ästen. Blätter bis 5 cm lang mit
bis $2^1/_2$ cm langen Stielen (beim Typus diese auch bis 4 mm lang) und jederseits
bis 8 Zähnen (beim Typus auch bis 3), kahler. Die Unterschiede genügen nicht
zur Abtrennung einer Varietät, zumal da sich dem Typus entsprechende kleine
Exemplare auch unter meinen Nummern 3386 und 13001 finden.

S. formosana N. E. Br. NE-Y.: An Bächen der Täler von Dschenfungschan
im mittelchin. Fl., 750 m (Maire).

S. Tayloriana Dunn in Not. Bot. Gard. Edinb., XIII., 166 (1913). Y.:
Wahrscheinlich bei Beyendjing (Ten: Hb. Kopenhg.).

— — ** var. *polytricha* Hand.-Mzt.

Indumentum caulis petiolorumque densissimum, pilis albidis $1^1/_2$—$2^1/_2$ mm
longis constans. Corolla maior, 25—28 mm longa (in typo e Dunn 1,5—1,8 cm,
e Kudo 2 „mm" longa).

SW-H.: An Tonschieferfelsen im wtp. Laubhochwalde des Yün-schan bei
Wukang, 1250 m, 12. VI. 1918 fr., IV. 1919 Wang-Te-Hui bl. (Typus) (12103).
N-Kwangtung (Mell 565).

S. sp. aff. *Taylorianae*. **Y.**: In der wtp. St. unter Midien ne von Dali gegen
Beyendjing, Sandstein, 1950—2050 m (6193).

Ein einziges Stück, das ganze sehr dicht fein und kurz drüsig behaart;
Blattstiel $^1/_3$ der Spreite. Sonst sehr ähnlich Tens Pflanze. Auch ähnlich *S. indica* L., die aber nicht so stark drüsig vorliegt und durch so kurze Blattstiele
nur in der var. *ambigua* Hand.-Mzt. nahekommt.

S. discolor Colebr. (*S. Salvia* Lévl., e typo). **Y.**: Beyendjing, Wälder bei
Nigu (Ten 1337, 1394) und Sanguschui (Ten 1205).

Diese drei Nummern haben alle Blüten gegenständig, während Henry
12386A und Forrest 11964 die oberen wechselständig haben. Ein Sektions-
merkmal, durch das Briquet in Nat. Pflzfam., IV/3a., 226 der Art eine isolierte
Stellung in der alten Welt geben will, bildet dies aber sicher nicht.

S. indica L. Steppen und feuchtere Stellen der str. und wtp. St. **Y.**: Um
Dungtschwan, 2600 m (Maire). Im E häufig zwischen Bantjiao und Djiangdi,
1600—1800 m (10230). **Kw.**: Hwangtsaoba (Cavalerie 4273). W-Hubei
(Wilson, Veitch Exp. 209, von Dunn unter *S. yunnanensis* Lévl. angeführt).
H.: 30—600 m. Yün-schan bei Wukang (Plt. Sin. 36). Häufig um Tschangscha
(11652). **Ki.**: Um Pinghsiang (Plt. Sin. 134).

— — ** var. *ambigua* Hand.-Mzt.

Folia brevipetiolata, petiolo quam lamina 3—4^{plo} breviore, obtusa, basi
rotundata vel cuneata, margine crenata, utrinque dense et molliter pilosa et
subtus densissime glanduloso-punctata. Caulis dense et molliter pilosus, pilis
glandulosis hic illic immixtis.

Y.: Beyendjing, in silvis (Ten 239).

Vermittelt gewissermaßen zwischen dem Typus und der in Nord-China
vorkommenden var. *japonica* (Morr. et Decne.) Franch. et Sav., ist aber stärker
behaart und schwächer gekerbt als beide.

S. Mairei Lévl. in Rep. sp. n., XI., 298 (1912), e typo. Syn.: *S. hebeclada*
W. W. Sm. in Not. Bot. Gard. Edinb., X., 65 (1917), offenbar auf derselben Aufsammlung beruhend.

S. Forrestii DIELS in Not. Bot. Gard. Edinb., V., 239 (1912). NW-Y.: Felsige Stellen der tp. St. auf Kalk ober Ngulukö bei Lidjiang, 3100—3400 m (6689).

S. amoena WRIGHT. Steinige Stellen, Steppen und Heidewiesen der wtp. bis in die str. und tp. St., 1650 bis über 3000 m. **Y.**: Yünnanfu (SCHOCH 57). Von hier überall bis gegen Dayao. Zwischen Hsingai und Tie-tsun e von Dali (6343). Mehrfach zwischen Yungning und Yungbei. Im NW bei Lidjiang, und zwischen Tschatü und Waschwa se von Dschungdien. Im NE bei Lagu (MAIRE). **S.**: S ober Muli. Überall im Becken von Yenyüen und von hier bis jenseits Ningyüen. Im NW auf Gebirgen um Sungpan (WEIGOLD).

Über Synonyme und Veränderlichkeit s. in Acta Hort. Gothob., IX., 74 (1934).

—— ** var. *cinerea* HAND.-MZT.

Tota planta (praeter corollas) pilis cinereis densissime (in foliorum facie superiore tantum sparsius) hirta.

NE-Y.: Matten der Kalkhänge bei Dungtschwan, 2550 m (MAIRE, Typus), 2500 m (M.).

Meine Nr. 6343 bildet den Übergang zu der sehr auffallenden Varietät.

S. likiangensis DIELS in Not. Bot. Gard. Edinb., V., 239 (1912). NW-Y.: Bei Lidjiang, v. E. (4065). Hier in Heidewiesen und lichten Föhrenwäldern der tp. St. gegen das Be-schui, 2950—3000 m (3505).

S. baicalensis GEORGI (*S. macrantha* FISCH.). **S.**: Häufig an feuchten Stellen der str. St. zwischen Ningyüen (Lingyüen) und Dötschang im Djientschang, 1500—1650 m (1891). **NW-Y.**: Jedenfalls am Mekong (MONBEIG).

** ***S. orthocalyx*** HAND.-MZT. in Act. Hort. Gothob., IX., 75 (1934). Feuchte Stellen, besonders an Grabenrändern, aber auch in Föhrenwäldern der str. und unteren wtp. St., 1500—2200 m. **S.**: Zwischen Ningyüen und Dötschang im Djientschang häufig (1663). S. von Huili zwischen Djiangyi und Hokou (5077) und bei Dungngan, 22. III. 1914 (799). **Y.**: Yünnanfu, Hügel im N und W (SCHOCH 57 p. p.). Westseite des Dsang-schan bei Dali, VII. 1913 (FORREST 11661). Hungsi am Wege von Yünnanfu nach Suifu (MELL?, mangelhaft). Im E auf dem Rücken des Beling-schan bei Loping (10144).

Marrubium L.

M. incisum BENTH. **Y.**: In der wtp. St. Gartenunkraut in Yünnanfu, 1920 m (34). Äcker bei Tieso nächst Beyendjing (TEN 53). Im NE in Kulturen der Ebene von Dungtschwan, 2500 m (MAIRE). **S.**: Gartenunkraut in Tschoso am See von Yungning, 2820 m.

Agastache CLAYT.

in GRON., Fl. Virg., 88 (1762)

A. rugosa (FISCH. et MEY.) O. KTZE., Rev. Gen., 511 (1891) (*Lophanthus rugosus* FISCH. et MEY.). **Y.**: Äcker und Wälder bei Tieso nächst Beyendjing (TEN 1430). Im NW an Mauern der wtp. St. in Lutien e von Weihsi, Sandstein, 2700 m (8506).

Meehania Britton

M. urticifolia (Miq.) Mak. in Bot. Mag. Tok., XIII., (159) (1899) (*Dracocephalum urticifolium* Miq.) **var. typica** (Dunn) Kudo im Mem. Fac. Sci. Agr. Taih. Univ., II., 223 (1929) *f. normalis* (Dunn) Hand.-Mzt. (*Dracocephalum u. var. t. f. n.* Dunn in Not. Bot. Gard. Edinb., VI., 170 [1915]). W-S.: Wa-schan s von Yadschou (Weigold).

— — — — **f. radicans** (Dunn) Hand.-Mzt. (*Dracocephalum u. var. t. f. r.* Dunn, l. c., 70. — *Meehania u. var. Henryi* [Hemsl.] Kudo, l. c., 224 p. p.). SW-H.: Im wtp. Laubhochwalde des Yün-schan bei Wukang, Tonschiefer, 1000—1300 m (11159).

— — **var. angustifolia** (Dunn) Hand.-Mzt. (*Dracocephalum u. var. a.* Dunn l. c.). Kw.: Im wtp. *Cunninghamia*-Walde unter Tailaohsin zwischen Duyün und Badschai, Sandstein, 850 m (10777).

— —** var. pinetorum** Hand.-Mzt. (*Dracocephalum u. var. p.* Hand.-Mzt. in Sitzgsanz. Ak. W. W., LXII., 236 [1925]. — *D. simplex* Vant., e typo. — *D. pinetorum* [H.-M.] Kudo im Mem. Fac. Sci. Agr. Taih. Univ., II., 224 [1929]).

Planta xerophila, 12—45 cm alta, erecta, foliis cordato- et triangulari-ovatis, $2/^1{}_2$—6 cm longis, crassiusculis, inferioribus petiolis brevibus usque laminas dimidias aequantibus, superioribus et inflorescentialibus sessilibus valde decrescentibus, floribus longe et laxe subspicatis.

Y.: In E in Kiefernwäldern der wtp. St. des Beling-schan am Wege von Sidsung nach Loping, 1900—2100 m, 10. VI. 1917 (10142, Typus), 6. IV. 1897 (Bodinier). Im NE bei Djintschungschan, 2700 m, VI. 1910 (Maire). Bergweiden bei Tschehai, 2600 m (Maire, annähernd).

Dunn stellt *D. simplex* als Synonym zu *D. urticifolium* var. *angustifolia* Dunn f. *normalis* Dunn, Kudo zu var. *pedunculata* (Hemsl.) Kudo. Mit beiden hat es nichts zu tun, sondern es stammt vom Originalfundort meiner Varietät, die, wenn man sie mit Kudo für eine eigene Art hält, *Meehania simplex* zu heißen hätte. Da aber Maires schmalblätterige Pflanze von Tschehai auch durch teilweise längere Blattstiele den Übergang zu anderen Formen bildet, halte ich jenes nicht für berechtigt. Zu Wilson 744, das Dunn zu var. *angustifolium* f. *normale* stellt, ist zu bemerken, daß das Wiener Exemplar im Blütenstand der *Meehania u.* var. *pedunculata* (Hemsl.) Kudo l. c., 223, entspricht, die oberen Blätter allerdings auch schmäler hat.

Schizonepeta (Benth.) Briq.

S. tenuifolia (Benth.) Briq. in Nat. Pflzfam., IV/3a., 235 (1897) (*Nepeta t.* Benth. — *N. Vaniotiana* Lévl. in Rep. sp. nov., IX., 220 [1911], e typo). **Y.**: Beyendjing (Ten ex. hb. Berol. 321). Hier in Gärten von Tieso (Ten. 1431). Im NE hier und da in der Ebene von Dungtschwan, 2500 m (Maire).

Nepeta L.

N. laevigata (Don) Hand.-Mzt. (*Betonica l.* Don, Prodr. Fl. Nepal., 110 (1825). — *N. spicata* Benth. in Wall., Pl. As. rar., I., 64 [1830]. Kudo in Mem. Fac. Sci. Agric. Taih. Univ., II., 228. — *N. lamiopsis* Diels in Not. Bot. Gard. Edinb., VII., 151 [1912]. Dunn, l. c., VI., 166, non Benth.). Üppige

Wiesen, Krautfluren und Gebüsche der tp. und ktp. St., 3000—4100 m. NW-Y.: Mehrfach an der Westseite des Gebirges Piepun (4782) und zwischen Bödö und Alo (4524) se von Dschungdien. Nguka-la sw von hier. Ober Donaku zwischen Yangtse und Mekong, 27° 20′. Im birm. Mons. zwischen Mekong und Salwin unter dem Doker-la und im Tale Schidsaru.

N. Cataria L. **Kw.**: Gebüsche der wtp. St. bei Tschingdschen, Mergel, 1200 m (10495). NE-Y.: Ebene von Dungtschwan, 2500 m (MAIRE).

N. Fordii HEMSL., e typo. **H.**: Gebüsche der str. St. zwischen Dawan und Tienhsin w von Baotjing, 200—300 m (11977).

Variat imprimis e WILSON, Veitch Exp. 483 foliorum crenis 3—6 mm profundis, terminali elongata, usque ad 2 cm longa, calycibus 3 mm tantum (in typo 5 mm) longis, corollis calyce triplo (in typo duplo) longioribus.

Glechoma L.

G. hederacea L. var. *longituba* NAKAI in Bot. Mag. Tok., XXXV., 173 (1921). Äcker und Gebüsche der str. und wtp. St., 30—2600 m. **Y.**: Yaotou zwischen Möngdse und Manhao (5976). Im NE bei Dungtschwan (MAIRE) und im mittelchin. Fl. bei Dschenfungschan und im Tale von Hodjiakou (MAIRE). **W-S.**: Wa-schan s von Yadschou (WEIGOLD). **SW-Kw.**: Hwangtsaoba (CAVALERIE 4078). **H.**: Yün-schan bei Wukang (Plt. Sin. 109). Tschangscha (11559). **W-Ki.**: Pinghsiang (Plt. sin. 125). W-Hubei (WILSON, Veitch Exp. 223).

Die Nr. 5976 und Plt. sin. 109 haben kleinere Korollen, als die übrigen und als für die Varietät wesentlich sind, aber die längeren Kelchzähne, die jenen der *G. hirsuta* WALDST. et KIT. tatsächlich entsprechen, mit der sie KUDO in Mem. Fac. Sci. Agr. Taih. Univ., II/2., 235 (1929) zu Unrecht identifiziert, denn diese ist im Vegetativen eine ganz andere Pflanze.

Dracocephalum L.

D. tanguticum MAX. **NW-S.**: Gebirge um Sungpan (WEIGOLD).

D. Forrestii W. W. SM. in Trans. Bot. Soc. Edinb., XXVII., 90 (1916). **NW-Y.**: Steinige Heidewiesen der wtp. St. in der Ebene von Lidjiang von Böscha gegen das Be-schui, 2750 m, v. E. (4066). Häufig an trockenen Hängen der str. St. bei Loyü in der Yangtse-Schlucht n von Lidjiang, 27° 13′, 2300 m (12992).

Die letzte Nummer stellt eine Form tieferer Lagen mit breiteren, unterseits teilweise kahlen, teilweise dünn filzigen Blattabschnitten dar.

D. Isabellea G. FORR. in Not. Bot. Gard. Edinb., VIII., 211 (1914). **NW-Y.**: Heidewiesen der tp. und steinige Stellen der ktp. St. auf dem Hochlande von Dschungdien, 3500—3900 m. Massenhaft s von Dschungdien. Zwischen Hsiao-Dschungdien und Alo (4614). Patü-la ober Anangu (7692).

** *D. calophyllum* HAND.-MZT. in Sitzgsanz. Ak. W. W., LX., 137 (1923). (Taf. XIII, Abb. 12).

Syn.: *D. Forrestii* var. *calephyllum* (sic!) (H.-M.) KUDO in Mem. Fac. Sci. Agr. Taih. Univ., II., 239 (1929).

Sect. *Moldavica* (MNCH.) BENTH.

Rhizoma subrepens, radices crassas longissimas vix fibrosas et caules complures partim steriles ascendentes plerosque ramosissimos, 40—80 cm longos fistulosos obtuse quadrangulos crispule puberulos edens; internodia caulis spicastrique $1^1/_2$—$5^1/_2$ cm longa. Folia (inferiora decidua) ambitu late ovata, 2—$5^1/_2$ cm longa, brevipetiolata, 2—5jugo, verticillastra fulcrantia superiora — ceterum non diminuta — raro tantum 1jugo pinnatipartita, lobis patulis obtusis et rhachi $1^1/_2$—4 mm latis planis vel margine angustissime revolutis, supra glabra atroviridia, subtus cinereo-tomentosa, superiora saepe axillis fasciculifera. Inflorescentia indistincta caulem et ramos fere dimidios occupans, verticillastris superioribus 6 floris. Bracteae pedicellorum tenuium 2 mm longorum lineari-subulatae, 6—10 mm longae. Calyx anguste tubulosus, paululum curvatus, 16—19 mm longus, 3—$3^1/_2$ mm latus, pallidus vel altero latere purpureo-violascens, argute 15 nervius, extus dense et crispule pubescens et minute sessiliglandulosus, intus glaber, fere ad $^1/_2$ in dentes lanceolatos subspinescentes ventre paulo magis quam dorso fissus. Corolla 3 cm longa, violacea, intus praeter labia, extus tota albo crispule pubescens, tubo 2 mm lato calycem multo excedente dein ad 5—6 mm inflato; labium inferius ad 7 mm longum lobis deflexis rotundatis medio quam laterales duplo maiore, undulato; labium superius paulo brevius oblongum, rotundatum, breviter emarginatum. Stamina basi labiorum inserta iisque breviora, filamentis latis pilosis, antheris lineari-oblongis 2 mm longis. Ovarium glabrum; stylus tenuis, glaber, antheras attingens. Nuculae oblongae, 3 mm longae, fuscae.

NW-Y.: *Artemisia*-Bestände der tp. St. im birm. Mons. beim Lagerplatze Tschoschwa unter dem Doker-la an der tibetischen Grenze, Granit, 3200 m, 15. IX. 1915 (8000).

Foliis similius *D. Ruprechtii* REG., quam aliis, his glabris, corolla calyceque latis, hoc breviore diverso.

Ich sehe derzeit, trotzdem *D. Forrestii* kahl und filzig vorkommt, keinen Grund, die durch die Blattform sehr ausgezeichnete Pflanze als Varietät dieses zu betrachten. Die Gruppe des von BRIQUET nicht erwähnten *D. tanguticum* gehört nach dem Kelchbau entschieden zur Sect. *Moldavica*, nicht zu *Buguldea* BRIQ., zu der sie KUDO stellt, indem er ihr fälschlich einen caulis procumbens und calyx pro quarta parte bilabiatus zuschreibt.

D. speciosum BENTH. (*D. bullatum* G. FORR. in Not. Bot. Gard. Edinb., V., 238 [1912]). Steinige und sandige Stellen der Wälder bis in die tp. St. hinab und Matten der Hg. St., auf Kalk, 3350—4480 m. NW-Y.: Ostseite des Yülung-schan bei Lidjiang, v. E. (4067). Hier hinter dem Moränenzirkus Saba (6800). Ober der Alm Maoniubi auf dem Waha bei Yungning (7125). S.: Berg Saganai ober Muli.

D. Wilsoni (DUTHIE) DUNN in Not. Bot. Gard. Edinb., VIII., 166 (1913) (*Nepeta W.* DUTHIE). Steinige Matten und fette Wiesen der Hg. bis in die tp. St., 3500—4200 m. NW-Y.: Osthang des Gipfels Ünlüpe im Yülung-schan (3540). Alm Maoniubi auf dem Waha bei Yungning (7081). S.: Lagerplatz Guyi zwischen Yungning und Muli und Waldwiese Gumadi sw von hier.

Siehe Bemerkung in Act. Hort. Gothob., IX., 80 (1934).

D. Stewartianum (DIELS) DUNN, l. c. (*Nepeta Stewartiana* DIELS, l. c., V., 237 [1912]). NW-Y.: Gebüsche der tp. St. bei Ganhaidse nächst Lidjiang, Kalk, 3150 m (4307). S.: Wahrscheinlich dieses ober Niutschang se und bei Betjiaohon von Yenyüen, 2900 m.

Von *D. sibiricum* L. durch die aufwärts gekrümmte Blumenkronenröhre verschieden. Der Unterschied in den gestielten Blättern, den Dunn angibt, besteht nur gegenüber den von ihm fälschlich mit *D. sibiricum* vereinigten chinesischen Pflanzen. Vgl., wie zum folgenden, meine Ausführungen in Act. Hort. Gothob. IX., 79 (1934). In Kudos sehr unvollständiger Arbeit fehlen diese beiden ganz.

D. Prattii (Lévl.) Hand.-Mzt. in Act. Hort. Gothob., IX., 79 (1934) (*Nepeta P.* Lévl. in Rep. sp. n., IX., 245 [1911].) NW-S.: Gebirge um Sungpan (Weigold).

D. tenuiflorum (Diels) Dunn in Not. Bot. Gard. Edinb., VIII., 166 (1913) (*Nepeta tenuiflora* Diels, l. c., V., 238 [1912]). NW-Y.: Bei Lidjiang, v. E. (4054).

Prunella L.
(*Brunella* L.)

P. vulgaris L. Y.: Sumpfige Wiesen und Grabenränder der wtp. und tp. St., 2500—3300 m. Im NE in der Ebene von Dungtschwan (Maire). Im NW um Ngulukö und Ganhaidse bei Lidjiang. Andere Notizen s. bei der folgenden, wohin sie wahrscheinlich gehören. S.: Ebenso. Schamenkou und Sandao-schan bei Yenyüen. In der str. St. unter Djinyikan bei Dötschang, 1350 m (1086). Kw.: Gemein in Heidewiesen von Nganping bis Badschai. Baotie-schan bei Gudschou. H.: Bis an die str. St., an offenen Stellen der Buschsteppe bei Hsikwangschan nächst Hsinhwa, 500—700 m (11872). Yün-schan bei Wukang (Plt. sin. 58).

Blütengröße veränderlich schon an den Exemplaren meiner Nr. 11872. Vgl. meine Bemerkung in Ann. Nat. Hofmus. Wien, XXIII., 185 (1909). Meine chinesischen Pflanzen, ebenso Limpricht 96 und 1200 gehören zu typischer *P. vulgaris*. Die japanischen, die Nakai in Bot. Mag. Tok., XLIV., 10 (1930) als *P. asiatica* beschreibt, haben keine größeren Blüten und sind nicht hochwüchsiger als unsere; Tanaka 36 hat sogar sehr kleine.

* *P. hispida* Benth. in Wall., Plt. As. rar., I., 66 (1830) (*B. vulgaris* var. *hispida* Benth. in DC., Prodr., XII., 410 [1848]. — *P. stolonifera* Lévl. et Giraud. in Rep. sp. n., XII., 286 [1913]). Y.: Heidewiesen der wtp. und tp. St., 2000—3100 m. NW von Yünnanfu (Schoch 105). Verbreitet von hier bis Dingyüen. Häufig zwischen Hsinyingpan und Boloti n von Yungbei, 29. VI. 1914 (3294). Im NE um Dungtschwan (Maire).

Ausläufer treibende Exemplare kommen sowohl bei dieser als bei der vorigen vor, bei der letzten auch in Österreich.

Chelonopsis Miq.

C. odontochila Diels in Not. Bot. Gard. Edinb., V., 240 (1912). NW-Y.: Gebüsche der str. St. im Tale des Djinscha-djiang (Yangtse) von Schigu bis oberhalb Tale und Sangaidse, häufig, Schiefer, 1915—1950 m (8509).

C. lichiangensis W. W. Sm. in Not. Bot. Gard. Edinb., IX., 92 (1916). NW-Y.: Feuchte Gebüsche der wtp. St. bei Haba se von Dschungdien, Sandstein, 2650 m (4448).

Manche Blätter tragen nahe unter der Hauptspreite ein Paar ganz kleiner Fiederblättchen.

Phlomis L.

P. umbrosa TURCZ. var. **australis** HEMSL. S.: Laubbuschwald der tp. St. am Lungdschu-schan bei Huili, Diabas, 3100—3350 m (5155). NW-Y.: An kräuterreichen Stellen der tp. Regenwälder des birm. Mons. im Tjiontson-lumba, einem w Seitentale des Salwin unter Tschamutong gegen den Irrawadi, Granit, 2700—2800 m (9169).

Die zweite Nummer, die ich wegen der breiteren Brakteen zur Varietät stelle, ist trotz des feuchten Klimas ihres Fundortes reichlich recht lang und zart sternhaarig.

P. bracteosa ROYLE. NW-Y.: Bei Lidjiang, v. E. (4063).

P. melanantha DIELS in Not. Bot. Gard. Edinb., V., 242 (1912). Wälder und üppige Waldwiesen, auch an Bächen in der tp. und ktp. St., 3150—3900 m. NW-Y.: Bei Lidjiang, v. E. (4062). Hier jenseits des He-schui. Hsiao-Niutschang ober Bödö. Paß zwischen Yungning und Fongkou. S.: Gumadi sw von Muli. Molien jenseits des Yalung n von hier, 28° 10′ (2557).

Daß bei Lidjiang beide Arten vorkommen und gut getrennt sind, zeigt am besten, daß ihre Zusammenziehung unberechtigt ist.

**** P. ambigua** HAND.-MZT.

Caulis e radice crassa valde elatus, robustus, ramosus, quadrisulcatus, basi 7 mm crassus, pilis stellatis scaber, inferne nudus. Folia media ovata, usque ad 16 cm longa, plus duplo angustiora, acuta vel subrotundata, basi truncata vel leviter et saepe inaequaliter cordata, mucronulato-crenata, herbacea, supra in nervis dense, ceterum sparse hirta, subtus pallidiora, dense fasciculato-pilosa, nervis lateralibus 2—4nis arcuato-anastomosantibus prominuis, venarum reti laxo; petiolus laminam usque dimidiam aequans, dense fasciculato-hirtellus. Folia floralia sensim minora, summa suborbicularia, c. 1 cm diametro, brevipetiolata. Verticillastri compacti, inter se discontigui, 5—8 flori. Bracteolae lanceolatae, 1—2 mm longae, appressae, stellato-pubescentes, spinescentes. Pedicelli nulli et brevissimi. Calyx anguste infundibularis, 8—9 mm longus, stellato-tomentosus, nervis prominuis 11, dentibus connatis late rotundatis spinis $^{1}/_{2}$—1 mm longis terminatis. Corolla (e nota ad vivum) pallide flavida, labio inferiore rubro-signato, 15—18 mm longa, extus longe sericeo-pilosa; galea 6—7 mm longa, intus barbata, apice bifida; labii inferioris lobi integri, laterales medio vix angustiores, sed breviores.

NW-Y.: In dichten Gebüschen der trockenen str. St. in der Mekong-Schlucht unter Lotonda, 27° 39′, kristallinischer Boden, 1900 m, 7. IX. 1915 (7942).

Proxima *P. Forrestii* DIELS et *P. Franchetianae* DIELS, quae e typis differunt foliis acutioribus corollaeque labiis dentatis, praetereaque prior bracteolis longioribus indumento que toto multo parciore, posterior foliis etiam supra dense stellato-pilosis.

P. Franchetiana DIELS in Not. Bot. Gard. Edinb., V., 242 (1912), e typo. S.: Hochstaudenfluren der tp. St. unter der Wiese Dapingdse zwischen Muli und Yungning, Sandstein, 3200 m (7187).

Sternhaare der Blattoberfläche klein, mit sehr verlängertem Mittelstrahl, auf der Unterseite dichter als beim Typus, mit dem sie sonst stimmt.

— — ** v a r. *hirticalyx* Hand.-Mzt.

Bracteolae calycis $^2/_3$ attingentes, ut hic praeter pilos densos stellatos patule hirsutae. Pili stellati in foliorum facie superiore sparsi, saepe radio centrali elongato.

Y.: Beyendjing, in silvis Betsaolin, 25. IX. 1919 (Ten 1380).

Die Länge der Brakteolen ist veränderlich. Meine Nr. 7187 bildet darin einen Übergang vom Typus, bei dem sie ganz kurz sind, zu dieser Varietät. Ein *Phlomis Forrestii*-Original zeigt an den unteren Quirlen Brakteolen fast von Kelchlänge, an den obersten solche von nur $^1/_4$ Kelchlänge. Auch die Blattbehaarung variiert; ein Individuum der Varietät hat nur auf der Blattoberseite einfache, steife Haare, das andere auch auf der Unterseite dichte Sternhaare.

P. atropurpurea Dunn in Not. Bot. Gard. Edinb., VIII., 169 (1913). NW-Y.: Sumpfwiesen der tp. bis an die ktp. St., 2800—3800 m. Ober Ganhaidse bei Lidjiang (4315). Minying und Mahaidse n von hier. Yungning. Sattel Gitüdü ober Anangu, zwischen Bödö und Alo, Westseite des Piepun und Dungapi auf dem Hochland von Dschungdien.

P. tuberosa L. (*P. betonicoides* Diels in Not. Bot. Gard. Edinb., V., 241 [1912]). Gebüsche, Krautfluren, Steppen und Ackerränder der wtp. und unteren tp. St., 2600—3200 m. S.: Yenyüen. In einem Haferfeld bei Malade n von hier (phot.). Ober Agwadien nw von Yungning im Bereiche von Muli (7521). NW-Y.: Um Lidjiang, v. E. (4064). Boloti n von Yungbei (3366).

P. rotata Benth. (*Lamiophlomis r.* [Benth.] Kudo in Mem. Fac. Sci. Agr. Taih. Univ., II., 211 [1929]). Gesteinfluren und Matten der Hg. bis in die ktp. St., auf Kalk, 4100—4720 m. NW-Y.: Gipfel neben dem Paß zwischen Bödö und Alo se von Dschungdien (4535). Gebirge Waha bei Yungning (7092). S.: Döko, Gonschiga und Saganai bei Muli.

Zur Anerkennung der Gattung *Lamiophlomis* liegt gar kein Grund vor.

Paraphlomis Prain

Clavis analytica specierum sinensium.

1. a) Corollae tubus in calyce inclusus. Calycis dentes eius tubo fere aequilongi (e descriptione): *1. gracilis.*

    b) Corollae tubus calyce sesqui- usque duplo longior. Calycis dentes huius tubo dimido vix aequilongi vel breviores[1]: 2.

2. a) Folia sublanceolata, latitudine 3—4^{plo} angustiora, longe acuminata, basi sensim et longe angustata, petiolata vel sessilia. Calycis dentes late ovato-triangulares, recti, interdum cartilagineo-apiculati. Caulis foliaque glabra vel sparse brevipilosa: *5. lanceolata.*

    b) Folia ovata, latitudine c. duplo longiora, acuta vel breviacuminata, basi rotundata vel abrupte in petiolum saepe alatum angustata: 3.

3. a) Caulis foliaque glabra vel ille tantum dense et haec sparse brevipilosa. Petioli longi, exalati. Calycis dentes e basi late triangulari subulati, carinati et excvrvi. Corolla extus patule pilosa: *2. rugosa.*

    b) Indumentum aut longum aut in foliis quoque densvm. Petioli sursum

---

[1] Eine Pflanze aus Hainan (Lingnan Univ. 16171) stellt jedenfalls eine eigene Art dar, die ich hier nicht aufnehmen kann, da mir keine Korolle vorliegt.

cuneatim alati. Calycis dentes mutici vel cum subula incurva. Corolla extus accumbenti-pilosa: 4.

4. a) Caulis petiolique patenter longipilosi. Calycis dentes triangulares, costis tenuissimis: *3. hirsuta.*

b) Caulis superne petiolique necnon folia subtus dense albide accumbenti-pilosa. Calycis dentes prominenter costati: *4. albida.*

1. *P. gracilis* (Hemsl.) Kudo in Mem. Fac. Sci. Agr. Taih. Univ., II., 210 (1929). Hubei (nach Hemsley, Dunn, Kudo). Nicht gesehen.

2. *P. rugosa* (Benth.) Prain in Ann. Bot. Gard. Calcutta, IX., 60 (1901) (*Phlomis r.* Benth.). Kwangtung (Mell 503, 627, 944. Sunyats. Univ. 60835).

Die von Dunn in Not. Bot. Gard. Edinb., VI., 186 aus anderen Provinzen angegebenen Pflanzen habe ich nicht gesehen.

3. ** *P. hirsuta* Hand.-Mzt.

Characteres vide supra in clavi sub 1b, 2b, 3b, 4a.

W-Hubei: Nanto, V. 1900 (Wilson, Veitch Exp. 831).

4. ** *P. albida* Hand.-Mzt. (Abb. 27, Nr. 1).

Characteres vide supra in clavi sub 1b, 2b, 3b, 4b.

Typus: Calycis dentes e basi late triangulari subulati et incurvi.

SW-H.: Häufig in Gebüschen der str. St. von Dsingdschou bis Lianglitang, Tonschiefer, 400—500 m, 1. VIII. 1917 (11054).

— — ** var. *brevidens* Hand.-Mzt.

Calycis dentes late triangulari-ovati, minute mucronulati.

W-Ki.: Um das Kohlenbergwerk Pinghsiang, c. 600 m, 1920 Wang-Te-Hui (Plt. sin. 233).

5. ** *P. lanceolata* Hand.-Mzt. (Abb. 27, Nr. 2).

Characteres vide supra in clavi sub 1b, 2a.

Typus: Folia petiolata, ut caulis glabra. Corolla pallide sulphurea (e nota ad vivum).

SW-H.: Im wtp. Laubhochwalde des Yün-schan bei Wukang, Tonschiefer, 1000—1200 m, 7., 8. VII. 1918 (12247).

— — ** var. *subrosea* Hand.-Mzt.

Corolla alborosea (e nota ad vivum). Ceterum cum typo congruens.

SW-H.: Wie der Typus, aber nur auf Grasplätzen beim Tempel Gwanyin-go, 1190 m, 6. VIII. 1917 (11108).

— — ** var. *sessilifolia* Hand.-Mzt.

Folia sessilia, ut caulis sparse et breviter pilosa. Corolla flava (e nota collectoris).

Kwangsi: N-Lüdschen. Dschufeng-schan bei Schanfang, in tiefem Graben am Bach gemein, 8. VI. 1928 (Ching 5806).

Da die hier aufgestellten Arten sich untereinander und von *P. rugosa* nur durch wenige Merkmale unterscheiden, diese aber gut beschrieben ist, genügt die Zusammenstellung der Unterschiede im Bestimmungsschlüssel.

Abb. 27. Blätter von *Paraphlomis* 1 *albida* H.-M., 2 *lanceolata* H.-M. 1/3 nat. Gr.

Eriophyton Benth.

E. Wallichii Benth. In tiefem Gehängeschutt der Hg. St., 4100—4450 m.
NW-Y.: Osthang des Gipfels Ünlüpe im Yülung-schan bei Lidjiang, v. E. (4069).
S.: Gipfel Gonschiga und unter dem Passe Santante (7316) bei Muli.
Vgl. meine Bemerkungen in Act. Hort. Gothob., IX., 81 (1934).

Leucas R. Br.

L. ciliata Benth. Y.: In buschigen Steppen und Hecken der wtp. und str.
St., 1800—2100 m. Yünnanfu (Cavalerie). Von hier nach N. bis jenseits Loheitan. Von Gwangdung (4824) über Schadschou (8585) und Dali bis über Schigu
am oberen Yangtse.

L. mollissima Wall. In der wtp. St. Y.: Nasse Stellen bei Wangdjiatschwang nächst Beyendjing (Ten 1469). Im NE an Felsen bei Banlung-se,
2500 m (Maire). S.: Schattige Gebüschränder bei Lutschang s von Huili,
1900 m (5113).

— — var. *chinensis* Benth. NE-Y.: Im Gras am Weg da und dort von
Dschaotung bis Laowatan (Mell). Im mittelchin. Fl. in Kulturen bei Lungdji,
600 m (Maire). SW-Kw.: Gebüsche der wtp. St. häufig zwischen Gwanling
und Muyu, 1050—1200 m, Kalk (10409).

Der Varietät entsprechende Exemplare finden sich auch im NW-Himalaya:
Kulu (Stoliczka).

Galeopsis L.

G. Tetrahit L. In der tp. und ktp. bis in die wtp. St., 2550—4000 m. Y.:
Im NW auf einer quelligen Wiese ober Ganhaidse bei Lidjiang. Waldwiesen unter
dem Passe Schulakadsa zwischen Dschungdien und Anangu (7668). Im birm.
Mons. häufig im *Pteridium*-Bestand des Föhrenwaldes auf dem Rücken Alülaka
am Salwin unter Tschamutong (9591). Im NE in trockenen Bachbetten bei
Djintschungschan (Maire). NW-S.: Gebirge um Sungpan (Weigold).

Kudo gibt nur (als Varietät) *G. bifida* Boenn. aus China an, zu der diese
Pflanzen nicht gehören. Er hat sie nicht angesehen, sondern nur die von mir
damals veröffentlichten neuen Arten.

Lamium L.

L. amplexicaule L. Y.: In der wtp. und tp. St., 1900—3400 m. Äcker bei
Yünnanfu (Schneider 126) und Hsiaoschidschou bei Houdjing. Im NE in der
Ebene von Dungtschwan (Maire). Im NW bei Dschungdien und jedenfalls am
Mekong (Monbeig).

L. album L. H.: In der str. und wtp. St., auf Tonschiefer und Sandstein,
150—1200 m. Schattige, kräuterreiche Stellen im Hartlaubwalde des Yolu-schan
bei Tschangscha (11668). Gebüsche und Grasplätze des Yün-schan bei Wukang
(11118).

L. chinense Benth. H.: In der str. St. bei Tschangscha auf Sandstein
an schattigen Stellen im Hartlaubwalde des Yolu-schan, 150 m (11669) und an
kräuterreichen Stellen in Tälchen, 50 m (11675). Ki.: Am Wege bei Schang-
guschi nächst Tjingan (Ki-an) (Plt. sin. 272).

Nr. 11 675 hat die Blätter im allgemeinen kleiner und rundlicher, die Floral-blätter rhombisch, $1^1/_2$—2 cm lang, ungefähr halb so breit, mit Stielen von 6 bis 8 mm Länge, mit 4—6 groben Kerben jederseits. Das eine Stück der Nr. 11 669 nähert sich jedoch schon dieser Form.

Leonurus L.

L. sibiricus L. Äcker, Schutt- und Grasplätze, Bachränder der wtp. bis in die str. St. S.: Meidsepu zwischen Ningyüen und Yenyüen, 1500 m. Dseia bei Muli, 2700 m. Im W im Min-Tale von Sungpan bis Tietschi (Weigold). Y.: Bis 2500 m. Yünnanfu (Schoch 183). Nach W bis Dingyüen. Häufig im Santschwanba unter Yungbei. Beyendjing (Ten 368, 372; ex hb. Berol. 332). Lung-schan hier, in Wäldern (Ten 1442). Im NE bei Dungtschwan und Tschou-djiadsetang (Maire). **Kw.**: Zerstreut bis Badschai, 800—1300 m. **W-Ki.**: Ping-hsiang, c. 600 m (Plt. sin. 183). **Ki.-F.-Grenze**: Dunghwa-schan zwischen Schi-tscheng und Ninghwa, c. 700 m (Plt. sin. 349).

Ten 332, 1442 und Maires Exemplar von Tschoudjiadsetang bestehen aus Zweigen jedenfalls riesenhafter Pflanzen; sie tragen die letzten Blüten, deren Korollen nicht 10 mm lang sind.

——appr.** var. *grandiflorus* Benth. in DC., Prodr., XII., 502 (1848). S.: Feuchte Ackerraine der str. St. bei Dötschang (Tetschang) im Djientschang („Kientschang"), Sandstein, 1450 m, 3. IV. 1914 (1110). NE-Y.: Kulturen der Ebene von Dungtschwan, wtp. St., 2500 m, IX. 1910 (Maire). Die typische Varietät in NE-Kansu: Sanschilipu (Licent 6154). Schanhsi: Da-Wutai-schan (Serre 2278). Madjiapu (Licent 256). Tschili: Nankou-Paß (Wawra 1032). Tjiao-schan bei Schanhaikwan (Licent 1531). Dahurien (Turczaninow). Nertschinsk (Sensinoff. Karo 148a als *L. tataricus* L., offenbar verwechselt mit 148b).

Alle untersuchten Exemplare der Varietät, auch jene aus Sibirien, haben nahe über dem Grunde der Kronröhre oder weiter oben einen deutlichen Ring aus etwas schülferartigen Haaren, was der Diagnose der Sect. *Panzeria* (Moench) Benth. widerspricht, doch sagt Kudo: „vel imperfectissime annulatus".

Loxocalyx Hemsl.

**** L. quinquenervius** Hand.-Mzt.

Radix perennis, parva, fibris dense fasciculatis. Caulis erectus, usque me-tralis, inferne denudatus, dein ramosissimus et cum ramis valde foliosus et junior dense et breviter retrorsum pilosus. Folia ovato-lanceolata, $3^1/_2$—9 cm longa, longitudine 2—$2^1/_2$plo angustiora, latiuscule acuminata, basi late angustiusve cuneata vix unquam rotundata, crenato-serrata, supra sparse brevisetosa, subtus pallidius viridia et breviter et densissime, praesertim ad nervos marginemque, pilosa; petioli laminis 3—7plo breviores, densissime et adpresse pilosi. Verti-cillastri in axillis plurimis, 6—12flori. Bracteae subulatae, c. 2 mm longae. Calyx subsessilis, ad 1 cm longus, anguste turbinatus, extus praesertim ad nervos adpresse pilosus, quinquenervius, nervis intersitis nullis, dentibus quam tubus brevioribus ovatis, sensim acuminatis, herbaceis, minute mucronatis, Corolla ad 2 cm longa, dilute atrorubra, fauce albido-maculata (e nota ad vivum), extus dense pilosa, tubo tenui exserto, labii inferioris lobo medio obcordato longiore latioreque quam lobi laterales ovales, rotundati; labio superiore eo aequilongo, angusto, porrecto.

SW-H.: Im wtp. Laubhochwalde des Yün-schan bei Wukang, besonders an kräuterreichen Stellen längs Bächen, Tonschiefer, 1200—1350 m, 17. VIII. 1918 (12507).

Species altera, *L. urticifolius* Hemsl., e descriptione speciminibusque Licent 2667 et 2679 e monte Tsinling-schan differt glabrior, foliis latioribus, tenuius acuminatis, basi cordatis, grossius serratis, calycibus angustioribus, octonerviis, dentibus longioribus longiusque aculeatis, corollae labio inferiore subaequaliter trilobo lobis integris.

** *Ombrocharis* Hand.-Mzt.

Stachyoideae — Lamiinae.

Herba 20—30 cm alta, perennis, rhizomate breviter repente, in bulbos lignosos usque ad 3 cm crassos incrassato, redicibus permultis tenuissimis, caule singulo vel usque ad 3, sicca aromate dulci praedita. Caulis erectus, simplex, gracilis, inferne nudus, glabrescens, teretiusculus, superne foliorum paribus usque ad 5 subaequalibus instructus et quadrisulcatus et pilis articulatis violascentibus ad $1^1/_2$ mm longis $\pm$ patentibus villosus. Folia ovata vel oblongo-ovata, 4—12 cm longa, longitudine aequilata usque triplo angustiora, acuta vel breviacuminata, basi late cuneata et in petiolos laminis $1^1/_2$ usque plus 5^{plo} breviores breviter producta, praeter basin crebre et grosse crenato-serrata, membranacea, utrinque glandulis minutis flavis conspersa praetereaque supra in nervis 5—8^{nis} arcuatis brevissime crispulo-pilosa, in lamina sparse setulosa, subtus pallidiora in nervis in sicco brunneis sparsissime villosula; petiolus velutinus. Inflorescentia terminalis, racemiformis, brevissime retrorso-velutina, cum pedunculo brevi 4—7 cm longa, laxa, cymis oppositis, inter se 6—15 mm remotis, subsessilibus, trifloris composita. Bracteae lanceolatae, c. 5 mm longae, herbaceae, sessiles, intergrae vel paucidentatae, utrinque acuminatae, ciliolatae; bracteolae minutae. Pedicelli succosi, 9—15 mm longi, patentes, apice longius pilosuli, laterales nunc breviores. Calyx campanulatus, 4—5 mm longus, nervis 11, extus praecipue his brevissime pilosus, glanduloso-punctatus, fauce pilis longis annulatus, fructifer auctus ad 8 mm longus, submembranaceus; fere ad $^1/_2$ bilabiatus, labio superiore fere ad $^2/_3$ bipartito lobis lanceolatis mucronatis trinerviis, inferiore eo c. duplo breviore, tripartito, lobis rotundatis mucronatis, uninerviis cum nervis intersitis infra sinus dichotomis, anastomosantibus. Corolla perpallide violacea (e nota ad vivum), 6—8 mm longa, tubo brevi et lato, limbo bilabiato margine minute papilloso-ciliato, labio superiore 3—4 mm longo leviter galeato, vernatione inferius tegente, dorso parce piloso, profunde bifido lobis ovatis, inferiore eo c. duplo breviore, tripartito, lobis subaequalibus, suborbicularibus, margine minute undulatis. Stamina 4, medio tubo inserta, recta, corollae sinus non attingentia, filamentis filiformibus, anteriora paulo longiora, antheris ellipticis, thecis subparallelis, discretis, rotundatis. Stylus basalis, corolla brevior, breviter et aequaliter bifidus; nuculae 4, ovoideae, c. 2 mm longae, compressae, brunnescentes, leves.

**** *O. dulcis* Hand.-Mzt.** (Abb. 28, Nr. 2—5 auf S. 939).
Characteres generis.

SW-H.: Im wtp. schattigen Laubhochwalde des Yün-schan bei Wukang in einem Tälchen ober dem Tempel Gwanyin-go, Tonschiefer, 1250 m, 4., 8. VIII. 1918 (12394).

Genus in tribu calyce bilabiato, staminibus brevibus etc. distinctissimum, corolla brevi *Veronicas* habitu simulans, umbricola, sed rhizomate steppicolarum.

Stachys L.

S. oblongifolia Benth. H.: Grasplätze, Staudenfluren, Wälder und Gebüsche der wtp. St., 650—1350 m. Hsikwangschan bei Hsinhwa (11876). Yünschan bei Wukang (12072).

S. Sieboldi Miq. Wiesen und Bachränder der str. bis in die tp. St. H.: Am Flusse zwischen Schaotangho und Daolin bei Tschangscha, 60 m (11708). Y.: Yünnanfu (Schoch). Im NW auf dem Sattel Hungschischao zwischen Lidjiang und Dschungdien, 3225 m (6965). Im NE um Dungtschwan, 2500—2600 m (Maire).

S. arrecta Bail. in Gent. Herb., I., 43 (1920). SW-H.: Hochkrautfluren im wtp. Laubhochwalde des Yün-schan bei Wukang ober dem Tempel Gwanyin-go, Tonschiefer, 1530 m (12073).

Blüten 12 mm lang, also etwas größer, als die Originalbeschreibung angibt, die sich aber nach der Abbildung auf ein recht mangelhaftes Exemplar zu beziehen scheint. Kelchzähne nicht deutlich verschieden von jenen der *S. Sieboldi*. Meiner Pflanze ist auch ähnlich Wilson 2367, die von Dunn fälschlich zu *S. palustris* L. gestellt wird. Diese Pflanze ist noch größer und kräftiger, 90 cm hoch. Sie hat größere Blüten (14 mm lang) und gehört jedenfalls in die nächste Verwandtschaft von *S. Sieboldi*.

Colquhounia Wall.

C. coccinea Wall. Hecken und feuchte Gebüsche der wtp. St., 2100 bis 2800 m. Y.: Beischan zwischen Dali und Lidjiang (8535). Dengtschwan. Zwischen Dschaodschou und Hungngai, Yünnan-hsien, Tienschengtang am Wege von dort nach Yünnanfu. Guti bei Beyendjing n von ihm (Ten 265, 1289). S.: Ober Datscho bei Wali jenseits des Yalung n von Yenyüen, 28° 10′ (2585).

C. elegans Wall. var. **pauciflora** Prain in Journ. As. Soc. Beng., LXII., 38 (1893). Gebüsche und offene Wälder der str. und wtp. St., 1300—2600 m. Y.: Am Pudo-ho (421) und im Becken Hsiaodsang n von Yünnanfu. Laoyagwan, Luföng und Schedse am Wege von hier nach Dali. Unter Bölu bei Magai (13044) und häufig um Dsodjio gegen Yungbei. Zwischen Gwanyilang und Dawan am Wege von hier nach Lidjiang (12999). S.: Am s Zuflusse des Djientschang gegen Huili (1043).

Anisomeles R. Br.

A. indica (L.) O. Ktze., Rev. Gen. 512 (1891) (*Nepeta i.* L., Sp. Pl., 571 [1753]. — *Anisomeles ovata* R. Br.). S.: Häufig an trockenen Gräben der str. St. um den Nganning-ho nw von Huili, Sandstein, 1150—1700 m (5247) und mehrfach in der Gegend. Y.: Zwischen Lagatschang und Djiaoping am Hange der Yangtse-Schlucht s von dort, 900—1200 m.

Microtoena Prain

M. urticifolia Hemsl. S.: Gebüsche der wtp. St. zwischen Samuping und Niutschang am Zuflusse des Yalung gegen Yenyüen, 27⁰ 21′, Kalk, 2100—2400 m (5345).

— — ** var. **subedentata** Hand.-Mzt.
Corollae labium superius dentibus magnis carens, margine gibboso-convexum tantum. Inflorescentia parva, sed planta decapitata.

NW-Y.: Im wtp. Mischwalde des birm. Mons. bei Bahan (Pehalo) am Salwin, 27⁰ 58′, Schiefer, 2400—2600 m, 26. IX. 1915 (8412).

M. Delavayi Prain. Y.: Bei Lidjiang, v. E. (4055). Guti bei Beyendjing (Ten 1291).

Die Infloreszenz ist bei allen vorliegenden Pflanzen drüsenhaarig, dies aber meist nur ganz kurz, pulverig. Tens Pflanze ist die kahlste und entspricht am besten der Beschreibung; sie hat aber auch einige Borstenhaare eingemischt. Bei Forrest 26585 sind beide Behaarungen stärker, und bei meiner Pflanze überwiegen die Borsten. Die größeren Blätter dieser sind mehr scharf gezähnt als gekerbt, so auch an Wilson 2502, die viel längere Drüsenhaare hat.

** *M. Maireana* Hand.-Mzt.

Herba elata, cuius partes superiores tantum adsunt. Caulis ramosus, quadrisulcatus, praeter sulcos crispulo-pilosos glaber. Folia late ovato-triangularia, 2—3 cm longa et lata, acuminata, basi truncata vel latissime cuneata, anguste serrata, supra sparse strigillosa, subtus pallidiora et in nervis valde prominuis sparsissime patentipilosa vel glabrescentia; petiolus 1—2$^1/_2$ cm longus, $\pm$ sulcatus, glabrescens. Inflorescentiae caule ramisque terminales, elongatae, laxae, cymis 3—6 floris in axillis foliorum sensim et paulum decrescentium compositae, patenter et partim glanduloso-pilosae. Pedunculi 5—10 mm longi; pedicelli brevissimi. Bracteae lanceolatae, calycibus $\pm$ breviores. Calyx late tubulosus, 5—7 mm longus, dente superiore lanceolato, tubo subaequilongo, acuminato, dentibus inferioribus 4 eo sesquibrevioribus, inter se aequalibus, anguste triangularibus, acuminatis; fructifer auctus, usque ad 1 cm longus, glabrescens. Corolla flava (e collectore), 2—2$^1/_2$ cm longa, pilosula; tubus gracilis, longe exsertus, sursum subito dilatatus; labium superius galeatum, semiorbiculare, 5—8 mm longum, basi auriculis ligulatis, 1—2 mm longis, curvatis instructum; inferius planum illo subaequilongum, trilobum, lobis lateralibus anguste ellipticis, medio iis longiore, ovato, omnibus margine leviter undulatis. Genitalia inclusa. Nuculae obovoideae, inferne triquetrae, atrobrunneae, minute rugulosae.

NE-Y.: Steinige Hügel bei Tschehai, 2550 m, VIII. (Maire: Mus. Wien).
Proxima *M. urticifoliae*, quae imprimis cymis effusis valde differt.

Salvia L.
Von Elfriede Stibal (Wien).[1]

S. digitaloides Diels in Not. Bot. Gard. Edinb., V., 234 (1934). Y.: Dürre, felsige Stellen der wtp. St. unter Heniuschao bei Hodjing, Kalk, 2800 m (8750).

---

[1] Vgl. ihre vollständige Revision der chinesischen Salvien in Act. Hort. Gothob., IX., 101—145 (1934) und X., 55—69 (1935).

— — ** var. *glabrescens* Stib. in Act. Hort. Gothob., IX., 114 (1934). S.: Trockene Hänge der wtp. St. ober Djiuba-se zwischen Yalung und Nganning-ho, 27⁰ 43′, 2300—2500 m, 7. V. 1914 (2021).

S. Przewalskii Max. Stib., l. c., Taf. I. S.: Steinige Stellen auf Kalk der wtp. St. bei Lemoka im Lolo-Lande e von Ningyüen, 1930—2270 m (1565). Im NW im Min-Tal von Maodschou bis unter Wöntschwan und um Sungpan (Weigold).

— — ** var. *glabrescens* Stib., l. c., 115 (1934). Hänge der tp. St. der Berge zwischen Yenyüen und Kwapi, mehrfach, 2900—3200 m, 6. X. 1914 (5560). NW-Y.: In der wtp. St. besonders in Föhrenwäldern im Tale unter dem Dorfe Schuba zwischen Yangtse und Mekong, 27⁰ 45′, 2250—2850 m, 6. VI. 1916 (8827).

S. aerea Lévl. in Rep. sp. nov., XII., 532 (1913). Stibal, l. c., 116 (*S. lichiangensis* W. W. Sm. in Not. Bot. Gard. Edinb., IX., 124 [1916]. — *S. pinetorum* Hand.-Mzt. in Sitzgsanz. Ak. W. W., LXII., 236 [1925]). Matten, steinige Stellen, trockenere Mischwälder und Föhrenwälder, auch an festeren Stellen der Modermatten, in der wtp. bis in die ktp. St., 2400—3700 m. Y.: Zwischen Yungbei und Yungning unter Boloti und ober Mudidjing. Im NE bei Tschehai und Lupu (Maire). S.: Rücken ober Woloho und auf dem Daörlbi zwischen Yungning und Yenyüen. S des Linbinkou, auf dem Liuku-liangdse (2270), überall um Kwapi (2402, s. Karsten u. Schenck, Vegetbild., 20, R., Taf. 42 a) und ober Ngaitschekou, 28⁰ 10′, jenseits des Yalung n von Yenyüen.

** *S. cyclostegia* Stib. in Act. Hort. Gothob. IX., 118 (1934). (Taf. XIV, Abb. 6). NW-Y.: Im tp. Mischwalde w ober Ganhaidse bei Lidjiang, Sandstein, 3300 m, 13. VI. 1915 (6727). An ähnlichem Standort ober Dugwan-tsun se von Dschungdien.

** *S. omeiana* Stib., l. c., 119 (1934) ** var. *grandibracteata* Stib. l. c., 120. S.: Hochgekräute der tp. St. unter Betiaoho zwischen Yenyüen und Kwapi, 27⁰ 45′, Kalk, 2900 m, 4. X. 1914 (5489).

** *S. Evansiana* Hand.-Mzt. in Sitzgsanz. Ak. W. W., LXII., 236 (1925). Stibal in Act. Hort. Gothob., IX., 120 (1934) (*S. hians* Diels, Dunn, non Royle).

NW-Y.: In der Hg. St. besonders in Schneemulden, 4200—4350 m. Osthang des Gipfels Ünlüpe im Yülung-schan bei Lidjiang (4059). Westseite des Piepun se von Dschungdien (?, fruchtend gesehen). Im birm. Mons. zwischen Mekong und Salwin an der Westseite des Si-la, auf dem Maya und Doker-la.

? *S. pauciflora* Stib., l. c., 122 (1934). NW-Y.: Waldschläge der tp. St. bei Dugwan-tsun se von Dschungdien, Schiefer, 3000 m (6973).

Korolle bis dreimal so lang wie Kelch. Untere Theken zusammenhängend; ob beim Typus, von dem nur wenige Blüten untersucht werden konnten, nur künstlich getrennt?

** *S. brachyloma* Stib., l. c., 124 (1934). NW-Y.: Hochstaudenfluren der ktp. St. an der Westseite des Gebirges Piepun se von Dschungdien, 3900—4200 m, 11. VIII. 1914 (4660).

** *S. schizochila* Stib., l. c., 126. (Taf. XIV, Abb. 7). NW-Y.: Wälder der ktp. St. um die Alm Maoniubi am Waha bei Yungning, 3800—4275 m, 20. VII. 1915 (7120). S.: Ebenso auf dem Passe Tschescha zwischen Muli und Yungning.

** *S. codonantha* Stib., l. c., 127. NW-Y.: Im tp. Mischwalde des birm.

Mons. im Doyon-lumba am Salwin, 28° 2′, Schiefer, 2900 m, 1. VIII. 1916 (9607).

**** S. Handelii** STIB., l. c., 129, 108 Fig. 2a, b. (Taf. XIV, Abb. 8). S.: Hochstaudenfluren und Wälder der ktp. St. bei Muli an der Südseite des Passes Tschescha, 24. VII. 1915 (7174) und am Aufstieg zum Passe Döko, Kalk, 3700—3950 m.

S. hylocharis DIELS in Not. Bot. Gard. Edinb., V., 236 (1912). STIB. in Act. Hort. Gothob., IX., 108 Fig. 3. NW-Y.: Steinige Matten der Hg. St. an der Ostseite des Gipfels Ünlüpe im Yülung-schan bei Lidjiang, Kalk, 3750 m (4265).

**** S. heterochroa** STIB., l. c., 132 (1934). (Taf. XIV, Abb. 9). NW-Y.: Gebüsche der ktp. St. des birm. Mons. an der Westseite des Passes Pangblanglong zwischen Salwin und Irrawadi, 27° 58′, Glimmerschiefer, 3500—3800 m, 10. VII. 1916 (9507).

S. Bulleyana DIELS in Not. Bot. Gard. Edinb., V., 233 (1912) (*S. flava* FORR. et DIELS, l. c., 235). Wiesen, Karfluren und steinige Waldlichtungen der ktp. bis in die Hg. St., auf Kalk, 3650—4200 m. NW-Y.: Yülung-schan bei Lidjiang (4058), v. E. (4060). Hsiao-Niutschang zwischen Bödö und Dschungdien. Westseite des Piepun se von hier (phot.) und Paß Schulakadsa e desselben. S.: Alm Bädö (7296) und viel auf dem Passe Tschescha bei Muli. Im birm. Mons. auf dem Maya zwischen Mekong und Salwin, 28° 4′.

S. castanea DIELS, l. c., 233 (1912). STIB. in Act. Hort. Gothob., IX., 109 Fig. 4. S.: Föhrenwälder, dichte Gebüsche, der tp. bis in die wtp. St., 2900—3200 m. Muli (7356, **f. glabrescens** STIB. in Act. Hort. Gothob., IX., 134 [1934]). Wudjio n Yungning. Unter Bitji über dem Wolo-ho zwischen Yungning und Yenyüen (3037, **f. pubescens** STIB. l. c.). NW-Y.: Föhrenwälder, 2700—3400 m. Überall um Yungning und bei Dschadse sw von hier. Haba und von Hsiao-Dschungdien gegen den Piepun se von Dschungdien. Die Notizen vielleicht auch auf folgende bezüglich.

S. kiaometiensis LÉVL. in Bull. Ac. Géogr. Bot., XXV., 24 (1915) (*S. Mairei* LÉVL. in Rep. sp. nov., XIII., 344 [1914], non 1913. — *S. benecincta* W. W. SM. in Not. Bot. Gard. Edinb., IX., 123 [1916]. — *S. Leveilleana* FEDDE in Rep. sp. n., XVIII., 239 [1933]). NW-Y.: Gebüsche an Bächen der wtp. St. zwischen Baodu und Daschan am Wege von Yungbei nach Yungning, 2300—2600 m (4809, **f. pubescens** STIB. in Act. Hort. Gothob., IX., 134 [1934]). Auf der Wiese Yidjiadschön in der tp. St. se von Dschungdien, 3250 m (4809, **f. tomentella** STIB., l. c.).

**** S. mekongensis** STIB. in Act. Hort. Gothob., IX., 136 (1934). NW-Y.: Häufig in der Hg. St. des birm. Mons. vom Schöndsu-la gegen den Rücken Pongatong zwischen Mekong und Salwin, Kalk und Schiefer, 4025—4375 m, 28° 4′, 4. VIII. 1916 (9666).

S. Roborowskii MAXIM. In der tp. St. auf Kalk. S.: Äcker bei Malade zwischen Yenyüen und Kwapi, 27° 45′, 3275 m (5464). NW-Y.: Sümpfe bei Dschungdien, 3400 m (7733).

**** S. substolonifera** STIB., l. c., 138 (1934). (Taf. XIV, Abb. 10). H.: An Dämmen und Gebüschen der str. St. um den Liuyang-ho bei Tschangscha, Sandstein, 40 m, 18. IV. 1918 (11641).

S. plebeia R. BR. Schlamm, Raine, Grabenränder, Äcker und Schuttplätze der str. bis zur tp. St. W-Ki.: Pinghsiang, c. 600 m (Plt. sin. 139). Y.:

1700—2725 (—3325?) m. Um Yünnanfu (Schoch 34). Zwischen Homöndschang und Bödschagwan am Hange der Yangtse-Schlucht n von hier (779). Beyendjing (Ten 73). Im NW bei Yungning (3139) und vielleicht diese bei Alo se von Dschungdien. Im NE in der Ebene von Dungtschwan (Maire). S.: Huili (845). Ningyüen. Am See von Yungning.

S. trijuga Diels in Not. Bot. Gard. Edinb., V., 237 (1912). Gebüsche und offene Föhrenwälder der str. bis in die tp. St., 1800—3000 m. Y.: Häufig um Niugai und Tienwei zwischen Dali und Lidjiang (8534). Im NW bei Tschwadse und Mujendu am Nordende der Yangtse-Schleife. Mehrfach zwischen Sape und Haba se von Dschungdien (4401). Zwischen Dsondio und Djitsung am Yangtse sw von hier. Ober Djitien e von Weihsi. Viel im Mekong-Tale. S.: Unter Muli (7384).

S. yunnanensis Wight. Schutt, Heidewiesen und andere trockene Stellen der wtp. St., 1500—2800 m. Y.: Hügel nw von Yünnanfu (Schoch 49). Von hier nach E gemein über Loping bis jenseits Bantjiao im mittelchin. Fl. Häufig auf dem Taohwa-schan bei Beyendjing (6235). Im NE bei Toutang (Maire). S.: Hwalipu (2247) und Schidjia-tsun (2869) in der Hochebene von Yenyüen.

S. miltiorrhiza Bge. ** var. **australis** Stib. in Act. Hort. Gothob., IX., 143 (1934). An Wegrändern, Bächen, in Gebüschen und an schattigen Waldstellen der str. St., auf Sandstein, 60—150 m. H.: Yolu-schan bei Tschangscha (11359). Zwischen Wadsiping und Daloping im Bezirke Hsianghsiang (11717). Ufer des Tsi-djang bei Lengschuidjiang ober Hsinhwa. SE-Ki.: Ningdu (Plt. sin. 281).

S. plectranthoides Griff., Notul. Pl. As., IV., 199 (1854). Ic. Pl. As., t. 450 (1854) (*Plectranthus* sp. Griff., It. Not., 163 [1848]. — *Salvia tuberifera* Lévl. — *S. japonica* Thbg. var. *parvifoliola* Hemsl. — *S. j.* var. *gracillima* Diels. — *S. j.* var. *kaiscianensis* Pamp.). Y.: Wälder und Gebüsche der wtp. St., 1650—2600 m. Hosaodien w des Dsolin-ho (6221?). Beyendjing (Ten 134). Zwischen Dawan und Gwanyilang bei Yungbei (3441). Im E bei Tschingschui zwischen Loping und Djiangdi im mittelchin. Fl. (10241).

Über diese und die drei folgenden Arten vgl. Stibal in Act. Hort. Gothob., X., 55—69 (1935).

S. Cavaleriei Lévl. var. *erythrophylla* (Hemsl.) Stib., l. c. (*S. japonica* var. *e.* Hemsl.). W-S.: Wa-schan s von Yadschou (Weigold).

— — var. **simplicifolia** Stib., l. c., 61. In der wtp. St. E-Kw.: Feuchtschattige Stellen bei Liping gegen Gudschou, 650 m (10948). E-Y.: Gebüsche am Hohlweg bei Tschaörl nächst Loping im mittelchin. Fl., 2050 m (10152).

** **S. adiantifolia** Stib., l. c., 64, 57 Fig. 3 (1935). Ki-F.-Grenze: Steinige Stellen am Fuße des Hwangdschu-ling zwischen Dingdschou („Tingchow") und Ningwu, Tonschiefer, Anfang VI. 1921 (Plt. sin. 372).

S. japonica Thbg. (*S. Fortunei* Benth.). SW-H.: Gebüsche (12237) und Buschwiesen (11115) auf dem Yün-schan bei Wukang. Tonschiefer, 1100—1400 m.

Melissa L.

M. parviflora Benth. Y.: Yünnanfu (Schoch). Im NE im mittelchin. Fl. im Tale von Lungdji, 700 m (Maire). Im NW in den wtp. Regenwäldern des

birm. Mons. bei Bahan (9581) und im Tjiontson-lumba (9125) unter Tschamutong am Salwin, Granit und Schiefer, 2250—2650 m.

Calamintha LAM.

C. polycephala VANT. (*C. Clinopodium* BENTH. var. *p.* [VANT.] DUNN).
In der wtp. St. SW-H.: Buschwiesen auf dem Gipfel des Yün-schan bei Wukang,
Tonschiefer, 1400 m (12151). NE-Y.: Fuß von Mauern in der Ebene von Dung-
tschwan, 2500 m (MAIRE).

Über die ganze Gruppe der *C. vulgaris* (L.) DRUCE in China vgl. meine Ausführungen in Act. Hort. Gothob., IX., 83—87 (1934).

C. chinensis BENTH. SW-H.: Gebüsche der str. St. zwischen Lungtanpu
und Djütjitjiao bei Wukang, Kalk, 350 m (11994). NE-Y.: Sattel von Gulungtschang im mittelchin. Fl., 700 m (MAIRE).

C. repens (DON) BENTH. Wegränder, Gebüsche und trockene Bachbetten
der wtp. bis in die str. St., 1825—2600 m. Y.: Ebene von Yünnanfu (SCHOCH
69 p. p.). Gwangdung an der Straße nach Dali (4894). Im NE bei Dungtschwan
(Maire). S.: Unter Muli (7378). Hierher vielleicht auch einige der Notizen unter
der folgenden.

C. megalantha (DIELS) HAND.-MZT. in Act. Hort. Gothob., IX., 84 (1934)
(*C. chinensis* BENTH. var. *megalantha* DIELS in Not. Bot. Gard. Edinb., V., 233
[1912], e typo). Raine, Wegränder, Wiesen, Matten und Wälder von der str.
bis in die ktp. St., 1450—3700 m. Y.: Yünnanfu (SCHOCH 69 p. p.). Schalungschu
n von hier. Taohwa-schan bei Beyendjing und überall bis Lidjiang. Zwischen
dem He-schui und Lukudsche n von hier (4371). Häufig ober Gwanyilang e
von hier. Ober Ngulukö. Dali (LIMPRICHT 1059). Im NW bei Dugwan-tsun und
auf dem Sattel Hungschischao (6968) se von Dschungdien. Im NE in Tälern
und auf Bergen bei Dungtschwan (MAIRE). Im birm. Mons. unter dem Doker-la
an der tibetischen Grenze. S.: Gemein ober Muli. Sandjiatsun bei Yenyüen.
Ningyüen (1236) und Dötschang (1139) im Djientschang, bis Huili.

C. sp. Y.: Gebüsche und Bambusbestände der tp. St. auf dem Berge Hungguwo zwischen Yungbei und Yungning. 3100—3450 m (3269).

Ein einziges Stück aus einem zugrunde gegangenen Sammlungsteil, aus der
Verwandtschaft der vorigen, auffallend durch die (abnorm?) ganz kurze Korolle.

C. discolor DIELS in Not. Bot. Gard. Edinb., V., 232 (1912), e typo.

Ad descriptionem addenda: Herba ♃ rhizomate repente tenui, caule ascendente, aequaliter foliato, densiuscule puberulo. Folia ovata, longitudine
2—3plo angustiora, summa tantum decrescentia, acuta, serraturis utrinque
3—8 anticis remotis, subconcoloria; petiolus lamina 4—5plo brevior, puberulus.
Inflorescentiae caule ramisque terminales, subsecundae, verticillastris 3—6
remotis axillaribus constant. Cymulae 3—5florae, pedunculis 2—4 mm longis,
puberulis; bracteae c. 3 mm longae, pedicellis retrorsum puberulis ± aequilongae, patenter ciliatae. Calyx anguste tubulosus, 13 nervius, minute praetereaque ciliato-pilosus; labia aequilonga, superius dentibus 3, e basi lata subulatis,
c. 1 mm longis, inferius ad basin in dentes 2, illis duplo longiores, angustiores
fissum, utrumque longe et rigidule ciliatum. Corolla extus dense brevipilosa;
tubus rectus, longe exsertus, supra medium sensim ampliatus, ore 3 mm latus;

labia 2¹/₂ mm longa, superius latum, paulum emarginatum, inferius ad medium circiter trifidum, intus barbatum, lobis rotundatis subaequalibus. Stamina vix exserta, connectivo dilatato, loculis ellipticis. Stylus breviter exsertus, ramis inaequalibus.

NW-Y.: Im str. Laubwalde des birm. Mons. bei der Seilbrücke über den Salwin ober Wuli zwischen Tschamutong und Tjionatong, Schiefer, 1725 m (9788).

Similis *C. grandiflorae* (L.) Moench, europaeae, quae differt indumento sparsiore patente, bracteis parcioribus et latioribus, pedicellis longioribus, calyce 10—13 mm longo, 11 nervio, corolla 3—4 cm longa. Haud dissimilis quoque *C. urticifoliae* (Hance) Hand.-Mzt., in affinitate praecedentium floribus maximis praeditae, qui 13 mm autem non superant nec secundi sunt.

Vom Typus nur durch etwas längere Haare der Blattunterseite und spärlichere und teilweise kürzere, an den einzelnen Stücken untereinander verschiedene der Kelche abweichend.

C. gracilis Benth. (*Satureia confinis* [Hance] Kudo). **H.**: An Dämmen und Gebüschen der str. St. um den Liuyang-ho bei Tschangscha, Sandstein, 40 m (11643).

Micromeria Benth.

M. barosma (W. W. Sm.) Hand.-Mzt. (*Calamintha b.* W. W. Sm. in Not. Bot. Gard. Edinb., IX., 88 [1916]. — *Satureia b.* [W. W. Sm.] Kudo in Mem. Fac. Sci. Agr. Taih. Univ., II., 99 [1929]). NW-Y.: Bei Lidjiang, v. E. (4068). Hier in Föhrenwäldern der tp. St. ober Lukudsche, Kalk, 3200 m (4352).

M. biflora Benth. NE-Y.: Hänge, Hügel und Kalkberge der wtp. St., bei Banpiengai, 2500—2600 m (Maire).

Origanum L.

O. vulgare L. Heidewiesen, *Pteridium*-Wiesen, Buschsteppen der wtp. bis in die tp. St. Y.: 2000—3000 m. Hsi-schan bei Yünnanfu (242). Beyendjing (Ten 1246). Hinter Hsin-tsun am Dsang-schan bei Dali (Mell). Im NW bei Lidjiang, v. E. (4072). Im NE bei Dungtschwan und Lagu (Maire). S.: Muli. Huili und anderwärts. Im NW auf Gebirgen um Sungpan (Weigold). **Kw.**: Häufig um Guiding („Kweiting"), 1000—1300 m (10622). **H.**: Hsikwangschan bei Hsinhwa, 700—800 m (12581).

Lycopus L.

L. lucidus Turcz. Y.: In der wtp. St. auf den Schilfinseln im See von Yünnanfu, 1890 m (Schoch 220). Beyendjing (Ten 113). Im NE an Bachrändern bei Dungtschwan, 2500 m (Maire, teilweise *var. *formosanus* Hayata, Ic. Pl. Form., VIII., 102 [1919] mit oben und unten gleichmäßig auch auf den kleinsten Adern striegelhaarigen Blättern, jedoch den kahlen Stücken derselben Aufsammlung sonst so gleich, daß sie von der gleichen Pflanze geschnitten sein können).

Mentha L.

M. arvensis L. subsp. **haplocalyx** BRIQ. in Nat. Pflzfam., IV/3a., 319
(1897) (*M. h.* BRIQ. in Bull. Soc. Bot. Genève, V., 39 [1889]. — *M. arvensis* var.
h. BRIQ. in Bull. Herb. Boiss., II., 707 [1894]). An Bächen, Gräben, Sümpfen,
Hecken, auch an steinigen Stellen in der str. bis zur tp. St. Y.: 1900—3400 m.
Yünnanfu, im See (SCHOCH 312) und am Fuße der w Berge (SCHOCH 342). Beyen-
djing (TEN 118). Im E bei Tschanyi (SCHOCH 372). Im NE bei Dungtschwan
(MAIRE) und im mittelchin. Fl. bei Gulungtschang, 700 m (MAIRE). Im NW bei
Lidjiang, v. E. (4071). Hier bei Ngulukö (SCHNEIDER 2087). Dschungdien (7737).
S.: Zwischen Yenyüen und dem Yalung, 27° 22′, 3000—3640 m (5378). H.:
Zwischen Hoschentjiao und Wuschandien ober Loudi gegen Hsinhwa, 160 m
(12733).

Perilla L.

P. frutescens (L.) BRITT. in Mem. Torr. Bot. Cl., V., 277 (1894) (*Oci-
mum f.* L., Sp. pl., 597 [1753]. — *Perilla ocimoides* L.). Y.: Tieso bei Beyendjing,
gebaut (TEN 1427). Im NW hier und da an Wegen in der trockenen str. St. am
Mekong, 27° 21—30′, kristallinischer Boden, 1800—1850 m (8478). Im NE
gebaut an Wege von Yünnanfu nach Suifu (MELL). In Kulturen in der Ebene
von Dungtschwan, 2500 m (MAIRE).
    P. avium DUNN in Not. Bot. Gard. Edinb., VIII., 161 (1913). S.: Gebaut
als Färbepflanze in der wtp. St. bei Huili, Sandstein, 1900 m (5644).

Orthodon BENTH.

    O. diantherus (HAM.) HAND.-MZT. (*Lycopus dianthera* HAM. in ROXB., Fl.
Ind., I., 145 [1820]. — *Mosla dianthera* [HAM.] MAX.). NE-Y.: Im mittelchin. Fl.
in Kulturen und auf Bergweiden bei Dschenfungschan, 600, 650 m (MAIRE).
Kulturen bei Lungdji, 800 m (MAIRE).
    O. scaber (THBG.) HAND.-MZT. (*Ocymum punctatum* THBG., non L. f.
GMEL., Syst. Nat., II., 917 [1791, sphalm. *O. punctulatum*]. — *O. scabrum* THBG.
1794. — *Orthodon punctatum* [THBG.] KUDO in Mem. Fac. Sci. Agr. Taih. Univ.,
II., 80 [1929] — *O. punctulatus* OHWI in Act. Phytotax. Geobot., IV., 68 [1935]).
H.: In der str. St., 50—250 m. Steppen um Tschangscha (11372). Feuchte Stellen
zwischen Dungngan und Wangdjiapu w von Yungdschou überall (11283). NE-Y.:
Kulturen um Dschenfungschan im mittelchin. Fl., 600 m (MAIRE).
    O. chinensis (MAX.) KUDO, l. c. („*chinense*"). H.: Sandige Grasplätze der
str. St. überall zwischen Dungngan und Wangdjiapu w von Yungdschou, 150
bis 250 m (11287). S.: Trockene Hänge der wtp. St. ober Schihuiyao bei
Huili, 2200 m (5130).
    O. Fordii (MAX.) HAND.-MZT. in Act. Hort. Gothob., IX., 89 (1934)
(*Mosla F.* MAX. — *Orthodon chinensis* KUDO, p. p.). SW-H.: Tonschieferfelsplatten
der wtp. St. auf dem Yün-schan bei Wukang in dem nach NE hinabziehenden
Tale, 800 m (12534). NE-Y.: Kulturen von Dschenfungschan im mittelchin.
Fl., 600 m (MAIRE).

Elsholtzia WILLD.

E. rugulosa HEMSL. **Y.**: Matten und offene Waldstellen der wtp. bis in die tp. St., 1900—3000 m. Yünnanfu (SCHNEIDER 66). Hier ober dem Tempel Taihwa-se (SCHOCH 316). Im NE bei Dungtschwan, Dschu-tsun etc. (MAIRE).

Die Gattung *Aphanochilus* BENTH., die KUDO wieder aufleben läßt, ist meines Erachtens nicht abtrennbar.

E. pilosa BENTH. Wegränder, Äcker, Gebüsche und Felsen der wtp. bis in die tp. St., 2100—3200 m. **Y.**: Lung-schan bei Beyendjing (TEN 1456). Toma hier (TEN 24). Im NW in der Schlucht unter Lutien zwischen Yangtse und Mekong, 27⁰ 12′ (8503). Im NE bei Djintschungschan (MAIRE). **Kw.**: Pingyi (SCHOCH 381). **S.**: Unter Malade zwischen Yenyüen und Kwapi (5454) und wahrscheinlich diese überall von dort bis Huili.

E. flava BENTH. An Gräben und in feuchte Gebüschen der wtp. bis in die tp. St., 1875—3000 m. **Y.**: Ober Loheitang n von Yünnanfu, 25⁰ 52′. Um Alaodjing und Houyendjing (phot.) e des Dsolin-ho. Beyendjing (TEN ex hb. Berol. 333). Hier bei Guti (TEN 328) und am Lung-schan (TEN 1443). Im NW bei Bödö se von Dschungdien (4469) und Meti sw von hier. Häufig unter Djingu-tang bei Weihsi. Im NE hinter Dungtschwan und bei Maliwan (MAIRE). **S.**: Fuß des Lungdschu-schan bei Huili. Ober Niutschang und ober Tukungpu zwischen Yenyüen und dem Yalung.

E. fruticosa (D. Don) REHD. in Plt. Wils., III., 381 (1916) (*Perilla f.* D. DON, Prodr. Fl. Nep., 115 [1825]. — *Elsholtzia polystachya* BENTH.). Wälder, Gebüsche, Heidewiesen und Grabenränder der wtp. und tp. St., 2100—3400 m. **Y.**: Um Lohei-tang n von Yünnanfu, 25⁰ 52′, und weiter nach N. Beyendjing halbwegs zwischen Tschuhsiung und Yungbei (TEN ex hb. Berol. 329). Hier am Lung-schan (TEN 1440). Paß zwischen Dschaodschou und Hungngai se von Dali. Im NW bei Lidjiang, v. E. (4053). Hier n von Tsasopie und ober Yulo. Hsiao-Dschungdien (4602). Ober Anangu e von hier. Unter Djingutang bei Weihsi. Im NE bei Dung-tschwan (MAIRE) und hinter Hungsi (MELL) **S.**: Ober Schihuiyao (5135) und anderwärts um Huili. Ober Samuping gegen Yenyüen und viel bei Schamenkou nw von hier. Lidjia-tsun zwischen Muli und Yungning (7154).

E. dependens REHD. in Plt. Wils., III., 383 (1916) (*Rostrinucula d.* [REHD.] KUDO in Mem. Fac. Sci. Agric. Taih. Univ., II., 304 [1929]). **W-S.**: Min-Tal n von Kwan-hsien (WEIGOLD).

Die Abtrennung als Gattung scheint mir nicht gerechtfertigt.

E. communis (COLL. et HEMSL.) DIELS in Not. Bot. Gard. Edinb., V., 47 (1912) (*Dysophylla c.* COLL. et HEMSL.). Trockene Wälder, Steppen und Raine der wtp. bis in die str. St., 650—2600 m. **Y.**: Yünnanfu (SCHOCH). Von hier n bis zum Yangtse. Überall um Datiengai nw von Yüenmou. Beyendjing (TEN 1463; ex hb. Berol. 352). Viel zwischen Hungngai und Yünnan-hsien. Im NW am Yangtse ober Schigu häufig (8510). Ebenso am Mekong, 27⁰ 35—50′ (8472). Tengyüe (SCHNEIDER 2132). Im NE bei Baörlgai (MAIRE). **S.**: Häufig um Yenyüen (5567), um Huili, Yimen und im Djientschang.

Die schmalblättrigen Pflanzen 9510, FORREST 20681 von derselben Stelle und MAIRE ohne Fundort entsprechen offenbar der *E. alopecuroides* LÉVL. et VANT.

E. incisa Benth. Y.: Beyendjing (Ten ex hb. Berol. 354). Hier bei Wangdjiatschwang (Ten 1466). Im NW in Hochstaudenfluren der str. St. am Yangtse ober Schigu w von Lidjiang, Kalk, 2200 m (8521).

E. Bodinieri Vant. Y.: Charakterpflanze trockener Hügel und offener Föhrenwälder der wtp. St., auf Sandstein, 2000—2600 m. Überall um Yünnanfu (Schoch). N von hier häufig zwischen Schalungschu und Loheitang, 25⁰ 49—58′ (5668). Gegen Magai bis ober Manganschan. E Yünnanyi s von Dali. Im NE bei Dungtschwan (Maire).

Ein ausgesprochener Spätherbst- und Winterblüher.

E. Patrini (Lepech.) Garcke, Fl. v. Halle, II., 213 (1856) (*Mentha P.* Lepech. in Nov. Act. Ac. Petrop., I., 336, t. 8 [1783]. — *Elsholtzia cristata* Willd. in Roem. et Ust., Mag. f. Bot., XI., 5 [1790]). Gebüsche, Hochstaudenfluren, Heidewiesen und Äcker der wtp. und tp. St. Y.: Beyendjing (Ten 22, 26). Im NW bei Basulo zwischen Weihsi und Djientschwan, 2700 m, und unter dem Doker-la an der tibetischen Grenze, 3200 m. Im NE um Dungtschwan, 2500 m, Djintschungschan, 2550 m, und im mittelchin. Fl. bei Dschenfungschan, 600 m (Maire). S.: Ober Niutschang zwischen Yenyüen und dem Yalung, 27⁰ 22′, Sandstein, 3000—3640 m (5382, 5391).

Siehe meine Bemerkungen in Act. Hort. Gothob., IX., 91 (1934), wonach die großblütige Nr. 5382 sowie Maires Pflanzen von Dungtschwan und Djintschungschan offenbar der *E. Feddei* Lévl. entsprechen.

**** *E. hunanensis*** Hand.-Mzt. (Abb. 28, N. 9 auf S. 939).

Sect. *Elsholtzia* Benth.

Herba ⊙ caule erecto 40—50 cm alto, plerumque ramoso, crassiusculo, quadrangulo, sicut rami petiolique dense crispulo-piloso et glanduloso-punctato. Folia ovata et late ovata, 4—10 cm longa, longitudine subaequilata usque duplo angustiora, plerumque longiuscule acuminata, raro subrotundata, basi rotundata vel ipsa anguste cordata, margine usque ad basin ipsam crenato-dentata dentibus infimis auctis, herbacea, supra breviter strigillosa pilis longioribus sparsioribus, subtus dense glanduloso-punctata eodemque indumento praesertim in nervis 5—6ⁿⁱˢ arcuatis longo et patente, saepe purpurascentia, trabeculis laxis hic prominuis; petiolus gracilis, lamina plus duplo, raro tantum sesquibrevior. Spicastra caule ramisque terminalia necnon axillaria, brevipedunculata, 5—12 cm longa; bracteae laxiuscule imbricatae, suborbiculares, cuspidatae, c. 3 mm longae, coloratae, paulum glanduloso-punctatae et extus minutissime strigillosae, margine dense et molliter longiuscule ciliatae. Calyx brevipedicellatus, villosus, fauce nudus, dentibus tubo multo longioribus, superioribus 2 anguste lanceolatis acutis, inferioribus 3 brevioribus et latioribus obtusis brevissime mucronatis. Corolla rosea (e nota ad vivum), 2—3 mm longa, calycem paulo superans, extus sparse pilosa; tubus rectus, e basi sensim dilatatus, piloso-annulatus; labium superius eo paulo brevius, subquadrato-rotundatum, emarginatum; inferius hoc brevius, ad basim suam trilobum, lobo medio longitudine latiore emarginato, lobis lateralibus minoribus rotundatis. Stamina breviter exserta, antheris didymis rotundatis. Stylus aequaliter bifidus.

H.: Wälder der str. St. bei Lengschuidjiang am Tsi-djiang ober Hsinhwa, Kalk, 200—2500 m, 26. IX. 1918 (12694).

Inflorescentiae typus *E. Patrinii*, sed foliis magnis basi cordatis dentibus hic auctis necnon spicis longioribus bracteis minoribus acutis distinctissima.

**** E. exigua** Hand.-Mzt.

Sect. *Elsholtzia* Benth.

Herba ⊙, 2—8 cm alta, caule erecto, tenui, plerumque simplici, inferne plerumque denudato, crispule albo-piloso. Folia ovata, 3—10 mm longa, paulo angustiora, obtusa vel subacuta, basi late cuneata vel subrotundata, crebre laticrenata marginibus reflexis, supra densiuscule articulato-pilosa, subtus pallidiora vel colorata, dense glanduloso-punctata et sparsius pilosa; petiolus lamina $2^1/_2$—3^{plo} brevior, tenuis, patule pilosus. Spicastrum terminale, sessile, 6—19 mm longum, omnilaterale; bracteae densissime imbricatae, flabellatae, 2—3 mm longae et latiores, apice late rotundato coloratae, basi cuneata membranaceae, breviter ciliatae, ceterum sparse pilosae et glandulosae. Calyx tubulosus, bracteis paulo brevior, sparse glandulosus, glabriusculus, dentibus 5 tubo subaequilongis, anguste lanceolatis, summo ceteris paulo longiore, ciliatis. Corollae roseae (e nota ad vivum) tubus longe cylindricus, rectus, calyce c. duplo longior; limbus brevis, fere aequaliter 5lobulatus, superne pilis brevibus moniliformibus parce vestitus. Stamina breviter exserta, inferiora longiora, antheris orbicularibus. Discus antice in nectarium filiforme apice capitatum, ovario longius productus. Stylus apice inaqualiter bifidus.

S.: Offene, steinige Stellen der tp. St. zwischen Yenyüen und dem Yalung, 27⁰ 22′, Sandstein, 3000—3640 m, 30. IX. 1914 (5373).

Quamvis exiguitas speciminum fortuita considerari possit, characteres ceteri quoque nusquam combinati inveniuntur.

E. calycocarpa Diels. In der tp. St. auf Kalk. S.: Äcker bei Malade zwischen Yenyüen und Kwapi, 3275 m (5463). Im N auf Gebirgen um Sungpan (Weigold). NW-Y.: Sümpfe bei Dschungdien, 3400 m (7732).

Vgl. Act. Hort. Gothob. IX., 92 (1934).

E. kachinensis Prain. Sümpfe und Gräben der wtp. St., 1900—2300 m. Y.: Beyendjing (Ten 64). Hier bei Aliti (Ten 80). Massenhaft von Hungngai über Dali und Niugai bis Schigu. S.: Überall um Huili (5166) und Yimön.

Comanthosphace Sp. Moore

C. ningpoënsis (Hemsl.) Hand.-Mzt. (*Caryopteris? n.* Hemsl.). SW-H.: Waldränder in der wtp. St. des Yün-schan bei Wukang, Tonschiefer, 1220 m (12419).

Nach der Beschreibung zweifellos Hemsleys Pflanze. Sehr nahe *C. stellipila* (Miq.) Moore, unter der Kudo alle japanischen Pflanzen vereinigt. Der dichte, grobe Haarkranz im Schlunde der Krone ist genau derselbe, ebenso der Kronensaum; die Oberlippe ist nur seicht ausgerandet. Brakteen sind vorhanden, aber mehr krautig, gezähnt und kleiner, als bei jener. Die Kelchzähne sind etwas länger und die Ähren lockerer. Die Pflanze treibt Adventivwurzeln aus den Blattachseln, die offenbar schon an der aufrechten Pflanze das Einwurzeln des Stengels vorbereiten, der sich später niederlegt und verholzt.

Pogostemon Desf.

P. glaber Benth. **Y.**: Im Sand der tr. St. am nächsten w Zuflusse oberhalb Manhao, Tonschiefer, 200 m (5898). **Kw.** (Cavalerie 7843).

Dysophylla Blume

D. verticillata Benth. **H.**: Reisfelder der str. St. bei Tschangscha, 70 m (12764).

D. Martini Vant. **H.**: Gräben der str. St. zwischen Hoschentjiao und Wuschandien am Wege von Loudi nach Hsikwangschan, Kalk, 160 m (12829).

Species bona, quae differt a *D. lineari* Benth. caule repente nodis radicante, bracteis praeter cilia dorso quoque $\pm$ dense pilosis, calyce villoso dentibus latis, triangularibus.

Colebrookia Smith

C. oppositifolia Sm. **Y.**: Im Sand der tr. St. am nächsten Seitenbache flußaufwärts gegenüber Manhao, Tonschiefer, 200 m (5900).

Plectranthus L'Hér.

P. parvifolius (Bat.) Pei in Mem. Sci. Soc. Ch., I/3, 181 (1932) (*Caryopteris parvifolia* Bat. — *Plectranthus discolor* Dunn in Not. Bot. Gard. Edinb., VIII., 155 [1913] e typo). **W-S.**: Min-Tal von Sungpan bis Tietschi (Weigold). Vgl. Act. Hort. Gothob., IX., 93 (1934).

P. rugosus Wall. **NW-Y.**: In der str. St. der Yangtse-Schlucht e von Lidjiang („Likiang"), 1450—2100 m (3403).

**** P. pachythyrsus** Hand.-Mzt. (Abb. 28, Nr. 6 auf S. 939).

Sect. *Euisodon* Briq.

Fruticulus elatus, ramosissimus, ubique praeter corollas pilis brevibus dendroideo-ramosis incano-tomentosus, ramulis quadrangulis, vetustis grisᴣobrunneis striatis glabrescentibus. Folia ovata vel triangulari-ovata, $2-5^1/_2$ cm longa, longitudine sesquiangustiora, obtusa vel acutiuscula, basi lata subrotundato- vel subtruncato-cuneata, praeter partes basales crebre crenata, crassa, venis dense reticulatis supra impressis, subtus prominuis valde rugosa, nervis secundariis $3-4^{nis}$ valde obliquis et arcuatis subtus prominuis, quorum infimi basales, subtus in crenarum apicibus glandulis singulis brunneis instructa; petiolus lamina subquadruplo brevior, crassiusculus. Paniculae terminales et foliis superioribus axillares, densae, anguste pyramidatae, usque ad 8 cm longae, in thyrsos amplos et densos compositae; cymae brevipedunculatae, summae sessiles. Folia floralia subito decrescentia ad summa lanceolata, integra, calycibus breviora. Pedicelli breves usque ad 2 mm longi. Calyx nutans, 3 mm longus, anguste campanulatus, paulum curvatus, vix glandulosus, 10 costatus, dentibus tubo brevioribus triangulari-lanceolatis, acutis, inter se subaequalibus, fructifer vix auctus paulumque glabrescens. Corolla atro violascenti-coerulea (e nota ad vivum), calyce vix duplo longior, basi gibbosa, extus ut cetera sed parcius pilosa; labia tubo subaequilonga, inferius ovatum, erectum, paulum concavum, superius quadrifidum. Stamina inclusa. Stylus longe exsertus, bifidus.

NW-Y.: Häufig an trockenen Hängen der str. St. bei Loyü in der Yangtse-Schlucht n von Lidjiang, 27° 13′, Schiefer, 2300 m, 18. X. 1916 (12993).

Proximus *P. oresbio* W. W. Sm., qui differt foliis multo minoribus eglandulosis, paniculis laxis simplicibus multo glabrioribus, sed glandulosis, bracteis summis latioribus et longioribus.

**** *P. adenoloma* Hand.-Mzt.**

Valde affinis et simillimus *P. oresbio* W. W. Smith, sed diversus foliis $\pm$ obovatis, utrinque (in sicco) flavescenti stellato-tomentosis, subtus in crenarum apicibus glandulis singulis brunneis, conspicuis instructis, calycibus tubulosis, striatis, dense flavescenti (nec fulvo) stellato-tomentellis, eglandulosis.

NW-Y.: In dichten Gebüschen der tp. St. um den Paß des Berges Lamatso halbwegs zwischen Yungning und Dschungdien, Kalk, 3100—3200 m, 12. VIII. 1915 (7597, Typus). Offene, steinige Hänge zwischen niedrigem Busch und Kräutern zwischen Djientschwan und dem Mekong, 3050—3300 m, VII. 1922 (Forrest 21505 als *P.* aff. *rugoso*).

Der gelbrote Filz der Kelche, der von *P. oresbius* beschrieben wird, besteht zum guten Teil aus Drüsenhaaren.

**** *P. rugosiformis* Hand.-Mzt.** in Sitzgsanz. Ak. W. W., LXII., 237 (1925); in Act. H. Gothob. IX., 95 (1934). (Abb. 28, Nr. 8).

Sect. *Euisodon* Briq.

Suffrutex magnus, virgato-ramosissimus, polystachyus, ramis cum inflorescentiis simpliciter cinereo-tomentellis inferne glabrescentibus. Folia rhombeo-vel rarius triangulari-ovata, $1^1/_2$—4 cm longa, longitudine aequilata usque duplo angustiora, acuta, basi late cuneata ipsa in petiolum quam lamina 2—4^{plo} breviorem angustissime alatum brevissime decurrentia, marginibus anterioribus praeter partem apicalem $\pm$ longam crenata, herbacea, supra atroviridia primum $\pm$ cinerea, costa nervisque 3—4^{nis} valde obliquis basi crenarum arcuato-conjunctis, venarum reti impresso bullato-rugosa, subtus praeter venas dense reticulatas longius laxiusque pilosulas cinereo-tomentosa et utrinque sessili-glandulosa. Spicastra interrupta, superne interdum densa, foliis floralibus saltem inferioribus foliaceis saepe late rotundatis, ceteris $\pm$ sensim minutis ovatis integris. Verticillastra c. 6flora cymis sessilibus, vel inferiora pluriflora pedunculis usque ad 5 mm longis. Pedicelli nulli usque ad 1,5 mm longi, crassiusculi. Calyx campanulatus, $1^1/_2$— demum ultra 2 mm longus, valde costatus, dentibus 5 ovatis, $^1/_2$ mm longis et inferioribus paulo longioribus, praesertim ad costas marginemque cinereo-tomentellus. Corolla pallide coerulea (e nota ad vivum), 3 mm longa, labio superiore breviter trilobo extus toto et inferiore eo paulo longiore orbiculari inferne tantum tomentellis et aureo-glandulosis. Stamina inclusa. Stylus ad 2 mm exsertus.

NW-Y.: Überall an trockenen Hängen der str. St. des Mekong-Tales unterhalb Lota, 27° 50—55′, kristallinisches Gestein, 1925—2000 m, 9. IX. 1916 (10016). Offene, felsige Hänge und zwischen Bambus in der Salwin—Irrawadi-Kette, 28° 40′ (?), VII. 1919 (Forrest 19283).

Valde affinis *P. rugoso* nonnisi spicastris multo laxioribus, pedicellis elongatis, corollis multo maioribus, antheris exsertis diverso. *P. phyllostachys* Diels, quocum Kudo confundit, dissimillimus est characteribusque longe distat.

P. pleiophyllus* Diels in Not. Bot. Gard. Edinb., V. 228 (1912), e typo.

NW-Y.: Bei Lidjiang, v. E. (4052). Hier häufig in Gebüschen der tp. St. jenseits des Be-schui, Kalk, 2950—3200 m (7014).

Calyx usque ad 5 mm (in typo 4 mm) longus; corolla usque ad 1 cm (in typo 8 mm) longa.

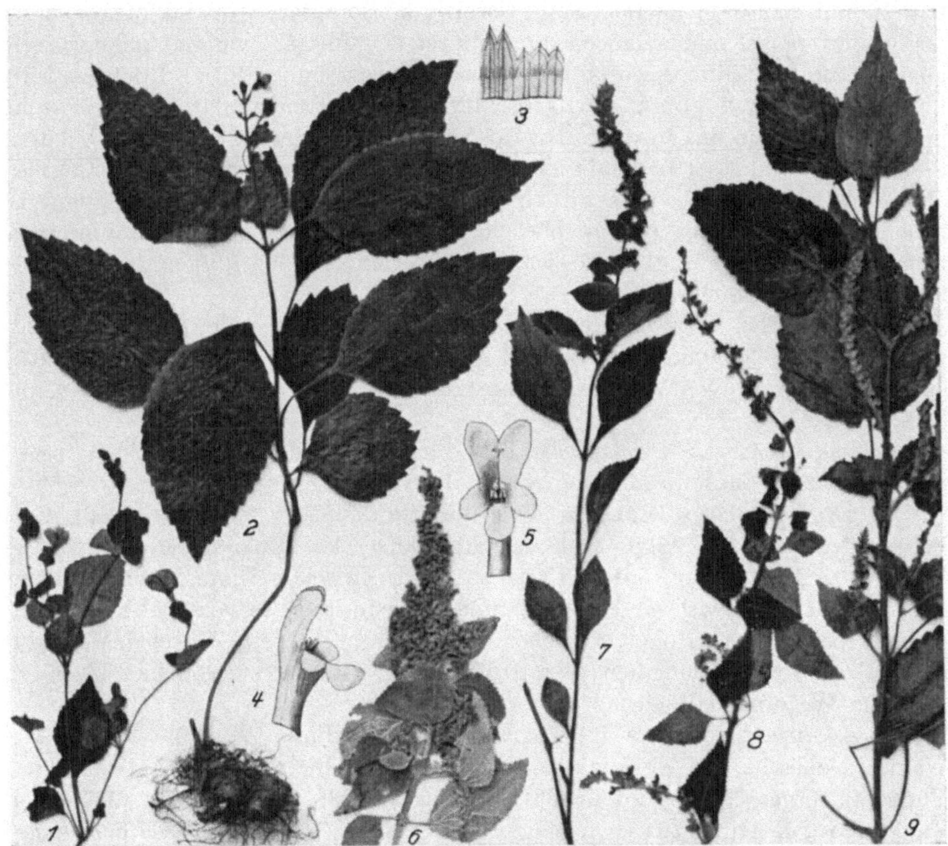

Abb. 28. 1 Zweig von *Gutzlaffia multiramosa* H.-M. 2—5 *Ombrocharis dulcis* H.-M., 3 Kelch von innen. 6 *Plectranthus pachythyrsus* H.-M. 7 *Plectranthus setschwanensis* H.-M. 8 *Plectranthus rugosiformis* H.-M. (H.-M. 10016). 9 *Elsholtzia hunanensis* H.-M. Habitusbilder ¹/₃ nat. Gr. 3—5 2fach vergr.

**** *P. setschwanensis* HAND.-MZT. (Abb. 28, Nr. 7).**

Syn.: *P. umbrosus* HAND.-MZT. in KARSTEN u. SCHENCK, Vegetatbild., 20. R., Taf. 42 B (1930), nomen, non (MAXIM.) MAKINO 1922.

Sect. *Euisodon* BRIQ.

Fruticulus ramosus, virgatus, ramis juvenilibus quadrangulis, brevissime puberulis, brunneis, vetustis griseis, decorticantibus, tenuiusculis. Folia ± anguste rhomboideo-ovata, 3—9 cm longa, longitudine plus 2—3^{plo} angustiora, acuta vel breviacuminata, basi in pseudopetiolum alatum cunneato- vel subsinuato-angustata, margine praeter partem inferiorem angustatam apicalemque crebre serrato- vel subcrenato-dentata, herbacea, subconcoloria, utrinque minute glanduloso-punctata, glabra vel pilo minuto uno alterove, nervis lateralibus 3—4^{nis} valde obliquis et arcuatis, cum venis densiuscule reticulatis imprimis subtus prominulis; petiolus verus brevissimus. Inflorescentiae terminales pseudoracemosae, 5—10 cm longae, cymis subsessilibus 3—5floris subapproximatis compositae, saepe cyma una alterave pedunculo 3—5 mm longo, 7—9flora ex axilla folii summi cuiusdam auctae. Folia floralia inferiora saepe ovata integra subsessilia, cetera vel omnia lanceolata, tenuiter acuminata, cymis aequilonga vel longiora, ut tota inflorescentia brevissime adpresse pubescentia. Bracteae filiformes, pedicellis 2—4 mm longis breviores. Calyx campanulatus, ad tertium inferum vel profundius in dentes ovato- vel anguste lanceolatos apice subulatos fissus, fructifer auctus, 4—7 mm longus, glabrescens, nutans et curvatus. Corolla alba violaceo-signata (e nota ad vivum), 7—9 mm longa, basi valde gibbosa, tubo exserto, extus ut limbus pilosulo et sparse glanduloso; labium inferius tubo c. aequilongum, rotundato-ovatum; superius eo subaequilongum, quadrilobum. Genitalia inclusa.

S.: Gebüsche, Lorbeereichenwälder und offene Stellen der tp. bis an die wtp. St., 2600—3200 m. Ober Sili bei Muli, 25. VII. 1915 (7213, Typus). Datu sw von hier, wnw von Yungning. Unter Malade zwischen Yenyüen und Kwapi 3. X. 1914 (5455).

Calycis structura *P. pleiophyllo* Diels haud dissimilis, sed foliis basi petiolato-angustatis inflorescentiaque valde diversus.

P. phyllostachys Diels in Not. Bot. Gard. Edinb., V., 230 (1912). Gebüsche der wtp. St., 1900—2800 m. S.: Hänge des Wolo-ho-Tales zwischen Yenyüen und Yungning (3010). Dseia bei Muli. Zwischen Djiangyi und Hokou s von Huili. Y.: Zwischen Hungngai und Yünnan-hsien se von Dali? Viel um Hsinyingpan und Möga (phot.) zwischen Yungbei und Yungning. Zwischen Mujendu und Laba e von Dschungdien. Von Djitsung am Yangtse sw von hier bis über Holo am Wege nach Weihsi.

P. adenanthus Diels in Not. Bot. Gard. Edinb., V., 228 (1912). Y.: Wälder, Gebüsche und Heidewiesen der wtp. bis an die str. St., 1800—2650 m. Yünnanfu, gegen NW (Schoch 196). Dahwaschu (3387) und Dawan (3375) bei Yungbei. Im E häufig zwischen Magai und Sidsung (10130). Im NE bei Dungtschwan und Lagu (Maire).

P. sp. aff. *adenantho.* Y.: Steinige Stellen der str. St. zwischen Hsingai und Tietsun e von Dali, Sandstein, 1650—1800 m (6342).

Kahler; Blätter schmäler und sitzend. Nur ein Individuum.

** *P. drosocarpus* Hand.-Mzt.

Sect. *Euisodon* Briq.

Rhizoma repens, ramosum, lignosum et hic illic tuberoso-incrassatum, radicibus tenuibus ramosissimis numerosis. Caules plures, 60—70 cm longi, erecti, tenuiusculi, vix lignescentes, brevissime pubescentes, subaequaliter foliati. Folia late ovata, 5—12 cm longa, longitudine duplo angustiora usque subaequilata, longiuscule acuminata, basi cuneato-constricta et in petiolum gracilem lamina subsesqui- usque plus duplo breviorem, angustissime alatum breviter decurrentia, margine praeter partem constrictam apicemque $\pm$ regulariter serrato- et hic illic crenato-dentata, utrinque glandulis minutis scintillantibus conspersa et supra parce strigulosa et nervis papilloso-hirtella, his lateralibus 3—4^{nis} valde ascendentibus et arcuatis subtus cum reti minorum prominuis. Folia floralia sensim minora et subsessilia pleraque integra summa verticillastris aequilonga. Cymae 3—9florae, in spicastra densa terminalia 3—8 cm longa, crispulo-velutina compositae necnon nonnullae axillares, pedunculis pedicellisque ad 3 mm longis, bracteis parvis lanceolatis. Calyx campanulatus, 1—2 mm longus, sessili-glandulosus et praesertim in nervis papilloso-velutinus, ad medium c. bilabiatus, fructifer auctus ad 5 mm longus submembranaceus, striatus, glabrescens; labium superius late ovatum breviter et obtuse trilobum; inferius eo longius, oblongum, brevissime et obtuse bilobum. Corolla pallide violacea (e nota ad vivum), 6—8 mm longa, glandulosa et ± papillosa; tubus basi dorso valde gibbosus, calycem excedens, latus; labium superius erectum, tubo brevius, latum, lobis 4 rotundatis; inferius illo longius concavum, apice bilobulatum, marginibus convexis. Genitalia porrecta, inclusa vel paulum exserta. Nuculae papillosae et glandulosae.

SW-H.: Häufig im Laubhochwalde und Gebüschen der wtp. St. auf dem Yün-schan bei Wukang, Tonschiefer, 1000—1300 m, 20.—29. VII. 1918 (12316).

Affinis *P. rubescenti* HEMSL., *Henryi* HEMSL., *dichromophyllo* DIELS, petiolis longissimis insignis necnon nuculis glandulosis; differunt praeterea primus petiolis alatis et glabritie, secundus e typo foliis subtus tomentellis et corollae tubo cylindrico, tertius foliis subtus tomentosis et calycis dentibus acutis. *P. muliensis* W. W. SM. quoque habitu similis differt e typo multo pilosior, foliis subtus albotomentosis, calycibus cylindricis brevissime dentatis magis costatis et dense glandulosis.

P. oreophilus DIELS in Not. Bot. Gard. Edinb., V., 227 (1912) (*Dielsia oreophila* [DIELS] KUDO in Mem. Fac. Sci. Agr. Taihoku Univ., II., 143 [1929]). NW-Y.: Bei Lidjiang, v. E. (4057).

— — ** var. **elongatus** HAND.-MZT.

Differt a typo caule minus gracili, usque ad medium foliorum paribus 3 ± dissitis obsito, verticillastro quoque infimo saepe foliis bracteato. Similis ideo *P. adenantho* DIELS, sed caulis foliorumque indumento longiore et crebriore diversus.

Y.: Gebüsche der tp. St. bei den großen Dolinen ober Piyi s von Yungning, Kalk, 2850 m, 24. VI. 1914 (3168).

Ein Stück meiner Pflanze entspricht ganz dem einen von ROCK 9920 bis auf das blattartige unterste Brakteenpaar, das aber nicht alle meine anderen Stücke zeigen. Die Varietät verbindet so klar den Wuchs von *P. adenanthus* mit den Merkmalen von *oreophilus*, daß die Gattung *Dielsia* KUDO um so hinfälliger wird, als es schon eine *Dielsia* GILG 1904 gibt.

P. Bulleyanus DIELS, l. c. 229 (1912), e typo. Y.: Hänge der wtp. St. unter Djiuho zwischen Dali und Lidjiang, 26° 38′, Kalk, 2450 m (8527). Bei Lidjiang, v. E. (4056).

Die erste Nummer hat einen stark rispig verzweigten Blütenstand mit teilweise 5blütigen Cymen. Der Kelch ist zur Blütezeit größer als beim Typus, 4 mm lang, bei diesem aber auch bis 3 mm. Die ganze Pflanze ist im allgemeinen stärker behaart, doch leitet 4056 in bezug auf Behaarung zum Typus hinüber. Beide haben kürzere Blattstiele als dieser.

Ihm kommt *P. provicarii* LÉVL., Cat. Pl. Yun., 141 (1916) nach dem

Typus sehr nahe, hat nur gröber gesägte (nicht so gekerbte) Blätter mit unterseits stark vortretenden Quernerven und dichter behaarte Kelche.

P. inflexus (Thbg.) Vahl. **Y.**: Beyendjing, Wälder des Betsaolin (Ten 1404).

Blätter bis 14 cm lang und 10 cm breit, grob gekerbt, daher an var. *macrophyllus* Max. erinnernd, aber Infloreszenz auffallend locker. Vgl. im übrigen Act. Hort. Gothob., IX., 98 (1934).

P. sp. aff. *inflexo.* **NW-Y.**: Hochstaudenfluren der tp. St. bei der heißen Quelle unter Baoschi bei Dschungdien, Kalk, 3400 m (7718).

Von *P. inflexus* verschieden durch längere und besonders im Blütenstand reichlichere Behaarung und etwas längere Kronenröhre. Spärlich und durch Schimmel beschädigt.

? *P. Forrestii* Diels in Not. Bot. Gard. Edinb., V., 229 (1912). **S.**: Gebüsche der wtp. St. unter Hungga bei Yenyüen, Kalk, 2850 m (2899).

Ein einziges Stück, dessen obere Blätter fast länglich und auffallend stumpf sind.

P. Coetsa Buch.-Ham. **H.**: Gebüsche der str. St. bei Lengschuidjiang am Tsi-djiang ober Hsinhwa, Kalk, 200 m (12701).

P. sculponeatus Vant. Gebüsche, kräuterreiche Stellen, feuchte Hecken, auch ruderal in der wtp. bis in die str. und tp. St., 1800—3300 m. Yünnanfu (Schoch 329). N. von hier bis zum Yangtse. Beyendjing (Ten ex hb. Berol. 358). Hier bei Wangdjiatschwang (Ten 1470). Hungngai se von Dali. Im NW am Mekong und seinem Zufluß unter Weihsi, 27° 15—30′, häufig (8486). **S.**: Häufig zwischen Yenyüen und dem Yalung, 27° 31′ (5582).

P. Rosthornii Diels, e typo. **S.**: Gebüsche der tp. St. bei Dindjia-tsun am Lungdschu-schan bei Huili, Sandstein, 2400—2600 m (5221). **Y.**: Beyendjing (Ten 1254).

P. striatus Benth. **NE-Y.**: Matten der Berge bei Dungtschwan, 2600 bis 2800 m (Maire).

— — var. *Gerardianus* (Benth.) Hand.-Mzt. (*P. G.* Benth.). Gebüsche, Gräben und steinige Steppen der wtp. St. auf Sandstein, 2050—2700 m. **Y.**: Ober Dsaodjidjing (4921) und zwischen Dsaodjidjing und Hwadung (4974) e des Dsolin-ho. Im NW am oberen Yangtse bei Yulo nw (?, phot., ster.) und unter Sangaidse w von Lidjiang. **S.**: Paß Schaofang bei Huili (5234).

** *P. flavidus* Hand.-Mzt.

Sect. *Euisodon* Briq.

Herba ♃, rhizomate tenuiusculo, radicibus numerosis filiformibus. Caulis 60—90 cm altus, robustus, aequaliter foliatus, a basi vel tertio infero pyramidato-ramosus, quadrangulus, costis viridibus, glaber. Folia ovata, $2^1/_2$—6 cm longa, longitudine c. duplo angustiora, acuta, basi in pseudopetiolum late alatum lamina $\pm$ aequilongum late cuneato- vel subtruncato-contracta, crenata, supra furfuraceo-strigillosa demum glabrescentia, subtus pallidiora, glabra, subdense fusculo glanduloso-punctata, nervis 3—4^{nis} longis arcuatis venularumque latarum reti densiusculo hic atro et prominulo. Paniculae terminalis et in ramis fere omnibus, ad 20 cm longae, laxae, cymis 3—9 floris in pedunculis tenuibus 1—2 cm longis divaricatis compositae. Folia floralia inferiora foliacea, sensim subsessilia, superiora parva c. 5 mm longa, lanceolata, sessilia, subintegra.

Bracteae lineares, pedicellis 4—10 mm longis filiformibus multo breviores. Calyx campanulatus, sub anthesi 1—1^1/$_2$ mm longus, glanduloso-punctatus et cum tota panicula brevissime papilloso-velutinus, dentibus 5 subaequalibus tubo c. aequilongis, late ovato-triangularibus, acutis vel $\pm$ obtusis, fructifer ultra 3 mm longus, labiis magis divaricatis, nutans et curvatus, dentibus tubo multo brevioribus. Corolla ad 6 mm longa, pallide flava (e nota ad vivum), tubo calyce c. duplo longiore basi valde gibboso, limbo glanduloso-punctato; labium superius quadrilobum, reflexum, inferius eo longius, anguste ovatum, obtusum vel acutum, patens, planum. Genitalia longe exserta.

Y.: Hecken der wtp. St. ober Hsiaoschao bei Dschaodschou s des Sees von Dali, Sandstein, 2300 m, 28. X. 1915 (8563).

Calyce corollaque *P. phyllopodo* DIELS similis, qui foliis necnon floribus coeruleis valde differt.

**** *P. yuennanensis* HAND.-MZT.**

Sect. *Euisodon* BRIQ.

E rhizomate lignoso, tuberoso uni- vel pluricaulis, radicibus filiformibus. Caulis 30—70 cm altus, plerumque simplex, quadrangulus, $\pm$ puberulus, aequaliter vel inferne densius foliatus. Folia anguste vel late ovata, 3—8 cm longa, longitudine 2—3^{plo} angustiora, acuta, rarius obtusa, basi cuneata subsessilia vel in pseudopetiolum brevem alatum angustata, crebre et leviter vel partim grossius crenata, supra dense strigillosa, subtus pallidiora, dense purpureo glanduloso-punctata et praesertim in nervis furfuraceo-hirta, his secundariis 3—4^{nis} arcuato-ascendentibus utrinque prominulis, venularum reti laxo subtus prominuo. Panicula terminalis, 6—28 cm longa, ramis paniculiferis ex axillis superioribus interdum additis, papilloso-velutina, cymis divaricatis 5—15 floris in pedunculis tenuibus 1—3 cm longis composita. Folia floralia infima foliacea, sensim minora, superiora lanceolata vel deltoidea, 2—3 mm longa, integra, breviter ciliata, subtus densissime purpureo-glandulosa. Bracteae anguste lanceolatae vel lineares, pedicellis filiformibus 3—13 mm longis plerumque permulto breviores. Calyx sub anthesi 1—2 mm longus, campanulatus, dense glanduloso-punctatus, dentibus 5 subaequalibus, tubo subaequilongis, late ovato-triangularibus, ciliatis, fructifer ad 5 mm longus, nutans, curvatus, labiis magis divergentibus, dentibus tubo duplo brevioribus. Corolla 4—5 mm longa, tubo recto calycem vix superante; labium superius purpureum vel violaceum, quadrilobum, lobis ovatis reflexis, inferius sulphureum, eo duplo longius, anguste ovatum, patens, planum. Genitalia longe exserta.

Steppen, Heidewiesen, Gekräute und Gebüsche der wtp. bis in die str. St., 1800—2800 m. Y.: Lung-schan bei Beyendjing, 15. X. 1919 (TEN 1458). Im NW zerstreut zwischen Schigu und Gwanschan bei Lidjiang, 16. X. 1915 (8520). Basulo zwischen Weihsi und Djientschwan. Häufig am Mekong und seinem Zuflusse unter Weihsi, 27° 15—30', 9. X. 1915 (8485). Im NE auf Bergen bei Dungtschwan, IX (MAIRE, Typus) und hinter Dungtschwan (M.). S.: Zerstreut e von Kalaba zwischen Yenyüen und Kwapi, 27° 40', 7. X. 1914 (5561).

Floris structura speciei praecedenti similis, sed jam colore et gracilitate valde diversus.

Eine sehr verbreitete Art, die zu keiner beschriebenen gestellt werden kann, aber vielleicht auch mit *P. nervosus* HEMSL. verwandt ist.

**** *P. calcicolus* Hand.-Mzt.**

Sect. *Euisodon* Briq.

Herba e rhizomate apice tuberoso lignoso, radices longas et crassas emittente pluricaulis, 40—50 cm alta, tota praeter foliorum facies superiores breviter et simpliciter incano-tomentosa. Caules interdum inferne lignescentes et ramosi, tenues, virgati, quadranguli, aequaliter et densiuscule foliati. Folia anguste elliptico- vel obovato-lanceolata, 2—5$^1/_2$ cm longa, longitudine 4—5^{plo} angustiora, acuta, basi longe attenuata, brevipetiolata, praeter basin crenato-serrulata, papyracea, supra brevissime et dense pilosa, subtus in nervis paucis valde obliquis venisque laxe reticulatis prominuis primum saepe ferrugineo-tomentella, glandulis minutis tomento obtectis. Panicula terminalis laxa, simplex vel valde ramosa, 10—30 cm longa, cymis 3—6 floris in pedunculis c. 1 cm longis composita. Folia floralia sensim diminuta, $\pm$ lanceolata, subintegra, superiora pedunculis breviora. Bracteae lineares, pedicellis 1—4 mm longis multo breviores. Calyx campanulatus, nutans, c. 2 mm longus, dentibus 5 quam tubus brevioribus, ovato-triangularibus, inter se aequalibus, fructifer curvatus, ad 4 mm longus, 10 costatus. Corolla alba (e nota ad vivum), 6—7 mm longa, glandulosa et pilosa, tubo calycem vix superante, basi gibboso; labium superius quadrifidum, c. 2 mm longum, reflexum, inferius eo duplo longius, late ovatum, subrotundatum, concavum, dorso medio tantum pilosum. Genitalia exserta.

Y.: Trockene Hänge der wtp. St. bei Beischan, 26^0 16′, zwischen Dali und Lidjiang, Kalk, 2300 m, 18. X. 1915 (8537). Auch auf dem Sattel zwischen Hungngai und Yünnan-hsien se von Dali.

Proximus *P. nervoso* Hemsl., foliis subtus tomentosis diversus.

Die Pflanze ist am besten vergleichbar mit einer von Maire auf Matten der Berge bei Dungtschwan, 2500—3000 m, gesammelten Pflanze, die zwischen *P. nervosus* und dem von Dunn mit diesem vereinten *P. moslifolius* Lévl. steht, aber wie diese nicht filzige Blätter hat.

P. angustifolius Dunn in Not. Bot. Gard. Edinb., VIII., 154 (1914). Y.: Yünnanfu, in der wtp. St. (Schoch). Beyendjing, Wälder des Lung-schan (Ten 1445).

Schochs Pflanze hat fast spornlose Korollenröhren, das eine der sonst untereinander gleichen Stücke von Ten lanzettliche, mit gerundetem Grunde sitzende Blätter, das andere verkehrteiförmig-längliche, zum kaum gerundeten Grunde verschmälerte, deren untere 63 mm lang und 27 mm breit sind.

P. eriocalyx Dunn, l. c., 155. Steppenhänge und Grabenränder der wtp. bis in die str. St., 600—2500 m. Y.: Von Hsiagwan über Dali bis oberhalb Schigu am Yangtse. Beyendjing, in Wäldern (Ten 230). Im S bei Schuidien zwischen Möngdse und Manhao. Im E bei Tschanyi (Schoch 370). Im NE im mittelchin. Fl. bei Lungdji (Maire). Yaoschangai w von Yünnanfu. S.: Dschanggwandschung und Dawanying bei Huili. Ober Dawanpu zwischen Yalung und Nganning-ho, 27^0 43′ (5614). Die Notizen nicht sicher hierher.

**** *P. pantadenius* Hand.-Mzt.**

Sect. *Euisodon* Briq.

Herba ♃ rhizomate subrepente lignoso, radicibus longis tenacibus, tota glandulis parvis globosis vinosis punctata. Caules 1—2, 70—90 cm alti, inferne denudati et glabrescentes, superne saepe paniculato-ramosi et puberuli, quadrisulcati, dissite foliati. Folia sessilia, late ovata, 7—17 cm longa, longitudine c. duplo angustiora, caudato-acuminata, basi $\pm$ longe cuneato-attenuata et integra, ceterum crenato-dentata, dentibus mucronulatis, herbacea, supra densiuscule articulato-strigillosa et parce glandulosa, subtus pallidius viridia et praeter nervos hirtos dense glandulosa tantum, nervis secundariis 3—5^{nis} arcuatis trabeculisque prominuis, venis densiuscule reticulatis atroviridibus. Spicastra caule ramisque terminalia, pedunculis 4—7 cm longis, usque ad 18 cm longa, cymis brevipedunculatis 5—9 floris praesertim inferioribus inter se remotis composita, cum calycibus dense brunnescenti-pubescentia. Folia floralia late vel anguste ovata, acuminata, pleraque cymis breviora, praeter infima integra. Bracteae iis similes et partim minutae. Pedicelli 1—3 mm longi. Calyx nutans, campanulatus, 1—2 mm longus, dentibus 5 subaequalibus late ovatis rotundatis tubo brevioribus. Corollae 4—5 mm longae (coloris?) tubus rectus, calyce $2^{1}/_{2}^{plo}$ longior; limbus eo multo brevior extus dense glandulosus et pilosus; labium superius erectum, quadripartitum, lobis mediis atroviolaceo-maculatis; inferius eo paulo longius, anguste ovatum, planum. Genitalia longe exserta.

NW-Y.: *Pteridium*-Wiesen in der tp. St. des birm. Mons. auf dem Rücken Alülaka bei Tschamutong am Salwin, Schiefer, 2800 m, 24. IX. 1915 (8403).

Affinis *P. eriocalyci*, qui differt foliis minoribus supra glabris, pedicellis brevioribus, calycibus albolanatis eglandulosis dentibus acutioribus.

P. ternifolius D. Don. Kw.: Wiesen bei Maoguho, Kalk, 1500 m (Schoch 403).

Acrocephalus Benth.

A. fruticosus Dunn in Not. Bot. Gard. Edinb., VIII., 154 (1913). NW-Y.: Kristallinischer Gehängeschutt der str. St. am Mekong an der Mündung des vom Doker-la herabkommenden Seitentales, 2100 m (8005).

Ocimum L.

O. Basilicum L. var. **pilosum** (Willd.) Benth. in DC., Prodr., XII., 33 (1848) (*O. pilosum* Willd., Enum. Pl. Hort. Berol., 629 [1809]). S.: An Gärten in der str. St. zwischen Schidsi-miao und Siwanho an einem Zuflusse des Yalung gegen Yenyüen, 27° 14', Kalk, 1400 m (5328).

Orthosiphon Benth.

O. wulfenioides (Diels) Hand.-Mzt. in Act. Hort. Gothob., IX., 98 (1934) (*Coleus w.* Diels in Not. Bot. Gard. Edinb., V., 231 [1912]. — *Orthosiphon Mairei* Lévl. in Rep. sp. nov., XII., 532 [1913]. — *O. pseudorubicundus* Lingelsh. et Bza. in Rep. sp. n., XIII., 389 [1914]. — *O. rubicundus* Dunn in Not. Bot. Gard. Edinb., VI., 135 [1915] saltem p. p. Kudo p. p., non Benth.). Steppen, Heidewiesen und offene Föhrenwälder auf Sandstein und Phylliten der wtp. und str. St., oft Charakterpflanze, 1600—2900 m. Y.: N und e von Yünnanfu (Schoch 116). Tschuhsiung. Beyendjing (Ten 135, 238). Hier unter Midien (6329). Zwischen Dschaoping und Boloti n von Yungbei (3356). Ober Dsilidjiang, bei Yulo und jenseits Ndaku in der Umgebung von Lidjiang. Im E überall e von Yiliang. Im NE bei Dungtschwan und Lagu (Maire). S.: Datjiaoku und Oti am Hsiao-Djing-ho n von Yenyüen. Ningyüen im Djientschang (1237).

Phrymaceae

Phryma L.

P. leptostachya L. Gebüsche, besonders an feuchten Stellen, in der str. bis in die wtp. St. auf Mergel, Schiefer und Sandstein. **E-Kw.**: Nandjing-schan bei Liping, 750 m (10973). **NW-Y.**: 2100—2650 m. Haba se von Dschungdien (4421). Tjibi zwischen Yangtse und Mekong, 27° 36′ (7840). Tsedjrong an diesem.

Plantaginaceae

Plantago L.

Bestimmt von Robert PILGER (Berlin)

P. major L. var. *vulgaris* PILG. f. *sinuata* (LAM.) PILG. in Notizbl. Bot. Gart. Berl., VIII., 114 (1922). **NE-Y.**: Ufer des Yangtse in der Ebene von Tjiaodjia, str. St., 400 m (MAIRE).

P. erosa WALL. in ROXB., Fl. Ind., I., 423 (1820). Reisfelddämme, Äcker und Kanalränder der str. und wtp. St., 1650—1800 m. **Y.**: Jöschuitang n von Yünnanfu (456). **S.**: Ningyüen (1218).

**** P. Schneideri** PILG. in Notbl. Bot. Gart. Berl., VIII., 112 (1922). **Y.**: Steinige, trockene Matten am Ostfuß des Yülung-schan bei Lidjiang, 2900 m, X. 1914 (SCHNEIDER 3747, Typus). Häufig in Gebüschen der tp. St. auf dem Hungguwo bei Hsinyingpan zwischen Yungbei und Yungning, 2900—3475 m (3252).

P. maior s. l. wurde in **Y.** vom tr. Manhao, 200 m, bis gegen Hsiao-Dschungdien und in **S.** bis ober Muli, unter Ngaitschekou jenseits des Yalung n von Yenyüen und ins Lolo-Land überall beobachtet.

Loganiaceae

Mitreola R. Br.

M. pedicellata BENTH. **Y.**: An Feldern bei Beyendjing (TEN 72).

Gardneria WALL.

G. multiflora MAK. in Bot. Mag. Tok., VI., 33 (1892). **H.**: Wälder der wtp. bis in die str. St., 550—1300 m. Unter Tungdjiapai bei Hsikwangschan (11880). Yün-schan bei Wukang (11179). **SW-Kw.**: Zwischen Felsen des Hügels bei Gaotscha am Wege von Hwangtsaoba nach Yünnan, wtp. St., 1750 m (10268).

G. angustifolia WALL. **NW-Y.**: In der wtp. Waldschlucht unter Schuba zwischen Yangtse und Mekong, 27° 45′, Sandstein, 2600—2800 m (8824).

Buddlejaceae

Buddleja L.

(*Buddlea* SPRENG. STAPF in Bot. Mag., CLI., t. 9085)

B. Lindleyana FORT. Gebüsche der str. St. (70 ?—) 350—600 m. **H.**: Überall von Tanschi westlich. Hwangbetjiao n von Wukang. Um Dungngan, Hsinning

und Wukang überall nach SW bis Pingtschaso jenseits Dsingdschou (11001).
W-Ki.: Um Pinghsiang (Plt. sin. 242).

Die Notizen vielleicht teilweise zu *B. Davidii* gehörig.

B. asiatica LOUR. Trockene Hänge, *Pteridium*-Wiesen, Gebüsche der
tr. bis an die tp. St., 200—2800 m. Y.: Hänge n von Manhao (5778 fl. albo, so
bis ober Yaotou). Unter Hsinlung n von Yünnanfu (424). Houdjing (4933) und
Schedse e des Dsolin-ho. Beyendjing (TEN 373). Piendjio ne von Dali. Im
NE bei Schidsiangfang am Yangtse-Ufer (MAIRE, fl. albo). Im NW im birm.
Mons. bei Bahan (9578) und auf dem Rücken Alülaka (8404) unter Tschamutong
am Salwin. S.: Dschanggwandschung s (801) und Paß Schaofang nw von Huili.
W-Hubei. (WILSON, Veitch Exp. 78).

B. Davidii FRANCH. (*B. variabilis* HEMSL.). H.: Buschsteppen der wtp.
St. um Hsikwangschan bei Hsinhwa, 600—800 m (12582). Kw.: Schiping zwischen Guiyang und Dschenyüen, 800 m (SCHOCH 426). NE-Y. (MELL). Hecken
der Ebene von Dungtschwan, 2500 m (MAIRE).

— — var. ***superba*** REHD. et WILS. in Plt. Wils., I., 568 (1913). SW-H.:
Gebüsche und Wald der wtp. St. des Yün-schan bei Wukang, Tonschiefer, 650 bis
1300 m (12266). NE-Y.: Tal von Dschwenyangping, 600 m (MAIRE).

B. crispa BENTH., Scroph. Ind., 43 (1835) (*B. tibetica* W. W. SM. — *B.
truncatifolia* LÉVL., e typo). Y.: Kalkfelsen der wtp. St. bei Schilungba nächst
Yünnanfu, 2100 m (203). Vielleicht auch diese im NW bei Yedsche und Londjre
am Mekong. S.: Hänge der wtp. St. bei Dungngan s von Huili (SCHNEIDER 499).

— — var. *Farreri* (BALF. f. et W. W. SM.) HAND.-MZT. (*B. Farreri* BALF.
f. et W. W. SM. in Not. Bot. Gard. Edinb., IX., 84 [1916]. — *B. praecox* LIN-
GELSH. in Rep. sp. nov., Beih. XII., 464 [1922], e typo. — *B. tibetica* W. W. SM.
var. *Farreri* MARQ. in Kew Bull., 1930, 205). W-S. (LIMPRICHT 1310).

Nach MARQUANDS Schlüssel, den Bemerkungen COMBERS in Not. Bot. Gard.
Edinb., XVIII., 231 (1934) und dem vorliegenden Material läßt sich *B. tibetica*
von *B. crispa* nicht unterscheiden. Die Frühblütigkeit ist eine Wirkung der
Wetterlage; in Yünnan kommen blühende Exemplare mit und ohne Blätter vor.
Die Originalaufsammlung von *B. truncatifolia* hat drüsenlose Korollen. LIM-
PRICHTS Nummer wird von MARQUAND zitiert, nicht aber das darauf beruhende
Synonym LINGELSHEIMS. Bemerkenswert ist, daß ich die hierher oder zur
folgenden Art gehörigen Pflanzen als weißfilzig notierte, während der Filz im
Herbar braun wird.

B. caryopteridifolia W. W. SM. in Not. Bot. Gard. Edinb., VIII., 179
(1914). NW-Y.: Steppen und trockene Gebüsche der str. St., 1450—2250 m. Bei
Lidjiang, v. E. (5684). Am Yangtse e von hier (3405), n gegenüber Ndaku (4389,
s. KARSTEN u. SCHENCK, Vegetb., 20. R., Taf. 37a) und zerstreut um die Mündung
des Schou-tschu, 27° 46′ (7585). Häufig w von dort (8786), aufwärts wahrscheinlich bis Bölo.

Die von MARQUAND nach meiner ursprünglichen Bestimmung als *B. acosma*
angeführte Nr. 8786 gehört nach den von COMBER in Not. Bot. Gard. Edinb.,
XVIII., 232 angegebenen Unterschieden auch hierher.

— — var. ***eremophila*** (W. W. SM.) MARQ. in Kew Bull., 1930, 200 (*B. eremophila* W. W. SM. in Bot. Not. Gard. Edinb., VIII., 179 [1914]). NW-Y.: In der str.
St. am Yangtse gegenüber Djütien nw von Lidjiang, 27° 18′, Schiefer, 2000 m (8791).

B. heliophila W. W. Sm. in Not. Bot. Gard. Edinb., VIII., 126 (1913). W-Y.: Wälder der tp. St. am Osthang des Dji-schan ne von Dali, Sandstein, 2900 m (7476).

— — ** var. ***adenophora*** Hand.-Mzt. Corolla in dimidio superiore praeter pilos perparcos extus dense lepidoto-glandulosa. Rami (ut nonnulli in typo quoque) quadranguli.

W-Y.: Dji-schan, mit dem Typus, 21. V. 1915 (6386).

B. officinalis Maxim. (*B. acutifolia* C. H. Wright. — *B. lavandulacea* Kränzl. in Bot. Jahrb., L., Beibl. 111., 42 [1913]. — *B. Mairei* Lévl. in Rep. sp. nov., XIII., 258 [1914]). Hecken, Gebüsche, trockene Hänge, Mauern, Weg- und Kanalränder der tr. bis in die wtp. St., 200—2600 m. Y.: Von Manhao bis Schuidien s von Möngdse. Massenhaft ober Pohsi. Überall um Yünnanfu (332. Schoch 41). Nach N bis unter Hsinlung (422) und im Becken Hsiaodsang (551). Ober Lagatschang in der Yangtse-Schlucht n von hier (741). Verbreitet an der Straße bis gegen Dali und n von ihr. Zwischen Daschan und Baörlso am Wege von Yungbei nach Yungning. Im W im birm. Mons. bei Tengkeng am Salwin, 25° 50′ (Gebauer). Im NE in der Ebene von Lagu, 2400 m, in den Tälern von Dschwantschangkou und von Schenkoudse (Maire). Kw.: Ober Guiding gegen Madjiadwen.

Mir liegen zu viele Exemplare vor, deren Kronenröhren 6mal so lang wie breit sind und deren Blätter mittlere Größen und Formen zwischen typischer *B. officinalis* und *B. acutifolia* haben, als daß ich diese getrennt halten könnte. Maires Pflanze von Schenkoudse ist nach Angabe des Sammlers nur ein $1^1/_2$ m hohes Sträuchlein.

B. Fallowiana Balf. f. et W. W. Sm. in Not. Bot. Gard. Edinb., X., 15 (1917). NW-Y.: Bei Lidjiang, v. E. (3999). Hier in Mulden bei Ngulukö (Schneider 2054). Feuchte Wiesen der wtp. bis in die tp. St. bei Haba se (4445) und bei Hwadjiaoping e von Dschungdien, 2650—3100 m.

Gentianaceae

Bearbeitet von Harald Smith (Upsala) (ausgenommen *Canscora* und *Crawfurdia*)

Canscora Lam.

C. lucidissima (Lévl. et Vant.) Hand.-Mzt., Symb. Sin., VII., 234 (1931) (*Euphorbia l.* Lévl. et Vant. — *Euphorbiopsis l.* Lévl.).

Sect. *Pentanthera* C. B. Clke.

Herba ⊙ vel ⊙ glaberrima, radice longa mox ramosa, tenui. Caulis singulus vel plures, tenues, rigiduli, teretes, alii steriles (?, partibus superioribus deficientibus), alii floriferi 15—21 cm longi, primum dichotome, dein — in ramo principali bis — trichotome iterumque hic illic dichotome ramosi, ramis divergentibus, ramulis capillaribus. Folia (rosularia marcida) infima approximata (etiam caulis floriferi?, quae delapsa) subpetiolato-obovata, 8—10 mm longa, rotundata, sequentia in nodis furcisque 15—25 mm inter se distantibus transverse latiora truncato-rotundata vel minute emarginata, per paria in perfoliata suborbicularia usque ad $2^1/_2$ cm diametientia omnino connata, superiora $1^1/_2$ mm tantum longa paulo minus connata, ramulorum terminalia autem flores includentia involucra patelliformia 1 cm diametientia formant, omnia in sicco reticulato-venosa. Flores terminales, solitarii, sessiles, $6^{1}/_{2}$ mm longi, sub- (vel omnino?) regulares, pentameri. Calycis tubus late ovoideus, ad 4 mm longus, teres; eius lobi triangulares, ad 1 mm longi, patentes, subenervii. Corollae albae (e Ching) tubus illum arcte explens paululoque excedens; lobi carnosuli, anguste rotundato-spathulati, e sicco erecti., Stamina episepala, sub quinto supero tubi inserta, lobos subexcedentia, filiformia; (antherae delapsae). Capsula tubum explens, crasse ovoidea, brunnea, subreticulato-rugulosa, pariete crassa haud indurata, placentis crassis; semina $^{1}/_{3}$ mm diametro, irregulariter angulosa, brunnea, dense et depresse gibberosa; stylus tenuis, 4 mm longus, stigmate minute didymo.

Kw.: Dapin, Felsen, sehr selten, 1200 m, III. 1910 (Bodinier 2650, Typus: Hb. Edinb.). NW-Kwanghsi: Lanlon in E-Linyen, beschatteter Felsfuß, 1000 m, sehr selten, 2. VIII. 1928 (Ching 6635).

Die andere Art der Sektion, *C. pentanthera* C. B. Cl., ist nach der Beschreibung ganz verschieden, doch finden sich Blätter wie bei *lucidissima* bei anderen Arten der Gattung. Sehr auffallend sind die nur endständigen Blüten, die von verwachsenen Brakteen eingehüllt sind. Dies gibt der Pflanze tatsächlich einen *Euphorbia*-Habitus, der den unkundigen Sammler täuschte, und auf seine Bemerkung „Quoique il n'y ait pas de fleurs à cet Euphorbe je vous l'envoie cependant" fiel Léveillé pünktlich herein.

Crawfurdia Wall.

C. Delavayi Franch., det. H. Smith (*Gentiana fratris* Marq. in Kew Bull., 1931, 70). NW-Y.: An Wasserläufen, Wald- und Bambusdschungelrändern der tp. und ktp. St. des birm. Mons. auf Granit und Glimmerschiefer, 3150—3950 m. Auf dem Schöndsu-la zwischen Mekong und Salwin (8359) und unter dem Gomba-la ober Tschamutong gegen den Irrawadi, v. E. (9930).

Es scheint mir richtig, mit H. Smith *Crawfurdia* als gute Gattung beizubehalten.

C. iochroa (Marq.) Hand.-Mzt. (*Gentiana i.* Marq., l. c., 74). NW-Y.: Steinige Stellen der Hg. St. des birm. Mons. in der Salwin-Irrawadi-Kette w des Sees Tsukue hinter dem Gomba-la ober Tschamutong, Glimmerschiefer, c. 4000 m, 15.—17. VIII. 1916, v. E. (9902).

C. tibetica Franch., det. H. Smith (*Gentiana khamensis* Marq., l. c., 70). S.: Bambusreiche Gebüsche der tp. St. ober Niutschang zwischen Yenyüen und dem Yalung, 27° 22′, Sandstein, 3000—3600 m (5412).

„Vielleicht verschieden, aber zu wenig Material" (H. Smith).

* *C. luteo-viridis* C. B. Clke. in Journ. Linn. Soc., Bot., XIV., 443 (1875). NW-Y.: An Gewässern, Gebüschen, Wald- und Bambusdschungelrändern der tp. und ktp. St. des birm. Mons. auf Glimmerschiefer und Granit, 3050—3950 m. Zwischen Mekong und Salwin, 28° 4′, auf dem Schöndsu-la (8359 b, vielleicht zu folgender Nummer gehörig) und im Regenmischwalde des von diesem nach Londjre am Mekong herabkommenden Tales, 21. IX. 1915 (8186). Zwischen Salwin und Irrawadi im Tale unter dem Gomba-la ober Tschamutong, v. E. (9926) und wohl auch diese s von hier im Tjiontson-lumba und jenseits des Passes Tschiangschel.

Die beiden ersten Nummern det. H. SMITH. Die einzige noch frische Blüte von 8186 gelblich, innen blauviolettlich, 9926 rosa.

**** C. coerulea** HAND.-MZT.

Sect. *Tripterospermum* C. B. CLKE.

Alte scandens, caulibus tenuibus valde contortis, internodiis longis. Folia lanceolata, ad 60 × 11 — 70 × 17 mm, acutissima, basi rotundata ipsa in petiolos quam laminae 3—5^{plo} breviores, tenues, basi brevissime connatos producta, herbacea, margine subtilissime aspera, tota tenuiter trinervia inferne nervorum pari tenuissimo addito. Flores in axillis singuli vel gemini, pedicellis 2—5 mm longis vel in terminali singulo ad 10 mm longo, bracteolis foliaceis flori $\pm$ approximatis. Calycis tubus longe infundibularis, c. 1 cm longus, ore 4 mm latus, non fissilis, carinis 5 humilibus hic illic asperis; lobi lineari-lanceolati, eo c. aequilongi, margine ipso inserti, sinubus latis, planis seiuncti. Corolla coerulea (e nota ad vivum), anguste campanulata, 32—35 mm longa, $\pm$ 8 mm diametro, interdum paulum curvata, lobis ovatis, 5—6 mm longis, acuminatis, plicis brevibus irregulariter truncatis. Filamenta a medio libera, inaequilonga, longiora faucem non attingentia, incurva; antherae 2 mm longae. Ovarium subsessile, longissimum; stylus 6 mm longus; stigmata longa, revoluta. Capsula in stipite ad 5 mm longo, cylindrica, corollam fere totam explens, sicca, subcrustacea, pallide brunnea, dehiscens; semina oblonga, cum alis 3 atrobrunneis $^1/_2$ mm latis, 3 mm longa.

S.: Schlingend an Bambus in der tp. St. im Tal unter Hwangliangdse zwischen Yenyüen und Kwapi, 27° 45′, Kalk, 3050 m, 6. X. 1914 (5556).

Proxima certe *C. fasciculatae* WALL., quae florum colore congruit, sed calyce magis carinato, eius lobis brevioribus, stylo multo longiore differt.

C. sp. Ki.: Kuling (FABER).

Megacodon (HEMSL.) H. SM.

(*Gentiana* sect. *Megacodon* HEMSL. in Journ. Linn. Soc., Bot., XXVI., 137 [1890])

M. stylophorus (CLKE.) H. SM. (*Gentiana stylophora* CLKE. in HOOK. f., Fl. Brit. Ind., IV., 118 [1883]). Wälder, Gekräute, moorige Rhododendretenränder der ktp. bis in die tp. und Hg. St., 3100—4400 m. NW-Y.: Zwischen Beschui und He-schui n von Lidjiang. Ober Dugwan-tsun, an der Westseite zwischen Bödö und Alo (4593), an der Westseite des Gebirges Piepun (s. Naturb. SW-China, Abb. 50) und am Nguka-la auf dem Dschungdien-Hochland. Im birm. Mons. am Schöndsu-la, im Tale Schidsaru und auf dem Paß Tongong zwischen Mekong und Salwin häufig. Im Tjiontson-lumba von diesem gegen den Irrawadi. S.: N des Passes Tschescha bei Muli (7239) und auf dem sw von hier gegen Dschungdien ziehenden Rücken (7446).

Gentiana L.

G. striata MAX. Syn.: *G. tricholoba* FRANCH. — *G. Schlechteriana* LIMPR. f. in Rep. sp. nov. Beih., XII., 467 (1922), e typis.

G. Serra FRANCH. Grabenränder, Heidewiesen und Gebüschränder der wtp. bis in die tp. St., 2225—3275 m. Y.: Hsi-schan bei Yünnanfu und ebenso blaublütig, nicht typisch, ober Hsinlung und häufig zwischen Schalungschu und Siwanho n von hier, 25⁰ 58′—26⁰10′ (5667). Im NE um Dungtschwan (Maire) und zwischen Dadschutang und Tschudse am Wege nach Suifu (Mell). S.: Von Yenyüen bis Malade, 27⁰ 45′ (5462).

**** *G. pulchra* H. Sm.**

Sect. *Stenogyne* Franch.

Planta annua, 10—25 cm alta, parte basali pluriramosa, caule ramisque aequimagnis, glabris, anguste quadrialatis, dimidio superiore ramulis unifloris numerosis 1—3 cm longis instructis. Folia rosularia sub anthesi nulla; caulina 8—12 juga, intermediis breviora, infima vulgo emarcida, cetera aequimagna, ovata — cordato-ovata, acutiuscula, mucronulata, margine minute crenulata, subtus in nervis ± asperula, ceterum glabra, in petiolum brevissimum abrupte contracta, 3—5 nervia, 7—13 mm longa et 4—8 mm lata. Flores erecti, coerulei, extus rubro-violaceo tincti (e Rock), ad 3 cm longi, in apicibus rami vel ramuli sessiles, solitarii. Calycis tubus ad 11 mm longus; lobi ad 6 mm longi, lineari-lanceolati, alato-carinati, carina secus tubum decurrente, margine paulum, carina dense ciliati. Corollae tubus ad 23 mm longus; lobi e basi subcordata ovato-lanceolati, acuti vel acuminati, 6—7 mm longi et 3,5 mm lati; plicae lobis tertia parte breviores et eis latere uno adnatae, c. 4 mm longae et 3¹/₂ mm latae, apice subrotundatae oblique truncatae, denticulatae, saepe bifidae. Stamina tubo ca. 9 mm supra basin adnata, inaequilonga, filamentis filiformibus, apice incurvatis, 7¹/₂—12¹/₂ mm et antheris 2 mm longis. Ovarium stipitatum, anguste cylindricum, acutum, stylo c. 9 mm longo, stigmatibus brevibus serius recurvatis coronatum. Capsula matura non visa; semina submatura ± ovata, irregulariter angularia, angulis obtusis, 1,2 × 0,8 mm, testa fusco-brunneo punctulata.

NW-Y.: Bei Lidjiang, VI.—IX. 1914—1916, v. E. (3751, Typus). Hier an Gräben der wtp. St. bei der Stadt (7011) und an Bächlein der Ebene (3473), 2425—2500 m. Hier auf offenen Matten (Forrest 2493, als *G. gentilis* var.). Hier, 2950—4400 (?) m (Rock 5032, 6174, 7788, 10715, 10748, 10839, 10878).

Affinis *G. gentili* Franch., quae differt foliorum lamina supra dense scabro-ciliata, ramis basalibus paucioribus caule minoribus, fere filiformibus, floribus sessilibus. *G. Serra* seminibus alatis distat.

G. rhodantha Franch. Steppen, offene Wälder und Gekräute der wtp. bis in die str. St., vielleicht nicht auf Kalk, 1300—2600 m. Y.: Djindien-se (93) und Hsi-schan bei Yünnanfu. Mehrfach n von hier bis zum Yangtse. Im NW häufig am Mekong und seinem Zuflusse unter Weihsi, 27⁰ 15—30′ (8483). Im NE bei Dungtschwan (Maire). S.: S von Huili (795). Unter Bögowan n von hier. Ningyüen. Ober Dawanpu am Yalung, 27⁰ 43′ (5613). Kw.: Felsen und Berg-hänge bei Nganping (Schoch 421). W-Hubei: Yitschang (Wilson, Veitch Exp. 1750).

G. leptoclada Balf. f. et Forr. Y.: Trockene Hänge der wtp. St. zwischen Matouschan und Bölu bei Magai e des Dsolin-ho, Sandstein, 1600—2500 m (13046).

**** *G. expansa* H. Sm.**

Sect. *Stenogyne* Franch.

Planta annua e basi multicaulis. Caulis prostrati, ad 70 cm longi, tenues, anguste quadrialati, foliorum paria 15—18 gerentes, vulgo a medio racemosim ramosi, ramis unifloris, divaricatis, 1—3 cm longis, ex axilla una alterave ramis interdum paucis elongatis iterum ramulosis instructi. Folia rosularia florendi tempore nulla, caulina rotundato-ovata, basi subcordata, apice acutiuscula, brevissime petiolata, 5-nervia, laminis glaberrima, margine crenulato-ciliata, subtus in nervis et in petiolo $\pm$ sparse scabro-ciliata, omnia subaequimagna 6—10 mm longa et 5—8 mm lata. Flores violacei, c. 2 cm longi et corolla expansa ad 2 cm diametientes in foliorum pari summo subsessiles. Calycis tubus 10 mm longus, scabridulus, leviter 10-costatus, nervis loborum lateralibus in tubo inter se confluentibus; lobi c. 0,6 mm infra apicem tubi orti, anguste triangulares, scabro-ciliati, c. 2 mm longi et 1 mm lati. Corollae tubus c. 12 mm longus; lobi latere sinistro plicis 2—2$^{1}/_{2}$ mm brevioribus connatis aucti, toti ambitu ovato-lanceolati, apice acuminati, c. 8 mm longi et 4—5 mm lati, parte plicoidea oblique truncata deorsum leviter denticulata. Stamina aequilonga, faucem paullo superantia, medio tubo affixa, filamentis filiformibus 8 mm longis, apice paulum curvatis, antheris 2 mm longis. Ovarium stipitatum, anguste cylindricum, acutum, stylo 7 mm longo, stigmatibus loricatis recurvatis. Ovula ovoidea subangulata, exalata. Capsula et semina matura non visa.

Y.: Um Beyendjing in Wäldern bei Nigu nächst Tieso, 28. IX. 1915 (Ten ex hb. Berol. 282, Typus), 24. IX. 1919 (Ten 1393) und auf dem Betsaolin (Ten 311: Hb. Berl.). Bintschwan ne von Dali, XII. 1906 (Ducloux 4875).

Affinis *G. leptocladae*, quae differt corollae longioris tubo lobis pluries longiore, plica lobo subduplo breviore, calycis lobis linearibus tubo subtriplo brevioribus, tubi ore ortis.

G. primuliflora Franch. Trockene Hänge und buschige Föhrenwälder der wtp. St. auf Sandstein, 1600—2500 m. **Y.**: Zwischen Matouschan und Belu bei Magai e des Dsolin-ho (13087). **S.**: Fongsaying s von Huili (5092).

G. Souliei Franch. (*G. pterocalyx* Franch. var. *flavo-viridis* Marq. in Kew Bull., 1928, 54). **NW-Y.**: Bei Lidjiang, v. E. (3753).

** *G. incompta* H. Sm.

Sect. *Chondrophylla* Bunge.

Planta annua, omnino glabra, humilis, robusta, e basi pluriramosa, ramis erectis, subaequilongis, simplicibus, unifloris, sub anthesi brevibus, demum ad 4 cm elongatis. Folia anguste cartilagineo-marginata, rosularia magna, compacta, 5-nervia, rotundato-ovata, ad 19 mm longa et 16 mm lata; caulina 3-juga, spathulata — linearia, subpetiolata, recurvato-aristata, 5—6 mm longa. Flores coerulei, sub anthesi 9—10 mm longi, demum ad 14 mm accrescentes. Calycis tubus corolla dimidia paulo brevior; lobi erecti, demum 1,8 mm longi et 1,6 mm lati, triangulares, submucronulati, late hyalino-marginati. Corollae tubus 12 mm longus; lobi ovati, acuti, 2 mm longi et lati; plicae lobis $^{2}/_{3}$ breviores, fere 2 mm latae, triangulares, subacutae vel acutae, integrae vel apice paulum dentatae. Stamina tubo 6 mm supra basin affixa, filamentis vix 3 mm longis, antheris 1 mm longis. Capsula cuneato-obovata, 6 mm longa et apice 4 mm lata, lateribus modice et apice late alata, stylo 1 mm et stigmatibus recurvatis vix 1 mm longis. Semina subtrigona vel irregulariter angularia, $1 \times {}^{1}/_{2}$ mm, testa straminea, minute striato-reticulata.

Species ex affinitate *G. Licentii* H. Sm. ined., sed minor, robustior, floribus multo minoribus, seminibus brevioribus.

W-Hubei, IV. 1904 (Wilson, Veitch Exp. 2764: Mus. Wien, Typus). **NE-S.**: Dschengkou (Farges: Hb. Paris).

* *G. Burkillii* H. Sm. (*G. pseudo-humilis* Burk. in Journ. As. Soc. Beng., n. ser., II., 313 [1906], non Mak. 1904). Schanhsi: Wutai-schan, Matten zwischen Dungtai und Beitai, 3200 m, 22. VIII. 1912 (Limpricht 662 p. p., als *G. squarrosa* Ledeb.).

G. Franchetiana Kusn. Y.: Auf Sandstein in der wtp. St. in der Ebene und auf den nw Bergen bei Yünnanfu, 1900—2300 m (Schoch 142). Wälder bei Beyendjing (Ten 117).

** *G. heterostemon* H. Sm. (Abb. 29, Nr. 1).

Syn.: *G. decemfida* Forb. et Hemsl., non Buch.-Ham.

G. pedicellata Wall. var. *chinensis* Kusn. in Act. Hort. Petr., XV., 402 (1904).

G. aprica Diels in Not. Bot. Gard. Edinb., VII., 195 (1912), non Decne.

Sect. *Chondrophylla* Bunge.

Planta annua, vulgo a basi copiose ramosa, habitu valde variabilis: caule abbreviato fere pulvinata vel caule elato ad 20 cm alta, caule ramisque adscendentibus vel erectis, dense et minutissime papillosis (varietate excepta). Folia rosularia — in speciminibus abbreviatis vulgo emarcida — $\pm$ anguste lanceolata, acuminata, aristata, marginibus anguste hyalino-cartilaginea, leviter asperula, usque ad 30 mm longa et 5 mm lata, sed vulgo minora nec raro etiam latiora; caulina sursum sensim decrescentia, obovato-lanceolata — lanceolata, superiora lanceolato-linearia, omnia $\pm$ conduplicata, dorso arcuato subpatentia, aristata, carina dorsali marginibusque cartilagineo-hyalina, asperula, superiora tantum marginibus albo-membranacea. Flores in apicibus ramulorum 1—3, sessiles vel breviter pedicellati, erecti, 10—13 mm longi, albo—rosei—violascentes. Calyx campanulatus, 6—8 mm longus; lobi tubo paullo longiores, e basi c. $1^1/_2$ mm lata peracuti, longe aristati, modice cartilagineo-carinati, marginibus sursum anguste, basin versus late albo-membranacei. Corollae tubus calycem paullo superans; lobi ovati, subacuti — acuti, c. 3 mm longi et 2 mm lati; plicae lobis duplo breviores et aequilatae, ovatae, obtusae, interdum leviter bifidae. Stamina inaequilonga, tubo 4 mm supra basin affixa, filamentis filiformibus $3^1/_2$—6 mm longis, antheris c. $1^1/_2$ mm longis. Capsula truncato-obovata, 4—5 $\times$ $2^1/_2$—$3^1/_2$ mm magna, lateribus anguste, apice latius alata, stylo $1^1/_2$—2 mm longo, stigmatibus 1 mm longis recurvatis, matura dimidia e corolla exserta; semina irregulariter angularia, 0,7 $\times$ 0,4 mm, testa fusco-brunnea, minute striatula, fere laevi.

Trockener Rasen und dürre Plätze auch in Wäldern, Raine und (nach Delavay) auch Sumpfwiesen der wtp. St., 1900—2600 m. Y.: Bei Yünnanfu auf den Bergen im W, 9. IV. 1922 (H. Smith 1602, Typus), an anderen Stellen hier (Ducloux 29, 2280, 2377, 3243), unter Dulutschang (159) und bei Schilungba (Schneider 106). Schuitang (Legendre 1817). Laogui-schan bei Mile (Ducloux 4306). Dali, 16. VIII. 1886 (Delavay). Osthang des Dsang-schan hier (Forrest 3823). Im NE (Maire 594). S.: Huili (908).

Species *G. apricae* Decne., *G. decemfidae* Ham. et *G. nudicauli* Kurz affinis, capsula brevi, staminibus inaequilongis, habitu robustiore vulgo valde ramoso diversa.

— —** s u b s p. *Bietii* H. Sm.

A typo distat: habitu erecto, graciliore; ad 15 cm alta; caule infra rosulam saepe elongato, e rosula simplici vel interdum ramoso, vulgo pauciramoso, ramis caule tenuioribus; corollae paullo longioris lobis anguste ovato-lanceolatis, 3—4 mm longis, $1^1/_2$ mm latis, acutis, apiculatis; plicis anguste triangularibus, quam lobi $^1/_3$ brevioribus, acutis, raro apice paucidenticulatis; capsula paullo longiore, lateribus fere exalata, apice rotundata, interdum fere subacuta (nec subtruncata).

NW-Y.: Um Tseku und Neku, 1895 (Biet 1490: Hb. Paris, Typus), 16. IV. 1895 (Biet 1549), (Soulié 1490, 2549).

— — ** subsp. *Cavaleriei* H. Sm.

A typo differt: Planta erecta, 6—10 cm alta, robusta, a basi copiose fastigiato-ramosa, ramis erectis, aequimagnis; foliis caulinis latioribus, erectis — suberectis, non recurvato-arcuatis; antheris ad 1 mm longis (nec 1,4—1,6 mm), capsula cuneato-obovato $3^1/_2 \times 3$ mm, lateribus anguste, apice late alata, corollae lobis acutis, $2^1/_2$ mm longis, plicis subduplo bevioribus, triangularibus, acutis.

SW-Kw.: Hwangtsaoba, 1915 (Cavalerie: Hb. Paris).

— — ** subsp. **glabricaulis** H. Sm.

A typo differt: Planta elata, erecta, subrigida, ad 2 dm alta, omnino glaberrima, modice ramosa, ramis pro nodo singulis, caule saepe subaequilongis sed tenuioribus, erectis — suberectis; corollae longioris lobis ad 5 mm longis et $2^1/_2$ mm latis, ovato-lanceolatis, acutis; plicis apice bifidis, vulgo acutis, quam lobi duplo brevioribus; capsula obovato-cuneata, apice fere truncata, 5 × 4 mm, lateribus subexalata, apice anguste alata.

Y.: Trockene Stellen der wtp. St. bei Schilungba unweit Yünnanfu, Sandstein, 1900 m (119). Lunan (Henry 10582 B). Im W auf nassen Wiesen bei Dali (Delavay) und Dapingdse, 8. IV. 1883 (Delavay). Im S um Semao, 1400 bis 2100 m (Henry 10903 B p. p., mit *G. langbianensis* Cheval. ined., 11616 A, B p. p., Typus, mit *G. pedicellata* Wall.).

In der Sect. *Chondrophylla* gibt es mehrere schwierige Gruppen, aber ich glaube, diese, aus *G. decipiens, heterostemon* und *rigidifolia* bestehende ist die schlimmste. Ich konnte erst nach jahrelanger Arbeit ihre Bestandteile unterscheiden. Die erste in China gesammelte Pflanze der Gruppe wurde von Franchet sehr zutreffend als nahe *G. decemfida* Ham. gedeutet und damals auch so bezeichnet. Aber er fand die Bestimmung bald unbefriedigend und machte (im Herb. Paris) verschiedene andere Versuche, ohne zu einem endgültigen Schluß zu kommen: *G. decemfida* var. *aprica* Wall., *G. d.* var. *orientalis* und *G. quadrifaria* Bl. Kusnezows Auffassung derselben Pflanze ist recht überraschend. Er stellte sie zu *G. pedicellata* als neue var. *chinensis*. Ich bin vollständig überzeugt, daß die fragliche Pflanze nicht zu dieser Art gestellt werden kann und ihr nicht einmal nahesteht. Die Beschaffenheit der Blätter, die dichten, feinen Papillen an Stengel und Ästen, Größe und Form der Blüten, ungleiche Länge der Staubgefäße, die aufrechten, weiß berandeten Kelchzipfel, die größere, mit Kamm versehene Kapsel und die abweichende Form der Samen stimmen keineswegs mit *G. pedicellata*, selbst im weitesten Sinne. Sie weisen im Gegenteil klar in die Richtung von *G. decemfida* und *G. aprica*.

Es brauchte lange, bis ich erkannte, daß die gleiche oder ungleiche Länge der Stamina tatsächlich ein Hauptmerkmal ist. Denn, nachdem ich alle Exemplare mit ungleichen ausgeschieden hatte, blieb ein großer Rest, der genau

gleich aussah, weshalb ich glaubte, daß ihre Länge nur zufällig sei, und, da die
vielen in diesem Merkmal einheitlichen Exemplare eine außergewöhnliche
Habitusvariabilität zeigten, konnte ich nicht ausfindig machen, was spezifisch
verschieden ist und was nicht. Doch kam eine auffallende Tatsache zu Hilfe.
Die beiden Typen, mit gleichen und ungleichen Staubgefäßen, waren nie in einer
Aufsammlung gemischt. Eine erneute sehr genaue Untersuchung zeigte, daß
eine Anzahl von kleinen Merkmalen, jedes von geringem taxonomischem Werte,
konstant mit dem einen oder anderen Staubgefäßtypus verbunden ist. Mit anderen
Worten, zeigten sie, daß die Merkmale der Staubgefäßlänge zwei verschiedene
Arten kennzeichnen, die in allem anderen einander so ähnlich sind, daß die
Unterschiede, besonders mit Rücksicht auf die große Veränderlichkeit im Habitus,
als unwesentlich betrachtet werden können. Der auffallendste dieser kleinen
Unterschiede, selbst ohne Lupe erkennbar, ist, daß die Kelchzipfel bei *G. de-
cipiens* einen schmalen (zirka 0,3 mm breiten), glashellen, knorpeligen, von der
Spitze bis zum Grunde gleichen, etwas erhabenen Rand haben, während bei
G. heterostemon dieser Rand (gewöhnlich weiß-) häutig ist und an oder unter der
Spitze beginnt und sich zum Grunde auf nahezu 1 mm verbreitert.

Die hier beschriebenen Unterarten sind alle gut verschieden, und ich habe
kein einziges dem Typus nahekommendes Exemplar gesehen. Zwei derselben,
ssp. *Bietii* und ssp. *Cavaleriei* können geographische Rassen genannt werden
und finden sich nur außerhalb des Gebietes des Typus. Die dritte, ssp. *glabricaulis*, scheint feuchte Stellen zu bewohnen. Sie geht weiter nach S als der Typus.

**** *G. rigidifolia* H. Sm. (Abb. 29, Nr. 2).**

Sect. *Chondrophylla* Bge.

Planta annua, rigida, c. 3 cm alta, e basi copiose ramosa, foliis rosularibus
magnis subinvolucrata, ramis vulgo abbreviatis et congestis. Folia omnia et
calycis lobi in marginibus et in carina dorsali stricte, 0,2 mm late, prominenter
albo-hyalino cartilaginea, minutissime asperula, c. 0,7 mm longe aristata, ceterum
glabra. Folia rosularia ovalia — ovata, apice breviter acuta — acuminata, ad
20 × 8 mm; folia caulina ± imbricata, ovata, acuminata, sursum decrescentia,
superiora c. 5 × 2^1/$_2$ — 3 mm magna, internodiis intense papillosis vulgo multo
longiora. Flores in apicibus ramorum sessiles, coerulei, 9 — 11 mm longi. Calycis
tubus obconoideus, vix 5 mm longus; lobi ovati, basi distincte contracti, apice
acuti vel acuminati, suberecti, sine mucrone 2—2^1/$_2$ mm longi, 1^1/$_2$—2 mm lati.
Corollae lobi ovati, acuti, apiculati, c. 2 mm longi et fere aequilati; plicae rotundato-triangulares, integrae, subcrenulatae, lobis duplo breviores. Stamina tubo
2^1/$_2$ mm supra basin inserta, filamentis liberis 2^1/$_2$ mm, antheris vix 1 mm longis.
Ovarium breviter stipitatum, maturum e corolla excedens, obovatum, subacutum,
3^1/$_2$ × 2^1/$_2$ mm, stylo distincto, 1,8 mm longo, stigmatibus brevibus recurvatis.
Semina 0,7 × ^{1}/$_2$ mm, irregulariter angularia, testa brunnescente fere laevi.

Y.: Mosoying bei Langtjiung (Delavay: Hb. Paris). Ebene von Tschetschang
bei Lungtschang, 1. VI. 1882 (Delavay: Hb. Paris). Im NE auf Matten um
Dungtschwan, 2500—2550 m (Maire, Typus: Hb. Paris). Madjia-tsun bei Tjiaodjia (Ten in Ducloux 6061). **W-S.**: Wa-schan s von Yadschou (Weigold).
Kw.: Nganping (Bodinier 2153, margine minus distincte albo-cartilagineo).

Die Art steht nahe *G. decipiens*, *G. heterostemon* und *G. Franchetiana*, unterscheidet sich aber von diesen allen durch herz-eiförmige Kelchzipfel und überall

gleichbreite (0,2 mm), weißlich durchscheinend knorpelige, etwas erhabene Ränder der Blätter und Kelchzipfel. Diese Ränder sind gewöhnlich nicht glatt, sondern sehr fein gezähnelt. Der kurze und gedrängte Habitus des Typus und der meisten gesehenen Exemplare muß kein Artmerkmal sein, sondern kann ökologische Ursuchen haben. Diese Pflanze scheint nur im Frühling, vom März an, zu blühen. In der Ebene von Zentral-Yünnan, ihrer Heimat, ist das Klima in dieser Jahreszeit sehr trocken. Später, am Beginne der Regenzeit, wächst die Pflanze höher und weniger kräftig, nach den von Maire im Mai gesammelten Exemplaren. Diese stellen genau dieselbe Pflanze dar und sind wahrscheinlich an derselben Stelle gesammelt, sind aber bis 8 cm hoch mit verlängerten Internodien, die im mittleren und oberen Teil die Länge der Stengelblätter haben oder übertreffen.

**** G. decipiens** H. Sm. (Abb. 29, Nr. 3).

Sect. *Chondrophylla* Bge.

Annua, ad 6 cm alta. Caulis inferne $\pm$ copiose ramosus, ramis suberectis ramulosis, internodiis glabris 6—7, foliis subaequilongis. Folia omnia et calycis

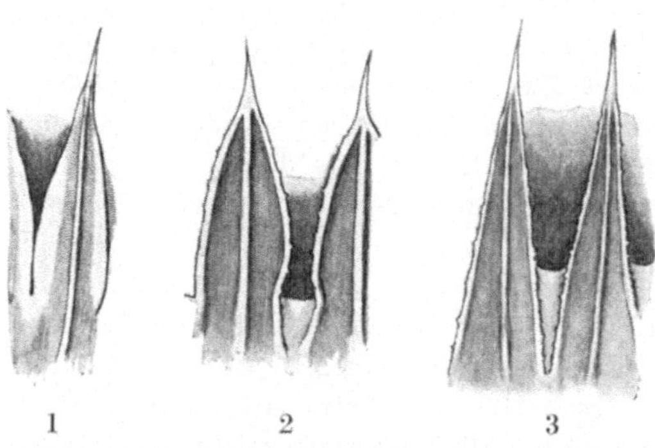

1   2   3

Abb. 29. Kelchzipfel von *Gentiana* 1 *heterostemon* H. Sm. 2 *rigidifolia* H. Sm. 3 *decipiens* H. Sm. 6 f. vergr.

lobi angustissime hyalino-marginata, margino vulgo minute et patenter ciliata, apice arista hyalina c. $^{1}/_{2}$ mm longa; caulina sursum decrescentia, ima ovato-lanceolata, summa lanceolata, c. 6×2 mm. Flores in apicibus ramulorum breviter pedicellati, coerulei, c. 13 mm longi. Calycis tubus obconoideus, $4^{1}/_{2}$ mm longus; lobi sine mucrone $3^{1}/_{2}$ mm longi, a basi c. 1 mm lata lineari-acuminati, modice hyalinocarinati, in marginibus parce et minute ciliati. Corollae lobi ovatotriangulares, acuti, interdum apiculati, 3 mm longi et 2 mm lati; plicae triangulares, acutae, fere 2 mm longae et $1^{1}/_{2}$ mm latae. Stamina aequilonga, faucem aequantia, tubo $2^{1}/_{2}$ mm supra basin inserta, filamentis liberis 3 mm longis, antheris 1 mm vel paullo ultra longis. Capsula submatura obovata, 5×4 mm magna, circumcirca, sed in apice latius, alata, stylo distincto vix 1 mm longo, stigmatibus recurvatis. Semina $0,7 \times 0,3$ mm magna, apicibus acutiuscula, testa stramineo-brunnescente, minutissime tuberculata.

Feuchte Raine und andere feuchte Stellen der wtp. und str. St. auf Sandstein, 1450—2400 m. Y.: Schaloschui über dem Yangtse n von Yünnanfu (H. Smith 1848). Tudsa, 23. V. 1904 (Ducloux 2814: Hb. Paris, Typus). Galiedoi bei Bintschwan (Ducloux 4489). Im NE in der Ebene von Lagu (Maire). S.: Im Djientschang bei Dötschang (1112), häufig von hier bis Ningyüen (1892), so bei Hwanglienpo (Schneider 807) und auf dem Lu-schan bei Ningyüen (H. Smith 1848).

Ex affinitate *G. heterostemonis* et *G. rigidifoliae*, a prima foliis calycisque lobis anguste et subaequilate hyalino-marginatis, minutissime ciliatis, staminibus aequilongis styloque breviore distat; a secunda caulibus glabris, foliis minus rigidis, calycis lobis basi non attenuatis, corollae plicis acutis, stylo breviore, capsula circumcirca alata.

** *G. exigua* H. Sm.

Sect. *Chondrophylla* Bge.

Planta annua, nana, ad 3 cm alta. Caulis erectus, minute scabro-papillosus, $\pm$ imbricatim foliatus, inferne vulgo simplex, media parte pauciramosus, ramis erectis, fastigiatis, paucifloris. Folia rosularia florendi tempore vulgo marcescentia, ad 5 mm longa et 3 mm lata, triangulari-ovata, acuminata, aristata, marginibus et subtus in nervo mediano prominente hyalino-cartilaginea; folia caulina 5—6 juga, erectopatentia — erecta, late sessilia, ovato-lanceolata — lineari-lanceolata, superioribus conduplicatione fere triquetris, aristata, marginibus et nervo medio hyalino-cartilaginea, margine basin versus albo-ciliata, ceterum glabra, ad 5 mm longa et $1^1/_2$ mm lata. Flores coerulei, sessiles, ad 9 mm longi. Calycis glabri tubus 3 mm longus; lobi paullo infra apicem tubi orti erecti, lineari-triangulares, hyalino-carinati et -marginati, aristati, margine parce breviciliati, c. 2 mm longi et 0,6 mm lati. Corollae tubus c. 6 mm longus; lobi triangulari-ovati, obtusi, 1 mm longi et lati; plicae ovato-rotundatae, integrae vel leviter crenulato-denticulatae, lobis $1/_4$ breviores et paullo latiores. Stamina faucem non attingentia, paullo infra medium tubi affixa, filamentis filiformibus, inaequilongis, parte libera 2—3,2 mm longa. Capsula submatura obovata, 2,8 mm longa, $2^1/_2$ mm lata, apice truncata, late alata, stylo distincto, $1^1/_2$ mm longo, stigmatibus brevibus, recurvatis. Capsula matura e corolla vix exserta; semina irregulariter angularia, ovalia, 0,6 $\times$ 0,3 mm magna, testa brunnescente tuberculata.

Y.: Im NW bei Lidjiang in der wtp. St. (Schneider 2009 p. p., mit *G. alsinoidea*), im lockeren Wald des Hügels ober der Stadt, Kalk, 2600—2800m, 13. VII. 1914 (3489, Typus) und auf trockenen, steinigen Wiesen am Yülungschan, 3050 m, VIII. 1922 (Forrest 22201 als *G. aprica* vel aff.) und vielleicht auch diese auf der Wiese von Ganhaidse, 3150 m. Im NE zwischen Yanggai und Gungschan am Wege von Yünnanfu nach Suifu, 3. IX. 1914 (Mell).

G. alsinoidi Franch. subsimilis, sed habitu minore et graciliore, staminibus inaequilongis, capsula brevi apice truncata, late alata, stylo distincto, seminibus tuberculatis nec striato-reticulatis in grege aliena longe distat. Forsitan *G. Franchetianae* proxime affinis, que habitu maiore, robustiore, foliis imis multo maioribus et latioribus; floribus numerosis, capsula angustiore et staminibus aequilongis i. a. differt. *G. Clarkei* Kusn.[1] var. *acuminata* Clke. etiam persimilis est.

G. alsinoides Franch.

Y.: Yangyin-schan (Delavay *Gent.* 2). Im NW bei Ngulukö nächst Lidjiang, 2800 m (Schneider 2009 p. p.) und am Osthang des Yülung-schan, 3350 m (Rock 4440). Trockene Rasenplätze der tp. St. bei Sandjiaho nächst Yungning, Kalk, 3325 m (3198). **W-S.:** Yaragong bei Batang (Soulié 3726).

Eine Pflanze von Delavay (ohne Fundort) ist kräftiger, mit größeren Blüten und waagrecht abstehenden Kelchzipfeln; sie erinnert im Habitus ge-

---

[1] *G. Clarkei* ist eine schmächtige, schlanke Varietät der *G. prostrata* Haenke und von var. *acuminata* vollständig verschieden.

wissermaßen an *G. asterocalyx*. Souliés Pflanze entfernt sich vom Typus ein wenig durch Schlankheit und Höhe, lanzettliche (nicht plötzlich lang zugespitzte) Stengelblätter, kürzere, rundherum geflügelte Kapsel und kürzeren Griffel. Vielleicht stellt sie eine neue, nahe verwandte Art dar.

G. asterocalyx Diels in Not. Bot. Gard. Edinb., V., 220 (1912). **NW-Y.**: Bei Lidjiang an felsigen Stellen, auf trockenen Wiesen und in offenen Wäldern der tp. St. auf Kalk, 2950—3400 (— 3800) m. Ober Ngulukö (6696), gegen das Be-schui (4177) und am Yülung-schan (Schneider 2008, 2339. Rock 4929, 9061, 10495).

Diese nur vom Yülung-schan bekannte Pflanze ist sehr ausgezeichnet und nicht veränderlich. Sie ist verwandt einerseits mit *G. alsinoides*, anderseits mit der Gruppe der *G. scariosa*.

G. scariosa Balf. f. et Forr. in Not. Bot. Gard. Edinb., IV., 74 (1907). Trockene Wiesen, Matten und Dschungelränder der ktp. und tp. St. auf Kalk und Kalkschiefer, 3400—3900 m. **Y.**: Im NW unter dem Lamakloster von Dschungdien (7742). Im NE bei Tjiaometi nächst Tjiaodjia (Ten in Ducloux 6422). **S.**: Hwang-liangdse zwischen Yenyüen und Kwapi, 27° 48' (5505). Im W (Limpricht 2335).

**** G. cuneibarba** H. Sm. in Sitzgsanz. Ak. W. W., LXIII., 102 (1926).
Sect. *Chondrophylla* Bge.

Annua, e basi valde ramosa, ramis ad 7 cm altis, unifloris, *G. scariosae* similis. Folia rosularia persistentia, subcoriacea, ovata — late lanceolata, acuta, mucronata, trinervia, nervis sub apice confluentibus, margine anguste cartilagineo, glabro, nervo mediano subtus prominente. Folia caulina 8—10 juga, internodiis minutissime puberulis subaequilonga, anguste vel lineari-lanceolata, acuminata, 6—10 mm longa, vix 2 mm lata, suberecta, apice saepe incurvata, apicem versus anguste, ad basin sat late hyalino-marginata et pilis brevibus instructa, sessilia, semiamplexicaulia, basi non connata. Flores 5-meri, coerulei, sessiles, 17—21 mm longi, corolla convoluta fere cylindracei, c. 3 mm diam. Calycis tubus 7—8$^1/_2$ mm longus, subcylindricus; lobi acuminati, erecti, apice saepe incurvati, 4$^1/_2$—6 mm longi, ad basin vix 1 mm lati, breviter mucronati, nervo mediano prominente, angustissime hyalino-marginati, margine parte inferiore pilis brevibus sparsim obsito. Corollae tubus calyce subaequilongus, cylindricus, fauce infra lobos pilis albicantibus adpressis c. 2 mm longis plumulas densas formantibus instructus; lobi elongato-triangulares, subacuti, 3$^1/_2$—4 mm longi, 2—2$^1/_2$ mm lati, plicas subsimiles sed apice obtusas, subtruncatas minute laceratas c. 1 mm superantes. Stamina faucem attingentia, filamentis filiformibus, antheris erectis ad mediam partem (vel paullo ultra) partitis, 1$^1/_2$ mm longis. Capsula (nondum matura) longe stipitata, cylindrica, basi subattenuata, apice acuta, 5—6 mm longa, 2 mm lata, angustissime alata, stylo fere 3 mm longo stigmatibus brevibus subdilatatis. Ovula minuta, obscure trigona, testa leviter reticulata, exalata.

NW-Y.: Offene, kräuterreiche Stellen der tp. Regenmischwälder des birm. Mons. im Doyon-lumba am Salwin, c. 28° 2', Schiefer, 3150 m, 2. VIII. 1916 (9610).

Ex affinitate *G. asterocalycis, G. scariosae, G. Haynaldi* Kan., a quibus i. a. fauce albo-pilosa bene distincta.

**** G. faucipilosa** H. Sm. in Sitzgsanz. Ak. W. W., LXIII., 102 (1926). Sect. praecedentis.

Annua, e basi valde ramosa, 6—10 cm alta; rami adscendenti-erecti, simplices, dense foliati, subaequilongi, flore terminati; habitu *G. scariosae*. Folia rosularia persistentia, subcoriacea, ovata-lanceolata, acuta, mucronata, 7—13 mm longa, 4—5 mm lata, margine anguste cartilaginea, basin versus ciliata, nervo mediano subtus prominente; folia caulina 8—14 juga, internodia sparse brevipapillosa subaequantia vel superiora longiora, infima 3—4 mm longa, sursum accrescentia, superiora ad 10—11 mm longa, omnia sessilia, semiamplexicaulia, libera vel brevissime vaginato-connata, aciculiformia, albo-carinata, fere conduplicata, apice triquetra saepe paulum incurvata, mucronulata, margine basin versus sat late albo-hyalino leviter brevipiloso. Flores 5 meri, subsessiles — breviter pedicellati, coerulei. Calycis tubus anguste obconicus — fere cylindraceus, 6—8 mm longus, 3—3$^1/_2$ mm diam.; lobi 4—5 mm longi et 1 mm lati, triangulari-acuminati, apice triquetro mucronulati, basin versus albo-marginati, margine albo-ciliolato ad medium calycem decurrente. Corollae tubus obconoideo-cylindraceus, fauce praesertim infra lobos breviter hirsutus; lobi lanceolato-triangulares, subacuti, apice brevissime bi- vel tridentati, 3$^1/_2$—4$^1/_2$ mm longi, 3—4 mm lati, plicas ovatas, leviter dentatas, 3—4 mm latas duplo superantes. Stamina medio tubo affixa, 4$^1/_2$ mm longa, aream puberulam non attingentia, antheris erectis, breviter partitis. Capsula (nondum matura) longe stipitata, obovato-cylindracea, basi attenuata, apice subacuta, 7—8 mm longa, 2$^1/_2$ mm lata, lateribus exalatis, ala apicali in stylum subalatum attenuata, stylo 1 mm longo, stigmatibus brevibus subdilatatis coronato. Ovula semimatura minuta, elliptica, vix $^1/_2$ mm longa; testa reticulata, exalata.

NW-Y.: In den tp. und wtp. Regenmischwäldern des birm. Mons. im Tale Gümbalo bei Tschamutong am Salwin, ? 2300—3100 m, Granit, 17. VIII. 1916, v. E. (9872).

Ex affinitate *G. scariosae* et *G. cuneibarbae*. Inter alia fauce breviter hirsuto distincta.

G. spathulifolia Kusnez. NW-S.: Gebirge um Sungpan (Weigold).

G. tricolor Diels et Gilg in Futterer, Durch Asien, III., 15 (1903). W-S.: (Limpricht 1990). Dungngolo: (Soulié 2247). Tisu (S. 2794). NW-Y.: Tseku am Mekong, 1893 (Soulié 1015).

Sehr nahe verwandt mit *G. aristata* Maxim., mag aber von ihr verschieden sein durch gewöhnlich schlafferen Habitus, kürzer begrannte Blätter und längere, gewöhnlich ganzrandige Kronenfalten.

G. rubicunda Franch. NE-Y.: Berge und Täler von Gulungtschang, 800 m (Maire). W-Hubei (Wilson, Veitch Exp. 37).

— — subsp. *purpurata* (Maxim.) H. Sm. (*G. purpurata* Max. ap. Kusnez. in Bull. Ac. St. Peterb., XXXIX., 506 (1892). NW-S.: Gebirge um Sungpan (Weigold).

Die Untersuchung des vorliegenden Materials zeigt für *G. rubicunda* eine ungewöhnlich weite Variabilität. Die Pflanze ist verbreitet durch Yünnan, West-Setschwan, W-Hubei und Guidschou, an Örtlichkeiten von 800—3000 m, an triefend nassen bis dürren Standorten. Nirgends scheint sie gemein zu sein, eher selten, und sie paßt sich besonders leicht örtlichen Verhältnissen an. Fast jede Aufsammlung zeigt eine neue Lokalrasse, und, wenn man *G. rubicunda* ebenso wie z. B. die europäische *Alchemilla vulgaris* aufteilen wollte, würden wahrscheinlich ebenso viele Mikrospezies wie bisherige Aufsammlungen herauskommen. *G. purpurata* wurde nach Material Potanins vom oberen Min beschrieben. Den Typus sah ich nicht, aber ein Potaninsches Exemplar ohne Fundortsangabe in Berlin, ein Exemplar von Weigold aus der Originalgegend und schließlich Wilson 4137 p. p. Alle stimmen genau mit Kusnezows klarer und vollständiger Beschreibung. Seine glatte Ablehnung der Annahme von Franchets Ansicht, daß *G. purpurata* als lokale Varietät von *G. rubicunda* zu betrachten sei, verstehe ich sehr gut. Der Streit begann über Farges' Pflanze von Dschengkou, die Kusnezow *G. purpurata* nannte, während sie Franchet zu *G. rubicunda* stellte. Nun hatte Kusnezow wenig Erfahrung über die letzte, von der er nur die Originalaufsammlung gesehen hatte, und Franchet nicht mehr über die erste. Farges' Pflanze ist zweifelhaft. Ich untersuchte eine große Anzahl Exemplare und fand sie sehr veränderlich. Einige stimmen vollkommen mit typischer *G. purpurata*, aber sie sind durch eine vollständige Formenreihe mit solchen verbunden, die mit dem Typus von *G. rubicunda* stimmen. Ich habe mich sehr bemüht, irgendwelche Unterschiede zu finden, aber vergeblich. Die Unterschiede zwischen den Endformen sind groß; aber es bleibt nicht ein einziges Merkmal, in dem sie nicht aneinanderstoßen oder sich übergreifen. Als Beweis stelle ich hier das Ergebnis der Untersuchung einiger Blütenteile zusammen, und zwar I = *G. rubicunda* in 10 Aufsammlungen aus Yünnan; II = 10 Spannbogen von Farges; III = *G. purpurata* in 3 Aufsammlungen. Länge der Korolle = c; der Kelchröhre = t; der Kelchzipfel = l; der Antheren = a; des Griffels + ausgestreckter Narbe = s. Längen in mm.

	c	t	l	a	s
I	22,7 (20—26)	5,05 (3,9— 6)	2,79 (2,0— 3,5)	1,65 (1,2—2)	2,44 (2,1—3,2)
II	30,8 (20—37)	7,06 (4,8— 9)	4,97 (2,8— 8,0)	2,43 (2,0—3)	2,49 (2,0—3,0)
III	40,0 (36—42)	10,0 (8,0—11)	9,0 (6,8—11,0)	2,4 (2,2—3)	3,1 (2,6—3,4)

G. purpurata muß daher sicher als eine nördliche Rasse der sehr veränderlichen *G. rubicunda* angesehen werden.

**** *G. pubicaulis* H. Sm.**

Sect. *Chondrophylla* Bge.

Annua, e basi ramosa, ramis suberectis, 3—5 cm longis, pauciramulosis, pilis brevissimis 1—2-cellulatis densius instructis. Folia rosularia persistentia, late ovata, acuminata, mucronulata, margine scabridula, 7 mm longa et 4 mm lata, caulina 5—7 juga, internodiis breviora, 6—7 mm longa et $2^1/_2$ mm lata, lanceolata, modice mucronulata, margine scabridula, basin versus ciliata, subpetiolata, breviter vaginato-connata. Flores solitarii, pedicellati, c. 2 cm longi, coerulei (videntur), fauce infra lobos nigroviolaceo-tincti. Calycis tubus c. 9 mm longus; lobi c. $3^1/_2$ mm longi et 2—3 mm lati, triangulares, acuminati, alato-carinati, alis $^1/_2$ mm latis parte majore tubi decurrentibus. Corollae tubus 13—15 mm longus; lobi anguste triangulares, subobtusi, 5 mm longi et 3 mm lati; plicae lobis subconformes, 4 mm longae et $2^1/_2$ mm latae, apice vulgo paulum bifidae. Stamina medio tubo affixa, faucem vix attingentia, filamentis filiformibus, 5 mm longis, antheris ad 2 mm longis. Ovarium stipitatum, exalatum, apice acutum, 8 mm longum et $2^1/_2$ mm crassum, in stylum $1^1/_2$—2 mm longum attenuatum, stigmatibus brevibus recurvatis. (Capsula, semina non visa).

NW-S.: Gebirge um Sungpan, VI.—VIII. 1914 (Weigold).

Species valde distincta (ex affinitate *G. Piasezkii* Kusnez.?), ovario elongato acuto, loborum et plicarum forma cauleque puberulo distincta.

G. pubigera Marq. in Kew Bull., 1928, 59 (*G. puberula* Franch., non Michx. 1803). Steinige und trockene Stellen der tp. bis in die wtp. und Hg. St., 2650—4275 m. NW-Y.: Lidjiang (Forrest 2067). Hier am Osthang des Yülungschan (Rock 8864). Berg Waha bei Yungning (6555, 7106). S.: Rücken Daörlbi halbwegs zwischen Yenyüen und Yungning (2926). Bei der Stadt Yenyüen (Schneider 4120).

Nr. 6555 unterscheidet sich etwas durch kahle Korolle.

— — ** var. *glabrescens* H. Sm.

A typo differt foliis lobisque calycis in marginibus carinaque dorsali solum ± ciliatis, ceterum glabris, corolla glabra.

S.: Grasplätze der tp. bis in die wtp. St. um den Sattel Sandao-schan zwischen Yenyüen und dem Yalung, 27^0 31′, Sandstein, 2400—3300 m, 12. V. 1914 (2206).

** **G. parvula** H. Sm.

Sect. *Chondrophylla* Bge.

Annua, nana, glabra. Caulis simplex vel e basi 2—3-ramosus, dense foliatus, $^1/_2$—1 cm longus, uniflorus. Folia rosularia plura, subrotundata — elliptica, acuta, mucronulata, subcoriacea, hyalino-marginata, subsessilia, 7—12 mm longa et 4—6 mm lata, 5-nervia, nervo mediano subtus prominente; folia caulina 3—4 juga, infima spathulata, superiora lineari-lanceolata, vaginato-connata, conduplicata, adpressa, carina dorsali subalata fere triquetra, 5 mm longa. Flores erecti, coerulei, sessiles, ad 14 mm longi. Calycis tubus ad 7 mm longus; lobi erecti, anguste triangulares, mucronulati, carinati, 2 mm longi, 1 mm lati. Corollae tubus ad 14 mm longus; lobi triangulares, acuminati, mucronati, $2^1/_2$—3 mm longi et c. $2^1/_2$ mm lati; plicae lobis aequilatae, $^1/_4$ breviores, ovato-triangulares, acutae, integrae. Stamina inaequilonga, 3—$4^1/_2$ mm longa, faucem non attingentia, infra medium tubi affixa, filamentis filiformibus. Capsula maturescens obovata, apice rotundata, circumcirca anguste alata, $5^1/_2$ mm longa et 3 mm lata, stylo subnullo, stigmatibus brevibus recurvatis. Semina submatura 1,8×0,5 mm, indistincte trigona, testa brunnescente, levissime striato-reticulata, latere altero anguste alata.

S.: Moorige Stellen der tp. St. auf dem Passe Dsiliba im Daliang-schan (Lolo-Lande) e von Ningyüen, Sandstein, 3275 m, 21. IV. 1914 (1510).

G. humili Stev. et *G. Maximowiczii* Kusn. habitu persimilis, sed staminibus inaequilongis, corollae lobis acutis, plicis integris, acutis, foliis carinatis et seminibus latere altero anguste alatis distincta. An ex affinitate *G. pubigerae*?

G. bella Franch. NW-Y.: Häufig in Lichtungen der Tannenwälder der ktp. St. auf dem Passe Lenago zwischen Yangtse und Mekong, 27^0 45′, Schiefer, 3600—4050 m (8840). Im birm. Mons. um die Alm Doschiratscho und den Paß Nisselaka zwischen Mekong und Salwin, 28^0.

— — ** f. *simplex* H. Sm.

Gracilis, erecta, ad 7 cm alta, foliis rosularibus pauperis, caule singulo, simplici vel parce ramoso.

W-Y.: Paß Yendsehai, 3500 m, 7. VI. 1886 (DELAVAY 2083: Hb. Paris).

Ich kann in dieser Form nur einen Ausdruck von Saisondimorphismus sehen, obwohl sie auf den ersten Blick der vielstengeligen und recht kräftigen *G. bella* sehr unähnlich ist. Der Typus keimt ein Jahr bevor er blüht und entwickelt während des Herbstes eine großblättrige, überwinternde Rosette, wie die meisten „annuellen" Gentianen. Die f. *simplex* keimt im ersten Frühjahr und blüht im selben Sommer, was die schwache Entwicklung der Grundblätter hervorrufen wird, und der Mangel an Zeit zur Kräftigung wird auch den schwachen und zarten Wuchs erklären. Es ist bemerkenswert, daß DELAVAYS Aufsammlung, obwohl sie recht viele Exemplare enthält, einförmig und nicht mit typischer *G. bella* gemischt ist. Dies scheint zu zeigen, daß diese Form eine Saisonform etwa vom Wert einer Rasse ist.

KUSNEZOW betrachtet *G. bella* als Mittelglied zwischen den Sektionen *Chondrophylla* und *Stenogyne*. Dem kann ich nicht zustimmen. Die Länge des Griffels und die leichte Asymmetrie der Falten, worauf er diese Meinung gründet, sind nicht ausgeprägter, als bei mehreren anderen *Chondrophylla*-Arten. In jeder anderen Hinsicht ist sie eine echte Art dieser Sektion. Das Merkmal „calyx alatus" ist nicht so ausgesprochen, wie KUSNEZOW hervorhebt. Viele andere Arten in verschiedenen Gruppen der Sektion sind ebenso hervorragend gekielt. *G. bella* ist nicht, wie angenommen wurde, eine isolierte Art, sondern sie wurde falsch aufgefaßt und ist tatsächlich nahe verwandt mit mehreren anderen, mit denen sie eine sehr kritische, aber nach außen gut begrenzte Gruppe bildet, die besteht aus *G. Forrestii* MARQ. in Kew Bull., 1928, 52, *G. pallida* und, etwas entfernter, *G. pubigera* und *G. parvula*. Alle sind gekennzeichnet durch ungleiche Staubgefäße, (meist) langen Griffel, große, dreikantige Samen und leicht gestreift-netzige, weiß knorpelige Testa.

**** *G. pallida* H. SM.**

Sect. *Chondrophylla* BGE.

Annua, omnino glabra, ad 10 cm alta, e basi ramosissima (vel in speciminibus pauperis pauciramosa), ramis gracilibus, suberectis, simplicibus vel 1—3^{plo} dichotomis. Folia rosularia persistentia ovato- vel obovato-rotundata, apice obtusa aristulata, basi petiolato-attenuata, ad 17 mm longa et 13 mm lata; caulina infima spathulata subpetiolata, 4—5 mm longa, recurvato-mucronulata, media et superiora decrescentia, linearia, adpressa, vaginato-connata, 4—6juga, internodiis 2—5^{plo} breviora. Flores erecti, singuli, pedicellis $^1/_2$—2 cm longis, albescentes, extus laete coeruleo-tincti. Calycis conoideo-tubulosi tubus c. $3^1/_2$ mm longus; lobi anguste triangulares, mucronulati, 2,1—2,6 mm longi et c. 1 mm lati. Corollae tubus conoideo-tubulosus, 9 mm longus; lobi ovati, obtusi, ad 3 mm longi et 2 mm lati; plicae lobis quarta parte breviores et aequilatae, rotundato-ovatae, integrae vel interdum apice emarginatae. Stamina faucem non attingentia, inaequilonga, medio tubo affixa, filamentis parte libera $2^1/_2$ usque 4 mm longis, antheris vix 1 mm longis. Capsula maturescens stipitata, oblonga, $3^1/_2 \times 2$ mm, ala 0,3 mm lata, stylo 0,7 mm longo, stigmatibus loratis recurvatis. Semina submatura trigona, $1 \times 0,6$ mm, testa albescenti-brunnea, longitudinaliter striato-reticulata.

NW-Y.: Matten an der Baumgrenze an der Westseite des Rückens zwischen Haba und Dugwan-tsun se von Dschungdien, Schiefer, 4175 m, 22. VI. 1915 (6884).

G. Forrestii Marq. valde affinis, sed ab ea differt: altior, internodiis pluribus, foliorum superiorum laminis lineari-acicularibus, floribus minoribus, capsula latiore, alata, oblonga nec obovata, seminibus paullo minoribus.

G. delicata Hance. W-Hubei (Wilson, Veitch Exp. 745 p. p.). Rechtes Ufer bei der ersten Schnelle in der Yitschang-Schlucht (Faber). Badung am Yangtse (Wilson, V. E. 74).

Dieser Art kommt *G. bellidifolia* Franch. sehr nahe, ist aber anscheinend spezifisch verschieden. Nur in der Originalaufsammlung bekannt.

G. Yokusai Burk. W-S.: Wa-schan s von Yadschou (Weigold).

Die Art ist etwas unklar und wahrscheinlich nur eine kleine Form von *G. delicata*.

**** *G. pseudosquarrosa* H. Sm.**

Sect. *Chondrophylla* Bge.

Planta annua, 5—15 cm alta, e basi et inferne copiose ramosa, ramis ± dense violaceo-papillosis, unifloris, floribus sessilibus vel interdum breviter pedicellatis. Folia rosularia florendi tempore saepe emarcida, ovata — lanceolata, acuta, mucronata, cartilagineo-marginata, ad 6 mm longa et 5 mm lata; folia caulina obovato-spathulata, subpetiolata, basi laxe et breviter connata, apice recurvata, aristulata, marginibus ut carina dorsali anguste cartilagineo-marginata, basin versus scabro-papillosa. Calycis tubus cylindraceo-obconicus, aetate paullo inflatus, 4—5 mm longus, corollae tubo distincte brevior; lobi c. $1^1/_2$ mm longi, recurvati, ovato-rotundati, aristulati, carinati, carina in tubum decurrente, in marginibus et in carina albo-marginati, parce albo-papillosi. Corollae coeruleae tubus 6—8 mm longus; lobi ovati, acuti, c. $2^1/_2$ mm longi et 2 mm lati; plicae bifidae, triangulares, basi c. $1^1/_2$ mm latae, lobis subduplo breviores. Stamina medio tubi affixa, faucem subattingentia, antheris 0,7 mm longis. Capsula obovata $4 \times 2^1/_2$ mm, lateribus anguste et apice late alata, stylo distincto, vix 1 mm longo, stigmatibus recurvatis. Semina ovoidea, $0,5 \times 0,3$ mm, testa brunnescente, striato-reticulata.

S.: Tschungking, freie Plätze vor Lungtschang bei Schaodjingfang, 22. III. 1914 (Limpricht 1207 als *G. pedicellata* Wall.). Im W (Wilson 4133). Gemein um Tatsienlu, VI.—VIII. 1934 (H. Smith). Dungngolo, 17. VI. 1893 (Soulié 2802). Im NW auf Wiesen, 1800—3500 m, bei Maodschou (H. Smith 2300), bei Sungpan im E (H. Sm. 2481) und W, 13. VII. 1922 (H. Sm. 2502, Typus). NW-Y.: Tseku am Mekong, 1893 (Soulié 980). Ebenda (Monbeig: Hb. Paris).

Inter *G. squarrosam* Ledeb. et *G. crassuloidem* Bur. et Franch. media. Illa stylo nullo, floribus perparvis, corollae lobis angustis, acutissimis tuboque calycem vix superante, haec capsula longa, stylo longo, foliis caulinis brevibus, sursum majoribus et approximatis distat.

**** *G. Crassula* H. Sm. in Sitzgsanz. Ak. W. W., LXIII., 104 (1926).**

Sect. praecedentis.

Planta annua, crassiuscula, humifusa, e basi multiramosa, ramis unifloris ad 10 cm longis. Folia rosularia vulgo persistentia, ovata, acuta, anguste hyalino-marginata, recurvato-mucronulata, 5—7 mm longa, 3—$3^1/_2$ mm lata; folia caulina c. 8-juga, internodiis 2—5^{plo} breviora, sursum paullo majora, ovato-elliptica, acuta, mucronulata, saepe recurvata, anguste hyalino-marginata, parte basali ciliolata, sessilia, basi breviter vaginato-connata. Caulis subpellucidus, pilis brevissimis papillosis densiuscule obsitus, in planta umbrosa saepe elongatus. Flores 5-meri, coerulei, sessiles. Calycis tubus subobconico-cylindraceus, paulum inflatus, florendi tempore c. 7 mm longus, $3^1/_2$—4 mm latus, demum ad 13 mm accrescens; lobi foliacei, patentes, ovato-orbiculares, apice subacuti, recurvato-mucronulati, ad 4 mm longi et $3^1/_2$ mm lati. Corollae tubus cylindraceus, medio inflatus, calycis tubo paullo longior; lobi triangulares, acuti c. 2 mm longi, 2—2,2 mm lati, plicas obtusas vel fere truncatas, leviter dentatas, saepe indistincte bifidas, $2^1/_2$ mm latas vix duplo superantes. Stamina omnia semper inaequilonga stamine longissimo brevissimum $1^1/_2$—2 mm superante, medio tubo affixa, faucem haud attingentia. Ovarium longe stipitatum, alatum, ala apice in stylum subalatum, $1^1/_2$ mm longum attenuata, stigmatibus 1—$1^1/_2$ mm longis, subclavatis, haud recurvatis. Capsula subobovato-cylindracea, basi vix attenuata, apice rotundata ala attenuata acuta, demum stipite elongato verisimiliter exserta. Semina acute trigona, vix 1 mm longa, 0,6 mm crassa, testa laete brunnescente, longitudinaliter levissime striato-reticulata, exalata.

Wälder und Hochkrautfluren der ktp. St., 3800—4200 m. S.: Bei Muli an der Südseite des Passes Tschescha, 24. VII. 1915 (7171, Typus), ober der Alm Bädö und jenseits des Passes Tschako. NW-Y.: Ober Bödö (Peti) se von Dschungdien („Chungtien"), 7. VIII. 1914 (4560). Hänge ober dem Yendsehai, 3500 m, VIII. 1888 (Delavay 3364). Laolangtang bei Mosoying, 3500 m (D.: Hb. Paris).

Habitu *G. crassuloidis* Bur. et Franch., sed omnibus partibus triplo robustior.

**** *G. agrorum* H. Sm.**

Sect. praecedentium.

Annua, parva, subcrassula, 2—6 cm alta, a basi $\pm$ pyramidatim ramosa vel in speciminibus pauperis simplex. Caulis $\pm$ dense papillosus, erectus, pauciramosus, ramis vel ramulis flores 1—2 gerentibus. Folia rosularia vulgo nulla, in plantis hibernantibus (?) evoluta, ovato-lanceolata, ad 11 × 4 mm; caulina patentia, 3—6-juga, sursum sensim decrescentia, ovata, subacuta—acuta, subsessilia, ad $7^1/_2 × 4^1/_2$ mm, marginibus leviter asperulis, aristulata. Flores erecti, sessiles vel breviter pedicellati, laete coerulei, c. 8 mm longi, 5- vel 4-meri. Calycis tubus campanulatus, c. 3 mm longus; lobi subpatentes, interdum inaequales, ovati vel lanceolati, acuti, mucronati, tubo aequilongi. Corollae tubus calycem aequans; lobi ovati, acuti, vix $2^1/_2$ mm longi et $1^1/_2$ mm lati; plicae lobis subduplo breviores, ovatae, integrae, subacutae vel leviter bifidae. Stamina infra medium tubi affixa, filamentis filiformibus 2 mm et antheris 0,8 mm longis. Capsula obovata, 4 × $2/^1_2$ mm, lateribus anguste, apice late alata, stylo distincto, 1 mm longo, stigmatibus recurvatis. Semina ovoidea, 0,6 × 0,35 mm, testa brunnescente, leviter reticulato-striata.

Reisfeldraine und Wegränder der str. und wtp. St. Kiangsu: Schanghai, 2. IV. 1861 (Debeaux: Hb. Paris). Tschekiang: Ningpo (Savatier: Hb. Paris). Ki.: Ki-an, 1200 m (Hu 673). H.: Schaodoho bei Tschangscha, 3. V. 1918 (11710) und zerstreut über Wadsiping bis jenseits Daloping, 50—190 m. Wahrscheinlich W-Hubei (Faber: Mus. Wien, mit *G. delicata*). Y.: Ohne Fundortsangabe, 19. IV. 1882 (Delavay: Hb. Paris, Typus).

Es scheint mir wenig zweifelhaft, daß diese Art sich dem Leben als einjähriges Unkraut angepaßt hat und als einzige ihrer Gattung mehr oder weniger von Kulturland abhängig geworden ist. Einzelne Pflanzen haben einige wenige Rosettenblätter, was von Keimung schon im Herbst (oder während des Winters) zeugt, aber die meisten Exemplare haben ohne Unterbrechung von der Keimung die Blüte erreicht, wie die noch lebenden Kotyledonen und wenig entwickelten unteren Blätter zeigen. An Pflanzen, die noch Knospen und Blüten haben, reifen die ersten Samen schon im April. Diese unbedeutende Art scheint die Sammler nicht interessiert zu haben. Nur Delavays Aufsammlung, ohne jede Angabe, enthält zahlreiche Exemplare, die schlecht präpariert und wenig gereinigc in einer Papierkapsel mit Erd- und Strohteilen, *Hydrilla*, einer *Selaginella* von feuchtem Boden etc. aufbewahrt sind, daher offenbar von Kulturland zwischen Reisfeldern stammen. Dieser Pflanze, die ich als Typus wählte, sind die anderen hierzu gestellten nicht genau gleich. Sie haben längere Internodien, mehr eiförmige Blätter mit meist stumpfer Spitze, und sind höher, manchmal bis fast 10 cm. Aber die Unterschiede scheinen nicht von Bedeutung zu sein, und, da der Blütenbau genau der gleiche ist, halte ich sie für dieselbe Art.

** ***G. subtilis*** H. Sm. in Sitzgsanz. Ak. W. W., LXIII., 103 (1926).

Sect. praecedentium.

Annua, $^1/_2$—4 cm alta, e basi pauciramosa, ramis suberectis—erectis, flore singulo terminatis. Folia rosularia nunc evanida, nunc persistentia, ovato-lanceolata, acuta, mucronulata, trinervia, nervis sub apice confluentibus, 3—5 mm longa, $1^1/_2$—2 mm lata; caulina patentia, saepe arcuata, minuta, ad 2 mm longa, vix 1 mm lata, margine scabriuscula, apice tenuissime mucronulata, basi ciliolata brevissime vaginato-connata, 4—7juga, internodiis subpellucidis subaequilonga vel in planta umbrosa elongata 2—5^{plo} breviora. Flores 5-meri, sessiles, aetate subduplo aucti, demum ad 5 mm longi et $2^1/_2$ mm lati. Calycis tubus corolla vix duplo brevior, campanulatus, glaber; lobi lanceolati, vix $1^1/_2$ mm longi, recurvati, apice mucronulati. Corollae albae, infra lobos nigro-violaceae tubus inflatus; lobi triangulares, acuti, mucronulati, vix 1 mm longi, plicas triangulares, integras superantes. Stamina medio tubo affixa, filamentis filiformibus, vix 1 mm longis, coerulescentibus, antheris erectis minutissimis, 0,3 mm longis. Ovarium brevistipitatum, stylo nullo, stigmatibus perbrevibus. Capsula stipite elongato paulum exserta, apice corollam ad 2 mm superante, late obovata, basi attenuata, apice obtusissima, anguste alata, $3^1/_2$ mm longa et $2^1/_2$ mm lata. Semina ad 1,3 mm longa, 0,5 mm crassa, irregulariter trigona; testa brunnescens, sublevis, exalata.

NW-Y.: Wälder, *Rhododendron*-Bestände und offene Stellen der ktp. bis in die Hg. und tp. St. des birm. Mons., 3700—4150 m, zwischen Mekong und Salwin viel am Si-la bis zur Alm Dewatschratscho herab und am Nisselaka gegen den Teich Tsuka, 26. VIII. 1916 (9941, Typus), 28⁰, und viel am Schöndsu-la gegen den Rücken Pongatong, 28⁰ 4′, 4. VIII. 1916 (9662).

Species valde distincta, inter *Chondrophyllas* tenuissima aliisque haud comparanda nisi *G. Clarkei* Kusn., a qua gracilitate, colore floris, plicis integris facile recognoscitur.

G. panthaica Prain et Burk. (*G. recurvata* Forb. et Hemsl., non Clke.). Steinige Stellen, auch feuchte und moorige Wiesen der tp. bis in die wtp. St., 2500—3650 m. Y.: Dsang-schan bei Dali (Limpricht 1057, gegen die var. neigend, als *G. recurvata*). Lidjiang (Forrest 2349 als *G. bella*). Hier bei Ngulukö (8762) und am Osthang des Yülung-schan (Rock 4486). Im E auf dem Laogui-schan bei Mile (Ducloux 4305). Im NE auf dem Gipfel des Yo-schan (Maire; alle gegen die var. neigend). Hinter Gungschan am Wege nach Suifu (Mell). Dungtschwan (Ten in Ducloux 6419. Maire 7412). Tschedschung (Delavay: Hb. Paris). Dahaidse zwischen Lupu und Tjiaometi (Ducloux 4053). Lupu und Belung-tsun (Maire). S.: Lungdschu-schan bei Huili (5204). Schao-schan se (1359) und Lose-schan s (Schneider 885) von Ningyüen. Lanba (1655) und Sattel des Soso-liangdse im Lolo-Land e von hier, alle gegen die var. neigend.

— — ** var. *epichysantha*[1] (Hand.-Mzt.) H. Sm.

Syn.: *G. epichysantha* Hand.-Mzt. in Sitzgsanz. A. W. W., LVII., 173 (1920).

Differt a typo habitu gracili, calycis lobis paulo brevioribus, i. e. 2—3 mm longis tubo $\pm$ brevioribus, floribus albis vel laete coeruleis extus viridibus et interdum coerulescentibus, plicis lobis aequilatis et partibus liberis dimidio brevioribus, regularibus, irregulariter paucidentatis, ad $^3/_4$ cum lobis connatis.

Föhrenwälder, nasse und ziemlich trockene Wiesen der tp. und ktp. St., 3000—3925 m. NW-Y.: Bei Yungning unter dem nach Fongkou führenden Paß. Se von Dschungdien auf dem Hsiao-Niutschang, 7. VIII. 1914 (4546, Typus) und Da-Niutschang zwischen Bödö und Alo, zwischen Alo und Hsiao-Dschungdien, 9. VIII. 1914 (4610), ober Dugwan-tsun, 24. VI. 1915 (6975) und bei der Alm Guha. S.: Paß Dsiliba im Lolo-Lande e von Ningyüen, 26. IV. 1914 (Schneider 4003). Hsiao-Hsiang-ling, 21. V. 1922 (H. Smith 1863).

Wenn man *G. panthaica* nur so kennt, wie sie im Originalexemplar vorliegt, möchte man *G. epichysantha* für durch die angegebenen Merkmale gut verschieden halten. Der Habitus ist veränderlich, manchmal reich verzweigt, manchmal mit aufrechtem, spärlich ästigem Stengel, aber immer zart. *G. panthaica* ist in vieler Hinsicht eine sehr veränderliche Pflanze. Beim Typus und einigen anderen Aufsammlungen sind die Kronenfalten fast vom Grund an aufgelöst in lange, dünne, wellige Fransen. Dies ist aber nicht konstant. Andere Aufsammlungen zeigen abnehmende Länge der Fransen bis zu einem Stadium, in dem man zwischen den Ausdrücken gewimpert, zerschlitzt oder, wie bei H.-M. 4546, gezähnelt für die Falten schwanken kann. Die kleine Veränderlichkeit in der Länge der Kelchzipfel ist bedeutungslos und zufällig im Vergleich mit anderen Merkmalen. Ich behielt *G. epichysantha* als eine Varietät, welche eine Endform einer veränderlichen Art darstellt und bis zu einem gewissen Grade wahrscheinlich auch durch eine etwas verschiedene Blütenfarbe ausgezeichnet ist. *G. panthaica* scheint im Zentrum ihrer Verbreitung einheitlich zu sein. Gegen ihre Grenzen — geographisch und vertikal — treten mehr oder weniger undeutlich verschiedene Rassen auf, von denen *G. epichysantha* die am besten gekennzeichnete ist. Die Exemplare 5204 sind bis 30 cm hoch, spärlich dichotom, mit gegen 17 mm langen Blüten, an der Spitze kurz wenigwimperigen Falten und 8×5 mm großen Kapseln.

** *G. deltoidea* H. Sm.

Sect. *Chondrophylla* Bge.

Annua, ad 6 cm alta, e basi pauciramosa, ramis simplicibus vel raro dichotome ramulosis. Folia rosularia ovata, acuta, ad 6 mm longa et $3^1/$ mm lata,

---

[1] ἐπίχυσις = Trichter.

caulina 2—4 juga, internodiis 3—6plo breviora, deltoidea, acuminata, basi truncata vel subcordata, in petiolum brevissimum abrupte contracta, $2^1/_2$—$3^1/_2$ mm longa et 2,2—2 mm lata, margine praesertim apicem versus sparse ciliata. Flores solitarii, albi, campanulati, nutantes, c. 1 cm longi, pedicellis 7—10 mm longis. Calycis tubus $3^1/_2$ mm longus; lobi e basi latiore aciculares $2^1/_2$ mm longi, sinubus latis, truncato-rotundatis. Corollae tubus c. 7 mm longus; lobi late ovati, apice mucronulati, margine vulgo paucidenticulati, 3—4 mm longi et 3—$3^1/_2$ mm lati; plicae c. 2 mm latae in fimbrias clavatas c. 20 lobis subduplo breviores dissolutae. Stamina medio tubo affixa, faucem vix attingentia, filamentis $2^1/_2$ mm longis. Ovarium stipitatum, rotundato-obovatum, circumcirca late alatum, 4 mm longum et 3 mm latum, stylo subnullo, stigmatibus brevibus recurvatis. Ovula submatura triquetra, $1,6 \times 1,1$ mm magna, testa cartilagineo-albescente, longitudinaliter minutissime eroso-reticulata.

S.: Föhrenwälder der tp. St. ober Piyi im Gebiete von Muli in dem nw von Yungning herabziehenden Tale, Schiefer, 3500 m, 6. VIII. 1915 (7477).

G. panthaicae affinis; plicarum fimbriis clavatis, statura multo minore, foliis deltoideis distat.

G. samolifolia Franch. SW-H.: Yün-schan bei Wukang, zwischen 400 und 1400 m, Tonschiefer (Plt. sin. 32). W-Hubei (Wilson, Veitch Exp. 745).

Eine Pflanze aus **Ki.**: Wugung-schan bei Nganhu, 1800 m (Hu 738) unterscheidet sich durch vollständige Kahlheit und kleinere Blätter.

G. papillosa Franch. Matten, Wegränder, Äcker und Mischwälder der wtp. St., 2275—2750 m. **Y.**: Yünnanfu (Ducloux 3248). Schanschen-miao bei Beyendjing (Ten 56). Ober Schuidsai ne von Dali (Talifu) (6443). **S.**: Kwapi n von Yenyüen, $27^0\ 53'$ (2405).

** **G. pedata** H. Sm.

Sect. *Chondrophylla* Bge.

Planta annua, robusta, humilis, caule infra rosulam ad 4 cm elongato e rosula $\pm$ copiose ramoso, ramis abbreviatis, foliosis, compactis, multifloris, ad 4 cm longis. Folia subcoriacea, imbricata, infima majora, ad 2,2 cm longa et 0,7 cm lata, 3-nervia, anguste ovato-lanceolata, acuminata, aristata, marginibus anguste hyalino-cartilagineis aspera, ceterum glabra; caulina multo minora, conduplicabunda, serius recurvata, spathulato-lanceolata, superiora ut calycis lobi late albo-scariosa, subtus brevissime puberula. Flores coerulei, erecti, sessiles, c. 12 mm longi. Calyx 8 mm longus; lobi tubo aequilongi, e basi 2 mm lata sensim acuminati, breviter mucronati, hyalino-carinati, carina in tubum paulum decurrente. Corolla calyce c. 5 mm longior; lobi c. 3 mm longi et $1^1/_2$ mm lati, anguste ovati, peracuti vel acuminati; plicae lobis aequilatae, subduplo breviores, integrae, acutae. Stamina inaequilonga, tubo 4 mm supra basin affixa, filamentis filiformibus $3^1/_2$—6 mm longis, antheris 1,4 mm longis. Capsula ovali-ovata, lateribus anguste, apice late alata, stylo 2 mm longo, stigmatibus brevibus recurvatis. Semina subtrigona, $0,8 \times 0,4$ mm, testa fusco-brunnea, sublevi.

NE-Y.- Lupu bei Dungtschwan, 30. III. 1906 (Ten in Ducloux 4307: Hb. Paris, Typus). Sandjia bei Tjiaodjia (Ten in Ducloux 6060). Raine und dürre Plätze der wtp. St. bei Huili, Sandstein, 1960—2600 m, 25. III. 1914 (915), 24. III. 1914 (Schneider 583 p. p.).

Specis *G. papillosae* affinis, a qua habitu compacto, abbreviato, foliorum forma et natura, corollae lobis peracutis, staminibus inaequilongis et stylo longiore distat. *G. albescens* persimilis est, quae glaberrima, corollae lobis obtusis, staminibus aequilongis i. a. differt.

G. albescens Franch. Y.: Yünnanfu (Ducloux 3246). Trockener Rasen der wtp. St. des Berges Sandjigu ober Hsinlung n von hier, 25⁰ 34′ Sandstein, 2400 m (555). Tieso bei Beyendjing, in Wäldern (Ten: Hb. Paris). Wiesen zwischen Moschidjing und Maogutschang (Delavay: Hb. Paris). Kalkhügel bei Langtjiung, II. 1883 (Delavay: Hb. Paris). Heischanmen (D.: Hb. P.).

Ich finde *G. albescens* nicht so nahe verwandt mit *G. argentea* Royle, wie Franchet und Kusnezow annahmen. Die nächsten Verwandten sind *G. papillosa* und *G. pedata*, von denen sie sich durch vollständige Kahlheit mit nur hie und da leicht gewimperten Rändern der unteren Blätter unterscheidet. Der Stengel ist selten bis 3 cm verlängert, und auch dann sind die Stengelblätter viel länger als die Internodien. Wie bei *G. nudicaulis* und *G. pedata* ist der Stengel (wenn man es so nennen will) unter den Grundblättern meistens verlängert (bis zu $4^1/_2$ cm bei Ducloux 3246) und aufrecht. *G. albescens* scheint nur im Winter zu blühen. Sie wurde von 15. I. bis 2. IV. gesammelt, aber nicht im Sommer.

G. fastigiata Franch. Y.: Wegrand der wtp. St. ober Schuidsai ne von Dali, Kalk, 2275 m (6445). Im NW unter Losiwan zwischen Lidjiang und Dschungdien.

**** G. stellulata** H. Sm.

Sect. *Chondrophylla* Bge.

Annua, glabra, ad 9 cm alta, e basi ramosissima, ramis filiformibus iteratim tri- vel dichotomis. Folia rosularia florendi tempore marcescentia; caulina subpellucida, ovato-lanceolata, acutiuscula, 5—6 mm longa et $2^1/_2$—4 mm lata, breviter vaginato-connata, internodiis 2—5^{plo} breviora. Flores singuli, numerosi, pedicellis gracilibus 5—7 mm longis, parvi, c. 6 mm longi, albi, striis obscuris notati. Calyx 3 mm longus, ad $^2/_5$ in lobos triangulari-lineares partitus. Corollae tubus $3^1/_2$ mm longus; lobi ovati, apiculati, basi subcordato-contracti, 2,2 mm longi et 1,6 mm lati; plicae anguste triangulares, ad basin bifidae, apicibus brevissime paucifimbriatae, 1,6 mm longae et 0,8 mm latae. Stamina faucem subattingentia, paullo supra medium tubi affixa, filamentis gracillimis, filiformibus, antheris 0,5 mm longis. Ovarium stipitatum, circumcirca anguste alatum, stylo distincto, 0,5 mm longo, stigmatibus recurvatis. Capsula maturescens 2,8 mm longa et 1,8 mm lata; semina subtrigona, $1,1 \times 0,6$ mm, testa albescente cartilaginea, minute longitudinaliter foveolato-reticulata.

NW-Y.: Wald- und Bambusdschungelränder der ktp. St. des birm. Mons. am Schöndsu-la zwischen Mekong und Salwin, 28⁰ 4′, Glimmerschiefer, 3600 bis 3950 m, 23. IX. 1915 (8360).

Species insignis, an *G. myriocladae* Franch. proxima?

— —** var. **dichotoma** H. Sm.

A typo distat: Planta ad 15 cm alta, caule e basi simplici, a secundo vel tertio nodo iteratim dichotome ramoso, ramis suberectis; floribus majoribus ad 7,5 mm longis, laete coeruleis, plica bifida in apicibus non fimbriata; foliis rosularibus ellipticis, ad 14×8 mm, obtusis, brevissime alato-petiolatis, caulinis ad 7 mm longis et 4 mm latis.

NW-Y.: Kräuterreiche Stellen in den tp. Mischwäldern des birm. Mons. im Tale unter dem Gomba-la ober Tschamutong am Salwin, Granit, 3200 bis 3300 m, 11. VII. 1916 (9533).

G. napulifera Franch. **Y.**: Steppen der str. bis in die wtp. St. auf Sandstein, 1400—2000 m. Zwischen Hwaping und Hsingai über dem Yangtse e von Yungbei (13031). Auf dem Rücken unter dem Sattel gegenüber Piendjio ne von Dali (6369). Sunggwe s von Hodjing.

G. praticola Franch. **Y.**: Mangan-schan bei Yünnanfu (Schoch).

* ***G. saltuum*** Marq. in Kew Bull., 1928, 55. **NW-Y.**: Matten der ktp. St. des birm. Mons. an einem Lawinenstrich an der Ostseite des Passes Tschiangschel zwischen Salwin und Irrawadi, 27° 52′, Glimmerschiefer, 3275 m, 3. VII. 1916 (9230).

Diese gut gekennzeichnete Art ist perenn, mit dünnem kriechendem Rhizom, vom gleichen Typus wie z. B. *G. grata*. Sie ist irrtümlich als annuell beschrieben.

** ***G. grata*** H. Sm. in Sitzgsanz. Ak. W. W., LXIII., 103 (1926).

Sect. *Chondrophylla* Bge.

Planta gracilis, elegantissima, omnino glabra, habitu *G. recurvatae*, sed rhizomate tenui repente perennis; caudiculi 2—3 cm longi et caules floriferi ad 16 cm alti laxe cespitosi; caulis rubescens, aequaliter et remote ramosus, ramis solitariis vulgo simplicibus, suberectis, elongatis, unifloris. Folia caudiculi infima distantia, subpetiolata, superiora rosulatim approximata, majora, elliptico-ovata, inferne angustissime albo-marginata, ad $7^1/_2 \times 4^1/_2$ mm longa et lata; caulina 7—8-juga, internodiis subpellucidis multoties breviora, infima ovato-elliptica, obtusa, brevissime petiolata, petiolis breviter vaginato-connatis, media majora, subsessilia, 5—7 mm longa, $2^1/_2$—$4^1/_2$ mm lata, subobtusa, apiculata, superiora minora, triangulari-lanceolata, recurvo subacuminata. Alabastra suberecta, apice (in sicco) albo. Flores coerulei, horizontales, pedicellis erectis c. $1^1/_2$ cm longis, 12—14 mm longi. Calyx 4—5 mm longus, tubo lobis distincte longiore, campanulato-cylindraceus; lobi erecti, basi triangulares, apicibus subulato-acuminati, sinubus inter lobos basi latis, rotundatis. Corolla calyce 3—4^{plo} longior, expansa ore 5—6 mm, convoluta $2^1/_2$—3 mm diametro, tubo subcylindraceo, lobis ovato-triangularibus, subacutis, 2—$5^1/_2$ mm longis, 2,1—2,7 mm latis, plicis lobis aequilatis, longe fimbriatis, fimbriis filiformibus quam lobi brevioribus, demum eos aequantibus vel paullo superantibus. Stamina faucem vix attingentia, filamentis filiformibus, antheris erectis, subcordatis, 1 mm longis. Ovarium longe stipitatum, obovato-cylindraceum, stylo distincto, 1 mm longo, stigmatibus brevibus subdilatatis. Capsula demum verisimiliter stipite elongato exserta, obovata, basi attenuata, apice rotundo anguste alato, $4 \times 2^1/_2$ mm longa et lata. Semina (nondum matura) obscure trigona, lanceolata, vix 1 mm longa; testa longitudinaliter striato-reticulata.

NW-Y.: W des Passes Tsukue in der Hg. St. des birm. Mons. hinter dem Gomba-la in der Salwin—Irrawadi-Kette ober Tschamutong, Glimmerschiefer, c. 4050 m, 15.—17. VIII. 1916, v. E. (9898).

Ex affinitate *G. recurvatae* Clke., a qua differt: perennis, sinubus inter lobos calycis latis rotundatis, fimbriis plicae filiformibus nec clavatis; *G. panthaica* Burk. annua etiam omnibus partibus robustioribus, floribus magis apertis distincta est.

**** *G. formosa* H. Sm.** in Sitzgsanz. A. W. W., LXIII., 104 (1926).
Sect. praecedentis.

Affinis praecedenti eiusque habitu, sed species characteribus sequentibus distincta: Densiuscule cespitosa. Caules numerosi, erecti, simplices vel raro pauciramosi, haud ultra 6 cm alti. Folia paulo minora, infima ± ovalia, superiora subacuta. Flores albi et coerulei (e collectore) probabiliter tubo et parte exteriore loborum coeruleis, intus et plicis candidi, breves, aperti, diametro corollae expansae longitudinem subaequante. Calyx campanulatus, rubescens, c. 5 mm longus, lobis erectis triangulari-acuminatis, tubo vix tertia parte brevioribus. Corolla obconica, aetate paulo aucta, 10—12 mm longa, lobis late ovatis, interdum fere semiorbicularibus, apicibus paulum contractis, c. 2 mm longis et 3 mm latis, plicis 3—4 mm latis, fimbriatis, fimbriis filiformibus ad 2 mm longis lobos aequantibus, demum paululo superantibus. Stigmata subsessilia, stylo vix 0,2 mm longo. Capsula alata, ala laterali angusta deorsum attenuata, apice latiore, subcrenulata, (matura seminaque non visa).

NW-Y.: In der Hg. St. des birm. Mons. hinter dem Gomba-la in der Salwin—Irrawadi-Kette ober Tschamutong, Glimmerschiefer, 15.—17. VIII. 1916, an seinem Hang gegen den Paß Tsukue, v. E. (9874, **f. *albiflora*** H. Sm.) und w dieses, v. E. (9896, Typus).

G. decorata Diels in Not. Bot. Gard. Edinb., V., 220 (1912). NW-Y.: Schneetälchen der Hg. St. des birm. Mons. an der Ostseite des Si-la zwischen Mekong und Salwin, Glimmerschiefer, 4400 m (8432, s. Karst. u. Schenck, Vegetatb., 17. R., Taf. 47).

**** *G. caryophyllea* H. Sm.** in Sitzgsanz. Ak. W. W., LXIII., 101 (1926).
Sect. *Otophora* Kusnez.

Perennis, dense caespitosa, humifusa, omnino glabra; *G. decoratae* subsimilis. Radix crassa, atra, superne simplex, verticalis, e collo perenni ramos humifusos, numerosissimos edens. Rami perennes, aetate accrescentes, vetustiores ad 7 cm longi, ramificantes, parte hornotina imbricato-parvifoliata, tegetem densissimam formantes; ramuli floriferi ad 2 cm assurgentes, flore pulcherrimo terminali coronati. Folia rosularia nulla, caulina crassiuscula, subcoriacea, conferta, internodiis brevissimis longiora, sessilia, basi in vaginam brevem connata, 5—7 mm longa, 2—2$^{1}/_{2}$ mm lata, lineari-lanceolata, acuta, margine anguste cartilaginea, apicem versus levissime scabriuscula, nervo mediano subtus prominente, in aristam 1 mm longam exeunte. Alabastra nutantia. Flores erecti, subsessiles, intense coerulei, 5-meri. Calyx campanulatus, integer, 6—8 mm longus, lobis tubo aequilongis vel paullo longioribus, ovato-lanceolatis, acutis, aristis 1 mm longis, nervis medianis ad basin tubi prominentibus carinatis. Corolla 15 —19 mm longa, tubo cylindraceo-campanulato, 6—8 mm longo, ore 4—5 mm diametiente, calyce subaequilongo, lobis valde concavis, ellipticis, obtusis, lobo quoque latere dextro (e centro floris viso) plica c. 1 mm lata ad 4 mm connato, parte plicae libera dentiformi haud 1 mm longa. Stamina tubo c. 5 mm supra basin affixa, filamentis filiformibus deorsum paullo crassioribus, antheris coeruleis, versatilibus. Ovarium anguste lanceolatum, stipite ad 1$^{1}/_{2}$ mm longo basi annulo haud 1 mm alto cincto, in stylum 3—5 mm longum attenuatum, stigmatibus filiformibus, brevibus, recurvatis. Capsula inclusa, stipite non elongato. Semina (e capsula annotina) 1 mm longa, $^{1}/_{2}$ mm crassa, leviter longitudinaliter sulcata, apice attenuata, paulum curvata, basi parte funiculi adnata brevissime pedicellata, testa brunnea, glabra, exalata.

NW-Y.: In der Hg. St. des birm. Mons. am Hange des Gomba-la gegen den See Tsukue in der Salwin—Irrawadi-Kette ober Tschamutong, Glimmerschiefer, über 4200 m, 15.—17. VIII. 1916, v. E. (9876).

Ex affinitate *G. decoratae*, a qua i. a. differt foliis aristatis et flore.

G. caryophyllea und *decorata* gehören durch den Bau der Krone zur Sektion *Otophora*. Die Samen der erstgenannten sind jedoch nach einem ganz verschiedenen und in der Gattung früher nicht bekannten Typus gebaut. Wahrscheinlich bilden sie eine gut charakterisierte Sektion.

G. tsarongensis Marq. in Kew Bull., 1928, 62. **NW-Y.**: Unter voriger, 15.—17. VIII. 1916, v. E. (10011).

G. otophora Franch. **NW-Y.**: Kräuterreiche Stellen der ktp. St. des birm. Mons. auf Glimmerschiefer, 3825—4200 m, am Nisselaka gegen den Teich Tsuka zwischen Mekong und Salwin, 28⁰ (8420) und beim See Tsukue hinter dem Gomba-la zwischen Salwin und Irrawadi, v. E. (9914).

G. sichitoënsis Marq. in Kew Bull., 1928, 56 ist wahrscheinlich nur eine Form dieser Art.

**** G. otophoroides** H. Sm. in Sitzgsanz. Ak. W. W., LXIII., 101 (1926).

Sect. *Otophora* Kusnez.

Perennis, omnino glabra, multicaulis, ad 1 dm alta, *G. otophorae* subsimilis. Radix crassa, simplex, verticalis, e collo amplo pauci- vel pluriceps, rosulas steriles 6—10 folias et caules floriferos edens. Folia rosularum $\pm$ distincte petiolata, trinervia, lanceolata — obovato-lanceolata (vel, foliis aggregatis, anguste lanceolata), apice interdum paullo contracta, obtusiuscula, 2—4$^1/_2$ cm longa, 0,5—1,2 cm lata, in petiolos late alatos, $^1/_2$—3 cm longos sensim attenuata. Caules floriferi decumbenti-adscendentes, flore singulo, subsessili, demum pedicello ad 1$^1/_2$ cm longo suffulto terminati (raro jugis superioribus duobus floriferis). Folia caulina 2—3-juga, infima minora, laminis interdum haud evolutis, basi in vaginam ad 5 mm longam connata, superiora elliptica ad 18 mm longa et 8 mm lata, subpetiolata, basi brevissime connata. Flores 5-meri, erecti, albi infra lobos colorati videntur, lobis sparsim atro striatis. Calyx campanulatus, integer, 9—12 mm longus, lobis erectis — subpatentibus tubo paullo longioribus, interdum paulum inaequalibus, lanceolatis — lineari-lanceolatis. Corolla 2,2 usque 3 cm longa, tubo cylindraceo calycem quarta parte superante, lobis tubo aequilongis vel paullo brevioribus, ovato-oblongis, obtusis, c. 12 mm longis, plica dentiformi modo *G. otophorae* lobo altero latere e basi ad 4 mm connata, parte libera c. 2 mm longa, haud 1 mm lata. Stamina medio tubo affixa, faucem paullo superantia, filamentis anguste alatis, antheris versatilibus, liberis; ovarium brevistipitatum, anguste lanceolatum, stylo 5—6 mm longo, stigmatibus filiformibus, brevibus, recurvatis. Ovula (statu valde iuvenili) uno latere anguste, ceterum angustissime alata videntur.

NW-Y.: Matten der Hg. St. des birm. Mons. w des Passes Tsukue hinter dem Gomba-la in der Salwin—Irrawadi-Kette ober Tschamutong, Glimmerschiefer, c. 4050 m, 15.—17. VIII. 1916, v. E. (9894).

Praecedenti affinis, sed floribus singulis, albis, epunctatis, vix ad medium fissis distincta.

972   H. Handel-Mazzetti: Anthophyta

**** *G. altigena* H. Sm. l. c., 99 (1926).**

Sect. *Frigida* Kusnez.

Perennis, humifusa. Rhizoma breve, apice gemmis hibernantibus florendi tempore subapertis, paulum elongatis coronatum, e collo, infra gemmas, caules floriferos sterilesque edens. Caules numerosi (5—15), densiuscule foliati, decumbentes (radicantes non visi), 4—8 cm longi, flore solitario terminati. Folia caulina c. 14-juga, internodiis brevibus longiora, crassiuscula, margine leviter, basin versus densiuscule ciliato-papillosa, ad 1 mm vaginato-connata, internodiis glabris cum stria papillosa ab insertione foliorum decurrente; infima ovalia — fere orbicularia, 3—6 mm longa, breviter (c. 1 mm), sed distincte petiolata, sursum accrescentia, superiora maxima, valde approximata, basin floris amplectentia, ovalia — lanceolata, acutiuscula, subsessilia, ad 12 mm longa et 4 mm lata. Flores 5-meri, coerulei, sessiles, c. 2 cm longi. Calycis integri tubus obconicus, c. 5 mm longus, ore c. 5 mm diametro; lobi foliacei, interdum paulum inaequales, elliptico-lanceolati, $4^1/_2$—7 mm longi, 2—3 mm lati, erecti — subpatentes, margine scabriusculi, sinubus rotundatis. Corolla subcylindracea, medio paulum inflata, ore 7—$8^1/_2$ mm diametiens; lobi parvi, triangulari-semiorbiculares, obtusi, 2 mm longi et $3^1/_2$ mm lati; plicae brevissimae, subirregulares, leviter dentatae. Stamina tubo medio affixa, parte libera 5—6 mm longa, filamentis basin versus anguste alatis, antheris erectis, 1 mm longis. Ovarium longe stipitatum, stylo subnullo, ramis stigmatiferis linearibus, c. $1^1/_2$ mm longis, demum recurvatis. Capsula semimatura ovalis, apice subattenuata, 7 mm longa, 4 mm lata. Ovula semimatura disciformia, 0,3 mm diam., testa lamelloso-reticulata, utrinque angustissime alata. (Capsula, semina non visa).

NW-Y.: In der Hg. St. des birm. Mons. am Hange des Gomba-la gegen den See Tsukue in der Salwin—Irrawadi-Kette ober Tschamutong, Glimmerschiefer, über 4200 mm, 15.—17. VIII., 1916, v. E. (9878).

Species potius inter *Frigidas* seriei *G. ornatae* Wall. ponenda, sed seminibus disciformibus alatis ab illis longe distat et ad sect. *Pneumonanthe* Neck. vergit. Flore *G. Wardii* W. W. Sm., ceterum *G. cachemiricae* Decne.

G. Veitchiorum Hemsl. W-S. (Limpricht 1767 p. p. als *G. tizuënsis*, 2357 als *G. heptaphylla*).

G. sino-ornata Balf. f. in Trans. Bot. Soc. Edinb., XXVII., 253 (1918). **NW-Y.:** Feuchte Wiesen der tp. St. auf den Sätteln des Litiping e von Weihsi, Sandstein, 3450—3500 m (8488).

G. coelestis (Marq.) H. Sm.

Syn.: *G. Veitchiorum* Hemsl. var. *coelestis* Marq. in Kew. Bull., 1931, 84.

Perennis. Gemma monopodialis, non raro decumbenti-prolongata, folia vix evolvens, squamis involucrata. Rami floriferi plures, valde papilloso-scabriduli, 9—14-nodi. Folia caulina in paribus 3—4 summis quam cetera multo longiora, calycem subinvolucrantia. Folia caulina inferiora et media stricte ovata, apice acuta, internodiis subduplo breviora, ad 6—8 × $2^1/_2$—$4^1/_2$ mm, ad c. 2 mm vaginato-connata; summa (paria 3—4) valde approximata, late lanceolato-linearia, acuta, mucronulata, ad 15 × 4 mm. Flores sessiles, 4—5 cm longi, ore (in sicco) c. 2 cm diam., laete coerulei, tubo flavescente, atro-violaceo vittati, inter vittas obscure punctati. Calycis tubus obconoideus, 8—12 mm longus, ore (in sicco) 6—8 mm diam.; lobi lineari-lanceolati, 9—10 mm longi. Corollae tubus supra calycem inflatus, amplus; lobi triangulares vel ovato-triangulares, acuti, mucronulati, ad 6 mm longi et 6—7 mm lati; plicae triangulares, acutae, 2—3 mm longae, c. 6 mm latae. Stamina tubo 14 mm supra basin inserta, filamentis liberis deorsum incrassatis et ad insertionem inter se connatis c. 14 mm, antheris 3 mm longis. Ovarium longistipitatum, utrinque acutum, $10 \times 2^1/_2$ mm, in stylum filiformem, 5 mm longum attenuatum, ramis stigmatiferis c. 1 mm longis, demum recurvatis.

S.: Matten der Hg. St. auf dem Hwang-liangdse zwischen Yenyüen und Kwapi, 27° 48′, Kalk, 3900—4075 m (5516). Dsöla im Gebiet des Fungho, 4100 m (Legendre: Hb. Paris). NW-Y.: Osthang des Yülung-schan bei Lidjiang, 4200—4500 m (Rock 7785, 10763, 10858 Typus).

Affinis *G. sino-ornatae*, sed scabriditate foliorumque forma inter alia distincta. *G. ampla* glabritie plantae subcrassiusculae, foliis non acutis, flore campanulato, epunctato differt. *G. Veitchiorum* longiuscule affinis foliis gemmae evolutis, calycis tubo cylindraceo, flore infundibulari, corollae plicis majoribus, stylo longiore i. a. distat.

Nr. 5516 ist eine große Form mit bis 10 cm langen Stengeln und bis 20×3 mm großen oberen Blättern.

**** *G. oreodoxa* H. Sm.** in Sitzgsanz. Ak. W. W., LXIII., 99 (1926).

Sect. *Frigida* Kusnez.

Perennis. Radix fasciculata, radiculis incrassatis, gemma apicali anni sequentis coronata; gemma parte basali paulum elongata, squamis membranaceis, albicantibus vestita, apice subaperta; collum infra gemmam caules paucos (3—6) et steriles et floriferos (radicantes non vidi), adscendenti-decumbentes, 3—4 cm longos flore assurgente terminatos emittens. Folia rosularia nulla, caulina 7—8-juga, in caule decumbente sursum unilateraliter curvata, lineari-lanceolata, acuta, margine glabro levissime hyalino, sessilia, basi in vaginam subhyalinam $1^1/_2$ mm longam connata, inaequalia, infima minuta, superiora sensim maxima, valde approximata, 10—15 mm longa et $1,7—2^1/_2$ mm lata, internodiis et vaginis leviter papillosis. Flores 5-meri sessiles. Calycis tubus campanulato-cylindraceus, 5—8 mm longus, ore $3^1/_2—5$ mm diametro; lobi saepe sursum unilateraliter curvati, lineares, basi non vel vix attenuati, mutici, 8—10 mm longi et 1—1,8 mm lati. Corolla coerulea, obconoidea, medio paulum inflata, 3,3—3,8 cm longa, ore (in spec. conservatis) ad 2 cm diam., extus vittata, vittis duabus flavidoalbidis, coeruleo-punctatis, lobos non attingentibus striis tribus nigrocoeruleis limitatis, quarum dextra lobi laterem dextrum tegit; lobi ovati, minute apiculati, 5—6 mm longi et $6^1/_2—7^1/_2$ mm lati, plicas breves crenulatas vel dentatas $1^1/_2—2$ mm longas et $5^1/_2—7$ mm latas duplo vel ultra superantes. Stamina tubo c. 12 mm supra basin affixa, parte libera 12 mm longa, filamentis deorsum crasse alatis, carina dorsali tubo affixis, lateribus inter se ad 5 mm connatis, antheris initio anthesis cohaerentibus. Ovarium longe stipitatum, lanceolatum, acutum, stylo elongato 4 (—5) mm longo, stigmatibus brevibus recurvatis. (Capsula, semina non visa).

NW-Y.: Schneetälchen der Hg. St. des birm. Mons. auf dem Si-la zwischen Mekong und Salwin, 28°, Glimmerschiefer, 4200—4400 m, 29. IX. 1915 (8431).

G. sino-ornatae affinis, sed differt: minor, caulibus paucis, brevibus, verisimiliter non radicantibus, foliis valde inaequalibus, basi attenutis, margine glaberrimis, flore latius obconoideo, minore.

**** *G. ampla* H. Sm.**

Sect. *Frigida* Kusnez.

Perennis, vaginis et parte marginali inferiore foliorum leviter papilloso-scabridula, ceterum glaberrima. Gemma monopodialis stoloniformiter ad 3 cm longe prolongata, decumbens, demum superne radicans et anno sequente ramos floriferos edens. Rami floriferi ex axillis gemmae annotinae orti, ascendentes, uniflori, 10—13-nodosi. Pedicelli vulgo 3 mm longi. Folia gemmae pauca, suberecta, e basi squamiformi attenuato-linearia, apice breviter subacuta, marginibus minutissime scabridula, ad 1,5—0,3 cm; caulina crassiuscula, ima minuta, late ovata, sursum gradatim accrescentia, summa ovalia vel elliptico-linearia breviter acutata, ad 15 × 4 mm. Flores erecti, 4—$4^{1}/_{2}$ cm longi, campanulati, ore (in sicco) 2—$2^{1}/_{2}$ cm diametro, laete coerulei, tubo indistincte obscure vittati, epunctati. Calycis campanulati tubus 9 mm longus, ore (in sicco) usque ad 8 mm diametro; lobi suberecto-patentes, elliptici—late lineari-lanceolati, brevissime acutati, ad 10 × $3^{1}/_{2}$ mm. Corollae tubus amplus, supra calycem inflatus; lobi ovati, subobtusi, c. 4 mm longi, 7—$8^{1}/_{2}$ mm lati; plicae lobis subduplo breviores, late triangulares, denticulatae, c. 6 mm latae. Stamina tubo c. 16 mm supra basin inserta, filamentis liberis 13 mm longis, deorsum incrassatis et ad insertionem inter se connatis, antheris $2^{1}/_{2}$ mm longis. Ovarium in stipite 20 mm longo, 10 mm longum, in stylum 4 mm longum subabrupte attenuatum, ramis stigmatiferis $1^{1}/_{2}$ mm longis. (Capsula, semina non visa).

NW-Y.: Bei Lidjiang, jedenfalls am Yülung-schan, VI.—IX. 1914—1916, v. E. (3752).

Affinis *G. coelesti* et *G. Veitchiorum*, a quibus i. a. glabritie, forma calycis, corolla ampla, epunctata, indistincte obscure vittata distinguitur.

G. hexaphylla Maxim. (*G. h.* var. *caudata* Marq. in Kew Bull., 1931, 81, e typo). S.: Im NW um Sungpan (Weigold). Dongrergo (H. Smith 3298). Tsipula (H. Sm. 4212). Sankarvouma (H. Sm. 4295). Im W bei Scheto nächst Tatsienlu (Limpricht 1767 p. p., als *G. tizuënsis*). Tongolo (Soulié 2787). S-Schenhsi: Mehrfach im Tsinling-schan (Giraldi 499, 1512, 3682, 3686, 3691, 3693. Limpricht 2773).

— —** var. *pentaphylla* H. Sm.

A typo distat: Longior et gracilior, caulibus suberectis c. 15 cm longis, c. 12-nodis; foliis 5^{nis} verticillatis, imis minoribus exceptis aequalibus, quam internodia subaequilongis vel paulo longioribus, linearibus (nec subspathulatis), acuminatis, 10—14 × 2 mm; floribus 5-meris, ad 5 cm longis, calycis lobis tubo subaequilongis, linearibus, acuminatis, 8 × $1^{1}/_{2}$ mm; corollae lobis triangularibus, acutis, $3^{1}/_{2}$ mm longis, ad 5 mm latis, caudis 2 (nec 1—$1^{1}/_{2}$) mm longis, plicis brevissimis, crenulato-truncatis; stylo gracili, cum ramis stigmatiferis c. 3 mm longo.

Schenhsi: Zwischen Toumengung und Fangyang-se, 6. IX. 1916 (Licent 2840, Typus). Gipfel des Taipei-schan, 7. IX. 1916 (L. 2892).

Die Zartheit von Stengel und Blättern gibt dieser Varietät ein abweichendes Aussehen, das an die nur einmal gesammelte *G. Arethusae* Burk. erinnert. Die meisten anderen Exemplare aus Schenhsi weichen von der typischen *G. hexaphylla* etwas ab und neigen zu dieser Varietät durch mehr dreieckige Kronzipfel und längere, lineale und oft zugespitzte Stengelblätter, aber sie sind 6zählig und haben den dicken und sehr kurzen Griffel des Typus.

G. heptaphylla Balf. f. et Forr. NW-Y.: Matten der Hg. St. des birm. Mons. unter dem Doker-la an der tibetischen Grenze, Granit, 4100—4600 m (8155). W-S.: (Limpricht 2341 p. p., als *G. hexaphylla*).

— — ** var. ***mixta*** H. Sm.

Planta verosimiliter hybrida. Folia gemmae non evoluta; rami plures, uniflori, suberecti—erecti, ad 6 cm longi, 6—7-nodi, papilloso-scabriduli. Folia 5—6 verticillata, summa majora, approximata, calycem involucrantia, lineari-lanceolata, apice mucronulata, ad 18 × 3 mm, marginibus fere glabra. Flores 5-meri, c. $3^1/_2$ cm longi, medio tubo inflati, ore (in sicco) 1 cm diametiente, laete coerulei. Calycis tubus c. 8 mm longus; lobi foliis persimiles, 6—14 mm longi, ad $2^1/_2$ mm lati. Corollae lobi late rotundati, sursum in margine denticulati, apice abrupte c. $1^1/_2$ mm longe mucronati; plicae rotundato-truncatae, dentatae. Antherae 1,8 mm longae; pollen c. 30% fertile. Ovarium longistipitatum, stylo subcrasso cum ramis stigmatiferis c. $2^1/_2$ mm longo.

NW-Y.: Unter der vorigen, 17. IX. 1915 (8239).

Die Pflanze ist von kräftigerem Wuchs als der Typus und hat etwas größere, mehr gehäufte Blätter, deren oberste Paare eine Hülle um den Kelch bilden. Aber die Stengel sind kurz, aufsteigend, und die Blüten, obwohl etwas größer und weiter, im übrigen übereinstimmend, ebenso ihre Details. Die Pflanze neigt gegen *G. subocculta* Marq. in Kew Bull., 1931, 81, steht ihr aber immer noch viel ferner als der *G. heptaphylla*. Ich kann mir die Varietät nicht erklären. Es liegt ein einziges Exemplar vor, wohl entwickelt, mit 6 blühenden Stengeln, unter zahlreichen Stücken des Typus. Der Pollen ist nur zu einigen 30% fertil, was Hybridität nahelegt. Wäre er völlig fertil, bestünde kein Zweifel am Artwert der Pflanze. Aber da alle guten Arten der *Ornatae* völlig (zirka 98%) fertilen Pollen zeigen, kann ich nicht leicht eine neue Art in einem Exemplar mit so herabgesetzter Pollenfertilität annehmen. Wenn es ein Bastard ist, mag trotz der geringen Ähnlichkeit *G. heptaphylla* der eine Elter sein, da sie einige Merkmale gemeinsam haben: Die Größe, die behüllenden obersten Blätter, die Form der Kronzipfel und ihren fein gezähnelten Rand, den kurzen und dicken Griffel. Die Pflanze sieht sonst allen anderen Arten dieser Gruppe so unähnlich, daß der andere Elter wahrscheinlich eine noch unbekannte Pflanze sein muß. Bevor weiteres Material gesammelt wird, kann die Stellung dieser Varietät nicht festgestellt werden.

G. Szechenyi Kan. (*G. rosularis* Franch. — *G. callistantha* Diels et Gilg in Futterer, D. Asien, III., 14 [1911]. — *G. Georgei* Diels in Not. Bot. Gard. Edinb., V., 221 [1912]). S.: Kalkfelsen, 4000—4700 m. Im N bei Santschadse (H. Smith 3231). Im NW am Tsipu-la (H. Sm. 4203) und bei Matang (H. Sm. 4362). Im W (Wilson 4145). Yargong (Soulié 2127). Am Yalung (Legendre 1548). Y.: Im NW an steinigen Stellen (Kalk) auf dem Gipfel Lojatso bei Lidjiang, 3600 m (12980). Osthang des Yülung-schan hier (Rock 11409, 11655). „Tsarong" (Forrest 22984). Im W zwischen Yangpi und Yungtschang, 2000—2200 m (Schneider 2579).

Es ist überraschend, daß diese leicht kenntliche und mit Ausnahme der Blütenfarbe keineswegs veränderliche Art so viel verkannt wurde. Franchet selbst hat in Bull. Soc. Bot. Fr., XLIII., 495 (1896) seine *G. rosularis* eingezogen. *G. callistantha* hat hellblaue Blüten, unterscheidet sich aber sonst nicht. Die

Angabe der Beschreibung über ungleich lange Antheren muß auf einem Irrtum beruhen. Das Originalexemplar hat alle Antheren gleich. Schließlich stellt *G. Georgei* die Pflanze sonniger Kalkfelsen dar. Hier wird die Blütenfarbe intensiver und die ganze Pflanze $\pm$ rotbraun. Ich notierte selbst in der Natur, daß die Farbe nach dem Standort veränderlich ist. An etwas beschatteten Plätzen oder an freien Stellen auf weichem Boden wird die Blüte hellblau, mehr oder weniger weißlichgrün an der Röhre.

G. cephalantha Franch. S.: Gebüsche, Matten und Dschungelränder der tp. und ktp. St., 3000—3900 m. Ober Niutschang zwischen Yenyüen und dem Yalung, 27° 22' (5415). Unter dem Passe Sandaoschan ne von hier massenhaft und auf dem Hwang-liangdse n von hier (5498).

G. Duclouxii Franch. Y.: Steppen und Erdabrisse der wtp. St. auf dem Berge ober Magaidse bei Yünnanfu, Mergel, 1950—2440 m (5709).

G. melandrifolia Franch. W-Y.: Wiesen des Dsang-schan bei Dali, 3200 m (Schneider 3247).

G. rigescens Franch. Buschige Matten und trockene Hänge der wtp. St. auf Sandstein und Alluvium, 2100—2340 m. Y.: Bei Dali (8547) und bis Djientschwan. S.: Sattel zwischen Huili und Yimen (5643).

Gehört in die Section *Frigidae*, nicht in *Pneumonanthe*.

— — ** var. *violacea* H. Sm.

A typo distat: Planta omnino glaberrima, foliis coriaceis, lanceolatis, subacutis—acutis; flore majore, 3 cm vel ultra longo, violaceo-coeruleo (e nota collectoris), corollae plicis valde obliquis cum lobis contiguis, limbo parvo triangulari dentiformi acuto 1—1$^1/_2$ mm longo, latere libero loborum c. 5 mm alto.

Y.: Im W auf Matten des Dsang-schan bei Dali (Talifu), 3500 m, 16. X. 1914 (Schneider 2775: Hb. Berl., Typus). Im NW am Osthang des Yülung-schan bei Lidjiang, X. 1922 (Rock 7805: Hb. Berl., durch 4 cm lange Blüten und stumpfliche bis spitzliche Blätter nur wenig verschieden).

Die Varietät macht einen vom Typus verschiedenen Eindruck. Aber alle untersuchten Exemplare waren unvollständig, ohne Wurzeln und eventuelle Rosettenblätter. Sie wird, als unvollständig bekannt, am besten als Varietät der ihr nahe verwandten *G. rigescens* betrachtet.

G. Vanioti Lévl. in Rep. sp. nov., XII., 182 (1913). Y.: Trockene Wälder und Steppen der wtp. St., 2050—2550 m. Djindien-se (94) und Hsi-schan bei Yünnanfu. Hsinlung n von hier. Galaoma s der Yangtse-Schlucht. Im NE bei Tsidsiang-tsun (Maire).

G. microdonta Franch. Wälder, Holzschläge und Matten der ktp. und Hg. bis in die tp. St., 3450—4300 m. NW-Y.: Osthang des Gipfels Ünlüpe im Yülung-schan bei Lidjiang (4270). Berg Waha bei Yungning (7071). Gipfel neben dem Paß zwischen Bödö und Alo (4541) und unter Latsa (4606), sowie gemein auf dem Hochland se von Dschungdien. Jedenfalls am Mekong (Monbeig, *G. Wilsoni* Marq. in Kew Bull., 1928, 29 entsprechend, die aber nur als Varietät zu betrachten ist). S.: N des Passes Tschescha s (7226) und Paß Dökö sw von Muli.

G. apiata N. E. Brown in Kew Bull., 1914, 187. Syn.: *G. tsinlingensis* Limpr. f. in Rep. sp. nov., Beih., XII., 465 (1922).

G. *trichotoma* Kusnez. (*G. Phob* Franch.). W-S.: (Limpricht 2189 als *G. siphonantha* Maxim.).

**** G. Handeliana** H. Sm. in Sitzgsanz. Ak. W. W., LXIII., 98 (1926).
Sect. *Frigida* Kusnez.

Perennis. Rhizoma crassum, breve, horizontale, 2—3-ceps, caulem flori-
ferum et rosulas steriles edens. Caulis erectus, 8—20 cm altus, rubescens, dense
et brevissime papillosus, aetate glabrescens. Pars basalis rosulae sterilis elongata, demum ad 2—3 cm longa, radicans. Folia rosularia 5—8, herbacea, trinervia, nervis sub apice confluentibus, laminis lanceolatis, subacutis, 5—7 cm
longis, 1,5—2,3 cm latis, in petiolos late alatos 1—4 cm longos sensim attenuatis; caulina (basalia evanescentia) 2—3-juga, lanceolata, trinervia, 3—$4^{1}/_{2}$ cm
longa, c. 1 cm lata, breviter petiolata, petiolis inferioribus longius, superioribus
8—6 mm longe vaginato-connatis. Inflorescentia densa, subcapitata. Flores
5-meri, sessiles vel brevissime pedicellati, 2,8—3,3 cm longi. Calyx integer vel
raro altero latere dimidius fissus, dense et brevissime (rubro-) papillosus; tubus
subcylindricus, 1 cm longus, ore c. 4 mm diametro; lobi $\pm$ inaequales, deltoideo-
lanceolati — ovato-lanceolati, acuti, 2—5 mm longi, 1—$2^{1}/_{2}$ mm lati, recurvati usque
retroversi; membrana intercalycina interdum libera, basin loborum superans,
tubum liberum perbrevem formans. Corolla flavido-alba, anguste obconica,
extus obscure vittata et punctata, lobis late triangulari-ovatis, $4^{1}/_{2}$—5 mm longis,
5—6 mm latis, basi paulum irregularibus, plicis vix productis, oblique truncatis.
Stamina medio tubo affixa, parte libera 1 cm longa, filamentis filiformibus,
antheris erectis, $2^{1}/_{2}$ mm longis. Ovarium stipite 1 cm longo, lanceolatum, in stylum
2 mm longum attenuatum, stigmatibus brevibus, linearibus, recurvatis. Ovula
(e capsula semimatura) rotundato-ovata, minuta, lamelloso-rugosa in cristas
et lamellas areolas indistincte hexagonas formantes soluta.

NW-Y.: Matten der Hg. St. des birm. Mons. auf Granit und Glimmerschiefer, 4050—4600 m. Unter dem Doker-la an der tibetischen Grenze, 17. IX.
1915 (8153) und w des Passes Tsukue hinter dem Gomba-la in der Salwin—Irrawadi-Kette ober Tschamutong, 15.—17. VIII. 1916, v. E. (9895, Typus).

Inter *G. algidam* Pall. et *G. trichotomam* ambit. Ab utraque i. a. recedit
inflorescentia densa, subcapitata, caule papilloso, membrana calycina magna,
calycis lobis recurvatis — retroversis. Habitu *G. algidae* subsimilis.

*** G. sikkimensis** Clke. NW-Y.: Wald und Dschungelränder der ktp. St.
des birm. Mons. am Schöndsu-la zwischen Mekong und Salwin, 28° 4′, Glimmerschiefer, 3600—3950 m, 23. IX. 1915 (8355).

Dies ist die einzige Aufsammlung der Art, die ich aus China sah. Die
Exemplare sind nur größer als alle aus dem Himalaya gesehenen, bis 20 cm
hoch, der Stengel ist unten $2^{1}/_{2}$ mm dick und mit 7 Blattpaaren.

G. streptopoda Balf. f. et Forr. ap. Marq. in Kew Bull., 1928, 61. W-Y.:
Gipfel des Dsang-schan bei Dali (Delavay 159. Rock 6322, fl. albo).

Sehr nahe *G. sikkimensis*, aber wahrscheinlich als Art verschieden. Die
Angabe „Easily diagnosed by its corrugate, ultimately twisted stipe" hat keine
taxonomische Bedeutung. Dies entsteht beim Pressen oft in den Sektionen,
bei denen sich der Kapselstiel verlängert, und seine geschrumpfte Epidermis ist
gewöhnlich in der Sektion *Frigidae* mit Ausnahme der *Ornatae* und *Annuae*.
Etwas mehr entfernen sich von *G. sikkimensis* Forrest 27451 und 27544, die
fast spitze obere Stengelblätter haben. *G. streptopoda* unterscheidet sich von
G. sikkimensis durch längere Blüten (2,8—3,4 cm, nicht 2,2—2,6 cm), spitze

oder fast spitze (nicht deutlich stumpfe) Kronzipfel, die Blüten stützende Blätter von nur halber Länge jener (nicht gleich lang oder länger); der Habitus ist meist sehr kurz und kräftiger.

G. phyllocalyx CLKE. NW-Y.: Haba-schan n von Lidjiang (ROCK 9680). Schneetälchen, Matten und Bambusdschungel der Hg. bis in die tp. St. des birm. Mons., 3275—4575 m. Ober Tseku und Tsedjrong (ROCK 10085). Hier auf dem Si-la (8430) und dem Maya (9656) zwischen Mekong und Salwin. Ostseite des Passes Tschiangschel zwischen Salwin und Irrawadi, 27° 52′ (9241).

G. Delavayi FRANCH. Steppen und trockene Hänge der wtp. und tp. St., 2150—3350 m. Y.: Unter Djiuho zwischen Dali und Lidjiang, hier an feuchten, schlammig-sandigen Stellen z. T. **f. caulescens** FRANCH. (8531). Im NW ober Ganhaidse bei Lidjiang (12987). Im NE auf Bergen bei Dungtschwan (MAIRE). S.: Rücken Luidaschu s von Huili (5647).

G. tongolensis FRANCH. S.: (SOULIÉ 2796. LIMPRICHT 2296. WARD 4941, Typus von *G. soborbisepala* MARQ. in Kew Bull., 1928, 58, die offenbar nur eine blaublütige Form davon ist).

G. lineolata FRANCH. In der wtp. St. Y.: Yünnanfu (CAVALERIE 4674). Im NE auf Matten der Berge bei Dungtschwan, 2600 m (MAIRE). S.: 2500 bis 2600 m. Steppen des Sattels ober Hohsi zwischen Yalung und Nganning-ho, 27° 43′ (5611). An Bewässerungsgräben bei der Stadt Yenyüen (5443).

G. praeclara MARQ. in Kew Bull., 1928, 54. S.: Heidewiesen und steinige Matten der tp. St., 2800—3350 m. Zwischen Schamenkou und Malade n von Yenyüen, 3. X. 1914 (5460) und am Westhang des Passes Sandaoschan ne von hier (5570).

G. picta FRANCH. Y.: Wiesen und feuchte, lehmige Stellen der tp. und wtp. St., 2000—2650 m. Zwischen Yangpi und Yungtschang (SCHNEIDER 2627, 2629). Unter Djiuho zwischen Dali und Lidjiang (8530). Im NW unter Djingutang am direkten Wege von Djientschwan nach Weihsi (10032). Osthang des Yülung-schan bei Lidjiang (ROCK 11678). Gegend von Dschungdien (SCHNEIDER 3695).

G. yunnanensis FRANCH. Heidewiesen und Brachen, auch in Dschungel gehend, in der tp. bis in die wtp. St., 2700—3640 m. Y.: Gao-schan bei Bin-tschwan (DUCLOUX 4491). Dji-schan ne von Dali (DELAVAY 94). Im NW bei Lidjiang, v. E. (3755, SCHNEIDER 2433). Hier am Osthang des Yülung-schan (ROCK 7784, 10710, 10757, 10767, 10821). Gegend von Dschungdien (SCHNEIDER 3705). Hier bei Beischaogo (7766). Im NE bei Dungtschwan (MAIRE, DUCLOUX 6421). Lupu (MAIRE, DUCLOUX 5462, 6420). Tjiaometi bei Tjiaodjia (DUCLOUX 6416). Tschaho (MAIRE). Hinter Gungschan am Wege nach Suifu (MELL.). S.: Lungdschu-schan bei Huili, stellenweise massenhaft (5182). Ebenso auf dem Sattel zwischen Niutschang und Yenyüen. Unter Lidsekou n von hier. Im Dung-ho-Gebiete (LEGENDRE). Tatsienlu (SOULIÉ). Dungngolo (S. 680, 2795).

G. crassicaulis DUTHIE (*G. tibetica* FORB. et HEMSL., non KING). NW-Y.: Bei Lidjiang, v. E. (3757). S.: Offene Stellen der tp. St. ober Sili bei Muli, Sandstein, 2900—3100 m (7212).

* *G. robusta* KING in HOOK., Ic. Pl., V., t. 1439 (1883). W-S.: Dungngolo, 1893—1894 (SOULIÉ 2254, 2791, 2792).

KUSNEZOWS Unterordnung dieser Art als schwer unterscheidbare Varietät unter *G. tibetica* KING (Act. Hort. Petrop., XV., 323 [1904]) kann nur darauf beruhen, daß ihm Bastarde dieser in der Kultur sich leicht kreuzenden Arten vorlagen. Die Arten sind nicht sehr nahe verwandt. *G. tibetica* kommt nahe *G. crassicaulis*, während *G. robusta* als eine aufrechte, vergrößerte *G. straminea* mit etwas fleischigen Stengeln und vielblütigen Köpfen angesehen werden kann.

G. straminea Maxim.: Syn.: *G. dendrologi* Marq. in Kew Bull., 1931, 79.

** *G. officinalis* H. Sm.

Sect. *Aptera* Kusnez.

Perennis. Radix valida, verticalis, vulgo uniceps, monopodium basi residuis vetustis filamentosis vestitum emittens foliis magnis, subrosulatis terminatum, ex axillis inferioribus ramos cauliformes floriferos (saepius singulum) ad 25 cm longos edens. Folia rosulae lanceolata, acuta, c. 20 × 3 cm, 5—7-nervia; caulina rosulariis conformia, sed minora, media c. 9 × 1^1/$_2$ cm, 3—5-juga, omnia subtus glaucescentia. Flores flavescentes, extus interdum coerulescenti tincti, c. 20 mm longi, in capitulum densum terminale, c. 10-florum vel etiam in axillis 1—2 summis 3—10 congesti. Calyx 7 mm longus, albo-membranaceus, ad ^{1}/$_3$ vel minus fissus, ore truncato, inconspicue 5-dentato. Corollae tubus cylindricus; lobi ovato-triangulares, acuti, fere acuminati, c. 4 mm longi et c. 3^1/$_2$ mm lati; plicae triangulares, acutatae, c. 1^1/$_2$ mm longae. Stamina tubo 7 mm supra basin adnata, parte libera 7 mm longa basin versus subincrassata, antheris 2,6 mm longis. Ovarium subsessile, stipite c. 1^1/$_2$ mm longo, apice in stylum distinctum, 1^1/$_2$ mm longum attenuatum, ramis stigmatiferis brevissimis. Semina submatura oblonga, 1,4 × 0,5 mm magna, testa levissime reticulato-striatula.

NW-S.: Gebirge um Sungpan, VI.—VIII. 1914 (Weigold). Hier auf Wiesen, 3100—3900 m, 1.—18. VIII. 1922, bei Tschuntsche (H. Smith 4135, Typus), zwischen Sungpan-ho und Hwangdschengwan (H. Sm. 4010) und auf dem Hsueschan (H. Sm. 4100). W-Kansu: Niemalankou am Wege nach Labrang (Ching 753). Gipfel bei Labrang (Ch. 807).

Ex affinitate *G. macrophyllae* Pall., a qua stylo distincto, forma et colore floris, corollae lobis acutis inter alia differt, et *G. Grombczewskii* Kusnez. in Bull. Ac. Sci. St. Pétb., XXXV., 349 (1893), quae species habitu subsimilis capsula longe stipitata, corollae lobis obtusis plicis subaequilongis distat.

Aus den Wurzeln gewisser *Gentiana*-Arten (meist der Sektion *Aptera*) hergestellte Drogen werden aus W-China ausgeführt. In N-Setschwan scheinen sie besonders von *G. officinalis* und *straminea* zu stammen, die in der Gegend von Sungpan nahezu ausgerottet sind.

Gentianella Moench

G. contorta (Royle) H. Sm. (*Gentiana c.* Royle, Ill. Bot. Him., 278, t. 69, fig. 3 [1839]). Y.: Im NW in einem beschatteten Graben der trockenen str. St. am Mekong zwischen Tsedjrong und Serä, 28° 5', kristallinischer Boden, 2100 m (7975, Schattenform). Im NE auf Matten der wtp. St., 2500—2550 m, bei Dungtschwan, Djintschungschan, Banpiengai und Lagu (Maire).

** *G. grandis* H. Sm.

Syn.: *Gentiana grandis* H. Sm. in Sitzgsanz. Ak. W. W., LXIII., 100 (1926).

Biennis (vel etiam annua?), 20—60 cm alta. Caulis erectus, firmus, basi ad 5 mm crassus, parte superiore et media vel fere ad basin remote ramosus, ramis subpatentibus, raro iterum ramosis, flore magno, longipedicellato terminatis, pedicellis 8—16 cm longis, rigidis, fere 2 mm crassis; internodia 3—6, vulgo foliis subaequilonga. Folia rosularia evanida, vel (in planta annua?) persistentia, obovata — anguste obovato-lanceolata, obtusa, juniora lanceolata, subacuta; caulina glaucescentia, firmula, 3—5 (— 6)-juga, sessilia, semiamplexicaulia, infima ± lanceolato-linearia, subacuta—acuta, ad 6 cm longa et 0,6 cm lata, media et superiora attenuato-linearia, acutissima, 5—8 cm longa 2—4 mm lata, marginibus recurvatis, nervo mediano subtus prominente. Flores 4-meri, coerulei, erecti, 7—10 cm longi. Calyx 5—7 cm longus, nervis loborum medianis prominentibus leviter 4-angulatus, tubo anguste infundibuliformi sensim in pedicellum angustato, 1,5—2,2 cm longo, ore c. 1 cm diam., lobis valde inaequalibus, exterioribus binis firmulis, triangulari-subulatis, apice triquetris, non vel basin versus anguste albomarginatis, 32—40 mm longis, interioribus binis tenuioribus, elongato-triangularibus superne (vix vel) anguste, basin versus ad $1^{1}/_{2}$ mm late hyalino-marginatis, 24—28 mm longis, 7—9 mm latis. Corolla ad dimidium fissa, tubo obconico-cylindraceo nectariis 4 minutis 5—$7^{1}/_{2}$mm supra basin instructo, loborum quarta parte inferiore tubi natura, superiore petaloidea, rhomboideo-elliptica, 35—45 mm longa, 14—18 mm lata, margine tertio infimo laciniata, laciniis fimbriiformibus, infimis 2—3 mm longis, arcuato-patentibus, caeterum sublaevi. Stamina 25—30 mm supra basin affixa, parte libera 12 mm longa, filamentis filiformibus paulum incrassatis, antheris dorsifixis, coeruleis, 5 mm longis. Ovarium stipite 8—11 mm longo, lanceolato-cylindricum, stylo distincto, $2^{1}/_{2}$ mm longo, stigmatibus semiorbicularibus. Semina cylindracea, 0,9 × 0,45 mm longa et crassa, densissime et longiuscule erinaceo-papillosa.

NW-Y.: Bei Lidjiang, VI.—IX. 1914—1916, v. E. (3754). Von hier aus Samen von ROCK 11437. S.: Grasige Stellen der Täler der tp. St. zwischen Betiaoho und Mabaho n von Yenyüen, Kalk, 2870—2900 m, 4. X. 1914 (5482, Typus) und darüber am Hwang-liangdse bis an die ktp. St. einzeln bis 3850 m, 27° 50'.

G. barbatae (FROEL.) BERCHT. et PRESL affinis, sed robustior et foliis firmulis glaucescentibus, internodiis paucis, ramis subpatentibus, floribus maioribus, longius pedicellatis diversa.

G. detonsa (ROTTB.) G. DON, Gen. Syst., IV., 179 (1838) (*Gentiana d.* ROTTB.) s. l. Steppen, Heidewiesen und buschige Stellen der wtp. bis in die ktp. St., 2400—3700 m. Y.: Paß zwischen Hungngai und Dschaodschou s von Dali. Im NW beim Lagerplatz Djolo (7683) und ober Baoschi (7709) se von Dschungdien. S.: Häufig in der Hochebene von Yenyüen (5428) und noch spärlich zwischen Malade und Lidsekou n von hier (4359). Im NW bei Sungpan (WEIGOLD).

Nr. 7683, 7709, dann LIMPRICHT 2034, 2390 und 2750 und eine Pflanze WEIGOLDS gehören zu ***G. paludosa*** (MUNRO) H. SM. (*Gentiana dentonsa* var. *p.* MUNRO in HOOK., Ic. Pl., IX., tab. 857 [1852]), 5428 und 5459 zu ***G. stenocalyx*** H. SM. ined. und eine andere Pflanze WEIGOLDS zu *G. scabromarginata* H. SM. ined., gut geschiedenen Arten, die aber erst zusammen mit einer vollständigen Bearbeitung der Gruppe veröffentlicht werden können.

**G. pulmonaria* (TURCZ.) H. SM. (*Gentiana p.* TURCZ. in Bull. Soc. Nat. Mosc., XXII/2., 317 [1849]). NW-S.: Gebirge um Sungpan, VI.—VIII. 1914 (WEIGOLD).

G. cyananthiflora (Franch.) H. Sm. (*Gentiana c.* Franch.). Matten und feuchter Gehängeschutt der Hg. St., 3900—4600 m. NW-Y.: Bei Lidjiang, v. E. (3750). S.: Hwang-liangdse zwischen Yenyüen und Kwapi, 27° 48′ (5523). Im W (Limpricht 2119, als *G. falcata* Turcz.). **Tibet:** Prov. Tsarong: Auf dem Doker-la (8144).

Nr. 5523 weicht durch spitzliche Blätter etwas ab.

G. Trailliana (Forr.) H. Sm. (*Gentiana T.* Forr.). S.: Rasen und steinige Matten der tp. bis in die Hg. St., 3100—4075 m. Hwang-liangdse zwischen Yenyüen und Kwapi, 27° 48′ (5518). Westseite des Sandao-schan ne von dort (5569).

—— var. *Beesiana* (W. W. Sm.) H. Sm. (*Gentiana B.* W. W. Sm. in Not. Bot. Gard. Edinb., VIII., 187 [1914]). NW-Y.: Bei Lidjiang, v. E. (3756).

Zwischenformen zwischen Art und Varietät sind ebenso häufig, wie die Extreme. Auch Nr. 5518 ist eine solche.

G. gentianoides (Franch.) H. Sm. (*Swertia g.* Franch. — *Gentiana scabratopes* W. W. Sm. in Not. Bot. Gard. Edinb., VIII., 187 [1914]). NW-Y.: Steinige Wiesen der tp. St. am Fuße des Berges Lojatso n von Lidjiang selten, Kalk, 2950 bis 3200 m (12981) und wahrscheinlich auch in der Steppe der wtp. St. in der Durchbruchsschlucht des Yangtse durch den Yülung-schan.

Lomatogonium A. Br.
(*Pleurogyna* Eschsch.)

** *L. cuneifolium* H. Sm. in Sitzgsanz. Ak. W. W., LXIII., 105 (1926).

Syn: *L. oreocharis* Marq. in Journ. Linn. Soc., Bot., XLVIII., 207 (1929), quoad specim., excl. synon.

Perenne, omnino glabrum, crassiusculum. Rhizoma subrepens, rosulas steriles et caules floriferos edens. Caules sat copiose et aequaliter foliati, adscendenti-erecti, simplices, subquadrangulares, ad 7—10 cm alti, uniflori vel saepe subumbellatim 2—4 flori. Folia rosulae sterilis cuneata, apice rotundata vel truncata, in petiolum haud distinctum sensim attenuata, 7—12 mm longa, 5—8 mm lata, rosularia caulis floriferi florendi tempore mortua; caulina 5—7-juga, media paullo majora, 14—19 mm longa et 7—9 mm lata, cuneata, apice rotundata, in petiolum brevem dilatatum sensim attenuata, basi haud connata, infima apice obtusissima, superiora lanceolato-obovata. Alabastra nutantia. Flores coerulei, ampli, ad 3,2 cm diametro, suberecti—erecti, pedicellis 1—2$^{1}/_{2}$ cm longis, 5-meri. Calycis tubus late campanulatus, 3—3$^{1}/_{2}$ mm longus; lobi e basi lata obovati, apice rotundo, trinervii, c. 7 mm longi, parte superiore 2$^{1}/_{2}$—4, basi 2—2$^{1}/_{2}$ mm lati. Corolla fere ad basin fissa, tubo vix 2 mm longo, lobis ellipticis, obtusis, concavis, ad 16 mm longis et 10 mm latis, foveolis binis parvis, indusio ore fimbriato ad 2$^{1}/_{2}$ mm longo. Stamina tubo affixa, corollae lobis $^{2}/_{5}$ breviora, filamentis filiformibus paullo incrassatis, antheris medio dorsifixis, 3$^{1}/_{2}$ mm longis, coeruleis. Ovarium aurantiacum, anguste cylindraceum, apicem versus paullo attenuatum, c. 13 mm longum, 2 mm diametro, dimidio inferiore solum seminiferum; stigmata inconspicua, linearia, c. 3 mm longe decurrentia. Capsula nondum matura 19 mm longa, 2,3 mm diam., ovulis c. 30, globosis.

NW-Y.: Steinige Stellen der ktp. St. auf dem Gipfel Lojatso n von Lidjiang („Likiang"), Kalk, 3625 m, 10. X. 1916 (12983, Typus). Zwischen Djientschwan und dem Mekong, X. 1922 (Forrest 22578 als *Pleurogyne oreocharis*). Tibet: Temo-la (Ward 6186, als *L. oreocharis*).

Species valde insignis, affinis non solum *L. oreocharidi*, quod differt i. a. area stigmatifera fere ad basin ovarii apice non attenuati decurrente, sed etiam *Gentianellis*.

L. oreocharis (Diels) Marq. in Journ. Linn. Soc., Bot., XLVIII., 207 (1929), quoad syn. tantum, excl. specim. (*Pleurogyne o.* Diels in Not. Bot. Gard. Edinb., V., 222 [1912]). NW-Y.: Bei Lidjiang, v. E. (3748).

**** L. longifolium** H. Sm.

Perenne, glabrum, ad 17 cm altum. Rhizoma subrepens, e collis paulum incrassatis rosulas steriles et caules floriferos emittens. Caulis rigidus, modice quadrialatus, a basi fastigiatim ramosus, ramis erecto-patentibus, basalibus caule vix tenuioribus. Flores 8—35, subfastigiatim dispositi, erecti, pedicellis rigidis 30—60 mm longis. Folia 3-nervia, rosularia anguste obovato-spathulata, 30—40 mm longa, 6—8 mm lata, lamina in petiolum late alatum sensim attenuata; caulina late sessilia, subamplexicaulia, late lineari-lanceolata, 30—50 mm longa, 7—14 mm lata, 2—4 juga, internodiis longiora. Flores 5 meri, dextrotorti. Calycis tubus perbrevis, 1 mm longus, lobi lineares—lanceolato-lineares, apice vulgo modice recurvato, 9—12 mm longi, $1^1/_2$—$2^1/_2$ mm lati. Corollae pallide coeruleo-roseae, saturatius vittatae et maculatae (e Forrest) tubus perbrevis, lobi oblique elliptico-lanceolati, acuti, 13—16 mm longi, 5—$6^1/_2$ mm lati, binectariferi, indusiis nectariorum basi solum saccatis, ore patente circumcirca subirregulariter 1 mm longe fimbriato. Stamina corollae lobis c. $^2/_5$ breviora, antheris coeruleis 4 mm longis. Ovarium aurantiacum, subcylindricum, sessile; area stigmatifera lateralis in infimis 3 et in summis 2 mm ovarii deficiens. Semina semimatura levia, globosa, $^1/_2$ mm diam. (Capsula, semina matura non visa).

NW-Y.: Schutt, Gekräute und feuchte Matten der Hg. St. des birm. Mons. zwischen Mekong und Salwin auf dem Schöndsu-la, 28° 4′, Kalk, 4025 m, 22., 23. IX. 1915 (8249, Typus) und am 27° 30′, IX. 1921 (Forrest 20721).

Ex affinitate *L. oreocharidis*, quod i. a. foliis distincte petiolatis, laminis rotundatis, et *L. caespitosi* H. Sm. ined., quod caule basi non ramoso, foliis brevibus et floribus minoribus distat.

L. carinthiacum (Wulf.) A. Br. **var. cordifolium** Franch. NW-Y.: Hochkrautfluren der Hg. St. des birm. Mons. unter dem Doker-la an der tibetischen Grenze, Granit, 4200—4250 m (8077).

L. Forrestii (Balf. f.) Fern. in Rhodora, XXI., 197 (1919) (*Pleurogyna F.* Balf. f.). Y.: Matten und Wiesen der wtp. und tp. St., 2200—3500 m. Im NW auf den Sätteln des Litiping e von Weihsi (8489). Zwischen dem Yangtse und Yungning (Forrest 20785). Im NE auf den Bergen bei Dungtschwan (Maire). Im E an der Grenze von **Kw.** am Hauptweg nach Guiyang (Nordström).

Forrests Pflanze nähert sich schon sehr dem *L. deltoideum* (Burk.) H. Sm. (*Swertia deltoidea* Burk.).

**** L. saccatum** H. Sm.

Annuum, glabrum, erectum, ad 30 cm altum. Caulis quadrilineatus, rubescens, e basi simplex, sursum laxe et anguste pyramidato-ramosus, ramis gracilibus, erecto-patentibus, paucifloris. Folia caulina 7—9-juga, internodiis breviora, infima ad anthesin delapsa, media sessilia, lanceolata, 20—30 mm longa,

4—5 mm lata, 3-nervia. Flores conspicui, laete coerulei (e nota ad vivum), erecti, pyramidatim laxe dispositi, pedicellis filiformibus $1^{1}/_{2}$—$2^{1}/_{2}$ cm longis, dextrotorti. Calycis tubus perbrevis; lobi lineari-lanceolati acutiusculi vel acuti, 9—10 mm longi, $1^{1}/_{2}$—2 mm lati. Corollae tubus perbrevis; lobi late lanceolati, acuti, 13—15 mm longi, $4^{1}/_{2}$—$5^{1}/_{2}$ mm lati, binectariferi, indusiis nectariorum ovaliter sacciformibus petalis longitudinaliter adnatis, ore erecto non ampliato subaequaliter et brevissime fimbriatis. Stamina corollae lobis tertia parte breviora, antheris laete coeruleis, 4 mm longis. Ovarium aurantiacum, subcylindricum, 12—14 mm longum; area stigmatifera lateralis apicem non attingens, ovarii $^{3}/_{5}$ descendens. (Capsula, semina non visa).

S.: Gebüsche der tp. St. zwischen Tangetu und Hwangliangdse n von Yenyüen, 27° 45', Kalk, 3300 m, 4. X. 1914 (5485, Typus). Grashänge bei Muli, 2450—2750 m, 15. X. 1921 (Ward 5969).

Ex affinitate *L. Forrestii*, *L. deltoidei* et *L. linearifolii* H. Sm. ined. Ab omnibus differt indusiis nectariorum sacciformibus ore erecto nec patente brevissime fimbriatis.

Swertia L.

**** *S. pauciflora* H. Sm.**
Sect. *Euswertia* C. B. Clke.
Perennis, ad 15 cm alta, glabra, crassiuscula. Collum residuis foliorum atrobrunneis vestitum, pluriceps, rosulas steriles et caules floriferos gerens. Caules 2—3-nodi, foliis basalibus sublongiores; flores subfastigiati, longe pedicellati, ex axillis foliorum caulinorum singuli. Folia rosularia pluria, 3-nervia, lamina lanceolata, apice obtusa, 4—6 cm longa et 0,8—1,5 cm lata, in petiolum ad 6 cm longum, late alatum sensim attenuata; caulina subopposita, inferiora rosulariis similia petiolo breviore et latiore, superiora sessilia decussata. Flores 5-meri, erecti, viriduli, basi pallide coerulei (e nota ad vivum), c. $1^{1}/_{2}$ cm longi et lati. Calycis tubus perbrevis; lobi lineari-lanceolati, acutiusculi, uninervii, 11—15 mm longi et 2—3 mm lati. Corollae tubus perbrevis; lobi lanceolati, apice vulgo paulum emarginati, 12—14 mm longi et 4—5 mm lati, basi binectariferi, foveolis nectariferis distinctis, margine inferiore prominente fimbriis 7—9 filiformibus 3—4 mm longis ornato. Staminum filamenta crassa, 5 mm longa, antheris elongato-cordiformibus, 2 mm longis. Ovarium elongato-ovatum, apice attenuatum, stigmatibus sessilibus; ovula complanata, alata?, irregulariter quadrangularia. (Capsula, semina non visa).

S.: In tiefem Kalkschutt des Hanges unter dem Passe Santante auf dem Berge Saganai ober Muli, 4300—4375 m, 30. VII. 1915 (7323).

Ex affinitate *S. Souliei* Burk., sed statura humiliore, basi copiose foliosa floribusque minoribus i. a. distincta.

S. calycina Franch. NW-Y.: Tannenwälder der ktp. St. ober Bödö gegen die Alm Hsiao-Niutschang, 3850 m. W-S.: (Wilson, Arn. Arb. Exp. 2450).

— — **var. *maior*** Diels in Not. Bot. Gard. Edinb., V., 223 (1912). NW-Y.: Bei Lidjiang, v. E. (3744). Gegen Dschungdien (Schneider 3000). Hier auf ziemlich trockenen Matten der tp. St. an der Westseite des Gebirges Piepun, 3600—3700 m.

**** *S. elata* H. Sm.** in Sitzgsanz. Ak. W. W., LXIII., 106 (1926).

Sect. *Euswertia* C. B. Clke.

Perennis, omnino glabra. Rhizoma breve uni- vel 2—3-ceps, e collo vaginis vetustis cincto rosulas steriles vel caules floriferos edens. Caulis singulus, erectus, ad 1 m altus; inflorescentia laxa et angusta caulem dimidium vel ultra occupans. Folia basalia longe vaginato-connata (5- —) 7-nervia, nervis in apicem confluentibus, crassiuscula, laminis lanceolatis, 10—16 cm longis, 2,2—3,8 cm latis, in petiolos 3—5 cm longos, late alatos sensim attenuatis; caulina sursum in bracteas sensim mutata, eflorifera 2—3-juga, infima maxima, anguste lanceolata, 10 usque 14 cm longa, 1,2—2,1 cm lata, sessilia, 5—7 mm longe vaginato-connata; bracteae 6—7-jugae, infimae foliaceae, anguste triangulari-lanceolatae, ad 7 cm longae et 1,3 cm latae, sursum decrescentes, superiores lineari-subulatae vix 1 cm longae; infimae ramulos remotifloros, stricte erectos emittentes. Flores 5-meri, parvi, viriduli, coeruleo signati (e nota ad vivum) nutantes—suberecti, pedicellis 2—5 cm longis. Calycis tubus perbrevis; lobi anguste lanceolato-triangulares, acuminati, integri, 8—12 mm longi et 2—$2^1/_2$ mm lati. Corolla fere ad basin fissa, lobis late lineari-lanceolatis, apice interdum truncatis, 10—11 mm longis et $3^1/_2$—$4^1/_2$ mm latis, ad basin binectariatis, nectariis parvis, subsaccatis, margine, parte superiore excepto, fimbriato, fimbriis c. 10 vix 1 mm longis. Stamina corollae tubo affixa, lobis paullo breviora, filamentis filiformibus, antheris versatilibus, coeruleis, $1^1/_2$ mm longis. Ovarium sessile, ovato-lanceolatum, $6^1/_2$ mm longum et $2^1/_2$ usque 3 mm crassum, stylo subnullo, stigmatibus brevibus coronatum. (Capsula, semina non visa).

Sümpfe der ktp. St. auf Tonschiefer, 3925—4300 m. **S.**: Auf dem von Muli gegen Dschungdien ziehenden Rücken, vom Lagerplatze Tschako jenseits des Passes Döko, 4. VIII. 1915 (7396, Typus) bis unter den Gipfel Gonschiga überall. **NW-Y.**: Alm Dsilu se von Dschungdien, 16. VIII. 1915 (7667).

Species ex affinitate *S. speciosae* Wall., i. a. floribus multo minoribus, calycis lobis integris distincta, habitu quadammodo *S. erythrostictae* Max. similis.

S. tibetica Bat. **NW-Y.**: Sumpf in der ktp. St. auf dem Nguka-la se von Dschungdien gegen Djitsung am Yangtse, Tonschiefer, 4125 m (7754). **W-S.**: (Wilson, Arn. Arb. Exp. 2452).

Handel-Mazzettis Pflanze ist sehr kräftig, 73 cm hoch.

*** S. Wardii** Marq. in Journ. Linn. Soc., Bot., XLVIII., 208 (1929). **S.**: Matten der Hg. St. auf dem Hwang-liangdse zwischen Yenyüen und Kwapi, 27° 48′, Kalk, 3900—4075 m, 5. X. 1914 (5522).

**** *S. atroviolacea* H. Sm.** in Sitzgsanz. Ak. W. W., LXIII., 106 (1926).

Sect. *Euswertia* C. B. Clke.

Perennis, omnino glabra. Caulis 15—25 cm altus, e rosula basali ortus, tertia parte superiore remote pauciflorus, floribus 3—10, pedicellis ad 4 cm longis suberectis—patentibus, arcuatis; alabastra nutantia. Folia rosularia petiolata, 5—7nervia, nervis in apicem confluentibus, laminis lingulatis, obtusis, 4—6 cm longis, c. $2^1/_2$ cm latis, in petiolos alatos 1—3 cm longos sensim attenuatis; caulina sessilia, (3 —) 4-juga, sursum decrescentia, in bracteas mutata, infima e basi lata anguste ovata obtusa, ad 6 cm longa et 2,3 cm lata, superiora triangulari-lanceolata haud accurate opposita, basi nunquam connata. Flores subrotati, ampli, ad $2^1/_2$ cm diametientes, intense violacei fere nigri (e nota ad vivum) 5-(raro 4-) meri. Calycis tubus perbrevis; lobi anguste triangulares, 6—$7^1/_2$ mm longi, basi $2^1/_2$ mm lati, margine integro, subhyalino. Corollae tubus brevis; lobi (interdum subovato- vel etiam subobovato-) elliptici, margine apicem versus minutissime sublacerato, 9—11 mm longi, $4^1/_2$—$5^1/_2$ mm lati; nectaria bina, valde approximata, saepius in unum confluentia, amba c. $2^1/_2$ mm lata, $1^1/_2$ mm longa, 2—$2^1/_2$ mm supra basin locata, marginibus fimbriis filiformibus haud numerosis ad $1^1/_2$ mm longis instructis. Stamina corollae tubo affixa, lobis $^2/_5$ breviora, basi fimbriis 1 mm longis cincta, filamentis filiformibus, crassiusculis, antheris versatilibus, 2 mm longis. Ovarium ovato-oblongum, florendi tempore ad 8 mm longum et $3,5$ mm crassum, stigmatibus brevibus, subsessilibus coronatum. (Capsula, semina non visa).

NW-Y.: Kalkblöcke und Matten der Hg. St., 4025—4575 m. Beima-schan zwischen Yangtse und Mekong, 28⁰ 12′, VIII. 1917 (Forrest 14566). Im birm. Mons. auf dem Schöndsu-la zwischen Mekong und Salwin, 28⁰ 4′, 2. VIII. 1916 (9623, Typus) bis auf den Gipfel Maya.

Ex affinitate *S. erythrostictae* Max, quae species habitu, inflorescentia et locatione nectariorum subsimilis est, tamen flore viridi-lutescente, multo minore et nectariis singulis longe distat.

** *S. Handeliana* H. Sm. in Sitzgsanz. Ak. W. W., LXIII., 106 (1926).

Sect. *Euswertia* C. B. Clke.

Perennis, omnino glabra, humilis, caespitosa, dense rosulata, multicaulis, caulibus simplicibus, 2—4 cm longis, unifloris. Folia rosularia numerosa, conferta, petiolata, laminis ovato-ovalibus vel fere orbicularibus, 4—6 mm longis, 3—$3^1/_2$ mm latis, in petiolos subalatos 5—9 mm longos contractis; caulina 2-(— 3-)juga, spathulato-obovata, 4—7 mm longa, $2^1/_2$—4 mm lata, subsessilia, haud connata. Flores semper 4-meri, coerulei (e nota ad vivum), c. 1 cm diametro; sepala sublibera, c. 1 mm longe connata, lanceolata, apice subattenuata, $4^1/_2$—6 mm longa, $1,7$—$2,7$ mm lata. Corollae tubus perbrevis; lobi elliptici, apiculati, 8—9 mm longi, $3^1/_2$—4 mm lati, 1 mm supra basin nectario unico parvo, $1 \times 1^1/_2$ mm, glabro, colore solum obscuro distincto. Stamina corollae lobis tertia parte breviora, filamentis filiformibus, antheris versatilibus, coeruleis, $0,6 \times 0,8$ mm latis et longis. Ovarium ovato-lanceolatum, seminibus c. 10, stylo brevissimo, stigmatibus subglobosis. Capsula sessilis, lanceolato-cylindracea, 7 mm longa et $3^1/_2$ mm diametro. Semina (e capsula annotina) globosa, $0,75$ mm diametientia.

NW-Y.: Gesteinfluren der Hg. St. des birm. Mons. auf Glimmerschiefer, 4130—4500 m. Zwischen Mekong und Salwin auf dem Hauptkamm s über dem Si-la, 28⁰, und im obersten Doyon-lumba, 28⁰ 9′, 5. VIII. 1916 (9700). Zwischen Salwin und Irrawadi am Hange des Gomba-la ober Tschamutong gegen den Paß Tsukue, 15.—17. VIII. 1916 (9875, Typus).

Species valde distincta, in genere nullae comparanda nisi *S. Stapfii* Burk. mihi non visae. Quae differt flore 5 mero, 3 cm diametiente et tota multo maior.

S. patens Burk. in Journ. As. Soc. Beng., n. ser., VII., 82 (1911) (*Pleurogyne Mairei* Lévl. in Rep. sp. nov., XIII., 258 [1914], e typo). Y.: Steinige Hänge der str. St. auf Kalk zwischen Djiaoping und Dschenmindö in der Seitenschlucht des Yangtse n von Yünnanfu, 1400 m (5661).

**** *S. patula* H. Sm.**

Sect. *Ophelia* (D. Don) C. B. Cl.

Planta annua, glabra. Caulis brevis, a basi pluriramosus, ramis $\pm$ decumbentibus, subaequimagnis, ad 15 cm longis, leviter quadrialatis, 4—6 nodis, sursum parce ramosis. Folia rosularia florendi tempore vulgo evanida spathulato-lanceolata, ad 16 × 5 mm magna, lamina in petiolum brevem sensim contracta, 1—3-nervia, glabra. Folia caulina inferiora 13—17 mm longa, supra medium 3—5 mm lata, sensim in petiolum $\pm$ distinctum attenuata, superiora decrescentia, lanceolata-linearia, acuta. Pedicelli 8—18 mm longi. Flores singuli erecti 4meri, rosei (e collectore), patentes. Calycis tubus brevissimus; lobi lanceolato-lineares, acuminati, mucronulati, ad 1,8 mm lati et 10—14 mm longi. Corollae tubus perbrevis; lobi elliptici, $5^1/_2$—7 mm lati et 10—14 mm longi, apiculati, $1^1/_2$ mm supra basin bifoveolati; foveolae indusiis membraniformibus apice inconspicue fimbriatis obtectae. Stamina ad basin loborum inserta, filamentis ad 5 mm longis, antheris dorsifixis vix 2 mm longis. Ovarium (juvenile) brevistipitatum, cylindraceo-ovoideum, in stylum indistinctum attenuatum. (Capsula, semina non visa).

NW-Y.: Trockene Hänge der str. St. bei Loyü in der Durchbruchsschlucht des Yangtse durch den Yülung-schan nw von Lidjiang, Schiefer, 2300 m, häufig, 18. X. 1916 (12990, Typus). S.: Matten um Muli, „3350—3950 m“, X. 1918, IX. 1921 (Forrest 17041, 20663).

S. patenti Burk. subsimilis, sed ⊙ (nec. ♃), calycis lobi angusti, sublineares (nec a basi 4—5 mm lata subtriangulares), corollae lobi latiores, rosei (nec albi, rubropunctati).

Die Pflanzen Forrests, der nie selbst in Muli war, stammen von einheimischen Sammlern, weshalb die Höhenangabe zu bezweifeln ist.

S. pubescens Franch. Y.: Wiesen des Dsang-schan bei Dali, 2800—3200 m (Schneider 2917). Im NW bei Lidjiang, v. E. (3749).

S. cincta Burk. Hecken, üppige Grasplätze und feuchte Stellen der wtp. bis in die tp. St., 2200—3050 m. Y.: Beyendjing (Ten ex hb. Berol. 259). Um Gwanschan zwischen Dali und Lidjiang (8518). Im NE bei Dungtschwan (Maire) und hinter Gungschan am Wege nach Suifu (Mell). S.: Ober Niutschang se von Yenyüen (5419) und zwischen Tangetu und Hwangliangdse n von hier. **Kw.**: Zwischen Pingyi und Yidsegung (Schoch 388 p. p.).

S. angustifolia Ham. var. **pulchella** (Ham.) Burk. in Journ. As. Soc. Beng., n. ser., II., 375 (1906) (*S. p.* Ham.). Steppen und ausgetrocknete Gräben der wtp. St. Y.: Beyendjing (Ten 1362). S.: Häufig von Huili bis Fongsaying, 1900—2000 m (5097, 5121). **H.**: Um Hsikwangschan bei Hsinhwa, 600—900 m (12606).

S. nervosa Wall. Y.: Gebüsche, trockene Wiesen und Hänge der wtp. und str. St., 500—2400 m. Von Schalungschu bis unter Bödschagwan am Hange der Yangtse-Schlucht n von Yünnanfu (5659). Unter Tschuhsiung (8591). Im NW am Yangtse ober Schigu und in seinem Seitental gegen Weihsi bis Lako. Unter Weihsi (8487). Im NE im mittelchin. Fl. am Flußufer bei Dagwan (Maire).

S. bimaculata (Siebd. et Zucc.) C. B. Cl. Gebüsche, Bach- und Grabenränder und üppige Grasplätze der wtp. und str. St., 1500—2850 m. **Y.**: Am Wege

von Yünnanfu nach Dali zwischen Bidjigwan und Nganning und bei Dschaodschou. Zwischen Beischan und Tienwei n von Dali (8539). S.: Dawanying bei
Huili (5637). Dschenbaörl am Zuflusse des Yalung gegen Yenyüen (5292) und
unter Lidsekou n von hier. Kw.: Zwischen Pingyi und Yidsegung (Schoch 388 p. p.).

S. Mussoti Franch. W-S. (Limpricht 2352, als *S. angustifolia* Ham.). Min-
Tal von Sungpan bis Tietschi (Weigold).

S. decora Franch. Steppen der wtp. St., 1800—2750 m. Y.: Um Yünnanfu
(Cavalerie 4678). Berg Sandjigu ober Hsinlung (5681) und am Hange der
Yangtse-Schlucht n von hier. Im E bei Tschangyi (Schoch 365). S.: S von
Huili. Häufig auf den Hochebenen um Yenyüen (5429). Lumapu über dem Ya-
lung ne von hier.

S. yunnanensis Burk. Steppen und steinige Matten der wtp. bis in die
tp. St., 2000—3350 m. Y.: Um Yünnanfu (Cavalerie 4672). Ober Hsinlung
und viel w von Sanyingpan n von dort. Beyendjing (Ten ex hb. Berol. 351).
Hier auf dem Lung-schan (Ten 1455). Im NE um Dungtschwan (Maire). S.:
Rücken Luidaschu s von Huili (5648). Westhang des Sandaoschan ne von
Yenyüen (5571).

S. punicea Hemsl. Wiesen, feuchte Stellen, Bachränder der wtp. bis
die str. St., 2000—2800 m. SW-Kw.: Hwangtsaoba (Cavalerie 4325). Y.:
Hsi-schan bei Yünnanfu. Dschennan am Wege nach Dali. Beyendjing (Ten
ex hb. Berol. 344). Hier auf dem Lung-schan (T. 1454). Häufig zwischen Dali
und Lidjiang. Im NW bei Lidjiang, v. E. (3747). Um Laba e von Dschungdien
(7652). Am Mekong bei Yedsche und Guta. Im birm. Mons. unter Lupe am
Alülaka bei Tschamutong am Salwin. Im E bei Tschangyi (Schoch 366). Im
NE bei Dungtschwan (Maire) und bei Dschenfungschan in mittelchin. Fl.,
640 m (M.). S.: Yimen n von Huili. Im Becken von Yenyüen bei Yalingba (5432)
und häufig bis Beidjeho und Hwapolu. Muli.

— — var. *lutescens* Franch. in sched. NW-Y.: Bei Lidjiang, v. E. (3745).
Trockene Gebüsche der str. St. am Yangtse ober Schigu w von Lidjiang zerstreut,
26⁰ 50′—27⁰ 2′, 1920—1950 m (8511).

S. hypericoides Diels in Not. Bot. Gard. Edinb., V., 222 (1912). NW-Y.:
Wegränder in wtp. Mischwäldern des birm. Mons. sw ober Londjre am Mekong,
28⁰ 9′, Schiefer, 2700—3000 m (8203).

S. macrosperma C. B. Clke. Wald- und Dschungelränder, Bachränder,
Wiesen und Brachen der wtp. bis in die ktp. St. Y.: 2200—3950 m. Yünnanfu
(Schoch). Im NW bei Lidjiang, v. E. (3746). Basulo s von Weihsi. Mbädjü n von
hier in dem bei Djitsung in den Yangtse mündenden Tale. Ober Anangu se von
Dschungdien (7694). Im birm. Mons. am Schöndsu-la zwischen Mekong und
Salwin, 28⁰ 4′ (8361). Im NE bei Dungtschwan (Maire), hinter Gungschan
(Mell) und im mittelchin. Fl. bei Dschenfungschan, 600 m (Maire). S.: Häufig
am Lungdschu-schan bei Huili (5183). W-Kw.: Zwischen Pingyi und Yidsegung
(Schoch 384).

S. membranifolia Franch. NW-Y.: In wtp. Regenmischwäldern des
birm. Mons. im Doyon-lumba am Salwin, 28⁰ 2′, Schiefer, 2500—2700 m (8290).

S. Delavayi Franch. NW-Y.: Trockene Gebüsche der str. St. zwischen
Schigu und Muschudi am Yangtse w von Lidjiang, Kalk, 1930 m (8513).

Blüten rosa, nach Franchet violett, nach Forrest hellblau.

S. gracilis Franch. **Y.**: Trockene Wälder, besonders von Föhren, und dürre Hänge der wtp. bis in die tp. St., 2450—3000 m. Unter Djiuho zwischen Dali und Lidjiang (8528). Im NW in der Durchbruchsschlucht des Yangtse durch den Yülung-schan. Über dem Mekong sw ober Londjre (8202) und unter dem Doker-la an der tibetischen Grenze (8064).

Descriptio autoris incorrecta. Nectarium singulum. Ovarium cylindricum; area stigmatifera intus spectans. Affinitate valde dubia.

Veratrilla (Baill.) Franch.

V. Baillonii Franch. Staudenfluren, Wiesen, Modermatten, feuchte Mulden der ktp. und Hg. St., 3850—4300 m. **NW-Y.**: Osthang des Gipfels Ünlüpe im Yülung-schan bei Lidjiang (6713). Rücken zwischen Haba und Dugwantsun se von Dschungdien (6905). Überall um den Nguka-la sw von Dschungdien. Paß Lenago zwischen Yangtse und Mekong, 27° 45′. Im birm. Mons. auf dem Schöndsu-la zwischen Mekong und Salwin, 28° 4′, und an der Ostseite des Passes Tschiangschel zwischen Salwin und Irrawadi, 27° 52′, bis 3600 m herab. **S.**: Berg Saganai ober Muli. Tschahungnyotscha jenseits des Yalung n von Yenyüen, 28° 15′ (2673).

Wird reichlich von Ameisen besucht, die die Köpfe mit Pollen bepudert haben. Wahrscheinlich liegen zwei sehr nahestehende Arten vor.

Halenia Borkh.

H. elliptica D. Don. Wiesen, Heidewiesen, steinige Lichtungen, Gebüsche der wtp. und tp., selten in die ktp. St., 2200—3900 m. **Y.**: Hsi-schan bei Yünnanfu (Schoch 278). Schalungschu über dem Yangtse n von hier. Ober Alaodjing und zwischen Dsaodjidjing und Hwadung (4966) e des Dsolin-ho. Im NW bei Lidjiang, v. E. (3868). Auf den Sinterablagerungen bei Bödö (4473), am Westhang des Gebirges Piepun (4797, s. Karst. u. Schenck, Vegetatb., 22. R., Taf. 47) und sonst überall um Dschungdien weite Strecken blau färbend. Basulo s von Weihsi. Im Tale von Djitsung am Yangtse gegen Weihsi. Im birm. Mons. auf dem Schöndsu-la zwischen Mekong und Salwin, 28° 4′. Im NE um Dungtschwan (Maire). **S.**: Alm Bädö ober Muli (7276). Zwischen Mabaho und Tangetu n von Yenyüen. Häufig auf dem Passe zwischen Yenyüen und Niutschang (5421). In Mengen auf dem Lungdschu-schan bei Huili. Im NW um Sungpan (Weigold). **W-Kw.**: Liangdoho (Schoch 391) und zwischen Pingyi und Yidsegung (Sch. 385).

Menyanthaceae

Menyanthes L.

M. trifoliata L. Moorwiesen und Gewässer der wtp. und tp. St., 1890 bis 2820 m. **S.**: Lanba im Lolo-Lande e von Ningyüen (1659). Tschoso unweit des Sees von Yungning. **Y.**: Schilfinseln im See bei Yünnanfu.

Für Yünnan schon von Franchet in Bull. Soc. Bot. France, XLVI., 324 (1899) angegeben, doch wurden die späteren Arbeiten Franchets für die Nachträge zu Forbes u. Hemsleys Index nur sehr mangelhaft exzerpiert.

Nymphoides HILL
(*Limnanthemum* GMEL. — *Villarsia* VENT.)

N. peltata (GMEL.) O. KTZE., Rev. Gen., 429 (1891) (*Limnanthemum peltatum* GMEL., Nov. Comm. Ac. Petrop., XIV., 527 [1770]. — *L. nymphoides* [L.] HOFFGG. et LINK). Seen, Gräben, Reisfelder in der str. und wtp. St . Y.: 1890—2400 m. Am See von Yünnanfu (5702). Yünnanyi. Dali. Djientschwan. N von Hodjing. S.: See von Ningyüen, 1625 m (1965); **Kw.**: Zwischen Tschaimou und Dayung am Weg von Gudschou nach Liping, 600 m (10935). **H.**: Gemein um Tschangscha bis über Wadsiping und Hsianghsiang, 40—100 m. **W-Ki.**: Um Pinghsiang, c. 600 m (Plt. sin. 150).

N. indica (L.) O. KTZE., l. c. (*Limnanthemum indicum* [L.] THW.). Seen und Lachen der str. bis in die tp. St. **Y.**: Am Wege von Ngulukö bei Lidjiang zum Moränenzirkus Saba, Sandstein, 3000 m (4336). **S.**: Überall an seichten Stellen des Sees von Ningyüen, 1625 m (1924?). **H.**: Bei Tschangscha gegen den Gu-schan (11353) und zwischen Hsianghsiang und Hsiangtan.

Nr. 1924 ist steril, mit jungen, kleinen Blättern mit gewellten Rändern und auffallend enger Grundbucht.

Apocynaceae

Melodinus FORST.

M. Seguini LÉVL. **SW-Kw.**: Dürre Gebüsche der wtp. St. bei Hwangtsaoba, Kalk, 1400 m (10283).

Frutex scandens. Pedicelli 2—10 mm longi. Petioli 4 mm longi. Calycis segmenta 4 mm longa.

Carissa L.
(*Arduina* L., nom. rejic.)

C. spinarum L. **F.**: Auf der Insel bei der Stadt Fudschou (ENANDER).

Alstonia R. BR.

A. yunnanensis DIELS in Not. Bot. Gard. Edinb., V., 165 (1912). **Y.**: Feuchte Gebüschränder der wtp. St. am Fuße des Hsi-schan bei Yünnanfu beim Dorfe Yadjia-tsun und von da südwärts, Sandstein, 1950 m (6084).

** *A. paupera* HAND.-MZT. in Sitzgsanz. Ak. W. W., LVII., 241 (1920). Sect. *Dissuraspcrmum* BENTH. et HOOK.

Arbuscula laxa, ramosa, c. $1^1/_2$ metralis, glaberrima, ramis tenuibus griseocorticatis sparsim lenticellatis et argute inciso-annulatis. Ramuli annotini olivaceo-brunnei, leves, hornotini cum petiolis cerino-nitidi (glutinosi?). Folia in verticillis ad apices ramulorum fasciculato-approximatis 4na, patula, lanceolata, 4—6 cm longa, $5^1/_2$—$6^1/_2$ mm lata, in petiolum indistinctum 2—3 mm longum et in apicem obtusum aequaliter longe angustata, rigide herbacea, supra nitida et atro-, subtus pallide viridia, margine indurato (revoluto?), nervo mediano brunneo utrinque prominulo, venis lateralibus 16—22 paribus, (subinaequaliter) distantibus, tenuissimis, utrinque impressis, sub angulis 45—55° porrectis, paulum arcuatis. Glandulae intrapetiolares numerosae, brunneae, filiformes, ad 1 mm longae, diu persistentes. Inflorescentiae annotinae basi ramulorum hornotinorum saepe geminatae, ad racemos inclinatos, 2—3 cm longos, brevipedunculatos reductae, bracteis minutis ligulatis cum glandularum seriebus alternantibus. Pedicelli fructiferi 8—10 mm longi, stricti. Calyx minutus, lobis liberis, lanceolatis, acutiusculis, 1 mm longis. (Corolla ignota). Folliculi geminati, parallele penduli, duriusculi, rubescentes, crebre et pallide punctulati, $4^1/_2$—7 cm longi, 2—$2^1/_2$ mm crassi, lineari-lanceolati, basi cito, apice sensim in rostrum indistinctum ad 1 cm longum obtusum contracti. Semina plana, ellipsoidea, atrobrunnea, 6 mm longa, toto margine longe albo-barbata.

Y.: Konglomeratfelsen der str. St. zwischen Homöndschang und Bödschagwan in der Seitenschlucht des Yangtse n von Yünnanfu am direkten Wege nach Huili, 1550 m, 18. III. 1914 (696).

Species foliis angustis subsessilibus, inflorescentiis (an jam floriferis?) depauperatis, folliculis angustis vix rostratis insignis, *A. lanceolatae* Heurck et Müll., cuius fructus mihi non suppetunt, nervis horizontalibus praeditae similis, *A. yunnanensi* haud affinis.

Ob die von Tsiang in Sunyatsenia, II., 98 beschriebene und Tafel 21 abgebildete blühende Pflanze dazugehört, kann ich nicht beurteilen. Ihre Blätter sind jedenfalls viel breiter.

Alyxia Banks

A. Levinei Merr. in Philippine Journ. Sciences, XV., 254 (1919). Tsiang in Sunyatsenia II., 106 (1934). E-Y.: Im wtp. Laubwalde des Kalkhügels bei Djindjischan nächst Loping im mittelchin. Fl., 1600 m, 12. VI. 1917 (10195).

Trachelospermum Lem.

T. jasminoides (Lindl.) Lem. Schndr. in Plt. Wils., III., 334. An Felsen und in Wäldchen der str. St., 50—600 m, auf Sandstein und Schiefer. W-Ki.: Um Pinghsiang (Plt. sin. 137). **H.**: Um die Bauernhöfe bei Tschangscha (11694). Im SW am Yün-schan bei Wukang (Plt. sin. 67). Zwischen Pukou und Pingtschaso bei Dsingdschou häufig (11019).

T. gracilipes Hook.f. Woodson in Journ. Arnold Arbor., XV., 311 (1934). NE-Y.: Gebüsche der Hügel bei Lungdji im mittelchin. Fl., 700 m (Maire).

T. Bodinieri (Lévl.) Woodson, l. c., 312 (1934) (*Melodinus B.* Lévl. — *Trachelospermum cathayanum* Schndr. in Plt. Wils., III., 333 [1916]). In Hecken, Gebüschen und an Felsen der str. und wtp. St. SW-H.: Unter dem Tempel Wuli-ngan am Yün-schan bei Wukang, 700 m (12022). Y.: 1725—2550 m, Schlucht nw von Yünnanfu (Schoch 16). Tschuhsiung. Hodjia-tsun bei Dayao (6231). Überall zwischen Tschalaschao und Hwangtsaoschao unter Beyendjing (6324). Gwanyinschan und zwischen Dengtschwan und Sånyinggai (8733) am Wege von Dali nach Lidjiang. Unter Djütien am oberen Yangtse. Im Mekong-Tal, $27^0 30'$—$28^0 20'$ (Gebauer). Im NE bei Gaodjia-tsun (Maire ex Arb. Arn. 508).

Der schlanke Teil der Kronenröhre ist oft kürzer und die Knospe länger zugespitzt, als vom Autor angegeben.

**** *T. brevistylum* HAND.-MZT.** in Sitzgsanz. Ak. W. W., LVIII., 228 (1921).

Sect. *Pseudaxillanthus* SCHNDR. characteribus amplificandis, ovario enim glabro quoque, sed apice truncato subdidymo insignis.

Frutex magnus, glaberrimus, truncis crassis ad arbores altas scandentibus, ramis rigidulis, longis, parce ramosis, internodiis usque ad $3^{1}/_{2}$ cm longis, cortice fusco opaco, lenticellis concoloribus sparse verrucoso. Folia biennia, coriacea, late vel elliptico-lanceolata, 52×11 et $44 \times 13 - 77 \times 25$ et 75×30 mm, longe acuminata, basi in petiolum arcuatum, 5—8 mm longum, supra grosse sulcatum attenuata, supra viridia nitidula, subtus olivascentia; costa supra paulum prominua et late sulcata, subtus late prominula; nervi secundarii utrinsecus 12—14, sub c. 60^{0} patuli, stricti, ante marginem arcuatim anastomosantes, supra inconspicue pallidiores, subtus cum venis areolas laxas, elongatas formantibus prominuli; glandulae intrapetiolares et stipulares triangulari-subulatae, vix 1 mm longae, coronam formantes, adultae nigrae lucidae. Cymae in ramulis hornotinis terminales et axillares, pedunculis 4—15 mm longis, 2 usque $2^{1}/_{2}$ cm longae, 4—5 cm latae, densiuscule (6- —) 12florae; bracteae minutissimae, fugaces; pedicelli $\pm$ 5 mm longi, apice dilatati. Calycis dentes liberi, 1 mm longi, scariosi, lanceolati, obtusi, arcuato-patuli vel recurvi; ante quemque squamae binae carnosulae, brevissimae, truncatae, erosulae, contiguae. Corolla 1 cm longa vel aliquantum brevior, virescenti-alba (notæ ad plantam vivam), carnosula, fragrans; tubus 3—4 mm longus, supra basin ipsam ampliatus, sursum sensim angustatus, intus subtiliter, ore paulo longius strigoso-pilosus; lobi 5 mm longi, $3—3^{1}/_{2}$ mm lati, late cultriformes, apice retuso emarginatuli, venosi, undulati, in alabastro conum crassum, obtusum, tubum vix aequantem formantes. Antherae basi partis tubi dilatatae insertae, inclusae. Disci squamae 5, liberae, rectangulares, ovario aequilongae. Ovarium $^{1}/_{2}$ mm longum, glabrum, apice truncato didymum; stylus e basi tenui crassus, 1 mm longus, sub stigmate vix 1 mm longo conico-subulato clavato-incrassatus. (Fructus ignotus).

SW-H.: Häufig im schattigen wtp. Laubhochwalde des Yün-schan bei Wukang, Tonschiefer, 1000—1300 m, 25. VI. 1918 (12211, Typus). Kwanghsi: N-Lüdschen, Binhu, Miu-schan, im Wald, 1300 m, 14. VI. 1928 (CHING 6015).

T. Dunni LÉVL. adhuc hanc sectionem formans indumento tomentoso et hirto differt. Ovarium et stylus nostrae plantae omnino *T. axillaris*, disci squamae autem multo longiores et habitus et florescentia *T. jasminoidis* et affinium.

T. axillare HOOK. f. In der wtp. St. **Kw.**: Schattiger Schluchtwald bei Madjiadwen zwischen Guiding und Duyün, Sandstein, 1100 m (10648). SW-H.: Gebüsche am Yün-schan bei Wukang, Tonschiefer, 850—950 m (12278).

Aganosma G. DON

A. Schlechterianum LÉVL. in Rep. sp. nov., IX., 325 (1911). SW-Kw.: Wälder der str. St. an der Südseite des Hwatjiao-ho-Tales am Wege von Dschenning nach Hwangtsaoba, Kalk, 580—750 m (10351). NE-Y.: Mahung, Felsen, 2800 m (MAIRE).

Von *A. cymosum* (WALL.) G. DON nebst den in der Originalbeschreibung angedeuteten breiteren Kelchzipfeln durch viel breitere, schräg, fast gestutzt abgerundete Kronzipfel verschieden. Blüten meiner Pflanze wachsweiß mit gelblichem Bart, jener MAIRES nach dessen Angabe violett.

Sindechites OLIV.

S. Henryi OLIV. **Kw.** (CAVALERIE 1025).

Die als *Parameria Esquirolii* LÉVL. erhaltene Pflanze (aber nicht Originalnummer dieser!) stimmt im Blütenbau vollständig mit WILSON, Veitch Exp. 1214 von Nanto und zeigt, wie diese, die von WOODSON in Journ. Arn. Arb. XV., 316 (1934) angegebenen Unterschiede gegenüber der Originalabbildung in den Antheren, nicht aber jenen der Korollenlänge.

Nerium L.

N. indicum MILL., Gard. Dict., ed 8., Nr. 2 (1768). MERRILL, Fl. Manila, 373 (*N. odorum* SOLAND. 1789). **Y.**: Im Bachsand und an Rändern der Bachbetten der str. St. auf Urgestein und Sandstein, 1000—1550 m. Lunggai am Yangtse nw von Yünnanfu (5062). Unter Piendjio ne von Dali (6356). Beyendjing (TEN 1349; ex hb. Berol. 271). **W-Ki.**: Um Pinghsiang, c. 600 m (Plt. sin. 258).

Pottsia HOOK. et ARN.

P. laxiflora (BL.) O. KTZE., Rev. gen., 416 (1891) (*P. cantoniensis* HOOK. et ARN.). **E-Kw.**: Häufig in str. Wäldern am Du-djiang unter Sandjio, Grauwacke, 350—400 m (10822).

Vallaris BURM. f.

V. grandiflora HEMSL. et WILS. In feuchten Wäldern und an trockenen Hängen der str. St., 1500—2125 m, auf Kalkschiefern. **S.**: Tälchen bei Datjiaoku zwischen Kwapi und dem Yalung n von Yenyüen (2712). **Y.**: Unter Beyendjing (6287) bis gegen Tschalaschao.

Asclepiadaceae

Myriopteron GRIFF.

M. extensum (WIGHT) K. SCHUM. in ENGL. et PRTL., Nat. Pflzfam., IV/2., 215 (1895) (*Streptocaulon e.* WIGHT, Contrib. Bot. Ind., 65 [1834]. — *Myriopteron paniculatum* GRIFF. 1844). **S-Y.**: In tr. Bambusbeständen und Savannenwäldern flußaufwärts gegenüber Manhao, Tonschiefer, 200 m (5842).

Periploca L.

P. calophylla FALC. **Y.**: Gebüsche der wtp. und str. St. auf Schiefer, 2000—2500 m. Beyendjing (TEN ex hb. Berol. 78). Hier an Felsen bei Djinschuidji (T. 43). N von Yungbei (FORREST 21138 als *P.* aff. *Forrestii*). Im NW ober Schigu w von Lidjiang, häufig um Meidsiping und Losiwan se von Dschungdien (6846?, in Frucht, etwas breitblätterig). Bei Bolo n der Yangtse-Schleife und im Mekong-Tale.

TEN 43 zeigt die Korollen nur schwach und gegen die Ränder wellig und manche ihrer Zipfel ganz kahl, so daß *P. Forrestii* vielleicht nicht getrennt gehalten werden kann, zumal da in der Blütengröße kein Unterschied liegt.

P. Forrestii SCHLTR. in Not. Bot. Gard. Edinb., VIII., 15 (1913). **Y.**: Kalkfelsen der wtp. St. bei den Tempeln am Hsi-schan bei Yünnanfu, 2250 m (358).

Cryptolepis R. Br.

C. Buchanani Roem. et Schult. Wälder und buschige Raine der tr. und str. St., 200—1600 m. **Y.**: Flußaufwärts gegenüber Manhao (5847). Zerstreut zwischen Yüenmou und Yanggai nw von Yünnanfu (5008). **SW-Kw.**: Südhang des Hwatjiao-ho-Tales am Wege von Dschenning nach Hwangtsaoba (10354).

C. elegans Wall. **NW-Y.**: Zwischen Yungning und dem Yangtse (Forrest 21278 als *C„yr"tolepis grandiflora* Wight vel aff.).

Der Name *C. sinensis* (Lour.) Merr. in Philipp. Journ. Sci., XV., 254 (1919) beruht auf einer planta composita Loureiros, deren Same einer anderen Pflanze angehörte oder erfunden war.

Adelostemma Hook. f.

**A. Mairei* Hand.Mzt. (Abb. 30, Nr. 8 auf S. 1063).

Caules tenues, virides, volubiles, ramosi, ultra 40 cm longi, tenuiter multicostulati et pilis brevissimis recurvis dense induti. Folia anguste oblonga vel lanceolata, 15—30 mm et ramulorum infima 5 mm tantum longa, longitudine 6—8^{plo} angustiora, obtusissima vel acutiuscula et mucrone crasso rigidulo exstante terminata, basi anguste rotundata vel ad petiolum 1—2 mm longum pilis antrorsis tomentellum cuneata, hiemantia, coriacea, marginibus revoluta, nervis lateralibus paucis raro conspicuis, costa tenui subtus prominua utrinque pilosula, sicca supra olivacea, subtus flavoviridia. Cymae subumbellatae paulum compositae, usque ad 6 florae, pedunculis gracilibus 4—10 mm longis dense pilosulis vel glabrescentibus. Bracteae ovatae vel lanceolatae, minutissimae, acutae, dense pilosulae. Pedicelli suberecti, 3—5 mm longi, glabri. Calycis ad basin fissi lobi herbacei, $\pm$ 1^1/$_2$ mm longi, oblongi, acuminati, ciliati et pilosuli. Corollae carnosulae c. 3 mm longae flavidae (e collectore) tubus urceolatus, intus brevipilosus; lobi oblongo-ovati, eo subduplo breviores, late rotundati marginibus reflexis aspectu acuti, patentes, sinus squamis brunneis praediti. Corona gynostegio arcte adnata, infra antheras tantum gibberes minutos formans. Antherarum appendices late ovati, parvi, membranacei; pollinia oblonga, in translatoribus tenuibus iis duplo brevioribus horizontalibus pendula, retinaculo illis simili. Ovaria parva, libera, stylis brevibus subulatis; caput stigmaticum parvum, planum, lobis 5 minutis. (Fructus ignotus).

NE-Y.: Unterholz der Hügel bei Tschoudjia, 2550 m, VI. (Maire).

Die Zuweisung zu *Adelostemma* mag künstlich sein, denn die vegetativen Teile sind doch sehr von der bisher bekannten Art verschieden, ebenso die Narbe und die merkwürdigen Anhängsel in den Kronenbuchten. Ob man wirklich von einer Nebenkrone sprechen will, bleibt Ansichtssache. Jedenfalls läßt sich die Pflanze nach den technischen Merkmalen zu keiner anderen Gattung stellen, und gehört sie zu keiner aus China beschriebenen Art.

Calotropis R. Br.

C. gigantea (L.) Dryand. Flugsand und dürre Hänge der tr. und str. St., oft Bestände bildend, anscheinend nicht auf Kalk, 200—1300 m. **Y.**: Manhao. Am Yangtse bei Lagatschang n von Yünnanfu (724), Lunggai und Daschuidjin, nach S über Wumo bis gegen Magai. Im NE bei Schangbadse (Maire). **S.**: Panglingkou am Nganning-ho nw von Huili. Am Yalung bei 27° 42'.

Metaplexis R. Br.

M. japonica (Thunbg.) Mak. in Bot. Mag. Tok., XXVII., 87 (1903)
(*M. Stauntoni* Roem. et Schult.) ** var. *platyloba* Hand.Mzt.
Corollae lobi ± 4 mm lati, glabriores quam in typo.
H.: Gebüsche der wtp. St. bei Djiamitou nächst Hsikwangschan, Kalk,
840 m, 14. IX. 1918 (12640).
Limprichts Nr. 2690 leitet zum Arttypus hinüber. *M. Hemsleyana* Oliv.
(*M. sinensis* [Hemsl.] Hu, non *M. chinensis* Decne.) steht durch noch kürzere
und breitere, innen kahle Kronzipfel ferner.

Cynanchum L.

C. Mooreanum Hemsl. H.: Gebüsche der str. St. bei Gwantjiling nächst
Baotjing, Kalk, 270 m (11979).
C. glaucescens (DC.) Hand-Mzt. (*Pentasachme g.* DC., Prodr., VIII.,
627 (1844). — *Cynanchum Lightii* Dunn in Kew Bull., Add. Ser., X., 171 [1913]).
H.: Im Sande des Tsidjiang in der str. St. bei Lengschuidjiang oberhalb Hsinhwa,
200 m (12698). Ki.: Dadschen-Tempel bei Nantschang, schlammbedeckter Fels
(Chung 4008).
Nach den Beschreibungen und meiner Zeichnung eines Blattes des De Can-
dolleschen, nur fruchtenden Typus kann kein Zweifel an der Identität sein.
C. inamoenum (Maxim.) Loes. W-Hubei (Wilson, Veitch Exp. 1036
saltem in hb. Vindob., 1910).
C. Forrestii Schltr. in Not. Bot. Gard. Edinb., VIII., 15 (1913). Gebüsche, Föhrenwälder, Heidewiesen und Ackerränder der tp. und wtp. St.,
1900—3500 m. Y.: Taohwa-schan bei Beyendjing (6239). Sattel s des Dji-schan
ne von Dali. Im NW bei Lidjiang, v. E. (3733). Um Yungning (3152). Zwischen
Tungapi und Tomulan bei Dschungdien. Im E bei Sidsung (10137). Im NE bei
Dungtschwan (Maire, distr. Bonati 3031, 6169). S.: Unter Yiwanschui halb-
wegs zwischen Yungning und Yenyüen 2939). Häufig um Naoliangdse (2863)
und sonst zwischen Yenyüen und Kwapi. Ober Bakuwe hier (2490). Ngaitschekou
jenseits des Yalung n von hier (2627).
* *C. Vincetoxicum* (L.) Pers., Syn. pl., I., 274 (1805) (*Asclepias V.* L.,
Sp. pl., 216 [1753]). NW-Y.: In der *Pteridium*-Wiese der tp. St. des birm.
Mons. bei Bahan unter Tschamutong am Salwin, Schiefer, 2700 m, 24. VI. 1916
(9044).
** *C. steppicolum* Hand-Mzt.
Sect. *Vincetoxicum* (Mnch.) K. Schum.
E rhizomate crassiusculo pluricaule, erectum, 25—42 cm altum. Caulis
simplex vel parce ramosus, crassus, ut petioli breviter et dense crispule pilosus,
inferne glabrescens, accrescenter foliatus. Folia opposita, interdum approximata
et subverticillata, brevipetiolata vel subsessilia, elliptico- vel late ovata, 16—65 mm
longa, longitudine paulo usque duplo angustiora, acuta usque subrotundata,
mucronulata, basi late cuneata, crassiuscula, sicca subconcolori-viridia, ciliata,
utrinque praesertim ad nervos crispule pilosula, nervis secundariis 3—4^{nis} obliquis
subtus cum costa prominulis et fulvidis. Glandulae stipulares minutae subulatae
interdum adsunt. Cymae axillares, subumbellatae, pedunculis ad 1 cm longis,

ad 10florae, pedicellis brevissimis, densissime flavescenti-brevipilosae. Calycis lobi lanceolati, acuti, 3—4 mm longi. Corollae brevissime gamopetalae atropurpureo-brunneae (e nota ad vivum) lobi late ovati, 4—5 mm longi, obtusi, extus glabri, intus brevissime et dense pilosuli. Corona breviter annulata, lobis 5 erectis, basi antherarum dorsis adnatis, ceterum liberis, late ovatis, concavis, rotundato-truncatis, apicem versus incrassatis et angulo fere recto incurvis, gynostegio aequilongis. Antherae appendix semiorbicularis, tenuiter membranacea. Retinaculum castaneum; pollinia eo maiora, e translatoribus curvatis oblique pendula. Caput stigmaticum discoideum, annulo undulato cinctum. (Fructus ignotus).

S.: Häufig in Steppen der wtp. St. bei Yenyüen bis gegen Schuitangdse Kalk, 2699 m, 5. VI. 1914 (2867).

Species *C. Arnottiano* WIGHT proxima, quod differt foliis superioribus angustioribus et corollae lobis angustis, acutis, intus longius pilosis. *C. atratum* BGE. tomento etc. distat.

Leider nur in zwei Exemplaren vorliegend, da ein Teil der Serie durch Feuchtigkeit verloren ging.

**** *C. anthopotamicum* HAND.-MZT. (Abb. 30, Nr. 5—7 auf S. 1063).**

Sect. *Vincetoxicum* (MNCH.) SCHUM.

E rhizomate radicibus permultis fasciculatis crassis obsito unicaulis, c. 1 m alta. Caulis simplex, superne subvolubilis, praesertim medio hirtellus, distanter et aequaliter foliatus. Folia lanceolata, superiora nonnulla alterna, 4—11 cm longa, longitudine 4—6^{plo} angustiora, sensim acutissime acuminata, basi in petiolum 3—5 mm longum dense hirtellum angustata, ciliolata et utrinque breviter et dense strigillosa, sicca dilute et subtus flavescenti-viridia, crassiuscula, nervis secundariis 12—16^{nis} obliquis et pronus curvatis, prope marginem anastomosantibus, praesertim subtus ut costa prominuis. Cymae ad apicem caulis concaulescentia et foliis bracteantibus linearibus reductis subracemose compositae, pedunculis usque ad $2^{1}/_{2}$ cm longis, cum calycibus hirtellae, floribus subumbellatis ad 4^{nis}. Bracteae parvae, lanceolatae. Pedicelli 5—8 mm longi. Calycis lobi triangulari-lanceolati, $1^{1}/_{2}$ mm longi, acuminati, saepe apicibus reflexi. Corollae purpureo-brunneae (e nota ad vivum), glabrae lobi triangulari-lanceolati, 5—6 mm longi, subtruncati, recurvi. Coronae basi breviter annularis lobi 5 fusci, gynostegium aequantes, altitudine crassiores, desuper visi rotundato-triangulares, dorso rotundati, ventre concavi. Antherarum appendices ovati, membranacei. Retinacula ellipsoidea, castanea; pollinia iis duplo maiora, in translatoribus illis aequilongis crassiusculis ascendentibus erecta, ellipsoidea. Caput stigmaticum latum, depressum, sinuato 5 lobatum, lobis truncatis. (Fructus ignotus).

SW-Kw.: Steppen der str. St. bei Falang in der Schlucht des Hwatjiao-ho am Wege von Dschenning nach Hwangtsaoba, Kalk, 850 m, 20. VI. 1917 (10388).

Species certe praecedenti et *C. Arnottiano* affinis, indumento, foliis corollaeque lobis angustis, polliniis erectis praesertim insignis.

Nur ein Individuum. Die aufrechten Pollinien würden es zu den *Tylophoreae* stellen, wo diese jenen von *Pergularia* (Nat. Pflzfam., IV/2, Fig. 90, 3) bis auf die Klemmkörperform gleichen. Da aber bei *Tylophora* auch hängende vorkommen und Nebenkrone und Pollinienform ganz von *Cynanchum* sind, kann ich in der Pflanze nur eine reziprok abweichende Art dieser Gattung sehen.

C. Stauntoni (DC.) Hand.-Mzt. (*Pentasachme S.* DC., Prodr., VIII.,
627 (1844). — *Cynanchum linearifolium* Hemsl. 1889. — *Pentasacme brachyantha*
Hand.-Mzt. in Sitzgsanz. Ak. W. W., LXI., 168 [1924]).

Ad descriptiones addenda: Rhizoma ramosum, longissime repens, tenue,
radicibus ramosissimis, densissime fasciculatis. Caules erecti, simplices, 25—60 cm
longi, virides, saepe ad medium submersi et aphylli, superne aequaliter et crebre
foliati. Folia (inferiora hic illic quaterna) lanceolata, superiora longiora et angustiora, usque ad 7 mm lata, acuta nec caudata, basi brevius attenuata, petiolis
tenuibus 5—8 mm longis, herbacea, marginibus subcartilagineis recurvis, subtus
subglaucescentia, costa tenui hic prominula, nervis valde irregularibus in nervum submarginalem confluentibus et venis paucis aegre conspicuis. Cymae e
quovis fere foliorum pari singulae, pedunculis erectis vel arcuatis filiformibus
8—15 mm longis, ad 8 florae, bracteis confertis, numerosis, minutis, ovatis,
membranaceis. Pedicelli filiformes, 5—6 mm, fructiferi incrassati ad 8 mm longi.
Calyx vix 1 mm longus, lobis late membranaceo-marginatis. Corolla brunnea
(e nota ad vivum), lobis e basi triangulari lineari-oblongis, inferne papillosis,
cucullato-obtusis, marginibus undulatis reflexis. Coronae lobi late ovati, transverse latiores, truncatuli, concavi. Retinacula polliniis paulo maiora; translatores illis aequilongi. Folliculi ad 11 cm longi, 3 mm crassi.

E-Kw.: In einem Bach zwischen Liping und Ludwan hier und da herden-
weise, Mergel der wtp. St., 600—650 m, (10964). N-Kwangtung: Im Gebiete
des Nordflusses (Ko 52973).

Die Beschreibung der Blätter des nur fruchtenden Typus De Candolles
als stumpf ist falsch, und die Auffindung in N-Kwangtung macht die Identität
mit seiner Art noch klarer. Ich aber hatte die Pflanze auf einen offenbar durch
die Vorkommensweise beeinflußten Wink Schlechters hin als *Pentasacme*
beschrieben. Auch Hemsleys Diagnose läßt keinen Zweifel an der Identität
seiner Pflanze.

C. atratum Bge. Steppen und Heidewiesen der wtp. St. SW-H.: Yün-
schan bei Wukang, zwischen 400 und 1420 m (Plt. sin. 102). SW-Kw.: Häufig
um Dinghsiao und Hwangtsaoba, 1199—1300 m (10300). **Y.**: 1600—2600 m.
Fuß des Hsi-schan bei Yünnanfu (Schoch 160). Im E ober Hsiaodukou bei
Yiliang (10120), bei Ngaiyupu und auf den Bergen zwischen Bantjiao und Djiangdi (10235). Im NE bei Yidscheho (Maire).

*** *C. Wallichii*** Wight. **Y.**: Kalkfelsen der wtp. St. bei der Stadt Yünnanfu
1900 m, 30. VII. 1916 (Schoch 255).

C. auriculatum Royle. **Y.**: Gebüsche und *Pteridium*-Wiesen der wtp. bis
in die tp. St. auf Sandstein und Schiefer, 2600—3050 m. Ngulukö bei Lidjiang
(4306). Dugwan-tsun se von Dschungdien (6891). Vielleicht auch dieses in der
str. St. bei Ndaku n von Lidjiang, 1725 m, und zwischen Tschuhsiung und
Gwangdung. Im NW im birm. Mons. neben Bahan am Salwin unter Tschamutong (9580).

C. caudatum (Miq.) Max. Schlechter in Bot. Jahrb., XXIX., 542
(*C. auriculatum* Forb. et Hemsl. in Journ. Linn. Soc., XXVI., 105, non Royle.
— *Tylophora Cavaleriei* Lévl., e typo. — *Cynanchum auriculatum* var. *subglabrum*
Hand.-Mzt. in Sitzgsanz. Ak. W. W., LVIII., 229 [1921]). Wälder und Gebüsche der
str. und tp. St., auf Sandstein und Tonschiefer, 50—1200 m. **H.**: Fuß des Gu-

schan bei Tschangscha (11361). Yün-schan bei Wukang (12277). Flußschlucht bei
Moschi nächst Dsingdschou (11042). NE-Y.: Koudseping im mittelchin. Fl.
(Maire). Schenhsi (Limpricht 2828 als *C. auriculatum*). Tschili: West-
berge bei Peiping (Liou 1541). Paita (Licent 9648).

Von *C. auriculatum* durch kleinere, innen nur spärlich behaarte Blumenkrone mit zurückgeschlagenen Zipfeln und wenig kürzerer Nebenkrone verschieden. Nahe kommt ihm *C. Wilfordi* (Max.) Hook. f., das sich durch ein
die Nebenkrone überragendes Gynostegium auszeichnet.

C. otophyllum Schndr. in Plt. Wils., III., 347 (1916) (*C. auriculatum*
Schltr. in Bot. Jahrb., XXIX., 541, non Royle). Gebüsche, Hecken und
Pteridium-Wiesen der wtp. und tp. St., auf Sandstein und Granit, 2000—2900 m.
S.: Unter Hungga halbwegs zwischen Yenyüen und Yungning (2901). Y.: Häufig
zwischen Alaodjing und Dsaodjidjing e des Dsolin-ho (4932). Im NW bei Lidjiang,
v. E. (3731), bei Örldjiaho nächst Yungning (7065) und im birm. Mons. bei
Nitscheluang und Schutsche am e Irrawadi-Oberlaufe, 27° 54′ (9431). Im NE
bei Dungtschwan (Maire) und an Felsen dort (M., distr. Bonati 3430).

7065 hat die Koronazipfel dreilappig. Maire 3430 gehört als größere Form
mit spitzeren Koronazipfeln sehr wahrscheinlich hieher. Die Art steht sehr
nahe dem *C. deltoideum* Hook. f., das auch die verlängerten Infloreszenzen
und innen behaarten Kronzipfel, aber eine bis zur Hälfte verwachsene Korona
mit deutlichen Zwischenzipfeln zeigt.

C. Anthonyanum Hand.-Mzt. (*C. yunnanense* Anth. in Not. Bot.
Gard. Edinb., XV., 240 [1927], non Lévl. 1915). NW-Y.: Bei Lidjiang, v. E.
(3734). Hier im Gerölle der str. St. am Yangtse bei Ndaku, Kalk, 1725—1800 m
(4390).

Secamone R. Br.

** *S. sinica* Hand.-Mzt.
Sect. *Eusecamone* K. Schum.

Frutex divaricatus, scandens, 3—6 m altus (e notis collectorum), ramulis
juvenilibus glabris vel brevissime ferrugineo-pilosulis, vetustioribus tenuibus,
spadiceis, verruculosis et lenticellis partim linearibus notatis. Folia ovato-lanceolata, 20—68 mm longa, longitudine 3—4^{plo} angustiora, acuminata vel
inferiora acuta, basi late cuneata vel subrotundata, tenuiter coriacea, hiemantia,
sicca brunnescentia, supra nitida, pellucide punctulata, glabra, nervis lateralibus
6—10^{nis} obliquis subtus cum costa coloratis; petioli 2—4 mm longi, glabri vel
pilosuli. Cymae axillares vel pseudoterminales, brevipedunculatae, laxe 2—6 florae,
dense ferrugineo-pilosulae; bracteae ovatae, vix 1 mm longae, acutae. Pedicelli
ad 5 mm longi. Calycis lobi late ovati, c. 1 mm longi, rotundati, minutissime
ciliolati, basi intus glandulis 2 lageniformibus instructa. Corollae luteae (e notis
collectorum) breviter gamopetalae lobi ad dextram imbricati, oblongi, c. 2 mm
longi, rotundati, intus papillosi. Coronae lobi lateraliter compressi, falcati,
gynostegio breviores. Pollinia 4, erecta. Caput stigmaticum crasse subulatum,
obtusum. Folliculi fusiformi-lanceolati, glabri, 4$^{1}/_{2}$—6 cm longi, 7 mm lati,
compressi, biangulati, virides (e Ching).

SW-Kw.: Kalkfelsen der wtp. St. bei Hwanggoso nächst Dschenning, 1060 m,
23. VI. 1917 (10425, Typus). Kwanghsi: S von Nibai an der Kw.-Grenze,

700 m, in Gebüschen gemein, 29. VI. 1928 (Ching 6313, fruchtender Typus).
Lüdschen, 550 m, im Wald gemein, 27. V. 1928 (Ching 5407, ster.).

A *S. attenuata* Decne. e Philippinis, ab Indice Kewensi cum *S. elliptica* R. Br.
ex Australia unita, sed nec erecta nec cymis glabra, petiolis brevioribus differt;
a *S. emetica* Brown (*S. micrantha* Dunn in Journ. Linn. Soc., Bot., XXXVI.,
492 [1911], non Brown) foliis haud glaucescentibus formaque diversis.

Der Typus von *S. micrantha* hat nicht die von Koorders, Excfl. Java,
III., 86 angegebenen durchscheinenden Punkte, wohl aber Zollinger 612,
die jedoch nach der Behaarung *S. lanceolata* Bl. ist. *S. emetica* ist auch Forrest
21220 (als *Cynanchum sibiricum* [L.] R. Br. vel aff.).

Ceropegia L.

C. Balfouriana Schltr. in Not. Bot. Gard. Edinb., VIII., 18 (1913).
Wälder, Gebüsche, Bachränder und felsige Stellen der str. bis in die tp. St.,
1500—3400 m. Y.: Beyendjing (Ten 1215, 1353). Im NW bei Gwanyilang (3427)
und ober Ngulukö (6684) bei Lidjiang. S.: Bei Dschenbaörl am Zuflusse des
Yalung gegen Yenyüen, 27° 4′ (5298).

Die Originale sind offenbar kleine, junge, aufrechte Stücke, wie ich sie
auch habe, aber gemischt mit windenden, bis gegen 1 m langen mit bis über
4 cm langen Blättern.

** *C. Teniana* Hand.-Mzt. in Sitzgsanz. Ak. W. W., LXI., 167 (1924).

Sect. *Phananthe* K. Schum.

Caule tenui scandens, ultra 80 cm alta, tota minute nec dense hirtella.
Folia autem subtus praeter costam glabra, paribus valde dissitis, late ovata,
3—4$^1/_2$ cm longa, breviter acuminata, basi subtruncata et infima angustata,
petiolis tenuibus laminarum $^1/_4$—$^1/_3$ aequantibus, teretibus, supra anguste et
profunde sulcatis, membranacea, subtus paulo pallidius laeteviridia, nervis
utrinsecus c. 3 patentibus paulum arcuatis inconspicuis, venulis densissimis.
Cymae umbelliformes, pedunculis rigidulis brevissimis usque 13 mm longis,
1—8 florae, pedicellis tenuibus 5—22 mm longis, bracteis usque ad 2 mm longis,
subulatis. Calycis lobi subulato-lanceolati, 3—4 mm longi, saepe glabri. Corollae
15—23 mm longae tubus basi ellipsoideo-inflatus 3—4 mm crassus, dein tenuis
et tertio supero sensim dilatatus ore eodem diametro, flavus (e collectore); lobi
± 5 mm longi, intus basi tantum paululum papilloso-puberuli, late ovati, apicibus
inflexis cohaerentes, reduplicati, violacei (e collectore). Coronae phylla in lobos
dissitos 2 triangulari-lanceolatos producta, 2$^1/_2$ mm longa, sparse longipilosa;
appendices interiores lineares, 2 mm longi, erecti, glabri. Retinacula polliniis
pluries minora; translatores brevissimi.

Y.: Mangan-schan bei Beyendjing, 26. VIII. 1919 (Ten 1299).

Proxima *C. Hookeri* Clke. cymis 1—2 floris, foliis angustioribus, corollis
atris sursum non dilatatis, coronae lobis minutis differt. Forsitan etiam *C. dryo-
phila* C. Schndr. affinis est.

C. monticola W. W. Sm. in Not. Bot. Gard. Edinb., XII., 198 (V. 1920)
(*C. yünnanensis* Schltr. in Sitzgsanz. Ak. W. W., LVII., 271 [XII. 1920]). Y.:
Gebüsche und Buschwälder der str. und wtp. St. auf Sandstein und Schiefern,
1600—2300 m. Zwischen Yanggai und Hwadung e des Dsolin-ho (4952). Beyen-

djing (TEN 121 p. p.). Setaohotjiao (T. 1209). Im Santschwanba bei Yungbei (3374). Im NW bei Lidjiang, v. E. (3732). Überall am Yangtse n von hier und an seinem Zufluß bis unter Ladsagu, 27⁰ 10—17′ (4811). Am Nordende der Yangtse-Schleife ober Tschwadse und an seinem Zuflusse Schou-tschu bis Yumi, 27⁰ 50′ (7592).

4952 ist eine fast kahle Form aus sehr schattiger Lage.

** *C. Christenseniana*[1] HAND.-MZT. in Sitzsganz. Ak. W. W., LXI., 167 (1924).

Sect. *Phananthe* K. SCHUM.

Caulis tenuis, scandens, ultra 1 m longus, parce pilosus. Folia fere *C. Tenianae* supra descriptae, usque ad $5^1/_2$ cm longa, firmiora, atriora, utrinque dense pubescentia, marginibus saepe valde undulatis, nervis utrinsecus 5, conspicuis; petioli crassiusculi, 5—18 mm longi. Cymae brevissime pedunculatae, 1—3 florae. Pedicelli validi, 8—10 et sub fructu 15 mm longi, saepe glabri. Calycis lobi 5—7 mm longi, lanceolato-subulati, ciliati. Corolla parte inferiore tubi et dimidio superiore loborum violaceis, ceterum flava (e collectore), 5 cm longa, tubo basi oblique ellipsoideo-inflato, 4—5 mm crasso, dein breviter angusto et in infundibulum magnum ore 1 cm latum dilatato, lobis $\pm$ 2 cm longis, oblongis, apicibus inflexis cohaerentibus, reduplicatis, marginibus parce albo-longipilosis. Coronae 3 mm longae lobi triangulari-lanceolati, longe ciliati; appendices 3 mm longi, erecti, glabri, antice lingulato-dilatati. Retinacula polliniis multoties minora; translatores tenues, brevissimi. Folliculi sub angulo recto divergentes, paulum conniventes, 13 cm longi, 5 mm crassi.

Y.: Banyitien bei Beyendjing, 14. X. 1919 (TEN 1173).

Affinis *C. monticolae* multiflorae, glabriore etc. *C. pubescenti* WALL. eodem modo indutae minime similis.

C. dolichophylla SCHLTR. in Not. Bot. Gard. Edinb., VIII., 17 (1913) **var. *brachyloba* HAND.-MZT. in Sitzgsanz. Ak. W. W., LXI., 167 (1924).

Folia supra parce strigillosa. Pedunculi 2—3 cm longi. Corollae tubus lobis sesqui- usque subduplo longior. Coronae foliolorum dentes angusti, acuti, parce longipilosi.

E-Kw.: Laubwald der wtp. St. bei Dayung zwischen Gudschou und Liping, Tonschiefer, 700 m, 22. VII. 1917 (10942, Typus). Yaojen-schan bei Sanhwa, 700 m, 5. VIII. 1930 (TSIANG 6287). Danling bei Duschan, 500 m (Ts. 6911).

** *C. profundorum* HAND.-MZT. in Sitzgsanz. Ak. W. W., LX., 137 (1923). (Taf. XIII, Abb. 8, 9).

Sect. *Phananthe* K. SCHUM.

Caules gracillimi alte volubiles, subsimplices, cum foliis margine dense ciliolatis et pedunculis crispulo-puberuli. Folia lanceolato-linearia, 38 × 4 — 72 × 9 — 104 × 11 mm, longissime attenuata, basi angustata usque anguste rotundata, costa latiuscula et nervis numerosis obliquis et venulis dense reticulatis in sicco conspicuis; petioli laminis 7—12$^\text{plo}$ breviores, latiusculi. Pedunculi axillares singuli, 1—2 mm longi, graciles, uniflori; bractea minuta, subulata. Pedicellus paulo crassior, 9—17 mm longus, glaber. Calyx ad basin in lobos

---

[1] Dri. C. CHRISTENSEN, hafniensi, qui mihi collectionem hanc TENianam determinandam commisit, pulchram hanc speciem dedicavi.

lineari-subulatos 5 mm longos, glabros fissus. Corolla purpureo-violacea, 4—5 cm longa, basi globoso-inflata intus albo-pilosa 8—10 mm diametro, tubo limbum aequante anguste infundibulari, basi 3—4, apice 8—10 mm diametiente, glabro, lobis retrorsum conduplicatis, linearibus, sensim angustatis, explanatis medio 4 mm latis, obtusis, apice cohaerentibus, dimidio superiore intus albido-velutinis. Coronae 5 mm diametientis phylla ad $^1/_3$ connata, late ovata, fere ad tertium in lobos lineares obtusiusculos bifida, margine longe hirsuta; appendices glabri, subaequilongi, anguste lineares, obtusi. Retinaculum tenue; translatores brevissimi; pollinia illo maiora, $^1/_4$ mm longa, ovoidea.

NW-Y.: Gebüsche der str. St. um die Mündung des Schou-tschu in den Yangtse n von Lidjiang, 27º 46', zerstreut, Phyllit, 1600—1800 m, 11. VIII. 1915 (7590).

Proxima C. *Arnottianae* Wight, quae e descriptione differt pluriflora, foliis latioribus, corolla paulum tantum inflata, coronae lobis brevibus emarginatis subciliatis; *C. stenophylla* Schndr. e descriptione corollae angustioris lobis brevioribus, calycis lobis squamatis, corona valde differt; *C. dolichophylla* Schltr. foliis praeter margines glabris, floribus cymosis, pedunculis longis, corolla duplo minore, coronae appendicibus longioribus.

C. muliensis W. W. Sm. in Not. Bot. Gard. Edinb., XII., 199 (1920). NW-Y.: Buschsteppe der str. St. zwischen Tschwadse und Yumi am Nordende der Lidjianger Yangtse-Schleife mehrfach, Phyllit, 1700—2100 m, 10., 11. VIII. 1915 (7571).

Gymnema R. Br.

G. s p. NE-Y.: Kulturen in der Ebene von Suenwui, 2400 m (Maire).

Tylophora R. Br.

T. ovata (Lindl.) Hook. in Steud., Nomencl. Bot., ed. 2., II., 726 (1841). Merrill in Lingn. Sci. Journ., XIII., 45 (1934) (*Diplolepis o.* Lindl. 1826. — *Tylophora hispida* Decne. 1844). Y.: Im str. Tälchen ober der Herberge Lagatschang am Yangtse am direkten Wege von Yünnanfu nach Huili, Kalk, 1000 bis 1100 m (755).

T. yunnanensis Schltr. in Not. Bot. Gard. Edinb., VIII., 17 (1913). Alluvien, Steppen und Gebüsche der str. und wtp. (und tp.?) St., 1600—2700 m. Y.: Yünnanfu, gegen W und NW (Schoch 197). Hier viel bis Djitien. Ober Hodjiaoho bei Yungbei (3382). Im NW am Yangtse gegenüber Tjiaotou, 27º 10', (8789) und ober Djitsung. Im E auf den Bergen zwischen Bantjiao und Djiangdi (10237). Im NE auf Bergen bei Dungtschwan, bis 3200 (?) m (Maire). S.: Ober Gaoyao bei Ningyüen (1318).

* *T. Belostemma* Benth. in Benth. et Hook., Gen. Pl., II., 771 (1876), e descr. Y.: Kilatscha bei Guti nächst Beyendjing, 26. VIII. 1919 (Ten 1287).

T. Augustiniana (Hemsl.) Craib in Kew Bull., 1911, 417 (*Henrya A.* Hemsl.). Kw.: Gebüsche der wtp. St. um Duyün bis Lopu-se und Maotsaoping, Kalk, 700—900 m (10698).

Obere Blätter schmäler, 40×15 mm. Blüten braun.

T. pseudotenerrima Coste in Lecte., Fl. gén. Indo-Ch., IV., 108 (1912). S.: Im wtp. Mischwalde bei Kwapi n von Yenyüen, 27º 53', Phyllit, 2750 m (2781). Sandsteinfelsen in der Tiefe der Waldschlucht des Soso-liangdse im Lolo-Lande, 2700 m (1727?, steril).

Dischidia R. Br.

* ? *D. tonkinensis* Coste in Lecte., Fl. gén. Indo-Ch., IV., 146 (1912). Y.:
In tr. Bambusdschungeln und Savannenwäldern flußaufwärts gegenüber Manhao,
Tonschiefer, 200 m, 1. III. 1915 (5853, steril).

Hoya R. Br.

** *H. yuennanensis* Hand.-Mzt.

Sect. *Euhoya* Miq.

Caules longissimi, succulenti, c. 3 mm crassi, radicibus adventivis brevibus
scandentes, juveniles papillosi et dense hirti, vetustiores fulvidi vix glabrescentes.
Folia suborbicularia usque elliptica, 6—11 cm longa, longitudine paulo usque
(raro) duplo angustiora, breviter et obtuse apiculata, basi late rotundata ipsa
truncata, crassissima, plana, sicca dilute viridia, utrinque crispule hirta, juniora
subtus fere villosa, costa nervisque 5—7^{nis} tenuibus sub. c. 60° abeuntibus rectis
ante marginem tantum arcuato-conjunctis cum venarum reti laxissimo in sicco
utrinque prominulis, costae basi glandula aurantiaca instructa; petiolus 3—7 mm
longus, 2—3 mm crassus, dense hirtus. Pedunculi axillares, 2—3$^1/_2$ cm longi,
petiolis similes. Umbellae multiflorae axis brevis, bracteis minutis, latis, membranaceis. Pedicelli tenues, 1$^1/_2$—2$^1/_2$ cm longi, partim glabri. Calycis lobi subliberi, late ovati, 2$^1/_2$ mm longi, rotundati, glabriusculi, marginibus membranaceis. Corollae alboroseae (e nota ad vivum), 17—19 mm diametientis, planae,
extus glabrae, intus minute velutinae, $\pm$ ad quartum inferum partitae lobi
ovati apicibus acutissimis utrinque glabris saepe breviter reflexis. Coronae lobi
obovoideo-globosi, 3 mm diametro, lateribus subcontiguis, dorso sulco profundo
perpendiculari ad $^1/_3$ fissi, ventre in rostra tenuia supra stigma stellatim contigua
contracta. Pollinia minuta, retinaculis spadiceis, translatoribus brevibus.

NW-Y.: Felsen, auch hoch auf Baumstämme kletternd, in der str. St.,
1700—2100 m. Am Yangtse ober Djitsung. Am Mekong überall zwischen
Lota-Tanschan und Tsedjrong, 10. IX., 4. X. 1915 (7971) und im Seitental unter
Lodjre. Im birm. Mons. am Salwin bei Tschamutong, aufwärts bis Wuli.

Similis *H. carnosae* (L.) R. Br., quae multo glabrior, corollae lobis brevioribus obtusis, coronae lobis anguste ovoideis, supra basin enim latissimis dein
sensim angustatis. His simillima *H. Lyi* Lévl., quae differt foliis angustioribus,
glabris, nervis horizontalibus, corollae lobis rotundatis. *H. diversifolia* Bl. et
H. villosa Coste in Fl. gén. Indo-Ch. jam floribus minoribus distant.

* *H. fusca* Wall., Plt. As. rar., I., 68, t. 75 (1830). NW-Y.: Im wtp. Regenwalde des birm. Mons. im Tale Gümbalo bei Tschamutong am Salwin, Granit,
unter 2300 m, v. E., 17. VIII. 1916 (9869). Wahrscheinlich auch diese in der
str. St. am Salwin unter Tjiontson, 1675 m.

* ? *H. Shepherdii* Hook. in Bot. Mag., LXXXVII., t. 5269 (1861). Y.: Kalkschieferfelsen der str. St. überziehend ober Hwangtsaoschao unter Beyendjing
halbwegs zwischen Tschuhsiung und Yungbei, 1900 m, 15. V. 1915 (6334).

Nur steril. Von *H. longifolia* Wall. durch noch viel dickere und längere stumpfe
Blätter und zerstreut behaarte, kürzere und dickere Blattstiele verschieden. Jene
3 bis gegen 4 cm breit, vorne verschmälert, aber stumpf, also noch bedeutend
breiter als *H. Shepherdii* beschrieben ist, die aber J. D. Hooker in Fl. Brit. Ind.,
IV., 57 (1883) mit ? zur verhältnismäßig viel breitblätterigen *H. longifolia* zieht.

Marsdenia R. Br.

M. oreophila W. W. Sm. in Not. Bot. Gard. Edinb., VIII., 193 (1914) (*Gongronema*? *yunnanense* Lévl., Cat. Pl. Yun., 13 [1915], e typo). **Y.**: Beyendjing, Wälder bei Guti (Ten 267, 268) und Daschifang (T. 281). Im NE bei Gulungtschang, 800 m (Maire). **S.**: Mischwälder und dichte Gebüsche, 2750—2800 m. Muli (7360). Kwapi n von Yenyüen (2738).

Die letzte Nr., sterile Langtriebe, hat den Blattgrund klein herzförmig, gehört aber sicher hierher.

M. Cavaleriei (Lévl.) ·Hand.-Mzt. ap. Rehd. in Journ. Arn. Arb., XV., 318 (1934) (*Metaplexis C.* Lévl., Fl. Kouy-Tch., 42 [1914], e typo). **SW-Kw.**: Wälder der str. St. am Südhange des Hwatjiao-ho-Tales am Wege von Dschenning nach Hwangtsaoba, Kalk, 580—950 m (10360).

Differt a *M. sinensi* Hemsl. petiolis longioribus, quam laminae sesquibrevioribus usque subaequilongis, laminis latioribus, longitudine subaequilatis, profundius cordatis, corollae brunneo-luteae (e nota ad vivum) 6 mm longae lobis tubo urceolato 3 mm lato subaequilongis, paulum patentibus. Caules vetustiores saepe complanati.

Die Unterschiede geben der Pflanze sicher Artwert.

** ***M. pulchella*** Hand.-Mzt. (Abb. 30, Nr. 1—4 auf S. 1063).
Sect. *Macrocentrum* Hook.

Scandens, ramis tenuissimis, glabris, vetustioribus brunnescentibus lenticellatis, foliorum paribus dissitis. Gemmae flavido-tomentosae. Folia anguste triangulari-ovata, 1—2½ cm longa, longitudine 2—3^{plo} angustiora, acuminata, raro apice ipso obtusiuscula, basi rotundata vel truncata vel leviter cordata, crassiuscula, supra atrius quam subtus viridia et praesertim ad marginem nervosque flavescenti-puberula, subtus saepe glabra, densissime granulata, margine angusto pellucido, indistincte trinervia, nervis cum secundariis 3—4^{nis} ascendentibus, anastomosantibus et venis parcis reticulatis pallidis; petiolus gracilis, lamina 2—3^{plo} brevior, supra dense puberulus, glandulis stipularibus et apicalibus interdum praesentibus minutis subulatis. Umbellae ad nodos singulae, pedunculis tenuibus glabris 1—1½ cm longis, 3—6 florae, bracteis lanceolatis vel filiformibus 3—5 mm longis, sparse puberulis, pedicellis 5—6 mm longis. Calycis lobi liberi, anguste lanceolati, c. 3 mm longi, acuti, recurvi, trinervii, dorso puberuli vel glabri. Corollae 5—6 mm longae (albae?) tubus limbo paulo brevior, urceolatus, intus in costis 10 per paria e lobis decurrentibus dense retrorsum pilosus; lobi ovato-oblongi, paulum obliqui, rotundati, vix patentes, margine undulati. Corona annulum brevem crassum margine undulatum et antheris paulo altius quam inter has gynostegio adnatum cum lobis lanceolatis, obtusis, liberis, membranaceis, erectis, antheras superantibus formans. Gynostegium corollae tubo subaequilongum. Antherarum appendices triangulares, obtusi; retinacula anguste obovoidea, translatoribus brevibus, polliniis maioribus erectis. Caput stigmaticum anguste conicum, breviter bilobum (Fructus ignotus).

S.: Trockene Gebüsche der str. St. ober Otang bei Kwapi n von Yenyüen, 27° 57′, Phyllit, 2400—2500 m, 30. V. 1914 (2748).

Species valde peculiaris, characteribus sectionis nominatae.

**** *M. stenantha* Hand.-Mzt.** (Taf. XIII, Abb. 10).

Sect. *Macrocentrum* Hook. f.

Scandens, ramis crassiusculis glabris, serius brunneis, foliorum paribus ± dissitis. Gemmae flavescenti-tomentosae. Folia cordata vel oblongo-cordata, 3—6 cm longa, longitudine sesqui- usque duplo angustiora, breviacuminata, sinu basali angusto, lobis rotundatis, crassiuscula, juniora ciliata et utrinque sparse puberula, dilute et subtus caesio-viridia, indistincte 5 nervia nervis basalibus abbreviatis, secundariis 2—4^{nis} ascendentibus et anastomosantibus subtus ut costa prominuis; petiolus lamina c. duplo brevior, rarius subaequilongus, crassiusculus, sparsissime puberulus, glandulis stipularibus interdum 2 subulatis. Umbellae ad nodos singulae, foliis breviores, pedunculis 10—15 mm longis, glabris, 2—12 florae; bracteae lanceolatae vel filiformes, 1—3 mm longae, glabrae vel densiuscule puberulae; pedicelli glabri, 7—10 mm longi. Calycis lobi liberi, anguste ovati, c. 2 mm longi, acuminati, glabri. Corollae albae violaceo-marginatae vel viridis lobis intus brunneis (e notis collectorum) 6—10 mm longae tubus urceolato-cylindricus, lobis duplo longior, intus totus vel inferne tantum striatim longipilosus; lobi erecti, oblongo-ovati, rotundati. Corona lobis membranaceis inter se liberis, lineari-oblongis, rotundatis, gynostegium superantibus, 2/3 inferioribus antherarum dorsis adnatis, superne liberis constans. Antherarum appendices ovati, membranacei. Retinacula obovoidea; translatores brevissimi; pollinia magna, piriformia, erecta. Caput stigmaticum discoideum, atrum, leviter 5 lobum, subula crassa pentagona coronae lobis aequilonga terminatum, infra lobos in appendices 5 longos lingulatos deorsum productum. Folliculi ovoideo-fusiformes, 7 cm longi, 1 cm lati, leves, avellanei.

Y.: Im NW in Gebüschen der str. St. ober Ahsi am Yangtse w von Lidjiang, Kalk, 2150 m, 29. V. 1916 (8783). Im NE im Unterholz des Hügels von Tschoudjiawan, wtp. St., 2550 m, VI. (Maire: Mus. Wien, Typus).

Planta *Pergulariae minori* Andr. simillima, sed corona *Marsdeniae* instructa. Illa praeterea differt foliis latioribus, membranaceis, breviter crispo-pilosis. Proxime affinis probabiliter *M. Griffithii* Hook. f.

Der Typus hat die Blumenkrone weiß, violett berandet und nur im unteren Teile und streifenweise behaart. Die Herkunft der merkwürdigen zapfen- oder zungenförmigen Anhänge des Gynostegiums ist in der Blüte nicht erkennbar, eben so wenig, ob 5 breite, flache Buckel, die sich zwischen den Antheren unter ihren Fächerenden finden, zum Gynostegium oder zur Corona gehören. Da die Zipfel dieser keinerlei Anhänge zeigen, ist die Pflanze zu *Marsdenia* zu stellen, von der aber die Gattung *Pergularia* kaum getrennt gehalten werden kann.

Wattakaka Hassk.

(*Dregea* Benth. et Hook. p. p., non E. Mey.)

W. sinensis (Hemsl.) Stapf in Bot. Mag., CXLVIII., t. 8976 (1923) (*Dregea* s. Hemsl.). Gebüsche und Hecken der str. bis zur tp. St., 1600—2800 m. **S.**: S ober Lumapu am Zuflusse des Yalung gegen Yenyüen, 27° 37′ (2070). Unter Wali (2535) und ober Otang am Yalung n von Yenyüen. Am See e von Yungning. **Y.**: Fuß des Hsi-schan bei Yünnanfu (Schoch 96). Im NW häufig in der Ebene von Lidjiang (6627). W der Brücke von Dsilidjiang. Zwischen Ahsi

und Schigu w und um die Mündung des Schou-tschu (7584) n von Lidjiang.
Bödö se von Dschungdien (4470). Jedenfalls am Mekong (MONBEIG).

An allen Exemplaren, auch an WILSON, Veitch Exp. 505, die Korolle innen
ganz am Grunde behaart, auch die Zipfel ein wenig.

Oleaceae

Fraxinus L.

F. Griffithii C. B. CLKE. sensu LINGELSH. in Pflzenr., IV/243., 15 (1920).
NE-Y.: Wälder von Suenwui, 2400 m (MAIRE ex Arb. Arn. 174, 416). Felsen von
Mahung, 3000 m (MAIRE). **H.**: Wälder der str. St. zwischen Wangdjiapu und
Djintie-se am Wege von Yungdschou nach Hsinning, Kalk, 300—500 m (11266).

Meine fruchtende Pflanze entspricht WILSON 1926; ob auch der indischen
Pflanze, konnte ich nicht nachprüfen. MAIRES Pflanzen sind in Blüte.

F. suaveolens W. W. SM. in Not. Bot. Gard. Edinb., XII., 205 (1920), e
descr. NE-Y.: Wald von Taipu, 2600 m (MAIRE ex Arb. Arn. 118).

F. trifoliolata W. W. SM. in Not. Bot. Gard. Edinb., IX., 106 (1916).
Y.: Trockene Hänge, Gebüsche und Wälder der str. bis in die wtp. St., 1800 bis
2750 m. Ober Dschenmindö in der Seitenschlucht des Yangtse am direkten Wege
von Yünnanfu nach Huili (5657). Unter Weischa e von Yungbei. Beyendjing
(TEN ex hb. Berol. 95, 120). Hier bei Nigu nächst Tieso (TEN 217, 283). Im NW
bei Hewa sw von Yungning (7040) und bei Bolo w von hier.

Die kleinsten Früchte messen nur 17 × 4 mm.

F. retusa CHAMP. SW-H.: Yün-schan bei Wukang, zw. 400 u. 1400 m.
Tonschiefer (Plt. sin. 112). **S.**: Ne von Muli, 3000—3300 m (FORREST 21355 als
F. chinensis ROXB. var. acuminata LINGSH.).

——var. **Henryana** OLIV. SW-H.: Im str. Laubhochwalde der Flußschlucht bei Moschi nächst Dsingdschou, Tonschiefer, 400 m (11034).

* **F. sikkimensis** (LINGELSH.) HAND.-MZT.

Syn.: F. Paxiana LINGSH. var. s. LINGSH. in Bot. Jahrb., XL., 214 (1907).

Sect. Ornaster KOEHNE et LINGELSH.

Ramuli hornotini robusti, brunnei, glabri vel flavido-tomentelli, dense
albido-lenticellati, annotini cinerascentes. Folia 16—25 cm longa absque petiolis
c. 10 cm longis, rhachidibus praesertim in nodis ferrugineo-tomentosis; foliola
3—4juga, sessilia vel subsessilia, terminale petiolulo ad 15 mm longo, lanceolata,
$5^1/_2$—12 cm longa et longitudine c. 3—4^{plo} angustiora, sensim acuminata, basi
valde asymmetrica, lamina postice fere ad rhachin decurrente, antice magis
rotundata ab ea remota et plicata, regulariter serrulata, sicca subcoriacea olivacea, subtus pallidiora, supra interdum in costa nervisque minutissime pilosa,
subtus in costa versus basin ± pilosula; nervi laterales 11—18^{ni}, sub 50^0 patentes,
supra demum impressi, subtus argute prominui. Panicula terminalis paniculis
lateralibus aucta, 15—30 cm longa et latior, laxa, ebracteata, glabra. Pedicelli
5—8 mm longi, capillares. Calyx campanulatus, c. 1 mm longus, brevissime
latidentatus. Petala nulla. Stylus $1^1/_2$ mm longus; stigma aequilongum. (Flos ♂
ignotus). Fructus spathulatus, 15—28 mm longus, c. 3 mm latus, leviter emarginatus vel subrotundatus, calyce persistente.

NW-Y.- In üppigen tp. Mischwäldern ober Akalü jenseits Ganhaidse bei Lidjiang, 2900 m, 19. VI. 1915 (6825). Wtp. Buschwald bei Ludion am Zuflusse des Mekong unter Weihsi, 27° 13′, 2250 m, 14. IX., 1916 (10023).

Die fruchtende Nr. 10023 ist identisch mit HOOKERS Pflanze aus Sikkim, 7—10000′, dem Typus von LINGELSHEIMS Varietät, die er wohl, ohne Blüten gesehen zu haben, zu *F. Paxiana* stellte. Nr. 6825 hat solche, und zwar ohne Petalen, weshalb die Pflanze zu *Ornaster* gehört. Hier kommt ihr *F. chinensis* ROXB. am nächsten, die sich durch breitere, gestielte Blättchen mit weniger Nerven und fast kahlen Blattspindelknoten unterscheidet. *F. suaveolens* W. W. SM. kommt in den vegetativen Merkmalen näher, hat aber Petalen.

F. chinensis ROXB. (var. *typica* LINGSH.). **Kw.:** Am Bach in der wtp. St. ober Hwangtsaoba, 1300 m (10298). Wahrscheinlich auch diese im Wald des Dung-schan bei Guiyang, als Kopfbäume zwischen Guiyang und Gwanyinschan und häufig, Bachufer einfassend, zwischen Matang und Ludwan bei Liping 800 m. **Y.:** Gepflanzt beim Tempel Djindien-se bei Yünnanfu (361). Wohl diese mehrfach n von hier bis Jöschuitang und unter Dadiengai w von Lunggai, 1250 bis 2050 m. Im NE bei Lungdji, 700 m (MAIRE). **S.:** Wohl diese in der str. und wtp. St., 1375—2650 m. Hsiaokoudschou unter Dötschang im Djientschang. Bach unter Ngaitschekou n von Yenyüen.

F. sp. S.: Im tp. Laubwalde des Soso-liangdse bei Sikwai im Lolo-Lande e von Ningyüen, Sandstein, 2650 m (1211, steril und jung).

Syringa L.

S. tomentella BUR. et FRANCH. NW-S.: Gebirge um Sungpan (WEIGOLD).

S. yunnanensis FRANCH. Gebüsche, Bambusdschungel und üppige Buschwiesen der tp. bis in die ktp. St., 2850—3850 m. **Y.:** Im W unter dem Passe Sanschischao bei Hodjing. Im NW um Mudidjin, ober Piyi und auf dem Passe gegen Fongkou s, bzw. sw von Yungning. Am Yülung-schan bei Lidjiang auf der Matte Ndwolo (4248) und s davon. N von dort ober Tsasopie. Bei Dschungdien bis ober Baoschi (7708) und ober Bödö se von hier. **S.:** S und sw von Muli. Ober Fumadi über dem Wolo-ho zwischen Yenyüen und Yungning (3030). Nordhang des Dadjin zwischen Yenyüen und dem Yalung, 27° 31′ (2169?, jung und mit vorjährigen Früchten). Lungdschu-schan bei Huili.

Osmanthus LOUR.

O. fragrans (THUNBG.) LOUR. **H.:** In der str. St. bei Lintji ober Lantien gegen Hsikwangschan, 450 m (12727). Im SW im schattigen wtp. Laubhochwalde des Yün-schan bei Wukang, zwischen 900 u. 1190 m (12048). **Y.:** In der wtp. St. bei Alaodjing e des Dsolin-ho 2000 m, v. E. (4896). Wälder bei Tieso nächst Beyendjing (TEN 272).

Fruchtstiele bei 12048 bis 5 mm, bei TENS Pflanze bis 18 mm lang. Auf die von NAKAI in Bot. Mag. Tok., XLIV., 14—17 (1930) unterschiedenen „Arten" kann ich nicht eingehen, da dort keine Unterschiede angegeben sind und vielfach Bezug genommen wird auf eine nur japanisch erschienene Arbeit. Deshalb kann ich insbesondere *O. aurantiacus* NAK., der *Olea fragrans* THBG. entsprechen soll, nicht beurteilen.

O. Forrestii Rehd. in Not. Bot. Gard. Edinb., XIV., 20 (1923) ** **var. *brevipedicellatus* Hand.-Mzt.

Flores subsessiles, bracteis (serius deciduis) involuti, flavi. Folia variant integerrima et densissime et grosse spinoso-dentata.

Y.: Waldschlucht der wtp. St. bei Sanyingpan n von Yünnanfu, 26°, Sandstein, 2400 m, 14. III. 1914 (614).

Durch die kurzen Blütenstiele nähert sich die Pflanze dem *O. armatus* Diels, der sich aber durch behaarte Knospenschuppen und Blattstiele und das an der Blattunterseite weitere und schärfer vorspringende Nervennetz unterscheidet. Der Blattrand zeigt in Wilson, Veitch. Exp. 2645 dieselben Formen.

** ***O. Rehderianus*** Hand.-Mzt.

Sect. *Euosmanthus* Nak., l. c.

Arbor parva, praeter perulas brevissime ciliatas glabra, ramulis crassis dilute brunneis, lenticellis sparsis albidis. Perulae late ovatae, acutae, coriaceae, carinatae. Folia elliptico-lanceolata, $7^1/_2$—14 cm longa, longitudine 3—4^{plo} angustiora, acuminata, basi cuneata vel subrotundata, integerrima, margine reflexa, crasse coriacea, persistentia, in vivo nitida (e Maire), sicca opaca, pallide olivacea, concoloria, costa subtus magis quam supra prominua, nervis 15—22^{nis} patentibus praesertim subtus ut rete $\pm$ densum venarum crassarum paulum prominuis et hic indistincte glanduloso-punctata; petiolus crassissimus, curvatus, 10—15 mm longus, supra late sulcatus. Flores in axillis foliorum e gemmis compluribus fasciculati multi, albi (e collectoribus).

Typus: Flores $\female$, pedicellis ad 13 mm longis, crassiusculis. Calyx vix 1 mm longus, lobis triangularibus hic illic eroso-dentatis. Corolla fere ad basin partita; lobi late ovati, 4—5 mm longi, subacuti, demum reflexi. Stamina suprabasalia, filamentis antheras oblongas c. $2^1/_2$ mm longas aequantibus. Ovarium in stylum crassum 1 mm longum attenuatum, stigmate clavato.

NE-Y.: Gebüsche der wtp. St. bei Tschedji, 2600 m, III. (Maire ex Arb. Art. 195).

—— ** var. *Tenianus* Hand.-Mzt.

Flores $\male$ subsessiles. Calyx et stamina ut in typo. Corollae lobi ovati, 5—7 mm longi, obtusi, reflexi. Ovarii rudimentum anguste conicum.

Y.: Wälder bei Paikula nächst Guti bei Beyendjing, 16. II. 1919 (Ten 303).

Proximus *O. Forrestii* Rehd. foliis dimorphis et praesertim filamentis brevissimis diverso.

Da die kurzen Blütenstiele der Varietät wohl nicht mit dem Geschlecht zu tun haben, trenne ich Tens Pflanze vorläufig als Varietät ab, analog der entsprechenden Form der vorigen Art.

O. sp. Y.: Kalkfelsen der wtp. St. bei Schilungba nächst Yünnanfu, 1870 m (Schneider 137, ster.).

** ***O. sinensis*** Hand.-Mzt.

Syn.: *Gonocaryum sinense* Hand.-Mzt. in Sinensia, III., 189 (1933).

Sect. *Microsmanthus* Nakai in Bot. Mag. Tok., XLIV., 14 (1930).

Arbor praeter inflorescentias glabra, ramulis juvenilibus spadiceis paulum angulatis, annotinis griseis. Gemmae minutae, compresso-ovoideae. Folia opposita vel subopposita, elliptica vel obovato-oblonga, raro obovata, 4—13 cm longa et longitudine 2—4^{plo} angustiora, breviter acuminata, apice ipso interdum obtuso, basi angustata, integerrima, coriacea vel crasse coriacea, persistentia, $\pm$ ruguloso-punctulata, viridia, supra nitida, subtus pallidiora (e Ching), sicca supra olivacea, costa subtus prominua, nervis utrinsecus 6—12 $\pm$ patentibus $\pm$ obsoletis; petiolus lamina 3—7$^\text{plo}$ brevior, crassiusculus, sulcatus et margine subalatus, basi incrassatus. Inflorescentiae dioicae, in axillis foliorum partim delapsorum, racemosae, saepe complures fasciculatae, petiolis aequilongae vel breviores; pedunculi breves, basi perulis late ovatis coriaceis cincti; rhachis crassiuscula, interdum minutissime puberula. Bracteae late ovatae, acutae, c. 2mm longae, demum deciduae, ut calyces corollaeque minutissime ciliatae. Pedicelli crassi, 1—2 et sub fructu ad 6 mm longi. Floris ♂ calycis lobi ovati, c. 1 mm longi, rotundati; corollae viridis (e Wang) tubus c. 3 mm longus, superne ampliatus; lobi late oblongi, rotundati, reflexi, tubo breviores; filamenta fauce affixa, corollam superantia, patentia, antheris ellipticis 1 mm longis utrinque obtusis; ovarii rudimentum subglobosum. Floris ♀ calycis lobi ovato-triangulares, obtusi, 1 — sub fructu 2 mm longi; corolla dilute flava (e nota ad vivum), tubo breviore, calycem vix superante, lobis late ovatis, tubo longioribus, rotundatis, revolutis; ovarium in stylum crassum corollam superantem stigmate bilobo terminatum attenuatum; antherae steriles ore tubi sessiles. Fructus oblongo-ellipsoideus, ad 2 cm longus et c. duplo angustior, junior obtusissimus vel acutiusculus, maturus exocarpio tenui nigro, endocarpio subtenui lignoso, brunneo, 8 costato. Semen ovato-oblongum, 16 mm longum, triplo angustius, albumine ruguloso brunneo, fibris ochraceis longitudinalibus arcuatis cincto.

SW-H.: Im wtp. schattigen Laubhochwalde des Yün-schan bei Wukang, Tonschiefer, 900—1200 m, 6. VI. 1918 ♀, 1. VIII. 1918 fr., IV. 1919 Wang-Te-Hui ♂ (12049). Kwanghsi: S. Nanning, Sifengda-schan, in Waldgräben selten, 650 m, 22. X. 1928 fr. (Ching 8119, Typus).

Proximus *O. Matsumuranus* Hay., quocum e cl. Rehder in litt. *O. Wilsonii* Nak. in Bot. Mag. Tok., XLIV., 13 (1930) congruit, differt foliis maioribus, utrinque elevato-punctatis, nervis 12—15$^\text{nis}$ supra leviter impressis, subtus prominuis, racemis villosis. *O. marginatus* (Champ.) Benth. et Hook. a. cl. Nakai sub *Euosmanthum* positus paniculis densis, pubescentibus, floribus glaberrimis describitur.

Herr Prof. W. Y. Chun machte mich auf meinen Fehler aufmerksam. Die Pflanze aus Hunan unterscheidet sich vom Typus nur durch etwas dünnere Blätter. Sie hat keine ganz reifen Früchte und jener keine Blüten, doch wäre es unbegründet, die in allem Vergleichbaren gut übereinstimmenden Pflanzen getrennt zu halten.

Siphonosmanthus (Franch.) Stapf
in Bot. Mag., CLIII., tab. 9176 (1902)

S. Delavayi (Franch.) Stapf, l. c. (*Osmanthus D.* Franch.). Mischwälder und trockene Gebüsche der wtp. und unteren tp. St., anscheinend selten auf Kalk, 1950—3350 m. Y.: Zwischen Dwangai und Munayi n von Yünnanfu am direkten Wege nach Huili, 25° 50′ (576). Zwischen Butsangho und Bupeng w von Tschuhsiung. Djinschuiho n von Yungbei. S.: Ober Djifangkou am Lung-dschu-schan bei Huili (902). SW-Hang des Sandao-schan (2208) und ober Daliao-pingdse am Dadjin, 27° 31′ (2136) zwischen Yenyüen und dem Yalung. Ober

Kalapa und bei Kwapi, 27° 53′ (2411) n von Yenyüen. Fumadi über dem Wolo-ho zwischen Yenyüen und Yungning. Soso-liangdse im Daliang-schan (Lolo-Lande) e von Ningyüen (1677).

Chionanthus L.

C. retusa Lindl. et Paxt. **Y.**: Üppige Schluchtwälder und Trockenwälder der str. bis in die wtp. St., 1800—2300 m. Beyendjing (Ten 124; ex hb. Berol. 391). Hier zwischen Tschalaschao und Hwangtsaoschao (6315) und gegen Bintschwan bei Midien (6328). Zwischen Hodjing und Lidjiang (Schneider 3067). Im NW am Yangtse ober Schigu und häufig am Mekong, 27° 30—55′ (8476. Monbeig. Gebauer).

Olea L.

O. cuspidata Wall. Trockenwälder der str. St. auf Phyllit, 1725—2200 m. **NW-Y.**: Golo am Yangtse nw von Lidjiang, 27° 45′ (8813). **S.**: Mehrfach zwischen Wali und Kulu (2526) und bei Oti über dem Yalung n von Yenyüen.

** ***O. yuennanensis*** Hand.-Mzt.

Syn.: *O. dioica* W. W. Sm. in Not. Bot. Gard. Edinb., XIV., 78, 79 (1924), non Roxb.

Sect. *Euolea* DC.

Frutex vel arbor usque ad 13 m alta (e collectoribus), ramis juvenilibus dilute castaneis densifoliis, vetustioribus griseis teretibus, lenticellis minutis. Folia coriacea, persistentia, acuta usque subrotundata, raro subito breviacuminata, saepe mucronulata, in petiolos crassos canaliculatos sensim angustata, rarius late cuneata, integerrima vel irregulariter et obscure sinuato-denticulata et reflexa, sicca olivacea vel subferruginea, concoloria vel subtus pallidiora, opaca, corii modo $\pm$ alutacea, costa media supra $\pm$ impressa, subtus elevata, nervis lateralibus obliquis vel arcuatis 5—10^{nis} utrinque obsoletis vel supra tenuiter impressis subtusque prominulis. Paniculae axillares, laxae, longiuscule pedunculatae, divaricatae, foliis aequilongae vel plerumque breviores, nonnunquam ad racemos vel umbellas subsimplices reductae; bracteae minutae, deciduae. Pedicelli graciles, 1—4 mm longi. Calyx ad medium quadrilobus, lobis late triangularibus acutis. Corolla ♂ alba vel cremea (e collectoribus), campanulata, tubo 2—3 mm longo, lobis triangularibus, vix 1 mm longis, obtusis vel rotundatis, margine involutis; stamina basi tubi inserta, inclusa, faucem non attingentia, filamentis brevissimis, connectivis interdum apiculatis. Corolla ☿ viridis (e collectore), lobis magis involutis; antherae breviores et latiores; ovarium conicum, in stylum subulatum brevem attenuatum, stigmate subdiscoideo. Drupa ellipsoidea 7—8 mm longa, basi calyce persistente fulta, nigra, pruinosa.

Typus: Ramuli ut petioli inflorescentiarumque axes subtiliter hirtelli, raro hi glabri, vetustiores glabrescentes. Folia elliptica usque oblanceolata, 3—12 cm longa, longitudine 2—4^{plo} angustiora glabra; petiolus 5—15 mm longus. Pedicelli glabri. Calyx minute ciliatus.

Gebüsche und trockene Wälder der wtp. bis in die str. St., 1400—2200 m. **Y.**: Am nw Bergfuß bei Yünnanfu, 9. V. 1916 (Schoch 13). Häufig an der Straße nach Dali zwischen Laoyagwan und Yaoschangai (8651), Schidse und Luföng (8594) und bei Hungngai. N von ihr unter Djiunienping jenseits Fumin, 28. IV.

1915 (6135), häufig zwischen Gwannandün und Lodse-Magai (6160), um Schayidjia (6179), über Dingyüen und Dayao bis Beyendjing. Hier bei Guti (Ten 145)
und viel zwischen Gwanschan und Tschalaschao. Im W zwischen Yungtschang
und dem Mekong-Tale (Forrest 19360). N von Yungtschang (F. 25467).
Schweli—Salwin-Kette, 25⁰ 20′ (F. 17481). Wo? (F. 24040). S.: Djinyikan unter
Dötschang im Djientschang, 2. IV. 1914 (1091, Typus). Zwischen Mosoying
und Gungmuying (Schneider 672).

— — ** var. *xeromorpha* Hand.-Mzt.

Ramuli juveniles ut petioli et axes inflorescentiarum flavescenti-velutini.
Folia latiora et saepe minora, 1,2—8 cm longa et plerumque longitudine duplo
angustiora, saltem juniora subtus praesertim ad costam densiuscule pilosa;
petioli 2—4 mm longi. Calyx et pedicelli pilosuli.

Hartlaubgebüsche der str. und wtp. St. auf Sandstein, 1500—2000 m.
Y.: Häufig bei Schanyakou e des Dsolin-ho, 4. V. 1915 (6203, Typus). Beyen-
djing (Ten 161). Dji-schan ne von Dali (Talifu), V. 1917 (Forrest 13730). Im
W in der Schweli—Salwin-Scheidekette, 25⁰ 40′ (F. 26084). S.: Häufig zwischen
Hwanglienpo und Dötschang im Djientschang, 7. IV. 1914 (1873).

Species affines sunt *O. dioica* Roxb., quae differt glabritie perfecta, foliis
latioribus, basi late cuneatis vel subrotundatis, petiolis plerumque longioribus
gracilioribusque; *O. brachiata* (Lour.) Merr. (*O. maritima* Wall.) foliis sensim
acuminatis corollae tubo breviore drupis minoribus diversa; *O. oblanceolata*
Craib (siamensis) et *O. rosea* Crb. in Kew Bull., 1911, 411 differunt corollis ♂ ob
stamina altius inserta basi angustis, piriformibus, foliis caudato-acuminatis,
in sicco viridibus, nervis subtus valde prominuis, illa etiam tenuioribus versus
basin usque grossius sinuato-serratis subtus primum hirtellis, paniculis multo
longius patentipilosis, calycis lobis angustioribus, haec etiam nervis supra impressis.

Mit Ausnahme des zwitterigen Exemplares Forrest 19360 und der fruchtenden 6203 und 8594 und Forrest 26084 sind alle Exemplare ♂. Bei jenem
sind die Antheren schon aufgesprungen und entleert, sonst völlig normal. In einer
Blüte wurden auch 3 Staubgefäße beobachtet.

Ligustrum L.

L. lucidum Ait. Trockene Wälder, viel gepflanzt um Dörfer, in der str.
und wtp. St., 200—2900 m. H.: Tindjiatang bei Hsikwangschan. Überall zwischen
Wangdjiapu und Djintie-se am Wege von Dungngan nach Hsinning (11269).
Kw.: Nanyo-schan bei Guiyang. Tjidwen bei Nanmutschang, riesenhafter Baum
(phot.). S.: Überall um Huili (1022). Dawanpu am Yalung und Lemoka im Lolo-
Lande e von Ningyüen. Hosö im Gebiete von Muli w von Yungning. Y.: Yünnanfu
(315. Schoch 126). Im NW am oberen Yangtse von Ahsi w von Lidjiang auf-
wärts, besonders massenhaft an seinem Zuflusse unter Ronscha, 27⁰ 47′, unter
Meidsiping se von Dschungdien und am Mekong von Yedsche bis ober Lota.
Im NE bei Dungtschwan (Maire).

L. compactum (Wall.) Hook. f. et Thoms. (*L. yunnanense* L. Henry, e
Rehder, Man. Cult. Tr. Shr., 761 [1927]). Y.: Hecken, Gebüsche und üppige
Wälder der wtp. bis in die str. St., 1700—2700 m. Häufig zwischen Magai und

Sidsung e von Yünnanfu (10128). Zwischen Hwangdjiaping und Piendjio ne von Dali (6364). Hsinyingpan (3238) und um Tjitiaowan unter Landji (3214) zwischen Yungbei und Yungning. Im NW bei Lidjiang, v. E. (3711). Im NE in der Ebene von Dungtschwan (Maire) und im mittelchin. Fl. bei Lungdji, 700 m (Maire).

— — var. *glabrum* (Mansf.) Hand.-Mzt. (*L. Quihoui* Carr. var. *glabrum* Mansf. in Bot. Jahrb., Beibl. 132, 64 [1924]). Y.: Beyendjing (Ten 128 ex hb. Berol.).

Nach der mir vorliegenden Originalnummer kann diese Pflanze keineswegs zu *L. Quihoui* gehören. Vom typischen *L. compactum* unterscheidet sie sich durch die kleineren, schmäleren, undeutlich genervten Blätter; primäre sind aber nicht mehr vorhanden. Dazwischen steht meine Nr. 6364.

Die vorliegende Art ist jedenfalls *L. yunnanense*. Da mir vom indischen *L. compactum* nur ein Exemplar vorliegt, kann ich in der Identifizierung nur Rehder folgen.

? **L. gracile** Rehd. in Plt. Wils., II., 602 (1916). Y.: Gebüsche der wtp. St. bei Hsinyingpan zwischen Yungbei und Yungning, Sandstein, 2700 m (3237).

Steril, recht gut stimmend mit Rock 17804.

L. Delavayanum Har. Gebüsche, Laub- und Mischwälder der wtp. und tp. St., 2750—3350 m. Y.: Ober den Tempeln des Dji-schan ne von Dali (6398). Tal unter Heniuschao bei Hodjing (8752). Im NW bei Lidjiang, v. E. (3766). S.: Kwapi n von Yenyüen, 27° 53′ (2409). Lungdschu-schan bei Huili (5184). Houdsengai bei Dötschang (1807).

Die kleinsten Exemplare (8752) haben die Blätter breit oval oder elliptisch, 3—14 mm lang, $^1/_2$—$^2/_3$ so breit, spitz bis fast gerundet, nicht zugespitzt, fast lederig.

? *L. Henryi* Hemsl. S-S.: Nantschwan (Bock u. Rosthorn 24).

Blattstiele länger, bis 5 mm lang. Steril. Identisch mit Steward, Chiao u. Cheo 483 aus Guidschou.

L. sinense Lour. H.: In einem Walde der str. St. zwischen Dungngan und Schitjidian-se w von Yungdschou, Kalk, 200 m (11294).

— — var. **Stauntoni** (DC.) Rehd. in Bail., Cycl. Amer. Hort. II., 913 (1900) (*L. Stauntoni* DC.). W-Ki.: Um Pinghsiang, c. 600 m (Plt. sin. 170). SW-H.: Yün-schan bei Wukang, zwischen 400 und 1420 m, Tonschiefer (Plt. sin. 69).

— — var. **nitidum** Rehd. in Bail., l.c., IV., 1700 (1915). SW-H.: Yün-schan bei Wukang, zwischen 400 und 1420 m, Tonschiefer (Plt. sin. 53). S-S.: Nantschwan (Bock u. Rosthorn 1083, Übergang zu folgender var.).

— — var. **myrianthum** (Diels) Hoefk. in Mitt. D. Dendrol. Ges., 1915, 57 (*L. myrianthum* Diels). Gebüsche und Mischwälder der str. und wtp. St. Ki-F.-Grenze: Dunghwa-schan zwischen Schitscheng und Ninghwa, 1000 m (Plt. sin. 305). H.: Um Lantien zwischen Loudi und Hsinhwa, 130—200 m (12832). Kw.: Tschwenning-schan (10502) und Dung-schan bei Guiyang, 1100 bis 1250 m. S-S.: Nantschwan (Bock u. Rosthorn 818). Y.: Ober Tienscheng-tang am Wege von Yünnanfu nach Dali, 2500 m (8681, Übergang zur folgenden var.). Beyendjing, Schuiban-tsun bei Guti (Ten 146). Bintschwan bei Guti (Ten 206, beides Übergänge zur folgenden var.).

— — var. **Coryanum** (W. W. Sm.) Hand.-Mzt. (*L. Coryanum* W. W. Sm. in Not. Bot. Gard. Edinb., XIII., 165 [1921]). Y.: Buschwälder der wtp. St. zwischen Gwannandün und Dadschwangkon e des Dsolin-ho überall, Sandstein, 1700—2350 m, 30. IV. 1915 (6171). Beyendjing (Ten ohne Zettel).

Die am stärksten behaarte Form der Art, wie eben gesagt, in die letzte var. übergehend.

Mit var. *myrianthum* fällt wahrscheinlich *L. Groffiae* Merr. in Philip. Journ. Sci., XV., 253 (1919) zusammen. Es soll zugespitzte Blätter und kahle Blütenstiele und Kelche haben. Die mir vorliegenden, als *Groffiae* bestimmten Pflanzen aus Kwangtung (Tsiang-Ying 1252. Cant. Christ. Coll. 12355) und Kw. (Steward 94), allerdings keine Originale, entsprechen in den beiden ersten Punkten der Beschreibung nicht und sind *L. sinense* var. *myrianthum*. *L. nepalense* Wall., das nach Mansfeld in Bot. Jahrb., LIX., Beibl. 132, 63 (1924) von unserer Art schwer zu trennen ist, unterscheidet sich durch zumeist breitere Rispen mit sitzenden oder fast sitzenden Blüten, die meist an Zweigen zweiter Ordnung fast geknäuelt beisammenstehen.

L. Quihoui Carr. Buschsteppen und Hartlaubgebüsche der str. und wtp. St., 1725—2100 m. S.: Otang, Datiaoku (Schneider 4073) und unter Wali (2718) am Yalung n von Yenyüen. Lanba an diesem se von Yenyüen. Y.: Schilungba bei Yünnanfu (Schoch 169). Jöschuitang n von hier (437). Bei Yaoschangai (phot.) und zwischen Tschuhsiung und Gwangdung an der Straße von Yünnanfu nach Dali (4830). Überall um Djintschanggwan und Dayao n von dieser. Gegenüber Lunggai am Yangtse nw von Yünnanfu. Im NW ober Yulo nw von Lidjiang (phot.).

— — var. **brachystachyum** (Decne.) Hand.-Mzt. (*L. b.* Decne.). H.: Gebüsche der str. St. auf Kalk bei Hwalin-se zwischen Yungdschou und Hsinning, 300 m (11259). Hsikwangschan gegen Hsinhwa, 600 m (ob die var.?).

Das mit der Art bisher synonym gesetzte *L. brachystachyum* läßt sich als breitblätterige Varietät wohl aufrechterhalten.

L. sempervirens (Franch.) Lingelsh. in Pflanzenr., IV/243., 95 (1920) (*Syringa* s. Franch. — *Parasyringa* s. W. W. Sm. in Trans. Bot. Soc. Edinb., XXVII., 95 [1916]). Gebüsche und Savannenwälder der str. St., 1400—2125 m, Sandstein und Kalkschiefer. Y.: Überall zwischen Gwanfang und Tschalaschao unter Beyendjing (6305). Zwischen Hoyenschan und Djiangdi gegenüber Lunggai am Yangtse nw von Yünnanfu (5055). S.: Datjiaoku (2516) und Oti bei Kwapi n von Yenyüen, 28° 2′.

Nach den genauen Ausführungen Stapfs in Bot. Mag., CLVI., t. 9295 (1933) möchte ich Mansfeld in Bot. Jahrb., LIX., Beibl. 182, 70 (1924) beipflichten, daß hier keine eigene Gattung vorliegt, sondern die Pflanze zu *Ligustrum* gehört.

Jasminum L.

J. heterophyllum Roxb. var. **glabricymosum** W. W. Sm. in Not. Bot. Gard. Edinb., XII., 209 (1920) (*J. h.* var. *glabricorymbosum* Kobuski in Journ. Arn. Arb., XIII., 147 [1932], sphalm.). Y.: Gebüsche der wtp. bis in die str. St., 1700 bis 2400 m. Zwischen Dayao und Lienhwang (6225). Beyendjing (Ten 152; ex hb. Berol. 105). Hier am Taohwa-schan und bis ober Tschalaschao. Hanio zwischen Hwangdjiaping und Hsiangschuiho. Im NW bei Ladsagu nw von Lidjiang,

w von Djitsung am oberen Yangtse und unter Yedsche am Mekong. Die Notizen
vielleicht nicht zur var., sicher aber zur u. a. durch rote Blütenstiele leicht kennt-
lichen Art.

— — var. *subhumile* (W. W. Sm.) Kob., l. c. 149 (1932) (*J. subhumile*
W. W. Sm. in Not. Bot. Gard. Edinb., VIII., 127 [1913]). **Y.**: Gebüsche der
wtp. St. zwischen Hungngai und Dschaodschou se von Dali, 2000—2400 m
(8692).

J. humile L. Gebüsche, auch dichte Mischwälder der wtp. bis in die str.
und tp. St., 900—2800 m. **S.**: Ober Fumadi zwischen Yungning und Yenyüen.
Tschabatscha in der Ebene von Yenyüen (2223). An Bächen bei Bakuwe nächst
Kwapi n von hier (2498). **Y.**: Berge nw von Yünnanfu (Schoch 36). Zwischen
Homöndschang und Bödschagwan in der Seitenschlucht des Yangtse n von hier
(711). Yangdsiho ober Dingyüen (6201). Hsiangschuiho zwischen Dali und
Lidjiang (6455).

J. Mesnyi Hce. (*J. primulinum* Hemsl.). **Y.**: Gebüsche, besonders in
Erosionsgräben, von der wtp. bis in die tr. St., 1200—2600 m. Zwischen Sidian
und Schilungba (146), bei Dschungduilung (8613), unter Sangtang und sonst
zerstreut um Yünnanfu. Jenseits Dschennan an der Straße nach Dali. Im S s von
Möngdse und häufig im Savannenwald bei Schuidien am Wege nach Manhao
(5999). Im NW bei Ngulukö nächst Lidjiang. Im NE bei Dungtschwan und
Lagu (Maire).

J. nudiflorum Lindl. **S.**: Trockene Gebüsche der str. St., 1950—2125 m.
Meidsepu und s ober Lumapu, 27⁰ 37′ (2071) zwischen Yenyüen und dem Yalung.
Häufig zwischen Wali und Datjiaoku unter Kwapi n von Yenyüen (2536).

— — var. *pulvinatum* (W. W. Sm.) Kob. in Journ. Arn. Arb., XIII.,
154 (1932) (*J. p.* W. W. Sm. in Not. Bot. Gard. Edinb., XII., 209 [1920]). NW-**Y.**:
Dürre Gebüsche der str. St. ober Londjre am Mekong, 28⁰ 11′, Granit, 2350 m,
21. IX. 1915 (8216). Viel um Ronscha am Zuflusse des Yangtse, 27⁰ 44′, 2240 m.

J. lanceolarium Roxb. Schattige Wälder der wtp. St., 900—1100 m,
auf Sandstein und Tonschiefer. SW-**H.**: Yün-schan bei Wukang (12252). **Kw.**:
Madjiadwen zwischen Guiding und Duyün (10649).

— — ** f. *unifoliolatum* Hand.-Mzt.
Folia unifoliolata.

Kw.: Im wtp. Laubwalde des Hügels bei Gudong zwischen Guiding und
Duyün, Sandstein, 1000 m, 10. VII. 1917 (10680).

Ein einziger dünner Seitenzweig mit 4 Blattpaaren und einer kleinen
Infloreszenz. Ähnlich ist eine Pflanze aus Assam (Kings collector a. 1893), bei
der die Brakteen und auch ein unteres Blatt einfach sind mit verlängerten
Polstern.

— — var. *puberulum* Hemsl. W-**Ki.**: Um Pinghsiang, c. 600 m (Plt.
sin. 202).

J. sinense Hemsl. SW-**H.**: Gebüsche der str. St. auf Schiefern, um
400 m. Mehrfach zwischen Wukang und Hsinning. Ngaidso. Pukou bei Dsingdschou (11010). In China schon von Staunton gesammelt (Mus. Wien).

— — ** var. *septentrionale* Hand.-Mzt.
Planta, praesertim in inflorescentia, longius laxiusque pilosa. Corollae tubus
ad 3 cm tantum longus (nec ad 4¹/₂ cm ut in typo).

NW-Y.: Im str. Laubwalde des birm. Mons. zwischen Tjiontson und Pipiti am Lu-djiang (Salwin) unter Tschamutong, Tonschiefer, 1700 m, 17. VIII. 1916 (9848).

Das Vorkommen erweitert das Verbreitungsgebiet der Art bedeutend.

J. officinale L. Kalkfelsen, Hecken und Gebüsche der wtp. St., 2400 bis 2950 m. S.: Überall zwischen Bedjia-tsun und Hungga im Becken von Yenyün (2887). Tatsienlu (LIMPRICHT 1630 als *J. grandiflorum*). Y.: Gipfel des Laodjing-schan bei Yünnanfu (SCHOCH 206). Beyendjing (TEN 42). Jedenfalls im NW am Mekong (MONBEIG).

— — v a r. *grandiflorum* (L.) KOB. in Journ. Arn. Arb., XIII., 161 (1932) (*J. grandiflorum* L.). Y.: Wälder bei Beyendjing (TEN 237).

J. polyanthum FRANCH. Hecken, Gebüsche und Savannenwälder der str. und wtp. bis in die tr. St., 1300—2200 m. Y.: Hsi-schan (8634) und auf allen Bergen der Westumrahmung bei Yünnanfu (SCHOCH 18). Im S bei Schuidien zwischen Möngdse und Manhao (6022). S.: Dawanying bei Huili (1032). Hokou unter Dötschang im Djientschang (1121). Die Notizen aus Y.: Landjing und Dayao n der Straße nach Dali, Djiping s von Hodjing, im NW um Yungbei, bei Waschwa se von Dschungdien, ober Ronscha und unter Schuba und S.: Fumadi ober dem Wolo-ho und gleich ober Muli lassen sich nicht sicher auf dieses und das vorige verteilen.

Nr. 1121 hat kleinere, nur bis $3^1/_2$ cm lange, nur teilweise zugespitzte Blättchen.

** *J. coffeinum* HAND.-MZT. in Sitzgsanz. Ak. W. W., LXII., 235 (1925). Sect. *Unifoliolata* DC.

Frutex scandens, grandis, glaberrimus, ramulis 4—6 mm crassis, quadrangulis et anguste quadrialatis, viridibus, levibus. Folia opposita, disticha, ovata et lanceolato-ovata, 10—22 cm longa, longitudine $2—2^1/_2^{plo}$ angustiora, breviter et obtuse caudato-acuminata, basi rotundata, raro latissime cuneata, coriacea, persistentia, supra atro olivaceo-viridia et vernicoso-nitida, subtus paulo pallidiora opaca sparsiuscule et obsolete glanduloso-punctata; costa supra anguste impressa, subtus late prominua; nervi utrinsecus 7—10, quorum infimi subbasales ceteris minores, sub c. 55⁰ patentes, irregulares, procul a margine arcuatoconjuncti, cum ramis exterioribus proxime margini in nervum tenuem irregularem confluentibus et trabeculis parcis valde irregularibus venulisque dense reticulatis supra argute, subtus praeter has minores eodem modo prominui; petiolus 1—2 cm longus, crassus, incurvus, supre anguste sulcatus, medio articulatus et fragilis, deorsum complanatus et subalatus. Cymae in omnibus fere foliorum axillis subsessiles, interdum geminae, capitatae, ad 10 florae, papillosae. Bracteae ovatae, carnosulae, pedicellos crassos 1—3 mm longos aequant. Calyx urceolatus, $2^1/_2$ mm longus, dentibus brevissimis late triangularibus. Corolla carnosula, alba extus rubra (e nota ad vivum); tubus anguste cylindricus, 22 mm longus, 2 mm diametro; limbus in alabastro basi 4 mm latus, lobis 7 e basi biauriculata lineari-oblongis, 10—12 mm longis, 3 mm latis, patulis. Antherae oblongo-lineares, ad $2^1/_2$ mm longae, sessiles, faucem attingentes. Stylus tenuis, inclusus, stigmate clavato. (Fructus ignotus).

S-Y.: In tr. Bambusdschungel und Savannenwald flußaufwärts gegenüber Manhao, Tonschiefer, 200 m, 1. III. 1915 (5827).

Ob capitula axillaria necnon folia habitu magnae cuiusdam *Coffeae*. Foliorum forma et magnitudo *J. subglandulosi* Kurz textura autem tenui nervaturaque paniculisque laxis diversissimi. *J. insigne* Bl. quoque simile foliis basi cuneatis, nervo submarginali distincto, nervis secundariis venisque obscuris, calycis lobis subulatis etc. differt.

J. Seguini Lévl. in Rep. sp. nov., XIII., 151 (1914). Kob. in Journ. Arn. Arb., XIII., 164, 165 (1932) (*J. taliense* W. W. Sm. in Not. Bot. Gard. Edinb., XII., 210 [1920]). Y.: Gebüsche, Dschungel, Schluchtwälder und Savannenwälder der str. und tr. St., auf Sandstein und Tonschiefern, 200—1900 m. Flußaufwärts gegenüber Manhao (5829). Zwischen Hoyenschan und Djiangyi gegenüber Lunggai am Yangtse ne von Yünnanfu (5048). Beyendjing (Ten 269). Hier unter dem Orte (6284). Santschwanba unter Yungbei (3368). Im W bei Yungtschang (Gebauer).

J. Beesianum Forr. et Diels in Not. Bot. Gard. Edinb., V., 253 (1912). Hecken, Gebüsche, an Bächen der wtp. St., 1900—2900 m. Y.: Mangan-schan bei Yünnanfu (Schoch 207). Gemein von Gwangdung bis Schadschou an der Straße nach Dali. Häufig zwischen Hosaodien und Tjientschanggwan n von hier (6209). Beyendjing (Ten). Im E bei Dschwandjiadjio und Tschapoling nächst Sidsung (10154). Im NW s des Sattels Gwamaoschan zwischen Yungbei und Yungning. S.: Hwalipu in der Ebene von Yenyüen (2240). Bögowan am Zuflusse des Djientschang gegen Huili (1075). Mohadscho bei Tjiaodjio im Lolo-Lande e von Ningyüen (1548).

— — ** var. **ulotrichum** Hand.-Mzt.

Ramuli juveniles, petioli, folia praesertim subtus, pedicelli, calyces dense et flavide crispulo-pilosa.

S.: Gebüsche der wtp. St. bei Yenyüen, 14. V. 1914 (Schneider 4113).

Eine Annäherung bildet meine Nr. 2240, die viel schwächer behaart ist und kahle Kelche hat.

* **J. glabrum** Horsf. in Blume, Bijdr., 679 (1825), e typo (*J. bifarium* Wall. in DC., Prodr., VIII., 305 [1844] var. *glabrum* [Horsf.] Clke. in Hook., Fl. Brit. Ind., III., 595 [1882]). S-Y.: Im tr. Hochgrasdschungel, an Kalkfelsen in Savannenwäldern und in Gebüschen, 1000—1300 m. Zwischen Möngdse und Manhao unter Yaotou, 6. III. 1915 (5926) und bis Schuidien (5993).

Die Pflanzen stehen gewissermaßen zwischen Horsfields Typus, auf dem auch Willdenows Beschreibung beruht, und *J. bifarium* typicum der Fl. Brit. Ind., indem sie die Kahlheit jenes und die Blattform dieses vereinigen.

Rubiaceae

Oldenlandia L.

O. tenelliflora (Blume) O. Ktze., Rev. Gen., I., 292 (1891) (*Hedyotis t.* Bl.). NE-Y.: Hügel von Tapa, 600 m (Maire).

O. hirsuta L. f., Suppl. Pl. Syst., 127 (1781) (*Hedyotis stipulata* R. Br. in Hook. f., Fl. Brit. Ind., III., 63 [1880]). Y.: Mischwälder, schattige Gräben und an Bächlein auf Sandstein und kristallinischem Boden der wtp. bis in die str. St., 1950—2600 m. Yünnanfu (Cavalerie 7671). Hier bei der Haiyen-se (Schoch

307). Rücken zwischen Hwadung und Dsaodjidjing e des Dsolin-ho 4948). Betsaoling bei Beyendjing (Ten 1341). Im NW bei Yedsche am Mekong, 27° 42′ (7952).

O. chrysotricha (Palib.) Chun in Sunyatsenia, I., 311 (1934) (*Anotis c.* Palib. — *Hedyotis c.* [Pal.] Merr. in Lingn. Sci. Journ., VII., 322 [1931]). Rasenplätze und Gebüsche der str. bis in die wtp. St. auf Sandstein, Mergel und Tonschiefer, 300—900 m. Kiangsu (Limpricht 198 als *O. hispida* [Retz.] Benth.). **H.**: Hsikwangschan bei Hsinhwa (11963) bis auf den Yün-schan bei Wukang. **E-Kw.**: Überall zwischen Tschaimou und Matang am Wege von Gudschou nach Liping (10927). **NE-Y.**: Lungdji im mittelchin. Fl. (Maire).

Haare durchaus nicht immer gelb, sondern oft grau. Blätter bei Nr. 10927 unterseits fast kahl.

O. uncinella (Hook. et Arn.) O. Ktze., Rev. Gen., I., 293 (1891) (*Hedyotis u.* Hook. et Arn.). Buschsteppen und Heidewiesen der str. und wtp. St., 50—2200 m. **H.**: Tschangscha. Überall zwischen Yungdschou und Wukang. **Kw.**: Baotie-schan bei Gudschou (s. Karst. u. Schenck., Vegetatb., 14 R., Taf. 11). Zerstreut zwischen Duyün und Maotsaoping (10708). **Y.**: Yünnanfu. Hier auf dem Laodjing-schan (Schoch 235). Örltaoho n von hier, 25° 55′. Zwischen Tschuhsiung und Gwandung (4832). Guti bei Beyendjing (Ten 1315).

O. hedyotidea (DC.) Hand.-Mzt. (*Spermacoce? h.* DC. — *Hedyotis macrostemon* Hook. et Arn. — *H. hedyotidea* (DC.) Merr. in Lingn. Sci. Journ., XIII., 48 [1934]). **S-Y.**: Im tr. Regenwald unter Yaotou zwischen Möngdse und Manhao, Tonschiefer, 660 m (5751).

O. Mellii (Tutch.) Chun in Sunyatsenia, I., 313 (1934) (*Hedyotis M.* Tutch. in Rep. Bot. For. Dept. Hongkg. f. 1914, 32 [1915]. Chun in Sunyatsenia, I., 174 [1934]. — *Oldenlandia speciosa* Hand.-Mzt. in Sitzgsanz. Ak. W. W., LVIII., 93 [1921]). Buschwiesen der wtp. St. auf Tonschiefer und Mergel, 600 bis 950 m. **E-Kw.**: Häufig zwischen Dayung und Matang am Wege von Gudschou nach Liping (10915). Pingtschaso an der Grenze von Hunan. **W-Ki.**: Um Pinghsiang (Plt. sin. 211). **Ki.-F.-**Grenze: Fuß des Hwangdschu-ling zwischen Dingdschou und Ningdu (Plt. sin. 374). **Ki.**: Swetschwen (Hu 891).

Ad descriptionem addenda: Herba erecta, tota, raro inflorescentia excepta, breviter crispulo-hirtella. Folia interdum ovato-lanceolata, subtus papillosa glaucescentia, nervis lateralibus dimidio inferiore ortis sub acumine evanidis. Stipulae e basi lata triangulari subulatae, glanduloso-paucifimbriatae et interdum trilaciniatae. Cymae numerosae in ramis plerumque 2—3^{nis} serialiter superpositis, saepe semel vel bis dichotomae cum floribus alaribus, ultimae triflorae. Pedicelli usque ad 7 mm longi. Calyx teres, $\pm$ 3 mm longus. Corollae tubus utrinque glaber, lobi toti intus albo-villosi. Filamenta inferne villosa; antherae elongatae, limbi lanam non excedentes. Stigma capitatum, bilobum. Capsula 3 mm longa, calycis tubo accreto inclusa, ellipsoidea, crustacea, bivalvis, placentis circa semina 0,4 mm longa nigra, trigona, foveolata incrassatis.

Hedyotis Mellii ist als „herba vagans?" und mit kahlen Filamenten beschrieben. Das erste können manche Herbarstücke vortäuschen. Die Behaarung der Filamente ist veränderlich und vielleicht vom Autor nicht bemerkt; Mells Nr. 749 (s. Plt. Mell. sin. in Beih. Bot. Centrbl., im Druck) aus der Originalgegend hat sie sogar bis zur Spitze reichlich behaart. Die Dichte der Rispe wechselt sehr.

O. corymbosa L. Reisfelder und sandige Flußufer der str. bis in die wtp. St. auf Sandstein und kristallinischem Boden. **E-Kw.**: Gudschou, 300 m (10910). **S.**: Dsungschan bei Huili, 1850 m (5229). Um Loyao im Djientschang, 1300—1500 m (5621).

Anotis DC.

* *A. ingrata* (WALL.) HOOK., Fl. Brit. Ind., III., 71 (1880). **Kw.**: Schattiger Schluchtwald der wtp. St. bei Madjiadwen zwischen Guiding und Duyün, Sandstein, 1100 m (10646). Duyün (TSIANG 5642). Majo und Lungli (CAVALERIE 3158). W-Hubei: Tschangyang, VII. 1901 (WILSON, Veitch Exp. 1544, 2233). N-Kwanghsi (CHING 6168).
* *A. calycina* (WALL.) HOOK., Fl. Brit. Ind., III., 71 (1880). **Y.**: Beyendjing, Wegränder bei Tieso (TEN 1339). **S.**: Mauern der Reisfelder bei Dsaluping in der str. St. des Yalung-Zuflusses gegen Yenyüen, 27° 18′, Kalk, 1620 m, 29. IX. 1914 (5368).

Ophiorrhiza L.

O. japonica BL. **SW-H.**: Im schattigen wtp. Laubhochwalde des Yünschan bei Wukang, Tonschiefer, 1100—1300 m (12093). **W-S.**: Wa-schan s von Yadschou (WEIGOLD).

— — ** var. *leiocalyx* HAND-MZT. in Sitzgsanz. Ak. W. W., LXII., 146 (1925).

Calyx glaberrimus ideoque costulis magis conspicuis. Foliorum saepe longe acuminatorum costae nervique quoque subglabri. Flores albi vel rosei. (Num e TEN interdum frutex 2—3 metralis?).

Y.: Tropfende Sandsteinfelsen in Waldschluchten der wtp. St. bei Hsinlung jenseits des Pudu-ho n von Yünnanfu, 25° 34′, 2000 m, 10. III. 1914 (503, Typus). Wälder bei Lungdji nächst Beyendjing, 8. III. 1919 (TEN 331). **S.**: Dichte Gebüsche der wtp. St. am Houdsengai bei Dötschang im Djientschang, Sandstein, 2400 m, 5. IV. 1914 (1829).

O. succirubra KING. **NW-Y.**: Im str. Regenlaubwalde des birm. Mons. in der Seitenschlucht Naiwanglong des e Irrawadi-Oberlaufes, 27° 53′, Granit und Schiefer, 1725—2150 m (9410).

* Silvianthus HOOK. f.

* *S. bracteatus* HOOK. f., Ic. Plant., XI., t. 1048 (1868). **S-Y.**: Im tr. Regenwalde ober Yaotou zwischen Möngdse und Manhao, Kalk, 1150 m, 7. III. 1915 (6019).

Wendlandia BARTL.

Bestimmt von J. M. COWAN

W. tinctoria (ROXB.) DC. ** subsp. *Handelii* COWAN in Not. Bot. Gard. Edinb., XVI., 267 (1932). **S.-Y.**: Trockene Hänge der tr. St. bei Manhao nahe der Grenze von Tonking, Tonschiefer, 200—400 m, 2. III. 1915 (5874).

W. uvariifolia HCE. subsp. *Dunniana* (LÉVL.) COWAN, l. c., 287 (*W. Dunniana* LÉVL. in Rep. sp. nov., X., 434 [1912]). **S-Y.**: Im tr. Regenwalde ober Yaotou zwischen Möngdse und Manhao, Kalk, 1150 m (6013).

W. scabra Kurz. S-Y.: Zerstreut im tr. Savannenwalde bei Yaotou zwischen Möngdse und Manhao, 500—1000 m (5966).

W. longidens (Hce.) Hutch. in Plt. Wils., III., 392 (1916) (*W. Henryi* Oliv.). NE-Y.: Hänge am Flusse Kua am Wege von Yünnanfu nach Suifu (Mell).

W. pendula (Roxb.) DC. S-Y.: Tonschieferfelsen der tr. St. am Flusse bei Manhao, 200 m (5867).

Hymenodictyon Wall.

H. flaccidum Wall. Trockene Hänge der str. St., 1270—1850 m. Y.: Brücke von Dsilidjiang und am Hange unter Duinaoko bei Lidjiang. Schlucht ober Hsintschwang bei Hwaping e von Yungbei. S.: Über dem Yalung unter Pudi, bei Lanba, 27° 8′ (5299) und unter Delipu, 27° 43′ (2039). Ober Gungmuying im Djientschang.

Hymenopogon Wall.

H. parasiticus Wall. Y.: Kalkfelsen beim Tempel Haiyen-se nächst Yünnanfu, wtp. St., 2300 m (Schoch 258).

Luculia Sweet

L. Pinceana Hook. Y.: Beyendjing (Ten 1447, ex hb. Berol. 337). Im W an einem Waldsaum zwischen Dali und Yungtschang (Gebauer). Im Salwin-Tale (Schneider 2568).

L. intermedia Hutch. in Plt. Wils., III., 408 (1916). S-Y.: Hecken der str. St. bei Asandschai nächst Möngdse, Kalk, 1350 m (6040, fruchtend, nur nach dem Fundort hierher gestellt).

Emmenopterys Oliv.

E. Henryi Oliv. II.: In der wtp. St. an einem Bach im Walde bei Ngandjiapu nächst Hsikwangschan bei Hsinhwa, 600 m (11949). Im SW häufig in Waldschluchten des Yün-schan bei Wukang, 900—1300 m (11142). S-S.: Nantschwan (Bock u. Rosthorn 328: Hb. Univ. Graz).

Thysanospermum Champ.

T. diffusum Champ. W-F.: Steinige Stellen am Fuße des Tienhwaschan w von Dingdschou, Sandstein (Plt. sin. 422). **Kw.**: An der Grenze der wtp. St., 700 m. Laubwald bei Dayung zwischen Gudschou und Liping, Tonschiefer (10941). Mischwald ober Dodjie zwischen Badschai und Duyün, Sandstein (10705).

Adina Salisb.

A. racemosa (Siebd. et Zucc.) Miq. An Bächen und in trockenen Hügelwäldern auf Kalk in der str. St., 100—700 m. II.: Gegend von Daolin n von Hsianghsiang. Sanguotjiao bei Loudi e von Hsikwangschan (11749). Überall zwischen Dungngan und Wangdjiapu am Wege von Yungdschou nach Hsinning (11280). **E-Kw.**: Unter Tailaohsin bei Badschai. Dodjie am Wege von hier nach Duyün (10724).

**** *A. asperula* Hand.-Mzt. in Sitzgsanz. Ak. W. W., LVIII., 232 (1921).**

Arbor e Ten ad 30 m alta, petiolis et pedunculis et interdum ramulis juvenilibus subtiliter hirtellis, illis angulatis serius cortice brunneo spadiceo longitudinaliter plicatulo nitido tectis, lenticellis albis, planis, sparsis. Folia anguste vel late ovata, 7—18— (in surculis elongatis) 28 cm longa et tertia parte usque duplo angustiora, in cuspidem longam apice obtusam saepe falcatam angustata, basi late rotundata, rarius cuneata, interdum obliqua, sicca, chartacea, margine paulum undulata, utrinque atroviridia vel olivascentia et nitida, ad costam crassam nervosque laterales 8—12^{nos} infimos magis approximatos subpatentes, ceteros sub 40—60° patentes, arcuatos, vix anastomosantes dense, supra ceterum quoque et subtus ad venas dense reticulatas prominulas sparse albo-hirta; petiolus lamina 4—6^{plo} brevior, crassus, plano-convexus. Stipulae 5—13 mm longae, scariosae, brunneae, acutae, liberae vel ad medium connatae, glabrae, saepe lineas pilorum petiolorum bases conjungentes tegunt. Capitula 3—7, apice ramorum breviter racemosa, densissime multiflora; pedunculi 6—30 mm longi, erectopatuli, inferiores foliis bracteati, summi squarrosi. Calyx turbinatus, 2 mm longus, tubo lanuginoso, limbo rotato, obsolete lobulato, tomentoso. Corolla alba (e Ten), 5—7 mm longa, tenuis, tubo intus seriatim furfuraceo-hirsuto, extus et lobis brevissimis obtusis utrinque farinoso-tomentellis. Antherae lineares, 1 mm longae, pallidae, inclusae, utrinque acutiusculae, apice parce furfuraceae, filamentis brevissimis. Stylus ruber, 12 mm longus, stigmate tenui, clavato-capitato. Capsula pilosa, $2^1/_2$ mm longa, calyce 1 mm longo, striato in columella persistente coronata.

Flußufer und schattige Gebüsche der str. St., 1300—1650 m. **Y.:** Lobaschao bei Beyendjing (Ten 218, Typus). Hier von Gwanfang gegen Midien, 14. V. 1915 (6301). **S.:** In den Seitentälern des Yalung bei Dschenbaörl unter Pudi, 27° 5′, 23. IX. 1914 (5278) und unter Lumapu, 27° 40′, 9. V. 1914 (2094).

Affinis *A. racemosae*, quae differt petiolis longioribus, tenuibus, foliis in sicco crassioribus, glabris vel subglabris, capitulis minoribus glabrioribus, stylis tenuibus. Petiolis *A. cordifoliae* Benth. et Hook. similis, quae his multo longioribus et capitulis axillaribus distat. *A. mollifolia* Hutch. in Plt. Wils., III., 391 (1916) indumento densiore, tenuiore et floribus brevioribus differt. *A. indivisa* Lace, subglabra, longius distat.

***A. pilulifera* (Lour.) Franch. in Journ. de Bot., IX., 207 (1895) (*A. globiflora* Salisb.).** Bach- und Flußufer, oft Charakterpflanze in dem monatelang überschwemmten Busch, doch auch an Berghängen in der str. St., 300—600 m. **H.:** Stellenweise zwischen Wukang und Dungngan. Ngaidso. Dsingdschou. **E-Kw.:** Tschaimou zwischen Gudschou und Liping. Am Du-djiang von Gudschou bis Sandjio häufig (10806). Die Notizen zwischen diese und die folgende vielleicht nicht richtig verteilt.

***A. rubella* Hce. W-Ki.:** Um Pinghsiang (Plt. sin. 237). **H.:** Fluß-, Bach- und Grabenränder, ebenfalls oft in der Überschwemmungszone der str. St., 60—600 m. Häufig zwischen Yungdschou und Höngdschou (11337). Gemein um Lantien, Hsikwangschan und Lengschuidjiang (phot.). Zwischen Wukang und Gaoscha-se.

**** *A. pilulifera* (Lour.) Franch. × *rubella* Hce.**

Differt ab *A. pilulifera* pedunculis crassioribus, fere glabris, partim terminalibus, partim lateralibus. Partibus vegetativis imo maior quam utraque, foliis usque ad 14 cm longis. Pollen crebrum, granis paulo angustioribus et pallidioribus quam in speciebus.

Ki.-F.-Grenze: Hwangdschu-ling zwischen Dingdschou und Ningdu, Tonschiefer, c. 800 m, anfangs VI. 1921 WANG-TE-HUI (Plt. sin. 373).

Auch bei *A. rubella* kommen behaarte Köpfchenstiele vor. Das Zusammenvorkommen beider Arten ist wahrscheinlich, und die Merkmale lassen nur diese Deutung zu.

Cephalanthus L.

C. occidentalis L. **Ki.**: Im SE bei Yüntungtschü nächst Ningdu (Plt. sin. 446). Im W um Pinghsiang, c. 600 m (Plt. sin. 236). SW-H.: In der str. St., 400 m. Zwischen Wukang und Gaoscha-se. An einem Bach w von Hsüning zwischen Wukang und Dsingdschou (11 063).

Mussaenda L.

M. Esquirolii LÉVL., Fl. Kouy-Tch., 369 (1915), e REHDER in Journ. Arn. Arb., XVI., 319 (1935) (*M. Wilsonii* HUTCH. in Plt. Wils., III., 393 [1916]). W-F.: Bächlein am Fuße des Tienhwa-schan w von Dingdschou (Plt. sin. 401). W-Ki.: Um Pinghsiang (Plt. sin. 216). **Kw.**: Kräuterreiche Hänge der wtp. St. bei Duyün (10 684) und verbreitet zwischen Gudschou und Liping, 600—750 m.

Korolle der Nr. 216 kurz, nur 14 mm lang, aber auch an Pflanzen WILSONS so.

M. hirsutula MIQ. E-Kw.: Wälder der str. St. am Flusse unter Sandjio, Grauwacke, 350—400 m (10 830). Verbreitet von Liping bis Tschaimou, 600 bis 750 m. **H.**: Lengschuidjiang am Tsi-djiang ober Hsinhwa?

**** M. simpliciloba** HAND-MZT. in Sitzgsanz. Ak. W. W., LXII., 147 (1925). Frutex scandens, ramulis divaricatis, tenuibus, teretiusculis, primum cinereo hirtello-velutinis, mox glabris castaneis et lenticellis albidis elliptico-orbicularibus conspersis. Folia late ovata vel elliptico-ovata, 6—15 cm longa, longitudine sesqui- usque plus duplo angustiora, acuminata, basi paulo brevius angustata raro rotundata et in alas versus basin petioli usque ad 4 cm longi productas sensim angustatas decurrentia, herbacea, decidua, supra sauturate viridia et ubique setulis et brevissimis et longioribus, subtus pallidius viridia et in nervis venisque sat dense setulis longioribus tantum albido-strigillosa; costa nervique utrinsecus 8—9 sub angulis c. 50° raro maioribus patentes arcuati proxime margini anastomosantes trabeculaeque multae et laxae in sicco supra saepe fulvidi et tenuiter, subtus crassius prominuli; venularum rete laxiusculum subtus magis quam supra conspicuum. Stipulae per paria in triangulares 6 mm longas breviter bicuspidatas connatae, dense strigillosae, fugaces. Cymae terminales, laxissimae, semiglobosae, demum planiores, 8— (sub fructu) 27 cm diametro, ramis divaricatis brevissime hirtellis, primariis 2 vel 4, secundariis quoque saepe foliis bracteatis, bracteis ceteris parvis lanceolatis. Pedicelli florum centralium nulli, lateralium 2—3 mm longi. Receptaculum campanulatum, 4 mm longum, parcius strigillosum; calycis lobi lineari-lanceolati, 5—7 mm longi, acutissimi, dense hirti, decidui, aucti pauci, albi (e nota ad vivum), orbiculari-ovati, usque ad $6^1/_2$ cm diametro, stipite 1 cm longo, foliis glabriores. Corolla aurantiaca (e nota ad vivum), extus pubescens; tubus 23 mm longus, $2^{1}/_{2}$—3 mm latus, intus plusquam dimidio superiore densissime et longe luteo paleaceo-pilosus; lobi orbiculares, 5 mm longi et imo lateriores, exappendiculati, reduplicati, intus subtilissime cupreo-velutini; antherae medio tubo sessiles, anguste lineares, 5 mm longae. Stylus glaber, stigmate longo clavato faucem attingens. Bacca atroviridis, globosa, 8—9 mm diametro, cicatrice apicali magna; semina pallide brunnea, $^{3}/_{4}$ mm diametro, favosa.

Schluchtwälder und schattige Gebüsche der str. St., 1200—1375 m. **Y.**: Unter Hsindschwang bei Hwaping e von Yungbei, 31. X. 1916 (13018). **S.**: Über dem Yalung unterhalb Lanba, und von Podjio bis Dschenbaörl an seinem se Zuflusse, 27° 5—10′, 23., 26. IX. 1914 (5276, Typus).

Species corollae lobis simplicibus *M. ellipticae* HUTCH. affinis, quae differt ramulis nigricantibus, foliis basi rotundatis vel leviter tantum angustatis, magis pilosis, plurinervosis, corollae lobis triangulari-ovatis longe apiculatis.

? *M. pubescens* AIT. **S-Y.**: Häufig in trockenen Buschwäldern der tr. St. bei Schuidien zwischen Möngdse und Manhao, Kalk, 1200—1400 m (6000, nur fruchtend mit jungen Blättern).

Myrioneuron R. BR.

* *M. nutans* WALL. in KURZ, For. Fl. Br. Burma, II., 55 (1877). **S-Y.**: Im tr. Regenwaldrest unter Yaotou zwischen Möngdse und Manhao, Tonschiefer, 660 m, 27. II. 1915 (5747).

M. Faberii HEMSL. **NE-Y.**: Felsen bei Lungdji im mittelchin. Fl., 600 m (MAIRE).

Tarenna GÄRTN.

T. mollissima (HOOK. et ARN.) MERR. in Philip. Journ. Sci., XIII., 110 (1918) (*Webera m.* BENTH. et HOOK.).' **W-Ki.**: Um Pinghsiang, c. 600 m (Plt. sin. 234). **H.**: Im str. Walde des Yolu-schan bei Tschangscha, Sandstein, 150 m (12757).

T. depauperata HUTCH. in Plt. Wils., III., 411 (1916). **S-Y.**: Im tr. Bambusdschungel und Savannenwald flußaufwärts gegenüber Manhao, Tonschiefer, 200 m (5837).

Randia L.

R. Henryi E. PRITZ., teste DIELS e typo (*R. acutidens* HEMSL. et WILS.). **H.**: Im str. Hartlaubwalde des Yolu-schan bei Tschangscha, Sandstein, 200 m (11447).

R. yunnanensis HUTCH. in Plt. Wils., III., 400 (1916). **E-Kw.**: Im wtp. Laubwalde bei Dayung zwischen Gudschou und Liping, Tonschiefer, 700 m (10939).

Früchte größer, 5 mm dick; sonst mit dem Typus nach REHDER (briefl.) gut stimmend.

R. lichiangensis W. W. SM. in Not. Bot. Gard. Edinb., VIII., 200 (1914). Steppen, trockene Hänge und Gebüsche der str. bis in die tp. St., 1400—2400 m. **Y.**: S von Yüenmou nw von Yünnanfu. Ober Landjing w des Dsolin-ho gegen den Schao-schan. Bintschwan und Piendjio. Zwischen Hodjing und Dienso und bei Djiho. Häufig bei Loyü in der Durchbruchsschlucht des Yangtse durch den Yülung-schan (12989). Im NE bei Lagu (Maire). S.: Oti und Otang (2523) bei Kwapi n von Yenyüen. S ober Lumapu am sw Zuflusse des Yalung gegen Yenyüen, 27⁰ 37′ (2089).

Gardenia L.

G. jasminoides Ellis in Phil. Trans. R. Soc. Lond., LI., 935 (1761), cfr. Sprague in Kew Bull., 1929, 12, 143 (*G. florida* L. 1762, vix 1759. — *G. augusta* (L.) Merr., Interpr. Rumph. Herb. Amb., 485 [1917]). W-**Ki.**: Um Pinghsiang c. 600 m (Plt. sin. 179). **H.**: Buschwälder und Gebüsche der str. St., 200—550 m. Von Lengschuidjiang bis Tienhsin am Tsi-djiang ober Hsinhwa (11958). Zwischen Dsingdjiangtjiao und Djintie-se am Wege von Hsinning nach Dungngan. Sattel zwischen Hsüning und Ngaidso am Wege von Wukang nach Dsingdschou (11071). NE-**Y.**: Tal von Lungdji im mittelchin. Fl. (Maire).

* Hyptianthera Wight et Arn.

*** H. stricta** (Roxb.) Wight et Arn., Prodr. Fl. Pen. Ind., 399 (1834) (*Randia s.* Roxb., Fl. Ind., ed 2., I., 526 [1832]). S-**Y.**: In tr. Bambusdschungeln und Savannenwäldern flußaufwärts gegenüber Manhao, Tonschiefer, 200 m, 1. III. 1915 (5841).

Nach Craib, Fl. Siam. Enum., II., 127 (1932) gehören die von ihm gesehenen Pflanzen aus Yünnan und Kasia nicht zu dieser Art. Meine stimmt aber nicht mit jener aus Kasia, sondern mit dem reichlichen anderen indischen Material.

Tricalysia A. Rich.

T. viridiflora (DC.) Chung in Mem. Sci. Soc. China, I., 238 (1924) (*Diplospora v.* DC.). **Ki.-F.**-Grenze: Steinige Stelle am Dunghwa-schan zwischen Schitscheng und Ninghwa, c. 1000 m (Plt. sin. 306).

**** T. lutea** Hand.-Mzt. in Sitzgsanz. Ak. W. W., LVIII., 232 (1921).

Sect. *Diplospora* (DC.) K. Schum.

Frutex et arbuscula praeter flores glaberrima. Rami erectopatuli, elongati, recti, annotini et biennes complanati 1—1¹/₂ mm lati, ochracei, vetusti teretes, cortice fusculo longitudinaliter rimoso tecti, lenticellis nullis; internodia 2—3 cm longa; nodi incrassati. Folia persistentia, tenuiter coriacea, elliptica (6¹/₂ —) 9—19 cm longa et latitudine 2—3ᵖˡᵒ angustiora, in cuspidem brevem ± distinctum obtusum vel acutiusculum attenuata, basi acuta raro subrotundata in petiolum 3—12 mm longum crassum saepe curvatum late decurrentia, sicca supra brunnescenti-viridia subtus paulo pallidiora laxe papillosa, utrinque nitidula, margine anguste revoluta; costa supra in medio sulcata, cum nervis utrinsecus 6—8 sub angulis 50⁰ abeuntibus versus marginem valde arcuatis partim tantum anastomosantibus utrinque, venae autem pleraeque transversae sparsae saepe subtus tantum prominulae. Stipulae 4—7 mm longae, in vaginam fugacem fuscobrunneam scariosam adpressam intra petiolos ad ¹/₂ excisam intus pilis albis marginem superantibus sericeam in subulas 2 exeuntem connatae. Flores hermaphroditi, tetrameri, praecoces, fragrantes, multi in fasciculos sessiles densos e ligno annotino et bienni e foliorum scil. cicatricum axillis sub ramis axillaribus erumpentes compositi; pedicelli brevissimi, sub fructu usque ad 7 mm elongati, rigidi; bracteae et bracteolae subbasales scariosae, cymbiformes, acutae, vix 1 mm longae, ad dimidium connatae, brevissime sericeae, persistentes. Calyx cupularis, $1^1/_2$ mm longus et ore paulo latior, lobis brevissimis, rotundatis, saepe indistinctis, subtilissime sericeus. Corolla carnosula, intense lutea, extus glabra; tubus latus, vix ultra 2 mm longus, intus ore villosulus; lobi patuli, 2 mm longi, obtusi, glabri; antherae basi loborum sessiles, lanceolatae, 1,3 mm longae, utrinque obtusae; ovarium depressum, glabrum; stylus $2^1/_2$ mm longus, crassiusculus, glaber, stigmate truncato. Bacca globosa, subcoriacea, 6—7 mm diametro, lateritia, calycis lobis indistinctis coronata; semina 2—5, magna, compresso-ovata, arillo rubro carnoso.

H.: Im str. Hartlaubwalde des Yolu-schan bei Tschangscha, Sandstein, 70—150 m, 10. XII. 1917, 21. IV. 1918 (11418, Typus). Tschekiang: Dschü (Hu 539: Hb. Berlin). Kwangtung: Spärlich im Walde sw des Passes Tsatmukngao bei Lienping, 600—900 m, kristallinisches Gestein, 26. XII. 1919, 22. VIII. 1920 (Mell 664). Loktschong, in teilweise schattigem Mischwalde, 12. X. 1928 (Tsiang Ying 1309).

Proxima *T. viridiflorae* corollis glabrioribus viridibus foliis baccisque multo minoribus; affinis forsitan etiam *T. Beccarianae* (King et Gble.) (floribus ignotis) baccis maioribus et *T. malaccensi* (Hook. f.) Merr. floribus monoecis ♀ ebracteolatis, foliis longius acuminatis diversis.

Die Tschangschaer Pflanze ist von der Hongkonger beträchtlich verschieden. Im Zwischengebiete ist aber die Grenze vielleicht nicht scharf, zumal da Wang-Te-Hui zu Plt. sin. 306 weißgelbe Blüten angibt.

Trailliaedoxa W. W. Sm. et Forr.
in Not. Bot. Gard. Edinb., X., 74 (1918)

T. gracilis W. W. Sm. et Forr., l. c. **Y.**: Steppen und Felsen der str. St., 900—2250 m. Am Yangtse-Ufer bei der Herberge Lagatschang am kleinen direkten Wege von Yünnanfu nach Huili (5653). Im NW bei Lidjiang, v. E. (3928). Hier gegenüber Ndaku am Yangtse, 27° 20′ (4388).

Fructus (adhuc ignotus, 27. X. 1914 in nro. 5653 lectus) capsularis, crasse cylindricus, $1^1/_2$ mm longus, calycis tubo inclusus eumque paululo excedens, sed ab eo liber, pallide brunneus, vertice planus, stylo delapso pertusus, ceterum indehiscens, bilocularis, pariete septoque crassis durisque. Semina loculos explent.

Die im Kelch vollkommen freie Kapsel ist auffallend, doch läßt sich die Pflanze nicht anders einreihen, als es die Autoren taten. Eine Gebirgspflanze aber ist sie durchaus nicht.

Ixora L.

I. yunnanensis Hutch. in Plt. Wils., III., 412 (1916), e typo. **S-Y.**: In tr. Bambusdschungeln und Savannenwäldern flußaufwärts gegenüber Manhao, Tonschiefer, 200 m (5812).

Lasianthus Jack

L. Hartii Franch., e typo. **SW-H.**: Im schattigen wtp. Laubhochwalde des Yün-schan bei Wukang, Tonschiefer, 850—1000 m (12036).

Paederia L.

P. scandens (LOUR.) MERR., Enum. Pl. Sumatr. BANGH., 162 (1934) (*Gentiana s.* LOUR., Fl. Cochinch., 171 [1790]. — *Paederia tomentosa* BL. var. *glabra* KURZ in Journ. As. Soc. Beng., XLVII/2., 139 [1877]. — *P.Dunniana* LÉVL. in Rep. sp. nov., X., 146 [1911], e typo. — *P. Mairei* LÉVL., l. c., XIII., 179 [1914], e typo). Gebüsche, seltener in Wäldern und an Felsen, in der str. und unteren wtp. St. **Y.**: 600—2500 m. Haiyen-se bei Yünnanfu (SCHOCH 248). Jenseits Fumin. Ober Bödschagwan in der Seitenschlucht des Yangtse n von Yünnanfu (5658). Unter Beyendjing (6275). Yungbei (3327). Im NW bei Waschwa se von Dschungdien. Mehrfach am Mekong aufwärts bis Lota. Jedenfalls hier (MONBEIG). Im NE am Yulan-ho bei Djiangdi (MELL). Dungtschwan (MAIRE, distr. BONATI 2837). Tschoudjiawan (MAIRE). Tsiaogai (M.) **S.**: Unter Muli. Ober Gaoyao bei Ningyüen (1326). **Kw.**: 700—1800 m. Von Djiangdi über Hwangtsaoba bis Gwanling überall. Zwischen Nganschun und Nganping (10443). Unter Badschai (10785). **SW-H.**: Yün-schan bei Wukang, 850—1200 m (12280). **Ki.-F.-Grenze**: Fuß des Hwangdschu-ling zwischen Dingdschou und Ningdu (Plt. sin. 367).

— — var. **tomentosa** (BL.) HAND.-MZT. (*P. t.* BL., Bijdr., 968 [1826] s. str.). **W-Ki.**: Um das Kohlenbergwerk Pinghsiang, c. 600 m (Plt. sin. 229).

P. Cavaleriei LÉVL. in Rep. sp. nov., XIII., 179 (1914). MERR. in Lingn. Sci. Journ., VII., 323 (1931). Gebüsche der wtp. St., 600—1200 m. **Kw.**: Duyün (10713). Mehrfach zwischen Tschaimou und Matang am Wege von Gudschou nach Liping (10921). **SW-H.**: Wald des Yün-schan bei Wukang (11680).

Der Hauptunterschied gegenüber voriger Art liegt in der Behaarung und in der Blütenfarbe (trüb rosa oder außen grünlich). Blattform und Blütengröße sind nicht verschieden, höchstens die längere Spitze, auch die schmale, zusammengezogene Rispe. Früchte der Art habe ich nicht gesehen. WULSIN 12476 fällt meines Erachtens in die Variationsweite der *P. tomentosa*. Von *P. pilifera* HOOK. f. unterscheidet sie sich durch nicht zu wirklichen, geschlossenen Köpfen zusammengestellte Blüten, viel kleinere Kelchzipfel und schmal lineale, nicht eiförmige Brakteen.

P. Bodinieri LÉVL., l. c. (1914), e typo. HANDEL-MAZZETTI in Sinensia, V., 21 (1934). **S.**: Gebüsche an Felsen und feuchtschattigen Stellen der str. St. auf Sandstein und Schiefer. Tsaodsanba zwischen dem Nganning-ho und Yalung, 26° 57', 1450 m (5244). Dsengo im Gebiete von Muli in dem ne von Yungning herabkommenden Tale, 2350 m (7567).

Korymböse Infloreszenzen von 6 cm Durchmesser sind als nach Köpfung des Hauptstengels besonders groß ausgebildete Teile von Gesamtrispen aufzufassen. Über die Unterschiede der *P. Wallichii* HOOK. f., mit der sie REHDER in Journ. Arn. Arb. XVI., 325 (1935) identifiziert, s. in Sinensia, l. c.

Leptodermis WALL.

Bearbeitet von Hubert WINKLER (Breslau)

L. Forrestii DIELS in Not. Bot. Gard. Edinb., V., 274 (1912). H. WINKL. in Rep. sp. nov., XVIII., 152. **NW-Y.**: In tp. Mischwäldern am Westhang des Passes Lenago zwischen Yangtse und Mekong, 27° 42', Kalk, 3200—3450 m (8849).

L. Potanini Batal. **Y.**: Gebüsche der wtp. St. des Taohwa-schan bei Beyendjing, Sandstein, 1800—2400 m (6251, gegen die folgende var. neigend und blattunterseits, auch außen an der Krone deutlich behaart, wie Rock 3161 aus Yünnan). Im NW jedenfalls am Mekong (Monbeig).

— — var. **glauca** (Diels) H. Winkl., l. c., 153 (1922) (*L. g.* Diels in Not. Bot. Gard. Edinb., V., 275 [1912]). **S.**: Häufig in der wtp. St. zwischen Beidjeho und Kalapa in der Hochebene von Yenyüen, Kalk, 2500—2750 m (2260).

— — var. **tomentosa** H. Winkl., l. c., 153 (1922) (var. *rufa* H. Winkl. l. c., 154). Gebüsche, steinige Stellen, Erosionsgräben der str. bis in die tp. St., 1500—3400 m. **S.**: Gegenüber Ningyüen (1254). Lemoka im Lolo-Lande e von hier (1566). Im Seitentale des Yalung gegen Yenyüen s ober Lumapu (2057) und zwischen Meidsepu und Djintienpu, 27° 32'—40' (6205). Unter Yiwanschui halbwegs zwischen Yenyüen und Yungning (2929) und weiter w um Gaitiu. **Y.**: Hügel um Yünnanfu (Schoch 55 p. p.). Ober Yungbei.

Die var. *rufa* beruht nur auf verklebtem Roterdestaub.

L. sp. n.? **Y.**: Grabenränder der wtp. St. bei Djiangyi s von Huili, Sandstein, 1925 m, 11. IX. 1914 (5056). **S.**: Steppe zwischen Hokou und Fungsaying hier.

Wohl der vorigen nahestehend, aber mit anderer Brakteolenmanschette. Da die Blüten zahlreiche, wenigstens z. T. offenbar krankhafte Anomalien zeigen, noch nicht zu beschreiben.

L. nigricans H. Winkl. in Rep. sp. nov., Beih., XII., 489 (1922). NW-Y.: Gebüsche der tp. St. ober Mudidjin s von Yungning, 3100—3400 m (3176).

** **L. scissa** H. Winkl.

Sect. *Pauciflorae* H. Winkl., l. c., 148, 151 (1922).

Frutex ramulis breviter tomentellis griseis. Folia ad ramulos 10—15 mm longos 2—3paria, subrosulata, oblongi-ovalia vel ovalia, inferiora $5—8 \times 2^{1}/_{2}$ usque 4 mm, superiora $15—23 \times 7—13$ mm, papyracea, sicca obscure grisea, apiculata, sensim in petiolos 2—5 mm longos attenuata, supra ad costam densius ad nervos et laminae marginem versus dispersius scabra, subtus glabra; nervi laterales 3—4, erecti. Stipulae firme membranaceae, inferiores longius, superiores brevius triangulares, sensim glandulosi-acuminatae, 1—3 mm longae, interdum praeterea dentibus 1—2 glandulosis auctae, nervis 2 mox conjunctis percursae, summae breves, latae, subito acuminatae, enerviae, omnes extus breviter tomentellae, intus appendicibus glanduliformibus praeditae. Flores rosei, ad ramulos breves 3 dichasialiter terminales, medius breviter, laterales longius pedicellati, praeterea ad nodum penultimum in utriusque folii axilla 1—3. Bracteolae ovatae, usque ad basin fere liberae marginibus $\pm$ sese tegentes, hyalinae, acuminatae, 2,8—3 mm longae, nervo medio brunneo pilosulo tantum percursae, subglabrae, ciliatae, acumine calycem fere aequantes, ceterum calycis lobos vix tegentes. Calycis 3—3,2 mm longi lobi 5, triangulares, saepe $\pm$ dispares (nonnulli latiores necnon fissi vel dentati), ciliati. Corollae modicae tubus c. 11 mm longus, haud late infundibuliformis, vix curvatus, extus a tertia parte basin versus brevissime papillosi-puberulus, intus villosus basin versus glaber; lobi ovati-orbiculares, c. 2 mm longi, extus glabri, intus papillosi-villosi. Stylus 5-fidus, glaber. (Fructus ignotus.)

S.: Grabenränder der str. St. unter Djinyikan unterhalb Dötschang („Tetschang") in Djientschang, kristallinischer Boden, 1350 m, 2. IV. 1914 (1087).

Ist zu erkennen an der für die Sektion verhältnismäßig großen Brakteolen-manschette, die fast bis zum Grunde in zwei Abschnitte gespalten ist. Auch die ziemlich steil aufgerichteten Blattnerven fallen auf.

L. pilosa (FRANCH.) DIELS in Not. Bot. Gard. Edinb., V., 276 (1912) (*L. fusca* H. WINKL. in Rep. sp. nov., XVIII., 158 [1922]). S.: Gebüsche der wtp. (und str.?) St., (1500?) — 2700 m. Zwischen Meidsepu und Djintienpu am Zuflusse des Yalung gegen Yenyüen, 27° 32—40' (5592). Zwischen Gaitiu und Sandjia-tsun am Zuflusse des Wolo-ho zwischen Yenyüen und Yungning (3072). Y.: Dapantjiao ne von Yünnanfu (SCHOCH 353). Berge n von Hungsi (MELL).

— — var. *glabrescens* H. WINKL. in Rep. sp. nov., XVIII., 160 (1922). Gebüsche und trockene Hänge der str. St. auf Sandstein und kristallinischem Boden, 1600—1950 m. NW-Y.: Überall ober Yetsche am Mekong, 27° 43' (7959). S.: Im Djientschang zwischen Dötschang und Ningyüen von Madaodse aufwärts (1908).

L. fusca beruht auf demselben Irrtum, wie *L. Potanini* var. *rufa*. Zu welcher Art die in Y. zwischen Yünnanfu und Dali und um Lidjiang überall häufigen, auf dem Berge Schusutsu bei Bödö bis in die ktp. St., 4000 m, ansteigenden Pflanzen, sowie jene aus S.: unter Muli gehören, läßt sich den Notizen nicht entnehmen.

** ***L. Handeliana*** H. WINKL.

Sect. *Glomeratae* H. WINKL., l. c., 148, 156 (1922).

Frutex ramis $\pm$ divaricatis, novellis bifariam brevissime tomentellis, vetustioribus vix glabrescentibus, cortice griseo longitudinaliter rumpente. Folia ad ramulos 3—10 cm longos internodiis paucis longioribus exstructos remota, rarissime ad brachyblastos conferta, crassiuscula, ovati-ovalia vel ovalia, acuta vel abrupte et brevissime acuminata, (vix omnino evoluta) 7—18 × 4—11 mm, $\pm$ subito in petiolos breves attenuata; laminae et praesertim petioli margine brevissime setosi-ciliolati, subtus ad nervos disperse setosa, supra ad costam tomentella; nervi laterales 4—6, ascendentes. Stipulae membranacei-herbaceae, inferiores triangulares, superiores depressi-triangulares, acuminatae acumine rarius etiam dentibus 1 vel 2 lateralibus glandulosae, 1—2 mm longae, nervis 2 in acumine conjunctis percursae, extus dense tomentellae, intus appendicibus glanduliformibus crebris praeditae. Flores ad ramulos parce foliosos terminales, 5—7^{ni}, omnes subsessiles, praeterea ad nodum penultimum in utriusque folii axilla 1 vel 3, saepe etiam ex axillis nodorum sequentium ramulis 1 vel 2^{nis} plerumque flores 3 dichasialiter terminales. Bracteolae praesertim floris medii $\pm$ frondosae, 4—5 mm longae, acuminatae, costatae et reticulatim nervosae, tomentellae, ad medium vel altius connatae, calycem$\pm$ longe superantes. Calycis c. 3 mm longi lobi 5, ovales, subacuminati, vix dentati, firme ciliati. Corolla juvenilis (alia non visa) extus hirtella. Stylus 5-fidus. Fructus maturus oblongus, calyce involutus. Semen arillo albo reticulato saccati-libero inclusum.

S.: Hänge der trockenen str. St. in einem Tälchen bei Datjiaoku über dem Yalung unter Kwapi n von Yenyüen, Phyllit, 2125 m, 29. V. 1914 (2708).

Die Pflanze sieht auf den ersten Blick *L. nigricans* ähnlich, gehört aber zur Sect. *Glomeratae*. Sie fällt auf durch die fast kahlen dicklichen Blätter an den kurzen, nur 2—4 (ziemlich gestreckte) Internodien langen Jahrestrieben, zwischen denen noch die trockenen Fruchtzweige des vorigen Jahres stehen.

Sehr kennzeichnend für die Art ist die hohe, fast laubige Blütenmanschette, deren beide Abschnitte, besonders bei den Mittelblüten, durch einen bis zur Hälfte herabreichenden, breit ausladenden Einschnitt getrennt werden.

Serissa Comm.

S. serissoides (DC.) Druce in Rep. Bot. Exch. Cl. Br. Isl. f. 1916, 646 (1917) (*S. Democritea* Baill. — *Leptodermis nervosa* Hutch. in Plt. Wils., III., 404 [1916]). Buschsteppen und Hartlaubwälder der str. bis in die wtp. St. **W-Ki.**: Um Pinghsiang (Plt. sin. 251). **H.**: 50—1000 m. Tschangscha. Dungtai-schan bei Hsianghsiang. Gemein um Yungdschou, Dungngan, Wukang bis auf den Yün-schan. **Kw.**: 800—1400 m. Gemein von Liping bis Guiyang. Zwischen Nganschun und Nganping. Zwischen Dschenning und Hwanggoso (10416).

Kelloggia Torr.

K. chinensis Franch. Syn.: *Galium aberrans* W. W. Sm. in Not. Bot. Gard. Edinb., XIII., 161 (1921), e typo, als sehr niedrige Form.

Damnacanthus Gaertn. f.

D. indicus Gaertn. f. **H.**: Im str. Hartlaubwalde des Yolu-schan bei Tschangscha, Sandstein, 200 m (11475). **Tschekiang**: Tientai-schan (Limpricht 286 als *Plectronia parvifolia* [Roxb.] K. Schum.). **NW-Y.**: In den wtp. Regenmischwäldern des birm. Mons. am Salwin, 27° 58′, bei Bahan (9005) und im Tjiontsonlumba.

**** D. (?) subspinosus** Hand.-Mzt. (Taf. XVI, Abb. 1—5).

Fruticulus (e nota ad vivum) ultra 50 cm altus, ramulis tenuibus, hornotinis atroviridibus, antrorsum ut petioli hirtello-asperis, mox glabris cortice griseo longitudinaliter plicato et fissili tectis. Folia opposita, lanceolata vel elliptico-lanceolata, 4—11 cm longa, longitudine 3—5^{plo} angustiora, longe et acute acuminata, basi cuneata vel subrotundata, margine angustissime revoluta, tenuiter coriacea, persistentia, supra glaberrima, subtus initio praesertim in costa parce aspera, sicca atro- et subtus dilutius viridia illic subnitida hic dissite et pallide punctulata; costa paulum impressa, subtus cum nervis 5—8^{nis} obliquis, ante marginem arcuato-conjunctis venisque late areolatis atriore et argute prominua; petiolus tenuiusculus, 2—4 mm longus, supra concavus. Stipulae interpetiolares, acutae, c. 1 mm longae, crustaceae, deciduae. Spinae 1—2 mm longae, intrastipulares, deciduae. Flores in axillis foliorum etiam delapsorum 2—3^{ni} glomerati subsessiles. Bracteae minutae, squamiformes. Calyx campanulatus, 1$^{1}/_{2}$ mm longus, ut ramuli asper, dentibus 4 latissime ovatis breviacuminatis. Corollae tubus in alabastris solis praesentibus nondum evolutus; lobi 4, ovati, glabri. Stamina 4; filamenta antheris thecis elongatis praeter insertionem subliberis constantibus supra medium affixa. Stylus in alabastro ad medium quadripartitus. Baccae globosae, 5—7 mm diametro, e sicco rubescentes, glabrae, 1—2spermae; pyrena c. 2—3 mm diametro, crustacea; semen eam explens, globosum, atrum, alutaceum, opacum, strophiola discoidea, tuberculis subulatis albidis fasciculis rhaphidum expletis dense obsita; embryo durus, minutissime granulatus.

H.: Im str. Hartlaubwalde des Yolu-schan bei Tschangscha, Sandstein, 150 m, 10. XII. 1917 (11417).

Species habitu *Lasianthorum*, a *Damnacantho indico* eodem indumento praedito foliis, spinis minutis deciduis, fasciculis bifloris tantum, calycis lobis parvis valde diversa.

Eine wegen Fehlens entwickelter Blüten nur mangelhaft bekannte Pflanze, von *D. indicus* weit verschieden, aber nach den feststellbaren Merkmalen nur zu dieser Gattung zu stellen. Die Dorne stehen, genau wie bei *D. indicus*, deutlich innerhalb der Nebenblätter. Ein Haarring im Blumenkronenschlund ist nicht zu sehen. Die Anheftung der Samenanlagen ist im vorliegenden Zustande nicht feststellbar. Habitus eines schmalblätterigen *Lasianthus Hartii*, aber durch behaarte Zweige, ganz andere Nebenblätter und armblütige Knäuel leicht zu unterscheiden.

Spermacoce GAERTN.

S. stricta L. f. Steppen der str. und wtp. St., Sandstein, 1450—2000 m. **Y.**: Häufig von Hsingai über Yungbei bis Dsilidjiang. **S.**: Häufig von Huili bis Fungsaying (5119). Ober Lanba gegen Pudi zwischen Yalung und Nganning-ho, 27° 8′.

Galium L.

G. asperifolium WALL. in ROXB., Fl. Ind., ed. 2., 381 (1830) (*G. Mollugo* HOOK., Fl. Brit. Ind., III., 207 et prob. FORB. et HEMSL., non L.). Gebüsche, Felsen, Bambusdschungeln der wtp. bis in die ktp. St., auf Mergel, Sandstein und Glimmerschiefer. **Y.**: Im NE in der Ebene von Dungtschwan, 2500 m (MAIRE mehrfach), bei Tschoudjiadsetang, 2550 m (M., distr. BONATI 2812bis) und Sandjia, 2600 m (M.). Im NW im birm. Mons. im obersten Doyon-lumba zwischen Mekong und Salwin, 28° 9′ (9697). **S.**: Lutschang s von Huili, 1900 m (5115). **Kw.**: Gutscha bei Guiyang („Kweiyang"), 1300 m (10485).

Mit kahlen Exemplaren aus Sikkim gut stimmend. Stengel bald glatt, bald rauh. Behaart, wie ursprünglich beschrieben, sah ich aus Indien nur Hb. 1. E. Ind. Co. 3096. Blüten bald weiß, bald rötlich. Ähnlicher dem *G. uliginosum* L., als dem *G. Mollugo* L. Von jenem verschieden durch oft glatte Stengel, entwickeltere Brakteen, teilweise nur kurz gestielte Blüten und feinspitzige Petalen.

G. modestum DIELS in Not. Bot. Gard. Edinb., V., 280 (1912), e typo. **Y.**: Sümpfe und Bäche der wtp. St. in der Ebene von Dungtschwan, 2500 m (MAIRE). **S.**: Grabenränder der str. St. unter Djinyikan unterhalb Dötschang im Djientschang, kristallinischer Boden, 1350 m (1084). Indien: Kasia, tp. St., 1525 m (HOOKER u. THOMSON *Galium* nr. 3).

G. asperuloides EDGEW. in Trans. Linn. Soc., XX., 61 (1846) **var. Hoffmeisteri** (KLOTZSCH) HAND.-MZT. (*G. Hoffmeisteri* KLOTZSCH in Kl. et GARCKE, Bot. Erg. R. Pr. Waldem., 87, t. 74 [1862]. — *G. triflorum* FRANCH. in Nouv. Arch. Mus. Par., 2. sér., VIII., 254 [1885]. DIELS in Not. Bot. Gard. Edinb., VII., 125, 255 [1912], non MICHX. — *G. asperulopsis* H. WINKL. in Rep. sp. nov., Beih., XII., 492 [1922], e typo). Mischwälder, Gebüsche, Bambusdschungel, Bachränder der tp. St. **Y.**: 2700—3450 m. Ober Hsiangschuiho zwischen Dali und Hodjing, 26⁰ 15′ (6471). Berg Hungguwo bei Hsinyingpan zwischen Yungbei und Yungning (3272). Im NW im birm. Mons. ober Bahan am Salwin, 27⁰ 58′ (9047) und w von hier an der Ostseite des Passes Tschiangschel (9245). S.: 2850 bis 3000 m. Gwandien zwischen Yenyüen und Kwapi (2805) und unter Ngaitschekou jenseits des Yalung n von dort, 28⁰ 10′ (2676). Im W bei Kwan, 1550 m (Limpricht 1373). W-Hubei (Wilson, Veitch Exp. 906).

Ich stimme Hultén (in Sv. Vet. Ak. Handlg., 3. ser., VIII/2., 139 (1930) zu, daß die auch von Hooker in Fl. Brit. Ind., III., 205 (1881) zu *G. triflorum* gestellte Pflanze von diesem, dem man keineswegs den Habitus von *Asperula odorata* L. zuschreiben kann, verschieden ist. Sie unterscheidet sich durch Fehlen der axillären Blütenstände, dafür reichliche Ausbildung der cymös angeordneten endständigen, und durch viel dickere Glochidien der Früchte. Die chinesische Pflanze entspricht mehr oder weniger der var. *Hoffmeisteri*, aber ein Teil von Wilson 906 kommt schon nahe dem Arttypus.

**** *G. glandulosum* Hand.-Mzt.** (Abb. 30, Nr. 11 auf S. 1063).

Sect. *Eugalium* Koch.

Caules e rhizomate tenui, repente, ramoso singuli (vel dissiti?), erecti, 10 usque 15 cm alti, subsimplices vel toti a basi ramosi, tenues, ut inflorescentiae praesertim angulis dense retrorsum strigoso-asperi et in nodis annulis setularum densarum praediti. Folia quaterna verticillata, ovato-lanceolata, 3—9 mm longa, longitudine 2—4^{plo} angustiora, acuta, basi sessili cuneata, 'margine revoluta, praesertim costae dorso antrorsum aspera, subcoriacea, supra lucida et papillosa, glandulis intestinis crassis partim oblongis subtus valde conspicuis, nervo unico subtus valde prominuo, raro inferiora nervis 2 multo brevioribus additis. Cymae terminalis et in axillis foliorum superiorum, pedunculis 4—8 mm longis, pauciflorae, pedicellis tenuibus 1—2 mm longis. Receptaculum globosum, glochidiorum orimentis praeditum; calycis dentes nulli. Corollae albae lobi ovati, c. 1 mm longi, obtusi vel acutiusculi, crassiusculi, tristriati. Stamina corolla plus duplo breviora. Stigmata globosa, subsessilia .(Fructus ignotus).

NW-Y.: In Föhrenwäldern der wtp. St. zwischen Haba und Waschwa se von Dschungdien („Chungtien"), 2600—3000 m, 3. VIII. 1914 (4434).

Species *G. Bungei* Steud., Nomencl. Bot., ed. 2., I., 657 (1840) (*G. gracili* Bge., non Wallr. 1822) affinis, quod iisdem glandulis praeditum, sed gracilius caulibus inflorescentiisque levissimis est.

Durch das reichliche Indument steht die neue Art so unvermittelt neben *G. Bungei*, daß man sie nicht als Varietät auffassen kann. Dieselben Drüsen hat auch *G. elegans*, besonders an im Habitus ähnlichen, offenbar trocken gewachsenen Exemplaren sehr deutlich, doch unterscheiden sich solche u. a. durch dreinervige Blätter.

**** *G. salwinense* Hand.-Mzt.** (Abb. 30, Nr. 10 auf S. 1063).

Sect. praecedentis.

Caules e radicibus rufis plures subcespitosi, tenuissimi, debiles, 8—20 cm longi, praeter setulas nodorum saepe valde dissitorum glabri et leves. Folia quaterna verticillata, inferiora ovata vel elliptica petiolis quam laminae 2—5^{plo} brevioribus parce hirtis, superiora sessilia oblongo-elliptica, 5—13 mm longa, longitudine 2—4^{plo} angustiora, acutiuscula et apiculata, tenuia, saturate viridia, utrinque sparse et tenuiter prorsus strigosa marginibusque ita ciliata, tenuiter uninervia. Panicula terminalis paupera, inferne foliis oppositis bracteata, cymis longipedunculatis 2—3floris composita. Pedicelli capillares, 3—6 mm longi. Corollae lobi triangulares, $^1/_2$ mm longi, obtusi, tristriati. Stamina iis breviora. Styli illis subaequilongi, tenues, stigmatibus globosis. Fructus didymi, 1—1$^1/_2$ mm diametro, coccis subglobosis, pilis brevissimis uncinatis dense obsiti.

NW-Y.: In der str. St. des birm. Mons. auf kristallinischem Kalk in der Salwin-Schlucht ober Tschamutong, 1720 m, 15. VIII. 1916 (9815).

Differt a *G. Bungei* praesertim foliis partim petiolatis eglandulosis; a *G. paradoxo* MAXIM. his inferioribus quoque quaternis, fructus indumento ceterumque multo longius distat.

G. boreale L. var. *hyssopifolium* (HOFFM.) DC. W-Hubei: S Wuschan (WILSON, Veitch Exp. 2163).

G. elegans WALL. in ROXB., Fl. Ind., ed 2., I., 382 (1880). NE-Y.: Felsen, Matten und Gebüsche der wtp. St., 2500—2550 m. Maliwan, Tschoudjia und Tschoudjiawan (MAIRE).

— — ** var. *javanicum* (BLUME) HAND.-MZT. (*G. javanicum* BL., Bijdr. Fl. Ned. Ind., 943 [1826]). Y.: Wälder der wtp. St. beim Tempel Haiyen-se bei Yünnanfu, Kalk, 2100 m, 22. VI. 1916 (SCHOCH 182 p. p.). Beyendjing (TEN ex hb. Berol. 42). Hier in Wäldern des Mangan-schan bei Guti, 26. VIII. 1919 (TEN 1298, beide annähernd die var.).

G. Requienianum WIGHT et ARN. (*G. rotundifolium* var. *javanicum* HOOK., Fl. Brit. Ind., III., 205 [1881]) wächst unbegrenzt weiter und hat die Infloreszenzen seitenständig, ist wenigstens im Wuchs beträchtlich verschieden. HOOKERS Charakteristik der var. bezieht sich nur auf dieses.

G. nephrostigmaticum DIELS in Not. Bot. Gard. Edinb., V., 279 (1912) (*G. pseudoellipticum* LINGELSH. et BORZA in Rep. sp. nov., XIII., 391 [1914], e typo). Y.: In der wtp. St. Wälder beim Tempel Haiyen-se bei Yünnanfu, Kalk, 2100 m (SCHOCH 182 p. p.). Im NE auf kräuterreichen Hügeln bei Dungtschwan 2500 m (MAIRE). S.: Trockene Hänge ober Schihuiyao bei Huili, Sandstein, 2200 m (5131?, var.?).

Die Bezeichnung strigos für die Behaarung ist nicht glücklich. Ich würde hirsutus sagen. Meine Nr. 5131 hat hakenborstiges Ovarium; der Griffel ist nicht kenntlich.

** *G. baldensiforme* HAND.-MZT. (Abb. 30, Nr. 9 auf S. 1063).

Sect. *Leptogalium* LANGE?

Dense cespitosum, exsiccando nigricans, caulibus debilibus ascendentibus, 3—11 cm longis, praeter nodos retrorsum setulosos glabris levibusque, subsimplicibus. Folia sena verticillata, verticillis superioribus magis distantibus, anguste elliptica, 2—5 mm longa, longitudine 2—3^{plo} angustiora, cuspidata et seta hyalina 0,5 mm longa fragili terminata, basi attenuata sessilia, tenuia, opaca, saltem supra antrorsum et subtus in costa retrorsum sparse strigosoaspera, nervo singulo tenui. Cymae et terminales et in axillis superioribus, pedunculis usque ad 18 mm longis et nonnullae sessiles, triflorae. Pedicelli tenues, 2—6 mm longi. Receptaculum setis uncinatis longis densissime vestitum. Calycis lobi nulli. Corollae lobi ovati, vix 1 mm longi, mucronulati, uninervii, margine papilloso-ciliolati. Stamina stylique tenuiusculi stigmatibus parvis capitatis terminati corolla duplo c. breviora. (Fructus ignotus).

NW-Y.: Bei Lidjiang, wahrscheinlich am Yülung-schan, VI.—IX. 1914 bis 1916, v. E. (3926).

Habitu *G. baldensis* SPRG., ovarii indumento insigne eoque et inflorescentia etiam a sequente diversum.

*** G. acutum** EDGEW. in Trans. Linn. Soc., XX., 61 (1846). NW-Y.: Wälder der ktp. St. des birm. Mons. ober Tjionatong am Salwin, 28° 7′, Schiefer, 3600—3800 m, 8. VIII. 1916 (9773).

G. Vaillantii DC. NE-Y.: Überall in der Ebene von Dungtschwan, wtp. St., 2500 m (MAIRE). Kiangsu: Nanking (CHEN 8717). Tschili: (HSIA 2486. KUNG 1162. SERRE 2320).

G. pauciflorum BGE. ist eine gute Art, die sich durch zurückgekrümmte Fruchtstiele unterscheidet, was zwar nicht erwähnt wird, aber an LICENT 4717 aus W-Kansu, HSIA 2123 aus Tschili und LUH u. TENG 9666 p. p. aus Kiangsu zu sehen ist. Sie erinnert dadurch an *G. tricorne* STOKES, ist aber viel zarter, weniger hakenhaarig und hat hakenborstige, viel kleinere Früchte.

Rubia L.

R. cordifolia L. Gebüsche der str. und wtp. St. **H.**: Häufig zwischen Wangdjiapu und Djintie-se w von Yungdschou, 200—500 m (11271). Yün-schan bei Wukang, 1100—1300 m (12369). **S.**: 1950—2800 m. S ober Lumapu (2056) und sonst überall um den Yalung. S von Huili. Zwischen Duörlliangdse und Hungga im Becken von Yenyüen. **Y.**: 1800—2700 m. Überall von Yünnan-hsien über Dali bis gegen Tseku am Mekong (MONBEIG). Im NE um Dungtschwan (MAIRE).

Nr. 2056 und 11271 sind steril, bzw. jung, mit behaarten Blättern, bei dieser breiten, bei jener schmäleren, 11271 wie TSIANG 1932 aus Kiangsu, CHUNG 4385 aus Kianghsi, beide mit reich verzweigten Infloreszenzen und kleinen, schwarzen Früchten, und das eine Stück von WILSON, Veitch. Exp. 1043a aus W-Hubei, während das zweite dieser Nummer kahl ist. 12369 ist fast ganz glatt, noch glatter als die sonst gleiche WILSON, Veitch Exp. 1290a aus W-Hubei. COLLETT gibt in Fl. Siml., 233 (1902) für seine rotblütige Pflanze schwarze Früchte an, aber in Indien gibt es auch rote: Dehra Dun (SINGH 14). Aus Mittel- und Südchina sah ich keine rotfrüchtigen, allerdings sind viele nur in Blüte, keine aber mit roten Blüten.

——var. **pratensis** MAXIM., Prim. Fl. Amur., 139 (1859). **II.**: Gebüsche der wtp. St. bei Hsikwangschan im Bezirke Hsinhwa, Kalk, 650 m (12575).

Hierher gestellt wegen der schwarzen Früchte, trotz der besonders breiten Blätter ($\pm$ 3$^{1}/_{2}$ cm, teilweise breiter als lang). Fruchtstand sparrig, reich verästelt, Fruchtstiele kurz, beides noch extremer als CAVALERIE 1359 von Pinfa in Kw., die aber normale Blätter hat. Zur Varietät auch WILSON, Veitch Exp. 1290 aus W-Hubei und 1188 von Nanto, die erste breit-, die zweite schmalblätterig.

——** var. **longifolia** HAND.-MZT.

Caulis $\pm$ distincte quadrialatus, viridis. Folia lanceolata et lineari-lanceolata, 2—10 cm longa, longitudine 4—12^{plo} angustiora, basi rotundata, longipetiolata. Fructus niger, 4 mm diametro. Planta aspera, epilosa. Inflorescentia angusta et densa. Flores albi vel flavi vel ochracei.

Kw.: Tuipo, Bitjie, Wegrand, 19. IX. 1930 (Tsiang 8983, Typus). Pinfa bei
Guiding, offene Stellen an Gebüschen (Tsiang 5390). Überall gemein bis unter-
halb Badschai. Im SW in der wtp. St. im schattigen Hügelwalde bei Djitschang-
ping nächst Muyu, 1050 m, 22. VI. 1917 (10403). N-Kwangtung, 1915, 1917
(Mell 437, 742). **Y.**: Wälder der wtp. St. zwischen Dawan und Gwanyilang
bei Yungbei, 2400—2600 m, 3. VII. 1914 (3439). Im NE hängend von dürren
Abhängen und Buckeln der Berge hinter Dungtschwan, selten, 2500—2550 m,
VII., VIII. (Maire).

Die var. *lancifolia* Reg., Tent. Fl. Ussur., Sep., 76 (1881) hat kaum $2^{1}/_{2}$ cm
lange Blätter und ist lange nicht so extrem ausgebildet. Am nächsten kommt
aus N-China Chanet 714 vom Wutai-schan, hat aber noch herzförmigen Blattgrund; dann mangelhafte Stücke von den Philippinen.

**** *R. oncotricha* Hand.-Mzt.**

Sect. *Cordifoliae* K. Schum.

Herba fere tota pilis patentibus apice uncinatis dense hirsuta et grisea,
caulibus tenuibus ramosis prostratis et pendulis, prob. ad 1 m longis, angulis
rotundatis. Folia quaterna verticillis valde dissitis, ovato-lanceolata, 8—20 mm
longa, longitudine 2—3^{plo} angustiora, acuta, basi rotundata vel cordatula,
margine revoluta, crassa, trinervia, supra lucida pulvinis setis caducis relictis
aspera, costa insculpta; petiolus lamina paulo usque quadruplo brevior, crassus.
Cymae foliis minutis bracteatae in apice caulis ramisque in paniculas angustas
elongatas compositae, pedunculis 1—5 mm longis, 3—5 florae. Pedicelli 1—3 mm
longi, tenues. Ovarium globosum, glabrum. Calycis limbus nullus. Corolla flava
et flavida (e Maire), ad 4 mm diametro, tubo lato ad $^{3}/_{4}$ mm longo, lobis ovatis,
caudato-acuminatis, extus setis rectis dense hirsutis. Antherae lineares, fauce
subsessiles. Styli breves, tenues, stigmatibus capitatis. (Fructus ignotus).

Y.: In der wtp. St., 2100—2600 m. Kalkfelsen in einer Schlucht nw von
Yünnanfu, 21. VII. 1916 (Schoch 237, Typus). Berg außerhalb Ami, 24. IX. 1926
(Enander: Hb. Stockholm). Im NE an Felsen hinter Dungtschwan, IX. 1910
(Maire) und an Mauern von Gräbern hier, VIII. (M.).

Species praeter indumentum minutie foliorum partim brevipetiolatorum
et inflorescentiis angustis a praecedente diversa.

Auch bei behaarten Formen von *R. cordifolia* bleibt die Behaarung noch
sehr verschieden von jener der hier beschriebenen Art. Sie steht jener aber doch
so nahe, daß sie trotz mangelnden Früchten sicher nicht zu *Galium* gehört.

R. leiocaulis (Franch.) Diels in Not. Bot. Gard. Edinb., V., 277 (1912),
e typo. In der wtp. St. **Y.**: Schlucht ober Hsinlung n von Yünnanfu, 2100 m
(Schneider 364). **S.**: Feuchte Stelle an einer Quelle bei Dawanying ober Huili,
Mergel, 2200 m (1035). Mischwald bei Kwapi n von Yenyüen, $27^{0}\,53'$, Phyllit,
2750 m (2787). **Kw.**: Tjiangkou (Tsiang 7555).

Die meisten Pflanzen haben kürzere Blattstiele als der Typus, 1035 und
Schneider 364 aber lange neben kurzen. Auch sind die Blätter teilweise breiter
und runder, aber in 1035 auch gemischt mit schmalen.

R. Schumanniana E. Pritz., e typo. Syn.: *R. Esquirolii* Lévl. in Rep.
sp. nov., X., 439 (1912), e typo.

Geschwänzt finde ich die Kronenzipfel auch bei Pritzels Typus nicht.
Er hat die letzten Korollen, die etwas kleiner sind, als bei Esquirols Pflanze,

wo sie 4 mm Durchmesser haben. Stengel beim Typus glatt, bei *Esquirolii* unter den Knoten rauh. S. Sinensia, V., 22 (1934).

R. podantha Diels in Not. Bot. Gard. Edinb., V., 277 (1912), e typo. NW-Y.: Am Yülung-schan bei Lidjiang, 3000 m, v. E. (3927).

Blütenstiele auch beim Typus nur teilweise lang, hier meist nicht über 3 mm. Auffallend bei allen Pflanzen die rostbraune Färbung der Blattunterseiten.

R. ustulata Diels, l. c., 278, e typo. Y.: Wälder bei Beyendjing (Ten 240). Im NW in wtp. Föhrenwäldern zwischen Haba und Waschwa se von Dschungdien, 2600—3000 m (4433). Im NE auf dürren Hügeln bei Djintschung-schan, 2550 m (Maire).

Härchen des Stengels beim Typus spärlich, vorwärts gerichtet, hier fehlend. Die Korollenfärbung spielt keine Rolle.

R. haematantha Airy-Shaw in Kew Bull., 1931, 450, e typo. NW-Y.: Dürre Kalkfelsen zwischen den Sätteln des Berges Lamatso w des Yangtse zwischen Yungning und Dschungdien, tp. St., 3200 m, 12. VIII. 1915 (7612).

Caprifoliaceae

Sambucus L.

S. adnata Wall. Y.: Schuttplätze und wild in der Ebene und auf den Bergen bei Yünnanfu, wtp. St., 1900—2300 m (Schoch 6). Wahrscheinlich hierher alle Notizen aus der wtp. und tp. St., bis 3675 m: Zwischen Fumin und Lodse-Magai. Djinschuiho und weiter n von Yungbei. Im NW an Dschungel-rändern in der Schlucht Lokü am Yülung-schan bei Lidjiang (phot.), ober Bödö, am Bergbach ober Alo und im Hochgekräute bei der Schwefelquelle unter Baoschi se von Dschungdien, viel um Schuba zwischen Yangtse und Mekong, 27° 45′ und im birm. Mons. unter dem Doker-la an der tibetischen Grenze. S.: Ober Niutschang se und bis Hwangliangdse n von Yenyüen.

S. Wightiana Wall. NW-S.: Gebirge um Sungpan (Weingold).

S. Schweriniana Rehd. in Plt. Wils., I., 306, III., 433 (1912). S.: Hänge der tp. St. bei Molien jenseits des Yalung n von Yenyüen, Schiefer, 3150 m (2540).

Noch nicht aufgeblüht, aber nach den übrigen Merkmalen diese Art.

S. javanica Reinw. W-F.: Wiese am Fuße des Tienhwa-schan w von Dingdschou, Sandstein (Plt. sin. 433). W-Ki.: Um Pinghsiang, c. 600 m (Plt. sin. 248). H.: In der str. St. unter Hsikwangschan bei Hsinhwa gegen Tindjia-tang, 500 m. Im SW im schattigen wtp. Laubhochwalde des Yün-schan bei Wukang, Tonschiefer, 1150 m (12285). E-Kw.: Wohl diese überall von Badschai westlich. S-S.: Nantschwan (Bock u. Rosthorn 834?).

Nr. 12285 ist nach Notiz ein Strauch, die vollständig gesammelten 248 und 433 sind Stauden. Bock und Rosthorns Pflanze, nur ein sehr großes Blatt, hat lanzettliche, bis 1¹/₂ cm lange Stipellen.

S. racemosa L. (*S. Sieboldiana* Bl.). In der wtp. St. SW-H.: Yün-schan bei Wukang, im Laubhochwalde häufig, 1150—1360 m (12313) und in der Schlucht e des Gipfels. S.: Trockene Hänge von Huili bis Bögowan häufig,

1960—2400 m (1027). Wudadjing am Lose-schan s von Ningyüen. Gaitiu am Wolo-ho zwischen Yenyüen und Yungning. **Y.**: Zwischen Hsiao-Magai und Hsinlung n von Yünnanfu, 1600—1900 m (SCHNEIDER 265a). Im NE im Tale von Wulung, 2500 m (MAIRE ex Arb. Arn. 306).

Nach der von E. WOLF in Mitt. Deutsch. Dendr. Ges., 1923, 24 gezeigten Variabilität der Blätter der Art um Petrograd und, da die von SCHWERIN, l. c., 1909, 50 angegebenen Unterschiede in Größe der Blüten und Früchte von *S. Sieboldiana* sich nicht bestätigen, läßt sich diese nicht getrennt halten. HAO unterscheidet sie in Contr. Inst. Bot. Nat. Ac. Peipg., II., 28 (1933) durch große und lockere Infloreszenz, bildet aber l. c., Taf. I eine sehr kleine und kompakte ab, wie sie auch mir aus China mehrfach vorliegen, wenngleich zuzugeben ist, daß dort lockerere als in Europa vorkommen. Mit felsigem Boden (HAO, l. c., 3) hat die europäische Pflanze nichts zu tun.

Das Wiener Originalexemplar von *S. Williamsii* HCE. hat nur gegenständige Blätter, die Blättchen am Grunde rundlich bis keilförmig und nicht unsymmetrisch, genau wie viele *racemosa*-Exemplare. Von HAOs Unterschieden (l. c , 3) bleibt also nur jener in der Fruchtfarbe, der ihr vielleicht Artwert gibt.

Viburnum L.

V. Henryi HEMSL. **SW-H.**: Im wtp. Laubhochwalde des Yün-schan bei Wukang, Tonschiefer, 850—1100 m (12027?). **S.**: Buschhänge der wtp. St. am Houdsengai bei Dötschang, Schiefer, 2300—2500 m (1809). Im S bei Nantschwan (BOCK u. ROSTHORN 17, 181).

Nr. 12027, fruchtend, hat auffallend kurze, aber doch wenigstens teilweise rispige Blütenstände, stimmt sonst mit der Art.

V. odoratissimum KER. **SW-H.**: Die Rolle unserer Erlen an den Bachrändern spielend in der str. St., 270—400 m. Von Pukou bei Dsingdschou (11024) bis Moschi. Überall um Wukang (11999).

V. brachybotryum HEMSL. **Kw.**: Im Schluchtwald an der Grenze der wtp. St. bei Madjiadwen zwischen Guiding und Duyün, 1100 m (10637). S-S.: Nantschwan (BOCK u. ROSTHORN 1180).

— — var. **tengyuehense** W. W. SM. in Not. Bot. Gard. Edinb., IX., 137 (1915). **Y.**: In wtp. Buschwäldern unter Djiunienping jenseits Fumin bei Yünnanfu, 1900—2200 m (6146).

Diese überhaupt schmächtige Pflanze hat zartere Blütenstände als der Typus.

V. erubescens WALL. Mischwälder und bambusreiche Gebüsche der wtp. und tp. St., 2400—3200 m. **Y.**: Guti (TEN 172, 325) und Fangmapa (T. 311) bei Beyendjing. Im NW im birm. Mons. ober Schutsche am e Irrawadi-Oberlaufe, 27° 55′ (9480). Im NE bei Dschenfungschan im mittelchin. Fl., 800 m (MAIRE). **S.**: Ober Niutschang se von Yenyüen (5396). Soso-liangdse im Daliang-schan e von Ningyüen (1535, 1670).

Offenbar dem Arttypus, jedenfalls der Pflanze aus Sikkim entsprechend.

— — ** var. **neurophyllum** HAND.-MZT.

Folia hiemantia, demum coriacea, crebre dentata, nervis validissimis, glabra vel in costa tantum sparsissime et minute pilosa. Antherae violaceae. Flores magni, ad 1 cm longi.

Y.: Trockene Wälder und Buschwälder der wtp. bis an die tp. St., 2200 bis 2900 m. Tal ober Djiunienping jenseits Fumin bei Yünnanfu, 28. IV. 1915 (6123). Beyendjing, 1919 (Ten 215). Im W zwischen Taipingpu und Yangpi, 25° 36′, IV. 1922 (Forrest 21 144). Ostseite des Dji-schan ne von Dali, 21. V. 1915 (6387). Zwischen Dali und Lidjiang ober Gwanyinschan gegen Hodjing, 26° 19′, 19. V. 1916 (8744, Typus).

Proximum var. *carnosulo* W. W. Sm. in Not. Bot. Gard. Edinb., IX., 138) 1915), quod differt nervis indistinctis. *V. oligantho* Bat. simile nervatura valde diverso.

Typische Rispen und fast ebensträußige Infloreszenzen finden sich an einem und demselben Zweig der Nr. 6123, solche auch an Forrest 21 144.

**** V. subalpinum** Hand.-Mzt. (Taf. XV, Fig. 6).

Sect. *Thyrsosma* Rehd. in Sarg., Tr. a. Shr., II., 106 (1908).

Frutex vix 1 m altus (e nota ad vivum), ramulis hornotinis dense et sordide stellato-hirtellis, annotinis glabris, tenuiusculis, cinereis, lenticellis paucis maiusculis planis. Folia orbicularia vel late elliptica, $1^{1}/_{2}$—4 cm longa et aequilata vel paulo angustiora, breviacuminata, basi truncato-rotundata, a tertio infero accrescenter et late crenato-serrata, serraturis mucronulatis, herbacea, subtus pallidius quam supra viridia, supra pilis simplicibus densiuscule et tenuiter strigillosa, subtus minute rubro-glandulosa et ad venas sparse fasciculato-pilosa; nervi utrinsecus 3—4, quorum summi medio folio orientes, sursum arcuati, infimi folii medium excedentes, indistincte anastomosantes, supra tenuissimi, subtus prominui et fulvidi; trabeculae tenues crebrae hic plerumque conspicuae; petiolus lamina 3—5^{plo} brevior, glabrescens, supra anguste sulcatus. Paniculae ramulis bifoliis terminales, pedunculis 3—3,7 cm longis, tenuibus, cum his fasciculato-hirtellae, pyramidatae, ad 2 cm longae, laxe ad 15florae, floribus raro in ramis infimis tantum geminis sessilibus plerumque racemosae; bracteae bracteolaeque lanceolatae, usque ad 4 mm longae, membranaceae, rubellae, ut flores glabrae. Pedicelli usque ad 5 mm longi. Calycis lobi late triangulares, rubelli, vix 1 mm diametro. Corollae tubus 2 mm longus, late infundibularis; lobi eo aequilongi, late ovati, reflexi, margine papilloso-ciliolati. Stamina fauce inserta, filamentis latis, antheris ellipticis, corolla breviora. Stylus crassus, pyramidatus, stigmate magno capitato, calycem vix excedens. (Fructus ignotus).

NW-Y.: In bambusreichen Tannenwäldern der ktp. St. an der Westseite des Passes Tschiangschel zwischen Salwin und Irrawadi, 27° 52′, Glimmerschiefer, 3500—3800 m, 5. VII. 1916 (9380) und etwas weiter n in tp. Wäldern ober Schutsche.

Species valde distincta, inflorescentiae forma *V. oliganthi* Bat., quod corollae tubo longo cylindrico valde differt.

V. cordifolium Wall. W-Y.: Dsang-schan bei Dali häufig mit Bambus in der tp. und ktp. St., kristallinischer Boden, 2850—3915 m (8726).

— —** var. **hypsophilum** Hand.-Mzt. in Sitzgsanz. Ak. W. W., LXI., 201 (1921).

Folia antice rotundata, nonnulla vere retusa, sub anthesi bene evoluta vix 4 cm longa. Corymbi parvi, 1—8flori. Frutex 75 cm altus.

NW-Y.: Mehrfach in Wäldern der ktp. St. des birm. Mons. beiderseits des Passes Tschiangschel zwischen Salwin und Irrawadi, 27° 52′, Glimmerschiefer, 3500—3950 m, 4. VII. 1916 (9293). Ebenso auf dem Schöndsu-la zwischen Mekong und Salwin, 28° 4′.

V. sympodiale GRÄBN. SW-H.: Häufig im schattigen wtp. Laubhochwalde des Yün-schan bei Wukang, Tonschiefer, 1200—1400 m (12314). NW-Y.: Kräuterreiche Stellen der tp. Regenmischwälder und in ktp. Tannenwäldern, 2700 bis 4100 m. Nguka-la zwischen Dschungdien und Djitsung, Diabas (7825). Im birm. Mons. in der Mekong—Salwin-Kette unter dem Nisselaka ober Bahan, 28°, und beiderseits des Schöndsu-la, 28° 4′, und in der Salwin—Irrawadi-Kette im Tjiontson-lumba unter Tschamutong (9150), Granit und Glimmerschiefer.

Die letzte Nr. ist sehr schmalblätterig (bis $12^1/_2 \times 4$ cm), doch verbindet sie die nur fruchtende, wegen der unterseits nur auf den Rippen behaarten, nicht herzförmigen Blätter hierher und nicht zur vorigen Art gestellte 7825 mit den gewöhnlichen Formen.

V. tomentosum THUNBG. W-F.: Steinige Stellen am Tienhwa-schan w von Dingdschou, c. 800 m (Plt. sin. 436). II.: Gebüsche der str. und wtp. St. um Hsikwangschan bei Hsinhwa häufig, 400—700 m (11864). Im SW am Yün-schan bei Wukang (Plt. sin. 16). Y.: Garten des Tempels Schelin-se am Lung-schan bei Beyendjing (TEN 55).

— — f. *plenum* (MIQ.) REHD. in SARG., Tr. a. Shr., II., 108 (1908). NE-Y.: Tal von Tschehai, 2500 m (MAIRE).

V. Veitchii C. H. WR. Trockene Gebüsche auf Kalk. S.: Ober Kalapa zwischen Yenyüen und Kwapi, 27° 40′, in der tp. St., 2900—3200 m (2292). Wohl dieses auch unter Yiwanschui und in der wtp. St. w von Gaitiu am Wege von Yenyüen nach Yungning häufig, 2750 m. NW-Y.: Föhrenwälder s von Yungning.

Die gesammelte Pflanze ist auffallend frühblütig, in voller Blüte, wenn die Blätter noch kaum ganz ausgebreitet sind. Die Sternhaare der Blattflächen sind kürzer; auf den Nerven sind außer ihnen oft zahlreiche rote, stiftförmige Drüsen, solche spärlich auch bei FORREST 16556.

V. macrocephalum FORT. H.: Gebüsche der str. St., 150—200 m. Daloping im Bezirke Ninghsiang (11716). Ober Lantien gegen Hsikwangschan im Bezirke Hsinhwa (11756). Dungngan zwischen Yungdschou und Hsinning (11301).

— — **var. *indutum*** HAND.-MZT.

Planta tota quam typus multo pilosior. Flores marginales steriles minores, maximum 1 cm diametro. Calycis lobi pilis fasciculatis ciliati.

II.: Gebüsche der str. auf Kalk, 150—300 m. Lengschuidjiang am Tsidjiang ober Hsinhwa, 26. IX. 1918 (12697, Typus). Zwischen Dungngan und Schitjidian-se w von Yungdschou, 17. VIII. 1917 (11296).

V. fallax GRÄBN. Gebüsche der wtp. St. auf Kalk, 1050—1900 m. E-Y. Häufig bei Loping (10207). Kw.: Überall von Hwangtsaoba über Nanmutschang, Nganping und Guiyang bis Gudong bei Duyün.

Wegen der langen Blattstiele und teilweise stark eingesenkten Nerven trotz größtenteils längerer und schmälerer (bis $11 \times 2^1/_2$ cm) Blätter hierher gehörig. *V. chinshanense* GRÄBN. hat kurzstrahlige Haare, *V. Bockii* GRÄBN. nach der Beschreibung dünne Infloreszenzstiele, *V. hypoleucum* REHD. nach WILSON 1836 dieselben eingesenkten Nerven und an älteren Blättern jetzt grauen Filz, aber den jüngeren doch weißer, und kurze Blattstiele, *V. Rosthornii* GRÄBN. langgestielte Infloreszenzen. Behaarung meiner Pflanze zuletzt fast ockerfarbig; Blattstiele etwas veränderlich. Vielleicht stehen sich einige der

genannten zu nahe, um als Arten getrennt gehalten werden zu können. Die
Blüten seien beschrieben: Bracteolae ovato-lanceolatae, ovario subaequilongae,
extus dense flavescenti-tomentellae. Ovarium c. 3. mm longum, minute glanduloso-punctatum, ± sparse stellato-pilosum, calycis dentibus late ovatis, densius
stellato-pilosis. Corolla ½—1 cm diametro, alba (e vivo), e tubo brevi rotata;
lobi late ovati, rotundati, basi constricti, margine papillosi et dorso parce stellato-
pilosi. Stamina exserta, antheris (e vivo) luteolis. Stylus calycem superans.
Drupa complanato-ellipsoidea, 8—9 mm longa, rubra demum nigra (e nota ad
vivum).

V chinshanense Gräbn. Syn. *V. Cavaleriei* Lévl. in Rep. sp. nov., IX.,
442 (1911), e typo.

V. congestum Rehd. Hartlaubgebüsche und Trockenwälder der str. bis
in die wtp. St., 1300—2450 m. **Y.:** Jöschuitang n von Yünnanfu, 25° 26' (441).
Zwischen Homendschang und Bödschagwan in der Seitenschlucht des Yangtse
n von hier (91, 702). Zwischen Dali und Lidjiang ober Gwanyinschan gegen
Hodjing (8745). Im NW bei Lidjiang, v. E. (3708). Um Dschoutang bei Ndaku
n von hier, 27° 18' (4344). **S.:** Häufig bei Ningyüen (1311). Ober Lumapu gegen
Yenyüen.

Nr. 91 ist eine klein- und rundblätterige Zwergform, 4344 eine schmalblätterige (Blätter ½—2 cm lang und halb so breit), wenigblütige. 8745 hat die
Infloreszenzstiele bis 1½ cm lang. Einen guten Unterschied dieser Art gegenüber
V. utile Hemsl. bildet die Beschaffenheit der Sternhaare der Blattunterseite,
bei diesem mit ganz feinen, dünnen und weichen Strahlen und viel dichter gestellt, bei *V. congestum* mit dicken und derben Strahlen.

V. cylindricum Ham. (*V. coriaceum* Bl. — *V. crassifolium* Rehd. — *V.
cylindricum* var. c. [Rehd.] C. Schneid. in Bot. Gaz., LXIV., 77 [1917]). Gebüsche,
Trockenwälder, Fichtenwälder und Regenmischwälder der str. bis in die tp. St.,
1100—2900 m. **Y.:** Häufig um Yünnanfu (1982). Hier im Tale gegen Fumin
(Schoch 19). Taohwa-schan bei Beyendjing. Hsiangschuiho zwischen Dali
und Lidjiang (phot.). Mehrfach von Yungbei bis Tjitiaowan unter Landji am
Wege nach Yungning (3213). Im NW auf dem Talriegel unter Lidjiang und ober
Ngulukö hier (6638). Haba und Waschwa se von Dschungdien. Überall zwischen
Hsiao-Weihsi und Gangpu am Mekong, 27° 26—35' (7938). Im birm. Mons.
bei Bahan am Salwin, 27° 58' (9032). Im E häufig zwischen Yiliang und Tienscheng-
gwan (10115) und bei Djinsolo nächst Loping (10215). Im NE bei Tschehai
(Maire). **S.:** Häufig ober Muli. Überall um den Wolo-ho zwischen Yenyüen
und Yungning (3016). Im S bei Nantschwan (Bock u. Rosthorn 1157). **Kw.:**
Im W bei Liangtoho (Schoch 48). Überall von Hwangtsaoba bis Ahung. Lopu-se
bei Duyün.

Das indische *V. cylindricum* ist nach Exemplaren sowohl als den Beschreibungen von Hamilton und von Clarke in der Infloreszenz behaart. Die Angaben von Rehder in Sarg., Tr. a. Shr., II., 91 (1908) und Schneider in Bot.
Gaz., l. c., sind daher irrtümlich. Ganz kahl sind auch Wilsons Pflanzen (697,
2493) nicht, sondern in der Infloreszenz, wie meine 3016 und 7938 und Bock
u. Rosthorn 1157 drüsig-schülferig. Wenn man diese als Varietät abtrennen
will, müssen sie einen neuen Namen bekommen. Verbunden werden sie mit dem
Typus durch meine 3213 und 9032.

*** V. punctatum** Ham. (*V. lepidotulum* Merr. et Chun in Sunyats., II., 22 [1934] e typo). S.: Häufig in der str. St. des Djientschang unter Dötschang (Tetschang), kristallinischer Boden, 1300—1450 m, 2. IV. 1914 (1096).

Nach reichem indischen Material fällt *V. lepidotulum* in die Variationsweite der Art.

V. calvum Rehd. in Plt. Wils., I., 310 (1912). Y.: Beyendjing, in Wäldern (Ten 289; es hb. Berol. 99). Im NW im tp. Buschwalde ober Duinaoko e von Lidjiang, Kalk, 2900—3100 m (3454).

—— **** var. kwapiense** Hand.-Mzt.

Folia elliptico-lanceolata usque late elliptica, parva, $1^1/_2$—5 cm longa, costa supra impressa subtus prominua, nervis secundariis utrinque aegre conspicuis.

S.: In der wtp. St., in Mischwäldern über dem Yalung n von Yenyüen, 2700—2750 m. Kwapi, 27⁰ 53′, 20. V. 1914 (2407, 2410, Typus). Zwischen Molien und Tiaolou, 28⁰ 9′, 26. V. 1914 (2614).

**** V. Schneiderianum** Hand.-Mzt. in Sitzgsanz. Ak. W. W., LXII.,67 (1925).

Sect. *Tinus* Maxim.

Frutex 2 m (e Forrest) vel arbuscula glaberrima, ramulis tenuiusculis, mox dilute brunneis, petiolis corymborumque axibus crassiusculis fulvis. Folia anguste ovata vel rhombeo-elliptica, 4,2 × 2, 4,7 × 2,8 — 3,2 × 8 et 4 × 8,5 cm, acuta vel obtusiuscula, basi cuneata, pleraque integra vel omnia calloso-serrulata, coriacea, marginibus anguste recurvis, persistentia, subconcolori-laeteviridia, lucida; costa nervique utrinsecus 5—8, sub 50⁰ patentes, $\pm$ conjuncti subtus crassiuscule prominui, pallidi, supra cum venis valde impressi; petiolus 10—13 mm longus, supra anguste sulcatus. Corymbi ramulis terminales, pedunculis 3—4 cm longis, laxi, 4—5 — fructiferi 8 cm diametro, hemisphaerici, ramis umbellatis 6—7, demum divaricatis, pedicellis 2—6^{nis} umbellatis hic illis praesertim in ramo terminali pluribus brevissime et irregulariter racemosis, 4—10 mm longis. Calycis lobi late ovati, rotundati, pallidi. Corollae cremeae (e Forrest) c. 5 mm diametientis, rotatae tubus brevissimus; lobi suborbiculares, basi constricti, marginibus papillosi. Stamina inclusa, antheris ellipticis, parvis, pallidis. Stigma latum, sessile. Drupa crasse ovoidea, 5—6 mm longa, pulpa tenui carnosa fulva, opaca, calycis lobis conniventibus coronata, endocarpio albo alutaceo. Semen ellipsoideum, $4^1/_2$ mm longum, profundissime sulcatum, nigrum, ubique glandulis crassis rubris tuberculatum, albumine valde ruminato.

NW-Y.: Offene Wälder bei Sunggwe s von Hodjing gegen den Paß, 3200 m (?), 29. IX. 1914 (Schneider 2873, Typus). Im str. Hartlaubwalde unter Londjre am Zuflusse des Mekong gegen den Doker-la, 28⁰ 11′, kristallinischer Boden, 2100—2200 m, 15. IX. 1915 (8012). Im birm. Mons. in Gebüschen an Bächen nw von Sitjitong am Salwin ober Tschamutong, VI. 1922 (Forrest 21670, als *V. aff. atrocyaneum* Clke.).

Proximum *V. calvo*, quod differt foliis angustioribus, brevius petiolatis, semper integerrimis vel subintegris, corymbis minoribus, brevius pedunculatis, drupis nigris. *V. atrocyaneum* Clke. autem differt cymis subsessilibus, drupis duris (e Brandis, Ind. Tr., 363 [1906], minoribus, nitidissimis, atrocyaneis.

Dies ist die von C. Schneider in Bot. Gaz., LXIV., 78 (1917) erwähnte Pflanze. Meine Exemplare unterscheiden sich von *V. atrocyaneum* auch durch die breiteren, scharf knorpelzähnigen Blätter, aber seine zeigen darin keinen Unterschied. Die 2 daran vorhandenen abgefallenen Früchte werden sicher fleischig. Sie scheinen rot zu werden, und solange nichts anderes feststeht, muß die Art getrennt gehalten werden.

V. propinquum Hemsl. **H.**: Gebüsche der wtp. St. bei Hsikwangschan, Kalk, 700 m (11786). **Kw.** (Cavalerie 19).

— — var. *Mairei* W. W. Sm. in Not. Bot. Gard. Edinb., IX., 140 (1915). NE-Y.: Lungdji im mittelchin. Fl., 700 m (Maire).

V. foetidum Wall. var. ***rectangulatum*** (Gräbn.) Rehd. in Sarg., Tr. a. Shr., II., 114 (1908) (*V. r.* Gräbn.). **Kw.**: Föhren- und Eichen-Mischwälder der wtp. St. bei Guiding („Kweiting"), Sandstein, 1100 m (10661).

— — var. ***ceanothoides*** (C. H. Wr.) Hand.-Mzt. (*V. ceanothoides* C. H. Wr. — *V. foetidum* Rehd. in Sarg., l. c., 114, p. p., non Wall.). Trockene sowie üppige Gebüsche und Buschwälder der wtp. bis in die tp. St., 1800—3100 m. Hsi-schan bei Yünnanfu (Schoch 93). Häufig von hier gegen Fumin (6097). Becken Hsiaodsang n von dort (564). Gemein über Gwangdung und Tschuhsiung (4849) bis jenseits Lühogai. N von Yungbei (Forrest 22084). Wo? (F. 18728). Im NW ober Duinaoko e von Lidjiang (3449). Im E gemein von Yünnanfu bis Sidsung (10132). Im NE bei Swenwui (Maire ex Arb. Arn. 418). Im S s ober Möngdse und bei Semao (Wilson 68). **S.**: Liyüen und Sandawan zwischen Huili und dem Nganning-ho. Nordhang des Lu-schan bei Ningyüen. Ober Daliaopingdse am Dadjin zwischen Yenyüen und dem Yalung, 27° 31′ (2135).

Eine durch die Blattform sehr auffallende, auf Yünnan und West-Setschwan beschränkte Varietät, zu der auch Wilson, Arn. Arb. Exp. 1360 gehört.

— — ** var. ***penninervium*** Hand.-Mzt.

Folia elliptica vel sublanceolata ut in typo, plerumque grossius serrato-dentata; nervi utrinsecus 4—6, inter se aequales, infimi dimidium folium tantum attingentes vel multo breviores. Ovarium interdum parce pilosum.

In der wtp. St. auf Sandstein. **E-Y.**: Üppiger Wald ober Tschapoling zwischen Sidsung und Magai, 2200 m, 9. VI. 1917 (10126). **Kw.**: Gebüsche zwischen Badschai und Tailaohsin, 1050 m, 14. VII. 1917 (10763, Typus). W-Hubei, V. 1900 (Wilson, Veitch Exp. 1793).

— — ** var. *malacotrichum* Hand.-Mzt.

Foliorum forma varietatis praecedentis, nervatio in foliis longioribus eadem, in brevioribus (surculorum inferioribus) distincte trinervia; indumentum densum in foliorum dorsis pilis fasciculatis pro more tenuibus, in ramulis hornotinis inflorescentiisque subtomentosum. Bracteae ciliatae. Ovarium glabrum, interdum parce glanduloso-punctatum, ut corolla extus. Calyx glaber vel ciliatus.

Y.: Beyendjing, in Wäldern des Betsaolin, 25. IX. 1919 (Ten 1379).

Eine besonders durch die Behaarung auffallende Varietät.

V. setigerum Hce. Rehder in Journ. Arn. Arb., XII., 77 (*V. theiferum* Rehd.). **W-Ki.**: Rücken des Yüntou-ling (Plt. sin. 269). **H.**: In str. Hart-laubwäldern auf Sandstein, 70—200 m. Yolu-schan bei Tschangscha (11615) und Dungtai-schan bei Hsianghsiang. Im SW auf dem Yün-schan bei Wukang (Plt. sin. 265).

V. dilatatum Thunbg. **H.**: Häufig in Gebüschen der str. und wtp. St. um Hsikwangschan bei Hsinhwa, 400—700 m (11815, 12653). S-S.: Nantschwan (Bock u. Rosthorn 1078).

Identisch mit FORTUNE 1, die MAXIMWICZ hierher stellt, REHDER nicht erwähnt. Von den meisten japanischen Exemplaren durch kleinere Blätter und Blütenstände verschieden, doch stimmt auch darin eine Pflanze von Kanagawa (FORTUNE).

V. Fordiae HCE. Mischwälder und Gebüsche der str. St., auf Mergel und Tonschiefer, 500—600 m. W-**Ki.**: Um Pinghsiang (Plt. sin. 190). SW-**Il.**: Unter dem Tempel Wuli-ngan am Yün-schan bei Wukang (12021?). E-**Kw.**: Baotieschan bei Gudschou (10888).

Nach Exemplaren vom Originalfundorte (Sunyatsen Univ. 818, 6643) besteht in der Blattform kein Unterschied gegen *V. hirtulum* REHD., von dem ich aber kein Material sah. Triebe und Blattstiele der Nr. 12021 braun rauhhaarigfilzig, auch Blattunterseite recht dicht behaart.

V. Wilsonii REHD. var. *adenophorum* (W. W. SM.) HAND.-MZT. (*V. a.* W. W. SM. in Not. Bot. Gard. Edinb., IX., 136 [1916]). Die Originalaufsammlung stimmt überein mit WILSON, Arn. Arb. Exp. 1813, die REHDER zu *V. Wilsonii* stellt. Da auch bei *V. betulifolium* BAT. Drüsen auf der Blattunterseite bald vorkommen, bald fehlen, kann man auch hier höchstens von einer Varietät sprechen.

V. luzonicum ROLFE var. *formosanum* (HCE.) REHD. in SARG., Tr. a. Shr., II., 97 (1908) (*V. erosum* THBG. var. *f.* HCE.). W-**Ki.**: Um das Kohlenbergwerk Pinghsiang, c. 600 m (Plt. sin. 153, 162).

Stamina meist deutlich länger als Korolle.

V. betulifolium BAT. S.: In der tp. St. auf den Rücken ober Fumadi am Wolo-ho zwischen Yenyüen und Yungning, 3300 m (3028, det. REHDER) und weiter w ober Gaitiu, 2780 m. Im S bei Nantschwan (BOCK u. ROSTHORN 353). **Y.**: Berg Hungguwo zwischen Yungbei und Yungning.

In einem Briefe vom 24. XI. 1931 meint REHDER, daß *V. lobophyllum* GRÄBN. und *V. ovatifolium* REHD. zu *V. betulifolium* gehören, was auch berechtigt scheint. Innerhalb dieser dann durch nur an den Nerven behaarte Blätter und kahle oder wenig behaarte Blumenkronen ausgezeichneten Art kann man dann die folgende Veränderlichkeit der Fruchtknotenbehaarung beobachten:

Kahl: WILSON, Veitch Exp. 1212a, 1407; Arn. Arb. Exp. 238b, 249, 400. TSIANG 9757.

So dicht drüsig, daß eine glänzende Lackdecke alles überzieht: WILSON, Veitch Exp., 900; Arn. Arb. Exp. 238, 411.

Mit kugeligen, fast sitzenden, zerstreuten Drüsen, selten spärliche Sternhaare eingemischt: WILSON, Arn. Arb. Exp. 240, 1025, 1807, 1808, 1811, 1816, 1817. LICENT 2117.

Ziemlich dicht sternhaarig + drüsig: WILSON, Arn. Arb. Exp. 1263, 1263a, 1809, 1818 (als *V. dasyanthum*). FORREST 21481. H.-M. 3028. LICENT 1237.

V. dasyanthum REHD. unterscheidet sich durch den sehr dicht bis filzigsternhaarigen Fruchtknoten und die behaarte Korolle. WILSON, Arn. Arb. Exp. 1822 (als *V. ovatifolium* REHD.) gehört hierher.

V. flavescens W. W. SM. in Not. Bot. Gard. Edinb., IX., 139 (1916). In dichten Gebüschen, Laub- und Mischwäldern der tp. bis an die wtp. St. auf Sandstein, Diabas, Schiefer und Granit, 2800—3350 m. NW-**Y.**: Im birm. Mons. in der Mekong—Salwin-Kette in dem vom Si-la nach Tseku herabführenden

Tale, 28⁰ (8883). **S.**: Muli (7347). Lungdschu-schan bei Huili (5160). Berg Dadjin zwischen Yenyüen und dem Yalung, 27⁰ 33′ (Schneider 4129).

Die Art ist gekennzeichnet durch behaarte Blätter und Fruchtknoten, aber kahle Korollen. 5160 ist teilweise schmalblätterig, wie das Exemplar Wilson, Arn. Arb. Exp. 1809 des *V. betulifolium*.

V. hupehense Rehd. Mischwälder, üppige Gebüsche, an Bachrändern in der tp. bis in die wtp. St., 2700—3150 m. **S.**: Kwapi, 27⁰ 63′ (2408) und Molien 28⁰ 10′ (2545?) n von Yenyüen. **Y.**: Im NW unter Ganhaidse bei Lidjiang (6611, det. Rehder). Im NE hinter Dungtschwan (Maire, distr. Bonati 6258 B) und Tienhsin (Maire).

Gekennzeichnet durch beiderseits stark behaarte Blätter, behaarte bis filzige Fruchtknoten und ± behaarte Korollen.

V. ichangense (Hemsl.) Rehd. **SW-H.**: Im wtp. Laubhochwalde des Yün-schan bei Wukang, Tonschiefer, 1200—1300 m (12111, det. Rehder). **W-Ki.**: Um Pinghsiang, c. 600 m (Plt. sin. 122).

Die Verschiedenheit von *V. erosum* Thunbg. ist fraglich, denn dieses hat den Fruchtknoten nie kahl, wie Rehder angibt, sondern dicht sternhaarig bis fast filzig, allerdings weniger als *ichangense*, und andere Unterschiede bestehen nicht.

V. Sargenti Koehne. **W-S.**: Wa-schan s von Yadschou (Weigold).

V. kansuënse Bat. Gebüsche und Wälder der tp. bis in die ktp. St., 3000 bis 3750 m. **S.**: Betiaoho n von Yenyüen. Ober Woloho zwischen Yenyüen und Yungning (Schneider 1569). N des Passes Tschescha und ober dem Lagerplatze Djatsüla bei Muli. **NW-Y.**: Ober Mudidjin (3180) und jenseits des nach Fongkou führenden Passes bei Yungning. Ober Ngulukö am Yülung-schan bei Lidjiang (6654). Berg Schusutsu bei Bödö und jenseits des Sattels Gitüdü bei Anangu se von Dschungdien.

Flos (adhuc indescriptus): Calyx brevissimus, lobis parvis triangularibus obtusis vel rotundato-quadratis vel indistinctis. Corolla 5—8 mm diametro; tubus late obconicus, lobis aequilongus usque subduplo longior; lobi orbiculares, basi constricti, saepe reflexi, margine papillosi. Stamina exserta, antheris globosis, ochraceis.

Triosteum L.

T. himalayanum Wall. in Roxb., Fl. Ind., II., 180 (1824). Britten in Journ. of Bot., XLVII., 43 (1909) (*T. hirsutum* Clarke, non Roxb.). Gebüsche und Matten der tp. und ktp. St., 2800—3930 m. **NW-Y.**: Moränenzirkus Saba am Yülung-schan bei Lidjiang (4331). Paß Gaogu n von hier am Wege nach Yungning. Sattel Gitüdü ober Anangu se und zwischen Tungapi und Tomulan s von Dschungdien. **S.**: Ober Piyi sw von Muli. Ober Hwangliangdse und bei Bakuwe nächst Kwapi (2499) n von Yenyüen. **W-Hubei** (Wilson, Veitch Exp. 2190, ad var. *chinense* Diels et Gräbn. in Bot. Jahrb., XXIX., 590 [1901] vergens).

T. pinnatifidum Maxim. **W-Hubei**: Fang, nasse Stellen (Wilson, Veitch Exp. 2180).

Dipelta Maxim.

D. yunnanensis Franch. Gebüsche der tp. und in Gräben bis in die wtp. St., vielleicht nicht auf Kalk, 2200—3400 m. **Y.**: Guti bei Beyendjing (Ten 292).

Ober den Tempeln des Dji-schan ne von Dali (6401). Unter dem Passe Sanschi-schao bei Hodjing. Im NW bei Lidjiang, v. E. (3710), ober Bödö und jenseits des Sattels Gitüdü bei Anangu se von Dschungdien und unter Schuba zwischen Yangtse und Mekong, 27⁰ 45′. S.: Ober Muli. Unter Yiwanschui halbwegs zwischen Yenyüen und Yungning (2930). Zwischen Oti und Lati und jenseits des Yalung bei Molien (2558. SCHNEIDER 4150) n von Yenyüen. Nordhang des Dadjin bei Dugungpu ne von Yenyüen (2158).

Entfernt gezähnelte Blätter kommen bei Nr. 6401 vor.

— —** var. *brachycalyx* HAND.-MZT. in Sitzgsanz. Ak. W. W., LXI., 201 (1924).

Calycis 5 mm longi lobi ovato-oblongi, acuti vel subobtusi, $1^1/_4$—$1^1/_2$ mm lati. Corolla (e sicco) pallida. Folia (forma variabilia ut typi) sicca pallidiora.

NW-Y.: Im birm. Mons. bei Tjionatong ober Tschamutong am Salwin, c. 2000 m, vor 1916 GENESTIER (9950). Jedenfalls am Mekong (MONBEIG ex hb. Kew: Mus. Wien).

In den Kelchzähnen verschieden von dem übrigen reichen Material der Art. Da das Vorkommen außerhalb des sonstigen Verbreitungsgebietes liegt, könnte es sich auch um eine eigene Art handeln, doch lassen sich Blüten und Blatt-farbe nach Herbarmaterial schwer beurteilen und liegen keine Früchte vor.

D. sp. (*floribunda* MAXIM.?). S-S.: Nantschwan (BOCK u. ROSTHORN 532, ster.: Hb. Univ. Graz).

Abelia R. BR.
(*Linnaea* L. sect. *Abelia* [R. BR.] A. BR. et VATKE)

A. Schumanni (GRÄBN.) REHD. in Plt. Wils., I., 12 (1911). S.: Offene Mischwälder, Gebüsche und Gehängeschutt der wtp. bis in die str. St., 1750 bis 2750 m. Um Djiuba-se zwischen Nganning-ho und Yalung, 27⁰ 43′ (2009). Ober Lumapu sw von hier gegen Yenyüen (2115). Kwapi n von hier, 27⁰ 53′ (2780).

A. parvifolia HEMSL., transiens in sequentem. Kw.: Kalkfelsen der wtp. St. w von Guiyang (Kweiyang), 1150 m (10477).

Drüsenhaare nur spärlich mit den Borsten, während an der Itschanger Pflanze (WILSON, Veitch Exp. 1740; Arn. Arb. Exp. 747) das umgekehrte Verhältnis.

A. myrtilloides REHD. in Plt. Wils., I., 120 (1911). Gebüsche der wtp. St., 1900—2600 m. S.: Bei Quellen am Lu-schan bei Ningyüen (1947). Y.: Tschangtschung-schan bei Yünnanfu (SCHOCH 339). Beyendjing, Wälder bei Guti (TEN 193). Wahrscheinlich diese auch ober Butji und im Becken Tjiao-tienschang bei Yünnanfu, ober Matouschan bei Magai, auf dem Schao-schan bei Hedjing am Dsolin-ho und ober Weischa e von Yungbei. Im NE an Felsen dürrer Hänge bei Dungtschwan und Djintschungschan (MAIRE).

Rippe bei SCHOCHs und TENs Pflanzen unterseits kahl, Blätter gekerbt, Blüten dicht, oft drüsig, pubeszent.

A. gracilenta W. W. SM. in Not. Bot. Gard. Edinb., IX., 76 (1916). NW-Y.: Bei Lidjiang, v. E. (3709). N von hier an trockenen Hängen der str. St. ober Tschwadse am Nordende der Yangtse-Schleife, Sandstein, 1900—2200 m (7628).

— — var. *microphylla* W. W. SM., l. c., 77. NW-Y.: Trockene Steppen-hänge der str. St. über dem Yangtse n von Lidjiang, 1750—2400 m, bei Dschou-tang (4345) und gegenüber Ndaku (4385) bis Sape (phot.).

A. buddleioides W. W. SM., l. c., 75 **var. *divergens*** W. W. SM., l. c., 76. NW-Y.: Im trockenen tp. Laubwalde unter dem Doker-la an der tibetischen Grenze, Granit, 3000 m (8061).

Zur Art gehört auch FORREST 20740 (als *A. triflora* R. BR. var.).

— —** **var. *stenantha*** HAND.-MZT. in Sitzgsanz. Ak. W. W., LX., 155 (1923).

Corolla 10—13 mm longa, ore tubi 2 mm tantum lata. Sepala sub anthesi interdum 3 mm, dein 7 mm longa, supra medium dilatata ideoque spathulato-linearia. Folia ovato-oblonga, ramulorum inferiora apice rotundata, cetera brevissime angustata.

NW-Y.: Zerstreut in Buschwäldern der str. St. zwischen Djitsung und Bölo am Yangtse nw von Lidjiang, 27° 34—44', Phyllit, 2075—2150 m, 4. VI. 1916 (8807).

— —** v a r. *i n t e r c e d e n s* HAND.-MZT.

Sepala sub anthesi 9—12 mm longa, eodem indumento brevi et sparso ac typus. Corolla 15 mm longa, ore c. 3 mm lata.

NW-Y.: Ostseite des Beima-schan zwischen Yangtse und Mekong, 28° 12', in offenen Gebüschen, 3050—3350 m, VI. 1917 (FORREST 13831, Typus). Gebüsche an steinigen, offenen Stellen in der Salwin—Djiu-djiang-Kette nw von Tschamutong im birm. Mons., VII. 1919 (FORREST 18991, 19112 als *A. triflora* var. *parvifolia* C. B. CL.).

A. buddleioides steht der himalaischen *A. triflora* BR. zunächst, die sich durch dichter und länger gewimperte Kelchzipfel von der Länge der Kronenröhre unterscheidet. Die hier beschriebene Varietät nähert sich dieser Art.

A. chinensis R. BR. SE-Ki.: An einem Graben am Fuße des Lienhwa-schan bei Ningdu (Plt. sin. 456). H.: Buschsteppen und Gebüsche der str. bis in die wtp. St., 50—900 m. Häufig um Tschangscha, BRAMMER (12828). Ebenso um Hsikwangschan bei Hsinhwa (12601). Spärlich unter Hwangdupu bei Höngdschou. Mehrfach zwischen Dungngan und Hsinning (11257). NE-Y.: Im mittelchin. Fl. zwischen Dschaodung und Laowatan am Wege von Yünnanfu nach Suifu (MELL).

A. biflora TURCZ. (*A. Zanderi* [GRÄBN.] REHD. in Plt. Wils., I., 121 [1911]. — *Linnaea brachystemon* DIELS in Not. Bot. Gard. Edinb., V., 178 [1912]). Y.: Wälder bei Guti nächst Beyendjing (TEN 252, 322). Steinige Fichtenwaldränder der tp. St. ober Ngulukö am Yülung-schan bei Lidjiang, Kalk, 2900 m (6640).

Die Pflanzen aus Mittel- und SW-China sind größtenteils lockerer als die nordchinesischen, doch gleicht FORREST 13945 vollkommen LICENT 3080, 3153 und 9510. Blätter ganzrandig bis eingeschnitten-gesägt (s. Plantae Davidianae I., t. 11. HAO in Fl. Ill. N. Chine, III., t. 35), bei LICENT 5235 an der gleichen Pflanze unterseits an den Nerven dicht behaart bis fast kahl. Bei WILSON, Veitch Exp. 922 p. p. kommen an derselben Pflanze ganz freie und am Grunde verwachsene Blütenstiele vor, Kelchzipfel kürzer als Kronenröhre bis gleichlang (FORREST 21203), nur dreimal so lang wie breit bei LICENT 3080, 3153, WILSON, Arn. Arb. Exp. 2021, TEN 322. Die Korollenlänge schwankt bei WILSON, Veitch Exp. 922 p. p. von 10—15 mm. Damit fallen alle Unterschiede zwischen *A. biflora* und *Zanderi*.

A. oncocarpa (GRÄBN.) REHD., l. c., 128, unterscheidet sich nur in den Blättern; ihre Fruchtform ist offenbar mehr zufällig und liegt auch vor aus der se Mandschurei (MAXIMOWICZ a. 1860) und vom Wege zum Trappistenkloster, also jedenfalls der Originalgegend von *A. biflora* (LICENT 3080).

A. Dielsii (GRÄBN.) REHD., l. c., sah ich nicht, doch scheint sie nach den angegebenen Merkmalen eine gute Art zu sein.

Lonicera L.

*** *L. Myrtillus* HOOK. f. et THOMS.** in Journ. Linn. Soc., Bot., II., 168 (1858). Gebüsche und Tannen- und Weidenbestände der tp. und ktp. St., 2700—4150 m. Y.: Tal unter Heniuschao bei Hodjing (8756). Im NW zwischen Mahaidse und dem Sattel Gaogu n von Lidjiang am Wege nach Yungning. Ober Schuba zwischen Yangtse und Mekong, 27° 45'. Im birm. Mons. unter dem Doker-la an der tibetischen Grenze (8119) und beiderseits des Passes Tschiangschel zwischen Salwin und Irrawadi, 27° 52' (9305). S.: Rücken ober Fumadi am Wolo-ho zwischen Yenyüen und Yungning (3042). Nordhang des Dadjin zwischen Yenyüen und dem Yalung, 27° 31', 11. V. 1914 (2156).

Fruchtknoten oft an demselben Stücke nur zur Hälfte und ganz verwachsen. Kelch und Cupula oft, manchmal auch Brakteen und Blattstiele drüsig berandet. Stamina tief inseriert. 2156 hat längere und schmälere Kelchzähne, als die anderen.

*** *L. tomentella* HOOK. f. et THOMS. var. *tsarongensis* W. W. SM.** in Not. Bot. Gard. Edinb., VIII., 168 (1921). NW-Y.: In der Hg. St. des birm. Mons. am Hange des Gomba-la ober Tschamutong in der Salwin—Irrawadi-Kette gegen den See Tsukue, c. 3900 m, Glimmerschiefer, 15.—17. VIII. 1916, v. E. (9885).

L. *syringantha* MAX. var. *minor* MAX. (*L. ericoides* PAX et HOFFM. in Rep. sp. nov., Beih. XII., 404 [1922], e typo). S.: Steinige Hänge der ktp. und Hg. St. auf Kalk, 4100—4375 m. Paß Tschescha s von Muli (7250) und Paß Santante ober Muli (phot.).

L. *trichopoda* FRANCH. Wälder, Dolinen, feuchte Tälchen der tp. bis in die wtp. St., vielleicht nicht auf Kalk, 2500—3350 m. Y.: Guti bei Beyendjing (TEN 299). Gipfelrücken des Dji-schan ne von Dali (6412). Ober Hsiangschuiho (6470) und unter dem Passe Dsuningkou s von Hodjing. Berg Hungguwo bei Hsinyingpan n von Yungbei, vielleicht aber eine der beiden folgenden. S.: Hänge des Dadjin zwischen Yenyüen und dem Yalung (2141. SCHNFIDER 4110). Sandaoschan, gegen Hungga, ober Kwapi (SCHNEIDER 4156) und Liuku und jenseits des Yalung ober Ngaitschekou n von Yenyüen, die Notizen ebenfalls vielleicht eine der folgenden oder *L. tangutica.*

Kelch gewimpert oder ganz spärlich behaart (6470) oder sehr kurz rauhharig (6412). Korolle oberwärts außen mit zerstreuten langen Haaren oder ganz kahl.

L. *stenosiphon* FRANCH. NW-Y.: Tp. Buschwald ober Duinaoko e von Lidjiang, Kalk, 2900—3100 m (3453).

Nur fruchtend, die junge Frucht behaart, daher nach den Merkmalen hierher zu stellen. Ausgewachsene Blätter bis $3^1/_2 \times 1^1/_2$ cm, unten stark glauk.

L. *inconspicua* BAT. S.: Gebüsche der wtp. St. am Schao-schan se von Ningyüen im Djientschang, Sandstein, 2200—2700 m (1341).

Blätter an Langtrieben bis 22 × 7 mm. Pedunculi kürzer als Blätter, Kelche gewimpert, aber sonst nicht behaart, Griffel länger herausragend, Unterschiede, die sicher nichts besagen.

L. litangensis Bat. S.: Zwerggesträuche der ktp. St. auf dem Liuku-liangdse, 27° 48′, zwischen Yenyüen und Kwapi, Kalk, 4000 m (2376).

Erinnert im Vorkommen und zur Blütezeit auch etwas im Aussehen an *L. cyanocarpa* Franch. Blüten schwefelgelb. Knospenschuppen oft ungewimpert.

L. tangutica Max. S.: An Bächen der tp. St., 3150-3300 m. Molien jenseits des Yalung n von Yenyüen (2544). Rücken ober Fumadi am Wolo-ho zwischen Yenyüen und Yungning (3025).

Korolle bei 2544 nur 7—8 mm, bei 3025 12 mm, bei Wilson, Veitch Exp. 2050a 15 mm lang. Brakteen bei 3025 bis $6^{1}/_{2}$ mm und mehr als doppelt so lang, als der Fruchtknoten samt Kelch, doch auch bei 2544 ihn überragend, wenn auch absolut viel kleiner. Junge Zweige hier dicht, aber klein behaart.

** *L. cylindriflora* Hand.-Mzt. in Sitzgsanz. Ak. W. W., LXII., 67 (1925). (Taf. XV, Abb. 7).

Subgen. *Chamaecerasus* L., sect. *Isoxylosteum* Rehd., subsect. *Purpurascentes* Rehd.

Frutex magnus, ramulis gracilibus, juvenilibus bifariam pilosulis, senioribus griseo-corticatis. Perulae persistentes, exteriores ovatae, 3—4 mm longae, acutissimae, carinatae, crustaceae, pallide brunneae, ramulorum elongatorum basi gemmam formantes et ramulos abbreviatos totos obtegentes, interiores obovatae, duplo et ultra maiores, subfoliaceae, ciliatae. Folia elliptico-lanceolata, 2—3,2 cm longa, obtusissima, basi paulo magis attenuata, inferiora breviora rotundata, herbacea, decidua, saturate subconcolori-viridia, utrinque sparse et dorso costae et marginibus dense et longiuscule albo ciliato-hirsuta; costa nervique utrinsecus 4—6 valde obliqui tenues supra paulum subtus magis prominuli; venularum rete laxiusculum subtus conspicuum; petiolus 2—3 mm longus, tenuis, supra late canaliculatus, pilosulus. Pedicelli 25—32 mm longi, gracillimi, rigiduli, arcuati, ciliati. Bracteae lineari-subulatae, 4—5 mm longae, patulae, arcuatae, serius reflexae, glabrae. Ovaria in baccam oblongo-ellipsoideam immaturam 6 mm longam, glabram, coeruleo-pruinatum tota connata. Calycis limbus brevissimus, carnosulus, margine hic illic submembranaceo undulatus, glaber. Corolla alba (e nota ad vivum), 12—15 mm longa, cylindrica, basi gibbere tubi basi aequilato aucta, 2 mm diametro, sursum paulisper dilatata, lobis erectis semiorbicularibus ± 2 mm longis, ore 4—5 mm diametiens, extus superne et intus ubique parce setoso-cilata. Antherae medio tubo sessiles, lineares, 4 mm longae. Stylus 17—20 mm longus, dimidio inferiore setosus.

NW-Y.: In tp. Regenmischwäldern des birm. Mons. zwischen Mekong und Salwin in dem vom Sil-a nach Tseku herabziehenden Tale, Granit und Schiefer, 3200—3500 m, 16. VI. 1916 (8916) und vielleicht auch diese unter dem Doker-la an der Grenze von Tibet, bis 3600 m (phot.).

Proxima *L. tanguticae* praesertim ovariis multo minus connatis diversae. Simillima etiam *L. longae* Rehd. foliis maioribus, corollis extus glabris, baccis multo minoribus ± dimidiis tantum connatis diversae. *L. szechuanica* Bat. differt inter alia foliis minoribus glabris, floribus minoribus, *L. trichopoda* calycis lobis multo maioribus.

? *L. flavipes* REHD. in Plt. Wils., I., 132 (1911). S-S.: Nantschwan (BOCK u. ROSTHORN 41, ster.).

L. saccata REHD. W-S.: Wa-schan s von Yadschou (WEIGOLD). Korolle außen behaart, so auch bei Arn. Arb. Exp. 1865 (f. *Wilsonii* REHD.).

L. chlamydata W. W. SM. in Not. Bot. Gard. Edinb., X., 45 (1917). HAND.-MZT. in Sitzgsanz. Ak. W. W., LXI., 202 (1924) (*L. chlamydophora* W. W. SM., l. c., VIII., 109 [1913], non K. KOCH 1851. — *L. Guëbriantiana* HAND.-MZT. in Sitzgsanz. Ak. W. W., LVII., 269 [1920]). Gebüsche der ktp. bis in die wtp. St., 2550—3800 m. NW-Y.: Yao-schan ober Ganhaidse bei Lidjiang (6730). S.: Alm Bädö ober Muli (7373). Paß Daörlbi halbwegs zwischen Yungning und Yenyüen (2970). Hwang-liangdse n von hier (?, phot.). Bächlein bei Laodschang am Lose-schan s von Ningyüen (1460, Typus der *L. Guebriantiana*).

Descriptio his notis amplificanda: Ramuli glabri. Folia etiam 15 × 25 et 12 × 42 cm, interdum apice late rotundata, faciei inferioris pili etiam albidi; petioli sparsissime brevistipitato-glandulosi. Pedunculi 10—20 mm longi. Bracteae apice saepe parce glanduloso-ciliolatae. Corollae viridulo-flavae vel albae vel flavae vel subcarneae tubus $2^1/_2$—5 mm latus; lobi c. 3 mm longi. Stamina glabra. Stylus glaber vel pilosus. Bacca 5—6 mm diametro, nigrocyanea nec rubra videtur.

L. pileata OLIV. Mischwälder und Buschwälder der wtp. bis an die tp. St. auf Sandstein. S.: Soso-liangdse im Lolo-Lande e von Ningyüen, 2600—2800m. (1680). Y.: Ober Djiunienping jenseits Fumin bei Yünnanfu, 2200—2450 m (6112). Lungdji bei Beyendjing (TEN 328). Im NE bei Lungdji im mittelchin. Fl., 700 m (MAIRE). SW-Kw.: Hwangtsaoba (CAVALERIE 4068).

— — f. **yunnanensis** (FRANCH.) REHD. in Ann. Rep. Miss. Bot. Gard., XIV., 76 (1903) (*L. ligustrina* var. *y.* FRANCH. in Journ. de Bot., X., 317 [1896]. — *L. nitida* WILS. in Gard. Chron., ser. 3., L., 102 [1911]. BEAN in Bot. Mag., CLVII., tab. 9352 [1934]). Mischwälder und Dolinen der wtp. bis in die tp. St., 2300 bis 2850 m. Y.: Umgebung von Yünnanfu (MAIRE ex Hb. Edinb. 1984). Beyendjing (TEN 154). Ober Baörlso zwischen Yungbei und Yungning. Im NW im birm. Mons. unter Lussu (9112) und sonst am Salwin, um 28°. S.: Naoliangdse (2834) und Kwapi (2733) n von Yenyüen.

Die Blattformen von typischer *L. pileata* und f. (wohl besser var.) *yunnanensis* finden sich in Nr. 1680, 6112, MAIRES Pflanze von Lungdji, auch WILSON, Arn. Arb. Exp. 1858 gemeinsam auf denselben Zweigen, und WILSON Arn. Arb. Exp. 877 hat dicke, glänzende, aber besonders schmale Blätter, so daß man *L. nitida* nicht als Art betrachten kann.

L. setifera FRANCH. Mischwälder, Gebüsche, Bachränder, tiefe Dolinen in der tp. bis in die wtp. St., 2250—3500 m. Y.: Ober Hsiangschuiho zwischen Dali und Lidjiang, 26° 15′ (6467). Im NW ober Anangu und an der Weststeite des Piepun se von Dschungdien und unter dem Doker-la an der tibetischen Grenze. S.: Überall um Muli bis gegen Yungning. Mehrfach zwischen Yungning und Yenyüen und bei Gwandien, Kalapa (2316), ober Liuku (2371) und überall um Kwapi, 27° 55′, n von Yenyüen.

L. cyanocarpa FRANCH. W. W. SMITH in Not. Bot. Gard. Edinb., X., 46. Moorige Stellen, Modermatten und Hochstaudenfluren der ktp. bis in die Hg. St., 3875—4250 m. NW-Y.: Westseite des Rückens zwischen Haba und Dugwantsun (6888) und am Bach an der Westseite des Piepun (4768) se von Dschungdien.

Im birm. Mons. unter dem Doker-la an der tibetischen Grenze (8072). S.:
Lagerplatz Guyi s von Muli am Wege nach Yungning.

L. hispida (Steph.) Pall. var. **hirsutior** Reg. S.: Rasen der Hg. St.
unter dem Gipfel Gonschiga sw von Muli gegen Dschungdien, Kalkschiefer,
4700—4730 m (7480).

** **L. viridiflava** Hand.-Mzt. in Sitzgsanz. Ak. W. W., LXI., 201 (1924).
(Taf. XV, Abb. 9).

Subgen. *Chamaecerasus* L., sect. *Isika* DC., subsect. *Bracteatae* Hook. f. et
Thoms.

Frutex totus (praeter ovaria, in foliorum faciebus superioribus et corollis
sparse tantum) pilis nitidis fulvescentibus hispido-hirsutus, ramulis crassiusculis
pallide brunneis. Gemmae 5 mm longae, glabrae, perulis coriaceis, ovatis, obtusis,
pallide brunneis. Folia elliptica, 1—2$^1/_2$ cm longa, longitudine 2—2$^1/_2$plo angustiora,
subacuta, basi late cuneata vel subrotundata, herbacea, atroviridia, subtus
caesia (serius glauca?), marginibus anguste revoluta; costa supra impressa;
nervi utrinsecus 3—5, obliqui, longe ante marginem conjuncti utrinque in sicco
prominui et fulvescentes; venae laxe reticulatae, conspicuae; petiolus 2 mm
longus, latiusculus, persistens. Pedunculi crassi, 1 cm longi, ex innovationum
hornotinorum nodis infimis singuli, bracteis 2 foliaceis, late ovatis, acuminatis,
12—15 mm longis et vix angustioribus, flores cingentibus. Ovaria libera, glaberrima,
coerulea; calycis limbus brevis, carnosus, quinquecrenatus. Corolla viridiflava
(e nota ad vivum), late campanulato-infundibularis, ad 20 mm longa, ventre
gibbere quam tubi basis fere duplo latiore aucta, tubo igitur basi 4$^1/_2$ mm lato,
intus imprimis ad filamenta decurrentia hirsuto, limbi ore 18 mm lati lobis erectis,
late ovatis, 5 mm longis transverse latioribus, inferne invicem se tegentibus.
Filamenta antheras lineari-oblongas 2$^1/_2$ mm longas lobis breviores aequantia,
hirta. Stylus tenuis, corollam aequans, dimidio inferiore hirtus, stigmate obtuse
conico. (Fructus ignotus).

NW-Y.: Gebüsche der ktp. St. des birm. Mons. an der Westseite des Passes
Pangblanglong zwischen Salwin und Irrawadi, 27⁰ 58′, Glimmerschiefer, 3500
bis 3800 m, 10. VII. 1916 (9518).

Species corolla latissima eiusque colore insignis, similis *L. cyanocarpae*
Franch., quae indumento quoque valde differt. Quo *L. hispidae* similis item
corolla angustiore flava vel lutea diversae.

Als ich die Abbildung der *L. hispida* var. *bracteata* (Royle) Rehd. ap. Airy-
Shaw in Bot. Mag., CLVII., tab. 9360 (1934) zu Gesicht bekam, mußte ich mich
fragen, ob meine Pflanze nicht doch zu dieser Art gehöre. Sie ist aber jedenfalls
am weitesten verschieden von dieser geographisch in ihrem Gebiete zu erwar-
tenden Varietät. *L. finitima* W. W. Sm. in Not. Bot. Gard. Edinb., X., 46 (1917)
weicht durch viel breitere, am Grund gerundete Blätter und an der Basis nur
2 mm breite Kronröhre ab.

L. adenophora Franch. Waldlichtungen und Bambusbestände der tp.
bis in die ktp. St., 3050—3750 m. Paß Dsuningkou ober Dienso zwischen Dali und
Lidjiang, 26⁰ 24′ (6559). Westseite des Gebirges Piepun se von Dschungdien
(phot.).

L. retusa Franch. Syn.: *L. Limprichtii* Pax et Hoffm. in Rep. sp. nov.,
Beih. XII., 494 (1922), e typo.

L. lanceolata WALL. Waldränder, Gebüsche und Bambusbestände der tp. und ktp. St., 2800—3950 m. NW-Y.: Ober der Wiese Ndwolo am Yülung-schan bei Lidjiang (6674). Im birm. Mons. am Schöndsu-la zwischen Mekong und Salwin, 28⁰ 4′ (8362). S.: Alm Bädö ober Muli (13103). Unter Yiwanschui am Daörlbi halbwegs zwischen Yungning und Yenyüen (2931).

Blätter in Behaarung veränderlich, meist oberseits zerstreut und unterseits nur am Mittelnerv behaart und beiderseits drüsig, 8362 aber nicht drüsig und auch unterseits zerstreut behaart, 2931 unterseits blaugrün und kahl, oberseits am Mittelnerv dicht langhaarig, die Lamina dicht drüsig.

L. Koehneana REHD. Mischwälder, Hecken, Bachränder, besonders in üppigen Gebüschen in der wtp. bis in die tp. St., 2400—3200 m. S.: Ober Sikwai gegen den Soso-liangdse im Daliang-schan e von Ningyüen (1739). Ober Kalapa (2297) und bei Kwapi (2413) n von Yenyüen. Hungga w von hier und jenseits Gaitiu w des Wolo-ho. S unter Muli. Y.: Hsiao-Ngaidung bei Beyendjing (TEN 316). Zwischen Hungngai und Dschaodschou s von Dali. Im NW bei Lidjiang, v. E. (8771). Haba se von Dschungdien. Dschadse gegenüber Fongkou und häufig bei Belo an der Mündung des Schou-tschu in den Yangtse n von Lidjiang. Im NE in der Ebene von Dungtschwan (MAIRE). Die Notizen vielleicht teilweise zu *L. Maackii*.

Nr. 2297 hat den Fruchtknoten nur drüsig, nicht behaart.

— —** var. *pogonanthera* HAND.-MZT.

Antherae dense et longe barbatae. Bracteolae ovariis subaequilongae, longe ciliatae, ceterum subglabrae.

S.: Im dichten wtp. Walde beim Schlosse Kwapi n von Yenyüen, 27⁰ 53′, Kalk, 2750 m, 22. V. 1914 (2483).

L. modesta REHD. in SARG., Tr. a. Shr., II., 49 (1907). Ki.: Kuling (CHUNG 4274, 4359).

Fructus (adhuc indescriptus) ruber.

L. Maackii RUPR. Y.: Wälder bei Tienhwangdschai nächst Beyendjing (TEN 317). Im NW häufig an Bächlein der wtp. St. in der Ebene von Lidjiang, 2450—2800 m (8760).

— — var. *podocarpa* FRANCH. Gebüsche der wtp. bis in die str. St. H.: Hsikwangschan bei Hsinhwa, 500—800 m (11826). Y.: Berge ober Daschao bei Yünnanfu, 2600 m (13073).

L. deflexicalyx BAT. var. *xerocalyx* (DIELS) REHD. in Journ. Arn. Arb., VII., 36 (1926) (*L. xerocalyx* DIELS in Not. Bot. Gard. Edinb., V., 177 [1912]). NW-Y.: Bei Lidjiang, v. E. (3706).

L. trichosantha BUR. et FRANCH. f. *glabrata* REHD., l. c., 35. NW-Y.: Grasige Waldlichtungen der ktp. St. des birm. Mons. unter dem Doker-la an der tibetischen Grenze, Granit, 3600 m (8039).

— —? f. *acutiuscula* REHD., l. c. NW-S.: Gebirge um Sungpan (WEI-GOLD). Blütenstiele etwas länger, bis 9 mm.

L. Henryi HEMSL. Mischwälder der wtp. St., 2400—2750 m. S.: Kwapi n von Yenyüen (2778). Y.: Im NW bei Lidjiang, v. E. (3707). Unter Hungschi-schao se von Dschungdien (6851). Jedenfalls am Mekong (MONBEIG). Im birm. Mons. bei Bahan am Salwin, 27⁰ 58′ (9033). Im NE an Buschhängen bei Dung-tschwan (MAIRE).

L. fuchsioides Hemsl., e typo. S.: Buschhänge der tp. St. unter Hungga am Westrande des Beckens von Yenyüen, Sandstein, 2900 m (2904). Y.: Wahr-scheinlich diese bei Lanyitji n von Yungbei epiphytisch, 2900 m, und einmal weiter n am Wege nach Yungning (Material zugrunde gegangen).

L. Pampaninii Lévl. in Rep. sp. nov., X., 155 (1911), det. Rehder e typo. Gebüsche der str. und wtp. St., 270—1200 m. Kw.: (Tsiang 5474). Tsching-dschen (10450). Verbreitet zwischen Gwanyinschan und Lungli. H.: Überall zwischen Baotjing und Wukang (11993). W-Ki.: Um Pinghsiang (Plt. sin. 188). Kwanghsi (Ching 5374).

Ad descriptionem autoris addenda: Ramuli juveniles ut petioli densissime et crispule flavido-tomentelli, annotini rubro-brunnei, glabri, vetusti grisei cortice desiliente. Folia anguste elliptica vel ovato-lanceolata, $2^{1}/_{2}$—8 cm longa, longitudine 2—4^{plo} angustiora. Flores singuli vel bini in axillis foliorum superiorum, albi serius flavi (e notis ad vivum) vel roso-suffusi vel purpurei (e Tsiang). Bracteae ovatae vel lanceolatae, 5—12 mm longae, longitudine 2—5^{plo} angustiores, interdum deciduae; bracteolae suborbiculares, hirsuto-ciliatae. Corolla extus setulis retrorsis et pilis glanduliferis dense vestita, intus praesertim ad insertionem staminum barbata; tubus superne sensim ampliatus; limbus eo paulo brevior, bilabiatus, labio superiore late obovato, erecto vel subreflexo, ad $^{1}/_{4}$ c. quadrilobo lobis ovatis subrotundatis interne auriculatis; inferius reflexum vel leviter revolutum, lineare, apice rotundatum. Stylus glaber (nec, ut autor dicit, basi barbatus).

Proxima L. acuminatae Wall., quae imprimis differt indumento, pedunculis evolutis, stylis pilosis.

**** L. nubium** Hand.-Mzt.

Syn. L. Giraldii Rehd. f. nubium Hand.-Mzt. in Sitzgsanz. Ak. W. W., LXI., 201 (1924).

Subgen. Chamaecerasus L., sect. Nintooa DC., subsect. Breviflorae Rhed.

Frutex partim scandens (e nota ad vivum), ramulis tenuibus densiuscule et longe patenter fulvo-setosis et glandulis tenuibus stipitatis brevioribus obsitis, serius glabrescentibus, castaneis, vetustis griseis cortice desiliente. Folia ovato-elliptica, 4—11 cm longa, longitudine 2—3^{plo} angustiora, breviter et tenuiter acuminata, basi rotundata vel cordatula, costa supra dense setulosa, subtus cum nervis setosa, margine dense et saltem biseriatim fulvo setoso-ciliata, ceterum praeter setas rarissimas glaberrima, nonnulla persistentia coriacea, sicca supra levia nitida, subtus fulvescentia; petioli 4—6 mm longi, ut ramuli setosi. Paniculae terminales longipedunculatae, (absque floribus) ad 4 cm longae et 2 cm latae, ramulis inferioribus glomerato ad 9floris; bracteae lanceolatae, ut bracteolae et dentes calycini fulvo setoso-ciliatae, ovariis aequilongae vel ses-quilongiores; bracteolae distinctae, suborbiculares, ovariis duplo breviores. Caly-cis dentes anguste ovato-triangulares, c. 1 mm longi. Ovarium glabrum, c. 2 mm longum. Corolla alba (e nota ad vivum), c. 18 mm longa, bilabiata, extus setis patentibus vel $\pm$ retrorsis hirsuta, tubo tenui, limbo eo subaequilongo, intus dense pilosula; labium inferius recurvatum, oblongo-ellipticum, apice rotundatum, superius erectum, breviter quadrilobum, lobis rotundatis, lateralibus margine interiore basi auriculatis vel semisagittatis. Stamina limbo aequilonga, filamentis basi tantum hirsutis. Stylus infra medium hirsutus.

SW-H.: Gebüsche der wtp. St. auf dem Yün-schan bei Wukang, Tonschiefer, 850—1300 m, 8. VIII. 1917, 12. VII. 1918 (11183, Typus). N-Kwanghsi: N-Lüdschen, Dschufeng-schan sw von Schanfang, 1220 m, 9. VI. 1928 (CHING 5851).

Proxima *L. Giraldii* REHD. foliis angustioribus e basi latiore angustatis, indumento toto multo densiore, sed tenuiore, in corolla styloque patulo, calycis dentibus longioribus differt. *L. acuminata* WALL. eadem forma foliorum praedita ramulis multo densius nec glanduloso-pilosis et foliis utrinque ubique sparse pilosis distat.

In der Erhebung dieser Pflanze zur Art, die auf dem neuen Funde in Kwanghsi und Vergleich mit nachträglich erhaltener typischer *L. Giraldii* beruht, stimmt mir REHDER bei. Das Verhältnis der *L. fulva* MERR. in Lingn. Sci. Journ., XIII., 51 (1934), die nach der angegebenen Knospengröße auch in diese Gruppe gehören muß, zu ihr ist wohl noch zu untersuchen.

L. similis HEMSL. var. **Delavayi** (FRANCH.) REHD. in Plt. Wils., I., 142 (1911) (*L. Delavayi* FRANCH.). Mischwälder, üppige Laubwälder und Gebüsche der wtp. St. **Y.**: 1900—2100 m. Unter der Taihwa-se bei Yünnanfu (SCHOCH 341). Zwischen Dschennan und Schadschou am Wege von Yünnanfu nach Dali (8675). Im E ober Tschapoling bei Sidsung (10131). **Kw.**: Viel um Nganping und Tsching-dschen, 1200—1400 m.

**** L. rhytidophylla** HAND.-MZT. (Taf. XV, Abb. 8).

Sect. praecedentium, subsect. *Longiflorae* REHD.

Frutex prob. scandens, ramulis juvenilibus ut petiolis paniculisque dense et fulvo hirto-tomentellis, vetustioribus cortice longitudinaliter rimoso, medulla lata. Folia late elliptica usque ovato-oblonga, 3—9 cm longa, longitudine paulo usque triplo angustiora, subrotundata vel obtusa cum mucronulo crasso, basi rotundata vel late cuneata, raro subtruncata, persistentia, coriacea, margine revoluta, supra in sicco olivacea annotina atra, primum praesertim nervis sparse pilosula, sublucida, nervis venularumque reti denso valde insculptis alutacea, subtus cinereo- et in nervis venisque valde prominuis magis fulvo-tomentosa; nervi secundarii 3—6 (plerumque 4)^{ni} valde obliqui antice tantum anastomosantes; petioli crassi, laminis 5—9^{plo} breviores. Inflorescentia terminalis sessilis corymbosa, laxiuscule multiflora, absque floribus c. 5 cm lata, saepe cum axillaribus minoribus in pedunculis 1—3$^1/_2$ cm longis plerumque foliis diminutis bracteatis in paniculam composita; bracteae anguste lanceolatae vel filiformes, 3—8 mm longae, ut bracteolae et dentes calycini praeter tomentum ciliatae; bracteolae liberae, anguste ovatae, $\pm$ acutae, concavae, ovario ovoideo c. 2 mm longo glabro, cyaneo-pruinoso subaequilongae. Calycis dentes oblongi, 1 — ad 2 mm longi, acuti. Corolla lutea (e nota collectoris), 3—3$^1/_2$cm longa, extus pilis retrorsis tenuibus dense induta; tubus rectus tenuis, vix ampliatus, c. 2 cm longus, intus albido-pilosulus; limbus bilabiatus, intus inferne sparse albido-longipilosus; labium superius erectum, lobis 4, exterioribus ad medium vel tertium inferum incisis, interioribus iis c. duplo brevioribus, omnibus ovato-lanceolatis rotundatis; inferius reflexum lanceolatum, rotundatum. Stamina tubi ore inserta, limbo paulo longiora, filamentis gracilibus, glabris vel inferne sparse albo-ciliatis, antheris 2—3 mm longis. Stylus glaber, stigmate discoideo, crasso. (Fructus deest).

SE-Ki.: Fuß des Lienhwa-schan bei Ningdu, Quarzit, VII.—VIII. 1921 Wang-Te-Hui (Plt. sin. 461).

Species foliis valde rugosis inter affines insignis. Quae sunt *L. confusa* DC. etiam ovariis pilosis, *L. affinis* Hook. et Arn. foliis glandulosis, indumento sparsiore, *L. similis* Hemsl. ramulis petiolisque sparse et longe hirsutis et corollis maioribus diversae.

** *L. macranthoides* Hand.-Mzt.

Subsect. praecedentis.

Frutex scandens, ramulis apice ut inflorescentiae sordide crispulo-velutinis, mox glaberrimis castaneis lucidis, serius spadiceis decorticantibus, medulla angusta. Folia ovata vel late lanceolata, 7—13 cm longa, longitudine plerumque triplo, rarius duplo angustiora, acuta vel acuminata, basi rotundata et anguste truncata vel levissime cordata, margine angustissime revoluta, pergamena (num hiemantia?) dense et minute pellucido-punctata, sicca supra atroviridi-olivacea, glabra, minute granulata, venularum reti denso leviter impresso, subtus brevissime et dense glauco-tomentella et glandulis sessilibus aurantiacis conspersa; nervi laterales 4—9^{ni} obliqui, proxime margini anastomosantes, subtus cum reti venularum denso prominui; petioli 6—10 mm longi, tomentelli, supra sulcati. Panicula densa, parte terminali sessili, partibus axillaribus in pedunculis usque ad $2^1/_2$ cm longis additis; bracteae lanceolatae, 2—3 mm longae; pedicelli 1—3 mm longi; bracteolae ovato-rotundatae, ovario subduplo breviores. Ovarium glabrum, castaneum vel atro-coeruleum; calycis lobi anguste triangulares, $^1/_2$—1 mm longi, ciliolati et velutini. Corolla flava (e nota ad vivum), 4—$4^1/_2$ cm longa, bilabiata, extus pilis retrorsis brevissimis vestita et aurantiaco-glandulosa, antice glabrescens; tubus tenuis, intus dense pilosulus; limbus eo subaequilongus; labium superius leviter recurvum, lobis 4, lateralibus ad dimidium penetrantibus, mediis iis c. duplo brevioribus, omnibus ovatis, rotundatis, basi praeter margines externos auriculatis; labium inferius anguste lanceolatum, rotundatum, revolutum. Stamina ore tubi inserta, glabra, exserta. Stylus glaber, stigmate discoideo vel subgloboso, c. $1^1/_2$ mm crasso. (Fructus ignotus).

SW-H.: Wtp. Wälder des Yün-schan bei Wukang, Tonschiefer, 600—1300 m, 19. VI.—20. VII. 1918 (12180, Typus). Kw. (Steward, Chiao et Cheo 461, Tsiang 5928, 5939, 7641, e Rehder in litt.).

Species quodammodo inter *L. affinem* et *L. similem* var. *Delavayi* posita Illa foliis latis eorumque tomento nullo, haec inflorescentia glabra laxiore foliorumque nervis subtus non reticulatis imprimis differt. *L. macrantha* DC. etiam similis imprimis indumento longo et patulo distat.

Nach Rehder steht Fang 792 aus S-Setschwan zwischen meiner Pflanze und *L. similis* var. *Delavayi*, unterscheidet sich von jener durch abstehende Behaarung der sonst kahlen Zweige, abstehend behaarte Korolle und nicht netzaderige Blätter, von dieser durch gedrängten Blütenstand; eine Neigung zu kopfigem Blütenstande zeigt auch Tsiang 5251.

L. affinis Hook. et Arn. SW-H.: Yün-schan bei Wukang, zwischen 400 und 1420 m, Tonschiefer (Plt. sin. 45).

— — var. *pubescens* Max. (var. *hypoglauca* (Miq.) Rehd. in Ann. Rep. Miss. Bot. Gard., 14., 158 [1903]. W-Ki.: Um Pinghsiang, c. 600 m (Plt. sin. 177). SW-Kw.: Dürre Gebüsche der str. St. unter Tingdaoyin in der Schlucht des Hwatjiao-ho zwischen Dschenning und Hwangtsaoba, 1100 m, Kalk (10370?).

Die letzte Nr. hat keine Korollen, die Infloreszenzen und Blütenpaare teils sitzend, teils auffallend kurz gestielt.

L. japonica THUNBG. In der str. und wtp. St. **W-Ki.**: Um Pinghsiang (Plt. sin. 156). **H.**: 50—800 m. Grasige Hänge gegen Schaotangho bei Tschangscha (11704). Häufig in Gebüschen um Hsikwangschan bei Hsinhwa (11945). Im SW am Yün-schan bei Wukang (Plt. sin. 97). **S.**: Steppenhänge bei Ningyüen im Djientschang, 1600 m (1275).

L. yunnanensis FRANCH. Mischwälder der wtp. St., 2500—2800 m. **Y.**: Sattel ober Yungbei gegen Lanyitji. Im NW bei Bödö se von Dschungdien. Im NE bei Tschoudjiawan (MAIRE). **S.**: Kwapi n von Yenyüen, 27⁰ 53′ (2777).

MAIRES Pflanze hat elliptische oder eiförmige Blätter von 3—6$^1/_2$ cm Länge und halb so breit.

Diervilla ADANS.
(*Weigela* THUNBG.)

D. florida (BGE.) SIEBD. et ZUCC. **W-S.**: Wa-schan s von Yadschou (WEIGOLD).

D. japonica (THBG.) DC. (*D. floribunda* SIEBD. et ZUCC.) **var. *sinica*** REHD. in Mitt. Deutsch. Dendr. Ges., XXII., 264 (1913). **H.**: Waldschluchten der wtp. St. auf Sandstein und Tonschiefer, 700—1200 m. Ngandjiapu bei Hsikwangschan im Bezirke Hsinhwa (11794). Ober dem Tempel Gwanyin-go am Yün-schan bei Wukang (11200).

Als Art, wie BAILEY in Gent. Herb., II., 49 (1929) für möglich hält, kann man die Varietät nicht betrachten. REHDER kennzeichnet in Journ. Arn. Arb., VIII., 199 (1927) eine Übergangsform zum Typus, der mir aus China vom Hwangschan in Nganhui (CHIEN 1901) vorliegt. Wenn man mit BAILEY, l. c., II., 39, 48 *Weigela* von *Diervilla* trennt, muß man auch die Gattungen *Abelia* und *Lonicera* aufteilen.

Leycesteria WALL.

L. formosa WALL. **var. *stenosepala*** REHD. in Plt. Wils., I., 312 (1912). Gebüsche und Mischwälder der wtp. und str. St., 1300—2600 m. **Y.**: Beyendjing (TEN 242; ex hb. Berol. 281). Guti hier (TEN 254). Im NW im birm. Mons. bei Bahan unter Tschamutong am Salwin (9002). **S.**: Im Djientschang am s Zuflusse gegen Huili (1060), ober Gaoyao bei Ningyüen (1324) und um Djiuba-se gegen den Yalung (2007).

— — ** var. *liogyne* HAND.-MZT.

Ovarium glaberrimum, quinqueloculare. Calycis lobi ut in var. praecedente; indumentum ut in var. sequente. Corolla 17—20 mm longa, ore 12—15 mm lata.

S.: Gebüsche der tp. St. ober Fumadi am Wolo-ho zwischen Yenyüen und Yungning, 300—3200 m, 15. VI. 1914 (3046).

Die anderen Arten mit kahlen Fruchtknoten haben ihn 8fächerig.

— — var. *glandulosissima* AIRY-SHAW in Kew Bull., 1932, 169. **Y.**: In der wtp. St., 2200—2450 m. Sandige Plätze der Berge nw von Yünnanfu (SCHOCH 43). Buschwälder des Tales ober Djiunienping jenseits Fumin, Sandstein (6121).

Die Art ohne Unterscheidung von Varietäten besonders in Hecken und Gebüschen an Bächen verbreitet in **Y.**: Ober Hsiaoschidschou e des Dsolin-ho, gegen Tschientschanggwan bei Dayao, ober Yungbei und unter Baodu am Wege nach Yungning, im NW in der Ebene von Lidjiang, unter Losiwan am Wege nach Dschungdien, ober Sidiandung zwischen Yangtse und Mekong, 27⁰ 25′, bei Hsiao-Weihsi an diesem und im birm. Mons. am Westhange des Schöndsu-la zwischen Mekong und Salwin, 28⁰ 4′. **S.**: Ober Muli und ober Sili hier. Ober Djinschuiho bei Huili.

** *L. stipulata* (HOOK. f. et THOMS.) FRITSCH in ENGL. et PRTL., Nat. Pflzfam., IV/4, 169 (1891) (*Lonicera s.* HOOK. f. et THOMS. in Journ. Linn. Soc., Bot., II., 165 [1858]. — *Pentapyxis s.* HOOK. f., Fl. Brit. Ind., III., 17 [1880]). NW-Y.: In der *Pteridium*-Wiese der wtp. St. des birm. Mons. bei Schutsche am Taron (Djiou-djiang, e Irrawadi-Oberlaufe), 27⁰ 54′, Granit, 1950 m, 7. VII. 1916 (9426).

Valerianaceae

Valeriana L.

V. Jatamansi JONES in As. Res., II., 405, 416 (1790). HAND.-MZT. in Act. Hort. Gothobg., IX., 171 (*V. Wallichii* DC.). Mischwälder, Gebüsche, Bachränder, Sumpfstellen, auch in Steppen und zwischen Felsen in der wtp. bis an die tp. St., 1300—2700 m. **Y.**: Yünnanfu (387). Hier am Hsi-schan (SCHOCH 92), bei Schilungba (SCHNEIDER 129), am Bach gegen Fumin (SCHOCH 63), auf dem Rücken e Sugö. Ob diese zwischen Yüenmou und Yanggai nw von dort? Lungdji (TEN 356), Tschetschouhsiang (T. 90) und Dutschu-miao bei Tieso (T. 77) nächst Beyendjing. Mile-tsun bei Yungbei (T. 230). Hodjing und Djiu-ho (ROCK 4028). Im S bei Möngdse (HENRY 10119A, 10262). Hier auf dem Sattel gegen Schuidien (6051). Semao (HENRY 12829). Im birm. Mons. im W bei Tengyüe (FORREST 7626, 9734 p. p., 7826). Im Salwin-Tale, 24⁰40′ (F. 5009). Im NW ober Bahan bei Tschamutong (9049). Im NE, 400—2800 m, bei Dungtschwan, Motsu, Lagu, Datschai und Tjiaodjia (MAIRE 317; ex hb. Edinb. 1465, 1555, 2116, 2120, 597/1914 646/1914; distr. BONATI 3093B, 3116B). **S.**: Dötschang (SCHNEIDER 776) und mehrfach im Djientschang. Lu-schan (1936) und Wudadjing bei Ningyüen. Sikwai im Lolo-Lande (SCHNEIDER 3995). Im W auf dem Wa-schan s von Yadschou (WEIGOLD).

— — var. *hygrobia* (BRIQ.) HAND.-MZT., l. c., 172 (1934) (*V. hygrobia* BRIQ. in Ann. Cons. Bot. Gen., XVII., 329 [1914]). **S.**: Feuchte Stellen der str. St. bei Dötschang im Djientschang, Sandstein, 1450 m (1161).

— — ** var. *frondosa* HAND.-MZT., l. c., 171. NW-Y.: Im str. Laubwalde des birm. Mons. zwischen Tjiontson und Pipiti unter Tschamutong am Salwin, Tonschiefer, 1700 m (9838).

** *V. tripteroides* HAND.-MZT. in Act. Hort. Gothob., IX., 173 (1934). SW-II.: Yün-schan bei Wukang, Tonschiefer, zwischen 400 und 1420 m, IV. 1919 WANG-TE-HUI (Plt. sin. 89).

V. Hardwickii WALL. HAND.-MZT., l. c., 174. Mischwälder, feuchte Wiesen, üppige Waldwiesen, auch an steinigen Stellen, in der wtp. bis in die ktp. St., 2000—3600 m. **Y.**: Haiyen-se bei Yünnanfu (SCHOCH 247). Häufig zwischen Alaodjing und Dsaodjidjing e des Dsolin-ho (4909). Beyendjing (TEN 114; ex

hb. Berol. 250, 326). Guti (T. 1308) und Lung-schan (T. 1437) hier. Dali
(SCHNEIDER 2529). Tengyüe mehrfach. Zwischen Dsutoupo und Gwamaoschan
am Wege von Yungbei nach Yungning (3309). Im NW bei Lidjiang, v. E. (3833.
SCHNEIDER 1954, 2091, 3400). Hier auf den Voralpenwiesen Ndwolo (4249).
Atendse (WARD 668): Lutien zwischen Yangtse und Weihsi (FORREST 20696).
Mekong—Salwin-Kette um 28°12′ (F. 14597). Im S bei Möngdse (HENRY 10032A).
Im NE bei Dungtschwan, Dahai, Jematschwan und Lupu (MAIRE). S.: Wald-
wiese Gumadi ober Muli. Unter Niutschang se von Yenyüen und mehrfach gegen
Huili. Nummern anderer Sammler s. in Act. Hort. Gothob., l. c.

V. tianschanica KREY. HAND.-MZT., l. c., 170, 175. H.: Gebüsche an der Grenze
der wtp. St. bei Hsikwangschan nächst Hsinhwa, 600 m (11823). Im SW am Yün-
schan bei Wukang, zw. 400 u. 1420 m (Plt. sin. 107). NW-S.: Um Sungpan (WEIGOLD).

V. barbulata DIELS in Not. Bot. Gard. Edinb., V., 295 (1912). HAND.-
MZT. in Act Hort. Gothob., IX., 177. NW-Y.: Bei Lidjiang, v. E. (3834). Hier an
feuchten Stellen von Föhrenwäldern, 3500 m (SCHNEIDER 2999). In der Hg. St.
des birm. Mons. zwischen Mekong und Salwin, 4050—4575 m. Maya, 28° 4′
(9655). Häufig um den See und Paß Yigöru nw von hier. Gegend des Doker-la
(FORREST 14309. WARD 819).

— — ** var. *gymnostoma* HAND.-MZT., l. c., 177 (1934). NW-Y.: Üppige
Wiesen und kräuterreiche Hänge der tp. St. an der Westseite des Gebirges Piepun
se von Dschungdien, Kalk, 3500—3600 m, 12. VIII. 1914 (4789).

** *V. trichostoma* HAND.-MZT. in Sitzgsanz. Ak. W. W., LX., 117 (1923);
in Act. Hort. Gothob., IX., 178. (Taf. XV, Abb. 10). SW-S.: Im tiefen Gehängeschutt (Kalk) der Hg. St. unter dem Sattel Santante am Saganai ober Muli, 4300
bis 4375 m, 30. VII. 1915 (7332).

** *V. daphniflora* HAND.-MZT. in Act. Hort. Gothob., IX., 179 (1934).
(Taf. XV, Abb. 11). Y.: Beyendjing (TEN 1243). S.: Erosionsgräbenränder der
wtp. St. neben der Stadt Yenyüen, Kalk, 2600 m (5439) und in der tp. St. auf
dem Rücken gegenüber Tangetu n von hier, 3000 m.

V. stenoptera DIELS in Not. Bot. Gard. Edinb., V., 295 (1912). NW-Y.:
Osthang des Yülung-schan bei Lidjiang (FORREST 6213, 20587. ROCK 5352, 5660).
Hänge der großen Schlucht hier, 3400 m (SCHNEIDER 2123). Östliche Hügel bei
Lidjiang, 3100 m (SCHN. 3469). Dung-schan hier (ROCK 10542). Beima-schan
zwischen Yangtse und Mekong (FORREST 14399). Atendse (WARD 1080). S.:
Muli (FORREST 22144. WARD 4632).

— — ** var. *cardaminea* HAND.-MZT. in Act. Hort. Gothob., IX., 180 (1934).
(Taf. XV, Abb. 12). NW-Y.: In tp. Föhrenwäldern zwischen Hwadjiaoping
und Dahota e von Dschungdien, Sandstein, 3000—3100 m, 14. VIII. 1915 (7648).

** *V. lancifolia* HAND.-MZT., l. c., 181 (1934). S.: Steinige Stellen der Hg.
St. auf dem Berge Saganai ober Muli, Kalk, 4100—4300 m, 30. VII. 1915 (7303).

Patrinia JUSS.

** *P. speciosa* HAND.-MZT. in Sitzgsanz. Ak. W. W., LXI., 21 (1924).
Sect. *Palaeopatrinia* HOECK.
Rhizoma longum, tenue, radicibus paucis, collo vaginis marcidis fuscis
paulum incrassatum, folia erecta numerosa et scapum singulum pumilum, vali-

dum, 6—13 cm longum, multisulcatulum, praeter bracteas foliaceas nudum, erectum, tenuiter sed longiuscule albo-pilosum edens. Folia et, cum basi caulis approximatae, bracteae ambitu elliptica vel lanceolata, 3—7 cm longa, inferne ad rhachin alatam, superne minus profunde 3—5pari pinnatipartita, segmentis porrectopatulis, ovatis vel oblongis, acutis, inciso-paucidentatis, posticis minutis, terminali maximo, glabra vel supra parcipilosa, crassiusula, subtus paulo pallidiora; costa lata et nervi pauci areolas elongatas secus illam formantes extus ramosi in dentes et sinus excurrentes subtus prominuli; petiolus 1—2 cm longus, latus, deorsum sensim vaginato-dilatatus. Rami corymbi subplani densissimi 1—4pares, erectopatuli, infimi interdum sub tertio infimo caulis orti et ad $7^1/_2$ cm simplices, validi, summi 3 mm longi, bracteis superne decrescentibus simplicibus. Flores sessiles. Bracteolae obovatae, a fructu valde juvenili liberae eoque multo longiores. Ovarium ad 2 mm longum; calycis limbus annulatus, obsolete lobatus. Corolla lutea, campanulata, 5—6 mm longa, fere ad $^1/_2$ in lobos rotundatos, $2^1/_2$ — fere 3 mm latos, suberectos fissa, tubo intus piloso. Stamina 4, filamentis fundo insertis, 2 inferne barbatis, 2 glabris, corolla 2 mm longiora; antherae oblongae, ultra 1 mm longae, pallidae. Stylus iis paulo brevior, tenuis, glaber. (Fructus ignotus).

NW-Y.: Im Rasen der Hg. St. des birm. Mons. w des Passes Tsukue hinter dem Gomba-la in der Salwin—Irrawadi-Kette ober Tschamutong, Glimmerschiefer, c. 4050 m, 15.—17. VIII. 1916, v. E. (9899, Typus). In derselben Gegend Felsen, Schutt und offene, steinige Matten, VII. 1919 (Forrest 18887); alpines Moorland, IX. 1921 (F. 20254).

Floribus in genere maximis valde insignis, *P. sibiricae* Juss. tantum similis rhizomate crasso multicipite, foliis aliis subintegris aliis in lobos lineares pinnatis, indumento caulis villoso, calycis lobis ovatis, corollis angustioribus diversae.

P. heterophylla Bge. W-S.: Min-Tal von Tietschi bis Maodschou (Weigold).

P. scabiosifolia Fisch. Ki.: Gipfelwiesen des Hangaodsu zwischen Ningdu und Tjingan („Ki-an"), über 1000 m (Plt. sin. 488). Y.: Hecken, Bambusbestände und Steppen der str. und wtp. St., 1600—2950 m. Im E auf dem Hügel bei Djindjischan nächst Loping (10159). Im S ober Schuidien zwischen Möngdse und Manhao (6055? mangelhaft). Im NW unter Dschunggo zwischen Dschungdien und Djitsung am Yangtse (7793).

— — ** var. *hispida* (Bge.) Franch. in Nouv. Arch. Mus. Par., 2. sér., V., 38 (1883). Buschsteppen und offene Föhrenwälder der str. und wtp. St. H.: 50—900 m. Tschangscha. Häufig um Hsikwangschan bei Hsinhwa (12605). Kw.: Pingyi, 2000 m (Schoch 33). NE-Y.: Berge bei Dungtschwan, 2600 m (Maire).

P. villosa (Thunbg.) Juss. (*P. sinensis* [Lévl.] Koidz. in Bot. Mag. Tok., XLIII., 390 [1929]). H.: Buschsteppen und -wiesen der str. und wtp. St., 50 bis 1400 m. Tschangscha. Häufig um Hsikwangschan (12604) und Lengschuidjiang bei Hsinhwa. Im SW auf dem Rücken des Yün-schan bei Wukang (11117).

Da in Japan auch einfache und in China dreizählige Blätter vorkommen, kann jene Form höchstens als Varietät (var. *sinensis* Lévl. in Rep. sp. nov.,

X., 439 [1912]) betrachtet werden. *P. ovata* BGE., die nach der Zuweisung durch HEMSLEY dieser Form entsprechen würde, scheint mir nach Abbildung und Vorkommen eher die weniger geteilte Form von *P. heterophylla* BGE. zu sein, zu der jedenfalls auch DAVIDS gelbblütige Pflanze von Kiukiang gehört, während *P. villosa* weiß blüht.

P. monandra C. B. CLKE. **Y.**: In der str. und wtp. St., 1850—2700 m. Beyendjing, in Wäldern (TEN 205). Im NE im Tale von Maliwan (MAIRE). Im NW am Mekong im Gerölle eines Baches bei Ngaiwa, 27° 30′ (7941) und viel zwischen Serä und Guta ober Tseku. Im birm. Mons. bei Lupe gegenüber Bahan am Salwin.

— — var. *sinensis* BAT. Gebüsche und an Bächen der str. bis in die wtp. St., 1650—2300 m. **NW-Y.**: Zwischen Losiwan und Ladsagu zwischen Lidjiang und Dschungdien (4812). **S.**: Zwischen Dsaluping und Gwanyinngai am Zuflusse des Yalung gegen Yenyüen, 27° 19′ (5362). **Kw.**: Yidsegung (SCHOCH 40).

Auch 4 Staubgefäße sind häufig.

Nardostachys DC.

N. Jatamansi DC. **S.**: Moorige Wiesen der tp. St. auf dem Dsiliba im Daliang-schan e von Ningyüen, Sandstein, 3275 m (1754).

N. grandiflora DC. Matten und offene Föhrenwälder der tp. bis in die Hg. St., 2900—4350 m. **NW-Y.**: Um Ngulukö bei Lidjiang (3499). Zwischen Yüno und Haba und ober Bödö se von Dschungdien. S von Yungning. **S.**: Paß Döko sw von Muli. Die Notizen vielleicht teilweise zur vorigen.

Triplostegia WALL.

T. glandulifera WALL. (*Hoeckia Aschersoniana* ENGL. et GRÄBN., e typo). **NW-Y.**: Üppige Wiesen und kräuterreiche Hänge der tp. St. an der Westseite des Gebirges Piepun se von Dschungdien, Kalk, 3500—3600 m (4776). Vielleicht einige der folgenden Notizen hierher.

T. grandiflora GAGNEP. (*T. Delavayi* FRANCH. ap. DIELS in Not. Bot. Gard. Edinb., V., 209 [1912]. — *Hoeckia* sp. Engl. et Gräbn. in Bot. Jahrb., XXIX., 598 [1900]). Mischwälder, Föhrenwälder und Gebüsche der wtp. und tp. (bis in die ktp.?) St., 2200—3100 (— 3800?) m. Tempel Haiyen-se bei Yünnanfu (SCHOCH 305). Zwischen Dsaodjidjing und Hwadung e des Dsolin-ho. Beyendjing (TEN 106). Guti (T. 1281). Im NW bei Lidjiang, v. E. (3778). Hier an den Hügeln der Ostseite (SCHNEIDER 3464). Um Yungning. Zwischen Sape und Haba (4407) und viel bei Hwadjiaoping e von Dschungdien. Im birm. Mons. zwischen Mekong und Salwin unter dem Doker-la und auf dem Rücken Alülaka bei Tschamutong gemein. **S.**: Alm Bädö ober Muli und um Wudjio s von hier.

DIELS' Beschreibung unterscheidet sich von jener GAGNEPAINS durch die Angabe eines 5zähnigen inneren Hüllkelches und stärker geteilter Blätter als bei *T. glandulifera*, während GAGNEPAIN von den Blättern das Umgekehrte sagt und die Innenhülle mit 4 größeren und 4 kleineren Zähnen beschreibt; außerdem soll seine Pflanze eine locker dichotome Infloreszenz haben. In den Blättern entsprechen SCHOCHS und LIMPRICHTS Pflanzen, die erste aus der Originalgegend der *T. grandiflora*, GAGNEPAINS Beschreibung, alle anderen jener

Diels', doch kommen unter *T. glandulifera* auch im Himalaya beide Blattformen vor. Die Hülle finde ich auch an der Pflanze von Lidjiäng, dem Originalfundorte der *T. Delavayi* (Diels zitiert kein Delavaysches Exemplar) Gagnepains Beschreibung entsprechend. Die Pflanze von Yünnanfu hat natürlich auch eine Rispe.

Dipsacaceae

Morina L.

M. Delavayi Franch. Kräuterreiche Stellen, Föhrenwälder, Modermatten der tp. und ktp. bis in die wtp. St., 2600—4200 m. Y.: Im NW bei Lidjiang v. E. (3800). S von Yungning (phot.). Wudjio n von hier. Ober Dugwan-tsun (phot.) und ober Bödö (4501) se von Dschungdien. Im NE bei Dungtschwan (Maire, distr. Bonati 2775 B). Tschedji (M.). S.: Bitjieliangdse und Daörlbi (2989) zwischen Yungning und Yenyüen. Liuku-liangdse n von hier (2345). Hierher auch Limpricht 1489 als *M. Bulleyana.*

** ***M. alba*** Hand.-Mzt. in Sitzgsanz. Ak. W. W., LXII., 68 (1925).

Sect. *Acanthocalyx* Bge.

Rhizoma breve, tenuiusculum, cataphyllis paucis et parvis obsitum, radices tenuiter napiformes, longas, foliorum fasciculum $\pm$ stipitatum et caules infrarosulares singulos vel paucos 19—43 cm longos, bifariam albo-pubescentes, foliorum paribus 2—5 dissitis obsitos edens. Folia lineari-lanceolata, 4—21 cm longa et longitudine 8—10^{plo} angustiora, maxima latitudine in tertio infero, in superioribus sessilibus et brevioribus autem prope basin, in infimis distinctius petiolatis item brevibus prope apicem subrotundatum, cetera longe acuminata, apice ipso obtuso seta decidua saepe terminata, herbacea, saturate subconcoloriviridia, margine praeter partem anteriorem setis 2—3 mm longis, flavidis, patentibus vel patulis hic illic geminatis et basi albo-villosulis remote ciliata, nervis parallelis utrinsecus 2, inferioribus ad $^1/_2$ vel $^2/_3$ folii percurrentibus tenuissimis cum costa latiore praesertim subtus conspicuis. Spicastrum congestum, subglobosum, $2^1/_2$—3 cm longum. Bracteae foliaceae, ovatae, acutae, infimae $1^1/_2$—$2^1/_2$ cm longae, superne patentes, longiacuminatae, setis rigidioribus usque ad 6 mm longis, saepe fasciculatis densioribus et pilis brevissimis albis densissime ciliatae. Involucellum anguste campanulatum, 5 mm longum, subherbaceum, reticulato-paucivenosum, setis c. 15, 3 mm longis terminatum. Calycis herbacei tubus 3 mm longus, inclusus; limbus paulum obliquus, dentibus aequilongis, lateralibus lanceolatis ad 4 mm longis, superioribus $^2/_3$ connatis, omnibus iisdem setis terminatis pilisque ciliolatis. Corolla alba, ad $2^1/_2$—3 cm longa, tubo angusto curvato 2 mm lato, albo-villosulo, intus glabra, limbo 7—8 mm longo, ventre ampliato, ore 5 mm lato, lobis aequalibus late obcordatis $2^1/_2$—4 mm longis et latis, undulato-crenatis, superioribus erectis. Stamina apice tubi inserta, filamentis glabris, antheris eum dimidium superantibus, latis, 1 mm longis. Ovarium subtiliter hirtellum; stylus tenuis, antheras attingens, glaber.

NW-Y.: Bei Lidjiang (Likiang), VI.—IX. 1914—1916, v. E. (3799, Typus). Wahrscheinlich hierher ein großer Teil der Pflanzen, die Wiesen der tp., St. auf weite Strecken weiß färben und auch in die ktp. St. ansteigen, 3300—4100 m. Mahaidse n von Lidjiang am Wege nach Yungning. Waha bei Yungning. Sattel

Gitüdü ober Anangu, Latsa, Hsiao- und Da-Niutschang ober Bödö se von Dschungdien. S.: Paß Tschescha s von Muli. Im W: Tal mit Seen in der Hg. St. bei Tatsienlu, 29. VI. 1893 (POTANIN).

M. betonicoides BENTH. et *M. Delavayi* FRANCH. affines calycibus multo longioribus i. e. longius exsertis valde obliquis, corollis roseis scil. purpureis latioribus et illa brevioribus et haec maioribus, haec praeterea foliis latioribus setis multo rigidioribus differunt.

** *M. leucoblephara* HAND.-MZT. in Sitzgsanz. Ak. W. W., LXII., 69 (1925). Sect. praecedentis.

Speciei praecedenti simillima, sed gracilis, caules 10—33 cm longi, folia usque ad 13 cm longa, imo obtusiora, pilis albis, brevibus, subreflexis dense ciliata, superiora bracteaeque eodem modo, inferiorum autem interdum calvescentium unum alterumve tantum setis perpaucis instructum, spicastrum 2 cm longum et minus, calyx ventre profundius fissus, dentes laterales altius adnati, 3 posteriores fere omnino connati, corolla minor et gracilior, vix 2 cm longa, alba vel purpurea.

NW-Y.: Steinige Matten der Hg. St. am Osthang des Gipfels Ünlüpe im Yülung-schan bei Lidjiang, Kalk, 3700—4200 m, 16. VII. 1914 (3536).

Die kleineren Blüten sind mit dem hohen Standorte nicht in Einklang, und die Wimperung der Blätter ist schon gar nicht daraus zu erklären; auch liegen keine Übergänge vor.

M. Bulleyana FORR. et DIELS in Not. Bot. Gard. Edinb., V., 208 (1912). NW-Y.: Üppige Matten an der Baumgrenze und in der Hg. St. des birm. Mons. auf Glimmerschiefer und Granit, 4050—4300 m. Zwischen Mekong und Salwin zwischen den Pässen Gondon-rungu und Tongong, 28⁰ 9′ (9754) und wahrscheinlich diese auch an der Westseite des Si-la. Zwischen Salwin und Irrawadi häufig hinter dem Gomba-la ober Tschamutong bis zum Passe Pangblanglong (9504).

Kelch außen bald behaart, bald kahl, an einem Individuum von MONBEIG bald vollkommen ganz, bald an der Spitze tief gezähnt, aber immer lang scheidig. Dies und die zarte, kurze Bedornung für die Art bezeichnend.

M. chlorantha DIELS, l. c. Steinige Gebüsche auf Kalk in der ktp. St., 3550—4100 m. NWY.: Bei Lidjiang, v. E. (3781). Zwischen Mahaidse und Gaogu n von hier am Wege nach Yungning. Lagerplatz Djolo zwischen Anangu und Dschungdien (7681). S.: Gegenüber dem Lagerplatze Tschako auf dem Rücken sw von Muli gegen Dschungdien.

Dipsacus L.

D. asper WALL. Trockene Wälder, Wiesen, auch an feuchten Stellen, Buschsteppen in der wtp. und tp. St., 2000—3400 m. Y.: Haiyen-se (SCHOCH 302) und Hsi-schan (MELL) bei Yünnanfu. Häufig zwischen Alaodjing und Dsaodjidjing e des Dsolin-ho (4903). Paß zwischen Dschaodschou und Hungngai s von Dali. Im S auf dem Sattel zwischen Möngdse und Manhao. Im NE bei Dungtschwan und im mittelchin. Fl. bei Dschenfungschan (MAIRE). Im NW vom Be-schui bis Lukudsche bei Lidjiang (4369). Basulo s von Weihsi. Massenhaft auf Brandlichtungen zwischen Yangtse und Mekong, 27⁰ 21′. Im birm. Mons.

Charakterpflanze in *Pteridium*-Wiesen auf dem Rücken Alülaka unter Tschamutong am Salwin. S.: Lungdschu-schan bei Huili. Zwischen Samuping
und Niutschang se und unter Hwangliangdse n von Yenyüen. H.: Häufig bei
Hsikwangschan nächst Hsinhwa, 550—800 m (12603). Die Notizen vielleicht teilweise zum folgenden.

D. mitis DON (*D. inermis β* WALL. — *D. i.* C. B. CLKE. in HOOK., Fl. Brit.
Ind., III., 217 [1881]. — *Cephalaria cachemirica* DECNE. 1844). NW-Y.: Hecken,
Gräben und Gebüsche der wtp. und tp. St., 2500—3050 m. Bei Lidjiang, v. E.
(3801). Hier gegen Ngulukö (3493). Ober Lidjia-tsun n von Yungning (phot.).

D. inermis WALL. 1820 umfaßt *D. strictus* DON, den ich nicht kenne, *D. mitis*
DON 1825 und *D. Roylei* KLOTZSCH 1862. Die beiden letzten faßt CLARKE l. c.
als *D. inermis* zusammen („*D. inermis* WALL. as to var. *β*"). Diese Einschränkung
auf die von WALL. selbst nur mit ? angeführte var. *β* ist nach den Nomenklaturregeln nicht richtig. Da aber die Verwendung des Namens *D. inermis* WALL.
(excl. var.; „var. *α*" schreibt er nicht) für *D. strictus* zu andauernden Irrtümern
und Verwechslungen Anlaß geben würde, muß man ihn ganz fallen lassen. Soviel
ich nach dem Wiener Material beurteilen kann, ist *D. Roylei* mit seinen wenig
geteilten Blättern und keineswegs kugeligen, sondern *Knautia*-ähnlichen Köpfen
von *D. mitis* gut verschieden. Die Abbildung der *Cephalaria cachemirica* zeigt
die Spitzen der Bracteolae wohl zu kurz. Die Verwandtschaft mit *D. asper* ist
aber wohl eine sehr enge.

D. chinensis BAT. Üppige Wiesen und kräuterreiche Hänge der tp.
und ktp. St. auf Kalk, 2950—3900 m. S.: Alm Bädö (7293) und Wiese Gumadi
bei Muli. Im NW auf Gebirgen um Sungpan (WEIGOLD). NW-Y.: In Mengen
am Be-schui bei Lidjiang. Massenhaft auf dem Passe zwischen Yungning und
Fongkou. Alo und Westseite des Gebirges Piepun (4795, s. KARST. u. SCHENCK,
Vegetb., 22. R., Taf. 46 b) se von Dschungdien.

Auch die Brakteen enden in Dorne, und die dornartigen Endteile der zurückgekrümmten Paleae sind an der Spitze ganz kahl, weiter unten dicht kurz-
haarig und erst gegen den Grund zu lang borstenhaarig. Sonst mit der Beschreibung gut stimmend, und WEIGOLDs Exemplar stammt aus der Originalgegend.

Pterocephalus ADANS.

P. Bretschneideri (BAT.) PRITZ. in Bot. Jahrb., XXIX., 601 (1900)
(*Scabiosa B.* BAT.). W-S.: Min-Tal von Maodschou bis unter Wöntschwan
(WEIGOLD). Y.: Djokula (TEN 1420) und Felsen bei Djilamo (T. 30) nächst
Beyendjing. Im NE an Felsen dürrer Kalkhügel der wtp. St. bei Wudung,
2550 m (MAIRE).

P. Hookeri (C. B. CLKE.) HÖCK in Nat. Pflzfam., IV/4., 189 (1897) (*Scabiosa H.* C. B. CL. — *Pterocephalus batangensis* PAX et HOFFM. in Rep. sp. nov.,
Beih., XII., 497 [1922], e typo). Steinige Stellen und trockene Matten der tp.
bis in die ktp. und in Steppen der wtp. St., 2900—3900 m. NW-Y.: Yülung-
schan bei Lidjiang, v. E. (3802). Unter Hwadjiaoping e und auf dem Patüla
ober Anangu (7687) se von Dschungdien, auch um Hsiao-Dschungdien. S.:
Paß zwischen dem Yalung und Yenyüen, 27° 22' (5417), zwischen Tangetu und
Hwangliangdse und n Schuitangdse n von hier.

Cucurbitaceae

Hemsleya Cogn.

H. amabilis Diels in Not. Bot. Gard. Edinb., V., 206 (1912). Cogn. in Pflzenr. IV/275., I., 24 (1916). **S.**: Ackerränder der tp. St. am See e vom yünnanesischen Markte Yungning, 2800 m (3126).

Folia ternata occurunt.

**** H. brevipetiolata** Hand.-Mzt.

Caulis gracilis, scandens, ultra metralis, profunde sulcatus, demum ad nodos tantum brevissime hirtellus. Folia pedatim 5—7 foliolata; petiolus 2—10 mm longus, brevissime hirtellus vel glabrescens; foliola lanceolata vel oblongo-lanceolata, medium 3—10 cm longum, lateralia sensim minora, omnia longitudine c. 3—5^{plo} angustiora, acuta vel breviacuminata, mucronulis 1—2 mm longis terminata, in petiolulos 2—3 mm longos sensim angustata, late saepeque grosse et interdum hic illic duplicatim crenato-serrata, serraturis mucronulatis, membranacea, eglandulosa, subconcolori-viridia. Cirrhi filiformes, simplices vel bifidi, glabri. Flores dioeci, flavi (e Ten). Paniculae ♂ diffusae, pluriflorae, usque ad 30 cm longae, bracteis minutis, subulatis, $^1/_2$—2 mm longis; pedicelli filiformes, patuli, 2—5 mm longi. Sepala ovato-lanceolata, 2—4 mm longa, acuta glabra. Petala ovata, reflexa, 5—8 mm longa, basi fere unguiculata, plurivenosa, papilloso-ciliolata et intus papilloso-furfuracea. Stamina stellato-divergentia, filamentis tenuibus glabris, $^1/_2$—1 mm longis, antheris parvis semilunatis extrorsis. Pistillodium nullum.

Typus. Folia praeter margines ciliatas et costas nervosque supra sparse setulosos glaberrima. Petala ♂ apice acuta et mucronulata. Flores ♀ in ramis brevibus folia reducta gerentibus simul cum cirrhis simplicibus, plerumque bini fasciculati. Pedicelli usque ad 5 cm longi, capillares, glabri, nonnunquam bracteolati. Ovarium cylindricum, basi attenuatum, apice truncatum, glabrum. Sepala lanceolata, 6—9 mm longa, acuminata, basi subauriculata. Petala ovata, c. 12 mm longa, acutissima, utrinque, sed praesertim intus ad basin densissime furfuracea. Styli 3, breves, bifidi, in fructu immaturo persistentes.

Y.: Beyendjing („Peyentsin") (Ten ex hb. Berol. 247, Typus ♂). Hier in Wäldern bei Guti, 29. VIII. 1919 (Ten 1305 ♂, 1306 ♀).

— — ** var. **yalungensis** Hand.-Mzt.

Folia supra densiuscule et brevissime pilosa, subtus glabra. Petala ♂ obtusa, ± rotundata. (Planta ♀ ignota).

S.: Kalkfelsen der str. St. bei Lumapu am w Zuflusse des Yalung gegen Yenyüen, 27⁰ 38′, 1650 m, 13. X. 1914 (5593) und wohl auch in der wtp. St. ober Yimen n von Huili, 2050 m.

Species ab omnibus adhuc notis foliis brevipetiolatis diversa. Ceterum differunt *H. chinensis* Cogn. floribus maioribus, ♂ brevius pedicellatis; *H. amabilis* Diels glabritie perfecta, foliolis magis acuminatis; *H. graciliflora* (Harms) Cogn. foliis glaberrimis, floribus minoribus, pedicellis fructiferis 1—2 cm tantum longis. Ceterae species aut foliis simplicibus aut foliolis integris praeditae sunt.

Als Typus dieser auffallenden Art nehme ich die in beiden sicher zusammengehörigen Geschlechtern vorliegende Pflanze und nicht die früher gesammelte Varietät.

Actinostemma Griff.

A. racemosum Maxim. Kiangsu (Limpricht 692, als *A. lobatum* Max.).

Thladiantha Bunge

** *T. dictyocarpa* Hand.-Mzt.

Caulis scandens ramique robustiusculi angulato-sulcati, glabri. Folia cordato-ovata, 5—18 cm longa et sesqui- usque duplo angustiora, acuta vel breviacuminata, sinu basali $1\frac{1}{2}$—3 cm profundo subquadrangulo vel loborum apicibus se tangentibus clauso, nervis excurrentibus remote calloso-denticulata et juniora minutissime ciliata, herbacea, sicca supra atroviridia, juvenilia sparse et minute setulosa, vetustiora scabra et $\pm$ albido-punctulata, subtus pallidiora, in reti venarum tantum densius pilosa, mox glabrescentia; petiolus crassiusculus, lamina 2—3^{plo} brevior, striatus, glaber. Cirrhi simplices, subgraciles. Flores dioici, ♂ singuli vel plerumque terni racemosi, pedunculis pedicellisque 1—3 cm longis, gracilibus, versus apices tantum minutissime et dense pilosulis, flavi (e nota ad vivum). Receptaculum latissime campanulatum, ut sepala lineari-lanceolata, 10—15 mm longa, c. 2 mm lata, obtusa, trinervia minutissime et $\pm$ dense pilosulum. Petala ovata, 2 cm longa, $\pm$ duplo angustiora, subacuta, 3- vel 5nervia, margines versus dense papillosa. Stamina 5, 4 per paria approximatis; filamenta recta, 2 mm longa, furfuracea; antherae ellipticae, 2 mm longae. (Flores ♀ desunt). Fructus immaturus solitarius, pedicello 4—6 cm longo, ovoideus, 14—20 mm longus et c. duplo angustior, basi rotundatus, apice in rostrum 1—4 mm longum, c. 1 mm latum subabrupte attenuatus, costis longitudinalibus crenatis c. 10, trabeculis elatis numerosis conjunctis, brevissime ferrugineo-velutinus, plerumque stylo sepalisque persistentibus coronatus; ille crassiusculus, 7 mm longus, glaber, stigmatibus valde dilatatis et lobatis, papillosis.

SW-H.: Gebüsche der wtp. St. auf dem Yün-schan bei Wukang, Tonschiefer, 1150—1350 m, 17. VI., 19. VII. 1918 (12138).

Affinis videtur *T. punctatae* Hay., quae e descriptionibus differt petiolis brevioribus, foliis subtus ad costas hispidulis, floribus semper solitariis, sepalis brevioribus, petalis multo angustioribus, ovario fructuque glabris et levibus.

T. villosula Cogn. in Pflzenr., IV/275., I., 44 (1916). **Y.**: Mischwälder der wtp. St. unter den Tempeln des Hsi-schan bei Yünnanfu, Kalk, 2200 m (Schoch 82).

Inflorescentia ♂ usque ad 7 flora. Sepala floris ♂ $\pm$ obtusa nec acutissima; petala usque ad 20 mm longa.

T. yunnanensis Gagnep. in Bull. Mus. Hist. nat. Par., XXIV., 288 (1918). **Y.**: In der wtp. St. Im E im Walde bei Pienschan zwischen Loping und Sidsung, Mergel, 2050 m (10133). Im NE in Hecken und Gebüschen, 2500 bis 2600 m, hier und da in der Ebene von Dungtschwan (Maire, distr. Bonati 6174), auf Bergen hier und bei Hsiao-Wulung (Maire).

Folia usque ad 11 cm longa et 9 cm lata. Floris ♀ petala usque ad 3 cm longa. Flores ♂ (adhuc indescripti) singuli vel in pedunculis 1—3 cm longis usque ad 12^{ni} racemoso-corymbosi, axibus ut pedicelli asperis et pilis articulatis patentibus saepe glanduliferis $\pm$ sparse obsitis; pedicelli filiformes, suberecti,

1—4 cm longi, ebracteati. Receptaculum late campanulatum, minutissime et sparse hirtellum vel glabrescens, apice 3—4 mm latum. Sepala linearia, reflexa, c. 5 mm longa, subacuta vel obtusiuscula, hirtella. Petala ovato-lanceolata, 18—28 mm longa, rotundato-obtusa, trinervia, extus sparse et minute pilosula, intus praesertim inferne dense glanduloso-papillosa. Filamenta filiformia, subtiliter pilosula, 3—4 mm longa; antherae ellipticae, 2 mm longae, obtusae. Squama suborbicularis, c. 2 mm diametro, glanduloso-papillosa.

T. nudiflora HEMSL. SW-H.: Auf dem Yün-schan bei Wukang in der wtp. St. auf Tonschiefer am Rande des Laubhochwaldes ober dem Tempel Gwanyin-go, 1250 m (11185) und an Bambusdschungelrändern, 1300 m (12305, 12306). W-S.: Min-Tal n von Kwan (WEIGOLD). NE-Y.: Im mittelchin. Fl. in Hecken bei Dschenfungschan, 620 m (MAIRE).

Die Pflanzen von Yün-schan zeigen sehr verschiedene ♂ Blüten. Die gemeinsam gewachsenen 12305 und 12306 hielt ich beim Sammeln für verschieden, denn 12305 hat dunkelgelbe, nicht 10 mm lange, 12306 hellgelbe, 17 mm lange Blüten. Im Herbar zeigen sich verschieden große Blüten an einem Stengel vereinigt und macht es den Eindruck, als ob die kleineren, dunkleren nur jüngere, wenig geöffnete wären, ein Eindruck, den ich aber in der Natur sicher nicht hatte. Die unter 11185 zusammengefaßten Pflanzen von derselben Stelle sind kleinblütige ♂ von 1917 und ♀ goldgelb blühende mit großblütigen ♂ Infloreszenzen als Ergänzung von 1918. Die ♀ Petalen sind goldgelb, 18 mm lang, viel runder als in COGNIAUX' Zeichnung; das Ovarium ist länger goldig-zottig behaart. 12305 steht in der Behaarung eigentlich zwischen *T. nudiflora* und *T. Harmsii* COGN.

T. Henryi HEMSL. ** var. *subtomentosa* HAND.-MZT.
Folia subtus cinerascenti-subtomentosa.

S.: Bebuschte Hänge der wtp. St. unter Yiwanschui am Westhange des Daörlbi halbwegs zwischen Yenyüen und Yungning, Sandstein, 2800—3400 m, 13. VI. 1914 (2932) und vielleicht auch diese gegenüber ober Fumadi.

Petalen nur dreinervig, so aber auch in der Originalabbildung und wenigstens teilweise WILSON 1037.

T. glabra COGN. Gebüsche, auch an feuchten Stellen, in der wtp. St. auf Sandstein und Schiefer, 2400—2800 m. S.: Tjintienpu zwischen dem Yalung und Yenyüen, 27° 31' (2220). Ober Datscho jenseits des Yalung n von Yenyüen (2590). NE-Y.: Ebene und Hügel von Dungtschwan (MAIRE). Notizen von mehreren Plätzen n von Yungbei, Gwanyilang w von hier, dem Dji-schan und anderen Orten ne von Dali, im NW bei Ganhaidse nächst Lidjiang und häufig am Yangtse aufwärts bis Djitsung gehören vielleicht teilweise zur folgenden oder auch den vorigen Arten, wohl auch *T. montana* COGN.

T. longifolia COGN. Y.: Gebüsche der wtp. St. auf dem Taohwa-schan bei Beyendjing, Sandstein, 2600 m (6273).

Blätter stärker gezähnt als WILSON 2271, doch zeigt dieselbe Veränderlichkeit *T. calcarata* in THOMSON 1. ♂ Korolle außen sehr kurz behaart, drüsig gewimpert und innen besonders gegen den Grund sehr dicht drüsig-papillös, ebenso bei WILSON 2271.

** *T. sessilifolia* HAND.-MZT.
Caulis scandens, gracilis, obtuse quadricostatus, primum brevissime pilosulus,

68 a*

dein glabrescens. Folia subsessilia, ovato-lanceolata, 5—9 cm longa, acuminata, basi breviter cordata auriculis rotundatis, margine remote et minute denticulata, sicca chartacea, supra dilute viridia primum minute strigosa, dein pulvinis scaberrima, subtus paulo pallidiora praesertim ad nervos venulasque dense reticulatas dense et breviter hirtella, nervis secundariis 5—6^{nis}, valde obliquis hic prominuis; petiolus 2—3 mm longus, velutinus et longipilosus. Cirrhi simplices, graciles, glabri. Flores dioici (♀ ignoti), ♂ axillares singuli vel in cymis parvis 3—5 floris, pedunculis ante anthesin 3—20 mm longis ut petioli pilosis pilis brevibus autem partim glanduliferis. Bracteae parvae, lanceolatae, foliaceae. Pedicelli tunc breves. Floris ♂ inaperti receptaculum campanulatum brevissimum. Calycis lobi e basi ovata fere subulati, trinervii, 5—6 mm longi, ut petioli induti. Petala ovata, acuta, tri- vel quinquenervia, extus albide papilloso-pilosa. Squama minuta, ovato-oblonga, obtusa. Antherae ellipticae. Pistillodium minutum, pulvinatum.

S.: Buschige, felsige Stellen der str. St. auf Kalk s ober Lumapu am Zuflusse des Yalung gegen Yenyüen, 27° 37', 1950 m, 9. V. 1914 (2064).

Species, quamvis parce et floribus juvenilibus tantum adsit, foliis angustis subsessilibus distinctissima.

T. calcarata (Wall.) C. B. Clke. **Y.**: Hecken bei Dali gegen den See, kalkhaltiges Alluvium der wtp. St., 2070—2100 m (8558).

♂ Blütenstände gestreckt, bis 14 cm lang.

T. pentadactyla Cogn. in Pflzenr., IV/275., I., 52 (1916). **Y.**: Mischwald der wtp. St. beim Tempel Haiyen-se nächst Yünnanfu, 2200 m (Schoch 141). Steppen um Yünnan-hsien, 1900—2200 m (8332?, nur ♂ Blüten).

Gagnepains Beschreibung der *T. heptadactyla* Cogn. in Bull. Mus. Hist. nat. Par., XXIV., 290 (1918) umfaßt offenbar auch diese Art. Den ♂ Blütenstand charakterisiert er nicht.

Melothria L.

M. indica Lour. Gebüsche der str. St. **SW-H.**: Bei Wukang gegen Dsingdschou, 350 m (11096) und unter Pingtschaso an der Grenze von Kw., 600 m (11015). **S.**: In *Phragmites*-Beständen des Sees von Ningyüen, 1610 m (1964).

Blätter meist dreilappig; Mittellappen am größten, eiförmig, stumpf und bespitzt, ± wellig gekerbt; Seitenlappen spreizend, unregelmäßig grob gekerbt und mitunter vorne fast gelappt; Basalbucht gerundet, schmal bis sehr breit. Frucht fast kugelig. Squires 14 aus Indochina hat neben dreieckigen Blättern auch dreilappige, den Hunan-Pflanzen entsprechende, bei denen sich (11015) auch vereinzelte dreieckige, nur wenig gezähnte finden. Die Frucht gleicht Elmer 14421 von den Philippinen. Wegen des Anhängsels des Konnektivs der allerdings recht breiten Anthere und der hellen Samen gehören die Pflanzen nicht zu *M. japonica* (Thbg.) Max.

M. perpusilla (Bl.) Cogn. Hecken und Gebüsche der wtp. und str. St., 650—2100 m. **Y.**: Wuding und mehrfach gegen Magai nw von Yünnanfu. Hsiao-Djing-ho bei Beyendjing (Ten 1180). Becken von Yünnan-hsien. Unter Dali gegen den See (8559). Im NE auf dürren Hügeln von Tsiaogai (Maire). **S.**: Tienba an einem Zufluß des Yalung gegen Yenyüen, 27° 18' (5364).

M. heterophylla (LOUR.) COGN. Steppen, steinige Stellen, Gebüsche, Bachränder der str. und wtp. St., 1550—2200 m. Y.: Schilungba bei Yünnanfu (SCHOCH 175, f. 6 COGN.). Zwischen Tschuhsiung und Gwangdung (4845, zwischen f. 5 und

Abb. 39. 1—4 *Marsdenia pulchella* H.-M., 3 Kelch, Corona und Gynostegium, 4 Kronzipfel von innen. 5—7 *Cynanchum anthopotamicum* H.-M., 5 Coronazipfel und Gynostegium von oben, 6 Coronazipfel von der Seite, 7 Pollinien. 8 *Adelostemma Mairei* H.-M. 9 *Galium baldensiforme* H.-M. 10 *Galium salwinense* H.-M. 11 *Galium glandulosum* H.-M. 12 *Schizopepon macranthus* H.-M. 13 Stamina desselben. Habitusbilder etwas verkleinert, 3—7, 13 vergrößert.

6 COGN.). Um Yünnan-hsien (8690, f. 5). Unter Beyendjing (6250, f. 5. TEN ex hb. Berol.). Hier bei Hsiao-Djing-ho (TEN 1189, zw. f. 6 u. 7). Um Hwangdjiaping ne von Dali (6372, f. 6). S.: Luanfenba zwischen Dötschang und Ningyüen (1887).

M. leiosperma (Wight et Arn.) Cogn. Y.: Trockene Hänge der tr. St. bei Manhao nahe der Grenze von Tonking, Tonschiefer, 200 m (5757).

M. maderaspatana (L.) Cogn. Y.: Beyendjing (Ten 1222).

Schizopepon Maxim.

**** *S. macranthus*** Hand.-Mzt. (Abb. 39, Nr. 12, 13).

Caulis scandens, ramosus, debilis, succosus, sulcatus, subglaber. Folia ambitu cordato-ovata, 5—11 cm longa et paulo breviora, acuminata, sinu basali quadrato, leviter sinuatim 5—7 loba, lobis caudato-triangularibus acutis, remote mucronulato-denticulata, membranacea, sicca subconcolori-flavescentia, supra ubique, subtus in nervis setulis crassis scabrida, margine dense ciliato-aspera, pedatim 7 nervia, nervis secundariis paucis; petiolus lamina subaequilongus vel paulo brevior, sparse hirtus. Cirrhi graciles, 2- vel 3 fidi, glabri. Flores dioeci (♀ ignoti), ♂ in racemis axillaribus singulis, longipedunculatis, laxis, usque ad 14 cm longis, multifloris, glabris, ebracteatis, simplicibus; pedicelli patuli, 2—3 mm longi. Receptaculum late campanulatum; sepala e basi lanceolata subulata, c. 3 mm longa. Corolla subrotata, alba (e nota ad vivum), tenera, utrinque disperse glanduloso-pilosula, petalis lanceolatis ad 9 mm longis, acutissimis. Stamina 3; filamenta libera, c. $^3/_4$ mm longa, glabra, conniventia; antherae basi connatae, dein erectopatentes, ellipticae, filamentis aequilongae, utrinque obtusae, una unilocularis, ceterae biloculares, dorso papillosae. Pistillodium nullum.

S.: Hecken der tp. St. im Gebiete von Muli auf Sandstein, 2850—3000 m, bei Lidjia-tsun, 23. VII. 1915 (7153) und Doloho n von Yungning.

Species androecei structura inter *S. bryoniaefolium* Max. et *S. dioicum.* Cogn. posita, ab utroque etiam floribus multo maioribus diversa. *S. longipes* Gagn. in Bull. Mus. Hist. nat. Par., XXIV., 378 (1918) imprimis pedicellis multo longioribus, petalis quam sepala duplo tantum longioribus, filamentis totis connatis distat.

Momordica L.

M. cochinchinensis (Lour.) Spreng. (*M. meloniflora* Hand.-Mzt. in Sitzgsanz. Ak. W. W., LVIII., 94 [1921]. Harms in Pflzenr., IV/275., II., 36 [1924]). SW-H.: Buschige Hänge der untersten wtp. St. zwischen den Tempeln Sanlingan und Wuli-ngan am Yün-schan bei Wukang, Tonschiefer, 700 m (11175).

Die Durchsicht des Materials in Kew hat mich seither belehrt, daß die Unterschiede meiner sehr üppigen Pflanze, dem Blattrand und nicht dem Stiel aufsitzende Drüsen und bis 9 cm lange Blumenkronzipfel keinen systematischen Wert haben.

Benincasa Savi

B. hispida (Thbg.) Cogn. Y.: Banyitien bei Beyendjing (Ten 1196). Eine auffallend kleinblütige ♀ Pflanze.

Trichosanthes L.

T. Wallichiana (Ser.) Wight in Ann. a. Mag. Nat. Hist., VIII., 270 (1842) (*Involucraria W.* Ser. in Mém. Soc. Phys. Hist. nat. Genève, III.,

31, t. V [1825]) *var. *maiuscula* (CLKE.) COGN. in DC., Mon. Phan., III., 369 (1881) (*T. multiloba Miq.* var.? *m.* C. B. CLKE. in HOOK., Fl. Brit. Ind., II., 608 [1879]). NW-Y.: Im str. Regenlaubwalde des birm. Mons. unter Schutsche am Taron (Djiou-djiang, e Irrawadi-Oberlaufe), 27° 53′, Granit, 1725—2000 m, 7. VII. 1916 (9419).

T. Kirilowii MAXIM. Gebüsche, auch an Mauern, in der str. und wtp. St., 250—1800 m. H.: Beim oberen Tempel auf dem Yolu-schan bei Tschangscha, BRAMMER (11911). Kw.: Zerstreut zwischen Guiyang und Gwanyinschan (10603) und bis Badschai. Zwischen Gwanling und Muyu. E-Y.: Im mittel-chin. Fl. um Laodjitschang e von Loping (10246).

Blütengröße noch nicht angegeben. Die eben geöffneten einzelnen, lang-gestielten ♂ Blüten meiner Nr. 10605 haben einschließlich der Fransen ± 8 cm Durchmesser; aus denselben Blattachseln entspringen kurze, kopfige, noch geschlossene Infloreszenzen. Die ♀ Blüten von 10246 haben gegen 10 cm Durch-messer und sitzen an 10 cm langen Stielen; COGNIAUX gibt 2—3 cm an, aber eine Pflanze WILSONS hat sie 3—4 cm lang. Die Brakteen der ♂ Infloreszenz ent-sprechen COGNIAUX' Beschreibung, die in Widerspruch zu jener MAXIMOWICZ' steht, doch verbinden die von diesem erwähnten dreiblütigen Blütenstände mit kleinen Brakteen vielleicht beide Typen.

T. bracteata (LAM.) VOIGT. Y.: Im NW in Gebüschen der str. St. des birm. Mons. unter Niualo bei Tschamutong am Salwin, Schiefer, 2000 m (9572). Im NE auf Hügeln bei Monggu, 2000 m (MAIRE, distr. BONATI 3038).

Meine Pflanze ist ganz kahl und hat nur bis 2½ cm lange Brakteen.

— —* var. *Scotanthus* (C. B. CLKE.) HAND-MZT. (*T. palmata* ROXB. var. *S.* C. B. CL. in HOOK., Fl. Brit. Ind., II., 607 [1879]). Y.: Gebüsche der str. St. zwischen Tschalaschao und Hwangtsaoschao unter Beyendjing selten, Kalkschiefer, 1724—1900 m, 15. V. 1915 (6325). Dschoutschang bei Beyendjing (TEN 1224, 1227). Wohl auch diese in der wtp. St. am Kanaldamm zwischen Dali und Langtjiung massenhaft, 2100 m.

Kelchzipfel nicht ganzrandig. Blüten nach Notiz orangegelb, wohl schon im Verwelken oder nur außen.

T. cucumeroides (SER.) MAXIM. (*T. Cavaleriei* LÉVL., Fl. Kouy-Tch., 123 [1914] e typo). SW-H.: Gebüsche der wtp. St. auf dem Yünschan bei Wukang, Tonschiefer, 1190 m (12264).

T. pedata MERR. et CHUN in Sunyatsenia, II., 20 (1934). Y.: Gebüsche der wtp. St. bei Dsaodjidjing e des Dsolin-ho ne von Gwangdung, Sandstein, 2025 m (4898).

Ad descriptionem addenda: Caulis ad nodos brevissime pilosulus. Folia 3- vel 5foliolata; foliola extima semicordata, saepe inaequaliter et ± profunde bifida, omnia late et leviter crenata, crenis minute mucronulatis, subtus cum nervis secundariis paucis valde ascendentibus venisque laxe reticulatis tenuibus prominulis; petiolus lamina usque subaequilongus. Cirrhi validi, bifidi vel sim-plices, glabri. Flores dioici, ♂ in racemis ad 8 floris saepe autem abbreviatis et subcapitatis, raro ad florem singulum reductis, pedunculis robustis 4—15 cm longis. Bracteae obovatae, 1—2 cm longae, dimidio anteriore pectinato-laceratae, ut axis ± papilloso-velutinae. Pedicelli subnulli. Calycis tubus 2—4 cm longus, apice 6—10 mm latus, subglaber vel ut lobi corollaque papilloso-velutinus, intus parte superiore dense longipilosus; lobi triangulares, usque ad 1 cm longi, profunde laciniati. Corolla flavida (e nota ad vivum), cum fimbriis ultra 4 cm diametro; petala obovata, ad medium c. in fimbrias carnosulas multipartita. Antherarum columna ad 10 mm longa, connectivis furfuraceo-pilosis.

T. trifoliolata Bl. javensis e descriptione similis videtur, differre autem petiolis brevioribus, racemis subsessilibus, calycis lobis integris.

**** *T. hylonoma* Hand.-Mzt.**

Sect. *Pseudotrichosanthes* S. Kurz.

Caulis gracilis, ad arbores alte scandens, flexuosus, juvenilis puberulus, mox glabrescens, sulcatus, simplex (?). Folia ambitu late cordata, ad 14 cm longa, paulo angustiora, infra medium triloba, raro loborum pari infimo indistincto addito, sinu basali subquadrato ad 2 cm profundo, lobo medio ovato acuminato longe mucronato, lobis lateralibus eo duplo minoribus minus acuminatis raro mucronatis, sinubus anguste rotundatis, toto margine remote mucronulato-denticulata, membranacea, concolori-viridia, laxe et leviter granulata, marginibus ciliolata, juniora supra sparse strigillosa, subtus glabra; nervi subpedati 5 secundariique ad 5^{ni} venarumque rete laxum utrinque tenuiter sed argute prominua; petiolus lamina $\pm$ duplo brevior, sparse pilosulus et basin versus sparse glanduloso-squamatus. Cirrhi graciles, elongati, glabri, inaequaliter bifidi, rarius simplices. Flores dioici ($\female$ ignoti), $\male$ axillares singuli, pedicellis tenuibus petiolis aequilongis, glabrescentibus. Calycis tubus anguste turbinatus, 12—15 mm longus superne subcampanulatus, ore ad 4 mm diametro, sparsissime pilosus vel glaber; dentes subulato-filiformes, 6—7 mm longi, patuli vel reflexi. Corolla alba (e nota ad vivum), c. 3 cm diametro, tenera, glandulosopuberula, petalis basi angustis, ad tertium inferum trifidis, lobo medio subulato, lobis lateralibus late obovatis, in lacinias filiformes profunde multifidis. Filamenta tenuia, c. 2 mm longa, glabra; antherarum capitulum 3 mm longum (Fructus ignotus).

SW-H.: Im schattigen wtp. Laubhochwalde des Yün-schan bei Wukang in dem e des Tempels Gwanyin-go nach Wuli-ngan herabziehenden Graben, Tonschiefer, 950 m, 18. VIII. 1918 (12512).

Floribus parvis similis *T. cucumerina* L., quae differt inflorescentiis $\male$ multifloris, caulibus ramosissimis, indumento densiore, foliorum sinubus basalibus latioribus, calycis tubo angustiore, eius lobis brevibus.

Gynostemma Blume

G. pentaphyllum (Thunb.) Mak. in Bot. Mag. Tok., XVI., 179 (1902) (*Vitis pentaphylla* Thunb., Fl. Jap., 105 [1784]. — *Gynostemma pedatum* Bl. — *Vitis Mairei* Lévl. in Rep. sp. nov., XI., 299 [1912], e typo). Mischwälder, Gebüsche und Mauern der wtp. und str. St., 1200—1600 m. Y.: Beyendjing (Ten 117). Betsao-lin bei Nigu hier (T. 1407). Dali. Im NW überall zwischen Tsedjrong und Serä am Mekong, 28° 2'—7' (7976). Im birm. Mons. unter Lussu (9111) und bei Bahan am Salwin, 28°. Im NE bei Dungtschwan und Maliwan (Maire). S.: Zwischen Datjiaoku und Podjio am Yalung, 27° 10' (5318).

Alle Pflanzen $\male$. In diesem Geschlecht scheint sich allerdings *G. cardiospermum* Cogn. nicht zu unterscheiden und wäre auch in Betracht zu ziehen.

* *G. laxum* (Wall.) Cogn. in DC., Mon. Phan., III., 914 (1881) (*Zanonia laxa* Wall., Plt. As. rar., II., 29 [1831]). SW-H.: Im schattigen wtp. Laubhochwalde des Yün-schan bei Wukang, Tonschiefer, 1300 m, 29. VII. 1918 (12338).

Filamentröhre sehr kurz, Antheren frei, etwas divergierend. Blütenstiele in den sehr jungen Rispen sehr kurz. Petalen nur 2 mm lang, papillös. ♂ Blüten zum Vergleich liegen nicht vor. Mittelblättchen bis 19 cm lang und 8 cm breit, die seitlichen 15 × 6 cm.

Campanulaceae

Von J. A. Nannfeldt (Upsala) (ausgenommen *Cyananthus*)

Campanula L.

C. punctata Lam. W-Hubei: Nanto (Wilson, Veitch Exp. 1522).

C. colorata Wall. Matten, Steppen, Raine, Wegränder, offene Föhrenwälder der wtp. bis in die str. und tp. St., 1300—2900 m. Y.: In der Kette des Hsi-schan bei Yünnanfu (Schoch 322). Berg Sandjigu n von hier, 25° 36′ (5680). Beyendjing (Ten 364). Im NW bei Lidjiang, v. E. (3718). Überall im Tale von Djitsung am Yangtse gegen Weihsi über dem Mekong. Im NE hinter Gungschan am Wege von Yünnanfu nach Suifu (Mell), in den Tälern bei Dungtschwan (Maire) und an Hängen bei Lagu (Maire). S.: Überall am Zuflusse des Nganning-ho gegen Huili (1065). Kw. (Tsiang 5408).

C. aprica Nannf. in Act. Hort. Gothob., V., 23 (1930). Felsen und Erdabrisse der str. bis in die tp. St. auf Kalken und Konglomerat. S.: E von Kalapa zwischen Yenyüen und Kwapi, 2700—2800 m, 7. X. 1914 (5564). NW-Y.: Im birm. Mons. am Salwin unter Tjiontson, 1700 m (9099), in der Schlucht ober Tschamutong (9804) und bis unter Niualo, 2200 m.

Nr. 9804 hat etwas längere Kelchzipfel. Ein Exemplar vom Ufer des Mekong bei Kenghung (Rock 2541 als *C. mekongensis* Diels) kommt offenbar *C. aprica* sehr nahe und ist nur durch die abweichende Behaarung verschieden. Die Blattoberseiten von *C. mekongensis* besitzen einige wenige lange Haare, die Unterseiten (besonders die Blattrippen) sind mit ähnlichen Haaren dicht besetzt, zwischen ihnen und von ihnen bedeckt kommen aber sehr reichlich dieselben kurzen und feinen Haare wie bei *C. aprica* vor. Der Stengel ist nur mit langen Haaren bekleidet, der Kelch nur mit spärlichen langen Haaren.

C. Delavayi Franch. NW-Y.: Bei Lidjiang, v. E. (3715). S.: Gebüsche der tp. St. unter der Alm Bädö bei Muli, Sandstein, 3100—3500 m (7266).

C. chrysosplenifolia Franch. Erdabrisse der tp. St., 2900—3000 m. NW-Y.: Zwischen Hwadjiaoping und Dahota n von Anangu e von Dschungdien (7647). S.: Ober Lodjiahoschan in der Ebene von Yenyüen (5424) und unter Lidsekou n von hier, 27° 45′ (3562).

C. crenulata Franch. Gehängeschutt, kräuterreiche Stellen und Weidengebüsche der ktp. und Hg. St., 3750—4650 m. NW-Y.: Bei Lidjiang, v. E. (3716). Hier unter dem kleinen Gletscher des Yülung-schan (Schneider 3613). Berg Schusutsu bei Bödö (4495) und Westseite des Gebirges Piepun (4698) se von Dschungdien. In dieser Gegend (Schneider 2360). Ober Beischaogo gegen den Nguka-la sw von hier. S.: Lagerplatz Tschako sw von Muli gegen Dschungdien (7395).

C. cylindrica (Pax et Hoffm.) Nannf. in Act. Hort. Gothob., V., 24 (1930) (*Wahlenbergia c.* Pax et Hoffm. in Rep. sp. nov., Beih. XII., 501 [1922]). S.: Offene kräuterreiche Stellen der ktp. St. des Tales n des Passes Tschescha bei Muli gegen Yungning, Kalk, 3900—4000 m (7235). Im NW auf Gebirgen um Sungpan (Weigold). NW-Y.: Doker-la (Forrest 19941 als *C. aristata* Wall.).

Vielleicht nur extreme Form der *C. aristata* Wall.

Adenophora Fisch.

A. Bulleyana Diels in Not. Bot. Gard. Edinb., V., 175 (1912). Y.: Gräben, Wiesen, Matten und Gebüsche der wtp. bis in die tp. St., 1550—3300 m. Um Yünnanfu (Maire 406, 952, 1025, 2011, 2323). Hier in der Kette des Hsi-schan (Schoch 321). Mile (Henry 9680). Möngdse (Henry 9273). Beyendjing (Ten in Schneider 3954). Hier bei Beschigu (Ten 1355 p. p.) und am Betsaolin (T. 1385). Yungbei (Ten 24). Im W um Tengyüe (Forrest 8407, 8697, 8852). Im NW bei Lidjiang auf den Hügeln im E (Schneider 3465. Forrest 10877), am Osthang des Yülung-schan (Rock 5448), hier bei Ganhaidse (R. 5990), Djinhaidse (R. 6046 p. p.) und ober dem He-schui (R. 5113). Bödö se von Dschungdien (4475). Tseku am Mekong (Monbeig 96/1912). Im NE hinter Dungtschwan, am Fenschui-ling, bei Maliwan (Maire), Jematschwan (Maire 1053/1913), Tschaho (M. 146/1914) und Lupu (Ten in Ducloux 1410 p. p.).

Unter diesen Namen fasse ich rein provisorisch eine Menge von Formen zusammen, die sich von *A. coelestis* und *A. ornata* durch die viel kürzeren Disci unterscheiden. Von *A. pachyrrhiza* und *A. Forrestii* ist sie durch die viel breiteren Blätter und von diesen sowie von *A. coelestis* durch den viel reichblütigeren und gewöhnlich rispenähnlich verzweigten Blütenstand verschieden. Der Unterschied gegen *A. confusa*, mit welcher sie Habitus, Blattform, Blütenstand und kurzen Discus gemeinsam hat, liegt in den gezähnten Kelchzipfeln.

** **A. confusa** Nannf.

Radix crassa, napiformis. Caulis erectus, rigidus, 50—100 cm altus v. ultra, striatulus, parce pilosulus v. glabrescens. Folia basalia non visa; caulina numerosa, alternantia, sessilia et semiamplexicaulia vel brevissime petiolata et subauriculata, (in typo) rhomboideo-ovata, vel lanceolato-ovata, in apicem curvatum sensim angustata, ad 8 × 3 cm, tenuia, supra parce scabridula, subtus praecipue in nervis pilosa, margine irregulariter denticulato-crenata; nervi subtus paullo prominentes. Panicula parce ramosa, ramis adscendentibus, longis, in parte basali sat longe nudis, apice floriferis, floribus breviter pedicellatis, cernuis. Receptaculum ovoideo-conicum, praecipue in nervis prominentibus scabridulum. Calycis lobi anguste triangulares v. triangulari-subulati, c. 7—9 × $1\frac{1}{2}$—2 mm, ± distincte carinati, extus praecipue in nervo mediano et ad marginem pilosuli, intus glaberrimi, primum erecti ad alabastrum adpressi, dein patenti-reflexi. Corolla intense coerulea, campanulata, c. 2 cm longa, ad $\frac{1}{3}$ incisa, lobis triangularibus, extus in nervis parce pilosula. Staminum squamae anguste triangulares, 4 mm longae, longe et dense villosae. Stylus subexsertus, disco parvo, cylindrico, c. 1 mm longo et lato.

Y.: Matten, Gebüsche und schattige Föhrenwälder der wtp. und tp. St., 2000—3800 m. Umgebung von Yünnanfu (Maire 2603). Möngdse (Henry 9273 A). Beschigu bei Beyendjing (Ten 1355 p. p.). Im W bei Tengyüe (Forrest 25320. Howell 48, 262). Am Dsang-schan bei Dali (Schneider 2530). Sunggwe s von Hodjing (Schn. 2901 p. p.). Im NW an der Ostseite des Yülung-schan bei Lidjiang (Forrest 2986 fl. albo als *A. diplodonta* Diels, 6282 Typus, 6710. Rock 5449). Hier bei Ngulukö (Rock 5746) und Djinhaidse (R. 6046 p. p.). Im NE hinter Dungtschwan, am Fenschui-lin und bei Maliwan (Maire), bei Djiangdi (Maire 369/1913), am Du-schan (M. 904/1913 p. p.), bei Tschaho (M. 146/1914 p. p.) und Lupu (Ten in Ducloux 1410 p. p.).

Unter dem Namen *A. confusa* scheide ich vorläufig einen Teil des Formenkreises aus, der sich um *A. Bulleyana* Diels, *A. coelestis* Diels, *A. diplodonta* Diels, *A. Forrestii* Diels, *A. khasiana* (Hook. fil. & Thoms.) Feer, *A. ornata* Diels und *A. pachyrrhiza* Diels gruppiert. Ich bin nur allzu wohl dessen bewußt, daß ich noch nicht zu einer befriedigenden Umgrenzung der Yünnan-Arten gekommen bin, aber das gesammelte Material ist noch zu dürftig und stammt von allzu wenigen Lokalitäten. Die Exemplare sind auch zu kümmerlich und nicht so sorgfältig gesammelt, daß sie ein wahres Bild der Variationsamplitude der Arten geben können. Das trennende Merkmal von *A. confusa* liegt in den ganzrandigen Kelchzipfeln. Bei allen den genannten Arten (auch bei *A. Forrestii*, was in der Originaldiagnose von Diels nicht angegeben wurde) sind die Kelchzipfel am Rande mit einigen wenigen Zähnen versehen. In anderen Hinsichten, besonders bezüglich Behaarung sowie Form und Konsistenz der Blätter, sind die verschiedenen Exemplare einander sehr unähnlich. So weicht Henry 9273 A durch dickere Blätter mit unterseits sehr kräftig hervortretenden Nerven ab, Forrest 2986 und 6710 haben stärker behaarte, rhombischere Blätter, kurz gestielt und mit der Blattspreite kräftig am Stiel herablaufend usw. Überall sehr dicht behaarte und fast kahle Exemplare scheinen bunt durcheinander zu wachsen. Eine sehr einheitliche Sippe unbekannter Herkunft, welche sich zwanglos unter diese Art einfügen läßt, wird in den botanischen Gärten häufig als *A. Bulleyana*, *A. diplodonta*, *A. Farreri* hort. und *A. Forrestii*, ausnahmsweise auch als *A. marsupiiflora* und *A. verticillata* kultiviert.

A. coelestis Diels in Not. Bot. Gard. Edinb., V., 173 (1912). Offene Gebüsche und Felsen der tp. bis in die wtp. und Hg. St., 2900—4000 m. NW-Y.: Sunggwe s von Hodjing, 26° 22′ (Schneider 2901 p. p.). Bei Lidjiang, v. E. (3717). Hier auf den Hügeln w der Stadt (Schneider 1900). Vielfach an der Ostseite des Yülung-schan (Forrest 2718, 2801 als *A. ornata*, 2810, 6200, 6313, 6327, 6406, 6588, 15144. Schneider 2468, 2859, 3470, 3595, 3612. Rock 4544, 4742, 5269, 5281, 5445, 5645, 5667, 5689, 5920). N von hier zwischen Tsasopie und dem Passe Hwayanggo, 27° 27′ (7028). Laho-Kette, 27° 40′ (Forrest 15138). Gegend von Dschungdien (Schneider 3254). W-S. VII. 1903 (Wilson 3994).

Diese Art ist meistens sehr leicht durch ihren Habitus zu erkennen. Die Merkmale, die sie von *A. Bulleyana*, *A. Forrestii*, *A. khasiana* und *A. ornata* abgrenzen, sind dagegen sehr schwach. Forrest n. 2801, welches Exemplar Diels in der Originalbeschreibung von *A. ornata* zu dieser Art rechnete, ist ganz unzweideutige *A. coelestis*, nur sind die Exemplare hochwüchsiger als gewöhnlich und mehrblütig. *A. ornata* weicht durch etwas dünnere, oberseits nicht ebene, sondern rugose Blätter, durch etwas schmälere Kelchzipfel, trichterförmige (nicht breit glockenförmige) Corolla und etwas kleineren Discus von *A. coelestis* ab. Das Verbreitungsgebiet von *A. coelestis* ist offenbar ein sehr beschränktes. In der Umgebung von Lidjiang ist sie anscheinend sehr häufig. *A. ornata* kenne ich typisch nur aus dem „Tali Range". Ich halte es für sehr wahrscheinlich, daß sie sich, wenn die *Adenophorae* besser bekannt geworden sind, als eine geographische Rasse einer sehr polymorphen Art erweisen wird, die außer *A. coelestis* und *A. ornata* auch *A. Bulleyana*, *A. khasiana*, *A. confusa* umfaßt und vielleicht noch andere, wie *A. Forrestii* und *A. pachyrrhiza*. Die meisten Exemplare von *A. coelestis* (so auch H.-M. 3717) sind ziemlich niedrig, einblütig oder mit einer wenigblütigen Traube versehen und repräsentieren einen typisch hochalpinen Ökotypus, andere Exemplare (so H.-M. 7028, Rock 5281 und Forrest 2801) sind höher und mit einem verästelten Blütenstand versehen. Soweit die Standortsnotizen es erkennen lassen, kommt sie so in niedrigen Lagen vor. Wie die meisten Spezies der Gattung zeigt sie eine ansehnliche Variabilität der Blattform. Rock 5269 ist als *A. coelestis stenophylla* Diels bezeichnet und besitzt lanzettlich-eiförmige Blätter (bis 4 × 0,7 cm). Noch viel schmälere Blätter (bis 9 × 0,4 cm) zeigt Forrest 6310. H.-M. 7028 hat Blätter sehr verschiedener Form und beweist, daß solche am selben Individuum vorkommen können, und zwar die kürzeren, breiteren unten und die längeren, schmäleren oben.

A. Forrestii Diels in Not. Bot. Gard. Edinb., V., 174 (1912). NW-Y.: Trockene Wiesen der tp. St. unter dem Lamakloster von Dschungdien, Kalk, 3400 m (7740).

— — ** var. **Handeliana** Nannf.

Differt a typo calycis lobis maioribus, ad 10 mm longis.

NW-Y.: Gebüsche und üppige Wiesen der tp. St. an der Westseite des Gebirges Piepun se von Dschungdien, 3550—3650 m, 10. VIII. 1914 (13100).

Diese neue Varietät ist im Habitus der Hauptart sehr ähnlich. Die Kelchzipfel sind aber ungefähr doppelt so lang. Wie an der Hauptart sind sie ziemlich dick und glänzend, mit deutlich erhabenem Mittelnerv, fast gekielt. Der Rand ist etwas verdickt und jederseits mit 2 oder 3 deutlichen Zähnen versehen.

Auf die bisher angeführten Arten verteilen sich jedenfalls die Notizen vom Waha bei Yungning, Paß Lamatso halbwegs von hier nach Dschungdien, Laba e und Berg Schusutsu ober Bödö se von Dschungdien.

** **A hunanensis** Nannf.

Radix crassa, napiformis. Caulis erectus, ad 150 cm altus vel ultra, rigidus, basi subangulosus, apicem versus striatulus, parce ramosus, glaber vel sparse pubescens. Folia basalia cordato-reniformia, duplicato-serrata, lamina in petiolum longe et angustissime cuneiformiter decurrente; caulina alternantia, sessilia vel brevissime petiolata, superiora semper sessilia, basi subamplexicauli vel cuneata vel lamina in petiolum cuneiformiter decurrente, laminis oblongo-cordatis, oblongis vel rhomboidalibus, apice acuminatis; omnia coriacea, supra glaberrima vel glabra, nervo mediano et ramis primariis tantum et in eis pilis brevibus rigidis abundanter ornata, subtus in nervis omnibus pilis similibus sed paullo longioribus densissime usque sparse obsita, margine revoluta, subintegra vel irregulariter serrata vel duplicato-serrata. Inflorescentia basi ramosa, ramis rigidis adscendentibus, floribus brevissime pedicellatis, cernuis, bracteolatis, bracteolis ovato-cordatis. Receptaculum obconicum, glabrum vel rarius pilosulum; calycis lobi oblongo-cordati, acuti, basi paulum contracti, c. 5—6 × 2—2^1/$_2$ mm, saepe basi ad ^{1}/$_2$ mm inter se connati, integri, glabri vel rarius extus pilosuli, primum ad alabastrum adpressi, marginibus incumbentibus, dein reflexo-patentibus. Corolla infundibuliformi-campanulata, 1^1/$_2$—2 cm longa, ad ^{1}/$_3$ incisa, lobis exacte triangularibus. Staminum squamae oblongo-triangulares, 3—3^1/$_2$ cm longae, margine dense, intus sparsius ciliatae; filamenta 2^1/$_2$—3 mm longa; antherae 3 mm longae. Stylus subexsertus vel corollae subaequilongus, disco late cylindrico, c. 1^1/$_2$ mm longo et crasso.

H.: Buschsteppen und Buschwiesen der wtp. St. bei Hsikwangschan im Bezirk Hsinhwa, 600—800 m, 1. IV. 1918 (12587) und Buschwiesen im SW auf dem Yün-schan bei Wukang, 1100—1400 m, 10. VIII. 1918 (12424, Typus). Wohl auch diese häufig in der str. St. um Tschangscha, 50—300 m. Kwangtung: Grasige Hänge des Mandse-schan an der Grenze von Hunan, gegen Kweiyang, 1100 m, 2. VIII. 1915 (MELL 550).

Diese neue Art steht *A. petiolata* am nächsten, womit sie auch im Habitus ziemlich übereinstimmt. Die Blätter sind jedoch viel kürzer gestielt oder keilförmig verschmälert. Die Blüten sind kleiner, oft zu mehreren gehäuft; bei *A. petiolata* sitzen sie meistens einzeln. Die Vorblätter sind viel besser entwickelt und oval-herzförmig; bei jener Art fehlen sie meistens oder sind fast schuppenähnlich. Die Kelchzipfel sind viel breiter, und ihre Ränder berühren einander auch an vollentwickelten Blüten. Bei *A. petiolata* sind die Kelchzipfel dagegen durch eine ziemlich weite Bucht voneinander getrennt. Der Discus am Griffel ist auch viel kleiner als bei *A. petiolata*. *A. hunanensis* erinnert auch an gewisse Formen von *A. rupincola*, die jedoch durch viel längere und schmälere Kelchzipfel sofort zu unterscheiden ist, und auch an gewisse schlecht entwickelte Exemplare von *A. remotiflora*. Wie die übrigen Arten dieser Gattung ist auch diese in Behaarung und Blattform sehr variabel. Nr. 12424 hat ungestielte, nur an den Nerven behaarte Blätter. Nr. 12587 enthält sowohl Exemplare, die nur durch etwas stärkere Behaarung (auch an der Blattfläche) abweichen, als solche, die ganz grau behaart sind (auch am Stengel, an Blütenstielen, Fruchtknoten und Kelchzipfeln) und deren Blätter deutlich gestielt sind.

A. rupincola HEMSL., amplif. (*A. pubescens* HEMSL.). **Ki.**: Wiesen auf dem Gipfel des Hangaodsu zwischen Ningdu und Tjingan („Ki-an"), über 1000 m (Plt. sin. 486).

Ich habe die Originalexemplare von *A. pubescens* (HENRY 2178) und *A. rupincola* (HENRY 4360) genau verglichen und kann sie nur als das stark behaarte, bzw. das fast kahle Extrem einer Art betrachten. Der eigenartige Habitus von *A. rupincola* „the flowers being loosely borne on long slender, weak lateral branches" ist etwas ganz Zufälliges und Abnormes. Der Originalbogen trägt drei verschiedene Exemplare. Eines ist ein Stengel mit anhaftender Wurzel, 35 cm hoch, mit beschädigtem Gipfel. Er trägt in den obersten Blattwinkeln 2—4 cm lange, blühende Zweige. Das zweite ist ein schwacher, ungefähr 20 cm hoher Gipfel eines Stengels, im unteren Drittel mit einigen gestielten, rhombischen (4 × 3 cm) Blättern versehen und in eine armblütige Traube endigend. Das dritte Exemplar endlich ist ein 15 cm langer mittlerer Teil eines Stengels mit vier kräftigen, lanzettlichen Blättern, in ihren Winkeln sehr schlanke, bis 30 cm lange, blühende Äste tragend. Stengel, Oberseite der Blätter und die Blüten sind vollkommen kahl, nur die Unterseite der Blätter ist an den Nerven mit kräftigen, borstenähnlichen Haaren spärlich besetzt. Das Original von *A. pubescens* stimmt in allen wesentlichen Punkten mit *A. rupincola* überein, nur ist die ganze Pflanze (mit Ausnahme der Oberseite alter Blätter) dicht behaart. Der Blütenstand ist eine sehr reichblütige Rispe. Im übrigen ist meine Auffassung der Umgrenzung dieser Art noch nicht befestigt und ich fasse unter dem Namen *A. rupincola* eine Reihe von Formen zusammen, die in Zentralchina vorkommen, und die durch die ziemlich (bisweilen sehr) langen, linealisch-triangularen, spitzen, dünnen Kelchzipfel ausgezeichnet sind.

Leidlich typische *A. rupincola* (kahl) sind u. a. HENRY 1, 4476 p. p., 4609, 4992, WILSON 2735 p. p., CHIEN 5213, alle aus W. Hupeh. Typische *pubescens* sind HENRY 2157, 4880, WILSON 1396, 1542, 1725, 1729, 1947, 2753 p. p. und CHIEN 5387; ebenfalls alle aus W. Hupeh. Mehr zweifelhaft kahle Formen sind GIRALDI 2421, 2422 (S-Schenhsi) und behaarte LICENT 2800 (Schenhsi), BOCK und ROSTHORN 749, 2281, 3142 (S-Setschwan) und WANG-TE-HUI 486 (Kiangsi).

A. alpina NANNF. in Act. Hort. Gothob., V., 14 (1930). NW-S.: Pingwu bei Lungngan, grasiger Hang (FANG 4219). Gebirge um Sungpan, VI.—VIII. 1914 (WEIGOLD). W-Kansu: Wuschao-ling (LICENT 4534).

A. aurita FARNCH. (*A. Watsonii* W. W. SM. in Not. Bot. Gard. Edinb., VIII., 175 [1914]). W-S.: Ohne Fundort (WILSON 1946). Umgebung von Tatsienlu (SOULIÉ 601, 2079, 2080, 2081, 2082. CUNNINGHAM 127/1923, 226 A/1923, 521/1924).

A. Watsonii, welche nach Pflanzen „grown from seeds collected near Tatsienlu by Mr. Charles Masson WATSON" beschrieben ist, habe ich in Hb. Edinb. gesehen. Sie stimmt vollkommen mit *A. aurita* überein. Ebendort sah ich noch vier unbestimmte *Adenophorae*, die R. CUNNINGHAM (217/1923, 426/1924, 214/1923 und 226/1923) bei Tatsienlu sammelte. Sie weichen von den obigen durch längere Kelchzipfel ab, 214/1923 auch durch fast verticillate Blätter. Sie dürften doch nur eine Form von *A. aurita* darstellen.

A. axilliflora BORB. in Mag. Bot. Lap., III., 191 (1904) (*A. sinensis* β *pilosa* A. DC. — *A. Argyi* LÉVL. in Bull. Ac. Géogr. Bot., XXIII., 292 [1914]. — *A. rotundifolia* LÉVL., l. c., 292). Kiangsu: Baohwa-schan bei Guyung (leg. ? 990. TSIANG 10822). Tschinkiang (KOLTHOFF 114, 198, 225). Honan: Djigung-schan (STEWARD 9765).

Die Untersuchung der Originalexemplare von *A. Argyi* und *A. rotundifolia* in Hb. Edinb. erwiesen ihre Identität mit *A. axilliflora*, deren Typus ich in Hb. DC. sah. Da diese Art sehr wenig bekannt ist, mag eine ausführlichere Beschreibung hier folgen, die nach den schönen KOLTHOFFschen Exemplaren entworfen ist.

Radix crassa, napiformis. Caulis adscendenti-erectus vel erectus, rigidus, 30—100 cm altus, simplex, in inferiore parte subangulosus, in superiore striatulus, cinereo-pubescens vel glaberrimus, parte media sat dense foliosus. Folia basalia ignota; caulina alternantia, sessilia vel brevissime petiolata, late oblongo-ovata (ad $3^1/_2 \times 2{,}8$ cm) usque rhomboidea (ad $2{,}8 \times 0{,}8$ cm), supra initio pilis brevibus, hyalinis sat dense obsita, dein (marginem revolutam versus excepta) glabrescentia, subtus (praecipue in nervis) pilis paullo longioribus $\pm$ dense obsita, margine irregulariter crenulata vel dentata, rarissime paulum duplicato-serrata. Racemus strictus, simplex, multiflorus, subsecundus, floribus cernuis brevissime pedicellatis, pedicellis dense pubescentibus. Receptaculum parvum, obconicum, dense (praecipue in nervis prominentibus) cinereo-pubescens. Calycis lobi anguste triangulares vel triangulari-lanceolati, acutiusculi, $7 \times 1^{1}/_{2}$ mm, integri, extus dense pubescentes, intus glaberrimi vel glabri, primum erecti, ad alabastrum adpressi, dein reflexo-patentes. Corolla coerulea, anguste campanulata, 2 cm longa, ad $^{1}/_{3}$ incisa, lobis rotundato-triangularibus, apice mucronatis, mucrone 1—2 mm longo. Staminum squamae oblongo-ovatae, acutae, c. 3×1 mm, margine dense, intus parce ciliatae; filamenta 4—5 mm longa; antherae 3 mm longae. Stylus corolla paullo brevior vel subaequilongus, disco brevi, late cylindrico, c. 1,2 mm longo et lato.

A. *elata* Nannf. in Act. Hort. Gothob., V., 16 (1930). Tschili (Schindler 95 a. Limpricht 551 a als *A. marsupiiflora*. Hsia 2050). Schanhsi-Tschili-Grenze (Serre 2362).

A. *jasionifolia* Franch. W-S.: Tatsienlu (Soulié 566, Pratt 667, Limpricht 1843 als *A. Forrestii*. Cunningham 378). Dungngolo (Soulié 241, 242, 2750, 2752, 2753, 2755, 2792 bis, wo?).

Auch diese charakteristische und sonst sehr einheitliche Art, welche ziemlich treffend mit *Jasione perennis* verglichen wurde, ist mit Bezug auf Behaarung variabel. Sie wurde von Franchet als kahl beschrieben, aber die meisten von mir gesehenen Exemplare sind mit ziemlich langen, dünnen, weichen Haaren dicht besetzt.

A. *latifolia* Fisch. Tschili (Limpricht 530, 550, 551, 3028, alle als *A. verticillata*. Hsia 2215, 2216. Kung 726. Licent 3185, 9441). Schenhsi (Fenzel 97).

Es ist fast unbegreiflich, daß diese Art so oft (nicht nur von Pax und K. Hoffmann) mit *A. verticillata* verwechselt wird. Diese Arten stehen einander sehr fern und stimmen nur darin überein, daß beide in typischen, gut entwickelten Exemplaren kranzständige Blätter besitzen. *A. verticillata* hat eine tonnenförmige oder fast zylindrische, an der Mündung zusammengezogene, kleine, sehr hellblaue Korolle mit sehr lang herausragendem Griffel, und die Kelchzipfel sind kurz und pfriemlich. *A. latifolia* besitzt eine mehrmals größere, offen glockige, stark gefärbte Korolla. Der Griffel ist ungefähr von der Länge dieser, und die Kelchzipfel sind breit eiförmig-dreieckig. Verkümmerte oder beschädigte Exemplare dieser Art können alternierende Blätter bekommen und sind dann sehr schwierig zu erkennen. Die japanische *A. divaricata* Fr. et Sav. kenne ich nur ungenügend; sie ist aber aller Wahrscheinlichkeit nach mit *A. latifolia* identisch.

A. leptosepala Diels in Not. Bot. Gard. Edinb., V., 175 (1912). Wiesen, Gebüsche, offene Wälder und Tannenwälder mit Weidenunterwuchs in der tp. und ktp. St., 2850—4150 m. NW-Y.: (Forrest 10592, 10599, 10858, 10876, 14548, 19110, alle als *A. capillaris*). Ostseite des Yülung-schan bei Lidjiang (Schneider 3382). Hier unter dem kleinen Gletscher (Schn. 3590), Beschuipadse (Rock 5355) und Saba (R. 5678). Überall zwischen Alo und Hsiao-Dschungdien (4603). Jedenfalls am Mekong (Monbeig 156). Im birm. Mons. unter dem Doker-la an der tibetischen Grenze (8109). S.: Bei der Brücke ober Doloho n von Yungning im Gebiete von Muli (7190). Im W auf dem Omei-schan (Wilson, Veitch. Exp. 5036. Fang 2999).

A. liliifolioides PAX et HOFFM. in Rep. sp. nov., Beih. XII., 499 (1922)
p. p. NANNF. in Act. Hort. Gothob., V., 18 (*A. prenanthoides* PRAIN ap. DIELS
in Not. Bot. Gard. Edinb., V., 176, nom. nud.). S.: Im W bei Tatsienlu (SOULIÉ
371). Dungngolo (S. 241 p. p., 288, 668, 2754, 2756, 2756 bis, 2757). Im NW auf
Gebirgen um Sungpan (WEIGOLD. H. SMITH 2822, 2865, durch Druckfehler
„8222, 8265"). S-Tibet: Chaksam im Tsangpo-Tale (WALTON: Hb. Kew).

Als ich die Campanulaceen der ersten SMITHschen Reise bearbeitete, stand
mir nur eine (n. 2112) der zwei von LIMPRICHT zitierten Nummern dieser Art
zur Verfügung. Auf dieses Exemplar fußte ich meine Auffassung der Art. Später
erhielt ich aus Breslau auch die zweite (n. 2807), und diese erwies sich als
spezifisch verschieden und mit der von mir inzwischen beschriebenen *A. paniculata* identisch. Da keine der beiden Nummern ausdrücklich als Typus bezeichnet ist und die Beschreibung offenbar auf beiden begründet ist, glaube ich
die von mir geschaffene Sachlage dadurch legalisieren zu können, daß ich n. 2112
als Typus der *A. liliifolioides* erkläre. Der Umstand, daß diese Nummer in der
Originalbeschreibung die zweite Stelle einnimmt, kann kein Hindernis sein, da
die Reihenfolge nur von geographischen Gründen bedingt ist.

A. liliifolioides unterscheidet sich von *A. paniculata* durch die lange, weiche
Behaarung der Stengel und Blätter, durch die einfachen Trauben oder nur
spärlich verzweigten Rispen mit wenigen, ziemlich dicken, stark aufsteigenden
Zweigen und durch die etwas größeren Blüten, die kürzer herausragenden und
am Gipfel viel dickeren Griffel und kürzere Nektarien.

A. paniculata NANNF. in Act. Hort. Gothob., V., 19 (1930) (*A. liliifolioides*
PAX et HOFFM. p. p.). W-China, 2900 m (WILSON 3995). W-Hubei (WILSON
2391). Aus Nord-China viele neue Fundorte.

A. petiolata PAX et HOFFM. in Rep. sp. nov., Beih. XII., 499 (1922).
W-Hubei (Hupeh): Nanto (WILSON 1597). Schenhsi: Vielfach im Tsinling-
schan (GIRALDI 97, 100, 102, 1456, 2413, 2414. SCALLAN 57, 86. LICENT 2456.
FENZEL 45). S-Schanhsi: Yüantschü, Schuiwangping (H. SMITH 6487). Tschieh-
siu, Mienschanye (H. SM. 7846).

A. Potanini KORSH. NANNF. in Act. Hort. Gothob., V., 15. S.: Im W
(WILSON 3990). W von Gwan (W. 4673). Min-Tal von Sungpan bis Tietschi
(WEIGOLD). Im NW bei Sungpan an Wegrändern (FANG 4325) und auf den
Gebirgen (WEIGOLD). Kansu (FILCHNER 82. FARRER 235, 616. RIDLEY 14).

A. Smithii NANNF., l. c., 21 (1930). NW-S.: Sungpan, Grashang (FANG
4332). Hierher auch LIMPRICHT 2040 als *A. marsupiiflora* FISCH.

A. verticillata (PALL.) FISCH. (*A. polymorpha* LEDEB. var. *rhombifolia*
LÉVL. — *A. remotidens* HEMSL.). Buschwiesen und *Pteridium*-Wiesen der wtp.
St., 1000—1400 m. **Ki.**: Berg bei Djindjiang (KOLTHOFF 259, 266). Hangaodsu
zwischen Ningdu und Tjingan (Plt. sin. 477). SW-H.: Yün-schan bei Wukang
(11116). **Kw.**: Ober Madjiadwen bei Guiding (Kweiting) (10621). Kwanghsi
(CHING 5697).

Das Originalexemplar von *A. remotidens* (Hb. Kew) aus Korea zeigt nur
den Gipfel eines einzigen Stengels. Die Blätter und die Zweige sind nicht verti-
cillat. Die Blätter sind dick, elliptisch und sehr regelmäßig gezähnt. An beiden
Flächen (aber besonders unterseits) sind die Blätter samt dem Stengel kurz
und weiß behaart (nicht „rufo-pubescentia"). Das Exemplar repräsentiert

A. verticillata in einer Form, wie sie nicht selten und in allen Teilen ihres Verbreitungsgebietes vorkommt. Auch *A. polymorpha* var. *rhombifolia* LÉVL. ist laut der Diagnose und einem authentischen Exemplare (TAQUET 2964: Hb. Berl.) nur *A. verticillata*.

**** *A. Wilsonii* NANNF.**

Radix ignota. Caulis erectus, 50 cm vel ultra, subangulosus, striatulus, in inferiore parte simplex vel parce ramosus, in superiore ramis multis floriferis obsitus, densiflorus. Folia basalia ignota; caulina alternantia, sessilia, lanceolato-linearia, apice acuta, remote et obtuse crenato-serrulata, subcoriacea, margine revoluta, supra glaberrima, subtus praesertim in nervis parce pilosa. Flores in panicula terminali pyramidali et racemis lateralibus dispositi, erecti vel patentes, pedicellis sat longis, bracteolis subulatis — linearibus, remote serrulatis. Receptaculum obconicum, basi angustum, glabrum. Calycis lobi subulato-triangulares, 5—7 × 1 mm, post anthesin accrescentes, margine reflexa, utrinque denticulis 2 (rarius 1) succineo- vel nigro-callosis instructi, glabri, erecti- vel divergenti-patentes. Corolla coerulea, campanulato-infundibuliformis, $1^1/_2$—2 cm longa, ad $^1/_3$—$^1/_4$ incisa, lobis triangularibus, glabra. Staminum squamae triangulari-ovatae, apice sensim in filamenta angustatae, $1^1/_2$—2 × 0,8—1 mm, margine breviter et dense ciliatae; filamenta c. 5 mm longa; antherae ad 4 mm longae. Stylus exsertus, ad $2^1/_2$ cm longus, disco parvo cylindrico, c. 1 mm longo et crasso.

W-Hubei, IX. 1907 (WILSON, Arn. Arb. Exp. 1948). Fang, IX. 1901 (W., Veitch Exp. 2605, Typus: Mus. Wien). W-S.: Zwischen Dschengdu und Tatsienlu, IX. 1904 (HOSIE: Mus. Wien).

Diese Art ist in den Aufsammlungen, die ich gesehen habe, sehr gut charakterisiert durch ihren eigenartigen Habitus mit den langen, dichtsitzenden Blättern und den sehr reichen pyramidalen Blütenstand. Sonstige Merkmale sind die gezähnten Kelchzipfel und die trichterförmige Korolle mit lang herausragendem Griffel. Ich kenne keine Art, womit sie näher verwandt ist oder womit sie verwechselt werden kann.

A. sp. S.: Offene steinige Stellen der tp. St. zwischen Yenyüen und dem Yalung, 27⁰ 22′, Sandstein, 3000—3640 m (5384).

Mir unbekannt, aber das Material zu dürftig.

A. sp. W-S.: Min-Tal von Sungpan bis Tietschi (WEIGOLD). Mir ebenfalls unbekannt; schlechtes Exemplar.

Heterocodon NUTT.

H. brevipes (HEMSL.) HAND-MZT. et NANNF. (*Wahlenbergia brevipes* HEMSL.). Y.: Umgebung von Yünnanfu (MAIRE ex hb. Edinb. 772).

Ein Exemplar dieser Pflanze wurde mir von Herrn Dr. H. HANDEL-MAZZETTI mit der Bemerkung zugesandt, daß es sich wahrscheinlich um eine neue Art der bisher monotypischen westamerikanischen Gattung *Heterocodon* handle. Ich erkannte sofort darin die *Wahlenbergia brevipes*, die ich früher nur aus der Original-abbildung kannte und über deren systematische Stellung ich nur überzeugt war, daß ihre Einreihung in der Gattung *Wahlenbergia* falsch sein mußte. Bei der Aufstellung der Art waren die Früchte noch unbekannt. Solche fehlten auch an dem mir gesandten Material. Auf meine Bitte hin bekam ich aus dem Edinburgher Herbar noch zwei Bogen dieser Art mit fast reifen Früchten, und es war daran ersichtlich, daß die Pflanze überhaupt nicht zu den *Campanuloideae-Campanuleae-Wahlenberginae*, sondern zu *-Campanulinae* gehörte. Was nun die Gattung *Heterocodon* betrifft, unterscheidet sie sich nach Schönland (in Engler u. Prantl, Nat. Pflzfam., IV/5., 49, 52) von *Campanula* durch ihre Frucht „mit sehr zarter Wandung, die nach der Reife zerreißt", während sich die Frucht von *Campanula* bekanntlich mit 3—5 kleinen, seitlichen Klappen öffnet. Auch die Gattung *Peracarpa* Hook. fil. & Thoms. muß in Betracht gezogen werden, da sie dünnwandige, nicht aufspringende Kapseln hat. Die von mir eingesehenen *W. brevipes*-Früchte sind zwar nicht ganz reif (die Samen sind anscheinend reif, aber die Kapselwand ist noch nicht ganz vertrocknet), aber keine Spur einer präformierten Mündung ist zu beobachten. Die Wand ist sehr dünn und beim Pressen der Exemplare oft zerrissen. In der Gattung *Campanula* gibt es keine ähnliche Art, und die Gattung *Peracarpa* (vgl. Feer in Bot. Jahrb. XII., 619—621) weicht durch ihre langgestielten Blüten und sehr kleinen, ganzrandigen Kelchzipfel usw. erheblich ab. *Heterocodon rariflorus* Nutt. und *Wahlenbergia brevipes* stimmen dagegen sowohl in Habitus als in Morphologie sehr genau überein: die Blattform ist ungefähr dieselbe, die Blüten sind bei beiden sehr kurz gestielt und blattwinkelständig, die Form der Blüten ist bei den beiden Arten sehr ähnlich, die Kelchzipfel sind breit und an jedem Rande mit einem großen Zahn usw. Unterschiede sind jedoch auch zu finden: die Blütenstiele von *H. rariflorus* sind blattlos, diejenigen von *H. brevipes* besitzen dagegen zwei Vorblätter, die den Laubblättern durchaus ähnlich sind, nur etwas kleiner, die Kelchzipfel von *W. brevipes* sind schmäler usw. Ich zögere nicht, diese als eine zweite Art der Gattung *Heterocodon* zu betrachten.

Peracarpa Hook. f. et Thoms.

P. carnosa Hook. f. et Thoms. (*Campanula circaeoides* Fr. Schm. — *Perocarpa c.* Feer in Bot. Jahrb., VII., 621 [1890]). NW-Y.: Bambusreiche Tannenwälder der ktp. St. des birm. Mons. an der Westseite des Passes Tschiangschel zwischen Salwin und Irrawadi, 27° 52', Glimmerschiefer, 3500—3800 m (9384).

Die von Feer angegebenen Unterschiede bestehen nicht; die japanische Pflanze hat auch gewimperte Filamente.

Asyneuma Griseb. et Schenk
(*Podanthum* G. Don. — *Phyteuma* L. p. p.)

A. fulgens (Wall.) Briq. in Candollea, IV., 334 (1931) (*Campanula f.* Wall.). Gebüsche der wtp. bis in die str. St. auf Sandstein und Tonschiefer, 2200—2600 m. Y.: Hsi-schan bei Yünnanfu (Schoch 271). Rücken zwischen Dsaodjidjing und Hwadung e des Dsolin-ho (4970). Beyendjing (Ten 1283, ex hb. Berol. 228). Im NE mehrfach (Maire). Hier bei Toyün (Mell). S.: Unterhalb Muli (7383). **Kw.** (Tsiang 5575). Kwanghsi (Ching 5500).

Campanumoea Blume

C. javanica Bl. (*C. Labordei* Lévl., e typo). Y.: Feuchte Gebüsche der wtp. St. bei Hedso nächst Gwangdung zwischen Yünnanfu und Dali, Sandstein, 1830 m (4884).

Die Gattung *Campanumoea* scheint sehr unnatürlich zu sein und den wirklichen Verwandtschaftsverhältnissen gar nicht zu entsprechen. Der einzige Unterschied von *Codonopsis* ist die Beschaffenheit der Frucht, beerenartig bei *Campanumoea*, trocken (selten saftig) und aufspringend bei *Codonopsis*. Schönland (in Engler u. Prantl, Nat. Pflzfam. IV/5, 55) will auch einen Unterschied darin finden, daß *Campanumoea* „Frkn. nur in Bezug auf den Kelch halb- oder ganz oberständig, in Bezug auf die Blkr. unterständig" und *Codonopsis* „Frkn. halb- oder ganz unterständig" besitze. Es ist aber bekannt, wie sehr dieses Verhältnis innerhalb beider Gattungen wechselt. — *Campanumoea* zerfällt in zwei Sektionen: *Eu-Campanumoea* und *Cyclodon*, die letztere ursprünglich von Griffith als Gattung beschrieben. Die Sektion *Eu-Campanumoea*, wozu u. a. *C. javanica* gehört, schließt sich sehr eng an die Gattung *Codonopsis* subgen. *Eucodonopsis* an, und zwar an die *pilosula*-Gruppe der Sektion *Volubiles*. Ich glaube, daß eine monographische Durcharbeitung der Gattung *Campanumoea*, die dringend notwendig ist, aber wozu mir bis jetzt Gelegenheit fehlte, zeigen wird, daß sich die ganze Untergattung *Eu-Campanumoea* zwanglos mit dieser Gruppe vereinigen läßt. Hoffentlich wird es dann auch möglich, zu entscheiden, ob *Cyclodon* als besondere Gattung zu behandeln oder ob sie besser in die Sektion *Erectae* von *Eucodonopsis* (als eine eigene Gruppe) zu stellen sei.

Codonopsis Wall.

C. convolvulacea Kurz, amplif. Nannf. (*C. Forrestii* Diels in Not. Bot. Gard. Edinb., V., 171 [1912]. — *C. Limprichtii* Lingelsh. et Bza. in Rep. sp. nov., XIII., 391 [1914]). Buschwälder und Gebüsche, Bambusdschungel, trockene Wälder, Grasplätze, auch in Äckern der wtp. und tp., selten der str. St., 1500—3500 m. **Y.**: N und w von Yünnanfu (Schoch 309). Hier am Hsischan (Mell) und beim Tempel Haiyen-se (Schoch 308). Annangwan (Mell) und überall um Gwangdung und Alaodjing (4871, 11517) am Wege nach Dali. Ebenso zwischen Alaodjing und Dsaodjidjing (4917) und bis Yanggai n von hier. Beyendjing (Ten 61, 66). Im W überall um den Sattel Yenaping zwischen Djientschwan und dem Mekong, 22. IX. 1916 (var. *pinifolia* Hand.-Mzt. in Sitzgsanz. Ak. W. W., LXI., 170 [1924] sub *C. Limprichtii*, specimina debilia, ad 50 cm longa, pedunculis longissimis spiralibus scandentia, foliis permultis dense aggregatis, aciculari-linearibus, 15—35 mm longis, praeter margines revolutos $^1/_2$—1 mm latis, floribus $2^1/_2$ cm diametientibus). In dieser Gegend (Forrest 22332 als *C. efilamentosa*). Im NW bei Lidjiang, v. E. (3713), hier zwischen dem He-schui und Lukudsche (4370). Im NE um Dungtschwan, Dschutsun und Djintschungschan (Maire). Dadschutang (Mell). **S.**: Unter der Alm Bädö bei Muli (7267). Ober Lodjiahoschan in der Ebene von Yenyüen, 30. IX. 1914 (5423, var. *hirsuta* Hand.-Mzt. l. c., 169 sub *C. Limprichtii*, humilis, foliis farctis, ovato-lanceolatis, imprimis subtus et caule inter illa et inferne densissime albo-hirsutis). Massenhaft in einem Haferfeld bei Malade n von hier (phot.). Überall von hier bis s Huili, auf dem Lungdschu-schan (s. Naturb. a. SW-China, Farbenb. 59). Mosoying im Djientschang.

Das mir vorliegende, sehr reichhaltige Material beweist zur Genüge, daß *C. convolvulacea*, *C. Limprichtii* und *C. Forrestii* nicht als Arten aufrechterhalten bleiben können. Ich finde es auch zwecklos, die besonderen Formen mit Namen, wie var. *pinifolia* H.-M. und var. *hirsuta* H.-M., zu belegen, denn dann würde fast jedes Exemplar einen besonderen Namen erhalten müssen. Die Merkmale kombinieren sich nämlich ganz unabhängig voneinander und die unterscheidbaren Formen besitzen auch nicht besondere Verbreitungsbezirke, sondern scheinen bunt untereinander gemischt vorzukommen.

C. efilamentosa W. W. Sm. in Not. Bot. Gard. Edinb., VIII., 107 (1913). **Y.**: Beyendjing, in Äckern (Ten 30).

Petioli ad 3 cm, pedunculi ad 12 cm longi.

C. rosulata W. W. Sm., l. c., XIII., 157 (1921). **S.**: Erdabrisse der tp. St. auf Kalk, 2900—3050 m, ober Lodjiahoschan bei Yenyüen, 30. IX. 1914 (5422) und unter Lidsekou und ober Mabaho n von hier.

Folia subtus elevatim reticulato-venosa, in speciminibus meis parvis 14 × 13, 20 × 12 — 26 × 14 et 22 × 18 mm. Calycis lobi 5 mm longi. Filamenta antheras aequantia cum toto flore glabra. Capsula parte immersa turbinata 5 mm longa et lata, valvis exsertis lanceolatis 3 mm longis.

C. vinciflora Kom. W-S. (Limpricht 2308 als *C. convolvulacea*).

C. lanceolata (Siebd. et Zucc.) Benth. et Hook. f. **H.**: Wälder und Gebüsche der str. bis in die wtp. St., 150—700 m. Yolu-schan bei Tschangscha (11345). Hsikwangschan bei Hsinhwa (12618). Nganhui (Chien 1160). Tschekiang (Ching 3611).

C. micrantha Chipp. Gebüsche und Hecken der wtp. St., 1950—2500 m. **Y.**: Guti bei Beyendjing (Ten 1307). Im NE in der Ebene von Tschehai (Maire). **S.**: Zwischen Hsioyomiao und Djinschuiho bei Huili (5231). Ober Dugungpu im Seitentale des Yalung ne von Yenyüen.

C. modesta Nannf. in Act. Hort. Gothob., V., 26 (1930). NW-S.: Gebirge um Sungpan, VI.—VIII. 1914 (Weigold).

**** C. Handeliana** Nannf.

Syn.: *C. silvestris* Anth. in Not. Bot. Gard. Edinb., XV., 181 p. p., non Kom.

C. rotundifolia Hand.-Mzt. in Karst. u. Schenck, Vegetatbild., 22. R. Taf. 46b, non Royle.

Radix ignota. Caulis volubilis, metralis vel ultra, bifariam ramosus, glaber; ramuli ultimi floriferi saepe efoliosi. Folia caulium primariorum petiolis ad 1½ cm longis, ovato-cordata, vel ovato-triangularia, ad 3 × 1½ cm, basi late cordata, apice acutiuscula; ramorum minora, rotundata vel rotundato-cordata; omnia discoloria, subtus glauca, supra pilis longis (c. 1 mm) albidis et sparsis obsita, subtus praesertim in nervis pilis similibus sed paullo longioribus et densioribus ornata, margine leviter crenulata. Calyx ad ¼ superus, receptaculo hemisphaerico, glabro, lobis triangulari-ovatis, acutis, 15—20 × 7 mm, glabris, integris. Corolla semisupera, receptaculo ad 3 mm supra lobos calycinos affixa, late campanulata, 2½ cm longa et 2 cm lata, flavida. Staminum filamenta basi dilatata, c. 6 mm longa, glabra; antherae c. 4 mm longae, glabrae. Stylus generis.

NW-Y.: Üppige Wiesen und kräuterreiche Hänge der tp. St. an der Westseite des Gebirges Piepun se von Dschungdien, Kalk, 3500—3600 m, 12. VIII. 1914 (4777, s. Karst. u. Schenck, l. c.). Wohl auch diese bei der Schwefelquelle unter Baoschi e von hier, 3400 m.

Ex affinitate *C. pilosulue* (FRANCH.) NANNF., *modestae, volubilis* NANNF. ined. Gleich wie bei mehreren anderen Arten dieser Gruppe sind die Kelchzipfel weit unterhalb der Korolle befestigt, so daß hier ein Abstand von ungefähr 3 mm zwischen dem Grunde der Korolle und den Kelchzipfeln vorhanden ist. Die Art ist besonders durch das Kleid von langen, ziemlich spärlichen Haaren an den Blättern ausgezeichnet.

C. tubulosa KOM. S.: Grasplätze der tp. St. auf dem Lungdschu-schan bei Huili, Diabas, 3300—3675 m (5206). NE-Y.: Matten der Berge bei Sandjia, wtp. St., 2700 m (MAIRE).

C. macrocalyx DIELS in Not. Bot. Gard. Edinb., V., 170 (1912). NW-Y.: Üppige Wiesen, kräuterreiche Hänge, Tannenwälder mit Weidenunterwuchs in der tp. und ktp. St., 3500—4150 m. Westseite des Gebirges Piepun se von Dschungdien (4780). Unter dem Doker-la an der tibetischen Grenze (8121).

— — ** var. **coerulescens** HAND.-MZT. in Sitzgsanz. Ak. W. W., LXI., 169 (1924).

Flores (e nota ad vivum) pallide coerulei, paulum violaceo-maculati.

NW-Y.: Gekräute der Hg. St. des birm. Mons. auf den Schöndsu-la zwischen Mekong und Salwin, 28° 4′, Kalk, 4025 m, 2. VIII. 1916 (9618).

Ad descriptionem speciei l. c. addita: Stamina longissime hirsuta. Ovarium stylusque glabra. Calyx et corolla semisupera.

Die Varietät wurde von ANTHONY in Not. Bot. Gard. Edinb., XV., 182 (1926) mit Unrecht zur vorigen Art gezogen.

C. subscaposa KOM. S.: Offene, krautige Stellen der ktp. St. im Tale n des Passes Tschescha bei Muli gegen Yungning, Kalk, 3900—4000 m (7234). Im W bei Tatsienlu (HEIM).

C. meleagris DIELS in Not. Bot. Gard. Edinb., V., 172 (1912). NW-Y.: Bei Lidjiang, v. E. (3714).

C. subglobosa W. W. SM., l. c., VIII., 108 (1913). Gebüsche der tp. bis in die wtp. St., 2500—3200 m. Y.: Jenseits des Sattels Balaschu w von Djientschwan zwischen Dali und Lidjiang (10058). S.: Unter Malade zwischen Yenyüen und Kwapi, 27° 45′ (5456). Ober Dungungpu ne von dort gegen den Yalung. Im W (LIMPRICHT 1967, 1995 als *C. ovata*).

Saepe alte scandens, valde contexta, suco foetidissimo. Folia usque ad 3 cm longa. Calycis juga variant setosa et glabra, lobi saepe e basi angusta dilatati usque suborbiculares. Corolla variat pallide flavoviridis lobis apice rubro-brunnescentibus et viridis limbo intus violaceo.

C. macrantha NANNF. in Not. Bot. Gard. Edinb., XVI., 157 (1931) (*C. nervosa* NANNF. in Act. Hort. Gothob., V., 26 [1930] p. p., non *C. ovata* var. *nervosa* CHIPP). NW-Y.: Matten, Wiesen und Hochkrautfluren der ktp. und Hg. St. des birm. Mons., 3800—4250 m. Zwischen Mekong und Salwin auf dem Maya, 28° 4′ (5825), unter dem Doker-la (8071) und in dem nach Tibet hinabführenden Tale Schidsaru (9703).

C. Bulleyana DIELS in Not. Bot. Gard. Edinb., V., 171 (1912). Gehängeschutt und kräuterreiche Stellen der ktp. und Hg. St., 3900—4200 m. NW-Y.: Unter dem Kar Schitako am Yülung-schan bei Lidjiang (4302). Ob diese auf dem Gipfel neben dem Sattel Hsiao-Niutschang ober Bödo? S.: Tal n des Passes Tschescha bei Muli (7231) und beiderseits des Passes Dökö sw von hier.

C. alpina Nannf. in Not. Bot. Gard. Edinb., XVI., 154 (1931) (*C. foetens* Hook.f. et Thoms. var. *maior* Hand.-Mzt. in Sitzgsanz. Ak. W. W., LXI., 169 [1924]). NW-Y.: Matten der Hg. St. des birm. Mons. auf dem Maya zwischen Mekong und Salwin, 28⁰ 4', Kalk, 4050—4300 m, 3. VIII. 1916 (9638). Birma—Tibet-Grenze: Adung-Tal im Quellgebiet des Irrawadi, 4000—4250 m, 31. VII. 1931 (Ward 9884).

C. nervosa (Chipp) Nannf. in Act. Hort. Gothob., V., 26 (1930) p. p. mai. W-S. (Limpricht 2089, 2152, als *C. ovata*).

Leptocodon Hook. f. et Thoms.

L. gracilis Hook.f. et Thoms. Laubwälder und Bambusdschungel der wtp. St., auf Mergel und Sandstein, 2050—2600 m. Y.: Dawan w von Yungbei („Yungpeh") (13000). Beyendjing (Ten ex hb. Berol. 283). S.: Dadschao bei Huili (5638).

Cyananthus Wall.

C. fasciculatus Marq. in Kew Bull., 1924, 247. Steinige Matten und Gebüsche, auch an Dschungelrändern der wtp. und tp. St. auf Sandstein und Diabas, 2400—3600 m. Y.: Wahrscheinlich dieser bei Djiaohsi über dem Yangtse n von Yünnanfu. Im NE bei Dungtschwan (Maire). S.: Lungdschu-schan bei Huili, 16., 17. IV. 1914 (5171, 5217). Ober Niutschang am Wege von hier nach Yenyüen, 27⁰ 22' (5411).

C. Hookeri Clke. (*Wahlenbergia monantha* H. Winkl. in Rep. sp. nov., Beih. XII., 501 [1922], e typo). NW-Y.: Fast nackte Stellen in der ktp. St. auf dem Hochland gegen die Alm Dsilu e von Dschungdien, Sandstein, 3900—4050 m (7714, z. T. var. *levicaulis* Franch.). NE von Atendse (Forrest 20165).

C. inflatus Hook.f. et Thoms. NW-Y.: Wald- und Dschungelränder der ktp. St. auf Sandstein und Glimmerschiefer, 3525—3950 m. Bei Lidjiang, v. E. (3719). Paß Litiping e von Weihsi. Im birm. Mons. am Schöndsu-la zwischen Mekong und Salwin, 28⁰ 4' (8367).

C. formosus Diels in Not. Bot. Gard. Edinb., V., 172 (1912). NW-Y.: Bei Lidjiang, v. E. (3759). S.: In tiefem Kalkschutt der Gehänge der Hg. St. auf dem Berge Saganai ober Muli, 4300—4375 m (7320).

C. Delavayi Franch. Steinige Stellen, ziemlich trockene Wiesen und nackte Erde auf Sandstein und Diabas (auch Kalk?) in der tp. und ktp. St., 3000—3850 m. Y.: Betsaolin bei Beyendjing (Ten 1376). Im NW zwischen Alo und Hsiao-Dschungdien (4615). S.: Lungdschu-schan bei Huili (5205). Übergang vom Yalung nach Yenyüen, 27⁰ 22' (5388). Rücken n des Passes Tschescha zwischen Muli und Yungning (7220). Im W (Limpricht 2290 als *C. incanus* Hook. f. et Thoms.).

C. flavus Marq. in Kew Bull., 1924, 247. NW-Y.: Bei Lidjiang, v. E. (3758).

C. dolichosceles Marq., l. c., 250. W-S.: (Limpricht 2165 als *C. petiolatus* Franch., 2325 als *C. incanus*).

C. macrocalyx Franch. var. *flavo-purpureus* Marq., l. c., 252. Matten, besonders an steinigen Stellen, und Gehängeschutt der ktp. und Hg. (und tp.?) St., (3200?—) 3700—4600 m. Y.: Im W zwischen Djientschwan und dem Mekong, 26⁰ 30′ (Forrest 23225). Im NW am Osthang des Gipfels Ünlüpe im Yülung-schan bei Lidjiang, 16. VII. 1914 (3528). Ob dieser beim Lagerplatz Rüto n von hier? und auf dem Waha bei Yungning? Sattel Hsiao-Niutschang zwischen Bödö und Hsiao-Dschungdien. Im birm. Mons. zwischen Mekong und Salwin auf dem Rücken Tongong, 28⁰ 9′ (9776) und unter dem Doker-la (8138). S.: Alm Bädö und Pässe Tschescha und Döko (phot.) bei Muli. Im W vor dem Tscho-la bei Kanse (Limpricht 4500).

C. longiflorus Franch. NW-Y.: Steinige Matten der oberen wtp. St. im n Teile des Beckens von Lidjiang, Kalk, 2750—2850 m (3760).

Mit oberseits dicht borsteligen Blättern und an vielen Exemplaren nur endständigen Blüten. Solche hat auch *C. argenteus* Marq., l. c., 253 (Schneider 2774), dessen Korolle die von Franchet für *C. longiflorus* angegebene Größe zeigt und dessen Kelch nicht bis zur Mitte geteilt ist. Seine Verschiedenheit ist mir daher zweifelhaft.

Wahlenbergia Schrad.

W. marginata (Thunb.) A. DC. Nannf. in Act. Hort. Gothob., V., 31 (1930) (*Campanula m.* Thunb., Fl. Jap., 89 [1784]. — *Wahlenbergia gracilis* Forb. et Hemsl., non [Forst.] Schrad.). Steppen und Raine der str. und wtp. St. H.: 40—400 m. Häufig um Tschangscha (11670) und in SW bis Dsingdschou. Kw.: Überall bis jenseits Hwangtsaoba (10258). Y.: Gemein, 1900—2400 m. Um Yünnanfu (50. Schoch 203). Überall auf dem Hochland nach N und bis Yünnan-hsien und Beyendjing (Ten 1263). S.: 1450—2700 m. Um Huili, Dötschang (1124), Dawanpu am Yalung, 27⁰ 43′ (5612), Schagoma se von Ningyüen, Tjiaodjio im Lolo-Lande (1623) und um Yenyüen.

Platycodon A. DC.

P. grandiflorus (Jacq.) A. DC. Steppen und Buschwiesen der wtp. St., 600—1500 m. H.: Hsikwangschan bei Hsinhwa (12586). Kw.: Zerstreut im E um Liping. Zwischen Guiyang und Guiding (10587). Maoguho (Schoch 401). Im SW ober Djiangdi an der Grenze von Yünnan (10270).

Lobeliaceae

Lobelia L.

Bearbeitet von E. Wimmer (Wien)

L. radicans Thunb. Sumpfstellen, Lachen- und Reisfeldränder der str. und wtp. St., 300—750 m. H.: Hsikwangschan bei Hsinhwa (11914). Kw.: Gemein von Liping westwärts, selten bei Gudschou. Duyün (10682).

* *L. trialata* Ham. in Don, Prodr. Fl. Nep., 157 (1825). Y.: In der str. bis in die wtp. St. auf Mergel und Sandstein, 1400—1800 m. Beschattete Quellsümpfe w von Tschuhsiung, 2. XI. 1915 (8589). Erdabrisse an Wegrändern zwischen Hwaping (Djiuyaping) und Hsingai e von Yungbei (13028).

L. sessilifolia Lamb. Sumpfstellen der wtp. und str. St., 1400—2800 m. NW-Y.: Sattel s Niugai zwischen Dali und Lidjiang. Beim Lamatempel nächst

Böscha bei Lidjiang (SCHNEIDER 2476). Döku zwischen Yangtse und Mekong, 27⁰ 19′ (7907). S.: Zerstreut im Djientschang ober Dötschang.

*** L. colorata** WALL., Pl. As. rar., II., 42 (1831). **Y.**: Nasse Stellen am Lung-schan bei Beyendjing, 15. X. 1919 (TEN 1452).

— — **** var. *dsolinhoënsis*** E. WIMM. in Sitzgsanz. Ak. W. W., LXI., 110 (1924).

Glaberrima, 50—60 cm alta. Folia inferiora in petiolum alatum, 2—3 cm longum angustata, superiora subsessilia, lamina oblonga, ad apicem acuta usque subacuminata, apice ipso obtusiuscula et mucronulata, ad basin sensim attenuata, margine inaequaliter callose denticulata, $9 \times 2^{1}/_{2}$ vel $5^{1}/_{2} \times 2$ cm et minora. Flores in racemo bracteato subsecundo c. 20—30 cm longo, multifloro. Bracteae foliaceae, lanceolatae, longe acuminatae, floribus multo longiores. Pedicelli compressi, glabri, fusci, basi bibracteolati, 5 mm longi, suberecti; bracteolae parvae, fusco-violaceae. Receptaculum calycis semiovoideum, glabrum, c. 3×3 mm, lobis 5 sublinearibus, acutis, denticulis callosis 2 utrinque munitis, erectis, 8—10 mm longis, 1 mm latis. Corolla rosea, 15 mm longa. Tubus staminum 11 mm longus; filamenta superne puberula.

Y.: Gräben der wtp. St. ober Dsaodjidjing e des Dsolin-ho, Sandstein, 2050—2100 m, 7. IX. 1914 (4924).

Differt a typo speciei foliis maioribus, bracteis flore usque duplo longioribus, lobis calycis longioribus (in typo 6 mm longis).

— — **** var. *baculus*** E. WIMM., l. c.

Folia oblongo-lanceolata, inferiora in petiolos c. 5 cm longos, marginatos attenuata, $12 \times 2,6$ cm, cetera sensim brevius petiolata usque sessilia. Flores in racemo vago, bracteato, floribundo, 40—60 cm longo. Bracteae floribus longiores, lanceolatae, sessiles, $4 \times 0,7$ cm et minores. Lobi calycis sublineares, acuti, denticulati, patuli, glabri, 11—12 mm longi, basi 1 mm lati. Corolla rosea, 16 mm longa. Antherarum tubus plumbeus, antice in dorso parce setulosus; antherae 2 inferiores apice pilis paucis tenuibus longis praeditae.

S-Y.: Semao (WILSON 195).

A typo recedit racemo vago, floribundo et lobis calycinis longioribus. Etiam *L. Wallichianae* (PRESL) HOOK. f. et THOMS., quae a *L. pyramidali* Wall. certe distincta, imprimis flore propinqua est, sed lobi calycis callose denticulati, folia diversa, caulis simplex.

*** L. erecta** HOOK. f. et THOMS. in Journ. Linn. Soc., Bot., II., 28 (1858). Wälder, Gebüsche, Matten und Bambusdschungelränder der wtp. bis in die ktp. St., 2000—3900 m. **Y.**: Betsaolin bei Beyendjing, 25. IX. 1919 (TEN 1424). **S.**: Hwang-liangdse zwischen Yenyüen und Kwapi, Kalkschiefer, 5. X. 1914 (5496). **Kw.**: Gwangdseyang bei Langtai, 10. X. 1916 (SCHOCH 397).

**** L. Handelii** E. WIMM. in Sitzgsanz. Ak. W. W., LXI., 109 (1924).

Sect. *Tupa* (G. DON) BENTH.

Radix fibrosa, fibrillis crassiusculis. Caulis erectus, simplex, teres, levis, glaber, fistulosus, ad 70 cm altus, foliatus. Folia alterna, inferiora petiolis alatis, 3—4 cm longis, superiora sensim brevius petiolata usque sessilia, elliptica, acuminata vel acuta, basi angustata, margine subrepande denticulata denticulis callosis, obscuris, confertis, minimis, herbacea, supra pilis sparsis, hyalinis, subtus pallidiora in nervis parce pilosa, patentia, 8×3 cm. Flores in racemo

10—20 cm longo, subsecundo, ± laxo, bracteato. Bracteae foliaceae, decrescentes, 3 × 1 cm et minores, sessiles, pedicellos multiplo superantes. Pedicelli compressi, erecti, pubescentes, 5 mm longi, apice saepe cernui. Receptaculum calycis semigloboso-ellipsoideum, 4 mm longum, 5 mm latum, pubescens; lobi longe triangulares, 7—8 mm longi, basi 2,5 mm lati, subacuti, callose denticulati et ciliati, erecto-patuli, glabri, trinervii. Corolla coerulea (e nota ad vivum), 18 mm longa, extus scabriuscula, intus glabra, bilabiata; lobi superiores lineari-lanceolati, acuti, suberecti, inferiores oblongi, acuti, subdeflexi, omnes in nervis extus ciliati, c. 1 cm longi. Stamina in tubum connata, 16 mm longa, e corollae fissura prosilientia. Filamenta glabra, 11 mm longa; antherarum tubus plumbeus, curvatus, in suturis pilosus; antherae 2 inferiores apice penicillatae.

NW-Y.: Kräuterreiche Stellen der tp. Regenwälder des birm. Mons. im Tale unter dem Gomba-la bei Tschamutong am Salwin, Granit, 3200—3300 m, 11. VII. 1916 (9539) und gegen den Irrawadi w des Sees Tsukue hinter diesem Berge, Glimmerschiefer, 3900? m, 15.—17. VIII. 1916, v. E. (9901, Typus). In derselben Gegend, IX. 1921 (Forrest 20225).

L. erectae simillima, sed diversa caule glabro, foliis inferioribus in petiolos longos, alatos angustatis, lobis calycis denticulatis et ciliatis, corolla extus in nervis loborum ciliata, antherarum tubo piloso.

L. dolichothyrsa Diels, e typo. S.: Bambusreiche Gebüsche der tp. St. ober Niutschang zwischen Yenyüen und dem Yalung, 27° 22′, Sandstein, 3000 bis 3200 m (5399).

L. taliensis Diels in Not. Bot. Gard. Edinb., V., 170 (1912). Y.: Quellen der wtp. St. ober Dahwaschu bei Yungbei, Sandstein, 2200 m (3392).

** **L. fossarum** E. Wimm. in Sitzgsanz. Ak. W. W., LXI., 109 (1924).

Sect. *Tupa* (G. Don) Benth.

Glaberrima. Radix incrassata, ♃, fibrillis crassiusculis. Caulis subramosus, erectus, c. 60 cm altus. Folia radicalia spathulata, rotundata, crenato-denticulata, in petiolos 8—9 cm longos, alatos angustata, 6 × 3,2 cm, caulina alterna, obovato-oblonga vel superiora elliptica, brevius petiolata vel subsessilia, inferiora apice rotundata vel obtusa, superiora acuta, omnia ad basin attenuata, margine irregulariter crenulato-repanda et denticulata, 3,5 × 1,6 cm, herbacea, subtus pallidiora nervis fere planis secundariis 5—6. Flores in axillis bractearum foliacearum solitarii brevipedicellati, racemosi. Bracteae sessiles, inferiores floribus longiores, superiores multo minores. Pedicelli 3 mm longi, compressi, scabriusculi, suberecti. Receptaculum calycis semiovoideum, glabrum, 4 × 4 mm; lobi sublineares, acuti, denticulati, glabri, patentes, 9 mm longi, 1 mm lati. Corolla 24 usque 25 mm longa, rosea, bilabiata, dorso usque ad basin fissa, deflexa; lobi 2 superiores anguste lanceolati, 14 mm longi, 2 mm lati, 3 inferiores oblongo-lanceolati labium trifidum 15 mm longum, 7 mm latum formantes. Filamenta connata, glabra; antherarum tubus plumbeus, fuscovittatus, pilis albis obsitus; antherae 2 inferiores breviores setis terminatae.

H.: Grabenränder der str. St. hinter der Stadt Tschangscha, Sandstein, 50 m, 19. X. 1917 (11376).

Proxima *L. taliensis* Diels a nostra differt foliis angustioribus eorumque margine necnon corolla.

L. Seguini Lévl. et Vant. in Rep. sp. nov., XII., 186 (1913). **Y.**: Beyendjing (Ten 1423, ex hb. Berol. 319).

— — ** f. ***longisepala*** E. Wimm. in Sitzgsanz. Ak. W. W., LXI., 111 (1924).

Differt a typo calycis lobis 20—22 mm longis, 1—1½ mm latis, longioribus quam tubus staminum (in typo 14—16 mm longi et basi 3 mm lati). **S.**: Grabenränder der wtp. St. bei Huili, Sandstein, 1900 m, 16. IX. 1914 (5167) und wohl auch diese unter Dawanying (phot.) in der str. St. zwischen Tienba und Dadschou am Wege von hier nach Yenyüen, 1480 m, und verbreitet ober Mosoying im Djientschang. Im E bei Wuschan (Wilson 2757).

— — ** f. ***brevisepala*** E. Wimm., l. c.

Calycis lobi 8 mm longi, dimidium staminum tubum aequantes.

NE-Y.: Feuchte Stellen der wtp. St. vor Djiangdi am Wege von Yünnanfu nach Suifu, c. 2600 m, 10. IX. 1914 (Mell).

Pratia Gaudich.

P. begoniifolia (Wall.) Lindl. (*P. nummularia* [Lam.] Benth. ap. Kurz 1877, non Aschers. et A. Br. 1861). Föhren-Eichen-Mischwälder und Laubwälder, auch an feuchten Stellen in der wtp. St. **Y.**: 2200 m. Tempel Tjiung-dschu-se bei Yünnanfu (Schoch 263). Weischa e von Yungbei (13011). **E-Kw.**: Baotie-schan bei Gudschou, 500 m (10889).

Compositae

Vernonia Schreb.

V. silhetensis (DC.) Hand.-Mzt. (*Decaneuron silhetense* DC., Prodr., V., 67 [1836]. — *Vernonia bracteata* Wall. ap. Clarke, Comp. Ind., 17 [1876] p. p.) var. ***nantcianensis*** (Pamp.) Hand.-Mzt. (*V. bracteata* var. *n.* Pamp. in N. Giorn. Bot. It., n. ser., XVIII., 98 [1911]). **S.**: Abgerissene Wegränder der str. St. unter Loyao im Djientschang, kristallinischer Boden, 1300 m (5624). **W-Hubei** (Wilson, Veitch Exp. 1421).

Früchte angedrückt behaart, ebenso entgegen Hookers Angabe in Fl. Brit. Ind., III., 232 auch an indischen Pflanzen.

** ***V. Stibaliae***[1] Hand.-Mzt.

Sect. *Decaneurum* (DC.) O. Hffm.

Herba c. 80 cm alta, valde ramosa (e collectore), caule tenui angulato et pluricostulato, ramis elongatis, dense puberulis, aequaliter foliatis. Folia ovata vel elliptica, 7—13 cm longa, longitudine 2— sub 3^{plo} angustiora, acuminata, basi subpetiolato-angustata, margine praeter basin remote serrulata vel serrata, mucronibus crassis, herbacea, sicca atroviridia, supra breviter brunnescenti-strigosa, glabrescentia, subtus pallidiora minute argenteo-glandulosa et in nervis c. 6^{nis} patentibus arcuatis ad marginem anastomosantibus et in dentes excurrentibus prominulis et costa crispule pilosula; venularum rete densum vix conspicuum. Calathia in pedunculis terminalibus et hic illic axillaribus 3—9 cm longis folium

---

[1] In honorem Dris. E. Stibal, nunc Peter, collaboratricis meae aptissimae *Salviarum*que sinensium monographae nominata.

diminutum hic illic gerentibus solitaria, subglobosa, ad 15 mm diametro. Involucri c. 6 seriati ad 12 mm longi phylla extima fere tota subulata, media ovata in subulas excurvas ad 5 mm longas subito angustata, fusca, costa in parte inferiore pallida et indurascente, marginibus longe et flavide araneoso-ciliata, intima linearia, $1^1/_2$ mm lata, mucronibus brevibus, marginibus late subscariosis antice purpurascentibus breviter ciliolata. Pappus brunneus, setis crassis scaberulis, interioribus 6 mm longis, exterioribus paucis iis 4[plo] brevioribus. Corollae (e collectore) rubrae extus glandulosae tubus 5—6 mm longus, sensim dilatatus, lobi lanceolati, c. 4 mm longi. Filamenta pilosula. Styli rami longi, prorsus hirtelli. Achaenia immatura 10 costata, tenuiter et adpresse pilosa.

NE-Y.: Einzeln an grasigen und buschigen Stellen zwischen Dagwanlao und Laowatan im mittelchin. Fl., c. 500 m, 19. IX. 1914 (MELL).

Proxima et simillima *V. peninsularis* CLKE., indica, differt indumento grosse hirsuto, foliis dense serratis, nervis valde prominuis, pedunculis pluribus et brevioribus, forsitan etiam subulis phyllorum magis erectis.

V. abbreviata (WALL.) DC., Prodr., V., 25 (1836) (*V. cinerea* FORB. et HEMSL. p. p.). Reisfeldraine und Steppen der str. und unteren wtp. St., 600 bis 2100 m. **Y.**: Jöschuitang n von Yünnanfu (455). Möngdse. Dingyüen. S Dschaodschou bei Dali. Im NE ohne Fundort (MAIRE). **S.**: Überall um Huili bis Djiangyi und Dschanggwandschung (5646). Ningyüen (1251).

Als Steppenpflanze ausdauernd mit verholzender Wurzel, mit etwas reichblütigeren, breiteren Körben als *V. cinerea* (L.) LESS., mit breiteren, weniger spitzen Hüllschuppen. Stimmt mit DUTHIE 22224 aus dem NW-Himalaya. Sonst liegt mir nur ein viel stärker behaartes, aber mit dem weißen Pappus und nicht gelbrot wolligen Blättern nicht der var. *montana* C. B. Cl. entsprechendes Exemplar aus Kumaon, 4—5000' (THOMSON) vor.

V. patula (AIT.) MERR. in Philip. Journ. Sci., III., 439 (1908) (*V. chinensis* [LAM.] LESSG.). **Y.**: Schuttplätze der tr. St. bei Manhao nahe der Grenze von Tonking, 200 m, Tonschiefer (5883).

V. papillosa FRANCH. Buschsteppen und üppige, auch feuchte Gebüsche der wtp. bis in die str. St., 1500—2100 m. **Y.**: Becken Hsiaodsang n von Yünnanfu (phot.). Um Yaoschangai, Tschuhsiung und Gwangdung (4820). Zwischen Hwadung und Yanggai e des Dsolin-ho. W von Dayao. Zwischen Dschaodschou und Hsiagwan s von Dali. An der Bahn in der Schlucht ober Pohsi. Im S zwischen Möngdse und Schuidien. Im NW bei Dsilidjiang e von Lidjiang. **S.**: Zwischen Djiangyi und Hokou s von Huili.

V. Bockiana DIELS. **Kw.**: Mischwald der wtp. St. bei Langtai, 2000 m (SCHOCH 407). **NE-Y.**: Felsige Hügel der str. St. bei Baörlgai, 650 m (MAIRE).

V. extensa (WALL.) DC., Prodr., V., 33 (1836). **Y.**: Trockene tr. Buschwälder bei Schuidien zwischen Möngdse und Manhao, häufig, 1200—1400 m (6002).

V. Fargesii FRANCH., e typo. **W-S.**: W von Wöntschwan am Min-ho (WEIGOLD). **NE-Y.**: Im mittelchin. Fl. an Hängen bei Lungdji, 600 m (MAIRE).

V. esculenta HEMSL. **S.**: Bei Djinyikan in der str. St. des Djientschang unter Dötschang (Tetschang), kristallinischer Boden, 1400 m (1093).

V. volkameriaefolia (WALL.) DC. **S-Y.**: In tr. Gebüschen von Yaotou bis ober Schuidien zwischen Möngdse und Manhao häufig, Kalk, 1000—1400 m (5987).

Blätter bis 40, Rispe bis 60 cm lang.

V. Parishii HOOK. f. S-Y.: Trockene Hänge der tr. St. bei Manhao, Tonschiefer, 200—400 m (5878).

Blätter gegenüber dem Typus stärker gezähnt und unterseits, sowie die Infloreszenzachsen, mit längeren, aber sonst gleichartigen Haaren viel dichter besetzt, filzig.

V. Andersoni CLKE. **Tonking:** In tr. Bambusbeständen im Tälchen Ngoikoden bei Phomoi an der Grenze von Yünnan, kristallinischer Boden, 150 m (24).

Elephantopus L.

E. scaber L. S.: Erdabrisse der Wegränder unter Loyao in der str. St. des Djientschang unter Dötschang, kristallinischer Boden, 1300 m (5626).

Adenostemma FORST.

A. Lavenia (L.) O. KTZE., Rev. Gen., III/2., 128 (1898), comb. nud. (*Verbesina L. L.*, Sp. Pl., 902 [1753]. — *Adenostemma viscosum* FORST.). Y.: Beyendjing (TEN 355 ex hb. Berol.). Hier an nassen Stellen bei Wangdjiatschwang (T. 1467). Gegen den Yangtse n von Yünnanfu mehrfach.

— — appr. **var. *latifolium*** (DON) HAND.-MZT. (*A. l.* DON, Prodr. Fl. Nep., 181 [1825]. — *A. viscosum* var. *l.* HOOK. f., Fl. Brit. Ind., III., 242 [1881]). Y.: In der wtp. St. an einem Kanal bei Tschangyi ne von Yünnanfu, 1950 m (SCHOCH 374). Im NW an feuchten Stellen der str. St. um Anadon, 27° 20', am Zuflusse des Mekong, kristallinischer Boden, 1950 m (10019).

— — **var. *elatum*** (DC.) HAND.-MZT. (*A. elatum* DC., Prodr., V., 112 [1836]. — *A. viscosum* var. *e.* HOOK. f., Fl. Brit. Ind., III., 242 [1881]). NE-Y.: Berge von Dschenfungschan im mittelchin. Fl., 650 m (MAIRE). S.: Hochgrasfluren und Gräben der wtp. St. zwischen Puti und Banschan zwischen Yalung und Nganning-ho, 27°, Sandstein, 1750—2000 m (5267).

Ageratum L.

A. conyzoides L. S-Y.: In tr. Bambusbeständen und Savannenwäldern flußaufwärts gegenüber Manhao, kristallinischer Boden, 200 m (5817).

Eupatorium L.

E. japonicum THBG. Buschwiesen, Gebüsche, auch im Laubhochwalde in der str. und wtp. St., 270—1300 m. **W-Ki.:** Um Pinghsiang (Plt. sin. 212). **II.:** Zwischen Tschükoupu und Daotiaotjiao bei Baotjing (11983). Im SW auf dem Yün-schan bei Wukang (11141, 12238) und mehrfach zwischen Hsüning und Ngaidso am Wege von hier nach Dsingdschou (11069). **Kw.:** (CAVALERIE 165). Zwischen Ludwan und Liping (10950).

NAKAI identifiziert in Bot. Mag. Tok., XLI., 511 (1927) *Eupatorium album* THBG., non L. mit *E. Fortunei* TURCZ. und macht dazu var. *simplicifolium* (MAK.) NAK. THUNBERG beschreibt *E. album* mit sitzenden Blättern und zottigem Stengel, was beides TURCZANINOWS Beschreibung und seinem Original (FORTUNE 20 A) widerspricht. NAKAIS *E. Fortunei* scheint *E. Kirilowii* TURCZ. zu sein, das mir aus Japan auch vorliegt (WAWRA 1577).

E. chinense L., Sp. pl., 837 (1753). MERR. in Sinensia, I., 3 (1913) (*E. Reevesii* WALL.). Gebüsche der str. und wtp. St., 200—1500 m. H.: Yolu-schan bei Tschangscha. Hsikwangschan bei Hsinhwa (12569). Kw.: Hwagung bei Langtai (SCHOCH 399).

E. Lindleyanum DC. H.: Buschwiesen und Hügelwälder der wtp. bis in die str. St., 400—1250 m. Hsikwangschan bei Hsinhwa. Ober Djintie-se zwischen Yungdschou und Hsinning (11247). Im SW auf dem Yün-schan bei Wukang (12390).

E. Wallichii DC., Prodr., V., 179 (1836) **var. heterophyllum** (DC.) DIELS in Not. Bot. Gard. Edinb., VII., 360 (1912) (*E. heterophyllum* DC., l. c., 180). Gebüsche, Buschsteppen, Bach- und Flußufer, Waldschläge und *Pteridium*-Wiesen der wtp. St., 1900—2600 m. Y.: Schilungba (SCHOCH 208), Hwangduho (13083) und viel gegen Yiliang bei Yünnanfu. Im NW bei Lidjiang (3474), v. E. (3644). Unter Laba e von Dschungdien. Am Mekong ober Serä. Im birm. Mons. um Bahan massenhaft. Im NE im Tale von Maliwan (MAIRE). S.: Überall zwischen Huili und Yenyüen. Ober Dugungpu ne von hier.

Gut stimmend mit unter diesem Namen verteilten Pflanzen von HOOKER und THOMSON aus Kasia und Sikkim. Von *E. cannabinum* L., zu dem es CLARKE, Comp. Ind., 34 (1876) als var. *genuinum* stellte, schon durch die sitzenden oder fast sitzenden Blätter verschieden.

Mikania WILLD.

M. cordata (BURM. f.) ROBINSON in Contr. Gray Hb., CIV., 65 (1934) (*Eupatorium cordatum* BURM. f., Fl. Ind., 176 [1768]. — *Mikania scandens* FORB. et HEMSL., non [L.] WILLD.). **Tonking:** Tr. Bambusbestände im Tälchen Ngoiko-den bei Phomoi, kristallinischer Boden, 150 m (23).

Solidago L.

S. Virga-aurea L. var. ***leiocarpa*** (BENTH.) A. GR. in Mem. Am. Ac. Arts Sci., n. ser., VI., 395 (1859). Steppen, Buschwiesen, offene Föhrenwälder der str. und wtp. St., 50—2100 m. H.: Häufig um Tschangscha (11384). Hsikwangschan bei Hsinhwa. Im SW auf dem Yün-schan bei Wukang, PAUL (11352). Kw.: Duyün (10686). Nganschun (CAVALERIE 4544). Pingyi (SCHOCH 379). NE-Y.: Im mittelchin. Fl. bei Lungdji und Dschenfungschan (MAIRE).

Die Varietät auch in Nord-China, auf Quelpert (TAQUET 237) und im Ussuri-Gebiet (MAACK) sowie auf den Philippinen. Übergänge zum Typus aber in Schanhsi: Hoyeping-schan bei Ningwu (LICENT 11221) und in Japan (REIN), Nagasaki (OLDHAM 403), mit nur im oberen Teil behaarten Achänen. NAKAI erwähnt in Bot. Mag. Tok., XLII., 16 (1928) eine var. *asiatica* NAK. als „die in Ostasien gemeine Varietät". Wo diese aufgestellt ist, konnte ich bisher nicht finden.

Dichrocephala L'HÉR.

D. latifolia (LAM.) DC. Y.: In der wtp. St., 2400—2600 m. Im NW im birm. Mons. in Regenmischwäldern bei Bahan (9007) und im Doyon-lumba (phot.) am Salwin, Schiefer, um 28⁰. Im NE am Fuße von Mauern bei Dungtschwan (Maire). S.: Neben Muli auf Tonschiefer in Gebüschen, 2800 m (phot.). F. (de Grijs in Hance 454). Kiangsu: Schanghai (Faber).

D. Benthamii Clke. (*D. Bodinieri* Vant., e typo). Äcker, Raine, Schuttplätze und Sumpfstellen der wtp. St., 1900—2500 m. Y.: Ebene von Yünnanfu (Schoch 35). Beyendjing (Ten 64). Hier bei Sitaohotjiao (T. 41). Im NW bei Lidjiang, v. E. (3668). Im NE überall in der Ebene von Dungtschwan (Maire). S.: Huili (848).

Cyathocline Cass.

C. lyrata Cass. (*Dichrocephala minutiflora* Vant., e typo). Y.: Dämme und Raine von Reisfeldern in der tr. bis in die wtp. St., 200—1800 m. Jöschuitang n von Yünnanfu, 25° 26′ (454). Beyendjing (Ten 365). Mehrfach um Hwangdjiaping ne von Dali. Im S bei Manhao (5805).

Rhynchospermum Reinw.

R. verticillatum Reinw. Y.: In der str. St., 700—1950 m. Im NW in Gebüschen unweit Götin am Mekong, 27° 47′, kristallinischer Boden (7958). Im NE am Berge von Gulungtschang (Maire).

Myriactis Lessg.

M. nepalensis Lessg. (*Dichrocephala Leveillei* Vant., e typo. — *Myriactis candelabrum* Lévl. in Rep. sp. nov., XI., 303 [1912], e typo). Heidewiesen und trockene Hänge der wtp. St., 600—2700 m. Y.: Lung-schan bei Beyendjing (Ten 1444). Im NW bei Lidjiang, v. E. (3669). Basu-lo s von Weihsi. Im NE auf Bergen bei Dungtschwan (Maire) und auf Hügeln im mittelchin. Fl. bei Lungdji (M.). S.: Ober Schihuiyao bei Huili (5136) und vielleicht diese ober Niutschang se von Yenyüen. W-Hubei (Wilson, Veitch Exp. 2628).

* ***M. Wallichii*** Lessg. in Linnaea, VI., 129 (1831). Gebüsche, Wegränder, Bergtäler der wtp. St., 2400—2550 m. Y.: Beyendjing (Ten ex hb. Berol. 334). Im NE am Wege von Yünnanfu nach Suifu hinter Hungsi und bei Yitsche (Mell), bei Dungtschwan und Djintschungschan (Maire). S.: Unter Hete bei Huili, 20. IX. 1914 (5233).

Gagnepain hat zweifellos recht, wenn er in Bull. Soc. Bot. Fr., LXVIII., 123 (1921) *Myriactis Gmelini* (Fisch. et Mey.) DC. für identisch mit *Wallichii* und nicht mit *nepalensis* erklärt. Zu jener gehören alle vorliegenden Pflanzen von Kasia.

M. Delavayi Gagn., l. c., 122. Offene Wälder und Hochgekräute der wtp. und tp. St. auf Sandstein, Schiefer und Granit, 2400—3100 m. NW-Y.: Um Dugwan-tsun und Losiwan zwischen Lidjiang und Dschungdien (4806). Im birm. Mons. im Tale vom Schöndsu-la nach Londjre über dem Mekong, 28° 6′ (8198). S.: Ober Doloho bei Muli (7195).

Asteromoea Blume

A. indica (L.) Bl. (*Aster indicus* L.). Ackerränder, Kanäle, Buschsteppen der str. bis in die wtp. St. H.: 50—800 m. Tschangscha, häufig. Hsikwangschan bei Hsinhwa (12676). S.: Ningyüen, 1650 m (1235). Y.: Beyendjing (Ten ex hb. Berol.). Santschaho hier (T. 1207). Im NE bei Dschenfungschan, 600 m (Maire).

A. integrifolia (Turcz.) Loes. in Beih. Bot. Centrbl., XXXVII/2., 189 (1918) (*Aster holophyllus* Hemsl.). S.: Häufig an Rainen und Abhängen der wtp. St. in der Ebene von Yenyüen, 2500—2600 m (5566). NW-Y.: Trockene Wiesen, Hänge und Gebüschränder se von Yungning (Forrest 22424) und zwischen Yungning und Yungbei (F. 22064 als *Aster* sp.).

Aster L.

A. altaicus Willd. NW-S.: Gebirge um Sungpan (Weigold). W-Hubei (Wilson, Veitch Exp. 1730). NW-Y.: Mekong-Tal unter Atendse (Forrest 14785, 16409).

** **A. Handelii** Onno in Bibl. Bot., CVI., 52, tab. I B, fig. 4 (1932). NW-Y.: Ziemlich trockene Wiesen der tp. St. zwischen Alo und Hsiao-Dschungdien, 3500 m, 9. VIII. 1914 (4617).

A. lingulatus Franch., det. Onno. Wiesen der tp. und wtp. St., 2400? bis 3425 m, auf Sandstein und Tonschiefer. Y.: Umgebung von Yünnanfu (Cavalerie 51). Beyendjing (Ten ex hb. Berol. 349). Im NW überall zwischen dem Be-schui und dem Dorf Lukudsche am Yülung-schan bei Lidjiang (4356). S.: Waldwiese Gumadi bei Muli (7440).

A. oreophilus Franch., e typo (*A. Mairei* Lévl. in Rep. sp. nov., XI., 307 [1912], e typo), det. Onno. Trockene Hänge, Matten, kräuterreiche Stellen der wtp. St., 2200—2700 m. Y.: Ober Yünnan-hsien se von Dali (8567). Beyendjing, Lung-schan und Hsigwan (Ten 1250, 1460, 1465). Im NE bei Dungtschwan (Maire). S.: Ober Schihuiyao bei Huili (5141).

Die Identität beider Arten konnte ich an der Hand eines vom Pariser Museum geliehenen Exemplars vom Heischanmen (Delavay) feststellen, das zwar nicht von Franchet angeführt, aber von ihm eigenhändig etikettiert ist und mit seiner Diagnose stimmt. Von *A. Mairei* liegt im Wiener Museum ein Originalexemplar. Die Art gehört in die Sektion *Alpigeni* Nees, subs. *Homochaeta* Onno, ser. *Macrochaeti* Onno, subser. *Alpini* Rydb., und zwar in die Verwandtschaft des *A. tricephalus* Clke., der in China noch durch *A. lingulatus* und *A. Handelii* vertreten ist. Von diesen unterscheidet sich *A. oreophilus* durch stumpfere Hüllschuppen von ungleicher Länge, die dadurch einen etwas dachziegeligen Eindruck machen. In Bibl. Bot., CVI., 53 äußerte ich deshalb Zweifel über die Zugehörigkeit der Pflanze, die seither durch Einsicht reicheren Materials, das auch Übergänge in der Hüllschuppenform zeigt, behoben wurden.   M. Onno.

A. tongolensis Franch. ssp. **typicus** Onno in Bibl. Bot., CVI., 58 (1932), det. Onno. S.: Lichtungen der tp. und wtp. St. um Sili bei Muli, Phyllit und Sandstein, 2550—3100 m (7211).

Diese und andere hier angeführte *Alpini*-Exemplare fehlen noch in der Arbeit von Onno, da sie damals nicht als zur Gruppe gehörig erkannt waren.

A. brachytrichus Franch. Rasenplätze, steinige Fichtenwälder und trockene Hänge der wtp. und tp. St., 2400—3600 m. Y.: Mangan-schan bei Yünnanfu (Schoch 343). Häufig zwischen Boloti und Hsinyingpan n von Yungbei (3295). Mehrfach bis Yungning. Unter Dawan w von Yungbei. Ober Duinaoko e von Lidjiang. Am Yülung-schan bei Lidjiang ober Ngulukö (6642). S.: Daörlbi zwischen Yenyüen und Yungning (2915).

A. brachytrichus var. **oreaster** (Farr.) Onno in Bibl. Bot., CVI., 61 (1932), det. Onno. **S.**: Gebüsche an Bächen der tp. St. auf Tonschiefer bei Bakuwe nächst Kwapi n von Yenyüen, 2800 m, 27° 53′ (2495).

A. diplostephioides (DC.) Clke. ssp. **yunnanensis** (Franch.) Onno var. **yunnanensis** (Franch.) Onno in Bibl. Bot., CVI., 69 (1932) (*A. yunnanensis* Franch.). **NW-Y.**: Yülung-schan bei Lidjiang, v. E. (3665). **S.**: Krautfluren der ktp. St. im Tale n des Passes Tschescha zwischen Muli und Yungning, Kalk, 3900—4000 m (7237).

A. likiangensis Franch. **NW-Y.**: Bei Lidjiang, v. E. (3667). Wahrscheinlich dieser auf Waldlichtungen und Matten von der tp. bis durch die Hg. St., 3000—4730 m. Zwischen Ngulukö und Ganhaidse bei Lidjiang und bei Mahaidse am Wege nach Yungning, ober Haba und auf dem Da-Niutschang se von Dschungdien, auf dem Berge Waha bei Yungning (phot.) und in **S.**: Überall um Muli bis auf den Gipfel Gonschiga.

** **A. salwinensis** Onno in Bibl. Bot., CVI., 74, t. 1 B, f. 2 (1932). **NW-Y.**: Rasen der Hg. und ktp. St. des birm. Mons. zwischen Mekong und Salwin zwischen See und Paß Yigöru, 28° 9′, 4200—4300 m, 6. VIII. 1916 (9715). Zwischen Salwin und Irrawadi am Hange des Gomba-la ober Tschamutong gegen den See Tsukue, 3900 m, v. E., 15.—17. VIII. 1916 (9891, Typus) und an einem Lawinenstrich an der Ostseite des Passes Tschiangschel, 27° 52′, 3275 m, 3. VII. 1916 (9219).

A. senecioides Franch., det. Onno. **Y.**: Wälder am Lung-schan (Ten 1462) und bei Guti nächst Beyendjing (T. 1319). **S.**: Lichte Föhren-Eichen-Wälder der tp. St. beim Lagerplatze Djatsüla ober Muli, Sandstein, 3425 m (7392, gegen *A. salwinensis* neigend).

A. staticefolius Franch. Trockene Stellen der ktp. bis in die tp. St., 3350—4000 m. **Y.**: Kamm des Dji-schan ne von Dali (6415). Im NW bei Lidjiang, v. E. (3670). Berg Schusutsu bei Bödö. **S.**: Bei Muli ober der Wiese Dapingdse, bei der Alm Bätö und gegenüber dem Lagerplatze Tschako. Rücken Daörlbi halbwegs zwischen Yungning und Yenyüen (2976). Hwangliangdse n von Yenyüen.

A. auriculatus Franch. Gebüsche und *Pteridium*-Wiesen der wtp. und tp. St. auf Sandstein und Schiefer, 2100—3000 m. **Y.**: Yünnanfu (Maire ex hb. Edinb. 679). Hier am Hange des Mangan-schan (Schoch 151). Zwischen Dsutoupo und Gwamaoschan am Wege von Yungbei nach Yungning (3313). Im NW im birm. Mons. ober Bahan am Salwin, 27° 58′ (9051).

A. Fordii Hemsl. Buschsteppen der wtp. bis in die str. St., 500 bis über 1000 m. **Ki.**: Hangaodsu zwischen Ningdu und Kian (Plt. sin. 478). **H.**: Um Hsikwangschan bei Hsinhwa (12675).

Blätter nicht immer ganzrandig, sondern auch entfernt klein kerbzähnig.

A. trinervius Roxb. Üppige Hochwälder, Matten, Gebüsche mit Hochgräsern und Bambusetenränder der str. bis in die ktp. St., 200—3900 m. **Y.**: Paß zwischen Dschaodschou und Hungngai s von Dali. Im S unter Yaotou zwischen Möngdse und Manhao (5932). Im NW im birm. Mons. im Doyonlumba am Salwin, 28° 2′ (8393). Im NE hinter Lagu und bei Dschenfungschan (Maire). **S.**: Hwang-liangdse zwischen Yenyüen und Kwapi (5509). Im W im Min-Tale von Sungpan bis Tietschi (Weigold). **Kw.**: Nganping, Felsen am

Grotteneingang (Martin u. Bodinier 1909). **H.**: Dschao-schan zwischen Tschang-scha und Hsiangtan (11378). Im SW auf dem Yün-schan bei Wukang (12336). **Ki.**: Gipfel des Hangaodsu zwischen Ningdu und Tjingan („Kian") (Plt. sin. 514).

— — var. *firmus* Diels in Bot. Jahrb., XXIX., 610 (1901). **NE-Y.**: Matten der Berge bei Dungtschwan und der Hügel bei Djintschungschan, 2500 bis 2700 m (Maire) und Gebüsche der Hänge hier (M.). **Kw.**: (Cavalerie 601). Gebüsche bei Langtai, 2000 m (Schoch 411).

Bodinier 1909 und Cavalerie 601 wurden als *A. laticorymbus* Vant. erhalten, die erste von Vaniot bestimmt, Maires Pflanze von Hängen bei Djintschungschan als *A. nigrescens* Vant. Keine davon ist aber Originalaufsammlung dieser Arten.

**** A. homochlamydeus** Hand.-Mzt.

Syn.: *A. trinervius* var. *grossedentatus* Franch. ap. Diels in Not. Bot. Gard. Edinb., VII., 138, 166 (1912), nom. nud.

Sect. *Euaster* A. Gr.

Rhizoma repens, longum et tenue, vel breve, crassum, nodosum, radicibus tenuibus ad nodos fasciculatis, caulem singulum vel caules plures edens. Caulis 22—40 cm altus, erectus, herbaceus, multicostulatus, sub inflorescentia simplex, pilis brevibus articulatis albis inferne patentibus, superne accumbentibus densiuscule vestitus, dense et aequaliter foliatus, foliis mediis maximis, basalibus sub anthesi vivis, sed paucis nec rosulam formantibus. Folia ovato-lanceolata, 2—10 cm longa, longitudine 2—3^{plo} angustiora, acutissima vel acuminata, basi inferiora in petiolos usque ad $3^1/_2$ cm longos alatos cuneato-contracta, superiora late cuneata vel truncata et sessilia, omnia praeter bases remote vel densius serrata, sicca membranacea, laete viridia, utrinque ubique et subtus longius aeque ac caulis accumbenti-pilosa; costa nervique maiores utrinsecus 3—4, quorum infimi in quarto infero oriundi tenues, obliqui, procul a margine arcuato-anastomosantes, nervis tenuioribus approximatis prope basin interdum additis, cum reti venarum laxo subtus prominuli. Corymbus angustus, calathiis 3—6, pedunculis usque ad 3 cm, in caulibus putatis etiam 6 cm longis. Involucri sub-turbinati 5—7 mm longi et aequilati vel paulo longioris phylla inter se aequilonga, non imbricata, lanceolata, acuta, herbacea, marginibus indistincte et deorsum latius membranaceis se tegentia et saepe purpurascentia, tenuiter ciliata et ± pilosa, apicibus saepe recurvis. Flores radii albi vel violaceo-suffusi, ♀, tubo 2 mm longo, ligula oblanceolata, 1 cm longa et c. $1^1/_2$ mm lata, obtusa et minute tridenticulata, 4 nervia, stylo reducto, stigmatibus subulatis glabris. Flores disci ☿, tubulosi, aurantiaci, tubo 3—4 mm longo ad medium fere anguste cylindrico, ibi subito campanulato-ampliato, limbo in lobos triangulares 1 mm longos, obtusos, extus antice papillosos, reflexos fissus; styli rami breves, sub appendicibus lanceolatis pilosi; achaenia immatura 4—5 angulata, albido-hirsuta. Pappi setae corollis aequilongae, superne rubellae, scabriusculae.

NW-Y.: Steinige Bergwiesen und grasige, felsige Plätze in Föhrenwäldern der tp. St. an der Ostseite des Yülung-schan bei Lidjiang („Likiang"), 3350 bis 3660 m (Forrest 2522, VII. 1906, Typus, 2819, 6174), v. E. (3664).

Quamvis involucri phylla aequilonga maioris valoris considerentur, species certe *A. trinervio* maxime affinis, qui praeterea foliorum basi differt.

A. Gerlachii Hce. Syn.: *A. curvatus* Vant., e typo.

A. scaber Thbg. II.: Gebüsche und Buschwiesen der wtp. St., 600 bis
1250 m. Hsikwangschan bei Hsinhwa (12657). Yün-schan bei Wukang (12389).
NE-Y.: Kulturen bei Dschenfungschan im mittelchin. Fl., 600 m (Maire).

A. fuscescens Bur. et Franch. NW-Y.: Krautfluren und weidenreiche
Tannenwälder der ktp. St., 3750—4150 m, auf Sandstein, Glimmerschiefer und
Granit. Berg Schusutsu bei Bödö se von Dschungdien (4498). Im birm. Mons.
unter dem Doker-la an der tibetischen Grenze (8110). Beim See Tsukue hinter
dem Gomba-la in der Salwin—Irrawadi-Kette ober Tschamutong, v. E. (9915).
Hier auch Forrest 19313, 22823 als *A. scaber* vel aff., kleinere, kahlere Formen.

A. vestitus Franch. Y.: Gebüsche der wtp. St., 2050—2550 m. N von
Yünnanfu am direkten Wege nach Huili ober Hsinlung und unter Dalungngo
gegen Hsiaodsang, 25° 42′ (5679). Im NE bei Maliwan (Maire).

** *A. crenatifolius* Hand.-Mzt. (Taf. XVI, Abb. 14).

Sect. *Heteropappus* (Lessg.).

Radix parva, palaris, fibris patentibus, ☉ vel saltem monocarpica, foliorum
multorum sub anthesi plerumque destructorum rosulam caulemque centralem
1 vel caules 3 edens. Caulis crassiusculus, 18—35 cm altus, herbaceus, multistriatus, erectus, superne vel totus ramulos steriles fastigiatos edens, cum his densi-
folius, superne in pedunculos usque ad 7 cm longos foliis minoribus laxius obsitos
corymbose ramosus, totus minute glanduloso-furfuraceus et praeter pedunculos
dense albo-hirsutus. Folia inferiora spathulata, 2—6 cm longa, longitudine ˙c.
duplo angustiora, rotundata, basi petiolato-angustata, margine praesertim
anteriore interdum grosse paucicrenata, crassiuscula, utrinque dense strigoso-
hirta, nervis paucis obliquis, superiora nunc plurima, nunc pauca sensim late
linearia, integra. Calathia 2—6, 1¹/₂—2 cm diametro. Involucri pateriformis
phylla multa, biserialia, lanceolata, 3—5 mm longa, herbacea, inter se subaequalia, acutissima, partim indistincte membranaceo-marginata, minute glan-
duloso-brevipilosa et ± hirsuta. Flores radii ♀ (necnon steriles?), tubo c. 2 mm
longo, tenui, pilosulo, ligula lineari, c. 6 mm longa, ad 2 mm lata, obtusa, qua-
drinervia, e sicco alba, stigmatibus filiformi-subulatis, levibus. Flores disci
tubulosi, ☿; corollae tubus 4 mm longus, subito ampliatus; limbi lobi triangulares,
c. 1 mm longi, extus densiuscule glanduloso-furfuracei; styli appendices triangulari-subulati, inferne papilloso-pilosi. Pappus corollae tubo aequilongus, flavescens, pilis scabris, in floribus radii saepe brevissimis. Achaenia juvenilia inconspicue quadricostata, dense sericea.

S.: Grabenränder der str. St. zwischen Hwangschuitang und Hwanglienpo
im Djientschang zwischen Ningyüen und Dötschang, 1500—1650 m, 7. IV. 1914
(1880). Trockene Hänge der wtp. St. bei Maogoyendjing in der Hochebene von
Yenyüen 2600 m, 15. V. 1914 (2226, Typus).

Species valde peculiaris, ab *A. hispido* Thbg. valde diversa, habitu *Astero-
moeas* revocante.

Der Pappus der Strahlblüten ist jenem der Scheibenblüten teils vollkommen
gleich, teils von ihm ganz verschieden, fast fehlend. Dieses Wechseln der Merkmale von *Aster* und *Heteropappus* an einer und derselben Pflanze zeigt, daß diese
Gattung nicht haltbar ist.

A. Harrowianus Diels in Not. Bot. Gard. Edinb., V., 184 (1912) **var.
glabratus** Diels, l. c., Buschwälder der tp. bis in die ktp. St., 2600—3700 m.

Y.: Tal unter Heniuschao bei Hodjing (8757). Im NW bei Lidjiang, v. E. (3663). N von hier ober Laodselou. Bei Yungning unter dem Paß gegen Fongkou. Im birm. Mons. unter dem Doker-la an der tibetischen Grenze (8032). Im NE auf Hochflächen bei Dungtschwan (MAIRE) und an Felsen hier (M., distr. BONATI 6289 B). **S.**: Lungdschu-schan bei Huili (5153).

Zeigt, wie FORREST 5949 und der Typus, nur krause, zum Teil etwas gebüschelte Haare, keine Sternhaare. Blätter ganzrandig und stark gezähnt veränderlich.

A. Limprichtii DIELS in Rep. sp. nov., Beih. XII., 503 (1922). **S.**: Gebüsche der tp. St. unter dem Passe Sandaoschan bei Yenyüen, Sandstein, 2800—3000 m (5574). Im W im Min-Tal von Sungpan bis Tietschi (WEIGOLD).

Wie die Varietät besonders wegen der Drüsenlosigkeit und längeren Köpfchenstiele hierher und nicht zum vorigen gestellt, doch ist das Verhältnis beider noch zu klären. Das Originalexemplar besteht aus sehr kräftigen Zweigen.

— — ** var. **gracilior** HAND.-MZT.

Folia angustiora, $6 \times 1^{1}/_{2}$ — $7^{1}/_{2} \times 1$ cm, subtus parce tantum araneosa et in nervis $\pm$ furfuraceo-pilosa vel glaberrima. Inflorescentia laxa, e pedunculis tenuibus usque ad 1 cm longis. Calathia parva, cum ligulis parvis vix 1 cm diametro.

Gebüsche der wtp. St., 2800 m. **S.**: Muli, Schiefer, 31. VII. 1915 (7350, Typus) und von hier gegen Dseia. Erosionsgrabenränder bei der Stadt Yenyüen, Kalk, 2600 m, 2. X. 1914 (5427, annähernd). Berge e von Yungning, VI. 1922 (FORREST 21414 als *Vernonia* sp.?). NW-Y.: Beiti-schan (Bödö se von Dschungdien), VII. 1921 (F. 20555 als *Microglossa albescens* CLKE. var.).

Erigeron L.

E. breviscapus (VANT.) HAND.-MZT. (*Aster b.* VANT. in Bull. Ac. Géogr. Bot., XII., 495 [1903], e typo. — *Erigeron Dielsii* LÉVL. in Rep. sp. nov., XI., 307 [1912]. — *E. praecox* VIERH. et HAND.-MZT. in Sitzgsanz. Ak. W. W., LXIII., 4 [1926]).

Sect. *Pleiocephali* VIERH. in Beih. Bot. Centrbl. XIX/2., 471 (1906).

♃. Caules 5—50 cm longi, simplices vel ramosi. Folia basalia angustius latiusve obovato-lanceolata usque late spathulata, $1^{1}/_{2}$—11 cm longa, $^{1}/_{2}$—$2^{1}/_{2}$ cm lata, integerrima, apice obtuse subapiculata, basi sensim vel abruptius in petiolum dimidio vel plus breviorem angustata. Involucri phylla c. 60, usque ad 8 mm longa, 1 mm lata. Indumentum caulium, foliorum, phyllorum pilis simplicibus magnis brevibus rectis strictis $\pm$ densis et parvis glanduliferis $\pm$ numerosis intermixtis constans. Folia utrinque dense, serius laxius hirta; caules superne sicut involucra glanduloso-hirti.

Steppen, Matten, Heidewiesen, Buschwiesen, häufig im Unterwuchs von Föhrenwäldern, auch auf schwarzgründigen Wiesen in der wtp. bis in die tp. und str. St. **Y.**: 1600—3450 m. Gemein um Yünnanfu (48. SCHOCH 112) bis Dali (MELL). Beyendjing (TEN 114, 142). Im S ober Schuidien s von Möngdse. Im E gemein bis Bantjiao e Loping. Im NE bei Dungtschwan (MAIRE). Im NW überall zwischen Yungbei und Yungning. Lidjiang (GEBAUER) und Ngulukö. Um Hsiao-Dschungdien. Im Mekong-Tale, 27°—28° 20′ (GEBAUER). **S.**: 1600—2800 m. Tschoso am See von Yungning. Gegenüber Hungga im Becken von Yenyüen. Otang über dem Yalung n von hier. Ningyüen (1244) und ober Daschiban e von hier. **Kw.**: Spärlich bis e von Duyün, 800 m. **SW-H.**: Yün-schan bei Wukang, 1200—1400 m (12153).

Differt ab affini *E. himalajensi* VIERH. in Beih. Bot. Centrbl., XIX/2., 491 foliis latioribus integerrimis (nec remote denticulatis), multo densius pilosis; ab *E. Jaeschkei* VIERH.[1] imprimis foliis basalibus brevius et minus abrupte petiolatis, lamina semper integerrima, et glandulositate.

Die Art blüht in Yünnan bereits im Februar reichlich.

E. patentisquamus JEFFR. in Not. Bot. Gard. Edinb., V., 185 (1912). NW-Y.: Bei Lidjiang, v. E. (3671). **S.**: Steinige Waldlichtungen der ktp. St. bei der Alm Bädö ober Muli, Kalk, 3900 m (7300).

E. multiradiatus (WALL.) BENTH. in C. B. CL., Comp. Ind., 56 (1876). (*Aster inuloides* DON, Prodr. Fl. Nep., 178 [1825], non *Erigeron i.* POIR. — *Stenactis multiradiata* [WALL. nom. nud.] LINDL. in DC., Prodr., V. 299 [1836]). Steinige Matten und Lichtungen der tp. bis in die Hg. St. auf Sandstein und Granit, 2900—4200 m. NW-Y.: Bei Lidjiang, v. E. (3666). Hier auf den Hügeln e von Ngulukö (SCHNEIDER 3461) und bei Lukudsche am Nordende des Yülung-schan (4362). Im birm. Mons. unter dem Doker-la an der tibetischen Grenze. **S.**: Zwischen Yenyüen und dem Yalung am 27° 22′ (5379) und unter dem Sandao-schan, 27° 31′ (5578). Dorf Hwangliangdse n von Yenyüen. Im NW bei Sungpan und talabwärts (WEIGOLD).

BENTHAM sagt in BENTH. et HOOK., Gen. Pl., II., 281 (1873) nur, daß *Stenactis multiradiata* zu *Erigeron* gehöre, nennt aber nicht die Kombination. Genau genommen, ist sie daher erst 1876 veröffentlicht.

E. acer L. NW-S.: Gebirge um Sungpan (WEIGOLD).

E. elongatus LED. NW-Y.: In tp. Regenmischwäldern des birm. Mons. in der Mekong—Salwin-Kette in dem vom Schöndsu-la nach Londjre herabführenden Tale, 28° 6′, Granit, 3100—3300 m (8285). Dort am 28° 12′ (FORREST 14782). W-Hubei (WILSON, Veitch Exp. 1494).

E. canadensis L. **Y.**: Äcker und Berghänge der str. und wtp. St., 700 bis 2500 m. Haiyen-se (SCHOCH 129) und Fuß des Hsi-schan bei Bitjigwan (ENANDER) nächst Yünnanfu. Dingyüen. Beyendjing (TEN 58). Guti (T. 6). Im NE bei Dungtschwan (MAIRE) und Gulungtschang (M.).

E. crispus POURR. in Mém. Ac. Toulouse, III., 318 (1788) (*E. sumatrensis* RETZ., Obs., V., 28 [1789]. — *E. linifolius* WILLD. 1804). Äcker, Schuttplätze und Kanalränder der str. und wtp. St., 1650—2500 m. **Y.**: Ebenen von Yünnanfu (SCHOCH 44) und Dungtschwan (MAIRE). **S.**: Ningyüen (1231).

Microglossa DC.

M. pyrifolia (LAM.) O. KTZE., Rev. Gen., 353 (1891) (*M. volubilis* DC.). S-Y.: Gebüsche der tr. St. bei Yaotou zwischen Möngdse und Manhao, Kalk, 1000 m (5991). **Kw.** (CAVALERIE 601 p. p.).

---

[1] *E. Jaeschkei* VIERH. in Sitzgsanz. Ak. W. W., LXIII., 5 (1926).

Differt ab *E. breviscapo* foliis dense hirtulis, basalibus integris vel remote subcrenulatis, obtuse apiculatis, oblongis vel obovatis, abrupte in petiolum subaequilongum vel longiorem angustatis, indumento eglanduloso. Sine nomine jam mentio facta est in Beih. Bot. Centrbl., XIX/2., 491 (1906).

NW-Himalaya: Falori Pass (JAESCHKE: Univ. Wien).

M. albescens (DC.) C. B. Clke. NE-Y.: Hügel von Dschenfungschan im mittelchin. Fl., 640 m (Maire).

Conyza L.

C. japonica Lessg. Wegränder, Kanaldämme und Bachränder der str. und wtp. St. Y.: 1800—2500 m. Ebene von Yünnanfu (Schoch 65). Hier bei Butji (1976, 1980). Lodsai bei Hsiao-Mägai n von hier (470). Im NE bei Dungtschwan (Maire). S.: Ningyüen, 1650 m (1228). F.: Fudschou (Gregory in Hb. Hance 1232).

C. Dunniana Lévl., Cat. Pl. Yun., 43 (1916) (*C. pinnatifida* Franch., Dunn, non Roxb.). Y.: Rasenplätze der wtp. St., 1800—2600 m. Berge e von Yünnanfu (Schoch 253). Dahwaschu bei Yungbei (3389). Im NE bei Dungtschwan (Maire, distr. Bonati 7294).

C. stricta Willd. (*Erigeron Mairei* Lévl., e typo). Buschwälder, Hartlaubgebüsche und humöse Stellen der wtp. St., 1800—2550 m. Y.: Zwischen Yanggai und Hwadung e des Dsolin-ho (4953). Häufig zwischen Yünnanyi und Bupeng se von Dali (8574). Im NE bei Djintschungschan (Maire). S.: Zerstreut auf der Hochebene s von Huili (815).

**** C. setschwanica** Hand.-Mzt.

E radice brevi, fusca, verticali, fibras crassas edente biennis (?), foliis subrosulatis pluribus, extimis sub anthesi evanidis, caule singulo, erecto, 36 cm longo, inferne longe et tenuiter villoso-hirsuto, superne sensim breviter et densissime glanduloso-furfuraceo tantum, foliis paucis sensim decrescentibus per totam paniculam fere ab eius basi incipientem obsito. Folia obovato-lanceolata, usque ad 12 cm longa, longitudine $\pm$ triplo angustiora, acuta, basi longe attenuata, marginibus duplicato-dentata dentibus latis in mucrones longos productis, herbacea, sicca subtus pallidius quam supra viridia, supra dense glanduloso-furfuracea setis longioribus tenuibus eglandulosis immixtis, subtus dense sessili-glandulosa et tenuiter villoso-hirsuta; nervi utrinsecus ultra 12 inferiores patentes anteriores prorsus arcuati trabeculaeque hic prominui. Calathia ultra 40, pedicellis 1—2 cm longis, semiglobosa, $\pm$ $1^1/_2$ cm lata. Involucri phylla permulta, imbricata, acuta, extima brevia lanceolata herbacea, intima sensim longe linearia 1 cm longa praeter costam viridem scarioso-membranacea, omnia vix $^3/_4$ mm lata, accumbentia, praesertim exteriora ut caulis induta. Receptaculum concavum, foveatum, fovearum marginibus breviter fimbriatis. Flores exteriores ♀ numerosissimi multiseriales, filiformes, limbo subintegro, pappo involucroque paulo breviores, stylo exserto, stigmatibus filiformibus purpureis. Flores centrales e tubo filiformi anguste infundibulares, lobis 5 parvis, triangularibus, erectis, extus parce glandulosis saepeque parcipilosis; antherae basi obtusae ecaudatae, filamentis glabris; styli rami breviores et crassiores. Pappi utriusque pili tenues, flavescentes, minute serrulati, uniseriales. Achaenia $1^1/_4$ mm longa, crasse fusiformia, pallide brunnea, 8—10 costata, dense accumbenter pilosa.

S.: In der str. St. des s Zuflusses des Djientschang („Kientschang") gegen Huili, 1300—1750 m, 1. IV. 1914 (1044).

Specimen unicum collectum, affine probabiliter *Conyzae viscidulae* Wall. satis superque diversae. Habitus surculorum quorundam *Blumeae aromaticae* (Wall.) DC. vel *B. myriocephalae* DC., sed antherae ecaudatae.

Obwohl eine Form einer *Blumea* ohne Antherenanhängsel bekannt ist (*B. membranacea* [Wall.] DC. var. *subsimplex* [Wall.] Hook. f.) und die Ähnlichkeit mit den genannten *Blumea*-Trieben groß ist, stelle ich diese merkwürdige Pflanze zu *Conyza*, da gegen diese Einreihung auch nichts spricht.

Blumea DC.

B. mollis (Don) Merr. in Philipp. Journ. Sci., V., 395 (1910) (*Erigeron molle* Don, Prodr. Fl. Nep., 172 [1825]. — *Blumea Wightiana* DC. 1834). Äcker, Weg- und Kanalränder der str. und unteren wtp. St., 1650—1900 m. Y.: Ebene von Yünnanfu (Schoch 66). Hier bei Butji (1977). S.: Ningyüen (1302).

  * **B. subcapitata** (Wall.) DC., Prodr., V., 439 (1836). Äcker der str. und wtp. St., 1000—2600 m. Y.: Tälchen ober Lagatschang am Yangtse am direkten Wege von Yünnanfu nach Huili, 11. IV. 1914 (742). S.: Ningyüen im Djientschang (1297) bis in das Becken von Yenyüen. Oti n von hier.

Oben nebst Behaarung reichlich stieldrüsig. Hülle etwas länger behaart als bei der Sikkim-Pflanze, mit der sie im Habitus stimmt. Die sehr schmalen und langen äußeren Hüllschuppen unterscheiden sie leicht von *B. membranacea*.

  B. fistulosa (Roxb.) Kurz in Journ. As. Soc. Beng., XLVI/2., 187 (1877) (*Conyza f.* Roxb., Fl. Ind., ed. 2., III., 429 [1832]. — *Blumea glomerata* DC. 1834). Gebüsche, Ackerraine, Föhrenwälder der str. St., auf Schiefern, 200—1500 m. Y.: Manhao nahe der Grenze von Tonking (5891). Im W im Salwin-Tale (Gebauer). S.: Gungmuying im Djientschang (Kientschang) unter Dötschang (1063).

  B. hieracifolia (Don) DC. Wiesen und hochgrasige Gebüsche der tr. und str. St., 400—1000 m, auf Kalk. S-Y.: Unter Yaotou zwischen Möngdse und Manhao (5934). Kw.: Bei Sandjio (10798).

Hierher auch Hance 1064 als *B. holosericea*, von Forbes u. Hemsley zu *B. sericans* (Kurz) Hook. f. gestellt, mit deren Beschreibung sie aber nicht stimmt. 5934 ist verzweigt, verholzt und kommt der *B. flexuosa* Clke. nahe.

  * **B. membranacea** (Wall.) DC. Y.: Manhao nahe der Grenze von Tonking, 200 m, auf Tonschiefer an trockenen Hängen, 28. II. 1915 (5769) und in Bambusdschungeln und Savannenwäldern flußaufwärts gegenüber dem Orte (5840).

  — — var. *gracilis* (Heyne) Hook. f., Fl. Brit. Ind., III., 265 (1881). Hongkong, XI. 1862 (Hance 2318, als *B. lacera* Zoll.).

Obwohl nach Clarke in Hook., Fl. Br. Ind., III., 672 De Candolles *B. membranacea* w a h r s c h e i n l i c h *B. lacera* ist, kann man wohl den Namen für die von ihm übernommene Wallichsche Pflanze behalten. Andernfalls müßte sie *B. hymenophylla* (Wall.) DC. genannt werden. 5840 hat keine Drüsenhaare, aber lange Deckhaare.

  B. pubigera (L.) Merr. in Sinensia, I., 3 (1930) (*Conyza p.* L., Mant., 113 [1767]. — *Blumea chinensis* DC., non *Conyza c.* L.). S-Y.: In tr. Savannen-wäldern und Gebüschen auf Kalk, 1000—1300 m. Schuidien (6023) und Yaotou (5992) s von Möngdse.

Die beiden Aufsammlungen stellen die entgegengesetzten Extreme in der Köpfchengröße und Rispendichte dar.

B. balsamifera (L.) DC. S-Y.: In der tr. St. bei Manhao, Tonschiefer, 200 m, an trockenen Hängen (5765) und Schuttplätzen (5888).

Laggera Schtz. bip.

L. alata (Ham.) Schtz. bip. Y.: In tr. und str. hochgrasreichen Gebüschen von Möngdse bis ober Yaotou, Kalk, 1000—1800 m (5929). Beyendjing (Ten ex hb. Berol.).

L. pterodonta (DC.) Benth. (*L. purpurascens* Schtz. bip.). Y.: Grabenränder, Sand- und Schuttplätze der tr. und str. St., 200—1700 m. Am Pudu-ho unter Hsinlung n von Yünnanfu (432). Dschenmindö in der Seitenschlucht des Yangtse n von Yünnanfu (778). Im S bei Manhao (5881).

Leontopodium R. Br.

** ***L. Forrestianum*** Hand.-Mzt. in Sitzgsanz. Ak. W. W., LXI., 112 (1924); in Beih. Bot. Centrbl., XLIV/2., 42, Abb. 2. NW-Y.: Gebüschränder der untersten ktp. St. des birm. Mons. zwischen Mekong und Salwin im obersten Doyon-lumba unter dem Rücken Pongatong, 28° 9', Glimmerschiefer, 3450 m, 4. VIII. 1916 (9670).

Über die *Leontopodium*-Arten vgl. meine Monographie in Beih. Bot. Centrbl., XLIV/2., 1—178 (1927). Der Band als ganzer erschien 1928, das Heft aber 1927.

L. subulatum (Franch.) Beauvd. Steppen, lichte Wälder, Heidewiesen der wtp. St., 2100—2700 m, in den Notizen nicht von der Varietät getrennt. Y.: Tempel Schili-ngan (289) und Rücken des Hsi-schan bei Yünnanfu. Massenhaft n von hier bis gegen den Yangtse. Ober Wayaodjing e des Dsolin-ho (4914). Gleich ober Dali. Dji-schan ne von hier. Spärlich n von Yungbei. Im NW bei Yungning, e ober Schigu, Dugwan-tsun zwischen Lidjiang und Dschungdien. S.: Rücken Luidaschu zwischen Huili und Dungngan. Muki-liangdse im Lolo-Lande e von Ningyüen. Wenig im Becken von Yenyüen. S von Muli.

— — var. ***Bonatii*** (Beauvd.) Hand.-Mzt. in Beih. B. Centrbl. XLIV/2., 46 (1927) (*L. Bonatii* Beauvd. in Bull. Soc. B. Genève, 2. sér., IV., 30 [1912]). Wiesen und Gesteinfluren der wtp. bis durch die tp. St., 2100—3640 m. Y.: Paß zwischen Sunggwe und Dengtschwan (Schneider 2701). Im NW überall zwischen Daidsedien und Schadien am Wege von Weihsi nach Djientschwan, (10048). S.: Lungdschu-schan bei Huili (5128). Formation bildend auf dem Passe zwischen Yenyüen und Niutschang.

L. Andersoni C. B. Clke., Comp. Ind., 100 (1876). Y.: In der wtp. St. auf Hügeln bei Yünnanfu, 2100—2300 m (Schoch 337).

L. Dedekensii (Bur. et Franch.) Beauvd., l. c., I., 193 (1909). Föhrenwälder, Heidewiesen und andere Rasenplätze, auch in Äckern, oft massenhaft, in der wtp. und tp. St., 2200—3675 m. Y.: Yünnanfu (Schoch 173). Überall zwischen Yungbei und Yungning (3218). Zwischen Dali und Yungtschang, 1800 m (Gebauer). Hang des Dsang-schan bei Dali. Um Mitien e und Djiping ne von hier. Im NW bei Lidjiang (Gebauer). Hier im Nordteile des Beckens und im alten Seebecken Gaba (s. Karsten u. Schenck, Vegetb., 22. R., Taf. 43), sowie beim Lagerplatze Rüto. Sape, Dugwan-tsun und Tungapi se von Dschungdien. Überall zwischen Weihsi und Daidsedien. Schuba zwischen Yangtse und

Mekong, 27° 45'. Wahrscheinlich dieses im birm. Mons. ober Bahan bei Tschamutong am Salwin und in der *Pteridium*-Wiese in der Seitenschlucht Naiwanglong des e Irrawadi-Oberlaufes. **S.**: Dapingdse zwischen Muli und Yungning
Yiwanschui zwischen Yungning und Yenyüen. Zwischen Bedjia-tsun und Hungga
hier (2883). Gegen Otang und unter Gwandien bei Kwapi n von hier (2757).

L. Franchetii BEAUVD., l. c., III., 258 (1911). **NW-Y.**: Trockene Wiesen
der tp. St., 3325—3500 m. Dschungdien (7745). Zwischen Alo und Hsiao-Dschungdien (4616), bei Dungapi und auf dem Sattel Gitüdü ober Anangu (7663) se und
bei Baoschi e von hier.

L. Stracheyi (HOOK. f.) C. B. CLKE. in Journ. Linn. Soc., Bot., XXX.,
136 (1894). **NW-Y.**: Grasige Waldlichtungen der ktp. und zwischen Felsblöcken
der Hg. St. des birm. Mons. auf Granit und Glimmerschiefer, an Steilhängen
bis in die tp. herab, 3150—4250 m. Zwischen Mekong und Salwin am Westhang des Si-la, Ostfuß des Maya, im obersten Doyon-lumba, auf dem Rücken
Pongatong und unter dem Doker-la (8038). Zwischen Salwin und Irrawadi im
Tale unter dem Gomba-la ober Tschamutong.

L. artemisiifolium (LÉVL.) BEAUVD. in Bull. Soc. B. Genève, 2. sér., V.,
142 (1913) (*Gnaphalium a.* LÉVL. in Rep. sp. nov., XI., 492 [1913]). Grasfluren,
Gekräute und dichte Gebüsche der str. und wtp. St., 1300—2800 m. **S.**: Muli
(7349). Häufig in den w Seitentälern des Yalung ober Siwanho, 27° 18' (5341)
und um Lumapu bis über Dugungpu, 27° 33—40'. **Kw.**: Bei Nganping gegen
Ludischao (10468).

L. sinense HEMSL. Steppen, *Pteridium*-Wiesen, Gebüsche und trockene
Wälder der wtp. bis in die str. und tp. St., 1600—3400 m. **Y.**: Rücken des Hsi-
schan bei Yünnanfu. Ober Hsinlung und unter Schalungschu n von hier. Tschu-
hsiung. Zwischen Yünnan-hsien und Hungngai. Hsinyingpan (3241) und Yungning.
Im NW bei Lidjiang, v. E. (3645). Hier ober dem He-schui (4367) und bis gegen
Niugai. Gegenüber Ndaku. Ober Mujendu zwischen Yungning und Dschungdien.
Zwischen Yangtse und Mekong unter Lutien e von Weihsi und ober Donaku.
Gemein bei Meti sw von Dschungdien. Im birm. Mons. bei Tjionatong ober
Tschamutong am Salwin (9780). **S.**: S von Muli. Lungdschu-schan (phot.) und
zwischen Hokou und Djiangyi bei Huili. Ningyüen (1252).

**** L. albogriseum (L. Dedekensii × sinense)** HAND.-MZT. in Verh. Zool.-
Bot. Ges. Wien, LXXIV., (28) (1924), nom. nud.; in Beih. Bot. Centrbl., XLIV/2.,
63 (1927). **Y.**: Gebüsche der wtp. St. bei Hsinyingpan zwischen Yungbei und
Yungning, 2700 m, 27. VI. 1914 (4817).

**** L. muscoides** HAND.-MZT. in Sitzgsanz. Ak. W. W., LIX., 252 (1922);
in Beih. Bot. Centrbl., XLIV/2., 74, Taf. II, Abb. 34. **NW-Y.**: Zwischen
Felsblöcken und im Rasen der Hg. St. des birm. Mons. auf Glimmerschiefer und Granit, 4100—4400 m. Westseite des Passes Gondon-rungu zwischen
Mekong und Salwin, 28° 9', 7. VIII. 1916 (9557). Zwischen den Sätteln Schualo
und Buschao zwischen Salwin und Irrawadi hinter dem Gombala ober
Tschamutong, 10. VII. 1916 (9291, Typus).

L. Jacotianum BEAUVD. in Bull. Soc. Bot. Gen., 2. sér., I., 190 (1909)
var. cespitosum (DIELS) HAND.-MZT. in SCHRÖTER, Pflzleb. Alp., 2. Aufl.,
505 (1924), comb. nuda; in Beih. Bot. Centrbl., XLIV/2., 78 (1927) (*L. caespitosum*
DIELS in Not. Bot. Gard. Edinb., V., 189 [1912]). **NW-Y.**: Glimmerschieferfelsen

der ktp. und Hg. St. des birm. Mons., 3700—4300 m, zwischen Mekong und
Salwin an der Westseite des Si-la, 28⁰ (9962) und zwischen den Pässen Gondon-
rungu und Tongong, 28⁰ 9′ (9753).

— — var. *minus* (BEAUVD.) HAND.-MZT. in Sitzgsanz. Ak. W. W., LXI.,
113 (1924) (*L. Wilsonii* var. *m.* BVD., in B. S. B. Gen., 2. s., IV., 28 [1912]).
NW-Y.: Gebüschränder und Rasen der ktp. St. des birm. Mons., an Lawinenstrichen bis in die tp. herab, 3025—3450 m. Zwischen Mekong und Salwin im
obersten Doyon-lumba unter dem Rücken Pongatong, 28⁰ 9′ (9672). Zwischen
Salwin und Irrawadi an der Ostseite des Passes Tschiangschel, 27⁰ 52′ (9228),
ober Schutsche und im Tale unter dem Gomba-la bei Tschamutong.

L. himalayanum DC., Prodr., VI., 276 (1837) p. p. BEAUVD., l. c., I.,
373 (1909). NW-Y.: Bei Lidjiang, v. E. (3514). Matten und feuchte Wiesen der
Hg. St. des birm. Mons. auf Glimmerschiefer, 3825—4300 m, zwischen dem
See und Paß Yigöru zwischen Mekong und Salwin, 28⁰ 9′ (9717) und zwischen
Salwin und Irrawadi beim See Tsukue hinter dem Gomba-la ober Tschamutong
(9541).

L. Souliei BEAUVD., l. c., I., 191 (1909) p. p. HAND.-MZT. in Act. Hort.
Gothob., I., 111 (1924). Quellsümpfe der tp. St., 3200—3400 m. NW-Y.: Tomu-
lang, Hsiao-Dschungdien (4604) und Baoschi bei Dschungdien. S.: Hwayi im
Bereiche von Muli w von Yungning (7515).

L. calocephalum (FRANCH.) BEAUVD., l. c., I., 189 (1909) (*Gnaphalium
Leontopodium* γ *calocephala* FRANCH. in Bull. Soc. B. Fr., XXXIX., 131 [1892]).
Steinige Matten, Hochkrautfluren, Gebüsche, Waldlichtungen, auch Sumpf-
wiesen der Hg. bis in die tp. St., 3300—4730 m. NW-Y.: Osthang des Gipfels
Ünlüpe im Yülung-schan bei Lidjiang (12257). Berg Schusutsu bei Bödö (4496)
und überall se von Dschungdien. Waha bei Yungning. Im birm. Mons. zwischen
Mekong und Salwin auf dem Maya, Pongatong und unter dem Doker-la (8073).
S.: Alm Bädö (7286) und sonst um Muli bis unter den Gipfel des Gonschiga.
Tangetu (5484) bis zum Gipfel des Hwang-liangdse n von Yenyüen. Paß Sandao-
schan ne von hier.

— — var. *uliginosum* BEAUVD., l. c., V., 144 (1913). Nasse Wiesen der
tp. St., 2500—3000 m. NW-Y.: Überall zwischen Daidsedien und Schadien am
direkten Wege von Djientschwan nach Weihsi (10049). S.: Massenhaft ober
Lodjiahoschan bei Yenyüen, sowie e von Kalaba und bei Mabaho (5492).

Anaphalis DC.

A. nepalensis SPRENG., Syst.-Veg., ed. 16, III., 477 (1826) (*Helichrysum
stoloniferum* D. DON, non [L. f.] WILLD. 1804. — *Anaphalis cuneifolia* (WALL.,
nom. nud.) HOOK. f., Fl., Brit. Ind., III., 280 [1881]. — *A. Mairei* LÉVL. in Bull.
Ac. Géogr. Bot., XXV., 13 [1915], e typo. — *A. triplinervis* [SIMS] CLKE. var.
intermedia [DC.] AIRY-SHAW in Bot. Mag., CLVIII., t. 9396 [1935]).
Waldschläge, üppigere Matten und steinige Stellen, Dschungelränder in
der tp. bis in die Hg. St., (2800?—) 3300—4200 m. Y.: Beyendjing (TEN ex
hb. Berol. 305). Hier auf dem Rücken des Betsaoling (T. 1378). Kamm zwischen
Sunggwe und Dengtschwan (SCHNEIDER 2894). Im NW bei Lidjiang, v. E.
(3365, 4061). Hier auf der Wiese Ndwolo (3568). Ober Dugwan-tsun und an der

Westseite des Piepun (4775) se von Dschungdien. Jedenfalls am Mekong (MON-
BEIG). Im birm. Mons. auf dem Nisselaka zwischen Mekong und Salwin (phot.).
Auf dem Hange des Gomba-la bei Tschamutong gegen den See Tsukue, v. E.
(9888). Im NE bei Lung-tsun (MAIRE, distr. BONATI 6136). S.: Wohl diese viel
auf dem Passe zwischen Yenyüen und Niutschang und bei Hwangliangdse n
von dort (phot.).

Ganz große und kräftige, ausläuferlose Pflanzen mit stark dreinervigen
Blättern, wie 3365 und SCHNEIDER 2894, gleichen im Habitus der *A. corymbosa*
(FRANCH.) DIELS, haben aber keineswegs herablaufende Blätter.

Ich glaube nicht, daß die Zusammenziehung von *A. cuneifolia*, *A. triplinervis* und *A. nubigena*, die AIRY-SHAW, l. c., durchführt, die richtige Behand-
lung des Formenkreises ist.

A. nubigena (WALL.) DC. var. **monocephala** (DC.) CLKE., Comp. Ind.,
106 (1876) (*A. m.* et *A. mucronata* var. *m.* DC., Prodr., VI., 272 [1837]. —
A. nubigena f. reducta nana DIELS in Rep. sp. nov., Beih. XII., 505 [1922]).
NW-Y.: Bei Lidjing, jedenfalls auf dem Yülung-schan, v. E. (3649).

** **A. pannosa** HAND.-MZT. (Taf. XVII, Abb. 8, 9).

Rhizoma longum, lignosum (ramis ultra 3 mm crassis, rectis, praeter nodos
foliis mortuis fuscis obsitos denudavis). Folia rosulata anguste (vel late) spathulata, 2 (—3) cm longa, 5 (—10) mm lata, in vaginas lineares glabriores angustata,
sicut caulis junior 2¹/₂—3 cm altus dense foliatus tomento longo pannoso cinereo
partim brunnescente utrinque densissime induta, crassa, indistincte uninervia,
caulina angustiora, 3¹/₂ mm lata, non decurrentia (?), summa in subulas glabras
acuminata. Calathia 8—10, dense glomerata. Involucri phylla lanceolata, ad
8 mm longa, scariosa, nitida, acuta, flavescentia, fere dimidio inferiore fusco-
brunnea, exunguiculata, exteriora basi ± lanata.

NW-Y.: Paß Lenago zwischen Mekong und Yangtse, Matten der ktp. St.,
4000 m, VI. 1914 (GEBAUER, Typus). Im birm. Mons. im Mekong—Salwin-
Scheidegebirge am 26° 10', 1914 (GEBAUER).

Specierum omnium maxime lanata.

Jede Aufsammlung besteht aus nur einem Individuum. Jenes vom Lenago-
Passe ist im Aufblühen, das andere, kräftigere, steril. Obzwar schon die lange
Wolle und ihre Farbe die Zusammengehörigkeit nahelegt, ist diese nicht bewiesen
und habe ich die abweichenden Merkmale des sterilen Stückes in Klammern
gesetzt.

** **A. flavescens** HAND.-MZT.

Rhizoma repens et ramosum, crassum, vel tenue et stoloniforme, lignosum,
laxe cespitosum, foliorum erectorum sub anthesi vivorum rosulas caulesque
1—5, 7—22 cm altos densiuscule foliatos edens. Folia basalia oblanceolata,
2—4¹/₂ cm longa et 5—8 mm lata, acuta vel obtusa, in petiolos laminis usque
subaequilongos sensim attenuata, extima etiam sensim breviora et subsessilia;
caulina sessilia, superiora sensim in apices longos glabros, fuscos, subulatos
producta, secus caulem anguste alato-decurrentia, omnia ± indistincte trinervia,
utrinque dense cinereo vel flavide araneoso-tomentosa. Calathia 6—16 dense
glomerata, corymbi ramis usque ad 1 cm, pedunculis usque ad 3 mm longis,
campanulata, c. 1 cm diametro. Involucri phylla c. 4 seriata, extima ovata,
fuscescentia, basi dense lanata, cetera sensim lanceolata, ad 8 mm longa,

obtusa et acutiuscula, ungue colore castaneo tantum distincto extus parcipiloso, ceterum scariosa, nitida, flavescentia, glabra. Flores ♀ filiformes. Styli rami tenues; pappi pili albi, tenues, inferne serrulati, corollis paulo longiores. Ovarium glabrum. Corolla ☿ latius cylindrica, lobis minutis, pappo eodem.

S.: Humöse Stellen auf Kalk in der Hg. St. des Gipfels Saganai ober Muli, 4450—4500 m, 30. VII. 1915 (7336, Typus). Tscheto-la bei Tatsienlu (Kangting), Alpenmatte, 4100 m, 3. VIII. 1934 (H. Smith 11044). Dongbo-la se von Dawo (Taofu), offene Alpenwiese, c. 4700 m, 24. IX. 1934 (H. Sm. 12446). Im NW auf Gebirgen um Sungpan, VI.—VIII. 1914 (Weigold).

Proxima *A. Hancockii* Max., quae differt multo glabrior, scil. glandulosopilosa, nec flavescens, involucroque candido.

A. Delavayi (Franch.) Diels in Not. Bot. Gard. Edinb., VII., 337 (1912) (*Gnaphalium D.* Franch., e typo). NW-Y.: In der ktp. St. des birm. Mons. beiderseits des Passes Tschiangschel zwischen Salwin und Irrawadi, 27° 52′, Glimmerschiefer, 3500—3950 m (9303).

Kleiner und schwächer als der Typus, mit schmäleren Flügeln und kürzeren Blättern, die oberen unterseits stark spinnwebig. Innere Hüllschuppen stumpf, an den Originalexemplaren stumpf und spitz wechselnd.

A. chlamydophylla Diels, l. c., V., 188 (1912), e typo. NW-Y.: Bei Lidjiang, v. E. (3648). Hier auf Heidewiesen, in Föhren- und lichten Mischwäldern der tp. St. gegen das Be-schui, Kalk, 2950—3100 m (4183, s. Karsten u. Schenck, Vegetb., 22. R., Taf. 43).

Stengel bei 4183 20 cm hoch. Das vom Autor beschriebene wollige Indument haben nur die kleinen, ersten Blätter der sterilen Sprosse, während später dieselben Rosetten normal große und silberfilzig, wie die Stengelblätter behaarte, treiben.

A. yunnanensis (Franch.) Diels in Rep. sp. nov., Beih. XII., 505 (1922), comb. nuda (*Gnaphalium yunnanense* Franch., teste Gagnepain e typo). NW-Y.: Bei Lidjiang, v. E. (3647). Offenbar die typische Pflanze auch in S. sw von Muli von der tp. St. ab entblößte Hänge auf weite Strecken weiß färbend am Wege zum Passe Döko (hier phot.), 3450—4350 m, und am Gipfel Gonschiga bis 4730 m, auf Tonschiefer.

——**var. muliensis** Hand-Mzt. in Sitzgsanz. Ak. W. W., LXI., 203 (1924).

Surculis fruticosis elongatis fere 30 cm longis debilioribus quam typus, foliis supra glabris vel inconspicue araneosis, subtus cinereo-tomentosis ab eo differt.

S.: Hänge der ktp. St. des Tales n des Passes Tschescha zwischen Muli und Yungning, Kalk, 3900—4000 m, 25. VII. 1915 (7238, Typus). SE von Muli, IX. 1922 (Forrest 22434). Wohl auch diese überall sw ober Muli und in NW-Y.: Heidewiesen der tp. St. um den kleinen See bei Dschungdien, 3400 m.

Meine Nr. 3647 wurde von Gagnepain mit Franchets Typus vollkommen identisch befunden, die vom Autor zuletzt angeführte Nr. 942 Delavays aber mit meiner Nr. 292 identisch, die ich sehr verschieden finde (s. am Schlusse der Gattung). Zur Anwendung von Franchets Namen für jene Pflanze bestimmen mich auch die zahlreichen mit ihr identischen und so bezeichneten Forrestschen Exemplare. *A. yunnanensis* steht zunächst *A. xylorrhiza* Schtz. bip., zu der Forrest 22100 und 22156, ebenfalls von Muli, gehören.

A. margaritacea (L.) Benth. et Hook. Buschwiesen, trockene Hänge, Hochgekräute und Waldlichtungen der str. bis in die tp. St., 1200—3200 m. SW-II.: Yün-schan bei Wukang, Paul (12538). S.: Ober Schihuiyao bei Huili (5137). Zwischen Hwanglienpo und Hwangschuitang im Djientschang (1885). Zwischen Samuping und Niutschang se von Yenyüen. Y.: Tal w von Yünnanfu (Schoch 262). Zwischen Hodjing und Sunggwe (Schneider 3076 a). Im NW bei Lidjiang, v. E. (3651). Im birm. Mons. zwischen Salwin und Schweli, 25° 45′ (Gebauer), bei Bahan und im Doyon-lumba (8311) am Salwin, 28° 2′.

—— * var. *angustifolia* (Franch. et Sav.) Hand-Mzt. (*Antennaria japonica* Miq. — *Gnaphalium margaritaceum* L. var. *angustifolium* Franch. et Sav., Enum. Pl. Jap., I., 242 [1875]. — *Anaphalis m.* var. *japonica* [Miq.] Mak. in Bot. Mag. Tok., XXII., 36 [1908]). W-Hubei (Wilson, Veitch Exp. 2261). S.: Mungkung (Limpricht 2372). W-Kansu: Hasitan (Licent 4599).

—— var. *cinnamomea* (Wall.) Hand.-Mzt. (*Antennaria cinnamomea* [Wall.] DC., Prodr., VI., 270 [1837]. — *Anaphalis c.* Clke., Comp. Ind., 104 [1876]). W-Hubei (Wilson, Veitch Exp. 1554, annähernd). Kw. (Cavalerie 213). Y.: Buschsteppen der wtp. St. zwischen Tschuhsiung und Gwangdung, Sandstein, 1800—2100 m (4836). Im NE auf trockenen Hochflächen bei Dadschutang (Mell, annähernd) und Matten bei Dungtschwan, 2600 m (Maire) und Dschenfungschan, 650 m (M.).

Die Varietät, die als Art jetzt *A. Timmua* (Don) heißen müßte, ist auffallend, aber auch in Indien nicht allein, denn auch im NW-Himalaya, 5—7000′, wurde von Thomson die typische amerikanische Pflanze gesammelt, und in China sind Übergänge nicht selten. Durch größere Körbe nähert sich meine übrigens etwas abnorm verzweigte und sehr weißwollige Nr. 1885 der *A. Griffithii* Hook. f. Auch Pflanzen aus N-S.: Honton (Potanin) und Rock 13158 sind großköpfig, haben aber die Hülle keineswegs spreizend.

A. adnata (Wall.) DC. Steinige Matten und Föhrenwälder der wtp. bis an die str. St. auf Sandstein und Tonschiefer. Y.: Von Tschuhsiung zerstreut bis unter Meti sw von Dschungdien, 2400 m (7782). Unter Weischa e von Yungbei. Im NE im mittelchin. Fl. bei Dschenfungschan, 650 m (Maire). S.: Unter dem Passe Sandaoschan zwischen Yenyüen und dem Yalung, 27° 31′, 2900 m (5581). Kw. (Cavalerie 214).

A. Bulleyana (J. F. Jeffr.) Hand.-Mzt. (*Pluchea B.* Jeffr. in Not. Bot. Gard. Edinb., V., 183 [VI. 1912]. — *Conyza mollis* Lévl. in Rep. sp. nov., XI., 304 [XI. 1912], e typo). Y.: Gegend von Yünnanfu (Cavalerie 34: Hb. Stockholm). Im NE auf dürren Hügeln der wtp. St. hinter Dungtschwan, 2550 m (Maire). S.: Steppen der str. St. am w Zuflusse des Yalung, 27° 35′, Sandstein, 1900 m (5597).

Griffeläste der ☿ Blüte dreimal so lang wie breit, gestutzt, die Enden papillös. Blütenmerkmale wie Habitus stellen die Pflanze zu *Anaphalis*.

A. pterocaula (Franch. et Sav.) Max. Wiesen und Buschsteppen der wtp. St. Ki.: Hangaodsu zwischen Ningdu und Kian, c. 800 m (Plt. sin. 481). H.: Hsikwangschan bei Hsinhwa, 600—900 m (12719). NW-S.: Sungpan und abwärts bis Tietschi (Weigold). Wohl auch diese um Huili überall. Y.: Gegend von Yünnanfu (Cavalerie 50). Hier im W, 2300 m (Schoch 266).

—— var. *intermedia* Pamp. in N. Giorn. Bot. Ital., n. ser., XVIII., 80 (1911) (*A. aureo-punctata* Lingelsh. et Borza in Rep. sp. nov., XIII., 392

[1914], e typo). Matten und trockene Hänge der wtp. und tp., auch Gekräute und Modermatten der ktp. St., 2600—3800 m. S.: Unter Dindjia-tsun am Lungdschu-schan bei Huili. Zwischen Samuping und Niutschang se von Yenyüen. Becken von Yenyüen und ober Mabaho, sowie bei Gwandien und jenseits des Yalung bei Molien (2547) n von hier. Rücken Daörlbi zwischen Yenyüen und Yungning. Lagerplatz Guyi s von Muli. Im W im Min-Tal n von Kwan (WEIGOLD). Y.: Beyendjing (TEN 244). Im NW bei Lidjiang, v. E. (3650, 3783). Hier am Westhange des Yülung-schan (FORREST 6211). Im NE auf Bergen bei Dung-tschwan (MAIRE; distr. BONATI 6135).

Die Varietät herrscht in Yünnan vor und neigt mehr zum Verholzen und Rasen-bilden. Die besonders breitblätterige Nr. 3650 ist auf der Blattunterseite dick wollig. Dieselben sitzenden, goldigen Drüsen der Blattoberfläche, wie *A. aureo-punctata*, hat WILSON 1560 aus W-Hubei. Sie kommen gemischt vor mit groben Stiel-drüsen; manchmal fehlen sie und sind durch diese ersetzt. 2547 mit mangelhaften Blättern ist vielleicht allzu holzig, als daß sie noch zur Art gehören würde.

— — ** **var. *atrata* HAND.-MZT.**

Involucrum dimidio inferiore fuscum. Habitus formarum minorum var. praecedentis.

NW-Y.: Steinige Matten der Hg. St. am Osthange des Gipfels Ünlüpe im Yülung-schan bei Lidjiang, 3700—4250 m, 16. VII. 1914 (3530, Typus). Kraut-fluren der ktp. St. auf dem Berge Schusutsu bei Bödö se von Dschungdien 3750—4000 m, 5. VIII. 1914 (4493). Offene Alpenmatten auf der Kette zwischen Djientschwan und dem Mekong, 4450 (?) m, VIII. 1922 (FORREST 21973). Matten an der Baumgrenze auf dem Waha bei Yungning, 4300 m (phot.). S.: Gesteinflur am Saganai ober Muli (phot.). ?

Eine durch die dunkle Hülle ausgezeichnete, offenbar hohen Standorten angepaßte Form.

— — ** var. *surculosa* HAND-MZT.

Caulibus per plures annos crescentibus prostratis foliis emortuis eorumque cicatricibus obsitis, angulatis, caulibus hornotinis aequicrassis, usque ad 35 cm longis repens, apicibus caules floriferos plures usque ad 40 cm longos edens. Caules superne tantum arachnoidei. Folia lanceolata et lineari-lanceolata, 30 × 2 usque 70 × 10 mm, juvenilia utrinque araneosa, vetustiora supra glabrescentia et glanduloso-furfuracea, uninervia.

NE-Y.: Feuchter Paß von Gulungtschang, 700 m (MAIRE).

Die im Wuchs sehr auffällige Pflanze wird doch nur ein Produkt des für eine *Anaphalis* ungewöhnlichen feuchten Standortes sein, auf den auch ihre Kahlheit zurückzuführen ist. Die Sprossen zeigen dasselbe Verhalten wie manch-mal *Leontopodium Andersoni* (s. Beih. Bot. Centrbl., XLIV/2., 10).

A. lactea MAX. NW-S.: Gebirge um Sungpan (WEIGOLD).

A. Souliei DIELS in Rep. sp. nov., Beih. XII., 505 (1922). NW-S.: Ge-birge um Sungpan (WEIGOLD).

** *A. gracilis* HAND.-MZT. (Taf. XVII, Abb. 5).

Caudiculis tenuibus lignosis, ± erectis, apicibus et gemmis foliis quam folia caulina brevioribus et utrinque cano-tomentellis obsitis dumulos ± densos, ad 15 cm altos formans, caules multos tenues 3—21 cm longos simplices, usque ad inflorescentias aequaliter et remote foliatos, inter alas angustas glabriusculas cano-tomentellos edens. Folia decurrentia, sessilia, patula, lineari-lanceolata, 1—2^1/$_2$ cm longa, marginibus reflexis 1—3 mm lata, obtusa vel crasse apiculata, supra laxe, subtus dense cinereo-tomentosa. Corymbus densus, 1—4 cm latus, calathiis 5 — ultra 50 constans. Involucrum campanulatum, 5 mm longum, ad 3 mm latum. Phylla imbricata, c. 4 seriata, extima late ovata, acutiuscula, interiora sensim lingulata, 1^1/$_2$ mm lata, rotundata, illa horumque ungues colore flavido tantum distincti vittaque brevi fuscoviridi, nitidula, extus villosula, ceterum albo-scariosa et opaca. Flores ♂ antice glandulosi; pappi pili clavati, crenulati, opaci. Floris ♀ subfiliformis stylus vix exsertus; pappi pili tenues, serrulati.

S.: Im NW auf Gebirgen um Sungpan, VI.—VIII. 1914 (Weigold, Typus). Im W an sonnigen Stellen der Berge w von Ngata (Taining) bei Dawo, c. 3900 m, 5. IX. 1934 (H. Smith 11893).

Characteribus proxima *A. Busua* (Ham.) Hand.-Mzt. (*Gnaphalium B.* Ham. in Don, Prodr. Fl. Nep., 173 [1825]. — *Anaphalis araneosa* DC.), quae herba magna erecta, calathiis latioribus, phyllis acutioribus.

A. contorta (Don) Hook. f. SW-**Kw.**: Hwangtsaoba (Cavalerie 4425).

A. bicolor (Franch.) Diels in Not. Bot. Gard. Edinb., VII., 337 (1912) (*Gnaphalium b.* Franch.). **Y.**: Umgebung von Yünnanfu (Cavalerie 80. Maire ex hb. Edin. 896). Im NW bei Lidjiang, v. E. (3652). Im NE hinter Dungtschwan, 2600—2800 m (Maire). S.: Trockene Hänge der wtp. St. ober Schihuiyao bei Huili, Sandstein, 2200—2600 m (5140).

** ***A. undulata*** Hand.-Mzt. (Taf. XVII, Abb. 6, 7).

Caules steriles 8—12 cm longi, accrescenter densifolii, florifer supra surculum 6 cm longum foliis moribundis obsitum subrosulato-multifolius, dein 7 cm longus, ut steriles foliatus, superne pauciramosus, omnes herbacei, crassiusculi, foliis decurrentibus alati, dense et breviter brunneo glanduloso-pilosi. Folia sessilia, lineari-oblanceolata, 2—4 cm longa, 4—5 mm lata, obtusa et crasse apiculata, marginibus irregulariter anguste revolutis undulata, uninervia, supra dense ut caulis pilosa initioque areneosa, subtus crasse flavido seriusque cinereo-lanata. Calathia pauca capitata, campanulata, c. 5 mm diametro. Involucri phylla c. quadriseriata, extima pallide brunnea extus lanata, interiora oblonga, 5 mm longa, ad 2 mm lata, obtusa, scariosa, flavida, nervo atroviridi medium non attingente. Floris ♀ corolla antice aureo-glandulosa; pappi pili albi, subulato-clavati.

S.: Trockene Hänge der wtp. St. bei Dungungpu am Zuflusse des Yalung gegen Yenyüen, 27° 32′, Sandstein, 2250 m, 11. V. 1914 (2127).

Species, quamvis parce collecta, indumento necnon involucro flavido insignis, proxima probabiliter *A. contortae*.

** ***A. Larium*** Hand.-Mzt. (Taf. XVI, Abb. 13).

In rhizomate elongato, lignoso, stolones rigidos tenuiusculos castaneos gemmis globosis lanatis ad 1 cm crassis squamis ovatis spadiceis submembranaceis glabris cinctis terminatos edente dense laxiusve cespitosa, multicaulis. Caules fere omnes floriferi, erecti, 14—17 cm longi, tenues, rigiduli, costulati, exalati, lanatuli, foliis basalibus sub anthesi nullis, ceteris crebris, usque ad corymbos accrescentibus, patentibus, inferioribus sub anthesi mortuis deflexis, parte inferiore persistentes et glabrescentes. Folia lineari-lanceolata, 2—3 cm longa, 3—4^{plo} angustiora, acuta et mucrone purpureo terminata, basi abrupte angustata sessilia, margine saepe minute undulata, crassiuscule herbacea, utrinque subaequaliter flavido-tomentosa, nervo unico subtus prominulo. Calathia usque ad 15 corymbos densos ad 2 cm latos formant, subglobosa, 5—7 mm diametro. Involucri phylla c. 3 seriata, nitide scariosa, extima late ovata et rotundata, fuscobrunnea, basi villosa, intima iis usque subtriplo longiora, spathulata, 2 mm lata, obtusa, flavida, infra medium brunnea et ungue indistincto vitta lata viridi percurso. Flores ♂ tantum noti c. 5 mm longi, superne anguste infundibulares, lobis 5 anguste triangularibus porrectis glandulis aureis adspersis; antherae exsertae; stylus obconicus, truncatus. Pappi pili albi, paulum incrassati.

NW-Y.: Massenhaft in der Hg. St. des birm. Mons. in dem Kar unter dem Doker-la an der tibetischen Grenze, Granit, 4200—4250 m, 17. IX. 1915 (8068).

Species jam habitu coloreque valde peculiaris.

A. sp. nova? **Y.**: Offene Stellen im *Keteleeria-* und Eichenwald der wtp. St. beim Tempel Schili-ngan nächst Yünnanfu, Sandstein, 2200 m (292).

Von Gagnepain identisch befunden mit Delavay 942, die Franchet noch zu seiner *A. yunnanensis* stellte, zu der die Pflanze aber sicher nicht gehört. Blätter kurz herablaufend, beiderseits dicht silbergrau filzig, sonst ähnlich Formen von *A. contorta.* Spärliche, winterliche Aufsammlung.

Gnaphalium L.

G. japonicum Thunbg. Matten und grasige Hänge der str. und wtp. St. auf Mergel und Sandstein, 50—1200 m. **H.**: Bei Tschangscha gegen Schaotangho (11702). **Kw.**: (Cavalerie 4208). Yiyatang bei Guiyang (10493).

G. hypoleucum DC. Buschsteppen, Heidewiesen, trockene Wälder, Kulturen der wtp. bis in die str. St., auf Sandstein und kristallinischen Gesteinen, 1800—2600 m. **Y.**: Yünnanfu (Cavalerie 78). Rücken zwischen Dsaodjidjing und Hwadung e des Dsolin-ho (4983). An der Straße nach Dali zwischen Tschuhsiung und Gwangdung (4833) und gemein um Bupeng. Im NW häufig am Mekong, 27° 35—50′ (8468). Im NE am Wege von Yünnanfu nach Suifu jenseits Tschaidse (Mell), bei Djintschungschan und Dungtschwan (Maire). Im mittelchin. Fl. bei Lungdji, 600 m (M.). **W-S.**: Min-Tal n von Kwan (Weigold).

——var. *amoyense* (Hance) Hand.-Mzt. (*G. amoyense* Hance) kann als auffallende Varietät mit auch oberseits filzigen Blättern aufrechterhalten werden. Auch Warburg sammelte sie in **F.**: Fudschou (5677).

——** var. *brunneonitens* Hand.-Mzt.

In dumum subglobosum copiosissime (nec cymose) ramosum. Calathia in glomerulos numerosissimos non ultra sena composita. Involucrum nitide aureobrunneum (nec aureo-flavum), phyllis acutioribus.

NE-Y.: Matten der Gipfel bei Dungtschwan, 2650 m, IX. (Maire: Mus. Wien).

Eine sehr auffallend verschiedene Pflanze, doch bilden Maires Exemplare von Dungtschwan einen Übergang vom Typus zu ihr.

G. chrysocephalum Franch., e typo. **NE-Y.**: Matten der Gipfel bei

Dungtschwan, 2650 m, und Lupu, 3200 m (Maire). S.: Matten an Gehölzrändern e von Yungning (Forrest 20646 als *G. hypoleucum* var.).

Steht der vorigen Art sehr nahe, deren große Formen auch etwas herablaufende Blätter bekommen.

G. multiceps Wall. Äcker, Raine, Kanal- und Wegränder, auch feuchte Wiesen und Heidewiesen der wtp. bis in die tp. und str. St. **Y.**: 1900 bis 2700 m. Yünnanfu (195. Schoch 46). Dingyüen ne von Dali. Massenhaft von Boloti n Yungbei bis Yungning. Im NW bei Lidjiang, v. E. (3646), bei Basulo s von Weihsi. Im birm. Mons. zwischen Salwin und Schweli, 25⁰ 45′ (Gebauer). Im NE in der Ebene von Dungtschwan (Maire). **S.**: 1650—2700 m. Dseia bei Muli. Yenyüen. Huili (840). Unter Gobankou bei Dötschang und bei Ningyüen (1223) im Djientschang. Im W im Min-Tal von Sungpan bis Tietschi (Weigold). **SW-H.**: Yün-schan bei Wukang (Plt. sin. 41). **Ki.**: Im W um Pinghsiang, c. 600 m (Plt. sin. 164). Im SE am Gwanyin-ling bei Ningdu (Plt. sin. 279).

Inula L.

I. Cappa (Ham.) DC. Buschige Steppen der str. und wtp. St. **Y.**: 500 bis 2600 m. S von Möngdse. Berg bei Ami (Enander). Seitenschlucht des Yangtse zwischen Homendschang und Bödschagwan n von Yünnanfu (705). Zwischen Tschuhsiung und Gwangdung (4834), zwischen Yünnan-hsien und Yünnanyi und bis n von Dali. Im NE bei Taipingschang (Maire). **S.**: Überall um Huili und bis ins Djientschang. **Kw.**: Hwagung bei Langtai, 1500 m (Schoch 399). **H.**: Yolu-schan bei Tschangscha, 200 m (12406).

I. pterocaula Franch. Buschwälder, in Steppen besonders an Grabenrändern, in der wtp. St., 2000—2700 m. **Y.**: Überall n von Yünnanfu bis zum Yangtse. Ober Dsaodjidjing (4922) und zwischen Yanggai und Hwadung (4951) e des Dsolin-ho. Im NW bei Laba e von Dschungdien. Im NE bei Dungtschwan (Maire, distr. Bonati 7322). **S.**: Dseia bei Muli. Überall in der Ebene von Yenyüen (5441) und unter Dugungpu ne von hier.

* *I. Hookeri* Clke., Comp. Ind., 122 (1876). **NW-Y.**: Im birm. Mons. in tp. Hochkrautfluren im Doyon-lumba zwischen Mekong und Salwin, 28⁰ 2′, Schiefer, 3150 m, 23. IX. 1915 (8312) und in wtp. *Pteridium*-Wiesen bei Nitscheluang und Schutsche am e Irrawadi-Oberlaufe, 27⁰ 54′, Granit, 2000 m (9429).

I. britannica L. var. *sublanata* Kom. in Act. Hort. Petrop., XXV., 626 (1907). **W-S.**: Min-Tal von Maodschou bis unter Wöntschwan (Weigold).

I. linariaefolia Turcz. **H**: Lachen- und Grabenränder der str. St. zwischen Tschangscha und Hsiangtan, Sandstein, 30—50 m (12753).

I. serrata Bur. et Franch. Sumpfige Stellen der wtp. St. **Y.**: 1900 bis 2700 m. Yünnanfu (Schoch 158). Häufig zwischen Alaodjing und Dsaodjidjing e des Dsolin-ho (4906). Häufig von Yünnanfu bis Dali (Mell). Beyendjing (Ten 66, 86). Im NW bei Lutien e von Weihsi. Im NE hinter Dungtschwan (Maire). **Kw.**: Zwischen Nganping und Tschingdschen, 1200—1300 m (10457).

Identisch mit Delavay 231, die von Franchet so bestimmt wurde. Früchte bei Ten 86 nicht ganz kahl. Steht zunächst *I. britannica*, unterscheidet sich durch große, meist breite, zum keilförmigen bis geöhrelten Grunde keineswegs verbreiterte, fast ganzrandige bis klein und ziemlich entfernt gesägte Blätter und bis 9 große Blütenkörbe mit 1—1¹⁄₂ cm langem Strahl.

I. sericophylla FRANCH. NW-Y.: Sumpfwiesen der tp. St. bei Ngulukö nächst Lidjiang, Kalk, 2820 m (4237).

I. venosa WALL. (*Aster vellereus* FRANCH. — *A. macilentus* VANT., e typo). Matten, buschige Föhrenwälder und trockene Mischwälder der wtp. St. Y.: 2000—2600 m. Unter der Taihwa-se bei Yünnanfu (SCHOCH 314). Dadjingtou bei Beyendjing (TEN 1330). Beischan, 26⁰ 16′, zwischen Dali und Lidjiang (8536). Im NE bei Dungtschwan (MAIRE). S.: Fongsaying s von Huili, 2000 m (5093). Kw.: Nganschun (CAVALERIE 3750).

I. chrysantha DIELS, e typo (*I. Wardii* ANTH. in Not. Bot. Gard. Edinb., XVIII., 197 [1934], e typo). W-S.: Min-Tal von Tietschi bis Maodschou (WEI-GOLD).

I. indica L. (*Vicoa auriculata* CASS.) ** **var. hypoleuca** HAND-MZT. Folia angusta, subtus crasse albo-tomentosa.

Y.: Steppen der str. St., 1350—1400 m. Ami, 24. IX. 1926 (ENANDER). Unter Datiengai s des Yangtse e von Yungbei, Sandstein, 4. XI. 1916 (13035, Typus).

Einen Übergang zum Typus bildet CHING 8456 aus Kwanghsi.

Carpesium L.

C. triste MAX. NW-Y.: In der tp. St. auf Kalk, 3000—3225 m. Fichten-wälder am Be-schui bei Lidjiang (7006). Hochkrautfluren jenseits des nach Fongkou führenden Passes bei Yungning (7047).

Völlig stimmend mit TSCHONOSKIS Pflanze von Senano. Körbe unter 10 mm Durchmesser, daher von WINKLER in Act. Hort. Petrop., XIV., 56 (1898) im Schlüssel unzutreffend eingereiht. Die var. *sinense* DIELS ist nicht unterscheidbar.

C. cernuum L. Y.: Im NE in Bergtälern bei Dungtschwan, 2550 m (MAIRE).

— — var. *lanatum* HOOK. NE-Y.: Trockene Stellen bei Gungschan und Dadschutang am Wege von Yünnanfu nach Suifu (MELL). Matten der Gipfel bei Dungtschwan, 2650 m (MAIRE). Zu dieser Art wohl die Notizen aus feuchten Gebüschen der wtp. St., 2300—2700 m in Y.: Ober Houyendjing e des Dsolin-ho (phot.), bei Hsinyingpan zwischen Yungbei und Yungning, im NW bei Basulo s von Weihsi und bei Laba e von Dschungdien.

C. trachelifolium LESSG. NW-Y.: In der str. St. des birm. Mons. in der Salwin-Schlucht ober Tschamutong, kristallinischer Kalk, 1720 m (9813).

C. kweichowense CHANG in Sinensia, III., 205 (1933). NE-Y.: Hügel im mittelchin. Fl. bei Lungdji, 600 m (MAIRE).

Untere Blätter auch hier mangelhaft. Solange Grundblätter noch nicht bekannt sind, ist mir die Verschiedenheit von der vorigen Art zweifelhaft.

C. minus HEMSL. NW-Y.: Zwischen Lebermoosen in der str. St. des birm. Mons. am Ufer des Salwin zwischen Tjiontson und Pipiti unter Tschamu-tong, Tonschiefer, 1675 m (9830).

C. Lipskyi C. WINKL. NW-Y.: Üppige Wiesen und kräuterreiche Gebüsche der tp. St. an der Westseite des Gebirges Piepun se von Dschungdien, Kalk, 3500—3700 m (5744, Fragment).

— — appr. var. *hontonense* C. WINKL. in Act. Hort. Petr., XIV., 69 (1898). S.: Buschwälder der tp. St. am Lungdschu-schan bei Huili, 3100 bis 3350 m, Diabas (5144). Ober Niutschang se von Yenyüen, Sandstein. NW-Y.:

Gebüsche und offene Föhrenwälder der wtp. St. zwischen Sape und Haba se von Dschungdien, Sandstein, 2400—3000 m (4411).

Die sehr lang gestielten Körbe der Varietät, aber sehr lange Früchte. Blätter gekerbt, so auch bei Licent 4276 aus W-Kansu.

— — var. *Przewalskyi* C. Winkl., l. c. NW-Y.: Überall in der tp. St. zwischen dem Be-schui und dem Dorf Lukudsche am Yülung-schan bei Lidjiang, Sandstein, 3100—3300 m (4355).

C. humile C. Winkl. NW-S.: Gebirge um Sungpan (Weigold).

C. abrotanoides L. Grabenränder und Buschwälder der wtp. St. Y.: 1950—2200 m. Bitjigwan bei Yünnanfu (Enander). Tschangyi ne von hier (Schoch 375). Zwischen Yanggai und Hwadung e des Dsolin-ho (4952). Im NW unter Londjre am Mekong, 28° 12'. H.: Hsikwangschan bei Hsinhwa, 600 bis 700 m (12652).

Adenocaulon Hook.

A. himalaicum Edgew. (*A. adhaerescens* Max.). Feuchte Stellen der Wälder, dichte Bambusdschungeln, Bachränder der tp., selten bis die wtp. St., 2650—3400 m. NW-Y.: Ostseite des Yülung-schan bei Lidjiang bis gegen Lukudsche. Ober Dugwan-tsun se von Dschungdien (4801). Unter Basulo s von Weihsi. Tschada n von hier am Wege nach Djitsung am Yangtse. Im birm. Mons. mehrfach im Doyon-lumba am Salwin und unter dem Doker-la an der tibetischen Grenze. S.: Unter der Wiese Dapingdse zwischen Muli und Yungning (7182). Ober Niutschang se von Yenyüen.

Während ich die von Maximowicz angegebenen Unterschiede des *A. bicolor* Hook. vollkommen bestätigt finde, können jene zwischen den hier synonym gesetzten Arten nicht standhalten, denn himalaische Exemplare von Simla (Thomson) haben sehr breite Rispen und nordchinesische von Paita bei Kalgan (Licent 9960) zur Fruchtzeit genau gleiche, sehr reichlich drüsige.

Sheareria Sp. Moore

S. nana Sp. Moore. H.: In der str. St. im Schlamm ausgetrockneter Lachen bei Tschangscha gegen den Gu-schan, 30 m (11356) und im Sand am Tsidjiang bei Lengschuidjiang oberhalb Hsinhwa, 190 m.

** Parthenium* L.

** P. Hysterophorus* L., Sp. Pl., 1402 (1753). Y.: Bitjigwan am Fuße des Hsi-schan bei Yünnanfu, eingeschleppt, 2130 m, 21. IX. 1926 (Enander).

Xanthium L.

X. sibiricum Patr. ap. Widd. in Rep. sp. nov., Beih. XX., 32 (1923), det. Widder. Schuttplätze und feuchte Stellen der wtp. bis in die str. St., 1900—2500 m. S.: Lomikou im Seitentale des Yalung gegen Yenyüen, 27° 39'. Y.: Am See von Yünnanfu beim Dorfe Hsischan (Schoch 159). Häufig zwischen Alaodjing und Dsaodjidjing e des Dsolin-ho (4910). Im NW bei Yedsche am Mekong (ob dieses?). Im NE in der Ebene von Dungtschwan und bei Hsiao-Wulung (Maire).

Zinnia L.

Z. multiflora L. **Y.**: Auf Gräbern in der wtp. St. bei Hsiao-Magai n von Yünnanfu, Sandstein, 1700 m (5699).

Siegesbeckia L.

S. orientalis L. Schuttplätze, üppige Gebüsche, Kanaldämme der wtp. und str. St. **Y.**: 1800—2800 m. Yünnanfu (SCHOCH 273). Zwischen Tschuhsiung und Gwangdung w von hier (4846). Zwischen Dali und Langtjiung. Im NW unter Laba e von Dschungdien, bei Tschada zwischen Yangtse und Mekong und überall an diesem, im birm. Mons. bei Meradon unter Bahan am Salwin, 28°. **S.**: Ebenso. Überall um Huili und Yenyüen. **H.**: Ngandjiapu bei Hsikwangschan, 550 m.

Eclipta L.

E. prostrata L. (*E. alba* [L.] HASSK. — *E. erecta* L.). **S-Y.**: Schuttplätze der tr. St. bei Manhao, 200 m (5887). Futieschao bei Beyendjing (TEN 1258). **H.**: Reisfelder jenseits Schitjidian-se zwischen Hsinning und Yungdschou 150 m (11315).

Die Kombination *E. alba* beruht auf Stellungspriorität, die nicht gilt.

Wedelia JACQ.

W. urticifolia (WIGHT) DC. p. p. **Y.**: Beyendjing (TEN ex hb. Berol. 227).

W. Wallichii LESSG. (*W. biflora* [L.] DC. C. B. CL. in Journ. Linn. Soc., Bot. XXV., 38 [1889], non HOOK. f. nec FORB. et HEMSL., nom. confus.). Gebüsche der wtp. bis in die str. St. **Y.**: 2300—2600 m. Guti bei Beyendjing (TEN 1282). Zwischen Baodu und Daschan am Wege von Yungbei nach Yungning (3226). Im NW bei Haba se von Dschungdien. Im NE bei Sandjia und bei Baörlgai, 650 m (MAIRE). **S.**: Um Muli, 2600—2850 m (7389?).

Die letzte Pflanze hat auffallend tief eingeschnitten-gesägte Blätter, aber keine Früchte.

Spilanthes JACQ.

*** S. Acmella** L. **S-Y.**: Schuttplätze der tr. St. bei Manhao, 200 m, 2. III. 1915 (5885).

Bidens L.

B. tripartitus L. **S.**: In der wtp. St., 1900—2600 m. Dungngan s von Huili. Häufig in Reisfeldern bei Yenyüen (5565).

B. pilosus L. (*B. p.* var. *discoideus* SCHTZ. bip.). **Y.**: An Gräben bei Dschenmindö in der str. St. der Seitenschlucht des Yangtse n von Yünnanfu, Konglomerat, 1700 m (775).

———— var. **minor** (BLUME) SHERFF in Bot. Gaz., LXXX., 387 (1925) (*B. sundaicus* BL. et var. *minor* BL., Bijdr., 913 [1826]). Quellen, Äcker, Wegränder und Steppenhänge der wtp. und str. St. auf Sandstein, 1600—2200 m. **Y.**: Ebene von Yünnanfu (SCHOCH 72). Tieso bei Beyendjing (TEN 18). Ober Dahwaschu bei Yungbei (3393). **S.**: Ningyüen (1280). Im W im Min-Tal n von Kwan (WEIGOLD).

B. biternatus (Lour.) Merr. et Sherff in Bot. Gaz., LXXXVIII., 293 (1929) (*Coreopsis biternata* Lour. — *Bidens chinensis* [L.] Willd.). S.: Gebüsche der wtp. St. bei Dindjia-tsun am Lungdschu-schan nächst Huili, Sandstein, 2400—2600 m (5219).

B. bipinnatus L. Y.: Gebüsche und Kulturen der str. und wtp. St., 1350—2500 m. Schlucht ober Hsintschwang bei Hwaping e von Yungbei. Im NW am Mekong ober Yedsche überall (7953, 7961) bis Serä. Im NE in der Ebene von Dungtschwan (Maire, distr. Bonati 7315).

7961 und die Pflanze bei Hsintschwang blühen weiß, die anderen hellgelb.

Galinsoga Ruiz et Pav.

G. parviflora Cavan. Schuttplätze der wtp. St., 2700—2800 m. NW-Y.: Yungning. S.: Muli. Dschwantienpu am Zuflusse des Yalung gegen Yenyüen, 27° 32′ (5575).

Tagetes L.

T. patula L. Steppen zwischen Wäldern, Bachgerölle, Quellfluren, Ackerränder der str. und wtp. St., 1350—2700 m, oft gemein und wie wild. Y.: E von Gwangdung. Überall e und bei Dahwaschu (3397) w von Yungbei. Überall um Djiangying und Djiping ne von Dali. Im NW bei Ladsagu am Yangtse nw von Lidjiang und bei Serä am Mekong, 28° 7′. Im NE bei Lungtang (Maire). S.: Unter Muli. Überall e von Yenyüen bis Ningyüen (1300) und Huili (5223).

Achillea L.

** **A. Wilsoniana** Heim. (*A. sibirica* Ledeb. subsp. *W.* Heim. in Sitzgsanz. Ak. W. W., LXI., 22 [1924]).

Planta ♃, 38 — ultra 70 cm alta, habitu *A. Millefolium* L., caulibus e rhizomate repente singulis usque paucis, erectis, crebre foliatis, modice et superne densius et molliter pilosis, nunc simplicibus foliorum fasciculis axillaribus tantum, nunc superne ramosis. Folia (praesertim media) oblonga, usque ad 65 mm longa et 11—20 mm lata, fere bis pectinatim pinnatipartita, rhachi quam segmenta plerumque angustiore, $1^1/_2$—2 mm lata, subintegra vel sursum dentifera, segmentis primariis numerosis, subapproximatis, brevius longiusve elliptico-lanceolatis, usque ad 10 mm longis et 4 mm latis, irregulariter pinnatifidis ad pinnatipartitis, segmentis secundariis paucis, ± inaequalibus, inferioribus ± maioribus, lanceolatis, acute pauciserratis, superioribus brevioribus, subsimplicibus, lobis ultimis inaequalibus, partim breviter dentiformibus et acutis, partim lanceolatis et acuminatis, omnibus mucronibus acutis, callosis, albidis terminatis, lamina concolori-viridi, supra parce, subtus densiuscule pilosa, illic glandulis sparsis instructa. Corymbus 7—15 cm latus, plerumque polycephalus et compositus, densiusculus, pedicellis quam calathia brevioribus usque triplo longioribus, dense et molliter pilosis. Calathia involucris late campanulatis ligulis expansis 6—7 mm vel involucris semiglobosis ad 10 mm diametientia. Phylla c. triseriata, medio viridia, carinata, marginibus antice latius et intensius brunneo fimbriato-marginata, infima multo breviora, ovato-lanceolata, acutiuscula, sequentia elliptico- usque spathulato-lanceolata, obtusa usque rotundata. Paleae 3—$3^1/_2$ mm longae, cymbiformes, ambitu lanceolatae, canalo oleifero rubro vel rufo in carina viridi angusta longo, ceterum ecolores, hyalino-marginatae, antice contractae, dorso paulum glandulosae. Flores radii 6—16, $5^1/_2$—6 mm longi; tubus ligula aequilongus complanatus, paulum glandulosus; ligula $1^1/_2$—$2^1/_2$ mm longa et c. aequilata, profunde tricrenata vel in aliis fere ad basin tripartita necnon intermedia; ovarium elliptico-obovatum, leviter truncatum, corolla non angustius, eglandulosum nec mucilaginosum. Flores disci 10—32, 4—$4^1/_2$ mm longi, basi ovarii apicem paulum excedentes; ovaria ut in radio. Achaenium immaturum ad 2 mm longum, $^3/_4$ mm latum, cuneatum, planum, testa brunnea per parietem tenuem ecolorem translucente.

Wiesen und Hochgekräute der wtp. und tp. St. W-Hubei (WILSON 1575, Typus). **Kw.**: Zerstreut in *Pteridium*-Wiesen bei Guiding, 1000—1300 m, 8. VII. 1917 (10620). Ebendort, 400—450 m (TSIANG 5403). **Y.**: Im NE auf Hügeln bei Dschenfungschan im mittelchin. Fl., 620 m (MAIRE). Im NW, 3250—3400 m. Zwischen Yungning und dem Yangtse (FORREST 20634 als *A. Millefolium* L.). Auf dem Hochlande von Dschungdien, VIII. 1913 (FORREST 10785). Hier beim Lagerplatz Yidjiadschön, 16. VIII. 1914 (4808) und bei der heißen Quelle unter Baoschi (7716). Auch FORREST 25664.

Ab *A. sibirica* LED. typica (= ssp. *mongolica* [FISCH.] HEIM. in Denkschr. Ak. W. W., XLVIII., 188 [1884]) foliis *A. Millefolium* L. foliis simillimis diversa. Quae differt stolonibus elongatis foliiferis, calathiis latioribus, floribus radii paucioribus.

Diese Pflanze, die ein sehr großes Gebiet allein bewohnt und bemerkenswerte Veränderlichkeit nur in der Zahl der Strahlblüten (12—16 bei WILSONS Pflanze, 6—9 bei allen anderen) zeigt, betrachte ich nun im Einverständnis mit dem Autor entschieden als Art.

Chrysanthemum L.

C. indicum L. **H.**: Häufig in Steppen und Gebüschen der str. St. um Tschangscha, 50 m (11386). **Kw.**: Nganschun, 1500 m (SCHOCH 416). **NE-Y.**: Hügel von Dschenfungschan im mittelchin. Fl., 640 m (MAIRE).

* *C. seticuspe* (MAXIM.) HAND.-MZT. (*Pyrethrum s.* MAX. in Mél. biol., VIII., 515 [1872]) **var. boreale** (MAK.) HAND.-MZT. (*Chrysanthemum indicum var. boreale* MAK. in Bot. Mag. Tok., XVI., 89 [1902], nom. nud. — *C. boreale* MAK., l. c., XXIII., 20 [1909]). Steppen und felsige Stellen der wtp. und tp. St. **Y.**: Überall auf dem Hsi-schan bei Yünnanfu, Kalk, 1900—2500 m (5704). Im NW am Yülung-schan bei Lidjiang, IX. 1913 (FORREST 11371). Im NE bei Dungtschwan, 2600 m (MAIRE). **S.**: Berge e von Yungning, bis 3350 m (FORREST 20650, als *Tanacetum Pallasianum* var.).

Obwohl der Arttypus (*C. boreale* var. *seticuspe* [MAX.] MAK., l. c., XXIII., 21 [1909]) eine Gartenform ist, muß die Art nach den Regeln *C. seticuspe* heißen. Sie ist durch die sehr zahlreichen, dicht gehäuften, kleinen Körbe von *C. indicum* und durch die Blattform von *C. lavandulifolium* (FISCH.) MAK. gut verschieden. Die vorliegenden Exemplare stimmen mit einem aus Japan und mit FORTUNE 38.

C. tatsienense BUR. et FRANCH. (*C. jugorum* W. W. SM.). **NW-Y.**: Steinige Matten der Hg. und ktp. St., 4075—4200 m. Paß Schulakadsa se (7693) und Alm Oscha sw von Dschungdien.

C. tatsienense var. *tanacetopsis* (W. W. SM.) MARQ. et SHAW in Journ.
Linn. Soc., Bot., XLVIII., 190 (1929) (*C. jugorum* var. *t.* W. W. SM. in Not. Bot.
Gard. Edinb., X., 173 [1918]. — *Tanacetum pullum* HAND.-MZT. in Sitzgsanz.
Ak. W. W., LXI., 202 [1924]; LXII., 147 [1925]). Matten und schlammiger
Sand der Hg. St. des birm. Mons. auf Glimmerschiefer und Granit, 4300 bis
4600 m, in der Mekong—Salwin-Kette in NW-Y.: Auf dem Rücken Pongatong,
28° 9′ (9682) und in **Tibet**: auf dem Doker-la (8151).

C. myrianthum (FRANCH.) HAND.-MZT. (*Tanacetum m.* FRANCH. in
Bull. Soc. philom. Par., 8. sér., III., 144 [1891]). S.: Steinige Matten der tp. St.
unter Malade zwischen Yenyüen und Kwapi, 27° 45′, Kalk, 3200 m, 3. X. 1914
(5473, mit der kaum trennbaren * var. *Wardii* (MARQ. et SHAW) HAND.-MZT.
(*Tanacetum m.* var. *W.* MARQ. et SHAW in Journ. Linn. Soc., Bot., XLVIII.,
190 [1929]).

C. quercifolium (W. W. SM.) HAND.-MZT. (*Tanacetum q.* W. W. SM.
in Not. Bot. Gard. Edinb., VIII., 119 [1913]). Wälder, Matten und Dschungelränder der tp. und ktp. St., 3350—3900 m. NW-Y.: Bei Lidjiang, v. E. (3661).
Überall zwischen Alo und Hsiao-Dschungdien se von Dschungdien („Chungtien")
(4608). S.: Hwang-liangdse zwischen Yenyüen und Kwapi, 27° 48′ (5500).

C. glabriusculum (W. W. SM.) HAND.-MZT. (*Tanacetum g.* W. W. SM.
in Not. Bot. Gard. Edinb., X., 202 [1918]). NW-Y.: Bei Lidjiang, v. E. (3659).
Folia caulina multa simpliciter tantum pinnata, lobis usque ad 8 mm latis.
Corymbi usque ad 10 cm lati.

C. Pallasianum (FISCH.) KOM. in Act. Hort. Petr., XXV., 645 (1907)
var. *brevilobum* (FRANCH.) HAND.-MZT. (*Tanacetum P.* var. *b.* FRANCH. ap.
DIELS in Not. Bot. Gard. Edinb., VII., 26 [1912], nom.).
Folia ambitu late obovata, petiolo brevi, cuneato-alato, lamina tripartita,
partibus ad medium tripartitis vel usque ad trijugo-pinnatipartitis, ellipticis
vel obovato- vel oblongo-ellipticis, saltem terminalibus obtusis et minute apiculatis, subtus sericea. Caules ascendentes, basi paulum lignescentes.
NW-Y.: Bei Lidjiang, v. E. (3642). Offene, steinige Matten auf dem Dschungdien-Hochland, 3350—3650 m (FORREST 11364, 15341).
Wahrscheinlich eine gute Art aus der in China erst aufzulösenden Verwandtschaft.

C. adenanthum (DIELS) HAND.-MZT. (*Tanacetum a.* DIELS in Not.
Bot. Gard. Edinb., V., 187 [1912]). NW-Y.: Bei Lidjiang, v. E. (3643).
** *C. Mutellina* HAND.-MZT. (Taf. XVII, Abb. 2).
Syn.: *Tanacetum nubigenum* HOOK. f., Fl. Br. Ind., III., 318 (1882)
p. p. DUNN in Journ. Linn. Soc., Bot., XXXIX., 499 (1911), non WALL.
T. Mutellina HAND.-MZT. in Sitzgsanz. Ak. W. W., LXI., 203 (1924).
Laxe et saepe subrepenti-cespitosum, radicibus fasciculatis permultis,
longissimis, tenuiusculis, albido-tomentellis, caulibus numerosis in rosulam
subprostratis et ascendentibus, floriferis 5—20 cm longis, sterilibus paucioribus
et brevioribus, illis 1—2 mm crassis, obsolete angulatis, totum densissime ar-
genteo-sericeum, aromaticum. Folia caulibus omnibus densa, patula, inferiora
minora, partim trifida tantum, sub anthesi marcescentia, cetera breviter vel
demum ad 1 cm petiolata, ambitu suborbicularia, palmata vel bijugo-pinnata,
jugis approximatis, pinnis plerisque ad medium c. palmato- vel subpalmato

3—5- rarius plurifidis, lobis linearibus acutiusculis, omnibus sicut rhachidibus ad 1—1¹/₂ mm latis, in ramulis unifloris elongatis multa linearia integra vel apice trifida tantum. Calathia usque ad 15 apicibus caulium densa breviter paniculata vel subcorymbosa vel in nonnullis singula, pedunculis inferiorum usque ad 2¹/₂ cm vel demum ad 4¹/ cm longis, omnibus foliis bracteatis, magna, 8 mm diametro. Involucrum hemisphaericum, phyllis haud numerosissimis, lineari-spathulatis, ± 5 mm longis, marginibus membranaceis latis nigris vel spadiceis undulatis, dorso sericeo ± villosis vel antice glabris et costa hic prominua. Flores involucrum paulo superantes, aurei, demum brunnei, marginales pauci ♀, anguste cylindrici, limbo toto in lobos 3—4 anguste oblongos 1 mm longos fisso, ceteri ☿ tubo paulo latius cylindrico, limbi partem anguste campanulatam aequante, lobis 5, ²/₃ mm longis, anguste ovatis, antheris fere totis exsertis; stylus omnium profunde bifidus, ramis recurvis. Achaenia 1¹/₄ mm longa, castanea, tenuiter multicostulata.

NW-Y.: Gehängeschutt (Granit) der Hg. St. des birm. Mons. zwischen Mekong und Salwin auf dem Rücken Pongatong, 28⁰ 6′ und unter dem Doker-la, 28⁰ 15′, 17. IX. 1915 (8129, Typus), 4350—4600 m. W-S.: Tscheto-la bei Tatsienlu, Alpenwiese, c. 4000 m (H. SMITH 11030). Sonniger Hang am Lhamo-Mondeh-la e von Dawo (Taofu), 3800 m (H. SM. 12415). Himalaya: Sikkim, 4300—4900 m (HOOKER. ELWES).

Crescendi modo, odore, aromate necnon foliorum forma *Artemisiae laxae* (LAM.) FRITSCH (*A. Mutellinae* VILL.), affine *C. nubigeno* (WALL.) HAND.-MZT. (*Tanaceto n.* WALL.), quod differt multo elatius, strictum, crassicaule, foliis multo magis et pinnatim dissectis laciniis angustissime linearibus, minus sericeis, calathiis multo minoribus.

Auch nach dem seit der Aufstellung verglichenen reichen Material in Kew sind die Arten gut verschieden.

C. yunnanense (JEFFR.) HAND.-MZT. (*Tanacetum y.* JEFFR. in Not. Bot. Gard. Edinb., V., 188 [1912]). NW-Y.: Um Glimmerschieferblöcke in der ktp. St. des birm. Mons. am Si-la zwischen Mekong und Salwin, 28⁰, 4100 m (8425).

Hüllen fast kahl, sonst stimmend.

C. Delavayi (FRANCH.) HAND.-MZT. (*Tanacetum D.* FRANCH. ap. W. W. SM. in Not. Bot. Gard. Edinb., VIII., 345 [1915]). Y.: Beyendjing, Rücken des Betsao-lin (TEN 1348). Im NW bei Lidjiang, v. E. (3660). Zwischen der Alm Oscha und dem Nguka-la sw von Dschungdien, 4100 m. S.: Fester Rasen der Hg. St. auf dem Passe Döko sw von Muli, Tonschiefer, 4350 (7404).

Die kleinsten Exemplare vom letzten Fundort 2¹/₂ cm, die größten von Lidjiang 30 cm hoch. Ein Stück von FORREST 20660 von Muli vielleicht Annäherung an folgende Art.

** *C. bulbosum* HAND.-MZT. (Taf. XVII, Abb. 3, 4).

Syn.: *Tanacetum b.* HAND.-MZT. in Sitzgsanz. Ak. W. W., LXI., 202 (1924).

E radice parva ovoideo-bulbosa unicaule, 7—12 cm altum. Caulis simplex, gracilis, sursum albo-tomentosus, 2—3 foliatus. Folia radicalia pauca et caulina petiolis latiusculis laminis aequilongis, ambitu late elliptica, 1¹/₂—3 cm longa, firma, subtus albo-villosa, 3—5 jugo pinnata praeter rosularia nonnulla ad mediam laminam tantum lobata, rhachi sursum alata, pinnis subdistantibus ambitu ovatis, praesertim margine posteriore paucipinnatipartitis, segmentis porrectis ovato-lanceolatis, acutis, 1—2 mm latis. Calathia pauca conferta, interdum uno remoto brevipedunculato, 4 mm longa et paulo latiora. Involucrum parce villosum, phyllis membranaceis pallide flavis, exterioribus lanceolatis stria viridi, interioribus late ovatis rotundatis supra medium macula brunnea notatis.

S.: Überall in Föhrenwäldern der tp. St. um Wudjio und Lidjia-tsun zwischen Muli und Yungning, Sandstein, 2900—3250 m, 23. VII. 1915 (7167, Typus). Offene kiesige Matten se von Muli, 3350 m, VIII. 1922 (Forrest 22181 als *Tanacetum Delavayi* Franch. var.).

Valde affine speciei praecedenti, quae differt foliis multo magis divisis laciniis linearibus, involucris glabris, phyllorum marginibus fuscescentibus.

Centipeda Lour.

C. minima (L.) A. Br. et Aschers., Ind. Sem. Hort. Berol., 1867, App., 6 (*Artemisia m.* L., Sp. Pl., 849 [1753]. — *Myriogyne minuta* Lessg.). H.: Reisfeldraine der wtp. St. bei Hsikwangschan nächst Hsinhwa, Kalk, 650 m (12591).

Artemisia L.

Bestimmt von Renato Pampanini (S. N. Giorn. Bot. Ital., n. ser., XXXVI.,
487—491 [1930]).

A. Dracunculus L. var. *subdigitata* (Mattf.) Pamp. in N. Giorn. Bot. Ital., n. s., XXXVI., 380 (1929) (*A. subdigitata* Mattf. in Rep. sp. nov., XXII., 243 [1926]). Y.: Bachränder und Raine der wtp. St. zwischen Dsaodjidjing und Yanggai e des Dsolin-ho mehrfach, Sandstein, 1920—2300 m (4949).

A. japonica Thbg. var. *japonica* Maxim. f. *typica* Nak. in Bot. Mag. Tok., XVI., 99 (1912). Pamp., l. c., XXXIV., 660 (1927). Steppen der wtp. St. H.: Hsikwangschan bei Hsinhwa, 700—800 m (12579). Y.: Ober Wayaodjing e des Dsolin-ho, 2150 m (4916). S.: Zwischen Djiangyi und Hokou s von Huili. Brücke unter Muli.

—— var. *macrocephala* Pamp., l. c., 668 (1927) f. *chinensis* Pamp., l. c. Matten, offene Wälder, Dschungelränder der tp. und ktp. St., 2900—3900 m. S.: Hwang-liangdse (5502) und Liuku-liangdse (2268) zwischen Yenyüen und Kwapi. Daörlbi halbwegs zwischen Yenyüen und Yungning (2910). NW-Y.: Bei Lidjiang gegen das Be-schui (4178).

Die Zusammengehörigkeit dieser Gebirgspflanzen, insbesondere der Nr. 2268 mit wolligen Blättern, mit den nordchinesischen und vorderindischen Pflanzen und ihre Zugehörigkeit zur Art scheint mir fraglich.

A. Mairei Lévl. in Rep. sp. nov., XI., 303 (1912). Y.: Steppen der wtp. St. ober Wayaodjing e des Dsolin-ho, Sandstein, 2150 m (4915). Im NE überall auf Matten der Berge, 2500—3000 m (Maire, var. *glabra* Pamp.).

A. capillaris Thbg. var. *scoparia* (Waldst. et Kit.) Pamp. in N. Giorn. Bot. Ital., n. ser., XXXIV., 642 (1927) (*A. scoparia* W. et K.) f. *kohatica* (Klatt) Pamp. NW-Y.: Gemein in der wtp. St. in der Ebene von Lidjiang, 2500 m, v. E. (3641). Wahrscheinlich diese auch ober Mujendu e von Dschungdien und in II.: in der str. St. um Tschangscha, 50 m.

A. annua L. **f. *genuina*** PAMP., l. c., 637 (1927). Y.: Wegränder der wtp. St., 2350—2500 m. Um Landji zwischen Yungbei und Yungning (3229). Zwischen Yünnanfu und Suifu (MELL).

— — **f. *macrocephala*** PAMP., l. c., 639. Y.: Schuttplätze in der Ebene von Yünnanfu, wtp. St., 1900 m, 13. II. 1916 (SCHOCH 127, Typus).

A. apiacea HANCE (*A. carvifolia* HAM. var. *a.* [HCE.] PAMP., l. c., 648 [1927]). NW-Y.: Reisfeldränder in der Ebene von Dungtschwan, 2500 m (MAIRE).

— — **var. *Schochii*** (MATTF.) HAND.-MZT. (*A. Schochii* MATTF. in Rep. sp. nov., XXII., 245 [1926]. — *A. carvifolia* var. *Sch.* [MATTF.] PAMP. in N. Giorn. Bot. Ital., XXXIV., 649 [1927]). Y.: Ruderal in Äckern der Ebene von Yünnanfu, wtp. St., 1900 m, 5. VI. 1916 (SCHOCH 135, Typus).

Die Fundorte Hsinyi-hsien und Hwangtsaoba sind identisch und liegen in Kw. MAIRES von PAMPANINI als var. *apiacea* bestimmte Pflanzen verbinden mit var. *Schochii.* Da *A. carvifolia* var. *typica* PAMP., l. c. morphologisch gut und geographisch weit getrennt ist, behandle ich *A. apiacea* als eigene Art.

A. velutina PAMP., l. c., XXXVI., 413 (1930) **f. *genuina*** PAMP., l. c., 414. H.: Gebüsche der wtp. St. bei Hsikwangschan nächst Hsinhwa, 600 bis 800 m (12658).

— — **f. *foliosa*** PAMP., l. c. NW-Y.: Steppen der str. St. bei Yedsche am Mekong, kristallinischer Boden, 1900—2000 m (7948).

A. Smithii MATTF. in Rep. sp. nov., XXII., 246 (1926) ** **var. *speciosa*** PAMP. in N. Giorn. Bot. Ital., n. ser., XXXVI., 423 (1930). NW-Y.: Hochgekräute der Hg. St. des birm. Mons. unter dem Doker-la an der tibetischen Grenze, 28º 15', Granit, 4200—4400 m, 17. IX. 1915 (8070).

A. Roxburghiana BESS. in Bull. Soc. Nat. Mosc., IX., 57 (1836) **var. orientalis** PAMP. in N. Giorn. Bot. Ital., n. ser., XXXVI., 430 (1930) **f. *angustisecta*** PAMP., l. c. S.: Steinige Stellen der Hg. St. des Gipfels Saganai ober Muli, Kalk, 4100—4300 m (7310).

A. strongylocephala PAMP., l. c., XXXIV., 176 (1927) **var. *sinensis*** PAMP., l. c., 177 **f. *genuina*** PAMP., l. c. NW-Y.: Bei Lidjiang, v. E. (3640). Hier unter Tonschieferfelsen in der Hg. St. ober der Wiese Ndwolo, 4000 m (4300).

— — — — **f. *virgata*** PAMP., l. c., 178. S.: Wiesenränder der tp. St. am See e des yünnanesischen Ortes Yungning, 2800 m (3104).

* ***A. sylvatica*** MAXIM. in Mém. Ac. Sci. St. Petbg., IX. (Prim. Fl. Amur., 161) (1859). PAMP. in N. Giorn. Bot. Ital., n. ser., XXXVI., 443 (1930) („*silvatica*") **var. *typica*** PAMP., l. c. NW-Y.: In Lichtungen der tp. Regenmischwälder des birm. Mons. im Doyon-lumba am Salwin, 28º 2', auf Schiefer, 3150 m, 2. VIII. 1916 (9609) und wohl diese Formation bildend unter dem Doker-la an der tibetischen Grenze und im Tjiontson-lumba vom Salwin gegen den Irrawadi, auch auf Granit, 3000—3200 m.

A. princeps PAMP., l. c., 444 (1930) **var. *typica* f. *genuina*** PAMP., l. c., 445. S-Y.: Gebüsche und trockene Hochgrasfluren der tr. St. zwischen Möngdse und Manhao, Kalk, 200—1600 m (5927).

A. pleiocephala PAMP., l. c., 446 (1930) **var. *typica*** PAMP., l. c., 447 ?**f. *latiloba*** PAMP., l. c., 448. Y.: Hänge der str. St. zwischen Homendschang und Bödschagwan in der Seitenschlucht des Yangtse n von Yünnanfu, kristalliner Boden, 900—2000 m (716?, mangelhaft). Zur Art wohl die in Äckern, an Hohlwegrändern und feuchten Gebüschen in der wtp. St. und etwas darüber, bis 2900 m häufigen Pflanzen in **Y.**: Um Yünnanfu, Houdjing, Gwangdung, Tschuhsiung, Dingyüen, zwischen Dali und Hungngai, Yungning und Bödö, und **S.**: Um Huili, im Djientschang, auf dem Wuschi-liangdse im Lolo-Lande, bei Banschan am Wege nach Yenyüen, unter Hwangliangdse n von hier, häufig um den Wolo-ho, um Muli und bei Hosö sw von hier.

A. codonocephala Diels in Not. Bot. Gard. Edinb., V., 186 (1912) var. *Maireana* Pamp. in N. Giorn. Bot. Ital., XXXVI., 457 (1930). NE-**Y.**: Hecken der Ebene von Dungtschwan, 2500 m (Maire).

A. lavandulaefolia DC. Pamp., l. c., 466 var. *Feddei* (Lévl. et Vant.) Pamp., l. c., 467 f. *genuina* Pamp., l. c. **H.**: Buschsteppen und Gebüsche der str. und wtp. St., 400—800 m. Gu-schan bei Tschangscha (11363). Hsikwangschan bei Hsinhwa (12660). NE-**Y.**: Dschenfungschan im mittelchin. Fl. (Maire).

A. lactiflora Wall. W-**Ki.**: Um Pinghsiang, c. 600 m (Plt. sin. 192). **H.**: In der str. und wtp. St. auf Sandstein und Tonschiefer, 80—1300 m. Feuchte Wiese hinter der Schule am Yolu-schan bei Tschangscha gemein. Am Bach bei Ngandjiapu nächst Hsikwangschan (12641). Im SW an Bambusdschungel-rändern auf dem Yün-schan bei Wukang (12303). NE-**Y.**: Täler von Dschen-fungschan im mittelchin. Fl., 640 m (Maire).

Nach Pampanini die ersten beiden Nummern **f.** *septemlobata* (Lévl. et Vant.) Pamp., l. c., XXXIV., 675 (1927), die beiden anderen **f.** *Henryana* Pamp., l. c., doch kann ich sie nicht als verschieden erkennen.

A. anomala Sp. Moore. Buschwiesen und -steppen der str. und wtp. St., 200—1400 m. W-**Ki.**: Pinghsiang (Plt. sin. 260). **H.**: Yolu-schan bei Tschangscha, Brammer (11907). Im SW auf dem Yün-schan bei Wukang (12501) und bei Ngaidso von hier gegen Dsingdschou. E-**Kw.**: Überall um Badschai (10768).

A. sacrorum Ledeb. var. *minor* Ledeb., Fl. Alt., IV., 72 (1833) **f.** *discolor* Komar. in Act Hort. Petr., XXV., 664 (1907) subf. *tripinnata* Pamp. in N. Giorn. Bot. Ital., XXIV., 59 (1927). Gebüsche und Steppen der str. und wtp. St. **H.**: Hsikwangschan bei Hsinhwa, 600—800 m (12659). **S.**: 2600—2800 m. Zwischen Schidjia-tsun und Schamenkou bei Yenyüen (5434). Um Muli (phot.). NW-**Y.**: Am Mekong von unterhalb Yedsche bis Guta, 27° 40′ bis 28° 10′, 1950—2050 m.

A. Sieversiana Willd. f. *genuina* Pamp., l. c., 700 (1927). W-**S.**: Min-Tal von Maodschou bis unter Wöntschwan (Weigold).

— — var. *grandis* Pamp., l. c. NW-**Y.**: Steppen der str. St. am Mekong bei Yedsche, 27° 42′, kristallinischer Boden, 1900—2000 m (7949) und anscheinend diese von hier über Dali bis Tschuhsiung, auch zwischen Tschatü und Waschwa se von Dschungdien in der wtp. St. und bei Minyü hier auf Schlägen in der tp., 3450 m.

Nannoglottis Max.

** *N. yuennanensis* Hand.-Mzt. (*N. carpesioides* Max. var. *y.*[1] Hand.-Mzt. in Sitzgsanz. Ak. W. W., LVIII., 175 [1920]).

Caulis e radice crassa dense fibrosa erectus, ultra 1 m altus, fistulosus, striatus, pilosus, superne corymboso-longiramosus, parte simplici crebre et

---

[1] sphalmate „*Yüannanensis*".

aequaliter foliosus. Folia (basalia nulla) late ovata, usque ad 25 cm longa et subaequilata vel sesquiangustiora, rotundata, summa acuta, basi infima anguste, superiora leviter cordata, margine late et obsolete repando-dentata totoque nervis excurrentibus remote denticulata, herbacea, juniora supra parce setulosa, subtus pallidius viridia et araneoso-pilosa, nervis secundariis c. 10^{nis} irregularibus patentibus cum venis laxissime reticulatis utrinque prominulis; petioli inferiorum laminis sesquibreviores, anguste alati, summorum sensim subtriplo breviores alis latissimis circa insertionem dilatatis infraque eam protractis et secus totum caulem auguste decurrentibus instructi cum laminis folia sublyrata simulant. Pedunculi 8—30 cm longi, tenuiusculi, foliis diminutis lanceolatis bracteati paucisque obsiti, minute et sparse glanduloso-pilosi, monocephali. Calathia nutantia, 2—$2^1/_2$ cm diametro, disciformia. Involucri phylla biseriata, aequilonga, 1 cm longa, lineari-lanceolata, acuta, exteriora herbacea, furfuraceo-glandulosa, interiora marginibus indistincte scariosa, omnia araneoso-ciliata. Flores involucro paulo breviores, numerosissimi; radii ♀ 2—3-seriati, ligulis glaberrimis lineari-lanceolatis c. 3 mm longis subintegris; disci ♂ antheris basi truncatis, ovariis sterilibus glabris stylisque autem bene evolutis; pappus omnium subaequalis setis ad 8, ♀ etiam ad 12 compositus. Achaenia clavata, costata, sparse et adpresse setulosa.

NW-Y.: Gebüsche und üppige Wiesen der tp. St. an der Westseite des Gebirges Piepun se von Dschungdien, in dem bei Hsiao-Dschungdien von Osten herauskommenden Tale, auf Kalk und Sandstein, 3550—3650 m, 10. VIII. 1914 (4649).

N. carpesioides Maxim. mihi non visa e descriptione species minor, foliis oblongis, grandidentatis, indumento, floribus ♀ uniseriatis, ligulis pilosis, pappo bene diversa videtur.

Die Gattung scheint der folgenden sehr nahe zu stehen, doch sind die Ligulae sehr verschieden.

Stereosanthus Franch.

S. yunnanensis Franch. NW-Y.: Bei Lidjiang, v. E. (3612).

S. Delavayi Franch. Offene Föhrenwälder der tp. St., auf Sandstein, 2850—3000 m. NW-Y.: Ngulukö bei Lidjiang (3497). Ober Haba se von Dschungdien. S.: Lidjia-tsun zwischen Muli und Yungning.

Tussilago L.

T. Farfara L. Feuchte Stellen der tp. St. 3000—3400 m. S.: Dorf Hwangliangdse n von Yenyüen und häufig auf dem Daörlbi und den Rücken zwischen Woloho und Gaitiu am Wege von hier nach Yungning. W-Y.: Unter dem Paß Dsuningkou s von Hodjing. Hungschischao zwischen Lidjiang und Dschungdien. Sattel Gitüdü ober Anangu se von hier.

Petasites Mill.

?P. japonicus Miq. W-S.: Wa-schan s von Yadschou (Weigold, mangelhaft).

P. tricholobus Franch. NW-Y.: Bei Lidjiang, v. E. (3621).

**** *P. versipilus* Hand.-Mzt.** in Sitzgsanz. Ak. W. W., LXVII., 289 (1920). (Taf. XIX, Abb. 1).

Radix perpendicularis, fibris crassis. Folia floribus subposteriora (juvenile unicum expansum adest), coriacea, crasse palmato-nervata, parva, cum petiolo longo floccosa mox calvescentia, sed praesertim supra dense glanduloso-furfuracea, late reniformia, sinu basali profundissimo, longitudine subduplo latiora, ubique rotunda et remote calloso-denticulata. Scapus simplex, tenuis, 5—15 cm longus, 3—4 mm crassus, glabriusculus. Squamae ad 20 mm longae, praecipue supra et ad margines floccosae, nervosae, basilares farctae latissime ovatae, caulinae et inflorescentiales sparsae anguste lanceolatae longe acuminatae. Racemus brevis, ovatus, 4—6 cm longus, 4 cm latus, polycephalus, laxiusculus. Pedicelli tenues, apice breviter inflati, erectopatuli, $\pm$ 15 mm longi, simplices, pilosuli. Calathia subfeminina (adhuc tantum nota) campanulata, $\pm$ 1 cm longa et paulo angustiora. Involucri phylla 11—15, squamis paucis parvis suffulta, linearia, 1—1^1/$_2$ mm lata, obtusa vel acutiuscula, glabra, fuscescentia, nervis tribus in medio approximatis, margine late brunneo-membranacea. Flores numerosissimi, involucra paulo superantes, ♀ filiformes 4^1/$_2$—7 mm longi, paulum ultra 2 mm fissi, lobis 5 subulatis ^{1}/$_2$—^{2}/$_3$ mm longis; stylus brevissime bifidus, longe exsertus; ovarium glabrum; pappus niveus, corolla brevior, scaber, basi in cupulam brevissimam connatus. Flos ☿ singulus in centro calathii interdum praesens tubo filiformi 2—4 mm longo, limbo campanulato 2—2^1/$_2$ mm longo, fere ad ^{1}/$_2$ in lobos ovatos, marginibus revolutos fisso; stamina fauci inserta filamentis brevissimis, antheris limbi sinus attingentibus, basi minute auriculatis; stylus haud exsertus, stigmate crasso clavato; ovarium pilosum; pappus brevior quam ♀.

S.: Wegrand in der tp. St. ober Laodschang am Lose-schan s von Ningyüen, Sandstein, 2700 m, 16. IV. 1914 (1472).

Species e serie *Nardosmiarum*, in genere ovario ☿ piloso unica videtur. Proximus *P. tricholobus* pedicellis elongatis, involucris basi lanatulis, corollis ♀ plerisque quadrifidis verosimiliterque foliorum (in nostro juvenilium) forma dentibusque angustioribus differt; *P. japonicus* squamis caulinis multo latioribus obtusis et florum ♀ lobis brevissimis; *P. saxatilis* (Turcz.) Kom. foliis simillimus involucri phyllis diversissimis, pappo longissimo, limbo ♀ subintegro, styli brevis ramis longioribus distat.

Doronicum L.

D. altaicum Pall. NW-Y.: Rasen der Hg. St. des birm. Mons. auf Glimmerschiefer, 3925—4200 m. Zwischen Mekong und Salwin an der NW-Seite des Passes Yigöru, 28° 6′. Zwischen Salwin und Irrawadi an der Ostseite des Passes Tschiangschel, 27° 52′ (9312).

Hierher auch die in Journ. Arn. Arb., XIV., 39 (1933) als *D. thibetanum* Cavill. für Kansu angegebene Pflanze (Rock 12192). Dieses ist mit entstelltem Sammlernamen und ohne Fundort beschrieben, stammt wohl aus W-Tibet.

D. stenoglossum Maxim. (*D. Souliei* Cavill. in Ann. Cons. bot. Genève, X., 235 [1907]. — *D. yunnanense* Franch. ap. Diels in Not. Bot. Gard. Edinb., VII., 356 [1912], nom. nud.). **S.**: Gebüschränder am Bach in der ktp. St. unter dem Lagerplatze Tschako auf dem Rücken sw von Muli gegen Dschungdien,

Tonschiefer, 3950 m (7453). Im NW auf Gebirgen um Sungpan (WEIGOLD).

CAVILLIER hat *D. stenoglossum* offenbar ganz übersehen, denn er erwähnt es gar nicht.

Gynura CASS.

G. Pseudo-china (L.) DC. (*Senecio crassipes* LÉVL., teste DIELS e typo). Y.: Kalk- und Kalkschieferfelsen der unteren wtp. bis in die str. St., 1800—2550 m. Yünnanfu, auf den w Bergen (SCHOCH 191) und in der Schlucht ober Hwagung gegen Fumin (6091, SCHOCH). In Menge zwischen Hwangtsaoschao und Midien w von Beyendjing (6335). Im E selten zwischen Bantjiao und Djiangdi e von Loping (10236). Im NE bei Djintschungschan (MAIRE).

G. segetum MERR. in Philip. Journ. Sci., XV., 260 (1919) (*Cacalia pinnatifida* LOUR. 1790, non L. 1771. — *Gynura p.* [LOUR.] DC.). Gebüsche, Mischwälder, Äcker der wtp. und str. bis in die tp. St., meist kalkfrei, 1500 bis 3000 m. Y.: Haiyen-se bei Yünnanfu (SCHOCH 180). Ober Wuding. Beyendjing (TEN 1363). Guti (T. 5). Hsinyingpan zwischen Yungbei und Yungning (3240). Berg Hoörl (3136) und viel im n Teil der Ebene von Yungning. Im NW unter Ganhaidse bei Lidjiang, am Yangtse ober Schigu und bei Losiwan und Waschwa se von Dschungdien. Im E auf den Rücken zwischen Sidsung und Loping. Im NE bei Dungtschwan (MAIRE). S.: Unter Dindjia-tsun bei Huili. Dadschao und Samuping se von Yenyüen. Ober Dölipu am Yalung zwischen Yenyüen und Ningyüen. Unter Sili bei Muli.

LOUREIROS *Cacalia pinnatifida* ist totgeboren. Mit *C. segetum* gab er aber überhaupt keinen Namen, sondern nur eine Erklärung des chinesischen Volksnamens, und selbst als Name wäre sie nur in der Synonymie erwähnt und nicht verwendbar. Der Name ist daher als von MERRILL neu gegeben zu betrachten.

*** G. Cusimbua** (DON) Sp. MOORE in Journ. of Bot., L., 212 (1912) (*Cacalia C.* DON, Prodr. Fl. Nep., 179 [1825]. — *Gynura angulosa* (WALL.) DC., Prodr., VI., 298 [1837]). NW-Y.: Im str. Regenlaubwalde des birm. Mons. in der Seitenschlucht Naiwanglong des Taron (Djiou-djiang, e Irrawadi-Oberlaufes), 27° 53′, Schiefer und Granit, 1725—2150 m, 6. VII. 1916 (9394).

G. procumbens (LOUR.) MERR., Enum. Philip. Pl., III., 618 (1923) (*Cacalia p.* LOUR. — *Gynura sarmentosa* BL.). S-Y.: Im tr. Regenwaldrest flußabwärts gegenüber Manhao nahe der Grenze von Tonking, Tonschiefer, 200 m (5918).

Emilia CASS.

E. sonchifolia (L.) DC. Y.: Ami, 1350 m (ENANDER: Hb. Stockholm). Nasse Stellen der wtp. St. zwischen Tschuhsiung und Gwangdung, Sandstein, 1800—2100 m (4868?, kümmerlich). Böschigu bei Beyendjing (TEN 1398). Im NE in Kulturen bei Dschenfungschan im mittelchin. Fl., 600 m (MAIRE).

Die unteren Blätter auch bei TENs kräftigen Exemplaren nicht immer fiederspaltig, wie GARABEDIAN in Kew Bull., 1924, 138 angibt.

E. sagittata (VAHL) DC. (*E. flammea* CASS.). W-Ki.: Um Pinghsiang, c. 600 m (Plt. sin. 174). SW-H.: Yün-schan bei Wukang, zwischen 400 und 1420 m (Plt. sin. 98).

Die zweite Nummer besteht aus schwächeren Exemplaren mit nur klein geöhrelten oberen Blättern und keinen Grundblättern mehr, gehört jedoch wegen der Blattform sicher nicht zu *E. prenanthoidea* DC.

Senecio L.

S. Latouchei J. F. Jeffr. in Not. Bot. Gard. Edinb., IX., 128 (1916). SE-**Ki.**: Steinige Stellen am Gwanyin-ling bei Ningdu (Plt. sin. 280).

Blätter bis 6 cm breit. Blütenkörbe bis 5.

S. Bodinieri Vant. steht zunächst *S. villiferus* Franch. und unterscheidet sich von diesem durch kleinere Ausmaße, unterseits anfangs zerstreut borstelige, aber bald kahle Blätter, locker stehende, aber längere und gröbere, violette, gegliederte Haare, weniger zahlreiche Blütenkörbe und ihre auf dem Rücken kahlen oder fast kahlen, dafür aber am Rand vorne gewimperten Hüllschuppen.

S. Goodianus Hand-Mzt. (*Gerbera hederaefolia* Dümm. in Gard. Chron., ser. 3., III., 482 [1912]. — *Cremanthodium hederaefolium* (Dümm.) Chang in Sinensia, IV., 228 [1934], non *Senecio hederaefolius* Hemsl. 1882). W-**Hubei**: Paokang, Kalkfelsen, selten, 1500 m, IV. 1901 (Wilson, Veitch Exp. 1834).

Die Pflanze gehört ebensowenig zu *Gerbera* wie zu *Cremanthodium*, worin mir R. Good, nach dem ich sie benenne, zustimmt. Sie ist offenbar ebenfalls mit *S. villiferus* verwandt. Bemerkenswert ist die nach dem Autor nur „gelbliche" Farbe der Strahlblüten.

S. argunensis Turcz. Sumpfige und steinige offene Stellen der tp. und wohl auch wtp. St. (1900?—) 2725—3640 m. **S.**: Im NW um Sungpan (Weigold). Zwischen Yenyüen und dem Yalung, 27⁰ 22′ (5372) und über Huili bis unter Loheitan n von Yünnanfu in **Y.** Hier im NW bei Yungning (3137).

S. chrysanthemoides DC. Steppen, auch unter Föhren, Gebüsche, steinige Stellen und Felsen der str. bis in die ktp. St., 1400—3700 m. **Y.**: Yünnanfu (Schoch 256). Gegen Schedse w von hier. Im NW bei Djiaoping n von Yungbei. Ngulukö bei Lidjiang, Lutien e von Weihsi, Basulo s von hier und im **birm. Mons.** bei Tjionra unter Tschamutong am Salwin. Im NE bei Dungtschwan (Maire). **S.**: Unter dem Passe Döko sw von Muli (7429). Häufig unter Pudi zwischen Yalung und Nganning-ho, 27⁰ 4′ (5275) und zwischen Ningyüen und Dötschang im Djientschang (1879). **Kw.**: Viel um Nganping und Gwanyinschan. Die Notizen vielleicht teilweise zum vorigen.

S. blattariaefolius Franch. **Y.**: Ackerränder in der wtp. St. bei Munayi n von Yünnanfu am direkten Wege nach Huili, Mergel, 1950 m (578). **S.**: Steppenhänge der str. St. bei Ningyüen, Sandstein, 1600 m (1238).

Die diesjährigen Rosettenblätter sind ebenfalls filzig und die Stengelblätter nicht immer sehr klein.

S. Faberi Hemsl., e typo (*S. filiferus* Franch., e typo. — *S. f.* var. *dilatatus* Hand.-Mzt. in Sitzgsanz. Ak. W. W., LVII., 242 [1920]). **Y.**: In der wtp. St. Feuchte Stellen im Walde beim Tempel Haiyen-se nächst Yünnanfu, 2200 m (Schoch 190). Im NE an Kanalrändern in der Ebene von Dungtschwan (Maire). SW-**Kw.**: Quellsumpf ober Lungduwan zwischen Hsintscheng und Tjiaolou, Sandstein, 1650 m (10320).

Der *S. Faberi*-Typus ist ein außerordentlich üppiges Exemplar zweifellos derselben Art wie *S. filiferus*.

**** S. actinotus** HAND.-MZT. (Abb. 31, Nr. 3 auf S. 1139).

Sect. *Jacobaea* (THUNBG.) O. HOFFM.

E radice parva perenni, dense fasciculato-fibrosa unicaulis, praeter inflorescentiam glaber. Caulis 50 cm — ultra 1 m altus, erectus, simplex, inferne ad 12 mm crassus, herbaceus, aequidistanter et decrescenter foliatus. Folia unijugo-pinnata; foliolum terminale late ovatum vel deltoideum, ad 18 cm longum et $\pm$ aequilatum, acutum, basi profunde cordatum et in superioribus truncatum, toto margine grosse dentatum, dentibus basalibus binis saepe elongatis subhastatum, nervis 6—9^{nis} patentibus procul a margine furcatis et reticulato-anastomosantibus praesertim subtus prominuis; pinnae eo approximatae, eius dimidia latitudine breviores, obovatae et basi cuneatae, vel lanceolatae saepe falcatae et basi lata sessiles, dentatae; foliola omnia herbacea, subaequaliter viridia; petiolus foliorum infimorum ut radicalia sequentibus minorum longissimus, crassus, exalatus et exauriculatus, superiorum sensim subnullus et auriculis magnis foliaceis ad 2 cm longis radiatim inciso-dentatis amplexicaulis; folia summa sensim lanceolata, subintegra, auriculato-sessilia. Calathia permulta in corymbum ad 15 cm latum et ramis ascendentibus ad 20 cm longum, corymbis partialibus densissimis constantem composita. Axes furfuraceo-pilosulae. Bracteae superiores lineares, ad 5 mm longae. Pedicelli $\pm$ 3 mm longi, fere tomentelli. Bracteolae plures, minutae, lineares, calyculos formantes. Calathia campanulata, 4—5 mm longa, ad 3 mm lata, phyllis 6—8, linearibus, obtusis, brunnescentibus, nonnisi apice papilloso-barbellato glabriusculis, partim indistincte scarioso-marginatis. Flores lutei (e nota ad vivum), 7—12, quorum c. 3 ligulati, ♀, tubo filiformi $2^{1}/_{2}$—3 mm longo, ligula eo $\pm$ aequilonga, oblonga, tridenticulata, stylo glabro; ceteri c. 5 mm longi, tubulosi, ☿, tubo tenui, limbo eo aequilongo, infundibulari, lobis brevibus triangularibus, papillosis, antheris exsertis, styli ramis truncatis. Pappus omnium albus, corollis aequilongus. Achaenia immatura glabra.

SW-H.: Am Bache der wtp. St. ober dem Tempel Gwanyin-go auf dem Yünschan bei Wukang, Tonschiefer, 1200 m, 20. VI. 1918 (12 183, Typus). Kwanghsi: N-Lüdschen, Miu-schan bei Binlung, Moorland unter niedrigem Gebüsch selten, 1280 m, 14. VI. 1928 (CHING 5990).

Proximus *S. milleflorus* LÉVL. in Bull. Ac. Géogr. Bot., XXIV., 290 (1914), cuius typus foliis superioribus (solis praesentibus) anguste triangulari-hastatis longipetiolatis auriculis dentatis tantum calathiisque paulo maioribus eradiatis distat. *S. Kaschkarowii* C. WINKL. e descriptione foliorum inferiorum ambitu lanceolatorum lobis utrinque 2—3 triangulis differt. Omnes sine dubio *S. Faberi* affines sunt.

S. pteridophyllus FRANCH., e typo. NW-Y.: Üppige Wiesen und Gekräute der tp. St. an der Westseite des Gebirges Piepun se von Dschungdien, Kalk, 3500—3600 m (4773). S.: Vielleicht dieser auf der Waldwiese Gumadi sw von Muli, 3450 m.

Stengel reichlich beblättert. Wie am Typus die breiteren Blattfiedern am Grunde verschmälert, die Öhrchen aus reduzierten Fiedern bestehend, Brakteolen halb so lang wie die ungefähr 15 blütigen Körbe.

S. Oldhamianus MAXIM. Gebüsche, Äcker und Flußufer der tr. bis in die wtp. St. W-Ki.: Um Pinghsiang, c. 600 m (Plt. sin. 128). SW-H.: Yünschan bei Wukang (Plt. sin. 117). E-Kw.: Zwischen Tschaimou und Dayung am Wege von Gudschou nach Liping, 600—700 m (10928). **Y.**: Tienbatou bei Beyendjing (Ten 71). Im S bei Yaotou (5974) bis unter den Sattel gegen Möngdse, 1000—1900 m. Im NE am Ufer des Niulan-djiang, 2300 m (Maire) und im mittelchin. Fl. bei Dschenfungschan, 600 m (Maire). Im W im birm. Mons. bei Maodschou im Salwin-Tale, 950 m (Gebauer).

**** *S. euosmus* Hand.-Mzt.** in Sitzgsanz. Ak. W. W., LXII., 148 (1925). (Abb. 31, Nr. 2 auf S. 1139).

Sect. *Jacobaea* (Thunbg.) O. Hoffm.

Herba ⅔ aromate forti *Cremanthodiorum*, tota pilis articulatis pubcrula vel glabrescens vel praesertim inferne et stolonibus subvillosa, saturate viridis. Radix brevis, descendens, crassa, subnodosa, fibras densissimas edens, stolones complures et caulem singulum usque ad 9 mm crassum erectum 20 — ultra 130 cm altum simplicem fistulosum multicostulatum aequaliter et ± laxe foliatum proferens. Stolones saepe etiam in axillis foliorum interdum summorum quoque oriundi, usque ad 40 cm longi, folia dissita minuta ceterum foliis caulinis paria et, ubi hic illic radicant, etiam maiora edunt. Folia late cordata, 2—10 cm longa et aequilata vel paulo latiora, acuta vel subrotundata, sinu basali late aperto ipso in petiolum in inferioribus lamina aequilongum usque duplo longiorem, in superioribus sensim brevissimum, angustum, basi ± sensim dilatatum et auriculatum breviter decurrentia, circumcirca duplicato- et inciso-crenata vel -dentata, antice fere ad ¹/₅ vel ultra ¹/₃ diametri lobulata, dentibus purpureomucronulatis, membranacea; nervi basales 5, quorum medii extus pauciramosi, mediani laterales 1—2 pares, omnes ramis anastomosantes et cum venularum reti laxo in sicco utrinque tenuiter prominui. Calathia 15 usque numerosissima, in corymbum planiusculum 2¹/₂—10 cm latum ramis plerumque longis tenuibus bracteis filiformibus fultis nudis erectis semel vel bis subumbellatum, interdum nonnullis e foliorum summorum axillis ortis paulo brevioribus auctum composita. Pedicelli tenues, 3—12 mm longi. Bracteolae nullae. Involucrum turbinatocupulare, ore 6 mm latum; phylla c. 13, lanceolata, 3—4 mm longa, straminea, medio viridula et inferne carinato-incrassata, apice acuto purpurea et fimbriolata, ceterum glabra. Flores lutei (e nota ad vivum), disci ☿ numerosi, involucrum aequantes, tubo tenui, limbo aequilongo campanulato, ad ¹/₂ in lobos oblongos fisso, antheris exsertis, apicibus lanceolatis obtusis, styli ramis truncatis penicillato-papillosis; radii c. 10, ♀, tubo filiformi discum aequante, ligula linearioblonga, 3—5 mm longa, leviter tricrenata, styli ramis partim acutis. Pappi pili multi, albi, flores tubulosos aequantes. Achaenia cylindrica, ad 1¹/₂ mm longa, levia et glabra.

NW-Y.: Sumpfstellen und Bachränder der tp. bis an die Hg. St. des birm. Mons. auf Glimmerschiefer und Granit, 3050—4200 m. Zwischen Mekong und Salwin in dem vom Si-la nach Tseku herabführenden Tale, 15. VI. 1916 (8877), auf dem Schöndsu-la, 22. IX. 1915 (8258, Typus) und von hier gegen den Rücken Pongatong, 28°—28° 6′. In dieser Gegend (Monbeig). Zwischen Salwin und Irrawadi w des Sees Tsukue hinter dem Gomba-la ober Tschamutong, 15.—17. VIII. 1916, v. E. (9905).

Species proxima *S. Winkleriano* Hand.-Mzt., qui differt rhizomate repente, estolonosus, foliis exacte palmatinerviis, inferioribus saltem profunde cordatis, inflorescentia semel subumbellata. *S. Oldhamianus* quoque similis estolonosus, foliis ambitu acuminatis, dentatis tantum, subtus araneosis usque albo-tomen-tosis distat.

Nach dem Fehlen eines Außenkelches müßte diese Artengruppe in die sect. *Tephroseris* (SCHUR) O. HOFFM. gestellt werden, doch hat sie dort sicher nicht ihre Verwandtschaft.

** *S. sungpanensis* HAND.-MZT. in Sitzgsanz. Ak. W. W., LXII., 149 (1925). (Abb. 31, Nr. 1 auf S. 1139).

Sect. praecedentis.

Speciei praecedenti similis, sed differt caule (ad 40 cm longo) superne tantum parce araneoso, hic subaphyllo, stolonibus basalibus tantum brevibus, folia maiora plura edentibus, petiolis longioribus et praesertim inferioribus magis vaginatis, laminis magis reniformibus, palmatinerviis, evenosis, subtus araneoso-cinereis, calathiis 4 subumbellatis interdum inferiore uno axillari addito, multo maioribus, pedicellis 2—5 cm longis, involucro ore 1 cm lato, phyllis elliptico-oblongis $5^1/_2$—7 mm longis, 2—$2^1/_2$ mm latis, subherbaceis, margine apicali albo-villosulis, ligulis 8—13 mm longis.

NW-S.: Gebirge um Sungpan, VI.—VIII. 1914 (WEIGOLD).

Indumento propior *S. Oldhamiano*, ceterum autem iisdem ac prior notis calathiisque multo maioribus diversus.

Durch die großen Blütenkörbe erinnert die Pflanze an *S. phalacrocarpus* HCE., der fast kahl vorkommt und ebenfalls Ausläufer und oft handförmig gelappte Blätter hat, aber wegen des fehlenden Pappus wohl künstlich in die Sect. *Madaractis* (DC.) O. HOFFM. gestellt wird.

S. Winklerianus HAND-MZT. (*S. acerifolius* C. WINKL. in Act. Hort. Petrop., XIII., 9 [1893], non HEMSL. 1882). NW-S.: Gebirge um Sungpan (WEIGOLD).

Ähnlich ist WILSON, Veitch Exp. 2056 aus W-Hubei, hat aber breite, teil-weise eingeschnittene Öhrchen am Grund der Blattstiele und einzelne Brakteolen unter den Hüllkelchen.

S. oryzetorum DIELS in Not. Bot. Gard. Edinb., V., 194 (1912), teste DIELS. S.: Auf nassem Schlamm am See beim yünnanesischen Orte Yungning, tp. St., 2800 m (3117. SCHNEIDER 1598).

Kleine Ligulae kommen auch beim Originalexemplar der Art vor. Die Art steht *S. ramosus* WALL. sehr nahe und unterscheidet sich nur durch den Blütenstand.

S. integrifolius (L.) CLAIRV. subsp. *campester* (RETZ) BRIQ. et CAV. var. *pratensis* (JACQ.) NEILR. CUFODONTIS in Rep. sp. nov., Beih. LXX., 50, det. CUF. Ki.-F.-Grenze: Grasplätze auf den Gipfeln des Dunghwa-schan zwischen Schitscheng und Ninghwa, c. 1400 m (Plt. sin. 291). H.: Steppen und feuchte Grasplätze der str. St. auf Sandstein. Ober Tschangscha gegen den Fluß, 70 m (11586). Gipfel des Yolu-schan hier, 315 m (11532). Im SW auf dem Yün-schan bei Wukang, Tonschiefer (Plt. sin. 19).

** *S. stolonifer* CUF. in Rep. sp. nov., Beih. LXX., 100, Taf. III (1933). Schlammige Stellen und Bachränder der str. bis in die tp. St., 1450—2725 m, auf Sandstein. S.: Dötschang im Djientschang, 6. IV. 1914 (1193, Typus). Mehrfach bis ins Becken von Yenyüen. NW-Y.: Bei Yungning, 22. VI. 1914 (3145) und bei Boloti n von Yungbei.

***S. Buimalia* Ham. ** var. *bambusetorum* Hand.-Mzt.** in Sitzgsanz. Ak. W. W., LXII., 147 (1925).

Calathia paniculas laxas ovoideas formant axibus leviter tantum araneosis, involucris glabriusculis. Pappus rufescens. Ligulae c. 8, 8 mm longae.

SW-**H.**: An Bambus in Gebüschen im wtp. Laubhochwalde des Yün-schan bei Wukang, Tonschiefer, 950—1180 m, 13. VIII.; bl. R. Paul IX. 1918 (12435).

Vom Typus lag mir nur ein unaufgeblühtes Exemplar vor, doch scheinen die Unterschiede nur auf den schattigen Standort zurückzuführen zu sein.

**** *S. yalungensis* Hand.-Mzt.** in Sitzgsanz. Ak. W. W., LXII., 148 (1925). (Taf. XVIII, Abb. 1, 2).

Sect. *Synotis* Benth.

Caules lignosi, 1 cm crassi, suberoso-corticati (decerpti), ramis volubilibus certe plurimetralibus lignescentibus, tenuibus, multicostulatis, ramosis, primum araneoso-lanatis, dein glabrescentibus, dissite foliatis. Folia late cordato-ovata, 4—11 cm longa, longitudine vix angustiora, acuta, sinu basali profundo, lobis late rotundatis contiguis vel invicem se tegentibus clauso, toto margine cartilagineo-denticulata et inferne subsinuata, chartacea, persistentia, supra atroviridia primum araneosa matura ad nervos tantum albo floccoso-lanata, subtus adpresse et dense ochrascenti albo-tomentosa; costa nervique basales utrinque 3 illiusque secundarii utrinsecus 2—3 tenues, arcuati et laxe reticulato-anastomosantes utrinque prominui; venularum rete densum supra prominulum; petioli 2—3 cm longi, tomentosi. Panicula terminalis glomerulis dissitis in pedunculis divaricatis foliis bracteatis, 2—3 cm longis, compactis, ovatis, 3—5 cm diametientibus constans, tomentosa; pedicelli 2—4 mm longi, bracteis linearibus c. aequilongis tomentosis fulti. Calathia late cylindrica, bracteolis paucis, angustis, ad 3 mm longis calyculata. Involucrum ore 6 mm latum, phyllis 7—8, linearibus, 8 mm longis, $1^1/_2$— fere 2 mm latis, apicibus triangularibus et marginibus interiorum membranaceis latis glabris, ceterum dorso albo-tomentosis, demum induratis. Flores c. 15, omnes tubulosi, 9 mm longi, tubo quam limbus anguste subinfundibulari-cylindricus ad $^1/_4$ in lobos angustos fissus breviore. Antherae 3 mm longae, vix appendiculatae, connectivis liberis ligulatis $^3/_4$ mm longis. Styli rami longi, apice subtruncato penicillato-papillosi. Pappi pili crebri, 7—9 mm longi, albi vel subfulvescentes. Achaenia cylindrica, $2^1/_2$ mm longa, glabra.

S.: In bebuschtem Blockwerk der str. St. s ober Lumapu am Zuflusse des Yalung gegen Yenyüen, 27° 37′, Kalk, 1950 m, 9. V. 1914 (2073).

Proximus *S. corymbosus* Wall. differt tomento cinnamomeo, foliis vix cordatis, involucro glabriore, *S. Hoi* Dunn foliis subtus griseo-lanuginosis supra scabridis, grossius dentatis, pedunculis multibracteolatis, *S. Buimalia* Ham. foliis tenerrimis elongatis et calathiis ligulatis.

***S. scandens* Ham.** Gebüsche, Hecken, Steilhänge und Mauern der str. und wtp. bis in die tr. und tp. St. oft massenhaft, 550—3200 m. **Y.**: Um Yünnanfu (334. Schoch). Becken Hsiaodsang n von hier. Beyendjing (Ten) und Tschalaschao w von hier. Djientschwan. Im S um Schuitien und Yaotou zwischen Möngdse und Manhao und in der Schlucht ober Pohsi. Im NW um Lidjiang, v. E. (3629), im Mekong-Tal, wie um Guta und Serä, 28° 7—9′ (7997), und im birm. Mons. im Salwin-Tale w von hier. Im NE um Dungtschwan und im mittelchin. Fl. bei Dschenfungschan (Maire). **S.**: Dötschang im Djientschang. Ober Niutschang sw von Yenyüen (5404). Im W am Wa-schan s von Yadschou (WEIGOLD). **II.**: Hsikwangschan bei Hsinhwa (12645).

S. luticola DUNN (*S. Lebrunei* LÉVL. in Bull. Ac. Géogr. Bot., XXV., 18 [1915], e typo). Trockene Hänge und Erosionsgräben in Steppen der wtp. St., 1900—2600 m. **Y.**: Schilungba bei Yünnanfu (171) und überall nach N bis gegen den Yangtse. Hwanyitschai (MAIRE 7141). **S.**: Schuitangdse bei Yenyüen. **SW-Kw.**: Hwangtsaoba (Hsingyi-hsien) (CAVALERIE 7347).

S. Wightii (DC.) BENTH. in CLKE., Comp. Ind., 197 (1876) (*Doronicum W.* DC. in WIGHT, Contr. Ind. Bot., 23 [1834]. — *Senecio saxatilis* WALL. ap. DC., Prodr., VI., 367 [1837]). Sumpfgräben, Quellen, feuchte Hecken der wtp. St., 1950—2300 m. **Y.**: Dschennan und Hungngai zwischen Dali und Tschuhsiung. Niugai n von dort, 26⁰ 15′ (8532). **S.**: Dawanpu zwischen Yalung und Nganning-ho, 27⁰ 43′ (5615).

S. spathiphyllus FRANCH. e typo. **NW-Y.**: Bei Lidjiang, v. E. (3625). Wahrscheinlich dieser in Sümpfen und feuchten Wiesen der tp. St., 3000—3350 m, n ober Ngulukö, und bei Dungapi s von Dschungdien.

Untere Blätter nicht immer langgestielt. Kommt *S. Wightii* nahe, dessen kleinere Exemplare (HOHENACKER 1011) auch rosettige Blätter haben, unterscheidet sich hauptsächlich durch die schmäleren und längeren Körbe und wenigblätterigen Stengel.

S. alatus WALL. **S.**: Gebüsche und buschige Laubwälder der tp. St. auf Sandstein und Diabas, 3000—3600 m. Lungdschu-schan bei Huili (5149). Ober Niutschang se von Yenyüen gegen den Yalung (5409).

S. cymatocrepis DIELS in Not. Bot. Gard. Edinb., V., 192 (1912), e typo. **NW-Y.**: Wald- und Bambusdschungelränder der ktp. St. des birm. Mons. am Schöndsu-la zwischen Mekong und Salwin, 28⁰ 4′, Glimmerschiefer, 3600—3950 m (8357).

Die unteren Blätter, die beim Typus fehlen, nehmen an Breite zu, bis $10^{1}/_{2} \times 7$ cm. ♀ Randblüten mit winzigen Zungen finden sich entgegen der Beschreibung auch beim Originalexemplar reichlich.

S. sciatrephes W. W. SM. in Not. Bot. Gard. Edinb., VIII., 118 (1913). **W-Y.**: Offene Gebüsche bei Dali (SCHNEIDER 2752).

S. talongensis FRANCH. **NE-Y.**: Felsen der Berge bei Dungtschwan, 2600 m (MAIRE).

Von der Beschreibung nur durch von MAIRE wohl richtig gelb angegebene Blüten abweichend.

S. erythropappus BUR. et FRANCH., e descr. **W-S.**: Min-Tal von Sungpan bis Tietschi (WEIGOLD). **NE-Y.**: Felsen der Berge bei Dungtschwan, wtp. St., 2600 m (MAIRE).

S. paucinervis DUNN unterscheidet sich nach SOULIÉ 439 höchstens und wohl nicht genügend durch etwas spitzere Hüllschuppen.

S. dianthus FRANCH., e descr. (*Cacalia diantha* [FR.] HAND-MZT. in KARST. u. SCHENCK, Vegetbild., 22. R., H. 8., 9 [1932], comb. nuda). **NW-Y.**: Bei Lidjiang, v. E. (3627). Im tp. Mischwald ober Bödö se von Dschungdien, Sandstein, 3000—3500 m (4554).

Sehr nahe *S. erythropappus*, durch die lockerer stehenden Blütenkörbe und längeren Blattstiele (bei jenem in der Blütenregion nur bis 1 cm lang) verschieden.

**** *S. viridiflavus* HAND.-MZT.**

Sect. *Synotis* BENTH.

E rhizomate lignoso, crasso, ramoso, descendente vel subrepente pluricaulis, praeter inflorescentiam glaber. Caulis c. metralis, basi lignosus, ad 1 cm crassus, teres, multicostulatus, inferne nudus, superne ramosus et crebre foliatus, ramis erectis. Folia ovato-lanceolata, 5—18 cm longa, longitudine (2—) 3—4^{plo} angustiora, inferiora acuta, superiora acuminata, basi cuneato-angustata usque rotundata, toto margine remote et minute mucronulato-denticulata, membranacea, sicca olivacea; nervi secundarii 3—4^{ni} pari secundo longissimo valde proni posteriores prope marginem anastomosantes, cum reti venarum densiusculo utrinque tenuiter prominuli; venulae ultimae oleoso-pellucidae; petioli graciles, inferiorum laminis 4—5^{plo} breviores, superiorum sensim 1 cm tantum longi. Panicula ampla, ramulis foliis paulum decrescentibus bracteatis longe nudis, corymbis oligocephalis densis, axibus minute furfuraceo-puberulis; pedicelli nulli usque 1 mm longi, bracteis minutis ovato-lanceolatis submembranaceis. Calathia campanulato-cylindrica, 2- — plerumque 3 flora. Involucri phylla 3 (— 4), spathulato-linearia, apice late triangulari obtusiuscula, 4 mm longa, rigidula, brunnea, antice viridula et minute puberulo-ciliolata, marginibus vix membranaceis late tegentia. Corollae viridiflavae (e nota ad vivum) 6—7 mm longae tubus sensim ampliatus, limbi lobi lineares, reflexi, obtusi. Antherae longae, breviter auriculatae. Ovarium angulatum, sparse strigillosum vel glabriusculum; pappi pili 5 mm longi, flavescentes. Ligulae nullae.

NW-Y.: Im tp. bis in den wtp. Regenmischwald des birm. Mons. am Westhang des Doyon-lumba ober der Brücke Schingudoba, Schiefer, 2475—2800 m, 1. VIII. 1916 (9602).

Proximus *S. dianthus* habitu simillimus differt foliis crassioribus, basi rotundatis, nervorum secundariorum paribus 3 vel ultra, inter se subaequalibus, inflorescentia albido-tomentella, involucris fere duplo longioribus itaque angustioribus. *S. paucinervis* var. *brachylepis* MARQ. et SHAW in Journ. Linn. Soc., Bot., XLVIII., 192 (1929) involucro meocum congruens ceteris autem *S. dianthi* characteribus ab eo differt.

S. graciliflorus (WALL.) DC. Syn.: *S. Mairei* LÉVL. in Rep. sp. nov., XII., 283 (1913), e typo.

S. Beauverdianus LÉVL. in Bull. Ac. Géogr. Bot., XXIV., 289 (1914), e typo (*Lactuca Beauverdiana* LÉVL., e typo. — *Senecio pseudo-Mairei* LÉVL. in Rep. sp. nov., XIII., 345 [1914], e typo). NE-Y.: Felsen der Berge in der wtp. St. bei Dungtschwan, 2600 m (MAIRE). Zwei Tagereisen n von Dschaotung, 2700 m (MELL). S.: Bambusreiche Gebüsche der tp. St. ober Niutschang zwischen Yenyüen und dem Yalung, 27° 22′, Sandstein, 3000—3200 m (5402).

Differt a proximo *S. gracilifloro* inter alia radice ♃, foliis minus profunde pinnatipartitis lobis latioribus ambitu subrhombeis, bracteolis brevissimis, ligulis deficientibus.

Meine Pflanze hat schmälere Körbe, verhält sich daher zu jener MAIRES wie *S. graciliflorus* var. *Hookeri* C. B. Cl. zum Typus dieser Art.

S. pleopterus DIELS. NW-Y.: Bei Lidjiang, v. E. (3624). Tannenwälder der ktp. St. an der Ostseite des Nguka-la zwischen Dschungdien und Djitsung, Tonschiefer, 4000—4100 m (7757).

Die Verwandtschaft möchte ich nicht bei *Ligularia tangutica* suchen, sondern mit den vorigen bei *Synotis*.

** *S. acutipinnus* HAND.-MZT. (Taf. XVIII, Abb. 3, 4).

Sect. *Synotis* BENTH.

Caulis e rhizomate tenui ultra 25 cm prostratus et ad nodos $\pm$ 2^1/$_2$ cm dissitos radicans, dein erectus et ultra 80 cm altus, herbaceus, subgracilis, simplex, costulatus, superne ut foliorum costae faciesque superiores sparsissime et crispule pilosulus, inferne aphyllus, mox dense usque ad inflorescentiam foliatus. Folia 7—10 jugo runcinato-pinnata, 4—10 cm longa et c. triplo angustiora; pinnae inter se remotae, lanceolatae, basi lata sessiles, inferiores vix, superiores sensim valde decrescentes, terminalis longior angustissime linearis, omnes deorsum patentes, marginibus replicatis integrae, acutae et mucronatae, herbaceae, in sicco brunnescentes, subtus pallidiores, nervis lateralibus paucis in nervos submarginales confluentibus subtus cum costis prominulis; petiolus lamina 2—4^{plo} brevior, basi vix dilatatus. Inflorescentia subcorymbosa, c. 8 cm lata, ramis longe nudis, superioribus bracteis subfiliformibus bracteatis, subferrugineo furfuraceo-pilosula, densa; pedicelli graciles, 1—3 mm longi. Calathia plurima nutantia (in vivo quoque?), anguste campanulata, 6 flora. Involucri phylla 5, oblanceolata, c. 6 mm longa, acutiuscula, anguste nigello membranaceo-marginata, glabra, inferne brunnescentia arcte se tegentia; bracteolae 1—2, minutae, lanceolatae. Corollae aurantiacae (e collectore), 7 mm longae tubus angustus, sensim clavato-ampliatus; lobi triangulares, ^{1}/$_2$ mm longi, acuti, erecti. Antherae breviter auriculatae. Ovarium glabrum. Pappi pili albi, involucrum vix superantes. Ligulae nullae.

W-Y.: Schweli—Salwin-Kette, 25° 20′, Lachenränder und Sumpfwiesen, 3400 m, X. 1917 (FORREST 16044).

Species foliorum forma valde insignis.

S. densiflorus WALL. Y.: Gegend von Yünnanfu (CAVALERIE 85). S.: Tälchenränder und Gebüsche der wtp. St. auf dem Sattel ober Dawanying bei Huili, Sandstein, 2100—2300 m (5635).

** *S. xantholeucus* HAND.-MZT.

Sect. *Synotis* BENTH.

E rhizomate crasso, lignoso, radicibus longissimis tomentosis, unicaulis, praeter foliorum facies superiores calathiaque albo-tomentosus. Caulis erectus, superne flexuosus, basi lignescens ad 1 cm crassus, 70—150 cm altus, simplex vel superne paniculato-ramosus, inferne sub anthesi nudus, superne cum ramis crebre foliatus. Folia ovato- vel elliptico-lanceolata, ad 23 cm longa, longitudine 3—7^{plo} angustiora, in ramis tantum decrescentia, (praesertim summa caudato-) acuminata, basi anguste rotundata vel subtruncata vel superiora cuneata, remote mucronulis patentibus tantum denticulata, membranacea, supra laete viridia setulis brevibus articulatis partim minute glanduliferis disperse et ad nervos brunnescentes dense furfuraceo-strigillosa; nervi secundarii 8—12^{ni}, aequales, patentes, arcuati, ante marginem conjuncti, subtus prominui et paulo crassius et subflavescenti-tomentosi; petiolus lamina 6—10^{plo} brevior, crassiusculus. Corymbi caule ramisque terminales et foliis horum axillares, brevipedunculati, densi, calathiis 2—13 compositi; bracteae filiformi-lineares, ad 4 mm longae; pedicelli ad 5 mm longi, crassiusculi. Bracteolae plures, lineares, involucra fere dimidia aequantes, calyculos formantes. Calathia campanulato-cylindrica, 4—5 mm lata, c. 15 flora. Involucri phylla 7—9, lanceolata, $1^1/_2$ mm lata, apice acuto papilloso-barbulata, marginibus late scariosis aureis, costa lata inferne longe indurata, parce lanatula. Flores flavi (e nota ad vivum), marginales c. 5 ♀, filiformes, cum ligulis minutis anguste ovatis tricrenulatis disco breviores, styli ramis acutis glabris; ceteri ☿ 1 cm longi, tubo filiformi limbum subaequante, hoc tubuloso vix ampliato, lobis parvis lanceolatis erectis; antherarum auriculae subulatae; styli rami truncati penicillato-pilosuli. Ovarium glabrum; pappi pili corollas subaequantes albi, ima basi flavidi.

NW-Y.: In wtp. Regenlaubwäldern des birm. Mons. im Doyon-lumba, einem linken Seitentale des Salwin, 28° 2', Schiefer, 2500—2700 m, 23. IX. 1915 (8299).

Species similis et affinis praecedenti, sed calathiis valde diversa, quae *S. Beauverdianum* in mentem vocant.

S. Cavaleriei Lévl. in Rep. sp. nov., XII., 537 (1913), e typo. **Y.**: Hohlwegränder in *Lithocarpus*-Wäldern der wtp. St. bei Bölu ober Magai e des Dsolinho, Sandstein, 2450 m (6725). Örl-tsun zwischen Yünnanfu und Fumin, 2000 m. Im NE am Fuße von Felsen bei Hsiao-Wulung, 2600 m (Maire).

S. sp. **W-S.**: Min-Tal von Sungpan bis Tietschi (Weigold).

Mangelhaft. Dichter Corymbus aus schmalen c. 12blütigen Körben mit Zungen. Blätter lang und sehr schmal, gezähnelt, unterseits weißfilzig.

Parasenecio W. W. Sm. et Small

P. Forrestii W. W. Sm. et J. Small in Trans. Proc. Bot. Soc. Edinb., XXVIII., 93 (1922). Wälder, besonders aus Eichen und Föhren, Gebüsche, Bambusdschungeln der tp. bis in die wtp. St., 2225—3300 m. **S.**: Unter Hwangliangdse zwischen Yenyüen und Kwapi, 27° 45' (5555). Ober Muli. Unter der Wiese Dapingdse zwischen Muli und Yungning (7183). Zwischen Hosö und Hwayi in dem nw von Yungning hinabziehenden Tale (7516). **Y.**: Unter Dsutoupo zwischen Yungbei und Yungning, 29. VI. 1914 (3317). Bei Weischa e von Yungbei (13010).

Kommt jedenfalls *Senecio begoniaefolius* Franch. sehr nahe, worin mir W. W. Smith briefl. 19. I. 1925 zustimmt, und dürfte mit diesem zu *Cacalia* gehören.

Cacalia L.

C. palmatisecta (Jeffr.) Hand.-Mzt. in Karst. et Schenck, Vegetbild., 22. R., H. 8., 9 (1932), comb. nuda (*Senecio palmatisectus* Jeffr. in Not. Bot. Gard. Edinb., IX., 128 [1916]. — *S. delphiniphyllus* Lévl. in Bull. Ac. Géogr. Bot., XXV., 18 [1915] p. p., excl. typo). **Y.**: Im NW in üppigen Wäldern der tp. St., 3200—3500 m. Ober Alo se von Dschungdien (4635) und ober Anangu dort. Im birm. Mons. in der Mekong—Salwin-Kette unter dem Doker-la an der tibetischen Grenze (8044) und im Doyon-lumba am Salwin. Im NE auf Matten bei Dahai, 3200 m, und Felsen der Berge bei Lanyi-tsun, 3100 m (Maire: Hb. Edinb.).

Die obersten Blätter sind nicht mehr handteilig, sondern gefiedert mit geförderten Grundlappen, bei Nr. 4635 mit sehr schmalen Zipfeln, von 3 mm aufwärts. Hüllschuppen auch 5. Die Art stellt die Verbindung zu *Ligularia* (*Przewalskii, tangutica*) her.

C. cyclota (BUR. et FRANCH.) HAND.-MZT. (*Senecio cyclotus* BUR. et FRANCH. in Journ. de Bot., V., 74 [1891]). Buschwälder und offene, steinige Stellen der tp. St., 2650—3640 m. S.: Zwischen Yenyüen und dem Yalung, 27⁰ 22′ (5387). Y.: Tieso bei Beyendjing (TEN 1408). Im NW bei Lidjiang, v. E. (3626). Hier ober Duinaoko (3457). Im NE auf Gipfeln bei Dungtschwan (MAIRE).

C. latipes (FRANCH.) HAND.-MZT. (*Senecio l.* FRANCH. in Journ. de Bot. VIII., 356, [1894], e typo. — *S. Leclerei* LÉVL. in Bull. Ac. Géogr. Bot., XXV., 18 [1915], e typo). S.: Buschwälder und Waldlichtungen der tp. und ktp. St., 3100—3900 m. Lungdschu-schan bei Huili (5151). Überall um Muli bis zur Alm Bädö (7274).

Meine Exemplare sind schwächer als der Typus, demgemäß die Blattstiele schmäler geflügelt. Jener hat in der Infloreszenz keine Wolle.

** *C. Teniana* HAND.-MZT. (Abb. 31, Nr. 6, 7 auf S. 1139).

Caulis e radicum crassarum tomentosarum fasciculo singulus, 55—65 cm altus, ut tota planta glaber, strictus, tenuis, striatus, inferne squamis paucis remotis usque ad $1^1/_2$ cm longis, foliis circa medium farctis. Folia inferiora late ovato-deltoidea, ad 9 cm longa et 12 cm lata, angulis ob margines basales convexos vix prominuis, in petiolos tenues quam laminae aequilongos vel duplo breviores late cuneato-angustata, superiora sensim triangula vel lateribus truncatis subquinquangula, longitudine angustiora, breviacuminata, mox minuta et brevipetiolata, omnia mucronulis cartilagineis crassis patentibus tantum subremote denticulata, sicca $\pm$ chartacea; nervi 3, laterales praesertim extus longiramosi, subtus latiuscule prominui. Inflorescentia laxe racemosa, secunda, basi paululum composita, bracteis lineari-lanceolatis, ad 5 mm longis, submembranaceis, pedunculis pedicellisque gracilibus usque ad 10 mm longis. Calathia nutantia, discoidea, 2—3 flora. Involucri phylla 3, lineari-lanceolata, 1 cm longa, acuta, scarioso-marginata, tenuiter plurinervosa. Flores ⚥, flavi (e collectore), tubo quam limbus anguste campanulatus paulo breviore, huius lobis lanceolatis 2 mm longis, revolutis, involucrum superantibus; antherae totae exsertae. Styli rami acuti vel obtusi, pilosi. Ovarium glabrum. Pappi pili albi, 7—8 mm longi.

Y.: Wälder bei Beyendjing halbwegs zwischen Tschuhsiung und Yungbei, 1919? (TEN 103).

Proxima praecedenti, quae differt imprimis foliis re vera latidentatis, petiolis alatis, calathiis brevioribus, florum limbo late campanulato.

C. didymantha (DUNN) HAND.-MZT. (*Senecio didymanthus* DUNN, e descr.). S.: Grasplätze und Gebüsche der tp. St. zwischen Betiaoho und Tangetu n von Yenyüen, 27⁰ 45′, Kalk, 2870—3100 m (5481). NE-Y.: Im mittelchin. Fl. auf Bergen bei Dschenfungschan, 650 m (MAIRE).

Auch diese Art leitet hinüber zu *Ligularia Przewalskii* und *tangutica*.

C. koualapensis (FRANCH.) HAND.-MZT. in KARST. et SCHENCK, Vegetbild., 22. R., H. 8., 9 (1932), comb. nuda (*Senecio k.* FRANCH. in Journ. de Bot., VIII., 356 [1894], e typo). NW-Y.: Bambusreiche Waldschluchten der tp. St. am Passe Yenaping w von Djientschwan am Wege nach Weihsi, 2850—3200 m (10055).

**** *C. lidjiangensis* HAND.-MZT.**

Caulis e radicum tenuium tomentellarum fasciculo singulus, strictus, 45—60cm altus, inferne saepe rubellus longeque praeter squamas paucas ovatas nudus, foliis a tertio vel medio sursum $\pm$ farctis, parce araneosus. Folia triangularia vel marginibus paulum convexis, ad 8 cm longa et lata, sursum sensim decrescentia, apice ipso obtusa et mucronulata, margine late sinuato-denticulata, dentibus obtusis mucronulatis, crassiuscula, laete viridia, supra pilis articulatis densiuscule furfuraceo-strigillosa, subtus praeter nervos glabrescentes niveo araneoso-tomentosa; nervi laterales infimi suprabasales mox furcati cum pari altero ramisque laxe reticulatis subtus latiuscule prominuli; petiolus lamina $\pm$ aequilongus et in foliis summis sensim brevis, angustiuscule cuneato-alatus, basi tenuis vel in auriculas usque 4 mm diametientes rotundas dilatatus. Racemus secundus inferne paulum compositus ramis brevibus erectis, densiusculus, calathiis 12—18, bracteis praeter infimas interdum foliaceas lineari-lanceolatis, ad 1 cm longis, pedicellis 2—10 mm longis nutantibus, albo-araneosus. Involucri anguste campanulati phylla 6—8, lineari-lanceolata, c. 1 cm longa, obtusa, subscariosa, flava, partim anguste partim late membranaceo-marginata, praeter barbulas apicales glabra, tenuiter plurinervosa, bracteola plerumque singula iis triplo breviore. Flores flavi vel aurantiaci (e notis collectorum) omnes tubulosi, ☿, 9—14, tubo tenuisculo limbum campanulatum aequante, lobis anguste lanceolatis ad 2 mm longis obtusis revolutis involucrum vix excedentes; antherae totae exsertae, connectivis lanceolatis, basi obtusae; styli rami longi, truncati, pilosi. Ovarium glaberrimum; pappi pili crebri, albi, corollis paulo breviores.

NW-Y.: Bei Lidjiang, v. E. (3628). Hier in Misch- und Föhrenwäldern am Osthang des Yülung-schan, 3350 m, IX. 1910 (FORREST 6646, Typus). Ganhaidse, Wiese mit *Primula Viali*, 14. VIII. 1914 (SCHNEIDER 2253).

Proxima *C. adenostyloidi* HAND.-MZT. mox alibi describendae. *C. taliensis* (FRANCH.) HAND.-MZT. (*Senecio t.* FRANCH. in Journ. de Bot., VIII., 357 [1894]) differt foliis rotundato-ovatis.

Das mir vorliegende Stück von FORREST hat geöhrelte Blattstiele, die anderen nicht; sie gehören jedoch zweifellos zusammen.

C. tatsienensis (BUR. et FRANCH.) HAND.-MZT. (*Senecio t.* BUR. et FR. in Journ. de Bot., V., 75 [1891], e typo). NE-Y.: Matten von Belung-tsun, 3300 m (MAIRE, distr. BONATI 7296).

Ist sicher zu der habituell besser als durch technische Merkmale begrenzten, aber wohl phylogenetisch einheitlichen Gattung *Cacalia* zu stellen und nicht zu *Synotis*, wie die Autoren taten.

C. leucanthema (DUNN) LING in Contr. Inst. Bot. Acad. Peip., II., 528 (1934) (*Senecio leucanthemus* DUNN). SW-H.: Häufig im schattigen wtp. Laubhochwalde des Yün-schan bei Wukang, Tonschiefer, 900—1300 m (11174).

C. Zuccarinii (MAXIM.) HAND.-MZT. (*Senecio Z.* MAX. in Mél. Biol., IX., 298 [1874]) (*Senecio delphiniphyllus* LÉVL. in Bull. Ac. Géogr. Bot., XXV., 18 [1915] p. p., e typo). W-Hubei (WILSON, Veitch Exp. 1535). NE-Y.: Yo-schan, 3200 m (MAIRE: Hb. Edinb.).

Die chinesischen Exemplare weichen von den vorliegenden japanischen durch einfachere, traubige Rispen mit kürzeren Köpfchenstielen ab, MAIRES Pflanze, von hohem Fundort, außerdem durch etwas kürzere Hüllen.

**** *C. hupehensis* Hand.-Mzt.**

Rhizoma crassum, radicibus fasciculatis tomentosis. Caulis singulus, erectus, 60 cm altus, angulatus, simplex, araneosus, inferne nudus et squama unica ovata, 24 mm longa arcta instructus, foliis circa medium farctis. Folia orbiculari- et summa triangulari-ovata, ad 10 cm longa et lata, subito acuminata, basi subtruncata et in petiolum lamina in infimis subaequilongum et anguste alatum exauriculatum, in superioribus brevem et tenuem anguste cuneato-decurrentia, praeter acumen dense sinuato-denticulata, dentibus mucronulatis, inferioribus nonnullis paulum auctis, sicca membranacea, viridia, supra disperse et minute furfuraceo-strigillosa, subtus sparse araneosa et glabrescentia; nervi 3, quorum exteriores extus mox ramosi secundariique 3—4^{ni} omnes valde ascendentes utrinque prominui. Racemus 18 cm longus, basi ramo reducto auctus, laxus, omnivagus, parce araneosus, bracteis lineari-lanceolatis ad 1 cm longis, submembranaceis. Pedicelli patuli, 3—5 mm longi. Bracteola dimidium involucrum aequans, singula. Calathia discoidea, nutantia, anguste campanulata, 5—7 flora. Involucri phylla 5, lineari-lanceolata, 1 cm longa, obtusa, angustissime marginata, praeter apicem furfuraceo-papillosum glabriuscula, tenuiter multinervosa. Flores ⚥, tubo tenui 3 mm longo, limbo anguste campanulato 7 mm longo, lobis ovato-lanceolatis 2 mm longis apice papillosis, revolutis. Antherae exsertae. Styli rami retusi, pilosi. Achaenia juniora glabra. Pappi pili albi, corollae lobos attingentes, basi flavidi.

W-Hubei, IX. 1900 (Wilson, Veitch Exp. 1733 a).

Verwandtschaft und Zusammenhänge dieser Art und der beiden folgenden werden erst bei Zusammenhalt größeren mittelchinesischen Materials geklärt werden können. Derzeit sind sie gut geschieden und leicht zu erkennen.

**** *C. bulbiferoides* Hand.-Mzt.**

Caulis e radicibus crassis fasciculatis singulus, 85 cm altus, erectus, validus, multicostulatus, inferne purpurascens, superne araneosus, basi tantum nudus, dein disperse 5 folius. Folia late triangulari-ovata, 6—12 cm longa et usque sesquilatiora, obtusa, basi angulo recto cordata, grosse et repande crenato 9—11-lobulata praetereaque mucronibus longis remote denticulata, herbacea, viridia, supra praesertim ad nervos sparse et brunneo furfuraceo-setulosa, subtus glabra; nervi 5—7 palmati secundariique 1—2^{ni} supra anguste sed argute, subtus latius cum venis laxe reticulatis prominuli; petioli patuli, angusti, inferiores laminis usque subduplo longiores, superiores sensim brevissimi, omnes in axillis bulbillos squamatos, ovoideo-globosos, ad 7 mm longos, brunneo-tomentellos gerentes. Racemus ad 40 cm longus, bracteis inferne valde remotis bulbillos minutos tantum gerentibus, summis 8 cm densiflorus, secundus, bracteis lanceolatis c. 6 mm longis, submembranaceis, pedicellis 1—4 mm longis. Calathia patentia, discoidea, 8—10 flora. Bracteolae plerumque 2, in inferioribus (ramulis reductis?) etiam plures, tertia involucri parte breviores. Involucri cylindrico-campanulati phylla 5—6, lanceolata, 11—13 mm longa, obtusa, flavida, glabra, anguste marginata. Corollae ⚥ tubus 4 mm longus, filiformis, limbus ultra 6 mm longus, cylindricus, paulum ampliatus, lobis 1 mm longis, linearibus, revolutis. Antherae exsertae, e sicco purpureae. Styli rami truncati, apice pilosi. Ovarium glabrum. Pappus albus, corolla paulo brevior.

W-Hubei, IX. 1900 (Wilson, Veitch Exp. 1733).

Affinis *C. farfaraefoliae* SIEBD. et ZUCC., quae differt foliis brevipetiolatis minime lobatis, racemis compositis, calathiis multo minoribus.

**** *C. otopteryx* HAND.-MZT.**

Caulis erectus, tenuis, 70 cm altus, glaber, inferne angulatus et nudus, tertio infero folia 3 farcta gerens. Folia latissime ovata, 10—16 cm longa, longitudine latiora, breviacuminata, basi late et leviter cordata, margine grossissime et duplicato sinuato-dentata, dentibus triangularibus longe mucronatis, nonnullis auctis sublobata, herbacea, saturate viridia, pilis brunneis furfuraceis glandulosis supra sparsissime adspersa margineque remotissime ciliata, subtus glabra; nervi basales 3, exteriores ut secundarii utrinsecus 3—4 patentes valde ramosi cum venis paucis tenuiter et utrinque argute prominui; petiolus lamina subaequilongus, alis ad $\pm$ 1 cm dilatatus, his basi auriculas magnas herbaceas amplexicaules formantibus. Panicula longipedunculata, divaricata, axibus tenuibus, viridibus, laxissima, parce et brevissime glanduloso-furfuracea, bracteis herbaceis pedicellos $\pm$ aequantibus lanceolato-subulatis, pedicellis patulis 1—6 mm longis. Calathia patula vel (intacta?) cernua, 3—4 flora, discoidea. Bracteolae 1 vel 2, minutae. Involucri anguste campanulati (sub fructu turbinati) phylla 5, oblonga, 5 mm longa, obtusissima, partim late marginata, apice furfuraceo-barbellata. Corollae ♀ tubus 3 mm longus, e basi latiore filiformis, limbus cylindricus, 6 mm longus, lobis lanceolatis ad $1^1/_2$ mm longis, recurvis. Antherae exsertae, e sicco pallidae. Styli rami retusi, apice papillosi. Pappi pili albi, corollam aequantes. Achaenium glabrum, anguste cylindricum, 5 mm longum, pluriangulatum.

W-Hubei, VII. 1900 (WILSON, Veitch Exp. 1482).

Proxima *C. ainsliaeflora* differt foliis valde lobatis petiolis exalatis, calathiis subsessilibus, involucris ad 7 mm longis, pappo flavido rigidiore, achaeniis fusiformibus; *C. profundorum* (DUNN) HAND.-MZT. (*Senecio p.* DUNN in Journ. Linn. Soc., Bot., XXXV., 507 [1903]) e typo foliis basi truncatis tantum, angustioribus, densius et minutius dentatis, distinctius lobatis, petiolis basi exalatis nec auriculatis, calathiis duplo maioribus.

C. ainsliaeflora (FRANCH.) HAND.-MZT. (*Senecio ainsliaeflorus* FRANCH. in Journ. de Bot., VIII., 360 [1894], e typo). W-Hubei: Tschangyang (WILSON Veitch Exp. 1484).

Nur Infloreszenz etwas lockerer behaart als beim Typus.

Ligularia CASS.

L. Hodgsoni HOOK. var. **sutchuenensis** (FRANCH.) HENRY in Gard. Chron., 3. ser., XXXII., 218 (1902) (*Senecio yesoënsis* FRANCH. var. *s.* FRANCH. in Bull. Soc. Bot. France, XXXIX., 306 [1892]). Kw.: Sumpfgräben der wtp. St. bei Tschingdschen, 1200 m (10458). Y.: In der wtp. St., 2000—2400 m. Hsischan bei Yünnanfu (SCHOCH 287). Dsaodjidjing e des Dsolin-ho?

L. clivorum MAXIM. NW-S.: Gebirge um Sungpan (WEIGOLD).

L. japonica (THUNB.) LESSG. Ki.: Am Flußufer bei Fengyi (Plt. sin. 76).

L. schizopetala (W. W. SM.) HAND.-MZT. (*Senecio schizopetalus* W. W. SM. in Not. Bot. Gard. Edinb., XIII., 182 [1921]. — *Ligularia trinema* HAND.-MZT. in Sitzgsanz. Ak. W. W., LXI., 22 [1924]). NW-Y.: In der Hg. St. des birm. Mons. auf dem Passe zwischen dem Tale Gümbalo und dem See Tsukue, Glimmerschiefer, c. 4000 m, 15.—17. VIII. 1916, v. E. (9923).

Viel schwächere Exemplare als der Typus, 30—45 cm hoch, Blätter nur bis 11 cm breit, oberseits überall, unterseits nur auf den Nerven kurz gliederhaarig; Blütenkörbe 5—15, wenig behaart, mit fünf 13 mm langen Zungen. FORREST 26971 steht zwischen dem Typus und meinen Pflanzen.

L. lapathifolia (FRANCH.) HAND.-MZT. (*Senecio lapathifolius* FRANCH. — *S. tongtchouanensis* LÉVL. in Bull. Ac. Géogr. Bot., XXV., 17 [1915], e typo). Sümpfe, trockene Wälder und Gebüschränder der wtp. und unteren tp. St., 2100—3100 m, auf Sandstein. Y.: Unter der Taihwa-se bei Yünnanfu (SCHOCH 327). Im NW bei Lidjiang, v. E. (3654). Hier ober dem He-schui (4372) und bei Bayiwa (Minying) am Wege nach Yungning (7022). Laba e von Dschungdien. Im NE bei Lupu (MAIRE). S.: S ober Muli.

Im Gebirge noch größer, als FRANCHET angibt, nämlich über meterhoch, Blätter 40 cm lang, Hülle gegen 2 cm breit.

L. cymbulifera (W. W. SM.) HAND.-MZT. (*Senecio cymbulifer* W. W. SM. in Not. Bot. Gard. Edinb., VIII., 115 [1913]). NW-Y.: Hochstaudenfluren der ktp. St. an der Westseite des Gebirges Piepun se von Dschungdien, Kalk, 3900—4200 m (4657). S.: Wohl diese um Muli, 3700—4200 m, am Passe Tschescha und sehr gemein um die Alm Bätö und unter dem Passe Döko.

L. amplexicaulis (WALL.) DC., Prodr., VI., 314 (1837) (*Senecio pyrropappus* SCHTZ. bip. in Flora, V., 50 [1845]). NW-Y.: Bei Lidjiang, v. E. (3653). Vielleicht auch diese, deren Vorkommensverhältnisse ich nicht kenne, in Bächen der tp. und ktp. St., 2950—4100 m, bei Dugwan-tsun se von Dschungdien, auf dem Nguka-la zwischen Dschungdien und dem Yangtse und im birm. Mons. unter dem Schöndsu-la zwischen Mekong und Salwin, 28⁰ 4', und in S.: Beim Lagerplatze Guyi am Passe Tschescha und gemein unter dem Passe Döko bei Muli.

**** L. transversifolia** HAND.-MZT. in Sitzgsanz. Ak. W. W., LXII., 26 (1925).

Folia radicalia maxima, (e photographia) $\pm$ orbicularia, centro peltata, $\pm$ profunde cordata. Caulis ad 70 cm altus, inferne fere $1\frac{1}{2}$ cm crassus, fistulosus, cum corymbo ferrugineo glanduloso-velutinus, foliis paucis paulum decrescentibus usque ad inflorescentiam obsitus. Folia rotundata, antice late emarginata, basi profunde cordata, usque ad 23 cm longa et sesquilatiora, toto margine grosse dentata sinubus rotundatis dentibus crasse mucronatis, herbacea, saturate viridia, utrinque breviter puberula praeter venas glabrescentia et margine dense ciliolata; nervi primarii 5 palmati, furcati, ramis longe ante marginem arcuatoconjunctis, cum venarum reti denso in sicco utrinque tenuiter prominui; petiolus inferiorum lamina longior, vagina crassa cymbiformi late foliaceo-marginata integra, superiorum crassissimus totus vaginatus lamina folio saepe maiore ceterumque aequali amplexicauli cinctus. Calathia numerosa, subnutantia et serius nutantia in corymbo 20 — fere 40 cm lato et longo, ter subumbellatoramoso et ramis remotis aucto exterioribus interioribus duplo superantibus; bracteae paucae, $\pm$ 1 cm longae, filiformes; pedicelli 2—10 mm longi, tenues, bracteolis filiformibus nonnullis. Involucri campanulati 5—6 mm longi phylla 5—7, oblongolanceolata, acuta, $1\frac{2}{3}$ mm lata, interiora autem ob margines membranaceas latissimas multo latiora, atroviridia, apice nigropurpurea, inferne glabrescentia.

Flores c. 10, flavi (e nota ad vivum), radii ♀ 3—4, tubo $2^1/_2$ mm longo, ligula obovato-oblonga 6 mm longa $1^2/_3$ mm lata, rotundata, (2- —) 3 crenata, styli ramis tenuiusculis papillosis; disci ☿ corolla 5 mm longa fere ad $^1/_2$ anguste tubulosa, dein subito late campanulata lobis ovatis fere $1^1/_2$ mm longis, antheris fere totis exsertis, acuminatis, styli ramis crassis apice incrassatis hirsutis; ovaria glabra; pappi pili crebri, 3 mm longi, rufescenti-violascentes, profunde serrati.

NW-Y.: In Bächen der tp. und ktp. St. an der Westseite des Gebirges Piepun se von Dschungdien („Chungtien") zwischen Bödö und Alo, 3700—3900 m, 8. VIII. 1914 (4599) und in dem bei Hsiao-Dschungdien mündenden Tale, 3650 m (phot.).

L. nelumbifolia differt vaginis firmis edentatis, corymbo magis thyrsoideo, involucris longioribus glabris, ligulis nullis; huic affines quoque eligulatae sunt.

Die Angaben über die Grundblätter sind einem Lichtbild entnommen, das die Detailmerkmale der Körbe und damit die Zugehörigkeit zur Art nicht mit vollständiger Sicherheit zeigt.

* *L. curvisquama* HAND.-MZT.

Habitu foliisque praecedenti simillima, foliis radicalibus (2 decerptis tantum visis) longipetiolatis, reniformibus, c. 10 cm longis et duplo latioribus, epeltatis, apice profunde emarginatis, basi late cordatis, ut caulinis angustius breviusque dentatis et utrinque sparsissime glanduloso-furfuraceis. Corymbus (junior) dense sulphureo glanduloso-furfuraceus, bracteis bracteolisque filiformibus. Involucri subglabri, subturbinati phylla c. 10, lanceolata, c. 6 mm longa, praeter basin vix contigua, fuscula, apice longe angustato obtuso multa excurva, partim marginibus indistincte membranacea. Flores 8—10, omnes tubulosi, e collectore aurantiaco-lutei, ☿, limbo a tubo nondum valde distincto, lobis oblongis. Pappi pili corollis breviores, plerique rubelli.

NW-Y.: Beima-schan zwischen Yangtse und Mekong, 28° 12', offene Alpenmatten, 3950 m, VIII. 1917 (FORREST 14572).

Proxima *L. Limprichtii* (DIELS) HAND.-MZT. (*Senecio L.* DIELS in Rep. sp. nov., Beih., XII., 508 [1922]), quae e typo differt indumento minus flavo (?, fungis mixto), phyllis latioribus membranaceo-marginatis, medio pilosis, minus attenuatis excurvisque, altius connatis, floribus usque ad 15, pappo flavido, quam corolla paulo breviore.

Die beiden letzten Arten kommen auch *L. amplexicaulis* nahe, die aber größere Körbe mit viel breiteren Hüllschuppen und Strahlblüten hat. Es wäre künstlich, sie wie die folgende wegen des Mangels solcher aus der Gattung auszuscheiden.

L. nelumbifolia (BUR. et FRANCH.) HAND-MZT. in Sitzgsanz. Ak. W. W., LXII., 27 (1925) (*Senecio nelumbifolius* BUR. et FRANCH. in Journ. de Bot., V., 74 [1891], e typo. — *S. Moisoni* LÉVL. in Bull. Ac. Géogr. Bot., XXV., 16 [1915], e typo). NW-S.: Gebirge um Sungpan (WEIGOLD). W-Hubei: Fang (WILSON, Veitch Exp. 2369).

L. Franchetiana (LÉVL.) HAND.-MZT. (*Senecio Franchetianus* LÉVL. in Bull. Ac. Géogr. Bot., XXV., 16 [1915], e typo. — *Ligularia aphanoglossa* HAND.-MZT. in Sitzgsanz. Ak. W. W., LXII., 13 [1925]).

Caulis e rhizomate radices multas et longas crassiusculas simplices et folia 1—3 edente singulus, 90 cm—$1^1/_2$ m altus, dissite 2—3 folius, basi fibris pallidis petiolorum emortuorum 10 cm longis cinctus ad 8 mm crassus, cum petiolis et corymbo hoc praeterea dense et breviter fulvo glanduloso-piloso breviter albido-araneosus. Folia reniformi-cordata, 9—36 cm lata et paulo breviora, sinu ad dimidium laminae penetrante $\pm$ clauso, illa ipsa in petiolum breviter et late cuneato-decurrente, margine dense et argute et inferne etiam grosse dentata dentibus crasse apiculatis, herbacea, subtus pallidius viridia, mox glabra; nervi primarii 3, laterales descendentes pluries pedato-furcati, mediani secundarii 3—5^{ni} porrectopatuli ramosi et anastomosantes cum venulis densiuscule reticulatis utrinque tenuiter prominui; petioli radicalium laminis duplo longiores, caulinorum summi sensim brevissimi et in vaginas late ovatas vel etiam in auriculas acutas productas et supra paucidentatas dilatati. Calathia permulta in corymbos primum densos 5—10 cm, dein 15—20 cm latos nunc ramis rigidis longe nudis centralibus brevioribus, bracteis raris filiformibus, pedicellis 0—4 — demum ad 10 mm longis tenuibus. Involucri cylindrici phylla 5, linearia, 9—11 mm longa, obtusiuscula, partim late scarioso-marginata, raro parcissime albo-pilosula, apice papillosa. Bracteolae plerumque 2, iis subduplo breviores, filiformi-subulatae. Flores 4—5, omnes $\female$, tubulosi, raro unus ligulatus, $\female$ vel neuter tubum unilateraliter fissum referens, 7—8 mm longi, lutei (e nota ad vivum), limbo quam tubus sesquilongiore, subinflato-cylindrico, lobis 1^1/$_2$ mm longis triangularilanceolatis; antherae exsertae; styli rami truncati, crasse pilosi. Achaenium fusiforme, ad 8 mm longum, glabrum; pappi pili crebri, 6—7 mm longi, minute serrulati, sordide rufi.

S.: Buschige Laubwälder der tp. St. am Lungdschu-schan bei Huili, Diabas, 3100—3350 m (5150).

Durch die kleinen und spärlichen Zungen, die einerseits aufgeschlitzten Röhrenblüten entsprechen, aber nicht an allen Exemplaren vorhanden sind und zwischen scheiben- und strahlblütigen Arten vermitteln, auffallend, im übrigen wohl *L. duciformis* (C. WINKL.) HAND.-MZT. (*Senecio d.* C. WINKL. in Act. Hort. Petrop., XIV., 155 [1895]) nahekommend, die u. a. weißen Pappus hat.

L. yunnanensis (FRANCH.) HAND.-MZT. (*Senecio y.* FRANCH. in Bull. Soc. Bot. France., XXXIX., 303 [1892], e typo). NW-Y.: In der Hg. St. des birm. Mons. n des Schöndsu-la zwischen Mekong und Salwin, Kalk, 4025 m (9668).

** ***L. paradoxa*** HAND.-MZT. in Sitzgsanz. Ak. W. W., LIX., 140 (1922).

Rhizoma brevissimum radicibus numerosissimis crassis longis, foliorum fasciculum et caulem extraaxillarem e basi tenuiore flexuosa limo immersa rigidum, ad 6 mm crassum, 70—90 cm altum, disperse 2—4 foliatum, glabriusculum edens. Folia petiolis laminas aequantibus crassiusculis in superioribus autem brevioribus parte basali vel totis in vaginas orbiculari-cymbiformes integras, inferioribus et basalibus in anguste lineares dilatatis, ambitu orbicularia, 10—25 cm diametro, breviter peltata, ad basin palmatim 6—8 partita, partibus semel vel terminali bis tripartitis, secundariis sparse pinnatipartitis, laminis subdivaricatis linearibus primariis 3—8 mm latis nec disco basali ultra 16 mm diametiente, obtusis, crasse apiculatis, margine ubique arcte revolutis, rigidule herbacea, atroviridis, subtus pallidior; costae nervique laterales marginibus approximati venaeque his illic conspicuae utrinque prominulae, illae subtus latiores et coloratae, juveniles interdum furfuraceo-pilosae. Inflorescentia corymbosa, laxa, calathiis 19—25, ramo medio elongato ramos ceteros superante, dense brunneo- vel nigello furfuraceo-pilosa; bracteae rarae et bracteolae in pedicellis 8—25 mm longis plures involucro approximatae lineares et subfiliformes, 5—10 mm longae. Involucri campanulato-turbinati phylla 8—9, late linearia, $\pm$ 12 mm longa, 3—4$^1/_2$ mm lata, apice attenuato obtuso villosula, fusca, partim late et scariose purpurascenti-marginata. Flores c. 15, ☿, tubulosi, illa paulo superantes. Corollae 6 mm longae tubus brevis et indistinctus, limbus anguste campanulatus pallidus, lobi breves ovato-triangulares uninervii, viriduli (e nota ad vivum); stamina paululum exserta, antheris filamenta latiuscula subaequantibus nigroviolaceis, basi cordatulis; styli rami lorati, retusi, rubelli, stigmatibus vittaeformibus, extus breviter hirti. Achaenia anguste cylindrica, 5$^1/_2$ mm longa, brunnea, pluriangulata, glabra; pappi pili sordide brunnei, corollam subaequantes, decidui, tenuiter serrati.

S.: Schlammsümpfe der ktp. St. auf dem Rücken sw von Muli gegen Dschungdien beim Lagerplatz Tschako, 4. VIII. 1915 (7214, Typus) und weiter bis unter den Berg Gonschiga häufig, Tonschiefer, 4100—4300 m. NW-Y.: Bei Lidjiang, 1916, v. E. (3307). E von Aoa in der Mekong—Yangtse-Kette, 27° 25′, 1924—1925 (FORREST 25546).

Habitu foliisque simillima *Cacaliae aconitifoliae* BGE., sed flaccidior et involucris floribusque valde diversa.

L. tongolensis (FRANCH.) HAND-MZT. (*Senecio t.* FRANCH. in Bull. Soc. Bot. Fr., XXXIX 305 [1892], e typo. — *S. Monbeigii* LÉVL. in Bull. Ac. Géogr. Bot., XXV., 17 [1915], e typo). S.: Matten und steinige Gebüsche der ktp. und Hg. St., 3900—4300 m. Hwang-liangdse zwischen Yenyüen und Kwapi (5520). Nordseite des Passes Döko sw von Muli (7421).

Inflorescentia in typo vix aperta pilis araneosis dense induta, serius (in speciminibus meis) his calvescens, sed dense brunneo furfuraceo-velutina. Involucri phylla in typi specimine altero 5 mm, in altero 7 mm, in speciminibus meis 7—9$^1/_2$ mm longa.

L. Leveillei (VANT.) HAND.-MZT. (*Senecio L.* VANT. in Bull. Ac. Géogr. Bot., XI., 346 [1902], e typo). **Kw.**: Umgebung von Nganping und Dsingdschen (MARTIN et BODINIER 1911). Nganschun (CAVALERIE 4542).

R. GOOD stellt in Journ. Linn. Soc., Bot., XLVIII., 280 (1929) diese hartblätterige, große Art tiefer Lage, die durch kahle, strahllose Körbe in mehreren, zu lockerer Rispe zusammengestellten Trauben ausgezeichnet ist, als Synonym zum zarten, hochalpinen *Cremanthodium Hookeri* C. B. CL. f. *regulare* R. GOOD, l. c., worin ich ihm nicht folgen kann.

L. sibirica (L.) CASS. (*Senecio Ligularia* HOOK. f.). S.: Bambusreiche Gebüsche der tp. St. unter Hwangliangdse zwischen Yenyüen und Kwapi, 3050 m (5554). Im NW auf Gebirgen um Sungpan (WEIGOLD). NW-Y.: Wiesen und Hochstaudenfluren der tp. und ktp. St., 3500—4225 m. Latsa se von Dschungdien (phot.). Im birm. Mons. zwischen Mekong und Salwin unter dem Doker-la (?, phot.) und in dem nach Tibet hinabführenden Tale Schidsaru (phot.). SW-II.: Gekräute im wtp. Laubhochwalde des Yün-schan bei Wukang, 1300—1400 m (12506).

5554 ist eine kleine Form, 12506 eine sehr kräftige vom Habitus der *L. Veit-*

chiana (HEMSL.) GREENM. in BAIL., Stand. Cycl. Hortic., VI., 3153 (1917), mit
30 cm langen und breiten Grundblättern, aber zwar sehr langen, doch viel
schmäleren Brakteen und viel kleineren Ligulae.

L. intermedia NAK. in Bot. Mag. Tok., XXXI., 125 (1917) (*L. sibirica β
oligantha* MIQ. in Ann. Mus. Bot. Lugd. Bat., II., 180 [1865]. — *L. intermedia*
var. *oligantha* NAK. in Bot. Mag. Tok., XL., 579 [1926]). W-Hubei: (WILSON,
Veitch Exp. 2328, 2328a, 2746). Fang (W., V. E. 2358). Kui (W., V. E. 2517a).
NW-Y.: Sümpfe der tp. St. von Donaku bis zum Passe Akelo zwischen Yangtse
und Mekong, 27⁰ 19', Sandstein, 2900—3100 m (7917).

L. lamarum (DIELS) HAND.-MZT. (*Senecio l.* DIELS in Rep. sp. nov.,
Beih. XII., 508 [1922]). NW-Y.: Bei Lidjiang, v. E. (3658).

Vom Typus nur durch kürzer (bis 3 mm lang) gestielte Körbe verschieden.
Die unteren Teile seien beschrieben: Foliorum fasciculus caulisque lateralis e
rhizomate (manco) radicibus tenuibus fasciculatis praedito, fibris emortuis
cincti. Folia basalia petiolis suis duplo breviora, cordato-triangularia, ad 8 cm
longa et 6 cm lata, lobis basalibus anguste subtruncatis paulo grossius dentatis,
tenuia, ceterum ut caulina ab autore descripta.

L. caloxantha (DIELS) HAND.-MZT. in Sitzgsanz. Ak. W. W., LX.,
101 (1923) (*Senecio caloxanthus* DIELS in Not. Bot. Gard. Edinb., V., 194 [1912].
— *Ligularia brachyphylla* HAND.-MZT. in Sitzgsanz., l. c., 100 [1923]). Abb.:
VIERH. in Österr. Bot. Zeitschr., LXXII., Taf. IV, f. 1. NW-Y.: Üppige Wiesen,
kräuterreiche Hänge, Matten, trockene Föhrenwälder, auch in Bächlein in der
tp. bis an die ktp. und in die wtp. St., 2600—3700 m. Bei Lidjiang, v. E. (3656).
Hier beim Lagerplatz Rüto jenseits des Be-schui (7012). Zwischen Haba und
Waschwa (4435) und an der Westseite des Gebirges Piepun (4779; s. KARST.
u. SCHENCK, Vegetb., 22 R., Taf. 48) und wahrscheinlich diese massenhaft auf
dem Sattel Gitüdü ober Anangu se von Dschungdien.

Die sehr eurytope Art ist in den Blättern so veränderlich, wie reichlich
vertretene verwandte Arten, weshalb ich schon l. c., LXII., 12 (1925) *L. brachy-*
phylla einzog. Folia radicalia (adhuc indescripta) late ovato- vel triangulari-
vel sagittato-cordata, longitudine basi aequilata usque subduplo latiora, ± rotundata et acuminata, lobis basalibus acutis vel anguste rotundatis vel truncatis
saepe in lobulos 2—3 subincisis. Calathia interdum tantum 3, involucri phyllis
usque ad 13 mm longis, ligulis usque ad 33 × 6 et 33 × 2¹/₂ mm. Steht jedenfalls
zunächst *L. platyglossa* (FRANCH.) HAND.-MZT. (*Senecio platyglossus* FRANCH.
in Bull. Soc. Bot. France, XXXIX., 293 [1892]).

** *L. longihastata* HAND.-MZT. in Sitzgsanz. Ak. W. W., LXII., 11 (1925).
(Abb. 31, Nr. 5).

Valde aromatica, rhizomate crasso radices longissimas, folia pauca, caulem
lateralem[1] 50—60 cm altum crassiusculum superne parce albo-araneosum,
fibris emortuis ad 7 cm longis cincta edente. Folia basalia petiolis partim caulem
subaequantibus, longe triangulari-hastata, (cum lobis) 12—20 cm longa, longitudine paulo usque subduplo angustiora, ± longe acuminata, sinu basali ad

---

[1] Die Rhizome der drei gesammelten Exemplare sind sämtlich seitlich abge-
schnitten, und ich weiß nicht mehr, ob dies nur wegen allzugroßer Dicke geschah,
oder ein mehrköpfiges Exemplar in mehrere zerlegt wurde.

$^1/_4$ vel $^1/_3$ penetrante rotundato, lobis subdivaricatis acuminatis vel sublaceratis, anguste serrato-dentata, tenuiter herbacea, intense viridia, supra pilis articulatis glandulosis rufis hirtella, subtus primum parcissime albo-araneosa; costa nervique basales mox praesertim deorsum ramosi secundariique 3—5^{ni} valde obliqui et ramosi praesertim subtus latiuscule prominuli; venulae dense reticulatae utrinque tenuiter prominulae. Folia caulina 3, infimum late cordato-ovatum acutum, 6—9 cm longum et latum, longipetiolatum, medium triangulari-ovatum in vagina foliacea cymbiformi subintegra venosa lamina longiore sessile vel subsessile, summum inflorescentiae approximatum minutum, lanceolatum, integrum, vaginae latae saepe dense pectinato-serratae insidens. Racemus 7 usque 10 cm longus, parce araneosus et dense rufo glanduloso-furfuraceus, calathiis 8—12; bracteae lineari-lanceolatae, ad 1 cm longae, caducae, sub calathio terminali plures; pedicelli nutantes, 6—10 mm longi. Involucri campanulati 11—12 mm longi, ore 6—8 mm lati phylla 7—9, late lanceolata, acuta, late et partim indistincte membranaceo-marginata, fuscula, glabra, antice fimbriatula. Bracteolae c. 3, anguste lineares, paulo breviores. Flores numerosi, lutei (e nota ad vivum), radii ♀, 5—8, ligulati, 3 cm longi, 2 — fere 3 mm lati, acuti, bi-, rarius trifidi vel integri, styli ramis acutis leviusculis; disci ☿, 8—9 mm longi, tubo anguste cylindrico, limbo paululum longiore campanulato fere 2 mm lato, lobis brevibus triangularibus; styli rami obtusi, breviter et crasse pilosi. Ovaria levia, glabra; pappi pili 4 mm longi, albidi, valde serrati, decidui.

NW-Y.: Rasen der Hg. St. des birm. Mons. zwischen dem See und Paß Yigöru in der Mekong—Salwin-Kette, 28° 9′, Glimmerschiefer, 4200—4300 m, 6. VIII. 1916 (9714).

Proxima *L. sibirica* (L.) Cass., quae differt foliis crassioribus brevibus, ambitu rotundatis, bracteis maioribus, ligulis multo brevioribus. *L. caloxanthae* formae quaedam jam bracteis latis valde differunt.

**** L. odontomanes** Hand.-Mzt. in Sitzgsanz. Ak. W. W., LXII., 12 (1925). (Abb. 31, Nr. 4).

Rhizoma brevissimum, radicibus longissimis crassiusculis, folia 3 et caulem tenuiusculum rigidum ± 60 cm altum fibris mortuis longis cincta edens, illum totum pilis patulis articulatis rufis furfuraceo-hirsutum. Folia radicalia et caulinum infinum longissime et tenuiter petiolata, petiolo huius sensim et anguste vaginato, profundissime cordata, lobis laminam superiorem aequantibus vel ea multo longioribus ± truncatis et lacerato-dentatis rectis vel convergentibus hippocrepiformia, (cum lobis) 12—20 cm longa, rotundata vel apiculata, sinu acutissimo plerumque omnino clauso, hoc intimo excepto ubique ± grosse dentata, herbacea, saturate viridia, praesertim subtus in nervis densissime ut caulis pilosa; nervi primarii 5—7, par vel paria 2 infima in lobos descendentia, sequens patulum et secundarii utrinsecus 4 patuli omnes ramosi et medio vel tertio exteriore laminae arcuato-conjuncti, in sicco supra tenuiter, subtus crassius prominuli; venularum fuscularum rete supra densius quam subtus conspicuum. Folia caulina cetera 2 late triangulari- vel subhastato-ovata, acuta, in vaginis amplexicaulibus laminas subaequantibus foliaceis profunde cymbiformibus nervatis apice late rotundato-auriculatis circumcirca dense et grosse serratis sessilia, ceterum illis aequalia. Racemus prima anthesi conicus, 5—9 cm longus, calathiis multis, subnutantibus, inferioribus remotioribus; bracteae foliaceae, calathia subaequantes, late ovatae, inferiores praeter apices longos dentatae, superiores rotundatae et bifidae vel palmato-sublaceratae, ± pectinato-grossedentatae, apicibus purpureo-glandulosae; pedicelli usque ad $3^1/_2$ cm, superiores autem 3 mm tantum longi. Involucri cylindrico-campanulati ± 5 mm lati phylla 7, linearia, 11 mm longa, apicibus triangularibus obtusa, marginibus scariosis interiorum latis, glabra; bracteolae 2, phyllis saepe longiores, stipitatae, ovatae, acuminatae, lacerato-dentatae. Flores flavi (e nota ad vivum), radii 4—5, ♀, tubo 6 mm longo, ligula lanceolata, 13—15 mm longa, ad 4 mm lata, 7 nervia, paulum 2- vel 3 dentata, filamentis liberis longe exsertis staminodialibus, styli

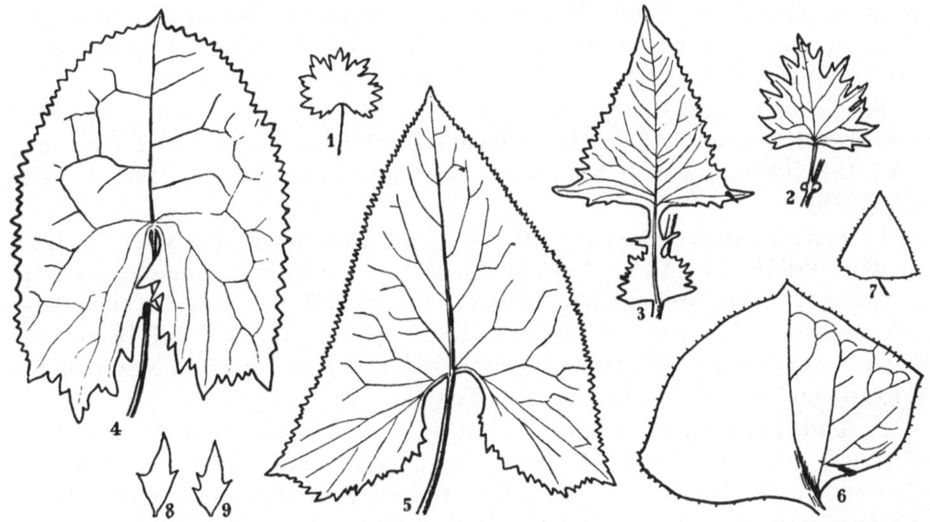

Abb. 31. Blätter von 1 *Senecio sungpanensis* H.-M. 2 *Senecio euosmus* H.-M. (H.-M. 8258). 3 *Senecio actinotus* H.-M., oberes Stengelblatt (H.-M. 12183). 4 *Ligularia odontomanes* H.-M. 5 *Ligularia longihastata* H.-M. 6, 7 *Cacalia Teniana* H.-M., 7 oberes Blatt. 8, 9 *Pertya Bodinieri* VANT. var. *berberidoides* H. M., Langtriebblätter. 1—7 $^1/_3$ nat. Gr., 8, 9 nat. Gr.

ramis acutiusculis item ac disci crasse pilosis; disci c. 15, ☿, 10—11 mm longi, tubo tenuiter cylindrico limbum campanulato-cylindricum 2 mm latum subaequante, lobis lanceolatis, brevibus, recurvis, styli ramis longis, truncatis. Ovaria glabra; pappi pili fulvidi, 4 mm longi, serrulati, decidui.

S.: Häufig in Wäldern und Hochgekräute der tp. St. ober Doloho im Bereiche von Muli, Sandstein, 2850—3350 m, 24. VII. 1915 (7200) und wohl auch um Muli selbst.

Species foliorum forma, bracteis, bracteolis, dentibus ubique abundis, necnon staminodiis florum ligulatorum excellentissima, affinis forsitan *L. lankongensi* (FRANCH.) HAND.-MZT. (*Senecio l.* FRANCH. in Bull. Soc. Bot. France, XXXIX., 301 [1892]).

L. vellerea (FRANCH.) HAND.-MZT. in Sitzgsanz. Ak. W. W., LXII., 12 (1925) (*Senecio vellereus* FRANCH. in Journ. de Bot., VIII., 357 [1894]. — *S. primulaefolius* LÉVL. in Bull. Ac. Géogr. Bot., XXIV., 290 [1914], e typo).

Trockene und steinige Matten, Föhrenwälder und lichte Mischwälder der tp. bis in die ktp. St., 2800—3675 m. Y.: Fast überall von Djinschuiho n Yungbei bis Yungning. Im NW bei Lidjiang mehrfach um Ganhaidse (phot.), ober Ngulukö (phot.) und gegen das Be-schui (4166). Im NE bei Lupu (MAIRE). Ob auch diese bei Dsaodjidjing e des Dsolin-ho, 2050 m? S.: Zwischen Miki und Yungning. Lungdschu-schan bei Huili (5181).

— — ** var. *gracilior* HAND.-MZT. in Sitzgsanz. Ak. W. W., LXII., 12 (1925).

Foliorum lamina (in typo speciei usque ad 21 × 19 cm) longissime petiolata, oblonga vel ovato-oblonga, $4^1/_2 \times 2^1/_2 - 13 \times 6^1/_2$ (etiam $7^1/_2 \times 2,7$) cm, basi sensim in alas secus totum fere petiolum decurrentes deorsum decrescentes attenuata, una alterave tantum late ovata et basi truncata. Caulis scaposus, gracilis, minus lanatus. Racemus laxus, calathiis 2—9 tantum.

S.: Gebüsche und steinige Stellen dazwischen in der tp. und Hg. St., 3300 bis 4300 m. Rücken ober Fumadi am Wolo-ho zwischen Yenyüen und Yungning, 15. VI. 1914 (3068, Typus). Nordseite des Passes Döko sw von Muli, 4. VIII. 1915 (7418).

L. kanaitzensis (FRANCH.) HAND.-MZT. (*Senecio k.* FRANCH. in Bull. Soc. Bot. France, XXXIX., 298 [1892]). Föhrenwälder und Sümpfe der wtp. und tp. St. auf Sandstein, 2000—3150 m. Y.: Im NW von Donaku zum Passe Akelo zwischen Yangtse und Mekong, 27⁰ 19′ (7918). Im NE auf Bergen bei Dungtschwan (MAIRE). S.: Hsiaodsuyen zwischen dem Yalung und Nganning-ho, 27⁰ (5264) und ober Niutschang se von Yenyüen.

L. tsangchanensis (FRANCH.) HAND.-MZT. (*Senecio t.* FRANCH., l. c., 299 [1892], e typo). NW-Y.: Üppige Wiesen und Gebüschränder der ktp. St., 3800—4050 m. Bei Lidjiang, v. E. (3655). Um die Alm Maoniubi auf dem Waha bei Yungning (7088). Da-Niutschang zwischen Bödo und Alo se von Dschungdien (4544). Wahrscheinlich diese ebenso in S. bis über 4300 m auf dem Passe Tschescha und gemein unter dem Paß Santante (phot.) bei Muli.

Caulis fistulosus. Folia basalia etiam brevipetiolata, caulina obovata, basi amplexicauli sessilia, saepe dense dentata. Racemus demum laxus.

L. dictyoneura (FRANCH.) HAND.-MZT. (*Senecio dictyoneurus* FRANCH., l. c., 294 [1892]). Trockene Matten und lichte Föhrenwälder der tp. St., 2950 bis 3450 m. NW-Y.: Ngulukö bei Lidjiang (3507). Ober Bödö. Bei Hsiao-Dschung-dien gegen das Gebirge Piepun. S.: Ober Muli.

L. Przewalskii (MAX.) DIELS in Bot. Jahrb., XXIX., 621 (1901). NW-S.: Gebirge um Sungpan (WEIGOLD).

Mit breiteren Abschnitten der allein vorhandenen oberen Blätter.

L. tangutica (MAX.) MATTF. in Journ. Arn. Arb., XIV., 40 (1933). NW-S.: Gebirge um Sungpan (WEIGOLD).

Kleines Exemplar mit kaum zusammengesetzter Rispe. Beide Arten könnten vielleicht auch als zungenblütige *Cacaliae* betrachtet werden, deren größeren Arten sie in Habitus, Rhizom und Infloreszenz gleichen. Auch sind die Hüllschuppen härter als bei den anderen schmalkörbigen Ligularien. Die Griffel haben Fegehaare noch weit am ungespaltenen Teil herab, besonders in den ☿ Röhrenblüten.

Cremanthodium BENTH.

C. campanulatum (FRANCH.) DIELS in Not. Bot. Gard. Edinb., V.,
190 (1912) (*C. Larium* HAND.-MZT. in Sitzgsanz. Ak. W. W., LXII., 14
[1925]). Abb.: Österr. Bot. Zeitschr., LXXII., T. IV, Fig. 6. Matten, steiniger
Rasen, Gehängeschutt, auch im Moder von Waldrändern und massenhaft in
Rhododendron-Wäldern der Hg. und obersten ktp. St., 4100—4600 m. NW-Y.:
Bei Lidjiang, v. E. (3636, 3637 fl. scil. invol. albo). Rücken zwischen Haba und
Dugwan-tsun (6900) und Gipfel neben dem Paß zwischen Bödö und Alo (4530)
se von Dschungdien. Nguka-la sw von hier. Im birm. Mons. auf dem Doker-la
an der tibetischen Grenze (8127). S.: Paß Döko (7416) und oft massenhaft auf
dem Rücken bis unter den Gipfel Gonschiga sw von Muli.

Specimina uberrima (8127 *C. Larium*) foliis superficialiter tantum mucronulato-dentatis, petiolis ad 3 mm latis, calathiis ad 35 mm longis valde hirsutis
quoque excellunt.

Nach dem Monographen der Gattung, R. GOOD, in Journ. Linn. Soc., Bot.,
XLVIII., 271 (1929) sind diese Exemplare mit dem Typus lückenlos verbunden.
Ich halte mich hier an diese Monographie, obwohl die Gattung nach Zugeständnis
ihres Verfassers polyphyletisch ist und meines Erachtens wenigstens teilweise
zu *Ligularia* gehört.

C. rhodocephalum DIELS in Not. Bot. Gard. Edinb., V., 190 (1912)
(*C. palmatum* BENTH. subsp. *r.* [DIELS] GOOD, l. c., 271 [1929]). Abb.: Österr.
Bot. Zeitschr., LXXII., T. IV, Fig. 5. NW-Y.: Bei Lidjiang, v. E. (3634).
Tibet: Tsarong, schlammiger Granitschutt der Hg. St. auf dem Doker-la, 4600 m
(8150).

Ohne an der nahen Verwandtschaft mit *C. palmatum* zu zweifeln, möchte
ich die Pflanze mit Rücksicht auf das weit getrennte Verbreitungsgebiet doch
als Art betrachten.

C. bulbilliferum W. W. SM. in Not. Bot. Gard. Edinb., XII., 201
(1920). NW-Y.: Gehängeschutt der Hg. St. des birm. Mons. zwischen dem
See und Paß Yigöru zwischen Mekong und Salwin, 28° 9′, Glimmerschiefer,
4150—4300 m, 6. VIII. 1916 (9718).

**** C. Smithianum** HAND.-MZT. in Sitzgsanz. Ak. W. W., LXII., 14
(1925). GOOD in Journ. Linn. Soc., Bot., XLVIII., 274 (1929) (*C. Decaisnei* DUNN
in Journ. Linn. Soc., Bot., XXXIX., 438 (1911), non C. B. CL.). Abb.: VIER-
HAPPER in Österr. Bot. Zeitschr., LXXII., Taf. IV, Fig. 3 (1923), als *C.* aff.
bulbillifero. Schneetälchen, humöse Stellen und tiefer Gehängeschutt der Hg. und
obersten ktp. St. auf Kalk, 4100—4650 m. NW-Y.: Bei Lidjiang, v. E. (3635,
Typus). Hier an beiden Seiten des Yülung-schan, IX. 1910 (FORREST 6535,
6613). Waha bei Yungning (8358). Westseite des Gebirges Piepun se von Dschungdien (4729). S.: Berg Saganai ober Muli, vom Gipfel bis unter den Sattel
Santante herab, 30. VII. 1915 (7312).

Die Nervatur der Blattoberseite finde ich nicht immer stärker vortreten
als jene der Unterseite, wie GOOD im Schlüssel, l. c., 268 angibt. Er bezeichnet
meine Nr. 4729 als Typus, ein mangelhaftes Unikum, weshalb ich lieber die
übereinstimmende Nr. 3635 als diesen ansehen möchte. In der Originalver-
öffentlichung hatte ich zum Vergleich irrtümlich *C. reniforme* statt *C. Decaisnei*

geschrieben. Nr. 7312 war von Good als *C. retusum* (Wall.) Good, f. bestimmt, aber in die Monographie nicht aufgenommen worden. Es sind sehr kräftige Exemplare mit grünen, runzeligen Blättern, mit 20 mm langen Strahlblüten, von denen 2 mm auf die Röhre entfallen, bei 3635 $3^1/_2$ von 25 bis 28 mm und bei Forrest 20228 $1^1/_2$ mm von 23 mm. Der Unterschied ist also minimal. R. Good stimmt mir (briefl. 18. II. 1935) zu, daß die Pflanze ebensogut als *C. Smithianum* betrachtet werden kann, wie (briefl. 5. II. 1935) als Mittelform zwischen *C. retusum* und *C. reniforme*.

C. Decaisnei C. B. Clke. ****f. sinense** Good in Journ. Linn. Soc., Bot., XLVIII., 275 (1929). NW-Y.: Schneetälchen der Hg. St. auf Kalk an der Westseite des Gebirges Piepun se von Dschungdien, 4400—4650 m, 11. VIII. 1914 (4728).

C. reniforme (Wall.) Benth., teste Good. NW-Y.: Salwin—Irrawadi-Kette (Forrest 20228, ursprünglich als dieses veröffentlicht, von Good, l. c., 276 als möglicherweise *C. Farreri* W. W. Sm. angeführt, aber, wie er mir 18. II. 1935 bestätigt, typisches *C. reniforme*).

**** C. cremanthodioides** (Hand.-Mzt.) Good, l. c., 279 (1929) (*Ligularia c.* Hand.-Mzt. in Sitzgsanz. Ak. W. W., LXII., 13 [1925]). NW-Y.: Schutt, feuchte Stellen, Bachränder der ktp. und Hg. St. des birm. Mons., 3500—4575 m, zwischen Mekong und Salwin an der Westseite des Si-la, 28°, auf dem Maya (9646) und Schöndsu-la, 2. VIII. 1916 (9622, Typus), im obersten Doyon-lumba (9695) und dort zwischen dem See und Paß Yigöru, 28° 8'.

Pappus nicht weiß, wie Good beschreibt, sondern violettlich.

C. phoenicochaetum (Franch.) Good, l. c., 279 (1929) (*Senecio phoeni-cochaetus* Franch.). NW-Y.: Bei Lidjiang, v. E. (3630, 3631, diese von Good, l. c., 278 als *C. retusum* angeführt).

C. Hookeri C. B. Clke. ssp. **Clarkei** R. Good f. **angustiligulatum** Good, l. c., 280 (1929). NW-Y.: Bei Lidjiang, v. E. (3633). S.: Dichte Tannen-wälder der ktp. St. an der Nordseite des Passes Tschescha zwischen Muli und Yungning, Kalk, 4000—4100 m (7245).

**** C. microcephalum** Hand.-Mzt. in Sitzgsanz. Ak. W. W., LVII., 174 (1920). R. Good in Journ. Linn. Soc., Bot., XLVIII., 282.

Syn.: *Ligularia microcephala* Hand.-Mzt., l. c., LXII., 13 (1925).

Rhizoma crassum, repens, ramosum, radicibus longissimis crassis simplicibus, caudiculis inter fibras paucas pallidas hic surculos 2—6folios steriles, illic caules floriferos singulos crassiusculos rectos 12—20 cm longos 1—2foliatos emittens. Folia magna, obcordato-reniformia, 3—6 cm longa et paulo latiora, sinu angusto ultra $^1/_3$ inciso, grosse et argute multidentata dente medio maiore isolato, herba-cea, concolori-viridia, praesertim subtus sicut superne petioli crassiusculi laminis ultra duplo usque triplo longiores, vaginis linearibus 6—8 mm latis apice rotun-datis insidentes sparse et pallide furfuraceo- et glanduloso-pilosula, palmato-quinquenervia, nervis mox in venas aequales, laxe reticulatas, utrinque pro-minuas partitis; caulina vaginis latissimis 15—25 mm longis et (explicatis) aequilatis, ore saepe truncatis, laxe convolutis, extus glabris, intus pubescentibus suffulta, subbasalia longipetiolata, magna, rosularibus similia, subapicalia brevipetiolata, minuta, irregularia vel omnino ad petiolum reducta. Caulis superne brevissime et densissime atro glanduloso-pilosus, pedunculis 2 (et paulo pluribus?), 3—7 mm longis, divaricatis, bractea subulata aequilonga suffultis terminatus. Calathia nutantia, ad 2 cm lata, discoidea, late hemisphaerica, ad 60flora. Involucri phylla phaea, subscariosa, glabra vel sparse albo-pilosula, extima pauca brevia lineari-subulata, cetera c. 15, 7—8 mm longa, $2^1/_2$—3 lata, uni- et trinervia, rotundato-elliptica, saepe apiculata vel denticulata. Flores fragrantissimi, tubulosi, dilute flavi (e nota ad vivum), involucrum aequantes; limbus tubo sesquilongior, ad $^1/_3$ in lobos lanceolatos, sicut antherae 3 mm longae phaeos fissus. Ovarium glabrum; pappi setae 5 mm longae, pallide rubellae, longe denticulatae; stigmata fusca, lorata, retusa, tota crasse pilosa.

NW-Y.: Schneetälchen der Hg. St. an der Westseite des Gebirges Piepun se von Dschungdien, Kalk, 4400—4650 m, 11. VIII. 1914 (4735, Typus).

** *C. cyclaminanthum* HAND.-MZT. in Sitzgsanz. Ak. W. W., LXII., 14 (1925). GOOD in Journ. Linn. Soc., Bot., XLVIII., 284. (Taf. XVIII, Abb. 5, 6).

Rhizoma parvum, radicibus tenuibus, foliorum rosulas et caules saepe plures fasciculatos, monocephalos, 15—27 cm longos, superne dense brunneo furfuraceo-pilosos, praeter folia plerumque complura supra basin conferta nudos vel raro squama unica lineari praeditos edens. Fola late ovato- usque suborbi-culari-cordata, 2—$3^1/_2$ cm longa, acuta et nonnulla rotundata, sinu aperto vel angusto, toto margine, deorsum grossius, late crenata vel dentata, firma, saturate et subtus glaucescenti-viridia, glabra; costa nervique 3—4^{ni} flexuosi, pari secundo aliquantum suprabasali longissimo valde obliquo ramoso, paulum anastomosantes utrinque tenuiter prominuli; venae inconspicuae; petioli laminis (1—) 2—3^{plo} longiores, foliorum radicalium evaginati, caulinorum crassiores, in vaginas ovatas amplexicaules integras sensim dilatati. Calathium nutans, ebracteolatum, hemisphaericum, 15—20 mm diametro, ligulis arcte reflexis *Cyclaminis* florem aemulans. Involucri fusci phylla c. 11, 12—13 mm longa, praesertim inferne sicut caulis pilosa, lanceolata, acutissima, interiora ob margines flavidos latissimos ovata. Flores lutei, fragrantissimi (e nota ad vivum), radii 12—15, ♀, tubo lato $1^1/_2$ mm longo, ligula oblonga, 11—13 mm longa, 5 mm lata, obsolete dentata, styli ramis revolutis, crassis, dense papillosis, filamentis liberis eos aequantibus staminodialibus; disci ☿, tubo vix ullo, 4—5 mm longi, campanulati, $1^1/_2$ mm lati, dentibus triangularibus, 1 mm longis, antheris exsertis, violaceis (e nota ad vivum), styli ramis brevibus, crassissimis, dense papillosis. Achaenia glabra, 4 mm longa, straminea, costis 5 crassis, apicem truncatum excedentibus.

S.: Matten der Hg. St. auf dem Rücken sw von Muli gegen Dschungdien, s des Lagerplatzes Tschako, Kalk, 4250—4400 m, 5. VIII. 1915 (7450).

Folia fere *C. Potanini* C. WINKL., sed flores diversissimi. Calathiis formis nonnullis *C. plantaginei* MAX. simile.

Die von GOOD hervorgehobene Angabe ♂ Scheibenblüten in meiner Originalbeschreibung ist ein Druckfehler. Das Material ist sehr vollständig, aber GOOD hatte nur ein kleines Duplikat gesehen.

C. Forrestii JEFFR. in Not. Bot. Gard. Edinb., V., 191 (1912). NW-Y: Matten, Gekräute, feuchte Wiesen und Moorgräben der ktp. und Hg. St. des birm. Mons. auf Glimmerschiefer, 3850—4200 m. Alm Dotitong am Si-la (9981) und am Nisselaka gegen den Teich Tsuka (8421), 28°, Schöndsu-la (9487, s. KARST. u. SCHENCK, Vegetb., 17. R., Taf. 46) und im Hintergrunde des

Doyon-lumba, 28⁰ 8′, zwischen Mekong und Salwin. Beim See Tsukue hinter dem Gomba-la zwischen Salwin und Irrawadi (9538).

Nr. 8421 und 9981 blühten dunkelrot, ebenso Exemplare, neben gelben, im obersten Doyon-lumba. Die Zungen sind meist sehr tief dreiteilig mit spitzen Zipfeln.

C. pleurocaule (FRANCH.) R. GOOD in Journ. Linn. Soc., Bot., XLVIII., 290 (1929) (*Senecio pleurocaulis* FRANCH. — *S. tatsienensis* FRANCH. 1892, non 1891. — *Ligularia pleurocaulis* [FRANCH.] HAND.-MZT. in Sitzgsanz. Ak. W. W., LXII., 149 [1925]). Abb.: Österr. Bot. Zeitschr., LXXII., Taf. IV, Fig. 2. NW-Y.: Üppige Wiesen der tp. St. zwischen Alo und Hsiao-Dschungdien (4621) und Ränder von Birken- und *Rhododendron*-Sümpfen bei Beischaogo sw von Dschungdien, der Arttypus (**f. Franchetii** GOOD, l. c.).

— — ** **f. uberrimum** (HAND.-MZT.) GOOD, l. c. (1929) (*Ligularia pleuro-caulis* f. *uberrima* HAND.-MZT., l. c. [1925]).

Caudex cum vaginis emortuis usque ad 5 cm crassus. Folia 12 × 3, 30 × 3¹/₂, 27 × 4, 24 × 5¹/₂ cm. Scapus cum racemo usque ad 94 cm longus, hoc saepe inferne pauciramoso, calathiis usque ad 60 constante, singulis 3¹/₂ cm latis. Pili araneosi et setulae glandulosae atrae in inflorescentia typi quoque saepe adsunt.

Üppige, kräuterreiche Wiesen und steinige Gebüsche der tp. bis in die Hg. St., 3500—4250 m. NW-Y.: Südostseite des Yülung-schan bei Lidjiang (SCHNEIDER 2368). Westseite des Gebirges Piepun, 12. VIII. 1914 (4774, Typus, s. KARST. u. SCHENCK, Vegetb., 22 R., Taf. 47) und Patü-la se von Dschungdien. S.: Paß Döko sw von Muli, 4. VIII. 1915 (7422).

GOOD stellt zu f. *Franchetii* auch SCHNEIDER 2180 von der Ostseite des Yülung-schan, die durch sehr breite Blätter (bis 11 × 5 cm) und viel abstehendere Seitennerven auffallend abweicht.

C. Virgaurea (MAXIM.) HAND.-MZT. (*Senecio V.* MAX. in Bull. Ac. St. Petb., XXVII., 484 [1881], e typo. — *S. plantaginifolius* FRANCH. 1891. — *Cremanthodium plantaginifolium* [FRANCH.] GOOD subsp. *Franchetii* GOOD in Journ. Linn. Soc. Bot., XLVIII., 291 [1929]. — *Ligularia Virgaurea* [MAX.] MATTF. et *L. plantaginifolia* [FRANCH.] MATTF. in Journ. Arn. Arb., XIV., 40 [1933]). S.: Weidengebüsche der Hg. St. an der Südseite des Passes Döko sw ober Muli, Tonschiefer, 4200—4300 m (7413). NW-Y.: Sumpfstellen der ktp. St. bei der Alm Dsilu se von Dschungdien, Tonschiefer, 3925 m (7666).

Herr Prof. FEDTSCHENKO verschaffte mir eine Zeichnung und Probe des Typus von *Senecio Virgaurea*, und Prof. GOOD bestimmte diese als *Creman-thodium plantaginifolium* ssp. *Franchetii* f. *Lagotis* (W. W. SM.) GOOD, l. c. (1929), wodurch die neue Kombination nötig wird.

C. nobile (FRANCH.) DIELS in LÉVL., Cat. Pl. Yun., 43 (1915) (*Senecio nobilis* FRANCH.). Steinige Matten und Waldlichtungen der ktp. und Hg. St. auf Kalk, 3650—4250 m. NW-Y.: Osthang des Gipfels Ünlüpe im Yülung-schan bei Lidjiang (3527). Mahaidse am kleinen Wege von Lidjiang nach Yungning. Häufig auf dem Waha s von hier. S.: Paß Tschescha und Alm Bädö (7269) bei Muli.

C. Helianthus (FRANCH.) W. W. SM. in Not. Bot. Gard. Edinb., XIV., 289 (1924), comb. nuda. GOOD in Journ. Linn. Soc., Bot., XLVIII., 295 (1929). NW-Y.: Matten der Hg. St. auf Kalk, 4200—4300 m. Gipfel neben dem Paß

zwischen Bödö und Alo (4536) und neben dem Paß Schulakadsa ober Anangu se
von Dschungdien.

C. suave W. W. SM., l. c., XII., 203 (1920). Abb.: Österr. Bot. Zeitschr.,
LXXII., Taf. IV., Fig. 4. Steinige Waldlichtungen der ktp. St. auf Kalk, 3900
bis 4000 m. **S.**: Alm Bädö ober Muli, 29. VII. 1915 (7146). **NW-Y.**: Plateau-
kante ober Beischaogo sw von Dschungdien gegen den Nguka-la.

C. angustifolium W. W. SM., l. c., 200 (1920). **NW-Y.**: Quellsümpfe
der ktp. St. bei der Alm Dsilu se von Dschungdien, Tonschiefer, 3900 m (7712).

Calendula L.

C. officinalis L. **Y.**: In der wtp. St. bei Hsinyingpan zwischen Yungbei
und Yungning, Sandstein, 2750 m, kult.? (3288).

Arctium L.

A. Lappa L. **Y.**: Äcker bei Niupangdse nächst Beyendjing (TEN 367).
Im NE in der Ebene von Dungtschwan, 2500 m (MAIRE).

Saussurea DC.

S. japonica (THBG.) DC. (*Serratula j.* THBG., e typo. — *Saussurea glomerata*
POIR. — *S. g.* var. *chinensis* CHEN in Bull. Fan Inst. Biol., V., Bot., 83
[1934] cum f. *alata* CHEN). Buschsteppen und Gebüsche der str. und wtp. St.
H.: Hsikwangschan bei Hsinhwa, 600—900 m (12677). **Kw.**: Zwischen Yidsegung
und Liangdoho, 2000—2200 m (SCHOCH 389). **NE-Y.**: Flußufer bei Dagwan,
500 m (MAIRE). **NW-S.**: Um Sungpan (WEIGOLD).

THUNBERGS Typus, von dem ich eine Photographie und zwei Körbe Herrn
Dr. ALM verdanke, ist identisch mit OLDHAM 437 von Nagasaki, dem einzigen
anderen japanischen Exemplar, das ich sah. Die in Japan gemeine Pflanze,
die als *S. japonica* geht, unterscheidet sich bedeutend durch fast kugelige Körbe
mit viel größeren Hüllschuppenanhängseln, die die ganze Hülle bedecken und
deren untere sparrig abstehen, während hier, abgesehen von den viel schmäleren,
am Grund ± spitzen Körben die Anhängsel klein sind und auch die schmalen
krautigen Teile der inneren Hüllschuppen lange freiliegen. DE CANDOLLES Abbildung ist undeutlich, aber seine Kombination beruht auf THUNBERG und
„capitula ovata parvula" deutet auf *S. glomerata*. Besonders kräftige Exemplare
haben die immer vorhandenen grünen Stengelkanten zu schmalen Flügeln
verbreitert. FORTUNE 19 und wohl alle Pflanzen FORBES und HEMSLEYS gehören
zu *S. japonica*. Es wäre freilich zu erwägen, ob man diesen Namen nicht
wegen der Gefahr der Verwechslung mit der in Japan gemeinen Pflanze überhaupt fallen lassen soll.

Für diese, die in Japan merkwürdigerweise bisher nicht unterschieden wurde,
gilt der Name *S. pulchella* FISCH. (*S. dissecta* LEDEB.), denn sie ist mit der
transbaikalisch-mandschurischen identisch. Aus China sah ich sie bisher nur
aus S c h a n h s i : Tjiehsiu, Sungling-miao, kräuterreiche Buschwiese, c. 800 m,
28. IX. 1924 (H. SMITH 7653).

S. Dielsiana KOIDZ., Fl. Symb. or.-As., 50 (1930) (*S. microcephala* DIELS
1901, non FRANCH. 1888). **W-S.**: Min-Tal von Sungpan bis Tietschi (WEIGOLD).

Vom Typus nur durch helle, nicht tiefviolette Ränder und Vorderteile der Hüllschuppen und größere, zur Blütezeit gelbliche Bärte ihrer Spitzen verschieden.

S. acroura CUMM., e typo. W-S.: Min-Tal von Sungpan bis Tietschi (WEIGOLD).

Körbe bis 6 blütig, auch beim Typus 5 blütig. Nicht verwandt mit *S. japonica*, wie der Autor meint, denn die Hüllschuppen haben keine Anhängsel. Zunächst offenbar *S. compta* FRANCH.

S. carthamoides (HAM.) BENTH. 1861 (*Serratula c.* HAM. 1832. — *Cirsium lyratum* BGE. 1833. — *Saussurea affinis* SPRG. 1837 in synon.). Schlamm, Äcker, Schuttplätze der str. bis zur tp. St., 1650—2725 m. Y.: Yünnanfu (SCHOCH 47). Hier beim Dorfe Hsischan (327). Beyendjing (TEN 379). Im NW massenhaft bei Yungning (3138).

S. radiata FRANCH. (*S. lamprocarpa* HEMSL. — *S. crispa* VANT., e typo). Gebüsche der wtp. und str. St., anscheinend nicht auf Kalk. Y.: 2000—2500 m. Taihwa-se bei Yünnanfu. Ober Hsinlung n von hier und mehrfach jenseits Fumin. Um Gwangdung. Zwischen Datiengai und Dsotjio und ober Weischa e von Yungbei. Im NW bei Daidsedien zwischen Djientschwan und Weihsi. Zwischen Guta und Serä am Mekong, 28° 7—9′ (7991). S.: 2100—2300 m. Um Huili unter Hete (5232), auf dem Sattel ober Dawaying (5634) und bei Yimen. H.: Bei Hsikwangschan nächst Hsinhwa gegen Tindjiatang, 550 m (12681).

Den Pappus finde ich vollkommen einreihig und keine „pili exteriores scabri" (FRANCHET) oder „exterior ad cupulam brevem rigide denticulatam reductus" (HEMSLEY), denn diese „cupula" gehört zur Achäne. Ob FRANCHET die zahlreichen Spreuschuppen teilweise als äußeren Pappus angesehen hat ? Oder ob er HENRYS Exemplar nur auf seinen äußeren Anschein hin dazustellte? Keine meiner Pflanzen hat die *Bidens radiata*-ähnlichen Brakteen. Meines Erachtens steht die Art sehr nahe *S. deltoides* (DC.) C. B. CL., die aber viel kleinere Körbe hat.

S. phyllocephala COLL. et HEMSL. Kw. (CAVALERIE 4367).

** **S. pallidiceps** HAND.-MZT. (Taf. XIX, Abb. 4, 5).

Sect. *Corymbiferae* HOOK. f.

E radice descendente, crassa, ramosa monocarpica (?). Caulis singulus, erectus, 45—75 cm altus, ad 7 mm crassus, pluriangulatus et anguste alatus, ut petioli pedunculique glanduloso-furfuraceus et cinereo-araneosus, corymboso-ramosus ramis inferioribus brevibus, usque ad calathia densifolius. Folia pinnata, pinna terminali maxima late ovata, 5—10 cm longa, latitudine paulo usque duplo angustiore, rotundata vel acutiuscula, basi truncata vel cordata, leviter repando-dentata dentibus mucronulatis, pinnis lateralibus 1 — (raro) 3 jugis multo minoribus, late ovatis vel suborbicularibus, 3 mm — 2 cm longis, rotundatis, late sessilibus, petiolis quam laminae 2—3^{plo} brevioribus, latis, basi semiamplexicauli decurrentibus, superiora sensim simplicia, subsessilia, foliolis terminalibus angustiora, ceterum similia, sed basi cuneata, omnia herbacea, supra glanduloso-furfuracea, subtus dense cinereo-araneosa, costa nervisque, quorum par secundum suprabasale ascendens et elongatum secundariique 4—8^{ni}, utrinque prominulis. Pedunculi crassiusculi, erecti, 5—20 mm longi. Calathia numerosa, pleraque foliis summis diminutis fulta, juniora obovoidea, 10 mm longa. Involucri phylla c. 5 seriata, dense imbricata, subcrustacea, ochracea, dense et sordide villoso-hirsuta, exteriora ovata et apiculata, 2—4 mm longa, interiora lanceolata, acutiuscula, omnia indistincte pluricostata. Paleae anguste lineares, acuminatae, albo-nitidae, aliae pappo sesquibreviores, aliae multo breviores. Pappi setae uniseriales, 8 mm longae, albae, ad apicem usque plumosae. Ovarium glabrum. Corollae (juveniles, colore?) extus sparse aureo-glandulosae.

NW-Y.: Trockene Gebüsche der str. St. bei Bolo an einem w. Zuflusse des Yangtse nw von Lidjiang, 27° 46′, Kalk, 2200 m, 10. VIII. 1915 (7578).

Foliis similis *S. deltoidi* (DC.) C. B. CL., sed calathiis diversissima.

S. fastuosa (DECNE.) HAND.-MZT. (*Aplotaxis f.* DECNE. in JACQUEM., Voy. Inde, 97, t. 105 [1844]. — *A. denticulata* [WALL., nom. nud.] DC., Prodr., VI., 539 [1837]. — *Saussurea d.* WALL. ap. C. B. CLKE., Comp. Ind., 234 [1876]. ANTHONY in Not. Bot. Gard. Edinb., XVIII., 206 [1934], non LEDEB. 1829. — *S. Forrestii* DIELS, l. c., V., 198 [1912]). Bachgerölle und Tannen- und Weidenbestände der tp. und ktp. St., 2900—4150 m. NW-Y.: Bei Lidjiang, v. E. (3686). Im birm. Mons. unter dem Doker-la an der tibetischen Grenze (8118). S.: Unter Betiaoho (5488) und bestandbildend im Tale unter Hwangliangdse zwischen Yenyüen und Kwapi, 27° 45′.

**** S. undulata** HAND.-MZT. (Taf. XIX, Abb. 2, 3).

Sect. *Corymbiferae* HOOK. f.

Perennis, radicibus crassis, caule erecto, 1,20 m alto, tenuissime glanduloso-furfuraceo et praesertim superne araneoso, multicostato, exalato, praeter inflorescentiam simplici et usque ad calathia dense foliato. Folia oblongo-lanceolata, usque ad 12 cm longa, longitudine 4—6^{plo} angustiora, acuta, basi amplexicauli-sessili vel subsessili anguste rotundata, margine undulata et superiora mucronulis tantum remote denticulata, inferiora praeterea basin versus saepe paucilobata, lobis sinubusque late rotundatis, supra atroviridia juniora minutissime strigillosa, subtus tenuiter cinereo-tomentosa; costa subtus glabra et prominula; nervi 7—10^{ni} obliqui, longe ante marginem arcuato-anastomosantes paulum conspicui. Calathia 6—9, laxe corymbosa, pedunculis 15—30 mm longis, erectis, 15—20 flora. Involucri anguste ovoidei ad 1 cm longi, basi rotundati phylla c. 5—6 seriata, dense imbricata, extima late ovata, 2 mm longa, fusco-mucronulata, intima sensim lanceolata, ad 2 mm lata, acuta, omnia stramenticia, antice fuscula et magis herbacea, nervis perpaucis tenuibus fuscis, dorso parce araneosa margineque longe araneoso-ciliata. Paleae anguste lineares, acuminatae, medium pappum attingentes. Pappus duplex, brunneus; setae exteriores c. 3 mm longae, minute scabrae, interiores triplo longiores, usque ad apicem plumosae. Corollae glabrae, violaceae (e nota ad vivum) tubus 4—5 mm longus, anguste cylindricus, limbus subito latius cylindricus, eo longior, lobis lanceolatis c. 2 mm longis, acutiusculis. Antherae exsertae, caudis longipilosis. Ovarium glabrum; styli crassi ad furcam pilosuli rami tenues, truncati.

S.: Überall in Gebüschen der tp. St. um Betiaoho, Lidsekou usw. zwischen Yenyüen und Kwapi, 27° 45′, Kalk, 2900—3300 m, 3. X. 1914 (5472).

Species distinctissima, forsitan remote affinis *S. Jaceae* (KL.) CLKE. indicae.

**** S. saligniformis** HAND. MZT. (Taf. XVI, Abb. 15).

Sect. *Corymbiferae* HOOK. f.

E radice crassa ⨤ pluricaulis, 80—100 cm alta. Caulis erectus vel ascendens, fistulosus, tenuiter multistriatus, exalatus, glaber, superne paniculato-ramosus, usque ad calathia crebre foliatus, foliis inferioribus mox emarcidis. Folia lanceolata, ad 10 cm longa, longitudine 5—6^{plo} angustiora, longe acuminata, basi rotundata vel latissime cuneata, toto margine ciliato-aspera et sinuato-denticulata dentibus longe mucronulatis, supra setuloso-aspera, subtus pallidius viridia et praesertim ad nervos 8—12^{nos} obliquos longe ante marginem arcuato-anastomosantes cum venis laxiuscule reticulatis prominulos articulato-pilosula; petiolus 1—1$^1/_2$ cm longus, gracilis, sulcatus, pilosulus. Calathia in corymbis laxis, paniculato-compositis ad 5na, pedicellis tenuibus, sursum incrassatis, 1—5 cm longis, erectis, sparse et minute glanduloso-furfuraceis. Involucri subturbinati, basi in alabastro tantum rotundati, c. 1 cm longi phylla c. 4 seriata, exteriora ovata obtusa, media imo rotundata, intima linearia 1 mm lata, obtusa, omnia laxe imbricata, praeter margines partesque tectas viridula, tenuiter multinervosa, molliter ciliata. Paleae lineares, acuminatae, flavidae, medium c. pappum attingentes. Pappus duplex, brunnescens; setae exteriores caducae, paucae, scabridulae, 2—3 mm longae; interiores 8 mm longae, plumosae. Ovarium glabrum. Corollae glabrae, violaceae (e nota ad vivum) tubus c. 4 mm longus, anguste cylindricus, limbus subito anguste campanulatus, 5 mm longus, ad medium in lobos lineares acutiusculos fissus. Antherarum caudae longae, pilosulae.

NW-Y.: Gebüsche und üppige Wiesen der ktp. St. an der Westseite des Gebirges Piepun se von Dschungdien, 3550—3650 m, 10. VIII. 1914 (4653).

Affinis probabiliter *S. thibeticae* FRANCH., sed i. a. foliis subglabris diversa. Simillima etiam *S. salignae* FRANCH. sub specie sequente comparatae.

**** *S. Wilsoniana* HAND.-MZT.**

Differt a specie praecedente (praeter folia ciliata) omnino glabra, foliis maioribus, ovato-lanceolatis, 10—14 cm longis, longitudine c. 3—4^{plo} angustioribus, inflorescentiis densioribus, involucri phyllis exterioribus glabris vel minutissime papilloso-ciliatis, paleis numerosissimis, ovario paulo tantum longioribus, antherarum caudis minutis.

W-Hubei, VIII. 1901 (WILSON, Veitch Exp. 2553).

Proxima *S. saligna* FRANCH. e typo differt foliis mucronulis tantum denticulatis, subtus in nervis setulosis, superioribus integris, involucri phyllis pallidis, stramenticiis, 7 seriatis, eorum partibus liberis igitur (involucro aequimagno) minoribus, intimis apice barbulatis.

S. Merinoi LÉVL. e typo a *S. Wilsoniana* differt foliis brevioribus, anguste ovatis, supra asperis, subtus in nervis densioribus usque ad marginem arcuatim percurrentibus venisque dense et longe vesiculoso-albipilosis, calathiis minoribus, involucro usque ad 10 × 5 mm, phyllis dorso paululum apicibusque dense villoso-ciliatis.

**** *S. hylophila* HAND.-MZT.** (Taf. XIX, Abb. 6).

Sect. *Corymbiferae* HOOK. f.

E rhizomate tenuiusculo apice paulum fibroso, radicibus tenuibus obsito unicaulis, 60—90 cm alta. Caulis erectus, tenuiusculus, multicostatus, exalatus, ut folia petiolique molliter et parce articulato-pilosus, simplex vel apice ramis 2, circa medium densius quam inferne et superne foliatus. Folia late ovata vel triangulari-ovata et summa ovato-lanceolata, ad 11 cm longa et longitudine paulo usque (haec) quadruplo angustiora, breviacuminata, basi truncata vel leviter cordata, summa sensim angustata, margine sinuato-denticulata, dentibus mucronatis, summa partim integra, intense viridia, herbacea, nervis secundariis 4—7^{nis} inferioribus subpalmatis, obliquis, longe ante marginem partim anastomosantibus, subtus cum venis laxe reticulatis prominulis; petioli inferiorum laminis aequilongi, summorum sensim nulli. Calathia 1—3, pedunculis 2—8$^{1}/_{2}$ cm longis, sursum paulum incrassatis. Involucri campanulati basi anguste rotundati c. 15 mm longi phylla c. 4 seriata, praeter apices erectos dense imbricata, exteriora e basi $\pm$ late ovata coriacea in cuspidem herbaceam glabram quam lamina intus araneosa usque aequilongam contracta, 5—10 mm longa, intima sensim lineari-lanceolata, 1 mm lata, acuta, hirto-barbata, cetera $\pm$ villosula. Paleae anguste lineares, acuminatae, pallidae, pappi $^{2}/_{3}$ aequantes. Pappus duplex, brunnescens; exterioris setae paucae, interdum 1 tantum, scabridae, interioris iis duplo longiores, ad 12 mm longae, usque ad apicem plumosae. Ovarium glabrum. Corollae glabrae coeruleae (e nota ad vivum) tubus 6—7 mm longus, filiformis, limbus aequilongus subito cylindricus, ad medium in lobos angustissimos fissus. Antherarum caudae 1$^{1}/_{2}$ mm longae, pilis rigidis fasciculatis.

NW-Y.: In den wtp. und tp. Regenwäldern des birm. Mons. im Tale unter dem Gomba-la bei Tschamutong am Salwin gegen den Irrawadi, Granit, 2300 bis 3100 m, 14.—17. VIII. 1916, v. E. (9857).

Affinis forsitan *S. dolichopodae* DIELS, quae differt foliorum mediorum forma, involucris subglabris etc. Haud procul quoque a sequente praesertim calathiorum forma glabritieque diversa.

S. cordifolia HEMSL. (*S. Cavaleriei* LÉVL. et VANT., e typo). W-Hubei: Tschangyang (WILSON, Veitch Exp. 2629).

— — ** var. **ombrophila** HAND.-MZT. in Sitzgsanz. Ak. W. W., LXIII., 107 (1926).

Involucra ob appendices herbaceos lanceolatos usque ad 8 mm longos plurimos erectos viridia et maiora quam in typo.

SW-H.: Kräuterreiche Stellen und an Bächen im wtp. Laubhochwalde des Yün-schan bei Wukang, Tonschiefer, 1050—1350 m, 8. VIII. 1917, IX. 1918 R. PAUL bl. (11202).

Involucris probabiliter *S. Dutaillyanae* FRANCH. approximatur, quae i. a. inflorescentia subspicata differt.

** **S. pteridophylla** HAND.-MZT. (Taf. XVIII, Abb. 8, 9).

Sect. *Corymbiferae* HOOK. f.

Rhizoma crassum, pluriceps, radicibus crassiusculis. Caulis erectus, 60 usque 70 cm altus, rigidulus, superne paniculato-ramosus, multistriatus, pilis longis, dense articulatis sparse indutus, partim alatus, dense et superne remotius et decrescenter foliatus. Folia et basalia et caulina ambitu lanceolata, 10—16 cm longa, longitudine c. 4^{plo} angustiora, fere et inferne usque ad costam $\pm$ 10 jugo pinnatipartita, lobis remotis late sessilibus, in inferioribus ambitu ovatis, ad basin saepe profunde paucilobulatis, in superioribus lineari-lanceolatis, omnibus 2—5 mm latis, acutis et mucronatis, herbaceis, setulis brevibus articulatis utrinque sparse asprellis et margine ciliatis, costis dorso ut caulis pilosis et late prominuis; illa petiolis quam laminae 4^{plo} brevioribus, haec in alas eodem modo pinnatipartitas decurrentia. Folia floralia fere subulata. Paniculae laxissimae rami erecti, 5 cephali, ut pedunculi graciles, 5—25 mm longi brevissime articulato-hirtelli et araneosi. Involucri anguste campanulati basi acutiusculi ad 1 cm longi phylla c. 6 seriata, densiuscule imbricata, extima ovata, 3 mm longa, acumine nigello interdum subpatente, media intimaque oblonga, obtusa, straminea, illa apice tantum breviter carinata et fuscescentia, haec ad $1^1/_2$ mm lata, omnia dorso $\pm$ araneosa et apice molliter ciliata. Paleae anguste lineares, acuminatae, albae, inaequilongae, usque dimidium pappum aequantes. Flores 8—10, (colore?, certe rubro]. Pappus duplex, brunnescens, exterioris setae inaequales, scabridae, interioribus ad apicem usque plumosis plus duplo breviores, ad 7 mm longae. Corollae ad 1 cm longae tubus tenuis ad 3 mm longus, limbus sensim paulo latior, versus $^1/_2$ in lobos lineares obtusos fissus. Antherae plumbeae, caudis pilorum brunneorum rectorum fasciculis instructis. Ovarium glabrum; stylus ad furcam pilosus, ramis retusis.

S.: Gebüsche der tp. St. unter Malade gegen Betiaoho zwischen Yenyüen und Kwapi, 27° 45', Kalk, 3000 m, 3. X. 1914 (5458).

Foliis calathiisque haud dissimilis *S. acrourae* Cumm., quae foliis non decurrentibus, glandulosis, corymbo denso, involucri phyllis exterioribus obtusis i. a. differt. Etiam *S. crepidifoliam* Turcz. revocans, phyllis autem pectinatis instructam.

S. Leclerei Lévl. in Bull. Ac. Géogr. Bot., XXV., 18 (1915) steht nach dem Typus der *S. Rosthornii* Diels var. *sessilifolia* Diels mindestens sehr nahe.

S. peduncularis Franch. Y.: Wälder bei Tieso nächst Beyendjing (Ten 1323). Im NW bei Lidjiang, v. E. (3683). Hier in der tp. St. am Bächlein bei Lukudsche an der Nordseite des Yülung-schan, Sandstein, 3000 m (4365).

** **S. pinetorum** Hand.-Mzt. (Taf. XVIII, Abb. 7).

Sect. *Corymbiferae* Hook. f.

Rhizoma crassum, fibris comatum, radicibus crassiusculis. Caulis erectus, crassiusculus, 36 cm altus, fere a basi paniculato-ramosus, usque ad calathia viridi-angulatus subalatus et foliis decurrentibus partim latius alatus, ut foliorum facies superiores pilis longis et crassis, ferrugineis, articulatis densissime villosus, superne autem praesertim araneosus, basi farctius, superne autem dissite foliatus. Folia rosularia et caulina infima ovata, 5—7 cm longa et paulo usque duplo angustiora, acuta, basi rotundato-truncata vel subcordata, dentata, dentibus crasse mucronatis, superiora lanceolata et lineari-lanceolata, omnia crassa, supra pilis iisdem ac caulis dense induta, subtus praeter costam eodem modo villosam crasse cinereo-tomentosa, nervis secundariis c. 6^{nis} obliquis paulum conspicuis; petioli infimorum laminis duplo breviores, latiusculi, sequentium breves, alati, superiorum nulli. Calathia in ramis longis parvifoliis 3 —9na, pedunculis 1—10 mm longis partim approximata. Involucri ellipsoidei basi obtusi (ante anthesin) 10 mm longi phylla c. 5 seriata, laxiuscule imbricata, extima late ovata, 2 mm longa, intima sensim lanceolata, c. $1^1/_2$ mm lata, omnia acutiuscula, straminea, antice fuscula, vix nervata, praesertim interiora sericeo-hirsuta. (Corolla juvenilis). Pappi pili albi, plumosi. Ovaria glabra.

Föhrenwälder der tp. St., 2950—3200 m. S.: Hosö im Gebiete von Muli in dem nw von Yungning herabziehenden Tale, 8. VIII. 1915 (7551). NW-Y.: Im angrenzenden Gebiete auf dem Paß des Berges Lamatso w des Nordendes der Lidjianger Yangtse-Schleife.

Affinis praecedenti, quae praesertim foliis subtus maximum laxe araneosis involucrisque molliter ciliatis differt.

S. chetchozensis Franch. Offene, steinige Stellen und Steppen der wtp. und tp. St., 2450—3640 m. **Y.**: Unter Djiuho zwischen Dali und Lidjiang, 26⁰ 38′ (8529). **S.**: Um Yenyüen und auf dem Sattel von hier gegen den Yalung, 27⁰ 22′ (5375). Vielleicht auch diese ober Muli.

** *S. acromelaena* Hand.-Mzt.

Sect. *Corymbiferae* Hook. f.

Caulis 44 cm altus, gracilis, simplex, obtusangulus, castaneus, paucifolius, parce floccosus. Folia late cordato-ovata, 3—10 cm longa et paulo usque sequiangustiora, subito breviacuminata, basi profunde et anguste cordata, grosse et irregulariter dentata dentibus mucronatis, sicca subchartacea, mox valde decrescentia, floralia linearia integra, supra vix floccosa, subtus flavido-tomentosa, costa nervisque lateralibus 5—8^{nis} inferioribus arcuatis superioribus obliquis procul a margine anastomosantibus subtus brunnescentibus, supra ut rete venularum paulum conspicuis; petioli laminis c. aequilongi, floccoso-lanati. Calathia pauca (5), arcte corymbosa. Involucri anguste campanulati 12 mm longi, 7—8 mm lati phylla imbricata, c. 5 seriata, exteriora late ovata, interiora lanceolata, omnia flavida, coriacea, extus albo-lanata, apicibus triangularibus glabris fuscis partim subpatentibus. Paleae nullae. Pappus brunnescens, apicem versus albidus, biserialis; setae exteriores paucae, breves, minute serratae, caducae, interiores iis ad 3^{plo} longiores, 8 mm longae, plumosae. Ovarium glabrum. Corollae ad 2 cm longae, rubellae (e sicco) tubus angustus, 5—6 mm longus, limbus subito campanulatus, lobis linearibus, c. 4 mm longis, obtusis. Antherarum caudae minute barbatae.

W-Hubei, IX. 1901 (Wilson, Veitch Exp. 2560).

Probabiliter sequenti affinis, involucris valde excellens.

S. lanuginosa Vant., e typo (*S. coeruleo-violacea* Lévl. in Rep. sp. nov., XIII., 175 [1914], e typo). NE-Y.: Matten der Berge bei Dungtschwan, 2600 m (Maire). Unterholz bei Maliwan, 2550 m (M.). Vielleicht hierher auch als kleine Form mit nicht herzförmigen Blättern: Berg von Banlung-se, 2500 m (Maire).

Verwandt mit *S. chetchozensis*, aber die Körbe dichtstehend und stark behaart.

S. vestita Franch. NW-Y.: Sandige Matten der tp. St. im Moränenzirkus über der Matte Saba an der Ostseite des Yülung-schan bei Lidjiang, Kalk, 3325 m (4332) und beim alten Seebecken Gaba (phot.).

** **S. iodoleuca** Hand.-Mzt. (Taf. XIX, Abb. 7).

Sect. *Corymbiferae* Hook. f.

Rhizoma collo serius fibris comatum, radicibus crassiusculis, folia rosulata caulemque singulum centralem, 40—65 cm altum, tenuem, spadiceum, remote foliatum, simplicem, sparse araneosum, glabrescentem edens. Folia basalia et caulina infima ovata vel elliptica, 5—10$^{1}/_{2}$ cm longa, longitudine 2—3^{plo} angustiora, superiora sensim linearia et diminuta, omnia acuta, illa basi ad petiolos tenues laminis 2—4^{plo} breviores articulato-pilosulos cuneata vel rotundata, mucronulis tantum densiuscule denticulata, haec sensim sessilia et integra, omnia subcoriacea, supra furfuraceo-asperula, subtus praeter costam latiusculam nervosque laterales 6—9^{nos} tenues patentes et arcuatos marginem fere attingentes glabros dense albo-tomentosa. Calathia 3—8, pedunculis 1—4 mm longis dense corymbosa. Involucri anguste campanulati, c. 15 mm longi, basi acutiusculi phylla imbricata, c. 4 seriata, extima ovata, 2 mm longa, acuta, media oblonga obtusa, intima linearia 1 mm lata, omnia pallide virentia, tenuissime multi-striolata, glabra vel hic illic molliter ciliolata. Paleae lineares, acuminatae, inaequi-longae, argenteae, longiores medium pappum attingentes. Pappus duplex, brun-nescens, apicem versus albus; exterioris setae paucae, scabriusculae, interioribus plumosis c. 1 cm longis 2—3^{plo} breviores. Ovarium glabrum. Corollae albae (e nota ad vivum), pappum vix superantis tubus c. 4 mm longus, tenuis, limbus subito cylindricus, fere ad medium in lobos lineares acutos fissus. Antherae violaceae (e nota ad vivum), exsertae, caudis longe barbatis.

Y.: Buschige Eichenwälder der tp. St. bei Yungbei gegen Datschang, Sand-stein, 2050—2300 m, 28. X. 1916 (13004).

Similis speciminibus minoribus *S. heteromallae* (Don) Hand.-Mzt. (*Cnicus heteromallus* Don 1825. — *Saussurea candicans* [Wall. ap. DC. 1837] Clke.), sed calathia multo angustiora.

**** S. platypoda** Hand.-Mzt. (Taf. XIX, Abb. 8).

Sect. *Corymbiferae* Hook. f.

Caulis e radice ♃ ascendens, 1,10 m altus, crassus, fere ad calathia densi-folius et alis unilateraliter tomentosis anguste alatus, praeterea sparse articulato-pilosus, inferne sub anthesi denudatus, a tertio supero subcorymboso-ramosus. Folia lanceolata, 3—9 cm longa, longitudine 4—5^{plo} angustiora, acuta, basi ad alas angustata, leviter undulato-crenata et hic illic mucronulata, crassiuscula, sicca supra flavoviridia, furfuraceo-asperula, venularum reti impresso, subtus cano-tomentosa, nervis secundariis c. 8^{nis} obliquis procul a margine anastomosantibus glabrescentibus. Cymae partiales pedunculis plerisque incrassatis vel dilatatis, ultimis ad 5 mm tantum longis vel nullis, minute glanduloso-furfuraceis densis-simae, calathiis 2—10^{nis}. Involucri turbinato-campanulati, 12 mm longi, basi obtusi phylla c. 5 seriata, imbricata, extima 6—7 mm longa, e basi ovata caudato-acuminata apice partim patentia, media anguste ovata, acuta, intima linearia, 1 mm lata, obtusa, omnia breviter stramenticia, antice et marginibus purpuras-centia vel fuscescentia, extus araneoso-villosa saepeque -ciliata et intima apice barbulata. Paleae anguste lineares, 4—6 mm longae, pallidae, acuminatissimae. Pappus duplex, brunnescens; exterioris setae 2—4 mm longae, scabridulae; in-terioris c. 8 mm longae, usque ad apices tenuiter plumosae. Corollae glabrae, violaceae (e nota ad vivum) tubus 4 mm longus, tenuis, limbus subito ellipsoideo-cylindricus, eo paulo longior, lobis anguste lanceolatis, 2 mm longis, acutis. Antherarum caudae longe fasciculato-albipilosae. Stylus ad furcam brevissime pilosus, ramis truncatis. Ovarium glabrum.

S.: Gebüsche der tp. St. um Betiaoho, Lidsekou etc. zwischen Yenyüen und Kwapi, 27° 45′, mehrfach, Kalk, 2900—3300 m, 3. X. 1914 (5471).

Species distinctissima, proxima forsitan *S. Candolleanae* Wall.

**** S. semifasciata** Hand.-Mzt. in Sitzgsanz. Ak. W. W., LX., 100 (1923). (Taf. XIX, Abb. 9).

Sect. *Corymbiferae* Hook. f.

E radice parva perpendiculari collo fibris rigidis atrobrunneis foliorum emortuorum comata unicaulis, elata, 70 cm—1 m alta. Caulis crassus, strictus, multisulcatus, foliis ubique densis decurrentibus multialatus. Folia (radicalia sub anthesi vix ulla) erecta, lineari-lanceolata, 5—12 cm longa, 10—18 mm lata, longissime acuminata, margine sicut alae sinuato-lobulata lobulis acutis subretrorsis et dense et argute spinuloso-denticulata, carnosula, supra atroviridia araneoso-pubescentia, subtus paulum glaucescentia glabra; costa lata; nervi areolas elongatas formantes in sicco subtus prominuli. Caulis praesertim superne sicut pedunculi et involucra laxe subaraneoso-pilosus, tertio vel quinto supero ramis paucis vel numerosis tenuibus flaccis usque ad 14 cm longis, calathia singula vel pauca congesta gerentibus corymbosus, ipse calathiis numerosis fasciculatis terminatus. Calathium subglobosum, fere 2 cm diametro. Involucri phylla numerosissima, imbricata, lineari-lanceolata, rigidule acuminata, interiora medio viridia, ceterum purpurascentia vel nigra, inferiora dimidio superiore patula. Flores involucrum paulum superantes, violacei; tubus tenuis, $6^1/_2$ mm longus, limbus $5^1/_2$ mm longus, cylindricus, ad $^1/_2$ in lobos lineares fissus. Antherarum caudae longe albo-villosae. Pappus 1 cm longus, sordide fulvescens, setis interioribus valde plumosis, exterioribus 3—4[plo] brevioribus scabris. Achaenia 3 mm longa, spadicea, sulcata.

NW-Y.: Moorige Stellen der ktp. St. an einem Bache an der Westseite des Gebirges Piepun se von Dschungdien, Kalk, 3875 m, 12. VIII. 1914 (4767).

Differunt affines *S. sobarocephala* DIELS caule rigidiore superne subaphyllo, foliis firmioribus, brevibus, glabris, minus sinuatis, calathiis maioribus omnibus pedunculatis, phyllis exterioribus latis; *S. Souliei* FRANCH. e descriptione foliis subtus cinerascentibus, phyllis erectis, pappo vix sordido; *S. sordida* KAR. et KIR. foliis sparsis, haud sinuatis, subglabris, latioribus, inferioribus petiolatis, involucri phyllis latioribus, appressis.

S. lingulata FRANCH., e descr. NW-Y.: Sumpfstellen in der untersten ktp. St. des birm. Mons. im Doyon-lumba zwischen Mekong und Salwin unter dem Rücken Pongatong, 28° 9', Glimmerschiefer, 3450 m (9673).

Bis 36 cm hoch; Endzipfel der Blätter nicht immer größer als die seitlichen.

S. likiangensis FRANCH. Gehängeschutt der Hg. St. auf Kalk, 4300 bis 4650 m. NW-Y.: Bei Lidjiang, v. E. (3681). Westseite des Gebirges Piepun se von Dschungdien (4702). S.: Berg Saganai ober Muli (7319).

? S. salwinensis ANTH. in Not. Bot. Gard. Edinb., XVIII., 211 (1934). NW-Y.: Schieferschutt der Hg. St. auf dem Rücken zwischen Haba und Dugwan-tsun se von Dschungdien, 4250—4450 m, 23. VI. 1915 (6959, ganz jung, vielleicht vorige?)

** **S. ochrochlaena** HAND.-MZT. in Sitzgsanz. Ak. W. W., LXII., 27 (1925). Sect. *Acaules* HOOK. f.

Radix brevis, superne crassa, simplex (vel in singulas dilabens), collo vaginis latis, fuscis, firmulis, adpressis squamata et foliis mortuis cincta, rosulam multifoliam et calathia 1—5 sessilia edens. Folia ambitu oblonga, 2—$3^1/_2$ cm longa, late acuta, ad mediam latitudinem 4—5 pari pinnatifida, lobis vix retrorsis, triangularibus vel ovatis vel antice dente auctis, acutis et crasse mucronulatis, sinubus angustis et acutis vel latissimis et rotundatis, crassiuscula, marginibus valde revoluta, supra saturate viridia et pubescentia vel glabrata, subtus ochraceotomentosa; costa subtus crassa et glabrata; nervi retro arcuati non vel vix conspicui. Involucri ovoidei 11 mm longi phylla c. aequilonga, sub 4 seriata, partibus basalibus coriaceis, purpurascentibus, imbricatis exteriorum late ovatis 2¹/₂—3 mm, interiorum lanceolatis 2 mm latis, partibus anterioribus sensim lanceolatis, longe acuminatis, herbaceis, fuscis, pilosulis, exteriorum reflexis. Paleae crebrae, subulatae, pallidae, ad 5 mm longae. Pappus simplex, 8 mm longus, brunneus, plumosus. Corollae violaceae (e nota ad vivum) 1 cm longae tubus tenuis 5 mm longus, limbus cylindricus, lobis lineari-lanceolatis 3 mm longis, obtusis. Antherarum caudae longe albido-villosae. Styli rami retusi. Achaenium immaturum glabrum, leve.

In der Hg. St. des birm. Mons. zwischen Mekong und Salwin, 4200—4600 m. NW-Y.: Auf dem Maya, 28⁰ 4', Kalk, 3. VIII. 1916 (9653). **Tibet**: Westseite des Doker-la, im Granitschutt des Hanges, 17. IX. 1915 (8139, Typus).

Affinis *S. taraxacifoliae* Wall. var. *depressae* Hook. f., quae foliis petiolatis, subtus albo-tomentosis, calathiis singulis, maioribus, pappo pallido differt.

Nr. 9653 ist einköpfig, 8139 mehrköpfig; sonst ist die Übereinstimmung vollständig. Die ganze Gruppe mit nur gelegentlicher Stengelbildung ist meines Erachtens besser zu den *Acaules*, als zu *Caulescentes* zu stellen.

**** S. uliginosa** Hand.-Mzt. im Sitzgsanz. Ak. W. W., LXII., 16 (1925). (Taf. XVIII, Abb. 11).

Sect. *Acaules* Hook. f.

Radix ♃, longissima, simplex, crassiuscula, collo vaginis mortuis nigris brevibus dense cincta, caulem singulum, crassum, fistulosum, 36—60 cm longum, araneoso-puberulum, dense et superne laxius foliatum, exalatum edens. Folia lanceolata, inferiora ad 21 cm longa, sursum sensim et paulum decrescentia, acuminata, basi illa longe angustata, superiora aequilata, subauriculato-semi-amplexicaulia, margine remote mucronulata vel paulum sinuata, herbacea, supra atroviridia primum paululum araneosa, subtus glaucescentia et dense et minute pallide sessili-glandulosa; costa angusta, subtus prominua; nervi valde obliqui obsoleti. Calathia 6—20, in capitulum bracteis compluribus 3¹/₂—8 cm longis, foliaceis ± stellatim cinctum congesta, exteriora tantum pedunculis crassis usque ad 1¹/₂ cm longis patulis stipitata. Involucri crasse ovoidei 1 cm longi et ore subaequilati phylla imbricatim sub 4 seriata, late et interiora anguste ovata, 3 mm lata, adpressa, inferne coriacea, pallide brunnea, marginibus et antice herbacea et fuscoviridia, glabra vel ± strigoso-hirta. Paleae copiosae, ± subulatae, 7 mm longae, albae. Ovarium glabrum. Pappi duplicis fulvidi setae exteriores 1¹/₂ mm longae, subleves, interiores 8 mm longae, plumosae. Corollae nigropurpureae (e nota ad vivum) 9 mm longae tubus anguste cylindricus, limbus cylindricus eo duplo tantum latior et subduplo longior, lobis anguste linearibus. Staminum caudae villosae. Styli rami tenues.

NW-Y : Sumpf der ktp. St. auf dem Nguka-la sw von Dschungdien („Chungtien") gegen Djitsung am Yangtse, Tonschiefer, 4125 m, 24. VIII. 1915 (7753).

Species affinis *S. Delavayi* Franch. et *S. atratae* Ev. foliorum forma indumentoque et calathiis angustioribus diversis.

S. Stella Maxim. Matten, besonders Jakweide, der Hg. bis in die tp. St., 3500—4350 m. S.: Paß Döko (7409) und jenseits gegenüber dem Lagerplatz Tschako sw von Muli. NW-Y.: Beischaogo sw und Alm Dsilu ne (7665) von Dschungdien.

Pappus exterior pilis paucis brevibus breviter plumosis constans interdum adest.

S. leontodontoides (DC.) Hand.-Mzt. (*Aplotaxis l.* DC., Prodr., VI., 539 [1837]. — *Saussurea Kunthiana* Clke., Comp. Ind., 225 [1876]). NW-Y : Bei Lidjiang, v. E. (3682). Hochgekräute der Hg. St. des birm. Mons. unter dem Doker-la an der tibetischen Grenze, Granit, 4200—4250 m (8075).

— — * var *filicifolia* (Hook. f.) Hand.-Mzt. (*S. Kunthiana* var. *f.* Hook. f., Fl. Brit. Ind., III., 369 [1881]). S.: Rasen der Hg. St. auf dem Hwang-liang-dse zwischen Yenyüen und Kwapi, 27° 48', Kalk, 3900—4075 m, 5. X. 1914 (5524).

Früchte auch bei der Sikkim-Pflanze nicht immer weichstachelig. Meine Nummern 3682 und 8075 stimmen mit Forrest 14623 und sind auffallend durch bis 24 cm lange Blätter mit bis $2^1/_2$ cm langen und kaum schmäleren Fiedern und durch $4^1/_2$ cm breite Körbe mit breit schwarz berandeten und von der Mitte ab laubigen und zurückgekrümmten Hüllblättchen. Nach Anthony (W. W. Smith briefl., 7. XII. 1934) entsprechen sie aber himalaischen Exemplaren).

** **S. porphyroleuca** Hand.-Mzt. in Sitzgsanz. Ak. W. W., LXII., 15 (1925). (Taf. XIX, Abb. 10).

Sect. *Acaules* Hook. f.

Radix longissima, crassa, cortice longitudinaliter rimoso, fusco, apice crassissima, caules complures foliis perpaucis et fibris tenuibus rigidulis brevibus spadiceis cinctos, 7—12 cm altos, tenues, candido-tomentosos, disperse 2—5folios, monocephalos edens. Folia basalia calathium valde superantia, usque ad 23 cm longa, caulina sensim decrescentia, omnia obovato-oblonga, lyratipartita, apice et lobis utrinsecus usque ad 4, sinubus latis seiunctis, rotundatis, toto margine ± lobulato-crenata, crenis hydathodibus purpureis mucronulatis, chartacea, supra laete viridia araneosa, subtus compacte candido-tomentosa; costa nervique in lobo terminali c. 10^{ni} ± patentes, laxe reticulato-connexi subtus prominuli; petiolus laminam dimidiam aequans, in vaginam purpuream paulum dilatatus. Calathium ovoideum, ad $3^1/_2$ cm longum et 2 cm latum, bracteis folia reducta referentibus in phylla transeuntibus. Involucri phylla numerosa, erecta, imbricatim sub 4 seriata, coriacea et intima inferne stramenticia, hic exteriora anguste ovata, intima lineari-lanceolata, straminea et purpurea, omnia superne sensim longe linearia fusca et albo araneoso-tomentosa, in mucrones purpureos attenuata. Paleae nullae. Ovarium glabrum, rugulosum (?). Pappus sordide fulvidus, 18 mm longus, plumosus, setis exterioribus perparcis $3^1/_2$ mm longis, brevius plumosis. Corollae $2^1/_2$ cm longae, atropurpureae (e nota Forrestii) tubus tenuis 15 mm longus, limbus glandulosus cylindricus, fere $^2/_3$ in lobos angustissime lineares fissus. Antherarum caudae villosae. Styli rami tenues.

NW-Y.: Bei Lidjiang, 1914—1916, v. E. (3680, Typus). Hier auf felsigen Matten der Hg. St. des Yülung-schan, 4000 m (Schneider 2310). Offene, steinige Alpenmatten zwischen Djientschwan und dem .Mekong, 4270 m, IX. 1922 (Forrest 22321, als *S. taraxacifolia* Wall. vel aff.).

Species inter pulcherrimas generis, paleis deficientibus *S. ciliatae* Franch. comparabilis ceterum diversissimae, prope *S. Yaklam* C. B. Clke. ponenda.

** **S. dschungdienensis** Hand.-Mzt. in Sitzgsanz. Ak. W. W., LXI., 205 (1924). (Taf. XVII, Abb. 11).

Sect. *Acaules* Hook. f.

Rhizoma longum, tenuiusculum, saepe ramosum, radicibus multis, tenuibus, saepe longe fibris tenuibus petiolorum maceratorum tectum, apice interdum biceps, foliorum paucorum rosulam scil. rosulas et calathium cuique singulum edens sessile vel scapo apice unifolio usque ad 13 mm longo insidens. Folia late elliptica vel obovata, 1—4 cm longa, petiolo tenui brevissimo usque laminam subaequante, utrinque rotundata vel unum alterumve longe attenuatum, raro crenata tantum, plerumque, interdum ultra dimidium, sublyrato 5—8pari lobulata, lobulis infimis raro subliberis, omnibus ± rotundatis et mucronulatis, vix chartacea, supra saturate viridia (fulvido?-) pilosula, subtus compacte albo-tomentosa, costa et nervis patulis irregularibus paulum ramosis glabratis, margine ciliolata. Calathium ovato-turbinatum. Involucri 14—21 mm longi et ore paulo angustioris phylla imbricatim subquadriseriata, erecta, extima intimis ± duplo breviora, omnia anguste ovato-lanceolata, inferne tenuiter coriacea pallida, superne saltem exteriora herbacea viridia longissime acuminata, parce longipilosa vel etiam glabra (?). Paleae nullae. Flores coeruleo-violacei (e nota ad vivum), involucrum valde superantes, tubo filiformi fere 1 cm longo, limbo angusto ultra 6 mm longo ultra medium in lobos anguste lineares fisso. Ovarium glabrum. Pappus involucrum aequans, rufescens, interior pilis plumosis, exterior triplo et ultra brevior, parcus, brevius plumosus. Antherarum caudae villosae.

NW-Y : Gebüschränder der ktp. St. bei der Alm Oscha am Nguka-la sw von Dschungdien gegen Djitsung am Yangtse, Tonschiefer, 4050 m, 24. VIII. 1915 (7760).

Praecedenti affinis, etiam *S. Sughoo* Clke. similis foliis coriaceis, cartilagineo-denticulatis, reticulatis, calathiis minoribus, phyllis interioribus brevioribus diversae.

Die Exemplare sind durch Feuchtigkeit etwas beschädigt, weshalb die Beschreibung der Behaarung vielleicht nicht ganz genau ist. Jedenfalls liegt eine ausgezeichnete Art vor.

** **S. katochaetoides** Hand.-Mzt. in Sitzgsanz. Ak. W. W., LXI., 204 (1924).

Syn.: *S. Rohmooana* Marq. et Shaw in Journ. Linn. Soc., Bot., XLVIII., 192 (1929).

Sect. *Acaules* Hook. f.

Ad descriptionem cl. Marquandii et Shawii addenda: Radicis collum fibris longis, tenuibus cinctum. Folia basi interdum subtruncata, toto margine densissime et sublacerate spinuloso-denticulata, mucronibus saepe curvatis maioribus ad $1^{1}/_{2}$ mm longis, supra in costa tantum asperata, subtus adpresse niveo-tomentosa costa lata nervisque utrinsecus 15 — versus 20 patentibus ± strictis ante marginem cum venis paucis rete formantibus prominuis glabris. Calathia etiam sessilia, semiglobosa, foliis intimis hic illic in involucri phylla transeuntibus. Haec adpresse imbricata, exteriora intimis paulo breviora, sed dimidio superiore rigido fusco reflexo, inferiora latissime ovato crasse coriaceo. Paleae parcae, 2 mm longae, setaceae.

S.: Matten der Hg. St. auf dem Berge Gonschiga sw von Muli gegen Dschungdien, Kalkschiefer, 4700—4730 m, 6. VIII. 1915 (7479, Typus).

Nach Forrest 14529 identifiziert. Die Art steht sehr nahe *S. Katochaete* Maxim., die mir in Licent 4776 und Trippner 154 aus der Originalgegend vorliegt und fast herzförmigen Blattgrund mit fast spießförmig verlängerten untersten Zähnen, gestielte innerste, den Blütenkorb stützende Blätter und vorne stark einnervige, stumpfe Hüllschuppen hat, deren äußere fast doppelt kürzer sind als die inneren.

S. spatulifolia FRANCH. NW-Y.: Bei Lidjiang, v. E. (3675).

Blätter und Körbe werden viel größer, als FRANCHET angibt, nämlich jene bis 3 × 1 cm, diese bis 2 cm lang.

** **S. melanotricha** HAND.-MZT. in Sitzgsanz. Ak. W. W., LXI., 204 (1924).

Proxima praecedenti, sed involucra (purpurascentia) pilis nigris brevibus subvelutina, folia interdum lineari-spathulata, 40 × 6 mm, mucronulis purpureis patulis parcissime denticulata.

NW-Y.: Gehängeschutt der Hg. St. an der Westseite des Gebirges Piepun se von Dschungdien, Kalk, 4300—4650 m, 11. VIII. 1914 (4680, Typus). S.: Offene Alpenmatten und Blöcke der Berge se von Muli, 4270 m, VIII. 1922 (FORREST 22123, als *S. spatulifolia* FRANCH.).

** **S. xanthotricha** HAND.-MZT., l. c.

Praecedenti valde affinis, sed involucra viridia vel pallida, pilis ochraceis subsericea, folia undulata et interdum paulum sinuata vel angulata, hydathodis parvis.

S.: In tiefem Gehängeschutt der Hg. St. unter dem Sattel Santante am Berge Saganai ober Muli, Kalk, 4300—4375 m, 30. VII. 1915 (7330).

E speciminibus singulis locis tantum collectis haud permultis nondum certior sum, quin transitus desint. Quousque species considerandae sunt.

S. ciliaris FRANCH. NW-Y.: Bei Lidjiang, v. E. (3676). Hier in der Schlucht Lokü an der Ostseite des Yülung-schan, an felsigen Stellen, Kalk, 4000 m (SCHNEIDER 2272). S.: Steinige Stellen der Hg. St. auf dem Berge Saganai ober Muli, Kalk, 4100—4300 m (7304?).

Das letzte Exemplar hat nur wenige Hüllblätter mit Anhängseln und diese nur mit Spuren von Börstchen.

** **S. poochlamys** HAND.-MZT. in Sitzgsanz. Ak. W. W., LXII., 15 (1925).

Praecedenti valde affinis paleis quoque carens, sed folia et involucri phylla interiora exteriorumque appendices eciliata, angustissime linearia, $1^{1}/_{4}$—$2^{1}/_{2}$ mm lata, illa 3—10 cm, hi usque ad 4 cm longi.

NW-Y.: Bei Lidjiang, v. E., VI.—IX. 1914—1916 (3678, Typus). Hier auf Matten an der Ostseite des Yülung-schan. 3200—3800 m, X. 1914 (SCHNEIDER 2580). S.: Offenes alpines Moorland der Berge se von Muli, 4270 m, IX. 1922 (FORREST 22429, als *S*. aff. *subulatae* CL.).

Habitu *S. romuleifoliae* FRANCH. forsitan similior, sed coma fibrarum carens et foliis latioribus fere planis involucroque diversa. Pro hybrida illarum specierum sumeretur, nisi magna speciminum congruentium copia adesset.

S. subulata C. B. CLKE. NW-Y.: Steinige, humöse Stellen der Hg. St. an der windabgewendeten Seite des Rückens zwischen Haba und Dugwan-tsun se von Dschungdien, Schiefer, 4350—4450 m (6911).

S. *graminea* DUNN. NW-S.: Gebirge um Sungpan (WEIGOLD, ein kleines, nicht ganz sicheres Exemplar). SW-Kansu (ROCK 13001, als *S. poophylla* DIELS).

Die Art kommt wohl am nächsten *S. pygmaea* (JACQ.) SPRG.

S. poophylla DIELS in Rep. sp. nov., Beih. XII., 513 (1922), e typo. NW-Y.: Steinige Stellen des Waldes um die Hütte Maoniubi auf dem Waha bei Yungning, Kalk, ktp. St., 4100—4275 m (7124).

Die längeren der äußeren Pappusborsten fast halb so lang, wie die inneren, diese, wie beim vorliegenden Typus-Exemplar, rosa. Auffallend ist bei beiden der durchwegs sehr dicke Stengel.

S. romuleifolia FRANCH. Steppen und trockene Matten der tp. bis in die wtp. St., auf Kalk, 2500—3400 m. Y.: Im NW bei Lidjiang, v. E. (3677). Unter dem Lama-Kloster von Dschungdien (7741). Im NE bei Banlung-se und auf Bergen bei Lagu (MAIRE). S.: Überall in der Ebene von Yenyüen (4819, 5371).

S. Mairei LÉVL. in Rep. sp. nov., XI., 493 (1913). Üppige Wiescn, Matten und Föhrenwälder der tp. bis in die wtp. St., 2600—3475.m. Y.: Im NW ober Alo se von Dschungdien (4619). Im NE auf Bergen bei Dungtschwan (MAIRE).

Die Art wird von ANTHONY in Not. Bot. Gard. Edinb., XVIII., 217 (1934) mit der folgenden identifiziert. Sie scheint mir aber durch die viel kürzeren äußeren Hüllschuppen verschieden zu sein. In den Blättern variiert sie wie diese.

S. yunnanensis FRANCH. **var. *runcinata*** FRANCH. NW-Y.: Bei Lidjiang, v. E. (3684). Gekräute der ktp. St. des Berges Schusutsu bei Bödö se von Dschungdien, 3750—4000 m (4490, approx.). Dürre Felsen der tp. St. bei der heißen Quelle unter Baoschi e von Dschungdien, 3400 m (7699).

S. Stoetzneriana DIELS in Rep. sp. nov., Beih. XII., 513 (1922), e typo. NW-Y.: Bei Lidjiang, v. E. (3685. FORREST 2707, 6309, als *S. semilyrata* FRANCH.).

Die Art dürfte in FRANCHETS *S. yunnanensis* var. *runcinata* nach seiner Bemerkung über jederseits bis 15 Blattlappen eingeschlossen sein. Sie ist sicher auch verwandt mit *S. leontodontoides* (DC.) HAND.-MZT., aber hochstengelig mit oberseits behaarten Blättern und gefiedertem äußeren Pappus.

** ***S. centiloba*** HAND.-MZT. in Sitzgsanz. Ak. W. W., LVII., 144 (1920).

Sect. *Caulescentes* HOOK. f.

Rhizoma longum, simplex vel pluriceps, tenue, sed petiolis emortuis in fibras pallidas solutis late involucratum, quoque capite caulem inter folia bina radicalia singulum vel raro fasciculum sterilem subbifolium edente. Caulis rigidulus, 17—37 cm longus, $\pm$ 2 mm crassus, simplex, trifoliatus. Folia radicalia et caulinum infimum plerumque prope basim insertum in petiolos brevissimos, exalatos, vaginis anguste deltoideis, brunneis, huius amplexicauli, suffultos sensim angustaca; lamina ambitu anguste lingulato-lanceolata, 13—21 cm longa et $4^1/_2$—10^{plo} angustior, herbacea, atroviridis, subtus pallidior, supra sicut caulis et praesertim vaginae brunnescenti furfuraceo-pilosa et hic illic floccosa, subtus praeterea albo-tomentella vel mox glabriuscula, usque ad rhachides anguste vel praesertim inferne angustissime integro-alatas dorso interdum longe articulato-pilosas 18—28jugo pinnatisecṭa; lobi late sessiles, sinubus rotunda is, versus bases usque in lacinias tres aequales vel acroscopam minutam, parallelas vel divergentes et tunc succubas, lingulato-lineares, 1—4 mm latas, integras vel praecipue inferas basin versus paucilobulatas, mucronulatas, marginibus angustissime revolutas fissi, nervis rigidulis, subtus prominentibus pallidis, terminalis potius minor. Folia caulina supera minora, lobo terminali multo longiore, summum saepe calathio approximatum et hoc subaequans et subintegrum. Calathium singulum, erectum, ovoideum, $2^1/_2$ cm longum, involucro $\pm$ $1^1/_2$ cm lato. Phylla subquinqueseriata, e basibus plurinerviis, induratis, brunneis exteriorum patulorum triangularibus $\pm$ $2^1/_2$ mm latis herbacea, saepe fusca, linearia, $\pm$ $1^1/_2$ mm

longa, 1 mm lata, acuta, breviter floccosa. Paleae setaceae, 4 mm longae, flavae.
Flores numerosi, violacei. Pappi setae brunnescentes, exteriores numerosae,
caducae, hirtellae, interioribus 12 mm longis, sordide et breviuscule plumosis
quadruplo breviores. Corolla $\pm$ 14—17 mm longa, tubo angusto limbum campanulato-cylindricum ad tertium inferum in lobos anguste lineares fissum $\pm$
aequante; antherae longissimae, caudis dense albo-barbatis. Ovarium glabrum.

Wiesen, Matten, Gebüsche und Bambusetenränder der ktp. bis in die tp.
St., 3350—4100 m. NW-Y.: Mahaidse n von Lidjiang am direkten Wege nach
Yungning, 27⁰ 30′, 13. VII. 1915 (1739). Sattel s Dungapi s von Dschungdien.
Westseite des Gebirges Piepun se von hier, 10. VIII. 1914 (4648, Typus, s. KARST.
u. SCHENCK, Vegetb., 22. R., Taf. 47). S.: Paß Tschescha zwischen Muli und
Yungning. Hwang-liangdse zwischen Yenyüen und Kwapi, 27⁰ 48′, 5. X. 1914
(5506).

Species foliorum segmentis duplicatis et triplicatis ab affinibus, quae imprimis antẹcedens, eximie diversa.

Offenbar das Extrem in der mit ganzblätteriger *S. yunnanensis* beginnenden
Reihe.

S. Wardii ANTH. in Not. Bot. Gard. Edinb., XVIII., 216 (1934), e typo.
S.: In der Hg. St. des Berges Gonschiga sw von Muli gegen Dschungdien, Schiefer,
4475—4600 mm, 6. VIII. 1915 (7487).

Der Korb, auch des Typus, kann nicht ovoid genannt werden. Seine Hülle
ist $2^1/_2$ cm lang und $3^1/_2$ cm breit. Pappus auffallend goldig; seine Borsten an
der keuligen Spitze noch dicht und klein pinselförmig gezähnelt.

S. semilyrata BUR. et FRANCH., e typo. Steinige Gebüsche, Gekräute,
üppige und nasse Wiesen in der ktp. bis in die tp. St., 3350—4000 m. S.: Tal n
des Passes Tschescha zwischen Muli und Yungning (7227). Nordseite des von
Muli gegen Dschungdien ziehenden Rückens (7427). NW-Y.: Ober Alo (4620),
bei Latsa und an der Westseite des Gebirges Piepun se von Dschungdien. Da-
Niutschang ober Bödö hier (phot.).

**** S. micradenia** HAND.-MZT. in Sitzgsanz. Ak. W. W., LXII., 16 (1925).
(Taf. XVIII, Abb. 10).

Sect. *Caulescentes* HOOK. f.

Radix longa, verticalis, tenuis, simplex vel crassior et pluriceps?[1], vaginis
mortuis flaccidis fuscis vestita, folia multa erecta et caulem singulum, strictum,
$\pm$ 55 cm longum, striatum, supra parce breviterque albo-araneosum, ubique
laxe foliatum edens. Folia longe lineari-lanceolata acuta et breviora antice dilatata obtusa, basalia 8—30 cm longa, $\pm$ $1^1/_2$ cm lata, in petiolos laminas dimidias
metientes longissime attenuata, caulina sensim paulumque decrescentia, basi
angusta et superiora latiore semiamplexicauli-sessilia, omnia margine undulato
remotissime denticulata denticulis retrorsis mucronulatis, herbacea, subtus
pallidius quam supra viridia, illic laxe et subtiliter fulvido-puberula glabrescentia
et utrinque glandulis sessilibus minutissimis pallidis scintillantibus conspersa;
costa et nervi remoti valde obliqui in medio vel tertio extero in longitudinalem
confluentes subtus prominuli. Calathia 1—2, nunc laterale ebracteatum angustius
in pedunculo tenuiore 6—7 cm longo erecto, terminale fere superans; hoc foliis

---

[1]) Die Exemplare scheinen geteilt zu sein,

summis approximatis 1—3 anguste linearibus ipsum aequantibus fultum, 2 cm latum. Involucri campanulati, 1,8 cm longi phylla imbricata c. 5 seriata, lanceolata, longe acuminata, inferne stramenticia, parte herbacea viridi 6 mm longa 1 mm lata laxe albo villoso-hirsuta, exteriorum reflexa. Paleae copiosae, stramenticiae, 5—6 mm longae, lanceolatae et subulatae. Ovarium superne sessili-glandulosum. Pappus simplex, 11 mm longus, fulvidus, setis plumosis. Corollae nigropureae (e nota ad vivum) tubus tenuis 7 mm longus, limbum cylindricum ad medium in lobos anguste lineares fissum aequans. Antherarum longe acuminatarum caudae basales dense villosae. Styli rami breves.

NW-Y.: In den Regenwäldern des birm. Mons. in der Salwin—Irrawadi-Kette im Tale Gümbalo bei Tschamutong, Granit, zwischen 2300 und 3100 m 17. VIII. 1916, v. E. (9873).

Proxima *S. Andersoni* C. B. Clke. humiliori, parcissime vel non glandulosae et foliis runcinatis phyllorum forma et glabritie diversae.

S. grosseserrata Franch. NW-Y.: Üppige, steinige Voralpenwiese Ndwolo am Osthang des Yülung-schan bei Lidjiang, Kalk, 3600 m (4245).

S. hieracioides Hook. f. (*S. villosa* Franch. e Drumm. in Kew Bull., 1906 184). S.: Weidengebüsche der Hg. St. am Südhang des Passes Döko sw von Muli, Tonschiefer, 4200—4300 m (7412).

S. superba Anth. in Not. Bot. Gard. Edinb., XVIII., 212 (1934). NW-Y.: Üppige Wiesen der tp. St. ober Alo se von Dschungdien, 3350—3475 m, 9. VIII. 1914 (4618).

S. longifolia Franch. (*S. uniflora* Wall. var. *sinensis* Anth., l. c., 215 [1934]). S.: Gekräute und steinige Waldlichtungen der ktp. St. bei Muli an der Nordseite des Passes Tschescha (7230), bei der Alm Bädö (7272) und beim Lagerplatz Tschako jenseits des Passes Döko, Kalk, 3900—4000 m. Hier auch Forrest 22167 als *S. villosa* vel. aff.

Forrest 20990 hat die Hüllschuppen entgegen Anthonys Beschreibung nicht stumpf, 22178 nur teilweise und offenbar abnorm so. *S. uniflora* ist durch breite, stark gezähnte Blätter verschieden.

S. velutina W. W. Sm. in Not. Bot. Gard. Edinb., XII., 221 (1920). S.: In tiefem Gehängeschutt der Hg. St. unter dem Sattel Santante auf dem Berge Saganai bei Muli, Kalk, 4300—4375 m (7330, s. Karst. u. Schenck, Vegetatb., in Vorbereitung).

** *S. Wettsteiniana* Hand.-Mzt. in Sitzgsanz. Ak. W. W., LVII., 144 (1920).

Sect. *Obvallatae* Maxim. typus aberrans.

Rhizoma longum, crassum, ramosum, cortice atrobrunneo, crasse reticulato, capitibus vaginis et petiolis emortuis flaccidis fuscis dense involucratis, foliorum fasciculos et caules floriferos complures edens. Caulis 23—65 cm altus, crassiusculus (3—4½ mm), strictus, apice nutans, striatus, cum foliis bracteisque glandulis crebris brevibus et praesertim supra pilis albis laxe hirtus. Folia fasciculorum erecta et caulinum infimum subbasale ligulato-lanceolata, acuta, in petiolos anguste alatos, laminis 10—12 cm longis 3½—4½ cm latis subaequilongos sensim attenuata, remote et minutissime imposito — vel rarius repando — denticulata, herbacea, laete viridia, infra vix pallidiora et brevius strigilloso-pilosa, nervis medianis latis, lateralibus numerosis, laxis, erectopatulis, venularum reti laxo subtus conspicuo; folium caulinum medium saepe unicum basi vaginante amplexi-

cauli sessile; summum auriculato-amplexicaule, late triangulari-ovatum, usque ad
12 × 7 cm. Calathia terminalia singula vel 1—2 sessilia et pedunculis usque ad 5 cm
longis subter ad 6 cm distantia, nutantia, singula vel bina bracteis singulis amplexicaulibus, cymbiformibus, obtusis, 5—8 cm longis et multo latioribus, pallidis,
oleraceis, reticulato-venulosis desuper obvoluta, saepe infima paulum distante
vacua adjecta, late ovoidea, ± 2¹/₂ cm longa et paulo angustiora. Involucri
phylla adpressa, triseriata, acuta, extima e basi triangulari 4—5 mm lata medio
tantum duriuscula et hic cum pedunculi apice incrassato pallide brunneo furfuraceo-pilosa lanceolata, fusco-scariosa et sericeo-pilosa, cetera paulo longiora,
20—25 mm longa, angustius lanceolata, marginibus erosulis tantum scariosa,
glabrescentia. Paleae tenuissime setaceae, 8 mm longae. Pappi setae brunneae, exteriores paucae caducae, scabrae, interioribus albido-plumosis, ima basi in annulum
connatis 4^{plo} breviores. Corollae violaceae, 15 mm longae tubus tenuis, limbum
cylindricum ± 1¹/₂ mm latum ad medium vel paulo profundius in lobos anguste
lineares fissum aequans; antherarum caudae valde laceratae. Ovarium glabrum.

NW-Y.: Wiesen der tp. und ktp. St. auf dem Hochland von Dschungdien,
3325—4250 m. Ostseite des Gebirges Piepun, Latsa (phot.) und Alo se von
Hsiao-Dschungdien. Über dem Passe zwischen Bödö und Alo, 7. VIII. 1914
(4527, Typus). Patü-la und Sattel Gitüdü, 15. VIII. 1915 (7661) ober Anangu.
Berge ne der Yangtse-Schleife, VIII. 1913 (Forrest 10722). Osthang des Gipfels
Dyinaloko im Yülung-schan bei Lidjiang, VII. 1923 (Rock 10429).

Species in sectione calathiis inter se remotis nutantibus valde insignis.

S. obvallata Wall. NW-Y.: Schneetälchen und Mulden der Hg. St. des
birm. Mons. auf Glimmerschiefer, 3825—4400 m. Zwischen Mekong und Salwin
auf dem Si-la (8435, s. Karst. u. Schenck., Vegetb., 17. R., Taf. 47 B) und
n des Schöndsu-la gegen den Rücken Pongatong. See Tsukue hinter dem Gomba-
la ober Tschamutong gegen den Irrawadi, v. E. (9917).

— — **var. orientalis** Diels. S.: Sumpfstellen und Bachränder der Hg. St.
sw von Muli s des Passes Tschako (7451) und auf dem Gonschiga (phot.), Kalk,
4250—4350 m. NW-Y.: Wohl auch die var. auf dem Nguka-la sw von Dschungdien, 4125 m.

Blätter bis 30 × 1¹/₂ cm, bei Bock u. Rosthorn 2592 auch 15 × 2 cm, bei
Wallichs Artoriginal 18 × 2 cm. Hülle und Korbstiele meiner Pflanze lang
und dicht rauhhaarig-wollig.

S. gossypiphora D. Don. NW-Y.: Bei Lidjiang, v. E. (3673).

S. leucoma Diels in Not. Bot. Gard. Edinb., V., 197 (1912). Gehängeschutt
und Felsen der Hg. St. auf Kalk, 4200—4750 m. NW-Y.: Bei Lidjiang, v. E.
(3674). Berg Waha bei Yungning (7115). Westseite des Gebirges Piepun se von
Dschungdien (4704, 4709, s. Naturb. a. SW-China, Farbenb. 58). S.: Gipfel des
Gonschiga sw von Muli gegen Dschungdien (7463).

Blätter bei 4704 nur bis zur halben Breite gelappt, so wie bei den sterilen
Büscheln von 4709, daher in der Form an jene von *S. chionophora* erinnernd, die
aber sonst stark abweicht.

** **S. chionophora** Hand.-Mzt. in Sitzgsanz. Ak. W. W., LX., 117 (1923).
Sect. *Eriocoryne* Hook. f.

Rhizoma longissimum, tenuiusculum, petiolis mortuis scariosis fuscis dense
indutum, descendens, ramosum, radicibus longis, filiformibus, ramis aliis foliorum

multorum rosulas steriles, aliis caules floriferos densissime foliatos 4—7 cm longos, supra clavato-inflatos et dense albo-lanatos edens. Folia in petiolis angustissime vel latius alatis 1—2 cm longis, involucrantia interdum linearia, basi lanata, integra, cetera lanceolata usque elliptica vel suborbicularia, $1^1/_2$—4 cm longa, acuta, paulum repanda vel remote vel contigue inciso-dentata dentibus rotundatis terminali saepe elongato, patulis vel porrectis, crassiuscula, margine anguste revoluta, supra atroviridia, araneosa, subtus adpresse niveo-tomentosa costa et plerumque nervis 2 lateralibus fere ad apicem arcuatim productis raro etiam ramis nonnullis in dentes exeuntibus glabris fuscis striata. Calathia numerosa apice caulis in discum conferta, sessilia, late cylindrica. Involucri 10—12 mm longi phylla spathulato-lanceolata, breviter acuta, 3—4 mm lata, stramenticia, apice nigra et lanata, exteriora paulo breviora. Paleae subulatae, pallidae, hirtae. Flores numerosi, purpureo-violacei (ex autochromate), 12 mm longi. Pappi duplicis brunnei setae exteriores paucae tenues, a basi plumosae, interiores iis duplo longiores, inferne crassae, simplices, superne fuscae et longae plumosae. Corollae tubus filiformis; limbus eo aequilongus, anguste cylindricus, versus medium in lobos lineares fissus. Antherarum caudae parce pilosae. Achaenia glabra, striata.

S.: Im Gehängeschutt der Hg. St. bei Muli, unter dem Sattel Santante am Berge Saganai, Kalk, 4300—4375 m, 30. VII. 1915 (7317, Typus, s. Karst. u. Schenck Vegetatb., in Vorbereitung) und unter dem Gipfel des Gonschiga am Wege nach Dschungdien, Kalkschiefer, 4700—4730 m, 6. VIII. 1915 (7485).

Proxima *S. trullifoliae* W. W. Sm., quae differt foliis in dimidio superiore dentatis, utrinque albo-lanuginosis, nervis obscuris, involucri phyllis exterioribus multo longioribus, longe acuminatis, dense lanuginosis, pappo albido.

Jurinea Cass.

** ***J. picridifolia*** Hand.-Mzt. in Sitzgsanz. Ak. W. W., LXII., 69 (1925).

Radix longa, tenuis, fibris longis, rigidulis, ramosis, vetusta incrassata et fissilis, monocephala, collo vaginis mortuis angustis et brevibus, fuscis paulum cincta, rosulam multifoliam et caulem singulum monocephalum 0—5 cm longum, 3 mm crassum, subglabrum vel dense albido-pilosum, aequaliter usque ad 5foliatum edens. Folia anguste oblanceolata, 9—27 cm longa, usque ad $4^1/_2$ cm lata, obtusa, basi $\pm$ longa attenuata non vel vix petiolata, interdum caulina decrescentia et summa calathium bracteantia 1—2 lineari-cochleata integra illud excedentia nigra in phylla transeuntia, cetera paulum sinuata vel remote vel densius grosse et patule dentata vel medio ultra $^1/_3$ latitudinis parce lobulata, rigidule herbacea, saturate viridia, supra pilis brevibus crassis fulvo-glandulosis asperula et longis albidis demum deciduis laxe hirsuta, subtus his solis parce induta; costa lata, subtus magis prominua; nervi utrinsecus 5—9, erectopatuli vel praesertim inferiores valde ascendentes, longe ante marginem $\pm$ arcuatim conjuncti supra et venae laxe reticulatae subtus quoque tenuissime prominuli. Calathium late campanulatum. Involucrum 3—$3^1/_2$ cm longum, ore $2^1/_2$—$3^1/_2$ cm latum, papilloso-asperum et laxe densiusve albo-hirsutum, phyllis imbricatis sub 5 seriatis, e basi coriacea ovata fulvida 5 mm lata sensim longe lanceolatis, rigidulis, acutis et pallide vel atro-viridibus, cartilagineo-marginatis, exterioribus subduplo brevioribus apice saepe reflexis. Paleae nullae. Pappus creber, fulvus, seriebus 2 basi arcte connatis setarum plumosarum aequalium fere 2 cm longarum constans. Corolla violacea (e nota ad vivum), ad $2^1/_2$ cm longa, tubo angustissimo, limbo eo breviore anguste tubuloso, lobis anguste linearibus 6 mm longis. Antherarum longe acuminatarum caudae longissimae, albido-pilosae. Styli rami loriformes, 4 mm longi. Achaenia immatura glabra et levia.

NW-Y.: Gebüsche der ktp. St. des birm. Mons. an der Westseite des Si-la zwischen Mekong und Salwin, 28°, Glimmerschiefer, 3800 m, 29. IX. 1915, 27. VIII. 1916 (9964).

Proxima *J. Souliei* FRANCH. calathiis pluribus, foliis late angustiusve ovatis, petiolatis, runcinatis, subtus arachnoideo-lanatis et glanduloso-asperis, phyllis multo latioribus, pappo serrato vix plumoso differt.

Alle hier angeführten *Jurinea*-Arten gehören nach den Merkmalen zur Sect. *Subacaules* BENTH., haben aber mit den vorderasiatisch-mediterranen Arten derselben wenig zu tun.

**** *J. salwinensis* HAND.-MZT.** in Sitzgsanz. Ak. W. W., LXII., 69 (1925). (Taf. XVII, Abb. 10).

Rhizoma crassum, columnare, erectum, 2—5 cm longum, fusco-squamatum, saepe fissum, radicibus saepe pluribus napiformibus, fibris crassis, foliorum multorum rosulam et calathium sessile vel in caule glabro crasso, usque ad 4 cm longo sparse et apice stellatim foliato edens. Folia expansa, obovata usque anguste obovato-lanceolata, $3^1/_2$—13 cm longa, obtusa, sessilia vel maiora angustioraque in petiolum lamina dimidio breviorem sensim attenuata, calathium fulcrantia autem semper late sessilia; raro subintegra, plerumque sinuata vel ad dimidiam latitudinem lobulata, lobulis obtusis, porrectis, raro patulis, herbacea, concolori-viridia; costa deorsum valde dilatata nervique utrinsecus 5—6 valde obliqui utrinque prominuli et illa fulvo glanduloso-pilosula. Involucrum cupulare, 2—3 cm diametro, glabrum, phyllis permultis, imbricatim sub 4 seriatis, inferne subcoriaceis, stramineis, superne rigide herbaceis, fuscoviridibus, venosis, exterioribus ovato-, interioribus lineari-lanceolatis, $1^1/_2$—2 cm longis, obtusis et rotundatis, illis apicibus recurvis et saepe denticulatis vel infra hos subpectinatis. Paleae nullae. Corollae nigro-violaceae (e nota ad vivum) $2^1/_2$—3 cm longae tubus tenuis 15 mm longus, limbus inflatus glandulis clavatis indutus, lobis linearibus 4 mm longis. Antherarum caudae parce laceratae. Stylus infra furcam usque pilosus. Pappi 15—19 mm longi, crebri, fulvi setae biseriatae, basi arcte connexae, subaequilongae, serrato-subplumosae. Achaenium nigrum, glabrum et leve, 3 mm longum, crassiusculum, in squamas coronulam formantes productum.

NW-Y.: Rasen, Wiesen, Moorgräbenränder der ktp. bis an die Hg. St. des birm. Mons. auf Glimmerschiefer, 3275—3900 m. Zwischen Mekong und Salwin bei der Alm Dotitong unter dem Si-la, 28. VIII. 1916 (9987). Zwischen Salwin und Irrawadi an einem Lawinenstrich an der Ostseite des Passes Tschiangschel, 27° 52′, 3. VII. 1916 (9220) und beim See Tsukue hinter dem Gomba-la ober Tschamutong, 15.—17. VIII. 1916, v. E. (9910, Typus).

Pappo *J. Souliei* refert foliis autem magnis eorumque indumento et calathiis pluribus maioribus phyllis integerrimis triangularibus valde diversam. *J. edulis* et *J. berardioidea* longius distant, etsi phyllis subpectinatis appropinquantur.

J. berardioidea (Franch.) Diels in Not. Bot. Gard. Edinb., V., 199 (1912) (*J. edulis* Franch. var. *b.* Franch. in Journ. de Bot., VIII., 338 [1894]). NW-Y.: Trockene Matten und offene Föhren- und Mischwälder der tp. St., auf Kalk, 2950—3350 m. Bei Lidjiang gegen das Be-schui (4167). Ober Bödö se von Dschungdien.

J. Forrestii Diels, l. c., 200 (1912). Matten und Krautfluren der tp. bis in die Hg. St., 3100—4075 m. NW-Y.: Bei Lidjiang, v. E. (3672). Hier gegen das Be-schui (phot., s. Karst u. Schenck, Vegetatb., 22. R., Taf. 44a). Westseite des Gebirges Piepun se von Dschungdien. Im birm. Mons. in dem nach Tibet hinabführenden Tale Schidsaru zwischen Mekong und Salwin, 28° 9′. S.: Ober Muli und in Riesenexemplaren beim Lagerplatz Guyi jenseits des Passes Tschescha am Wege von hier nach Yungning. Hwang-liangdse zwischen Yenyüen und Kwapi, 27° 48′ (5521).

Carduus L.

C. acanthoides L., Sp. Pl., 821 (1753) (*C. crispus* Forb. et Hemsl. in Journ. Linn. Soc., Bot., XXIII., 460 [1888], non L. — *C. nutans* Hook. f., Fl. Brit. Ind., III., 361 [1881] p. p., non L.). Äcker, Wegränder, Wiesen, auch etwas feuchte Hochgekräute in der wtp. und tp. St., 1900—3400 m. Y.: Yünnanfu (Schoch 109). Zwischen Dsutoupo und Gwamaoschan am Wege von Yungbei nach Yungning (3308). Im NW bei der heißen Schwefelquelle unter Baoschi bei Dschungdien. Im NE in der Ebene von Dungtschwan (Maire). Kw. (?) (Cavalerie 7374). NW-S.: Gebirge um Sungpan (Weigold).

Die chinesische Pflanze gehört, wenngleich die Köpfchen oft mehr gehäuft sind, sicher eher hierher als zu *C. crispus*. Sie ist wenig bewehrt, gleicht aber in diesem Merkmal auch z. B. Fl. exsicc. Austro-Hung. 1783. Am ehesten die Behaarung von *C. crispus* hat noch das kleine mir vorliegende Stück von Forrest 21213. Eine indische Pflanze (Inayat von Pir Panjol) wurde von Duthie auch schon richtig als *C. acanthoides* ausgegeben.

C. crispus L. kommt in Formen, die den schmalblätterigen nordeuropäischen nahestehen (Upsala, leg. Anderson) noch in der Mandschurei und in Japan vor.

Cirsium Adans.

(*Cnicus* L. p. p.)

Bearbeitet von F. Petrak (Mährisch-Weißkirchen)

C. chinense Gardn. et Champ. Äcker, Gebüsche, üppige Wiesen, Bachränder, Hochgekräute der wtp. bis in die str. und tp. St. H.: 600—1200 m. Hsikwangschan bei Hsinhwa (12663). Yün-schan bei Wukang, Paul (12535). S.: 1170—3275 m. Banglingkou am Nganning-ho nw von Huili. Viel um Yenyüen. Im W bei Gwan (Weigold). Y.: 1500—3400 m. Um Yünnanfu und nach N gegen den Yangtse. Dungdien bei Yüenmou nw von hier (5007). Dingyüen. Beyendjing (Ten 1468). Tieso (T. 27). Im NW von Niugai zwischen Dali und Lidjiang häufig bis an den oberen Yangtse und Mekong. Wahrscheinlich auch dieses massenhaft auf Brandlichtungen bei Schatiama zwischen beiden. Alo bei Hsiao-Dschungdien (4570) und bei der heißen Quelle unter Baoschi (7719) auf dem Dschungdien-Hochlande. Im NE bei Dschenfungschan im mittelchin. Fl., 600 m (Maire).

**** *C. Handelii* PETR.** in Sitzgsanz. Ak. W. W., LXIII., 110 (1926).
Sect. *Chamaeleon* DC.

Radix parva, ⊙, crasse fusiformis, apice incrassato fibris filiformibus numerosissimis barbata. Caulis erectus, ad $2^1/_2$ m altus, crassus, profunde striato-sulcatus, glabrescens vel parcissime arachnoideo-pilosus, subdense vel fere remote foliosus, e tertio supero ramosissimus, ramis ± elongatis, usque ad apices remote vel subdense foliosis, plerumque monocephalis vel apicem versus in ramulos 2—4 monocephalos divisis. Folia radicalia et caulina inferiora sub anthesi nulla, media ambitu oblonga vel oblongo-elliptica, basi late semiauriculato-semiamplexicauli sessilia, non decurrentia, utrinque glabrescentia vel subtus tantum parcissime arachnoideo-pilosa, supra obscure viridia, subtus pallidiora, ad medium c. subremote sinuato-pinnatilobata, lobis late triangularibus, bi- vel trinerviis, subobtusis vel abruptiuscule acuminatis, margine irregulariter spinuloso-denticulatis, dentibus parvis subobtusis vel acutiusculis, margine inaequaliter spinuloso-ciliatis, spinis stramineo-brunneolis, subvalidis, 6—9 mm longis terminatis. Folia caulina superiora sensim minora, e basi late semiamplexicauli paulatim attenuata, ambitu lanceolato-oblonga vel lanceolata, remotius sinuato-pinnatilobata, lobis apicem versus sensim minoribus, late triangularibus, ceterum ut media. Folia summa saepe fere bracteiformia, e basi ± dilatata semiamplexicauli elongato-attenuata, margine inaequaliter spinuloso-dentata, spinis crebrioribus nec longioribus nec multo validioribus. Calathia caule ramisque vulgo solitaria, raro 2—3 ± aggregata, sessilia vel subsessilia, bracteis 1—3 brevioribus vel fere aequilongis lineari-lanceolatis, basin versus inaequaliter spinuloso-denticulatis vel tantum pectinato-spinulosis fulta, ± cernua, subglobosa, c. 25—35 mm lata, sub anthesi cum floribus 25—30 mm longa, basi excavata. Involucri glaberrimi phylla exteriora et media e basi ovato-oblonga abruptiuscule attenuata, integerrima, e tertio infero c. erecto-patentia, apicem versus subcarinata, obscure fusco-purpurascentia et sensim in spinas vix subvalidas, brunneolas, 3—5 mm longas excurrentia, interiora gradatim longiora, intima lineari-lanceolata vel linearia, sensim attenuata et acuminata, recta, apicibus tantum ± uncinato- vel undulato-curvata nec rigida. Corollae rubrae (e nota ad vivum) sub anthesi pappum paulo superantis, post illam eocum accrescentis eumque saepe aequantis limbus a tubo sat distinctus eoque paulo brevior, ad tertium superum inaequaliter quinquefidus, lobis anguste linearibus, abruptiuscule acuminatis. Filamenta tota parce papilloso-pilosa. Pappus sordide albus, setis plumosis, apice scabridis tantum, vix clavellatis. Achaenia oblonga, $3^1/_2$—4 mm longa, 1,8—2 mm lata, compressa, brunnea, vix nitida.

NW-Y.: Lichtungen der tp. und wtp. Regenmischwälder des birm. Mons. zwischen Mekong und Salwin, auf Granit und Schiefer, 2400—3350 m. In dem vom Si-la nach Tseku herabführenden Tale, 28⁰, 28. VIII. 1916 (10003, Typus) und jenseits bei Bahan, 23. VI. 1916, v. E. (9029).

Species valde affinis *C. pendulo* FISCH., quod differt imprimis ramis paucis subnudis, foliorum forma eorumque spinis multo paucioribus mitioribusque, involucri phyllis brevius mitiusque spinosis.

C. Bodinieri (VANT.) LÉVL. in Rep. sp. nov., XII., 189 (1913) (*Cnicus B.* VANT. e typo). **H.:** Häufig in Buschsteppen der wtp. St. um Hsikwangschan bei Hsinhwa, 600—800 m (11 918). **W-Ki.:** Um Pinghsiang, c. 600 m (Plt. sin. 193).

Die sehr schlecht beschriebene Pflanze stimmt mit jenen Formen des *C. japonicum* DC., die ich für typisch halte, so gut wie vollständig überein. Leider sah ich bisher keinen Wurzelstock dieser Art und konnte in der Literatur keine Angabe über ihn finden. Wenn das echte *C. japonicum* faserige Wurzeln hat, ist die vorliegende Pflanze wohl verschieden; wenn aber rübenförmig verdickte, mit ihm identisch. Plt. sin. 193 zeigt alle Abweichungen einer offenbar an einem schattigeren Standorte oder zwischen hohen Gräsern gewachsenen Pflanze.

** *C. belingschanicum* Petr. in Sitzgsanz. Ak. W. W., LXIII., 110 (1926). Sect. *Chamaeleon* DC.

Radix ♃, obliqua, sublignosa. Caulis erectus, nunc tantum parce et crispule pilosus, nunc subdense araneosus, canescens, striatus, inferne subremote, superne remotissime foliatus vel subnudus, subsimplex vel fere e basi ± ramosus, ramis ± elongatis, subnudis, monocephalis. Folia radicalia utrinque glabrescentia vel subtus tantum secus nervos parce et crispule araneoso-pilosa, alte et subremote sinuato-pinnatifida, laciniis triangularibus usque lineari-triangularibus, nunc subobtusis, spinulis infirmis 1—1$^{1}/_{2}$ mm longis terminatis, margine brevissime spinuloso-ciliatis, utrinque dentibus 1—2 brevibus, triangularibus instructis, nunc sensim attenuatis et acuminatis saepe basin versus ± recurvatis, spinis validioribus, brunneo-stramineis, 2—5 mm longis terminatis, saepe basin versus in utroque sinu dentem triangularem acuminatum vel subobtusum gerentibus. Folia caulina inferiora et media basi late semiauriculata semiamplexicauli-sessilia, non decurrentia, ambitu lanceolata vel oblonga, ceterum ut radicalia. Folia caulina superiora et summa multo minora, quasi bracteiformia, lineari-lanceolata, integra vel basin versus remote sinuato-dentata, dentibus nunc brevibus triangularibus, nunc triangulari-linearibus, paulatim acuminatis, ceterum ut media. Calathia cernua, ebracteata vel bracteis 1—2 multo brevioribus, linearibus, integerrimis fulta, ovato-globosa, cum floribus 20—25 mm longa, medio c. 15—18 mm lata. Involucri glabrescentis vel parcissime araneosi phylla arcte imbricata, exteriora et media e basi ovato-oblonga lanceolata, a medio vel apice tantum paulum erecto-patentia, subobtusa vel abruptiuscule acuminata, spinulis brunneolis $^{1}/_{2}$—1 mm longis, infirmis terminata, interiora sensim longiora, lanceolata, apicem versus dorso saepe sordide brunneo-pur-purascentia et subcarinata, intima multo longiora, linearia, sensim attenuata, subobtusa vel abruptiuscule acuminata, apice subscariosa, saepe paulum undulato-curvula, margine brevissime fimbriato-ciliata vel fere integra. Corollae purpureae (e nota ad vivum) limbus a tubo sat distinctus eoque plusquam duplo, inter-dum fere triplo longior, versus tertium inferum inaequaliter quinquefidus, lobis anguste linearibus, subobtusis. Filamenta imprimis apices versus subdense et crispule papilloso-pilosa. Pappus sordide albus, setis plumosis, apice saepe sca-bridis tantum et subclavellatis. Achaenia matura oblonga, c. 4 mm longa, 1$^{1}/_{2}$ mm lata, compressa, canescentia vel fusca, vix nitida.

Gebüsche und Quellsümpfe der wtp. St. **Y.**: Schanyakou w des Dsolin-ho, 2000 m, 5. V. 1915 (6212). Im E auf dem Rücken des Beling-schan bei Loping, 2100 m, 10. VI. 1917 (10151, Typus) und zwischen Bantjiao und Djiangdi, 1600—1800 m. **Kw.**: Im SW bis über Tjiaoli gemein und über Guiyang überall bis Badschai, 900 m, die letzten Notizen aber vielleicht zur vorigen Art gehörig.

Foliorum forma variabile, affine sine dubio *C. Hilgendorfii* (Franch. et

Sav.) Mak., quod differt imprimis foliorum forma phyllorumque exteriorum mediorumque spinis terminalibus multo magis evolutis.

C. Forrestii (Diels) Lévl., Cat. Pl. Yun., 41 (1916) (*Cnicus F.* Diels in Not. Bot. Gard. Edinb., V., 196 [1912]). Y.: Grasplätze, besonders feuchte Wiesen der obersten wtp. bis in die ktp. St., 2600—4050 m. Zwischen Dsaodjidjing und Hwadung e des Dsolin-ho. Zwischen Dsutoupo und Gwamaoschan am Wege von Yungbei nach Yungning (3310). Im NW um Ganhaidse bei Lidjiang und auf der Hochfläche e Dschungdien gegen die Alm Dsilu (7713).

Die beiden gesammelten Nummern sind nicht unwesentlich untereinander verschieden, was wohl auf den Höhenunterschied zurückzuführen ist. Das Originalexemplar wird aber auch eine andere Form darstellen, wie aus der Beschreibung mit ziemlicher Sicherheit hervorgeht. Die Blütenfarbe ist jene der europäischen Bastarde zwischen gelb- und rotblütigen Arten. Die Art gehört in den Formenkreis des äußerst vielgestaltigen *C. argyracanthum* DC. Dieser bedarf mehr als irgend ein anderer der Gattung einer monographischen Bearbeitung.

C. Fargesii (Franch.) Diels in Bot. Jahrb., XXIX., 627 (1901). NW-S.: Gebirge um Sungpan (Weigold).

In den Formenkreis dieser Art gehört Nr. 1325 aus S.: An Bächen in der str. St. ober Gaoyao bei Ningyüen, Sandstein, 1650 m. Das Exemplar ist dürftig und geköpft.

** ***C. heleophilum*** Petr. in Sitzgsanz. Ak. W. W., LXIII., 108 (1926).

Sect. *Epitrachys* DC.

Radix ⊙?, verticalis, crasse fusiformis vel fibris nonnullis tuberoso-incrassatis fasciatis composita. Caulis erectus, demum probabiliter ad 1 m altus, sulcato-striatus, crispule araneoso-pilosus, subdense vel sat remote foliosus, subsimplex, apice tantum breviter racemoso-ramulosus, ramis valde abbreviatis, c. 3 cm longis, apice tantum parce breviterque foliosis, vulgo monocephalis. Folia radicalia sub anthesi nulla; caulina inferiora et media supra viridia subdense strigulosa, subtus araneoso-tomentosa, albida vel albido-canescentia, basi ± attenuata semiamplexicauli-sessilia, breviter vel semidecurrentia, alis latiusculis breviter et profunde spinuloso-denticulatis, basi abruptiuscule rotundatis, ambitu lanceolata, alte et remote sinuato-pinnatifida, laciniis ad basin fere vel ad $^2/_3$ inaequaliter bifidis, lobulis divaricatis, subobtusis vel abruptiuscule acuminatis, margine spinuloso-ciliatis, spinis subvalidis, stramineis, 2—5 mm longis terminatis, in sinu superiore saepe dente triangulari subobtuso auctis. Folia caulina superiora et summa sensim vel multo minora, basi late semiauriculato-semiamplexicauli sessilia, non vel brevissime decurrentia, apice in acumen elongato-lineare, margine integerrimum, spinuloso-ciliatum protracta, basi tantum subremote sinuato-pinnatifida, laciniis inaequaliter bifidis, lobulis triangulari-linearibus, spinis paulo validioribus, ad 7 mm longis armata, ceterum ut folia caulina inferiora. Calathia ± cernua, bracteis 1—3 brevioribus vel subaequilongis, raro paulo longioribus, anguste linearibus, basi tantum remote breviterque spinuloso-dentatis fulta, ante anthesin (qualia adsunt) subglobosa, 20 usque 25 mm lata. Involucri parce vel parcissime araneosi phylla viridia, exteriora et media e basi lanceolata vel oblongo-lanceolata arcte imbricata a medio c. erecto- vel fere horizontaliter patentia et in acumen lineare, margine non vel parcissime et brevissime strigulosum, apicem versus dorso subcarinatum abruptiuscule attenuata, sensim in spinulas infirmas vel subvalidas c. $1\frac{1}{2}$—2 mm longas transeuntia, interiora sensim longiora, intima linearia, apicem versus sensim sed parcissime dilatata, margine subscariosa, integerrima vel apice tantum parcissime et brevissime fimbriato-ciliata, sensim acuminata. (Flores nondum evoluti.)

Wiesen, besonders etwas feuchte, in der tp. und str. St., 1500—3000 m. **Y.**: Zwischen Dsutoupo und Gwamaoschan am Wege von Yungbei nach Yungning, Sandstein, 29. VI. 1914 (3306, Typus). **S.**: Im Djientschang zwischen Dötschang und Ningyüen, 7. IV. 1914 (1893). Ob die Notizen, nach denen die Art ebenfalls bastardfarbig blühen würde und auch am Pudu-ho n von Yünnanfu, 1550 m, und in **S.**: in der wtp. St. s von Huili und jenseits des Nganning-ho nw von hier, sowie bei Muli vorkäme, hieher gehören, ist nicht sicher.

Habituell sehr ähnlich niedrigen Formen von *C. eriophorum* (L.) Scop. mit mehr oder weniger verkümmerten Körben. Am nächsten verwandt sicher mit *C. botryodes*, aber verschieden durch etwas abweichende Blattform, besonders aber durch die nickenden, wohl auch etwas kleineren Körbe und durch die am Rande kaum oder nur sehr spärlich und kurz dornig-steifhaarigen Hüllschuppen.

** **C. chlorolepis** Petr. in Sitzgsanz. Ak. W. W., LXIII., 109 (1926).

Sect. *Epitrachys* DC.

⊙?, radicis fibris fasciculatis tenuibus et crassiusculis, sublignosis. Caulis erectus, certe ad 1 m altus, sulcato-striatus, dense striguloso-pilosus, infra subdense, supra subremote foliosus, e tertio infero racemose ramulosus, ramulis infimis saepe vix 1 cm longis calathiis $\pm$ abortivis, superioribus melius evolutis 2—6 cm longis, monocephalis vel calathia inferiora 1—2, sessilia, $\pm$ abortiva gerentibus, inferne nudis, apice bracteis nonnullis quam calathia brevioribus, raro iis subaequilongis instructis. Folia radicalia supra dense et aequaliter spinuloso-strigosa, subtus secus nervos densiuscule, ceterum inaequaliter et laxe striguloso-pilosa, utrinque flavido-viridia, ambitu elongato-lanceolata, usque ad basin subremote sinuato-pinnatifida, laciniis lineari-lanceolatis, margine breviter spinulosis, apice subobtusis vel abruptiuscule acuminatis, in spinas stramineas sat validas, 3—5 mm longas excurrentibus, basi in utroque sinu dentem triangularem, brevem, subobtusum, abruptiuscule in spinam excurrentem gerentibus, basin versus sensim minoribus, saepe fere omnino ad spinas validas, 7—10 mm longas reductis. Folia caulina inferiora et media semiamplexicauli-sessilia, non decurrentia, ambitu lanceolata, profunde sinuato-pinnatifida, laciniis $\pm$ remotis, linearibus vel lanceolato-linearibus, spinis paulo validioribus necnon longioribus armata, ceterum ut radicalia. Folia superiora sensim minora, profunde et remote sinuato-pinnatifida, laciniis anguste linearibus, sensim acuminatis, basin versus saepe fere omnino ad spinas reductis. Calathia bracteis 1—3 brevioribus raro subaequilongis remote pectinato-spinosis et spinuloso-ciliatis fulta, ovato-globosa, cum floribus c. 25—35 mm longa, basi 15—20 mm lata, paulum excavata. Involucri glabrescentis vel parcissime araneosi phylla virescentia, exteriora et media e basi lanceolato-oblonga sensim vel abruptiuscule attenuata, e tertio infero c. subreflexa vel horizontaliter patentia, elongato-acuminata, sat rigida, apicem versus dorso subcarinata, hic et margine minute spinuloso-strigosa, sensim in spinas subvalidas 2—3 mm longas excurrentia; interiora sensim paulo longiora, ceterum ut exteriora; phylla intima linearia, e basi elongato-acuminata, apice uncinato- vel undulato-curvata, subscariosa nec rigida. Corollae purpureae limbus fere ad medium inaequaliter quinquefidus, lobis anguste linearibus obtusissimis, a tubo bene distinctus eoque paulo longior. Filamenta tota dense et longiuscule crispule papilloso-pilosa. Pappus sordide albus, setis plumosis apice tantum scariosis, non vel vix clavellatis. Achaenia immatura oblonga, compressa, pallide brunnea, c. 5—6 mm longa, $2^1/_2$ mm lata.

Y.: Ruderal in der wtp. St. in der Ebene von Yünnanfu, 1900 m, 30. VII. 1916 (SCHOCH 279).

Wohl zunächst verwandt mit *C. botryodes*, dem es auch habituell ziemlich ähnlich ist. Dieses unterscheidet sich aber durch den spinnwebig-wolligen, nicht fast steifhaarigen Stengel, durch unterseits dicht weißfilzige, auf den Nerven völlig kahle Blätter, größere Körbe und aufrecht-abstehende, spinnewebig-wollige, nur am Rande spärlich und kurz steifhaarige, oben schmutzig schwarzpurpurn gefärbte Hüllschuppen.

** *C. botryodes* PETR. in Sitzgsanz. Ak. W. W., LXIII., 109 (1926).

Sect. *Epitrachys* DC.

Radix ⊙?, obliqua, abbreviata, sublignosa, fasciatim fibrosa. Caulis erectus, certe ultra 1 m altus, sulcato-striatus, dense arachnoideo-pilosus, subremote foliosus, subsimplex, apice tantum breviter racemuloso-ramulosus, ramulis ± abbreviatis, ad 5 cm longis, infra nudis, apice foliis nonnullis bracteiformibus quam calathia brevioribus raro iis sublongioribus instructis, mono- vel ad tricephalis. Folia radicalia sub anthesi nulla; caulina inferiora et media supra subdense strigulosa, obscure viridia, subtus dense araneoso-tomentosa, albido-canescentia, crassiuscule nervosa, semiamplexicauli-sessilia, non vel breviter decurrentia, alis angustis, basi rotundatis, margine subdense et profunde spinoso-dentatis, ambitu oblonga vel oblongo-lanceolata, basin versus attenuata, apice in acumen lineare sensim attenuata et protracta, profunde sinuato-pinnatifida, laciniis linearibus vel lanceolato-linearibus, sensim attenuatis, margine spinuloso-ciliatis, in spinas brunneo-stramineas excurrentibus, basi in utroque sinu inaequaliter et profunde spinoso-dentatis, dentibus triangularibus, subobtusis vel abruptiuscule acuminatis. Folia caulina superiora sensim minora, late semiauriculato-semiamplexicauli sessilia, ambitu lanceolata, elongato-acuminata, alte sinuato-pinnatifida, laciniis linearibus saepe inaequaliter bifidis, spinis paulo crebrioribus sed vix longioribus armata, ceterum ut folia caulina media et inferiora. Bracteae subtus glabrescentes vel tantum parcissime araneosae, apice in acumen elongato-lineare, angustissimum protractae, basin versus remote spinoso-denticulatae, dentibus saepe fere omnino ad spinas reductis. Calathia subglobosa vel ovato-globosa, cum floribus c. 3 cm longa, medio 3—4 cm lata, basi paulum excavata. Involucri parce araneosi phylla exteriora et media e basi lanceolata arcte imbricata, margine parce striguloso-pilosa, apicem versus dorso purpureo-nigrescentia, erecto-patentia et in acumen anguste lineare, apicem versus dorso subcarinatum, spinula subvalida c. 2 mm longa, brunneo-straminea terminatum desinentia, interiora sensim longiora, intima linearia, apicem versus sensim paulo lanceolato-dilatata, acuminata, hic sordide purpurascentia vel fusco-purpurea, margine subscariosa et brevissime fimbriato-ciliata. Corollae albae (e nota ad vivum) limbus ad medium c. inaequaliter quinquefidus, laciniis anguste linearibus, obtusissimis, a tubo vix distinctus eoque paulo brevior. Filamenta basin versus saepe glabrescentia, apicem versus parce vel subdense longiuscule et crispule papilloso-pilosa; antherae violaceae (e nota ad vivum). Pappus sordide albus, corollam aequans vel ea paulo brevior, setis plumosis, apice tantum scariosis, non vel vix clavellatis.

Y.: Trockene Stellen der wtp. St. zwischen Dawan und Gwanyilang bei Yungbei, Sandstein, 2400—2600 m, 3. VII. 1914 (3436).

Die Art ist vor allem durch den einfachen, nur an der Spitze traubig kurz-ästigen Stengel, durch die fast immer deutlich, wenn auch nur ganz kurz herab-laufenden Blätter, übermittelgroße Körbe und durch die Beschaffenheit der Hüllschuppen gut charakterisiert und von den nächstverwandten, in ihrem Verbreitungsgebiete wachsenden Arten der Sektion zu unterscheiden.

**** *C. lidjiangense* Petr. et Hand.-Mzt.**

Sect. *Epitrachys* DC.

(Radix ignota.) Caulis erectus, certe ad 1 m altus, sulcato-striatus, subre-mote foliosus, $\pm$ ramosus, ramis elongatis subnudis, monocephalis. Folia (inferiora ignota) caulina media supra laete viridia, aequaliter et subdense spinu-loso-strigosa, spinulis tenuissimis, appressis, plerumque 0,3—1 mm longis, subtus araneoso-tomentosa, albido-canescentia, sensim attenuata et acuminata, basi semiauriculato-semiamplexicauli profunde spinoso-dentata sessilia, non vel ad 3 mm tantum decurrentia, alis latiusculis, late rotundatis, ambitu oblonga vel ovato-oblonga, ad $^2/_3$ vel profundius inaequaliter sinuato-pinnatifida, laciniis plerumque plusquam ad medium bifidis, lobis $\pm$ divergentibus, spinis subvalidis, stramineis, 2—7 mm longis terminatis, plerumque valde inaequalibus, superiore minore triangulari vel triangulari-lanceolato, sensim acuminato, utrinque saepe dente late triangulari plerumque obtusissimo aucto, margine non vel parcissime spinuloso-strigoso; folia caulina superiora ambitu oblongo-lanceolata, summa lanceolata, sensim minora, profundius et remote sinuato-pinnatifida, lobis diver-gentibus saepe subaequilongis, triangulari-lanceolatis, sensim acuminatis, spinulis subvalidis vix vel paulo longioribus terminatis, ceterum mediis simillima. Cala-thia $\pm$ cernua, bracteis plerumque 1—3 iis subaequalibus vel brevioribus, foliis summis simillimis, sed remotissime in lacinias lineares angustissimas pinnatifidis fulta, globosa, 5—7$^1/_2$ cm diametro. Involucri dense araneoso-tomentosi phylla exteriora et media e basi lineari-lanceolata sensim attenuata, anguste linearia, obscure viridia, dorso carinata, rigidiuscula, integerrima, e basi fere erecto-patentia, in spinas subvalidas stramineas vel pallide brunneas 1—2$^1/_2$ mm longas excurrentia, interiora paulo, intima multo breviora, linearia vel lineari-lanceolata, recta, apicem versus sensim attenuata, spinulis brevioribus mollioribusque terminata, subrigidula, margine posteriore remote spinuloso-aspera. Corollae purpureae (e sicco) limbus a tubo bene distinctus, eo fere duplo brevior, paulum infra medium inaequaliter quinquefidus, lobis linearibus, angustissimis, sub-obtusis. Filamenta parce et crispule papilloso-pilosa. Pappus sordide albus, setis plumosis, apice raro tantum scabridis. (Achaenia ignota).

NW-Y.: Bei Lidjiang („Likiang"), VI.—IX. 1914—1916, v. E. (3639).

Dieser typische Vertreter der Sektion erinnert habituell an gewisse Formen des *C. caucasicum* (Adam) Petr. und *C. adjaricum* Somm. et Lev., unterscheidet sich aber besonders durch die Hüllschuppen, von welchen die äußeren und mittleren fast ihrer ganzen Länge nach abstehen, so daß sie beinahe wie Hochblätter aussehen, die von der Basis des Köpfchens radiär ausstrahlen. Unter den chinesischen Arten steht das mangelhaft beschriebene *C. Mairei* Lévl. in Rep. sp. nov., XII., 189 (1913) (*Cnicus M.* Lévl., l. c., XI., 307 [1912]) am nächsten, das, nach dem Typus, schon durch andere Blattform abweicht, was mit Rücksicht auf die große Veränderlichkeit dieser in der Sektion nicht von Wichtigkeit sein kann; doch hat dieses auch bedeutend kleinere, nur 3—4 cm große Körbe, die an den Enden kürzerer Äste einzeln oder zu 2—3 dicht gehäuft stehen und von zahlreichen zuweilen fast doppelt so langen Hochblättern gestützt werden. Die äußeren Hüllschuppen zeigen keinen wesentlichen Unterschied; die inneren sind hier aber nicht kürzer, sondern deutlich länger, an der Spitze ziemlich trockenhäutig, schmutzig purpurn überlaufen und mehr oder weniger lanzettlich oder spatelig verbreitert. Auch ist hier die Kronenröhre dem Saume ungefähr gleich lang. Es ist nicht ausgeschlossen, daß wir es hier mit 2 Vertretern eines Formenkreises zu tun haben, der ähnlich wie *C. eriophorum* (L.) Scop. oder *C. caucasicum* in Transkaukasien ziemlich weit verbreitet und reich gegliedert ist.

C. taliense (Jeffr.) Lévl., Cat. Pl. Yun., 43 (1916) (*Cnicus taliensis* Jeffr. in Not. Bot. Gard. Edinb., V., 196 [1912], e typo). Y.: An Gräben der wtp. St. bei Niugai zwischen Dali und Lidjiang, 26° 15′, Kalk, 2300 m (8533). Wahrscheinlich dieses viel bis in die tp. St. zwischen Djientschwan und Weihsi. Im NW bei Lidjiang, v. E. (3638).

Blüten gelblichweiß; Antheren gleichfarbig oder bräunlich. Eine schöne, leicht kenntliche, besonders durch die oberseits dicht steifhaarigen Blätter und kämmig dornigen Hüllschuppen ausgezeichnete Art. Blattform wie bei fast allen Cirsien etwas veränderlich, wie die beiden. von verschiedenen Fundorten stammenden Aufsammlungen beweisen, desgleichen die Stärke des spinnwebigen Filzes der Hüllschuppen, bei 8533 kaum angedeutet, bei 3638 ziemlich dicht.

** **C. bolocephalum** Petr. in Sitzgsanz. Ak. W. W., LXIII., 107 (1926).

Sect. *Epitrachys* DC.

Radix ⁲ (?), crasse fusiformis, subobliqua, sublignosa, versus 1 m longa, fibris paucis, elongatis, crassiusculis. Caulis erectus, 25 cm — 1 m altus, crassus, striato-sulcatus, dense vel densissime foliosus, imprimis apicem versus cum calathiis et basibus foliorum densissime araneoso-lanatus, lana densissime contexta, in sicco albido-ferruginea, simplex, apice conferte usque ad 40 cephalus. Folia radicalia mox emortua, caulina inferiora et media utrinque viridia, supra parce, subtus parcissime spinis flavido-brunneolis, subvalidis, 3—8 mm longis remotissime spinoso-strigosa, ceterum glabrescentia, subtus pallidiora, secus nervos tantum ± crispule araneoso-pilosa, basin versus araneoso-lanata, quasi in petiolum anguste alatum, profunde spinoso-dentatum attenuata, sessilia, non vel raro brevissime decurrentia, ambitu lanceolata vel oblongo-lanceolata, ad tertium vel fere medium subremote sinuato-pinnatilobata, lobis late triangularibus, obtusis vel obtusissimis, abrupte in spinas validas 5—15 mm longas contracta. Folia caulina superiora et summa basi vix vel paulum angustata sessilia, ambitu anguste vel lineari-lanceolata, sat remote spinoso-dentata, dentibus triangularibus subobtusis vel abruptiuscule acuminatis, imprimis basin versus saepe fere totis ad spinas validas, usque ad 18 mm longas reductis, ceterum ut inferiora. Calathia dense racemosa, sessilia vel brevissime pedunculata, globosa, cum floribus c. 4—5 cm longa et lata, summa bracteis nonnullis linearibus iis subaequilongis vel paulo longioribus, sensim attenuatis et acuminatis, margine remote pectinato-spinosis, sensim in phylla exteriora transeuntibus fulta. Involucri densissime araneoso-tomentosi phylla exteriora et media e basi ovato-oblonga, e medio vel fere tertio infero erecto-patentia, in acumen anguste lineare dorso carinatum attenuata et in spinas subvalidas, brunneo-stramineas, 6—12 cm longas sensim exeuntia, interiora gradatim longiora, intima linearia, elongato-acuminata, recta, spinulis subinfirmis, vix rigidis terminata. Corollae atropurpureae (e nota ad vivum) limbus paulum infra tertium superum inaequaliter quinquefidus, lobis anguste linearibus, subobtusis, apicem versus margine parcissime papillosis, a tubo non vel vix distinctus eoque subduplo longior. Filamenta tota glabrescentia vel apices versus parce et crispule papilloso-pilosa. Pappus sordide albus, setis plumosis, apice saepe scabridis tantum, non clavellatis. Achaenia matura oblonga, compressa, fusco-nigrescentia, subnitida, $4^1/_2$—7 mm longa, 2—$2^1/_2$ mm lata.

NW-Y.: Matten und Krautfluren der Hg. St. des birm. Mons. auf Glimmerschiefer, 3900—4375 m. In der Mekong—Salwin-Kette am Rücken Pongatong 4. VIII. 1916 (9676, Typus), im Hintergrunde des Doyon-lumba und im obersten Schidsaru (s. Karst. u. Schenck, Vegetatb., 17. R., Taf. 45A), um 28⁰ 9′, und unter dem Passe Ulüla zwischen Salwin und Irrawadi, 27⁰ 52′, 4. VII. 1916 (9278).

Die Art gehört dem Formenkreise des *C. eriophoroides* (Hook. f.) Petr. an und zeichnet sich vor allem durch die auf beiden Seiten mit sehr locker und unregelmäßig zerstreuten, unterseits nur sehr vereinzelt und meist nur in der Nähe des Randes befindlichen, ziemlich kräftigen und langen Dornen besetzten Blätter, gehäufte, mit dem Stengel und unteren Teil der Blätter in einen sehr dichten Wollfilz gehüllte Körbe und durch die Beschaffenheit der Hüllschuppen aus.

— —** var. *ramosum* Petr., 1. c., 108.

Caulis erectus, ultra 2 m altus, ad 2 cm crassus, striato-sulcatus, parce et crispule pilosus, subremote foliosus, a medio c. valde ramosus, ramis ± elongatis, inferne nudis, antice foliosis, mono- ad tricephalis. Folia inferiora et media ut in typo, sed saepe breviter decurrentia, alis angustis vel angustissimis, sensim attenuatis, margine spinuloso-ciliatis, ad medium vel fere $^2/_3$ sinuato-pinnatifida, laciniis late ovato-triangularibus, inaequaliter spinuloso-denticulatis, dentibus triangularibus paucis subobtusis vel abruptiuscule acuminatis, spinis validis 3—8 mm longis terminatis. Folia caulina superiora et summa multo minora, lanceolata, subremote sinuato-dentata, spinis paulo validioribus necnon longioribus crebrioribusque armata. Calathia ± aggregata, sessilia vel subsessilia, foliis summis 1—3 lineari-lanceolatis, inaequaliter spinoso-dentatis, iis subaequilongis vel paulo longioribus, basi cum caule vel ramulo et involucro dense araneoso-lanuginosis. Flores purpurei (e nota ad vivum). Cetera ut in typo.

NW-Y.: Hochstaudenfluren in den tp. Regenmischwäldern des birm. Mons. auf Glimmerschiefer, 3100—3450 m. Zwischen Mekong und Salwin im Saoalumba, 28⁰, 26. VIII. 1916 (9957, Samen) und beiderseits des Schöndsu-la, 28⁰ 6′, 22. IX. 1915 (8263, Typus). Von Salwin gegen den Irrawadi im Tjiontson-lumba, 27⁰ 55′.

Scheint auf den ersten Blick vom Typus nicht unwesentlich verschieden, ist aber wohl nur eine durch den tieferen Standort bedingte, besonders durch den hohen, reichästigen Stengel, etwas tiefer fiederspaltige, verhältnismäßig breitere, nicht so reich und kräftig bewehrte Blätter und den zwar immer noch sehr dicken, aber fast auf die Hülle beschränkten Wollfilz abweichende Form.

— —** subsp. *setschwanicum* PETR., l. c., 108.

Caulis erectus, c. $^1/_2$—1 m altus, subremote vel subdense foliosus, ramis subnudis, monocephalis. Folia inferiora et media supra spinulis 1—2$^1/_2$ mm longis subremote spinuloso-strigosa, basin versus attenuata, semiauriculato-semiamplexicaulia, non vel brevissime decurrentia, alis latis, basi rotundatis, margine spinoso-denticulatis, laciniis late triangularibus acuminatis vel subobtusis, spinoso-dentatis, spinuloso-ciliatis; caulina superiora sensim minora, sinuato-pinnatifida, laciniis angustioribus, spinis crebrioribus, sed vix vel paulo longioribus; summa subito multo minora, bracteiformia, lineari-lanceolata vel linearia, sensim acuminata, spinoso-dentata, lobis saepe fere totis ad spinas quasi e basi bi- vel trifidas reductis. Calathia in apice caulis et ramorum solitaria, $\pm$ cernua, bracteis nonnullis linearibus, sensim acuminatis, imprimis basin versus remote pectinato-spinulosis, brevioribus vel subaequilongis, sensim in phylla exteriora transeuntibus fulta, subglobosa, cum floribus 4—5 cm longa, 4—5$^1/_2$ cm lata. Involucri dense albo-araneosi phylla ut in typo, sed exteriora et media minus rigida, intima elongato-acuminata nec rigida. Corollae brunnescentis (e nota ad vivum) limbus ad medium c. inaequaliter quinquefidus, a tubo vix vel sat distinctus eoque $\pm$ aequilongus. Filamenta apices versus subdense crispule papillosopilosa. Cetera ut in var. praecedente.

S.: Feuchte, offene Stellen der tp. St. ober Niutschang zwischen dem Yalung und Yenyüen, 27° 22′, Sandstein, 3000—3600 m, 30. IX. 1914 (5416) und ober Hwangliangdse n von hier, 27° 51′.

Von den drei vorliegenden Exemplaren zeigt das eine schon eine deutliche Annäherung an den Arttypus, da bei ihm der Stengel bis zur Spitze beblättert ist und die Körbe in den Achseln der oberen Stengelblätter sitzen oder nur sehr kurz gestielt sind.

C. segetum BGE. NW-S.: Gebirge um Sungpan (WEIGOLD).

Serratula L.

S. strangulata ILJ. in Bull. Jard. Bot. URSS., XXVII., 89 (1928). NW-S.: Gebirge um Sungpan (WEIGOLD).

Von *S. centauroides* L. wohl nicht trennbar.

S. Chanetii LÉVL. in Rep. sp. nov., X., 351 (1912), e typo. Syn.: *S. Potaninii* ILJ., l. c., 88 (1928).

Carthamus L.

C. tinctorius L. Kultiviert in der wtp. St. Y.: Dschaodschou s von Dali, 2100 m. Kw.: Mehrfach um Nanmutschang und gegen SW, um 1500 m.

Pertya SCHTZ. bip.

P. cordifolia MATTF. in Notizbl. Bot. Gart. Berl., XI., 103 (1931). SW-H.: Ränder des wtp. Laubhochwaldes auf dem Yün-schan bei Wukang, Tonschiefer, 1180—1350 m, 18. VII. — 10. VIII. 1918 (12421).

Viele Blätter, dieser Pflanze vom Originalfundort sind am Grunde nur gestutzt.

P. Bodinieri Vant. ****var. *berberidoides*** Hand.-Mzt. (Abb. 31, Nr. 8, 9 auf S. 1139).

Folia multa ambitu ovata, circa medium lobo patente singulo ad mediam laminam penetrante vel dentibus brevioribus 2 subspinosis utrinque praedita, cetera anguste cuneato-obovata. Planta sterilis.

NW-Y.: Tonschieferfelsen der str. St. unter Meti über dem Yangtse sw von Dschungdien, 27° 39′, 2400 m, 25. VIII. 1915 (7781).

Der Arttypus hat elliptische, $5 \times 3^1/_2$—10×4 mm große Blätter, nur selten mit einem einzelnen kleinen Zahn.

P. *phylicoides* Jeffr. in Not. Bot. Gard. Edinb., V., 200 (1912). NW-Y.: Trockene Laubwälder, Gebüsche, dürre Felsen der tp. und wtp. St., 2400—3200 m. Bei Lidjiang, v. E. (3620). Zwischen den Pässen des Berges Lamatso halbwegs zwischen Yungning und Dschungdien (7607). Haba se (4424) und unter Laba e von Dschungdien. Unter dem Doker-la an der tibetischen Grenze (8060).

Körbe nicht nur achselständig, sondern auch endständig, aber immer sitzend. „Membranacea" kann man die Hüllschuppen nicht nennen, eher „coriacea". Blätter bei 4424 6 mm lang, ganz zusammengerollt, Zweigbehaarung weiß und Pappus fast weiß; bei 7607 Blätter bis 8 mm lang; bei 8060 die vom Autor beschriebenen Blätter meist nur 2 mm lang, vereinzelte andere spatelförmig und 6 mm lang. 3620 hat anfangs teilweise recht stark wollige Hülle.

Ainsliaea DC.

A. glabra Hemsl. Y.: Sumpfstellen bei Tsinschuidji nächst Beyendjing (Ten 354). Im NE im Tal von Gulungtschang, 800 m (Maire).

* **A. *reflexa*** Merr. in Philip. Journ. Sci., Suppl., 242 (1906) (incl. var. *Lobbiana* Beauvd. in Bull. Soc. bot. Genève, 2. sér., II., 37 [1910]) (*A. Henryi* Diels var. *ovalifolia* Chang in Sinens., IV., 227 [1934]). Y.: Gebüsche und Bambusdschungel der tp. St. auf dem Berge Hungguwo bei Hsinyingpan zwischen Yungbei und Yungning, 3100—3450 m, 28. VI. 1914 (3282).

— —****var. *nimborum*** Hand.-Mzt. in Sitzgsanz. Ak. W. W., LXIII., 5 (1926) (incl. var. *subalpina* Hand.-Mzt, l. c.).

Achaenia glabra, partim epapposa.

NW-Y.: Tannenwälder der ktp. St. auf dem Nguka-la zwischen Dschungdien und Djitsung am Yangtse, Diabas, 3750—3800 m, 25. VIII. 1915 (7808) und tp. Regenmischwälder des birm. Mons. im Doyon-lumba am Salwin, 28° 2′, Schiefei, 3250—3450 m, 23. IX. 1915 (8343, Typus).

Der Pappus fehlt nicht an allen Achänen der Nr. 7808, wohl aber auch an manchen von Elmer 8363 von den Philippinen, weshalb ich die auf dieses Merkmal begründete var. *subalpina* nicht aufrechterhalten kann. Chang gibt als Unterschiede der *A. reflexa* von seiner Pflanze schlaffen Habitus, geflügelte Blattstiele, dreiblütige Körbe und behaarte Achänen an. In den Blattstiel, und zwar nur bis zur Hälfte, herablaufende Blattspreiten haben nur besonders kräftige Exemplare, Elmer 8363 und Lobb 447 aber nicht. Der Habitus meiner Pflanzen ist ebenso schlaff, und 3 Blüten sind vorherrschend. Die chinesische Pflanze ist also trotz der geographischen Trennung mit der philippinischen identisch.

A. spicata VANT., e typo. Matten, Wegränder, offene Stellen der *Keteleeria*-
und Eichenwälder der wtp. St., auf Sandstein, 1960—2600 m. **Y.**: Tempel
Schili-ngan (293) und Hsi-schan bei Yünnanfu. Überall n von hier bis jenseits
Hsinlung. Ober Tschischingai am Taohwa-schan bei Beyendjing (6255). Ober
Dienso s von Hodjing. Im NW ober Tschwadse am Nordende der Yangtse-
Schleife. Im NE auf Hügeln bei Dungtschwan (MAIRE). **S.**: Huili (864).

MAIRES Pflanze hat die Körbe nicht immer einzeln, Nr. 6255 dünne, ganz
kahle Stengel.

A. scabrida DUNN. **Y.**: Umgebung von Yünnanfu (MAIRE ex hb. Edinb.
919). Im NE auf Matten dürrer Hügel bei Djintschungschan, 2550 m (MAIRE).

A. yunnanensis FRANCH. Steppen und offene, steinige Stellen der wtp.
und tp. St., 2500—3640 m. NE-**Y.**: Djintschungschan (MAIRE). **S.**: Zwischen
Yenyüen und dem Yalung, 27° 22′ (5383). Becken von Yenyüen und ober Mabaho
n von hier. Paß zwischen Hohsi und dem Yalung.

A. pteropoda DC. Matten, Gebüsche und trockene Wälder der wtp. St.,
1900—2700 m. **Y.**: Von Schadschou w von Tschuhsiung bis Lidjiang überall.
Hier, v. E. (3619). Weiter im NW ober Yulo am Yangtse, ober Tschwadse am
Nordende der Yangtse-Schleife (7623) und unter Lutien e von Weihsi (8501).
Im NE bei Maliwan und Lagu (MAIRE). **S.**: Ober Bakuwe bei Kwapi n von
Yenyüen, tp. St., 2750—3500 m (2485?, jung).

——var. *macrocephala* MATTF. in Notizbl. Bot. Gart. Berl., XI., 107 (1931).
Y.: Steppengrund der Kiefernwälder der wtp. St. auf dem Rücken Sandjigu n
von Yünnanfu, 25° 36′, 1800—2350 m (5683). Dürre Kiefernhügel bei Toyün
nächst Dschaotung am Wege nach Suifu (MELL).

A. hypoleuca DIELS in Rep. sp. nov., Beih., XII., 514 (1922), e typo.
Wälder und Gebüsche der wtp. St., auf Schiefer und Sandstein, 2400—2700 m.
S.: Tal s von Linkan am Houdsengai bei Dötschang im Djientschang (1835).
Zwischen Molien und Tiaolu jenseits des Yalung n von Yenyüen (2615). Im
W auf dem Wa-schan s von Yadschou (WEIGOLD). NE-**Y.**: Maliwan (MAIRE).

A. pertyoides FRANCH. **Y.**: Waldschluchten der wtp. St. unter Hsinlung
jenseits des Pudu-ho n von Yünnanfu, 25° 34′ (511, var. *typica* BEAUVD. in
Bull. Soc. Bot. Genève, 2. sér., I., 384 (1909).

——var. *albotomentosa* BEAUVD., l. c. Mischwälder, dichte Gebüsche und
Bachbetten der wtp. St., 2100—2750 m. **Y.**: Mehrfach um die Tempel des Hsi-
schan bei Yünnanfu. Djiunienping w von Fumin. Dschung-tsun nw von Lufeng.
Um Sanyingpan und Djiaohsi n von Yünnanfu (582). **S.**: Houdsengai bei Dötschang im Djientschang. Kwapi n von Yenyüen, 27° 53′ (2730).

Nouelia FRANCH.

N. insignis FRANCH. Savannenwälder, Gebüsche und nackte Hänge der str.
St., 1000—2500 m. **Y.**: Ober Lagatschang in der Yangtse-Schlucht n von Yün-
nanfu (753). Überall unter Beyendjing, um Gwanfang und Tschalaschao (6308).
Ober Dienso s von Hodjing im Föhrenwald bis in die wtp. St., 2625 m. Unter
Yungbei und viel e von hier um Datschang und Dalu. Unter Dawan gegen Li-
djiang. Im NW viel bei Loyü in der Yangtse-Schlucht nw von Lidjiang, bei
Hewa gegenüber Fongkou n von hier, Mujendu w des Nordendes der Yangtse-
Schleife. Waschwa se von Dschungdien. **S.**: Um Woloho zwischen Yungning

und Yenyüen. Haidselou ober Oti und selten zwischen Otang und Datjiaoku unter Kwapi, 28⁰ (2525) n von Yenyüen. Um den Yalung zwischen Yenyüen und Huili von Yowanschui bis unter Pudi. Selten im s Seitentale des Djientschang gegen Huili (s. Karst. u. Schenck, Vegetatb., 20. R., Taf. 39). Am See von Ningyüen gegen Dawan.

Gerberia Cass.
(*Gerbera* Spreng.)

G. piloselloides (L.) Cass. Steppen und trockene Gebüsche, auch Acker-raine der wtp. bis in die tr. St., 600—2500 m. **Ki.-F.**-Grenze: Gipfel des Dunghwa-schan zwischen Schitscheng und Ninghwa (Plt. sin. 298). **H.**: Hsikwangschan bei Hsinhwa (11 905). **S.**: Im Djientschang bei Dötschang (1129) und Luanfenba (1889). S ober Lumapu zwischen Yenyüen und dem Yalung, 27⁰ 37′ (2088). Zwischen Otang und Kwapi n von Yenyüen (2749). Ober Woloho zwischen Yenyüen und Yungning. **Y.**: Berge um Yünnanfu (Schoch 202). Beyendjing (Ten 119, 1214; ex hb. Berol. 177). Um Tjitiaowan unter Lantji zwischen Yungbei und Yungning (3211). Im NW jedenfalls am Mekong (Monbeig). Im S bei Yaotou zwischen Möngdse und Manhao (5931). Im E gemein über Loping bis Bantjiao.

G. Anandria (L.) Schtz. bip. Offene Föhrenwälder, Matten, Dschungel-ränder der str. bis in die ktp. St. **H.**: Am Gu-schan bei Tschangscha, 150 m (11634). **S.**: 2450—3900 m. Mohadscho im Daliang-schan e von Ningyüen (1547?, ganz jung). Liuku-liangdse (2272) und Hwang-liangdse (5510) zwischen Yenyüen und Kwapi.

G. Bonatiana Beauvd. in Bull. Soc. Bot. Genève, 2. sér., V., 147 (1913). **S.**: Überall in Gebüschen der wtp. St. zwischen Duörlliangdse und Hungga im Becken von Yenyüen, Kalk, 2750—2950 m (2894).

G. serotina Beauvd., 1. c., 148 (1913). Trockene Hänge und Buschwälder der wtp. bis in die str. St. auf Sandstein, Tonschiefer und Eruptivgesteinen, 1900—2500 m. **Y.**: An der Nordostseite des Dji-schan (6427) und unter Schuidsai (6446) ne von Dali (Talifu). **S.**: Toka bei Kwapi n von Yenyüen, 27⁰ 53′ (2396).

Die am 23. V. blühend gesammelte Nr. 6446 hat teilweise wohlentwickelte, teilweise gar keine Blätter. 2396 bildet einen Übergang zur vorigen Art.

* **G. Kunzeana** A. Br. et Aschers. in Cat. Sem. Hort. Berol., 1871, App., 3. Hook. f., Fl. Brit. Ind., III., 390. **NW-Y.**: *Pteridium*-Wiese der tp. St. des birm. Mons. ober Bahan (Pehalo) am Salwin, 27⁰ 58′, Schiefer, 3200—3700 m, 18. VI. 1916 (8955).

Sehr kleine Form mit nur wenigen Schuppen am Schaft.

G. ruficoma Franch. **S.**: Trockene Stellen der wtp. St. bei Kwapi n von Yenyüen, 27⁰ 53′, Kalk, 2750 m (2774).

Nur ein kleines Exemplar. Blätter mehr schrotsägeförmig, als beschrieben, sonst stimmend.

G. Delavayi Franch. (*G. Henryi* Dunn. — *G. uncinata* Beauvd.). Steppen, Erdabrisse, auch trockene Gebüsche der wtp. bis in die str. St., 1900—2800 m. **Y.**: Überall um Yünnanfu (47) und mehrfach nach N bis unter Bödschagwan in der Yangtse-Schlucht (5660). Im NW viel im Seitentale w des Nordendes der Yangtse-Schleife. **S.**: Ober Muli. Am w Zuflusse des Yalung, 27⁰ 35′ (5596). **W-Kw.**: Liangdoho (Schoch 390).

Die hier zusammengezogenen Arten stellen eine fließende Übergangsreihe dar, deren Extreme, der *G. Delavayi*-Typus und *G. uncinata*, nur vom Standort abhängig sind.

*** G. nivea** (WALL.) Schtz. bip. in Flora, XXVII., 780 (1844) (*Oreoseris? n.* [Wall.] DC., Prodr., VII., 18 [1838]). NW-Y.: Bei Lidjiang, VI.—IX. 1914—1916, v. E. (3622). Hier in Kieferwäldern unter dem kleinen Gletscher des Yülung-schan, 3300 m, 17. VIII. 1914 (SCHNEIDER 2277) und auf Alpenmatten, 3800 m (SCHN. 3257).

Lapsana L.

(*Lampsana* SCOP.)

L. apogonoides MAX. H.: Massenhaft im Sand am Flusse und in Reis-feldern der str. St. bei Tschangscha, Sandstein, 25—50 m (11521). NE-Y.: Kanalränder der wtp. St. bei Dungtschwan, 2500 m (MAIRE).

Picris L.

P. hieracioides L. subsp. **japonica** (THBG.) HAND.-MZT. (*P. japonica* THBG., Fl. Jap., 299 [1784]. — *P. hieracioides* L. var. *j.* [THBG.] DIELS in Bot. Jahrb., XXIX., 630 [1900]. — *P. Mairei* LÉVL. in Bull. Ac. Géogr. Bot., XXV., 14 [1915], e typo). SW-H.: Buschwiesen der wtp. St. auf dem Yün-schan bei Wukang, 1400 m, Tonschiefer (12152). W-Hubei: Djienschi (WILSON, Veitch Exp. 1296). NE-Y.: Kanalränder der Ebene von Dungtschwan, 2500 m (MAIRE). Matten hier (M., distr. BONATI 7327).

Die von KOMAROW in Act. Hort. Petrop., XXV., 767 (1907) angegebenen Unterschiede in Pappus und Blattzähnung sind nicht vorhanden. Es bleibt nur die stärkere Behaarung, die der Pflanze analog der Bewertung der europäischen Formen Subspeziesrang gibt.

— —** subsp. **fuscipilosa** HAND.-MZT.

Planta magna, robusta, polycephala, praesertim superne inclusis involucris necnon inferne pilis longissimis fuscis plurimis eglochidiatis dense hirsuta, foliis superioribus basi lata amplexicaulibus, pedicellis sub calathiis incrassatis, in-volucris 15—17 mm longis, atris, floribus (e nota ad vivum) flavis.

Trockene und üppige Waldwiesen, offene Wälder und kräuterreiche Hänge der tp. bis in die ktp. St., 2950—3900 m. NW-Y.: Bei Lidjiang gegen das Be-schui, 18. VII. 1914 (4189). Hier am Osthang des Yülung-schan, V.—X. 1922 (ROCK 5688, Typus) und an seiner NW-Seite, VIII. 1922 (FORREST 23128). Auf dem Patü-la und unter dem Paß Schulakadsa, 16. VIII. 1915 (7672), an der Westseite des Gebirges Piepun, 12. VIII. 1914 (4788) und ganze Wiesen gelb färbend bei Tomulang se von Dschungdien. S.: Sattel s Lidjia-tsun zwischen Muli und Yungning (phot.). Im NW auf Gebirgen um Sungpan (WEIGOLD?, mangelhaft).

Am ähnlichsten der ssp. *kamtschatica* (LEDEB.) HULTÉN in Kgl. Sv. Ak. Handl., 3. ser., VIII/2., 217 (1930), die sich durch fast ausnahmslos widerhakige Haare und breitere, aber am Grund nicht verbreiterte Blätter unterscheidet. Alle europäischen Formen haben viel kleinere Körbe.

P. divaricata VANT., e typo. Matten, Wegränder, Äcker, trockene Gebüsche und Föhrenwälder der wtp. bis in die tp. St., vielleicht nicht auf Kalk, 1800 bis

3000 m. Y.: Ebene von Yünnanfu (Schoch 111). Dasungschu im Hsiaodsang n von Yünnanfu, 25° 40′ (563). Tangdjiatschong bei Beyendjing (Ten 57). Zwischen Dschaoping und Boloti bei Yungbei (3349). Im NE in der Ebene und auf Bergen bei Dungtschwan (Maire). W-S.: Min-Tal von Sungpan bis Tietschi (Weigold).

Durch die breit sparrige Verzweigung und Kahlheit besonders der oberen Teile ausgezeichnete Art.

Scorzonera L.

S. albicaulis Bge. Buschsteppen und trockene Grasplätze der wtp. St., 600—1300 m. H.: Hsikwangschan bei Hsinhwa (11904). Kw.: Zerstreut zwischen Guiyang und Gwanyinschan (10533).

Taraxacum Boehm.

?T. sikkimense Hand.-Mzt., Monogr. G. Tarax., 103 (1907); in Öst. Bot. Zeitschr., LXXII., 269 (1923). NW-Y.: Wiesen der tp. St. am Passe Lenago ober Schuba zwischen Yangtse und Mekong, 27° 45′, 3500 m, 7. VI. 1916 (8863). S.: Üppige Wiese der ktp. St. bei der Alm Bädö ober Muli, 3900 m, 29. VII. 1915 (7104).

Große Pflanzen, die erste ohne Früchte, nach Dahlstedt nicht hierhergehörig, die zweite mit weniger geteilten Blättern, nach ihm identisch mit *T. tibetanum* 6903, 7086 und 7232, doch wegen der dunklen Achänen sicher nicht.

T. tibetanum Hand.-Mzt., Monogr. G. Tarax., 67 (1907). Gedüngte und magere Wiesen, Matten, magere Humusstellen, Weidengebüsche und Quellen der ktp. und Hg. St., 4050—4475 m. S.: Rücken des Saganai ober Muli (7160). Paß Tschescha s von hier. Um den Paß Döko (7160, 7232, 7233) und am weiteren Rücken sw von hier. NW-Y.: Um die Alm Maoniubi (6903, 7086) und ober der Waldgrenze auf dem Waha bei Yungning. Beima-schan zwischen Yangtse und Mekong, 28° 18′ (Forrest 20771).

Blütenfarbe bei 7086 wie bei *T. levigatum* (Willd.) DC., bei der an gedüngter Stelle gewachsenen 6903 ebenso, außen rot gestreift. 7160 und 7233 stellte ich in Öst. Bot. Zeitschr., LXXII., 264 zu *T. ceratophorum* Ledeb.; besonders 7160 hat die Blüten nur wenig heller als *T. officinale* Web. Dahlstedt kann recht haben, daß sie in die Variationsweite des *T. tibetanum* gehören.

T. eriopodum (D. Don) DC., Prodr., VII., 147 (1838) (*Leontodon e.* Don in Mem. Wern. Soc., III., 413 [1820]). Trockene Wiesen und humöse Stellen, auch in Gebüschen, in der tp. und ktp. St., 3100—3800 m. NW-Y.: Bei Lidjiang, v. E. (3623). Ober Dugwan-tsun und bei Hsiao-Dschungdien. Ober Mudidjin bei Yungning (3173). S.: Rücken Daörlbi zwischen Yungning und Yenyüen (2999). Liuku-liangdse zwischen Yenyüen und Kwapi (2269).

Nr. 3173 verkahlt, wohl infolge des feuchteren Standortes.

T. sinense DC., det. Dahlstedt. NW-Y.: Feuchte Matten der tp. St. unter dem Lamakloster bei Dschungdien, Kalk, 3400 m (7563).

War von mir in Österr. Bot. Zeitschr., LXXII., 265 zum vorigen gestellt worden.

T. mongolicum Hand.-Mzt., Monogr. G. Tarax., 67 (1907). Dahlst. in Act. Hort. Gothob., II., 159 [1926]). Schuttplätze, Mauern, Dämme, Grashänge, Steppen der str. und wtp. St. Kiangsu: Im Garten Nantao in Schanghai (12807). H.: 25 bis 650 m. Um Tschangscha überall (11528). Um Loudi im Bezirke Hsianghsiang (11731). Lantien und zerstreut um Hsikwangschan (11865) bei Hsinhwa. **SW-Kw.**: Ober Djiangdi an der Grenze von Yünnan, 1400 m (10271). **Y.**: Bei Yünnanfu im und vor dem Tempel Hwading-se am Hsi-schan (6085) und bei Lungdu-tsun (226), 1950—2200 m. **S.**: Maogoyendjing bei Yenyüen, 2600 m (2227, det. DAHLSTEDT).

Die beiden letzten Pflanzen hatte ich zu *T. dissectum* gestellt und in Österr. Bot. Zeitschr., LXXII., 264 die Unterschiede dargelegt. Nr. 10271 erklärte DAHLSTEDT für nicht zu *mongolicum* gehörig, ohne einen Namen zu geben.

T. dissectum LEDEB., Fl. Ross., II., 814 (1846). Trockene Matten, nackte Erde, humöse, steinige, auch gedüngte Stellen, Äcker der wtp. bis in die str. und tp. St., 2000—3100 m. **S.**: Dindjia-tsun bei Huili (884). Houdsengai bei Dötschang. Häufig überall am Schao-schan, ober Schagoma (1345) und am Lose-schan s von Ningyüen. Unter dem Dsiliba, bei Niuguba und Mohadscho (1549) nächst Tjiaodjio im Lolo-Lande e von hier. Bei Yenyüen unter Stadt (2870) und an Bächen bei Hwalipu (2246, Übergang zum folgenden). Oti bei Kwapi (2798) und jenseits des Yalung bei Molien (2563) n von hier. Rücken ober Fumadi am Wolo-ho zwischen Yenyüen und Yungning, bis 3300 m (3048, Übergang zum folgenden). Muli (ebenso). Im W auf dem Wa-schan s von Yadschou (WEIGOLD). **Y.**: Zwischen Dienso und dem Passe Dsuningkou (6566) und unter dem Paß Sanschischao s von Hodjing. Im NW ober Duinaoko (3445), unter Ganhaidse (6609) und im Geröll an einer Lache bei Ngulukö an sekundärem Standort mit folgendem (8572) in der Umgebung von Lidjiang. Unter Yedsche und bei Londjre am Mekong.

Nr. 884, 1345, 1549, 6566 und 6609 werden von DAHLSTEDT von der Art ausgeschlossen, 8572 als eine mit *T. mongolicum* nahe verwandte Sippe erklärt.

T. indicum HAND.-MZT., Monogr. G. Tarax., 50 (1907). Feuchte Matten, üppige Matten, Hochkrautfluren, auch an Mauern und Wegrändern in der tp. bis in die wtp. St., 2500—3400 m. **Y.**: Zwischen Dsutoupo und Gwamaoschan am Wege von Yungbei nach Yungning (3303). Häufig bei Lidjiang (6630). Hier bei Ngulukö (4231), auch im Gerölle am Rande einer Lache an sekundärem Standort mit vorigem (8571), und am Be-schui (4202). Lagerplatz Yidjiadschön am Wege nach Dschungdien. Hier unter dem Lamakloster (7562) und bei der heißen Quelle unter Baoschi (7538). **S.**: Am Sumpfrand beim See e von Yungning (3120).

Sonchus L.

S. arvensis L. Äcker der str. und wtp. St., 1350—1950 m. **Y.**: Yünnanfu (SCHOCH). Ami (ENANDER). Beyendjing (TEN 59). **S.**: Ningyüen (1299). Im NW um Sungpan (WEIGOLD).

— — var. *laevipes* KOCH, Syn. D. u. Schw. Fl., ed. 2., 498 (1844) (*S. uliginosus* MARSCH. a BIEB.). **S.**: Ackerraine der wtp. St. bei Huili, Sandstein 1960 m (832).

S. oleraceus L. **Y.**: Ami, 1350 m (ENANDER).

Cicerbita WALLR. p. p.

(*Mulgedium* CASS. p. p. min.)

C. grandiflora (FRANCH.) BEAUVD. in Bull. Soc. Bot. Genève, 2. sér., II., 129 (1910) (*Lactuca g.* FRANCH. in Journ. de Bot., IX., LXXXII [1895]. —

L. atropurpurea Franch., l. c., 260, non 294). Steinige Matten und üppige Wiesen der tp. und ktp. St., 3100—4000 m. NW-Y.: Bei Lidjiang, v. E. (3613, 3618). Ober Anangu und zwischen Alo und Hsiao-Dschungdien (4569) se von Dschungdien. Viel auf dem Nguka-la sw von hier. Im birm. Mons. an der Westseite des Si-la, im Tale Schidsaru und unter dem Doker-la zwischen Mekong und Salwin. S.: Lagerplatz Guyi zwischen Muli und Yungning. Ober Hwangliangdse zwischen Yenyüen und Kwapi. Lungdschu-schan bei Huli (5180).

Die schwächsten Exemplare haben dünne, am Grund kaum verbreiterte Stengelblattstiele. 3613 ist eine kleine Form mit überhaupt reduzierten Stengelblättern. Die Notizen gehören vielleicht zu verwandten Arten. Genau genommen, war Franchet nicht berechtigt, den Namen seiner zuerst aufgestellten Art zu ändern.

C. cyanea (D. Don) Beauvd., l. c., 132 (1910) (*Sonchus cyaneus* Don, Prodr. Fl. Nep. 164 [1825]. — *Lactuca hastata* [Wall.] DC.). Gebüsche, Hochkrautfluren, schattige Gräben der tp. bis in die str. St., auf kristallinischem Boden und Sandstein, 2100—2950 m. NW-Y.: Unter Djingutang s von Weihsi am Wege nach Djientschwan (10033). Zwischen Donaku und Akelo zwischen Yangtse und Mekong, 27º 19' (7923). Am Mekong bei Tsedjrong und bis Guta, 28º 9' (7989). S.: Unter dem Passe Sandaoschan vom Yalung nach Yenyüen, 27º 31' (5579, Farbe nicht angegeben, vielleicht die Varietät).

— — ** var. *lutea* Hand.-Mzt.

Involucrum brunneo-rubrum. Flores intense lutei (e nota ad vivum).

NE-Y.: Dungtschwan, IX. 1909—1911 (Mairf, distr. Bonati 7299). S.: Bambusreiche Gebüsche der tp. St. ober Niutschang zwischen Yenyüen und dem Yalung, 27º 22', Sandstein, 3000—3200 m, 30. IX. 1914 (5407, Typus).

Mangels irgend eines anderen Unterschiedes kann ich in dieser Pflanze nur eine unseren weißblütigen *Sonchus oleraceus*-Exemplaren analoge Varietät sehen.

C. likiangensis (Franch.) Beauvd., l. c., 134 (1910) (*Lactuca l.* Franch. — *L. Forrestii* W. W. Sm. in Noc. Bot. Gard. Edinb., VIII., 112 [1913] teste autore). Y.: Im NW in der str. St. auf Schiefern, 1700—2300 m, in der Schlucht des Yangtse bei Loyü n von Lidjiang häufig, 27º 13' (12991) und an seinem Zuflusse zwischen Yumi und Sandjia-tsun, 27º 46—50' (7575). Im NE auf Felsen und Matten bei Dungtschwan, 2700 m (Maire).

Die Kronröhre ist bei der Originalnummer der *Lactuca Forrestii* nicht ganz kahl. Fruchtschnabel kaum 2 mm lang. Daher gehört hierher offenbar auch *Cicerbita cyanea* var. *Teniana* Beauvd., l. c., 134 (1910). Haare der Schnabelscheibe (äußerer Pappus) oft nur als Papillen ausgebildet, was den Wert dieses Gattungsmerkmals abschwächt.

C. macrorrhiza (Royle) Beauvd., l. c., 134 (1910) (*Mulgedium macrorrhizum* Royle, Ill. Bot. Him., 251, tab. 61 [1839]). W-Y.: Mauern beim Tempel am Hange des Dsang-schan bei Dali (Talifu), 2300 m (Schneider 2756).

Die Pflanze entspricht in Blättern und jungem Fruchtknoten der *C. laevigata* (Wall.) Beauvd., l. c., 120 (*Mulgedium laevigatum* [Wall.] DC.), doch hat Beauverd auch keine reifen Früchte gesehen und streckt sich der Schnabel wenigstens bei *Taraxacum* zuletzt sehr bedeutend.

Lactuca L.

? L. Lessertiana (WALL.) DC. NW-Y.: Matten der Hg. St. des birm.
Mons. an der Westseite des Passes Tschiangschel zwischen Salwin und Irrawadi,
27° 52′, Glimmerschiefer, 4050—4075 m (9281, ganz jung).

Die Überstellung dieser Art zu *Hieracium*, die ZAHN im Pflzenr., IV/280.,
1080 (1923) mit ? vornimmt, ohne sie gesehen zu haben, ist unberechtigt.

L. atropurpurea FRANCH. in Journ. de Bot., IX., 294 (1895). NW-Y.:
Steinige Matten der Hg. St. an der Ostseite des Gipfels Ünlüpe im Yülung-schan
bei Lidjiang, 3750—4000 m (4271).

L. Scariola L. Y.: An Gräben in der str. St. zwischen Yüenmou und Hailo
im Becken s des Yangtse nw von Yünnanfu, Mergel, 1050—1350 m (5017).
Beyendjing (TEN 1276).

L. squarrosa (THBG.) MIQ. (*L. brevirostris* CHAMP. 1852, non FENZL
1842). H.: An Mauern und zwischen Reisfeldern der str. und wtp. St., 190 bis
700 m, um Hsikwangschan bei Hsinhwa (12650) und herab bis gegen Tschatang.
NE-Y.: Kulturen bei Dschenfungschan, 600 m, und moosige Felsen auf Hügeln
bei Lungdji, 700 m, im mittelchin. Fl. (MAIRE).

Blüten hellschwefelgelb, weiß oder violettlich. Der Name *L. indica* L.,
den MERRILL in Lingn. Sci. Journ., V., 186 (1927) auf diese Pflanze bezieht,
kann nach der Beschreibung unmöglich hierhergehören. Auch kommt sie in
Indien nur im Norden vor, woher LINNÉ keine Pflanzen hatte.

*** L. longifolia** (WALL.) DC., Prodr., VII. 135 (1838), non MICHX. 1803
(*Mulgedium sagittatum* ROYLE 1839, non *Lactuca sagittata* WALDST. et KIT.
1802). Y.: Feuchte Gebüsche der wtp. St. bei Gwangdung an der Straße von
Yünnanfu nach Dali, Sandstein, 1825 m, 6. IX. 1914 (4892). Im NW. in feuchten
Gebüschen der str. St. bei Yedsche am Mekong, 27° 42′, kristallinischer Boden,
1950 m (7964).

L. elata HEMSL. H.: Buschwiesen und Gebüsche in Waldlichtungen in der wtp.
St., 800—1250 m. Hsikwangschan bei Hsinhwa. Yün-schan bei Wukang (12392).

L. graciliflora (WALL.) DC. Üppige Wälder, Hochkrautfluren und bambus-
reiche Gebüsche der tp. St., 2850—3500 m, auf Sandstein, Schiefer und Granit.
NW-Y.: Schatiama zwischen Yangtse und Mekong, 27° 21′ (7903). Zwischen
Mekong und Salwin im Doyon-lumba, 28° 2′ (8326), ober Londjre gegen den
Schöndsu-la und unter dem Doker-la, 28° 15′ (8046). S.: Ober Niutschang
zwischen Yenyüen und dem Yalung, 27° 22′ (5390).

L. sororia MIQ. Y.: An einer Quelle in der wtp. St. unter Aoalo am Mekong,
27° 44′, Schiefer, 2400 m (8869). Im NE auf Felsen der Hügel bei Lungdji im
mittelchin. Fl., 700 m (MAIRE).

Nr. 8869 hat breit dreieckige, ausgeschweift und entfernter gezähnelte
Endzipfel, an einem Individuum an den meisten Blättern nur sie entwickelt.
Ich sah von der Art nur sehr wenig Material und glaube, daß diese Pflanze in ihre
Variationsweite gehört.

L. denticulata (HOUTT.) MAXIM. H.: An Mauern der wtp. bis in die str.
St. bei Hsikwangschan im Bezirke Hsinhwa (12651), herab bis gegen Tschatang,
Kalk, 200—700 m. **Kw.:** Von Kalkfelsen hängend bei Nganschun, 1500 m
(SCHOCH 415). **W-S.:** Min-Tal von Maodschou bis unter Wöntschwan (WEIGOLD).

1182 H. Handel-Mazzetti: Anthophyta

L. polycephala (Cass.) C. B. Clke. Schlammige Äcker, Raine und Kanalränder der str. und wtp. St. **Y.**: Dorf Hsischan bei Yünnanfu, 1900 m (328). **S.**: Ningyüen, 1650 m (1222).

L. gracilis (Wall.) DC. **Y.**: Umgebung von Yünnanfu (Maire ex hb. Edinb. 1462). Hier an Sumpfstellen der Ebene, wtp. St., 1900 m (Schoch 7). Im E massenhaft in Äckern auf dem Rücken des Beling-schan bei Loping, Kalk, 2100 m (10149). Im NE in Sümpfen der Ebene von Lupu, 3000 m (Maire). W-Hubei: Djienschi (Wilson, Veitch Exp. 1344). N-Kwangtung: Lungtouschan bei Yu (Cant. Christ. Coll. 12002).

Nr. 10149 sind große Exemplare mit Zacken an den Blättern.

L. chinensis (Thbg.) Mak. in Bot. Mag. Tok., XVII., 89 (1903) (*L. versicolor* [Fisch.] Schtz. bip.). Steppen, trockene Hänge, Flußschotter, Reisfeldraine und Äcker der str. und wtp. St. auf Sandstein. **H.**: Häufig zwischen Schaotangho und Daolin sw von Tschangscha, 60 m (11706). **S.**: 1600—2820 m. Ningyüen (1278). Tjiaodjio und Lemoka im Lolo-Lande (1562). Überall um Dötschang. Häufig s von Huili (792). Schwangfang und weiter w von Yenyüen. Tschalu am Yalung n von hier. Tschoso e von Yungning. Im W am Wa-schan s von Yadschou (Weigold). Im NW um Sungpan (Weigold). **Y.**: Um Yünnanfu (49) und überall nach N bis Loheitang. Beyendjing (Ten 17).

L. napifera Franch. Kräuterreiche Steppen und solche als Föhrenwaldunterwuchs der wtp. bis in die str., selten die tp. St. 1400—2900 m. **Y.**: Rücken zwischen Hsinlung und Hsiaodsang n von Yünnanfu. Tieso bei Beyendjing (Ten 1409). Im NW e ober Schigu w von Lidjiang, ober Laba e von Dschungdien und im Mekong-Tale. **S.**: Lidjia-tsun zwischen Muli und Yungning. Häufig ober Schamenkou bei Yenyüen (5467). Ebenso unter Pudi zwischen Yalung und Nganning-ho, 27º 4′ (5273). Um den Yalung bei Yowanschui, Dugungpu und Dölipu, 27º 42′.

Folia usque ad 27 cm longa, remote et obsolete mucronulato-denticulata usque lyrato-paucilobata. Caulis ima basi brunneo-tomentosus. Panicula raro evoluta, usque ad 70 cm longa, plerumque pseudoverticillato-racemosa angustissima. Involucri phylla brunnea, pallidius marginata, apice fusca et papillosovelutina.

Die Pflanze mit ihren dünn spindelförmigen, nach oben länger als nach unten verschmälerten, schnabellosen, nur schwach zusammengedrückten Achänen ist vielleicht richtiger zu *Crepis* zu stellen.

L. hirsuta Franch. **S.**: Unter Felsen, an Wegrändern, in Hochgrasfluren der str. bis in die tp. St., 1750—3250 m. Ober Dindjia-tsun am Lungdschuschan bei Huili (5186). Gwanyingai im Seitentale des Yalung gegen Yenyüen, 27º 20′ (5342). Gegenüber Tangetu n von hier, 27º 45′ (5476).

L. Souliei Franch. **S.**: In feinem, festem Tonschieferschutt der Hg. St. auf dem Passe Döko sw von Muli, 4350 m (7415). NW-Y.: Bei Lidjiang, jedenfalls am Yülung-schan, v. E. (3679).

Blätter meist bis auf den Scheidenrand ganz kahl.

**** Sect. *Amoenae* Hand.-Mzt.** in Sitzgsanz. Ak. W. W., LXI., 23 (1924).

Acaules, foliis rosulatis, scapis gracilibus, brevibus, calathia singula magna angusta gerentibus, involucro imbricato, floribus magnis coeruleis, achaeniis (immaturis) late cylindricis, compressis, apice truncatis, erostribus, pappo tenace intense rufobrunneo. Typus: *L. amoena.*

Achäne und Pappus gleichen *L. atropurpurea* FRANCH., Habitus und schmale Körbe sind aber abweichend.

** **L. amoena** HAND.-MZT. in Sitzgsanz. Ak. W. W., LXI., 23 (1924). (Taf. XVII, Abb. 12).

Radix ♃, fusiformis, perpendicularis, monocephala, longa, ad 7 mm crassa, collo foliorum fragmentis putridis fuscis parce obsita. Folia numerosa, procumbentia, herbacea, laete viridia, lanceolata vel obovata, 4—8 cm longa, acuta usque rotundata, parce repanda vel lyrata vel pinnatipartita, lobis triangulari-lanceolatis usque suborbicularibus saepe dentatis, contiguis vel remotis, glabra vel dorso costae latae rubescentis glanduloso-pilosa, venis reticulatis tenuibus in sicco conspicuis. Scapi 4—6, 2—5 cm longi, suberecti, $1^1/_2$—2 mm crassi, sursum paululum incrassati, nudi vel squamis 1—2, linearibus, usque ad 1 cm longis obsiti, cum his et involucris ± dense pilis mollibus rufis patulis ± 1 mm longis et articulatis uniseriatis et crassioribus glandulis minutis terminatis induti. Calathia ad 4 cm diametro, c. 12—15 flora. Involucri anguste campanulati ± 7 mm lati basi attenuati phylla interiora ± 10, $1^1/_2$ cm longa, 2 mm lata, praesertim ad margines ± membranacea, uninervia, acutiuscula, apice pilis albis arachnoideis longe fimbriata illis facile collapsis anguste albo-cincta, exteriora pauca sensim breviora. Flores „coerulei" (e nota collectorum, potius violacei? e planta sicca), tubo 6—8 mm longo, ligula 3—$3^1/_2$ mm lata, conspicue et saepe irregulariter quinquedentata. Stamina ligulis duplo breviora. Stylus profunde bifidus, totus piliferus. Achaenia immatura costulata; pappus setis numerosissimis, 11 mm longis, serrulato-asperis.

NW-Y.: Wiese der Hg. St. des birm. Mons. beim See Tsukue hinter dem Gomba-la in der Salwin—Irrawadi-Kette ober Tschamutong, Glimmerschiefer, 3825 m, 15.—17. VIII. 1916, v. E. (9913). In derselben Gegend, VII. 1919 und später (FORREST 18889, 20331, 22798).

** **L. gombalana** HAND.-MZT. in Sitzgsanz. Ak. W. W., LXI., 23 (1924). (Taf. XVII, Abb. 13).

Radix descendens, ♃, fusiformis, $2^1/_2$—$4^1/_2$ mm crassa, interdum ramosa, fibris paucis, longis, rigidulis, uni- vel biceps, collo petiolis mortuis flaccidis fuscis ± obsita. Folia ad 10, erecta, cum petiolo angusto deorsum paululum dilatato brunnescente 3—8 cm longa, herbacea, hic illic glaucescentia, anguste lanceolata vel obovato-lanceolata, acutissima vel apiculata, hydathode crassa terminata, integerrima vel parce et remote denticulata, venis elongato-reticulatis ± conspicuis. Scapus singulus erectus, $1^1/_2$—5 cm longus, ± $1^1/_2$ mm crassus, sursum paululum incrassatus, glaucescens, nudus vel raro unifolius (in uno quodam specimine cum involucro crasse et longe parcipilosus). Calathium ad 4 cm diametro, c. 12 florum. Involucri anguste campanulati, 6—7 mm lati, basi breviter attenuati, glaucescentis phylla interiora 7—9, 13—16 mm longa, triangulari-lanceolata, acutiuscula, indistincte uninervia, margine anteriore velutino-papillosa, laterali anguste et indistincte membranaceo; exteriora pauca sensim breviora e basi saepe dilatata triangularia. Flores coerulei (e nota collectorum), tubo 7 mm longo, ligula $3^1/_2$ mm lata, argute quinquedentata. Stamina ligula triplo breviora. Stylus profunde bifidus, totus piliferus. Achaenia immatura alba; pappus setis numerosissimis, 12 mm longis, ciliolato-asperis.

NW-Y.: Glimmerschieferschutt der Hg. St. des birm. Mons. in der Salwin—Irrawadi-Kette am Hange des Gomba-la ober Tschamutong gegen den See Tsukue, 3900 m, 15.—17. VIII. 1916, v. E. (9889). In derselben Gegend (Forrest 20257, 22793).

Das eine Individuum, dessen Behaarung in Klammer erwähnt ist, könnte vielleicht von der vorigen Art hybrid beeinflußt sein, doch liegt dafür kein anderes Anzeichen vor.

Faberia Hemsl.

F. Ceterach Beauvd. **Y.**: In der wtp. St. auf Kalk auf dem Laodjing-schan w des Sees von Yünnanfu, 2200—2300 m (Schoch 228). Im NE auf Matten der Berge hinter Dungtschwan, 2600 m (Maire).

Alle Exemplare haben die Blätter weniglappig mit großem Endzipfel und sind wohl kahler als der Typus.

Crepis L.

C. japonica (L.) Benth. Äcker, Raine, Kanalränder, triefende Felsen, Sumpfstellen in der str. bis in die tp. St., 1400—2900 m. **SW-H.**: Yün-schan bei Wukang (Plt. sin. 65). **S.**: Ningyüen (1220). Beidjeho bei Yenyüen (2232). Im W am Wa-schan s von Yadschou (Weigold). **Y.**: Haiyen-se bei Yünnanfu (Schoch 139). Hosaodien w des Dsolin-ho (6222). Beyendjing (Ten 92) und Tieso (Ten 54). Darunter zwischen Gwanfang und Tschalaschao. Gegen den Sattel Gwamaoschan zwischen Yungbei und Yungning.

Nr. 6222, von triefenden Felsen, hat langgestielte Blätter mit lang rauhhaarigen Stiel und Rücken der Rippe, erinnert habituell an Hance 1465, die aber keine Stengelblätter hat, und an eine Pflanze von Hooker und Thomson aus Kasia mit einzelnen solchen.

C. Bockiana Diels. In der wtp. St. **SW-H.**: Gebüsche und Bachufer ober dem Tempel Gwanyin-go auf dem Yün-schan bei Wukang, 1250 m (12078). **E-Y.**: Grasige Gebüsche unter Tschaörl bei Loping im mittelchin. Fl., 1800 bis 2000 m (10210).

C. chloroclada Coll. et Hemsl. in Journ. Linn. Soc., Bot., XXVIII., 78 (1890) (*Lactuca lignea* Vant., e typo), det. Babcock. **Y.**: Gebüsche der wtp. bis in die tp. St., auf Sandstein, 2000—3000 m. Yünnanfu (Schoch). Hier auf Hügeln im N (Schoch 110) und bei Schilungba (Schoch). Yungbei (Forrest 20677 als *C. rigescens*). Im NW auf dem Hoörl bei Yungning (3130).

Sehr merkwürdig ist Schochs unnummerierte Pflanze von Yünnanfu, 120 cm hoch mit bis 11 mm breiten Blättern, gehört aber wohl auch hierher.

C. rigescens Diels in Not. Bot. Gard. Edinb., VII., 202 (1912) (*C. Bodinieri* Lévl. in Bull. Ac. Géogr. Bot., XXV., 15 [1915], e typo), det Babcock. Steppen der str. und wtp. St. auf Sandstein, 1570—2500 m. **Y.**: Hsi-schan bei Yünnanfu (6063, 6064). **S.**: Häufig ober Hwanglienpo (1900) und bei Ningyüen (1243, 1279). Wohl diese zwischen Beidjeho und Landwan im Becken von Yenyüen.

C. Henryi Diels. **W-S.**: Wa-schan s von Yadschou (Weigold, **ssp. *typica*** Babc.).

————ssp. *dentata* Babc.? NW-S.: Gebirge um Sungpan (Weigold, beide det. Babcock).

C. fusca Babc. in Univ. Calif. Publ., Bot., XIV., 327 (1928), e descr. E-Y.: Äcker der wtp. St. auf dem Rücken des Beling-schan bei Loping, Kalk, 2100 m (10150).

C. paleacea Diels in Not. Bot. Gard. Edinb., V., 202 (1912). In der tp. und ktp. St., 3000—3900 m. Y.: Äcker bei Guti nächst Beyendjing in der wtp. St. (Ten 8?). Im NW an Felsen am Ausgange des von E kommenden Tales bei Hsiao-Dschungdien (4654), in Hochkrautfluren bei der heißen Quelle unter Baoschi bei Dschungdien (7717, det. Babcock wie die folgenden) und im birm. Mons. in üppigen Wäldern unter dem Doker-la an der tibetischen Grenze (8055). S.: Matten und Dschungelränder auf dem Hwang-liangdse zwischen Yenyüen und Kwapi, 27° 48′ (5501).

C. tibetica Babc. in Univ. Calif. Publ., Bot., XIV., 330 (1928) (*C. elongata* Babc., l. c., 326, ex ipso in litt.). NW-Y.: Bei Lidjiang, VI.—IX. 1914—1916, v. E. (3615).

* *C. racemifera* Hook. f., Fl. Brit. Ind., III., 397 (1881), det. Babcock. NW-Y.: Tannenwälder mit Weidenunterwuchs in der ktp. St. des birm. Mons. unter dem Doker-la an der tibetischen Grenze, 3800—4150 m (7246). S.: Matten der Hg. St. auf dem Hwang-liangdse zwischen Yenyüen und Kwapi, 3900—4075 m, 5. X. 1914 (5519).

C. Dubyaea (C. B. Cl.) Marq. et Shaw in Journ. Linn. Soc. Bot., XLVIII., 194 (1929) (*Lactuca D.* C. B. Cl.). Matten, Dschungelränder, Waldwiesen und Hochkrautfluren der tp. bis in die Hg. St., auf Schiefern und Granit, 3425—4250 m. NW-Y.: Im birm. Mons. zwischen Mekong und Salwin bei der Alm Dewatschratscho am Si-la (9988) und unter dem Doker-la (8078). S.: Waldwiese Gumadi ober Muli (7436). Hwang-liangdse zwischen Yenyüen und Kwapi (5497).

C. Umbrella Franch. NW-Y.: Bei Lidjiang, v. E. (3617).

C. rosularis Diels in Not. Bot. Gard. Edinb., V., 201 (1912). NW-Y.: Bei Lidjiang, v. E. (3614).

C. Gillii Sp. Moore. Fester Gehängeschutt der Hg. St. auf Tonschiefer und Granit, 4350—4600 m. NW-Y.: Im birm. Mons. auf dem Doker-la an der tibetischen Grenze (8135). S.: Paß Döko sw ober Muli (7417). Im NW auf Gebirgen bei Sungpan (Weigold).

Körbe etwas länger als bei *C. Hookeriana* Clke. 1876 (non Ball 1873) in Sikkim. Pappus nur bei 9417 braun, bei 8135 bleifarben, wie bei jener, doch gibt Hooker auch rötlich an. Achänenhals bei 8135 nur ganz kurz. Von der Verschiedenheit von *C. Hookeriana* bin ich nicht ganz überzeugt. Weigolds Pflanze hat 17 cm hohe, mit Ausnahme des Grundes gleichdicke, gleichmäßig und gleichartig beblätterte Stengel. Babcock verwies sie aus der Gattung und bezeichnete *C. glomerata* Decne. als *Prenanthes*. Die Beweisführung steht noch aus.

Prenanthes L.

P. Brunoniana Wall. *var. *raphanifolia* (DC.) Hook. f., Fl. Brit. Ind., III., 412 (1881) (*P. raphanifolia* DC., Prodr., VII., 195 [1838]. — *Lactuca diversifolia* Vant., e typo). Mischwälder, Gebüsche, Dschungelränder der wtp. bis in die tp. St. NW-Y.: Im birm. Mons. im Doyon-lumba am Salwin, 28° 2′, 2600 bis 2900 m (9606). **Kw.**: 750—1250 m. Tschwenning-schan („Kienlin-schan“) bei Guiyang (10513). Duyün (10683). **SW-H.**: Yün-schan bei Wukang, 1300 m (12304). W-Hubei, VIII. 1900 (Wilson, Veitch Exp. 2326).

P. khasiana C. B. Clke. **S.**: Bambusreiche Gebüsche der tp. St., 2870 bis 3200 m, ober Niutschang sw von Yenyüen (5389) und bei Mabaho n von hier.

Hieracium L.

H. umbellatum L. ssp. *umbellatum* (L.) Zahn var. *commune* Fr. **SW-H.**: Buschwiesen der wtp. St. auf dem Yün-schan bei Wukang, 1400 m (12404). **SE-Ki.**: Gipfel des Wuhwa-schan bei Ningdu, c. 1000 m (Plt. sin. 453).

— — — — var. *pervagum* (Jord.) Sudre. **Ki.**: Wiesen des Gipfels des Hangaodsu zwischen Ningdu und Tjingan (Kian), über 1000 m (Plt. sin. 484).

Tafelerklärung

Tafel XIII

Abb. 1. *Lysimachia reflexiloba* Hand.-Mzt.
  „ 2. *Primula crassa* Hand.-Mzt.
  „ 3. *Primula hypoleuca* Hand.-Mzt. (H.-M. 8632).
  „ 4. *Primula Valentiniana* Hand.-Mzt. (H.-M. 9057).
  „ 5. *Primula ulophylla* Hand.-Mzt.
  „ 6. *Primula microloma* Hand.-Mzt.
  „ 7. *Androsace Gagnepainiana* Hand.-Mzt. (H.-M. 9495).
  „ 8, 9. *Ceropegia profundorum* Hand.-Mzt.
  „ 10. *Marsdenia stenantha* Hand.-Mzt. (Maire).
  „ 11. *Ajuga pantantha* Hand.-Mzt. (Dungtschwan).
  „ 12. Zweig von *Dracocephalum calophyllum* Hand.-Mzt.
  „ 13, 14. *Scutellaria lantienensis* Hand.-Mzt.

$^{1}/_{2}$ nat. Gr.

Tafel XIV

Abb. 1. *Pirola Handeliana* H. Andr. (H.-M. 3498).
  „ 2. *Vaccinium diaphanoloma* Hand.-Mzt.
  „ 3. *Symplocos hunanensis* Hand.-Mzt.
  „ 4, 5. *Hemiboea subacaulis* Hand.-Mzt. 5 Fruchtknoten quer.
  „ 6. Infloreszenzteil von *Salvia cyclostegia* Stib.
  „ 7. *Salvia schizochila* Stib.
  „ 8. *Salvia Handelii* Stib.
  „ 9. *Salvia heterochroa* Stib.
  „ 10. *Salvia substolonifera* Stib.

$^{1}/_{3}$ nat. Gr. 5 stark vergr.

Tafel XV

Abb. 1, 2. *Pedicularis pseudoversicolor* Hand.-Mzt. (H.-M. 4705).
  „ 3. *Pedicularis bambusetorum* Hand.-Mzt.
  „ 4. *Pedicularis corydaloides* Hand.-Mzt.
  „ 5. Blüte von *Pedicularis aequibarbis* Hand.-Mzt. (H.-M. 4796).
  „ 6. *Pedicularis aphyllocaulis* Hand.-Mzt. (H.-M. 8959).
  „ 7. *Pedicularis remotiloba* Hand.-Mzt.
  „ 8. *Pedicularis trigonophylla* Hand.-Mzt. (H.-M. 5207).
  „ 9. *Pedicularis dichrocephala* Hand.-Mzt.
  „ 10. *Pedicularis mayana* Hand.-Mzt.
  „ 11. *Pedicularis muliensis* Hand.-Mzt.
  „ 12—14. *Pedicularis pinetorum* Hand.-Mzt.
  „ 15, 16. *Pedicularis lophocentra* Hand.-Mzt.

Habitusbilder und 16 $^{1}/_{2}$ nat. Gr. 1, 5 nat. Gr.

Tafel XVI

Abb. 1—5. *Damnacanthus* (?) *subspinosus* HAND.-MZT. 4 Frucht, P Pyrenenhaut,
S Samenschale, E Embryo. 5 Same, S Strophiola.
 „ 6. *Viburnum subalpinum* HAND.-MZT.
 „ 7. *Lonicera cylindriflora* HAND.-MZT.
 „ 8. *Lonicera rhytidophylla* HAND.-MZT.
 „ 9. Blüte von *Lonicera viridiflava* HAND.-MZT.
 „ 10. *Valeriana trichostoma* HAND.-MZT. (H.-M. 7332).
 „ 11. *Valeriana daphniflora* HAND.-MZT. (H.-M. 5439).
 „ 12. *Valeriana stenoptera* DIELS var. *cardaminea* HAND.-MZT. (H.-M. 7648).
 „ 13. *Anaphalis Larium* HAND.-MZT.
 „ 14. *Aster crenatifolius* HAND.-MZT. (H.-M. 2226).
 „ 15. Endteil von *Saussurea saligniformis* HAND.-MZT.

Habitusbilder $^1/_2$ nat. Gr. 4, 5 stark vergr. 9 $^3/_4$ nat. Gr.

Tafel XVII

Abb. 1. *Didymocarpus minutus* HAND.-MZT.
 „ 2. *Chrysanthemum Mutellina* HAND.-MZT. (H.-M. 8129).
 „ 3, 4. *Chrysanthemum bulbosum* HAND.-MZT. (H.-M. 7167).
 „ 5. *Anaphalis gracilis* HAND.-MZT.
 „ 6, 7. *Anaphalis undulata* HAND.-MZT.
 „ 8, 9. *Anaphalis pannosa* HAND.-MZT. 8 Lenago, 9 Mekong—Salwin.
 „ 10. *Jurinea salwinensis* HAND.-MZT. (H.-M. 9910).
 „ 11. *Saussurea dschungdienensis* HAND.-MZT.
 „ 12. *Lactuca amoena* HAND.-MZT. (H.-M. 9913).
 „ 13. *Lactuca gombalana* HAND.-MZT. (H.-M. 9889).

$^2/_3$ nat. Gr.

Tafel XVIII

Abb. 1, 2. *Senecio yalungensis* HAND.-MZT.
 „ 3. Unteres Blatt, 4 oberster Teil von *Senecio acutipinnus* HAND.-MZT.
 „ 5, 6. *Cremanthodium cyclaminanthum* HAND.-MZT.
 „ 7. *Saussurea pinetorum* HAND.-MZT.
 „ 8. Unteres Blatt, 9 oberer Teil von *Saussurea pteridophylla* HAND.-MZT.
 „ 10. *Saussurea micradenia* HAND.-MZT.
 „ 11. Oberer Teil von *Saussurea uliginosa* HAND.-MZT.

$^3/_7$ nat. Gr.

Tafel XIX

Abb. 1. ♀ Blüte von *Petasites versipilus* HAND.-MZT.
 „ 2. Unteres Blatt, 3 oberer Teil von *Saussurea undulata* HAND.-MZT.
 „ 4, 5. Obere Hälfte und Blatt von *Saussurea pallidiceps* HAND.-MZT.
 „ 6. *Saussurea hylophila* HAND.-MZT.
 „ 7. *Saussurea iodoleuca* HAND.-MZT.
 „ 8. Oberer Teil von *Saussurea platypoda* HAND.-MZT.
 „ 9. *Saussurea semifasciata* HAND.-MZT.
 „ 10. *Saussurea porphyroleuca* HAND.-MZT. (FORREST 22321).

$^1/_3$ nat. Gr. 1 4fach vergr.

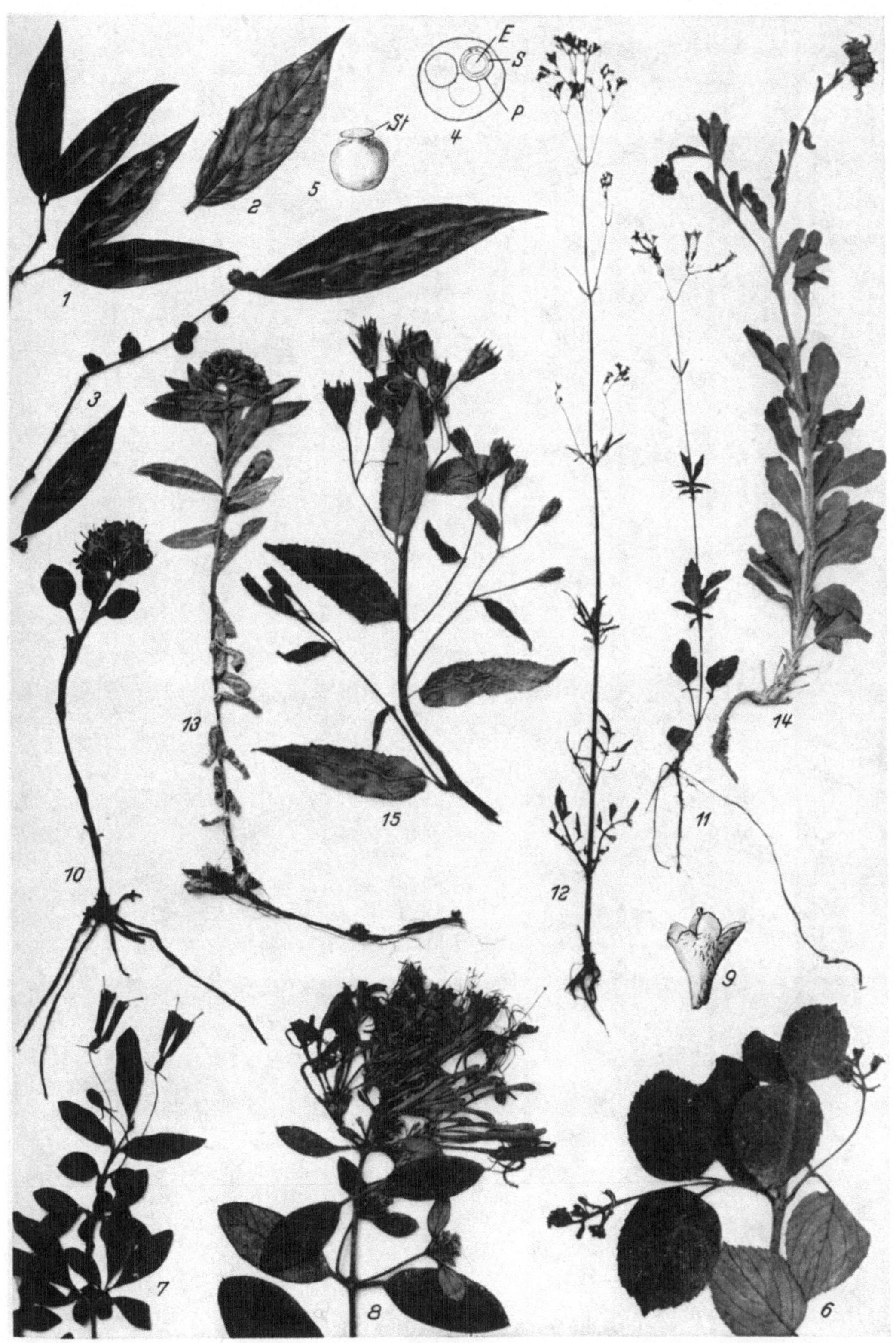
E
S
P
St
1
2
3
4
5
6
7
8
9
10
11
12
13
14
15

Verlag von Julius Springer in Wien

Monocotyledones

Alismataceae

Alisma L.

Bestimmt von Gunnar SAMUELSSON (Stockholm)

A. Plantago-aquatica L. ssp. *orientale* SAMSS. in Ark. f. Bot., XXIV/7., 16 (1932) (*A. P.-a.* var. *o.* SAMSS. in Act. Hort. Gothob., II., 84 [1926]). Bachränder, Reisfelder, Wiesenmoore der wtp. bis in die str. St., 1550—2800 m. Y.: Um Yünnanfu (SCHOCH 70). Hier beim Dorfe Hsischan (230). N von hier häufig zwischen Hsiao-Magai und Hsiaodsang (5691). Beyendjing (TEN ex hb. Berol. 361). Überall von Dali bis Lidjiang. S.: Bei Tschoso am See von Yungning.

A. canaliculatum A. BR. et BOUCHÉ ap. SAMSS. in Ark. f. Bot., XXIV/7., 29 (1932) (*A. Plantago* L. var. *c.* A. BR. et BOUCHÉ in Ind. Sem. Hort. Berol., 1867, App., 4). **H.**: Sumpf der wtp. St. an einem Kohlenflöz jenseits des Sattels Duschu-ling bei Hsikwangschan nächst Hsinhwa, 650 m (12610). Ob auch dieses im SW bei Sandjingtjiao zwischen Dsingdschou und Liping und weiter durch **Kw.**?

Lophotocarpus DURAND

L. guyanensis (HUMB., BONPL., KTH.) DURD. et SCHINZ 1894 var. *lappula* (D. DON) BUCHEN. in Pflzenr., IV/15, 36 (1903). SE-Kw.: Zerstreut in Reisfeldern der str. St. am Du-djiang unter Sandjio, Grauwacke, 350—400 m (10839).

Sagittaria L.

S. pygmaea MIQ. Kw.: Überall zerstreut in Reisfeldern der wtp. St. um Guiding (Kweiting) und Duyün, 700—1250 m (10569).

** *S. altigena* HAND.-MZT.

Perennis, glabra, estolonosa, tubere subgloboso, c. 1 cm diametiente, fibris dissolutis coronato, radicibus 1—1¹/₂ mm crassis, fulvis. Folia erecta, multa, linearia, 5—23 cm longa, crassa, planiuscula, a basi $\pm$ longe vaginata et ad 5 mm lata ad apicem obtusiusculum leviter emarginatum vix 1 mm latum sensim angustata, maxima parte 2 mm lata. Scapus erectus, 15 cm longus, inflorescentia brevi verticillis c. 3 trifloris composita terminatus. Flores inferiores ♀, pedicellis 4—6 mm longis bracteis sessilibus, triangulari-ovatis, acutis vel subobtusis paulo superatis; sepala ovata, c. 5 mm longa, rotundata; petala alba (e collectore), suborbicularia, iis sesquilongiora, basin versus cuneato-angustata; carpella numerosissima, lageniformia, 1—2 mm longa, a latere compressa; staminodia uniseriata, filamentis brevibus suborbiculari-dilatatis, antheris minutissimis, ovatis, cassis. Flores superiores ♂ (nondum aperti) staminibus numerosis, filamentis filiformibus in alabastro brevissimis, antheris ellipticis. (Fructiculi ignoti).

NE-Y.: Sümpfe der tp. St. in der Ebene von Tschehai, 3000 m, VI. (MAIRE: Mus. Wien).

Proxima certe sequenti, cuius folia semper acuta nec unquam emarginata sunt.

Die Assimilationsorgane dieser merkwürdigen Pflanze sind sicher keine Blattstiele, sondern Blätter, wie ihre leider nur spärlich erhaltenen, bestimmt geformten Spitzen zeigen. Bei *S. sagittifolia* s. l. kommen spreitenlose Blätter nur bei höherem Wasserstande vor, sind daher viel länger. Von *S. potamogetonifolia* MERR. in Sunyats., I., 189 (1934) aus Gwangdung sind keine Wasserblätter beschrieben, auch nichts von Staminodien in der ♀ Blüte gesagt, dagegen die Filamente der ♂ verbreitert beschrieben.

S. trifolia L. GORODKOW in Trav. Mus. Bot. Ac. St. Petbg., X., 156 (1913). Gräben, Reisfelder, Wiesenmoore der str. und wtp. St., auch kultiviert. **H.**: Überall. **S.**: Im Djientschang, um Yenyüen und bei Tschoso am See von Yungning, bis 2800 m. Im NE in der Ebene von Dungtschwan (MAIRE).

— — **f. angustifolia** (SIEBD.) GORODK., l. c., 157. Reisfelder der str. St., 400—2050 m. **H.**: Hsikwangschan bei Hsinhwa (12671). **Y.**: Unter dem Mangan-schan bei Yünnanfu (SCHOCH). Im NW unter Mujendu w des Nordendes der Lidjianger Yangtse-Schleife.

— — ** f. *tenuissima* HAND.-MZT.

Planta tenuis, ad 25 cm tantum alta. Folia nonnulla integra, elliptico-usque lineari-lanceolata, cetera sagittata lobis lateralibus 1—2 mm tantum latis, etsi ad 6 cm longis, lobo medio longioribus.

F.: Schisunkeng bei Yenping, im Wasser, 650 m, 14. VIII. 1924 (CHUNG 2999, Typus). Nahe der Grenze von Tschekiang, 600—1200 m, VIII. 1924 (CHING in WULSIN 2262).

Diese sehr auffallende Form vertritt ungefähr die f. *Bollei* ASCH. et GRÄBN. unserer *S. sagittifolia* L. Alle vorliegenden asiatischen Pflanzen haben gelbe Antheren mit Ausnahme von MELL 909 aus Kwangtung, einer FABERschen von Hongkong und, mit besonders deutlich roten Antheren, einer Aufsammlung MAXIMOWICZS von Yokohama, die zwei Spannbogen mit verschiedenen Formen umfaßt.

Hydrocharitaceae

Hydrilla MICH.

H. verticillata (L.) ROXB. In kalten und heißen Wässern der str. und wtp. St., 50—2070 m. **Y.**: Zwischen den Schilfinseln des Sees von Yünnanfu (324). Jöschuitang n von hier (459). Seichtere Stellen des Sees von Dali (8551). **S.**: Ebenso überall im See von Ningyüen (1925). **H.**: Lachen gegen den Gu-schan bei Tschangscha (11355).

Vallisneria L.

V. spiralis L. Sümpfe, Lachen und Seen der str. und wtp. St., 150—2100 m. **Y.**: Zwischen den Schilfinseln im See von Yünnanfu (325). Häufig um Dali (8542). **S.**: Überall im seichten Teile des Sees von Ningyüen (1923). **H.**: Schitjidian-se zwischen Yungdschou und Hsinning (11309).

Blyxa NOR.

* **B. japonica** (MIQ.) MAXIM. in ENGL. et PRTL., Nat. Pflzfam., II/1, 253 (1889) (*Hydrilla j.* MIQ. in Ann. Mus. Bot. Lugd. Bat., II., 271 [1866]). **S.**: Sumpf

in der str. St. des Djientschang von Dötschang (Tetschang) gegen Datschangba, Sandstein, 1400 m, 19. X. 1914 (13102). Kwangtung: Wampo, VIII. 1860 (Hance 5411). Indien: Kasia, 1220 m (Hooker u. Thomson). Birma a. Malay peninsula (Griffith: Hb. l. E. Ind. Co. 6039).

Hances Nr. ist als *Lagarosiphon Roxburghii* Benth. (*Vallisneria alternifolia* Roxb.) bezeichnet und als solcher von Forbes u. Hemsley angeführt. Im Vegetativen sehen sich dieser (*Lagarosiphon alternifolius* [Roxb.] Druce in Bot. Soc. Brit. Isl., IV., 630 [1917]) und *Blyxa japonica* tatsächlich sehr ähnlich, in den Blüten sind sie aber sofort zu unterscheiden.

B. octandra (Roxb.) Planch. (*B. Roxburghii* Rich.). S.: Mit voriger (5618).

Ottelia Pers.,

amplif. Dandy in Journ. of Bot., LXXII., 132 (1934), incl. *Boottia* Wall. et *Xystrolobo* Gagnep.

O. Esquirolii (Lévl. et Vant.) Dandy in Journ. of Bot., LXXII., 137 (1934) (*Boottia E.* Lévl. et Vant.). NW-Y.: In der wtp. St. bei Lidjiang in einem Bach gegen Böscha, Kalk, 2500 m (4328). Djientschwan. See von Dali.

Meine Pflanze wird von Dandy, l. c., LXXIII., 215 zu *O. acuminata* (Gagnep.) Dandy, l. c., 137 gestellt, doch finde ich ihre Blätter nicht zugespitzt, sondern an der Spitze nur gefaltet und abgerundet, wenngleich darunter vom Umriß der Abb. 4, l. c., 213. Ich halte sie für zusammengehörig mit Forrests Pflanzen, die wohl aus demselben Bache stammen, und für eine extreme Form der *O. Esquirolii* aus rasch fließendem Wasser.

O. yunnanensis (Gagnep.) Dandy, l. c., LXXII., 138 (1934) (*Xystrolobos y.* Gagn. — *Ottelia Cavaleriei* Dandy, l. c., LXXIII., 215 [1935]). Y.: In Seen der wtp. St., 1890—2070 m. Zwischen *Phragmites*-Beständen im Kunyang-hai bei Yünnanfu (323. Schoch 76). Im seichteren Teil des Sees von Dali (Talifu) (8554).

Blätter untergetaucht. ♂ Blüten bis gegen 20 in der Scheide. Meine Pflanze hat verschiedene Blätter, die die beiden Arten zu sehr verbinden, als daß ich sie getrennt halten könnte.

** **O. crispa** (Hand.-Mzt.) Dandy, l. c., LXXIII., 216 (1935).

Syn.: *Boottia c.* Hand.-Mzt. in Sitzgsanz. Ak. W. W., LXII., 253 (1925).

Xystrolobus crispus (H.-M.) Dandy ap. Handel-Mazzetti in Karst. u. Schenck, Vegetatb., 22. R., H. 8., 14 (1932), comb. nuda.

Rhizoma breve, radicibus multis fasciculatis, longis, crassiusculis, fulvis, foliorum multorum rosulam singulam vel plures et scapos illis axillares plures 25—60 cm longos edens. Folia submersa, oblongo-lanceolata, 6—18 cm longa, longitudine 3—7^{plo} angustiora, obtusa et apiculata usque rotundata, herbacea, tota crispa et margine dense eroso-undulata, in petiolos explicatos 8—10 mm latos, laminis duplo breviores usque aequilongos, complicatos, inferne sensim late vaginatos, dorso cum costis saepe muricatos attenuata vel exteriora sub-auriculato-contracta, dilute viridia; nervi praeter costam utrinque 2—3 aequi-distantes; trabeculae paulum obliquae, laxae. Spatha (♂ tantum nota) natans, 3—5 cm longa, ellipsoidea, herbacea, ad medium c. in lobos 2 anguste triangulares apice subulatos inferne saepe laceratos fissa, basi ad scapum paulum incrassa-tum ± rotundata, carinis subalatis, muricatis. Flores ♂ ad 12, succedanei, pauci simul aperti. Pedicelli $3^1/_2$—$6^1/_2$ cm longi, interdum muricati. Sepala lanceolata, 10—17 mm longa, obtusa, tenuiter 5nervia. Petala alba (e nota ad vivum), obovata, 2 cm longa. Stamina 12, filamentis 5 mm longis, antheris linearibus $1^1/_2$ mm longis, luteis.

S.: In der wtp. St. an der Yünnan-Grenze im See e von Yungning beim Dorfe Honan, 2800 m, 18. VI. 1914 (3099).

O. alismoides (L.) Pers. Reisfelder der str. St., 100—1300 m. H.: Höngdschou (11540). Tindjiatang bei Hsikwangschan im Bezirke Hsinhwa (12678). Im SW überall von Dsingdschou gegen Liping (11003). S.: Im Djientschang bei Mola nw von Huili (5236) und bei Mosoying.

Hydrocharis L.

H. asiatica Miq. II.: Lachen der str. St. bei Tschangscha, Sandstein, 40 m (11365). Y.: Lachen der Wiesen beim See von Dali, kalkhaltiger Boden der wtp. St., 2070 m (8556).

Scheuchzeriaceae

(*Juncaginaceae*)

Triglochin L.

T. palustre L. Y.: Sümpfe der wtp. und tp. St. auf Kalk, 2250—3400 m. Bei der heißen Quelle zwischen Sanyinggai und Niugai n von Dali, 26° 14′ (8747). Im NW unter Baoschi bei Dschungdien (7704).

T. maritimum L. NW-Y.: In der tp. St. im Quellsumpf unter Baoschi bei Dschungdien („Chungtien") stellenweise den ganzen Rasen bildend, Kalktuff, 3400 m (7703).

Potamogetonaceae

Potamogeton L.

Von Gunnar Samuelsson (Stockholm)

*** P. Franchetii** A. Benn. et Baagöe in Journ. of Bot., XLV., 234 (1907). SW-H.: Häufig in Reisfeldern der str. St. zwischen Gaoscha-se und Hwangbetjiao bei Wukang, Kalk, 290—370 m, 23. VIII. 1918 (12551). Kw.: Tungdse (Tsiang 5053). Schandung: Miaotou (Licent 6425). Tschili: Paita bei Hsüenhwa (Serre: Hb. Licent 10059). SE-Ordos: Leilungwan (Licent 10257).

P. lucens L. var. Y.: In Seen der wtp. St., 1890—2070 m. Zwischen den Schilfinseln im Kunyang-hai bei Yünnanfu (294. Schoch 219). Massenhaft im Örl-hai bei Dali gegen das Ufer.

Vielleicht eigene Art.

P. malainus Miq. Seen und Reisfelder der str. und wtp. St. H.: Häufig zwischen Yungdschou und Hwamipu, 150 m (11328). S.: Seichte Stellen im See von Ningyüen überall, 1610 m (1832). Y.: 2170 (—2725?) m. Seichtere Stellen im See bei Dali (8443) und wohl dieser im Becken von Djientschwan gemein und bei Yungning.

P. crispus L. Lachen und Seen der str. und wtp. St., 1450—2800 m. Y.: Dingyüen nw von Tschuhsiung. Dali. S.: Am Fluß bei Huili (868). Dötschang und überall an seichten Stellen des Sees bei Ningyüen (1833). Um Yenyüen (SCHNEIDER 1218). Tschoso e von Yungning.

— — var. *planifolius* MEY., Chlor. Hanov., 523 (1836) (*P. c.* var. *serrulatus* SCHRAD. ap. RCHB., Ic. Fl. Germ., VII., 18 [1845]). Y.: In der wtp. St. zwischen den Schilfinseln im seichten Teile des Sees von Yünnanfu, 1890 m (295). S.: In der str. St. unter Danfang über dem Nganning-ho n von Huili, 1500 m.

P. Maackianus A. BENN. Y.: Im Kunyang-hai bei Yünnanfu, wtp. St., 1890 m (SCHOCH). S.: In der str. St. im See von Ningyüen, 1610 m (1962).

P. pectinatus L. Seen der str. und wtp. St., 1610—2800 m. Y.: Zwischen den Schilfinseln im Kunyang-hai bei Yünnanfu (296). Bei Dali. S.: Überall an seichten Stellen im See von Ningyüen (1834). Im See e von Yungning.

* *P. amblyophyllus* C. A. MEY., Beitr. Pflzkd. Russ. Reichs, VI., 10 (1849) (*P. pectinatus* ssp. *a.* [C. A. MEY.] GRÄBN. in Pflzenr., IV/11., 125 [1907]). NW-Y.: Bäche der tp. St. bei Dschungdien („Chungtien") gegen das Lamakloster, Kalk, 3400 m, 22. VIII. 1915 (7738).

Zannichellia L.

Z. pedicellata (WAHLBG. et ROSÉN) FRIES, Nov. Mant. 3., 133 (1842) (*Z. palustris* L. β *p.* WAHLBG. et ROSÉN in N. Act. Upsal., VIII., 227, 254 [1821]). Y.: In Gewässern der wtp. St. um Yünnanfu überall, Sandstein, 1900—2000 m (177).

Das Zitat „BUCH.-HAM. in WALL., Cat. nr. 5185" ist falsch, denn WALLICH gibt in dem von ihm „Numerical List" genannten Katalog nur an, daß die Pflanze aus dem Herbar HAMILTON stammt, wäre also selbst als Autor zu zitieren, wenn der ohne Synonym und Beschreibung gebrachte Name nicht nomen nudum wäre.

Najadaceae

Najas L.

* *N. minor* ALL., Fl. Pedem., II., 221 (1785). Y.: In der wtp. St. auf kalkhaltigem Boden im seichten Teil des Kunyang-hai bei Yünnanfu, 1890 m (5703) und in kaltem und heißem Wasser bei Jöschuitang n von hier, 25° 26', 1800 m, 9. III. 1914 (460).

Liliaceae

Tofieldia HUDS.

T. yunnanensis FRANCH. Steppen, trockene Gebüsche, Bachränder und feuchte Felsen der wtp. und tp. St. Y.: 2150—3200 m. Laodjing-schan bei Yünnanfu (SCHOCH 246). Ober Wayaodjing e des Dsolin-ho (4912). Beyendjing (TEN). Bei Lidjiang, v. E. (4018). Hier um das Be-schui und bei Lukudsche (4364). Ne der Yangtse-Schleife (FORREST 10656). Im NE bei Lupu und Maliwan (MAIRE). S.: 2500—3640 m. Paß zwischen Hohsi und dem Yalung. Rücken zwischen Yenyüen und Niutschang. Unter Gwandien nw von Yenyüen, 27° 46', überall häufig (2818). Ober Muli. Dort zwischen Waördje und Garu (Rock 16981). Kw.: Hwangtsaoba (Cavalerie 4148). Hsingyi (C. 3921).

Hier liegt sicher nur eine Art vor, obwohl einige Nummern von Diels und von K. Krause als *T. divergens* Bur. et Franch. bestimmt wurden, wozu mir Diels seinerzeit schrieb, daß ihm in Paris die Unterschiede zwischen diesen nicht klar geworden seien. Sie stimmen mit Limpricht 986 und 1039 vom Originalfundort überein. Die Richtung der Blütenstiele variiert sowohl zur Blüte- als zur Fruchtzeit von aufrecht abstehend (c. 45°) bis waagrecht abstehend und abwärts gebogen. Die größten Pflanzen haben 12 cm lange Trauben, unterscheiden sich aber von *T. divergens* nach der Beschreibung durch hoch inserierte Brakteolen und aufrechte Griffel.

** *T. tenella* Hand.-Mzt.

In rhizomate parvo singularis vel cespites parvos et laxiusculos formans, vaginis mortuis tenuiusculis vix fibrosis, gracilis, tota glaberrima. Folia basalia pauca, lanceolato-linearia, ad 3 cm longa, lateribus ad 2 mm latis, acuta, apicibus tantum falcatula, marginibus praeter partes inferiores membranaceas carinaque antrorsum serrato-aspera, 5- et basi 7nervia, saturate viridia; caulina 2—3, dispersa, pleraque fere ad vaginas herbaceas subinflatas reducta. Scapus tenuis, 6—10 cm longus. Racemus ovoideus, densiuscule 7—12florus. Bracteae subquadratae vel flabellatae, pedicellis breviores, concavae, irregulariter truncatae, submembranaceae. Pedicelli 1—2 mm longi, erectopatentes. Bracteolae calyculum latum $\pm$ $^1/_2$ mm longum, leviter et late $\pm$ distincte trilobum flori subcontiguum formant. Perigonii $2^1/_2$—3 mm longi lobi liberi, erecti, ellipticolanceolati, acutiusculi, indistincte uninervii. Stamina iis subsesquilongiora, antheris subglobosis $\pm$ $^1/_2$ mm diametientibus. Styli tenues, $1^1/_2$ mm longi, erecti. (Capsula ignota).

NW-Y.: Unter Rhododendren in ktp. Tannenwäldern des birm. Mons. an der Ostseite des Passes Tschiangschel zwischen Salwin und Irrawadi, 27° 52', Glimmerschiefer, 3400 m, 3. VII. 1916 (9216).

Proxima praecedenti, quae differt foliis rigidioribus, longioribus, margine densissime et tenuissime patenter ciliatis, caule minus foliato, racemo longiore multifloro, pedicellis longioribus. *T. tibetica* Franch. certe propinqua differt e descriptione scapo unifolio, foliis longioribus, longiacuminatis, pedicellis multo longioribus, racemis certe etiam longioribus.

Man könnte die Pflanze für eine Zwergform von *T. yunnanensis* halten, wenn diese nicht immer die angegebenen Unterschiede zeigen würde.

Ypsilandra Franch.

Y. thibetica Franch. W-Hubei: Fang, nasse Plätze (Wilson, Veitch Exp. 2380).

Y. yunnanensis W. W. Sm. et J. F. Jeffr. in Not. Bot. Gard. Edinb., IX., 143 (1916) (incl. var. *micrantha* Hand.-Mzt. in Sitzgsanz. Ak. W. W., LX., 155 [1923]). NW-Y.: Sümpfe und Bambusdschungeln der ktp. bis in die tp. St. des birm. Mons. auf Glimmerschiefer, 3275—4175 m. Zwischen Mekong und Salwin bei der Alm Dotitong am Si-la (8949) und am Nisselaka (8962), 28°, und im obersten Doyon-lumba, 28⁰ 8'. Zwischen Salwin und Irrawadi beiderseits des Passes Tschiangschel, 27⁰ 52' (9246).

Nach Vergleich des Edinburgher Materials hat sich die Varietät als nicht haltbar erwiesen. Die Diagnose der Art ist zu erweitern und zu berichtigen: Sub anthesi saepe 6 cm tantum alta. Perigonium 3—5 mm longum, luteo-viride. Stamina eo aequilonga.

Veratrum L.

Bestimmt von Otto LOESENER (Berlin)

V. stenophyllum DIELS in Not. Bot. Gard. Edinb., V., 303 (1912). Gebüsche und üppige Wiesen der tp. und ktp. St., 3250—3900 m. NW-Y.: Wiese Ndwolo am Yülung-schan bei Lidjiang (3569). Sattel Hwayanggo n von hier. S ober Yungning. Sattel Gitüdü ober Anangu se von Dschungdien. S.: Im Gebiete von Muli bei der Alm Bätö und ober Dapingdse am Wege nach Yungning. Gegenüber Tangetu zwischen Yenyüen und Kwapi, 27⁰ 45' (5479).

Blüten intensiv grün.

V. yunnanense LOES. f. in Rep. sp. nov., XXV., 3 (1928). NW-Y.: In einer feuchten Mulde der tp. St. zwischen den Sätteln des Berges Lamatso halbwegs zwischen Yungning und Dschungdien, Kalk, 3200 m (7620).

Der von LOESENER angegebene Fundort MAIRES heißt Mahong und liegt in NE-Yünnan.

V. taliense LOES. f., l. c., 5. Y.: Unter Datiengai in der str. St. w von Lunggai am Yangtse, 1375 m. S.: Steppenunterwuchs der str. Föhrenwälder um den Yalung häufig unter Puti (5272) und unter Yowanschui zwischen Huili und Yenyüen, Tonschiefer, 1400—1600 m.

V. mengtzeanum LOES. f., l. c., 6. Y.: Gebüsche und Föhrenwälder der wtp. und tp. St., 2450—3200 m. Yünnanfu, zwischen Kalkfelsen? (SCHOCH, jung). Im NW bei Lidjiang, v. E. (4013). Se von Yungning (3158?, ganz jung). Berg Lamatso (7625) und Laba zwischen Yungning und Dschungdien.

Hwangtsaoba („Houangtsaopa", s. LOESENER, l. c., 7) liegt in Guidschou, Muli in Setschwan.

Tricyrtis WALL.

T. macropoda MIQ. Wälder und Gebüsche, Wiesen in der Tiefe von Gräben in der wtp. St., auf Mergel und Tonschiefer, 600—1250 m. W-F.: Tienhwa-schan w von Dingdschou (Plt. sin. 387). Tschekiang: Hangdschou (LIMPRICHT 214 als *T. pilosa* WALL.). H.: Dungtai-schan bei Hsianghsiang. Im SW auf dem Yün-schan bei Wukang (11161, s. KARST. u. SCHENCK, Vegetatb., 14. R., Taf. 17a als *T. pilosa*). Kw.: Im E zerstreut zwischen Liping und Matang (10949). Pinfa (CAVALERIE 4056).

T. latifolia MAXIM. Syn.: *T. Bakerii* KOIDZ. in Bot. Mag. Tok., XXXVIII., 103 (1924); XLIII., 390 (1929) cum var. *glabra*. Die Abbildung in Bot. Mag., T. 6544, auf die KOIDZUMI seine Art begründet, stellt allerdings nicht, wie angegeben, *T. macropoda* dar, sondern *T. latifolia*, und die von ihm 1929 zu *T. Bakerii* gestellten Herbarexemplare sind diese, zu der HENRYS Nummern von FORBES u. HEMSLEY auch richtig zitiert wurden.

Diuranthera HEMSL.

D. minor (C. H. WR.) HEMSL. In der wtp. St. **Y.**: Laodjing-schan bei Yünnanfu, 2200—2400 m (SCHOCH 224). **S.**: Zerstreut in Gebüschen zwischen Hokou und Fungsaying s von Huili (5102).

D. maior HEMSL. NE-Y.: Matten der Berge bei Dungtschwan, 2600 m (MAIRE).

Chlorophytum KER

C. khasianum HOOK. f. **Y.**: Felsige Stellen und steinige Matten der str. bis an die tp. St. Zwischen Yüenmou und Hailo in der Niederung s des Yangtse nw von Yünnanfu, 1050—1350 m (5044). Im NW bei Lidjiang, 2900, 1914—1916, v. E. (4014).

C. oreogenes W. W. SM. in Not. Bot. Gard. Edinb., XIII., 157 (1921). **S.**: Trockene Stellen der str. St. unter Muli, Tonschiefer, 2230—2400 m (7377).

C. flaccidum W. W. SM., l. c., 156 (1921). NW-Y.: Steppen der str. St. n des Nordendes der Lidjianger Yangtse-Schleife von der Fähre über den Schou-tschu diesen aufwärts bis Yumi, 27° 46—50', Phyllit, 1580—2200 m (7573).

C. platystemon DIELS in Not. Bot. Gard. Edinb., V., 299 (1912). NW-Y.: Bei Lidjiang, v. E. (4015). Hier am Osthang des Yülung-schan (FORREST 22010 als *C. chinense* BUR. et FRANCH. vel aff.).

Hosta TRATT.

(*Funkia* SPRENG.)

H. ventricosa (SALISB.) STEARN in Gard. Chron., 3. ser., XC., 27, 48 (1931) (*Bryocles v.* SALISB. in Transact. Hort. Soc. Lond., I., 335 [1812]. — *Hosta coerulea* [ANDR.] TRATT., non JACQ. 1797. — *Funkia ovata* SPRENG.). **Kw.**: Feuchte Stellen und schattige Gebüsche der wtp. St. auf Sandstein, 1050 bis 1250 m. Lungdsu zwischen Lungli und Guiding (10573). Tschwenning-schan bei Guiyang (Kweiyang) (10526).

Hemerocallis L.

H. flava L. Steinige, feuchte Stellen der str. und wtp. St., auf Schiefer und Sandstein. SW-H.: Jenseits Pukou bei Dsingdschou, 400 m (11008). **Kw.**: Dschuörlgwan bei Guiyang, 1200 m (10597).

H. minor MILL. NE-Y.: Felsen der Berge bei Dungtschwan, wtp. St., 2600 m (MAIRE). **W-S.**: Wa-schan s von Yadschou (WEIGOLD). **W-Hubei** (WILSON, Veitch Exp. 844 p. p.).

H. fulva L. Gebüsche, Kanal- und Bachränder, Mischwälder der wtp. St. **Ki.**: Fuß des Hangaodsu zwischen Ningdu und Tjingan (Ki-an) (Plt. sin. 489). SW-H.: Unter dem Tempel Wuli-ngan am Yün-schan bei Wukang, 700 m (12016). **Kw.**: 1100—1300 m. Viel zwischen Nganping und Tschingdschen. Zwischen Dschenning und Hwanggoso (10415). **Y.**: Ober der Taihwa-se bei Yünnanfu, 2300 m (SCHOCH 181). Im NE in der Ebene von Dungtschwan, 2500 m (MAIRE).

H. Forrestii DIELS in Not. Bot. Gard. Edinb., V., 298 (1912). NW-Y.: Bei Lidjiang, v. E. (4024). Gebüsche der tp. St. auf dem Hoörl bei Yungning, Sand-stein, 3100 m (3131).

H. plicata STAPF in Bot. Mag., CXLVIII., sub t. 8968 (1923). **Y.**: Föhrenwälder, Matten und Felsen der wtp. St., 2100—3000 m. Yünnanfu, bei Schuitang
(SCHOCH 250) und auf den Bergen im NW (SCH. 94). Im W zwischen Dali und
Yungtschang (GEBAUER). Im NW zwischen Haba und Waschwa se von Dschungdien (4438) und zwischen Mujendu und Dschung-tsun e von hier (7645).

H. nana FORR. et W. W. SM. in Journ. Hort. Soc. Lond., XLII., fig. 12
(1916), nom.; in Not. Bot. Gard. Edinb., X., 39 (1917). Steppen, Gebüsche und
Föhrenwälder der wtp. und tp. St., 2100—3400 m. **NW-Y.**: Se von Yungning
(3154) und bei Boloti n von Yungbei. **S.**: S ober Muli. Südhang des Lu-schan
bei Ningyüen (1941) und unter Djiuba-se bei Hohsi.

In derselben Population (1941) finden sich 1—8 blütige Exemplare; die
1—2 blütigen entsprechen ganz *H. nana*, die vielblütigen nähern sich *H. plicata.*
Die Perigongröße schwankt zwischen $4^1/_2$ und $6^1/_2$ cm; die Blätter sind sichel-
förmig gebogen und gefaltet. Die Grenze gegen diese Art ist wohl nicht ganz
scharf.

Allium L.

A. Mairei LÉVL. 1909. AIRY-SHAW in Not. Bot. Gard. Edinb., XVI., 146
(1931) (*A. yunnanense* DIELS, l. c., V., 301 [1912], p. p. mai.). Steppenunterwuchs der Föhrenwälder, auch in schattigen Gebüschen und an Felsen der wtp.
bis in die str. und tp. St., 1900—2900 (—3200?) m. **Y.**: Yünnanfu (SCHOCH).
Schalungschu über dem Yangtse n von hier. Zwischen Mongschipu und Beyin-se
bei Gwangdung an der Straße nach Dali. Zwischen Dsaodjidjing und Hwadung
e des Dsolin-ho. Im NW auf dem Berge Lamatso halbwegs zwischen Yungning
und Dschungdien. Zwischen Dsondio und Djitsung am Yangtse sw von hier.
Im NE hinter Gungschan (MELL) und zerstreut auf Bergen um Dungtschwan
(MAIRE). **S.**: Lidsekou n von Yenyüen. Die Notizen vielleicht teilweise zum
folgenden gehörig.

A. pyrrhorrhizum AIRY-SHAW, l. c., XVI., 141 (1931) (*A. yunnanense*
DIELS p. p. min.). **NW-Y.**: Bei Lidjiang, v. E. (4004). Wohl dieses hier im Sumpf
der tp. St. bei der Lache im Walde n von Ngulukö, c. 3000 m. **S.**: Humöse Stellen
zwischen Schieferblöcken und Rasen der Hg. St. des Gipfels Gonschiga sw von
Muli, 4625—4725 m (7472).

A. macrostemon BGE. Grasplätze, Gebüsche und Äcker der str. und wtp.
St. **H.**: 50—400 m. Häufig von Tschangscha bis Lantien unter Hsikwangschan
(11811). Zwischen Tienhsin und Gwantjiling am Wege von Hsinhwa nach
Baotjing (11980). **Y.**: Im E um Sidsung (10140). Im NW bei Mahwa-tsun
nächst Landji zwischen Yungbei und Yungning (3230). Um Lidjiang, v. E.
(4005).

— — var. *uratense* (FRANCH.) AIRY-SHAW in Not. Bot. Gard. Edinb.,
XVI., 136 (1931) (*A. u.* FRANCH. in Nouv. Arch. Mus. Par., 2. sér., VII., 114
[1884]). **Kw.**: Grabenränder der wtp. St. zwischen Nganschun und Dschenning,
Sandstein, 1000—1400 m (10430). **NE-Y.**: Berge der wtp. St. um Dungtschwan,
2600 m (MAIRE, distr. BONATI 9046) und Djintschungschan, 2700 m (M., d. B.
6171).

A. Bakeri REG. **NE-Y.**: Berge von Dschenfungschan im mittelchin. Fl.
(MAIRE).

A. Bulleyanum Diels in Not. Bot. Gard. Edinb., V., 301 (1912). NW-Y.: Bei Lidjiang, v. E. (4003). Felsige Stellen der tp. St. zwischen Hwadjiaoping und Dahota e von Dschungdien, Sandstein, 3000 m (7650).

Griffel bis fast zweimal so lang wie die Frucht.

A. polyastrum Diels, l. c., V., 300 (1912). Wiesen, steinige Matten, Gebüsche und Tannenwälder mit Weidenunterwuchs der tp. bis in die Hg. St., 3100—4150 m. NW-Y.: Bei Lidjiang, v. E. (4002). Westseite des Gebirges zwischen Bödö und Hsiao-Dschungdien (4628). Im birm. Mons. unter dem Doker-la an der tibetischen Grenze (8115) und beim See Tsukue ober Tschamutong zwischen Salwin und Irrawadi (9916). S.: Gegenüber Tangetu zwischen Yenyüen und Kwapi, 27° 45' (5478). Lungdschu-schan bei Huili (5176).

Blätter immer mehr oder weniger papillös. Blüten weiß-rosa bis schwarzpurpurn. Die Grenze gegen *A. Bulleyanum* verwischt sich wohl.

A. anisopodium Ledeb. W-S.: Min-Tal von Tietschi bis Maodschou (Weigold).

Diese Pflanze steht dem echten *A. tenuissimum* L. schon sehr nahe.

A. Przewalskianum Reg. (oder doch sehr nahe). W-S.: Derge, Kolondo (Limpricht 2140 als *A. lineare* L. var. *junceum* Hook. f.).

A. Prattii C. H. Wr. (*A. victorialis* L. var. *angustifolia* Hook. f., Fl. Brit. Ind., VI., 343 [1892], teste † Lacaita). Föhren- und Tannenwälder der tp. und ktp. und steinige Matten der Hg. St., 3000—4275 m. NW-Y.: Osthang des Gipfels Ünlüpe im Yülung-schan bei Lidjiang (3538). Berg Waha bei Yungning (7076, 7122). Berg Schusutsu bei Bödö se von Dschungdien (4484). Jedenfalls bei Tseku am Mekong (Monbeig). Im birm. Mons. w des Sees Tsukue hinter dem Gomba-la in der Salwin—Irrawadi-Kette ober Tschamutong, v. E. (9908). S.: Paß Tschescha zwischen Muli und Yungning. Im NW auf Gebirgen um Sungpan (Weigold). W-Hubei (Wilson, Veitch Exp. 2416, 2464a; Arn. Arb. Exp. 2029). Fang, trockene Felsen (W., V. E. 2464). Indien, Sikkim (*Allium* nr. 1). Lachen 1847, 1849, Yeumtang 1849, Samding 1849 (alle Hooker: Hb. Kew, teste Lacaita). W-Nepal: Nampa Gadh (Duthie). Kumaon: Milang-Gletscher (Strachey u. Winterbottom), alle teste Lacaita.

A. Victorialis L. NW-Y.: Wiesen, Tannenwälder, steinige Matten und Schneemulden der ktp. und Hg. bis in die tp. St., 3450—4250 m. Osthang des Gipfels Ünlüpe im Yülung-schan bei Lidjiang (3523). Latsa und Rücken zwischen Da-Niutschang und Alo se von Dschungdien.

So breite Blätter, wie sie ssp. *platyphyllum* Hultén in Kgl. Sv. Vet. Ak. Handlg., V., 239 (1927) zeigt, finden sich auch in den Alpen, besonders aber in den Sudeten. Auffallend ist der ausgesprochene Stiel derselben, doch zeigen diesen auch pyrenäische und alpine Exemplare hier und da. Es geht daher nicht an, sie zu einer Art zu machen (*A. latissimum* Proch. in Bull. Appl. Bot., XXIV., 174 [1931]).

** *A. junckiaefolium* Hand.-Mzt. in Sitzgsanz. Ak. W. W., LVII., 175 (1920).

Syn.: *A. Victorialis* Forb. et Hemsl. in Journ. Linn. Soc., Bot., XXXVI., 126 p. p., non L.

Sect. *Rhiziridium* G. Don.

Glaberrimum. Bulbus rhizomati brevissimo radices multas longas edenti insidens, cylindricus, 5 cm longus, $1^{1}/_{2}$ cm crassus, vaginis brunneis, in rete regulare densissimum et inferne denique in fibras simplices solutis cinctus. Caules pauci (bini), stricti, 38—44 cm longi, tenues (vix ultra 1 mm crassi), teretes, paulum (3 cm) supra basin unifoliati. Folii vagina pallida, arcta, inferne jam reticulata; petiolus caule paulum latior, semiteres, lamina aequilongus; lamina resupinata (?), tenuis, e basi sinu angustissimo, 1 cm alto, marginibus invicem se tegentibus clauso plicato-cordata late elliptica, 13 cm longa, $7^1/_2$ cm lata, apiculata, marginibus undulata, nervis 11—13 subaequalibus, tenuibus, utrinque prominulis, lateralibus arcuatis, venulis numerosissimis. Umbella globosa, laxa, $\pm$ 30flora. Spatha bivalvis (?, emarcida). Bracteolae minutae, albo-membranaceae. Pedicelli tenues, angulati, laterales 1 cm, medii (an sub fructu tantum?) usque ad $2^1/_2$ cm longi. Flos stellatus, albus. Tepala tenuia, elliptica, 3 mm longa, $1^1/_2$ mm lata, obtusa vel retusa. Stamina subduplo longiora; filamenta simplicia, aequilonga, exteriora anguste linearia, interiora inferne sensim dilatata; (antherae delapsae). Ovarium stipite fere 1 mm longo, ad medium fere trilobum; stylus stamina aequans. Capsula 2 mm longa (absque stipite) et plus duplo latior, lobis rotundatis, divaricatis. Semina magna, nigra, rugulosa.

W-Hubei (WILSON, Veitch Exp. 2269). Hsingschan, 1885—1888 (HENRY 5590 F, Typus). NE-S.: Dschengkou (FARGES 110, zu vergleichen).

Species foliorum forma *Hostam* (*Funckiam*) *Sieboldianam* aemulans, *Allio Victoriali*, quocum adhuc confusum est, vaginis minus eleganter reticulatis, caule crassiore, foliis pluribus, alte insertis, angustioribus, obtusis, haud cordatis, crassis, capsulis angustioribus diverso vix arcte affinis.

**** A. ovalifolium** HAND.-MZT. in Sitzgsanz. Ak. W. W., LX., 101 (1923). (Abb. 32.)

Sect. *Rhiziridium* G. DON.

Praecedenti simillimum, sed indumento papilloso foliorum margines praesertim fimbriante; vaginae griseae; caules singuli, basi ipsa bi-, raro trifolii; petioli quam laminae aliquantum breviores, raro 8 mm tantum longi; folia minora, ovato-elliptica, raro lanceolata, 75 × 28 vel 80 × 47 — 130 × 55, 105 × 20 vel 150 × 35mm, basi sinu plerumque aperto minus profunde cordata, angustissima partim basi anguste truncata tantum et in petiolum decurrentia; umbella c. 40flora; spatha late ovata, membranacea, acuta, umbellam aequans; pedicelli 4—13 mm longi; tepala alba, 4 mm longa, apice papilloso-erosula.

Kräuterreiche Stellen und Tannenwälder der tp. und ktp. St. auf Kalk, 3225—4100 m. NW-Y.: Bei Yungning in der Waldschlucht jenseits des nach Fongkou führenden Passes, 16. VII. 1915 (7045, Typus). Berg Waha s von dort. S.: Paß Tschescha zwischen Muli und Yungning. Alm Bätö ober Muli. Kansu: Im SE bei Schimen, 8., 9. V. 1919 (LICENT 5255, 5270). Im W auf dem Hsinlungschan und Maho-schan, 9., 12., 13. V. 1918 (LICENT 4162, 4286, 4318).

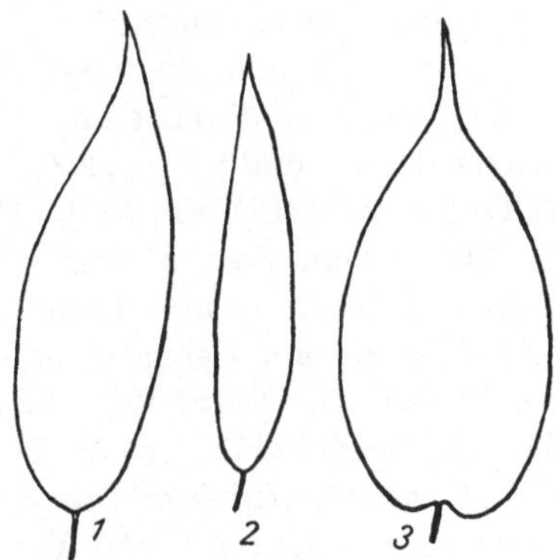

Abb. 32. Blätter von *Allium ovalifolium* HAND.-MZT. 1 LICENT 4162, 2 L. 4318, 3 H.-M. 7045. $^1/_3$ nat. Größe.

A. Forrestii DIELS in Not. Bot. Gard. Edinb., V., 303 (1912). Matten, Felsen und tiefer Gehängeschutt der Hg. St., 4050—4600 m. NW-Y.: Zwischen Mekong und Salwin, 28⁰ 4—15′, auf dem Maya (9635), zwischen See und Paß Yigöru und unter dem Doker-la (8154). S.: Unter dem Paß Santante ober Muli (7325) und am Gipfel Gonschiga sw von hier (7504).

A. kansuënse REG. NW-S.: Gebirge um Sungpan (WEIGOLD).

A. Beesianum W. W. SM. in Not. Bot. Gard. Edinb., VIII., 176 (1914). Matten der Hg. St. auf Kalk, 3800—4075 m. NW-Y.: Yülung-schan bei Lidjiang, v. E. (4001). S.: Hwang-liangdse zwischen Yenyüen und Kwapi (5525).

A. odorum L. H.: Grasplätze der str. St. um Dsiyang und Dungngan, Kalk, 150—500 m (11336). Y.: Yünnanfu (SCHOCH). Im NE in der Ebene von Dung-tschwan, 2500 m (MAIRE).

A. macranthum BAK. in Journ. of Bot., XII., 293 (1874) (*A. oviflorum* REG., Gartenfl., XXXII., 321, Taf. 1134 [1883]). NW-Y.: Üppige Wiesen der tp. St., 3450—3550 m. Um Latsa se von Dschungdien (4630). Um den Sumpf Djolo zwischen Anangu und Dschungdien.

Die von DUNN in Journ. Linn. Soc., Bot., XXXIX., 416 (1911) angeführte Pflanze wurde nicht von BULLEY, sondern von FORREST gesammelt, die Art aber schon 1906 von RENDLE in Journ. of Bot., XLIV., 44 für China angegeben. *A. oviflorum* stammt offenbar aus derselben Aufsammlung wie das *macranthum*-Original und zeigt keinen Unterschied. REGEL stellt es zu *Rhiziridium*, beschreibt aber kein Rhizom und bildet keines ab. Die Zwiebel ist so dünn, daß man kaum von einer solchen sprechen kann.

Lilium L.

L. Brownii F. E. BR. Ki.-F.-Grenze: Felsiger Hang des Schehsing-schan am Dunghwa-schan zwischen Schitscheng und Ninghwa, c. 1200 m (Plt. sin. 329).

Diese von K. KRAUSE in Notizbl. Bot. Gart. Berl., IX., 527 (1926) unter der folgenden Varietät angeführte Pflanze gehört nach der Blattform zum Arttypus.

— — var. **Colchesteri** (WALLACE) WILS., Lil. E. As., 30 (1925) (*L. japonicum? Colchesteri* WALLACE ap. V. HOUTTE in Fl. Serres, XXI., 73 [1875]). Busch-wiesen der str. und tp. St., 200—2000 m. W-F.: Tienhwa-schan w von Dingdschou („Tingchow") (Plt. sin. 425). H.: Yolu-schan bei Tschangscha, leg. BRAMMER (11912). Djintie-se e von Hsinning. Hsikwangschan. Sattel Mawangngao zwischen Hsinhwa und Ludu. Im SW um Wukang, hier auf dem Yün-schan (12831), und um Dsingdschou. Kw.: Spärlich gegen Gudschou. Von Badschai bis Duyün. Zerstreut von Guiyang bis Hwangtsaoba. Y.: Im E ober Djinsolo bei Loping (10211). Im W bei Yungtschang (GEBAUER).

L. myriophyllum FRANCH., det. K. KRAUSE. Y.: Kalkfelsen der wtp. St. in einer Schlucht nw von Yünnanfu (SCHOCH 290).

L. Bakerianum COLL. et HEMSL. (*L. yunnanense* FRANCH.). Y.: Gebüsche der str. St., 1750—2200 m. Ober Hodjiayao und Hodschung bei Yungbei (3381). Unter Gwanyilang zwischen Yungbei und Lidjiang. Um Lidjiang, v. E. (4008).

L. Delavayi FRANCH. (*L. linceorum* LÉVL. et VANT. — *L. Bakerianum* var. *Delavayi* [FRANCH.] WILS., Lil. E. As., 43 [1925]). Y.: Gebüsche und Föhren-wälder der wtp. und tp. St., 2100—3400 m. Berge w von Yünnanfu (SCHOCH 214). Im W zwischen Dali und Yungtschang (GEBAUER). Im NW bei Lidjiang,

v. E. (4007). Ober Mudidjing s von Yüngning (3175). Im E am Osthang des Rückens e von Magai. Rücken des Beling-schan bei Loping (10148). Berge zwischen Bantjiao und Djiangdi.

L. sempervivoideum LÉVL. in Bull. Ac. int. Géogr. Bot., XXV., 38 (1915). W. W. SM. in Transact. Proc. Bot. Soc. Edinb., XXVIII., 159 (1922). Y.: Steppen, Heidewiesen und offene Wälder der wtp. St., 2000—2600 m. Bei Yünnanfu auf den Bergen im W (SCHOCH 167) und bei Schilungba (SCHOCH). Rücken zwischen Dsaodjidjing und Hwadung e des Dsolin-ho (4986). Tieso bei Beyendjing (TEN 284). S.: Wohl dieses in der str. St. zwischen Yowanschui und Sungpingdse über dem Yalung, 27° 13′, 1650 m.

L. ochraceum FRANCH., det. KRAUSE. Y.: Lichtungen der Föhrenwälder in der wtp. St. ober dem Tempel Taihwa-se bei Yünnanfu, Sandstein, 2300 bis 2400 m (SCHOCH 328).

L. taliense FRANCH. NW-Y.: Lichte Wälder und felsige Stellen der tp. St., 2600—3400 m. Bei Lidjiang, v. E. (4006, 4009). Hier ober Ngulukö (6694) und über dem Moränenzirkus Saba (6797). Tempel Minyü am Wege nach Dschung-dien. Haba se von hier. Im birm. Mons. mehrfach um Bahan und n des Rückens Alülaka bei Tschamutong am Salwin.

L. Willmottiae WILS. in Kew Bull., 1913, 266. NE-Y.: Bachränder in Tälern bei Lungdji im mittelchin. Fl. (MAIRE).

Die oberen Stengelblätter an den meisten Stücken zu 3 quirlig. Flockige Haare an den meisten Blattinsertionen reichlich; deren gelegentliches Vorkommen gibt WILSON für die Art an. Vielleicht als geographische und morphologische Mittelform gegen *L. papilliferum* FRANCH. aufzufassen, das durchaus keine Gebirgspflanze ist.

L. lancifolium THUNBG. in Transact. Linn. Soc., II., 333 (1794), e typo (*L. tigrinum* KER 1810). SW-H.: Gebüsche der wtp. St. ober dem Tempel Gwanyin-go auf dem Yün-schan bei Wukang, Tonschiefer, 1250 m (12368).

THUNBERGS unzutreffende Beschreibung beruht auf einem Exemplar mit jungen Knospen.

L. Davidii DUCH. ap. ELWES, Monogr. Lil., t. 24 (1880). Y.: Kalk-felsen der wtp. St. am Hsi-schan bei Yünnanfu, 2200—2300 m (SCHOCH 289).

L. giganteum WALL. Hochstaudenfluren und Mischwälder der wtp. und tp. St. auf Sandstein, Schiefern und Granit. NW-Y.: Im birm. Mons., 2700 bis 3200 m. Zwischen Mekong und Salwin im Tale von Tseku zum Si-la, 28° (8879, s. Naturb. SW-China, Abb. 104), um Bahan, im Doyon-lumba und im Tale von Londjre zum Schöndsu-la (8187). Zwischen Salwin und Irrawadi im Tjiontson-lumba und einzeln im Naiwanglong. S.: Am Soso-liangdse ober Sikwai im Lolo-Lande e von Ningyüen, 2700 m (1921). SW-H.: Yün-schan bei Wukang, selten, 1150—1300 m (11216).

Meine Pflanzen haben nickende Blüten, die außen allerdings immer weiß sind, aber keineswegs dunkle Stengel, verbinden daher die sicher nicht unter-scheidbare var. *yunnanense* LEICHTL. ap. ELWES in Gard. Chron., ser. 3, LX., 49 (1916) mit dem Typus.

L. cathayanum WILS., Lil. E. As., 99 (1925), det. KRAUSE. H.: Wald der wtp. St. ober Tungdjiapai bei Hsikwangschan im Bezirke Hsinhwa, 550—750 m (11843).

Notholirion Boiss.,

Fl. or., V., 190 (1882). Stapf in Kew Bull., 1934, 94

N. hyacinthinum (Wils.) Stapf, l. c., 96 (*Lilium h.* Wils., Lil. E. As., 100 [1925]). Wiesen, Gebüsche, Bachränder und Wälder der tp. und ktp. St., 3325 bis 4050 m. NW-Y.: Überall zwischen Bödö und Alo (4575) und an der West-seite des Gebirges Piepun (phot.) se von Dschungdien. Um die Hütte Maoniubi auf dem Waha bei Yungning (7072). S.: Bei Muli gegen den Paß Döko, bei der Alm Bätö (phot.) und beim Lagerplatz Guyi am Wege nach Yungning. Im NW auf Gebirgen um Sungpan (Weigold).

Unter meinen Exemplaren befinden sich auch schwächere, 5blütige (4575, 7072 p. p.), deren Brakteen bedeutend kürzer sind, als die Blüten, und die darin dem *N. macrophyllum* (D. Don) Boiss. entsprechen, dessen Stengel beim Wiener Exemplar aus Sikkim auch nicht gebogen ist. Es bleibt nur der Mangel des grünen Fleckes an den Tepalen als Unterschied dieser Art, der an der allerdings einzigen mir vorliegenden Blüte zutrifft.

N. campanulatum Cott. et Stearn in Lily Year-Book, 1934, 19. NW-Y.: Regenmischwälder der tp. und Staudenfluren der ktp. St. des birm. Mons. auf Granit und Glimmerschiefer, 2050—4200 m. Zwischen Mekong und Salwin an der Westseite des Si-la und auf dem Nisselaka, 28⁰, sowie auf dem Schöndsu-la, 28⁰ 4'. Vom Salwin gegen den Irrawadi im Tjiontson-lumba s (9208) und im Tale unter dem Gomba-la n (9534) von Tschamutong.

Nomocharis Franch.

N. lophophora (Bur. et Franch.) Balf. f. in Transact. Bot. Soc. Edinb., XXVII., 293 (1918) (*Lilium lophophorum* [Bur. et Franch.] Franch.). Wiesen, steinige Matten und Modermatten der ktp. und Hg. St., 3600—4375 m. NW-Y.: Bei Lidjiang, v. E. (4011). Hier auf dem Yao-schan bei Ganhaidse (6738). Waha bei Yungning. Rücken zwischen Haba und Dugwan-tsun se von Dschungdien (6895). S.: Paß Santante bei Muli. Rücken Daörlbi zwischen Yenyüen und Yungning (2992, s. Naturb. SW-China, Abb. 37).

Blätter bei Nr. 6895 fast quirlig zusammengedrängt, wohl wegen fester Unterlage und geringer Entwicklung der überhaupt niedrigen Pflanzen. Erst eine Blüte geöffnet.

N. meleagrina Franch., det. Evans. NW-Y.: Bambusreiche tp. Regen-mischwälder des birm. Mons. an der Westseite des Schöndsu-la zwischen Mekong und Salwin, 3500 m, und im Tjiontson-lumba unter Tschamutong von diesem gegen den Irrawadi, 2950 m (9145).

N. Mairei Lévl. in Rep. sp. nov., XII., 287 (1913). Y.: Gebüsche und Bam-busdschungel der tp. bis in die ktp. St., 3100—4000 m. Zwischen Piyi und Mudidjin s von Yungning (3184). Im NW ober Dugwan-tsun und auf dem Berge Schusutsu bei Bödö se von Dschungdien.

N. aperta (Franch.) W. W. Sm. et Evans in Not. Bot. Gard. Edinb., XIV., 96 (II. 1925), comb. nuda; XV., 30 (VI. 1925) (*Lilium apertum* Franch.). NW-Y.: Föhrenwälder, Gebüschränder und Matten der tp. und ktp. St., 3200—3900 m. Westseite des Rückens zwischen Haba und Dugwan-tsun (6904) und des Gebirges zwischen Bödö und Alo (4574) se von Dschungdien. Paß Lenago zwischen Yangtse und Mekong, 27⁰ 43′ (GEBAUER).

N. saluenensis BALF. f. in Transact. Bot. Soc. Edinb., XXVII., 294 (1918). NW-Y.: *Pteridium*-Wiesen und Gekräute der tp. und ktp. St. des birm. Mons. auf Schiefer und Granit, 3200—4200 m. Westseite des Si-la, Saoa-lumba und ober Bahan (8958), sowie auf dem Rücken Pongatong zwischen Mekong und Salwin, 28⁰—28⁰ 6′. Tjiontson-lumba und Westfuß des Passes Pangblanglong zwischen Salwin und Irrawadi, 27⁰ 53—58′.

N. Souliei (FRANCH.) W. W. SM. et EVANS in Not. Bot. Gard. Edinb., XIV., 102 (II. 1925), comb. nuda; XV., 40 (VI. 1925) (*Fritillaria S.* FRANCH.). NW-Y.: Rasen und Schneetälchen der ktp. und Hg. St. des birm. Mons. oft massenhaft, auf Glimmerschiefer, 4000—4400 m. Zwischen Mekong und Salwin auf dem Si-la (8428), Nisselaka (8966), Pongatong und Yigöru, 28⁰—28⁰ 9′. Überall auf der Salwin—Irrawadi-Kette w von hier.

Fritillaria L.

F. cirrhosa D. DON. Felsen, Wiesen und Modermatten der ktp. und Hg. St., 3700—4500 m. NW-Y.: Paß Lenago zwischen Yangtse und Mekong, 27⁰ 45′ (8855). S.: Liuku-liangdse zwischen Yenyüen und Kwapi, 27⁰ 48′ (2361). Berg Gonschiga sw von Muli (7500).

Variiert einfarbig und nahezu tesselat gezeichnet.

— — var. *ecirrhosa* FRANCH. NW-S.: Gebirge um Sungpan (WEIGOLD). Auch LIMPRICHT 1490 eher hierher, als zur folgenden.

Da die mir vorliegenden rankenlosen Exemplare aus dem Gebiete (auch LIMPRICHT 1769 und ROCK 14160, diese aus NE-Tibet, beide als *F. Roylei* HOOK.) die dunkleren, kleineren Blüten haben, ist wohl auch dieses Merkmal als charakteristisch für die Varietät und meine Nr. 8855 durch die Merkmalskombination als Übergang zu betrachten.

F. Delavayi FRANCH. NW-Y.: In tiefem Kalkschutt der Hg. St. am Osthang des Gipfels Ünlüpe im Yülung-schan bei Lidjiang, 4100 m (6701). Schanhsi: Maoörlting w von Taiyüen (LICENT 10723).

Tulipa L.

T. erythronioides BAK. **Ki.**: Kuling bei Kiukiang, sonnige, geschützte Bergrücken, stellenweise häufig (FABER).

Blätter 17 × 1¹/₂ cm, also schmäler als beim Typus (Dr. FABER 96) und als beschrieben. Hochblätter aber 3, quirlig. Von LIMPRICHTS schmalblätteriger Nr. 300 von *T. edulis* (MIQ.) BAK. hat ein vorliegendes Stück 3 quirlige, die beiden anderen 2 gegenständige Hochblätter. 6 Blätter finde ich an keiner japanischen Pflanze, sondern einschließlich der Hochblätter bei einschäftigen Pflanzen nur 4. Die beiden Arten sind daher vielleicht nicht scharf geschieden.

Lloydia SALISB.

L. yunnanensis FRANCH. NW-Y.: Matten der tp. St. im alten Seeboden Gaba vor dem Be-schui bei Lidjiang, 3050 m (4211). Rasen der Hg. St. des birm. Mons. beiderseits des Passes Tschiangschel zwischen Salwin und Irrawadi, 3950—4075 m (9266).

L. Mairei Lévl. in Bull. Ac. Géogr. Bot., XXV., 38 (1915), e typo. NW-Y.: Steinige Matten der Hg. bis in die ktp. St., 3900—4375 m. Rücken zwischen Haba und Dugwan-tsun se von Dschungdien, Tonschiefer (6901). Im birm. Mons. am Si-la zwischen Mekong und Salwin, 28⁰ (8932), und wahrscheinlich diese auf dem Buschao zwischen Salwin und Irrawadi. W-Hubei (Wilson, Veitch Exp. 2065). Sikkim (Hooker).

Differt a *L. serotina* (L.) Reichb. costa nectarifera deficiente.

Offenbar ein südlicher Vertreter der *L. serotina*, zu dem wahrscheinlich auch *L. s.* var. *unifolia* Franch. in Journ. de Bot., XII., 192 (1898) gehört, denn Wilsons Pflanze ist einblätterig und hat keine Honigleiste.

L. oxycarpa Franch. Trockene Matten, auch im Föhrenwaldunterwuchs, und Modermatten der tp. und ktp. St., 3100—3775 m. NW-Y.: Bei Lidjiang, v. E. (4020). Berg Hoörl (3127) und gegen SE bei Yungning. S.: Berg Mitzuga w von Muli (Rock 16046). S.: Rücken Daörlbi halbwegs zwischen Yungning und Yenyüen (2991).

L. Forrestii Diels in Not. Bot. Gard. Edinb., V., 303 (1912) **var. **psilostemon** Hand.-Mzt. in Sitzgsanz. Ak. W. W., LXIII., 112 (1926).

Filamenta glabra.

NW-Y.: Matten der ktp. St. auf dem Passe Nisselaka zwischen Mekong und Salwin, 28⁰, Glimmerschiefer, 4200 m, 18. VI. 1916 (8963, s. Karst. u. Schenck, Vegetatb., 17. R., Taf. 44), und wohl auch diese auf dem Passe Buschao zwischen Salwin und Irrawadi w von hier, 4125 m.

Der Hauptunterschied der Art gegenüber *L. oxycarpa* scheint der nicht rasige Wuchs zu sein. Die Staubfäden wechseln auch bei dieser kahl und behaart. Bei Franchet widersprechen sich die Angaben in Schlüssel und Beschreibung.

* **L. longiscapa** Hook., Ic. Pl., IX., t. 834 (1852). NW-Y.: In der ktp. St. des birm. Mons. beiderseits des Passes Tschiangschel zwischen Salwin und Irrawadi, 27⁰ 52′, Glimmerschiefer, 3500—3900 m, 4. VII. 1916 (6700).

Übereinstimmend mit Exemplaren aus Sikkim: Bloktan (Kings Sammler), während vom Zelep-la gelbe Blütenfarbe angegeben wird.

L. tibetica Bak. var. **purpurascens** Franch. NW-Y.: Steinige Matten der Hg. St. am Osthange des Gipfels Ünlüpe im Yülung-schan bei Lidjiang, Kalk, 4200 m (3508).

Scilla L.

S. sinensis (Lour.) Merr. in Philip. Journ. Sc., XV., 229 (1919) (*Ornithogalum sinense* Lour., Fl. Cochinch., 206 [1790]. — *Scilla chinensis* Benth. — *S. scilloides* [Lindl.] Druce in Bot. Soc. Brit. Isl., IV., 646 [1917]). S.: Min-Tal von Sungpan bis Maodschou (Weigold).

Der von Merrill in Amer. Journ. Bot., III., 580 (1916) hierauf bezogene Name *Convallaria chinensis* Osb., Dagb. Ostind. Resa, 220 (1757) betrifft wohl eher *Ophiopogon*.

** **S. bispatha** Hand.-Mzt. (Abb. 33, Nr. 3).

Sect. *Euscilla* Bak.

Bulbus globosus, 1¹/₂—2 cm diametro, tunicis exterioribus fusculis collum breve formantibus, interioribus membranaceis, radicibus tenuibus, scapum erectum teretem, 13—35 cm altum, viridulum, in costulis tenuissimis hic illic papilloso-asperum edens. Folia radicalia (saltem sub anthesi) nulla. Folia cauli basi inserta 2, lineari-oblanceolata, 3—6 cm longa, ad 4 mm lata, membranacea, tenuiter nervosa, partim rosea, dimidia scapum spathaceo-amplectentia, dein libera et erecta, antice undulata. Racemus scapi partem summam tantum occupans, ovoideo-cylindricus, $1^1/_2$— (serius) 5 cm longus, 8—12 mm crassus, obtusissimus, densissime permultiflorus, demum basi tantum paulo laxior. Bracteae singulae, subfiliformes, membranaceae, 1—$2^1/_2$ mm longae, alabastris pedicellisque breviores. Pedicelli alterni, erectopatentes vel serius patentes, $2^1/_2$—4 mm longi, recti, crassiusculi. Bracteolae nullae. Perigonium roseum (e nota ad vivum), stellatum, c. 6 mm diametro, lobis liberis, oblongis, 1 mm latis, obtusis, dorso ad apicem fusculis. Stamina corollae aequilonga, rosea, filamentis membranaceis deorsum dilatatis et $\pm$ papillosis, antheris subglobosis $^3/_4$ mm longis. Ovula in loculis singula; stylus subulatus, $1^1/_4$—$1^1/_2$ mm longus, stigmate parvo. Capsula juvenilis ovoidea, ad costas papillosa, sensim acuminata.

H.: Zerstreut in Steppen der str. St. um Tschangscha, Sandstein, 30 bis 200 m, auf dem Yolu-schan, 30. IX. 1917 (11368, Typus) und hinter der Stadt. **Japan**: Okinazima, Hukusima, 27. VIII. 1927 (Jisiba: Mus. Wien).

Proxima *S. sinensis* differt foliis viridibus semper e bulbo ortis, racemo longiore juvenili longiacuminato, bracteis pedicellos aequantibus alabastris aequilongis vel ea superantibus.

Die Stellung der scheidenartigen Blätter verbietet anzunehmen, daß es sich nur um einen Zustand oder eine Saisonform der vorigen Art handelt.

**** S. alboviridis** Hand.-Mzt. (Abb. 33, Nr. 1, 2).

Sect. *Euscilla* Bak.

Bulbus ovoideus, 3—4 cm longus, tunicis exterioribus fusculis collum breve formantibus, interioribus membranaceis, radicibus longis tenuiusculis, folia 3—6 et scapum centralem, erectum, 15—28 cm altum edens. Folia oblanceolato-linearia, scapo $\pm$ aequilonga, (4—) $5^1/_2$—8 mm lata, breviacuminata, apice ipso obtusa, basi longe attenuata sessilia evaginata, herbacea, plana et partim conduplicata, margine papilloso-aspera, sicca olivacea, nervis 15—23 alternatim maioribus conspicuis, trabeculis sparsis. Scapus rigidulus, teres, costulatus, plusquam quarto usque plus dimidio superiore racemo multifloro laxo obsitus, ceterum nudus. Pedicelli alterni vel hic illic terni subverticillati, sub anthesi $\pm$ 5 mm longi, patuli, sub fructu ad 10 mm longi paulum sursum arcuati, tenues. Bracteae geminatae, lineari-lanceolatae, membranaceae, usque ad $2^1/_2$ mm longae. Perigonium album, centro viride (e nota ad vivum), stellatum, $\pm$ 6 mm diametro, lobis liberis, exterioribus late ovatis, interioribus potius oblongis, omnibus rotundatis. Stamina eo aequilonga, filamentis deorsum sensim fistuloso-incrassatis hic sectione rotundato-trapezoideis, glaberrimis et levissimis, antheris ellipsoideis 1 mm longis, pallide coeruleis (e nota ad vivum). Stylus 1 mm longus, stigmate minuto. Capsula ad 5 mm longa, truncata, stylo dimidio persistente apiculata, angulis 3 rotundatis, in his et sulcis aspera. Ovula in loculis bina, collateralia, erecta, anatropa; semina oblonga, longitudine totius loculi, carnosa, exalata.

NW-Y.: Steppen der str. St. zwischen Dsowa und Yumi am Schou-tschu n des Nordendes der Lidjianger Yangtse-Schleife, 27° 48—50′, Phyllit, 1700 bis 1900 m, 10. VIII. 1915 (7574), und unter Laba an seinem w Zuflusse hier.

Foliis latis *S. Thunbergii* Miyabe et Kudo in Transact. Sapp. Nat. Hist. Soc., VIII., 3 (1921) (*S. japonicae* [Thunb.] Bak., non *S. japonicae* Thunb.) similis,

Abb. 33.   1, 2 *Scilla alboviridis* Hand.-Mzt. 3 *Scilla bispatha* H.-M. (11368). 4 *Aletris stelliflora* H.-M. (9464). $^2/_3$ nat. Gr.

quae differt inflorescentia multo densiore, bracteis singulis, pedicellis imprimis sub fructu multo brevioribus, floribus intense roseis, tepalis angustioribus, filamentis inferne asperis complanatis, ovulis singulis.

Asparagus L.

A. trichophyllus BGE. **H.**: Gebüsche der wtp. St. bei Hsikwangschan im Bezirke Hsinhwa, Sandstein, 600 m (11 926, ♀).

A. filicinus HAM. Wälder und Gebüsche der wtp. und tp. St., 2400—3400 m. **Y.**: Im NW bei Lidjiang, v. E. (4023). Hier unter Ganhaidse (6612) und ober Ngulukö (6644). S von Yungning. Im NE im Tal von Mahung (MAIRE) und im mittelchin. Fl. bei Lungdji, 700 m (M.). **S.**: Unter Bitieliangdse, bei Fumadi und überall zwischen Hungga und Duörlliangdse (2892) zwischen Yungning und Yenyüen. Kwapi n von hier (2481). Tälchen s von Linkan am Houdsengai bei Dötschang im Djientschang (1842).

— — var. **lycopodineus** (WALL.) BAK. in Journ. Linn. Soc., XIV., 605 (1875). **Y.**: Wälder der wtp. bis in die tp. St., 2000—3000 m. Hsinlung n von Yünnanfu (SCHNEIDER 317). Überall von Yünnanfu bis gegen Dali. Im W zwischen Dali und Yungtschang (GEBAUER). Im NW im birm. Mons. viel an der Ostseite des Doyon-lumba am Salwin unter Tschamutong. Im NE bei Sandjia (MAIRE). **S.**: Um Muli. Viel ober Niutschang se von Yenyüen. Im W auf dem Omi-schan (FABER 36). **Kw.**: Pinfa (CAVALERIE 308). Hubei (HENRY 5712 B). S. Wuschan (WILSON, Veitch Exp. 943).

Entspricht der Beschreibung von HOOKER in Fl. Brit. Ind., VI., 315 (1892), der die Varietät auch schon für China erwähnt. BAKER gibt die Breite der Phyllokladien offenbar irrtümlich an. Daß keine von mir gesammelte Pflanze vorliegt, besagt entweder, daß sich eine solche in dem zugrunde gegangenen Sammlungsteil befand, oder, daß sich die Notizen doch nur auf breitere Formen des Typus beziehen.

A. meioclados LÉVL., e typo. **Y.**: Kalkfelsen der wtp. St. auf dem Tschangtschung-schan bei Yünnanfu, 2100—2200 m (SCHOCH 137). Zwischen Dali und Yungtschang in einem Walde auf Laterit, 2000 m (GEBAUER).

A. lucidus LINDL. Gebüsche und Savannenwälder der str. bis an die wtp. St. **Y.**: 1550—1600 m. Gegenüber Dschenmindö in der Seitenschlucht des Yangtse n von Yünnanfu am direkten Wege nach Huili (783). Am Bach unter Piendjio ne von Dali (Talifu) (6357). **Kw.**: Bei Tschingdschen, 1200 m (10452). **II.**: Um Loudi im Bezirke Hsianghsiang, 90—200 m (11 729).

Clintonia RAF.

C. alpina (ROYLE) KTH., Enum. Pl., V., 159 (1850) (*Smilacina a.* ROYLE, Ill. Bot. Him., 380 [1839]. — *Clintonia udensis* TRAUTV. et MEY. 1847). Tannen- und andere Nadelwälder, besonders an feuchtschattigen Stellen in der ktp., selten tp. St., (3000—) 3500—4100 m. **NW-Y.**: Bei Lidjiang, v. E. (4030). N von hier zwischen den Sätteln Gaogu und Laoyingnga am Wege nach Yungning (7033). Berg Waha bei Yungning. Unter dem Sattel Gitüdü bei Anangu se von Dschungdien. Paß Lenago zwischen Yangtse und Mekong, 27° 45′ (8839). Im birm. Mons. zwischen Mekong und Salwin am Nisselaka (8973) und überall häufig um den Schöndsu-la. W von dort gegen den Irrawadi im Tjiontson-lumba und jenseits des Passes Tschiangschel (phot.), 27° 52′. **S.**: Paß Tschescha bei Muli.

Da die japanische Pflanze ebenfalls Brakteen besitzt, somit kein sichtbarer Unterschied besteht, setze ich die beiden Arten synonym und verwende den ältesten Namen.

Smilacina Desf.
(*Tovaria* Neck., nom. rejic., non Ruiz et Pav.)

S. lichiangensis (W. W. Sm.) Hand.-Mzt. (*Tovaria l.* W. W. Sm. in Not. Bot. Gard. Edinb., VIII., 209 [1914], e typo). NW-Y.: Bei Lidjiang, v. E. (4027). S.: Buschige Hänge der tp. St. des Rückens Daörlbi halbwegs zwischen Yenyüen und Yungning, 3400—3600 m (2923).

Perigonium in typo quoque usque ad basin fissum lobis late unguiculatis inferne contiguis nec connatis. Filamenta 2—2$^1/_2$ mm longa, deorsum dilatata.

*** S. purpurea** Wall., Plt. As. rar., II., 38, t. 144 (1831). NW-Y.: In Bambusbeständen der tp. St. an der Ostseite des Passes Tschiangschel zwischen Salwin und Irrawadi, 27º 52', Glimmerschiefer, 3275—3350 m, 3. VII. 1916 (9239).

Kleine Exemplare, deren Blätter unterseits nur an den Nerven etwas borstelig oder ganz kahl, sonst mit der Himalaya-Pflanze stimmend.

S. Forrestii (W. W. Sm.) Hand.-Mzt. (*Tovaria F.* W. W. Sm. in Not. Bot. Gard. Edinb., VIII., 209 [1914]). NW-Y.: Wiesen der ktp. St. auf dem Yaoschan bei Ganhaidse nächst Lidjiang, Kalk, 3600—3700 m (6740). Wohl auch diese in der tp. St. im Dschungel und an Bächen, 3000—3400 m, s von Yungning, ober Alo se von Dschungdien, und in S.: Auf dem Passe zwischen Woloho und Gaitiu und unter Hungga zwischen Yenyüen und Yungning.

Meine gesammelte Pflanze hat viel kleinere, stumpfere Blätter (7$^1/_2$ cm lang) und etwas breitere Perigonzipfel als der Typus.

S. yunnanensis (Franch.) Hand.-Mzt. (*Streptopus paniculatus* Bak. 1890, non *Smilacina paniculata* Mart. et Gal. 1843. — *Tovaria yunnanensis* Franch. 1896). Wiesen, humöse Gebüsche und Wälder der tp. und ktp. St., 2800—3700 m. NW-Y.: Bei Lidjiang, v. E. (4025, 4026). Hier auf dem Yao-schan bei Ganhaidse (6739). Ober Dugwan-tsun se von Dschungdien. Im birm. Mons. bei der Alm Rüschaton von Tseku gegen den Si-la und gegen den Irrawadi im Tjiontsonlumba. S.: Ober Ngaitschekou jenseits des Yalung n von Yenyüen (2632). Im W auf dem Omi-schan (Limpricht 1529 als *S. tubifera* Bat.).

Die Identität von *Streptopus paniculatus* mit *Tovaria yunnanensis* wurde mir von Sir W. W. Smith nach dem Edinburgher Material des ersten, das besser ist als das Wiener und Berliner, bestätigt. K. Krauses Diagnose von *Streptopus* in Nat. Pflzfam., 2. Aufl., XV a., 368 schließt jene Art aus, obwohl er sie anführt.

*** S. oleracea** Hook. f. et Thoms. in Hook., Fl. Brit. Ind., VI., 323 (1892) (*Tovaria o.* [Hk. f. et Ths. in sched.] Bak. in Journ. Linn. Soc., Bot., XIV., 569 [1875]). NW-Y.: Bambusreiche Tannenwälder der ktp. St. an der Westseite des Passes Tschiangschel zwischen Salwin und Irrawadi, 27º 52', Glimmerschiefer, 3500—3800 m, 5. VII. 1916 (9381).

S. sp. S.: Humöse Stellen der ktp. St. in Gebüschen auf dem Rücken Daörlbi halbwegs zwischen Yenyüen und Yungning, Kalk, 3750—3800 m (2965, beschädigtes Material).

Disporum Salisb.

D. cantoniense (Lour.) Merr. in Philip. Journ. Sc., XV., 229 (1919) (*Fritillaria cantoniensis* Lour. 1790. — *Disporum pullum* Salib. 1812). Gebüsche und Wälder der tp. bis in die str. St. Kw. (Cavalerie 534, 2163). S.: 2400 bis

2850 m. N von Yenyüen bei Otang unter Kwapi (2753) und jenseits des Yalung unter Ngaitschekou (2677). Im W auf dem Wa-schan s von Yadschou (WEIGOLD). Y.: 1600—3150 m. Haiyen-se bei Yünnanfu (SCHOCH 97). Osthang des Dji-schan ne von Dali (6384). Hsinyingpan zwischen Yungbei und Yungning (3286). Im NW se von Yungning (3151) und überall um Dugwan-tsun se von Dschung-dien. Im birm. Mons. ober Bahan am Salwin, 27° 58′ (9053). Im E um Loping im mittelchin. Fl. (10158). Im NE um Dungtschwan, Swenwui und Tschoudjia (MAIRE) und bei Lungdji im mittelchin. Fl., 700 m (MAIRE).

— — var. *brunneum* (C. H. WR.) HAND.-MZT. (*D. sessile* var. *b*. C. H. WR. in Bot. Mag., CXLV., t. 8807 [1919]). W-Hubei, V. 1900 (WILSON, Veitch Exp. 636).

Tepala der Nr. 3286 sehr kurz und breit, nur kurz genagelt, sehr stumpf, doch gehört die Pflanze zu dieser Art im üblichen Sinne.

D. sessile (THUNB.) D. DON. H.: Feuchte Stellen der str. St. im Hartlaub-walde des Yolu-schan bei Tschangscha, Sandstein, 70—100 m (11611). Im SW am Yün-schan bei Wukang, zwischen 400 und 1400 m (Plt. sin. 90).

Blattbreite und Zuspitzung sehr veränderlich. Meine Pflanze hat teilweise sehr schmale Blätter und immer hellgelbe Blüten, während mein Sammler zu Plt. sin. 90 weiß und rot oder weiß-rot angab. *D. flavescens* KITAG. in Bot. Mag. Tok., XLVIII., 92 (1934), das von MIGO in Journ. Shangh. Sc. Inst., III., 90 (1935) für China angegeben wird, ist also davon nicht verschieden.

— — ** var. *pachyrrhizum* HAND.-MZT.

Planta humilis, radicibus napiformi-incrassatis, usque ad 5 mm crassis, conferta, 10—36 cm alta, simplex, raro inferne tantum parce breviramosa, cata-phyllis magnis, late vaginatis, brunneis, foliis firmis, latis, ellipticis, raro late ovatis, 10 × 5,6 — 11,5 × 4,4 cm, petiolis distinctis, ad 10 mm longis. Flores typi, 2 cm longi, antheris 5 mm longis.

H.: Humus im Walde der str. St. unter Tungdjiapai bei Hsikwangschan im Bezirke Hsinhwa, Kalk, 550 m, 20. V. 1918 (11885). Hubei und S. 1885—1888 (HENRY 6731). W-Hubei: Nanto (HENRY 7635, Typus). S. Badung (H. 5545). Kw.: Lou-schan, Tungdse, in offenem Graben, 500 m, 27. V. 1930 (TSIANG 5167). Wandjing-schan, Yindjiang, 600 m, in tiefem Schatten, 27. XII. 1930 (Ts. 7905).

Die fruchtenden Pflanzen sind so auffallend, daß ich eine neue Art vermutete, von Kew einschlägiges Blütenmaterial erbat und HENRY 7635 erhielt. Den Über-gang zur Varietät bilden CARLES 212 von Meidji am Taihu und LIMPRICHT 830 von Hangdschou. Pflanzen vom Taimo-schan gegenüber Hongkong (Hongkg. Bot. Gard. 664, 1474), die erste fruchtend, die zweite blühend, stimmen in Blatt-form, die erste auch im Habitus, die zweite ist größer und langästig, mit kleineren Blüten, beide aber liegen ohne Wurzeln vor.

* *D. smilacinum* A. GR. W-S.: Wa-schan s von Yadschou, IV. — 8. V. 1915 (WEIGOLD).

Nur ein Individuum, doch zweifellos zu dieser aus dem eigentlichen China noch nicht bekannten Art gehörig.

Streptopus MICHX.

S. simplex D. DON. NW-Y.: Staudenfluren und Wälder der tp. und ktp. St. auf Sandstein, Schiefer und Granit, 3150—4050 m. Unter dem Sattel Gitüdü bei Anangu se von Dschungdien (7659). Im birm. Mons. zwischen Mekong und Salwin im Tale vom Si-la nach Tseku (8909) und überall gemein bis über den Schöndsu-la, 28⁰ 4'.

S. parviflorus Franch. NW-Y.: Hochgekräute auf Waldschlägen der ktp. St. an der Westseite des Rückens zwischen Haba und Dugwan-tsun se von Dschungdien, Schiefer, 3850 m (6963). Wahrscheinlich auch dieser in der tp. St. bis 3150 m herab, an der Westseite des Passes Lenago zwischen Yangtse und Mekong und im birm. Mons. zwischen Mekong und Salwin unter dem Doker-la und sicher im Tjiontson-lumba vom Salwin gegen den Irrawadi häufig.

Polygonatum Adans.

P. falcatum A. Gr. Kw.: Gebüsche der wtp. St. bei Gutscha w von Guiyang (Kweiyang), Mergel, 1300 m (10489).

Bis 16blütige, fast regelmäßige Dolden auf sehr breiten Stielen, doch bildet Tsiangs Nr. 5754 von Duyün den Übergang zur typischen Form.

*** P. lasianthum** Maxim. in Bull. Ac. St. Petbg., XXIX., 209 = Mél. biol., XI., 850 (1883). SW-II.: Häufig im schattigen wtp. Laubhochwalde des Yün-schan bei Wukang, Tonschiefer, 850—1300 m, 12. VI. 1918 (12090).

Blätter länger und schmäler (bis 11¹/₂ × 3 cm), sonst mit dem Typus stimmend.

**** P. brachynema** Hand.-Mzt.

Caulis e rhizomate articulato, repente, ± 1 cm crasso singulus, erectus, 50—62 cm altus, crassiusculus, inferne nudus, cicatrice una annulari, dimidio superiore crebre alternifolius, ut tota planta glaber. Folia oblongo-ovata, ad 12 cm longa, longitudine plus duplo usque triplo angustiora, nonnulla paulum falcata, inferiora non decrescentia, breviacuminata, apice ipso obtusa, basi ± rotundata vel superiora cuneata, herbacea, sicca supra flavescentia subtus glaucescentia, nervis principalibus 3, quorum exteriores in tertio vel quarto extero, ceteris permultis praesertim subtus prominuis, trabeculis multis versus lucem conspicuis; petioli inferiores usque ad 5 mm longi, summi breviores vel subnulli. Cymae omnibus foliis praeter 1—2 infima pluraque summa axillares singulae, umbellato 2—4florae. Pedunculus tenuis, 9—20 mm longus, erecto-patens; pedicelli pedunculis mediae longitudinis aequilongi, brevioribus longiores, longioribus breviores, 8—18 mm longi, sub flore ipso articulati. Bracteolae rarissimae, subfiliformes, 5 mm longae, membranaceae. Perigonium viride (e collectore), clavatum, 25—31 mm longum, inferne 3—4 mm latum, teres, tertio supero sensim versus 1 cm dilatatum, ore angustatum, lobis 3 mm longis, late ovatis, rotundatis, apice penicillato-furfuraceis demum excurvis. Filamenta tertio supero supra lineas papillosas inserta, exappendiculata, e basi vix geni-culata lateraliter compressa antice altiora, papillosa, antheris linearibus oris sinus attingentibus sesquibreviora. Ovarium ovoideum, stylo tenui corollam aequante.

SW-II.: Yün-schan bei Wukang, zwischen 400 u. 1400 m, Tonschiefer, IV. 1919, Wang-Te-Hui (Plt. sin. 266).

P. cyrtonemati Hua affine videtur, floribus solitariis, filamentis curvatis etc. diverso.

Vielleicht hierher auch Tsiang 5066 aus **Kw.**: Lou-schan bei Dungdse, in dichtem Schatten von Mischwäldern, 450 m, 26. V. 1930, mit im Öffnen nur 2 cm langen, nach dem Sammler weißen Blüten und schmäleren Blättern ($13^1/_2 \times 3{,}2$ cm).

**** P. alternicirrhosum** Hand.-Mzt.

Rhizoma ramosum, articulis irregulariter ovoideis compositum, valde strangulatum. Caulis 80—170 cm altus, flexuosus, teres, inferne papilloso-asper, ceterum ut tota planta glaber, c. $^2/_3$ superioribus laxiuscule et alterne multifolius, in parte nuda cicatricibus 1—2 semiannularibus praeditus. Folia lanceolata, usque ad 70×8, 77×17, 100×20 et summa interdum 55×22 mm, recurva et $\pm$ undulata, apice circinnata, basi subpetiolato-angustata, margine erosulo-aspera, tenuia, exsiccando flavescentia, nervis distinctioribus 3, rarius 5, ceteris permultis utrinque conspicuis, trabeculis crebris $\pm$ conspicuis. Flores bini vel in racemis laxis usque ad 4^{ni} ex axillis omnibus praeter complures infimas et summas. Pedunculi tenues, 1—$1^1/_2$ cm longi, nutantes vel toti recurvi; bracteae subfiliformes, ad 4 mm longae, membranaceae. Pedicelli 2—8 mm longi, bracteola minuta flori approximata saepe instructi, 1 mm sub eo articulati. Perigonium flavidum (e sicco), ovoideo-tubulosum, 7—8 mm longum, antice 2 mm latum, fere ad basin in lobos lineares erectos, lineari-lanceolatos, apice incurvo papillosos fissum. Stamina medio perigonio inserta, filamentis tenuibus rectis 1 mm longis, antheris lanceolatis medio dorso affixis 2 mm longis. Stylus 2 mm longus, stigmate magno, mitrato.

S.: Kalkschutt in der str. St. ober Lumapu im Seitentale des Yalung gegen Yenyüen, $27^0 40'$, 1750 m, 10. V. 1914 (2108).

Foliis alternis inter species cirrhiferas unica.

P. Prattii Bak. Misch- und Föhrenwälder und Gebüsche der tp. und wtp. St., 2550—3500 m. **S.**: Ober Bakuwe bei Kwapi n von Yenyüen (2486). Unter Ngaitschekou jenseits des Yalung n von hier (2679). Zwischen Duörlliangdse und Hungga w von Yenyüen. **NE-Y.**: Hänge bei Dungtschwan (Maire).

Bei der Veränderlichkeit der Zahl und Stellung der Blätter scheint mir die Verschiedenheit des *P. Delavayi* Hua, dessen Beschreibung auf meine Pflanze ebensogut paßt, sehr fraglich.

*** ? P. Cathcartii** Bak. in Journ. Linn. Soc., Bot., XIV., 559 (1875). NW-Y.: Tp. Regenmischwald des **birm. Mons.** ober Schutsche am Taron (Djiou-djiang, e Irrawadi-Oberlaufe), $27^0 55'$, Granit, 2800—2900 m, 9. VII. 1916 (9457).

Perigon nur 1 cm lang; sonst stimmend. Hooker beschreibt es in Fl. Brit. Ind., VI., 320 nur nach einer Zeichnung etwas abweichend von Baker und gibt 18 mm an, dieser 14—16 mm.

**** P. hirtellum** Hand.-Mzt. (Abb. 34, Nr. 1 auf S. 1213).

(Rhizoma ignotum). Caulis erectus, crassiusculus, 23—30 cm longus, angulatus, setulis furfuraceis hyalinis patulis inferne breviter, superne cum pedunculis pedicellisque longius et dense hirtellus, basi cataphyllis 2 linearibus c. 6 cm longis membranaceis, c. dimidio superiore foliis ternis verticillatis saepe autem hic illic $\pm$ alternis infimoque semper singulo densissime obsitus, medio partis nudae cicatrice una annulari instructus. Folia ovato-lanceolata, 30×6 — (infima) 38×12 mm, erectopatentia, apice ipso obtusissima, basi longe attenuata sessilia, crassiuscula, crispa, sicca supra olivacea, subtus glaucescentia, in nervis numerosis subaequalibus utrinque prominulis breviter furfuraceo-hirtella. Cymae in axillis ab infima ad medias omnibus singulae, biflorae, pedunculis complanatis 4—10 mm longis, serius reflexis, pedicellis 1—5 mm longis, fere 1 mm infra florem articulatis; bracteolae lanceolatae, membranaceae, minutissimae usque 2 mm longae, saepe persistentes. Perigonium album, viridi-striatum (e sicco), oblongo-ovoideum, 7—8 mm longum, c. $2^{1}/_{2}$ mm latum, glabrum, sub ore vix constrictum, lobis subrectis, oblongis, $1^{1}/_{2}$ mm longis, rotundatis, apice penicillato-papillosis. Antherae medio perigonio filamentis rectis brevissimis insertae, lineares, ad 2 mm longae. Ovarium ovoideum; stylus crassus, 1 cm longus, stigmate magno, mitrato.

S.: An Bächlein der tp. St. bei Molien jenseits des Yalung n von Yenyüen, 28° 10′, Schiefer, 3150 m, 25. V. 1914 (2564).

Indumento aliisque notis valde distinctum.

** ***P. kalapanum*** Hand.-Mzt. (Abb. 34, Nr. 2 auf S. 1213).

Rhizoma apice bulbosum (ceterum ignotum). Caulis erectus, ultra 60 usque 80 cm altus, crassiusculus, teres, ut tota planta glaberrimus levisque, basi hypophyllis 2 linearibus, 8 et 13 cm longis, brunneis et circa medium partis aphyllae squama 1 semiamplexicauli, albo-membranacea, lanceolata, c. 6 cm longa instructus et a medio sursum foliorum quaternorum verticillis dissitis multis obsitus. Folia lineari-lanceolata, 50 × 8 — 73 × 11 mm, apicibus ipsis obtusis ± uncinata, ad basin late sessilem attenuata, herbacea, sicca supra dilute viridia, subtus valde glauca, plana, nervis permultis praeter costam subaequalibus subtus ± prominulis, trabeculis nullis. Cymae biflorae ex axillis (praeter summas?) omnibus, pedicellis fere ad basin liberis, anthesi ineunte erectis 1 cm, demum arcuato-deflexis ad 2 cm longis, tenuibus, ad florem articulatis. Bracteae nullae. Bracteolae rarae, infraapicales, subfiliformes, ad 5 mm longae, membranaceae. Perigonium cylindricum, (e sicco) albidum apicibus hic illic purpurascentibus, 7—9 mm longum, ± 2 mm latum, fere ad medium in lobos oblongos apicibus conniventibus penicillato-papillosos fissum. Stamina supra corollae quartum inferum inserta, filamentis rectis $1^{1}/_{2}$ mm longis, tenuiusculis, papillosis, antheris $3^{1}/_{2}$ mm longis. Stylus crassus, $2^{1}/_{2}$ mm longus.

S.: In einer tiefen Doline der tp. St. bei Kalapa zwischen Yenyüen und Kwapi, 27° 40′, Kalk, 2800 m, 17. V. 1914 (2306) und vielleicht auch dieses nw von dort unter dem Passe Linbinkou, 3000 m.

Prope *P. uncinatum* Diels in Not. Bot. Gard. Edinb., V., 297 (1912), quod differt statura multo humiliore et floribus multo maioribus.

P. cirrhifolium Royle. Gebüsche und Föhrenwälder der wtp. bis durch die ktp. St., 2100—4225 m. Y.: Ober Gandjiaschan bei Hedjing am Dsolin-ho (6191). Im NW bei Lidjiang, v. E. (4000). Hier auf den alten Moränen des Yülung-schan (6774). Um Yungning überall und auf dem Berge Hungguwo. Am Yangtse nw von Lidjiang bis über Djitsung. Zwischen der Alm Oscha und dem Nguka-la sw von Dschungdien. Im birm. Mons. unter dem Doker-la an der tibetischen Grenze. Im NE bei Tschoudjia (Maire). S.: Muli. Zwischen Duörlliangdse und Hungga w von Yenyüen. Kwapi und unter Hwangliangdse n von dort. Zwischen Datscho und Molien jenseits des Yalung n von hier, 28° 10′ (2574).

P. Kingianum COLL. et HEMSL. **Y.**: Um Yünnanfu (CAVALERIE 6 : Hb. Stockholm). Hier zwischen Kalkfelsen in einer Schlucht gegen NW, 2000—2100 m (SCHOCH 95). Im NE auf Hügeln bei Lagu, 2450 m (MAIRE).

Oligobotrya BAK.

O. Henryi BAK. (*O. Limprichtii* LINGELSH. in Rep. sp. nov., Beih. XII., 323 [1922]). Wälder und Dschungel der tp. (und ktp. ?) St., 2800—3400 (—3900 ?) m. **S.**: Überall um Muli bis zur Alm Bätö? **Y.**: Häufig zwischen Piyi und Mudidjing s von Yungning (3187). Im NW in der Schlucht Lokü am Yülung-schan bei Lidjiang (phot.). Ober Dugwan-tsun se von Dschungdien. Im birm. Mons. im Tale vom Si-la nach Tseku am Mekong (8878) und im Tjiontson-lumba vom Salwin gegen den Irrawadi.

Blüten bald weiß, bald grün. Die Art ist reichlich behaart und hat z. B. in WILSON, Veitch Exp. 768 sehr breite Blätter. *O. Limprichtii* fällt daher in ihre Variationsweite.

Disporopsis HANCE

D. fusco-picta HCE. **SW-II.**: Im wtp. schattigen Laubhochwalde des Yünschan bei Wukang, Tonschiefer, 850—1300 m (12034).

Die Blattbreite ist veränderlich, weshalb *D. Pernyi* (HUA) DIELS (*Polygonatum ensifolium* LÉVL. e typo) vielleicht doch in die Variationsweite jener fällt.

Reineckea KTH.

R. carnea (ANDR.) KTH. **F.**: Fudschou (WARBURG 5934). **Kw.** (CAVALERIE 132). **S.**: Gebüsche der tp. St. unter Malade zwischen Yenyüen und Kwapi, 2900—3200 m (5457). Im W bei Gwan (WEIGOLD). **Y.**: Gebüsche, Eichenwälder, auch in festem Rasen der tp., selten der wtp. St., 2550—3200 m. Beyendjing (TEN ex hb. Berol. 322). Im NW bei Lidjiang, v. E. (4016). Mugwadso zwischen Yangtse und Mekong am Wege von Weihsi nach Djientschwan (10037). In dieser Gegend (FORREST 23129 als *Ophiopogon dracaenoides* HOOK. f.). Im birm. Mons. beim Lagerplatz Tschoschwa unter dem Doker-la an der tibetischen Grenze (8001) und etwas s von dort im Tale vom Schöndsu-la nach Londjre (8190). Im NE bei Djintschungschan (MAIRE).

Antheren im trockenen Zustand teils blaugrün, teils gelblichweiß; auch WILSON 3204 aus W-Hubei zeigt Neigung zu jener Farbe. Meine 8190 hat sie durch Pilzbefall bleigrau. Die Verschiedenheit von *R. yunnanensis* W. W. SM. in Not. Bot. Gard. Edinb., XII., 220 (1920) scheint mir daher fraglich. Die extremsten Blattformen sind lang und fein zugespitzte von 55 × 1,2 cm (TEN) und fast stumpfe von 67 × 18 mm.

Rohdea ROTH
(*Rhodea* ENDL. ENGL. et PRTL.)

**** *R. urotepala*** HAND.-MZT. in Sitzgsanz. Ak. W. W., LVII., 272 (1920). (Abb. 34, Nr. 4, 5).

Rhizoma obliquum, longum, c. 2 cm crassum, dense annulatum, radicibus sparsis subsimplicibus, crassiusculis, tomentosis. Folia distiche fasciculata, cuiusque anni 2—3 cataphyllis binis et scapus centralis 2 usque nonnullis pallidis, ad margines membranaceis, late lanceolatis, 7—10 cm longis, acutis, dorso teretibus, tenuiter multinervosis fulcrata, illa atroviridia, carnoso-subcoriacea, minimum biennia, e basi costa crassa laminae aequilata obtuse carinata sensim longe lineari-lanceolata, ad 46 cm longa, 3—5 cm lata, acuta, marginibus praesertim inferne undulata, nervis 21—29 tenuibus alternatim maioribus in sicco utrinque prominulis. Scapus ad 19 cm longus, c. 8 mm crassus, carnosus, costulatus, spadice aequicrasso, in sicco eo paulo crassiore terminatus. Bracteae membranaceae, lanceolatae vel irregulariter lobulatae, flores non superantes. Perigonium viride (e nota ad vivum), in sicco aurantiacum, sexangulo-disciforme, 2 mm altum, 8—10 mm diametro; tubus crasse carnosus, intus in annulum $1—1^1/_2$ mm latum antheras in filamentis iis aequilongis medio tubo insertas fere totas obtegentem, superficie plana squamoso-rugosum dilatatus; lobi liberi membranacei, erectopatuli, $1—1^1/_2$ mm longi, retusi et in caudas 1 mm longas producti, exteriores interiorum margines tegentes. Ovarium crassum, depressum, corollae tubum explens, stigmatibus parvis sessilibus eius ostium $2^1/_2—3^1/_2$ mm diametiens vix superantibus.

S.: In der Tiefe einer Waldschlucht in der tp. St. des Soso-liangdse im Daliang-schan (Lolo-Lande) e von Ningyüen (Lingyüen), Sandstein, 2700 m, 25. IV. 1914 (1733).

R. japonica (THUNB.) ROTH differt foliis multo latioribus, spica breviore, perigonii multo altioris tubo tenui annulo staminifero aucto, margine extus et intus in lobos carnosos senos rotundatos vel breviter rectangulos, leves, interiores paulum corniculatos dilatato, stigmatibus maximis. *R. Esquirolii* LÉVL. et *R. sinensis* LÉVL. „floribus generis" haec albis, illa foliis latis describuntur.

Campylandra BAK.

* *C. aurantiaca* (WALL.) BAK. in Journ. Linn. Soc., Bot., XIV., 582 (1875). NW-Y.: Mischwälder und dunkle Bambusdschungeln der tp. St., 2850—3450 m. Westhang des Passes Lenago zwischen Yangtse und Mekong, 27° 45′ (8846) und bei Schatiama n von hier, 27° 21′, 29. VIII. 1915 (7898). Im birm. Mons. auf dem Alülaka und häufig im Doyon-lumba unter Tschamutong am Salwin.

C. viridiflora (FRANCH.) HAND.-MZT. (*Tupistra v.* FRANCH. in Bull. Soc. Bot. Fr., XLIII., 41 [1896]). S.: Wälder der tp. bis in die wtp. St. auf Sandstein, 2600—2700 m. Im Lolo-Lande e von Ningyüen in der Waldschlucht des Soso-liangdse mit *Rohdea urotepala* (1732) und bei Döm ober Tjiaodjio (1638).

An einem Stück sind die Zähne zwischen den Staubgefäßen entwickelt, an anderen nicht.

C. an *Tupistra* sp. Y.: Waldschlucht der wtp. St. bei Sanyingpan n von Yünnanfu, 26°, Sandstein, 2400 m (617, fruchtend).

Tupistra KER-GAWL.

** *T. fimbriata* HAND.-MZT. in Sitzgsanz. Ak. W. W., LIX., 253 (1922). (Abb. 34, Nr. 3).

Sect. *Eutupistra* ENGL.

Rhizoma longum, crassum ($\pm$ 2 cm diam.), ascendens, collo vaginis paucis moribundis instructum, radicibus longis, simplicibus, crassis, crasse albido-velutinis. Folia farcta quotannis 4, per duos annos persistentia, basi breviter vaginante amplexicaulia, petiolo indistincto complicato 2—10 cm longo 1—2 cm lato, plana, lingulato-lanceolata, $7^1/_2 \times 26$—$8^1/_2 \times 44$ et 6 vel 8×50 cm, breviter acuta, sicca chartacea, marginibus late undulatis, atroviridia, nervis 40—70 utrinque cum trabeculis crebris tenuiter prominulis paucis aliquantum maioribus, interioribus longe cum mediano lato subplano contiguis. Vaginae totidem, complicatae, cultriformes, 7—11 cm longae, foliaceae. Scapi quotannis singuli, 9—16 cm longi, 3—5 mm crassi, erecti. Spica recta, 5—7 cm longa, 1,3—1,6 cm crassa, densa. Bracteae omnes aequales, persistentes, flores paulum superantes, ovato-triangulares, 6—8 mm longae, acutissimae, scariosae, indistincte uni- vel basi trinerviae, brunnescentes, albomarginatae, toto margine subremote fimbriato-laceratae. Flores sessiles, brunnei (e nota ad vivum), 1 cm diametro, hypocrateriformes; tubus membranaceus, $2^1/_2$ mm altus, ore 3 mm lato sensim incrassato constrictus; limbus carnosus, fere ad duas tertias in lobos late cordato-ovatos, basi invicem se tegentes, dorso crasse nervatos, toto margine erecto in fimbrias $\pm\ ^2/_3$ mm longas irregulares lacerato-serratos fissus. Filamenta subnulla; antherae albidae, subquadratae, fere 1 mm diam., connectivo loculis subaequali. Ovarium depressum, perigonii tubum explens; stigma subsessile, trilobum. Folia hornotina terminalia sub anthesi semievoluta.

NW-Y.: Wtp. Regenmischwälder des birm. Mons. bei Bahan am Salwin, 27° 58′, Schiefer, 2400 bis 2600 m, 20. VI. 1916 (8804).

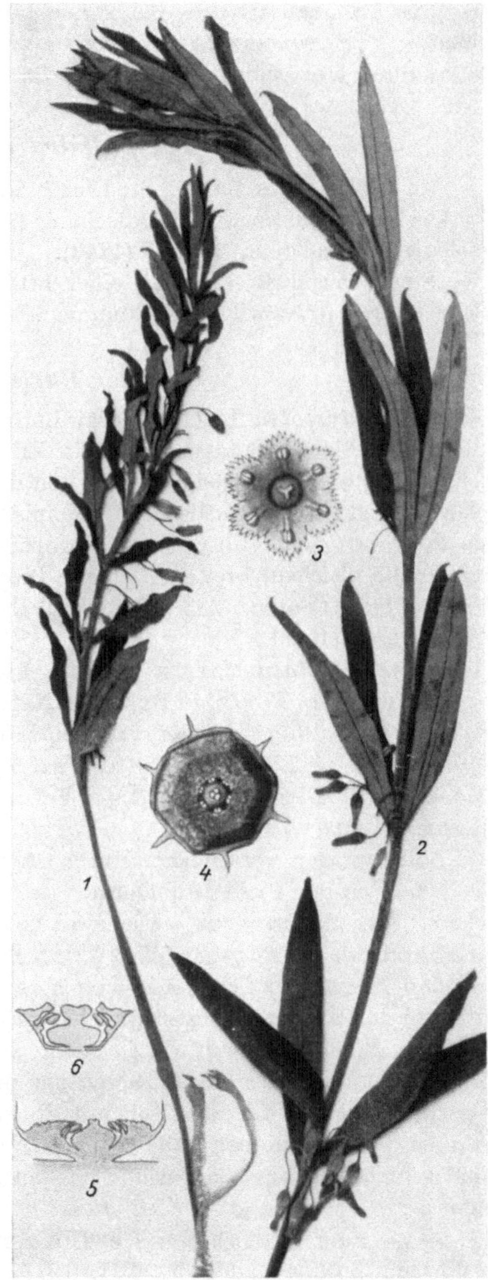

Abb. 34. 1 *Polygonatum hirtellum* Hand.-Mzt. 2 *P. kalapanum* H.-M. 3 Blüte von *Tupistra fimbriata* H.-M. 4 obere Ansicht, 5 Längsschnitt der Blüte von *Rohdea urotepala* H.-M., beide nach Formalinmaterial. 6 Längsschnitt der Blüte von *R. japonica* Roth et Kth. 1, 2 $^3/_5$ nat. Gr. 3—6 2 f. vergr.

Species, quamvis perigonium nec annulatum nec squamatum sit nec spica comata, *T. chloranthae* Baill. proxima videtur foliis angustis, bracteis integris, inferioribus brevioribus, superioribus linearibus praeterea diversae.

Aspidistra Ker-Gawl.

A. lurida Ker-Gawl. S.: Dichte Gebüsche der wtp. St. im Tälchen s von Linkan am Houdsengai bei Dötschang („Tetschang") im Djientschang („Kientschang"), Sandstein, 2400 m (1843).

Steril, vorjährig, aber mit einer Pflanze von Faber vollständig stimmend. Sehr interessantes wildes Vorkommen.

Paris L.

P. quadrifolia L. (*P. obovata* Ledeb.). W-S.: Omei-schan (Faber 307).

Diese Pflanze ist tatsächlich mit der europäischen identisch. *P. obovata* hat schmale Sepalen und ist im Typus, von dem mir auch ein vierblätteriges Exemplar vorliegt, von europäischen Exemplaren nicht zu unterscheiden, doch mag sie in *P. verticillata* übergehen. Europäische mehrblätterige Exemplare haben immer die gleichen, breiten Blätter. Die Bemerkung Franchets in Mém. Soc. Philom. Par., Centen., 283 (1888), daß ihre Breite von ihrer Zahl abhänge, ist daher unzutreffend.

P. verticillata Marsch a Bieb., Fl. Taur.-Cauc., III., 287 (1819) (*P. dahurica* Fisch. ap. Turcz. in Bull. Soc. Nat. Mosc., XXVII/2., 105 [1854] [sphalm. *dahurida*]. — *P. quadrifolia* var. *dahurica* [Fisch.] Franch. in Nouv. Arch. Mus. Par., 2. sér., X., 96 [1888]). Tschili: Paihwa-schan (Licent 3106, 3123, 3144). Wuling-schan (Liou 58). Schanhsi: Hwa-schan (Hao 4015). SE-Kansu (Licent 5321).

Von voriger verschieden durch längere und besonders breitere Sepalen, die in Europa nicht annähernd so vorkommen. Selten nur 4blätterig (Amur, leg. Maximowicz). Die zwei vorliegenden Rhizomteile sind dünn und kriechend, wie bei *P. quadrifolia*. Turczaninow gibt in der Originalbeschreibung an, daß Fischers Pflanze sich von Marschall v. Biebersteins Beschreibung (die sich nur auf eine sibirische, nicht, wie der Index Kewensis sagt, auf eine kaukasische Pflanze bezieht) durch nicht „subterminale" Antheren unterscheide. Dieser gibt aber über die Antheren gar nichts an, sondern erklärt den Bau der Geschlechtsorgane für identisch mit *P. quadrifolia*, mit der sie in der Tat vollständig übereinstimmen. Die Pflanzen der südlichen und der Küstengebiete sind schmalblätterig, als Varietät zu betrachten und höchst wahrscheinlich zu nennen:

— — var. *setchuenensis* (Franch.) Hand.-Mzt. (*P. quadrifolia* var. *s.* Franch. in Journ. de Bot., XII., 191 [1898]. — *P. hexaphylla* Cham. 1831. — *P. quadrifolia* var. *h.* [Cham.] Fedtsch. in Act. Hort. Petrop., XXXI., 121 [1912], excl. cit. *P. obovata*). Schanhsi (Licent 6679, 11006. Serre 2152). Zentr.-Schenhsi (Licent 2967). SE-Kansu (Licent 5056). Japan: Hakodate (Faurie 5692).

P. Henryi Diels. SW-H.: Im wtp. schattigen Laubhochwalde des Yün-schan bei Wukang, Tonschiefer, zwischen 900 und 1400 m (Plt. sin. 120).

Rhizoma crassum. Folia usque ad 8. Partium floralium numerus variabilis. Styli (adhuc ignoti) 4 mm longi, ovario aequilongi, sub anthesi erecti, ultra dimidium connati.

Durch längere Konnektive und Petalen verschieden und mir noch unklar ist WILSON, Veitch Exp. 273 p. p. aus W-Hubei.

P. thibetica FRANCH. **S.**: Gebüsche und Waldschluchten der wtp. und tp. St. auf Diabas und Sandstein, 2400—3350 m. Lungdschu-schan bei Huili (5145). Tälchen s von Linkan am Houdsengai bei Dötschang im Djientschang (1840). Soso-liangdse im Lolo-Lande e von Ningyüen (1718). Ober Hungga w von Yenyüen. Im W (LIMPRICHT 1435 als *P. polyphylla*). Hierher wohl auch HENRY 6337A aus W-Hubei.

Folia usque ad 15, angustissima et usque ad 14 cm longa.

— — ** **var. *apetala*** HAND.-MZT. in Sitzgsanz. Ak. W. W., LXII., 149 (1925). Petala nulla. Stamina 11—14.

NW-Y.: Im Bambusunterwuchs der ktp. Tannenwälder des birm. Mons. an der Westseite des Passes Tschiangschel zwischen Salwin und Irrawadi, 27° 52′, Glimmerschiefer, 3500—3800 m, 5. VII. 1916 (9383).

Zwei Exemplare gesammelt, von denen ich keineswegs überzeugt bin, daß sie mehr als eine Zufallsform darstellen. Ein analoges Merkmal zeigen *P. incompleta* MARSCH. a BIEB. und *P. tetraphylla* A. GR., die aber mit langen Griffelästen in der Sect. *Euparis* stehen.

P. chinensis FRANCH. (*P. Mercieri* LÉVL. in Bull. Ac. int. Géogr. bot., XII., 255 [1903]. — *P. Franchetiana* LÉVL., l. c., 256, e typis). **Ki.-F.**-Grenze: Tiefe Gräben am Dunghwa-schan zwischen Schitscheng und Ninghwa (Plt. sin. 290). **Kw.**: Pinfa bei Guiding (TSIANG 5363).

Die von mir ebenso wie *P. Franchetiana* schon im Sitzgsanz. Ak. W. W., LXII., 149 (1925) zu *P. chinensis* gezogene *P. Mercieri* stellt K. KRAUSE in Notizbl. Bot. Gart. Berl., XI., 330 (1932) zu *P. Fargesii* FRANCH., womit ich nicht einverstanden sein kann.

P. polyphylla SM. **NW-Y.**: Yangtse-Tal ober Schigu w von Lidjiang, 2000—2100 m (GEBAUER). **W-S.**: Wa-schan s von Yadschou (WEIGOLD). Die Art ohne Unterscheidung von Varietäten in Wäldern, Bambusdschungeln und offenen Gebüschen der wtp. und tp. St., 1500—3300 m. **Y.**: Dji-schan ne von Dali? Im NE ober Mudidjin s von Yungning. Überall um Haba und Waschwa se von Dschungdien. Mehrfach am Yangtse ober Djitsung sw von hier. Im birm. Mons. im Tale vom Si-la nach Tseku am Mekong und gemein im Tjiontson-lumba vom Salwin gegen den Irrawadi. Im E über Loping bis Bantjiao häufig. **S.**: Um Muli. Schamenkou, gegen Hungga und bei Gwandien w und nw von Yenyüen. **Kw.**: Zerstreut bis gegen Guiding (Kweiting), um 1200 m, vielleicht die vorige?

— —- ** **var. *pubescens*** HAND.-MZT. in Sitzgsanz. Ak. W. W., LXII., 145 (1925).

Folia sepalaque subtus dense papilloso- et ad nervos magis furfuraceo-caulisque ± albo-pubescentia.

S.: Feuchtschattige Stellen der tp. St. ober Bakuwe bei Kwapi n von Yenyüen, 27° 53′, Tonschiefer, 2750—3500 m, 22. V. 1914 (2489, Typus). **NW-Y.**: Bei Lidjiang, VI.—IX. 1914—1916, v. E. (4028).

P. polyphylla var. **stenophylla** Franch. in Nouv. Arch. Mus. Par., 2. sér., X., 97 (1888). Y.: Bambusdschungel der tp. St. unter dem Passe Dsuningkou ober Dienso zwischen Dali und Hodjing, 26° 24′, Sandstein, 3050—3400 m (6558). Im NE am Berg von Gulungtschang, 800 m (Maire). S.: Im Grunde einer Waldschlucht der tp. St. des Soso-liangdse im Daliang-schan e von Ningyüen, Sandstein, 2600—2800 m (1716).

— — var. **brachystemon** Franch. Y.: Gebüsche und Bambusdschungel der tp. St. auf dem Berge Hungguwo bei Hsinyingpan zwischen Yungbei und Yungning, 3100—3400 m (3279).

Blätter nicht nur unterseits purpurn, sondern auch oberseits weiß panaschiert. Auch mir macht die Pflanze den Eindruck einer Art, doch liegen mir nur 2 Stücke vor, während mehr wahrscheinlich zugrunde gingen. Sie liegt auch unter Wilson, Veitch Exp. 273 aus W-Hubei vor, gemischt mit var. *stenophylla* und *P. Henryi?*

— — var. **yunnanensis** (Franch.) Hand.-Mzt. (*P. yunnanensis* Franch.). An Quellen, in trockenen Gebüschen und Wäldern der wtp. und tp. St., 2000 bis 3200 m. Y.: Haiyen-se bei Yünnanfu (Schoch 176). Zwischen Dschaodschou und Hungngai am Wege nach Dali (Mell). Im NE auf Bergen bei Maliwan (Maire, annähernd). S.: Lu-schan bei Ningyüen (1948). Ober Kalapa, 27° 40′, zwischen Yenyüen und Kwapi (2293).

Sicher nichts anderes, als eine besonders üppige, saftige Form, vielleicht aus älteren Stöcken entstehend. Alle von Franchet angegebenen Merkmale sind veränderlich. 1948 mit sehr dicken Blättern hat schmale Petalen, Mells Pflanze sehr breite, aber dafür nur 5 Griffel und 9 kurze Antheren; bei typischer *polyphylla* kommen auch über 10 vor, bei *yunnanensis* nach Franchet im Schlüssel 20, in der Diagnose „ad 20".

Trillium L.

T. Tschonoskii Maxim. Regenwälder, auch Bambusdschungel der tp. St., 3200—3400 m. S.: Ober Hungga am Rücken Daörlbi halbwegs zwischen Yenyüen und Yungning (2961). Im W auf dem Wa-schan s von Yadschou (Weigold). NW-Y.: Im birm. Mons. ober der Alm Doschiratscho im Tale von Tseku zum Si-la und zerstreut w von hier im Tjiontson-lumba von Salwin gegen den Irrawadi.

Von K. Krause in Nat. Pflzfam., 2. Aufl., XVa., 375 (1930) offenbar mit *T. Smallii* Max. unter diesem Namen vereinigt, wofür ich keinen Grund sehe.

Liriope Lour.

L. graminifolia (L.) Bak. in Journ. Linn. Soc., Bot., XIV., 538 (1875); XVII., 499 (1879) (*Asparagus graminifolius* L., Sp. Pl., ed. 2, 450 [1762]. — *Liriope spicata* Lour. 1790). Gebüsche und schattige Wälder der str. und wtp. St. W-Ki.: Um Pinghsiang, c. 600 m (Plt. sin. 243). H.: 200—1300 m. Ober Lantien gegen Hsikwangschan im Bezirke Hsinhwa (11759). Von hier gegen Lududsai mehrfach. Im SW auf dem Yün-schan bei Wukang (12513). Kw.: Zwischen Duyün und Maotsaoping, 750—1000 m (10711). NE-Y.: Ebene von Dungtschwan, 2500 m (Maire). Berge hinter Dungtschwan (M., distr. Bonati 3061 B).

Blätter bis 16 mm breit, Blüten oft tiefblau, doch entspricht die Infloreszenz keiner dieser Pflanzen der *L. Muscari* (DECNE.) BAIL., Gent. herb., II., 35 (1929), die wohl nur eine gefestigte Gartenform darstellt, zu der am ehesten WILSON, Veitch Exp. 1449 von Tschangyang gehört. Da BAILEY l. c., 31 selbst zugibt, daß *Asparagus graminifolius* eine echte *Liriope* ist, sehe ich trotz seiner dortigen Ausführungen vorläufig keinen Grund, von BAKERS Auffassung abzugehen.

Ophiopogon KER-GAWL.

(*Mondo* ADANS., nom rejic.)

O. japonicus (THUNBG.) KER-GAWL. (*O. stolonifer* LÉVL. et VANT., e typo. — *Mondo cernua* [THUNBG. nom. nud.] KOIDZ. in Bot. Mag. Tok., XL., 332 [1926]). II.: In der str. St. im Hartlaubwalde des Yolu-schan bei Tschangscha, Sandstein, 200 m (11473). Im SW auf dem Yün-schan bei Wukang, Tonschiefer, zwischen 400 und 1400 m (Plt. sin. 7). **Kw.**: (CAVALERIE 138). Lungli, Majo (C. 7516). **S.**: Moorige Wiesen der tp. St. auf dem Passe Dsiliba e von Ningyüen, Sandstein, 3275 m (1755).

In der Anwendung des mit ganz unzureichender Beschreibung versehenen, aber auf KÄMPFERS eindeutiger Abbildung beruhenden Namens hat BAILEY in Gent. herb., II., 9 (1929) zweifellos recht.

O. Wallichianus (KTH.) HOOK. f. **Y.**: Feuchte Stellen der Hügel und Wälder der wtp. St. bei Yünnanfu, 2000—2200 m (SCHOCH 4 p. p.?, jung). Im NW im str. Regenlaubwalde des birm. Mons. in der Seitenschlucht Naiwanglong des Taron (Djiou-djiang, e Irrawadi-Oberlaufes), 27° 53′, Granit, 2130—2150 m (9341).

Der Abbildung des Typus durch BAILEY in Gent. herb., II., 20 (1929) und einem WALLICHschen Exemplar ohne Nummer entsprechende Pflanzen liegen aus Kasia, 4—6000′ von HOOKER und THOMSON als *O. intermedius* vor, von dort aber auch größere Exemplare mit breiteren Blättern und einzeln stehenden, offenbar in Korrelation damit größeren und länger gestielten Blüten, die durch Mittelformen verbunden sind. Die Wurzeln sind auch an WALLICHS Pflanze dünn und tragen Knollen. Die größten Blüten hat meine Pflanze (8 mm lang). Das Wiener Exemplar von WALLICH 5139a gehört offenbar auch hierher.

* *O. intermedius* D. DON. Steppen, Gebüsche, Föhrenwälder, feuchte Wiesen der wtp. und tp. St., 2000—3475 m. **Y.**: Umgebung von Yünnanfu, vor 1906 (MAIRE ex hb. Edinb. 1859). Hier an feuchten Stellen von Hügeln und in Wäldern (SCHOCH 4 p. p.). Überall um Dayao und Bintschwan. Boloti n von Yungbei in Mengen. Ebenso um Hsinyingpan am Wege von hier nach Yungning (3250). Im W zwischen Dali und Yungtschang (GEBAUER). Im NW im alten Moränenzirkus Saba am Yülung-schan bei Lidjiang (6777). S von Yungning. Waschwa se von Dschungdien. Im NE in der Ebene von Dungtschwan zerstreut (MAIRE). Kalkfelsen am Flusse bei Dagwan (MELL). **S.**: Vom See e von Yungning bis halbwegs gegen Yenyüen. Ningyüen (1942). **Kw.?** (CAVALERIE 1061). Die Notizen vielleicht teilweise zum folgenden.

Die Pflanze von Tsingtao (ZIMMERMANN 390) ist nicht *O. japonicus*, sondern sieht *O. intermedius* sehr ähnlich; das vorliegende Exemplar hat aber alle Blüten aufrecht.

O. filiformis Lévl. in Bull. Ac. Géogr. Bot., XXV., 25 (1915), e typo (*Mondo* n. sp.? Bail. in Gent. herb., II., 27, Fig. 14 [1929]). Y.: Jedenfalls bei Beyendjing (Ten ex hb. Berol. 30). Im NW in Gebüschen der trockenen str. St. am Mekong unter Lota, 27° 54', 1950 m, kristallinischer Boden (8870). Im NE im Unterholz der Berge bei Dungtschwan, 2600 m (Maire). S.: Trockene Gebüsche der tp. St. zwischen Duörlliangdse und Hungga (phot.) und bei Schamenkou w und an Hängen unter Gwandien (2817) nw von Yenyüen, Tonschiefer, 2800—2950 m. W-Hubei (Wilson, Veitch Exp. 823). Honan: Sungshan (Hao 3625).

Nr. 2817 stimmt mit Léveillés Typus, ist, wie dieser, klein und hat kürzere Blütenstiele, doch glaube ich, daß alle angeführten Pflanzen zusammengehören.

* ***O. Clarkei*** Hook. f., Fl. Brit. Ind., VI., 268 (1892), e typo. NW-Y.: Wtp. und tp. Regenmischwälder des birm. Mons. auf Granit, 2800—3450 m. Westseite des Passes Tschiangschel zwischen Salwin und Irrawadi, 27° 52', 5. VII. 1916 (9376) und ober Schutsche an diesem (9462).

An einzelnen Wurzeln kommen mehrere Knollen vor. Die Unterständigkeit des Ovars ist besonders bei dieser Art, bei den anderen aber zur Fruchtzeit sehr undeutlich. Der Blütenstiel selbst ist gegliedert. Collett sagt in Fl. Simla, 514: „Die Samen durchbrechen das Ovarium, bevor sie reifen. Die reife Frucht besteht aus ungefähr 6 beerenähnlichen, blauen Samen, die auf dem Grunde des welken Perianths liegen.“

O. Bockianus Diels, e typo (*O. Mairei* Lévl. in Rep. sp. nov., XI., 493 [1913], e descr.). SW-H.: Häufig im wtp. schattigen Laubhochwalde des Yünschan bei Wukang, Tonschiefer, 1000—1300 m (11195). W-Hubei (Wilson, Veitch Exp. 1670). W-S.: Omi, 1000 m (Faber 312). N-Kwanghsi: Tsipu 45 km n von Lüdschen (Ching 5582).

Ähnlich dem *O. Jaburan* (Siebd.) Lodd., aber mit viel dünnerem, nicht geflügeltem Schaft, viel breiteren Brakteen, wenigblütiger, einseitswendiger Infloreszenz, breiteren Knospen und Blüten.

O. grandis W. W. Sm. in Not. Bot. Gard. Edinb., XIII., 171 (1921), e typo. NW-Y.: Wtp. Regenmischwälder des birm. Mons. bei Bahan (Pehalo) am Salwin, 27° 58', Schiefer, 2400—2600 m (9016). Im S bei Semao (Henry 12171 A?). Indien: Kasia, tp. St., 1220—1830 m (Hooker u. Thomson). E-Himalaya (Griffith: Hb. l. E. Ind. Co. 5891 p. p.). E. Bengalen (Griffith, ebenso 5892).

Sehr nahe dem vorigen, aber mit anscheinend größeren, gleichmäßig offenen Blüten (nicht mit zurückgeschlagenen Zipfelenden) mit kürzerem Hypanthium, und mit noch größeren Brakteen. Sehr ähnlich ist auch *O. stenophyllus* (Merr.) Rodr. in Lecte., Fl. gén. Indo-Ch., VI., 663 (1934) (*Peliosanthes stenophylla* Merr. in Philip. Journ. Sci., Bot., XIII., 134 [1918]), von dem ich das vom Autor bestimmte Exemplar Mc. Clures aus Hainan sah (Cant. Chr. Coll. 38141).

O. dracaenoides (Bak.) Hook. f., Fl. Brit. Ind., VI., 268 (1892) (*Flueggea d.* Bak. in Journ. of Bot., XII., 174 [1874]. — *Mondo d.* Farw. in Amer. Midl. Nat., VII., 42 [1921]. Bail. in Gent. herb., II., 31). S-Y.: Im tr. Regenwaldrest flußabwärts gegenüber Mahao am Roten Flusse, Tonschiefer, 200 m (5919?). Kw. (Cavalerie 7344). Hwangtsaoba (C. 7368).

Meine, wie die anderen, sterile Pflanze ist größer und zarter, mit Blattstielen von der Länge der Spreite, die daher relativ weniger lang in sie herabläuft. Die Blätter erinnern sehr an *Peliosanthes*, aber das Rhizom ist dünn.

Peliosanthes ANDR.

*** P. macrophylla** WALL. ap. BAK. in Journ. Linn. Soc., Bot., XVII., 505 (1879). S-Y.: Im tr. Regenwaldrest unter Yaotou zwischen Möngdse und Manhao, Tonschiefer, 650 m, 6. III. 1915 (5943).

Aletris L.

A. spicata (THUNBG.) FRANCH. (*A. japonica* LAMB.). **H.**: Rasenplätze auf dem Wuayang-schan bei Tschangscha, Sandstein der str. St., 100 m (11653). Überall um Hsikwangschan und Wukang (vielleicht folgende). **Kw.**: Um Guiding überall um 1200 m. **Y.**: Berieselte Sandsteinfelsen der wtp. St. ober Gwannandün bei Lodse, 1800 m (6161). Jenseits Dschennan w von Tschuhsiung. Im NW im birm. Mons. in wtp. Regenwäldern bei Bahan am Salwin, 27⁰ 58′, Schiefer, 2400—2600 m, v. E. (9035).

A. stenoloba FRANCH. **Ki.**: Kian, trockene Hügel, 375 m (HU 672: Hb. Berl.). **H.**: Humöse Stellen der Steppen in der str. St. am Hange gegen den Fluß oberhalb Tschangscha, Sandstein, 80 m (11587). W-Hubei (WILSON, Veitch Exp. 189).

A. lactiflora FRANCH. NW-S.: Gebirge um Sungpan (WEIGOLD).

**** A. stelliflora** HAND.-MZT. (Abb. 33, Nr. 4 auf S. 1204).

Rhizoma breve, crassum, radicibus permultis tenuibus et longis, collo fibris foliorum mortuorum longis primum spadiceis dein fusculis vestitum, scapos 1—2 edens. Folia numerosa, scapo ± aequilonga, linearia, ± 5 mm lata, ± falcata, longe acuminata, basi angustata, extima sensim multo breviora acuta tantum et basi aequilata, sicca chartacea, laete viridia, margine papilloso-aspera, ceterum ut tota planta glabra, c. 11 nervia; caulina 1—3, dispersa, saltem summa parva et angustissima. Scapus cum racemo laxo multifloro 9—30 cm altus. Bracteae lanceolatae, subherbaceae, c. 5 mm longae, infimae autem pedicellis aequilongae, ab iis liberae. Pedicelli erectopatentes, infimi 4—8 mm, summi ultra 2 mm longi. Bracteolae pleraeque subbasales, bracteis similes. Perigonium album (e nota ad vivum), ad 1 mm ovario adnatum, hypanthium latum formans, lobis lineari-oblongis, c. 3 mm longis, 1—1¼ mm latis, obtusis, a basi patentibus et recurvis, tenuiter trinerviis. Stamina a basi libera, corollam aequantia, antheris ellipsoideis ad 1 mm longis, utrinque obtusis, albidis. Capsula crasse ovoidea, ad 4 mm longa; stylus crassus, ad 1 mm longus; semina oblonga, brunnea.

NW-Y.: In wtp. und tp. Regenmischwäldern des birm. Mons. auf Granit, 2400—3150 m, in der Salwin—Irrawadi-Kette im Tjiontson-lumba unter Tschamutong, 2. VII. 1916 (9199) und ober Schutsche am Irrawadi, 27⁰ 55′, 9. VII. 1916 (9464, Typus).

Proxima *A. revoluta* FRANCH. e typo differt scapo subaphyllo pedicellisque glanduloso-furfuraceis, his brevioribus (c. 1 mm longis), bractea concaulescente flori approximata, corolla infera, tepalis a tertio supero tantum revolutis, filamentis ad medium cum iis connatis, antheris subquadrato-orbicularibus ³/₄ mm diametientibus, stylo capsula aequilongo.

A. pauciflora (Klotzsch) Hand.-Mzt. (*Stachyopogon pauciflorus* Klotzsch in Kl. et Garcke, Bot. Erg. R. Pr. Waldemar, 49, t. 94 [1862]. — *St. spicatus* Kl., l. c., e typis, non *Aletris spicata* [Thunbg.] Franch. — *A. nepalensis* [Wall. nom. nud.] Hook. f., Fl. Brit. Ind., VI., 264 [1892]). Matten und Schneetälchen der (tp.?) ktp. und Hg. St., (3400?—) 3600—4650 m. NW-Y.: Bei Lidjiang, v. E. (4017). Mahaidse n von hier am Wege nach Yungning (phot.). Berg Waha hier. Ob diese auf dem Sattel Gitüdü ober Anangu se von Dschungdien? Westseite des Gebirges Piepun hier (4731). Im birm. Mons. auf dem Maya zwischen Mekong und Salwin, 28° 4', und an der Ostseite des Passes Tschiangschel zwischen Salwin und Irrawadi, 27° 52' (9280). S.: Berg Saganai bei Muli, bis zum Gipfel (phot.). Zwischen Baorong und Tatsienlu (Stevens 209, 415).

— — ** f. **minuscula** Hand.-Mzt.

Planta tenerrima. Folia ad $2^1/_2$ cm tantum longa et $^1/_2$—$1^1/_2$ mm lata. Scapus $1^1/_2$—3 cm longus, floribus 1—2.

NW-Y.: Matten der Hg. St. des birm. Mons. an der Westseite des Passes Tschiangschel zwischen Salwin und Irrawadi, Glimmerschiefer, 4050—4075 m, 4. VII. 1916 (9279).

Eine extreme Form, der sich Exemplare aus Sikkim: Dewpang (?) (Dungboo) und der Typus des *Stachyopogon pauciflorus* nähern. Die Verwachsung des Fruchtknotens mit dem Perianth ist bei der Art recht veränderlich. Bezeichnend ist für sie u. a. der unten breitglockige freie Teil dieses, der mit 6 fast sackartigen Erweiterungen am Fruchtknoten sitzt. Der *A. nepalensis* var. *Delavayi* Franch. entspricht meine Nr. 9280, aber auch viele indische Exemplare; sie ist kaum unterscheidenswert. Die beiden Klotzschen *Stachyopogon*-Arten werden von Franchet in Journ. de Bot., X., 20 mit Unrecht zu *Aletris lanuginosa* gestellt. Sie stellen ein und dieselbe Art dar, und zwar *A. nepalensis*, die nun *A. pauciflora* heißen muß.

A. lanuginosa Bur. et Franch. Steppen, Matten und Föhrenwälder, aber auch Bachränder und Sumpfwiesen der wtp. und tp. St., 2200—3500 m. Y.: Haiyen-se bei Yünnanfu (Schoch 200). Zwischen dem Gwamao-schan und Hsinyingpan n von Yungbei. Im NW bei Ngulukö (4236), am Ostfuß des Yülungschan (Schneider 3324) und am Be-schui (4205) bei Lidjiang. Ober Duinaoko e von hier. Um Yungning. Ober Dugwan-tsun se von Dschungdien (phot.). Im NE s von Dungtschwan (Maire, distr. Bonati 3612 B). S.: Überall von Yungning bis Yenyüen. Hier zwischen Schuitangdse und Schidschön (2254). N von hier ober Bakuwe bei Kwapi (2494) und bei Molien jenseits des Yalung, 28° 10' (2541). Die Notizen vielleicht teilweise zu voriger.

Blüten kahl oder etwas behaart. Die Kapsel wächst zur Reife beträchtlich an. Sehr bezeichnend für die Art ist die Fasertunika. Die Abbildungen in Nat. Pflzfam., 2. Aufl., XVa., Fig. 154, sind vertauscht bezeichnet.

Smilax L.

S. herbacea L. var. **nipponica** (Miq.) Maxim. Wälder, Gebüsche und steinige Stellen der wtp. St., 1100—2100 m. SW-H.: Yün-schan bei Wukang (12143). Kw.: Gwanyinschan und Tschwenning-schan (10509) bei Guiyang. Tschingdschen (10449). Schibanfang zwischen Nganping und Nganschun. Im

SW zwischen Hsintscheng und Tjiaolou und bei Gaotscha zwischen Hwang-tsaoba und Djiangdi (10263). E-Y.: Im mittelchin. Fl. zwischen Tschwen-kuopu und Tschaörl bei Loping (10153).

— — **var. flaccida** (C. H. Wr.) Nort. in Gent. herb., I., 15 (1920) (*S. flaccida* C. H. Wr.). E-Kw.: Im str. Laubwald bei Pingü am Flusse unter Sandjio, Grauwacke, 350 m (10847).

S. Oldhami Miq. W-F.: Steinige Stelle auf Sandstein am Fuße des Tien-hwa-schan w von Dingdschou („Tingchow") (Plt. sin. 439).

Krautig, aber sonst der folgenden sehr ähnlich. Weiblich, ohne Staminodien, während die einzige vorliegende ♀ *S. herbacea* tatsächlich deren viele besitzt.

S. riparia DC. SW-H.: Im wtp. schattigen Laubhochwalde des Yün-schan bei Wukang, Tonschiefer, 1250 m (12149).

Umbellae ♀ (adhuc indescriptae) in pedunculis complanatis 3 cm longis, ad 20 florae, bracteolis minutissimis vel obsoletis, pedicellis 7—9 mm longis. Perigonii segmenta rubella (e nota ad vivum), c. 3 mm longa et $\pm$ $1^1/_2$ mm lata, rotundata, reflexa. Ovarium viride, ovulis in loculis geminatis; stigmata crassa, $1^1/_2$ mm longa, in semicirculum reflexa.

Die Angabe Nortons in Plt. Wils., III., 10 (1916), daß die Blüten Beziehungen zu *Coilanthus* zeigen, trifft nach dem Wiener ♂ Original, dessen Stengel dünn, aber entschieden rund sind, nicht zu. Es hat lang walzenförmige Knospen, lineale Antheren, die etwas länger sind als die Filamente, und ganz zurückgeschlagene, schmale Kronzipfel. Die Art hat 2 kollaterale Samenanlagen im Fach und gehört zur sect. *Nemexia*.

S. scobinicaulis C. H. Wr. **var. brevipes** (Warbg.) Hand.-Mzt. (*S. brevipes* Warbg. Wang et Tang in Sinens., V., 419 [1934]). H.: Im Walde der wtp. St. ober Tungdjiapai bei Hsikwangschan im Bezirke Hsinhwa, Sandstein, 750 m (11836).

Die nicht oder kaum bestachelten Pflanzen sind so häufig und charakteristisch, daß man sie als Varietät führen kann, wie auch Wang und Tang, l. c. 420 sagen, aber nicht durchführen.

S. China L. W-Ki.: Um Pinghsiang, c. 600 m (Plt. sin. 191). H.: Häufig in Steppen der str. St. um Tschangscha, Sandstein, c. 50 m (11693).

S. glauco-china Warbg. H.: Im str. Hartlaubwalde des Yolu-schan bei Tschangscha, Sandstein, 150 m (11658).

Der Autor kannte die Blüten nicht. Wenn ich Fabersche Exemplare und Wilson, Veitch Exp. 199 und 751 richtig zur Art ziehe, deren Typus sonst gut stimmt, sind die Blätter bis zur üblichen Form der *S. China* mit ganz kurzem Spitzchen veränderlich; auch diese liegt bereift vor. Doch hat auch meine ♂ Pflanze einen guten Unterschied in den Antheren, die viel länger auf viel kürzeren Filamenten sind als bei *S. China*.

S. leucocarpa Lévl. et Vant. e typo. Metcalf in Lingn. Sci. Journ., X., 415 (1931). Wang et Tang in Sinensia, V., 420 (1934). Kw.: Im wtp. Mischwalde des Tschwenning-schan (= Kienlin-schan) bei Guiyang, Sandstein, 1100—1250 m (10500). H.: In der str. St. auf Sandstein, 60—400 m, im Hartlaubwalde des Yolu-schan (11576) und am Gu-schan (11622) bei Tschangscha.

Flores 1—4, racemosi, bracteis a basi triangulari longe caudatis, c. 2 mm longis, pedicellis ad 4 mm longis, utriusque sexus viriduli (e nota ad vivum).

Tepala staminaque (semper?) tantum 4, ♀ anguste ovata, 3 mm longa, erecto-patentia, valde caduca, ♂ oblonga, 4 mm longa, revoluta. Stamina 3 mm longa, antheris allipticis minutis quam filamenta multoties brevioribus. Styli $1^1/_2$ mm longi, crassi, ad medium connati, dein recurvi; staminodia nulla. Aculei minuti in ramis occurrunt.

Die Art ist sehr merkwürdig durch die nur 2—3 blütigen Infloreszenzen, die keine Dolde, sondern ganz konstant und in beiden Geschlechtern eine gestreckte Traube darstellen.

S. ferox Wall. (*S. cinerea* Warbg., e typo). Buschwälder, Gebüsche, Bachränder, selten in schattigen Wäldern der wtp. bis in die str. St. Y.: 1950 bis 2700 m. Zerstreut am Fuße des Hsi-schan bei Yünnanfu (6078). N von hier überall bis Galaoma vor dem Abstieg zum Yangtse (721). Tschuhsiung. N von Yungbei bis gegen Boloti. Bis Lidjiang (Forrest 2180 als *S. discotis* Warbg., 4792 als *S. polycolea* Warbg. vel aff. Schneider 732, 2467, 2846, 3164, 3994). Im birm. Mons. bei Bahan am Salwin, 27° 58'? Im NE bei Taipu (Maire). S.: 1700—2700 m. Hetaoping zwischen Huili und Yenyüen? Ober Danfang im s Seitentale des Djientschang gegen Huili (1068). Houdsengai bei Dötschang (1811). Lu-schan bei Ningyüen. Schao-schan se von hier (1351). Sattel zwischen Tjiaodjio und Lemoka im Lolo-Lande e von hier (1609). Gwandien nw von Yenyüen. Kw.: Madjiadwen zwischen Guiding und Duyün, 1100 m (10615). SW-H.: Um Hsüning und Ngaidso, 400—500 m.

Die in der Breite sehr veränderlichen Blätter bleiben in geschützten Lagen bis gegen den nächsten April oft reichlich stehen und sind dann sehr lederig. An der Identität kann nach gutem indischen Material kein Zweifel sein. Mit *S. discotis* kann sie, auch wenn die Nebenblätter ziemlich groß werden, wegen der nicht herzförmigen Blätter nicht verwechselt werden. Von *S. megalantha* C. H. Wr., zu der Tang u. Wang in Sinens., V., 420 (1934) *S. cinerea* stellen, sah ich nur ein ♂ Exemplar von Wilson, Veitch Exp. 280, das tatsächlich so große Blüten hat, daß eine Verwechslung unmöglich ist, obwohl die Pflanzen einander sonst sehr ähnlich sehen.

S. lanceaefolia Roxb. (*S. austrosinensis* Wang et Tang in Sinens., V., 423 [1934], e Tsiang 7893, excl. saltem pl. Bock et Rosthorniana). F.: Fudschou, 1887 (Warburg 5928, 5929, die typische Pflanze).

— — **var. opaca** A. DC. (*S. opaca* [DC.] Nort. in Plt. Wils., III., 11 [1916]). Y.: In Gebüschen der str. St. überall zwischen Gwanfang und Tschaiaschao unter Beyendjing, Kalkschiefer, 1500—1700 m (6306).

Die Varietät läßt sich meines Erachtens nicht als eigene Art betrachten, zumal da sie sich auch als geographisch nicht geschieden erweist. Die von Wang und Tang für ihre Art angegebenen Unterschiede treffen nicht zu. Über Bock und Rosthorns Pflanze s. unter *S. microphylla*.

S. micropoda DC. var. *reflexa* Nort. in Plt. Wils., III., 6 (1916). NE-Y.: Gebüsche bei Gulungtschang, 800 m (Maire).

S. Lebrunii Lévl., Fl. Kouy-Tch., 257 (1914). Wang et Tang in Sinens., V., 421 (1934) („*Lebranii*"). SW-H.: Yün-schan bei Wukang, Tonschiefer, zwischen 400 und 1400 m (Plt. sin. 88).

Die Art verbindet die §§ 1 und 4 von De Candolles Sect. *Eusmilax*, indem die aus beschuppten Knospen entspringenden Zweige bald nur eine Blütendolde aus der Achsel eines reduzierten Blattes treiben und sich nicht weiterentwickeln, bald aber zu mehrblätterigen Zweigen mit 1—2 Blütendolden aus den unteren Blattachseln auswachsen. Sie steht zunächst der vorigen, von der sie sich durch oberseits glänzende, unterseits matte und glauke Blätter und meist längere Dolden- und Blütenstiele unterscheidet.

S. glabra ROXB. (*S. trigona* WARBG., e typo). **Y.**: Yünnanfu (SCHOCH 110). **Kw.**: Üppige Gebüsche der wtp. St. bei Lungli, Sandstein, 1100 m (10606). **H.**: Im str. Hartlaubwalde des Yolu-schan bei Tschangscha, Sandstein, 150 m (11419).

S. rigida WALL. NW-Y.: Im str. Regenlaubwalde des birm. Mons. in der Seitenschlucht Naiwanglong des Taron (e Irrawadi-Oberlaufes), 27^0 53′, Schiefer und Granit, 1725—2150 m (9395).

S. menispermoidea A. DC., e typo (*S. rubriflora* REHD. in Journ. Arn. Arb., IX., 21 [1928], e typo). Tp. Mischwälder und Waldränder auf Schiefer, 3100—3300 m. NW-Y.: Bei Lidjiang, v. E. (4021). Im birm. Mons. ober Bahan am Salwin, 27^0 58′ (8951). **S.**: Ober Ngaitschekou jenseits des Yalung n von Yenyüen, 28^0 10′ (2690). Im W auf dem Gipfel des Omi-schan (FABER 125).

Die schmalsten Blätter sind fast lanzettlich, 42×13 mm. Es kommen 3- und 5nervige vor, und die Blüten der indischen Pflanze sind auch rötlich. Die ♂ Blüten wurden von REHDER unter *S. rubriflora* erstmals beschrieben.

S. vaginata DECNE. Gebüsche, Bambusdschungel, Bachränder und dichte Wälder der wtp. und tp. (bis in die ktp.?) St., 2250—2750 (—3950?) m. **Y.**: Beyendjing (TEN ex hb. Berol. 164). Hsiangschuiho zwischen Dali und Lidjiang (6449). Im NW überall um Yungning. Ober Anangu se von Dschungdien. **S.**: Bei Muli jenseits des Passes Tschescha. Kwapi und Molien n von Yenyüen. Wudadjing am Lose-schan s von Yenyüen (1386). Sattel zwischen Tjiaodjio und Lemoka im Lolo-Lande e von hier (1601). Die Notizen vielleicht zur vorigen Art gehörig.

Dieser Art sehr nahe kommt *S. cyclophylla* WARBG., hat aber rundere Blätter, als ich von *vaginata* sah; sie ist bisher nur steril bekannt, fällt aber sicher nicht mit *S. menispermoidea* zusammen, wie NORTON in Plt. Wils., III., 12 (1916) vermutet.

S. microphylla C. H. WR., e typo. Laubwälder, Felsen und andere trockene Stellen der wtp. bis in die str. St. **Y.**: 1600—2200 m. Bei Yünnanfu auf den Bergen im NW (SCHOCH 119), ʼauf dem Tschangtschung-schan (DUCLOUX: Hb. Berl.) und viel gegen Yiliang. Beyendjing (TEN 64). Im NW bei Lidjiang, v. E. (4022), viel um Ladsagu und am Yangtse bis ober Djitsung. Im E im mittelchin. Fl. bei Djindjischan nächst Loping (10189). **S.**: Zwischen Dungngan und Dschanggwandschung s von Huili (SCHNEIDER 516). SW-Kw.: Ober Falang in der Schlucht des Hwatjiao-ho, 900 m (10379).

— — var. **elongata** WARBG. in Bot. Jahrb., XXIX., 259 (1900) (*S. trigona* NORT. in Plt. Wils., III., 10 [1916], non WARBG.). **S.**: Trockene Stellen der str. und wtp. St., 1650—2400 m. Ober Gaoyao (1328) und am Lu-schan bei Ningyüen. Otang über dem Yalung n von Yenyüen. **Y.**: Beyendjing (TEN 180). Dali (SCHNEIDER: Hb. Berl.). Zwischen Yungbei und Boloti (SCHN. 1672). Im S bei Möngdse (HENRY 9330, 9330 A).

Die größten Blätter des Typus messen 15 × 10 cm. NORTON stellt die Art mit Unrecht zu *Coilanthus*. Meine Nr. 1328 stimmt sehr gut mit dem sterilen Originalexemplar der Varietät, nur ist der Blattgrund wie beim Arttypus fast herzförmig, beim Varietättypus gerundet und zum Blattstiel selbst etwas verschmälert, bei der sicher zur Art gehörigen var. *angustifolia* WARBG. aber noch mehr verschmälert. Die jungen Blütenstände meiner Pflanze entspringen ohne Schuppen in den Blattachseln, entsprechen daher nicht der *S. austrosinensis* WANG et TANG, und BOCK u. ROSTHORN 100 hat mit *S. lanceaefolia* und *S. laevis* WALL., mit denen WANG u. TANG ihre Art vergleichen, sicher nichts zu tun.

**** *S. siderophylla* HAND.-MZT. (Abb. 35).**

Sect. *Eusmilax* DC.

Caulis longus, scandens, c. 4 mm crassus, teres, ut rami tenuiter pluricostatus, aculeis raris, crassis, conicis, 4 mm longis, paulum reflexis; rami inter vaginam

Abb. 35. *Smilax siderophylla* HAND.-MZT. 1, 2 ♀ Pflanze (H.-M. 6062). 3—5 ♂ Blüten (DUCLOUX). ³/₅ nat. Gr.

persistentem et perulam oppositam interdum gemini, refracti, ad 30 cm longi, raro iterum ramosi, toti foliati, valde infracto-flexuosi, internodiis rigidis, 2—3 cm longis, 2 mm crassis. Folia suborbicularia, 5—8 cm longa, brevissime acuminata, antice basique saepe plicata, hic raro levissime cordata, persistentia, sicca crasse coriacea, undulata, supra dilute viridia, subtus cinerascentia; costa nervique 2 paulum suprabasales media longitudine in tertio c. extero currentes in apicem producti saepeque bini basales breves supra levissime impressi, subtus valde prominui; trabeculae subtransversales laxae venularumque rete densum utrinque crasse prominua; petiolus refractus et ipse tortuosus, crassus, lamina ± quadruplo brevior, ad medium vagina angusta, exauriculata, in cirrhos validos saepe abortivos exeunte marginatus et persistens. Ramuli floriferi aphylli ex axillis fere omnibus inter petiolum perulamque ovatam ad 1 cm longam navicularem acutissimam persistentem orti, refracti, ad 2 cm longi, validi, umbellas plerumque 2 praecoces in pedunculis ad 1 cm longis ancipitibus gerentes; horum bracteae deflexae, ovatae, ad 5 mm longae, castaneae, firmae, apice albo-penicillatae. Umbellae densissimae, permultiflorae, bracteis minutissimis, latis, brunneo-membranaceis, erosis, pedicellis crassis ad 7 mm longis. Perigonium purpureo-brunneum (e nota ad vivum), lobis linearibus obtusis, exterioribus 1 mm latis, interioribus multo angustioribus, ♂ ad 7 mm longis a medio revolutis, ♀ ad 5 mm longis suberectis. Filamenta 6, tenuia, 6 mm longa, antheris minutis, albis, suborbicularibus. Floris ♀ staminodia 3, filamentis brevibus tantum constantia. Ovula in loculis bina; styli vix 1 mm longi, crassissimi, liberi, stigmatibus brevibus et latis tantum reflexis.

Y.: Gebüsche der wtp. St. auf dem Hsi-schan bei Yünnanfu, Sandstein, 2300 m, 2. IV. 1915 (6062 ♀, Typus). Schluchten w von Yünnansen (Yünnanfu), 20. IV. 1904 (DUCLOUX: Hb. Berlin ♂). Häufig zwischen Fumin und Lodse-Magai nw von hier.

Species crassitie et foliis latissimis reticulatis in DE CANDOLLEI serie quarta valde distincta.

Heterosmilax KUNTH.

H. septemnervia WANG et TANG in Sinens., V., 428 (1934) (*H, Gaudichaudiana* NORT. in Plt. Wils., III., 13 [1916], non [KTH,] DC.). S-Y.: In tropischen Bambusbeständen und Savannenwäldern flußaufwärts gegenüber Manhao nahe der Grenze von Tonking, 200 m (5855). Ami, 2600 m (ENANDER). SW-Kw.: Sonnige Gebüsche der wtp. St. bei Hwangtsaoba, 1400 m (10251). W-Hubei (WILSON, Veitch Exp. 1461 a).

Die Art unterscheidet sich von *H. Gaudichaudiana* durch die größeren und im Umriß schmäleren Blätter (7 nervige kommen auch bei dieser vor) und die größeren und dickeren ♂ Blüten mit viel kürzeren, nur zur Hälfte verwachsenen Filamenten. Die in der Gattung sehr veränderliche Länge der Doldenstiele zeigt keinen Unterschied. Mein Exemplar von CHING trägt Nr. 6537. Das von DC. als var. α bezeichnete fruchtende Originalexemplar von *H. Gaudichaudiana* stimmt vollkommen überein mit der ♂ Nr. 858 HANCES, die var. *hongkongensis* (SEEM.) DC. darstellt. Das Merkmal der in den Blattstiel stärker herablaufenden Nerven ist belanglos und wohl auf das größere Alter der Blätter zurückzuführen; ihre Form ist dieselbe. Die Varietät kann also nicht aufrecht erhalten werden.

Stemonaceae

(*Roxburghiaceae*)

Stemona LOUR.

S. vagula W. W. SM. in Not. Bot. Gard. Edinb., X., 70 (1917). K. KRAUSE in Notizbl. Bot. Gart. Berl., X., 290 (*S. stenophylla* DIELS ap. SCHLTR. in Notizbl., l. c., IX., 194 [1924]). Y.: Im NW in der str. St. n von Lidjiang, 1600—1800 m, am Yangtse bei Ndaku, 27⁰ 20′ (4391) und zerstreut um die Mündung des Schou-tschou in diesen, 27⁰ 46′ (7589).

MAIRES Originalaufsammlung der *S. stenophylla* entspricht in den Antheren nicht SCHLECHTERS Beschreibung und Abbildung, sondern jener SMITHS.

S. Mairei (LÉVL.) K. KRAUSE, l. c., X., 289 (1928) (*Dianella M.* LÉVL. in Bull. Ac. Géogr. Bot., XXV., 39 [1915]. — *Stemona Wardii* W. W. SM. in

Not. Bot. Gard. Edinb., X., 71 [1917]. — *S. filifolia* SCHLTR. in Notizbl. Bot. Gart. Berl., IX., 194 [1924]). **Y.**: Steppen der str. St. ne von Dali (Talifu) s von Hwangdjiaping und gegenüber Piendjio (6370), Sandstein, 1600—1750 m.

Folia maxima 5 cm longa et 3 mm lata, minora 35 × 1 mm. Antherarum appendices variabiles, nunc aequilongi et aequicrassi, nunc interiores breviores, ut a cl. SCHLECHTER, l. c., 195, fig. 7 d illustrati.

Pontederiaceae

Monochoria PRESL

M. vaginalis (BURM. f.) PRESL. Reisfelder und Sümpfe der wtp. St., 1700—2625 m. **Y.**: Djientschwan zwischen Dali und Lidjiang (8523). Im NE in der Ebene von Dungtschwan (MAIRE). **S.**: Überall zwischen Banschan und Puti nw von Huili (5253). Yenyüen.

—— var. **plantaginea** (ROXB.) SOLMS. Gräben und Reisfelder der wtp. und str. St., 1400—2300 m. Berge w von Yünnanfu (SCHOCH 269). Zwischen Gwangdung und Alaodjing am Wege nach Dali (4875). Im NW bei Mujendu w des Nordendes der Lidjianger Yangtse-Schleife und im Tale von Djitsung gegen den Mekong. **S.**: Mosoying im Djientschang.

Eichhornia KTH.

E. crassipes (MART.) SOLMS. **H.**: In Gewässern der str. St., 30—50 m. Datopu ober Tschangscha. Hsianghsiang. Nach Notizen, sehr wahrscheinlich richtig, da schon in N-Kwanghsi (CHING 5171).

Amaryllidaceae

Crinum L.

C. latifolium L., Sp. Pl., 291 (1753). **E-Kw.**: Quellsümpfe der str. St. auf Grauwacke und Tonschiefer, 350—450 m. Zerstreut am Fluß unter Sandjio (10835). Unter Pingtschaso an der Grenze von **H.** zwischen Liping und Dsingdschou.

Lycoris HERB.

L. aurea (L'HÉRIT.) HERB. Gebüsche und Felsen der str. und unteren wtp. St. **H.**: 300—700 m. Schandungschui zwischen Yungdschou und Hsinning (11261). Yingwantjiao und zwischen Lududsai und Hwangbetjiao w von Baotjing. Im SW unter dem Tempel Wuli-ngan am Yün-schan bei Wukang (12499). **Y.**: 2050—2300 m. Hsi-schan und Tschangtschung-schan bei Yünnanfu (SCHOCH 300). Im NW im birm. Mons. bei Tjionatong ober Tschamutong am Salwin (9779). Im NE im Tal von Lungdji im mittelchin. Fl., 800 m (MAIRE).

L. radiata (L'HÉR.) HERB. **H.**: Felsige, buschige Stellen, besonders längs Bächen, in der str. St., 150—500 m. Yolu-schan bei Tschangscha. Massenhaft bei Tienhsin zwischen Hsinhwa und Baotjing. Überall n von Wukang. Mehrfach um Dungngan (11260).

Curculigo GAERTN.

C. capitulata (LOUR.) O. KTZE., Rev. Gen., 703 (1891) (*C. recurvata* DRYAND.). S-Y.: In tr. buschigen Hochgrasfluren zwischen Möngdse und Manhao häufig unter Yaotou (5925) und aufwärts bis Schuidien, Kalk, 1000—1300 m. Wohl auch in dieser Gegend (HENRY 11982).

Hypoxis L.

H. aurea LOUR. Heidewiesen und Steppen der wtp. bis in die tp. St., 2000—3100 m. Y.: Hügel n von Yünnanfu (SCHOCH 133). Berg zwischen Midien und Bintschwan e von Dali. Boloti n von Yungbei. Im NW bei Lidjiang, v. E. (4019). Ober Mudidjin s von Yungning. Im E bei Dungtschwan (MAIRE). S.: Gaitiu und Duörlliangdse zwischen Yungning und Yenyüen. Naoliangdse nw von hier, 27⁰ 45′ (2833).

Iridaceae

Belamcanda ADANS.

B. chinensis (L.) LEMAN. Buschwiesen und Wiesen der wtp. und str. St. H.: 400—1400 m. Hsikwangschan bei Hsinhwa. Im SW auf dem Yün-schan bei Wukang und von hier bis über Hsinning zerstreut. Kw.: 1150—1300 m. Zerstreut zwischen Nganping und Tschingdschen (10462). Mehrfach vom Hwatjiaoho gegen SW. NW-Y.: 2000—2200 m. Am Yangtse ober Schigu w von Lidjiang (GEBAUER). Sandjia-tsun an seinem Zuflusse gegen Weihsi. Mehrfach zwischen Djitsung und Schogo n von dort, 27⁰ 34—38′ (7839).

Iris L.

I. Bulleyana DYKES. Wiesen und Modermatten der tp. und ktp. St., 3300—4075 m. NW-Y.: Ober Dugwan-tsun, Paß Hsiao-Niutschang und Berg Schusutsu bei Bödö se von Dschungdien. Diese oder die folgende auf dem Passe von Yungning nach Fongkou, bei Dungapi und gegen das Gebirge Piepun s von Dschungdien, bei Teschenkou zwischen Djientschwan und Weihsi, 2715 m, auf dem Litiping e von hier, viel ober Schuba n von hier und im birm. Mons. im Tjiontson-lumba vom Salwin gegen den Irrawadi. S.: Rücken ober Fumadi am Wolo-ho zwischen Yenyüen und Yungning (3058). Hwangliangdse zwischen Yenyüen und Kwapi, 27⁰ 48′ (5526). Diese oder die folgende ober Ngaitschekou jenseits des Yalung n von hier bestandbildend, und überall viel im Lolo-Lande e von Ningyüen.

I. Forrestii DYKES. Wiesen, Sumpfwiesen und Dschungelränder der tp. St., 2750—3500 m, oft in Menge und mit voriger, der sie bis auf die Farbe so gleicht, daß ich sie für dieselbe Art hielt und meist ohne diese notierte. NW-Y.: Bei Lidjiang, v. E. (4076). Hier auf dem Yao-schan bei Ganhaidse (6731). Unter San-tsun s Yungning. S.: Gegen den See e von Yungning Wiesenmoore in einem Kranz einfassend und weiter gegen Gaitiu (phot., s. Journ. Hort. Soc., LIV., Fig. 59. SCHNEIDER 1562). Muli (FORREST 16297). Fruchtende Exemplare wohl auch unter voriger notiert.

I. chrysographes DYKES in Gard. Chron., ser. 3, XLIX., 362 (1911). S.: Wiesen der ktp. St. an der Nordseite des Passes Tschescha zwischen Muli und Yungning, Kalk, 4000—4100 m (7241).

I. ruthenica KER-GAWL. Offene Föhrenwälder der tp. St., auf Kalk, 3225—3500 m. S.: Kwapi n von Yenyüen (SCHNEIDER 1316). NW-Y.: Bei Lidjiang auf dem Sattel gegen Ganhaidse (6615). Atendse über dem Mekong, 28° 28′ (GEBAUER).

I. pseudorossi CHIEN in Contr. Biol. Lab. Sc. Soc. China, VI., 72 (1931). Kiangsu: Trockene Stellen der Bergkämme bei Schianschan am Westufer des Taihu, 250—300 m, 10. IV. 1912 (LIMPRICHT 372 als *I. ruthenica* var. *nana* MAX.).

I. laevigata FISCH. (*I. phragmitetorum* HAND.-MZT. in Sitzgsanz. Ak. W. W., LII., 241 [1925]). Y.: In der wtp. St. Viel auf den Schilfinseln im seichten Teil des Kunyang-hai bei Yünnanfu, kalkhaltiger Grund, 1890 m (8628. SCHOCH 77). Um Dali (Talifu), am Dsang-schan bis 3200 m (FORREST 1895, 4841, als *I. Delavayi* FRANCH., 6807, die erste und die letzte von DYKES, Gen. Iris, 28 als *I. chrysographes* zitiert, 11 632).

Blätter schmal, 4—13 mm breit, auch bei mandschurischen Pflanzen (JETTMAR) nur 7 mm und Stengelblätter 10 mm breit, bei KARO 4 veränderlich, 5—13 mm, an einem Original FISCHERS Stengelblätter 9 mm breit. Die Angabe DYKES' $1^{1}/_{2}''$ ist wohl versehentlich.

I. ensata THUNBG. Ki.-F.-Grenze: Steinige Stelle am Fuße des Dunghwa-schan zwischen Schitscheng und Ninghwa, c. 600 m (Plt. sin. 301).

Blätter breit, bis 1 cm, wie bei einem Exemplar FABERS, das von DYKES hierzu gestellt wird.

I. japonica THUNBG. Grasige Hänge, Tälchenränder, feuchte Stellen der str. und wtp. St. W-Ki.: Um Pinghsiang (Plt. sin. 132). H.: 250—600 m. Ngandjiapu bei Hsikwangschan (11 803). Viel bei Tienhsin zwischen Hsinhwa und Wukang. Im SW auf dem Yün-schan bei Wukang (Plt. sin. 105). Kw.: Tschwenning-schan bei Guiyang, 1100—1250 m. S.: 1650—2300 m. Um Da-wanying und Yudschaidi bei Huili (1023). Ober Danfang im Seitentale des Nganning-ho n von hier (1069). Viel am Hodsengai ober Dötschang (1816). Um Pudi und Samuping zwischen Huili und Yenyüen. Dugungpu im Seitentale des Yalung ne von hier. Gegen Lemoka im Lolo-Lande e von Ningyüen. Im W auf dem Wa-schan s von Yadschou (WEIGOLD).

Die „Ausläufer" werden aufrecht und dick und bilden unter der Blatt-rosette einen Stamm, der bis 55 cm lang werden kann.

I. tectorum MAXIM. Gebüsche und Buschwiesen der wtp. bis in die str. St. H.: Um Hsikwangschan bei Hsinhwa, 550—900 m (11 774). Kw.: Massenhaft von Gwanyinschan (10 536) über Guiyang bis jenseits Nganschun, 1100—1400 m. NW-Y.: Mehrfach bis ins birm. Mons. am Salwin, wo auch als Gelegenheits-epiphyt.

* ***I. kamaonensis*** WALL. ap. DON in Transact. Linn. Soc., XVIII., 311 (1840). Wiesen und Modermatten der ktp. und Hg. St., 3700—4200 m. NW-Y.: Im birm. Mons. zwischen Salwin und Irrawadi an der Westseite des Passes Tschiangschel, 27° 52′ (9309) und hinter dem Gomba-la ober Tschamutong häufig bis zum Passe Pangblanglong (9505). S.: Liuku-liangdse, 27° 48′, zwischen Yenyüen und Kwapi, 18. V. 1914 (2352).

Basale Scheiden schmäler als bei der indischen Pflanze, Petalen mitunter schmäler und nicht ausgerandet, Narben länger, Unterschiede, die mir zu Abtrennung ungenügend scheinen.

I. Tigridia Bge. W-S.: Wa-schan s von Yadschou (Weigold).

I. nepalensis D. Don, Prodr. Fl. Nep., 54 (1825). Steppen und felsige Stellen der wtp. und str. St., 1725—2550 m. Y.: Hsi-schan bei Yünnanfu (Schoch 233). Beyendjing (Ten ex hb. Berol.). Im NE bei Lagu und Djintschung-schan (Maire). S.: Zerstreut zwischen Otang und Wali im Yalung-Tale unter Kwapi n von Yenyüen (2718. Schneider 4070).

I. Collettii Hook. f. in Bot. Mag., CXXIX., t. 7889 (1903). Föhrenwälder, Steppen, steinige Stellen der wtp. und tp., selten bis in die str. St., 1650 bis 3500 m. Y.: Mangan-schan bei Yünnanfu (Schoch 146). Zwischen Hsinngai und Tie-tsun e (6345) und viel am Dji-schan ne von Dali. Zwischen Dschaoping und Boloti bei Yungbei (3352). Im NW auf dem Sattel von Lidjiang nach Ganhaidse (6614) und gegen den großen Gletscher des Yülung-schan (Schneider 2462). S von Yungning. Ober Dugwan-tsun se von Dschungdien. Im E auf dem Rücken des Beling-schan bei Loping (10145). Im NE bei Dungtschwan (Maire). S.: Fumadi und Yiwanschui halbwegs zwischen Yungning und Yenyüen. Ober Duörlliangdse und Luhungti und zwischen Schuitangdse und Schidschön (2255) bei Yenyüen. Ober Oti und Bakuwe (2488) n von hier, 27° 53′.

Die schmalsten Blätter an den niedrigsten (fruchtenden) Exemplaren (Schneider 2462) kaum 2 mm breit, voll ausgewachsene (vorjährige) bis über 40 cm lang.

Juncaceae

Von Gunnar Samuelsson (Stockholm)

Juncus L.

J. bufonius L. S.: Feuchter Schlamm, Äcker und Raine der str. und wtp. St., 1600—2800 m. Huili (833, 856). Massenhaft bei Ningyüen. Spärlich am Ufer des Sees e von Yungning.

J. glaucus Ehrh. NW-Y.: Bei Lidjiang, v. E. (4075). Im birm. Mons. an Quellen in der tp. St. im Tjiontson-lumba unter Tschamutong am Salwin gegen den Irrawadi, Granit, 2950 m (9147).

Die zweite Nummer hat zarte Stengel mit ununterbrochenem Mark. Übereinstimmende Pflanzen sah ich aus Sikkim.

J. effusus L. An Bächen, Tümpeln und in Sümpfen der str., wtp. und tp. St., 1650—3400 m. Y.: Um Yünnanfu Bestände bildend. Überall auf dem Hochland bis Dali und Yungning. Im NW unter dem Lamakloster von Dschungdien. S.: Schamenkou bei Yenyüen? Ningyüen (1284). Zwischen Tjiaodjio und Lemoka im Lolo-Lande e von hier. SW-Kw.: Rücken zwischen Tjiaolou und Hsintscheng.

J. setchuensis Buchen. II.: Feuchte Gräben der wtp. St. bei Hsikwang-schan nächst Hsinhwa, Kalk, 600 m (11824).

J. leptospermus Buchen. Syn.: *J. Mairei* Lévl. in Rep. sp. nov., XI., 493 (1913), e typo.

J. prismatocarpus R. Br. SW-Kw.: Sumpfstellen der wtp. St. bei Nanmu-tschang, Sandstein, 1450 m (10343).

J. amplifolius A. Cam. NW-Y.: Berieselte Schieferfelsen der tp. St. des birm. Mons. an Gebüschrändern im obersten Doyon-lumba zwischen Mekong und Salwin, 3400 m (phot.) und im Tjiontson-lumba unter Tschamutong am Salwin gegen den Irrawadi, 3150 m (9200).

— — var. *pumilus* A. Cam. in Not. Syst., I., 281 (1910). Schenhsi: Tsinling-schan (Giraldi 6733, 6744, 6745, 6746 p. p., alle von Buchenau in Bot. Jahrb., XXXVI., Beibl. 82, 19 als *J. castaneus* Sm. angegeben).

** J. minimus* Buchen. in Bot. Zeitg., XXV., 145 (1867). NW-Y.: Zwischen Schieferblöcken der Hg. St. des birm. Mons. zwischen Mekong und Salwin auf dem Si-la, 28⁰, 4400 m (?), und am Westfuße des Gondon-rungu, 28⁰ 9′, 4450 m, 7. VIII. 1916 (9744).

Von dieser Art habe ich einzelne etiolierte Individuen gesehen, die mit der typischen niedrigen Form auf demselben Bogen gemischt vorkommen können (Hooker *Junc.* 15. H. Smith 11158). Sie können eine Höhe bis 15 cm erreichen und zeigen hin und wieder ein gut entwickeltes Stengelblatt. Durch ihre ganze Tracht und die Merkmale zeigen solche Individuen eine starke Annäherung an *J. amplifolius* A. Cam., der indessen in anderen Hinsichten scharf verschieden ist. Es ist mir klar, daß *J. minimus* sich verwandtschaftlich gerade an jene Art anschließt. Der Fund wurde, wie andere Handel-Mazzettis, die allerdings nicht alle für China neu waren, schon von Vierhapper in Nat. Pflzfam., 2. Aufl., XVa., 219 (1930) nach meinen Bestimmungen veröffentlicht.

J. Clarkei Buchen. var. *marginatus* A. Cam. in Not. Syst., I., 278 (1910). NW-Y.: An Bächen und Felsen der ktp. St. auf Glimmerschiefer und Diabas 3800—4100 m. Nguka-la zwischen Dschungdien und Djitsung (7821). Im birm. Mons. zwischen Mekong und Salwin in dem nach Tibet hinabführenden Tale Schidsaru, 28⁰ 9′ (9705).

J. himalensis Klotzsch *var. *Schlagintweitii* Buchen., Monogr. Junc., 406 (1890) (*J. Schlagintweitii* Buchen. in Nachr. Ges. Wiss. Göttg., 255 [1869]). NW-Y.: Bei Lidjiang, v. E. (4073). Wahrscheinlich dieser in der tp. St. in den Sinterbecken von Bödö se von Dschungdien, 2765 m (phot.). In der ktp. St. des birm. Mons. an feuchten Abrissen auf Glimmerschiefer an der Westseite des Si-la über dem Saoa-lumba zwischen Mekong und Salwin, 28⁰, 3600 m (8439). S.: In der ktp. St. des Lose-schan s von Ningyüen Formation bildend, Sandstein, 3750—4200 m, 16. IV. 1914 (1429).

** J. sphacelatus* Decne. in Jacquem., Voy. Inde, IV., 172 (1844). Moore und Bachränder der Hg. und ktp. bis in die tp. St., 3200—4225 m. NW-Y.: Im birm. Mons. zwischen Mekong und Salwin auf dem Si-la e gleich unter dem Paß und unter dem Doker-la an der tibetischen Grenze (8171). Im Tjiontson-lumba zwischen Salwin und Irrawadi. S.: Paß Tschescha zwischen Muli und Yungning, 25. VII. 1915 (7249).

*** J. pseudocastaneus* (Lingelsh.) Sam.

Syn.: *J. sikkimensis* Hook. f. var. *p.* Lingelsh. in Rep. sp. nov., Beih. XII., 316 (1922).

Stolonifer, stolonibus usque 7 cm longis validis. Caules erecti, teretes, 1—5 dm alti, 1—2,5 mm crassi, basi tantum foliati, saepe basi reliquiis foliorum anni praecedentis vestiti. Folia infima hornotina cataphyllina, fulvescentia vel rarius ferruginea, summa 1 (—2) frondosa, vaginis stramineis vel virescentibus; auri-

culae prominentes, obtusae; lamina 7—12 cm longa vel in speciminibus majus-
culis longior, stricta, cylindrica, usque 3 mm crassa, apicem versus attenuata,
obtusa, unitubulosa, remote plus minus distincte septata. Capitula plerumque
2, 3—7flora, bractea infima erecta, saepe frondescente, 2,5—5 cm longa, inflorescentiam vulgo paullo superante, caeteris brevioribus, acutis, membranaceis,
dorso fuscescentibus, margine et apice pallidioribus hyalinis, intimis quam flores
brevioribus. Flores breviter (usque 3 mm) pedicellati. Tepala castaneo-nigra,
nervo dorsali et marginibus pallidiora, apice hyalina, lanceolata, externa 4,5
usque 7 mm longa acuta, interna breviora 4—6 mm longa obtusiuscula. Stamina
tepalis subdimidio breviora, filamentis quam antherae c. triplo brevioribus,
pallidis, antheris linearibus, 1,3—2 mm longis, pallidis. Ovarium ovoideum,
stylo plus quam duplo brevius; stylus 2—3 mm longus, in statu fructifero tepala
superans; stigmata filiformia, 3,5—5,5 mm longa. Fructus prismatico-ellipsoi-
deus, apice obtusus, mucronatus, tepalis brevior, apice castaneo-niger, nitidus,
triseptatus; semina scobiformia, 1,5—2 mm longa, utrinque in caudam albam
albumini subaequilongam producta.

S.: „W. China", 3965 m (Wilson 4540). Sümpfe, sandige Ufer von Gletscher-
seen, 4100—4360 m. Im W auf dem Scheto-la bei Tatsienlu (Kangting) (H. Smith
11 008). Ngata (Taining), auf der Paßalm Tschaschilaka (Haidse-schan) am
Dschara zwischen Tatsienlu und Dawo, 2. VII. 1914 (Limpricht 1869, Typus).
Nw Tal am Yara bei Dawo (Taofu) (H. Smith 11 600). Im NW: Tsipula (H. Sm.
3052). NW-Y. u. Tibet (Ward 166). S-Tibet: Yatung (Hobson). Sikkim, Hg.
St. (Hooker, *Junc.* 13 p. p. : Hb. Kew), diese nach Bleistiftetikette wahrscheinlich vom Lauko-la, 4575 m, 21. VIII. 1849, jedoch auf einem Bogen mit 3 anderen
verschiedenen *Juncus*-Formen.

Inter *J. sphacelatum* et *sikkimensem,* huic proxime, ponendus, qui i. a.
differt rhizomate breviter repente vix stolonifero, foliis vix septatis etc.

J. pseudocastaneus ist bis jetzt vor allem mit *J. sikkimensis* verwechselt
worden. A. Camus zitiert in Not. Syst., III., 283 (1910) die sicher hierher-
gehörige Wilson 4540 unter *J. sikkimensis* var. „*genuinus*". Lingelsheims Beschreibung der neuaufgestellten var. *pseudocastaneus* ist nichtssagend. Dagegen
hat W. W. Smith auf einigen Bogen der soeben erwähnten Sikkim-Form bemerkt,
daß sie von dem echten *J. sikkimensis* durch septierte Blätter abweicht. Meiner
Ansicht nach liegt eine selbständige Art vor. Wegen der langen Ausläufer stehen
bei *J. pseudocastaneus* die Halme vereinzelt, während *J. sikkimensis* wie auch
seine var. *longiflorus* A. Cam. in Not. Syst., I., 283 (1910) lockere Bülten bildet.
Auch sind die Basalpartien der Pflanzen verschieden. Bei *J. pseudocastaneus*
findet man fast stets Reste der vorjährigen Blätter unterhalb der diesjährigen
blattlosen gelbbraunen Scheiden, während solche bei *J. sikkimensis* zumeist
fehlen, wodurch die bei der Hauptform rotbraunen, bei var. *longiflorus* gelbbraunen Scheiden viel schärfer hervortreten. Die Septierung der Blätter tritt
bei *J. pseudocastaneus* zumeist deutlich hervor, obgleich die Diaphragmen etwa
1 cm voneinander entfernt stehen, während bei den *sikkimensis*-Formen solche
wenigstens äußerlich kaum zu sehen sind. Ich will indessen bemerken, daß kaum
alle in den Herbarien vorliegenden schlecht gesammelten Stücke sicher zu bestimmen sind. Besonders gilt dies von den Hookerschen Kollektionen aus
Sikkim, wo die Basalpartien zumeist fehlen. In gewissen Hinsichten nähert sich

J. pseudocastaneus auch dem *J. sphacelatus*, aber dieser weicht u. a. durch kräftigeren Wuchs, zahlreichere, weniger deutlich septierte Blätter, zumeist auch beblätterten Stengel, reichere Infloreszenz, größere Blüten, schmälere, scharf zugespitzte Tepalen usw. ab.

Ich habe zahlreiche Exemplare vor allem im Herb. Calcutta gesehen, die aus Sikkim und Butan stammen, welche sich dem oben beschriebenen Typus nahe anschließen. Sie unterscheiden sich indessen durch grazileren Wuchs, einköpfige Infloreszenz und selten mehr als dreiblütige Köpfchen. Offenbar liegt hier eine geographische Rasse vor. Auch diese Form bildet einen Teil von Hookers *Juncus* Nr. 13 und hat zu der Schwierigkeit, dieselbe zu deuten, beigetragen.

J. sikkimensis Hook. f. NW-Y.: Matten und Schneetälchen der Hg. St., 4050—4575 m. Dschungdien (Chungtien) (Schneider 3033). Im birm. Mons. zwischen Mekong und Salwin auf dem Si-la, 28° (8433, s. Karst. u. Schenck, Vegetatb., 17. R., Taf. 47b), auf dem Maya (9648) und unter dem Doker-la an der tibetischen Grenze (8142, 8143).

Nr. 9648 und Schneider 3033 sind typisch, die anderen Pflanzen stellen Formen oder Varietäten dar.

J. elegans Sam. (*J. concinnus* Don in Transact. Linn. Soc., XVIII., 321 [1840], Buchenau, Hooker f., Diels et omn., non Don 1825). Gebüsche, Heidewiesen, selten in Mischwäldern in der tp. bis in die wtp. St., 2000—3600 m. **Y.**: Beyendjing (Ten ex hb. Berol. 307). Zwischen Dsutoupo und Gwamaoschan am Wege von Yungbei nach Yungning (3314). Im NW ober Duinaoko e von Lidjiang (3470). Hier an der Ostseite des Yülung-schan (Schneider 1846, 2069). Im birm. Mons. ober Bahan am Salwin, 27° 58′ (9054). Im NE zwischen Gungschan und Dadschutang am Wege von Yünnanfu nach Suifu (Mell). **S.**: Djinschuiho bei Huili. Ober Mabaho und unter Gwandien (2819) n von Yenyüen.

Beinahe alle Autoren haben *J. concinnus* falsch aufgefaßt. Auch meine älteren Bestimmungen sind zu berichtigen. Die Pflanze, die seit Don 1840 als *J. concinnus* gegangen ist, muß einen neuen Namen bekommen. Ich benenne sie *J. elegans*, dabei einen Manuskriptnamen von Royle aufnehmend, der seit Don 1840 (l. c.) in den Synonymenlisten figuriert. Der ursprüngliche *J. concinnus* ist zweifellos derselbe wie *J. allioides* Franch.! Die Berechtigung der Namensänderung geht ohne weiteres aus dem unter *J. concinnus* Angeführten hervor.

** **J. concolor** Sam.

Caespitosus. Caules erecti, graciles, teretes, 15—25 cm alti, superne foliati. Folia basilaria omnia cataphyllina vel lamina brevissima setiformi (usque 2 mm longa) instructa, vaginis stramineis, opacis; folium caulinum unicum supra medium caulis insertum, erectum, caule brevius, lamina apice obtusa, 1—1,5 mm crassa, tubulosa, vaginam subaequante, auriculis nullis. Capitulum unicum, densum, 5—8florum, hemisphaericum, bracteis membranaceis, stramineis, ovatolanceolatis, acutis usque mucronatis, infimis capitulo subaequilongis, caeteris brevioribus. Flores subsessiles vel breviter pedicellati. Tepala membranacea, pallida, lanceolata, acuta, exteriora 4—5 mm, interiora 5—6 mm longa. Stamina exserta, filamentis tepala subaequantibus, fuscis, antheris linearibus, 1,5—2 mm longis. Ovarium ovoideum in stylum subaequilongum sensim angustatum; stylus tepalis paullo longior; stigmata filiformia, 0,7—1 mm longa. Fructus (immaturus) trigonus, unilocularis.

Y.: Föhrenwälder der tp. St. zwischen Dschaoping und Boloti n von Yungbei, Sandstein, 2600—3000 m, 30. VI. 1914 (3359).

In systemate Buchenaui juxta *J. leucanthum* Royle ponendus. Sed haec species i. a. cataphyllis basilaribus nitidis obscurioribus, saepe castaneis, foliis caulinis longioribus, vaginis auriculatis, bracteis infimis castaneis differt.

** *J. cephalostigma* Sam.

Caespitosus. Caules erecti, graciles, teretes, 5—18 cm alti, basi et plerumque etiam superne foliati. Folia basalia infima cataphyllina, summa 1 (—3) frondosa, vaginis pallidis — rufo-brunnescentibus nitidis; auriculae paulum prominentes vel fere nullae; lamina 2—8 cm longa, filiformis usque 1 mm crassa, apice angustata obtusa, tubulosa, quam vagina longior; folium caulinum (si adest) unicum supra medium caulis insertum, erectum, caule brevius, lamina quam vagina 0,5—1,5 cm longa breviore. Capitulum unicum, densum, (1—) 2—9 florum, hemisphaericum, bracteis membranaceis, rufescentibus vel infimis usque castaneis, ovatis — ovato-lanceolatis, infimis interdum mucronatis et capitulum sub-aequantibus, sed vulgo omnibus plus minus obtusis et capitulo brevioribus. Flores subsessiles vel breviter (usque 1,5 mm) pedicellati. Tepala membranacea, lactea, ovato-lanceolata, obtusa, subaequilonga, 4—5 mm longa. Stamina exserta, filamentis tepala subaequantibus usque paullo longioribus, pallidis, antheris linearibus (1,5—) 2—2,5 mm longis. Ovarium ovoideum, in stylum subaequilongum vel paullo longiorum abrupte contractum; stylus filiformis, tepalis paullo longior; stigmata brevissima, capitulum fere sphaericum formantia, vel raro paullo longiora (usque 0,3 mm). Fructus trigono-ovoideus, apice obtusus, tepalis brevior, unilocularis; semina scobiformia, mediocriter caudata, 1—1,5 mm longa.

Y.: Dsang-schan bei Dali, 3500 m (Delavay 2799 als *J. leucanthus*, det. Camus). Tal von Djientschwan, 2130 m (Forrest 279 als *J. longistamineus?*). Atendse, 4270 m (Ward 165, f. stigmatibus paulo longioribus). Tseku am Mekong (Monbeig 43, Typus). Im birm. Mons. auf dem Si-la w von hier (Soulié 1152 mit *J. benghalensis* und *J. leucomelas*, 1753). Mekong—Salwin-Kette, 28° 12′, 3660 m (Forrest 14252, mit *J. brachystigma*). Sikkim (Hooker, *Juncus* 9, mit *J. brac-teatus* Buchen. und *J. leucanthus*. Clarke 34981. Kings Sammler. Waddell 44. Prains Sammler. W. W. Smith 3155, 3313. Ribu u. Rohmoo 4489. Cooper 14, 38 p. p.).

Affinis *J. leucantho* Royle, quocum ab auctoribus nonnullis (etiam Buchen-auio) confusus, sed haec species jam statura robustiore, foliis basalibus omnibus cataphyllinis, auriculis foliorum bene evolutis et stigmatibus filiformibus longiori-bus statim differt. *J. brachystigma*, qui stigmatibus brevissimis congruit, i. a. caulibus basi tantum foliatis, bracteis longioribus plus minus frondosis etc. differt.

Es ist kein Wunder, daß diese Arten so schwierig zu erfassen waren, da sie in den Herbarien vielfach gemischt vorliegen. In normaler Ausbildung ist unsere Pflanze als eine Art mit entwickeltem Stengelblatt kenntlich, aber einzelne Halme können dieses entbehren und sind somit nur am Grunde beblättert.

** *J. tanguticus* Sam.

Caespitosus. Caules erecti, graciles, teretes, 10—25 cm alti, basi et superne foliati. Folia basalia infima cataphyllina, summum frondosum, vaginis stra-mineis, nitidis; auriculae (etiam folii caulini) rotundatae, fusco-marginatae; lamina 2,5—7 cm longa, filiformis, usque 1 mm crassa, apice obtusa, tubulosa;

folium caulinum unicum, supra medium caulis insertum, caule brevius, lamina quam vagina 1,2—2,5 cm longa breviore. Capitulum unicum, densum, (2—) 4—7florum, hemisphaericum, bracteis membranaceis, castaneis, ovatis — ovato-lanceolatis, infimis plus minus acuminatis, interdum apice subfrondosis, capitulum subaequantibus vel paullo longioribus, superioribus pallidioribus brevioribusque. Flores subsessiles vel breviter (usque 1,5 mm) pedicellati. Tepala membranacea, pallida usque castanea, ovato-lanceolata, obtusa usque plus minus acuta, subaequilonga, 4—5,5 mm longa. Stamina exserta, filamentis tepala subaequantibus usque longioribus, pallidis — fuscis, antheris linearibus, 2—2,5 (—3) mm longis. Ovarium ovoideum, in stylum eo usque duplo longiorem abrupte contractum; stylus filiformis, tepala subaequans; stigmata filiformia, 0,5—0,7 mm longa. Fructus trigono-ovoideus, apice mucronatus, tepalis brevior, unilocularis; semina scobiformia, breviter caudata, 1—1,2 mm longa.

NW-S.: Gebirge um Sungpan (Weigold). Kansu: Dschoni (Potanin). Paß des Dapan-schan im Nan-schan, 4000 m (Pelliot u. Vaillant 836). Gegen den Hsinlung-schan und Maho-schan (Licent 4379 p. p. mit *J. Thomsoni*). Schenhsi: Taipei-schan (Giraldi 2026, 2054 p. p. mit *J. Thomsoni*, 6725, 6726, 6746 p. p. mit *J. amplifolius* var. *pumilus*. Purdom). Hier auf steinigen Halden, 3400 m (Limpricht 2732 als *J. Przewalskii*). Hwangtou-schan (Giraldi 7242 Typus, 6743). Miaowang-schan bei Paotji (Scallan in Giraldi 6727). Yanngan (Giraldi).

Affinis *J. leucantho* Royle, qui jam foliis basalibus omnibus cataphyllinis, vaginis plerumque castaneis differt. *J. cephalostigma* auriculis paulum prominentibus vel fere nullis et praesertim stigmatibus brevissimis capitulum fere sphaericum formantibus etc. differt. *J. Przewalskii* Buchen., quocum confusus, statura robustiore, auriculis minus prominentibus, bracteis brevioribus, tepalis latioribus obtusioribusque etc. longius distat.

Diese Pflanze machte schon Buchenau Mühe. Exemplare von Potanin aus Kansu unterschied er überhaupt nicht von *J. concinnus* Don. Sie liegen auf dem Originalbogen des *J. macranthus* Buch. in seinem Herbar mit *J. concinnus* und *J. Thomsoni* Buch. gemischt und sind zweifellos bei der Abfassung der Originaldiagnose einbezogen worden. Überdies lagen ihm Giraldische Exemplare aus Schenhsi vor. Diese stellte er zum größten Teil zu *J. Przewalskii* Buch., und zwar die dunkelblütigen, während er eingemischte hellblütigere Exemplare als *J. modicus* × *Przewalskii* (Giraldi 6725 p. p.) deutete. Nach einer Bemerkung in seinem Herbar hat er eingesehen, daß die Giraldischen Exemplare von dem echten *J. Przewalskii* durch einige kleinere Unterschiede abweichen. Die neueren, meistens hellblütigen Exemplare, worauf ich *J. tanguticus* in erster Linie begründe, zeigen, daß zweifellos eine von *J. Przewalskii* verschiedene Art vorliegt. Und da ich bei den dunklen Exemplaren keine weiteren Unterschiede als die Farbe der Tepalen habe finden können, muß ich auch diese zu meiner neuen Art stellen. Ich will bemerken, daß meine Beschreibung der Frucht und der Samen ausschließlich nach derartigen Exemplaren angefertigt worden ist.

J. Przewalskii Buchen. ** var. *discolor* Sam.

A formis caeteris yuennanensibus tepalis pallidis (bracteis castaneis) solum differt.

NW-Y.: Yülung-schan bei Lidjiang (Rock 4953, Typus. Delavay 2455).

Diese Pflanze ist interessant, weil sie zeigt, daß die Blütenfarbe nicht einmal bei dieser Art konstant ist. Sonst betrachtet man ja die braunschwarzen Blüten als ein Charakteristikum für *J. Przewalskii*. Deshalb finde ich es zweckmäßig, unsere Pflanze mit einem Namen zu belegen. Es sei bemerkt, daß die aus dem südlichen Teil des Verbreitungsgebiets dieser Art, vor allem Yünnan, vorliegenden Nummern meistens größere Blüten (Tepalen bis 6,5 mm lang) als die Originalpflanze aus Kansu (bis 4,5 mm lang) aufweisen. Auch haben sie etwas kürzere Narben.

J. longistamineus A. Cam. NW-Y.: Wald- und Bambusdschungelränder der ktp. St. des birm. Mons. auf dem Schöndsu-la zwischen Mekong und Salwin, 28° 4′, Glimmerschiefer, 3600—3950 m (8356).

Unterscheidet sich von dem nächstverwandten *J. luzuliformis* Franch. u. a. durch den unbeblätterten Stengel.

J. concinnus D. Don, Prodr. Fl. Nepal., 44 (1825), non serius, nec aliorum (*J. allioides* Franch. — *J. macranthus* Buchen. — *Rhynchospora Mairei* Lévl., e typo). NW-Y.: Bei Lidjiang, v. E. (4074). Im Moor der ktp. St. unter dem Lagerplatz Mahaidse n von hier am kleinen Wege nach Yungning, 3650 m? (phot.).

Unter *J. concinnus* hat Don in seiner ausführlichen Beschreibung in Transact. Linn. Soc., XVIII., 321 (1840), wie alle seine Nachfolger, eine ganz andere Pflanze verstanden, als ursprünglich, und zwar diejenige, die ich hier *J. elegans* Sam. nannte. Man braucht nur die zitierte Beschreibung von Don und die damit gut übereinstimmenden späterer Autoren, z. B. Buchenau im Pflzenr., IV/36., 235 (1906) einerseits und die ursprüngliche Beschreibung von Don in Prodr. Fl. Nepal., 44 (1825) anderseits zu vergleichen, um zu verstehen, daß zwei verschiedene Arten vorliegen müssen. In der Originaldiagnose (1825) beschreibt Don die Art u. a. „foliis teretibus articulatis" (sphalm. „articulatus") „fasciculo terminali multifloro, involucro polyphyllo brevi scarioso, perianthii foliolis lanceolatis", während er in der späteren Beschreibung (l. c.) u. a. sagt: „Foliis planiusculis obtusis, capitulis 3—6floris corymbosis, bractea communi elongata foliacea, sepalis acutis." Die erste Beschreibung stimmt in keiner Weise für *J. elegans*, dagegen ausgezeichnet für *J. allioides* Franch. Die Originaldiagnose fußt auf Exemplaren von Wallich aus Nepal. In den Herbarien von Berlin und Kew habe ich auch tatsächlich von Wallich in Kumaon gesammelte Exemplare von *J. allioides* gesehen, von denen wenigstens das Berliner Exemplar (Wallich 84) ursprünglich als *J. concinnus* Don bezeichnet war. *J. allioides*, der bis jetzt nur für China angegeben wurde, ist offenbar im Himalaya weit verbreitet. Ich habe davon in von mir revidierten Sammlungen mehr als 20 verschiedene Nummern gesehen, die unter den verschiedensten Namen aufbewahrt lagen. Die meisten stammen aus dem Sikkim-Himalaya, aber auch Exemplare aus Nepal und den westlicheren Gegenden (Kumaon—Lahul) liegen vor. Wie unangenehm es auch erscheinen muß, so ist es somit notwendig, den Namen *J. concinnus* Don in seiner ursprünglichen Bedeutung anstatt des gut eingebürgerten Namens *J. allioides* Franch. für diese Art aufzunehmen.

J. benghalensis Kunth, Enum. Pl., III., 360 (1841) (*J. sphenostemon* Buchen. in Bot. Jahrb., XII., 401 [1890]). Y.: Osthang des Dsang-schan bei Dali, 2450—3050 m (Forrest 4906). Im NW ohne Angabe (Ward 621). Im birm. Mons. auf dem Si-la zwischen Tseku und dem Salwin (Soulié 1152, mit *J. cephalostigma* und *J. leucomelas*). W-S.: Westkette des Tapao-schan, 4200 m (H. Smith 11312) und NE-Hang des Yara im Dschunggo-Tal, 3900 m (H. Sm. 11162) bei Tatsienlu (Kangting). Tibet: Kam, Oberlauf des I-tschu, 3960 m (Ladygin 428).

J. benghalensis blieb dem Monographen der Gattung F. Buchenau stets fast unbekannt. Er kannte nur die einzelnen Stücke der Originalaufsammlung (Wallich 3480 A) aus „Benghalia inferior", welche in einigen Herbarien zerstreut sind. In seiner letzten Darstellung im Pflanzenreich, IV/36., 229 (1906) erwähnt er die Pflanze nur mit einigen Worten in einer Note unter *J. membranaceus* Royle und sagt, daß sie mit diesem mit Ausnahme des längeren Griffels und des kürzeren Fruchtknotens gut übereinstimmt, auch, daß sie aus dem Himalaya und nicht aus Bengalen stammt. Seitdem hat sich meines Wissens niemand mit der Pflanze beschäftigt. Daß Buchenau an einen Zusammenhang mit *J. sphenostemon* nicht gedacht hat, hängt wohl damit zusammen, daß er auch von dieser Art nur spärliches Material kannte, das übrigens wenig charakteristisch war. Besonders das reiche Material im Herb. Calcutta hat mich jetzt überzeugt, daß die beiden Pflanzen identisch sind. Das Original von *J. benghalensis* vertritt einen verhältnismäßig robusten Typus, während das Original von *J. sphenostemon* eine grazilere Pflanze darstellt. Beide zeigen die unter den *Junci alpini* nur selten vorkommenden langen (bis 8 cm), sehr zierlichen unterirdischen Ausläufer. Die kleinen Unterschiede, die man in Länge der Staubfäden und Antheren bei den Originalexemplaren auffinden könnte, fallen vollständig weg, wenn man das reiche jetzt vorliegende Material berücksichtigt. Alle Übergänge kommen in allen Hinsichten zwischen den extremen Typen vor. Buchenau kannte *J. sphenostemon* mit Sicherheit nur aus Kaschmir. Auch in anderen Teilen des Himalaya ist indessen unsre Art weit verbreitet. Sie liegt mir in zahlreichen Nummern aus dem ganzen nordwestlichen Himalaya und außerdem aus Sikkim und West-China (vgl. oben) vor. Es ist sogar nicht unwahrscheinlich, daß auch *J. bracteatus* Buchen. in denselben Formenkreis gehört. *J. benghalensis* ist dadurch auffallend, daß ein Stengelblatt fast ebenso oft fehlen als vorhanden sein kann. In ein und derselben Nummer sind oft beide Typen vorhanden, ohne daß man irgendwelche andere Unterschiede nachweisen kann. Besonders instruktiv ist in dieser Hinsicht H. Smith 11312, wo Halme ohne Stengelblatt fast ebenso reichlich wie solche mit einem Stengelblatt vorkommen. Diese sind kaum kräftiger als jene. In anderen Nummern sind sämtliche Halme von einem einheitlichen Typus. In solchen Fällen kann man, wenn man die verschiedenen Nummern vergleicht, leicht den Eindruck bekommen, daß zwei Arten vorhanden sind, was jedoch sicher nicht der Fall ist.

**** *J. brachystigma* Sam.**

Caespitosus. Caules erecti, graciles, teretes, 3—18 cm alti, basi tantum foliati. Folia basilaria infima cataphyllina, 1—5 frondosa vaginantia, vaginis rufo-brunnescentibus, opacis; auriculae paulum prominentes vel nullae; lamina 1—6 cm longa, setiformis usque 1,5 mm lata, apice obtusa, tubulosa. Capitulum unicum, densum, 3—15 florum, hemisphaericum, bracteis infimis distantibus 1—4 ± frondosis, capitulo aequilongis vel una eo usque plus duplo longiore, caeteris ovatis, floribus brevioribus, membranaceis, pallidis usque castaneis. Flores subsessiles vel breviter (usque 1,5 mm) pedicellati. Tepala membranacea, albida usque castanea, ovato-lanceolata, obtusa, subaequilonga, 4—6 mm longa. Stamina exserta, filamentis tepala subaequantibus vel iis paullo longioribus, pallidis usque fuscis, antheris linearibus 1—1,5 mm longis. Ovarium ovoideum, in stylum eo paullo longiorem abrupte contractum; stylus filiformis tepalis paullo longior; stigmata brevissima, capitulum fere sphaericum formantia. Fructus trigonus, oblongus, apice obtusus, c. 3 mm longus, unilocularis; semina scobiformia, mediocriter caudata, 0,7—0,9 mm longa.

Fette Wiesen, Sumpfwiesen, steinige Matten, felsige Stellen und Gehänge-schutt der Hg. bis in die tp. St., 3100—4200 (—4525?) m. **Y.**: Im W am Dsang-schan bei Dali (Schneider 3042). Laolungtang, 18. VII. 1889 (Delavay). Im NW an der Ostseite des Yülung-schan bei Lidjiang (Forrest 6298. Rock 5001, 5247). Hier ober Ngulukö (6695), auf der Wiese Ndwolo, 20. VII. 1914 (4259, Typus), am Osthang des Gipfels Ünlüpe (6706) und unter dem kleinen Gletscher ober der Schlucht Lokü (6815). Wahrscheinlich dieser auf dem Waha bei Yungning, dem Sattel Gitüdü ober Anangu, ober Bödö und an der Westseite des Gebirges Piepun (phot.) se von Dschungdien. Im birm. Mons. zwischen Mekong und Salwin, 28° 12' (Forrest 14252 p. p.). **S.**: Wohl dieser ober Muli bis auf den Gipfel Saganai und auf dem Paß Döko.

Affinis *J. leucomelaeni* Royle, qui antheris longioribus (usque 2 mm) et praesertim stigmatibus filiformibus longioribus differt.

Die Früchte, die im Material von Handel-Mazzetti fehlen, sind nach Forrest 6298 beschrieben worden. Eine nächstverwandte Formenserie kommt im Himalaya, vor allem in Sikkim, vor. Diese, die in den Herbarien unter den verschiedensten Namen in mehreren Nummern vorliegt, unterscheidet sich kaum durch anderes als kleinere Blüten von *J. brachystigma*.

J. Kingii Rendle. NW-Y.: Bei Lidjiang, v. E. (4061. Schneider 3750). Hier auf der üppigen Wiese Ndwolo in der ktp. St. des Yülung-schan, 3550 m (3573). Gegend von Dschungdien (Schneider 3771).

J. Thomsoni Buchen. Bachränder und feuchte Wiesen der tp. bis in die wtp. und ktp. St., 2600—3775 m. **S.**: Lanba im Daliang-schan (Lolo-Lande) e von Ningyüen (1762). Schuitangdse in der Hochebene von Yenyüen (2832). Molien jenseits des Yalung n von hier (2559). Daörlbi (2984) und Rücken ober Fumadi am Wolo-ho (3055. Schneider 1563) zwischen Yenyüen und Yungning. NW-Y.: Wohl dieser von Yungning gegen Sandjia-tsun. Bei Hsiao-Dschungdien (phot.).

** *J. perpusillus* Sam.

Caespitosus. Caules erecti, setacei, 1,5—5 cm alti, basi tantum foliati vel rarissime folio caulino unico instructi. Folia basilaria infima cataphyllina, supremum frondosum, vaginis pallidis — fuscescentibus; auriculae prominentes, obtusae; lamina 0,5—1 cm longa, setacea, usque 0,3 mm crassa, tubulosa, apice obtusa, vaginam subaequans. Capitulum unicum (1—) 2florum, hemisphaericum, bracteis membranaceis, castaneis, infimis ovato-lanceolatis apice elongato, tepala subaequantibus, caeteris ovatis, brevioribus, obtusis. Flores breviter (usque 0,5 mm) pedicellati. Tepala membranacea, castanea, ovato-oblonga, obtusa, subaequilonga, 3—4 mm longa. Stamina exserta, filamentis quam tepala fere sesquilongioribus, fuscis, antheris linearibus, 1,5—2 mm longis.

Ovarium ovoideum, in stylum paullo breviorem abrupte contractum; stylus filiformis, in statu fructifero tepala superans; stigmata filiformia, c. 0,5 mm longa. Fructus (immaturus) trigono-ovoideus, apice obtusus, mucronatus, c. 3 mm longus, unilocularis, fuscus.

W-S.: Haitze-schan im Bezirke Taofu (Dawo), an Kalkfelsen, 4400—4600 m, 31. VIII. 1934 (H. Smith 11684, Typus im Herb. Univ. Upsala).

Affinis *J. Thomsoni* Buchen., qui differt i. a. statura robustiore elatioreque, capitulo plurifloro, tepalis vulgo pallidis, antheris et stigmatibus longioribus.

* *J. biglumis* L., Sp. Pl., 328 (1753). NW-Y.: Wiesen der ktp. St. an der Westseite des Rückens zwischen Haba und Dugwan-tsun se von Dschungdien, Kalk, 3850 m, 22. VI. 1915 (6902).

Die eingesammelten Stücke sind ganz jung, weshalb die Kapselform nicht ersichtlich ist. Der Blütenkopf ist vom Stützblatt verhältnismäßig lang überragt. Indessen betrachte ich die Bestimmung als ziemlich sicher. Jedenfalls ist die Pflanze mit keiner anderen bekannten Art zu identifizieren.

Luzula DC.

L. plumosa E. Mey. (*L. pilosa* [L.] Willd. var. *p.* [E. Mey.] Franch.). W-S.: Wa-schan s von Yadschou (Weigold).

L. effusa Buchen. NW-Y.: In den tp. Regenmischwäldern des birm. Mons. in dem vom Si-la nach Tseku am Mekong herabziehenden Tale, Granit und Schiefer, 3050—3200 m (8886) und wohl auch diese unter dem Schöndsu-la gegen Londjre.

* *L. parviflora* (Ehrh.) Desv. in Journ. de Bot., I., 144 (1808) (*Juncus parviflorus* Ehrh., Beitr. Naturk., VI., 139 [1791]). S.: *Rhododendron*-Bestände der ktp. St. auf dem Rücken Getsü sw von Muli gegen Dschungdien, Schiefer, 4100 m, 6. VIII. 1915 (7475).

Siehe meine Bemerkung in Act. Hort. Gothob., III., 65 (1927).

L. multiflora (Retz.) Lej. Bachränder und feuchte Stellen, Heidewiesen, üppige Wiesen und Bambusdschungel von der str. bis in die ktp. St. **II.**: Oberhalb Tschangscha gegen den Fluß, 70 m (11601). **S.**: 2250—3600 m. Sattel zwischen Tjiaodjio und Lemoka im Lolo-Lande e von Ningyüen (1600). Rücken Daörlbi halbwegs zwischen Yenyüen und Yungning (2927). **Y.**: 1800—4050 m. Djindien-se bei Yünnanfu (367). Rücken zwischen Dsaodjidjing und Hwadung e des Dsolin-ho (4981). Im W zwischen Dali und Yungtschang (Gebauer). Im NW um die Alm Maoniubi auf dem Waha bei Yungning (7089). Alm Guha se von Dschungdien. Westseite des Passes Lenago zwischen Yangtse und Mekong, 27° 45' (8860).

Nr. 7089 ist eine kleine, kompakte Form.

Dioscoreaceae

Dioscorea L.

D. bulbifera L. **Y.**: Gebüsche und Wälder der wtp. St. auf Sandstein, 1800—2400 m. Sanyingpan n von Yünnanfu, 26° (602). Zwischen Tschuhsiung und Gwangdung (4840). Sankouschui bei Beyendjing (Ten 122).

D. melanophyma Prain et Burk. in Journ. As. Soc. Beng., n. ser., IV., 452 (1908); in Kew Bull., 1926, 120 (*D. Tenii* R. Kn. in Pflzenr., IV/43., 142 [1924]). Y.: Üppige Gebüsche der wtp. St. zwischen Tschuhsiung und Gwangdung, Sandstein, 1800—2100 m (4841).

D. kamoonensis Kunth. Gebüsche und Laubwälder der wtp. bis in die str. St. Y.: 1700—2600 m. Beyendjing (Ten 139). Hier bei Dsaisangtjiao (T. 1210). Zwischen Dali und Langtjiung. Hsinyingpan zwischen Yungbei und Yungning. Im NW ober Duinaoko e von Lidjiang. Im birm. Mons. zwischen Tjiontson und Pipiti unter Tschamutong am Salwin (9847). Im NE bei Djintschungschan (Maire). S.: 1700—2900 m. Unter Yabikou (3013) und bei Gaitiu am Wolo-ho zwischen Yungning und Yenyüen. S von Muli. Zwischen Dsaluping und Gwanyinngai im Seitentale des Yalung gegen Yenyüen, 27⁰ 19'. H.: Ngandjiapu bei Hsikwangschan, 600 m (12642). Im SW am Yün-schan bei Wukang in dem nach NE herabziehenden Tale, 800 m (12526). Die Notizen vielleicht zur vorigen Art gehörig.

Nr. 3013 entspricht am ehesten der von Prain u. Burkill eingezogenen *D. Engleriana* R. Kn. in Pflzenr., IV/43, 140 (1924), deren Brakteen zu schmal abgebildet sind; 12526 der ebenfalls eingezogenen *D. subfusca* R. Kn., l. c., 143, Maires Pflanze ebenfalls, hat aber kürzere und breitere Brakteen.

— — var. **Delavayi** (Franch.) Prain et Burk. in Journ. As. Soc. Beng., n. ser., X., 22 (1914) (*D. D.* Franch.). Y.: In der wtp. St., 2200—2700 m. Tschangtschung-schan bei Yünnanfu (Schoch 134). Gebüsche ober Schidsilu bei Yungbei (3321).

D. panthaica Prain et Burk. (*D. nigrescens* R. Kn. p. p. mai., excl. typo Henryi). Gebüsche und dichte Mischwälder der wtp. und tp. St. auf Sandstein und Diabas, 2500—3400 m. Y.: Ober Houdjing e des Dsolin-ho? (phot.). Hsiangschuiho zwischen Dali und Lidjiang (6458). Zwischen Yungbei und Boloti (Schneider 1675). Bei Lidjiang (Schn. 1827, 3321). Gräben des Hoörl bei Yungning? Im NE bei Lagu (Maire). S.: Unter Yiwanschui am Hange des Daörlbi halbwegs zwischen Yungning und Yungbei (2935).

Schneiders ♂ Pflanze 1675 hat 6 freie Staubgefäße. Die Frucht sei nach Schneider 3321 beschrieben: Capsula suborbicularis vel late obovata, 20—25 mm longa et paulo angustior, utrinque rotundata vel subtruncata, ferruginea, nitens, stipite c. 2—3 mm longo, crasso. Semina toto margine ala membranacea 1—3 mm lata circumcincta, castanea.

D. zingiberensis C. H. Wr. S.: Kalkschutt der str. St. ober Lumapu im Seitentale des Yalung gegen Yenyüen, 27⁰ 40', 1750 m (2110).

Nur fruchtend, die Kapseln ganz wenig länger als breit, meist nach vorne etwas verbreitert, beim Typus fast um die Hälfte breiter als lang, mit gleichmäßig konvexen Rändern. Sonst, mit jungen Blättern, mit dieser, aber keiner anderen stimmend.

D. althaeoides R. Kn. in Pflzenr., IV/43., 180 (1924). Gebüsche der wtp. St. auf Sandstein und Phyllit, 2550—3100 m. Y.: Dschaoping bei Yungbei (3342). Im NW ober Londjre am Mekong gegen den Doker-la an der tibetischen Grenze. Im NE bei Djintschungschan und Tschedji (Maire). S.: Um die Brücke zwischen Sili und Dseia bei Muli (7210).

Die sehr große Pflanze Nr. 3342 entspricht der *D. platanifolia* Pr. et Burk. in Kew Bull., 1925, 60, die aber l. c., 1926, 119 von den Autoren selbst zu *D. althaeoides* eingezogen wird. Nr. 7210 hat dichtere Behaarung und längere Infloreszenzen.

D. hypoglauca Palib., e typo *D. Morsei* Pr. et Burk. ab autoribus in Kew Bull., 1925, 6, 66, 120 ad illam reductae. In der wtp. St. SW-H.: Im schattigen Laubhochwalde des Yün-schan bei Wukang, Tonschiefer, 1180 m (12052). W-S.: Omei, 1525 m (Faber 281). Y.: Im NW im Gekräute bei Lussu über dem Salwin im birm. Mons., 28⁰, Schiefer, 2300 m (9133). Im NE bei Taipu, 2600 m (Maire).

Große Pflanzen haben die Blattstiele bis 11 cm lang. Maires Pflanze hat breit herzförmige Blätter mit nicht oder kaum gebuchteten Rändern. Die ♂ Fabersche Pflanze und die ♂ Exemplare meiner Nr. 12052 haben die Infloreszenzen spärlich langästig.

D. nigrescens R. Kn. in Pflzenr., IV/43., 253 (1924) p. p. min., e typo. Gebüsche der str. und wtp. St., 2400—2700 m. NE-Y.: Djintschungschan (Maire). S.: Sandjia-tsun am Zuflusse des Wolo-ho zwischen Yenyüen und Yungning (3081). Ober Otang unter Kwapi am Yalung n von Yenyüen (2741).

Von *D. Collettii*, mit der sie von Prain u. Burkill in Kew Bull., 1925, 66 vereinigt wird, durch das Vorhandensein von 3 Staminodien in der ♂ Blüte verschieden, Henrys Pflanze außerdem durch kahle Blätter. Alle drei oben angeführten Pflanzen haben die Blattunterseiten stark behaart. Wenn sich dieses Merkmal als konstant erweist, müssen sie auch von *D. nigrescens* abgetrennt werden. Wenn man den Namen beibehalten will, muß man ihn auf die älteste und vom Autor richtig beschriebene Aufsammlung beschränken.

D. Collettii Hook. f. Y.: Mischwald der wtp. St. beim Tempel Taihwa-se nächst Yünnanfu, Sandstein, 2200 m (Schoch 155).

Blätter unterseits behaart, wie von Hooker ursprünglich in Journ. Linn. Soc., XXVIII., 137 (1890) (ohne Namen) beschrieben, während sie später von ihm selbst und von Knuth als kahl angegeben werden. Richtig ist in der Originalbeschreibung in Fl. Brit. Ind., VI., 290 (1892) der Art wegen der verbreiterten Konnektive und getrennten Antherenhälften eine eigene Stellung gegeben; nur steht darin, wie sich schon aus dem Singular ergibt, irrtümlich staminode für pistillode. Knuth übernahm diesen Irrtum und machte daraus ausdrücklich 3 Staminodien.

D. Batatas Decne. (*D. doryphora* Hce.). II.: Kultiviert in der str. St. zwischen Tschatang und Dschangdjiatang unter Hsikwangschan, 180 m. Kw.: Häufig in Hecken der wtp. St. um Guiyang (Kweiyang), 1070 m (10547). NW-Y.: In der str. St., 2125—2250 m, am oberen Yangtse zerstreut um Keluwan und bis Ronscha an seinem Zuflusse Djiu-tschu, 27⁰ 45′. An Mauern bei Tjibi am Wege von Djitsung an jenem nach Kakatang unter Weihsi (7836). Im birm. Mons. kultiviert an Stangen bei Schutsche am Taron (e Irrawadi-Oberlaufe).

D. doryphora fällt mit *D. Batatas* vollständig zusammen.

D. japonica Thunbg. var. **Oldhami** Uline ap. Knuth in Pflzenr., IV/43., 263 (1924) (*D. lineari-cordata* Prain et Burk. in Kew Bull., 1925, 61). Wälder und Gebüsche der str. und wtp. St., 350—1200 m. SW-H.: Yün-schan bei

Wukang (12319). **Kw.**: Am Du-djiang unter Sandjio (10818). Überall um Duyün von Gudong bis Maotsaoping (10689).

Das Wiener Exemplar von OLDHAM 593, auf das die Varietät begründet ist, entspricht nicht der Beschreibung dieser, sondern jener der *D. lineari-cordata*, gehört aber sicher zu einer systematischen Einheit mit jener. Die ♀ Blüten stimmen mit typischer *D. japonica*.

D. persimilis PRAIN et BURK. NE-Y.: Gebüsche der wtp. St. bei Djin-tschungschan, 2550 m (MAIRE)?

Kahl, Blätter schwärzlich punktiert und mit durchsichtigen Linien; ♀.

— — ** var. *wukangensis* HAND.-MZT.

Folia maxima 9nervia, 16 cm longa et $9^1/_2$—10 cm lata; areola inter nervos laterales infimos anguste elliptica superne angustata. Racemi ♂ simplices, 2—4^{ni} axillares, 2—6 cm longi, floribus c. $1^1/_2$ mm diametientibus.

SW-H.: Gebüsche und Waldränder der wtp. St. auf dem Yün-schan bei Wukang, Tonschiefer, 1000—1300 m, gemein, 31. VII. 1918 (12357).

Zweifellos typische *D. persimilis* aus Gwangdung (MELL 835) zeigt an einem blattlosen, reichlich Infloreszenzen tragenden, 34 cm langen Achsenende ebenfalls in den Blattachseln gebüschelte, zum größten Teile, wie hier, einfache Ähren und an einem anderen Stück achselständige Rispen. Die Räume zwischen ihren Blattnerven sind verkehrt-eiförmig, doch kommen sie an einem Blatt der ♂ Pflanze der Varietät schon sehr nahe. Die ♂ Blüten haben kaum 1 mm Durchmesser.

? **D. yunnanensis** PR. et BURK. S.: Yabikou in der wtp. St. am Wolo-ho zwischen Yenyüen und Yungning, Kalk, 2350 m (3005, beschädigtes Material). Y.: Zwischen Baörlso und Örlbintang am Wege von Yungning nach Yungbei, 2650 m.

D. submollis R. KN. in Pflzenr., IV/43., 318 (1924). Y.: Üppige Gebüsche der wtp. St., 1800—2500 m. Zwischen Tschuhsiung und Gwangdung (4860). Im NW zwischen Bödö und Waschwa se von Dschungdien („Chungtien"), 4. VIII. 1914 (4450).

D. Hemsleyi PR. et BURK. Y.: In der wtp. St., 2600 m. Im NW bei Lidjiang, v. E. (3803). In *Pteridium*-Wiesen des birm. Mons. bei Bahan am Salwin, 27° 58′ (9026). Im NE auf Hügeln bei Taipu (MAIRE).

D. subcalva PR. et BURK. Y.: Wälder bei Beyendjing (TEN 120). Im NE in Gebüschen der Hügel bei Djintschungschan, 2550 m (MAIRE) eine ähnliche ♀ und fruchtende Pflanze mit behaarten Blattstielen, kürzeren Infloreszenzen und behaarten Fruchtknoten.

Taccaceae

Schizocapsa HCE.

S. plantaginea HCE. SW-H.: Grasige Hohlwegränder der str. St. bei Wangdjiapu von Hsinning gegen Wukang, Kalk, 400 m (11236). Tonking: Laokai an der Grenze von Yünnan (WILSON).

Blätter bei meiner Pflanze plötzlich in den geflügelten Blattstiel zusammengezogen, bei jener WILSONS bis zum Grunde allmählich verschmälert ohne deutlichen Stiel. Der Typus steht in der Mitte zwischen beiden.

Burmanniaceae

Burmannia L.

B. disticha L. Heidewiesen der wtp. St. E-Kw.: 800—940 m. Rücken zwischen Dayung und Matang am Wege von Liping nach Gudschou. Niugotang e von Duyün (10709). W-Y.: Bei Dali (Schneider 3959).

Commelinaceae

Cyanotis D. Don

* **C. arachnoidea** C. B. Cl. Y.: Buschsteppen der wtp. St., 1800—2100 m. Schuitang bei Yünnanfu (Schoch 319). Zwischen Tschuhsiung und Gwangdung, 5. IX. 1914 (4825). Gwangdung: Macao (Hance 428).

Die Samen der chinesischen Pflanzen gleichen jenen der *C. barbata* und zeigen somit kleine Unterschiede gegenüber *arachnoidea* von Wight 2839; sonstige Unterschiede bestehen aber nicht.

C. vaga (Lour.) Roem. et Schult., Syst. Veg., VII., 1153 (1830) (*Tradescantia v.* Lour. — *Cyanotis barbata* D. Don. — *C. bulbosa* Lévl. in Rep. sp. nov., XI., 302 [1912], e typo). Trockene Föhrenwälder und Grasplätze, Felsen und alte Dächer der wtp. und tp. St., 1900 bis 3200 m. Y.: Yünnanfu (Schoch 318). Häufig zwischen Alaodjing und Dsaodjidjing e des Dsolin-ho (4899). Im NE bei Dungtschwan (Maire). S.: Ober Agwadien im Gebiete von Muli in dem nw von Yungning herabziehenden Tale (7523).

Pollia Thunbg.

* **P. japonica** Thunbg., Nov. Gen. Pl., I., 11 (1781). W-F.: Steinige Stelle am Fuße des Tienhwa-schan w von Dingdschou, Sandstein, VI.—VII. 1921 (Plt. sin. 403).

P. sorzogonensis (E. Mey.) Endl. Gebüsche der str. St., Tonschiefer, 370—600 m. SW-H.: Zwischen Dsingdschou und Moschi. SE-Kw.: Maliaotang bei Liping (10991).

Streptolirion Edgew.

S. volubile Edgew. Gebüsche, besonders an üppigen Stellen, in der wtp. und str. St., 1400—2600 m. Y.: Um Tschuhsiung und Gwangdung (4839). Verbreitet zwischen Wuding und Magai n von hier. Im NW bei Lisu unter Meti sw von Dschungdien. Im birm. Mons. bei Tsedjrong am Mekong und in der Salwin-Schlucht ober Tschamutong (9805). Im NE bei Dungtschwan (Maire). S.: Im Seitentale des Yalung unter Pudi nw von Huili (phot.).

Der von Brückner in Nat. Pflzfam., 2. Aufl., XVa., 171 verwendete Name *S. cordifolium* (Griff.) O. Ktze. beruht auf einem nomen nudum.

Spatholirion Ridl.

S. longifolium (Gagnep.) Dunn in Kew Bull., 1911, 162 (*Streptolirion l.* Gagnep. — *Spatholirion scandens* Dunn in Kew Bull., 1911, 162). Wälder und Gebüsche der wtp. St. Y.: 2050—2600 m. Unter der Taihwa-se bei Yünnanfu

(Schoch 245). Ober Dsaodjidjing e des Dsolin-ho (4919). Bupeng zwischen Tschuhsiung und Dali (Mell). Im NE bei Sandjia (Maire). SW-H.: Yün-schan bei Wukang, 1000—1300 m (11109).

Flores ut rhachides inflorescentiae ceraceae rosei vel violascentes. Die ursprüngliche Angabe der Blütenfarbe ist also irrtümlich, denn sie ist nie blau. *S. scandens* ist nicht verschieden, denn das Ovar von Henry 12504 und Wilson 2526, welche Dunn zu seiner Art stellt, gleicht vollkommen der Abbildung von *S. longifolium*, und Mells Pflanze hat in der gleichen Aufsammlung kahle und ± behaarte Blätter.

Murdannia Royle, em. Brückn.

M. Keisak (Hassk.) Hand.-Mzt. (*Aneilema K.* Hassk., Commel. Ind., 32 [1870]). H.: Gräben und Reisfeldraine der str. St., 50—190 m. Bei Tschangscha gegen den Gu-schan (11351). Hsianghsiang (phot.). Mehrfach zwischen Loudi und Lantien w von hier. Dawan am Tsi-djiang ober Hsinhwa. NE-Y.: Matten bei Dschenfungschan im mittelchin. Fl., 620 m (Maire?).

Brückner, der *Murdannia* in Nat. Pflzfam., 2. Aufl., XVa., 173 wohl aus redaktionellem Versehen neutrum sein läßt, erwähnt die Art nicht. Maires Pflanze könnte in Abwesenheit von Samen auch *M. triquetra* (Wall.) Brückn., l. c. (1930) sein.

M. divergens (C. B. Cl.) Brückn., l. c. (1930) (*Aneilema d.* C. B. Cl.). Heidewiesen, Gebüsche und offene Wälder der wtp. St. auf Sandstein, 1800—2600 m. Y.: Haiyen-se bei Yünnanfu (Schoch 186). Beyendjing (Ten 127; ex hb. Berol. 155). Im NE bei Maliwan (Maire). S.: Zerstreut zwischen Hokou und Fungsaying s von Huili (5106).

Die letzte Nummer ist stark behaart. Den Übergang dazu bildet die schwächer behaarte Nr. 155 Tens.

— — ** var. *dilatata* Hand.-Mzt.

Folia in parte inferiore caulis congesta, ovata et ovato-lanceolata, 5—16 cm longa et longitudine 3—6^{plo} angustiora, basi late rotundata vel subauriculata. Panicula saepe ampla et divaricata. Flores violacei?

Föhren und Föhren-Eichen-Mischwälder sowie Wiesen, besonders an feuchten Stellen, in der tp. bis an die wtp. St. auf Schiefer und Sandstein, 2400 bis 3100 m. Y.: Zwischen Djinschuiho und Boloti und zwischen Dsutoupo und Gwamaoschan, 29. VI. 1914 (3302, Typus) am Wege von Yungbei nach Yungning. Im NW bei Lidjiang, v. E. (3687). Hier unter Duinaoko und sehr viel bei Dawanying am Wege nach Yungbei. Yungning. S.: Häufig zwischen Djisö und Hosö im Gebiete von Muli in dem nw von Yungning herabziehenden Tale (7542).

An den chinesischen Pflanzen lassen sich Übergänge von gleichmäßig beblätterten bis zu fast blattlosen Stengeln beobachten. Aber die Blattform ist für die Varietät bezeichnend. Sie wird sehr ähnlich *M. scapiflora* (Roxb.) Royle, die aber immer eine noch viel größere Infloreszenz hat. *M. elata* (Vahl) Brückn. hat außerdem andere Samen.

* **M. Hookeri** (C. B. Cl.) Brückn. in Nat. Pflzfam., 2. Aufl., 173 (1930) (*Aneilema H.* C. B. Cl., Comm. Cyrt. Beng., 29., t. 17 [1874]). NW-Y.: Bebuschte Sumpfstellen der str. St. bei Tjibi zwischen Yangtse und Mekong am Wege von Djitsung nach Kakatang, 27° 36′, Schiefer, 2125 m, 27. VIII. 1915 (7842).

Eine kleine Form mit schwachem, aufsteigendem Stengel, der bis oben dicht beblättert und teilweise verzweigt ist.

M. malabarica (L.) Brückn., l. c. (*Tradescantia m.* L., Mant., 362 [1771]. — *Aneilema nudiflorum* R. Br.). Reisfeldraine und Rasen der str. St. SW-H.: Hsinning, 350 m (11238). S.: Unter Loyao im Djientschang, 1300 m (5622). NE-Y.: Dschungdseba, 500 m (Maire).

M. sinica (Lindl.) Brückn., l. c. (*Aneilema sinicum* Lindl.). SW-Kw.: Im Graswuchs unter Gebüschen der wtp. St. zwischen Tjiaolou und Dinghsiao, zerstreut, 1400—1700 m (10307). S.: An einem Bach in der str. St. bei Dschenso zwischen Dötschang und Ningyüen im Djientschang, 1570 m (1867) und wohl diese bei Djindungdse und weiter talabwärts überall zwischen Huili und Yenyüen sowie in Y.: Bei Lunggai am Yangtse, 960—1625 m.

Nr. 1867 ist eine kleine Form, die auch *M. stenothyrsa* (Diels) Hand.-Mzt. (*Aneilema stenothyrsum* Diels in Not. Bot. Gard. Edinb., V., 297 [1912]) sein könnte, was sich ohne reife Kapseln nicht feststellen läßt.

Commelina L.

C. nudiflora L. W-Y.: An der Grenze von Birma zwischen Tengyüe und Mytkina (Gebauer).

C. communis L. Grasplätze, Fuß von Mauern etc. in der wtp. bis in die str. St. W-Ki.: Um Pinghsiang (Plt. sin. 246). H.: Um Hsikwangschan und nach SW bis Wukang gemein. Hier auf dem Yün-schan, 600—1300 m (12295). Ebenso über Dsingdschou durch Kw.. W-S.: Min-Tal von Maodschou bis Kwan (Weigold). NE-Y.: 600—2800 m. Am Wege von Yünnanfu nach Suifu (Mell). Dungtschwan und im mittelchin. Fl. bei Dschenfungschan (Maire).

C. obliqua Ham. Wälder, Hochgrasfluren, Hecken und Schuttplätze der tr., str. und wtp. St., 1150—2850 m. Y.: Yünnanfu (Schoch). Zwischen Gwangdung und Tschuhsiung. Beyendjing (Ten 116). Zwischen Dawan und Gwanyilang w von Yungbei (3435). Im NW bei Haba se von Dschungdien und viel um Tschwadse am Nordende der Lidjianger Yangtse-Schleife. Im S ober Yaotou zwischen Möngdse und Manhao (6015). Im NE bei Dungtschwan (Maire). S.: Zwischen Huili und Yenyüen vor Pudi und ober Siwanho (5334). Ober Muli.

Sehr veränderlich, oft breitblätterig, die größten Exemplare (6015) mit 22 × 7½ cm großen Blättern und 3 cm langen Brakteen.

*** C. Kurzii** C. B. Cl. in Journ. Linn. Soc., Bot., XI., 444 (1871). Felsensteppe zwischen Hwanggwayüen und Hailo s von Lunggai am Yangtse nw von Yünnanfu, Granit, 1000—1060 m, 11. IX. 1914 (5074).

Xyridaceae

Xyris L.

X. capensis Thunbg. var. **schoenoides** (Mart.) A. Nilss. in Öfv. Vet.-Ak. Förh., XLVIII., 155 (1891) (*X. sch.* Mart. in Wall., Plt. As. rar., III., 30 [1832]). Y.: Quellfluren und andere nasse Stellen der wtp. (bis in die tp. ?) St. auf Sandstein, 1800—2200 m. Zwischen Tschuhsiung und Gwangdung (4865). Beyendjing (Ten ex hb. Berol. 341). Ober Dahwaschu w von Yungbei (3399). Im NE bei Maschu, 3000 (?) m (Maire).

Eriocaulaceae

Eriocaulon L.

E. cristatum Mart. * var. **Mackii** Hook. f., Fl. Brit. Ind., VI., 574 (1893).
Y.: In Quellen und Sumpfwiesen der wtp. bis in die tp. St., 2200—2820 m.
Ober Dahwaschu w von Yungbei, 2. VII. 1914 (3395). Im NW bei Ngulukö
nächst Lidjiang (4232).

** **E. Schochianum** Hand.-Mzt. in Sitzgsanz. Ak. W. W., LVII., 238 (1920).

Caulis subnullus usque 5 cm longus, tenuis, usque ad 3 mm crassus, erectus
vel ramis geniculatis, inferne inter radices crebras albas transverse septatas laxe,
apice dense rosulato-foliatus. Folia erectopatula, ensiformi-linearia, e basi
vaginante 3—6 mm lata ad apicem obtusum sensim angustata, 15—80 mm longa,
glabra, praeter basin pellucidam et fenestratam plerumque crassa, atroviridia,
indistincte 5—11nervia, emortua diu persistentia papyracea. Culmi singuli
usque multi, 6—18 cm longi, nonnulli ceteris breviores, torti, vix $^1/_2$ mm crassi,
stramineo quinquecostato-angulati, fructiferi sicci ad 1 mm incrassati. Vaginae
2—5 cm longae, sursum inflatae, membranaceae et ad 2 mm latae, ad quartam
c. partem fissae, acutae vel obtusae, vix lacerabiles. Capitula globosa, 5—6 mm
diametro, densissime niveo-villosa. Bracteae involucrantes membranaceae,
pallidae, mox occultae, late ovatae, acutiusculae, glabrae, nitidae. Bracteae
flores stipantes eos paulo superantes spathulato-lanceolatae, obscure carinatae,
atro-olivaceae, acutissimae, margine ciliatae, interiores obtusiores sursum barbatae. Sepala decidua subcarinata viridula et petala membranacea utrorumque
florum 3, basi tantum in tubum brevissimum connata, inter se subaequalia,
anguste spathulata, obtusa, illa sursum dorso, haec toto ventre et sursum utrinque
longe lanata. Floris ♂ stamina 6 et petala sepalis duplo c. breviora; antherae
nigrovirides; glandulae et stylorum rudimenta conspicua, nigra. Floris ♀
petala et styli 3 cum ovario pallidi sepalis sublongiora, glandulis nigris sub-
apicalibus.

Y.: An Sumpfstellen und Bachrändern der wtp. bis in die tp. St., 1890 bis
3000 m, große Rasen bildend. Bei Yünnanfu in Mengen auf den Schilfinseln im
seichten Teile des Kunyang-hai (8631), 4. V. 1916 (Schoch 79, Typus), beim
Tempel Djindien-se (44) und am Hange des Mangan-schan (Schoch). Schanyakou
bei Dayao. Zwischen Dschaodschou und Hungngai s, ober Hwangdjiaping ne
und gegen Langtjiung n von Dali. Hier am Hange des Dsang-schan (Limpricht
2500 als *E. Henryanum* Ruhld.). Zwischen Liping und Schasao w von Djientschwan (wenn dies nicht das vorige). Im NE in der Ebene von Lopu und bei
Lamei, III. 1910 (Maire).

Species — teste etiam cl. Ruhland — *Er. cristato* et *E. Tanakae* Ruhld.
affinis, quae differunt hoc pedunculis longioribus crassioribus vix tortis, capitulis
triplo maioribus, vaginis demum laceratis, illud multo magis foliis angustioribus,
pedunculis solitariis, vaginis arctioribus, floris ♂ sepalis ad medium connatis,
petalis longioribus, ♀ sepalis inaequalibus, petalis rigidulis, amba bracteis ciliolatis, subfloralibus subito cuspidatis etc.

Die für dieselben Stellen von Lecomte in Journ. de Bot., XXI., 92 (1908)
als *E. Henryanum* angegebenen, vielleicht nicht genügend analysierten Pflanzen
gehören wohl auch zu *E. Schochianum*.

E. Schochianum ** var. parviceps HAND.-MZT.

Capitula minora, c. 4 mm diametro, indumento breviore. Bracteae involucrales magis truncatae, florales angustiores.

W-Y.: Sumpfwiesen am Osthang des Dsang-schan bei Dali (Talifu), 2500 m, VIII. 1914 (SCHNEIDER 2946, Typus) und zwischen Salwin und Schweli, 25⁰ 30′, 2770 m, VIII. 1913 (FORREST 11773).

Similius *E. Henryano* RUHLD., quod differt sepalis floris ♂ connatis petalisque probabiliter longioribus.

* *E. sikokianum* MAXIM., Diagn., VIII., 10 (1893). Tschekiang: Ningpo-Berge (FABER). NE-Y.: Sumpfiger Sattel von Gulungtschang 700 m (MAIRE).

E. alpestre HOOK. f. et THOMS. NW-Y.: Sümpfe und Moortümpel der tp. St. auf Sandstein, 3450—3500 m. Paß Da-Litiping zwischen dem Yangtse und Weihsi über dem Mekong (8490). Beischaogo sw von Dschungdien („Chungtien") 24. VIII. 1915 (7765).

Die ♂ Blüten, als kahl beschrieben, sind auch bei den indischen Pflanzen weiß-wollig-behaart. Nr. 8490 hat auch behaarte Blätter. Die japanische und wohl auch die von RUHLAND für Tschekiang angegebene Pflanze ist davon sicher verschieden.

** *E. Rockianum* HAND.-MZT.

Caulis subnullus. Folia rosulata saepe permulta, angustissime linearia, fere filiformia, 1—2 cm longa, $^1/_4$—$^1/_2$ mm lata, acuminata. Culmi nonnulli, erecti, 1—6 cm longi, vix vel haud tortuosi; vaginae foliis c. aequilongae, 1—1$^1/_2$ mm latae, oblique fissae, acuminatae. Capitula · globosa, c. 1$^1/_2$—3 mm diametro. Bracteae involucrales obovatae, glabrae, nigrescentes, discum non superantes; intimae ovatae, truncatae, dorso paulum pilosae. Receptaculum glabrum. Flos ♂: sepala 3, basi breviter connata, anguste ovata vel lanceolata, c. $^1/_2$ mm longa, inter se inaequilata, glabra, nigrescentia; petalorum tubus sepalis subaequilongus, apice glandulis 3 nigris obsitus, lobis nullis; stamina 6, filamentis inter se subaequilongis, corolla brevioribus, antheris nigris. Flos ♀: sepala 3, libera, ovato-lanceolata, acuta, dorso apicem versus paulum pilosa; petala 3, basi in tubum brevem connata, dein libera, anguste spathulata, hyalina, eglandulosa, inter se aequalia, sepalis breviora; ovarium globosum, stigmate trifido.

NW-Y.: Osthang des Yülung-schan bei Lidjiang, untergetaucht, 1923—1924 (ROCK 10843).

Species sepalis liberis petalisque eglandulosis floris ♀ peculiaris, proxima forsitan *E. Gilgiano* RUHLD. ex Africa.

E. sexangulare L., Sp. Pl., 87 (1753) (*E. Wallichianum* MART.). Reisfelder der str. und wtp. St. F.: Fudschou (WARBURG 5930). Yüenfu (WARB.). H.: 150—600 m. Überall, meist massenhaft, so bei Hsikwangschan, Dungngan, Schitjidian-se zwischen Yungdschou und Hsinning (11316). S.: 1900—2600 m. Überall um Huili. Häufig um Yenyüen (5435). Y.: 1870—2300 m. Tschuhsiung. Gandeng n von Yünnanfu, 25⁰ 58′.

Cyperaceae

Lipocarpha R. BR.

L. argentea (VAHL) R. BR. Y.: Nasse Stellen der wtp. St. auf Sandstein zwischen Tschuhsiung und Gwangdung, 1800—2100 m (4864).

Cyperus L.

C. sanguinolentus Vahl. Teiche, Sumpfgräben, Reisfeldränder der wtp. bis in die str. und tp. St. **H.**: Hsikwangschan bei Hsinhwa, 500—800 m (12664). NW-Y.: Bei Ngulukö nächst Lidjiang gegen den Moränenzirkus Saba, 3000 m (4337). Tima zwischen Yangtse und Mekong, 27⁰ 19', 2750 m (7904).

Die Kombination *Pycreus Eragrostis* (Vahl) Palla in Ann. Nat. Mus. Wien, XXIII., 204 (1909) ist unberechtigt wegen *Cyperus E*. Lam. 1791 und da bei der Identifizierung der beiden gleichalten Namen immer der erste verwendet wurde.

C. globosus All. **H.**: In und an Reisfeldern der str. und wtp. St. auf Kalk, 350—800 m. Hsikwangschan bei Hsinhwa (12667). Ebene von Wukang (11095).

— — var. **nilagiricus** (Hochst.) C. B. Cl. in Journ. Linn. Soc., Bot., XXI., 49 (1884) (*Pycreus globosus* [All.] Rchb. var. *n*. [Hochst.] C. B. Cl.). Kw.: Pinfa (Cavalerie 204). NW-Y.: Üppige Wiesen der tp. St. am Be-schui n von Lidjiang, Kalk, 2950 m (4200).

C. serotinus Rottb. NE-Y.: Reisfelder wtp. St. in der Ebene von Dung-tschwan, 2500 m (Maire).

C. cuspidatus Humb., Bonpl., Kth., N. Gen. et Sp., I., 204 (1815) (*C. uncinatus* C. B. Cl., non Poir.). **S.**: Sandige Felder und Flußufer in der str. St. um Loyao im Djientschang, kristallinischer Boden, 1300—1500 m (5620).

C. difformis L. Reisfelder, Gräben und Lachen der str. und tr. St. **II.**: Zwischen Dungngan und Wangdjiapu am Wege von Yungdschou nach Hsinning, 150—250 m (11282). **S.**: Zwischen Schidjia-tsun und Schamenkou (5447) und sonst im Becken von Yenyüen, 2600 m. **Y.**: Zwischen Gwangdung und Alaodjing am Wege von Yünnanfu nach Dali, 1820—2000 m (4877).

C. dichroostachys Hochst. NE-Y.: Reisfelder der wtp. St. bei Dung-tschwan (Maire).

C. niveus Retz. **Y.**: An Felsen, in Steppen oft Charakterpflanze, im Sand an Flußufern in der str. St., 960—2250 m. Lunggai am Yangtse nw von Yünnanfu (5063). S von dort zwischen Yüenmou und Hailo (5045). Am oberen Yangtse um Ndaku (4383), unter Fongkou und an der Mündung des Schoutschu n von Lidjiang. Ober Keluwan nw von hier.

C. Iria L. Quellige Hänge, Gräben und Reisfelder der wtp. und str. St., 1450—2500 m. **Y.**: Bitjigwan bei Yünnanfu (Enander). Zwischen Gwangdung und Alaödjing am Wege von hier nach Dali (4876). Im NE bei Dungtschwan (Maire distr. Bonati 6747). **S.**: Zwischen Tienba und Dadschou im Seitentale des Yalung sw von Yenyüen.

Das Wiener Exemplar der in Journ. Linn. Soc., Bot., XXXVI., 214 zu dieser Art angeführten Nr. 1657a Wilsons ist *C. amuricus* Max.

C. truncatus Turcz. **II.**: Reisfeldränder der str. und wtp. St. um Hsikwangschan bei Hsinhwa, Kalk, 500—800 m (12668).

C. aristatus Rottb. **S.**: Gebüschränder der wtp. St. bei Muli, Sandstein, 2800 m (7264).

C. nutans Vahl. **Kw.**: Bachufer bei Tjiaoli ober Sandjio, str. St., Kalk, 500 m (10783).

C. eleusinoides KUNTH. Y.: An Gräben in der str. St. zwischen Yüenmou und Hailo in der Niederung s des Yangtse nw von Yünnanfu, Mergel, 1050 bis 1350 m (5029).

C. pilosus VAHL. S.: Reisfelder der wtp. St. bei Huili, Sandstein, 1850 m (5125).

C. rotundus L. SW-II.: Schlammig-sandige Reisfeldränder der str. St. zwischen Ngaidso und Pukai am Wege von Wukang nach Dsingdschou, Schiefer, 400—600 m (11091).

C. cyperoides (L.) O. KTZE., Rev. Gen., III., 333 (1893) (sph. „*cyperodes*") (*Mariscus Sieberianus* NEES). An Hängen und Gräben, auf Heidewiesen und feuchten Wiesen, auch in Reisfeldern der wtp. bis in die str. St. Y.: 1750—2800 m. Rücken zwischen Dsaodjidjing und Hwadung e des Dsolin-ho (4989). Viel im Santschwanba unter Yungbei. Unter Baodu zwischen Yungbei und Yungning (3212). Im W zwischen Dali und Yungtschang (GEBAUER). Im NW um Yungning. Bei Lidjiang, v. E. (3810). S.: 1450—2800 m. Gemein um Dötschang im Djien-tschang. Dseia bei Muli. Kw.: Nganping, 1400 m.

— — var. *evolutior* (C. B. CL.) KÜKENTH. ined. (*Mariscus Sieberianus* var. *e*. C. B. CL. in HOOK. f., Fl. Brit. Ind., VI., 622 [1893]), det KÜKENTHAL. W-Ki.: Um Pinghsiang, c. 600 m (Plt. sin. 196).

Kyllinga ROTTB.

K. colorata (L.) DRUCE in Bot. Soc. Brit. Isl., IV., 630 (1917) (*Schoenus coloratus* L., Sp. Pl., 43 [1753]. — *Kyllinga brevifolia* ROTTB.). NW-Y.: Lachen und Sumpfwiesen der wtp. und tp. St. auf Sandstein, 2250—3000 m. Am Heschui n von Lidjiang (4380). Ober Mujendu w des Nordendes der Lidjianger Yangtse-Schleife (7604). Kw.: Wiesenmoor bei Maotsaoping zwischen Badschai und Duyün, 800 m (ob diese?).

K. melanosperma NEES. NW-Y.: An Gräben der wtp. St. bei Bödö se von Dschungdien, Kalk, 2500—2600 m (4465).

Eriophorum L.

E. comosum WALL. Felsen, Felsensteppen, Erdabrisse, Flußgerölle und Stadtmauern der str. und unteren wtp. St. Y.: 960—2100 m. Djindien-se bei Yünnanfu (366). Am Pudu-ho unter Hsinlung n von hier (426). Um Dschenmindö in der Seitenschlucht des Yangtse n von hier. Um Lunggai am Yangtse nw von hier. Yünnan-hsien. Im NW am Yangtse ober Schigu w von Lidjiang und bei Ndaku n von hier, 27° 20′ (4394). S.: Ebenso. Im Djientschang ober Hohsi, häufig um Ningyüen (1262) und spärlich bei Ngaigogo in seinem s Seitentale gegen Huili. Kw.: Dschenning, 1300 m.

Fuirena ROTTB.

F. umbellata ROTTB. ** var. *angustifolia* KÜKENTH.

Folia 3—6 mm tantum lata. Inflorescentia brevis, depauperata. Spiculae crassiores quam in typo, $7 \times 3 - 8 \times 4^{1}/_{2}$ mm, obtusiores.

Kw.: Wiesenmoor der wtp. St. bei Maotsaoping zwischen Badschai und Duyün, Kalk, 800 m, 13. VII. 1917 (10754).

Habituell sehr ähnlich der *F. ciliaris* (L.) Roxb. (*F. glomerata* Lam.), aber mit den Petalen der *F. umbellata*, nur meist die zwei Seitennerven wenig deutlich.

Blysmus Panz.

B. compressus (L.) Panz. in Link, Hort. Berol., I., 278 (1827) (*Scirpus Caricis* Retz.). Sumpfwiesen und andere feuchte Stellen der tp. und ktp. St., 3000—3775 m. NW-Y.: Um Ganhaidse und am He-schui (4376) bei Lidjiang. S.: Sw ober Muli. Rücken Daörlbi halbwegs zwischen Yenyüen und Yungning (2981).

Isolepis R. Br.

I. setacea (L.) R. Br. (*Scirpus setaceus* L.). Üppige Wiesen, Moorgräben, sandige Seeufer und Schlamm der tp. bis in die ktp. St., 2800—3550 m. S.: Am See e von Yungning (3101). NW-Y.: Am Be-schui bei Lidjiang (4198). Djolo ober Anangu (7677) und Dugwan-tsun se von Dschungdien.

Schoenoplectus (Rchb.) Palla

S. erectus (Poir.) Palla in Mde. d. Plt., XII., 40 (1910), comb. nuda (*Scirpus e.* Poir.). Reisfelder und Moorwiesen der str. und wtp. St. II.: 150 bis 500 m. Zwischen Dungngan und Wangdjiapu w von Yungdschou (11285). Im SW häufig von Pukou bis Liping in **Kw.** (11006). Hier zwischen Lungli und Lungdsu, 1100 m (10560). S.: Häufig in der Hochebene von Yenyüen, 2500 bis 2600 m (5437).

S. mucronatus (L.) Palla in Verh. Zool.-Bot. Ges. Wien, XXXVIII., Sitzgsber., 49 (1888) (*Scirpus m.* L.). **H.**: Sümpfe der str. St., 110—400 m. Yungdschou. Tschükoupu w von Baotjing. Im SW um Dsingdschou (11028). NW-Y.: In einem Teiche an der Grenze der tp. St. bei Ngulukö nächst Lidjiang, 2820 m (4230).

S. triqueter (L.) Palla, l. c. (*Scirpus t.* L.). S.: Im See in der str. St. bei Ningyüen, 1610 m (1963). W-Hubei (Wilson, Veitch Exp. 1637).

S. Tabernaemontani (Gmel.) Palla, l. c. (*Scirpus T.* Gmel.). In Seen und an Bächen der wtp. St., 1980—2700 m. S.: Hwalipu in der Hochebene von Yenyüen (2248). Y.: Schilfinseln im Kunyang-hai bei Yünnanfu. Im NW häufig bei Dungdien zwischen Djientschwan und Weihsi.

Scirpus L.

S. fuirenoides Max., det. Kükenthal. **H.**: Am Rande einer Lache am Kohlenflöz in der wtp. St. jenseits des Sattels Duschu-ling bei Hsikwangschan gegen Hsinhwa, 650 m (12614).

S. cyperinus (L.) Kth., Enum. Pl., II., 170 (1837) (*S. Eriophorum* Michx.). **H.**: Sumpf am Köhlenflöz neben vorigem (12613). NW-Y.: Sümpfe der tp. St. von Donaku bis zum Paß Akelo zwischen Yangtse und Mekong, 27° 19′, Sandstein, 2900—3100 m (7919).

S. ternatanus Reinw. S.: Bachränder, feuchte Tälchen und Quellen in der str. und wtp. St. auf Sandstein, 1650—2100 m. Rücken Luidaschu s von Huili (804). Ober Gaoyao (1327) und am Hange des Lu-schan bei Ningyüen.

Heleocharis R. BR., corr. LESTIB.

(*Eleocharis* R. BR., nom. rejic.)

*** *H. pauciflora*** (LIGHTF.) LINK, Hort. Berol., I., 284 (1827) (*Scirpus pauciflorus* LIGHTF., Fl. Scot., 1077 [1777]) **** var. *rhizomatosa*** HAND.-MZT.

Rhizomatis partibus vivis horizontalibus ad 4 cm (et ultra?) longis, $^1/_2$ cm crassis cespitosa, his radicibus longis dense obsitis apiceque foliorum fasciculos scaposque complures edentibus. Bracteae obtusissimae, saepe subemarginatae, marginibus late hyalinae.

NW-Y.: Rasen der ktp. St. an einem Lawinenstrich an der Ostseite des Passes Tschiangschel zwischen Salwin und Irrawadi, 27° 52′, Glimmerschiefer, 3275 m, 3. VII. 1916 (9226).

Gewissermaßen analog der var. *Suksdorfiana* (BEAUVD.) SVENS. in Rhodora, XXXI., 174 (1929), aber mit jedenfalls noch viel größerem Rhizom, in den übrigen Teilen jedoch kleiner. In der Nuß, deren Griffelbasis fast so groß ist wie sie selbst und einem etwas verdickten Ring aufsitzt, ist kein Unterschied festzustellen, weil sie beim Arttypus in verschiedenen Entwicklungs- und Preßzuständen sehr verschieden aussieht und der vorliegenden gleichende vorkommen. Auch kommen stumpfe Brakteen bei einigen Exemplaren des Typus vor.

H. palustris (L.) R. BR. Nasse Äcker, Kanalränder, Sumpfwiesen der wtp., str. und unteren tp. St., 1650—3000 m. S.: Ningyüen (1221). Y.: Ebene und Berge um Yünnanfu (SCHOCH 83). Beyendjing (TEN ex hb. Berol. 212). Dawan zwischen Yungbei und Lidjiang, in großen Beständen. Mudidjin s von Yungning (wenn nicht beide die folgende).

H. uniglumis (LINK) SCHULT. Feuchter Schlamm und sumpfige Matten der wtp. bis in die tp. St., 1890—2800 m. S.: Am Flusse bei Huili (854). Gegen Yimen. Um den See e von Yungning (3108). Y.: Ufer des Kunyang-hai bei Yünnanfu (6059). Vgl. auch unter voriger.

H. acicularis (L.) R. BR. Reisfelder, meist massenhaft. S.: Um Yenyüen in der wtp. St., 2500—2600 m (5436). Y.: Ebenso um Djientschwan, 2250 m. H.: Auch in der str. St., 50—600 m, überall.

H. pellucida PRESL 1830, e typo (*H. afflata* STEUD.). H.: Lachen der str. St. bei Hsikwangschan im Bezirke Hsinhwa gegen Tindjiatang, Sandstein, 550 m, untergetaucht, aber wohl nicht lange (12688).

Entspricht der *H. subprolifera* STEUD., doch handelt es sich nur um eine gelegentlich auftretende Form.

H. tetraquetra NEES. H.: Im Sumpfe der wtp. St. am Kohlenflöz jenseits des Sattels Duschu-ling bei Hsikwangschan gegen Hsinhwa, 650 m (12611).

Bulbostylis KTH.

B. capillaris (L.) KTH. var. **trifida** (KTH.) C. B. CL. (*B. densa* [WALL.] HAND.-MZT. in KARST. et SCHENCK, Vegetatb., 20 R., H. 7, 16 [1930], comb. nuda). Steppen, Buschwiesen, Heidewiesen und Föhrenwälder der wtp. St. auf Sandstein und Tonschiefer. H.: 550—1420 m. Um Hsikwangschan bei Hsinhwa (12680). Im SW auf dem Yün-schan bei Wukang (12222). S.: Um Yenyüen, 2650 m. Y.: Rücken zwischen Dsaodjidjing und Hwadung e des Dsolin-ho,

2600 m (4984). Im NW in der tp. St. im Teiche von Ngulukö bei Lidjiang gegen den Moränenzirkus Saba, 3000 m (4334?, spärlich).

Die Nüßchen der amerikanischen Pflanze sind quer gewellt oder glatt. PFEIFFER faßt in Bot. Arch., VI., 188 (1924) seinen *Stenophyllus capillaris* B *trifidus* anders auf als CLARKE.

Fimbristylis VAHL

F. annua (ALL.) ROEM. et SCHULT., Syst. Veg., II., 95 (1817) (*Scirpus annuus* ALL., Fl. Pedem., II., 277 [1785]) var. **diphylla** (VAHL) KÜKENTH. in Act. Hort. Gothob., V., 109 (1930) (*F. diphylla* VAHL). **Y.**: Quellsümpfe der wtp. bis an die tp. St., 2200—2800 m. Ober Dahwaschu w von Yungbei (3398). Im NW bei Ngulukö nächst Lidjiang. Ebene von Yungning. Zwischen Yato und Lienfu zwischen Yangtse und Mekong, 27⁰ 35′ (7854). Wohl diese im birm. Mons. massenhaft auf feuchten Matten bei Tschamutong am Salwin.

F. aestivalis VAHL. **II.**: Reisfelderraine der str. bis in die wtp. St. auf Kalk, 150—800 m. Hsikwangschan bei Hsinhwa (12666). Bei Schitjidian-se gegen Yungdschou (11314).

Die vorliegenden Exemplare sind üppig, breitblätterig und mit langen, im Umriß schmalen Ährchen. Nach GAMBLE in Kew Bull., 1931, 264 ist die Art von *F. dichotoma* (L.) VAHL nicht trennbar, denn er fand bei Pflanzen, die CLARKE als *aestivalis* bestimmte, gerippte Früchte. Dies besagt aber vielleicht nur, daß dieser einige Exemplare falsch bestimmte.

F. rigidula NEES. **H.**: In Buschsteppen an der Grenze der str. und wtp. St. große, feste Rasen bildend, Kalk, 650 m (11764). **Kw.**: Pinfa (CAVALERIE 108). Gwanyinschan bei Guiyang. **NW-Y.**: Charakterpflanze der Steppe bei Ndaku am Yangtse n von Lidjiang, 1850 m?, vorausgesetzt, daß eine frühere Aufsammlung verlorenging.

Alle Ährchen einzeln. Früchte besonders bei HAO 269 aus Setschwan höckerig.

F. miliacea (THUNBG.) VAHL. Reisfeldraine und Grabenränder der str. bis in die wtp. St. **II.**: Hsikwangschan bei Hsinhwa, 500—800 m (12665). Im SW gegen Wukang. **S.**: Tsaodsanba zwischen dem Yalung und Nganning-ho, 26⁰ 57′, 1400 m (5239).

F. complanata (RETZ.) LINK. Sumpfige Stellen und Grabenränder der wtp. St. bei Bödö se von Dschungdien, 2500—2600 m (4458, 4466).

F. monostachya (L.) HASSK. **Y.**: Häufig in Steppen der str. St. zwischen Yüenmou und Hailo in der Niederung s des Yangtse nw von Yünnanfu, Mergel, 1050 bis 1350 m (5010).

Schoenus L.

**** S. sinensis** HAND.-MZT. in Sitzgsanz. Ak. W. W., LXII., 150 (1925). (Abb. 36, Nr. 1.)

Tumulos latos demum annuliformes, nonnisi margine enim vivos, formans, radicibus crassis et longis, paulum fibrosis, foliorum ad 35 cm longorum fasciculos et culmos floriferos usque ad 85 cm altos numerosissimos, 1,5 mm crassos, leves, basi vaginis mortuis purpureis, demum nigris, 3 cm longis et basi 5 mm latis, stramenticiis, multicostulatis, subnitidis, farctis cinctos edens. Folia plana,

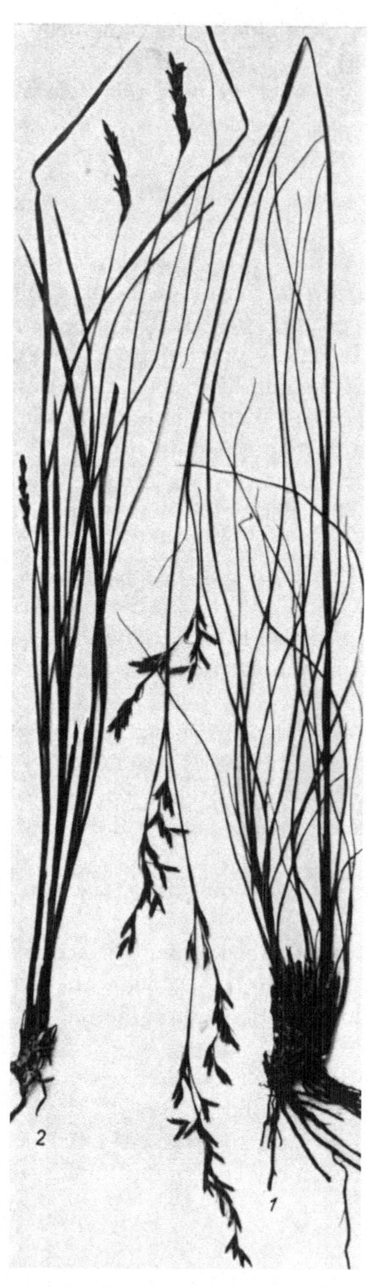

Abb. 36. 1 *Schoenus sinensis*
Hand.-Mzt. (H.-M. 10751).
2 *Kobresia Kuekenthaliana* H.-M.
$^2/_5$ nat. Gr.

1—1,5 mm lata, longissime acuminata, herbacea, margine cartilagineo prorsus aspera, nervis c. 7 subtus prominuis, supra subspongiose tenuiter tessellata, griseoviridia, in vaginas cylindricas apertas sensim angustata, culmea dispersa (1 —) 3, vaginis rufescenti-brunneis, infima 3, summa 1,5 cm longis, paulum inflatis, omnino connatis, ore obliquis marginibus membranaceis rotundatis, ad bracteas eodem modo vaginatas summas 1 cm longas sensim decrescentia. Panicula caulis quartam usque fere dimidiam partem occupans, laxa, sed contracta nec effusa, ramis 6—10, plerumque (praeter inferiores) 2—3^{nis}, alteris brevibus, alteris internodiis $\pm$ sesquilongioribus, erectis, ancipitibus, prorsus asperis, a medio iterum contracte paniculatis. Spiculae erectae, $\pm$ brevipedicellatae et sessiles, lanceolatae, 7—8 mm longae, brunneae, opacae. Glumae albo-marginatae, distichae, steriles 2 laminis spicula subduplo brevioribus, amplectentibus, ovatis, interdum suborbicularibus, pallide carinatis, in mucrones $\pm$ aequilongos abeuntibus, fertilibus contiguae. Flores 3, conferti, $\male\female$, infimus in spicula terminali saepe vacuus. Gluma cuique singula, lanceolata, obtusa et retusa, una alterave cum carina viridi asperula. Perianthii setae 3, floris infimi plerumque 2, summi nulla, tenues, asperae, stylo longo glumam subaequante inferne sensim subincrassato stigmata 3 ipso vix duplo breviora gerente duplo breviores. Stamina 3, floris infimi plerumque 2, filamentis ligulatis stigmata dimidia attingentibus, antheris castaneis, linearibus, 4 mm longis, connectivo pallido quarta parte superatis, caducissimis. Rhachilla sterilis nulla. Nux obovoideo-triquetra, 1—1$^1/_3$ mm longa, erostris, brunnea, valde tessellata, costis superne albostrigosis.

Kw.: Wiesenmoor der wtp. St. bei Maotsaoping zwischen Duyün und Badschai, Kalk, 800 m, 13. VII. 1917 (10751, Typus). Kwanghsi: Hsiaodu 10 km n von Lüdschen, Sumpf, 300 m, 28. V. 1928 (Ching 5449).

Proximus *S. falcato* R. Br., qui differt vaginis basalibus multo longioribus, foliis latioribus, perianthii setis nullis vel minimis. Nucem e speciminibus juvenilibus praesentibus eandem fore possibile est. *S. punctatus* R. Br. etiam affinis spiculis plus duplo brevioribus differt.

Zur Originalbeschreibung hatte ich offenbar eine schlechte Nuß vorliegen, weshalb sie hier berichtigt wurde. Die dort verglichenen Arten sind nicht näher verwandt.

Cladium P. Br.

Cladium chinense Nees (*Mariscus chinensis* [Nees] Fern. in Rhodora, XXV., 52 [1923]). In Wiesenmooren in Menge, Sümpfe mitunter ganz ausfüllend und Bäche einfassend in der str. und wtp. St. **H.**: 400 m. Schandungschui zwischen Hsinning und Dungngan. Im SW bei Sandjingtjiao w von Dsingdschou. **Kw.**: 800—1400 m. Maotsaoping. Lopu-se. Guiding. Lungli (10605). Zwischen Guiyang und Dschenning und überall zwischen Nganping und Tschingdschen. **Y.**: Schilfinseln im seichten Teile des Kunyang-hai bei Yünnanfu, 1890 m.

Rhynchospora Vahl
(„*Rynchospora*")

R. rubra (Lour.) Mak. in Bot. Mag. Tok., XVII., 180 (1903) (*Schoenus ruber* Lour., Fl. Cochinch., 41 [1790]. — *Rhynchospora Wallichiana* [Kth. 1837] C. B. Cl.). **Kw.**: Heidewiesen der wtp. St. bei Badschai, Kalk, 900 m (10791).

R. aurea Vahl. **Tonking**: An feuchten Stellen der tr. St. bei Laogai an der Grenze von Yünnan, Hochgrasdschungel bildend, kristallinischer Boden, 150 m (3).

R. glauca Vahl var. **chinensis** C. B. Cl. **H.**: Im Sumpf der wtp. St. am Kohlenflöz jenseits des Passes Duschu-ling bei Hsikwangschan gegen Hsinhwa 650 m (12612).

Gleich Faurie 1028, die Clarke nach Léveillé in Bull. Ac. Géogr. Bot., XIV., 198 (1904) hierher stellt.

Scleria Berg.

S. hebecarpa Nees var. **pubescens** (Steud.) C. B. Cl. **Ki.-F.**-Grenze: Grasige Stellen am Gipfel des Hwangdschu-ling zwischen Dingdschou und Ningdu, c. 1000 m (Plt. sin. 363).

S. Hookeriana Boeck. Buschwiesen und Buschsteppen, oft als Hauptbestandteil, in der wtp. bis an die str. St., 450—1650 m. **Kw.**: Im SW auf dem Sattel zwischen Ahung und Tjiaolou ne von Hwangtsaoba (10313). Gwanyinschan bei Guiyang. Pinfa (Cavalerie 521). Um Lopu-se und Wendwen zwischen Guiding und Duyün. **H.**: Hsikwangschan bei Hsinhwa. Im SW auf dem Yün-schan bei Wukang (12181). Gegen Hsüning zwischen Wukang und Dsingdschou.

Kobresia Willd.
(*Cobresia* Pers.)

K. schoenoides (C. A. Mey.) Steud. **S.**: In Modermatten der ktp. St. auf dem Sattel Daörlbi halbwegs zwischen Yenyüen und Yungning, Kalk, 3775 m (2990).

** *K. tunicata* Hand.-Mzt.

Sect. *Elyna* (Schrad.) C. B. Cl.

Rhizoma dense cespitosum, foliorum fasciculos multos culmosque floriferos plures edens omnes basi vaginis numerosis demum solis persistentibus, 3—5 cm longis, fuscis, parce reticulatim fissilibus arcte cinctos et ad 5 mm et ultra incrassatos. Folia plura, culmo plerumque longiora, plana, $1^1/_2$—3 mm lata, longissime acuminata, ad margines et costam scabrida. Scapus 20—25 cm altus, rigidus, triqueter, superne angulis argutis scabridus. Spica densa, 5 cm longa, basi ramosa, 7 mm crassa. Spiculae propriae numerosae, usque ad $1^1/_2$ cm longae. Spiculae partiales 1—2florae, quae adsunt, ♀. Bractea basalis ovata, castanea, margine hyalina, in aristam scabridam acuminata. Squamae obovatae, c. 5 mm longae, subacutae vel obtusae, inferiores anguste carinatae, omnes hyalino-marginatae. Prophyllum lineari-lanceolatum, marginibus liberum, squamis aequilongum vel longius, carinis scabris, ore hyalinum. Nux immatura anguste fusiformis, erostris; stylus basi incrassatus, stigmatibus 3.

NW-Y.: Steinige Matten der Hg. St. am Osthang des Gipfels Ünlüpe im Yülungschan bei Lidjiang, Kalk, 3700—4250 m, 16. VII. 1914 (3525). Wohl auch diese in Schneetälchen hier, und in der tp. St. im Sande des Moränenzirkus Saba, 3325 m.

Proxima *K. capillifoliae* (Decne.) C. B. Cl., quae foliis multo angustioribus differt, et *K. robustae* Maxim. spiculis partialibus androgynis diversae. Spica terminalis ramosa sectionem *Eucobresia* C. B. Cl. revocat rhizomate diversam.

An den vorliegenden Exemplaren wurden nur ♀ Blüten gefunden. Da aber die Ähren an den Spitzen beschädigt sind, ist es möglich, daß sie hier ♂ waren.

** *K. setschwanensis* Hand.-Mzt.

Sect. *Elyna* (Schrad.) C. B. Cl.

Dense cespitosa, culmis foliorumque fasciculis vaginis brunneis nitidis, demum fuscis et hic illic reticulatim fissilibus, 1—2 cm longis cinctis. Folia culmis breviora vel aequilonga, demum longiora, plicata, c. 1 mm lata, calloso-acuta, marginibus minute scabra. Culmus 6—10 cm altus, rigidus, triqueter, tenuiter striatus, levis. Spica cylindrica, c. 2 cm longa, densa, c. 4 mm crassa. Bractea infima ovata, carina tenui minute scabra, in aristam tenuem usque ad 5 mm longam acuminata; bracteae superiores 3—5 mm longae, acutae vel fere obtusae, obsolete hyalino-marginatae. Spiculae partiales inferiores androgynae, summa ♂. Spicula androgyna flore basali ♀ et floribus 1—2 ♂ composita. Prophyllum marginibus liberum, squamis brevius, castaneum, apice hyalinum. Nux ellipsoidea; stylus basi incrassatus, stigmatibus 3, longis.

S.: Trockene Stellen der tp. St. bei Molien jenseits des Yalung n von Yenyüen, 28° 10', Schiefer, 3150 m, 25. V. 1914 (2542). Wahrscheinlich auch diese in Y. im Unterwuchs der Föhrenwälder, 2700—3200 m, bei Boloti n von Yungbei, ober Hsinyingpan n von dort, und im NW um Yungning und um das alte Seebecken Gaba bei Lidjiang.

Differunt species proximae *K. cercostachys* (Franch.) C. B. Cl., e Kükenthal in Act. Hort. Gothob., V., 38 huic sectioni attribuenda, multo maior, prophyllo quam squama longiore; *K. cuneata* Kük., l. c., 39 (1930) maior, floribus ♂ semper ternis, prophyllo inferne connato?; *K. kansuënsis* Kük. l. c., maxima et latifolia.

Nur spärlich gesammelt (wahrscheinlich ging mehr Material verloren), aber nach den Merkmalen nur als neue Art zu betrachten.

**** *K. Lolonum*** HAND.-MZT. in Sitzgsanz. Ak. W. W., LVII., 289 (1920). (Abb. 37, Nr. 2.)

Sect. *Hemicarex* (BENTH.) C. B. CL.

Glaberrima et levissima. Rhizoma repens vel infra oblique ascendens, simplex vel pauciramosum, vaginis breviter ovatis, griseis, opacis, tarde dissolutis et culmis irregulariter seriatis dense obsitum; radices longae et crassae, fulvidae. Culmus florens 8—17 cm, adultus usque ad 40 cm longus, tenuis ($^3/_4$ mm diametro), teres, argute plurinervius. Vaginae 3—4, accumbentes, apice laxiusculo subcucullato apiculatae, multinerviae, brunnescentes, opacae, extima brevis aperta, sequentes aequidistantes, intima solum laminifera saepe paulum emersa, 3—6 cm longa, clausa, ligula rufa brevissima; lamina 1—4 cm longa, sursum convoluta, acuta, $\pm$ $^1/_2$ mm diametro. Spicula singula, oblongo-obovoidea, brunnea, nitidula, 6—11 mm longa, sub anthesi $\pm$ 3 mm crassa et densissima, monoica. Spiculae partiales uniflorae, inferiores ♀ c. 3, fructiferae divaricatae; squamae ovatae, amplectentes, rotundatae vel brevissime emarginatae, brunneo- et margine interdum albo-membranaceae, costa saepe viridi trinervia in aristam aequilongam vel breviorem marginibus prorsus scabram erectam spiculam subaequantem vel paulo superantem excurrente; prophyllum stipite spongioso ad 1 mm longo suffultum, in utriculum apice obtuso paulum tantum fissum, ovatolanceolatum, $3^1/_2$—$5^1/_2$ mm longum et 1 mm latum, compressum, enervem, inferne pallidum, superne brunneum, levem connatum; rhachilla linearis, levis, illi aequilonga; stigmata 3, longa; nux oblonga, 3 mm longa, levis, stylo tenui 2 mm longo coronata. Spiculae partiales ♂ c. 10; squamae ovatae, sensim breviaristatae, superiores acutae et obtusae, subenerves; antherae brunneae, 3 mm longae.

Nasse Stellen, Wiesen und Moore der tp. und obersten wtp. St., 2700—3350 m. S.: Paß Schao-schan s von Ningyüen, 15. IV. 1914 (1376). Ebene von Lanba im Lolo-Lande e von hier, 25. IV. 1914 (1657, Typus). Paß Sandao-schan zwischen Yenyüen und dem Yalung, 27⁰ 31′, 12. V. 1914 (2210). Rücken ober Fumadi am Wolo-ho zwischen Yenyüen und Yungning, 15. VI. 1914 (3057). NW-Y.: Wohl auch diese um Ngulukö und auf der Wiese von Ganhaidse bei Lidjiang, in der Nordwestecke der Ebene von Yungning und in der ktp. St. auf dem Nguka-la sw von Dschungdien, 4125 m. Ob auch auf dem Sattel zwischen Langtjiung und Dali, 2200 m, und im birm. Mons. in der Hg. St. massenhaft um den See Yigöru im obersten Doyon-lumba zwischen Mekong und Salwin, 28⁰ 9′, 4100 m?

Proxima monente cl. KÜKENTHAL *K. Prainii* KÜK. differt dense cespitosa, dioica, vaginis brunneis valde laceratis, spicula multo angustiore etc.

Es ist nicht ganz klar, welche meiner nicht belegten Notizen sich auf diese in Blüte einem zarten *Schoenus ferrugineus*, im Fruchtzustand einer kräftigeren *Carex microglochin*, in der Jugend auch einem *Trichophorum* ähnliche, jedenfalls aber weit verbreitete Pflanze beziehen.

**** *K. Stiebritziana*[1]** HAND.-MZT. in Sitzgsanz. Ak. W. W., LVII., 54 (1920). (Abb. 37, Nr. 1.)

Sectio *Hemicarex* (BENTH.) C. B. CL.

Rhizoma dense cespitosum, foliorum fasciculos steriles et caules floriferos

---

[1] Species dom. A. STIEBRITZ, qui negotiator in urbe Yünnanfu me in laboribus meis amicissime iuvit, dedicata.

numerosissimos omnes vaginis 2 cm longis, pallide brunneis, vix nitidulis, vetustissimis tantum marginibus reticulatim solutis arcte cinctos, pulvinatos edens. Folia culmos aequantia et superantia, e vaginis sensim in laminas flexuosas, tenuiter filiformi-convolutas, $\pm$ $^1/_3$ mm crassas, subtiliter nervosas, marginibus sursum scabras contracta. Culmus 3—11 cm longus, rectus vel curvulus, rigidulus, teres, multistriolatus, levis. Spicula androgyna, linearis, laxiuscula, 18—32 mm longa, 2—3 mm crassa, spicula partiali terminali ♂, 5—10flora, lateralibus ♀ unifloris 3—8. Squamae maiusculae, ovato-lanceolatae, acutae, 5—6 mm longae, uninerviae, marginibus sursum et apicibus mox laceratis late hyalinae, ceterum opacae, ♂ pallide brunneae, ♀ castaneae. Prophyllum squama paulo brevius, convolutum, marginibus omnino liberis, fuscobrunneum, dorso viride, apice obtuso hyalinum, carinis prorsus scabrum. Nux cylindrico-trigona, angulis obtusis, 2—3 mm longa, in rostrum dimidio c. brevius cito contracta, pallida. Styli 3, longi. Rhachilla secundaria setiformis, scabra, nuce tertia parte brevior. (Stamina emarcida).

NW-Y.: Bei Lidjiang, VI.—IX. 1914—1916, v. E. (4879). Schneetälchen der Hg. St. auf Kalk an der Westseite des Gebirges Piepun se von Dschungdien, 4400—4650 m, 11. VIII. 1914 (4734 Typus).

Species *K. nepalensi* (Nees) Kükenth. affinis, quae differt culmis obsolete triquetris, squamis viridi-carinatis, prophylli squamam vix hyalinam superantis marginibus connatis, nuce sensim rostrata.

K. Prattii C. B. Cl., e typo. Steinige humöse Stellen auf Schiefer auf Rücken der Hg. St., 4150—4450 m. S.: Tschahungnyotscha ober Ngaitschekou jenseits des Yalung n von Yenyüen (2651. Schneider 1404). NW-Y.: Rücken zwischen Haba und Dugwan-tsun se von Dschungdien (6916).

Folia interdum angustiora, subfiliformia, et minus scabra quam in typo. Culmi annotini ad 15 cm longi. Squamae ♀ squamis masculis similes, sed breviores, c. 3 mm longae. Prophyllum ovatum, 2 mm longum, marginibus totum liberum, leve, pallidum, erostre.

K. Royleana (Nees) Boeck. S.: Im W am Dschara zwischen Tatsienlu und Dawo (Limpricht 1910 als *K. Prattii*). Im NW auf Gebirgen um Sungpan (Weigold).

— — * var. ***kokanica*** (Reg.) Kük. in Pflzenr., IV/20., 46 (1909) (*Elyna k.* Reg. in Act. Hort. Petrop., VII., 563 [1880]). NW-Y.: Bei Lidjiang, VI.—IX. 1914—1916, v. E. (3809). Wohl diese auf Matten und auch in Mooren der ktp. und Hg. St., 3900—4600 m, auf dem Nguka-la sw von Dschungdien und im birm. Mons. zwischen Mekong und Salwin ober Tjionatong und im Tale Schidsaru, 28° 9', und auf dem Doker-la.

Blätter meiner Pflanze nur $\pm$ 1 mm breit. Die Seitenährchen enthalten 3—5 ♂ Blüten, wie ursprünglich von Regel beschrieben.

** ***K. yuennanensis*** Hand.-Mzt. (Abb. 37, Nr. 3).

Sect. *Eukobresia* C. B. Cl.

Rhizoma parvum, radicibus tenuibus fasciculatis, cespitem parvum, densum, multicaulem, foliis mortuis flaccis $\pm$ cinctum formans. Culmi 10—30 cm alti, graciles, obsolete triquetri, leves, foliis c. 3, vaginis tenuibus pallidis, summa $1^1/_2$—7 cm longa insidentibus. Folia culmo subduplo — subtriplo breviora, subplana, $^1/_2$—$^3/_4$ mm lata, marginibus scabra. Spica 1—3 cm longa, basi interrupta et $\pm$ flexuosa, apice densa et oblonga vel cylindrica, hic ad $1^1/_2$ mm crassa. Squama infima foliacea, e basi ovata in aristam spica tota aequilongam vel multo breviorem, marginibus scabram angustata. Squamae superiores ovatae,

Abb. 37. 1 *Kobresia Stiebritziana* HAND.-MZT. 2 *K. Lolonum* H.-M. (3057). 3 *K. yuennanensis* H.-M. (6680). $^2/_3$ nat. Gr.

castaneae, acutae vel acuminatae, viridi-carinatae, 3—4 mm longae. Spiculae partiales plerumque uniflorae, ♀, rarius androgynae. Prophyllum immaturum squama brevius vel aequilongum, marginibus liberum, leve. Nux juvenilis oblonga. Stigmata 3. Rhacheola anguste linearis, obtusa, marginibus levis, plerumque paulum exserta.

NW-Y.: In der ktp. St. des Yülung-schan bei Lidjiang auf der üppigen steinigen Wiese Ndwolo ober Ngulukö, 7. VI. 1915 (6680, Typus) und auf einer Wiese n von dieser; 3500 m. Gebüsche der tp. St. längs des Baches bei Mudidjin s von Yungning, 3000 m, 24. VI. 1914 (3205).

Proxima *K. curvirostris* C. B. Cl. differt e typo foliis 1—1¹/₂ mm latis, spicis saltem sub fructu 5—6 mm crassis, densiusculis, prophyllo longiore, rhachilla nulla.

K. pygmaea C. B. Cl. NW-Y.: In der ktp. und tp. St. trockenen Moorboden mit festen Polstern ganz bedeckend unter der Wiese Mahaidse n von Lidjiang am Wege nach Yungning, 3600 m (7038). Massenhaft auf Wiesen s von Dschung-dien, 3450 m. Alm Dsilu se von hier, 3925 m. W-S.: Wa-schan s von Yadschou (Weigold).

K. vidua (Boott) Kük. in Pflzenr., IV/20., 40 (1909) (*Carex v.* Boott in Hook. f., Fl. Brit. Ind., VI., 713 [1894]). S.: In festem Rasen (Jakmatte) der Hg. St. auf dem Passe Döko ober Muli, Tonschiefer, 4350 m, 4. VIII. 1915 (7407). Wohl auch diese dort ober der Alm Bätö bis unter den Gipfel Saganai, Kalk, und auf dem Gonschiga bis unter den Gipfel, 4100—4730 m.

Scheiden nicht gerade spadiceae, sondern heller, darin also der *K. Harry-smithii* Kük. in Act. Hort. Gothob., V., 37 (1930) sich nähernd, die aber größer ist, rauhe Blattränder und anscheinend breitere Deckschuppen und Prophylle hat.

K. Kuekenthaliana Hand.-Mzt. in Sitzgsanz. Ak. W. W., LVII., 290 (1920). (Abb. 36, Nr. 2 auf S. 1252.)

Sect. *Eukobresia* C. B. Cl.

Rhizoma ascendenti-repens, vaginis cartilagineis, concavis, fusco-brunneis, nitidis, vix dissolutis et culmis et fasciculis foliorum sterilibus seriato-fasciculatis dense obsitum; radices longissimae, crassiusculae. Culmus c. 1 mm crassus, 20—37 cm longus, triqueter, debilis, sub ipsa spicula tantum asper. Vaginae virides, adcumbentes; exteriores inaequilongae, fusco-marginatae, obtusae, ad basin usque fissae; interiores c. 4 foliiferae, 6—8 et 11 cm longae, clausae, ligulis brevissimis. Lamina infima 2—4 cm, laminae superiores 10 — denique ultra 50 cm longae, flaccidae, planae, 1¹/₂—2¹/₂ mm latae, acutae, olivaceae. Spicula lanceolata, 2,6—4 cm longa, 6—8 mm lata, laxiuscula, brunnea, nitida, spiculis propriis androgynis ad 15—20, angustis, 5—10 mm longis, erectopatulis vel nonnullis excurvis lobata. Rhachis scabriuscula. Spiculae partiales uniflorae, infima quaeque ♀. Squamae membranaceae, ovatae, acutae, infimae spiculis propriis paulo breviores vel ob nervum viridem interdum in aristam excurrentem paulo longiores, superiores partim obtusae et lacerabiles. Prophyllum 4—4¹/₂ mm longum, 1¹/₂ mm latum, late obtusatum, binerve, membranaceum, leve, pallidum, praeter margines brunnescentes basi tantum conniventes expansum. Rhachilla brevissima, lata, atro-olivacea interdum adest. Nux (junior) piriformis, apiculata, paulum compressa, ad 3 mm longa, fere 1 mm lata, pallida; stigmata 3, longa. Spiculae partiales masculae c. denae farctae, a ♀ 1—1¹/₂ mm abstantes. Antherae tenuissimae, 3—4 mm longae.

S.: Im Moor der wtp. St. auf dem Passe Schao-schan se von Ningyüen, Sandstein, 2700 m, 15. IV. 1914 (1375).

Proxima monente cl. Kükenthal *K. laxae* Nees, quae dimensionibus, prophyllo fere clauso, rostrato, margine scabro etc. valde differt.

K. Bonatiana Kükenth. in Bull. Ac. Géogr. Bot., XXII., 250 (1912), e typo. Trockene Stellen der tp. und ktp. St., 2900—3800 m. Y.: Ober Hsiangschuiho zwischen Dali (Talifu) und Hodjing, 26° 15′ (6464). S.: Paß Daörlbi halbwegs zwischen Yenyüen und Yungning (2977).

K. sp. S.: Trockene Hänge der tp. St. des Passes Daörlbi, 3400—3600 m (2925).

Carex L.

** ***C. unifoliata*** Kükenth. et Hand.-Mzt. (Abb. 38, Nr. 1).

Subgen. *Primocarex* Kük., sect. *Circinatae* Meinsh.

Rhizoma elongatum, obliquum, radicibus validis longissimis, caules et steriles et floriferos seriatim edens. Culmus 25—36 cm altus, flaccidulus, compressus, levis, basi ad c. 7 cm vaginis paucis, brunneis, tenuibus, aphyllis, ore oblique sectis et nonnullis apiculatis vestitus, in quarto infero vel medio unifoliatus. Folium 4—11 cm et in caule sterili ad 24 cm longum, 1 mm latum, planum, acutum, longe vaginatum. Spicula unica, obovoideo-oblonga, ad 1 cm longa, 3—4 mm lata, androgyna, densa, bractea squamiformi fusca in aristam sublevem ea aequilongam spiculam aequantem producta. Squamae undique dense imbricatae, adpressae, lanceolatae, subobtusae, spadiceae, dorso trinerviae. Utriculi (juveniles) squamas excedentes, suberecti, membranacei, anguste lanceolati, 6 mm longi, compresso-trigoni, straminei, striati, glabri, longe stipitati, apice in rostrum longum, ferrugineo-badium ore oblique sectum sensim attenuati; stigmata 3. Antherae $\pm$ 4 mm longae, acutae.

NW-Y.: Im Sumpfe der tp. St. am See Waha-schimi auf dem Waha bei Yungning, Kalk, 4325 m, 20. VII. 1915 (7116).

Affinis *C. hakkodensi* Franch., quae differt culmo scaberrimo plurifoliato, spicula longiore et laxiore, bractea brevi, squamis oblongis.

* ***C. Onoei*** Franch. NW-Y.: Bambusdschungel der tp. St. an der Ostseite des Passes Tschiangschel zwischen Salwin und Irrawadi, 27° 52′, Glimmerschiefer, 3275—3350 m, 3. VII. 1916 (9234).

C. rara Boott. S.: Moore und Bachränder der wtp. und tp. St. auf Sandstein und Schiefer, 2650—3150 m. Schao-schan se von Ningyüen (1377). Molien jenseits des Yalung n von Yenyüen, 28° 10′ (2562).

Nr. 1377 hat das Ährchen bis zu 15 mm lang, aber die kurzen, abstehenden Schläuche der Subspezies.

— — ssp. ***capillacea*** (Boott) Kük. in Pflzenr., IV/20., 102 (1909) (*C. c.* Boott). Moorwiesen und sumpfige Stellen in der Tiefe von Gräben in der wtp. und tp. St., 2100—3270 m. Y.: Hsiaoschidschou e des Dsolin-ho (6187). S.: Von Lanba bis zum Passe Dsiliba im Lolo-Lande e von Ningyüen (1662).

C. parva Nees. NW-Y.: Schneetälchen der Hg. St. des birm. Mons. auf dem Si-la zwischen Mekong und Salwin, 28°, Glimmerschiefer, 4400 m (8427, f. depauperata, anscheinend, det. Kükenthal).

C. stenophylla Wahlbg. W-S.: Wa-schan s von Yadschou (Weigold).

C. divisa Huds. Steppen und Heidewiesen der wtp. bis in die tp. St., 2100 bis 3100 m. S.: Mehrfach im Becken von Yenyüen (2251). Zwischen Wali und Datscho über dem Yalung n von hier (1593). Lu-schan bei Ningyüen (1944). NW-Y.: Hauptbestandteil der Heidewiesen bei Ngulukö nächst Lidjiang. Gaba n von hier.

C. Thomsonii BOOTT. **Kw.**: Lofu (CAVALERIE 3419). Im SE in Spalten der Grauwackefelsen der str. St. am Flußufer unter Sandjio an lange überfluteten Stellen, selten, 370 m (10805).

C. fluviatilis BOOTT var. ***unisexualis*** (C. B. CL.) KÜKENTH. (*C. u.* CL.). **Y.**: Yünnanfu (CAVALERIE 8111). **SW-Kw.**: Hwangtsaoba (C. 4304). **II.**: Häufig an feuchten Stellen der str. St. bei Tschangscha, Sandstein, 30 m (11537).

** ***C. yungningensis*** HAND.-MZT. et KÜKENTH.

Subgen. *Vignea* (PALIS.) NEES, sect. *Multiflorae* KTH.

Rhizoma abbreviatum, lignosum, Culmi plures, dense cespitosi, 10—20 cm alti, gracillimi, compresso-triangulares, inferne foliati. Folia culmum subaequantia, 1 mm lata, plana, herbacea; vaginae brunneae, demum marcidae. Flores dioici (?). Spiculae 3—6 adsunt ♀, oblongo-ellipticae, 5—6 mm longae, acutae, 2—2¹/₂ mm latae, subcompressae, densiflorae, contiguae, ima interdum remotiuscula bractea brevi vel ad 9 cm longa fulta, ceterae ebracteatae. Squamae membranaceae, ovatae vel ovato-lanceolatae, pallide fulvae, marginibus albohyalinae, e carina viridi breviter mucronatae. Utriculi squamas paulo superantes, suberecti, ovato-lanceolati, concavo-convexi, obsolete nervosi, straminei, glabri, 3 mm longi, basi contracti, marginibus late stramineo-alati, alis a ²/₃ longitudinis usque ad apicem dense serrulatis demum incurvis, in rostrum longum, latum, incurvum, apice bidentatum sensim abeuntes. Nux subobovata, laxe inclusa; stylus longus, basi paulum incrassatus, stigmatibus 2.

NW-Y.: Wiese der tp. St. bei Mudidjin s von Yungning, Sandstein, 3000 m, 24. VI. 1914 (3204).

Inter *C. fluviatilem* et *C. Kengii* KÜKENTH. in Rep. sp. nov., XXVII., 108 (1929) inserenda. Illa differt habitu multo robustiore et inflorescentia multispiculata, haec statura elatiore, spica longiore multispiculata, utriculis ovatis subbiconvexis.

C. nubigena D. DON. Lachen-, Gräben- und Bachränder und feuchte Wiesen der wtp. bis in die str. und tp. St., 1600—3300 m. **Y.**: Hwadung e des Dsolinho, überall. Mehrfach s von Hodjing. Hsinyingpan zwischen Yungbei und Yungning. Im NW bei Lidjiang, v. E. (3806). Hier bei Ganhaidse. Ober Mujendu w des Nordendes der Yangtse-Schleife (7605). Dugwan-tsun se von Dschungdien. **S.**: Fumadi über dem Wolo-ho zwischen Yungning und Yenyüen (3049) und Sattel darüber. Mehrfach im Becken von Yenyüen. Oti nw und ober Datscho jenseits des Yalung n von hier (2577). Manganschan zwischen Dötschang und Ningyüen im Djientschang (1909, gegen die var. neigend).

— — var. ***fallax*** (STEUD.) C. B. CLKE. **S.**: Sumpfige Matten, Kanäle und Gräben der str. bis in die tp. St., 1650—2800 m. Am See e von Yungning (3110). Zwischen Gudschön und Daschiban bei Ningyüen (1335). Überall zwischen Tjiaodjio und Lemoka im Lolo-Lande e von hier (1592).

C. foliosa D. DON. **NW-Y.**: In wtp. Regenmischwäldern des birm. Mons. bei Bahan (Pehalo) am Salwin, 27⁰ 58', Schiefer, 2400—2600 m (9006).

** ***C. imbricata*** KÜKENTH. (Abb. 38, Nr. 2).

Subgen. *Vignea* (PALIS.) NEES sect. *Ovales* KTH.

Rhizoma abbreviatum. Culmi multi, cespitosi, 40—60 cm alti, flaccidi, compressi, leves, ad vel versus medium usque foliati. Folia remota, lfaccida, longe vaginantia, culmo multo breviora, fasciculorum sterilium autem longiora,

2—3 mm lata, plana; vaginae imae clare brunneae. Spiculae 10—14, gynaecandrae, basi breviter ♂, late ovatae, 5—8 mm longae, 5 mm latae, densiflorae, superiores 4—7 contiguae, inferiores remotae, harum c. 5 bracteis foliaceis culmum superantibus sensim decrescentibus evaginatis suffultae. Squamae tenuiter membranaceae, ovato-lanceolatae, albidae, e carina viridi ± mucronatae. Utriculi squamis multo longiores latioresque, dense imbricati, adpressi, tenuiter membranacei, late elliptici, 3 mm longi, concavo-convexi, compressi, straminei, glabri, dorso 4 nervii, basi contracti, marginibus a medio ad apicem viridi-alati, dense serrulato-ciliati, in rostrum longum antice fissum, bifidum subabrupte attenuati. Nux laxe inclusa, oblongo-elliptica, brevistipitata; stylus longus, basi incrassatus, stigmatibus 2 haud longis.

H.: Gebüsche der str. St. am Liuyang-ho bei Tschangscha, Sandstein, 35 m, 25. IV. 1918 (11688).

Proxima *C. planatae* Franch. et Sav., quae differt foliis longioribus, spiculis 4—5, inferioribus 1—2 tantum remotis, bracteis omnibus longissimis, squamis ovatis pallide ferrugineis, utriculis utrinque plurinervosis marginibus $^3/_4$ late alatis scabris tantum sensim brevirostratis.

C. alta Boott (*C. remota* L. ssp. *a.* [Boott] Kük. in Pflzenr., IV/20., 234 [1909]) ** var. *latialata* Kükenth.

Utriculis late viridi-alatis marginibus dense ciliato-scabris, abrupte in rostrum breve contractis a *C. alta* typica distat.

Y.: In Gräben der wtp. St. bei Tsaopu jenseits Nganning am Wege von Yünnanfu nach Dali (Talifu), Mergel, 1850 m, 28. IV. 1916 (8640).

C. baccans Nees. Trockene Wälder, Hänge und Gebüsche der str. und wtp. St., 1300—2700 m. Y.: Selten beim Tempel Djindien-se bei Yünnanfu (95). Unter Dulutschang am Wege von hier nach Schilungba. Paß zwischen Dschaodschou und Hungngai s von Dali. S.: Zwischen Gungmuying und Loyao im Djientschang (mit Pilz). Zwischen Banschan und Pudi am Wege von Huili nach Yenyüen. Djisö im Gebiete von Muli in dem nw von Yungning herabkommenden Tale.

* *C. composita* Boott. NW-Y.: Im str. Regenlaubwalde des birm. Mons. in der Seitenschlucht Naiwanglong des Taron (Djiou-djiang, e Irrawadi-Oberlaufes), 27° 53′, Schiefer und Granit, 1725—2150 m, 6. VII. 1916 (9413).

Spelzen kahl, sonst mit der indischen Pflanze stimmend.

C. cruciata Wahlenb. Buschwiesen, feuchte Stellen, *Pteridium*-Wiesen und Föhrenwälder der str. und wtp. St. Y.: 2000—2600 m. Häufig zwischen Alaodjing und Dsaodjidjing e des Dsolin-ho (4901). Im W zwischen Dali und Yungtschang (Gebauer). Im NW im birm. Mons. bei Bahan unter Tschamutong am Salwin (9025), gegenüber ober Tjionra, und in der Seitenschlucht Naiwanglong des Irrawadi. Im E auf dem Rücken zwischen Sidsung und Loping. Kw.: Ne von Nganping, 1400 m (10472). H.: Um Tschangscha.

C. filicina Nees. NW-Y.: Im wtp. Regenmischwalde des birm. Mons. bei Bahan am Salwin, 27° 58′, Schiefer, 2400—2600 m (9041).

C. scaposa C. B. Clke. Mischwälder und schattige Laubhochwälder der wtp. St. auf Mergel und Tonschiefer, 750—1300 m. SW-H.: Yün-schan bei Wukang (11208). Kw.: Nandjing-schan bei Liping (10977). Pinfa (Cavalerie 419).

Die weißen oder rosafarbenen Ährchen und besonders Antheren machen die Pflanze sehr ansehnlich. Der laterale Stengel kommt nur dadurch zustande, daß alle seine Blätter zu Scheiden reduziert sind. Mitunter sind aber die unteren gut ausgebildet, und dann erscheint der Stengel zentral, wie in der Originalabbildung; daneben kommen sterile Blattbüschel vor. Blätter nicht immer gestielt.

C. moupinensis Franch. W-S.: Wa-schan s von Yadschou (Weigold).

**** ***C. muliensis* Hand.-Mzt.**

Subgen. *Eucarex* Coss. et Germ., sect. *Acutae* Fries, subsect. *Rigidae* Fries.

Rhizoma dense cespitosum, tumulos formans, radicibus 2 mm crassis ultra metralibus, foliorum fasciculos culmosque multos basi foliatos edens, estolonosum. Culmus cum inflorescentia 25—50 cm altus, 1 mm crassus, vix strictus, triqueter, superne angulis minutissime scaber, basi vaginis brevibus brunneis, septatonodosis, mox marcescentibus haud reticulato-dissolutis cinctus et foliatus. Folia culmo breviora, rigidula, longe acuminata, $1^1/_2$—3 mm lata, marginibus minute scabris et saepe revolutis, in parte inferiore septato-nodosa. Spiculae 3 — (plerumque) 5, subapproximatae, erectae; terminalis ♂ anguste cylindrica, 2—3 cm longa, apicem versus paulum attenuata; ceterae ♀, rarius superiores androgynae, omnes crassius cylindricae vel ovoideae, 1—4 cm longae et 3—5 mm latae, densiflorae, summa subsessilis, ima basin versus laxior, pedicello gracili, 1—3 cm longo. Bracteae evaginatae, inferiores foliaceae, culmum aequantes vel superantes, superiores setaceae, breves. Squamae nigropurpureae, spathulatae, carina tenui pallidiore longe infra apicem evanida, ♂ rotundatae vel truncatae, marginibus erosae et interdum angustissime albae; ♀ nonnunquam acutiores. Utriculi squamis longiores et latiores, late elliptici, vel ovati, c. 3 mm longi, apices versus atropurpureo-suffusi et -punctulati, compressi, glabri, tenuiter nervato-striati, brevissime stipitati, rostro brevissimo integro. Nux immatura perlaxe inclusa, obovoidea; styli basis aequalis; stigmata 2 mediocria.

S.: Im Moor der ktp. St. an der Nordseite des Passes Tschescha s von Muli gegen Yungning, Kalk, 4100 m, 25. VII. 1915 (7251).

Teste cl. Kükenthal *C. orbiculari* Boott proxima, quae differt stolonibus, bracteis squamiformibus vel setaceis, utriculis enerviis, in typo etiam spicula infima raro et breviter pedicellata, in var. *brachylepi* (Reg.) Kük. autem valde remota.

*** *C. aquatilis* Wahlenb.** in Vet. Ak. Nya Handl., XXIV., 165 (1803). S.: Moorwiesen der tp. St. bei Lanba im Lolo-Lande e von Ningyüen, Sandstein, 2700 m, 25. IV. 1914 (1661).

Nicht ganz reif, aber vollständig stimmend.

C. Forrestii Kükenth. in Not. Bot. Gard. Edinb., VIII., 10 (1913). NW-Y.: Auf der feuchten Wiese der tp. St. im Becken von Ganhaidse bei Lidjiang, Kalk, 3150 m (6601).

**** ***C. prolongata* Kükenth.**

Subgen. *Eucarex* Coss. et Germ., sect. *Acutae* Fries, subsect. *Vulgares* Aschers. ?

Rhizoma abbreviatum. Culmus 30 cm altus, ad apicem usque remote foliatus, apicem versus gracilescens compresso-triqueter angulis scaber, phyllopodus(?). Folia culmo breviora, 2—4 mm lata, sursum plana, acuminata. Spiculae 5, subfastigiatae, terminalis ♂, $1^1/_2$ cm longa, anguste cylindrica, ceterae ♀ apice breviter ♂, superiores 2 sessiles, inferiores 2 paulum remotae, pedunculatae, erectae, 2—3 cm longae, cylindricae, densae, breviter bracteatae. Squamae ♀ oblongo-ovatae, apice rotundatae, atrofuscae, carina viridi ante apicem evanescente. Utriculi squamas superantes, oblongo-fusiformes, $3^1/_2$ mm longi, compressi, obsolete paucinervosi, minute papillosi, basi attenuati, apice rostro brevi fusco truncato apiculati; stigmata 2.

NW-Y.: Im birm. Mons. auf feuchten Matten an Bächen zwischen Mekong und Salwin, 28⁰ 12', 3660 m, VII. 1917 (FORREST 14361 p. p.: Mus. Wien).

Nach einem einzigen Exemplar beschrieben. Vielleicht in die genannte Subsektion gehörig, durch die langen, schmalen Schläuche sehr ausgezeichnet, aber noch zu jung, und die Beschaffenheit der unteren Blattscheiden nicht deutlich erkennbar.

C. caespiticia NEES, det. KÜKENTHAL. An Bachrändern und Quellen der wtp. St. auf Sandstein und Eruptivgesteinen. Y.: Nordwestseite des Dji-schan ne von Dali, 2600—2800 m (6430). S.: Lu-schan bei Ningyüen, 2000 m (1950).

Halm glatt. Blätter bei 1950 nur 2 mm breit. ♀ Ährchen bis 4, ihre Spelzen etwas breiter als bei der indischen Pflanze.

C. forficula FRANCH. et SAV. (*C. forsicula* KÜKENTH. in Pflzenr., IV/20., 342 [1909]) var. *melinacra* [FRANCH.] KÜKENTH. l. c. (*C. melinacra* FRANCH.). Y.: Sumpfige Stellen in der Tiefe von Erosionsgräben der wtp. St. bei Hsiaoschi-dschou e des Dsolin-ho, Sandstein, 2100 m (6186). Im NW in der tp. St. des birm. Mons. im Sumpf im Saoa-lumba an der Westseite des Si-la zwischen Mekong und Salwin, 28⁰, Glimmerschiefer, 3450 m, große Blüten bildend (8938, det. KÜKENTHAL).

C. rubrobrunnea C. B. CL. var. *taliensis* (FRANCH.) KÜKENTH., l. c., 344 (1909) (*C. t.* FRANCH.). Y.: In der wtp. St. in Gräben bei Tsaopu jenseits Nganning am Wege von Yünnanfu nach Dali, Mergel, 1850 m (8639). Sandiges Bachufer unter Lanyitji n von Yungning, Sandstein, 2800 m (3362). SW-II.: Yünschan bei Wukang, zwischen 400 u. 1400 m (Plt. sin. 512, det. KÜKENTHAL).

Nr. 3362 hat die Schläuche nur teilweise kürzer als die Spelzen und diese länger zugespitzt.

C. pruinosa BOOTT subsp. *Maximowiczii* (MIQ.) KÜKENTH., l. c., 353 (1909) (*C. M.* MIQ.). W-Hubei (WILSON, Veitch Exp. 1652). Kw.: Nganschun (CAVALERIE 4306).

* *C. cincta* FRANCH. in Bull. Soc. Philom. Par., 8. sér., VII., 33 (1895) var. *subphacota* KÜKENTH. in Pflzenr., IV/20., 353 (1909), det. KÜKENTHAL. II.: Feuchte Stellen der str. St. in der Waldschlucht hinter der Schule am Yolu-schan bei Tschangscha, Sandstein, 90 m, 13. IV. 1918 (11620).

C. Prescottiana BOOTT var. *Fargesii* (FRANCH.) KÜKENTH., l. c., 356 (*C. F.* FRANCH.). Kw.: (CAVALERIE 8002).

C. alpina SW. ssp. *infuscata* (NEES) KÜKENTH. in Pflzenr., IV/20., 386 (1909) (*C. i.* NEES in WIGHT, Contr. Bot. Ind., 125 [1834]) var. *gracilenta* (BOOTT) KÜK., l. c. (*C. g.* BOOTT ap. STRACHEY, Cat. Plt. Kum., 73 [1854]). NW-Y.: Bambusdschungel der tp. St. an der Westseite des Passes Lenago zwischen Yangtse und Mekong, 27⁰ 54', Kalk, 3400—3600 m (8859).

Stimmt am besten mit BOOTTs Tafel 359, die auch einen starken Kiel der ♀ Spelzen zeigt. Dieser ist bei meiner Pflanze breit und grün. Nach CLARKE in Fl.

Brit. Ind., VI., 730 ist ein gelber Kiel sehr veränderlich in der Breite. Von der Subspezies und Varietät sah ich kein Material, aber nach diesen Angaben gehört meine noch nicht reife Pflanze dazu.

C. obscura Nees *var. **brachycarpa** C. B. Cl. in Hook. f., Fl. Brit. Ind., VI., 731 (1894). NW-Y.: In der ktp. St., 3850—3950 m. Bei Lidjiang, v. E. (3804). Kräuterreiche Stellen an der Westseite des Gebirges Piepun se von Dschungdien, 12. VIII. 1914 (4740, teste Kükenthal). Moorsümpfe im birm. Mons. zwischen Mekong und Salwin in dem nach Tibet hinabführenden Tale Schidsaru, 28° 9' (9708).

— — var.? NW-Y.: Wiese der tp. St. am Bache bei Mudidjin s von Yungning, 3000 m (3200, det. Kükenthal).

C. atrata L. ssp. *pullata* (Boott) Kükenth. in Pflzenr., IV/20., 400 (1909) (*C. a.* var. *p.* Boott, Ill. G. Car. III., 114, t. 364 [1862]). Wiesen, Waldschläge, Gekräute und steinige Matten der Hg. und ktp. St., 3550—4350 m. NW-Y.: Bei Lidjiang, v. E. (3805, det. Kükenthal). Hier an der Ostseite des Gipfels Ünlüpe im Yülung-schan (3513). Berg Schusutsu ober Bödö, Alm Da-Niutschang und Westseite des Gebirges Piepun se von Dschungdien. Berg Waha bei Yungning. Im birm. Mons. zwischen Mekong und Salwin auf dem Si-la, im Tale Schidsaru und unter dem Doker-la, 28° 0—15', und im Tjiontson-lumba vom Salwin gegen den Irrawadi. NW-S.: Gebirge um Sungpan (Weigold).

— — — — var. *subgracilenta* Kükenth. in Act. Hort. Gothob., V., 43 (1930) p. p., e typo. NW-Y.: Wiesen der ktp. St. des birm. Mons. im oberen Saoa-lumba an der Westseite des Si-la zwischen Mekong und Salwin, Glimmerschiefer, 3550 m, 27. VIII. 1916 (9966). Zwischen Salwin und Irrawadi w von Tschamutong (Forrest 21789 als *C.* sp.).

Licents Pflanze gehört, wie ich an anderer Stelle ausführen werde, nicht zu dieser Art.

C. Royleana Nees (*C. breviculmis* R. Br. ssp. *R.* [Nees] Kükenth. in Pflzenr., IV/20., 469 [1909]). S.: Bachränder und nasse Gräben der wtp. und str. St., 1650—2500 m. Ningyüen (1289). Sattel zwischen Tjiaodjio und Lemoka im Lolo-Lande e von hier (1606). Beidjeho im Becken von Yenyüen (2235).

* *C. mitrata* Franch. in Bull. Soc. Philom. Par., 8. sér., VII., 88 (1895). II.: Waldschluchten des Yolu-schan bei Tschangscha, Sandstein, str. St., 70 m, 21. IV. 1918 (11666).

C. tristachya Thunb., det. Kükenth. II.: Häufig in Steppen der str. St. bei Tschangscha, Sandstein, 40—100 m (11589).

C. ligata Boott. II.: Auf Sandsteinfelsplatten in Gebüschen der wtp. St. bei Hsikwangschan nächst Hsinhwa, große Rasen bildend, 600 m (11857).

C. tenuissima Boott *var. **sikokiana** (Franch. et Sav.) Kükenth. in Pflzenr., IV/20., 475 (1909) (*C. s.* Franch. et Sav., Enum. Pl. Jap., II., 573 [1879]). II.: Waldschlucht des Yolu-schan bei Tschangscha, str. St., Sandstein, 100 m, 4. IV. 1918 (11575).

Blätter fast 3 mm breit. Schläuche kurz behaart. Franchet bildet seine *C. sikokiana* mit zerstreut behaarten ab, beschreibt sie aber als ganz kahl; auch Faurie 6532 hat sie behaart. Das Verhältnis zur echten *C. tenuissima* bleibt daher fraglich.

C. tapintzensis FRANCH. Laub- und Föhrenwälder, üppige Wiesen, Felsen der wtp. und tp. St. auf Kalk, 1550—3200 m. **Y.**: Im NW ober Ngulukö (6598) und am Be-schui (4176) bei Lidjiang. Zwischen den Sätteln des Berges Lamatso w des Nordendes der Lidjianger Yangtse-Schleife (7611). Im E auf dem Hügel bei Bantjiao e von Loping (10 227, det. KÜKENTHAL). **S.**: Ober Luhungti zwischen Yenyüen und Kwapi, 27° 46′ (2862).

Blätter bei 7611 teilweise nur 1—2 mm breit. ♀ Ährchen bei 10 227 recht dicht.

— — **var.** *lamprosandra* (FRANCH.) KÜKENTH. in Pflzenr., IV/20., 490 (1909) (*C. l.* FRANCH.). NW-**Y.**: Felsige Stellen der tp. St. ober Ngulukö bei Lidjiang, Kalk, 3100—3400 m, mit dem Typus (6687).

C. pediformis C. A. MEY. ***var.** *macroura* (MEINSH.) KÜKENTH. in Öfv. Finsk. Vet.-Soc. Förh., XLV/8., 10 (1903) (*C. m.* MEINSH. in Act. Hort. Petrop., XVIII., 404 [1901]). **S.**: Matten und Bambusdschungel der tp. bis in die Hg. St., 3200—4300 m. Nordhang des Berges Dadjin zwischen Yenyüen und dem Yalung, 27° 31′, 11. V. 1914 (2166). Liuku-liangdse zwischen Yenyüen und Kwapi (2265) und Rücken des Tschahungnyotscha jenseits des Yalung n von hier (2649). Im W auf dem Wa-schan s von Yadschou (WEIGOLD).

Übereinstimmend mit der Beschreibung und einer Anzahl nicht zitierter, aber sicher hierher gehöriger Pflanzen aus dem Altai.

— — v a r. *macrosandra* (FRANCH.) C. B. CL. (*C. lanceolata* BOOTT var. *m.* [FRANCH.] KÜKENTH. in Pflzenr., IV/20., 493 [1909]). W. H u b e i (WILSON, Veitch Exp. 1666).

Kommt der vorigen Varietät sehr nahe, unterscheidet sich durch die zwar verkehrt-eiförmigen, aber doch scharf bespitzten Spelzen besonders der ♀ Blüten. Die Form des ♂ Ährchens steht im Widerspruch zu den von FRANCHET in Nouv. Arch. Mus. Par., 3 sér., IX., 168 (1897) angegebenen Unterschieden gegenüber *C. pediformis. C. lanceolata* var. *subpediformis* KÜKENTH. in Pflzenr., IV/20., 493 (1909) finde ich nach den Originalexemplaren mit typischer *C. pediformis* vollkommen identisch. *C. lanceolata* unterscheidet sich von *pediformis* nur durch die Brakteenscheiden.

****** *C. glossostigma* HAND.-MZT. in Sitzgsanz. Ak. W. W., LIX., 140 (1922). (Abb. 38, Nr. 3).

Subgen. *Eucarex* COSS. et GERM., sect. *Careyanae* TUCKERM.

Rhizoma stolones longos tenues, cataphyllis remotis marcescentibus obsitos, apice radicantes, foliorum 1—3 fasciculum et culmos complures laterales gerentes edens. Folia persistentia, rigidula, dilute atroviridia, late usque lanceolato-linearia, 5—14 mm lata, 10—40 cm longa, utrinque longe attenuata, vix petiolata, marginibus et supra praesertim superne aspera, subtus paulo pallidiora, dense scaberulo-pubescentia; costa supra impressa, subtus prominua; nervi tenues imprimis 2, rarius plures supra prominui subtus plani, nervuli intersiti usque ad 30 praesertim subtus paulum prominui. Vaginae sub foliis nullae, basi scaporum numerosae aggregatae, laxae, apertae, pallide brunneae, dense et minute fuscopurpureo-punctatae, puberulae, dense et argute nervatae, lanceolatae, acutissimae, inferiores abbreviatae, aphyllae, superiores usque ad 3 cm longae, laminis usque ad 4 mm longis angustis, ligulis brevissimis brunneis. Scapi interdum in surculis prostratis usque ad $3^1/_2$ cm remoti, raro unus e centro

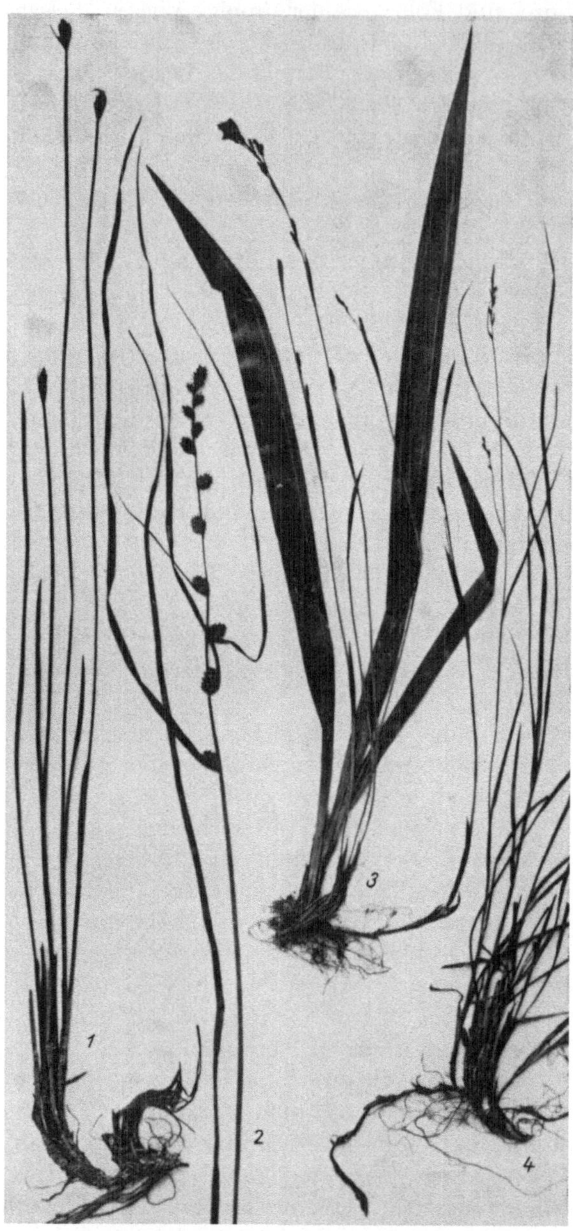

Abb. 38. 1 *Carex unifoliata* Kük. et Hand.-Mzt.
2 *C. imbricata* Kük. 3 *C. glossostigma* H.-M.
4 *C. Handelii* Kük. (8972). $^2/_5$ nat. Gr.

fasciculi ortus, foliis breviores usque duplo longiores, graciles, saepe flexuosi, 10—45 cm longi, obtuse triquetri, leves, multistriati, plerumque vaginis 1—2 paulum inflatis ad dimidium clausis, ceterum basales aequantibus instructi, tertio vel duis tertiis inflorescentiis obsiti. Bracteae 3—5, vaginas caulinas aequantes, sursum diminutae. Spiculae summae usque ad 3 sessiles ebracteatae, ceterae pedunculis tenuibus suberectis subtilissime scabellis usque ad 6 cm longis fultae, mediae usque ad 4^{nae}, inferiores pauciores saepe partim compositae, omnes androgynae, 4—7 mm longae, breviter cylindricae, parte dimidia ♀ laxa vel laxiuscula flore infimo raro tantum utriculi longitudine distante, ♂ densa. Squamae ♀ $1^1/_2$, ♂ 1 mm longae, marginibus subtilissime fimbriatae, glabrae et leves, nervis 3 vel basi 5 obtusis albidis, inter eos atrovirides, ceterum scriosae pallide brunneae et violascentes, purpureo-striolatae, hae rotundato-oblongae et retusae, illae ovatae, obtusae, rarius acutiusculae. Utriculi squamas subaequantes, sessiles, erectopatuli, late ovati, breviter angustati, retusi, complanati, ventre concavi, dorso nervo duplici et interdum lateralibus binis percursi, marginibus obtusis valde incrassatis, glabri, leves, olivacei, purpureovittati; nux parva (matura ignota); stigmata 3 utriculos aequantia, crassa, lingulata, atroviolacea. Stamina 3, filamentis latis squamas paulo excedentibus, antheris ad 1 mm longis alboroseis (?,,flores alborosei" collectoris).

SW-H.: Yün-schan bei Wukang, zwischen 400 u. 1400 m, Tonschiefer, IV. 1919 WANG-TE-HUI (Plt. sin. 17).

Proxima *C. grandiligulatae* KÜKENTH., quae e typo vaginis basalibus retrorsum hirtellis cinnamomeis, spiculis incluse pedunculatis, bracteis ampliato-vaginatis laminiferis ligula longa instructis, squamis angustioribus albomarginatis differt.

* *C. anomoea* HAND.-MZT. (*C. inaequalis* BOOTT ap. CLARKE in HOOK. f., Fl. Brit. Ind., VI., 726 [1894] p. p., em. KÜKENTH. in Pflzenr., IV/20., 545, det. KÜK., e typo, non J. F. GMEL. 1791). NW-Y.: In der tp. St. auf üppigen Wiesen am Be-schui n von Lidjiang (Likiang), Kalk, 2950 m, 18. VII. 1914 (4190). Kalktuff der Quellen auf den Sinterterrassen von Bödö se von Dschungdien, 2765 m (4472).

C. sp. nova? aff. *C. Prainii* C. B. CL., det. KÜKENTHAL. NW-Y.: Tannenwälder der ktp. St. an der Ostseite des Passes Nisselaka zwischen Mekong und Salwin, 28°, Glimmerschiefer, 3700—4100 m, 18. VI. 1916 (8977).

Für Beschreibung zu jung. Blätter schmäler, Spelzen stumpfer als bei *C. Prainii* und Schläuche kahl.

C. Dielsiana KÜKENTH. in Not. Bot. Gard. Edinb., VIII., 10 (1913), e typo. S.: Mischwald der tp. St. unter Liuku bei Kwapi n von Yenyüen, 27° 53', Kalk, 3000—3350 m (13092).

— — **var. *pallidior* HAND.-MZT.

Squamae praesertim ♀ pallidiores, vix brunnescentes, nervo mediano rigidiore et prominuo, margine hyalino angustiore.

S.: In der tp. St. in der Tiefe einer Doline bei Kalapa zwischen Yenyüen und Kwapi, Kalk, 2800 m, 17. V. 1914 (2302).

C. nivalis BOOTT in Transact. Linn. Soc., XX., 136 (1846), det. KÜKENTHAL. W-Hubei: Fang, VI. 1901 (WILSON, Veitch Exp. 2057). NW-Y.: Im birm. Mons. in der Mekong—Salwin-Kette auf feuchten Matten an Bächen, 28° 12', 3660 m (FORREST 14361 p. p.).

C. atrofusca SCHK. (*C. ustulata* WAHLENB.). NW-Y.: Offene sumpfige Wiesen des birm. Mons. am Doker-la an der tibetischen Grenze, 3350 m (FORREST 19928, als *C. atrata* L. var.).

— — *var. *angustifructus* KÜKENTH. in Pflzenr., IV/20., 554 (1909). NW-Y.: Unter den obersten Bäumen an der Westseite des Gebirges Piepun se von Dschungdien, 4200 m, 11. VIII. 1914 (4672).

* *C. haematostoma* NEES in WIGHT, Contr. Bot. Ind., 125 (1834). NW-Y.: Gehängeschutt der Hg. St. an der Westseite des Gebirges Piepun se von Dschungdien, Kalk, 4300—4650 m, 11. VIII. 1914 (4689).

C. hirtella DREJ., Symb. Caric., 21 (1844). S.: Offene, steinige Waldlichtungen der ktp. St. bei der Alm Bädö ober Muli, Kalk, 3900 m (7280).

? *C. drepanorrhyncha* FRANCH., det. KÜKENTHAL. S.: Mischwald der wtp. St. bei Kwapi n von Yenyüen, 27° 53', Kalk, 2750 m (2414, ohne entwickelten Fruchtschlauch).

C. fastigiata FRANCH. Bachränder, üppige Wiesen und kräuterreiche Hänge der tp. St., 3300—3600 m. NW-Y.: Bei Lidjiang, v. E. (3807). Westseite des Gebirges Piepun se von Dschungdien (4778). S.: Rücken ober Fumadi über dem Wolo-ho zwischen Yenyüen und Yungning (3056).

Nr. 4778, det. KÜKENTHAL, ist nicht ganz typisch, indem auch die unteren Ährchen meist einfach sind.

**** *C. Handelii* KÜKENTH. (Abb. 38, Nr. 4).**

Subgen. *Eucarex* COSS. et GERM., sect. *Hymenochlaenae* DREJ., subsect. *Debiles* CAREY.

Stolones longos lignosos emittens. Culmi foliorumque fasciculi plures, cespitosi vel seriati, illi 20—45 cm alti, debiles, compressi, striati, leves, inferne foliati. Folia culmos aequantia, 1—2 mm lata, plana, longe acuminata, viridia, flaccida; vaginae clare brunneae, imae aphyllae. Spiculae 2—6, singulae vel binatae vel ternatae, pedunculis longis, capillaribus, inaequalibus, $\pm$ nutantes, lineares, $1^1/_2$—3 cm longae, dissitiflorae, androgynae, parte ♂ femineae $\pm$ aequilongae vel laterales mere ♀, in fasciculos longe distantes, breviter foliaceobracteatos dispositae. Squamae ♀ spathulatae, apice excisae, pallide stramineae vel ferrugineae, carina viridi in aristam filiformem, infimam interdum spiculam subaequantem productae; ♂ iis duplo longiores, lineares, ceterum similes, sed brevissime aristatae. Utriculi squamas paulo excedentes, suberecti, elliptici, trigoni, 4 mm longi, marginibus sursum hispiduli, basi stipitati, enerves, apice in rostrum longum ore hyalino emarginatum subabrupte contracta. Stigmata 3.

NW-Y.: Schattige Sandsteinfelsen der tp. St. bei Schatiama am Wege von Djitsung am Yangtse nach Kakatang über dem Mekong, 27° 21′, 2850 m, 29. VIII. 1915 (7902). Im birm. Mons. in Tannenwäldern der ktp. St. an der Ostseite des Passes Nisselaka zwischen Mekong und Salwin, 28°, Glimmerschiefer, 3700—4100 m, 18. VI. 1916 (8972, Typus).

Ante *C. sutchuensem* FRANCH. et *C. bostrychostigmatem* MAX. ponenda, sed spiculis androgynis diversa.

C. **sp. nov.** aff. *C. sutchuensi* FRANCH. S.: Trockene Hänge der tp. St. am Sattel Linbinkou, 27° 46′, zwischen Yenyüen und Kwapi, 3000 m, 4. VI. 1914 (2835). Lichtungen der ktp. Tannenwälder auf dem Passe Lenago zwischen Yangtse und Mekong, 27° 45′, 3600—4050 m, 7. VI. 1916 (8835).

Ich besitze diese Art schon aus S. von F. P. WANG Nr. 20 899 und 22 945, trage aber Bedenken, sie zu benennen, da reife Früchte nicht entwickelt sind und es immerhin möglich ist, daß die Pflanze zur Verwandtschaft der *C. pisiformis* BOOTT gehört. G. KÜKENTHAL.

C. brunnea THUNB., det. KÜKENTHAL. H.: Gebüsche der wtp. St. bei Hsikwangschan im Bezirke Hsinhwa, Kalk, 600 m (12 637).

C. longicruris NEES **var. *Henryi*** C. B. CL. E-Kw.: Bambushain der str. St. auf dem Hügel bei Dodjie zwischen Duyün und Badschai, 700 m (10 715). NW-Y.: Im wtp. Regenmischwalde des birm. Mons. bei Bahan am Salwin, 27° 58′, 2400—2600 m (8411).

C. longipes D. DON. Gebüsche der wtp. und tp. St., 2200—3000 m, auf Sandstein. Y.: Ober Djiunienping jenseits Fumin nw von Yünnanfu (6110). Zwischen Dschaoping und Boloti n von Yungbei (3350). S.: Unter Hungga am Westrande des Beckens von Yenyüen (2905).

Bei Nr. 6110 die Ährchen lockerblütig und die Schläuche 4—5 mm lang.

C. polycephala BOOT. ****var. *simplex*** KÜKENTH.

Spiculae omnes simplices.

NW-Y.: Im wtp. Regenmischwalde des Doyon-lumba am Salwin, c. 28° 2′, Schiefer, 2500—2700 m, 23. IX. 1915 (8300).

C. yunnanensis FRANCH. Feuchte Stellen und Bachränder der tp. St., 3150—3500 m. NW-Y.: Yao-schan bei Ganhaidse nächst Lidjiang (6733). S.: Molien jenseits des Yalung n von Yenyüen (2546).

Spelzen im Umriß spitz, nur ganz schmal gestutzt oder ausgerandet. Ich sah vom Typus nur ausgelöste Nüßchen.

C. Brownii TUCKERM. var. *transversa* (BOOTT) KÜKENTH. in Pflzenr., IV/20., 614 (1909) (*C. t.* BOOTT). H.: Gebüsche der str. St. am Liuyang-ho bei Tschangscha, Sandstein, 35 m (11684).

C. ischnostachya STEUD. H.: Im str. Hartlaubwalde des Yolu-schan bei Tschangscha, Sandstein, 150 m (11669) und bei Schaotangho sw von hier.

C. nemostachys STEUD. H.: Häufig im Sand am Bache zwischen Tanschi und Pungantang im Bezirke Hsinhwa, str. St., Sandstein, 80—500 m (12735).

* *C. olivacea* BOOTT in Proc. Linn. Soc., I., 286 (1845). NW-Y.: In Lachen in den tp. Wäldern des birm. Mons. im Tjiontson-lumba vom Salwin unterhalb Tschamutong gegen den Irrawadi, Granit, 3050 m, 2. VII. 1916 (9192).

C. japonica THUNBG. var. *chlorostachys* (DON) KÜKENTH. in Pflzenr., IV/20., 620 (1909) (*C. c.* D. DON). Wälder und Gebüsche der wtp. St. auf Sandstein und Tonschiefer. H.: Ober Tungdjiapai bei Hsikwangschan, 800 m (11844, det. KÜKENTHAL). Im SW auf dem Yün-schan bei Wukang, 1200 m (12255, det. KÜK. Plt. sin. 263). W-Hubei (WILSON, Veitch Exp. 1638).

Blätter knotig-gefächert, wie bei Pflanzen MAXIMOWICZS von Yokohama.

C. chinensis RETZ. H.: Waldschluchten der str. St. am Yolu-schan bei Tschangscha, Sandstein, 100 m (11574).

C. Martinii LÉVL. et VANT., det. KÜKENTHAL. H.: Wie vorige (11578).

C. simulans C. B. CL., det. KÜKENTHAL. S.: Gebüsche der wtp. St. am Lu-schan bei Ningyüen, Sandstein, 2300 m (1939).

C. laticeps C. B. CL., det. KÜKENTHAL. H.: In der str. St. an feuchten Stellen bei Tschangscha (11599) und am Flusse zwischen Schaotangho und Widin sw von hier viel, Sandstein, 50—70 m.

C. Jackiana BOOTT f. *oxyphylla* (FRANCH.) KÜKENTH. in Pflzenr., IV/20., 638 (1909) (*C. o.* FRANCH.), det. KÜK. Sumpfwiesen der str. und tp. St. NW-Y.: Unter San-tsun bei Yungning, 3000 m (3165). S.: Zwischen Gudschön und Daschiban bei Ningyüen, 1650 m (1333).

C. sp. nova? aff. *C. vesicariae* L., an ad *Tumidas* pertinens?, det. KÜKENTHAL. S.: Sumpfstellen der wtp. St. ober Datscho jenseits des Yalung n von Yenyüen, 28° 10′, Schiefer, 2400—2800 m, 25. V. 1914 (2588).

Blätter breiter als bei *C. vesicaria*, bis 1 cm breit; untere ♀ Ährchen bis 6 cm lang gestielt, ♂ genähert und kürzer.

C. hebecarpa C. A. MEY. var. *Maubertiana* (BOOTT) FRANCH. Ki.-F.-Grenze: An einem Bach am Fuße des Dunghwa-schan zwischen Schitscheng und Ninghwa, c. 600 m (Plt. sin. 323).

Blätter breiter, als für die Varietät beschrieben (bis 13 mm breit) und ganz extrem fast zu einem Quirl genähert.

— — var. *ligulata* (NEES) KÜKENTH. in Pflzenr., IV/20., 745 (1909) (*C. l.* NEES). In der wtp. St. NW-Y.: Regenmischwälder des birm. Mons. bei Bahan am Salwin, 27° 58′, 2400—2600 m (9038). **Kw.:** Bambushain des Hügels bei

Dodjie zwischen Duyün und Badschai, 700 m (10717). SW-H.: Schattiger Laub-hochwald des Yün-schan bei Wukang, 1180 m (12141, det. Kükenthal).

Nr. 9038 hat die ♀ Spelzen kürzer, zarter und mit kaum austretendem Nerv. Wilson 1009 vermittelt aber mit dem Typus.

C. Wallichiana Presc. Y.: Zwischen Diabasfelsen der tp. St. ober den Tempeln auf dem Dji-schan ne von Dali, 3050—3350 m (6402).

Blätter nicht knotig-gefächert, ♀ Ährchen an der Spitze ♂, sonst völlig mit indischen Pflanzen stimmend.

C. aristata R. Br. **var. *lanceisquama* Hand.-Mzt.

Squamae ♀ anguste lanceolatae, usque ad apicem non distincte aristatum sensim angustatae, virides vel brunneae vel utrumque. Folia glabra, 4—7 mm lata.

NW-Y.: Gräben der wtp. St. in der Ebene Laschiba w von Lidjiang, Kalk, 2500 m, 28. V. 1916 (8777).

Gramineae

Arundinaria Michx.

** *A. megalothyrsa* Hand.-Mzt.

Vix 2 m alta, culmis tenuibus, saltem superne et ramis floriferis teretibus, his 4 mm crassis, 5 foliis. Folia lanceolata, usque ad $32 \times 5{,}7$ cm, longe et te-nuiter acuminata, basi rotundato-cuneata in petiolos ad 1 cm longos cuneato-alatos decurrentia, marginibus aspera, sicca chartacea, supra dilute viridia, subtus valde papilloso-glauca, nervis maioribus utrinque c. 9, interjectis 5^{nis} cum trabeculis dissitis utrinque tenuiter prominulis; vaginae c. 10 cm longae, antice laxiusculae et dorso carinatae, setis adpressis vel patentibus $\pm$ strigosae, auriculis brevissimis, latis, brevissime tantum liberis, firmis, reflexis, setis patulis 1 cm longis levibus flavidis demum fusculis coronam formantibus ciliatis; ligulae truncatae, 1—2 mm longae, firmae. Panicula subsessilis, $\pm$ 40 cm longa et lata, axi erecta, ramis plerisque singulis inferioribus patulis ad ter ramosis tenuibus triquetris levissimis diffusa, laxissima; pedicelli 1—4 cm longi. Spiculae lineares, 2—4 cm longae, 2—3 mm latae, laxe 4—9 florae, longe acuminatae. Glumae lanceolatae, flavidae, c. 2 mm latae, dorso rotundato tenuiter 5 nerviae antice scabrae; inferior ad 8 mm longa apice subulata; superior eae contigua cum arista scabra quam lamina $\pm$ duplo breviore ad 12 mm longa. Rhachillae internodia floribus duplo breviora, partim exposita, subcompressa, antice scabra; calli pilis adpressis 1 mm longis fulvis dense induti. Lemma lanceolatum, c. 8 mm longum, 3 mm latum, dorso rotundato margineque strigilloso-asperum, charta-ceum, fusco-violaceum, tenuiter et indistincte 5 nervium, certe semper in aristam fragillimam usque ad 5 mm longam, atram, crassam, antrorsum scabram exiens. Palea eo aequilonga, consistentia subaequali, lateribus tantum tenuior et levis, carinis binis approximatis antrorsum setulosis, inter has et a lateribus complicata, breviter bicuspidata. Ovarium glabrum, in stylum firmum 1 mm longum attenuatum, stigmatibus 3, ultra 1 mm longis, vesiculoso-plumosis, deciduis. Lodiculae 3, ovatae, 2 mm longae, tenerrimae, apicibus ciliatae. Flores summi steriles, aristis lemmatum farctis. Antherae (e Keng) immaturae in flore summo c. 1 mm longae videntur.

NW-Y.: Im str. Regenlaubwalde des birm. Mons. in der Seitenschlucht Naiwanglong des Taron (e Irrawadi-Oberlaufes) ober der Seilbrücke am Fuße des Abstieges vom Tschiangschel, 27° 53', Granit, 2150 m, 5. VII. 1916 (9343).

Inflorescentia *A. Walkerianae* MUNRO, aristis *A. aristatae* MUNRO similis, sed foliis maximis setarumque coronis necnon spiculis longis stigmatibusque 3 valde insignis. Ab *A. sinica* HCE. simili modo differt. Forsitan affinis *A. hirsutae* MUNRO sterili tantum notae, quae foliis multo minoribus subtus pilosis.

In den zahlreichen von mir analysierten Blüten dieser schönen Pflanze fand sich keine Spur von Filamenten, weshalb sie vielleicht gelegentlich zweihäusig ist. Die Häufung der Grannen der obersten sterilen Blüten erinnert an *Lophatherum*, doch sind sie sehr abfällig. Die Merkmalskombination stimmt auf keine der Gattungen vollständig, in die NAKAI in Journ. Arn. Arb., VI., 152 (1925) *Arundinaria* sicher unnötig und in unvollständiger Weise aufteilt.

**** *A. longiaurita* HAND.-MZT.**

Syn.: *Indocalamus longiauritus* HAND.-MZT. in Sitzgsanz. Ak. W. W., LXII., 254 (1925).

Culmi 1 m alti, 3—6 mm crassi, teretes vel superne planoconvexi, cavi, leves, hic illic subtiliter albo-velutini. Vaginae amplectentes, ad 10 cm longae, 1 cm (a latere) latae, mox opacae, leves, basi et marginibus dense brunneo-barbatae, ore setis scabris ad 1 cm longis brunneis dense fimbriatae et saltem altero latere auricula falcata deflexa usque ad 6 mm longa eodem modo fimbriata appendiculatae, eligulatae, medio deciduae, laminis quam ipsae brevioribus, ovato-lanceolatis, sessilibus, siccis persistentibus, parce tesselatis, ceterum foliiformibus. Rami pauci, semiverticillati, breves, prope basin saepe ramosi et vaginis abbreviatis coriaceis lucidis obsiti, ceterum iisdem ac culmus vaginis laminiferis involuti vel longiores partim nudi, apice foliis 1—3 approximatis, insidentibus iisdem vaginis cum marginibus petiolos dorso cingentibus coriaceis truncatis 1—2 mm longis subtiliter ciliolatis. Folia lanceolata et ovato-lanceolata, 1,2 × 8, 2 × 9$^1/_2$ — 17, 5 × 19 — 8$^1/_2$ × 41 cm, tenuiter acuminata, basi in petiolos 3—7 mm longos cuneato-rotundata, rigidula, margine serraturis subtilibus prorsus scabra et maxima hic illic levia, nervis praeter costam subtus valde prominuam tenuibus utrinque 6—14 maioribus subtus prominulis et 7^{nis} subtilibus interpositis, venulis transversis praesertim maiora utrinque dense tesselata. Paniculae culmis tenuibus interdum 50 cm tantum altis vel ramis elongatis dissite vaginatis foliatisque terminales, sessiles, subcontractae, 8 usque 14 cm longae; rami inferiores plures semiverticillati, ut rhachis primaria albido-velutini nodisque fulvido-barbati saepeque bracteis usque ad 5 mm longis vel minutis et aristatis ita barbatis instructi, a basi spiculis paucis spicatis partim sessilibus partim brevipedicellatis obsiti. Spiculae anguste fusiformes, ad 6 cm longae, laxiuscule 8- vel nonnullae pauciflorae. Gluma inferior interdum in aristam ipsa aequilongam producta; superior ea plus duplo maior, margine anteriore ciliata, ceterum lemmati simillima, interdum autem 9 nervia et distincte carinata. Rhachilla fragilis, complanata, imprimis angulis retrorsum hirta, internodiis quam flores ± 1 cm longi paulo brevioribus. Lemma ovatum, amplectens, dorso rotundatum, aequaliter 7 nervium et parce et indistincte trabeculosum, apice paulum fimbriatum et sensim mucronatum. Palea eo aequilonga, late navicularis, obtusa, tenuiter binervia, dorso superne setosa. Lodiculae 3, oblongae, $1^1/_2$ mm longae, apice ciliatae. Stamina 3, antheris oblongis, $3^1/_2$ mm longis, ochraceis. Ovarium glabrum, stigmatibus 2 liberis, c. 2 mm longis, longe et demum purpureo-plumosis.

Steilhänge, Gebüsche und schattige Wälder der wtp. und wohl auch der str. St. auf Sandstein, Grauwacke, Tonschiefer und Granit (300?—) 1100—1250 m. **Kw.**: Zwischen Guiyang und Gwanyinschan, 6. VII. 1917 (10598). Häufig um Madjiadwen zwischen Guiding (Kweiting) und Duyün, 9. VII. 1917 (10643). Am Du-djiang unter Sandjiang. **H.**: Spärlich zwischen Lududsai und Niaoschuhsia zwischen Hsinhwa und Wukang. Im SW ober dem Tempel Gwanyin-go auf dem Yün-schan bei Wukang, 9. VII. 1918 (12256, Typus).

Affinis forsitan *A. sinicae* Hce., cuius vaginarum setae marginales partim connatae interdum fere auriculas formant, lemmata autem multo obtusiora sunt. *A. Fargesii* A. Cam. in Not. Syst., II., 244 (1912) foliis subtus saepe hirsutis, vaginis ore esetosis, inflorescentia densiore, rhachillae articulis expositis, lemmate margine ciliato longius distat.

    **** A. andropogonoides** Hand.-Mzt. (Abb. 40, Nr. 5 auf S. 1301.)

    Syn.: *Indocalamus a.* Hand.-Mzt. in Sitzgsanz. Ak. W. W., LXII., 255 (1925).

Rhizoma repens, ramosissimum, 4—5 mm crassum, squamis coriaceis late ovatis acutis nitidis antice multicostulatis imbricatis densissime tectum, radicibus crassiusculis et fibris valde ramosis, culmos distantes vel fasciculatos, graciles, $1—2^1/_2$ mm crassos, (saepe e basi geniculata) erectos, 40—115 cm altos, simplices, vix lignescentes, late cavos, teretes, leves, opacos, remote foliatos et inferne vaginatos, qui adsunt omnes floriferos edens. Gemmae solitariae, compressae, densissime ciliatae. Vaginae 4—10 cm longae, tardissime deciduae, arctae, multicostulatae et dissite tesselatae, opacae, ad basin fissae, ore raro setis paucis parvis levibus, exauriculatae, in ligulas fuscas, $1^1/_2—2^1/_2$ mm longas, ovatas, erosas vel truncatas, ciliolatas, subtilissime velutinas et dorso laminae interdum in callum productae. Folia lineari-lanceolata, usque ad 12 cm longa et 7 mm lata, longissime acuminata, basi in petiolos brevissimos attenuata, caesioviridia, late cartilagineo-marginata, parce prorsus ciliata et scabra, nervis paulo maioribus c. 7 et minoribus c. 5^{nis} interpositis subtus magis quam supra prominuis et illic trabeculis crebris crassis tesselata. Paniculae terminales, sessiles vel longe exsertae, 8—25 cm longae, densiusculae; rami singuli vel gemini, erecti, planoconvexi, leves vel parce prorsus serrato-ciliati, spiculis paniculatis sessilibus et brevipedicellatis, laxiuscule (2 —) 5—6 floris, angustis. Glumae ovato-lanceolatae, subaequales, 6—7 mm longae, acutae, stramenticiae, argute 7—9 nerviae, apice ciliolatae. Rhachilla marginibus asperrima, callis brevissime sericeis, internodiis quam flores (quorum multi ♂?) duplo brevioribus. Lemma 10—11 mm longum, ovato-lanceolatum, acutum, herbaceum, rufoviride, dorso rotundatum, subtiliter asperum, tenuiter 9 nervium. Palea similis, subenervia, apice magis ciliata. Lodiculae minutae, membranaceae, ovato-lanceolatae, longipilosae. Antherae 3, lineares, 6 mm longae, pallidae. Stigmata 2 vel (e Mc. Clure) 3, tenuissima, 3 mm longa, breviter plumosa.

E-Y.: Föhrenwälder der wtp. St. auf dem Rücken des Beling-schan bei Loping, Kalk, 2100 m, 10. VI. 1917 (10141).

Proxima forsitan *A. Mairei* HACK. ined., quae differt vaginis margine setosis, spiculis densioribus, floribus numerosioribus, glumis lemmatibusque longius acuminatis et densius pilosis. Similis etiam *A. pusilla* CHEVAL. et A. CAM., annamensis.

Diese merkwürdige Pflanze, die im Habitus etwa zwischen *Andropogon Delavayi* und *Cymbopogon*-Arten steht, zeigt im vorliegenden Material gar keine Reste stärkerer Halme, wie sie sonst an pleuranthen Bambuseen zu sehen sind. Ähnliche Formen macht auch *Arundinaria tecta* (WALT.) MUHLENB. Die Narben, die ich bei der sicher größtenteils ♂ Pflanze nur einmal beobachten konnte, verkleben zwischen den Antheren.

A. Fangiana A. CAM. in Journ. Arn. Arb., XI., 192 (1930). S.: In der wtp. St. auf dem Schao-schan se von Ningyüen ein Moor vollständig bewachsend, Sandstein, 2700 m, 15. IV. 1914 (1365).

In den Merkmalen der Hüllspelzen besser mit *A. Fangiana* als mit *A. racemosa* MUNRO stimmend, doch kann die obere Hüllspelze nicht pfriemenförmig genannt werden und sind die Deckspelzen eher kürzer zugespitzt als bei dieser. *A. racemosa*, die nach GAMBLE in Ann. Calc. Bot. Gard., VII., 9 mit 2 und 3 Narben variiert, paßt ebenfalls nicht in NAKAIS Schema und fehlt bei ihm vollständig.

A. sp. Y.: Gebüsche und Wälder der tp. St. zwischen Piyi und Mudidjin s von Yungning, 3000—3450 m (3185).

Steril, ähnlich *A. khasiana* MUNRO, aber mit tesselaten Blättern. Von *A. melanostachys* durch anliegende, papillöse Scheiden verschieden.

**** A. melanostachys** HAND.-MZT. in Sitzgsanz. Ak. W. W., LXI., 23 (1924).

Culmi in rhizomate stolones tenues hypophyllis 15—20 mm longis vaginatos edente vix fasciculati, erecti, 2 m et ultra alti, teretes, obsolete multistriolati, leves, diametri tertia parte cavi, supra medium 5 mm crassi, internodiis 8—12 mm longis, nodis non incrassatis. (Vaginae caulinae et culmi steriles desunt). Rami floriferi 4—7 (— 10) unilateraliter fasciati, vel culmis anno praeterito impeditis subradicales numerosissimi, erectopatuli, 15—26 et tunc 50 cm longi, 1 mm crassi, racemoso-, hic illic subpaniculato-, ramulosi. Ramuli (2—) 5—7 cm longi, a basi vaginis brunnescentibus opacis ubique glabris (vel marginibus inferioribus paulum ciliatis) exauriculatis esetosis argute multinervosis trabeculis carentibus (ad 2 cm tantum vel) toti involuti et ad 3—4 mm dilatati. Laminae interdum usque ad 3^{nae} in ramulis evolutae, lanceolatae, 4—$4^{1}/_{2}$ cm longae, 7 mm latae, acutissimae, basi in petiolos 1 mm longos breviter attenuatae, praeter margines ciliato-asperos glaberrimae, laete virides; nervi praeter medianum tenuem 6, intersiti 4^{ni} cum trabeculis densis utrinque prominui. Ligula semiorbicularis vel truncata, subtilissime ciliolata. Pedunculi tenues, glaberrimi, inclusi vel in ramis subradicalibus usque ad 6 cm longe exserti. Racemi breves, spiculis (1—) 2—4 sessilibus vel brevipedicellatis, nigro-purpurascentibus, erectis, ebracteatis. Spiculae 4—$7^{1}/_{2}$ cm longae, laxe 6—11 florae, ovato-lanceolatae, inferne $\pm$ 1 cm latae. Glumae lanceolatae, longissime aristato-acuminatae, (11—) 13—21 mm longae, papyraceae, opacae, extus subtilissime albido-sericeae et margine serrulato-asperae, (saepe inconspicue) 7 nerviae, inferior superiore saepe fertili paulo minor vel multo angustior, carinata. Rhachilla compressa, internodiis 5—8 mm longis, aspera, callis sericeis. Lemmata gluma superiore aequilonga et similia, dorso rotundata, explicata 3—5 mm lata. Palea quam lemma quarta parte brevior nec angustior, breviter bifida, nitida, sursum subtilissime pubescens et in carinis binis ciliato-aspera. Lodiculae 3, $1^1/_4$ mm longae, membranaceae, ovatae, acutae, fimbriato-ciliatae. Antherae angustissimae, 6 mm longae, apice bifidae, viridiflavae. Gynoeceum in planta mea nullum. Adest saepe rhachilla sterilis, subulata, viridis, supra asprella. (In flore ♀ ovarium glabrum, stylo $1^1/_2$ mm longo, stigmatibus 2 eo aequilongis subulatis brevipilosis).

NW-Y.: Bambusdschungel und kräuterreiche Stellen der ktp. St. des birm. Mons. auf Glimmerschiefer, 3300—3500 m. Zwischen Mekong und Salwin an der Westseite des Schöndsu-la, 28⁰ 4', 2. VIII. 1916 (9614) und am 28⁰ 12', 3050 m, VII. 1917 (Forrest 14127). Zwischen Salwin und Irrawadi im Tale am Westfuße des Passes Pangblanglong, 27⁰ 58', 10. VII. 1916 (9524, Typus).

Affinis probabiliter *A. racemosae* omnibus partibus minori et vaginis primum pubescentibus, ore setosis, glumis minutis saepe distantibus, floribus paucioribus, antheris purpureis diversae. Spiculis maximis *A. aristatae* Gble. et *A. spathiflorae* Trin. similior, quae autem vaginato-bracteatae. *A. Maling* Gble. quoque vaginis 3—5 ciliatis, ligula pubescente, spiculis minoribus differt. *A. niitakaya-mensis* Hay. spiculis similis videtur, etsi palea carinis obscure tantum ciliata, minor autem est, foliis subtus parce hirsutis, ligulis longioribus extus hirsutis.

In meinen Exemplaren konnte ich keinen Fruchtknoten finden; die Pflanze ist also gelegentlich zweihäusig. Die abweichenden Merkmale von Forrests zwitteriger Pflanze habe ich in Klammern beigefügt.

Die Art ist wohl jene, die im birm. Mons. von den angegebenen Höhen, vielleicht auch von der tp. St. im Tale zwischen Londjre und dem Schöndsu-la, 3200 m, und im Doyon-lumba von 2700 m aufwärts Dschungel bildet, oft im Tannenwald bis zu seiner oberen Grenze, mehrfach beobachtet bis zu 3900 m und an der Ostseite des Si-la zwischen Mekong und Salwin bis 4100 m, an der Westseite des Tschiangschel zwischen Salwin und Irrawadi bis 4000 m.

** *A. brevipaniculata* Hand.-Mzt. in Sitzgsanz. Ak. W. W., LVII., 237 (1920).

(Rhizoma ignotum). Culmi erecti, $\pm$ 2 m (— 3 m) alti, flavidi, teretes, subtiliter multistriati, dimidia crassitie cavi, in medio $\pm$ 7 mm crassi, subtiliter papillosi et inferne interdum sparse asperi, internodiis c. 10—20 cm longis, nodis vix incrassatis. (Vaginae caulinae ignotae). Rami numerosissimi dimidiato-fasciati, erectopatuli, inaequales, (steriles 20 cm), floriferi 15—45 cm longi, $\pm$ $1^1/_2$ mm crassi, praesertim hi sursum dense ramosi, levissimi. Folia cuiusque anni (1—) c. 3 apicibus ramulorum approximata. Vaginae explanatae usque ad $3^1/_2$ mm latae, $\pm$ 5 cm longae, argute striatae et sulcis papillosae, margine glabrae vel nonnullae dense ciliatae, auriculis cum ligula 1 mm longa acutiuscula vel obtuse apiculata (vel retusa) juvenili subtilissime ciliata connatis, setis compluri-bus brunneis usque ad 5 mm longis diu persistentibus scabris praeditis, juveniles purpurascentes antice cum parte basali laminae subtilissime puberulae, laxius-culae, foliorum annotinorum partim delapsorum approximatae arcte convolutae ramos ad 3 mm incrassantes vel magis remotae ramos fulcrantes. Lamina callo conspicuo brunneo inserta, lineari-lanceolata, longissime acuminata, 8—10 (—20) cm longa, longitudine plus 10ᵖˡᵒ angustior, sed in foliis hornotinis panicu-las fulcrantibus saepe tantum 3—5 mm lata et 6—8ᵖˡᵒ longior vel in vaginis ramulorum lateralium infimis in vaginis vetustis inclusis omnino obsoleta, ceterum basi in petiolum 1—1$^1/_2$ mm longum cuneato-contracta, caesia, nervis supra obsoletis, subtus praeter costam tenuem stramineam paulum conspicuis 6, interpositis c. 8^{nis}, trabeculis densis subtus magis prominulis (matura laetissime viridia, nervis omnibus utrinque prominulis supra omnibus aequalibus), margine anguste cartilagineo $\pm$ serrulato-aspero. Paniculae ramis ramulisque terminales, profunde in vaginas inclusae, confertae, 5—7 cm longae, purpurascentes; rami singuli, leves, inferiores e basi ramosi, ultimi 1—2 cm longi. Spiculae 2$^1/_2$—3 cm longae, vix 4 mm latae, laxe 4—6 florae. Glumae papyraceae, ovato-lanceolatae, nitidulae, praeter apices sensim subulatos ciliatulos glabrae vel partim sparse puberulae, inferior 2—5 mm longa, saepe obtusiuscula, argute unicarinata carina interdum aspera, vel obsolete trinervia, superior 7—8 mm longa, saepe apiculata, obsolete quinquenervia. Rhachilla compressa, internodiis 3—4 mm longis, praecipue ad callos breviter sericea. Lemma $\pm$ 10 mm longum, explicatum 3—4 mm latum, dorso rotundatum, tenuiter 7—9 nervium, trabeculis paucis laxis intus conspicuis. Palea illius $^2/_3$ attingens, angusta, brevissime bicuspidata, puberula et ad carinas binas sursum breviter ciliata. Antherae 3, ad 5 mm longae, lineares, obtusae, brunneae. (Stigmata nondum evoluta).

S.: In Gebüschen und um Bäche in der tp. St., 3000—3575 m. Lungdschuschan bei Huili, 25., 26. III. 1914 (683). Lolokou im Daliang-schan (Lolo-Lande) e von Ningyüen, 21. IV. 1914 (1476, Typus, bl.). Täler unter Hwangliangdse zwischen Yenyüen und Kwapi, 27° 45′, 6. X. 1914 (5557). S-Y.: Häufig in der wtp. bis zur str. St. auf dem Passe zwischen Möngdse und Schuidien, 1900 bis 2100 m, 8. III. 1915 (6048).

Affinis *A. Wilsoni* RENDLE, quae differt culmis applanatis, glumis aequalibus, floribus numerosioribus, lemmatibus brevioribus carinatis ciliatis, paleis longioribus. Specierum indicarum sterilium descriptarum nulla similis est.

Die Narben sind nicht bekannt. Die sterile Nr. 6048, mit größeren, voll entwickelten Blättern, ist nur wegen des tiefen Vorkommens verdächtig, stimmt recht gut und läßt sich zu keiner anderen bekannten stellen. Ihre kleinen Abweichungen habe ich in der Beschreibung in Klammern gesetzt. Diese, seither als weit verbreitet nachgewiesene Art (Nganhui, s. REHDER u. WILSON in Journ. Arn. Arb., VIII., 9 [1927]) bildet wohl einen großen Teil der niedrigeren Bambusbestände, deren Verbreitung unten angegeben ist.

? *A. Wilsoni* RENDLE. SW-H.: Gebüsche der wtp. St. auf dem Yün-schan bei Wukang, Tonschiefer, 900—1400 m (12290).

Scheiden an Kurztrieben mit mehreren kurzen, etwas rauhen Borsten an der Mündung, an den Seitenrändern teilweise fein gewimpert. Lamina kahl, so aber auch an einem der beiden vorliegenden Originalexemplare.

A. sp. Kw.: Zerstreut in Gebüschen der wtp. St. zwischen Nganping und Tschingdschen, 1200—1300 m (10467).

Jedenfalls ähnlich *A. Murielae* GBLE. in Kew Bull., 1920, 344, aber Blätter bis 22 mm breit, keine Borsten vorhanden, und Ligula $\pm$ samtig.

A. sp. Y.: Spärlich in Waldschluchten der wtp. St. bei Hsinlung jenseits des Pudu-ho n von Yünnanfu, 25° 34′, Sandstein, 2000 m (504).

Ebenfalls ähnlich *A. Murielae* und mit denselben Unterschieden, wie vorige, aber Blätter anfangs stark behaart. Die 3 letzten steril.

Kleine (bis gegen 4 m hohe) Bambuseen, für deren Identität *A. Fangiana*, die darunter angeführte Art, dann *A. melanostachya*, *A. brevipaniculata* und die zuletzt angeführte Art in Betracht kommen, finden sich besonders im Waldunterwuchs und mit Sträuchern gemischt, aber auch in offenem Gelände selbständig Dschungel bildend in **Y.** und **S.** in der wtp. und tp. und oft bis in die ktp., selten bis in die str. St., in tieferen Lagen (bis 1450 m herab) meist auf Bachränder und Grabensohlen beschränkt, unter vollständigem Ausschluß der ariden Flußschluchten, allgemein von 2200 m oder mehr (im Becken von Yenyüen z. B. erst 2900 m) aufwärts, z. B. bis 3915 m am Dsang-schan bei Dali, 3700 m am Yülung-schan bei Lidjiang, 3600 m bei Yungning, 3775 m am Nguka-la sw von Dschungdien, 3700 m am Westhang des Passes Lenago zwischen Yangtse und Mekong, 3900 m um Muli und 3850 m auf dem Hwang-liangdse zwischen Yenyüen und Kwapi. Auch nicht selten um Häuser und Tempel gepflanzt.

? *A. dumetosa* RENDLE in Plt. Wils., II., 63 (1914). **Ki.-F.**-Grenze: Steinige Stellen am Dunghwa-schan zwischen Schitscheng und Ninghwa, c. 1000 m (Plt. sin. 339).

Blätter bis 62 × 10^1/$_2$ cm mit jederseits bis 16 Nerven, also noch breiter, als REHDER u. WILSON in Journ. Arn. Arb., VIII., 91 angeben. Die Unterschiede von *A. Fargesii* A. CAM. in Not. Syst., II., 244 (1912) sind am sterilen Exemplar natürlich nicht sichtbar. Die vorliegenden Exemplare dieser (FARGES 1013) und ihrer var. *grandifolia* (ined.) (FARGES) haben die Blätter entgegen der Beschreibung unterseits kahl. Die Schößlinge meiner Pflanze seien hier beschrieben:

Vaginae longissimae, turiones involucrantes, explicatae c. 2 cm latae, ad apicem 6 mm latum longe attenuatae, ipso subrotundatae, dorso praeter margines anteriores distinctius nervatos setis spadiceis ad 1 mm longis irregulariter adpressis striolatae et juveniles (partim esetosae) albo-villosulae, exauriculatae; ligula c. 4 mm longa, velutina, rotundata, antice fimbriato-lacerata. Lamina 6—7 mm longa, 5 mm lata, longe subulato-attenuata, papilloso-velutina et brevissime spadiceo-setulosa margineque aspera.

** *A. pleniculmis* HAND.-MZT.

(Rhizoma ignotum). Turiones vaginis flavis tecti iiscum ad 2 cm crassi, pleni, optime edules. Vaginae arcte imbricatae, ad 27 cm longae et 6 cm, apice 1^1/$_2$ cm latae, coriaceae, nitidulae, glabrae, dissite papillosae, argute multinervosae, versus margines anteriores anguste membranaceas tantum laxe tesselatae; auriculae semiorbiculares, ad 5 mm latae, ± papilloso-velutinae et hic illic setis hyalinis vix ultra ^{1}/$_2$ mm longis erectis ciliatae, cum ligulis brevissimis truncatis dense ciliolatis contiguae. Earum laminae lineari-lanceolatae, inferiores 2, superiores ad 10 cm longae, 3—5 mm latae, longissime acutae, sessiles, rigidulae, marginibus anterioribus serrulato- et dorso punctulato-scabrae, ad 20 nerviae, trabeculis punctiformibus raris rariusque conspicuis. Culmi 4 m alti, fere pleni, superne 6 mm crassi cavo centrali ad 2^1/$_2$ mm lato, teretes, levissime costulati, internodiis elongatis, nodis haud incrassatis. Rami ad 8^{ni} unilateraliter fasciati, tenues, inferiores elongati, ramosissimi; ramuli ultimi 3—15 cm longi, vaginis paucis arcte imbricatis tenuiusculis exauriculatis ad 15 nerviis dorso papillosis et margine hic illic ciliolatis involuti, apice folia 3 (—4) subverticillata gerentes. Horum ligulae semiorbiculares, 1 mm longae, firmulae, fusculae, papilloso-velutinae margineque ciliolatae; lamina lineari-lanceolata, ad 9 cm longa et

1 cm lata, acutissima, basi in petiolum 1—2 mm longum cuneato-angustata, tenuis, utrinque saturate viridis, margine adpresse serrulata, utrinque levis, nervis principalibus praeter costam 3 utrinque tenuiter prominulis, intersitis 7^{nis} tenuissimis, trabeculis tenuibus dissitis utrinque prominuis. (Florens ignota).

NW-Y.: In Wäldern und Dschungel bildend in der wtp., tp. und ktp. St. des birm. Mons. auf Glimmerschiefer und Granit. Am Salwin bei Bahan und gegenüber auf dem Rücken Alülaka unter Tschamutong, 2600—2800 m. Viel w von hier gegen den Irrawadi an der Ostseite des Passes Tschiangschel, 3275 bis 3350 m, 3. VII. 1916 (9240, Typus), im Tjiontson-lumba herab bis 2675 m, und jenseits des Passes bis 3820 m. Ob diese auch ober Hsiangschuiho zwischen Dali und Hodjing, 26° 15', Diabas, 3400 m, 25. V. 1915 (7856)?

. Affinis certe *A. suberectae* MUNRO, a cl. A. CAMUS, L. BAMB., t. 24 A statu florifero illustratae, sed multo maior et ligula brevissima.

Ich nehme keinen Anstand, diese in ihrem Gebiete der Bevölkerung wohlbekannte Pflanze nach dem Muster der indischen Botaniker zu beschreiben, obwohl sie nur steril bekannt ist. Nr. 7856 ist nur ein Stück eines Halmes von $3^{1}/_{2}$ cm Dicke mit nur 5 mm breitem Hohlraum, meines Erinnerns genau wie bei der Pflanze am Salwin. Geographisch ist die Identität nicht unmöglich, allerdings nicht sehr wahrscheinlich.

Phyllostachys SIEBD. et ZUCC.

P. reticulata (RUPR.) K. KOCH, Deutsche Dendr., II/2., 356 (1873) (*Bambusa r.* RUPR. in Mém. Ac. Sci. St. Pétb., s. 6, V., 148 [1839]. — *Phyllostachys bambusoides* SIEBD. et ZUCC.). **H.**: In der str. St., ein Wäldchen einfassend bei Schaotangho sw von Tschangscha, 50 m (11712). Ziemlich viel wild bei Ngandjiapu e von Hsikwangschan, 550 m.

P. puberula (MIQ.) MUNRO in Gard. Chron., n. ser., VI., 774 (1876) (*Bambusa p.* MIQ., Ann. Mus. bot. Lugd.-Bat., II., 285 [1866]). **W-Ki.**: Um Pinghsiang, c. 600 m (Plt. sin. 161). SW-Kw.: Im Dorfe Duendjia bei Hsintscheng, Kalk in der wtp. St., 1500 m (10317). Vielleicht auch in **Y.** mehrfach kultiviert.

P. pubescens HOUZ. de LAH., L. Bamb., 7—14 (1906). In der str. und wtp. St., 150—1250 m, an Hängen besonders gegen die Bäche häufig und oft wild, auch in Mischwäldern und mit *Pinus Massoniana*, sehr häufig kultiviert oder in durch Ausholzung reinen Beständen die ganzen Berghänge bedeckend. **H.**: Von Tschangscha über Höngdschou, Hsikwangschan und Wukang (12335) bis **E-Kw.**: Dodjie e von Duyün.

Falls die noch nicht blühend bekannte *P. heterocycla* (CARR.) MITF., wie HOUZEAU de LAHAIE in Act. Congr. int. Bot. Brux., II., 225 angibt, als Varietät hierzu gehört, hat die Art so zu heißen.

P. Faberi RENDLE, e typo. SW-H.: In Gebüschen und Dschungel bildend in der wtp. St. des Yün-schan bei Wukang, Tonschiefer, 850—1300 m (11172).

Infloreszenz im Gegensatz zum Originalexemplar wenig entwickelt. Blätter unterseits teilweise behaart. Borsten an manchen Sprossen bis 13 mm lang, auf gekrümmten, bis 3 mm langen Öhrchen, darin *Arundinaria longiaurita* sehr ähnlich.

1278   H. Handel-Mazzetti: Anthophyta

P. congesta Rendle. In der wtp. St. **Kw.**: 970—1250 m. Waldschlucht bei Madjiadwen zwischen Guiding und Duyün. Gebüsche zwischen Gwanyinschan und Wongtschengtjiao bei Lungli, hier und da blühend (10585). **Y.**: Yünnanfu (Maire, distr. Bonati 754, det. Hackel).

Infloreszenzen an gestauchten Zweigen zu geschlossenen 7 cm langen und 4 cm breiten Rispen zusammengestellt.

P. nidularia Munro. **H.**: Häufig in Gebüschen und Wäldern der str. St. um Tschangscha, Sandstein, 30—300 m (11581). Wohl auch diese auf dem Dungtai-schan bei Hsianghsiang und viel zwischen Tanschi und Guschui w von hier.

Die blühende Pflanze macht ebensolche Triebe, wie *P. heteroclada* Oliv. und wie sie bei reichlichem Blühen bei Bambuseen öfter vorkommen (Rivière nach Arber, Gramin., 99 [1934]).

Bambusa L.

B. Bambos (L.) Druce in Bot. Soc. Brit. Isl., IV., 608 (1917) (*Arundo B.* L., Sp. Pl., 81 [1753]. — *Bambusa arundinacea* Willd.). **Y.**: In tr. Bambusdschungeln und Savannenwäldern flußaufwärts gegenüber Manhao, auch (ob überhaupt nur?) kultiviert, Tonschiefer, 200 m (5836).

**? B. pallida* Munro. NW-Y.: Im tp. Regenlaubwalde des birm. Mons. auf dem Rücken Alülaka unter Tschamutong am Salwin, Schiefer, 2850 m, 24. IX. 1915 (8399, steril).

Dendrocalamus Nees

** D. giganteus* (Wall. n. nud.) Munro in Transact. Linn. Soc., XXVI., 150 (1868). **Y.**: In tr. Bambusdschungeln und Savannenwäldern flußaufwärts gegenüber Manhao nahe der Grenze von Tonking, Tonschiefer, 200 m, 1. III. 1915 (5859).

D. latiflorus Munro. **Kw.**: Lofu, Dörfer (Cavalerie 3441, det. Hackel). ?**S.**: Kultiviert in der wtp. St. um Huili, 1850—1960 m (875, 5228). Hierher vielleicht alle in der str. und unteren wtp. St. in Dörfern und um Häuser gepflanzten großen Bambusen in **S.**: Dschanggwandschung und Dungngan s von Huili, viel am Zuflusse des Djientschang n von hier, Gungmuying in diesem, 1250 m, Oti über dem Yalung n von Yenyüen, und in **Y.**: Um Yünnanfu, zerstreut in den Tälern n von hier, Piendjio ne von Dali, Santschwanba unter Yungbei, unter Weischa e von hier.

Nr. 875 ist steril, kleinblätterig (14 × 1,8 cm), aber gleich der sicher zur Art gehörigen blühenden Nr. 2586 Chings aus Kwanghsi. 5228, Stengelscheiden, seien kurz beschrieben: Vaginae late ovatae, 14 × 18 — 16 × 16 cm, crasse coriaceae, dilute brunneae, tenuissime multistriatulae, setis spadiceis prorsus adpressis caducis indutae, auriculis parvis late rotundatis, ut ligula brevissima pectinato-fimbriatis; lamina ovata usque lanceolata, 2 × 1 — 7 × 2 cm, distinctius costulata et subtilissime puberula.

Zizania L.

Z. caduciflora (Turcz.) Hand.-Mzt. (?*Limnochloa c.* Turcz. ap. Trin. in Mém. Ac. Sc. St. Pétb., 6. ser., V., Bot., 185 [1840]. — *Zizania latifolia* Turcz. in Bull. Soc. Nat. Mosc., 1838, 105, nom. nud. Stapf in Kew Bull., 1909, 385. —

Hydropyrum latifolium (Turcz.] Griseb. 1853. — *Zizania aquatica* Forb. et Hemsl., non L.). In der str. und wtp. St. **H.**: 30—1200 m. Gebaut in Lachen um Tschangscha (12766). Gräben bei Hsianghsiang. Im SW etwas gepflanzt beim Tempel Gwanyin-go auf dem Yün-schan bei Wukang, 1200 m. **S.**: Große Bestände im seichten Teil des Sees von Ningyüen, 1610 m (1966). **Y.**: Yünnanfu, außerhalb des kleinen Osttores, 1900 m.

Die Veröffentlichung von 1840 ist die erste gültige der Art, weshalb sie *Z. caduciflora* zu heißen hat.

Oryza L.

O. sativa L. In der tr., str. und wtp. St. überall im Wasser gebaut. **H.**: Hsikwangschan (12670). Ende Juli am Beginn der Blüte (der zweiten Saat) beobachtete ich im S der Provinz intensiven Mäusegeruch der Felder, Ende August in Feldern mit jungen Früchten Jodoformgeruch. In **S.** und **Y.** bis 2600 m. Hier gesammelt bei Beyendjing (Ten 1179) und im NE bei Dungtschwan (Mell).

Leersia Sw.

L. hexandra Sw. SW-H.: Häufig an Reisfeldrainen der str. St. jenseits Pukou bei Dsingdschou, Schiefer, 400—500 m (11005). **Y.**: Ufer des Yangtse unter Dapingdse (Delavay 2250). Im NE bei Dungtschwan (Maire, distr. Bonati 6860 s. B, beide det. Hackel). Vielleicht auch in **S.**: In der wtp. St. bei Schamenkou nw von Yenyüen, 2600 m.

Wie schon Hooker in Fl. Brit. Ind., VII., 94 richtig angibt, sind die Ährchen glatt, wie bei meiner Pflanze, oder rauh. Beiderlei finden sich oft in derselben Rispe und alle Übergänge zwischen den Extremen. Ob die dicken Rispenäste, die bei einem mir vorliegenden kräftigen, aber gedrungenen japanischen Exemplar tatsächlich auffallend sind, einen Artunterschied der *L. japonica* Mak. bilden, wäre erst nachzuprüfen.

* *H y g r o r i z a* Nees

* *H. a r i s t a t a* (Retz.) Nees in Edinb. New Philos. Journ., XV., 380 (1833) (*Pharus aristatus* Retz., Obs. Bot., V., 23 [1789]). **F.**: Yenping, steril im Wasser beim Nordtor, 130 m, 18. VIII. 1924 (Chung 3015).

Arundo L.

A. Donax L. **H.**: Gebüsche bei Häusern in der str. St. auf Sandstein, 50—100 m. Um Tschangscha (12773) und zerstreut bis über Hsianghsiang. **Kw.**: Pinfa (Cavalerie 1428). In der str. St. am Baling-tjiao unter Muyu, 750 m. **S.**: Gepflanzt? in der wtp. St. um Häuser bei Huili, 1960 m (876). **Y.**: Häufig im Becken von Luföng w von Yünnanfu.

Neyraudia Hook. f.

N. arundinacea (L.) Henr. in Medd. Rijks Herb. Leid., LVIII., 8 (1929) (*Aristida a.* L., Mant., 186 [1771]. — *Neyraudia madagascariensis* [Kth.] Hook. f. — *Triraphis m.* [Kth.] Stapf in Ridl., Fl. Mal. Penins., V., 251 [1925]). Bachufer, Hochgrasfluren, auch an Steppenhängen der str. bis in die wtp. St. **H.**: 130—200 m. Ober Lantien gegen Hsikwangschan (12725). Lengschuidjiang am Tsi-djiang ober Hsinhwa. **Kw.**: Ob diese unter Sandjio und massenhaft bei Hwanggoso? **S.**: 1200—1750 m. Lanipato in der Yangtse-Schlucht s. von Huili (5649). Unter Gobankou bei Dötschang. Häufig ober Siwanho am Zuflusse des Yalung se von Yenyüen (5337). **Y.**: 1000—2200 m. N von Yünnanfu überall zwischen Hsiao-Magai und Hsiaodsang (5686) und in der Seitenschlucht des Yangtse zwischen Homöndschang und Bödschagwan (701). Hwanggwayüen in der Niederung s des Yangtse nw von Yünnanfu (5076).

Phragmites Adans.

P. communis Trin. Trockene Talhänge, Sandbänke an Flüssen, Sümpfe und Seen der str. und wtp. St., 1000—2800 m. **Kw.**: Rücken zwischen Hsintscheng und Tjiaolou. **S.**: Ningyüen. Alüdo bei Tjiaodjio im Lolo-Lande. Spärlich am See e von Yungning. Im NW um Sungpan (Weigold). **Y.**: Im Kunyang-hai bei Yünnanfu Inseln bildend. Am Pudu-ho n von hier. Um Gwangdung w von hier. Dengtschwan und etwas um die heiße Quelle zwischen Hsaiying und Niugai n von Dali. Djiaoping n von Yungbei, spärlich. Im S bei Potschai am Namti und vielleicht bei Manhao, 250 m.

Die Kombination *P. vulgaris* (Lam.) Trin. beruht auf einem totgeborenen Namen. Von *Arundo maxima* Forsk. gibt es kein Originalexemplar, doch ist sein *A. Donax*, wie Christensen in Dansk Bot. Ark., IV/3., 13 (1924) nachwies, *Phragmites communis* var. *isiacus* (Del.) Arc., *Arundo maxima* also wahrscheinlich etwas anderes und die Kombination *Phragmites maximus* (Forsk.) Chiov. in N. Giorn. Bot. Ital., n. s., XXVI., 80 (1919) auch dann nicht auf die Art anwendbar, wenn man *isiacus* nicht abtrennt.

P. Karka (Retz.) Trin. Tonking: An feuchten Stellen der tr. St. bei Laogai an der Grenze von Yünnan Dschungel bildend, kristallinischer Boden, 150 m (6). Vielleicht dieser in **Y.**: Um den Fluß bei Manhao und in der str. St. ober Pohsi an der Bahn.

Cleistogenes Keng

in Sinensia, V., 147 (1934)[1] (*Diplachne* autt., non Palis.)

C. serotina (L.) Keng, l. c., 149 (*Diplachne s.* [L.] Link) **var. aristata** (Hack.) Keng, l. c., 151. **H.**: Häufig an Grabenrändern der str. und wtp. St., bei Hsikwangschan im Bezirke Hsinhwa, Kalk, 500—700 m (12619).

Der Typus der Varietät hat 3—4blütige Ährchen (nicht 1—3blütige, wie Keng, l. c., 149, 151 angibt) mit sehr kurzen Hüllspelzen und breiten, fast glatten, aber gewimperten, länger begrannten Deckspelzen ohne Achselbärte. Meine Pflanze und alle mir vorliegenden koreanischen und japanischen entsprechen ihm mehr oder weniger gut. Hackel identifizierte später seine Varietät zu unrecht mit var. *chinensis* Max., die ihm früher offenbar entgangen war.

—— var. *chinensis* (Maxim.) Hand.-Mzt. (*Diplachne s.* var. *c.* Max., non *Cleistogenes c.* Keng). Tschili (Chien 15). Schandung (Licent 6403). Schanhsi (Licent 3020, 10344. Serre 2492).

---

[1] Das Heft ist mit August 1934 datiert. Von meiner darin enthaltenen Arbeit habe ich aber erst im September die Korrekturen nach Nanking abgeschickt. Heft und Separata kamen in Wien erst 1935 an, erschienen also vielleicht überhaupt erst in diesem Jahre.

Die kurze Granne ist in demselben Ährchen bald ganz ohne Absatz, bald über einem kleinen Öhrchen angesetzt. Die Deckspelzen sind schmäler, zarter und glatt, und ihre Nerven weniger gekielt als bei der europäischen Pflanze.

Eine unbegrannte Mittelform zwischen diesen Varietäten mit intermediären Hüllspelzen, mit Achselbärten und der Deckspelzenform und Glattheit der ersten Varietät, aber ohne Wimperung liegt vor von Schenhsi: Da-Wutai-schan (Serre 2518) neben Serre 2492.

Die Neubenennung der Gattung *Diplachne* der meisten Autoren, aber nicht Palisot de Beauvois' durch Keng ist berechtigt, aber seine Gliederung vollkommen mißlungen. Zunächst sind die Merkmale der Halmhöhe, Dichte der Rasen und der Blütenzahl unbrauchbar, denn die ersten sind von Standortsverhältnissen abhängig, und auch die europäische *C. serotina* bildet sehr dichte und feste Rasen und die wohl ausgebildeten, blühenden Halme sind mitunter nur 15 cm lang; die Blütenzahl ist in derselben Rispe oft sehr verschieden. Ihre chasmogamen Exemplare haben auch spreizende und oft einzelstehende Rispenäste, wie Maximowiczs Varietät. Die Äste sind an der Insertion nicht behaart. Die Ährchen sind nicht dichter, aber die Hüllspelzen zwar sehr veränderlich, doch im allgemeinen kürzer und breiter und meist weniger ungleich, wenn auch einzelne übereinstimmende vorkommen. Die Deckspelzen und die ganzen Rispen sind papillösrauh; Behaarung jener ist sehr selten und viel spärlicher; 2 mm lange Grannen kommen vor. Diese europäische Pflanze liegt mir vor aus N-Tschili (Licent 9993) und fast typisch auch von dort (L. 845) und aus der zentralen Mongolei (L. 3598).

Kengs vermeintlich auf var. *chinensis* Max. begründete *C. chinensis*, l. c., 152, hat mit dieser nichts zu tun, denn er schreibt ihr kleine Blüten mit kurzen Hüllspelzen und kahle oder angedrückt pubeszente, unbegrannte Deckspelzen zu, während Maximowicz sie lang gewimpert und kurz begrannt beschreibt. Sie ist eine kleine Form der typischen Art. *C. caespitosa* Keng, l. c., 154 kann auch nur zu dieser gehören. Seine typische *serotina* schließt mit behaarten Lemmarändern Maximowiczs var. *chinensis* ein. Var. *sinensis* (Hce.) Keng, l. c., 150 ist eine größere Form dieser. Var. *Nakaii* Keng, l. c., 151 ist nach der Beschreibung var. *aristata* (Hack.) Keng.

Ascherson u. Gräbner, Syn. mitteleur. Fl., II., 340 (1900) identifizieren die beiden ostasiatischen Varietäten mit var. *bulgarica* Bornm. (*Cleistogenes b.* Keng, l. c., 153) und beschreiben sie abweichend von Maximowicz, dessen Exemplar von Yakusima zwar von ihm als var. *chinensis* bezeichnet wurde, aber nicht dazu gehört. Hackel hatte aus China überhaupt nur ein kleines Stück.

Eragrostis Palis.

E. japonica (Thunb.) Trin. (*E. interrupta* Palis. var. *tenuissima* Stapf). An Gräben und Dämmen der str. St. auf Sandstein. H.: Häufig zwischen Tschangscha und Hsiangtan, 30—50 m (12756). S.: Tsaodsanba zwischen dem Yalung und Nganning-ho 26° 57′, 1400 m (5240).

E. cilianensis (All.) Vign.-Lut. in Malpig., XVIII., 386 (1904) (*Poa c.* All., Fl. Pedem., II., 246 [1785]. — *Eragrostis maior* Host). Y.: Ami, 1350 m (Enander).

Warum von Vignolo-Lutati die Autorschaft Link zugeschrieben wird, ist l. c. nicht zu ersehen.

E. pilosa (L). PALIS. NE-Y.: Dungtschwan (MAIRE, distr. BONATI 6984).
Ob diese gemein in der wtp. und str. St. von Yünnan bis Tschangscha in **H.**?

E. elongata (WILLD.) JACQ. S.: In der str. St. des Djientschang, 1250—1450 m,
auf kristallinischem Boden den Sand des Flußbettes einfassend bei Gungmuying
(5627) und häufig an Rainen unter Dötschang (1106), wohl auch diese bei Hohsi
und in der wtp. St. im Becken von Yenyüen, 2550 m.

Von HITCHCOCK in Lingn. Sci. Journ., VII., 6 (1929) irrtümlich als ein-
jährig bezeichnet.

E. ferruginea (THUNB.) PALIS. **H.**: Häufig an Grabenrändern der str. und
wtp. St. um Hsikwangschan bei Hsinhwa, Kalk, 500—700 m (12620).

E. Mairei HACK., e typo. (*E. lichiangensis* JEDWABN. in Bot. Arch., V.,
204 [1924], e typo). Y.: Feuchte und nasse Wiesen der wtp. St. auf Sandstein,
1800—2600 m. Zwischen Tschuhsiung und Gwangdung (4866). Rücken zwischen
Dsaodjidjing und Hwadung e des Dsolin-ho (4990).

Meines Erachtens gehören hierzu alle Exemplare aus Yünnan, die HACKEL
als *E. parviglumis* HOCHST. var. *conspicua* HACK. (ined., gluma I conspicua[1])
von Dapingdse (DELAVAY 2504) und *E. ferruginea* var. *atrata* HACK. (ined.,
spiculis linearibus nec lineari-lanceolatis, atroviolaceis, glumis fertilibus obtusiusculis) von Yünnanfu und Dungtschwan (MAIRE) und distr. BONATI 804,
815 und als *E. f.* var. von Mosoying (DELAVAY 1809) und von Ganhaidse am
Heischanmen bezeichnete, dann ROCK 10622 und 10709 vom Osthang des
Yülungschan bei Lidjiang, die als die in mehrfacher Hinsicht verschiedene
E. nigra NEES ausgegeben wurde. A. CAMUS führt DELAVAY 1809 in Not. Syst.,
II., 229 (1912) als *E. parviglumis* an. Ob auch ihre anderen dort erwähnten
Exemplare hierher gehören?

E. Mairei ist in den Hüllspelzen etwas veränderlich; sie sind untereinander
wenig verschieden, selten spitz, auch an Originalexemplaren teilweise stumpf
und oft kaum gekielt, in der absoluten Länge etwas veränderlich. Deckspelzen
zur Fruchtzeit nicht nur klaffend, sondern nach auswärts gebogen. Beim Typus
finden sich auch Ährchenstiele von fast doppelter Länge der Ährchen.

**** *E. lolioides* HAND.-MZT.**

Sect. *Plagiostachya* BENTH.

♃, cespites parvos densissimos permulticaules foliorumque fasciculis sterilibus
formans, radicibus longis et tenuibus albidis. Culmi basi vaginis ovatis subcoriaceis albidis ad 6 mm longis argute et densissime nervatis sub apiculo ciliatis
cincti, 20—50 cm alti, erecti, subcapillares, rigiduli, versus medium usque pauci-
folii, tertio usque dimidio superiore spica laxa disticha obsiti et semiteretes angulis
minute asperis. Folia 5—15 cm longa, culmo multo breviora, filiformi-convoluta,
$^1/_2$ mm crassa, rigidula, obtusa, griseoviridia, marginibus scabra, intus dense
hirtella, nervis indistinctis; vaginae superiores laminis c. aequilongae, inferiores
breves, arctae, argute nervatae, auriculis parvis dense et molliter ciliolatis;
ligula in annulum densissime ciliatum soluta. Spiculae 7—35, c. longitudine sua
inter se distantes, ovatae, 5—8 mm longae, 3 mm latae, obtusae, sessiles, complanatae, pallidae, partim purpurascentes, 7—12florae. Glumae lanceolatae,
inferior 2, superior 3 mm longa, acuminatae, apice ipso obtusae, enerviae, fere

---

[1] Auch ist die Rispe viel breiter!

subulato-convolutae, ecarinatae, dorso antice interdum asperae. Lemma late ovatum, $\pm$ 3 mm longum, apice anguste subtruncatum, complanatum, sed dorso versus apicem tantum tenuiter carinatum et hic illic asperum, marginibus angustissime membranaceis, nervis lateralibus singulis, tenuibus. Palea eo brevior, latius ovata, carinis incrassatis exalatis. Caryopsis brunnea, ellipsoidea, $^3/_4$ mm longa.

Y.: Steppen der str. St. unter Datiengai in der Niederung s des Yangtse e von Yungbei, Sandstein, 1400 m, 4. XI. 1916 (13034).

Proxima *E. nardoidi* TRIN., quae differt foliis multo longioribus marginibus levibus intus fasciculatim pilosis, spiculis multo angustioribus magis approximatis, glumis latioribus carinatis, floribus numerosioribus, paleis angustioribus.

E. harpachnoides HACK., e typo. Steppen der wtp. St., 1800—2600 m. Y.: Ohne Fundort (MAIRE, distr. BONATI 778). Im NW zwischen Mujendu und Kodso am Zuflusse des Yangtse w des Nordendes der Lidjianger Schleife. Im NE bei Tschehai (MAIRE d. BONT. 7521 s. B) und Lagu (M.). Vor Tschödse (MELL). S.: Zwischen Djiangyi und Hokou s von Huili (5086).

Koeleria PERS.

K. sp. n. NW-S.: Gebirge um Sungpan, VI.—VIII. 1914 (WEIGOLD). Für Beschreibung zu mangelhaft.

Melica L.

M. Onoei FRANCH. et SAV., det. HACKEL. Y.: Ohne Angabe (MAIRE, distr. BONATI 7535). Jedenfalls im NE bei Dungtschwan, feuchte Täler, 3000 m (M., d. B. 7525 s. B).

Lophatherum BRONGN.

L. gracile BRONGN. var. **genuinum** A. CAM. in Bull. Mus. Par., XXV., 495 (1919). H.: Mischwälder der str. St., 190—500 m. Dungtai-schan bei Hsianghsiang. Loudi. Häufig bei Tindjiatang nächst Hsikwangschan (12683). Lengschui-djiang ober Hsinhwa.

— — *var. **pilosum** A. CAM., l. c. Ki.: Kuling (CHUNG 2367). Tschekiang: Ningpo-Berge (FABER).

— — *var. **intermedium** A. CAM., l. c., 496. SW-H.: Waldrand ober dem Tempel Gwanyin-go in der wtp. St. des Yün-schan bei Wukang, Tonschiefer, 1210 m, 31. VII. 1918 (12360). S.: Omei (FABER).

— — *var. *elatum* (ZOLL. et MOR.) A. CAM., l. c., 496 (*L. e.* ZOLL. et MOR. in MORITZI, Syst. Verz. Java, 102 [1846]). F.: Yenping, Tschaping, Hügelhänge (CHUNG 2822). Kwangtung: Bakwan-schan bei Kanton (HANCE u. SIMSON in WAWRA 734b). Annähernd auch: F.: Baotschu-schan bei Yenping, im Schatten, 1400 m (CHUNG 2917, mit mehr spreizender Rispe und Haarbüscheln unter den Ährchen).

Dactylis L.

D. glomerata L. Kw.: Häufig auf Heidewiesen der wtp. St. bei Nganping 1400 m.

Poa L.

**** P. grandis** HAND.-MZT.

Sect. *Eupoa* HACK., subsect. *Homalopoa* DUM., amplif.

Cespites crassos formans, radicibus permultis tenuibus fuscis, culmos multos plurimos floriferos edens, estolonosa, praeter callos glaberrima. Culmus ad 1 m altus et 3 mm crassus, triqueter et vaginis compressis et alte carinatis usque ad paniculam anceps, levis, usque vel fere ad hanc aequaliter 7—8 folius, foliis inferioribus sub anthesi emarcidis, nodis infimis tantum expositis. Folia ad 23 cm longa et 8 mm lata, infima paulo breviora, longissime acuminata, basi aequilata, stricta, plana, atroviridia, marginibus antice sparse asperula, faciebus levia, nervis maioribus utrinque 3 interjectis 7^{nis} omnibus tenuibus, illis utrinque, his subtus tantum prominulis; vaginae laminis $\pm$ duplo breviores, sursum paulum dilatatae et ancipites, multicostulatae, paululum caesiae, minute rotundato-auriculatae; ligulae inferiores 4, superiores ad 8 mm longae, albo- vel brunnescenti-membranaceae, truncato-rotundatae. Panicula erecta, ovoidea, 25—38 cm longa, laxa, levissima, ramis 4—5^{nis} patentibus tenuibus teretiusculis paulum inaequalibus, dimidio c. anteriore usque ad ter ramosis, pedicellis 1—7 mm longis vix incrassatis, ramis infimis interdum ternis et in vagina summa inclusis et reductis. Spiculae ellipticae, c. 5 mm longae, $\pm$ 2 mm latae, dense 3—5 florae, flore ultimo plerumque abortivo vel nunc omnino obsoleto in rhachilla terminali. Glumae lanceolato-ovatae, paulum inaequales, $\pm$ 3 $^1/_2$ mm longae, $\pm$ 1 mm latae, acutae, herbaceae, atrovirides vel plerumque violaceae, antice anguste membranaceae, dorso rotundatae, inferior tenuiter uninervia vel nervis 2 brevibus additis, superior tenuiter trinervia, leves vel antice parce asperae. Rhachilla fragilis, articulis flexuosis 1 mm longis glabris, callis parce villosulis. Lemma ovatum, $3^1/_2$ mm longum, ad 2 mm latum, $\pm$ obtusum, distinctius 5 nervium, antice late membranaceum et aurescens, basin versus $\pm$ papilloso-asperum, ceterum glumis aequale. Palea albo-membranacea, eo subaequilonga, inter carinas virides plicata, apice truncata. Lodiculae maiusculae, suborbiculares. Antherae lineares, 2 mm longae. Ovarium glabrum, stigmatibus sessilibus, longis.

NW-Y.: Hochkrautfluren der Hg. St. des birm. Mons. unter dem Doker-la an der tibetischen Grenze, 28° 15', Granit, 4200—4250 m, 17. IX. 1915 (8081) und häufig weiter s. im obersten Doyon-lumba bis ins Tal Schidsaru, 4050 m, 28° 9'.

Inter asiaticas distinctissima, proxima *P. hybridae* GAUD., sed culmo triquetro aequaliter multifolio sine foliis basalibus etc. diversa.

P. pratensis L. NW-Y.: Üppige Wiese der ktp. St. bei der Alm Maoniubi auf dem Waha bei Yungning, Sandstein, 4050 m (7085). Wohl auch diese bei der Alm Da-Niutschang zwischen Alo und Bödö se von Dschungdien, 3800 m. S.: Ob eine Form dieser in der Hg. St. bis unter den Gipfel Gonschiga sw von Muli, Tonschiefer, 4730 m? Im NW auf Gebirgen um Sungpan (WEIGOLD).

P. nemoralis L. **var. ligulata** STAPF. Trockene Wiesen, Buschwiesen, Gebüsche, Bachränder der wtp. und tp. St. NW-Y.: Gaba vor dem Be-schui n von Lidjiang (5215). Wahrscheinlich auch an der Westseite des Piepun se von Dschungdien, 3600 m. S.: 2800—3400 m. Unter Yiwanschui am Hange des Da-örlbi halbwegs zwischen Yenyüen und Yungning (2937). Molien jenseits des Yalung n von Yenyüen, 28° 10' (2543). Kw.: Ne von Nganping, 1400 m (10471). Nganschun (CAVALERIE 4301).

P. sphondylodes Trin. **H.**: Gebüsche der wtp. St. bei Hsikwangschan im Bezirke Hsinhwa, Kalk, 600 m (11821).

P. Mairei Hack. in Rep. sp. nov., XII., 387 (1913), e typo. **Y.**: Matten des Passes Hsialoping bei Langtjiung, 3000 m (Delavay 2120). Im NW auf Heidewiesen der tp. St. im alten Seebecken Gaba vor dem Be-schui n von Lidjiang, Kalk, 3050 m (4216, kleine Form). Osthang des Djinaloko im Yülungschan hier (Rock 10427, große Form mit einzelnstehenden Rispenästen).

P. acroleuca Steud. **H.**: Häufig an Gebüschrändern der str. St. bei Tschangscha, Sandstein, 50 m (11692). **NW-Y.**: Sumpfwiesen der tp. St. am Be-schui n von Lidjiang, Sandstein, 3000 m (4375). Im NE an feuchten Stellen der wtp. St. in der Ebene von Dungtschwan, 2500 m (Maire, det. Hackel).

* **P. himalayana** Nees in Steud., Syn. Pl. Glum., I., 256 (1855). **NW-Y.**: Üppige Wiesen, kräuterreiche Hänge und Hochstaudenfluren der tp. St., 2900 bis 3600 m. Westseite des Gebirges Piepun se von Dschungdien, 12. VIII. 1914 (4790). Im birm. Mons. häufig zwischen Mekong und Salwin im Saoa-lumba, 28⁰ (8981) und w von hier gegen den Irrawadi im Tjiontson-lumba.

Nr. 8981 ist eine große, noch nicht ganz entwickelte Pflanze mit langen und bis 7 mm breiten Blättern.

P. annua L. **H.**: Häufig in Gräben der str. St. bei Tschangscha, Sandstein, 30—100 m (11681). **NW-Y.**: Läger in der ktp. St. auf dem Schöndsu-la zwischen Mekong und Salwin, 28⁰ 4′, 3950 m.

Glyceria R. Br.

* **G. acutiflora** Torr., Fl. N. a. M. Un. St., I, 104 (1824). **H.**: Reisfelder der str. St. bei Hsikwangschan im Bezirke Hsinhwa, Kalk, 550 m, 14. V. 1918 (11856). Wohl auch diese an Lachen bei Hsianghsiang, 60 m. **NE-Y.**: Matten der Hügel bei Lungdji im mittelchin. Fl., 700 m (Maire, det. Hackel).

* **G. tonglensis** C. B. Cl. in Journ. Linn. Soc., Bot., XV., 119 (1876). **Y.**: In der wtp. St., 1850—1900 m. Yünnanfu (Maire, distr. Bonati 727). Hier an Reisfeldrainen, 18. IV. 1908 (Ducloux 868, beide det. Hackel). Gräben bei Tsaopu jenseits Nganning w von hier (8643). **SW-Kw.**: Hwangtsaoba (Cavalerie 4303).

G. maxima (Hartm.) Holmb. in Bot. Notis., 1919, 97 (*Molinia m.* Hartm., Handb. Skand. Fl., 56 [1820]. — *Glyceria aquatica* [L.] Wahlenb. 1820, non [L.] Presl 1819). **Y.**: In Bächen der wtp. St. bei Dschaoping n von Yungbei, Sandstein, 2675 m (3347). Im NE bei Dungtschwan (Maire, distr. Bonati s. B 6933, 6952).

Meine Pflanze ist sehr rauh, jene Maires weniger. Diese wurden von Hackel als *G. aquatica* f. *tenuior* bezeichnet und nähern sich in der Infloreszenz der *G. arundinacea* (M. a. B.) Kth., die allgemein nicht als eigene Art betrachtet wird. Honda stellt in Journ. Fac. Sc. Univ. Tok., sect. 3, III., 63 (1930) *G. remota* (Fors.) Fr. var. *japonica* Hack. als Synonym zu *G. arundinacea*, die er von *G. lithuanica* (Gorski) Lindm. durch glatte Rispe unterscheidet. *G. arundinacea* hat aber ebenso wie *G. remota* eine sehr rauhe Rispe, Hackels Pflanze aber eine glatte oder fast glatte und ist mit *G. alnasteretum* Kom. identisch, wie Hultén, den Honda zu *G. lithuanica* zitiert, hier aber übersehen hat, in Svensk. Vet. Ak. Handl., 3. ser., V/1., 138 (1927) nachwies.

Festuca L.

F. ovina L., s. str. (subsp. *eu-ovina* Hack., Mon. Fest. Eur., 85 [1882] var. *vulgaris* Koch, Syn., 812 [1837] subvar. *genuina* Hack., Mon., 86 [= subvar. *euvulgaris* St.-Yves, Fest. Alp. mar., 212 (1913)], det. St.-Yves). Üppige und trockene Wiesen, lichte Wälder, Gerölle der tp. und ktp. St., 2800—4050 m. S.: Wahrscheinlich diese auf dem Lungdschu-schan bei Huili (5209, Exemplar nicht angelangt). Beim See e von Yungning (3103). Alm Bädö ober Muli. **Y.**: S des Passes Gwamaoschan zwischen Yungbei und Yungning. Im NW bei der Alm Maoniubi auf dem Waha bei Yungning (7080). Bei Lidjiang gegen das Beschui (4173) und mehrfach ober Ngulukö.

— — var. **coreana** St.-Yv. in Bull. Soc. Bot. Fr., LXXI., 33 (1924) p. p.; in Candollea, III., 333 *subvar. **Taquetii** St.-Yv., l. c., 334 (1928), spiculis breviter aristatis ad var. *vulgarem* Koch vergens, det. St.-Yves. NW-**Y.**: Steinige Matten auf Kalk am Osthange des Gipfels Ünlüpe im Yülung-schan bei Lidjiang, 3700—4250 m (3522).

F. Forrestii St.-Yv. in Candollea, III., 383 (1928), det. St.-Yves. **S.**: Matten der Hg. und ktp. St. auf Kalk auf dem Hwang-liangdse zwischen Yenyüen und Kwapi, 3600—4075 m (5528). Vielleicht auch NW-**Y.**: Osthang des Yülung-schan bei Lidjiang (Rock 10692, mangelhaft).

F. yunnanensis St.-Yv., l. c., 386 (1928). (Abb. 39, Nr. 3).

Descriptio in specimine unico innovationibus destituto et in notis $\pm$ variabilibus condita fuit, ideo hanc emendare et complere licet.

— — var. **genuina** St.-Yv.: Vernatio conduplicata. Innovationes (omnes?) intravaginales, polyphyllae. Dense cespitosa. Culmi superne sat graciles, 30—35 cm alti, infra paniculam teretes, paulum striati, glabri, leves, nodis 2, occultatis. Vaginae innovationum in tertia parte inferiore integrae, ceterum fissae, exteriores laxae, interiores arctae, striatae, glabrae, leves, emarcidae, non fibrosae, laminas emortuas retinentes; ligulae innovationum fere ad margines scariosas reductae, conspicue ciliolatae, culmeae breves, emarginatae vel breviter biauriculatae. Laminae innovationum rigidae, erectae, acutae et pungentes, leves, intus longiuscule hispidae et pilis in parte inferiore inter margines abeuntibus, ad $^1/_3$ culmi attingentes, structura anatomica ut in Abb. 39 nr. 3; culmeae arcte conduplicatae, saepe cellulis bulliformibus parvis instructae, costis $\pm$ irregularibus (nec in nostris speciminibus conspicue triplici magnitudine inter se diversae, ut olim scripsi). Panicula laxa, $\pm$ ampla et patula, 12—15 cm longa, rhachi inferne levi vel scabriuscula, ramis filiformibus $\pm$ patulis flexuosis scabriusculis vel scabris, imis 1—2^{nis}, primario imo trispiculato, paniculam dimidiam aequante, secundario interdum cum primario inferne concaulescente, spiculis inter se valde remotis et longipedicellatis nisi subterminalibus pedicello quam spicula breviore. Spiculae elliptico-lanceolatae, virides, 5—6florae, c. 10 mm longae, rhachilla flexuosa dorso scabra, internodiis $1^1/_2$ mm longis et ultra. Glumae inaequales, inferior $4^1/_2$ mm longa, subulata, uninervia, superior $5^1/_2 \times 1^1/_2$ mm, ad $^1/_2$ paleae infimae vel paulum ultra pertinens, trinervia, nervis lateralibus ad $^3/_4$ usque productis, utraque marginibus scariosa, acuta, dorso scabriuscula. Lemma $6^1/_2 — 7 \times 1^1/_2 — 2$ mm, extus glabrum, scabriusculum, obsolete 5 costatum, arista apicali 2—3 mm longa. Palea id aequans, sat profunde et acute bidentata, secus carinas $\pm$ scabra, dorso punctulato-scabriuscula. Antherae palea dimidia longiores. Ovarium glabrum.

— — **var. *villosa* St.-Yv.

A var. *genuina* tantum differt: Vaginis innovationum glabris vel breviter pubescentibus, culmeae villosis. Laminis culmeis in parte inferiore extus breviter villosis. Spiculae rhachilla dense pubescente, glumis paululum longioribus, dorso $\pm$ villosis, secus carinam longiuscule villosis, lemmatibus dorso $\pm$ longe villosis, secus margines longe ciliatis, paleis secus carinas longiuscule villosis.

NW-Y.: Steinige Matten der Hg. St. am Hange unter dem Kar Schitako im Yülung-schan bei Lidjiang, 3750 m, 20. VII. 1914, beide Varietäten gemischt (4262). Wahrscheinlich auch diese in S.: Auf den Bergen Saganai (phot.) und Gonschiga bei Muli, bis 4730 m.

Omnes haec plantae laminis acutis et pungentibus omnibusque notis panicularum cum prima descriptione *F. yunnanensis* eximie conveniunt. Observare decet, an in omnibus speciminibus a Forrest sub nro. 2797 collectis laminae culmeae costae triplici magnitudine diversae semper adsint. † Saint-Yves.

F. rubra L., em. Hackel, Mon. Fest. Eur., 128 (1882), s. str. (subsp. *eu-rubra* Hack., l. c., 138 var. *genuina* Hack., l. c., subvar. *vulgaris* Hack., l. c., 139, det. St.-Yves). NW-Y.: Steinige Matten der Hg. St. unter dem Kar Schitako im Yülung-schan bei Lidjiang, Kalk, 3750 m (4261).

— — var.? NW-Y.: Im tp. Walde ober Alo se von Dschungdien, 3350 bis 3475 m, 9. VIII. 1914 (4636). S.: Steinige Stellen der tp. St. am Lungdschuschan bei Huili, 3300—3675 m (3290).

Nr. 4636 ist eine schlaffe Waldform, sonst in den Merkmalen der subsp. *kashmiriana* (Stapf) St.-Yv. in Candollea, III., 395 (1928) (*F. k.* Stapf in Hook., Fl. Br. Ind., VII., 351 [1897]) nahestehend, aber Scheiden tiefer hinab offen; Nr. 3290 ist ähnlich.

** *F. Vierhapperi* Hand.-Mzt. in Sitzgsanz. Ak. W. W., XVII., 176 (1920). (Abb. 39, Nr. 1; 40, Nr. 4 auf S. 1301.)

Laxe cespitosa, extravaginalis (stolonifera?), foliorum fasciculos steriles paucos sub anthesi marcescentes et culmos sparsos ascendentes, 60—90 cm altos, 2 mm crassos, 3—4 nodos, glabros et leves edens. Folia surculorum sterilium pauca, plicata, subfalcata, brevia, 3—7 cm longa, (explicata) 2 mm lata, 7 nervia, obtusiuscula, levia, ad margines et $\pm$ ad nervos nonnullos pilis patulis $^1/_4$ mm longis dense pectinato-ciliata, vaginis brevibus, mollibus, ad basin usque fissis, pubescentibus; caulina flaccida, plana, 13 nervia, $3^1/_2$—$5^1/_2$ mm lata, margine sursum scabra et facie superiore subtiliter pilosa, structura anatomica ut in Abb. 39 nr. 1, infima mox marcescentia, brevia, vaginis latis, laxis, pubescentibus, denique in fibras paucas pallidas solutis, superiora ab inflorescentia remota, 13—17 cm longa, longe acuminata, vaginis arctis apice rotundatis aequilongis et sesquilongioribus glabris, ligulis brevissimis, integris, $^1/_3$ mm longis, subtilissime et densissime ciliatis, exauriculatis. Anthela laxa, 13—17 cm longa, axibus triquetris, scabris, internodio infimo usque ad 6 cm longo, ramo illo subpatulo paniculam dimidiam aequante, 5—10 spiculato, saepe basali hic addito. Spiculae brevipedicellatae, virides, extus paulum violascentes, opacae, granuloso-scaberulae, cuneato-obovatae, 9—12 mm longae (absque aristis), laxe 3—5 florae. Glumae marginibus scariosae, apice subulatae, inferior $3^1/_2$ usque

$4^{1}/_{2}$ mm longa, uninervia, anguste, superior late lanceolata, carinato 3 (—5) nervia, subsesqui- usque subduplo longior. Rhachilla stricta, scabra, internodiis superioribus 2 mm longis. Lemma herbaceum, $6^{1}/_{2}$—8 mm longum, teres, 1 mm diametro, subtiliter 3—5 nervium, in aristam scabram, dimidio breviorem usque subaequilongam attenuatum. Palea eo aequilonga, stramenticia, apice bifida, ad carinas densissime et subtilissime ciliato-scabra. Lodiculae laceratae, albae. Antherae lineares, 2 mm longae. Ovarium glabrum; stigmata terminalia, longe intricato-plumosa.

NW-Y.: Üppige Wiesen und kräuterreiche Hänge der tp. St. an der Westseite des Gebirges Piepun se von Dschungdien („Chungtien"), Kalk, 3500 bis 3600 m, 12. VIII. 1914 (4785). Wohl auch diese in der ktp. St. auf dem Berge Schusutsu ober Bödö dort, 4000 m.

Species habitu foliisque caulinis *F. arundinaceae* Schreb. et panicula spiculis obovatis aristatis foliisque surculorum complicatis *F. rubrae* haud dissimilis, foliorum ciliis peculiaris, forsitan typum inter *Eufestucam* et *Schedonorum* situm exhibens.

Saint-Yves, der die Art als besonders interessant anerkannte, teilte mir mit, daß er auf den Fruchtknoten Härchen beobachtete. Ich kann auch an seinen Präparaten keine finden.

** *F. Mairei* Hack. ined.

Subgen. *Eufestuca* Griseb., amplif. Hack., sect. *Schedonorus* (Palis.) Koch, subsect. *Bovinae* Fries.

Perennis, surculis extravaginalibus cespites parvos (?) formans, tota glabra, subgriseo-viridis, rigidula. Culmi e basi $\pm$ geniculata erecti, 25—65 cm longi, 1—2 mm crassi, levissimi, usque ad apicem dissite 3—4 folii, quarto vel fere dimidio supero panicula obsiti. Folia ad 17 cm, summa autem saepe 2 cm tantum longa, plana, 3—4 mm lata, longe acuminata, nervis subaequalibus 13—15 crassis utrinque prominuis supra ut marginibus asprellis, surculorum sterilium (ut adsunt) angustiora; vaginae laxiusculae, summa longissima, sequens brevior, nodum non tegens, infimae nodos obtegentes, anguste multicostatae, leves; ligula brevissima, brunnea, saepe lacerata, auriculis falcatis ad 1 mm longis. Anthela erecta, contracta, ramis strictis, erectis, inferioribus geminis inaequalibus, vel racemus simplex, tunc ramus infimus usque ad 3 spiculatus dimidia panicula subbrevior. Axis superne pedicellique triquetri scabri, hi 0—5 mm longi. Spiculae erectae, lanceolatae, absque aristis c. $1^{1}/_{2}$ cm longae, laxe (3—) 5 florae. Glumae subaequilongae vel superior paulo longior et latior, $\pm$ 6 mm longae, lineari-lanceolatae, acutae, marginibus membranaceae, inferior 1-, superior 3 nervia (raro in spicula infima illa 3-, haec 5 nervia), nervis valde prominuis levibus vel antice asperis. Rhachilla $\pm$ flexuosa, levis, internodiis 2 mm longis $\pm$ expositis, callis oblique cupularibus. Lemma lanceolatum, 6—9 mm longum, in aristam tenuem rectam eo breviorem usque subduplo longiorem asperam productum, marginibus antice membranaceis sub arista anguste truncatis, dorso rotundatum, nervis 5 antice tantum tenuiter prominulis et $\pm$ asperis. Palea eo aequalis, obtusa vel bicuspidata, carinis viridibus, minute asperis. Lodiculae lanceolatae, 1 mm longae. Antherae 3 mm longae. Caryopsis glabra.

Y.: In der wtp. St., 1890—2800 m. Yünnanfu (Maire, distr. Bonati 726, 745). Hier an Reisfeldrainen, 3. VII. 1908 (Ducloux 867, Typus, alle det. Hackel).

Sumpf von Ganhaidse auf dem Heischanmen bei Langtjiung, 3. VIII. 1886 (DELAVAY). Im NE bei Dungtschwan (MAIRE, distr. BONATI 7029).

Characteribus prope *F. giganteam* (L.) VILL., sed folia firma pedicellique multo firmiores, glumae nervato-sulcatae.

F. parvigluma TRIN. **H.**: Gebüsche der wtp. St. bei Hsikwangschan im Bezirke Hsinhwa, Kalk, 600 m (11820, det. ST.-YVES, f. vegeta, i. e. panicula ditior ramis imis binis, glumae steriles paululum [vix] longiores).

F. modesta STEUD. NW-Y.: Dichte Gebüsche der tp. St. um die Sättel des Berges Lamatso w des Nordendes der Lidjianger Yangtse-Schleife, Kalk, 3100 bis 3200 m (7598). Ob auch diese in S. auf dem Lungdschu-schan bei Huili?.

— — ****subsp.** ***Handelii*** ST.-Yv. (Abb. 39, Nr. 2.)

Vernatio convoluta. Innovationes extravaginales, basi squamis aphyllis diu persistentibus cinctae. Culmi erecti, rigidi, 60—85 cm alti, infra paniculam

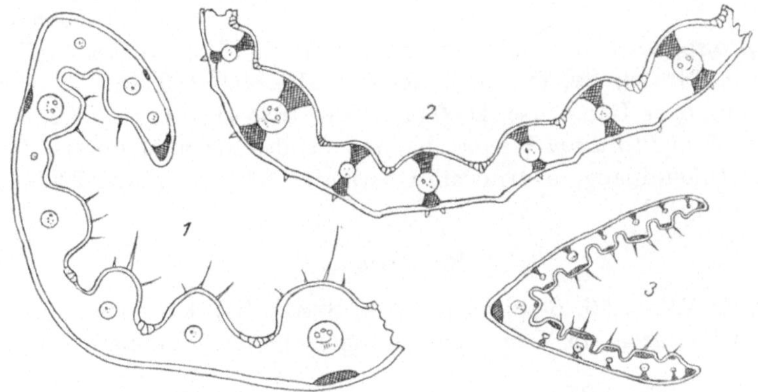

Abb. 39. Blattquerschnitte von *Festuca*. 1 *Vierhapperi* HAND.-MZT., halbes Halmblatt. 2 *modesta* STEUD. ssp. *Handelii* ST.-Yv., Teil eines Innovationsblattes. 3 *yunnanensis* ST.-Yv., Innovationsblatt (H.-M. 4262). Stark vergr.

teretes, striati, glabri, leves, 2—3 nodi, nodo summo exposito in tertio c. inferiore culmi sito. Vaginae innovationum omnino fissae, striatae, glabrae, leves, emarcidae, non fibrosae, laminas emortuas retinentes. Ligulae culmeae protractae, c. 3 mm longae. Laminae innovationum planae vel laxe convolutae, 3—4 mm latae, sensim angustatae, obtusae, extus granuloso-asperae, c. ad dimidium culmum pertinentes; culmeae similes, usque ad 6 mm latae, structura anatomica ut in Abb. 39 nr. 2. Panicula longe exserta, ampla, laxa, patens, 15—20 cm longa, rhachi levi, ramis inferne levibus superne ± scabris, capillaribus, valde flexuosis, imis binis, patulis vel interdum reflexis, imo longissime simplici, dein ramuloso, c. 5 spiculato, paniculam dimidiam aequante vel superante, secundario vix breviore, 3—4 spiculato, spiculis subterminalibus breviter pedicellatis. Spiculae elliptico-oblongae, sub anthesi valde compressae, virides et saepe demum brunnescentes, 3—4 florae, 9—10 mm tantum longae, rhachilla undique scabriuscula vel scabra, internodiis 1—1$^{1}/_{2}$ mm tantum longis. Glumae inaequales, inferior 2$^{1}/_{2}$—3 mm longa, subulata, uninervia, superior 4—4$^{1}/_{2}$ × 1 mm, vix ad paleam infimam dimidiam pertinens, uninervia, sat robuste carinata, secus margines scabra, dorso scabriuscula, obtusiuscula; utraque $\pm$ scariosa. Lemma 7—8 $\times$ 2—2$^1/_2$ mm, 3nervium tantum, nervis lateralibus marginibus approximatis, in aristam robustam sat brevem sensim desinens, escariosum, superne scabriusculum, conspicue tricostatum. Palea glumam aequans vel paululum brevior, acute bidentata, secus margines breviter scabra, dorso punctulato levis. Antherae palea dimidia conspicue longiores. Ovarium pilis paucis longiusculis ornatum, stylis terminalibus.

S.: Eichenwälder der ktp. St. unter der Alm Bädö bei Muli, Sandstein, 3600—3700 m, 31. VII. 1915 (7370).

Notae longitudinis spicularum glumarumque sat tenue, nervationis glumarum et paupertatis indumenti ovarii gravius, demum longitudinis antherarum magnum discrimen praebent ideoque planta meo sensu ut subspecies *F. modestae* habenda est. Pili ovarii tantum inter stylos ex apice dorsali ovarii emergentes adsunt, ita ut ovarium lateraliter observatum glabrum videatur, pili tum stylis tecti. Saint-Yves.

* *F. leptopogon* Stapf in Hook., Fl. Brit. Ind., VII., 354 (1897) (*F. subulata* Trin. var. *l.* (Stapf) St.-Yv. in Candollea, III., 450 [1928]). Y.: Wald von Maogutschang ober Dapingdse, 2000 m, 1883—1885 (Delavay 4202 wenigstens z. T.). Im NW in *Pteridium*-Wiesen der wtp. St. des birm. Mons. bei Schutsche am Taron (Djiou-djiang, e Irrawadi-Oberlauf), 27º 54', Granit, 2000—2100 m, 9. VII. 1916 (9481).

Bromus L.

B. asper Murr. (*B. Benekeni* [Lange] Syme). SW-Kw.: Feuchte Wiese der wtp. St. bei Gaotscha am Wege von Hwangtsaoba nach Yünnan, Kalk, 1750 m (10257).

** *B. Mairei* Hack. ined.

Sect. *Festucoides* Coss. et Dur.

♃, laxe cespitosus, surculis sterilibus raris, glaber vel inferne retrorsum hirtus, robustus vel gracilior, culmis 25 cm — ad 1 m altis, ultra medium vel usque ad $^3/_4$ 4—5foliatis, nodis praeter infimos exsertis. Folia 10—26 cm longa, 1—7 mm lata, acutissima, margine et nervis densissimis praesertim supra scabra; vaginae laminis usque aequilongae, angustae; ligulae $^1/_2$—1$^1/_2$ mm longae, lacerato-truncatae, brunneae, ciliolatae. Anthela laxissima, usque ad 20 cm longa, nutans, ramis infimis saepeque sequentibus quoque geminatis, ceteris, raro omnibus, singulis, capillaribus, flexuosis, inferioribus dimidiam anthelam aequantibus vel subaequantibus nonnullis bi-, raro ad 6spiculatis ceteris unispiculatis, pedicellis minute asperis 1—2$^1/_2$ cm longis, spicularum alterarum autem brevioribus. Spiculae cuneatae, absque aristis 1$^1/_2$—2$^1/_2$ cm longae, 6 usque 10 mm latae, virides vel atroviolascentes, laxiuscule 4—9florae. Glumae lanceolatae, lemmatibus proximis aequilongae vel subaequilongae, apice subulatae, marginibus anguste brunneo-membranaceae, inferior 1-, superior argute 3nervia, $\pm$ glabrae. Rhachilla brevius longiusve strigoso-hirta, nodis exsertis $\pm$ glabris. Lemma lanceolatum, 9—10 mm longum, 3 mm latum, praeter carinam obtusam nervis 2 tenuissimis percursum, brunneo-membranaceo marginatum, versus margines tantum vel ubique strigoso-hirsutum, in aristam basi validam 1—2 cm longam supra basin $\pm$ patentem usque subreflexam angustatum. Palea eo paulo brevior, carinis 2 viridibus strigoso-ciliata, apicibus interdum in setulas incurvas vel rectas excurrentibus. Antherae lateritiae, 2 mm longae. Caryopsis oblongo-linearis, apice rostrato pilosa.

Steinige Stellen, Heidewiesen, üppige Wiesen, Eichenwälder der tp. und ktp. Str., 2800—3700 m. Y.: Im NW am Osthang des Yülung-schan bei Lidjiang, 1923—1924 (ROCK 10643). Hier im alten Seebecken Gaba vor dem Be-schui, 18. VII. 1914 (3268), unter Latsa zwischen Alo und Hsiao-Dschungdien, 9. VIII. 1914 (4626). Im NE auf hohen Plateaus bei Dungtschwan, VIII. (MAIRE, distr. BONATI 7041 s. B, Typus). S.: Lungdschu-schan bei Huili (5210). Unter der Alm Bädö bei Muli (7371) und ober ihr wahrscheinlich bis in die Hg. St., 4250 m (phot.).

Proximus *B. himalaico* STAPF in HOOK., Fl. Brit. Ind., VII., 358, qui differt panicula simpliciore, spiculis glabrioribus, 9- (sed nonnullis in typo quoque 6-) floris, gluma inferiore breviore, lemmate paululo minus carinato.

B. remotiflorus (STEUD.) OHWI in Act. Phytotax. Geobot., IV., 58 (1935) (*B. pauciflorus* [THUNB.] HACK., non SCHUMACH. 1801). **Kw.**: Grabenränder der wtp. St. zwischen Nganping und Tschingdschen, 1200—1300 m (10460). NE-Y.: Dungtschwan (MAIRE, distr. BONATI 7085 s. B). Hecken der Ebene von Tschehai, 2500 m (M., d. B. 7519 B).

B. japonicus THUNB., det. PÉNZES. NW-Y.: Heidewiese Gaba in der tp. St. vor dem Be-schui bei Lidjiang, Kalk, 3050 m (4213).

Brachypodium PALIS.

B. sylvaticum (HUDS.) PALIS. NW-Y.: Üppige Wiesen und kräuterreiche Hänge der tp. St. an der Westseite des Gebirges Piepun se von Dschungdien, Kalk, 3500—3600 m (4791).

Agropyron GÄRTN.

* **A. semicostatum** NEES. Gebüsche, Matten, Bach- und Reisfeldränder der wtp. und str. St. H.: Hsikwangschan bei Hsinhwa, 600 m (11822). S.: Ningyüen, 1650 m (1287). Y.: Yünnanfu, 18. IV. 1908 (DUCLOUX 865, det. HACKEL). Dungtschwan (MAIRE, distr. BONATI 6927 s. B, 7093 s. B, det. HACKEL).

Granne oft 3 cm lang, doch wegen der geschlossenen und keineswegs klaffenden Ährchen hierher und nicht zum folgenden gehörig.

* **A. longearistatum** BOISS., Fl. or., V., 660 (1884) (*Triticum l.* BOISS. in JAUB. et SPACH, Ill. Pl. or., II., t. 199 [1846]. — *Brachypodium l.* BOISS., Diagn., I/7., 127 [1846]). Üppige Wiesen, Eichenwälder und steinige Stellen der tp. und ktp. St., 3300—3700 m. S.: Lungdschu-schan bei Huili (4579). Unter der Alm Bädö bei Muli (6787). NW-Y.: Unter Latsa zwischen Hsiao-Dschungdien und Alo, 9. VIII. 1914 (4478).

Triticum L.

T. durum DESF., det. TSCHERMAK. Y.: Gebaut in der wtp. St. im Becken von Yünnanfu, 1950—2100 m (6075). Hier bei Bitjigwan (ENANDER).

Ein Weizen auch in H.: Viel kultiviert an den Berghängen der str. St. bei Tschükoupu zwischen Baotjing und Hsinhwa, 300—400 m.

Hordeum L.

H. vulgare L. **Y.**: In der wtp. und str. St. kultiviert, 1900—2100 m, z. B. um Yünnanfu und bei Bödschagwan in der Seitenschlucht des Yangtse n von hier (720 p. p.).

— — var. *trifurcatum* Wender., teste Tschermak. **Y.**: Mit vorigem um Yünnaufu und bei Bödschagwan (720 p. p.). **S.**: Um Huili ganze Felder.

Elymus L.

E. nutans Griseb. in Nachr. Ges. Wiss. Göttg., Nr. 3, 72 (1868). **NW-Y.**: Osthang des Yülung-schan bei Lidjiang (Rock 6017). Üppige Wiese der ktp. St. bei der Alm Maoniubi auf dem Waha bei Yungning, Sandstein, 4050 m (7083).

Die Abtrennung der Gattung *Clinelymus* (Griseb.) Nevski in Bull. Jard. Bot. Ac. Sci. U. R. S. S., XXX., 640 (1932) scheint mir nicht nötig.

E. atratus (Nevski) Hand.-Mzt. (*Clinelymus a.* Nevski, l. c., 644 [1932]). **NW-S.**: Gebirge um Sungpan (Weigold).

E. tangutorum (Roshev.) Hand.-Mzt. (*Clinelymus t.* [Roshev. ined.] Nevski, l. c., 647 [1932]). **NW-Y.**: Üppige Wiesen und kräuterreiche Abhänge der tp. St. an der Westseite des Gebirges Piepun se von Dschungdien, Kalk, 3500—3700 m (4784).

Scheiden nur teilweise rauh, auch bei Licent 4723 schwächer rauh, sonst mit diesem und Licent 4769 aus W-Kansu stimmend. Dagegen scheint mir eine Pflanze von Yünnanfu, an Gräben und Wegrändern (Ducloux 866) zu *E. dahuricus* Trin. zu gehören, wie Hackel sie bestimmte.

Asprella Humb.

A. Duthiei Stapf. **SW-H.**: Im schattigen wtp. Laubhochwalde des Yün-schan bei Wukang, Tonschiefer, 1000—1200 m (12035).

Deschampsia Palis.

D. caespitosa (L.) Palis. Nasse und quellige Wiesen, Bachränder, Karfluren der tp. und ktp. St., 2600—4050 m. **Y.**: Ngulukö (Schneider 1880) und ober Ganhaidse bei Lidjiang. Da-Niutschang ober Bödö, e von Hsiao-Dschungdien und unter Baoschi bei Dschungdien. Im birm. Mons. zwischen Mekong und Salwin in dem nach Tibet hinabführenden Tale Schidsaru (phot.). **S.**: Um den Paß Sandaoschan zwischen Yenyüen und dem Yalung, 27° 31′ (5572).

Trisetum Pers.

T. flavescens (L.) Palis. **NE-Y.**: Dungtschwan (Maire, distr. Bonati 7029 s. B, det. Hackel).

— — *var. macranthum* Hack., e typo. **NW-Y.**: Üppige und trockene Wiesen der tp. und ktp. St., 3050—4050 m. Gaba vor dem Be-schui bei Lidjiang, 18. VII. 1914 (4212). Alm Maoniubi auf dem Waha bei Yungning (7084). Unter dem Lamakloster von Dschungdien (7739).

— — *var. papillosum* Hack. in Bull. Hb. Boiss., VII., 702 (1899). **NE-Y.**: Tal von Lungdji im mittelchin. Fl., 700 m (Maire, det. Hackel).

Meine Pflanzen sind auffallend durch nur zwei kurze Halmblätter und fast gleichgroße Hüllspelzen, wie sie aber auch in Europa und bei FAURIE 804, die HACKEL als var. *purpurascens* ARC. bestimmte, vorkommen. Nr. 4212 und 7739 sind fast grün, 7084 ist intensiv gefärbt. MAIRES zum Typus gehörige Pflanze hat dieselbe Beblätterung. Die von ROSHEWITZ in Bull. Jard. Bot. Russe, XXI., 88 (1922) angegebenen und von HULTÉN in Sv. Vet. Ak. Handlg., 3. Ser., V/1., 115 (1927) vermehrten Unterschiede des *T. sibiricum* RUPR. kann ich nicht bestätigt finden.

T. spicatum (L.) RICHT., Pl. Eur., I., 59 (1890) (*Aira spicata* L., Sp. Pl., 64 [1753]. — *Trisetum subspicatum* [L.] PALIS.). NW-Y.: Gehängeschutt der Hg. St. des birm. Mons. unter dem Doker-la, Granit, 4450—4600 m (8130).

Avena L.

A. fatua L. var. **glabrata** PETERM., Fl. Bienitz, 13 (1841), det. TSCHERMAK. NW-Y.: Bei Lidjiang, v. E. (3788).

A. sativa L. det. TSCHERMAK. Y.: Gebaut am Betsaoling bei Beyendjing (TEN 1369 p. p.). Zwischen Bupeng und Yünnanyi in der wtp. St., 2200 m. Sonst hauptsächlich in der tp. St. besonders viel um Yungning und Bödö. S.: Yenyüen und Malade n von hier (phot.), 2600—3300 m.

A. chinensis (FISCH.) METZG., Eur. Cer., 53 (1824) (*A. nuda* L. var. *c.* FISCH. in ROEM. et SCHULT., Syst. Veg., II., 669 [1817]), det. TSCHERMAK. Y.: Äcker am Betsaoling bei Beyendjing (TEN 1369 p. p.). Im NE am Wege von Yünnanfu nach Suifu jenseits Tschödse (MELL).

Avenastrum (KOCH) JESS.

A. asperum (MUNRO) HAND.-MZT. (*Avena aspera* MUNRO ap. THW., Enum. Pl. Zeyl. 372 [1864] ssp. *eu-aspera* ST.-YV. var. *genuina* ST.-YV. in Candollea, IV., 378 [1931]). S.: Bachränder der str. St. bei Dötschang im Djientschang, Sandstein, 1450—1650 m (1194).

— — var. **Roylei** (HOOK. f.) HAND.-MZT. (*Avena aspera* var. *R.* HOOK. f., Fl. Br. Ind., VII., 277 [1897]. — *A. Delavayi* HACK.). Y.: Üppige Wiesen, kräuterreiche Gebüsche, Bachufer, Schutthalden und steinige Stellen der wtp. und tp. St., 2400—3675 m. Y.: Yünnanfu (MAIRE, distr. BONATI 7397 s. B). Im NW an der Westseite des Gebirges Piepun se von Dschungdien (4794), hier ober Alo eine sehr zarte Waldform (3620). Im NE hinter Dungtschwan (MAIRE). S.: Lungdschu-schan bei Huili (5211). Yalingba in der Ebene von Yenyüen (2868).

HACKEL vermerkte in seinem Herbar schon 1912, daß *Avena Delavayi* eine Varietät dieser Art ist, und zwar eine kleine, schmalblätterige Hochgebirgsform, die sonst der var. *Roylei* entspricht.

A. sp. NW-S.: Gebirge um Sungpan (WEIGOLD).

Nur der oberste Teil einer schönen, dichtrispigen Pflanze.

Microchloa R. BR.

M. indica (L. f.) PALIS., Ess. n. Agrost., Expl. Pl., 13, t. 20, f. 8 (1812) (*M. setacea* R. BR.). Besonders im Steppen- und Heidewiesenunterwuchs der Föhrenwälder, auch an offenen Hängen, in der wtp. bis in die tp. St., 2000 bis

3000 m. **Y.**: Zwischen Dsaodjidjing und Hwadung e des Dsolin-ho. Im NW bei Gwanyilang zwischen Yungbei und Lidjiang (3422). Zwischen Haba und Waschwa se von Dschungdien. Überall um Yungning bis nach **S.**: Doloho n von hier. Dseia bei Muli. Fungsaying s von Huili (5095).

Cynodon L. C. Rich.

C. Dactylon (L.) Pers. **Y.**: Umgebung von Yünnanfu (Maire ex hb. Edinb. (3021). Hier den Rasen in Gärten bildend in der wtp. St., 1900 m. **S.**: Steppenhänge der str. St. bei Ningyüen, Sandstein, 1600 m (1271).

Chloris Swartz

C. virgata Sw. **Y.**: Ami, 1350 m (Enander). Buschsteppen der wtp. St. zwischen Tschuhsiung und Gwangdung, 1800—2100 m (4829). Im NW auf Sand in der str. St. bei Ndaku am Yangtse n von Lidjiang, 27° 20′, 1850 m (4395).

Tripogon Roth

*** T. filiformis** Nees in Steud., Syn. Pl. Glumac., I., 301 (1855) (*Plagiolytrum filiforme* Nees in Proc. Linn. Soc., I., 95 [1841]). **NE-Y.**: Ohne Fundort (Maire, distr. Bonati 773, 7539). Dungtschwan (M., d. B. 6329 s. B, 6856, 6962). Hier auf Felsen und Dächern (M., d. B. 7523) und an trockenen nackten Stellen der Kalkberge, 2700 m (M., d. B. 7037 s. B). Alle von Hackel als *T. bromoides* bestimmt. **S.**: Eichenwälder der tp. und ktp. St. ober Muli, Sandstein, 2800 bis 3600 m (7372).

— — var. **tenuispicus** Hook. f., Fl. Br. Ind., VII., 288 (1897). **S.**: Kalkfelsen der str. St. bei Lumapu am sw Zuflusse des Yalung, 27° 38′, 1650 m, 13. X. 1914 (5594).

*** T. bromoides** Roth, Nov. Pl. sp., 49 (1821), det. Hackel. **NE-Y.**: Steiniges Ufer des Yangtse, str. St., 500 m, XI. 1910 (Maire, distr. Bonati 7518 s. B).

Beckmannia Host

B. Syzygachne (Steud.) Fern. in Rhodora, XXX., 27 (1928) (*Panicum S.* Steud. in Flora, XXIX., 19 [1846]. — *Beckmannia eruciformis* Forb. et Hemsl., non [L.] Host). **S.**: Äcker- und Kanalränder der str. St. bei Ningyüen, Sandstein, 1650 m (1225). **Y.**: Wahrscheinlich diese an Wegrändern auch in der wtp. St. bis 2100 m, von Tschuhsiung bis n von Dali, oft gemein, sowie überall um Datiengai w von Lunggai.

Eleusine Gaertn.

E. indica (L.) Gaertn. **S-Y.**: Ruderal in der tr. St. bei Manhao, 200 m (5886). **H.**: Reisfeldraine der wtp. St. bei Hsikwangschan nächst Hsinhwa, 650 m (12 589).

E. coracana (L.) Gaertn. **Y.**: Ami, 1350 m (Enander). **Kw.**: Gebaut in Reis- und Maisfeldern bei Tinschantang zwischen Langtai und Pogon, 1800 m (Schoch 413). Im E ebenso überall unter Sandjio und in SW-**H.**: bis Wukang (11 076).

Leptochloa PALIS.

L. chinensis (L.) NEES. H.: Feuchte Wiesen und Reisfeldraine der str. bis an die wtp. St., 50—650 m. Massenhaft hinter der Schule am Yolu-schan bei Tschangscha. Hsikwangschan bei Hsinhwa (12590). Im SW zwischen Wukang und Hasankou (11235).

Aristida L.

A. Adscensionis L. Y.: Steppen der str. St. auf Granit, Schiefer und Mergel, 1000—1800 m. Überall s von Lunggai, um Magai und Yüenmou (5001) nw von Yünnanfu. Lanipato in der Schlucht des Yangtse n von hier (5650).

Stipa L.

S. sibirica (L.) LAM. NW-Y.: Häufig in trockenen Wäldern der str. St. am Mekong, 27⁰ 35′—28⁰, kristallinischer Boden, 1900—2000 m (8466).

Hierauf und nicht auf *Calamagrostis* bezieht sich jedenfalls meine Angabe über Giftigkeit für Pferde in Naturb. SW-China, 222, die für diese Art und *S. inebrians* HCE. bekannt ist (s. HANCE in Journ. of Bot., XV., 267 [1877]).

Oryzopsis MICHX.

O. obtusa STAPF. Kw.: Zwischen Kalkfelsen im Mischwalde des Tschwenning-schan bei Guiyang (Kweiyang), wtp. St., 1100—1250 m (10532).

O. multiradiata (HACK.) HAND.-MZT. (*O. Munroi* STAPF f. *multiradiata* HACK. in sched. — *Piptatherum sinense* MEZ in Rep. sp. nov., XVII., 211 [1921], non *Oryzopsis chinensis* Hitchc. in Proc. Biol. Soc. Washgt., XLIII., 92 [1930]). Y.: Umgebung von Yünnanfu (MAIRE ex hb. Edinb. 2912). Im NE bei Dungtschwan (MAIRE, distr. BONATI 6854, 6920 s. B, 6926 s. B). Wasserränder bei Tschoudjiadsetang (MAIRE, diese alle det. HACKEL).

Von der folgenden verschieden durch zu 4—5 quirlige untere Spirrenäste, dicht papillös-rauhe (nicht glatte oder nur an den Kanten rauhe) Achsen und einfach spitze (nicht häutig geschnäbelte) Hüllspelzen.

O. Munroi STAPF in HOOK. f., Fl. Brit. Ind., VII., 234 (1897). Y.: Felsige Berge der str. St. bei Hsiaoho am Ufer des Yangtse, 500 m (MAIRE, distr. BONATI 7508 s. B, det. HACKEL).

Muhlenbergia SCHREB.

M. Huegelii TRIN. Y.: In der wtp. St. um Yünnanfu (MAIRE ex hb. Edinb. 2883). Im NE in der Ebene von Dungtschwan an bebauten Orten, in Obst- und Gemüsegärten (MAIRE, distr. BONATI 6939 B, 7082 B, 7108 B, det. HACKEL). Kw.: Nganping, Felsen im Grund von Gräben, selten (MARTIN, det. HACK.). H.: Erdabrisse der str. St. unter Hsikwangschan bei Hsinhwa, Sandstein, 520 m (12673).

Phleum L.

P. alpinum L. NW-Y.: Matten der Hg. St. des birm. Mons. auf dem Schöndsu-la zwischen Mekong und Salwin, Kalk, 4025 m (9624).

Alopecurus L.

A. aequalis Sobol. Äcker der wtp. und str. St., 1250—2000 m. **Y.**: Schilungba bei Yünnanfu (186). Hsinlung n von hier und Djiaoping in der Seitenschlucht des Yangtse weiter n. Im NW in einem Sumpf der tp. St. bei Beischaogo nächst Dschungdien, 3500 m (7763). **S.**: Überall um Huili.

Sporobolus R. Br.

S. indicus (L.) R. Br. **Y.**: Buschsteppen und üppige Gebüsche der wtp. St. zwischen Tschuhsiung und Gwangdung, Sandstein, 1800—2100 m (4823). Wahrscheinlich auch auf einer mageren Wiese zwischen Dsaodjidjing und Hwadung e des Dsolin-ho, 2500 m (phot.). Im NE bei Dungtschwan (Maire, distr. Bonati 7087 s. B, det. Hackel).

Phaenosperma Munro

P. globosum Munro. In der wtp. St., 1100—1250 m. **SW-H.**: Gebüsche beim Tempel Gwanyin-go am Yün-schan bei Wukang (12258). **Kw.**: Mischwald des Tschwenning-schan bei Guiyang (10518).

Polypogon Desf.

P. monspeliensis (L.) Desf. **S.**: Schlammige Stellen, nasse Äcker, Kanalränder der str. und wtp. St., 1650—2000 m. Huili (842). Ningyüen (1217) und überall bis Oti über dem Yalung n von Yenyüen. **Y.**: Dapingdse (Delavay 1803, det. Hackel).

P. litoralis (With.) Sm. var. **Higegaweri** (Steud.) Hook. f., Fl. Brit. Ind., VII., 246 (1897) (*P. H.* Steud., Syn. Pl. Gl., I., 422 [1855]). **Y.**: Feuchter Schlamm von Äckern und Rainen der wtp. St. beim Dorfe Hsischan nächst Yünnanfu, 1900 m (331). Im NE bei Dungtschwan (Maire, distr. Bont. 820, 7110, det. Hackel).

Die Kombination *P. lutosus* (Poir.) Hitchc. in U. S. Dept. Agric., Bull. 772., 138 (1920) beruht auf einem totgeborenen Namen.

Garnotia Brongn.

G. barbulata (Nees) Merr. in Philip. Journ. Sci., XIII., 130 (1918) (*G. patula* Munro). **H.**: Steppen der str. St. bei Schitjidian-se zwischen Linling (Yungdschou) und Hsinning, Kalk, 150 m (11298).

G. triseta Hitchc. in Lingn. Sci. Journ., VII., 200 (1929) wurde schon im Oktober 1867 von Sampson am Fuße des Wasserfalls am Dingwu-schan gesammelt (Herb. Hance 8135). *G. drymeia* Hce. verbindet sie mit *G. barbulata*.

Agrostis L.

A. palustris Huds., Fl. Angl., 27 (1762), cfr. Willmott in Journ. of Bot., LX., 198 (1922) (*A. alba* autt. Forb. et Hemsl., non L.). **Y.**: Sandsteingerölle der wtp. St. bei Dschaoping n von Yungbei, 2675 m (3339). **S.**: Raine der str. St. auf Sandstein bei Dötschang im Djientschang, 1450 m (1133).

*** A. Matsumurae** Hack. ap. Honda in Journ. Fac. Sc. Univ. Tok., S. 3., III., 188, 191 (1930) (*A. tenuiflora* Steud., non Willd.), det. Keng. **H.**: Grashänge der str. St. um Daolin sw von Tschangscha, Sandstein, 60 m (11709).

**** *A. continentalis* Hand.-Mzt. (Abb. 40, Nr. 2).**

♃, estolonosa, cespites parvos, densissimos surculis sterilibus erectis brevibus tenuibus et culmis numerosis erectis vel $\pm$ expansis 13—37 cm longis c. 1 mm crassis levissimis, nodis expositis, formans. Folia 4—5 cm longa, surculorum pauca filiformi-convoluta, cartilagineo-acuta, caulina dispersa 3, summo ab inflorescentia remoto, minus complicata, ad 1 mm lata, omnia 9—11 nervia, dorso $\pm$ aspera; vaginae laxiusculae, costatae, leves, infimae 2 cm, summae ad 8 cm longae, marginibus membranaceae; ligulae 1—$1^1/_2$ mm longae, albidae, truncatae et laceratae. Anthela lanceolata, 6—12 cm longa, laxa sed contracta, ramis filiformibus erectis imis 3—5^{nis}, ut pedunculi asperis, ad vel ultra medium nudis dein bis ramosis et maioribus ad 30 spiculatis; pedunculi $^1/_2$—2 mm longi, apice incrassati. Glumae vix hiantes, aequales, oblongo-lanceolatae, 2 mm longae, obtusae, uninerviae, carina obtusa antice scabra. Callus pilis irregularibus, longioribus $^3/_4$ mm longis sericeus. Lemma glumis aequilongum vel sublongius, ovatum, convolutum, tenuiter 5 nervium, inferne subcartilagineum, arista minuta in emarginatura apicali $\pm$ abscondita. Palea eo plus sesquibrevior, membranacea, lanceolata, acuta, obtuse bicarinata. Antherae $^1/_2$ mm longae.

Y.: An Gräben der str. St. zwischen Yüenmou und Hailo in der Niederung s des Yangtse nw von Yünnanfu, Mergel, 1050—1350 m, 10. X. 1914 (5018).

Callo piloso insignis, proxima *A. peninsulari* Hook. f., quae habitu similis, at maior, saltem 40 cm alta, spiculis minimum 3 mm longis, aristis basalibus quam spiculae sesquilongioribus.

*** *A. Hookeriana* C. B. Cl.** in Hook., Fl. Brit. Ind., VII., 256 (1897). **NW-Y.:** Im birm. Mons. in der Mekong—Salwin-Kette unter dem Doker-la an der tibetischen Grenze in der ktp. St. auf Granit auf bemoosten Felsen im Walde, 3750 m, 16. IX. 1915 (8036) und in Tannenwäldern mit Weidenunterwuchs, 3800—4150 m (8172) und in der Hg. St. an Bächlein, 4225 m (8171).

Die letzte Nummer ist eine schmalblätterige Hochgebirgsform mit roten Ährchen.

*** *A. sozanensis* Hay.,** Ic. Pl. Formos., VII., 85 (1918) (*A. canina* L. var. *formosana* Hack. in Bull. Herb. Boiss., 2. sér., IV., 528 [1904]), det. Keng. **SW-H.:** Yün-schan bei Wukang, zwischen 400 und 1420 m (Plt. sin. 316). **Kw.:** Hohes Plateau von Gaidschou, VI. 1908 (Cavalerie 3134). Kiangsu (D'Argy).

Hackels begrannte Pflanze wird von Honda in Journ. Fac. Sc. Univ. Tok., ser. 3., III/1., 189 fälschlich zu *A. canina* L. var. *mutica* Gaud. gestellt.

— — ****var. *exaristata* Hand.-Mzt.**

Lemma exaristatum.

SW-H.: Buschwiesen der wtp. St. auf den Rücken des Yün-schan bei Wukang, Tonschiefer, 1400 m, 9. VI. 1918 (12069).

A. myriantha Hook. f. **Y.:** Ohne Fundort (Maire, distr. Bonati 7541 s. B). Yünnanfu (M., d. B. 708). Im NE bei Dungtschwan (M., d. B. 6917 s. B). Hier an Felsen hinter der Stadt und in feuchten Tälern (Maire, alle det. Hackel).

*** *A. Clarkei* Hook. f.,** Fl. Brit. Ind., VII., 257 (1897). **NW-Y.:** Häufig in der Hg. St. des birm. Mons. zwischen Mekong und Salwin auf dem Schöndsu-la an Viehlägern und auf Matten gegen den Rücken Pongatong, 28° 4′, Kalk, 4025—4375 m, 4. VIII. 1916 (9667).

Ligula größer als beschrieben, 2 mm lang, so auch an Hooker *Agr.* 4, die nur hierher gehören kann. *A. Limprichtii* Pilg. in Rep. sp. nov., Beih. XII., 307 (1922) ist wohl nur eine begrannte Form davon.

A. shensiana Mez in Rep. sp. nov., XVII., 300 (1921), e descr. NW-S.: Gebirge um Sungpan (Weigold).

Gleich Ching 857 aus Kansu. Nach Beschreibung der *A. Hugoniana* Rendle sehr nahe, aber durch rauhe Rispe mit kleineren Ährchen verschieden.

A. sp. S.: Steinige Stellen der tp. St. des Lungdschu-schan bei Huili, Diabas, 3300—3675 m (5203).

Ligula lang. Rispe schmal und dicht. Auffallend durch das kurze Lemma (kaum über halb so lang wie die Glumae) und die kleinen Antheren. Nur ein kleines Stück.

Calamagrostis Adans.

C. epigeios (L.) Roth. **Kw.**: Häufig in Buschwiesen der wtp. St. zwischen Guiyang und Gwanyinschan, Sandstein, 1100—1300 m (10537). **W-Ki.**: Um Pinghsiang, c. 600 m (Plt. sin. 221). **W-F.**: Wiese am Fuße des Tienhwa-schan w von Dingdschou, Sandstein (Plt. sin. 423).

C. pseudophragmites (Hall. f.) Baumg., Enum. Stirp. Transs., III., 211 (1816) (*Arundo p.* Hall. f. in Roem., Arch. f. Bot., I/2., 11 [1796]. — *C. littorea* [Schrad.] Palis. — *C. Onoei* Franch. et Sav.). S.: Bachgerölle der tp. St. unter Betiaoho zwischen Yenyüen und Kwapi, Kalk, 2900 m (5487). **Y.**: Ohne Fundort (Maire, distr. Bonati 7551 s. B). Dungtschwan (M., d. B. 6942 B, 6956 B, det. Hackel).

C. arundinacea (L.) Roth (*Deyeuxia sylvatica* [Schrad.] Kth.). NW-Y.: Bei Lidjiang, v. E. (3790). Wahrscheinlich diese viel in lichten Wäldern der tp. St. bei Hwadjiaoping e von Dschungdien, 3100 m. **H.**: Lichte Wälder, Gebüsche und Buschwiesen der str. und wtp. St., 200—800 m. Yolu-schan bei Tschangscha (11371). Hsikwangschan bei Hsinhwa (12655).

**** C. stenophylla** Hand.-Mzt. (Abb. 40, Nr. 1).

Sect. *Deyeuxia* (Palis.) Reichb.

Cespites parvos (?) compactissimos formans, radicibus tenuibus longis, surculis sterilibus ad 12 cm culmisque 20—50 cm longis permultis erectis vix 1 mm crassis rigidulis levibus, nodis liberis. Folia caulina versus apicem usque dispersa 3 vel praeterea supra basin farcta plura surculorumque totidem sub-filiformi-convoluta, usque ad 20 cm longa superioribus brevioribus, c. $^1/_2$ mm crassa, apice ipso obtusa, in nervis 9 et in margine serrulato-aspera; vaginae inferiores surculorumque laminis breviores, infimae c. 2 cm longae, summae iis longiores, arctae, nervatae, papillosae, exauriculatae; ligulae inferiores 1 mm, summae usque ad 3 mm longae, truncatae, antice $\pm$ laceratae. Anthela erecta, laxiuscula, 6—14 cm longa, vix scabriuscula, ramis erectis, infimis 3—8^{nis} $\pm$ longe nudis maioribus iterum ramosis ad 10 spiculatis. Pedunculi 2—10 mm longi, apice incrassati. Spiculae hiantes, violascentes. Glumae aequales, lanceolatae, 4—5 mm longae, acutae, late membranaceae, enerviae, carina obtusa antice asperae. Pili calli inaequales, haud copiosissimi, ad $1^1/_2$ mm longi. Rhachilla $1^1/_2$ mm longa, iisdem pilis densissime barbata. Lemma lanceolatum, glumis aequilongum, submembranaceum, subenerve, bi- vel quadricuspidatum, arista

basali sub eius apice geniculata paulo usque duplo superatum. Palea eo
tertia parte brevior, membranacea, obtusa, vix carinata. Antherae 2 mm
longae.

S.: Steiniger Rasen der tp. St. auf dem Lungdschu-schan bei Huili, Diabas,
3100—3400 m, 16. IX. 1914, (5173).

Characteribus necnon habitu similis *C. compactae* (MUNRO) HACK. (*Deyeuxia
c.* MUNRO), quae e typo differt vaginis basalibus brevioribus caulinis superioribus
subinflatis, anthela multo compactiore, *Koelerias* admonente, glumis maioribus,
latioribus, magis membranaceis.

* ***C. nivicola*** (HOOK. f.) HAND.-MZT. (*Deyeuxia n.* HOOK. f., Fl. Brit. Ind.,
VII., 267 [1897]). S.: In festem Rasen der Hg. St. auf dem Passe Döko sw ober
Muli, Tonschiefer, 4350 m, 4. VIII. 1915 (7406).

Exemplare schwächer und schmalblätteriger als jene aus Sikkim, sonst
stimmend. Die Grannen sind bei den Wiener Exemplaren von dort länger als
die Ährchen und gekniet.

C. scabrescens GRISEB. NW-Y.: Wiesen der ktp. St. des birm. Mons.
zwischen Mekong und Salwin in dem nach Tibet hinabführenden Tale Schidsaru, 28° 9′, 3800—4000 m (9707). S.: Steinige Stellen der Hg. St. auf dem Berge
Saganai ober Muli, 4100—4300 m (7311).

C. pulchella GRISEB. NW-Y.: Osthang des Yülung-schan bei Lidjiang
(ROCK 10674). S.: Matten und Bambusetenränder der ktp. St. auf dem Hwang-
liangdse zwischen Yenyüen und Kwapi, Kalkschiefer, 3600—3900 m (5507).
W-Kansu: Dschentsiangyi (LICENT 4504). Schenhsi: Taipei-schan, Wiesen
der obersten Laubwaldstufe an der Nordseite, 2400 m (FENZEL 760).

Typhoides MOENCH

T. arundinacea (L.) MNCH., Method., 201 (1794) (*Phalaris a.* L. — *Bal-
dingera a.* [L.] DUM.). NW-S.: Gebirge um Sungpan (WEIGOLD).

Hierochloë R. BR.

H. glabra TRIN. W-S.: Wa-schan s von Yadschou (WEIGOLD).

H. odorata (L.) PALIS., Ess. n. Agrostogr., 164 (1812) (*Holcus odoratus* L.,
Sp. Pl., 1048 [1753]. — *Hierochloë borealis* ROEM. et SCHULT.). NE-Y.: Reisfeldränder bei Hsiao-Wulung, 2500 m (MAIRE).

Sehr große Form mit auffallend schmalem Umriß der bis 13 cm langen
Spirre, aber ohne technische Unterschiede, am wenigsten zur vorigen gehörig.

H. Hookeri (GRISEB.) MAXIM. (*Anthoxanthum H.* [GRISEB.] RENDLE). Y.:
(MAIRE, distr. BONATI 769, det. HACKEL). Im NW im birm. Mons. auf Schiefern in
Pteridium-Wiesen im Föhrenwaldunterwuchs der tp. St. auf dem Rücken Alülaka
am Salwin unter Tschamutong häufig, 2900—3000 m (9590). An Bächen der ktp.
St. im obersten Doyon-lumba n von dort, 3500 m. Krautfluren am Westfuße des
Passes Pangblanglong zwischen Salwin und Irrawadi, 27° 58′, 3300 m (9523).

** ***H. elongata*** HAND.-MZT.

Rhizomate brevi, ramoso, seriatim culmifero laxiuscule et surculis validis
ad 4 cm elongatis laxe cespitosa, culmis plurimis florentibus, sterilibus quoque
elongatis geniculatis (serius stoloniformibus?). Culmi 40—75 cm alti, ad 2 mm

crassi, leves, teretes, densissime costulati, interdum inferne ramosi, ad $^2/_3$ foliis 2—3 dissitis obsiti, nodis expositis puberulis. Folia media ad 22 cm longa, cetera breviora, ad $3^1/_2$ mm lata, acutissima, plana vel (viva quoque?) laxe convoluta, plurima cum vaginis hirta, subcaesio-viridia, nervis ad 20 utrinque argute prominuis; vaginae summae laminis longiores, ceterae breviores, angustae, ore exauriculatae et cum ligulis membranaceis albis c. 1 mm longis truncatis fere barbatae. Anthela lanceolata, contracta, densa, 5—9 cm longa, axibus sublevibus subcompressis; rami plurimi gemini, inaequales, erecti, a basi bis ramosi et spiculas usque ad 10 gerentes; pedunculi 1—$3^1/_2$ mm longi, apice hispiduli. Spiculae 6 mm longae, ovato-lanceolatae, vix hiantes. Glumae albo- vel flavidoscariosae, nitidae, papilloso-asperae; inferior ovata, $3^1/_2$ mm longa, uninervia, carina viridi in cuspidem $\pm$ distinctum excurrente; superior oblongo-ovata, ea subduplo longior, inter nervos 3 approximatos viridis, vix cuspidata. Flores 2, inferior sterilis superiore paulo longior. Lemmata oblonga, $\pm$ 5 mm longa, $1^1/_2$ mm lata, brunneo-membranacea, breviter sericeo-pilosa, apicibus albida anguste truncata et lacerata, inferius paulo supra medium arista erecta, asperula, pallida, eius apicem attingente, superius sub quarto infero arista ad 3 mm erecta spadicea torta, dein flavida et patente 4 mm longa instructa. Palea ovata, ad 3 mm longa, crustacea, castanea, convoluta, glabra et levis, nitidissima, vix carinata. Antherae 3 mm longae. Ovarium glabrum; stigmata 5 mm longa, $^2/_3$ plumosa.

In der wtp. St. **Y.**: Gebüsche auf dem Rücken zwischen Dsaodjidjing und Hwadung e des Dsolin-ho, Sandstein, 2600 m, 8. IX. 1914 (4967, Typus). **Kw.**: Buschwiesen ne von Nganping, Mergel, 1400 m, 26. VI. 1917 (10475?).

Similis praecedenti, quae differt ligulis elongatis, lemmatibus bifidis superiore in sinu aristato arista longiore.

Nr. 11475 ist etwas kahler, alt; alle Ährchen bis auf eines sind ausgefallen.

*** H. pallida** Hand.-Mzt. in Sitzgsanz. Ak. W. W., LVII., 273 (1920). (Abb. 40, Nr. 3).

Stolonibus brevibus tenuibus laxe cespitosa, culmis e basi geniculata adscendentibus tenuibus 7—16 cm longis, cum vaginis laxis et spiculis nitidis levibus. Folia inaequalia, pauca surculorum primo anno sterilium secundo ad culmi basin desiccata ad 5 cm longa 2 mm lata, acutissima, convoluta, ligulis brevissimis biauriculatis; caulina hornotina plura, basalia approximata brevivaginata, 1—2 ad nodos retrorsum barbatos, — superiorem saltem — exsertos, hunc in caulis tertio infero vel infra medium situm orta, vaginis usque ad 6 cm longis, argute nervosis, ligulis amplexicaulibus subtruncatis, albo-membranaceis, 1 et $2^1/_2$ mm longis, laminis planis e basibus rubello- et calloso-auriculatis lanceolatis, breviter et obtuse calloso-acuminatis, 12—35 mm longis, 3—4 mm latis, summis reductis 5—10 mm longis angustioribus, planis, griseoviridibus, argute 15—17 nerviis et marginibus incrassatis, utrinque hirtis. Anthela conferta, linearis, $2^1/_2$—4 cm longa, 4—5 mm lata, subsecunda. Rami stricti, 5—10 mm longi, singuli vel gemini, longior a tertio infero 2—5-, brevior a basi 1—2 spiculatus, cum pedicellis brevissimis setuloso-pilosi, sicut rhachis teretes, leves. Spiculae obovatae, 3 mm longae, $1^1/_2$ mm latae. Glumae ovatae, acutae, apice eroso-serrulatae, carinatae, pallidae, carina tantum viridi, late membranaceo-marginatae, tri- et semitrinerviae, ad nervos et margines hic illic sparse setosae, inferior amplectens superiore paulo brevior. Lemmata sterilia epaleata, opposita, hiantia, illis aequilonga et paulo angustiora, late linearia, 1 mm lata, complicata, brunneo-membranacea, apicibus albidis rotundatis eroso-fimbriata et profunde bifida, dorsis dense adpresso-pilosa, utrinque granulato-aspera, inferius e medio, superius multo infra e sinubus aristis rectis asperis illius caduca ipsum non superante, huius 1 mm longiore instructa. Flos singulus, breviter tenuistipitatus, ☿. Lemma fertile et palea duriuscula, nitidissima, levissima, enervia, brunnea, albo- et membranaceo-marginata; illud glumis dimidio brevius, orbiculare, infra ventricosum, amplectens, supra interdum breviter emarginatum, haec lanceolata, inconspicue longior. Lodiculae nullae. Antherae angustae, juveniles brunneae, fere 3 mm longae. Styli tenues, illas aequantes, stigmatibus longis, albis, longe barbatis.

S.: Feuchte Wiesen der tp. St. bei Lanba im Daliang-schan (Lolo-Lande) e von Ningyüen (Lingyüen), Sandstein, 2725 m, 26. IV. 1914 (1766).

Habitu *H. pauciflorae* R. Br. similis, certe autem proxima *H. khasianae* Clarke culmis et foliis longioribus, spiculis brunnescentibus, gluma fertili angustiore diversae. *H. elongata* supra descripta differt elata et longifolia, glumis subaequalibus, inferiore trinervia, lemmate floris sterilis integro.

Abb. 40. 1 *Calamagrostis stenophylla* Hand.-Mzt. 2 *Agrostis continentalis* H.-M. 3 *Hierochloë pallida* H.-M. 4 *Festuca Vierhapperi* H.-M. 5 *Arundinaria andropogonoides* H.-M. ²/₅ nat. Gr.

Axonopus KTH.

A. semialatus (R. BR.) HOOK. f. Steppen und Heidewiesen der str. und
wtp. St. **H.**: Um Tschangscha, 50 m. **SW-Kw.**: Paß zwischen Tjiaolou und Lungduwan bei Hsintscheng, 1700 m (10330). **Y.**: Berg s des Tempels Djindien-se
bei Yünnanfu, 1950—2100 m (13079). Im E zwischen Bantjiao und Djiangdi
im mittelchin. Fl.

Eriochloa HUMB., BONPL., KTH.

E. villosa (THUNB.) BENTH. **H.**: Grabenränder und sumpfige Stellen der
str. und wtp. St., 400—700 m. Häufig um Hsikwangschan bei Hsinhwa (12621).
Im SW ebenso zwischen Hsüning und Ngaidso w von Wukang (11075). **Y.**:
Granitfelsen unter Hailo s von Lunggai, 1000 m (phot.). Im NE von Dungtschwan
(MAIRE).

Isachne R. BR.

I. albens TRIN. Regenwälder, Waldschluchten und Hochgrasdschungel
der str. bis in die wtp. St. **Y.**: 1725—2150 m. Yünnanfu (MAIRE, distr. BONATI
743, det. HACKEL). Hsinlung jenseits des Pudu-ho n von hier (501). Im NW im
birm. Mons. in der Seitenschlucht Naiwanglong des Irrawadi-Oberlaufes,
27° 53' (9412). **S.**: Häufig ober Siwanho im Seitentale des Yalung se von Yenyüen, 1425—1750 m (5338).

I. globosa (THUNB.) O. KTZE., Rev. Gen., II., 778 (1891) (*Milium globosum*
THUNB., Fl. Jap., 49 [1784]. — *Isachne australis* R. BR.). In Sümpfen und Gewässern auf Sandstein. **Kw.**: Zwischen Lungli und Lungdsu, 1100 m (10567) und
überall bis jenseits Duyün. Wohl diese auch in **H.**: in der str. St. bei Hsianghsiang, 50 m.

I. miliacea ROTH, Nov. Sp. Pl., 58 (1821). **H.**: Berieselte Stellen in Waldschluchten der str. St. auf dem Yolu-schan bei Tschangscha, Sandstein, 80 m,
20. X. 1918 (12762).

Für China schon von HOOKER Fl. Brit. Ind. VII., 25 (1897) angegeben.

Digitaria ADANS.

D. fibrosa (HACK.) STAPF ap. CRAIB in Kew Bull., 1912, 428 (*Panicum
fibrosum* HACK. p. p. — *Anthaenantia asiatica* HAND.-MZT. in Sitzgsanz. Ak.
W. W., LVII., 272 [1920]). Steppen, auch im Unterwuchs trockener Wälder
der wtp. St. auf Mergel und Sandstein, 1950—2300 m. **Y.**: Ober Butji bei Yünnanfu (6104). **S.**: Lu-schan bei Ningyüen (1830).

Nr. 6104 wurde von HITCHCOCK mit *D. setifolia* STAPF identifiziert. Nach
HENRARD (mündl.) ist aber die asiatische Pflanze von der afrikanischen spezifisch verschieden. HACKEL veröffentlichte seinen Namen als Ersatz für den
in der Gattung *Panicum* vergebenen *setifolia* und hielt die chinesische Pflanze
höchstens für eine Varietät, doch betrachtete sie STAPF l. c. offenbar schon als
verschieden und beschränkte HACKELS Namen auf diese. Meine Pflanzen zeigen
keine Spur einer gluma inferior, wenn die zweite, der gluma superior (im üblichen
Sinne) oft ganz gleiche Spelze wirklich das Lemma einer sterilen Blüte ist. In
einem Falle fand ich eine untere ♂ Blüte, deren Lemma in der Mitte die Konsistenz des Lemmas der Zwitterblüte, am Rande jene der Hüllschuppen hat

und die eine kleine weißhäutige Palea besitzt; nach meiner ursprünglichen Beschreibung zu schließen, muß dieses Ährchen zwei gleichgroße Glumae besessen haben. Bei der Pflanze aus Setschwan sind diese oft ganz kahl, und die Lodiculae stehen vollständig außerhalb der Palea, nach HACKEL (mündl.) am extremsten von allen ihm bekannten Fällen von Verschiebung der Lodiculae, während sie bei 6104 normal sind.

D. Ischaemum (SCHREB.) MUHLENB., Descr. Gram. Am. sept., 131 (1817) (*Panicum I.* SCHREB. ap. SCHWEIGG., Specim. Fl. Erlang., I., 16 [1804]. — *Digitaria humifusa* PERS. 1805). NE-Y.: Dungtschwan (MAIRE, distr. BONATI 6978 s. B, det. HACKEL).

D. bifasciculata (TRIN.) HENR. in Medd. Rijks Herb. Leid., LXI., 10 (1930) (*Panicum bifasciculatum* TRIN., Diss. bot. alt., 76 [1826]. — *Digitaria sanguinalis* var. *cruciata* [NEES] RENDLE). Y.: Im NW in Brachäckern der tp. St. bei Beischaogo nächst Dschungdien, Sandstein, 3500 m (7764). Im NE gebaut im Wasser in der wtp. St. in der Ebene von Dungtschwan (MELL).

Nr. 7764 ist eine kleine, nur 6—12 cm hohe Gebirgsform mit meist nur 3 Ähren.

*** D. marginata** LINK, Enum. Pl. Hort. Ber., I., 102 (1821) (*Paspalum sanguinale* [L.] LAM. var. *commutatum* [NEES] HOOK. f.). Y.: Üppige Gebüsche der wtp. St. zwischen Tschuhsiung und Gwangdung, Sandstein, 1800—2100 m, 5. IX. 1914 (4750). Wahrscheinlich auch diese bei Dschaodschou s von Dali. Im S bei Ami, 1350 m (ENANDER). S.: Reisfeldraine der wtp. St. bei Yenyüen, 2550 m (phot.). F.: Yenping, Feldrand bei Hsiaodscho (CHUNG 2888).

Urochloa PALIS.

U. reptans (L.) STAPF in PRAIN, Fl. Trop. Afr., IX., 601 (1920) (*Panicum r.* L., Syst. Nat., ed. 10., II., 870 [1759]. — *P. prostratum* LAM.). NE-Y.: Laowatan am Wege von Yünnanfu nach Suifu, Flußufer (MELL).

Brachiaria (TRIN.) GRISEB.

*** B. eruciformis** (SM.) GRISEB. in LEDEB., Fl. Ross., IV., 469 (1853) (*Panicum eruciforme* SM. in SIBTH. et SM., Fl. Graeca, I., 44, t. 59 [1806]. — *P. Isachne* ROTH, Nov. Sp. Pl., 54 [1821]). Y.: An Gräben der str. St. zwischen Yüenmou und Hailo in der Niederung s des Yangtse nw von Yünnanfu, Mergel, 1050 bis 1350 m, 10. IX. 1914 (5023).

B. distachya (L.) A. CAM. in LECTE., Fl. gén. Indo-Ch., VII., 437 (1922) ***var. brevifolia** (WIGHT et ARN.) A. CAM., l. c. (*Panicum distachyum* L. var. *brevifolium* WIGHT et ARN. in HOOK. f., Fl. Brit. Ind., VII., 37 [1897]). Y.: An Gräben der str. St. zwischen Yüenmou und Hailo mit vorigem (5034).

Ähren (2—) 3 (—4). Schaft oben kahl. *B. subquadripara* (TRIN.) HITCHC. in Lingn. Sci. Journ., VII., 214 (1929) ist also wohl nicht trennbar, denn auch die anderen von HITCHCOCK verwendeten Merkmale sind nicht immer gekoppelt.

? **B. holosericea** (R. BR.) HUGHES in Kew Bull., 1923, 315 (*Panicum holosericeum* R. BR., Prodr. Fl. N. Holl., 190 [1810]). Y.: An Gräben der str. St. mit vorigen (5027).

Wohl die von CAMUS in Not. Syst., II., 246 (1912) angegebene Pflanze. Von HUGHES' Charakteristik (l. c., 314) durch grannenlose Hüllspelzen abweichend.

Echinochloa Palis.

E. colona (L.) Link, Hort. Berol., II., 209 (1833) (*Panicum colonum* L.).
Y.: An Gräben der str. St. zwischen Yüenmou und Hailo nw von Yünnanfu,
Mergel, 1050—1350 m (5015). Ami (Enander).

— — var. **frumentacea** (Roxb.) Hand.-Mzt. (*Panicum frumentaceum*
Roxb.). In der str. und wtp. St. Y.: Bitjigwan bei Yünnanfu (Enander). Im
NW im Wasser gebaut zur Weinbereitung am Mekong, 27⁰ 35—50′, 1900—2000 m
(8475). Im NE ebenso in der Ebene von Dungtschwan, 2500 m (Mell). H.: Reisfeldraine um Wukang, 400 m.

Nach Stapf in Prain, Fl. Trop. Afr., IX., 610 (1920) Abkomme von *E.
colona*.

* *E. Crus-pavonis* (Humb., Bonpl., Kth.) Schult., Mant., II., 269 (1824)
(*Oplismenus C.-p.* H., B., K., N. Gen. et Sp., I., 108 [1816]). Y.: Umgebung von
Yünnanfu (Maire ex hb. Edinb. 2896). Im NE gebaut vor Djiangdi am Wege
von Yünnanfu nach Suifu (Mell).

Panicum L.

P. indicum L. var. **angustum** (Trin.) Hook. f. H.: Sumpfige Stellen der
str. St. bei Bantjiaoschi nächst Hsiangtan, Sandstein, 40 m (12752).

Die Gattungsmerkmale von *Saccolepis* Nash in Britton, Man. Fl. N. Un.
St., 89 (1901) (*Sacciolepis* Nash 1903) scheinen mir zu schwach.

P. trypheron Schult. Y.: An Gräben der str. St. zwischen Yüenmou und
Hailo in der Niederung s des Yangtse nw von Yünnanfu, Mergel, 1050—1350 m
(5025). Auch ohne Fundort (Maire, distr. Bonati 7547 s. B, det. Hackel).

P. psilopodium Trin. NW-Y.: Sumpfgräben der wtp. St. bei Tima zwischen
Yangtse und Mekong n von Weihsi, 27⁰ 19′, Sandstein, 2750 m (7908).

Ichnanthus Palis.

I. vicinus (F. H. Bail.) Merr., Enum. Philip. Pl., I., 70 (1922) (*Panicum
vicinum* Bail., Syn. Queensl. Fl., 3. Suppl., 82 [1890]. — *Ichnanthus pallens*
Munro p. p., non *Panicum p.* Sw.). F.: Fudschou (Warburg).

Oplismenus Palis.

O. undulatifolius (Ard.) Roem. et Schult., Syst. Veg., II., 482 (1817).
H.: Viel im Unterwuchse des Laubwaldes der str. St. unter Tungdjiapai bei
Hsikwangschan, 550 m. Im SW im wtp. schattigen Laubhochwalde des Yün-
schan bei Wukang, 1180 m (12480).

O. compositus (L.) Palis. Y.: Ob dieser in der wtp. St. bei Schadschou w
von Tschuhsiung, 2000 m? Im NW häufig in der str. St. an feuchten Hohlwegrändern am Yangtse nw von Lidjiang, 26⁰ 50′—27⁰ 15′, 1915—2000 m (8515)
und am Mekong w von dort.

Setaria Palis.

(*Chaetochloa* Scribn., nom. rejic.)

S. palmifolia (Koen.) Stapf in Journ. Linn. Soc., Bot., XLII., 186 (1914)
(*S. mauritiana* Spreng.). Y.: Üppige Gebüsche, feuchte Stellen, Schluchten der

wtp. und str. St., 1720—2300 m. Zwischen Gwangdung und Tschuhsiung (4853) und häufig zwischen Alaodjing und Dsaodjidjing ne von dort (4900). Im NW im birm. Mons. am Salwin ober Tschamutong (9806). W-S.: Kwan (WEIGOLD).

S. Forbesiana (NEES) HOOK. f. **Y.**: Üppige Gebüsche der wtp. St. zwischen Tschuhsiung und Gwangdung, Sandstein, 1800—2100 m (4852).

S. viridis (L.) PALIS., Ess. n. Agrost., Expl. Pl., 9, t. XIII., f. 3 (1812). **H.**: Feuchte Stellen der str. St. bei Schandungschui zwischen Yungdschou und Hsinning, Kalk, 500 m (11265). NE-Y.: Gemein an trockenen, sonnigen Stellen am Kua-Fluß (MELL).

S. lutescens (WEIG.) HUBB. in Rhodora, XVIII., 232 (1916) (*Panicum l.* WEIG., Obs. bot., 20 [1772]. — *Setaria glauca* ROEM. et SCHULT., non *Panicum glaucum* L.). **Y.**: In der wtp. St. bei Bitjigwan nächst Yünnanfu, 2000 m. Im NE an trockenen Berghängen zwischen Dungtschwan und Dschaotung, 2300—2700 m (MELL).

S. italica (L.) ROEM. et SCHULT., Syst. Veg., II., 490 (1817) v a r. *moharia* (ALEF.) HEGI, Ill. Fl. Mitteleur., I., 194 (1907) s u b v a r. *mitis* (ALEF.) HEGI, l. c. (*Panicum italicum mitis* ALEF. Landwirthsch. Fl. 316 [1866]). **Y.**: Äcker bei Djokula nächst Beyendjing, gebaut (TEN 1418).

— — v a r. **maxima** (ALEF.) HEGI, l. c. **Y.**: Ami, 1350 m (ENANDER: .Hb. Stockholm). Im W bei Dschengga im Salwin-Tale, 26⁰ 10′ (GEBAUER).

— — — — s u b v a r. *longiseta* (DÖLL) HEGI, l. c. (*Panicum italicum a l.* DÖLL, Rhein. Fl., 128 [1843]). **Y.**: Äcker bei Tieso nächst Beyendjing, gebaut (TEN 1366).

Pennisetum L. C. RICH.

P. alopecuroides (L.) SPRENG., Syst. Veg., I., 303 (1825) p. p. (*Panicum alopecuroides* L., Sp. Pl., 55 [1753]. — *Pennisetum compressum* R. BR. — *P. purpurascens* [THUNB.] O. KTZE., non HUMB., BONPL., KTH.). In der wtp. und str. St. an feuchten Stellen. **Y.**: 1800—2700 m. Houdjing e des Dsolin-ho (4907). Im NW häufig bei Dungtien w von Djientschwan und am Flusse unterhalb Weihsi (8484). **H.**: Wohl dieses massenhaft auf feuchten Wiesen um Tschangscha und bis Loudi, 50—2000 m.

LINNÉ hat l. c. nur die Abkürzung „*alopecuroid.*". Es ist unbegründet, *alopecuroideum* zu lesen, da er darüber mehrere -oides hat.

P. flaccidum GRISEB. **Y.**: Acker- und Grabenränder, Föhrenwälder, Mauern der str. und wtp. St., 1050—3000 m. Ami (ENANDER). Zwischen Yüenmou und Hailo nw von Yünnanfu (5028). Im NW bei Yungning (7155). Zwischen Haba und Waschwa (4436) im SE und unter Laba im E von Dschungdien. Tsedjrong am Mekong, 28⁰.

Imperata CYR.

I. cylindrica (L.) PALIS., Ess. n. Agrost., 165 (1812) (*Lagurus cylindricus* L. Syst. Nat., X., 878 [1759]. — *Imperata arundinacea* CYR.) var. **Koenigii** (RETZ) DURAND et SCHINZ, Consp. Fl. Afr., V., 693 (1895) (*Saccharum K.* RETZ, Obs., V., 16 [1791]). Steppen, Heidewiesen, Dämme, Raine und Bachränder der str. und wtp. St. **Y.**: 1800—2600 m. Hügel um Yünnanfu. Jöschuitang n von hier (457). Tschuhsiung. Alaodjing. Dali. Ober Dsilidjiang e von Lidjiang. Daschan zwischen Yungning und Yungbei. Im E bis gegen Loping. **S.**: Dötschang im

1306 H. Handel-Mazzetti: Anthophyta

Djientschang. Daschiban bei Ningyüen. Zwischen Banschan und Pudi nw von
Huili. Schuitangdse im Becken von Yenyüen. Kw.: E von Nganping, 1400 m.
H.: 50—400 m. Überall von Tschangscha bis über Widin. Unter Hsianghsiang.
Zwischen Yungdschou und Dungngan. Im SE um Wukang.

Miscanthus Anderss.

M. sacchariflorus (Maxim.) Benth. et Hook. H.: In der str. St. an Lachen-
und Gräbenrändern zwischen Tschangscha und Hsiangtan häufig, 30—50 m
(12754). An der Grenze der Überschwemmungszone am Ufer des Tsi-djiang
bei Lengschuidjiang ober Hsinhwa, 200 m (12712 p. p.).

M. sinensis Anderss. H.: Buschsteppen, Waldränder und besonders auf
frisch entblößtem Sandboden. Gemein um Tschangscha, 30—300 m (11370).
Viel auf dem Dungtai-schan bei Hsianghsiang. Guschui w von hier. Massenhaft
um Hsikwangschan bei Hsinhwa, 500—800 m (12672).

M. purpurascens Anderss. H.: An der Grenze der Überschwemmungszone am Ufer des Tsi-djiang bei Lengschuidjiang ober Hsinhwa, Kalk, 200 m
(12712).

M. japonicus (Thunb. p. p.) Anderss. H.: Buschwiesen, Gebüsche, offene
Wälder der str. und wtp. St., 300—1420 m. Um Hsikwangschan bei Hsinhwa.
Häufig und gegen die Bäche Formation bildend zwischen Wangdjiapu und
Djintie-se e von Hsinning (11273). Gipfelregion des Yün-schan bei Wukang.
NE-Y.: Gemein um Lungdji im mittelchin. Fl., 800 m (Maire).

M. nudipes (Griseb.) Hack. in DC., Mon. Phan., VI., 109 (1889) (*Erianthus
n.* Griseb. in Nachr. Ges. Wiss. Göttg., Nr. 3, 92 [1868]). NW-Y.: Kräuterreiche
Lichtungen in den wtp. Regenwäldern des birm. Mons. im Tjiontson-lumba
unter Tschamutong am Salwin gegen den Irrawadi, Granit, 2250—2650 m,
28. VI. 1916 (9124).

Ähren zahlreich, in eiförmiger Rispe mit reichlich behaarten Achsen. Diese
am vorliegenden Exemplar aus Sikkim viel kahler. Auch die vegetativen Teile
sehr stark behaart. Nicht zur ssp. *yunnanensis* A. Cam. in Bull. Mus. Par., XXV.,
670 (1919) gehörig.

** **M. brevipilus** Hand.-Mzt.

In rhizomate repente 5 mm crasso dense cespitosus, culmis compluribus
saepeque surculis sterilibus multis ad 20 cm longis. Culmus 40—80 cm longus,
2—4 mm crassus, saepe inferne ad 6 cm denudatus et tenuis, hic fasciculato-
foliatus et interdum ramosus, levis, basi multi-, superne usque ad quartum superum bifolius, nodis expositis, ima basi vaginis ovatis stramenticiis $1^{1}/_{2}$—4 cm
longis cinctus. Folia ad 40 cm longa, 3—7 mm lata, juniora (natura?) interdum
convoluta, filiformi-acuminata, basi attenuata, tactu vix usquam scabra, $\pm$ stri-
goso-longipilosa, supra atro-, subtus subcaesio-viridia, costa latiuscula nervisque
principalibus utrinque 5 et intersitis 5—6^{nis} utrinque tenuiter sed argute prominulis et papillosis; vaginae laxiusculae, 10—12 cm longae, $\pm$ complanatae,
laminis similes, sed magis striatae et saepius glabrae, ore indistincte auriculato
autem barbato-ciliatae; ligula $1/_{2}$—1 mm longa, truncata, pallida, minutissime
ciliolata. Panicula 8—17 cm longa, erecta, contracta; rhachis ramique crassiusculi, semiteretes, glabri et leves, hi singuli vel superiores fasciculati, summi

cum racemis rhachi communi aequilongi, inferiores ea multo longiores nonnulli e basi parce longiramosi. Racemi sessiles, ad 8 cm longi, laxe multiflori, pedicellis aliis 1—2 mm, aliis 4—6 mm longis, crassiusculis, levibus, vix patentibus. Calli pili crebri, plurimi 1 mm, perpauci ad 2 mm longi. Spiculae lanceolatae, 4—5 mm longae. Glumae lanceolatae, stramineo-brunneae, vix carinatae, pilis suis sericeis violascentibus 2—3 mm longis densiusculis vix superatae, apice anguste truncatae; inferior tenuiter 7nervia, superior margine late hyalino-membranacea, indistincte 5nervia. Lemma lanceolatum, hyalinum, acutissimum, iis aequilongum. Palea subduplo brevior, in aristam rectam vel tortuosam antice fuscam et asperam, 6—7 mm longam producta. Antherae $2^1/_2$ mm longae. Styli stigmatibus ad 3 mm longis phaeis plumosis breviores.

S.: Steppen der wtp. St. in der Hochebene von Yenyüen gegen Schuitangdse, häufig, 2600 m, 5. VI. 1914 (2865). NW-Y.: Föhrenwälder der tp. St. am Hange des Waha bei Yungning, 3200 m, 19. VII. 1915 (7073, Typus) und unter Hwadjiaoping e von Dschungdien („Chungtien"), 3000 m. Wohl auch diese bei Holo zwischen Yangtse und Mekong am Wege von Djitsung nach Kakatang 27° 38', 2200 m.

Pilis calli brevissimis valde distincta.

Die Art wurde, wie mir H. Y. L. KENG mitteilt, von ihm schon 1931 nach Exemplaren von ROCK *M. eulalioides* genannt, aber noch nicht veröffentlicht. Da ich ROCKS Pflanze nicht kenne, meine aber veröffentlichen muß, kann ich es nicht gut unter diesem Namen tun.

Saccharum L.

S. officinarum L. Gebaut in der str. St., z. B. in **Y.**: Bis 1550 m. An der Bahn ober Ami. Ziemlich viel um Lagatschang in der Yangtse-Schlucht n von Yünnanfu. Unter Weischa e von Yungbei. **S.**: Am Nganning-ho um Panglingkou nw von Huili. **H.**: Zwischen Wukang und Gaoscha-se.

S. spontaneum L. Felsen und Sand an Gräben, Bächen und Flüssen in der tr. und str. St. **SE-Ki.**: Ober Ningdu (Plt. sin. 444). **H.**: 40—200 m. Viel um Tschangscha und bis Hsiangtan. Grenze der Überschwemmungszone bei Lengschuidjiang am Tsi-djiang ober Hsinhwa (12707). **S.**: Im Djientschang massenhaft im Flußbett bei Gungmuying (phot.) und häufig zwischen Dötschang und Ningyüen (5616), 1275—1650 m. **S-Y.**: Manhao, 200 m (4679).

S. arundinaceum RETZ. Felsen und im Sand an Flüssen Bestände bildend, auch an offenen Hängen und mit Büschen Dschungel bildend, in der str. bis in die wtp. St. **H.**: 200—720 m. Zwischen Lintji und Sanutji bei Hsikwangschan. An der Grenze der Überschwemmungszone bei Lengschuidjiang am Tsi-djiang ober Hsinhwa (12709). **Kw.**: Um Sandjio massenhaft (10795) und am Du-djiang bis Gudschou. Um den Baling-tjiao bei Muyu und den Hwatjiao-ho zwischen Gwanling und Taipinggai, bis 1150 m. **Y.**: 200—2300 m. Tschuhsiung. Zerstreut zwischen Yünnanyi und Dschaodschou (8568). Ober Homöndschang am Yangtse n von Yünnanfu (5625). Im NW am Yangtse w von Lidjiang. Im birm. Mons. am Taron (e Irrawadi-Oberlaufe), 27° 50'. Im S bei Manhao (5869) bis auf den Paß gegen Möngdse. Am Namti. **S.**: Im Djientschang bis Hohsi sw von Ningyüen. **Tonking**: Laogai an der Grenze von Yünnan (5).

Nr. 10795 hat fast filzige Blattscheiden, bis 4 cm breite Blätter und von Pilz befallene Ährchen.

S. Narenga (Nees) Ham. H.: Steppenhänge und Bachränder der str. St., 50—500 m. Zerstreut um Tschangscha (12774). Ober Lantien gegen Hsikwangschan im Bezirke Hsinhwa (12726).

Erianthus Michx.

**** *E. trichophyllus* Hand.-Mzt.** in Sitzgsanz. Ak. W. W., LXII., 254 (1925). Syn.: *E. Griffithii* Hook. f. var. *t.* Hand.-Mzt., l. c., LVIII., 154 (1921).

Rhizoma crassum, radices longas crassiusculas, foliorum 5—8 fasciculos steriles, culmos (absque panicula) ultra 40—100 cm altos, teretes, leves, glabros, 3—8 mm crassos edens. Folia fasciculorum 70—100 cm longa, 4—5 mm lata, in vaginas stramineas nitidas ima basi sericeas sensim paulumque dilatata, caulina c. 3 in vaginas, quarum summa caulem usque ad apicem amplectitur, subauriculato-dilatata, laminis usque ad 9 mm latis, omnia circa costam plusquam tertiam folii latitudinis partem efficientem dorso rotundatam et viridem conduplicata, praeter ligulas truncatas $1^1/_2$ mm longas valde barbatas supra praesertim secus margines $\pm$ alte adpresse albo-longipilosa, his ipsis dense prorsus spinuloso-aspera. Anthela anguste pyramidata, 30—90 cm longa, laxa, rhachi angulata superne scabra, ramis 7—15^{nis} verticillatis, valde inaequalibus, erectis, usque ad 25 cm longis, plerumque a basi paniculato-ramosis, tenuibus, scabris, ramulis fragilibus a basi spiculiferis, internodiis quam spiculae 2—3^{plo} longioribus, cum pedicellis eas $\pm$ aequantibus pilis albis spiculas paulo usque duplo superantibus porrectis dense barbatis et callis densius brevipilosis. Glumae ovato-lanceolatae, $3^1/_2$—4 mm longae, longiacuminatae, apicibus demum subdivergentes, stramenticiae, superne purpurascentes, dorso rotundatae, inferior tenuiter 5nervia, superior trinervia, dorso pilis iisdem spiculas saepe subtriplo superantibus barbatae vel superior glabra. Lemma et palea breviora, ovata, membranacea, superne ciliata; illud 1nervium; haec tenuiter 3nervia, in aristam breviter exsertam attenuata. Lodiculae 1 mm longae, altera lanceolata, altera rotundata, erosula. Antherae purpureo-violaceae, $1^1/_2$ mm longae. Styli 1 mm longi; stigmata 1 mm longa, purpureo-violacea, plumosa.

In der str. St. **Y.**: Im Tälchen ober der Herberge Lagatschang am Yangtse n von Yünnanfu, 1000—1100 m, 19. III. 1914 (745, Typus). Häufig um Lunggai am Yangtse ne von dort bis Hailo und Djiangyi, 1000—1900 m, 11. IX. 1914 (5069). Wahrscheinlich auch dieser bis in die wtp. St., 2100 m, an Kanälen in der Ebene von Yünnanfu, zwischen Yünnanyi und Dschaodschou, bei Piendjio ne von Dali, und im NW auf Sandbänken des Yangtse unter Djitien nw von Lidjiang und unter Laba an seinem Zuflusse w des Nordendes seiner Schleife. **SW-H.**: Bachränder an der Grenze von **Kw.** zwischen Dsingdschou und Liping, 600 m, 30. VII. 1917 (11016).

E. Griffithii (Munro) Hook. f., Fl. Brit. Ind., VII., 122 (1897) differt foliis caulinis quoque angustis, paniculis brevibus, densissimis, ramulis minime et pedicellis glumisque multo brevius barbatis, arista inclusa.

Gekielt finde ich die Hüllspelzen an dem mir aus dem Herbar Hackel vorliegenden, mit der Beschreibung sonst gut stimmenden Exemplar des *E. Griffithii* von Karachi (Stead) nicht.

E. rufipilus (STEUD.) GRISEB. in Nachr. Ges. Wiss. Göttg., Nr. 3, 93 (1868) (*Saccharum rufipilum* STEUD. 1855. — *Erianthus fulvus* NEES ap. STEUD. 1855, in syn.). Steppen und Grabenränder wtp. und str. St., 1600—2700 m. **Y.**: Wenig bei Schalungschu über dem Yangtse n von Yünnanfu. W von Bupeng gegen Dali. Im NW bei Djitsung am Yangtse, unter Yedsche am Mekong, und im birm. Mons. unter Bahan am Salwin, 27° 58′. **S.**: Überall um Huili (5082) bis Yenyüen; hier auf den Hochebenen häufig (phot.). Hohsi und Ningyüen (1241) im Djientschang.

* *E. longisetosus* ANDERSS. in Öfvers. Vet. Ak. Förh., 1855, 163, det. HACKEL. **Kw.**: Lofu, III. 1909 (CAVALERIE 3446).

Eulalia KUNTH,

Revis. Gram., I., 160 (1829) (*Pollinia* TRIN. 1833, non SPRENG. 1815)

E. pallens (HACK.) O. KTZE., Rev. Gen., II., 775 (1891) (*Pollinia p.* HACK.). **Y.**: In der wtp. und tp. St., 1900—3200 m. Überall den Rasen bildend in Föhrenwäldern unterhalb Loheitang n von Yünnanfu, 25° 50′, Sandstein und Mergel (5674). Im NE auf hohen Bergen bei Dungtschwan (MAIRE, distr. BONATI 7045 s. B). Wo? (M. 798).

E. quadrinervis (HACK.) O. KTZE., l. c. (*Pollinia q.* HACK.). **H.**: Massenhaft in Steppen der str. St. um Tschangscha, Sandstein, 30—300 m (11366). **NE-Y.**: Dungtschwan (MAIRE, distr. BONATI 7053B, 7129B). Hier auf Hügeln bei Kulturen in der Ebene (M.). Wo? (M., distr. BONT. 791).

E. speciosa (DEBX.) O. KTZE., l. c., 776 (*Pollinia s.* [DEBX.] HACK.). **H.**: Buschsteppen der str. und wtp. St., 100—900 m. Massenhaft um Hsikwangschan bei Hsinhwa (12720). Bei Loudi e von hier, auch reine Bestände bildend. **Y.**: 1900—2800 m. Zerstreut überall w von Tschuhsiung. Im NW bei Ngulukö nächst Lidjiang (SCHNEIDER 2427) und wohl diese im Föhrenwald ober Londjre über dem Mekong und im birm. Mons. bei Tschamutong am Salwin.

E. phaeothrix (HACK.) O. KTZE., l. c., 775 (*Pollinia p.* HACK.). **Y.**: Steppen der str. St. zwischen Wumo und Dsotjio in der Niederung s des Yangtse nw von Yünnanfu, Sandstein, 1300—1400 m (13038).

Sterile Polster, durch die dicke, braune Wolle ein Seitenstück zu *Eulaliopsis binata*.

Microstegium NEES

* *M. vagans* (NEES) HAND.-MZT. var. *dubium* (HACK.) HAND.-MZT. (*Pollinia v.* NEES in STEUD., Syn. Pl. Glum., I., 410 [1855] var. *dubia* HACK. in DC., Mon. Phan., VI., 173 [1889], det. HACKEL). **NE-Y.**: Lungdji im mittelchin. Fl., unbebaute Orte im Tal und auf den Hügeln, 700 m, VIII (MAIRE).

M. nudum (TRIN.) A. CAM. in Ann. Soc. Linn. Lyon, LXVIII., 201 (1922) (*Pollinia nuda* TRIN.). **H.**: Waldschluchten der str. St. am Yolu-schan bei Tschangscha, Sandstein, 80 m (12763). **NE-Y.**: In der wtp. St. an Bächen der Ebene von Dungtschwan, 2500 m (MAIRE, distr. BONATI 6872 s. B, det. HACKEL).

Spodiopogon TRIN.

S. sibiricus TRIN. **H.**: Gebüsche der wtp. St. bei Hsikwangschan im Bezirke Hsinhwa, Kalk, 600—700 m (12574).

S. cotulifer (Thunb.) Hack. **H.**: In Menge auf einer feuchten Wiese der str. St. hinter der Schule am Yolu-schan bei Tschangscha, 70 m. Gebüsche der wtp. St. um Hsikwangschan bei Hsinhwa, 600—650 m (12573).

Pogonatherum Palis.

P. paniceum (Lam.) Hack. in Allg. Bot. Zeitschr., XII., 178 (1906) (*P. saccharoideum* Palis.). Steilhänge von Gräben, Dschungeln, in der Überschwemmungszone der Flüsse, meist häufig, in der str. bis an die wtp. (und tr.?) St. **Y.**: (300?—) 900—1750 m. Lagatschang am Yangtse n von Yünnanfu (Schneider 478). Gemein um Beyendjing, Piendjio und Hwangdjiaping. Santschwanba unter Yungbei. Im S. häufig s von Möngdse und vielleicht dieses bei Manhao. **S.**: S von Huili (800). Im Djientschang bis Ningyüen (1257), unter Gobankou bei Dötschang bis gegen 2000 m. **E-Kw.**: Wohl dieses überall, besonders am Dudjiang ober Gudschou massenhaft, 300—500 m.

P. crinitum (Thunb.) Kth. (*P. saccharoideum* var. *monandrum* [Roxb.] Hack.). **Tonking**: An der Bahn bei Laogai an der yünnanesischen Grenze, 150 m (27).

Apluda L.

A. mutica L. Buschsteppen der str. bis in die wtp. St., 950—2100 m. **Y.**: Lagatschang am Yangtse n von Yünnanfu. Zwischen Tschuhsiung und Gwangdung (4837). S von Dschaodschou bei Dali. Im NW unter Dschugoli am Yangtse nw von Lidjiang. Die Notizen vielleicht zur Varietät.

— —**var. *aristata*** (L.) Hack. **Y.**: Grabenränder zwischen Yüenmou und Hailo in der Niederung s des Yangtse nw von Yünnanfu (5035). **S.**: Hochgrasbestände zwischen Dsaluping und Gwanyinngai in einem Seitentale des Yalung se von Yenyüen (phot., ob die var.?).

Ischaemum L.

I. aristatum L. ssp. *imberbe* (Retz.) Hack. var. *imbricatum* Hack. in DC., Mon. Phan., VI., 203 (1889). **W-Ki.**: Um Pinghsiang, c. 600 m (Plt. sin. 252).

— — — —**var. *fallax*** Hack. l. c. **H.**: Lachenränder der str. St. überall zwischen Hsianghsiang und Loudi, 40—140 m (12734) und wohl auch auf der feuchten Wiese hinter der Schule am Yolu-schan bei Tschangscha.

I. ciliare Retz. var. *malacophyllum* (Hochst.) Hack. subvar. *villosum* (Nees) Hack. **SW-H.**: Buschwiesen der wtp. St. auf dem Yün-schan bei Wukang, 1250 m (12382). Häufig an sumpfigen Stellen der str. St. zwischen Hsüning und Ngaidso, 400—550 m (11074). Tonschiefer.

Eulaliopsis Honda
in Bot. Mag. Tok., XXXVIII., 56 (1924)

E. binata (Retz.) Hubb. in Hook., Ic. Pl., XXXIII., sub t. 3262 (1935) (*Andropogon binatus* Retz., Observ., V., 21 [1789]. — *Spodiopogon angustifolius* Trin. 1833. — *Ischaemum angustifolium* [Trin.] Hack.). Steppen der str. und wtp. St., 1300—2600 m. **Y.**: Zwischen Wumo und Dsotjio in der Niederung s des

Yangtse nw von Yünnanfu (13039). Im NE bei Dungtschwan (MAIRE, distr. BONATI 735, 7015, 7042, det. HACKEL). S.: Im Djientschang bei Manganschan zwischen Dötschang und Ningyüen (1898). Um den Yalung, 27° 38′, um Dölipu, Lumapu (2091) und Meidsepu überall. Viel um Yenyüen.

Die Wolle der Grundblattscheiden hält den Steppenbränden stand und bedeckt in großen Ballen, die schließlich herunterrollen, die Polster.

Eremochloa BÜSE

E. ophiuroides (MUNRO) HACK. **H.**: Wiesen und Buschsteppen der str. und wtp. St., 180—800 m. Hsikwangschan bei Hsinhwa (12580). Viel unter Loudi e von hier. Zwischen Schitjidian-se und Dungngan w von Yungdschou. Zerstreut von Wukang gegen Dsingdschou (11102).

Die Zähne der Hüllspelzen fehlen hier meist völlig, sind aber bei der Kantoner Pflanze oft auch sehr spärlich.

E. zeylanica HACK. Steppen und Buschwiesen der wtp. St. **Y.**: 1600—2100 m. Ober Butji bei Yünnanfu (6103). Im E Heidewiesen bildend bei Loping im mittelchin. Fl. (10221). **Kw.**: 1300—1400 m. Ne von Nganping (10473). Hwangtsaoba.

Mit Rücksicht auf die Veränderlichkeit der Länge der Hüllspelzenzähne und auf die geographische Verbreitung scheint mir *E. bimaculata* HACK. nicht spezifisch verschieden, zumal da meine Pflanzen und auch THWAITES' Nr. 3322 den Callus nicht ganz kahl haben und HENRY 3502 ihn sogar recht lang behaart hat.

Rottboellia L. f.

(*Manisuris* L., nom. rejic.)

R. exaltata L. f. **Y.**: Üppige Gebüsche der str. und wtp. St., 1200—2100 m. An der Straße von Yünnanfu nach Dali von jenseits Lufeng bis Tschuhsiung (4854). Unter Djiaoping in der Seitenschlucht des Yangtse n von Yünnanfu.

Rytilix RAF.

in SER., Bull. Bot., I., 219 (1830) (*Manisuris* Sw., non L. — *Hackelochloa* O. KTZE., Rev. Gen., II., 776 [1891])

R. granularis (L. f.) SKEELS in U. S. Dept. Agr., Bur. Pl. Industr., Bull. 282., 20 (1913) (*Manisuris* g. L. f.). **S.**: Schattige Gebüsche und Hochgrasfluren der str. St. an den Zuflüssen des Yalung zwischen Huili und Yenyüen bei Dschenbaörl, 27° 5′ (5280) und überall zwischen Schidsimiao und Siwanho, 27° 11—17′ (5327), 1350—1450 m.

Arthraxon BEAUV.

A. lanceolatus (ROXB.) HOCHST. *var.* **echinatus** (NEES) HACK. in DC., Mon. Phan., VI., 348 (1889). Gebüsche und felsige Stellen der str. und wtp. St. **Y.**: Zwischen Yüenmou und Hailo in der Niederung s des Yangtse nw von Yünnanfu, 1050—1350 m, 10. IX. 1914 (5043). **H.**: Hsikwangschan bei Hsinhwa, 650 m (12572).

Andropogon L.

A. brevifolius Sw. **H.**: Steppen, auch im Föhrenwaldgrunde, in der str. und wtp. St. auf Sandstein, 50—800 m. Verbreitet um Tschangscha. Unter Hsiangtan. Um Hsikwangschan bei Hsinhwa (12679).

A. obliquiberbis HACK. in Flora, LXVIII., 117 (1885), e typo (*A. fragilis* R. BR. var. *sinensis* RENDLE). **H.**: Dürre Steppen bildend am Fuße von Hügeln in der str. St. zwischen Tsiyang und Hwamipu unter Yungdschou, Kalk, 150 m (11330).

A. yunnanensis HACK., e typo. NW-Y.: Föhrenwälder der wtp. St. zwischen Haba und Waschwa se von Dschungdien, 2600—3000 m (4432). Steppen der str. St. unter Laba am w Zuflusse des Yangtse n von Lidjiang, 27° 47′, 2050 bis 2300 m (7630).

A. ascinodis C. B. CL. in Journ. Linn. Soc., Bot., XXV., 87, t. 36 (1889) (*A. apricus* TRIN. var. *indicus* HACK.). Steppen der str. St., 1250—1500 m. **Y.**: Zwischen Hsindschwang und Hwaping über dem Yangtse e von Yungbei, fast allein (13016). **S.**: Zwischen Datung und Delipu am Yalung, 27° 42′ (5600).

A. Ischaemum L. **Y.**: Buschige Steppe der wtp. St. zwischen Tschuhsiung und Gwangdung, Sandstein, 1800—2100 m (4828).

A. micranthus KTH. var. **genuinus** HACK. Steppen der str. und wtp. St. **H.**: Überall zwischen Yungdschou und Hsinning, 120—300 m (11299). **Y.**: Berg w von Ami (ENANDER). Im NW unter Laba am w Zuflusse des Yangtse n von Lidjiang, 27° 47′ (7633). Im NE auf Hügeln bei Dungtschwan (MAIRE).

— — var. **spicigerus** (BENTH.) HACK. in DC., Mon. Phan., VI., 489 (1889) (*Chrysopogon parviflorus* R. BR. [non *Andropogon p.* ROXB.] var. *spicigerus* BENTH., Fl. Austral., VII., 538 [1878]). **Y.**: Zerstreut in Hochgrasfluren der wtp. St. zwischen Sangtang und Hsiao-Magai n von Yünnanfu, 25° 18—26′, Sandstein 1700—1800 m (5695).

Über 2 m hoch, mit schwarzvioletten Halmen und 20 cm langen Rispen.

A. assimilis STEUD. Schattige Gebüsche, Hochgrasfluren, oft an Hängen herabhängend, in der str. und tr. bis in die wtp. St., 300—2150 m. **Y.**: Ami (ENANDER). Zwischen Mongschipu und Beyin-se bei Gwangdung e von Tschuhsiung (4887). Landjing und unter Beyendjing w des Dsolin-ho. Im S von Möngdse und gegenüber Manhao. **S.**: Überall um den Yalung und Nganning-ho am Wege von Huili nach Yenyüen, besonders häufig um Siwanho (5336). **Kw.**: (CAVALERIE 8020).

A. Delavayi HACK. In Steppen, mitunter auf sterilstem Boden allein, im Gehängeschutt, selten in Hochgrasbeständen, in der wtp. bis in die str. und tp. St., 1700—3250 m. **Y.**: Um Tschuhsiung. Yünnan-hsien se von Dali. Dschaoping n von Yungbei (3345). Im NW um Lidjiang. Djihwa-tsun s von Weihsi. Unter Laba am w Zuflusse des Yangtse n von Lidjiang, 27° 47′ (7638). Im birm. Mons. am Salwin zwischen Tjiontson und Pipiti (9846), bei Tschamutong und unter Niualo (9570). Im E e von Bantjiao bei Loping? **S.**: Häufig zwischen Hokou und Fongsaying bei Huili (5110). Gemein um Yenyüen (5426, gelblich, 5430, violett) bis gegenüber Tangetu unter Hwangliangdse, 27° 47′.

Rhizoma repens, caules dense seriatos edens.

A. intermedius R. BR. var. **punctatus** (ROXB.) HACK. in DC., Mon. Phan., VI., 487 (1889). Y.: Gebüsche der wtp. St. zwischen Laoyagwan und Luföng am Wege von Yünnanfu nach Dali, 1700—2000 m (8599).

A. annulatus FORSK. Steppen, Gerölle und Sand, Raine der str. und wtp. bis in die tp. St. Y.: 900—2750 m. Lagatschang am Yangtse n von Yünnanfu (760). Lunggai w von dort. Zwischen Hsingai und Matschang nw von hier. Hwangdjiaping ne von Dali. Hsinyingpan zwischen Yungbei und Yungning. Im NW ober Dsilidjiang e von Lidjiang. Ndaku n von hier, die Steppe bildend. S.: 1600—3250 m. Häufig um Ningyüen (1276). Dugungpu und um Yenyüen bis gegenüber Tangetu n von hier. H.: Um Dungngan und sonst überall, um 100 m.

Sorghum MOENCH

S. nitidum (VAHL) PERS. (*Holcus nitidus* VAHL, Symb. Bot., II., 102 [1791]) var. **fulvum** (R. BR.) HAND.-MZT. (*Andropogon serratus* THUNB. 1784 [non *Sorghum serratum* ROEM. et SCHULT. 1817] var. *genuinus* HACK. — *Holcus fulvus* R. BR. 1810. — *Sorghum fulvum* PALIS. 1812). S.: Mehrfach in Steppen der wtp. St. zwischen Hokou und Fongsaying s von Huili, Sandstein, 1800—2000 m (5111).

** **S. propinquum** (KTH.) HITCHC. in Lingn. Sc. Journ., VII., 249 (1929) (*Andropogon propinquus* KUNTH, Enum. Pl., I., 502 [1833]. — *A. Sorghum* BROT. ssp. *halepensis* [L.] HACK. var. *propinquus* [KTH.] HACK. in DC., Mon. Phan., VI., 503 [1889]). E-Kw.: Im Schlammsand am Flußufer in der str. St. bei Tientang unterhalb Sandjio, Grauwacke, 320 m, 18. VII. 1917 (10861).

** **S. saccharatum** (L.) PERS., Syn. Pl., I., 101 (1805) (*Holcus saccharatus* L., Sp. Pl., 1047 [1753]). Y.: Zur Weinbereitung unter dem Namen „Gaoliang" gebaut um Beyendjing, 15. VIII. 1919 (TEN 1272). Ob auch dieses in der str. St. bei Magai nw von Yünnanfu, 1200 m, und in H.: Überall um Tschangscha und Wukang, 50—400 m?

S. vulgare PERS. W-Y.: Im birm. Mons. im Salwin-Tal bei 26°, gebaut zur Erzeugung des Schnapses der Lissu („Mulu") (GEBAUER).

Große Rispe mit ziemlich aufrechten Ästen, auffallend durch die sehr großen Ährchen (6—7 mm lang). Hüllspelzen eiförmig, strohgelb, papierartig, der ganzen Länge nach genervt, klaffend, Spitzen gestutzt, ausgerandet. Korn fast orange, runzelig.

S. bicolor (L.) MOENCH, Method., 207 (1794) (*Holcus b.* L., Mant., 301 [1771]). Y.: Im Salwin-Tal wie voriges (GEBAUER). Im NE s von Dungtschwan, gebaut („Gaoliang") (MELL).

Entspricht in den grannenlosen, kugeligen, 3—4 mm langen Ährchen mit ganz lederigen, kastanienbraunen, gerundeten, nervenlosen Hüllspelzen und dem gleichlangen, ockerfarbigen Korn *Andropogon Sorghum* var. *erythrospermus* HACK. ined. von Quelpert (TAQUET 1699), nach STAPF in PRAIN, Fl. Trop. Afr., IX., 127 aber *S. bicolor*.

Heteropogon PERS.

H. contortus (L.) PALIS. var. **typicus** HACK. in DC., Mon. Phan., VI., 586 (1889). Steppen und Bachgerölle der str. und wtp. St. Y.: 1500—2100 m. Zwischen Tschuhsiung und Gwangdung (4827). Zwischen Hsindschwang und Hwaping am Yangtse e von Yungbei (10066). Im NW bei Dsilidjiang e von Lidjiang.

S.: 1450—2100 m. Häufig auf der Hochebene s von Huili (5112). Ober Siwanho am Zuflusse des Yalung gegen Yenyüen, 27° 17' (5369). N von dort, 27° 41', wenig mit der folgenden var. **H.**: Stellenweise Formation bildend bei Tschatang zwischen Lantien und Hsikwangschan im Bezirke Hsinhwa, 200 m (12729).

— — var. *glaber* (Pers.) Hack. (*H. Allionii* [DC.] Roem. et Schult.). Steppen der tr., str. und wtp. St., 400—2300 m. **Y.**: Zwischen Tschuhsiung und Gwangdung (4827 p. p.). Im NW bei Dsilidjiang e von Lidjiang. Unter Laba am w Zuflusse des Yangtse n von hier, 27° 47' (7641). Im S n ober Manhao. **S.**: Steppen bildend s von Huili (798). Um Ningyüen (1780), um den Yalung und wenig um Yenyüen.

Die Art oft Charakterpflanze der Steppen, auch im Flugsand und im Föhrenwaldunterwuchs, 200—2725 m, in **Y.**: bei Hsinlung n von Yünnanfu, im ganzen Becken s von Lunggai, nach NW bis Hsingai, zwischen Hungngai und Yünnanhsien, im NW bis unter Hwadjiaoping e von Dschungdien und am Yangtse nw von Lidjiang bis ober Djitsung.

*** H. melanocarpus** (Muhlenb.) Benth. in Journ. Linn. Soc., Bot., XIX., 71 (1881) (*Stipa melanocarpa* Muhlenb., Descr. uber. Gram., 183 [1817]. — *Andropogon melanocarpus* Elliott, Sketch Bot. S. Carol., I., 146 [1821]). Steppen der str. St., 950—2200 m. Wenig bei Lagatschang am Yangtse n von Yünnanfu. Felsensteppe zwischen Hwanggwayüen und Hailo in der Niederung s des Yangtse nw von Yünnanfu, 11. IX. 1914 (5072). Weiter flußaufwärts bei Daschuidjing nw von Lunggai und bei Dsilidjiang e von Lidjiang. Unter Laba an seinem w Zuflusse n von Lidjiang, 27° 47'. **S.**: Wenig bei Datung am Yalung, 27° 41'.

Cymbopogon Spreng.

*** C. filipendulus** (Hochst.) Hand.-Mzt. (*Andropogon f.* Hochst. in Flora, XXIX., 115 [1846]) var. **Thwaitesii** (Hack.) Hand.-Mzt. (*Andropogon f.* var. *T.* Hack. in DC., Mon. Phan., VI., 635 [1889]). **Y.**: Steppen der str. St. auf Sandstein und Mergel in der Niederung um den Yangtse nw von Yünnanfu, 1350—1925 m: Zwischen Yüenmou und Yanggai, 9. IV. 1914 (5006), unter Dsotjio, unter Datiengai, bei Djiangyi ssw von Huili (5057) und zwischen Hwaping und Hsingai e von Yungbei (13025).

C. tortilis (Presl) Hitchc. in Lingn. Sc. Journ., VII., 246 (1929) (*Anthistiria t.* Presl, Rel. Haenk., I., 347 [1830]. — *Andropogon hamatulus* Nees 1841. — *C. Nardus* [L.] Rendle ssp. *hamatulus* [Nees] Rendle in Journ. Linn. Soc., Bot., XXVI., 376 [1904]. — *Cymbopogon h.* A. Cam. in Rev. Bot. appl., I., 284 [1921]). Steppen der str. St. auf Schiefer und Sandstein. **H.**: Häufig um Tschangscha, 30—300 m (11383). **Kw.**: (Cavalerie 8016). **Y.**: Um Homöndschang in der Seitenschlucht des Yangtse n von Yünnanfu, 900—1100 m (5665).

— — var. *Goeringii* (Steud.) Hand.-Mzt. (*Andropogon G.* Steud. — *Cymbopogon Nardus* [L.] Rendle ssp. *marginatus* [Steud.] Rendle var. *Goeringii* [Steud.] Rendle, l. c., [1904]). Steppen und Föhrenwälder der str. und wtp. St., 900—3000 m. **S.**: S von Huili zwischen Djiangyi und Hokou (5084) und mehrfach zwischen Hokou und Fongsaying (5109). Im Yalung-Tale am 27° 43' (2035). **Y.**: Um Homöndschang mit dem Typus (5664). Im NW zwischen Haba und Waschwa se von Dschungdien (4431). Unter Laba am Zuflusse des Yangtse n von Lidjiang, 27° 47' (7639).

Die Art in **H.** um Tschangscha tonangebend, um Tanschi und vorherrschend unter Loudi w von Hsianghsiang, in **Y.** oft die Steppen rot färbend, ober Manhao, 400 m, in der Yangtse-Schlucht n von Yünnanfu, jedoch an ihren oberen Rändern nur mehr einzeln, zwischen Hsingai und Matschang e von Yungning, zwischen Hungngai und Yünnan-hsien, Ndaku n von Lidjiang, ob diese im NW bei Guta am Mekong, 28° 6'? Ebenso in **S.**: Im Djientschang, um den Yalung noch unter Kwapi n von Yenyüen, doch nur äußerst spärlich hierselbst zwischen Kupesu und Schamenkou.

Themeda Forsk.

T. triandra Forsk. var. **hispida** (Thunb.) Stapf in Prain, Fl. Trop. Afr., IX., 418 (1919) (*Anthistiria h.* Thunb., Fl. Cap., I., 403 [1807]. — *A. ciliata* Retz. var. *h.* Nees, Fl. Afr. austr., 121 [1841]. — *Themeda Forskalii* Hack. var. *vulgaris* Hack. in DC., Mon. Phan., VI., 660 [1889]). **H.**: Massenhaft in Steppen der str. St. bei Tschangscha, Sandstein, 30—300 m (11367). **S.**: Steppen bildend in der wtp. St. s von Huili, Sandstein, 1700—2100 m (797).

— — var. **imberbis** (Retz.) A. Cam. in Lecte., Fl. gén. Indo-Ch., VII., 360 (1922) (*Anthistiria i.* Retz., Observ., III., 11 [1779]. — *A. ciliata* var. *i.* Nees in Linnaea, VII., 284 [1832]. — *Themeda Forskalii* var. *i.* Hack. in DC., Mon. Phan., VI., 661 [1889]). Steppen, auch in Gebüschen der str. und wtp. St., 2050—2750 m. **NW-Y.**: In der Schlucht des Yangtse n von Lidjiang bei Sape (4427) und an seinem w Zuflusse unter Laba, 27° 47' (7640). **S.**: Häufig auf der Hochebene von Yenyüen (5431).

Oft recht seegrün, aber nicht so stark wie var. *glauca* (Desf.).

Diese beiden Varietäten meist Hauptbestandteil der Steppen und Busch-wiesen, auch im Föhrenwaldunterwuchs und in Hochgrasbeständen der str. und wtp. St. in **H.**: Um Hsikwangschan, bis 800 m, und zwischen Wukang und Dsingdschou zerstreut. **Y.**: N ober Manhao schon bei 400 m in der tr. St. Überall verbreitet, bis unter Hwadjiaoping e von Dschungdien. Im E bis Bantjiao e von Loping. **S.**: Überall im Djientschang. Datiaoku über dem Yalung n von Yenyüen. Gaitiu über dem Wolo-ho zwischen Yenyüen und Yungning. Dseia bei Muli. Belo am Schou-tschu sw von hier.

— — var. **maior** (Thw.) Rendle subvar. **japonica** (Willd.) Rendle. **E-Kw.**: Wiesen der Hügel der str. St. bei Liping, Mergel, 500 m (10995). **S.**: An Gräben der wtp. St. zwischen Djiangyi und Hokou s von Huili, Sand-stein, 1800—1900 m (5081) und wohl auch diese sehr einzeln bei Yenyüen, 2600 m.

Bis über 2 m hoch.

T. gigantea (Cav.) Hack. subsp. **villosa** (Lam.) Hack. var. **typica** Hack. An Bächen und feuchten Gebüschen, Hohlwegrändern, in feuchten Wiesen, auch selbständig Hochgrasdschungel bildend, in der str. bis in die wtp. St. **H.**: 50—190 m. Hinter der Schule am Yolu-schan bei Tschangscha. Zwischen Wadsi-ping und Daloping s von Ninghsiang. Ober Lantien gegen Hsikwangschan bei Hsinhwa (12724) und bei Lengschuidjiang am Tsi-djiang ober Hsinhwa. **Kw.**: 750—1700 m. Um den Baling-tjiao bei Muyu. Über dem Hwatjiao-ho gegen Taiping. Rücken zwischen Hsintscheng und Tjiaolou. **S.**: 1250—2000 m. Huili. Banschan am Wege von hier nach Yenyüen (phot.). Häufig um Gungmuying im Djientschang. Unter Dugungpu am Zuflusse des Yalung gegen Yenyüen, 27⁰ 35'. Y.: 1750—2200 m. Mehrfach zwischen Yünnanfu und Tschuhsiung. Becken Hsiaodsang jenseits des Pudu-ho n von dort. Im NW bei Gwanyilang jenseits des Yangtse e von Lidjiang. Im E bei Lukou e von Loping. **Tonking**: In der tr. St. bei Laogai, 150 m (2).

Tragus HALL.

T. racemosus (L.) SCOP. Y.: Im Sand und festen Lehm der str. St. zwischen Yüenmou und Hailo in der Niederung s des Yangtse nw von Yünnanfu 1050 bis 1350 m (5013).

Perotis AIT.

P. indica (L.) O. KTZE., Rev. Gen., 787 (1891) (*Anthoxanthum indicum* L., Sp. Pl., 28 [1753]. — *Perotis latifolia* AIT.). Sand und fester Lehm der str. St., 1050—1825 m. Y.: Mit vorigem (5012). S.: Handschou im Seitentale des Yalung gegen Yenyüen, 27⁰ 38'.

Arundinella RADDI

A. setosa TRIN. Steppen und Buschsteppen der wtp. St., 1800—2400 m. Y.: Auf nacktem Sandboden zwischen Bidsei und Döm bei Sanyingpan n von Yünnanfu Formation bildend (690). Zwischen Tschuhsiung und Gwangdung (4822). Häufig zwischen Hungngai und Yünnanyi (8570). Im NE bei Tschehai, 2600 m (MAIRE, distr. BONATI 7533, det. HACKEL). S.: Zwischen Djiangyi und Hokou s von Huili (5085).

A. hispida (HUMB. et BONPL.) O. KTZE., Rev. Gen., 761 (1891) (*Andropogon hispidus* HUMB. et BONPL. in WILLD., Sp. Pl., IV., 908 [1805]. — *Arundinella nepalensis* TRIN. — *A. miliacea* (LINK) DRUCE in Bot. Soc. Brit. Isl., IV., 605 [1917]). NW-Y.: Hochgrasbestände bildend in der str. St. des birm. Mons. an waldigen Hängen zwischen Tjiontson und Pipiti unter Tschamutong am Salwin, Tonschiefer, 1700 m (9837).

Entspricht dem von WILLDENOW beschriebenen Typus und damit der von HOOKER in Fl. Brit. Ind., VII., 74 charakterisierten WALLICHschen Nr. 8666a. Die indische Sammelart verdient wohl Aufteilung, da auch HOOKER verschiedene Typen für verschiedene Regionen angibt.

**** A. fluviatilis** HAND.-MZT. in Sitzgsanz. Ak. W. W., LXIII., 111 (1926). Cespites densi et interdum surculis erectis ad 10 cm alti, radicibus permultis longissimis pallidis dense brevifibrosis, foliorum fasciculis sterilibus et culmis floriferis tenuibus levibus 35—90 cm longis multis, nodis exsertis superioribus castaneis, superne longe nudis. Folia anguste linearia, caulina c. 5, ad 20 cm longa et 5 mm lata, surculorum 3—4 paulo minora, longissime acuminata, caesioviridia, superiora praeter margines pilis prorsus adpressis longe ciliatos, inferiora tota glabra, costa dorso pallida, latiuscule prominula, nervis ad 30 subcontiguis utrinque prominuis; vaginae 8—10 cm longae, adpressae, ceterum foliaceae, margine altero densissime et tenuiter albido-barbatae; ligula 1 mm longa, truncata, ad dimidum in fimbrias densissimas fissa. Anthela 10—20 cm longa, anbitu lanceolata, laxa, ramis singulis vel geminatis altero brevi altero ad 5 cm longo, a basi paniculato-breviramosis, triquetris, angulo saltem uno prorsus ciliato-asperis. Pedicelli 1—4 mm longi. Spiculae ad 5 mm longae, cuneatae, hiantes. Glumae cymbiformi-ovatae, $4^{1}/_{2}$ mm longae vel inferior plus tertio brevior, tenerae, albidae, nervis 5 crassis lateralibus remotis apice rubescente cum mediano confluentibus, extimis iis approximatis brevioribus, inferior subaristato-longiacuminata, superior acuta, vix asprellae. Flos inferior ♂, sessilis, lemmate tenuiter trinervio, margine albo-membranaceo, ceterum glumis pari; palea lanceolata, bicarinata, lemmati similis et paulo brevior. Flos superior callo pilis albo-sericeis 1—$1^{2}/_{3}$ mm longis induto insidens, ♀, lemmate vix 3 mm longo, ovato, dorso rotundato, albo-membranaceo, tenuissime et indistincte 5nervio, subtilissime papilloso-pubescente, in aristam tenuem vix 1—$1^{1}/_{4}$ mm longam angustato; palea eo paulo brevior, acuta, bicarinata; antherae 3, lineares, 2 mm longae, purpureo-brunneae. Stigmata breviter plumosa. Caryopsis oblonga, $1^{3}/_{4}$ mm longa, spadicea.

H.: An lange überfluteten Stellen in der str. St. im Bette des Tsi-djiang bei Lengschuidjiang ober Hsinhwa, Sandstein, 200 m, 27. IX. 1918 (12715).

— — ** var. *pachyathera* HAND.-MZT., l. c.

Glumae latiores, paulum indurascentes. Arista valida, lemmate paulo longior, a basi reclinata.

E-Kw.: Charakterpflanze auf Sand und Grauwackefelsen der str. St. in der Überschwemmungszone am Du-djiang von Sandjio bis Gudschou, 300 bis 400 m, 17. VII. 1917 (10807).

Species habitu formarum maiorum *Poae nemoralis* distinctissima necnon formis minoribus *Arundinellae cubensis* GRISEB. et *A. heterophyllae* HACK. similis aristis autem longis in hac geniculatis et paniculis multo laxioribus et glumis inferioribus plerumque trinerviis diversis. *A. virgata* JANOWSKY in Rep. sp. nov., XVII., 84 (1921), quae ex eius clavi in Bot. Arch., I., 22 (1922) comparanda, vaginis raro ciliatis, ligulis longiusculis, inflorescentia subcylindrica vel fusiformi ramis usque ad 25 cm longis, gluma inferiore trinervia, superiore truncatella describitur. *A. rupestris* A. CAM. in Bull. Mus. Par., XXV., 367 (1919) eiusdem modi stationes incolens e descriptione culmis basi prostratis, foliis eciliatis, ligulis pilosis, callo glabro, palea ciliata, lemmate juxta aristam bidentato distat.

A. hirta (THUNB.) KOIDZ. in Bot. Mag. Tok., XXXIX., 302 (1925) (*Poa h.* THUNB., Fl. Jap., 49 [1784], e typo. — *Arundinella anomala* STEUD.). **H.**: Gebüsche und Buschwiesen der wtp. St., 600—1400 m. Um Hsikwangschan bei Hsinhwa (12570). Im SW auf dem Rücken des Yün-schan bei Wukang (11114).

— — var. *ciliata* (THUNB.) KOIDZ., l. c., 303 (*Agrostis ciliata* THUNB., Fl. Jap., 49 [1784]). **H.**: Mit dem Typus um Hsikwangschan häufig (12571).

A. villosa ARN. in STEUD., Synops. Pl. Glum. I., 115 (1855) var. *himalaica* HOOK. f., Fl. Brit. Ind., VII., 73 (1897). Charakterpflanze der Heidewiesen auch im Föhrenwaldunterwuchs, auch in Steppen, in der wtp. und tp., selten in Bachgeröllen bis in die str. St., (1450—) 2100—3400 m. **Y.**: Zwischen Dsaodjidjing und Hwadung e des Dsolin-ho. Gipfel des Heischanmen, 1883—1885 (DELAVAY 724). Schedschodse ober Dapingdse (D. 1788, beide det. HACKEL). Überall zwischen Boloti und Gwamaoschan am Wege von Yungbei nach Yungning (3324). Im NW vor dem Be-schui bei Lidjiang. Zwischen Yüno und Haba und ober Mujendu jenseits des Yangtse n von hier. Massenhaft auf dem Sattel s Dungapi bei Hsiao-

Dschungdien. Ober Donaku zwischen Yangtse und Mekong, 27° 20'. Im NE bei Dungtschwan (MAIRE, distr. BONATI 770, 7047, det. HACKEL). S.: Überall um Muli. Um Yenyüen. Rücken Daörlbi w von hier (2963). Ober Siwanho im Seitentale des Yalung sw von hier (5370). Lungdschu-schan bei Huili.

Nr. 5370, aus tiefer Lage, ist spärlicher und nur sehr kurz behaart und hat die allermeisten Ährchen unbegrannt.

Thysanolaena NEES

T. maxima (ROXB.) O. KTZE., Rev. Gen., 794 (1891) (*Agrostis m.* ROXB., Fl. Ind., I., 319 [1820]. — *Thysanolaena Agrostis* NEES). Hochgrasdschungel bildend an trockenen Hängen der tr. St. auf kristallinischem Boden, 150—400 m. S-Y.: Tal des Namti längs der Eisenbahn. Manhao (5872). Tonking: Laogai (7).

Agrostis procera RETZ., worauf MEZ in Bot. Arch., I., 27 (1922) die Kombination *Thysanolaena p.* macht, ist, wie HUBBARD in Kew Bull., 1930, 256 nachgewiesen hat, eine *Eriochloa*.

Coix L.

C. Lacryma-Jobi L. Graben- und Bachränder der str. und untersten wtp. St. Y.: 1740—1835 m. Sangtang n und Tschepei jenseits Fumin nw von Yünnanfu. Beyendjing (TEN 1225). Im NW im birm. Mons. am Salwin um Tschamutong. S.: 1350—2000 m. Zwischen Huili und Yenyüen zerstreut zwischen Banschan und Puti (5265) und bei Luguho (5322). Hohsi im Djientschang. H.: Viel überall ne von Wukang, 350—4000 m.

Zea L.

Z. Mays L. Gebaut in der str. und wtp. St. bis 2700 m. Y.: Verbreitet, besonders im birm. Mons. am oberen Salwin und Irrawadi als einzige Nahrung der Ludse und Djiudse. S.: Besonders über Huili. Auch in Kw. und H.

Musaceae

Musa L.

M. paradisiaca L. subsp. *sapientum* (L.) O. KTZE., Rev. Gen., II., 692 (1891). Y.: Gepflanzt in der tr. St. bei Manhao nahe der Grenze von Tonking, 200 m (5879).

Bananen vom Aussehen dieser dort in Gräben und Dolinen mit Regenwaldresten wild, aufwärts bis gegen Schuidien, 1225 m, und gepflanzt in der str. und wtp. St. bis 2700 m, spärlich bei Hsinlung n von Yünnanfu, bei Homendschang am Yangtse dort, viel bei Wuding nw von Yünnanfu, bei Weischa e von Yungbei, im NW bei Böscha nächst Lidjiang und Tseku am Mekong, und in S.: zwischen Huili und Yimen und bei Gungmuying im Djientschang. Kw.: Zwischen Hwangtsaoba und Djiangdi. Wild im SE in den Seitengräben des Du-djiang unter Sandjio. H.: Tschangscha und hier und da jenseits Daloping gepflanzt, 35—150 m.

Zingiberaceae
(*Scitamineae*)

Hedychium KOEN.

H. coronarium KOEN. in RETZ., Obs., III., 73 (1783). Y.: (HENRY 12390). Wälder bei Tieso nächst Beyendjing (TEN 159). Im NE in der wtp. und tp. St. im Unterholz der Berge bei Banlung-se, 2500 m (MAIRE) und im Tal von Tjiaometi, 3000 m (M.). S.: Zerstreut im Gekräute der str. St. im Seitentale des Yalung gegen Yenyüen, 1250—1700 m (5350).

Blüten nach allen Angaben (nur HENRY macht keine) gelblich.

** ***H. efilamentosum*** HAND.-MZT.

Sect. *Gandalusium* HORAN.

Caulis robustus, c. metralis, basi paulum incrassatus. Folia sessilia, oblongo- vel lineari-elliptica, 10—60 cm longa, longitudine 3—6^{plo} angustiora, tenuiter subcaudato-acuminata, basi cuneata vel subrotundata, supra glabra, subtus praesertim ad costam longe et dense puberula, margine anguste cartilagineo apicem versus interdum dense ciliata, sicca subferruginea; vaginae usque ad 22 cm longae, pilosulae vel $\pm$ glabrescentes; ligulae 5—10 mm longae, apice $\pm$ truncatae, membranaceae, pilosulae. Spica strobiliformis, absque floribus 16 usque 20 cm longa, 3—4 cm crassa, folia summa haud superans, acuta; bracteae dense imbicatae, late ovatae, infimae $3^{1}/_{2}$—4 cm latae, invicem se nec flores cingentes, rotundatae, basi cuneatae, margine membranaceo praesertim in medio densissime cilatae, ceterum glabrae, uniflorae. Calyx cylindricus, c. $3^{1}/_{2}$ cm longus, pilosulus, apice bilobus, lobis inaequilongis, acutis, basi bracteolis binis membranaceis pilosulis amplexus. Corolla flava vel lutea (e notis ad vivum), fere ubique glandu- loso-punctata; tubus anguste cylindricus, 7 cm longus; lobi lanceolati, c. $2^{1}/_{2}$ cm longi, obtusi vel subacuti. Staminodia lateralia iis multo latiora, obovata, trun- cato-rotundata, basi cuneata, c. 3 cm longa et triplo angustiora; labellum latis- sime obcordatum, eis subaequilongum, basi truncatum, fere ad medium emar- ginatum. Antherae fauce tubi subsessiles, 7—10 mm longae, filamentis 1—2 mm longis. Stigmata ciliata.

NW-Y.: Im birm. Mons. im Salwin-Tal bei Tschamutong in der str. St. an schattigen Stellen gegen Dara, Phyllit, 1800 m, 13. VII. 1916 (9563) und in den wtp. Regenwäldern im Tale unter dem Gomba-la, Granit, 14.—17. VIII. 1916, v. E. (9854, Typus).

Species antheris subsessilibus in genere unica, ceterum *H. coronario* simillima ligulis longioribus, bracteis paulo angustioribus vix ciliatis, colore pallido quoque diverso.

H. sino-aureum STAPF in Kew Bull., 1925, 432 (*H. densiflorum* BAK. in HOOK., Fl. Brit. Ind., VI., 227 p. p. K. SCHUM. in Pflzenr., IV/46., 49 p. p., non WALL.). NW-Y.: An Wasserläufen der str. und wtp. St. des birm. Mons. auf Schiefern, 1900—2600 m, bei Tschamutong und Bahan (9583). Sikkim (HOOKER).

K. SCHUMANN beschreibt nach dem HOOKERschen Exemplar aus Sikkim of- fenbar diese Pflanze und nicht *H. densiflorum*.

H. spicatum HAM., f. Y.: In der wtp. St. zwischen Kalkfelsen am Hsi-schan bei Yünnanfu, $\pm$ 2200 m (SCHOCH 251). Im NE auf dürren Hügeln bei Tschehai, 2500 m (MAIRE).

***H. Forrestii* Diels** in Not. Bot. Gard. Edinb., V., 304 (1912). Y.: Üppige Gebüsche der wtp. St. zwischen Tschuhsiung und Gwangdung, Sandstein, 1800—2100 m (4861).

Folia (typi quoque) subtus imprimis in costa longe pilosa, inferiora (plantae meae) usque ad 9 cm lata. Differt ab *H. spicato* bracteis multo latioribus et densioribus, corollae tubo staminodiisque latioribus.

***H. acuminatum* Rosc.** In der wtp. bis in die str. St., 1800—2600 m. Y.: Üppige Gebüsche an Hohlwegrändern zwischen Tschuhsiung und Gwangdung mit vorigem, 5. IX. 1914 (4862). Mehrfach n von Yünnanfu gegen den Yangtse. Im NW im Seitentale w des Nordendes der Yangtse-Schleife und bei Koma zwischen Yangtse und Mekong, 27° 36′. Im birm. Mons. bei Tschamutong am Salwin. S.: S von Huili und am Fuße des Lungdschu-schan, hier die herbstlichen Blätter ganze Felsen gelb färbend. Zwischen Muli und Dseia.

Die Ähre des einzigen gesammelten Exemplars ist auffallend dicht und seine Blätter sind ganz kahl. Sonst entspricht es vollständig Roscoes Abbildung.

***H. villosum* Wall.** in Roxb., Fl. Ind., I., 12 (1820). W-Y.: In der str. St. des birm. Mons. bei Tengkeng am Salwin, 25° 50′, 950 m, II. 1914 (Gebauer, soweit ohne Korolle bestimmbar).

***H.* sp.? S.:** Feuchte Gebüsche der wtp. St. ober Datscho jenseits des Yalung n von Yenyüen, 2400—2800 m (2591, steril und jung).

Camptandra Ridl.

C. yunnanensis (Gagnep.) K. Schum. in Pflzenr., IV/46., 64 (1904) (*Kaempferia y.* Gagnep.). Feuchte und trockenere Gebüsche, Felsen in Wäldern auf Sandstein und Tonschiefer in der wtp. St., 2050—2750 m. Y.: Zwischen Yanggai und Hwadung e des Dsolin-ho (4961). Im NW bei Lidjiang, v. E. (3831). Haba se von Dschungdien (4422). Belo am Schou-tschu n von Lidjiang und n von dort in S. bei Dseia im Gebiete von Muli (7254).

Die Nummern 4422 und 7254 haben einige Merkmale der *C. fongyuënsis* (Gagnep.) K. Schum., nämlich den Blattgrund und die kahle Narbe, aber die großen Blätter, stark aufgeblasenen Spathen, unten angeschwollenen Stengel und oben dreieckigen Konnektivanhängsel der *C. yunnanensis*.

Roscoea Sm.

***R. tibetica* Bat.** in Act. Hort. Petrop., XIV., 183 (1895), e typo. S.: Gebüsche der ktp. St. auf dem Rücken Daörlbi halbwegs zwischen Yenyüen und Yungning, Kalk, 3750—3800 m (2966). Ob auch diese hier in der Modermatte schon verblüht und mit entwickelten Blättern? Muli (Rock 5486). Hier viel ober der Wiese Dapingdse. NW-Y.: Westseite des Yülung-schan bei Lidjiang (Rock 4617). An seiner Nordostseite in Föhrenwäldern zwischen dem He-schui und Ndaku, 3400 m. In der tp. St. s des Gwamao-schan zwischen Yungbei und Yungning? In der wtp. St. an der Südseite des Dji-schan ne von Dali, 2600 m?

Antherae dimidio inferiore steriles. Corollae tubo brevi antherisque calcaratis *R. yunnanensi* affinis, habitu humili et latifolio autem valde diversa et *R. blandae* var. *pumilae* similis.

R. intermedia Gagnep. **Y.**: Im W an waldigen Hängen zwischen Dali und Yungtschang, 2000 m (Gebauer). Im NW bei Lidjiang, v. E. (4153). Hier am Fuße des Yülung-schan, 2770 m (Rock 4589) und an bebuschten Felsen bei 3000 m (phot.). Ober Haba und sehr viel bei Dugwan-tsun se von Dschungdien. Berg Lamatso w des Nordendes der Yangtse-Schleife, ober 3000 m. Im NE auf Matten der Berge bei Tschedji, 2600 m (Maire).

Rocks Pflanze hat bis 7 cm breite Blätter, gehört aber wegen der langen Kronenröhre hierher, und meine verbindet sie durch 4 cm breite Blätter mit dem Typus.

R. yunnanensis Loes. in Notizbl. Bot. Gart. Berl., VIII., 599 (1923) (*R. capitata* Gagnep. K. Schum. p. p.; non Sm.). Gebüsche, offene Wälder, Hecken, an Bächlein, Sumpfwiesen der tp. und oberen wtp. St., 2600—3400 m. NW-Y.: Hügel ober der Stadt Lidjiang (4379). Mehrfach um Ngulukö dort (4152. Schneider 1971). Unter San-tsun (3166) und sonst mehrfach um Yungning bis gegen Lidjia-tsun. Im NE auf Bergen bei Dungtschwan (Maire?, fruchtend).

Nr. 3479 entspricht der var. ***Dielsiana*** Loes., l. c., 600; 3166 und 4152 stehen ihr auch nahe, doch werden beide höher (4152 bis 40 cm) und hat 3166 kleinere Blüten (Kronensaum 17 mm lang). Schneiders Pflanze steht zwischen var. *Dielsiana* und var. *Schneideriana* Loes., l. c., 600.

R. blanda K. Schum. ****var. *pumila*** Hand.-Mzt.

Pumila, 10—15 cm alta, plerumque uniflora. Corolla minor, limbo 2— vix 3 cm longo, rosea (3351) vel purpurea (9510). Ceterum cum typo congruens.

Y.: Feuchte Gebüsche der wtp. und tp. St. zwischen Dschaoping und Boloti n von Yungbei, Sandstein, 2700—3000 m, 30. VI. 1914 (3351). Im NW in Gebüschen der ktp. St. am Westhang des Passes Pangblanglong zwischen Salwin und Irrawadi, Glimmerschiefer, 3500—3800 m, 10. VII. 1916 (9510, Typus).

R. cautleioides Gagnep. (*R. praecox* K. Schum.). Steppen, trockene Gebüsche, offene Föhrenwälder der wtp. und tp. bis auf die Wiesen der ktp. St., 2150—3500 m. **Y.**: Berg Hungguwo zwischen Yungbei und Yungning. Im NW bei Lidjiang, v. E. (4151). Hier auf dem Sattel gegen Ganhaidse (6616), mehrfach ober Ngulukö, unter Duinaoko und um Gwanyilang. Ober Mudidjin s von Yungning. **S.**: Überall um den Wolo-ho. Ebenso zwischen Duörlliangdse und Hungga (2884) w von Yenyüen. Zwischen Schuitangdse und Schidschön (2253), ober Kalapa (2298) und ober Luhungti nw von hier. Kwapi über dem Yalung n von hier.

Die Blätter sind zur Blütezeit ebenso entwickelt oder unentwickelt, wie bei der folgenden.

R. Chamaeleon Gagnep. Steinige Stellen, Matten, Steppen und Föhrenwälder der wtp. und tp. St., 2000—3400 m. **Y.**: W des Tempels Haiyen-se bei Yünnanfu (Schoch 179?, mangelhaft). Hosaodien bei Dayao. W von Piendjio. Massenhaft bei Dschaoping n von Yungbei. Im NW am Osthang des Yülung-schan bei Lidjiang (4154). Hoörl bei Yungning (3129). **S.**: Sattel ober Duörlliangdse w von Yenyüen. Kwapi über dem Yalung n von hier (2491).

Die Nr. 4154 kommt stark an *R. Humeana* Balf. f. et W. W. Sm. in Not. Bot. Gard. Edinb., IX., 122 (1916) heran, ist aber frühblütig und hat doch noch keine so breiten Lippenlappen.

R. sp. **NE-Y.**: Matten der Berge bei Sandjia, 2600 m (Maire, verblüht).

Cautleya ROYLE

C. lutea ROYLE, Ill. Him. Bot., 361 (1839). W-Y.: Abhänge an der birmanischen Grenze zwischen Tengyüe und Mytkina (GEBAUER?, fruchtend). S.: Üppige Buschwälder der wtp. St. bei Djisö und Datu im Gebiete von Muli in dem nw von Yungning herabziehenden Tale, Schiefer, 2600—2800 m (7534).

Globba L.

G. orixensis ROXB. var. *racemosa* (SM.) GAGNEP. in Bull. Soc. Bot. Fr., XLVIII., 201 (1901) (*G. r.* SM., Exot. Bot., II., 115, t. 117 [1804]). Gebüsche, Quellen, Graben- und Bachränder der str. bis an die wtp. St. auf kristallinischen Gesteinen. Y.: Im NW zwischen Bedjihsün und Lota am Mekong, 27° 23—52', zerstreut, 1800—2000 m (7954). Im birm. Mons. am Salwin hinter Tschamutong und unter Sitjitong. Im NE im mittelchin. Fl. bei Lungdji, 700 m (MAIRE). E-Kw.: Sattel zwischen Gudschou und Tschaimou, 750 m (10908) und bei Dayung am Wege nach Liping. W-S.: Omei, 1550 m (FABER 942 oder 955). W-F.: Tienhwa-schan w von Dingdschou (Plt. sin. 409).

Nr. 10908 nähert sich in der Behaarung der *G. strigulosa* K. SCHUM., aber die Kronröhre ist kürzer. Plt. sin. 409 nähert sich der *G. bulbosa* GAGNEP., aber der Fruchtknoten ist kahl und der Stengelgrund kaum aufgetrieben.

Zingiber ADANS.

Z. striolatum DIELS, det. DIELS. In der wtp. St. SW-H.: Im schattigen Laubhochwald des Yün-schan bei Wukang auf Tonschiefer, 1100—1350 m (12371). Y.: Mischwälder bei den Tempeln Taihwa-se und Haiyen-se nächst Yünnanfu, Sandstein, 2200 m (SCHOCH 240). Im NW am Westhang des Yülungschan bei Lidjiang (ROCK 5415). Hier in immergrünen Eichenwäldern bei Kodako ober Yulo, Schiefer, 2300 m (12988). Ebenso bei Loyü in der Durchbruchsschlucht des Yangtse. Im NE in feuchten Gebüschen der Berge bei Dungtschwan, 2600 m (MAIRE) und Lagu, 3000 m (M.).

Languas KOEN.

(*Alpinia* L. 1762, non 1753)

L. japonica (THUNB.) SASAKI in Transact. Nat. Hist. Soc. Form., XIV., 22 (1924) (*Alpinia j.* [THUNB.] MIQ.). W-Ki.: Um Pinghsiang, c. 600 m (Plt. sin. 165). Kw.: (CAVALERIE 3131).

L. blepharocalyx (K. SCHUM.) HAND.-MZT. (*Alpinia b.* K. SCHUM. in Pflzenr., IV/46., 334 [1904]) ** var. *glabrior* HAND.-MZT.

Folia subtus glaberrima. Corollae tubus intus glaber.

S-Y.: Im tr. Regenwaldrest unter Yaotou zwischen Möngdse und Manhao, Tonschiefer, 660 m, 27. II. 1915 (5750).

Rhynchanthus HOOK. f.

R. Beesianus W. W. SM. in Not. Bot. Gard. Edinb., X., 189 (1918). W-Y.: Von Dali bis Mytkina in Birma (GEBAUER).

Cannaceae

Canna L.

C. chinensis WILLD. (*C. orientalis* ROSC.). S.: Grabenränder der str. St. unter Loyao im Djientschang unterhalb Dötschang, kristallinischer Boden, 1400 m (1090). SW-Kw.: Hwangtsaoba (CAVALERIE 8076).

Orchidaceae

Cypripedium L.

C. luteum FRANCH. Y.: Auf Kalk in der wtp. St. auf dem Laodjing-schan bei Yünnanfu, 2200—2300 m (SCHOCH 230). Im NW in Gebüschen der tp. und ktp. St. im Moränenzirkus Saba (6776) und darüber in der Schlucht Lokü (phot.) an der Ostseite des Yülung-schan bei Lidjiang, Kalk, 3400—3625 m. NW-S.: Gebirge um Sungpan (WEIGOLD).

C. guttatum SW. S.: Trockene Hänge der wtp. St. zwischen Dugungpu und Daliaopingdse am Zuflusse des Yalung gegen Yenyüen, 27° 32′, 2550 m (2149). NW-Y.: Bei Lidjiang, v. E. (8770). Gebüsche der tp. St. ober Mudidjin s von Yungning, 3100—3400 m (3177).

C. himalaicum ROLFE. Föhrenwälder, Föhren-Eichen-Mischwälder und Gebüsche der tp. St., 2750—3150 m. NW-Y.: Se von Yungning (3153). S.: Unter dem See e von Yungning gegen Gaitiu (3092). Um Kwapi n von Yenyüen (SCHNEIDER 1392?, jung).

Größer als beschrieben, bis 7 blätterig. Sepala, besonders das oberste, sehr breit. Die fleischige Lippe mit breiter Öffnung ist bezeichnend. Die Angabe PFITZERS im Pflzenr., IV/50., 35 über 8 cm Blütendurchmesser stimmt weder mit der Originalbeschreibung noch mit den angeführten Herbarpflanzen. Die von ROLFE hierher gestellten Exemplare HOOKERS aus Sikkim gehören offenbar zu *C. tibeticum* KING.

? *C. Smithii* SCHLTR. in Act. Hort. Gothob., I., 129 (1924). NW-S.: Gebirge um Sungpan, VI.—VIII. 1914 (WEIGOLD).

C. corrugatum FRANCH. NW-Y.: Wälder und Matten der tp. und ktp. St., 3400—4000 m. Bei Lidjiang, v. E. (3986). Ober Sandjiaho s von Yungning (3192). Ober Dugwan-tsun und auf dem Berg Schusutsu bei Bödö se von Dschungdien.

C. margaritaceum FRANCH. (*C. ebracteatum* ROLFE). Y.: Im Bambusunterwuchs tp. Mischwälder ober Ngulukö am Yülung-schan bei Lidjiang, auf Kalk, 3350 m (6655, s. Naturb. SW-Ch., Farbenb. 76). Ebenso auf dem Berge Lamatso w des Nordendes der Yangtse-Schleife n von hier, 3000 m. Im NE ohne Fundort (MAIRE).

Die Abbildung im Pflzenr., IV/50., Fig. 19 ist ganz falsch und entspricht nicht der Originalzeichnung. Ob man den Lippenquerschnitt auch nach Formalinmaterial mehr rund oder mehr dreieckig nennen will, ist Ansichtssache.

C. plectrochilum FRANCH. SCHLECHTER in Rep. sp. nov., Beih. IV., 84 (*C. arietinum* FORB. et HEMSL., non R. BR.). Steppen und offene Wälder der wtp. bis in die tp. St., 2200—3000 m. Y.: Laodjing-schan bei Yünnanfu (SCHOCH 165). Hanio s von Hodjing (6440). Hsinyingpan und gleich sw von Yungning.

Im NE bei Tschoudjiadsetang (MAIRE, distr. BONATI 6419). S.: Unter dem See e von Yungning gegen Gaitiu (3090). Mehrfach zwischen Duörlliangdse und Hungga w von Yenyüen (3095). Gwandien nw von hier (2801).

C. elegans RCHB. f. NW-Y.: Gebüsche der ktp. St. des birm. Mons. am Westhang des Passes Pangblanglong zwischen Salwin und Irrawadi, 27⁰ 58′, Glimmerschiefer, 3500—3800 m, 10. VII. 1916 (9513).

Orchis L.

O. spathulata RCHB. f. NW-Y.: Wälder der ktp. St. an der Westseite des Rückens zwischen Bödö und Alo se von Dschungdien, 3800—4000 m (4590).

Die var. *Wilsoni* SCHLTR. in Act. Hort. Gothob., I., 132 (1934) ist von der himalaischen Pflanze absolut nicht verschieden.

** *O. doyonensis* HAND.-MZT.

Glabra (tuberibus ignotis), radice longa et crassiuscula, pilosula. Caulis gracilis, flaccus, 7—10 cm altus, basi vagina 1—1¹/₂ cm longa subrotundata amplexus, medio unifoliatus. Folium late ovatum, 2—3 cm longum, longitudine sesqui- usque duplo angustius, subrotundatum, mucronato-apiculatum, basi in vaginam caulem amplectentem cuneato-angustatum, patens. Spica brevis, densiuscule 3—6 flora; bracteae ovato-lanceolatae, 5—11 mm longae, ovariis sesqui- usque duplo longiores. Flores certe rosei vel albo-rosei. Sepalum dorsale ellipticum, 4—5 mm longum, acutum, trinerve; sepala lateralia oblique lingulata, ad apices obtusos angustata, c. 6 mm longa, binervia. Petala anguste vel tri-angulari-ovata, subacuta, 4 mm longa, bi- vel trinervia; labellum ceteris ± aequilongum, ovato-lanceolatum, integrum, subobtusum, patulum; calcar e basi constricta subito ovoideum vel subglobosum, ovario c. duplo brevius, ore toro carnoso cincto. Rostellum humile, plicatum. Anthera elliptica, rotundata; pollinia bina basi cohaerentia, caudiculis discretis, glutinatoriis divaricatis, ellipticis. Staminodia extra basin antherae inserta, minuta, suborbicularia, albido-papillosa. Ovarium crasse ellipsoideum, 3—5 mm longum.

NW-Y.: An Bächlein der ktp. und Hg. St. des birm. Mons. im obersten Doyon-lumba zwischen Mekong und Salwin, 28⁰ 9′, Glimmerschiefer, 3500 bis 4200 m, 5. VIII. 1916 (9694).

Affinis *O. spathulatae*, quae differt labello multo latiore formaque diverso et calcare e basi lata angustato.

Die 4 Exemplare haben keine Knollen und nur je eine Wurzel. Möglicher-weise waren kleine seitliche Knollen vorhanden, die abfielen, doch läßt sich keine Narbe solcher erkennen. Auffallend sind auch die am Grunde zusammenhängen-den Pollinien.

O. diantha SCHLTR. in Act. Hort. Gothob., I., 131 (1924), e typo. NW-Y.: Humöse Stellen der Matten der Hg. St. am Osthang des Gipfels Ünlüpe im Yülung-schan bei Lidjiang, Kalk, 3750—4250 m, 11. VI. 1915 (6718). See Waha-schimi bei Yungning.

Ein Exemplar von H. SMITH 3808 hat, wie alle meine Pflanzen, deutlich ausgebildete Knollen, die SCHLECHTER anscheinend nicht sah. Schon dadurch ist sie von der immer mit einem deutlichen Rhizom versehenen *O. spathulata* verschieden, zu deren var. *foliosa* (FIN.) Sóo sie von Sóo in Ann. Mus. Nat. Hung., XXVI., 348 (1929) gezogen wird.

O. chrysea (W. W. Sm.) Schltr. in Rep. sp. nov., XIX., 372 (1924) (*Habenaria c*. W. W. Sm. in Not. Bot. Gard. Edinb., XIII., 204 [1921]). NW-Y.: In der Hg. St. des birm. Mons. w des Sees Tsukue hinter dem Gomba-la in der Salwin—Irrawadi-Kette ober Tschamutong, Glimmerschiefer, 4000—4100 m, 15.—17. VIII. 1916 v. E. (9909).

Die Blätter dieser Art, von welcher der Autor nur wenig Material hatte, sind in Form und Breite sehr verschieden, breit verkehrt-eiförmig ($3^1/_2 \times 1^1/_2$ cm) bis verkehrt-lanzettlich (40×8 mm). Blüten 1 bis 2, hier weiß. Sonst mit der Beschreibung genau stimmend.

**** *O. pulchella* Hand.-Mzt.** (Abb. 41, Nr. 2 auf S. 1342).

Gracilis, glabra, 6—18 cm alta, tuberibus piriformibus c. 5 mm longis, radicibus paucis. Caulis strictus, bifolius, 1—2 florus, vagina basali minuta. Folium inferius ovatum vel ellipticum, 5—20 mm longum, $\pm$ duplo angustius, acutiusculum et mucronulatum, basi in vaginam 1—3 cm longam amplectentem angustatum; superius medio caule vel paulo altius situm, lanceolatum vel ovato-lanceolatum, 15—43 mm longum, longitudine 3—6^{plo} angustius, mucronato-acutum, basi angustata sessile, evaginatum. Bracteae 5—15 mm longae, ovato-lanceolatae, acuminatae, ovario $\pm$ aequilongae, herbaceae. Flores rubri (e collectoribus). Sepala 4 mm longa; dorsale ellipticum, erectum, obtusiusculum, 1- vel indistincte 3nervium; lateralia subfalcata, eo duplo latiora, uninervia, acutiuscula, reflexa. Petala oblique ovata, c. 3 mm longa et duplo angustiora, subacuta, erecta, 1- vel indistincte 3nervia, cum sepalo dorsali galeam formantia; labellum patulum, 5—7 mm longum et duplo latius, lobis 3 subaequalibus sub-quadratis margine anteriore crenatis vel sublaceratis lateralibus divaricatis; calcar strictum, ore 2 mm crassum, ovario adpressum eoque $\pm$ aequilongum; paulum angustatum, obtusum. Rostellum humile, tectiforme. Anthera obovata, loculis basi divaricatis; bursiculae disjunctae; pollinia clavata, caudiculis tenuibus, glutinatoriis minutis, orbicularibus. Staminodia basi antherae inserta, leviter et inaequaliter bilobulata, albido-papillosa.

NW-Y.: An Bächlein im birm. Mons. in der ktp. und Hg. St. im obersten Doyon-lumba zwischen Mekong und Salwin, 28° 9′, Glimmerschiefer, 3500 bis 4200 m, 5. VIII. 1916 (9693) und im Tale unter dem Gomba-la zwischen Salwin und Irrawadi ober Tschamutong, Granit, 3150 m, v. E., 14.—17. VIII. 1916 (9929, Typus).

Species affinitate subdubia, forsitan cum *O. unifoliata* Schltr., quae labello valde differt.

O. Chusua D. Don (*O. Roborowskii* Max., e typo). NW-Y.: Bei Lidjiang, v. E. (3968, 3970, 3972). NW-S.: Gebirge um Sungpan (Weigold).

Alle Exemplare der Nr. 3968 haben nur ein, meist am Stengelgrunde inse-riertes Blatt und 1 bis 2 große Blüten, die Wilsons Nr. 2351 entsprechen. Das vorliegende Original von *O. Roborowskii* hat Knollen und fällt mit breitblätteriger *O. Chusua* zusammen, deren schmalblätterige Formen allein Maximowicz verglich. Auch die Verschiedenheit der *O. pauciflora* Fisch. scheint mir fraglich.

— — **var. *Delavayi*** (Schltr.) Sóo in Ann. Mus. Nat. Hung., XXVI., 344 (1929) („*Delevayi*") (*Orchis D*. Schltr. in Rep. sp. nov., IX., 433 [1911]). NW-Y.: Bei Lidjiang, v. E. (3971).

O. Chusua* var. *Tenii (Schltr.) Sóo, l. c., 344 (*O. T.* Schltr. in Rep. sp. nov., XVII., 22 [1921]). NW-**Y.**: Krautfluren in Waldlichtungen der tp. St. des **birm. Mons.** im Doyon-lumba am Salwin, 28° 2′, Schiefer, 3150 m (9612). Wahrscheinlich auch diese ober Dugwan-tsun zwischen Lidjiang und Dschung-dien.

O. monophylla (Coll. et Hemsl.) Rolfe. **Y.**: In der wtp. St. auf Kalk beim Tempel Tjiungdschu-se nächst Yünnanfu, 2200 m (Schoch 188) und im E im **mittelchin.** Fl. an Steppenhängen unter Begung bei Djiangdi an der Grenze von **Kw.**, 1700 m (10239).

Meine Pflanze unterscheidet sich von jener Schochs durch kleinere Blüten mit kürzeren Sporen; in der Lippenform und der Behaarung gleicht sie ihr. *Gymnadenia hemipilioides* Fin., die Schlechter in Rep. sp. nov., Beih. IV., 90 (1919) hierzu zieht, ist nach Gagnepain (briefl.) ganz kahl. Schlechter wundert sich l. c., daß Finet *Gymnadenia hemipilioides* und *Orchis geniculata* Fin. als verschieden beschrieben hat. Ihre Abbildungen zeigen sehr verschiedene Bursiculae und die erste kein Rostellum. Die erste entspricht in den Bursiculae unseren Pflanzen und hat das Rostellum von *Orchis Chusua* (Wallich aus Nepal und H.-M. 3968). *Hemipilia cruciata* Fin. zeigt auf Taf. XIV, N ein ganz anderes Rostellum. Ob die Abbildung von *Orchis geniculata* richtig ist oder nur das Rostellum zusammengedrückt und versteckt war, ist bei der sonstigen Über-einstimmung der Pflanzen wohl nachzuprüfen. Die Bemerkung Schlechters, l. c., 88 unter *Orchis Chusua* stellt den Wert dieser Merkmale in Frage.

O. brevicalcarata (Fin.) Schltr. in Rep. sp. nov., Beih., IV., 87 (1919) (*Hemipilia b.* Fin.). **Y.**: Hänge der wtp. St. w des Tempels Haiyen-se bei Yün-nanfu, 2200—2300 m (Schoch 187). Im NW bei Lidjiang, v. E. (3993). Lichte Wälder der tp. St. ober Mudidjin (3207) und gleich s von Yungning, 3000—3100 m.

Meine Pflanzen stimmen besonders mit jener Schochs überein, die auch nur 1 bis 2 Blüten hat, sind aber in allen Teilen viel größer, bis 14 cm hoch, mit 2 cm langen Blüten.

O. Forrestii (Schltr.) Sóo in Ann. Mus. Nat. Hung., XXVI., 348 (1929) (*Amitostigma F.* Schltr. in Rep. sp. nov., XX., 379 [1924]). NW-**Y.**: Im **birm. Mons.** im Rasen der Hg. St. auf dem Maya zwischen Mekong und Salwin, 28° 4′, 4050—4300 m (9634). An Wässern der tp. St. im Tale unter dem Gomba-la ober Tschamutong gegen den Irrawadi, 3150 m, v. E. (9927).

Die zweite Nummer ist schlanker und höher (bis 14 cm), mit schmäleren (c. 2 mm) Blättern, 1- bis 3 blütiger Infloreszenz mit weißen Blüten mit am Grunde dicht und länger behaarter Lippe. Schlechter vergleicht seine Art mit *Amitostigma monanthum* (Fin.) Schltr., dessen Beschreibung und Abbildung mit Ausnahme der gelben Farbe auf meine Pflanzen genau paßt. Ob diese Angabe richtig ist? In der Einziehung der Gattung *Amitostigma* stimme ich Sóo zu.

O. gracilis (Bl.) Sóo, l. c., 348 (*Gymnadenia g.* [Bl.] Miq.). SW-**H.**: Ge-büsche der wtp. St. unter dem Tempel Wuli-ngan am Yün-schan bei Wukang, Tonschiefer, 800 m (12109).

— — var. ***chinensis*** (Rolfe) Sóo, l. c., 349 (*Cynosorchis c.* Rolfe). **Ki.-F.**-Grenze: Felsiger Hang des Dungtien-schan im Dunghwa-schan zwischen Schitscheng und Ninghwa, c. 1200 m (Plt. sin. 335).

O. basifoliata (FIN.) SCHLTR. in Not. Bot. Gard. Edinb., XXIV., 95 (1912)
(*Peristylus tetralobus* FIN. f. *basifoliatus* FIN. in Rev. gén. Bot., XIII., 525 [1901].
— *Amitostigma basifoliatum* [FIN.] SCHLTR. in Rep. sp. nov., Beih. IV., 92 [1919]).
NW-Y.: Sumpfwiesen, auch trockene Wiesen und offene Föhrenwälder, in der
tp. St., 2820—3200 m. Um Ngulukö (3504, 4240) und ober Ganhaidse (4309)
bei Lidjiang.

O. parciflora (FIN.) HAND.-MZT. (*Peristylus tetralobus* f. *parceflorus* FIN.,
l. c. [1901]. — *Amitostigma parceflorum* [FIN.] SCHLTR., l. c., 94 [1919]). NW-Y.:
Bei Lidjiang, v. E. (3969). Hier in tp. Mischwäldern am He-schui, Sandstein,
3000 m (7015). ? S.: Unter der Alm Bätö ober Muli, 3600 m.

**** *O. parcifloroides*** HAND.-MZT. (Abb. 41, Nr. 1 auf S. 1342).

Tubera (pauca adsunt) ellipsoidea, c. 5 mm longa. Caulis gracilis, 5—16$^1/_2$ cm
altus, basi vagina subacuta 1—3 cm longa arcte amplexus et in medio c. folio
lineari, 2$^1/_2$—5 cm longo, 2—4 mm lato, plicato, patente, acuminato, basi angustata
amplexicauli evaginato instructus. Racemus densiusculus, 1—4 florus, bracteis
lanceolatis ad 1 cm longis, longe acuminatis. Flores rubri (e collectore). Sepala
6 mm longa; dorsale lanceolatum, 2 mm latum, apice obtusum, trinervium;
lateralia latiora, valde obliqua, imperfecte 4 nervia. Petala e basi oblique rhomboidea lanceolata, acuta, sepalis aequilonga iiscum galeam formantia, imperfecte
binervia. Labellum profunde trilobum, lobo medio anguste obovato, apiculato,
c. 5 mm longo, lobis lateralibus patulis eo maioribus, subrectangularibus, postice
rotundatis et crenulatis; calcar tenue, subhorizontale, 7—9 mm longum, medio
paulum attenuatum, apice paulum dilatatum et rotundatum. Anthera late
ovata, rotundata, loculis basi divaricatis. Bursiculae disjunctae. Rostellum
humile, tectiforme, plicatum. Staminodia antherae basi et labelli margini adnata,
rectangula, latitudine multoties breviora, albido-papillosa.

NW-Y.: An Wasserläufen der tp. St. des birm. Mons. im Tale unter dem
Gomba-la ober Tschamutong am Salwin gegen den Irrawadi, Granit, 3150 m,
14.—17. VIII. 1916, v. E. (9928).

Affinis *O. parciflorae*, quae labelli forma et calcare breviore ad apicem
attenuato differt.

O. tibetica (SCHLTR.) Sóo in Ann. Mus. Nat. Hung., XXVI., 350 (1929)
(*Amitostigma tibeticum* SCHLTR. in Rep. sp. nov., XX., 379 [1924]). NW-Y.:
In der Hg. St. des birm. Mons. auf dem Passe zwischen dem Tale Gümbalo
und dem See Tsukue zwischen Salwin und Irrawadi ober Tschamutong, Glimmerschiefer, 4000 m, 15.—17. VIII. 1916, v. E. (9924).

** *Symphyosepalum* HAND.-MZT.

Orchidaceae — Ophrydinae.

Herba terrestris, praeter inflorescentiam glabra, tubere subgloboso, $^1/_2$—1 cm
diametiente, radicibus numerosis, filiformibus. Caulis 10—13 cm altus, erectus,
angulatus, basi squama vaginante 1—1$^1/_2$ cm longa instructus. Folia subbasilaria 2,
elliptico-lanceolata, 3$^1/_2$—6 cm longa, longitudine c. 4—8^{plo} angustiora, acuta
vel acuminata, basi amplexicauli sessilia, paulum patentia, crassa, nervis pluribus
indistinctis, praeterea plerumque supra medium caulis folium diminutum,
bracteiforme, 12—16 mm longum. Racemus densus, 3—5 cm longus, multiflorus. Bracteae sursum decrescentes, lanceolatae, longe acuminatae, inferiores

flores vix superantes, margine minute papilloso-ciliatae. Ovarium subglobosum, sessile, striatum. Sepala inter se usque ad tertium superum connata, 5 mm longa, partibus liberis ovatis, acuminatis, marginibus lateralibus inflexis. Petala libera, 2 erecta, sepalis paulo breviora, lineari-lanceolata, acuta, uninervia, vix 1 mm lata. Labellum e basi porrecta deflexum, c. 4 mm longum, ad medium c. trilobum, papillosum, os calcaris toro fere hippocrepiformi cingens; lobi anguste lanceolati, obtusi, medius lateralibus subduplo longior; calcar anguste conico-cylindricum, pendulum, obtusum, c. 4 mm longum, i. e. ovario paulo longius, basi ultra 1 mm crassum. Columna brevissima et latissima, rostello marginem prominuum formante. Anthera erecta, elliptica, a latere late et oblique ovalis, obtusa, $1^1/_2$—2 mm longa, loculis parallelis, basi toro columnae annulari cincta. (Pollinia delapsa).

** ***S. gymnadenioides*** HAND.-MZT. (Abb. 41, Nr. 3—6 auf S. 1342).

Characteres generis.

S.: Matten und Bambusdschungelränder der ktp. St. auf dem Hwang-liangdse, 27° 48′, zwischen Yenyüen und Kwapi, Kalkschiefer, 3600—3900 m, 5. X. 1914 (5499).

Eine unscheinbare Orchidee vom Habitus einer kleinen, kompakten *Gym-nadenia*, aber durch die verwachsenen Sepalen sehr ausgezeichnet, jedenfalls verwandt mit *Orchis* und wohl auch mit *Neottianthe*. Blütenfarbe wurde nicht notiert, daher jedenfalls weiß oder rosa. Der Unterschied zwischen *Ophrydinae*, *Gymnadenieae* und *Serapiadeae* ist an den 3 Exemplaren nicht feststellbar. Die Narbe ist ein mit der empfängnisfähigen Masse ausgefülltes Loch. Das Rostellum bildet ein schmales, vorspringendes Dach. Pollinien in der einen analysierten Blüte schon ausgefallen, in der anderen die Anthere noch geschlossen, mit am Grunde nahe zusammenkommenden Rissen, weshalb die Bursiculae nicht weit getrennt sein dürften.

Gymnadenia R. BR.

G. Souliei SCHLTR. in Rep. sp. nov., XVI., 284 (1919) (*G. cylindrostachya* Sóo, vix LINDL. var. *S.* [SCHLTR.] Sóo in Ann. Mus. Nat. Hung., XXVI., 352 [1929]). Steinige Stellen und Matten der Hg. bis in die tp. St. auf Kalk, 3400 bis 4300 m. S.: Berg Saganai ober Muli (7307). Im NW auf Gebirgen um Sungpan (WEIGOLD). NW-Y.: Osthang des Yülung-schan bei Lidjiang (SCHNEIDER 1813). Hier am Ost-hang des Gipfels Ünlüpe (3521). Berg Schusutsu bei Bödö und bei Latsa se von Dschungdien. Im birm. Mons. auf dem Maya zwischen Mekong und Salwin, 28° 4′.

Die Verschiedenheit der *G. Delavayi* SCHLTR., l. c., 282 ist sehr fraglich, denn die Form der Lippe ist veränderlich, und zwar oft an einer und derselben Pflanze.

* ***G. Orchidis*** LINDL., Gen. Sp. Orch. Pl., 278 (1835) (*G. cylindrostachya* LINDL., l. c.). NW-Y.: Üppige Wiese der ktp. St. bei der Hütte Maoniubi auf dem Waha bei Yungning, Sandstein, 4050 m, 19. VII. 1915 (7079).

Von *G. Souliei* durch die kürzere und sehr dichte Ähre und den kürzeren Sporn verschieden. Das vorliegende Exemplar weißblütig. Daß Sóo die selbst von SCHLECHTER in Rep. sp. nov., XVI., 281 synonym gesetzten Arten trennt, beruht offenbar nur auf der Abbildung KING und PANTLINGS in Ann. Calc. Bot. Gard., VIII., t. 401, die fehlerhaft gezeichnet sein dürfte, denn auch mir liegt kein ihr entsprechendes Exemplar unter den vielen aus Sikkim vor.

Neottianthe (RCHB.) SCHLTR.

N. calcicola (W. W. SM.) SCHLTR. in Act. Hort. Gothob., I., 136 (1934) (*Gymnadenia c.* W. W. SM. in Not. Bot. Gard. Edinb., VIII., 188 [1914]. — *Neottianthe camptoceras* [ROLFE] SCHLTR. var. *calcicola* Sóo in Ann. Mus. Nat. Hung., XXVI., 353 [1929]). S.: Gebüsche der tp. St. unter Malade zwischen Yenyüen und Kwapi, 27⁰ 45′, Kalk, 2900—3200 m (5453).

N. monophylla (AMES et SCHLTR.) SCHLTR. in Rep. sp. nov., XVI., 292 (1919) (*Gymnadenia m.* AMES et SCHLTR., l. c., Beih. IV., 43 [1919]. — *Neottianthe pseudodiphylax* [KRZL.] SCHLTR. var. *m.* Sóo, l. c., 354 [1929]). NW-Y.: Feuchte Mulde der tp. St. zwischen den Sätteln des Berges Lamatso halbwegs zwischen Yungning und Dschungdien, Kalk, 3200 m (7616).

Hemipilia LINDL.

H. cruciata FIN. Kw.: Grasiger Hang der wtp. St. bei Gudong zwischen Duyün und Guiding („Kweiting"), Sandstein, 1000 m (10671).

H. yunnanensis (FIN.) SCHLTR. in Rep. sp. nov., IX., 22 (1910) (*H. cordifolia* LINDL. var. *y.* FIN. in Rev. gén. Bot., XIII., 510 [1901]. — *H. cruciata* var. *y.* Sóo in Ann. Mus. Nat. Hung., XXVI., 354 [1929]). Föhrenwälder der wtp. St., 2200—2800 m. NW-Y.: Bei Lidjiang, v. E. (3994). S.: Von Woloho bis Fumadi zwischen Yenyüen und Yungning (3008). Ober Otang bei Kwapi n von Yenyüen, 27⁰ 53′ (2758).

H. flabellata BUR. et FRANCH. S.: Trockene Föhrenwälder der tp. St. ober Bakuwe bei Kwapi n von Yenyüen, selten, Tonschiefer, 2750—3500 m (2487). Y.: Beyendjing (TEN ex hb. Berol. 176). Im NE im Unterholz bei Lagu 1400 m (MAIRE) und auf Hügeln bei Tschoudjia, 2550 m (M.), sowie an Felsen im Unterholz bei Sandjia, 2600 m (M.).

Auf die vorigen Arten, vielleicht aber auch *Orchis brevicalcarata*, verteilen sich die Notizen aus Y.: Ober Hwadung e des Dsolin-ho, s von Sunggwe zwischen Hodjing und Dali, mehrfach zwischen Yungbei und Yungning, im NW ober Haba se von Dschungdien und im birm. Mons. bei Hsiolamenkou am Salwin unter Tschamutong und in S.: Unter Muli.

H. sp. S.: Selten in trockenen Föhrenwäldern der tp. St. ober Bakuwe bei Kwapi, Tonschiefer, 2750—3500 m (3190, nur ein Blütenstand).

H. Forrestii ROLFE in Not. Bot. Gard. Edinb., VIII., 27 (1913) ** **var. macrantha** HAND.-MZT. (Abb. 41, Nr. 7 auf S. 1342).

Planta 9 cm tantum alta, biflora. Labellum e basi angusta cuneatum, tertio anteriore late triangulare, emarginatum et crenulatum. Calcar 33 mm longum, ore 4 mm latum.

S.: Feuchte Kalkfelsen der str. St. zwischen Dsaluping und Gwanyinngai am Zuflusse des Yalung gegen Yenyüen, 27⁰ 19′, 1650 m, 29. IX. 1914 (5355).

Nur ein Exemplar wahrscheinlich einer neuen Art, die ich aber noch nicht genügend charakterisieren könnte. Die seitlichen Sepalen des Edinburgher Originalexemplars von *H. Forrestii* sind nur 8 mm lang; die Lippe ist aus breitem Grunde wenig verbreitert, vorne gestutzt, nicht ausgerandet, sondern nur gleichmäßig gekerbt.

Coeloglossum Hartm.

C. viride (L.) Hartm., Handb. Skand. Fl., 329 (1820) var. *bracteatum* (Willd.) Richt., Pl. Eur., I., 278 (1890) (*Orchis bracteata* Willd., Sp. Pl., IV., 34 [1805]. — *Platanthera b.* Torr., Fl. New-York, II., 279 [1843]. — *Coeloglossum bracteatum* Parl., Fl. Ital., III., 409 (1850). Schltr. in Rep. sp. nov., XVI., 374 [1920]). NW-S.: Gebirge um Sungpan (Weigold).

Schlechter zitiert l. c., 373 *Coeloglossum bracteatum* Parl. als Synonym zu *C. viride* var. *longibracteatum* Aschers. et Gräbn., von dem er *C. bracteatum* (Willd.) Schltr. unterscheidet. Parlatore erklärte aber seine Art, die auf Willdenow beruht, wie Schlechter für verschieden von den europäischen langdeckblätterigen Formen. In der Tat besteht aber kein durchgreifender Unterschied, und in Europa sind diese mit den kurzdeckblätterigen verbunden.

Platanthera Rich.

P. Galeandra Rchb. f. in Linnaea, XXV., 226 (1852) (*Phyllomphax Championi* [Lindl. 1855] Schltr. in Rep. sp. nov., Beih. IV., 119 [1919]. — *Habenaria Galeandra* Benth. var. *maior* Hook. f., Fl. Brit. Ind., VI., 164 [1890]. — *Phyllomphax Galeandra* Hand.-Mzt. in Sitzgsanz. Ak. W. W., LXII., 252 [1925]). E-Kw.: Heidewiesen der str. und wtp. St., 350—900 m. Am Flusse unter Sandjio (10812). Badschai (10790).

Differt a *P. obcordata* Lindl. (*P. iantha* Wight salt. p. p. — *Habenaria i.* Benth. — *Platanthera affinis* Wight. — *Habenaria galeandra* Hook. f., Fl. Brit. Ind. p. p., non Benth., incl. var. *nilagirica* Hook. f. — *Phyllomphax galeandra* et *iantha* Schltr.) labello elongato (nec sepalis vix longiore) et calcare late infundibulari (nec tenuius crassiusve cylindrico).

Wight hat unter *P. jantha* (richtiger *iantha*), wie schon Hooker, l. c., VI., 164 bemerkt, Verschiedenes, nämlich eine Pflanze, die er abbildet und die sich von *P. obcordata* nicht trennen läßt, und *P. Galeandra*. Unter seiner Nr. 3025 liegen mir auf einem Bogen des Herb. Reichenbach auch beide gemischt vor. Ich weiß nicht, ob sein von Hooker erwähntes Exemplar als Typus bezeichnet ist. Wenn nicht, muß man wohl die gleichzeitig veröffentlichte Abbildung als ausschlaggebend betrachten, die eine von *P. obcordata* nicht trennbare Pflanze darstellt. Wenn Hooker sagt, daß er den von Lindley angegebenen Unterschied in den Sporen der indischen und chinesischen Pflanzen nicht finden kann, hat er für einen Teil jener recht, nämlich für jene von Kasia, Silhet und Mytkina, während *P. obcordata* auf den Himalaya von Nepal nach NW und auf Dekan beschränkt ist.

P. minutiflora Schltr. in Act. Hort. Gothob., I., 138 (1924), e typo. NW-Y.: Unter Bambus in der ktp. St. des birm. Mons. ober Tjioantong am Salwin, 28° 7′, Schiefer, 3600—3800 m, 8. VIII. 1916 (9770).

Kommt der indischen *P. juncea* (King et Pantl.) Krzl. sehr nahe und unterscheidet sich nur durch größere Blüten mit zurückgeschlagenen seitlichen Sepalen, wobei noch zu beobachten wäre, wieweit dies auf den Entwicklungszustand zurückzuführen ist.

P. minor (Miq.) Rchb. f. in Bot. Zeitg., XXXVI., 75 (1878) (*Habenaria iaponica* [Lindl.] A. Gr. β *m.* Miq. in Ann. Mus. Bot. Lugd.-Bat., II., 207

[1866]. — *P. interrupta* MAX.). SW-H.: Grasplätze der str. und wtp. St., 350 bis 1400 m. Bei Wukang zwischen Lungtanpu und Djütjitjiao (11992) und auf dem Yün-schan (12014).

P. mandarinorum RCHB. f. (*P. Winkleriana* SCHLTR. in Rep. sp. nov., Beih. XII., 335 [1922], e typo. — *P. mandarinorum* ssp. *W.* S6o in Ann. Mus. Nat. Hung., XXVI., 361 [1929]). Ki.-F.-Grenze: Grasige Stellen der Gipfel des Dunghwa-schan zwischen Schitscheng und Ninghwa, c. 1400 m (Plt. sin. 297).

Zwischen den vorliegenden Typen von *P. mandarinorum* (FORTUNE 79) und *P. Winkleriana* (LIMPRICHT 424) besteht kein Unterschied.

P. Delavayi SCHLTR. in Rep. sp. nov., IX., 281 (1911) (*P. mandarinorum* var. *D.* S6o in Ann. Mus. Nat. Hung., XXVI., 361 [1929]). NE-Y.: Matten der Berge bei Dschenfungschan im mittelchin. Fl. (MAIRE).

Gute Art, aber Stengel bis 5 blätterig und das unterste Blatt oft nur wenig über seinem Grunde.

** **P. silaënsis** HAND.-MZT. (Abb. 41, Nr. 6, auf S. 1342).

Sect. *Filicornes* RCHB.

(Tubera desunt). Caulis 24—32 cm altus, ut tota planta glaber, basi folio ovato-elliptico vel oblongo, 8—13 cm longo, longitudine 3.- — ultra 4^{plo} angustiore, subacuto, basi sensim in vaginam amplectentem 3—4 cm longam angustato praetereaque foliis 1—2, lanceolatis, $2^{1}/_{2}$—5 cm longis, acuminatis, basi $\pm$ cuneatis evaginatis obsitus. Racemus 8—12 cm longus, laxiuscule 8—20 florus; bracteae lanceolatae, herbaceae, tenuiter acuminatae, infimae flores aequantes, summae breviores. Pedicelli brevissimi. Flores virides (e nota ad vivum). Sepala inter se similia, ovato-lanceolata, 3 mm longa, obtusa, papilloso-ciliata, lateralia basi obliqua, deorsum patentia. Petala his simillima, sed subacuminata et levia, carnosula, erecta; labellum integrum, lanceolato-ovatum, sepalis paulo maius, obtusum, basi truncatum et brevissime et anguste unguiculatum, carnosulum; calcar vix ultra $^{1}/_{2}$ mm crassum, usque ad 2 cm longum, ovario 2—3^{plo} longius, plerumque leviter sursum curvatum, ad apicem $\pm$ obtusum raro emarginatum breviter angustatum, ore intus setis nonnullis instructum. Anthera elliptica, apice leviter emarginata, loculis parallelis. Rostellum humillimum, crassum, leviter tectiforme.

NW-Y.: In der ktp. St. des birm. Mons. im obersten Saoa-lumba zwischen Mekong und Salwin, 28°, Glimmerschiefer, 3550 m, 27. VIII. 1916 (9965).

Proxima *P. Delavayi*, sed labelli forma diversa.

P. subulifera (W. W. SM.) SCHLTR. in Rep. sp. nov., XX., 381 (1924) (*Habenaria s.* W. W. SM. in Not. Bot. Gard. Edinb., XIII., 210 [1921]). NW-Y.: Wiesen der tp. St. ober Schuba zwischen Yangtse und Mekong, 27° 45′, Schiefer, 3500 m (8862).

P. oreophila (W. W. SM.) SCHLTR. in Rep. sp. nov., XX., 381 (1924) (*Habenaria o.* W. W. SM. in N. B. G. Edinb., XIII., 208 [1921]). Steinige Matten und üppige Wiesen, auch an Gräben in Bambusbeständen in der tp. bis in die ktp. St., 2800—3550 m. NW-Y.: Am Yülung-schan bei Lidjiang auf der Wiese Ndwolo (3572) und ober Akalü (7003). S.: Lungdschu-schan bei Huili (5169).

Besonders Nr. 5169 ist gedrungener, als beschrieben, auch etwas kleinblütiger, mit nur 5 mm langen Lippen und 10—11 mm langen Sporen. Diese bei 7003 nur $1^{1}/_{2}$ mal so lang, wie Fruchtknoten.

P. chlorantha CUST. NW-Y.: In der tp. Wiese auf dem Sattel Hungschischao zwischen Losiwan und Dugwan-tsun se von Dschungdien, Kalk, 3225 m (6855).
Die von SCHLECHTER in Rep. sp. nov., Beih. IV., 109 (1919) für seine var.
orientalis angegebenen Unterschiede kann ich weder bei dieser noch bei den
anderen ostasiatischen Pflanzen finden.

P. hologlottis MAXIM. SW-Kw.: Sumpfwiese der wtp. St. auf dem Sattel
zwischen Tjiaolou und Lungduwan bei Hsintscheng, Sandstein, 1720 m (10322).

Herminium L.

H. Forrestii SCHLTR. in Not. Bot. Gard. Edinb., V., 96 (1912). NW-Y.:
Steinige Matten der Hg. St. am Osthang des Gipfels Ünlüpe im Yülung-schan
bei Lidjiang, Kalk, 3750—4100 m (4271).

H. angustifolium (LINDL.) BENTH. ** var. ***nematolobum*** HAND.-MZT.
Spica (praeter basin) densa, sed angusta, ut in typo. Labelli lobi laterales
anguste ligulati vel subfiliformes, duplo usque triplo longiores quam eius lamina,
usque ad 1 cm longi, porrecti vel apicibus circinnato-involuti.

Y.: Heidewiesen, *Pteridium*-Wiesen, Gebüsche, Mischwälder und Föhren-
wälder der wtp. und tp. St., 2300—3250 m. Yünnanfu (SCHOCH). Hier im W
(SCH.) und ober der Taihwa-se, 1916 (SCH. 265, Typus). Rücken zwischen Dsaodji-
djing und Hwadung e des Dsolin-ho (5127). Beyendjing (TEN ex hb. Berol. 182).
Dawan bei Yungbei, 2. VII. 1914 (3377). Im W bei Dali (LIMPRICHT 1027). Im
NW bei Lidjiang, v. E. (3977, 3979). Hier gegen Tsasopie am Wege nach Yungning (7020). Zwischen Tschatü und Waschwa se von Dschungdien. Im birm.
Mons. bei Bahan am Salwin, 27° 58′ und viel am Taron (Djiou-djiang, e Irrawadi-
Oberlaufe w von hier. Zwischen Salwin und Djiou-djiang (FORREST, 19036,
27084). Im NE bei Dungtschwan, Tschoudjia und Sandjia (MAIRE). S.: Sattel
vor Pudi zwischen Huili und Yenyüen, 2050 m. Ober Muli. Kwanghsi: N-
Lüdschen, Tanggao 10 km s von Schanfang (CHING 5688). W-Hubei, VII.
1901 (WILSON, Veitch Exp. 2236, 2248).

Eine sehr auffallende und weitverbreitete Varietät. Bei typischem *H. angustifolium* sind die Seitenzipfel der Lippe höchstens doppelt so lang wie die
Platte, gewöhnlich aber noch kürzer. *H. Souliei* hat ebenfalls kurze Zipfel und eine
viel breitere, manchmal am Grunde klein geöhrelte Platte.

H. Souliei ROLFE, e typo. NW-Y.: Bei Lidjiang, v. E. (3976). Föhrenwälder
der tp. St. am Berge Schusutsu bei Bödö se von Dschungdien, Sandstein, 2800 bis
3300 m (4483). Wahrscheinlich hierher die Notizen vom Lagerplatz Rüto n von
Lidjiang, von Heidewiesen unter der Lamase von Dschungdien, 3400 m, und
aus S.: Dapingdse s von Muli.

—— var. ***lichiangense*** W. W. SM. in Not. Bot. Gard. Edinb., VIII., 337
(1915). NW-Y.: Bei Lidjiang, v. E. (3974).

H. Monorchis (L.) R. BR. (*H. alaschanicum* MAX. cum var. *tanguticum*
MAX. — *H. tanguticum* [MAX.] ROLFE). NW-S.: Gebirge um Sungpan (WEI-
GOLD). NW-Y.: Sumpfwiesen der tp. St. auf Sandstein, 3000—3200 m. Ober
Ganhaidse bei Lidjiang (4311). Am Bach ober Mudidjin bei Yungning (3201).

Die beiden als synonym angeführten Arten fallen vollkommen in die europäische Variationsweite von *H. Monorchis*; sehr stark dreizipfelige Petalen
zeigen z. B. Exemplare von der Rauhen Alp bei St. Johann (HEGELMAIER).

H. ophioglossoides SCHLTR. in Not. Bot. Gard. Edinb., V., 96 (1912). Y.: In der wtp. St. bei Yünnanfu, 2300 m (SCHOCH). Im NW bei Lidjiang, v. E. (3973). Viel in tp. Föhrenwäldern ober Dugwan-tsun se von Dschungdien, 3100 m.

— — ****var. *minus*** HAND.-MZT.

Planta 5^1/$_2$—10 cm tantum alta. Flores 4 mm tantum longi. Labellum totum petalis brevius, ad medium tantum lobatum.

NW-Y.: Bei Lidjiang, v. E., VI.—IX. 1914—1916 (3975).

H. ecalcaratum (FIN.) SCHLTR. in Rep. sp. nov., Beih. IV., 101 (1919) (*Peristylus ecalcaratus* FIN. in Rev. gén. Bot., XIII., 520 [1901]). NW-Y.: Sumpfwiesen der tp. St. ober Ganhaidse bei Lidjiang, Sandstein, 3200 m (4312).

H. coeloceras (FIN.) SCHLTR. in Not. Bot. Gard. Edinb., V., 97 (1912) (*Peristylus c.* FIN. — *Herminium unicorne* KRZL.). Sumpfwiesen, trockene Wiesen und Föhrenwälder der tp. St., 2820—3200 m. Y.: Im NW bei Ngulukö (4239) und gegen das Be-schui (4179) nächst Lidjiang. Wohl auch diese bei Ganhaidse hier, beim kleinen See unter dem Lamakloster von Dschungdien, 3400 m, und im birm. Mons. in *Pteridium*-Wiesen bei Bahan am Salwin, 27^0 58'. Im NE in der wtp. St. bei Sandjia, 2600 m (MAIRE). S.: Ober Agwadien im Gebiete von Muli in dem nw von Yungning herabziehenden Tale.

Pecteilis RAF.

P. Susannae (L.) RAF., Fl. Tellur., II., 38 (1836) (*Platanthera S.* [L.] LINDL.). Steppen und üppige Grasfluren der str. bis in die wtp. St. auf Sandstein und Schiefern. Kw.: (CAVALERIE 3847 p. p.). Im E mehrfach am Du-djiang unter Sandjio, 350—400 m (10833). S.: Hsiaodün auf der Hochfläche s von Huili, 1800 m (5099). Zwischen Dadschi und Laba am w Zuflusse des Yangtse n von Lidjiang 27^0 47', 2200—2300 m (7631). Ober Dschunggo über dem Yangtse sw von Dschungdien, 2450 m.

** Diphylax* HOOK. f.

**** D. urceolata*** HOOK. f., Ic. Pl., XIX., t. 1865 (1889) (*Habenaria u.* C. B. CL. in Journ. Linn. Soc., Bot., XXV., 73, t. 30 [1889]). NW-Y.: In der ktp. St. des birm. Mons. zwischen Mekong und Salwin, 3750 m. Moosige *Rhododendron*-Bestände zwischen den Almen Dotitong und Dewatschratscho unter dem Si-la (10004) und auf einem ganz morschen (Tannen?-)Stamme unter dem Doker-la an der tibetischen Grenze, 16. IX. 1915 (8066).

Habenaria WILLD.

H. forceps (FIN.) SCHLTR. in Rep. sp. nov., Beih., IV., 127 (1919) (*Peristylus f.* FIN.). Y.: In der wtp. St. Yünnanfu (SCHOCH). Im NE auf Matten der Hügel bei Dungtschwan, 2550 m (MAIRE).

H. goodyerioides D. DON. Y.: Beyendjing (TEN ex hb. Berol. 179). E-Kw.: Häufig an grasigen Hängen der str. St. zwischen Gudschou und Tschaimou, Tonschiefer, 400—750 m (10906).

H. Cavaleriei SCHLTR., l. c., 47 (1919). Kw.: Moorwiesen, Sumpfstellen und Gräben der wtp. St., 700—900 m. Zerstreut von Duyün (Tuyün) bis Maotsaoping (10706, 10750).

H. stenostachya (Lindl.) Benth. W.-F: Gipfel des Tienhwa-schan w von Dingdschou, Sandstein, c. 1100 m (Plt. sin. 417).

H. pulla Schltr. in Rep. sp. nov., XX., 381 (1924). Y.: Yünnanfu (Schoch). Heidewiesen der wtp. St. auf dem Rücken zwischen Dsaodjidjing und Hwadung e des Dsolin-ho, Sandstein, 2600 m, 8. IX. 1914 (4978).

H. Duclouxii Rolfe in Not. Bot. Gard. Edinb., VIII., 25 (1913). NW-Y.: Bei Lidjiang, v. E. (3980).

H. Bulleyi Rolfe, l. c., 25 (1913) (*H. Beesiana* W. W. Sm., l. c., 189 [1914]), e typis. Steppen und Heidewiesen der wtp. bis in die tp. St., 2600—2800 m. Y.: Rücken zwischen Dsaodjidjing und Hwadung e des Dsolin-ho (4982). Im NW bei Lidjiang, v. E. (3981). S.: In der Hochebene von Yenyüen häufig ober Schamenkou (5468) und zerstreut e von Kalapa (5563).

Die Lippenzipfel sind veränderlich, ebenso die Spornlänge, diese besonders bei 5563. Der Typus von *H. Bulleyi* hat noch sehr junge Blüten mit wenig gestreckter Lippe, und die beiden Arten sind offenkundig identisch.

****** H. pseudodenticulata*** Hand.-Mzt.

Sect. *Salaccenses* Krzl.

Tuber elongatum, 1—2^1/$_2$ cm longum, radicibus pluribus, crassis. Caulis strictus, 45—60 cm altus, glaber, inferne vaginis aequidistantibus lanceolatis, 2—3 cm longis, subacutis amplexus, medio tantum densifolius, superne foliis 2 dissitis in bracteas transeuntibus. Folia 5—6, elliptica vel ovato- vel obovato-elliptica, 2^1/$_2$—9 cm longa, longitudine 2—3^{plo} angustiora, subacuminata, basi sensim in vaginas cuneato-angustata, summa basi subrotundata subevaginata, glabra, herbacea, sicca tenuiter 7—11 nervia et reticulato-venosa. Racemus laxus, c. 10 florus, bracteis ovato-lanceolatis, acuminatis, ad 1^1/$_2$ cm longis, pedicellos paulo excedentibus, glaber. Ovarium angustum, c. 2 cm longum, leviter decurvum. Flores viriduli (e nota ad vivum). Sepalum dorsale ovatum, concavum, c. 1 cm longum, acutum, trinerve, erectum; sepala lateralia oblique ovata, eo aequilonga, plana, acuminata, trinervia, patentia. Petala usque ad basin bisecta, cruribus sub 180^0 divaricatis linearibus, vix 1 mm latis, acuminatis, pilis brevibus articulatis ciliatis, inferiore ad 1^1/$_2$ cm longo in semicirculum decurvo, superiore breviore erecto interdum glabrescente. Labellum fere ad basin trisectum, lobis petalorum cruribus simillimis, acuminatis, medio c. 1 cm longo rectiusculo, lateralibus sesquilongioribus extus curvatis ad apices tenuissimos dense ciliatis; calcar rectum, c. 13 mm longum, e basi tenui clavato-dilatatum, acutiusculum. Antherae apiculatae loculi basi angustati et longe divaricati. Pollinia stipitibus hyalinis gracilibus c. 5 mm longis. Rostellum trilobum, lobo medio erecto triangulari minuto, plicato, lobis lateralibus antherae basi accumbentibus, ovato-triangularibus, 1^1/$_2$ mm longis, apice cum apicibus antherae loculorum bursiculas formantibus. Stigmatis rami porrecti, lanceolati, subacuti, interdum inaequilongi, serius dense vesiculoso-pilosi. Staminodia columnae ad basin antherae inserta, suborbicularia, albido-punctulata.

Kw.: In einem *Cunninghamia*-Wäldchen der wtp. St. unter Tailaohsin zwischen Duyün und Badschai, Sandstein, 850 m, 14. VII. 1917 (10779).

Affinis *H. longidenticulatae* Hay., formosanae, quae differt labelli lobis lateralibus lobo medio brevioribus et calcare sensim angustato (petalis labelloque glabris?).

Hayata sagt nichts von Behaarung seiner Art, doch sollen die unregelmäßig, fast gesägt, gezeichneten Ränder in seiner Abbildung wohl eine solche darstellen. Über die Deutung der Teile des Gynözeums bin ich nicht sicher, sondern folgte ihm, obwohl das Auftreten von Futterhaaren auf den Narbenlappen nicht recht verständlich ist. Was er als Staminodien beschreibt, konnte ich bei meiner Pflanze nicht finden; sollten es die Rostellumschenkel sein, die nach Entfernung des Klebkörpers ja frei abstehen? (vgl. Fig. 2 mit Fig. 8 seiner Abbildung). Ich halte für Staminodien die punktiert gezeichneten Lappen seiner Fig. 2, die er in der Beschreibung gar nicht erwähnt und die, von etwas anderer Form, auch meine Pflanze hat. Sie wären analog den Staminodien vieler *Orchis*-Arten.

H. Delavayi Fin. Wiesen, auch im Föhrenwaldunterwuchs und in Gebüsch der wtp. und tp. St., 2200—3200 m. Y.: Schuitang bei Yünnanfu (Schoch 243). Im NW bei Lidjiang, v. E. (4577). Ob diese im birm. Mons. in *Pteridium*-Wiesen bei Bahan am Salwin? Im NE bei Sandjia und Djintschungschan (Maire). S.: Ober Agwadien im Gebiete von Muli in dem nw von Yungning herabziehenden Tale (7520).

H. diceras Schltr. in Not. Bot. Gard. Edinb., V., 101 (1912). Matten, Steppen und Gebüsche der wtp. und tp. St., 2550—3200 m. NE-Y.: Djintschungschan und Sandjia (Maire). S.: E von Kalapa bei Yenyüen, Kalk (5451).

H. pubicaulis Schltr. in Act. Hort. Gothob., I., 139 (1924) (*H. diceras* var. *p.* Sóo in Ann. Mus. Nat. Hung., XXVI., 370 [1929]). Fester Schutt und steinige Waldlichtungen der ktp. St., 3750—4000 m. NW-Y.: Bei Lidjiang, v. E. (3983). Berg Schusutsu bei Bödö se von Dschungdien (4502). S.: Alm Bätö bei Muli (7292).

H. glaucifolia Bur. et Franch. NW-Y.: Bei Lidjiang, v. E. (3982). Hier in Heidewiesen und offenen Föhrenwäldern der tp. St. gegen das Be-schui, Kalk, 2950—3100 m (7007, s. Karst. u. Schenck, Vegetatb., 22. R., Taf. 44a).

** H. malleifera* Hook. f., Fl. Brit. Ind., VI., 143 (1890). H.: Gebüsche und Föhrenwälder der str. St., 450—600 m. Unter Schidsische zwischen Baotjing und Hsinhwa, 26. VIII. 1918 (12562). Hsikwangschan bei Hsinhwa (12635).

H. leucopecten Schltr. in Rep. sp. nov., Beih. IV., 49 (1919), det. Schlechter. Y.: Wiesen der wtp. St. in der Kette des Hsi-schan bei Yünnanfu, $\pm$ 2000 m (Schoch 249). Dali, an feuchten Orten (Mell).

Schoch gibt die Blütenfarbe als grünlichweiß, Mell als weiß an.

H. Limprichtii Schltr., 1. c., 50. Y.: Sumpfige Stellen und üppige Gebüsche der wtp. bis an die tp. St., 1800—2900 m. Zwischen Tschuhsiung und Gwangdung (4859). Im NW bei Lidjiang, v. E. (3967). Bödö se von Dschungdien (4459, Autochr.). Sicher diese besonders an Sumpfstellen, aber auch auf Heidewiesen, bis 3350 m in Y.: bei Dsaodjidjing bis gegen Hwadung e des Dsolinho und im NW bei Yungning, unter Laba e von Dschungdien und bei Basulo s von Weihsi, in S.: auf der Wiese Dapingdse zwischen Muli und Yungning und n von Lidsekou bei Yenyüen, und in Kw.: w von Dschenning und zwischen Wongtschengtjiao und Guiding, 1200—1300 m.

Nr. 4459 wurde von Schlechter bestimmt, die anderen nach der lang genagelten Lippe und den großen Blüten hierher gestellt. Alle sind kräftige, reichblütige Pflanzen mit bis $3^1/_2$ cm langem Sporn. Ich habe nur gelbgrün blühende Pflanzen gesehen, die mir einer Art anzugehören schienen.

H. Linguella LINDL. Kw.: Wiesen am Hange des Baotie-schan bei Gudschou, str. St., Mergel, 300—500 m (10897).

Der Sporn wechselt gerade und gekniet, ist aber viel länger als bei *H. acuifera* LINDL.

H. Loloorum SCHLTR. in Rep. sp. nov., XVII., 26 (1921). Buschige Steppen der wtp. St. auf Sandstein, 1700—2100 m. **Y.**: Zwischen Tschuhsiung und Gwangdung (4821). Yotsai zwischen Laoyagwan und Lufeng (LIMPRICHT 858). Yungbei (FORREST 21180 als *H. acuifera*). Wo? (F. 15994). An der Grenze von Birma zwischen Tengyüe und Mytkina (GEBAUER). **S.**: Djiangyi s von Huili. Unter Yowanschui am Yalung zwischen Huili und Yenyüen.

LIMPRICHT 858, ohne Farbenangabe, wurde von SCHLECHTER in Rep., Beih. XII., 338 zu *H. Hancockii* ROLFE gestellt. Diese hat nach dem Autor fleischfarbige Blüten, *H. Loloorum* dottergelbe, weshalb die Unterordnung als Varietät durch Sóo in Ann. Mus. Nat. Hung. XXVI., 371 (1929) offenbar unberechtigt ist.

H. dentata (Sw.) SCHLTR. in Rep. sp. nov., Beih. IV., 125 (1919) (*H. geniculata* D. DON. — *H. Miersiana* CHAMP.). Hochgrasfluren und Steppen, auch im Föhrenwaldunterwuchs in der str. bis in die wtp. St., 1400—2200 m. **Y.**: Yünnanfu (SCHOCH). Sangtang n von hier. Yilung (SCHOCH 360). **S.**: Hsiaodün und ober Schihuiyao bei Huili (5100). Zerstreut um den Nganning-ho nw von hier (5248). Weiter gegen NW überall um Puti (5268) und häufig ober Siwanho am Zuflusse des Yalung gegen Yenyüen (5332).

— —*var. *ecalcarata* (KING et PANTL.) HAND.-MZT. (*H. geniculata* var. *e.* KING et P. in Ann. Bot. Gard. Calc., VIII., 310 [1898]). Tschekiang: Ningpo (FABER).

Sporn stark reduziert, dünn und teilweise ganz fehlend.

H. Miersiana hat entgegen SCHLECHTERS Angabe, l. c., 132 sowohl im Original als in Exemplaren von Nagasaki (MAXIMOWICZ) geknickte Sporen und ist mit *H. dentata* identisch.

H. Finetiana SCHLTR. in Rep. sp. nov., Beih. IV., 126 (1919) (*H. Miersiana* var. *yunnanensis* FIN.). **Y.**: In der wtp. St. Wiesen beim Tempel Haiyen-se nächst Yünnanfu, 2200 m (SCHOCH 320). Beyendjing (TEN ex hb. Berol. 275). Steppe jenseits des Sattels Balaschu bei Djientschwan zwischen Dali und Lidjiang, Sandstein, 2800 m (10058).

H. linearifolia MAX. **Ki.**: Wiese am Fuße des Hangaodsu zwischen Ningdu und Tjingan (,,Ki-an''), c. 500 m (Plt. sin. 502).

Ein in Japan kultiviertes Exemplar von MAXIMOWICZ hat die Seitenlappen der Lippe an den Enden zerschlitzt. Wenn es von der wilden japanischen Pflanze stammt, was wahrscheinlicher ist, als daß es aus China eingeführt wäre, so fällt die Art in die Variationsweite der *H. sagittifera* RCHB.

** **H. alpina** HAND.-MZT. (Abb. 41, Nr. 8—11 auf S. 1342).

Herba nana, terrestris, glabra, tubere hornotino singulo, ovoideo, ad 5 mm longo, nonnunquam stolones filiformes edente, radicibus paucis, tenuibus. Caulis ± erectus, 4—7 cm altus, basi squamis 1—3, 3—18 mm longis cinctus. Folia 2, paulum suprabasalia, patentia, elliptica vel obovata vel elliptico-lanceolata, 1—2$^1/_2$ cm longa, longitudine paulo usque quadruplo angustiora, acuta usque rotundata, basi in petiolos laminis c. aequilongos vel breviores vaginantes subsensim angustata, herbacea, sicca brunnescentia, nervis principalibus 3—7, interjectis paucis, venarum reti sparso elongato. Flores 1—5, racemosi, virides, omnibus partibus albo-marginatis (e nota ad vivum), plerumque infimus tantum bractea minutissima lineari fultus. Ovarium ellipsoideum, 2—3 mm longum, in pedicellum brevissimum attenuatum. Sepala libera, patentia, inter se subconformia, late ovata, 2—3 mm longa et sesquiangustiora, obtusa vel fere rotundata, lateralia basi obliqua. Petala erecta, late ovata, sepalis plus quam duplo breviora, late rotundata, cucullato-conniventia, carnosula. Labellum patens, sepalis paulo brevius, crassiusculum, versus basin trilobum, lobo medio lanceolato obtuso, lobis lateralibus rotundato-ovatis, quam medius quadruplo brevioribus. Calcar cylindricum, obtusum, ovario adpressum, sepalis c. aequilongum. Columna basi ventre constricta, dein crassa et in parte anteriore antheram vix 1 mm longam ferens. Antherae loculi elliptici, obtusi, basin versus divergentes. Pollinia breviter stipitata. Rostellum tectiforme, fere in dimidiam antheram ascendens, humeribus divergentibus polliniorum retinacula gerens. Cavum stigmaticum maximum.

NW-Y.: Matten der Hg. St. des birm. Mons. zwischen dem See und Paß Yigöru zwischen Mekong und Salwin, 28⁰ 9′, Glimmerschiefer, 4200—4300 m, 6. VIII. 1916 (9716).

Valde affinis *H. albomarginatae* KING et PANTL. sikkimensi eiusque habitu et colore eacumque probabiliter sectionem propriam formans. Ea differt tota maior, foliis latioribus crassioribusque, racemo plurifloro, labelli lobis lateralibus lobum medium dimidium aequantibus.

Satyrium Sw.

S. nepalense D. DON. Y.: Wiesen auf Kalk in der wtp. St. bei Yünnanfu (SCHOCH). Yiliang e von hier (CAVALERIE 4705).

S. yunnanense ROLFE in Not. Bot. Gard. Edinb., VIII., 28 (1913) (*S. nepalense* ssp. *y.* Sóo in Ann. Mus. Nat. Hung., XXVI., 380 [1929]). Matten und dichte Gebüsche der wtp. St., 2200—2800 (— 3000?) m. Y.: Haiyen-se bei Yünnanfu (SCHOCH 340). Im NW bei Lidjiang, v. E. (3991). Hier auf den Hügeln w der Stadt (SCHNEIDER 2240). Überall um das Nordende der Yangtse-Schleife bis unter Laba e von Dschungdien. Im NE bei Tschoudjiawan selten (MAIRE). S.: Um Muli (7357). Hosö sw von dort.

Blüten dottergelb, goldgelb und chromgelb. Sporn bei 7357 nur bis halb so lang wie der Fruchtknoten.

* *S. ciliatum* LINDL., Gen. Sp. Orch., 340 (1840); in Journ. Linn. Soc., Bot., III., 44 (1859) (*S. nepalense* var. *c.* HOOK., Fl. Brit. Ind., VI., 168 [1894]. KING et PANTL. in Ann. Bot. Gard. Calc., VIII., 339, t. 444 bis [1898]). NW-Y.: Bei Lidjiang, v. E. (3992). S.: Steinige Matten der tp. St. auf Diabas am Lungdschuschan bei Huili, 3100—3400 m, 16. IX. 1914 (5172).

Das Zitat *S. ciliatum* WIGHT, das SCHLECHTER in Rep. sp. nov., Beih. IV., 137 bringt und Sóo in Ann. Mus. Nat. Hung., XXVI., 379, wiederholt, ist falsch. Ebensowenig hat LINDLEY irgendwo die Kombination *S. nepalense* var. *ciliatum,* die ihm Sóo zuschreibt. Die erste gültige Veröffentlichung von *S. ciliatum* geschah 1840 durch kurze Erwähnung eines Unterschiedes.

S. Mairei SCHLTR., l. c., 54 (1919). Y.: Matten und Heidewiesen der wtp. St., 2100—2600 m. Rücken zwischen Dsaodjidjing und Hwadung (4980). Im E e von Tschangyi (SCHOCH 377). Im NE auf Bergen hinter Gungschan am Wege nach Suifu (MELL) und bei Dungtschwan (MAIRE).

Sporen bei MELLS Pflanze nur $2^1/_2$—3 mm lang. Auf die beiden letzten, fleischrot blühenden Arten verteilen sich die Notizen aus **Y.**: Taohwa-schan bei Beyendjing. Im NW bei Daidsedien s von Weihsi, unter der Lamase von Dschungdien, Hwadjiaoping e von hier und im birm. Mons. ober dem Rücken Alülaka unter Tschamutong am Salwin, und **S.**: Dungngan s von Huili. Pässe se und ne von Yenyüen, bis 3640 m.

Neottia Sw.

N. listeroides LINDL. in ROYLE, Ill. Bot. Him., 368 (1839). NW-**Y.**: Misch-wälder der tp. St. zwischen Yangtse und Mekong am direkten Wege von Djien-tschwan nach Weihsi auf dem Sattel bei Djihwa-tsun, 20. IX. 1916 (10052) und bei Miesuyi (10039); 2950 m.

Listera R. BR.

** ***L. bambusetorum*** HAND.-MZT.

Rhizoma breve, radicibus paucis, crassiusculis, simplicibus. Caulis 10—18 cm altus, dimidio superiore densiuscule glanduloso-pilosus, basi vaginis 1 vel 2, $1^1/_2$—5 cm longis, glabris instructus, supra medium bifolius. Folia opposita, sessilia, orbiculari-ovata vel reniformia, 18—26 mm longa et lata vel paulo latiora, rotundata vel apice subrectangula, basi late rotundata, sicca olivacea, glabra, nervis 9—13 praesertim exterioribus prominulis. Racemus paulum supra folia incipiens, laxiuscule 8—20florus; bracteae ovatae vel late ovatae, her-baceae, acutae vel obtusae, pedicellis 3—4 mm longis $\pm$ aequilongae, adpressae. Flores virides (e nota ad vivum), glabri. Sepala patentia, elliptica vel ovata, c. 3 mm longa, obtusa, uninervia, lateralia basi obliqua. Petala iis aequilonga et c. duplo angustiora, lineari-ligulata, obtusa; labellum iis c. duplo longius, deflexum, e basi angusta sensim dilatatum, ad medium trilobum, lobo medio brevissimo obtuse triangulari glabro, lobis lateralibus eo multoties longioribus, anguste linearibus obtusis, divaricatis, densissime papillosis. Columna leviter curvata, c. 2 mm longa. Ovarium crassum, 1—$1^1/_2$ mm longum, glabrum.

NW-**Y.**: Bambusbestände der tp. St. an der Ostseite des Passes Tschiang-schel zwischen Salwin und Irrawadi, 27° 52′, Glimmerschiefer, 3275—3350 m, 3. VII. 1916 (9238).

Proxima *L. pinetorum* LINDL., quae floribus brunneolis, labelli glabri lobis multo latioribus differt. Labelli forma eiusque lobis papillosis ab omnibus distat.

Pogonia JUSS.

P. japonica RCHB. f. **Kw.** (CAVALERIE 1704). NE-**Y.**: Moosige Felsen von Tschwangsepa, 650 m (MAIRE).

P. yunnanensis FIN. NW-**Y.**: Matten der ktp. St. des birm. Mons. auf Glimmerschiefer zwischen Salwin und Irrawadi an einem Lawinenstrich im Tjiontson-lumba an der Ostseite des Passes Tschiangschel, 3275 m (9224) und im Tale unter dem Gomba-la ober Tschamutong, 3550 m.

Galeola Lour.

* *G. Lindleyana* (Hook. f. et Thoms.) Rchb. f. **var. *unicolor* Hand.-Mzt. in Sitzgsanz. Ak. W. W., LIX., 253 (1922).

Flores lutei sine ulla macula (e nota ad vivum). — Rhizoma stolones repentes tenues 1 m longos emittens. Scapi ultra $2^1/_2$ m usque alti. Flores leniter *Pirorum* fructus optimos redolent.

NW-Y.: Im str. Regenwald des birm. Mons. am Taron (Djiou-djiang, e Irrawadi-Oberlaufe), 27° 53′, auf Granit an einem Seitenbächlein der Schlucht Naiwanglong, 1900 m, 6. VII. 1916 (9195, s. Karst. u. Schenck, Vegetatb., 17. R. Taf. 37a) und unter Schutsche.

Characteres ceteri omnino *G. Lindleyanae*. Ob sepala late ovata nec cum *G. Faberi* Rolfe nec cum *G. shweliensi* W. W. Sm. relationes habet.

Cephalanthera L. C. Rich.

C. erecta (Thunb.) Bl., Fl. Jav., I., 188 (1858). Kw. (Cavalerie 3848).

C. Mairei Schltr. in Rep. sp. nov., Beih. IV., 58 (1919). Y.: Eichen- und *Rhododendron*-Wald der tp. St. ober Hsiangschuiho, 26° 15′, zwischen Dali und Lidjiang, Diabas, 3400 m (6488). Im NE im Unterholz der Hügel von Tschoudjia und Tschoudjiawan (Maire).

C. falcata (Thunb.) Lindl., Gen. Sp. Orch., 412 (1840). SW-H.: Yün-schan bei Wukang, Tonschiefer, zw. 400 u. 1400 m (Plt. sin. 516).

** *C. yuennanensis* Hand.-Mzt. (Abb. 41, Nr. 14, 15).

Rhizoma repens, radicibus longis, crassiusculis, glabris, caulibus vetustis saepe cum foliis mortuis persistentibus. Caulis strictiusculus, 17—40 cm altus, inferne vaginis 3—5 amplectentibus subinflatis apice tantum ± foliaceis ceterumque foliis plerumque 4 obsitus, angulatus, ut rhachis angulis papillosus. Folia sessilia, ovata et superiora in bracteas transeuntia lanceolata, 3—7 cm longa, longitudine 2—3$^\text{plo}$ angustiora, acuta, basi attenuata amplexicaulia, complicata, erectopatentia, marginibus minutissime papillosa. Racemus laxe 2—6 florus; bracteae foliaceae, flores usque duplo superantes. Flores albi (e collectoribus), erecti, magni. Ovarium tenue, pedicello indistincto, glabrum. Sepala elliptica, 15—20 mm longa et 3—4$^\text{plo}$ angustiora, obtusa vel lateralia acutiuscula, interdum cucullata, 5—7 nervia, glabra. Petala iis breviora, rhomboideo-obovata, rotundata. Labellum iis paulo brevius; hypochilium e basi saccatula late obtriangulare, lobis liberis c. 3 mm longis, acutis vel obtusis; epichilium 5 mm longum et subduplo latius, angulis rotundatis, margine anteriore levissime trilobum, lobo medio dense papilloso, disco lamellis 5 instructo media dimidium vel totum percurrente c. 1 mm alta, ceteris brevioribus. Columna c. 7 mm longa.

Y.: In der wtp. St. unter dem Tempel Tschangtschungschan-miao bei Yünnanfu, 2100 m, 1916 (Schoch). Im NW bei Lidjiang, VI.—IX. 1914—1916, v. E. (3985, Typus. Gebauer?). S.: Mehrfach in Steppen der wtp. St. zwischen Duörlliangdse und Hungga bei Yenyüen, 2750—2950 m, 12. VI. 1914 (2895).

Species affinis *C. Raymondiae* Schltr. in Rep. sp. nov., Beih. XII., 342 (1922), quae differt bracteis multo brevioribus floribusque minoribus. *C. Thomsoni* hypochilii intus papillosi lobis angustioribus, epichilio bilamellato tantum distat.

Diese verbreitete Pflanze könnte höchstens zur folgenden gezogen werden, wenn sich die Zahl der Lamellen als veränderlich erweisen sollte. Nr. 2895 unterscheidet sich vom Typus nur durch stumpfe, nicht spitze Ecken des Hypochils. Gebauers Pflanze hat schlecht erhaltene Blüten.

*** C. Thomsoni** Rchb. f. in Linnaea, XLI., 54 (1877), e typo. Y.: Föhrenwälder der tp. und wtp. St. von Yungbei bis Boloti, Sandstein, 2300—3000 m, 30. VI. 1914 (3331).

Der Mittellappen des Epichils kann auch am Originalexemplar nicht, wie der Autor beschreibt, als apiculus bezeichnet werden, sondern ist ganz kurz, viel breiter als lang und kaum zugespitzt. Zur Art gehört auch eine Pflanze aus Kasia (Parish 85/84). Sie unterscheidet sich von den meisten chinesischen durch die großen, laubigen Brakteen, deren untere bis 3 mal so lang wie die Blüten sind.

C. sp. SW-Kw.: Schattiger Wald des felsigen Hügels bei Djitschangping nächst Muyu, Kalk der wtp. St., 1050 m (10393).

Zart, abnorm, pelorisch. Lippe gleich den seitlichen Petalen, kaum breiter.

Epipactis Sw. p. p., nom. cons.

(Helleborine Hill. — Amesia A. Nels. et Macl.)

E. Royleana Lindl. NW-Y.: Auf den Kalktuffrändern zwischen den Teichen auf den Sinterterrassen ober der Häusergruppe Guto des Dorfes Bödö (Peti) se von Dschungdien, tp. St., 2765 m (4474).

Von indischen Exemplaren nur durch rote Blüten und kürzere Brakteen verschieden. Blütenform genau gleich Falconer 1077. Epichil bei allen indischen und chinesischen untersuchten Pflanzen in der Mitte eingeschnürt, also sicher nicht zufällig, wie Hooker, Fl. Brit. Ind., VI., 126 meint.

**** E. Handelii** Schltr. in Sitzgsanz. Ak. W. W., LVII., 274 (1920).

Syn.: *E. consimilis* Rolfe in Journ. Linn. Soc., Bot., XXVI., 48, non D. Don nec Wall.

Rhizoma valde abbreviatum, radicibus flexuosis, elongatis, glabris. Caulis erectus, 25—33 cm altus, strictus vel substrictus, basi vaginatus, ceterum 5—6 folius, teres, apicem versus sparse et minute pilosulus. Folia erectopatentia, lanceolata vel oblongo-lanceolata, acuta vel acuminata, internodiis multo longiora, usque ad 10 cm longa, infra medium usque ad 23 mm lata. Racemus erectus, laxe 3—6 florus, secundus, usque ad 13 cm longus; bracteae erectopatentes, herbaceae, foliis similes, sed minores, inferiores flores vulgo excedentes, superiores sensim minores. Flores *E. veratrifoliae* Boiss. et Hoh. floribus similes et fere aequimagni, virides, dilute rubro-striati et -maculati (e nota ad vivum). Ovarium pedicellatum, clavatum, brevissime subtomentello-puberulum. Sepala extus minute puberula, c. 13 mm longa, dorsale oblongum, obtuse apiculatum, lateralia valde obliqua, ovato-lanceolata, obtusiuscula, margine anteriore infra medium paulum convexo. Petala basi oblique ovata, dimidio superiore angustata, obtusiuscula, glabra, sepalis subaequilonga. Labelli hypochilium oblongum, cymbiformi-concavum, c. 5 mm longum, basi utrinque obtusangulum, intus medio sparse verruculosum; epichilium e basi ovata marginibus in medium incurrentibus angustatum, obtusum cum apiculo obtuso, 7 mm longum, supra basin hypochilio latius. Columna brevis, c. 5 mm alta, stigmate sat magno.

Y.: Häufig am Bachrand in der wtp. St. bei Lodsai unter Hsiao-Magai n von Yünnanfu, 25⁰ 26′, Kalk, 1800 m, 9. III. 1914 (479, Typus. SCHNEIDER 298). Etwas weiter n in Gebüschen zwischen Hsinlung und Dasungschu, 11. III. 1914 (SCHNEIDER 4016). Im E bei Lunan an Flußufern (HENRY 11108).

Von *E. Wallichii* SCHLTR. in Sitzgsanz. Ak. W. W., LVII., 275 (1920) (*E. consimilis* WALL. ap. HOOK., Fl. Brit. Ind., VI., 126 [1892]. DUTHIE in Ann. Bot. Gard. Calc., IX/2., 161, non D. DON et excl. syn. *E. veratrifolia* BOISS. et HOH.) verschieden durch niedrigeren Wuchs und die Form der Lippe, besonders des Hypochils. Ein genauer Vergleich der vorliegenden Art mit *E. veratrifolia* zeigte, daß sie auch von dieser artlich zu trennen ist. Da diese, wie sich jetzt herausstellt, auch mit *Epipactis consimilis* WALL. nicht identisch ist, mußte die letzte auch neu benannt werden.

Zu diesen Bemerkungen SCHLECHTERS ist zu sagen, daß der Unterschied in der Lippenform gegenüber *E. Wallichii*, wenn überhaupt vorhanden, sehr gering ist. In der Größe der Pflanzen besteht keiner, jedoch in der Farbe der Blüten, und die Behaarung der Infloreszenz ist schwächer als bei dieser. Bei Sóo in Ann. Mus. Nat. Hung., XXVI., 380—382 (1929) fehlt die Art nebst manchen anderen.

E. yunnanensis SCHLTR. in Rep. sp. nov., Beih. IV., 57 (1919). **Y.**: Im NW bei Lidjiang, v. E. (3984). Hier in kräuterreichen Gebüschen am Ostfuß des Yülung-schan, 3000 m (SCHNEIDER 3423). Im NE im Unterholz des Hügels von Tschoudjiawan, 2550 m (MAIRE).

Das Epichil von SCHNEIDERS Pflanze ist mehr gerundet als 5eckig.

E. Tenii SCHLTR. in Rep. sp. nov., XVII., 64 (1921). **Y.**: Wiesen der wtp. St. auf dem Hsi-schan bei Yünnanfu, Kalk, 2300 m (SCHOCH 281). Wälder bei Tieso nächst Beyendjing (TEN 22: Hb. Berl.).

SCHOCHS Pflanze ist größer als beschrieben, mit langer, reichblütiger Traube, aber kleineren Blättern. Die Art steht der vorigen außerordentlich nahe, wie auch Sóo in Ann. Mus. Nat. Hung., XXVI., 382 unter *Helleborine yunnanensis* bemerkt, ohne eine den Regeln entsprechende Kombination zu machen.

E. monticola SCHLTR. in Act. Hort. Gothob., I., 144 (1924), e typo. NW-S.: Gebirge um Sungpan, VI.—VIII. 1914 (WEIGOLD).

Vielleicht hierher auch das mangelhafte Exemplar GIRALDI 6901, das Sóo, l. c., 382 zu *Helleborine squamellosa* (SCHLTR.) Sóo stellt.

E. Mairei SCHLTR. in Rep. sp. nov., Beih. IV., 55 (1919). **Y.**: In der wtp. St. auf dem Laodjing-schan bei Yünnanfu (SCHOCH 211, teste SCHLECHTER). Im NW bei Lidjiang auf der üppigen tp. Wiese am Be-schui, 2950 m (4191), am Ostfuße des Yülung-schan (SCHNEIDER 3289?, nur fruchtend. FORREST 5886) und bei Ngulukö, 2600 m (SCHNEIDER 1857). Im birm. Mons. im tp. Regenmischwalde ober Bahan am Salwin, 27⁰ 58′, 2700 m (9050). Hubei (HENRY 5633. SILVESTRI 3345. WILSON 1159).

Das von SCHLECHTER 5¹/₂ mm lang beschriebene Epichil erreicht bei SCHOCHS Pflanze gut 6 mm, bei meiner Nr. 9050 11 mm Länge. HENRYS Pflanze wurde von Sóo zum Teil, WILSONS ganz als *E. Wilsoni* SCHLTR. angeführt, zu der sie wegen der freien Sepalen nicht gehören können.

**** E. lingulata** HAND.-MZT. (Abb. 41, Nr. 12, 13).

(Rhizoma radicesque ignota). Caulis e basi (subterranea?) flexuosa squamis nonnullis remotis obsita erectus, 40—55 cm altus, 4—5folius, superne papillosus.

Folia media ovata vel elliptica, erectopatentia, 2—8 cm longa, longitudine $\pm$ duplo angustiora, acuta et mucronulata, basi rotundata amplectentia, infima minora basi longe tubuloso-vaginata, superiora lanceolata in bracteas transeuntia, marginibus et supra ad nervos papillosa. Racemus densiusculus, 10—13 florus, cum ovariis dense papilloso-furfuraceus; bracteae foliaceae, lanceolatae, acuminatae, patentes, infimae flores duplo superantes, summae eos aequantes; pedicelli ad 3 mm longi. Ovarium obovoideo-fusiforme. Flores virides labello vix rubello (e nota ad vivum). Sepala ovata, 6—7 mm longa, acuminata, trinervia,

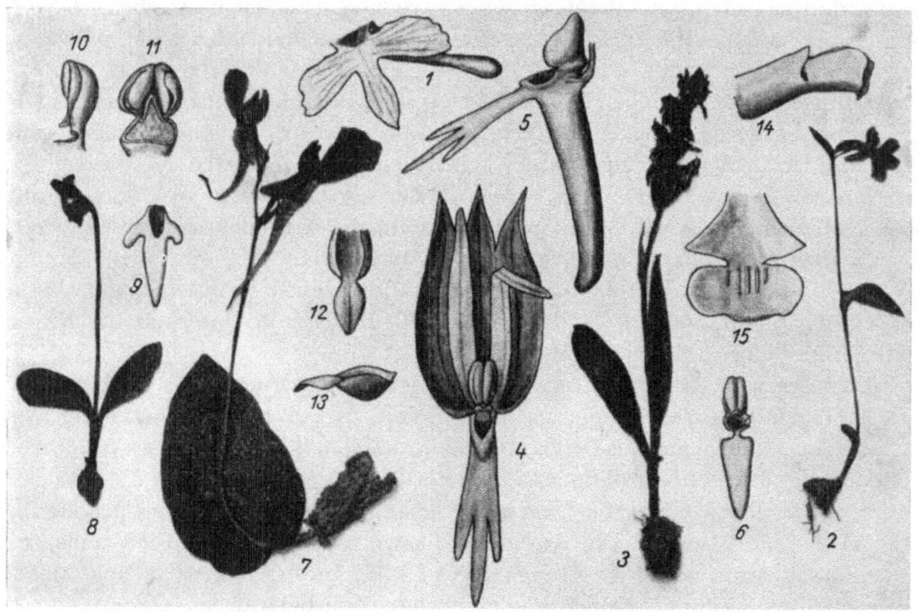

Abb. 41. 1 Lippe und Sporn von *Orchis parcifloroides* HAND.-MZT. 2 *Orchis pulchella* H.-M. (9929). 3 *Symphyosepalum gymnadenioides* H.-M. 4 Blüte davon, von vorn, ein Petalum umgeknickt. 5 Dieselbe von der Seite, ohne Sepala und seitliche Petala. 6 Lippe und Gynostegium von *Platanthera silaënsis* H.-M. 7 *Hemipilia Forrestii* ROLFE var. *macrantha* H.-M. 8 *Habenaria alpina* H.-M. 9 Lippe davon. 10, 11 Gynostegium von der Seite und von vorn. 12, 13 Lippe von *Epipactis lingulata* H.-M. 14, 15 Lippe von *Cephalanthera yuennanensis* H.-M. (3985). 2, 3, 7, 8 $^2/_3$ nat. Gr. 1, 6, 12—15 2f. vergr. 4, 5, 9 5f. vergr. 10, 11 stark vergr.

costa subcarinata. Petala iis conformia, paulo breviora. Labellum petalis aequilongum; hypochilium concavum, late ellipticum, integrum, leve; epichilium ovato-lingulatum, convexum, hypochilio aequilongum et paulo angustius, obtusum, basi rotundato-contractum, costa supra paulum carinata, minus leve. Columna brevis, glabra.

NW-Y.: Föhren-Eichen-Wälder der tp. St. unter der Matte Rüto n von Lidjiang am Wege nach Yungning, Kalk, 3000—3200 m, 11. VI. 1915 (7023). S.: Bei der Wiese Dapingdse am Wege von Muli nach Yungning, 3350 m.

Labelli forma inter species sinenses valde insignis.

Epipogium L. C. RICH.

E. aphyllum (L.) Sw. ** var. *stenochilum* HAND.-MZT. in Sitzgsanz. Ak. W. W., LXII., 241 (1925).

Calcare tenuiore, longiore quam labellum, huius lobo medio angustiore, lobis lateralibus (deorsum directis) longioribus a planta typica differt.

NW-Y.: Im moderigen Grunde eines ziemlich trockenen Mischwaldes der tp. St. bei Miesuyi zwischen dem Yangtse und Mekong am Wege von Djientschwan nach Weihsi, Kalk, 2950 m, mit *Neottia listeroides*, 19. IX. 1916 (10038).

Der schmale und kleine obere Lappen der Lippe ist im Leben besonders auffällig. Ein vorliegendes Exemplar aus Irkutsk scheint sich meiner Pflanze mindestens zu nähern. Die wenig instruktiv präparierten Exemplare aus Sikkim (PANTLING 418), Kaschmir (C. B. CLARKE 11794, 30960) und dem NW-Himalaya (THOMSON 224) scheinen sie aber mit dem europäischen Typus zu verbinden.

Gastrodia R. BR.

G. Mairei SCHLTR. in Rep. sp. nov., XII., 105 (1913) hat in der Originalaufsammlung kleine, halbkreisförmige Seitenlappen und einen mehrfach längeren, breit genagelten Mittellappen der Lippe und unterscheidet sich dadurch von *G. elata* BL., zu der die nur durch etwas lockeren Blütenstand von japanischen abweichenden Pflanzen aus Hubei (HENRY 6078; WILSON 1229) tatsächlich gehören.

Bletilla RCHB. f.

B. yunnanensis SCHLTR. in Rep. sp. nov., Beih. XII., 343 (1922). Buschsteppen, Heidewiesen, feuchte Grasplätze, *Pteridium*-Wiesen, Felsen, Gebüsche und lichte Wälder der wtp. bis an die str. St. Y.: 1800—2800 m. Laodjingschan bei Yünnanfu (SCHOCH 164). Im NW bei Lidjiang, v. E. (3987). Hier auf dem Hügel ober der Stadt (3477). Gwanyilang jenseits des Yangtse e von hier (3426). Zwischen Tschatü und Waschwa se von Dschungdien. Jedenfalls am Mekong (MONBEIG). Im birm. Mons. Charakterpflanze um Bahan und am Rücken Alülaka am Salwin, 27° 50'; 28° 10' (FORREST 16225 als *B. hyacinthina* RCHB. f.). In der Seitenschlucht Naiwanglong des Irrawadi w von dort. Im E e von Yiliang bei Daschan (10117) und Lisuyen (10124), mehrfach zwischen Sidsung und Loping (10220) und im mittelchin. Fl. unter Bantjiao e von hier, 1500 m. Kw.: Gudong zwischen Guiding („Kweiting") und Duyün, 1000 m (10670).

Auch die weiter zurückliegenden, aber mehr vorgezogenen, also mehr abgetrennten Seitenlappen der Lippe, kleineren Blüten, zarterer Habitus und schmäleren Blätter sind gute Unterschiede gegenüber *B. striata*, doch erreichen die Petalen der Nr. 10117 25 mm Länge und stellt diese an der Verbreitungsgrenze vielleicht einen Übergang dar.

B. striata (THUNB.) RCHB. f. (*Bletia hyacinthina* [SM.] R. BR.). In der str. und wtp. St. W-F.: Gipfel des Tienhwa-schan w von Dingdschou, c. 1100 m (Plt. sin. 414). Grasige Stellen der Gipfel des Dunghwa-schan zwischen Schitscheng und Ninghwa an der Grenze von Ki. (Plt. sin. 292). H.: Rasenplätze über dem Bach bei Lantien zwischen Loudi und Hsinhwa, 135 m (11804). NE-Y.: Felsen von Hsiaowulung, 2600 m (MAIRE).

B. ochracea SCHLTR. in Rep. sp. nov., XII., 105 (1913). Steppen und Wassergräbenränder der wtp. bis in die tp. und str. St., in dieser auch in Quellsümpfen. **Y.**: 1700—2550 m. Laodjing-schan bei Yünnanfu (SCHOCH 223). Ober Yidjiatschwang ne von Dali (6423). Im NE an Felsen bei Hsiaowulung (MAIRE). **S.**: 1950—2950 m. Beidjeho (2236) und überall zwischen Duörlliangdse und Hungga (1717) im Becken von Yenyüen. Zwischen Oti und Sandjia-tsun n von hier (SCHNEIDER 1191). S ober Lumapu über dem Yalung ne von hier (2086). Zwischen Woloho und Yiwanschui halbwegs gegen Yungning. **II.**: Hsikwangschan bei Hsinhwa, 500—800 m (11920). Im SW am Yün-schan bei Wukang (Plt. sin. 50). W-Hubei (WILSON, Veitch Exp. 405).

Blüten gelb, braun, ockergelb (MAIRE) oder kupferfarben, violett überlaufen (MAIRE), Sepalen grün, Petalen weißlich, außen oft rötlich, Lippe dottergelb mit braunen Punkten und weißen Zipfeln (11920).

B. scopulorum (W. W. SM.) SCHLTR. in Rep. sp. nov., XIX., 375 (1924) (*Pleione s.* W. W. SM. in Not. Bot. Gard. Edinb., XIII., 218 [1921]). NW-Y.: Matten der ktp. St. des birm. Mons. auf Glimmerschiefer zwischen Salwin und Irrawadi an einem Lawinenstrich an der Ostseite des Passes Tschiangschel, 27° 52′, 3275 m, 3. VII. 1916 (9231) und im Tale unter dem Gomba-la ober Tschamutong, 3550 m.

Blüten rosa, orangegelb gefleckt, mit weißen Rippen der Lippe.

Spiranthes L. C. RICH.

S. sinensis (PERS.) AMES, Orchidac., II., 53 (1908) (*Neottia s.* PERS. 1807). **W-Ki.**: Um Pinghsiang, c. 600 m (Plt. sin. 173). W-Hubei (WILSON, Veitch Exp. 404).

Zur Kombination *S. Aristotelia* (RAEUSCH.) MERR. in Philip. Journ. Sci., XV., 230 (1919) ist zu sagen, daß es gar nicht ersichtlich, vielmehr sehr unwahrscheinlich ist, daß RAEUSCHEL die 7 LOUEIROschen Gattungsnamen als Artnamen unter *Epidendrum* verwenden wollte. Nach den Regeln hätte er dessen Artnamen übernehmen müssen.

S. australis (R. BR.) LINDL. (*S. flexuosa* [SM.] LINDL. — *S. amoena* [MARSCH. a BIEB.] SPRENG.). Sumpfwiesen, *Pteridium*-Wiesen, Gekräute an Bächen, trockene Matten und steiniger Rasen, auch in Steppen in der wtp. und tp. St. **Y.**: 2000—3500 m. Djindien-se bei Yünnanfu. Rücken zwischen Dsaodjidjing und Hwadung e des Dsolin-ho (4979). Schanyakou bei Dayao. Djinschuiho n von Yungbei. Im W zwischen Yungtschang und Tengyüe (GEBAUER). Im NW bei Lidjiang, v. E. (3978). Hier über dem He-schui (4377, s. KARST. u. SCHENCK, Vegetatb., 22 R., Taf. 45a als *S. sinensis*). Um Yungning (7159). Sattel Gitüdü ober Anangu, Tomulang und zwischen Alo und Hsiao-Dschungdien (4612) se von Dschungdien. Im birm. Mons. in der Seitenschlucht Naiwanglong des Irrawadi, 27° 52′. Im NE um Dungtschwan (MAIRE) und bei Yanggai (MELL). **S.**: Ebenso. Lungdschu-schan bei Huili (5178). Hwangliangdse n von Yenyüen. Zwischen Hwayi und Hosö sw von Muli. Im NW um Sungpan (WEIGOLD). **Kw.**: 1000—1450 m. Nanmutschang. Zerstreut zwischen Lungli und Madjiadwen (10563). Pinfa (CAVALERIE 63). W-Hubei (WILSON, Veitch Exp. 2400). **II.**: Selten um Hsikwangschan bei Hsinhwa, 600 m (11916). **W-Ki.**:

Um Pinghsiang, c. 600 m (Plt. sin. 515). W.-F.: Tienhwa-schan w von Dingdschou, am Fuß (Plt. sin. 407) und auf dem Gipfel, c. 1100 m (Plt. sin. 418).

Von der kahlen vorigen Art nur durch — meist sehr dicht — drüsig behaarte Infloreszenzachse und behaarte Fruchtknoten verschieden. Blüten weiß bis rosa. Genaue Untersuchung umfangreichen Materials zeigte, daß die von SCHLECHTER in Beih. Bot. Centrbl., XXXVII/2., 349, 350, 353 (1920) angegebenen Unterschiede in der Lippe zwischen den drei hier synonym gesetzten Arten nicht nur unkonstant sind, sondern überhaupt nicht bestehen, jene im Habitus aber auf Standortsverhältnissen beruhen, indem die gedrungeneren Pflanzen mit breiteren Blättern und dichteren Ähren von trockenen Stellen, die hochwüchsigen, schmalblätterigen und lockerährigen von feuchteren stammen. *S. flexuosa* von Kasia (MANN 332 = 359) z. B. hat entgegen SCHLECHTERS Beschreibung am Grunde bedeutend verschmälerte, also nicht sitzende Lippen mit stiftförmigen Calli, eine Pflanze aus Sikkim (HOOKER) ebensolche, aber mit dickeren Calli; eine Pflanze aus Australien: Monga Mt. (BOORMAN) das Epichil schmäler als das Hypochil und von ihm nur durch eine Falte abgesetzt. *S. stylites* LINDL. ist eine gute Art mit sehr großen Blüten, viel größeren als *S. amoena* (*australis*), die SCHLECHTER l. c., 349, für gleich groß erklärt.

Goodyera R. BR., nom. cons.

(*Epipactis* BOEHM. — *Paramium* SALISB.)

G. repens (L.) R. BR. In der tp. St. an der Westseite des Litiping bei Weihsi, 3400 m. Tannenwälder der ktp. St. am Nguka-la sw von Dschungdien 3600—3800 m (7792).

G. Schlechtendaliana RCHB. f. (*G. melinostele* SCHLTR. in Rep. sp. nov., Beih. IV., 165 [1919]), e typis. **H.**: Mischwälder der oberen str. St. bei Ngandjiapu nächst Hsikwangschan im Bezirke Hsinhwa, Kalk, 570 m (12643). W.-S.: Feuchtschattige Stelle an Felsen am Omei-schan, selten, 2750 m (FABER 319 p. p.).

G. Henryi ROLFE. SW-H.: Im schattigen wtp. Laubhochwalde des Yünschan bei Wukang, Tonschiefer, 1150 m (12517). NW-Y.: Im tp. Regenmischwalde des birm. Mons. ober Bahan (Pehalo) am Salwin, 27° 58′, Schiefer, 2700 m (9938).

Unterscheidet sich von *G. foliosa* (LINDL.) BENTH. durch die kleinere, wenigblütige Infloreszenz und die kleineren, kahlen oder nur sehr spärlich behaarten Fruchtknoten und Sepalen. Die von SCHLECHTER, l. c., 163 angegebenen Unterschiede in Tracht und Blättern bestehen nicht. Unter Nr. 9938 fand sich eine abnorme Blüte mit 4 Sepalen, einem median stehenden Petalum und 2 Antheren mit je 2 Pollinien.

** **G. brachystegia** HAND.-MZT.

Terrestris, radicibus villosis. Caulis erectus vel ascendens, c. 20 cm altus, sulcatus, ut rhachis densiuscule et longe glandulose articulato-pilosus, basi rosulato-foliatus, ceterum squamis 5, lanceolatis, 10—18 mm longis, acutis, glabris, inferioribus vaginatis, summis in bracteas transeuntibus obsitus. Folia ± late elliptica vel ovata, 24—33 mm longa, longitudine sesqui- usque duplo angustiora, acuta, basi in vaginas 10—15 mm longas contracta, glabra, sicca tenuia, 5—7 nervia et parce reticulata. Racemus densiusculus, caulis $6^1/_2$—8 cm occupans, subsecundus, multiflorus; bracteae lanceolatae, ovariis subaequilongae iisque adpressae, acuminatae, sparsissime glanduloso-pilosae. Flores parvi, albi (e nota ad vivum). Sepala omnia ligulata, 2 mm longa, rotundata, uninervia. Petala iis similia, sed subacuta. Labellum illis paulo brevius, e basi semigloboso-cucullata in laminam ea paulo longiorem oblongam integram vel brevissime trilobatam productum. Rostellum bifidum, cruribus acuminatis, c. 1 mm longis. Ovarium glanduloso-pilosum. Capsula ellipsoidea, c. 5 mm longa.

Y.: Yünnanfu, 1915—1916 (SCHOCH, Typus). E von hier in Föhrenwäldern der wtp. St. bei Dschwandjiadjio nächst Sidsung, Kalk, 2000 m, 9. VI. 1917 (10156).

Proxima *G. yunnanensi* SCHLTR. e typo bracteis multo longioribus, patulis, floribus paulo maioribus, rostelli cruribus brevioribus diversae.

Meine Pflanze unterscheidet sich von jener SCHOCHs unbedeutend durch schmälere Blätter und breitere dreilappige Spreite der Lippe.

Zeuxine LINDL.

Z. strateumatica (L.) BRITTEN in Journ. of Bot., XXXII., 21 (1894) (*Orchis s. L.*, Sp. pl., 943 [1753]. — *Zeuxine sulcata* [ROXB.] LINDL.). **Tonking**: An der Eisenbahn in der tr. St. bei Laogai, 150 m (28).

* *Z. pumila* (HOOK. f.) KING et PANTL. in Ann. Bot. Gard. Calc., VIII., 291 (1898) (*Odontochilus pumilus* HOOK. f., Ic. Pl., XXII., t. 2163 [1893]). NW-Y.: In der Hg. St. des birm. Mons. beim See Tsukue hinter dem Gomba-la in der Salwin—Irrawadi-Kette ober Tschamutong, Glimmerschiefer, 3825 m, 15. bis 17. VIII. 1916, v. E. (9919).

Coelogyne LINDL.

** *C. xerophyta* HAND.-MZT. (Abb. 42, Nr. 1, 2 auf S. 1353).
Sect. *Fuliginosae* LINDL.
Terrestris, saxatilis et epiphytica, glabra. Rhizoma repens, arundinaceum, teres, c. 3 mm crassum, internodiis ad 1 cm longis, diu squamis e nodis non incrassatis fusco-annulatis omnibus ortis illisque c. aequilongis, ovatis, acutis, membranaceis, striatis, appressis velatum, sero nudum, radicibus longissimis, tenuibus. Pseudobulbi 1—10 cm inter se distantes, fusiformi-cylindrici, $1^1/_2$ usque $3^1/_2$ cm longi, c. 5 mm crassi, bifolii, basi squamis 2 ovatis, iis c. duplo brevioribus, acutis cincti. Folia persistentia, elliptica vel ovata vel lanceolata, $3^1/_2$—8 cm longa, longitudine 2—4^{plo} angustiora, acuta apiculo caduco, basi ad petiolos breves 3—7 mm longos cuneata, sicca pergamena nervis 25—35 utrinque prominuis, fusco-pustulata, marginibus versus apicem papillosa. Scapus foliis brevior, basi squamis ovatis, mucronato-acutis dense cinctus, usque ad 5florus, rhachi angulato-flexuosa; bracteae squamis similes, convolutae, deciduae. Flores brunnei (e nota ad vivum). Sepala ovato-lanceolata, 20—23 mm longa et c. 3^{plo} angustiora, acuta et tenuiter apiculata, plerumque 7nervia, medium paulo latius, lateralia basi obliqua. Petala iis aequilonga, angustissime linearia, acuminata, uninervia. Labellum ambitu late ovatum, in sicco fusco-venosum, sepalis paulo brevius, ad medium trilobum; lobi laterales partibus liberis brevibus late ovatis, obtusis, minute erosulo-fimbriatis; lobus medius subquadratus, angulis rotundatis, margine biseriate fimbriatus, fimbriis divergentibus, ramosis,

minutissime denticulatis, ad 1 mm longis antice decrescentibus; lamellae 2 totum fere labellum percurrentes, 2 exteriores his approximatae in lobo medio tantum additae, omnes antice ad 1 mm altae, undulatae et crenatae. Gynostemium labello c. sesquibrevius, ubique alatum, ala ambitu obovata, clinandrium superante. Anthera pendula, acuta. Ovarium cylindricum, c. 1 cm longum.

NW-Y.: Auf Erde, an Felsen und Bäumen, besonders Eichen, in der str. St., 1725—2000 m. Am Mekong unter Tseku, 28°, 4. X. 1915 (8457, Typus). Im birm. Mons. am Salwin ober Tschamutong, 14. VIII. 1916 (9789) bis unter Tjionatong.

Affinis *C. fimbriatae* LINDL., quae differt pseudobulbis crassioribus labellique lobis lateralibus apicibus vix liberis, lobo medio apiculato, lamellis 2 tantum multo brevioribus et subintegris, et *C. ovali* LINDL. omnibus partibus maiori, foliis ambitu angustioribus labellique forma lamellisque longius distanti.

Manchmal zweigt von einer der mittleren Leisten der Lippe eine Seitenleiste ab, die sich vorne wieder mit ihr vereinigt. Verglichen mit der Beobachtung bei der folgenden, setzt dies die Bedeutung der Lamellenzahl als Merkmal herab.

**** *C. taronensis* HAND.-MZT.** in Sitzgsanz. Ak. W. W., LIX., 254 (1922). (Abb. 42, Nr. 3 auf S. 1353).

Sect. *Lentiginosae* PFITZ.

Glaberrima. Rhizoma breve, in arboribus repens, radicibus longissimis tenuibus, pseudobulbis farctis angustis 2—4 cm longis, siccis longitudinaliter rugosis inter vaginas marcescentes saepe in fibras solutas obsitum. Scapus terminalis folia subaequans, pseudobulbo nondum evoluto vaginis latis stramenticiis nitidis 3—4 subobtusis ca. 15nerviis, extima brevi intima ad 7 cm usque longa involuto insidens, supra folia 2 florendi tempore jam bene evoluta racemi basin attingentia vel subattingentia nudus. Folia in pseudobulbis bina per multos annos persistentia, late usque lineari-lanceolata, 12×85 vel $14 \times 70 - 12 \times 180$ et 23×125 mm, plana, coriacea, atroviridia, ad apicem acutum vel obtusiusculum attenuata, basi in petiolum brevem indistinctum paulum complicatum longe angustata, nervis 7 maioribus et minoribus 4—7^{nis} interjectis utrinque prominuis multistriata, trabeculis numerosis supra prominuis. Racemi 1—3flori. Bracteae ovato-lanceolatae, acutissimae, stramenticiae, c. 7nerviae, caducae. Pedicelli cum ovario tenui 2—3 cm longi, flore unico evoluto juxta axem patentem bractea vel bracteis 2 sterilibus terminatam erecto, floribus pluribus evolutis nutantes. Flos magnus, viridis, maculis labii velut perustis brunneis (nota ad plantam vivam). Sepala oblongo-lanceolata, $3^{1}/_{2}$—4 cm longa, 10—13 mm lata, basi rotundata vel breviter angustata, plana, acuta, appendiculo filiformi (semper?, deciduo?), c. 11nervia, cum petalis paululum brevioribus, anguste oblique lanceolatis, 5—6 mm latis, supra basin paulum constrictis laxe patula. Labellum 3—3$^{1}/_{2}$ cm longum, conduplicatum, basi in saccum 5 mm profundum et ad 3 mm retrospectantem dilatatum, explicatum $\pm$ 2,7 cm latum, paulum infra tertium anticum trilobum; discus costis 2 in partem basalem lobi medii usque productis, ad 2 mm altis, late crenatis, antice subdilatatis et interdum tertia mediana breviore, basi dimidio et mox multo humiliore percursus; lobus medius ovatus, acutus, margine sicut margo anterior lateralium eo paulo angustiorum rotundatorum, venis latis c. 5 bifidis percursorum columnam amplectentium eroso- et duplicato-dentatus, basi complicato-constrictus; maculae circa sinus rectangulos inter lobos binae, magnae. Columna leviter curvata, longitudine disci labelli, margine dimidio inferiore incrassato, dimidio superiore alato, apice rotundato denticulato. Rostellum breve, crassum, supra leviter plurisulcatum, apice incurvo.

NW-Y.: Auf Bäumen im tp. Regenmischwald des birm. Mons. an der Westseite des Passes Tschiangschel zwischen Salwin und Irrawadi, 27⁰ 52′, 2800—3450 m, 5. VII. 1916 (9163, Typus). Felsen und Blöcke in der Mekong— Salwin-Kette, 28⁰ 12′, 2450—2750 m, VII. 1917 (Forrest 14354 als *C. corymbosa* Lindl., f.).

Affinis *C. corymbosae* Lindl., quae differt pseudobulbis crassis, floribus praeter partem basalem labelli candidis, labello infra medium trilobo margine integro vel basi lobi medii tantum paulum denticulato, lamellis antice divergentibus et maculis anterioribus amplexis.

Meine Pflanze ist schon durch die Blütenfarbe weit verschieden von *C. corymbosa*, jene Forrests jedoch, die im übrigen mit meiner gut übereinstimmt, hat die Blätter des Schaftes noch wenig entwickelt, die alten etwas breiter und cremeweiße oder gelbe Blüten mit purpurbrauner Zeichnung. Sie ist wohl als Albinismus zu betrachten. Interessant ist, daß die mittlere Lamelle bald fehlt, bald ausgebildet ist.

C. sp. aff. *barbatae* Griff. vel *proliferae* Lindl. NW-Y.: Epiphytisch im str. Regenlaubwalde des birm. Mons. in der Seitenschlucht Naiwanglong des Taron (e Irrawadi-Oberlaufes) (9404, Blütenstand ganz jung).

Pleione D. Don

P. yunnanensis Rolfe in Orch. Rev., XI., 292 (1903) (*Coelogyne y.* Rolfe), e typo. Matten und Gebüsche der wtp. St., 2200—2600 m. Y.: Tschangtschung-schan bei Yünnanfu (Schoch 33). Im NE bei Hsiao-Wulung (Maire). S.: Schao-schan se (1664) und unter Dabönkou am Lose-schan (1455) s von Ningyüen.

Die Zeichnung im Pflzenr., IV/50., II B., 7., Fig. 39A zeigt fälschlich und im Widerspruch zu allen Beschreibungen nur 3 Lamellen auf der Lippe. Der in Maires reichem Material veränderliche Umriß der Lippe verbindet entschieden *P. yunnanensis* mit *P. Delavayi* Rolfe, doch haben alle mir vorliegenden Exemplare jener 5 Lamellen, aber die Zahl könnte wie bei *Coelogyne taronensis* auch variieren.

P. Smithii Schltr. in Act. Hort. Gothob., I., 149 (1924). S.: Häufig an bebuschten Hängen der wtp. bis in die tp. St. am Berge Dadjin zwischen Yenyüen und dem Yalung, 27⁰ 31′, Sandstein, 2400—3300 m, 11. V. 1914 (2137).

P. Limprichtii Schltr. in Rep. sp. nov., Beih. XII., 346 (1922). Y.: Im NW bei Lidjiang, v. E. (3990). Im NE auf Matten der Berge bei Dungtschwan, wtp. St., 2600 m (Maire).

**** P. rhombilabia** Hand.-Mzt.

Pseudobulbi dense seriati, annotini crasse ovoidei, attenuati, 10—12 mm longi, annulo coronati, hornotini cataphyllis involuti. Scapus 4—7 cm altus, folio suprabasali brevior, 1—2florus. Folium flore coëtaneum, ellipticum, $2^1/_2$ usque $4^1/_2$ cm longum, longitudine 2—3^{plo} brevius, obtusum, in petiolum lamina aequilongum vel duplo breviorem cataphyllis paucis lanceolatis obtusis cum scapo arcte cinctum sensim attenuatum, siccum chartaceum, multinervium.

Bracteae ovatae, 1—2 cm longae, obtusae, convolutae; pedicellus floris superioris 1 cm longus. Flores erecti, e sicco rosei, $6^{1}/_{2}$ cm diametro. Ovarium tenue, 10 usque 15 mm longum. Sepala conformia, oblanceolata, 28—32 mm longa, in tertio anteriore 5—7 mm lata, breviacuminata, basi longe attenuata, 5- (—7)nervia. Petala iis aequalia, sed obtusa vel apiculata. Labellum ambitu rhombeum, sepalis vix brevius et paulo latius, simplex, leviter emarginatum, marginibus posterioribus paulum tantum convexis, anterioribus paulo plus quam dimidiis tantum fimbriatis; lamellae 2, a $^{2}/_{5}$ labelli ad quintum anticum percurrentes, $1^{1}/_{2}$ mm altae, valde fimbriato-laceratae praetereaque tertia brevis inter earum partes anteriores. Gynostemium gracile, c. 27 mm longum, apice late obovato-alatum, alis leviter undulatis.

NW-Y.: Bei Lidjiang, VI.—IX. 1914—1916, v. E. (3989).

Proxima *P. Henryi* (ROLFE) SCHLTR., quae differt labello subtrilobo lamellis 3 humilioribus nec tam laceratis.

Pleione-Arten wurden ohne Beachtung der geringen Unterschiede beobachtet besonders in Föhren- und anderen lichten Wäldern in **Y.**: Bei der Djindien-se und am Laodjing-schan bei Yünnanfu, gemein am Hang des Dsang-schan ober Dali, ober Gwanyinschan s von Lidjiang und im NW s von Yungning bis ober Mudidjin, sowie in **S.**: Unter Bidjieliangdse zwischen Yungning und Yenyüen, ober Kalapa und um Kwapi n von hier (s. KARST. u. SCHENCK, Vegetatb., 20. R., Taf. 42 A, als *P. yunnanensis*).

Pholidota LINDL.

**** *P. rupestris* HAND.-MZT. (Abb. 42, Nr. 4, 5 auf S. 1353).**

Sect. *Eupholidota* BENTH.

Rhizoma 2—3 mm crassum, longe repens, interdum ramosum, radicibus longis, albidis, pseudobulbis anguste ovoideis vel subcylindricis 1—2 cm longis, longitudine 2—3^{plo} tenuioribus, curvatis, apice 2 mm latis, junioribus cataphyllis paucis late ovatis apiculatis stramenticiis striatis vestitis bifoliis dense obsitum. Folia late vel oblanceolato-linearia, 1—$6^{1}/_{2}$ cm longa, longitudine $3^{1}/_{2}$ usque 8^{plo} angustiora, apice breviter vel vix acuta, basi in petiolos tenues et breves sensim angustata, coriacea, marginibus antice latiuscule cartilaginea, nervis 9—11 utrinque prominuis, persistentia. Scapus terminalis, tenuis, brevis, cum racemo 3—6 floro folia hornotina sub anthesi paulum evoluta usque duplo superans, erectus vel subnutans, rhachi stricta; (bracteae caducae). Flores parvi, c. 7 mm diametro (colore?). Sepala late ovato-triangularia, obtusa, concava, trinervia. Petala iis aequalia, sed acutiuscula et distinctius trinervia. Labellum 3 mm longum, expansum late obovatum, late emarginatum, disco concavo quinquenervio, laminis lateralibus semiobovatis, rotundatis, inflexis. Gynostemium crassum et breve, apice alatum. (Anthera delapsa). Capsula subsessilis, obovoidea, 6—10 mm longa, valvis navicularibus, jugis 3 planis interjectis.

NW-Y.: Phyllit- und kristallinische Felsen der trockenen str. St. am Yangtse nw von Lidjiang bei Dsugoli und massenhaft von Djitsung bis Golo, 27° 34—44', 2075—2150 m, 4. VI. 1916 (8801, Typus) und am Mekong unter Lotonda, 27° 39', 1900 m, 7. IX. 1915 (7947, ster.). Im birm. Mons. am Salwin auf Bäumen bis 2400 m, unter Bahan, bei Dara, unter Niualo, hier auf *Torreya Fargesii*, und unter Tjionatong um Tschamutong.

Labelli structura *P. Convallariae* (Rchb. f.) Hook. f. similis hoc autem ambitu elliptico, foliis obtusis longipetiolatis, racemo denso flexuoso magnitudineque diversae. *P. uraiensis* Hay. certe habitu similior labelli etiam integri forma differt.

Der Typus wurde im Fruchtzustand gesammelt, doch ließ sich das vertrocknete Perianth sehr gut untersuchen. Da ich schon Dupla verteilte, behalte ich den Namen bei, obwohl ich sehe, daß auch Aufzeichnungen von Epiphyten nur diese Art betreffen können.

P. cantonensis Rolfe. W-Hubei (Wilson, Veitch Exp. 1923).

P. yunnanensis Rolfe, e typo. Y.: Im S an Kalkfelsen im tr. Savannenwald bei Schuidien zwischen Möngdse und Manhao, 1300 m (5994). Im NE am Fuß der Hügel bei Lungdji im mittelchin. Fl., 700 m (Maire). Kwanghsi (Ching 6194).

Maires blühende Pflanze stimmt mit dem Typus, meine, ohne Blüten, hat nur größere, bis 19 cm lange Blätter.

* **P. articulata** Lindl. in Bot. Reg., XXV., Misc. Not., 57 (1839). NW-Y.: Phyllit- und kristallinische Felsen der str. St. am Mekong unter Lota, 27⁰ 50 bis 55′, 1950 m, 5. X. 1915 (8465?) und im birm. Mons. bei der Seilbrücke bei Sitjitong ober Tschamutong am Salwin, 1725 m, 13. VII. 1916 (9565).

Die sterile Nr. 8465 hat breit elliptische, $3^1/_2$—6 cm lange und $^1/_2$—$^2/_3$ so breite Blätter.

Microstylis Nutt.

M. cylindrostachya (Lindl.) Rchb. f. NW-Y.: Auf einem morschen Strunk im tp. Regenwald des birm. Mons. im Tale unter dem Gomba-la bei Tschamutong am Salwin, 2900 m (9542).

M. yunnanensis Schltr. in Not. Bot. Gard. Edinb., V., 109 (1912). NW-Y.: Steinige Matten und kräuterreiche Stellen der ktp. bis in die Hg. St., 3750 bis 4000 m. Ostseite des Gipfels Ünlüpe im Yülung-schan bei Lidjiang (4272). Berg Schusutsu bei Bödö se von Dschungdien (4489).

** **M. bahanensis** Hand.-Mzt. (Abb. 42, Nr. 6, 7, auf S. 1353).

Terrestris, glabra. Pseudobulbi subglobosi, 5—10 mm diametro. Scapus 6—9 cm longus, racemo folia usque duplo superans, basi cataphyllis 2—3, lanceolatis, acutis, summis 1—$1^1/_2$ cm longis arcte amplexus. Folia 2, ovata vel ovato-oblonga, 13—30 cm longa, longitudine 2—4^{plo} angustiora, obtusissima et rotundata, basi angustata, sicca herbacea, tenuiter 9—15nervia. Racemus laxe 10—15florus; bracteae reflexae, angustissime lanceolatae, ad 3 mm longae, acuminatae. Flores flavi vel brunneo-rubri (e nota ad vivum), 3—5 mm diametro, patentes. Sepala conformia, erecto-patentia, ovata, c. 2 mm longa, subacuta, marginibus reflexis. Petala iis aequilonga, patentia, angustissime lineari-ligulata, obtusa. Labellum ambitu hastato-ovatum, 4 mm longum, 3 mm latum, acuminatum et apice bilobulatum lobulis porrectis triangularibus subacutis, lobis basalibus lamina anteriore subduplo brevioribus, late subfalcatis, obtusis, marginibus exterioribus subparallelis; callus semicircularis in tertio anteriore laminae anterioris. Columna c. 1 mm alta, in crura 2 erectopatentia obtusa producta.

NW-Y.: In *Pteridium*-Wiesen der wtp. St. des birm. Mons. bei Bahan (Pehalo) über dem Salwin, 27° 58′, Schiefer, 2600 m, 21. VII. 1916 (9574).

Affinis *M. Wallichii* LINDL. var. *bilobae* (LINDL.) HOOK. f., quae differt multo maior, foliis pro longitudine angustioribus, labello ecalloso, columna graciliore.

Liparis L. C. RICH.

** L. acuminata* HOOK. f., Fl. Brit. Ind., V., 696 (1890). SW-Kw.: Im Walde des Karsthügels bei Djitschangping nächst Muyu, Kalk, 1050 m, 22. VI. 1917 (10400).

** L. japonica* (MIQ.) MAX. W.-Hubei: Fang, nasse Felsen, VI. 1901 (WILSON, Veitch Exp. 1076). Paokang (W., V. E. 1924).

SCHLECHTER spricht in Rep. sp. nov., Beih., IV., 199 von einer Schwiele auf der Lippe, die aber weder bei diesen, noch bei japanischen Pflanzen vorhanden ist und von MAXIMOWICZ nicht erwähnt wird.

*** L. Pauliana*[1] HAND.-MZT. in Sitzgsanz. Ak. W. W., LVIII., 65 (1921).

Sect. *Mollifoliae* HOOK. f.

Glaberrima. Rhizoma breve, repens. Pseudobulbus ovoideus 12—15 mm longus, 6—8 mm latus, albo-corticatus. Folia 2, in petiolis 6—8 mm latis conduplicatis, erectopatulis, 2—6 cm longis, basi tantum vaginantibus et vaginis aphyllis brevioribus 2 cinctis, patula, tenuia, inaequimagna, ovata, 40 × 23 — 62 × 27 et 64 × 37 mm, acuta, saepe subacuminata, basi late cuneata usque rotundata lata plicata, laxe arcuato-nervata, margine plerumque valde crispa. Scapus erectus vel subarcuatus, 4—14 cm longus, alato-anceps, $1^1/_2$—2 mm latus, fere dimidius racemo laxissimo 2—9 floro obsitus. Bracteae deltoideae, 1—2 mm longae, acutae, albido-membranaceae. Ovarium tenue, cum pedicello indistincto 8—12 mm longum. Sepala basi rotundata latiuscule connata, linearia, obtusa, 11—16 mm longa, 2 mm lata, convoluta, pallide viridia, dorsale patulum, lateralia labello subtus adpressa. Petala illis aequilonga, filiformi-linearia, obtusa, sicut labellum supra basin minute auriculatum, ad latera plicatum, obovatum, 15—20 mm longum, 9—12 mm latum, obtusum vel minute obtuse apiculatum, margine antico subtiliter eroso-crispatum pallide purpureo-brunnea et diaphana. Gynostegium gracile, e parte basali breviter erecta vel inclinata horizontaliter porrectum vel fere in semicirculum curvatum, 4—5 mm longum, apice spathulato-incrassato quinquelobulatum, basi paulum incrassata vix auriculatum.

SW-II.: Zwischen Moosen auf Tonschieferfelsen im schattigen wtp. Laubhochwalde des Yün-schan bei Wukang, 1180—1280 m, 7. VI. 1918 (12055).

Proxima *L. Makinoana* SCHLTR. differt foliis aequalibus obtusis, margine erosulis haud undulatis, in petiolum totum vaginantem sensim attenuatis, labello longe apiculato, minore, racemo paulum densiore, ovario longiore, labello et sepalis hoc longioribus basi valde auriculatis, gynostegio basi crassiore.

L. nervosa (THUNB.) LINDL. Ki.: Auf Felsen am Hangaodsu zwischen Ningdu und Tjingan („Ki-an") (Plt. sin. 492).

---

[1] Species domino R. PAUL, qui missionarius me in monte Yün-schan colligentem valde juvit, dedicata.

L. malleiformis W. W. SM. in Not. Bot. Gard. Edinb., XIII., 212 (1921). NW-Y.: Häufig an Bäumen und kristallinischen Kalkfelsen der str. St. des birm. Mons. am Salwin um Tschamutong, 1725—1950 m (9792).

Ob verschieden von *L. Griffithii* RIDL. in Journ. Linn. Soc., Bot., XXII., 285 (1886) p. p. HOOK. f., Fl. Brit. Ind., V., 700?

* ***L. pusilla*** RIDL., l. c., 294 (1886). NW-Y.: Auf Bäumen in der str. St. des birm. Mons. in der Salwin-Schlucht ober Tschamutong, 1720 m, 15. VIII. 1916 (9807).

Arundina BL.

A. chinensis BL. (*A. bambusifolia* LINDL.). Steppen und üppige Grashänge der str. St. Y.: Zwischen Wumo und Dsotjio in der Niederung s des Yang-tse nw von Yünnanfu, Sandstein, 1300—1400 m (13040). Im W bei Yungping w von Dali (GEBAUER). E-Kw.: Mehrfach um den Fluß unter Sandjio, Grauwacke, 350—400 m (10834). SW-H.: Zwischen Hsüning und Ngaidso.

Variiert in Nr. 13040 30 cm und 1 m hoch; auch sonst bestehen keine Unterschiede zwischen *A. chinensis* und *A. bambusifolia.*

Dendrobium Sw.

* ***D. crepidatum*** LINDL. et PAXT., Fl. Gard., I., 63 (1850). Y.: Kalkfelsen der wtp. St. in der Schlucht ober Hwagung bei Fumin nw von Yünnanfu, 1800 m, 27. IV. 1915 (6090).

D. Hookerianum LINDL. in Journ. Linn. Soc., Bot., III., 8 (1859). NW-Y.: Auf den äußersten Ästen von Bäumen in der str. St. des birm. Mons. bei Niualo ober Tschamutong am Salwin, 2200 m, v. E. (9861, in KARST. u. SCHENCK, Vegetatb., 17. R., H. 7/8., 5 [1927] als *D. Devonianum* PAXT.).

D. clavatum WALL. (*D. tibeticum* SCHLTR. in Rep. sp. nov., XVII., 68 [1921]). Y.: Im NW an Felsen der trockenen str. St., 1900—2150 m. Am Yangtse ober Schigu (GEBAUER), bei der Gwanyin-miao und massenhaft von Djitsung bis Golo, 27° 34—44' (8800). Am Mekong stellenweise von Yedsche bis Lota und von hier überall bis Tsedjrong, 28° 2' (7969). An seinem Zufluß in der Schlucht unter Kakatang im Tale von Weihsi. Im birm. Mons. unter Tschamutong am Salwin. Im E auf Hausdächern in Lisuyen zwischen Yiliang und Magai, 1850 m. SW-Kw.: Hwangtsaoba (CAVALERIE 7554?, ster.).

Die von SCHLECHTER angegebenen Unterschiede bestehen nicht. Sein Originalfundort heißt Tseku.

Eria LINDL.

* ***E. graminifolia*** LINDL. in Journ. Linn. Soc., Bot., III., 54 (1859). NW-Y.: Auf Bäumen in den wtp. Regenmischwäldern des birm. Mons. über dem Salwin bei Bahan, 27° 58', 2400—2600 m, 20. VI. 1916 (9013) und gegenüber zwischen Lussu und Hsiolamenkou, 2250 m.

** ***E. salwinensis*** HAND.-MZT. (Abb. 42, Nr. 8, 9).

Sect. *Hymeneria* LINDL., subsect. *Floribundae* KRZL.

Rhizoma repens, crassum, radicibus tenuibus, rigidulis. Pseudobulbi approximati, fusiformes vel cylindrici, $3^{1}/_{2}$—12 cm longi, 5—8 mm crassi, pauci- (plerumque 3-) articulati, rectiusculi, striati, hornotini cataphyllis 4—6 ovatis, acutis membranaceis cincti. Folia 4—5, elliptica vel lanceolata, 5—10 cm longa, longitudine 3—8^{plo} angustiora, acuminata, in petiolos 2—4 mm longos sensim angustata, sicca chartacea, brunnescentia, nervis plerumque 9 tenuibus utrinque prominuis, intersitis 4—6^{nis} minoribus. Racemi 2—3, ex axillis foliorum, erecti vel nutantes, 3—5 cm longi, densiflori, axibus et pedunculis brevibus ferrugineo-tomentosis; bracteae latissime ovatae vel suborbiculares, 1—5 mm diametro, rotundatae vel acutae, membranaceae, margine interdum fimbriato erosulae, extus glabrae vel ± pilosulae, persistentes. Flores minuti, albi labello aurantiaco (e nota ad vivum). Sepala ovata, 3 mm longa, obtusa, trinervia, extus praesertim ad basin ut ovarium subtomentosa, lateralia basi connata mentum globosum formantia. Petala iis paulo breviora, lanceolato-ovata, obtusa, glabra, indistincte trinervia. Labellum sepalis aequilongum, ex ungue brevi deflexo intus tenuiter papilloso porrectum, ambitu spathulatum, ad tertium superum trilobum, lobis lateralibus parvis rotundatis vix prosilientibus, lobo medio plusquam semiorbiculari leviter trilobulato, intus calloso-verrucoso; carinae 3 discum percurrentes, media antice tantum paulum incrassata, lateralibus huic parallelis versus sinus currentibus praesertim antice valde carnoso-dilatatis. Gynostemium latitudine longius.

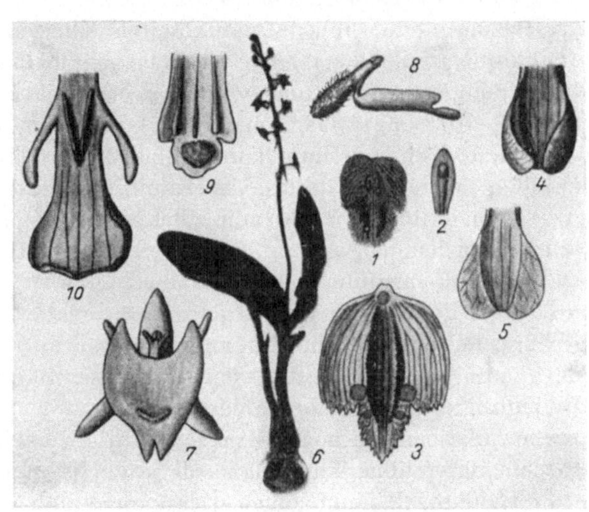

Abb. 42. 1 Lippe, 2 Gynostegium von *Coelogyne xerophyta* HAND.-MZT. (8457). 3 Lippe von *C. taronensis* H.-M. (9163). 4, 5 Lippe von *Pholidota rupestris* H.-M., 4 natürliche Lage, 5 ausgebreitet. 6 *Microstylis bahanensis* H.-M. 7 Blüte davon. 8 *Eria salwinensis* H.-M. Lippe, Gynostegium und Fruchtknoten. 9 Lippe davon, ausgebreitet. 10 Lippe von *Oreorchis patens* LINDL. var. *confluens* H.-M. 1—3, 6 ²/₃ nat. Gr. 4, 5, 7—10 5f. vergr.

NW-Y.: Phyllitfelsen der str. St. des birm. Mons. bei der Brücke von Sitjitong am Salwin ober Tschamutong, 1725 m, 13. VII. 1916 (9566).

Species proxima *E. spicatae* (D. DON) HAND.-MZT. (*Octomeria spicata* D. DON, Prodr. Fl. Nep., 31 [1825]. — *Eria convallarioides* LINDL. 1830), quae differt pseudobulbis multo crassioribus et labello multo longius unguiculato ecarinato, lobis lateralibus minus distinctis, lobo medio acuto.

Oreorchis LINDL.

O. patens LINDL. ****var. *confluens*** HAND.-MZT. (Abb. 42, Nr. 10).

Flores minores quam in typo, 5—6 mm longi. Labelli lamellae convergentes, apice conjunctae.

E-Y.: In einem feuchtschattigen Wald der wtp. St. im mittelchin. Fl. bei Djinsolo nächst Loping, Kalk, 1600 m, 11. VI. 1917 (10217).

Die Lamellen sind bei typischer *O. patens* auch nicht immer parallel, stehen aber an den Spitzen immer um die eigene Höhe voneinander ab.

** *O. erythrochrysea* Hand.-Mzt. in Sitzgsanz. Ak. W. W., LXII., 252 (1925).

Syn.: *O. foliosa* Rolfe in Not. Bot. Gard. Edinb., VII., 17 (1912); VIII., 20. W. W. Sm., l. c., XIV., 89, non Lindl.

O. patens Schlechter, l. c., V., 109 (1912); VII., 115, 116. W. W. Sm., l. c., XIV., 245; XVII., 381, non Lindl.

Rhizoma tenue, repens, pseudobulbis ellipsoideis vel cylindricis distantibus moniliforme, radicibus longis tenuibus simplicibus, folium caulemque singula edens. Folium lanceolatum vel lineari-lanceolatum, 7—12 cm longum, longitudine 6—10^{plo} angustius, non ultra 5 mm latum, longe attenuatum, apice ipso obtusum, basi in petiolum lamina plus 2—5^{plo} breviorem sensim angustatum, rigidulum, margine papilloso-asperulum, saturate et subtus pallidius viride, nervis 3 maioribus et c. 30 minoribus utrinque prominuis. Scapus strictus, 15 usque 26 cm longus, vaginis 3, 3—4 cm longis ad medium fissis obtusis, infima basali, summa medium attingente instructus, $^1/_4$ usque fere dimidius racemo laxo 10—25 floro occupatus. Bracteae lanceolatae, ad $2^1/_2$ mm longae, membranaceae, persistentes. Pedicelli tenues cum ovario 6—8 mm longo erecto-patentes. Flores aurei vel olivascentes, venis labellique maculis rubris, fragrantes (e nota ad vivum). Sepala petalaque oblonga, 6—7 mm longa, ad 2 mm lata, obtusissima, porrecta, illa mentum non vel vix formantia. Labellum ad 5 mm longum, ungue lato, lobis lateralibus falcato-lanceolatis vix $^2/_3$ mm longis, lobo medio late obovato-rotundato, $2^1/_2$ mm longo et lato paululum emarginato, costis 2 brevibus in disco. Columna 3 mm longa, stipite angusto, superne dilatata, paulum inclinata.

Matten, sandige Wälder, Bachränder der tp. bis in die ktp. St., 3200 bis 3680 m. NW-Y.: Im Moränenzirkus ober der Matte Saba am Yülung-schan bei Lidjiang, 18. VI. 1915 (6805, Typus). Ober Mudidjin bei Yungning, 24. VI. 1914 (3172). Ober Dugwan-tsun se von Dschungdien. Ober Schuba gegen den Paß Lenago zwischen Yangtse und Mekong, 27° 45′, 7. VI. 1916 (8861). S.: Auf den Rücken ober Fumadi am Wolo-ho zwischen Yenyüen und Yungning, 15. VI. 1914 (3050). Hierher Forrest 168, 2287, 2288 nach Evans, 19075, 19473 und 21296.

Affines *O. foliosa* Lindl. et *O. patens* Lindl. multo maiores florum colore et illa mento conspicuo, lobis labelli rubri multo maioribus medio late cuneato et haec foliis tenuibus, labelli basi angusti costis longis et lobis lateralibus longe linearibus differunt. *O. parvula* Schltr. folio lanceolato-elliptico et labelli lobo medio haud emarginato interdum apiculato distat.

Forrest 19075 hat etwas größere Blüten, sonst ist die Art sehr einheitlich und gut abgegrenzt.

O. parvula Schltr. in Rep. sp. nov., X., 483 (1912), e typo. NW-Y.: Bei Lidjiang, v. E. (4485).

O. oligantha Schltr. in Act. Hort. Gothob., I., 152 (1924) (*O. nana* Schltr., l. c., 151. — *O. Rockii* Schwfth. in Journ. Arn. Arb., X., 173 [1929]). NW-S.: Gebirge um Sungpan, VI.—VIII. 1914 (Weigold). NW-Y.: Sandige Wälder der tp. St. im Moränenzirkus ober der Matte Saba am Yülung-schan bei Lidjiang, Kalk, 3350—3400 m, 18. VI. 1915 (6809).

SCHLECHTERS Arten sind nach sehr spärlichem Material beschrieben. Von stets zweiblütigen Infloreszenzen kann man nach 2 Exemplaren doch noch nicht sprechen. Das Original von *O. nana* hat 8—11 mm lange Sepalen und jenes von *O. oligantha* 11—12 mm lange, aber keines 15 mm; Lippe bei diesem 8—10 mm lang. *O. Rockii* steht nach ihrem Autor zwischen beiden. Mein reiches Material (22 blühende Stücke) verbindet sie vollkommen, hat 13 cm lange, verzweigte Wurzelstöcke mit 9 Knollen und 2 Blütenstengeln und 17—55 mm lange Blattspreiten.

Cremastra LINDL.

*** *C. appendiculata*** (D. DON) MAK. in Bot. Mag. Tok., XVIII., 24 (1904), saltem quoad syn. (*Cymbidium appendiculatum* D. DON, Prodr. Fl. Nepal., 36 [1825]. — *Cremastra Wallichiana* LINDL. 1832). SW-H.: Yün-schan bei Wukang, Tonschiefer, zwischen 400 und 1420 m (Plt. sin. 51). W-Hubei, V. 1901 (WILSON, Veitch Exp. 1961).

Die analysierte WALLICHsche Pflanze hat die Seitenlappen der Lippe fast so lang wie den Mittellappen, diesen schmal und kappenförmig, den Kamm ganz schmal, wesentlich anders als BLUME und KING u. PANTLING abbilden; fast dasselbe zeigt eine REICHENBACHsche Zeichnung einer Pflanze WALLICHS. Die japanische Pflanze (Hakodate, leg. ALBRECHT, nach SCHLECHTER in Rep. sp. nov., Beih. IV., 225 *C. mitrata* A. GR.) hat die Seitenlappen kürzer, den Mittellappen flach und denselben Kamm, meine den Mittellappen breiter, fast 5 mm breit, nur wenig hohl, sonst wie diese. Die Farbe wird von meinem Sammler als gelb angegeben, wohl statt braun, wofür im Chinesischen eine Wort fehlt, und womit trübrot gemeint sein wird. Man sieht keine Spur von Gelb.

Anthogonium LINDL.

A. gracile WALL. (*A. corydaloides* SCHLTR. in Rep. sp. nov., Beih. IV., 66 [1919]). Trockene Gebüsche und Mischwälder der wtp. St. auf Sandstein, 2050—2200 m. **Y.:** Unter der Haiyen-se bei Yünnanfu (SCHOCH 303). Hügel bei Alaodjing e des Dsolin-ho (4943). **S.:** Unter Schihuiyao am Fuße des Lungdschu-schan bei Huili.

KRÄNZLIN hat vollkommen recht, wenn er in Rep., XVII., 101 die Arten für identisch erklärt, nur ist die Bemerkung „non LINDL." mißverständlich.

Phaius LOUR.

**** *P. steppicolus*** HAND.-MZT. in Sitzgsanz. Ak. W. W., LXII., 253 (1925). Sect. *Genuini* PFITZ.

Rhizoma repens, moniliforme, pseudobulbis subcontiguis crasse ovoideis 12—30 mm longis hic illic fibris mortuis comatis, radices longas crassas simplices albas edentibus et ultimo foliis 1—2 et scapo erecto 30—43 cm longo, basi hypophyllis communibus 2, interiore ad 6 cm longo, cinctis terminato. Folia ad 12—16 cm vaginis 2 clausis superiore saepe laminam gerente cincta, dein 17— ad 30 cm longa, lanceolata, 22—27 mm lata, acutissima, basi longissime angustata, herbacea, costa nervisque utrinque 4 subtus magis, supra cum permultis intersitis in sicco aequaliter prominulis. Scapus $2^1/_2$ mm crassus, vaginis 2 distantibus $4^1/_2$—6 cm longis ad $^1/_3$—$^3/_4$ clausis paululum inflatis et tertio vel quarto superiore racemo laxo 5—10 floro obsitus. Bracteae lanceolatae et lineari-lanceolatae, 2—3$^1/_2$ cm longae, membranaceae, tenuissime acuminatae, erecto-patentes. Pedicelli brevissimi, cum ovariis 2—3 cm longi. Sepala late lineari-lanceolata, 2$^1/_2$—3 cm longa, obtusa, viridia (e nota ad vivum), tenuiter 7 nervia et parce reticulata. Petala alba (e vivo), 18—23 mm longa, lateralia late et obovato-oblonga, 7—9 mm lata, late rotundata, nervis tenuibus, inferne extus ramosis, superne furcatis, hic ad 12 parallelis et parce reticulatis. Labellum inferne conduplicatum, supra medium trilobum, disco 5$^1/_2$ mm lato, lobis lateralibus 2$^1/_2$ mm latis truncatis, lobo medio late obovato-truncato, undulato-erosulo (e sicco cum macula flava basali?), in venis laxe et in centro lobi terminalis grossius furfuraceo-pilosum, hoc ceterum glabro; calcar 3 mm longum, latum, rotundatum. Columna ad 1 cm longa, superne sensim dilatata, marginibus pedis alis erectis praeditis.

SW-**Kw.**: Steinige Steppen der str. St. ober Falang in der Schlucht des Hwatjiao-ho am Wege von Dschenning nach Hwangtsaoba, Kalk, 1100 m, 21. VI. 1917 (10392).

Proximus *P. sinensis* Rolfe differt humilior, foliis 15 cm longis, petalis lanceolatis acutis longioribus, labelli lobo medio apiculato, calcare longiore subacuto, columna multo longiore.

Calanthe R. Br.

C. tricarinata Lindl. (*C. megalopha* Franch. — *C. undulata* Schltr. in Not. Bot. Gard. Edinb., V., 110 [1912]). An Bächen und in Lichtungen von Föhrenwäldern der wtp. und tp. St., 2250—3350 m. NW-**Y.**: Bei Lidjiang, v. E. (3988). Hier um das Be-schui und beim Lagerplatz Rüto. Sw von Yungning. Zwischen Tschatü und Waschwa und ober Alo se von Dschungdien. Hwadjiaoping e von hier. **S.**: Um Molien jenseits des Yalung n von Yenyüen (2538). Beiderseits des Sattels zwischen Tjiaodjio und Lemoka im Lolo-Lande e von Ningyüen (1588).

Mit indischen Exemplaren (Wallich aus Nepal, Brandis von Maham, Falconer 1053) vollkommen identisch. Die meisten chinesischen scheinen dadurch abzuweichen, daß zur Blütezeit die Blätter noch nicht ganz entwickelt und entfaltet sind, doch finden sich solche auch unter Brandis' Exemplaren, und 3988 und Limpricht 1482 haben sehr gut entwickelte Blätter. *C. megalopha* fällt in der Blattbreite in die Variationsweite der indischen Pflanze, und die Variation der Lippe ist fließend und unbedeutend.

C. lamellosa Rolfe. NW-**Y.**: In wtp. Regenmischwäldern des birm. Mons. am Salwin bei Bahan und auf dem Rücken Alülaka unter Tschamutong, Glimmerschiefer, 2400—2800 m (9039).

Vom Typus nur durch schmäleren Mittellappen und niedrigere Lamellen der Lippe wenig abweichend.

C. lepida W. W. Sm. in Not. Bot. Gard. Edinb., XIII., 192 (1921), e typo. NW-**Y.**: Auf einem morschen Stamm im tp. Regenlaubwalde des birm. Mons. auf dem Rücken Alülaka unter Tschamutong am Salwin, 2850 m, 24. IX. 1915 (9596).

Labellum (cuius descriptio originalis manca) 9—12 mm longum, trilobum, columnae adnatum; lobi laterales subquadrato-falcati, subacuti, integri; lobus medius spathulatus, iis plus duplo longior, acutus, antice erosulus. Flores (e nota ad vivum) albi, rubro-lineati, mox flavescentes.

* *C. alismifolia* LINDL., Fol. Orchid., *Cal.*, 8 (1854). Auf Erde in der str. St. des birm. Mons. in der Salwin-Schlucht ober Tschamutong, kristallinischer Kalk, 1700 m, 13. VII. 1916 (9561).

C. angusta LINDL. **var. *laeta* HAND.-MZT. in Sitzgsanz. Ak. W. W., LVIII., 95 (1921).

A typo differt rhachide minus pilosa, bracteis subglabris, floribus maioribus tenuioribus, sepalis glaberrimis albis 9—10 mm longis, petalis iis paulo brevioribus, labello 12—13 mm longo.

Kw.: Busch- und Heidewiesen der wtp. St., 750—850 m. Zwischen Niugotang und Maotsaoping am Wege von Duyün nach Badschai, 12. VII. 1917 (10707, Typus) und unter Tailaohsin, 14. VII. 1917 (10780).

Da mir vom Typus wie von der Varietät nur wenige Exemplare vorliegen und die Unterschiede gering sind, will ich hier keine neue Art aufstellen.

C. ensifolia ROLFE. Y.: Kalkfelsen der wtp. St. beim Tempel Tschangtschungschan-miao nächst Yünnanfu, 2200 m (SCHOCH).

C. Delavayi FIN. (*C. coelogyniformis* KRZL.). NW-Y.: Sandige Wälder und Gebüsche der tp. St. ober dem Moränenzirkus Saba am Yülung-schan bei Lidjiang, Kalk, 3350—3400 m (6803). An Quellen der wtp. St. am Sattel Hongschangschan w von hier, Kalk, 2600 m (8779). NW-S.: Gebirge um Sungpan (WEIGOLD).

Die Blütenfarbe wird von FINET offenbar irrtümlich als pourpre-noir angegeben; sie ist rosa.

** *C. hamata* HAND.-MZT.

Terrestris, rhizomate abbreviato, radicibus tenuibus. Folia cuiusque anni 2—3, sub anthesi evoluta, annotina persistentia basi fibris longis, hornotina cum scapo centrali vaginis 3 ovatis, summa ad 13 cm longa, acutis vel obtusis, glabris cincta. Folia elliptico-lanceolata, 15—20 cm longa, longitudine plus $3—4^{\text{plo}}$ angustiora, acuta, in petiolos latos lamina $\pm$ duplo breviores attenuata, sicca chartacea, brunnescentia, nervis maioribus 5 minoribusque multis utrinque prominulis. Scapus 37—66 cm altus, crassiusculus, densiuscule hirtellus, tertio supero racemo laxo 10—20floro occupatus infraque medium interdum bracteis sterilibus. Bracteae ovatae, 4—8 mm longae, longiacuminatae, membranaceae, trinerviae, glabrae, patentes. Flores (e collectore) albi, pedicellis cum ovario tenui dense pilosulo c. 15 mm longis plerisque nutantibus. Sepala conformia, elliptica, 10—14 mm longa et $2—3^{1}/_{2}^{\text{plo}}$ angustiora, breviacuminata, basi cuneata, 3- vel 5nervia, glabra vel extus basi pilosula. Petala iis paulo breviora et sesquiangustiora, ceterum similia, sed ad basin valde angustata, trinervia. Labellum iis aequilongum, ad tertium anticum trilobum, lobis subaequalibus lateralibus patentibus subquadratis, rotundato-truncatis, 3—5 mm longis latisque, lobo medio emarginato et plerumque apiculato; carinae 3, parallelae, lobum medium vix dimidium percurrentes et apicibus incrassatae; calcar cylindricum, c. 1 cm longum, apice attenuatum et leviter incurvum, pilosulum. Columna 2—3 mm longa, marginibus ungui labelli adnata, glabra. Rostellum breviter et obtuse bidentatum; anthera obcordata, polliniis 8; clinandrium profunde excavatum. Capsula obovoidea, 3 cm longa.

Ki.-F.-Grenze: Steinige Stellen am Fuße des Dunghwa-schan zwischen Schitscheng und Ninghwa, anfangs V. 1921, WANG-TE-HUI (Plt. sin. 320).

Proxima videtur *C. Henryi* Rolfe calcare recto paulo breviore quam ovarium cum pedicello et labelli lobis angustis, lobo medio apice dilatato diversa. *C. discolor* Lindl. labelli lobo medio bifido, *C. striata* (Sw.) R. Br. floribus multo maioribus, *C. graciliflora* Hay. ex icone labello subsimilis eius lobo medio elongato lamellisque e basi altiore decrescentibus differunt. *C. aristulifera* Rchb. f. et *C. Limprichtii* Schltr. longius distant.

Spathoglottis Bl.

S. pubescens Lindl. (*S. Fortunei* Lindl.). S.: Steppen der wtp. St. zwischen Fongsaying und Lutschang s von Huili, Sandstein, 1950 m (5120). NE-Y.: Felsige Hügel von Baörlgai, 650 m (Maire). W-F.: Gipfel des Tienhwa-schan w von Dingdschou, c. 1100 m (Plt. sin. 416).

Von den indischen Pflanzen nicht verschieden.

Bulbophyllum Du Pet.-Thou.

? *B. shweliense* W. W. Sm. in Not. Bot. Gard. Edinb., XIII., 191 (1921). Y.: An einem Sandsteinfelsen in der wtp. St. bei Yungbei gegen Datschang, 2100 m (13007). Im W in Wäldern zwischen Dali und Yungtschang, über 2000 m (Gebauer).

Beide steril, in diesem Zustand vollkommen stimmend.

Cirrhopetalum Lindl.

C. emarginatum Fin. Y.: Im NW massenhaft auf *Alnus nepalensis* und *Pinus excelsa* im str. Regenwald des birm. Mons. in der Seitenschlucht Naiwanglong des Irrawadi, 27⁰ 53′, 1725—2150 m (9392). Im E in der wtp. St. des mittelchin. Fl. an Kalkfelsen auf dem Hügel bei Bantjiao nächst Loping, 1550 m (10223?).

Beide steril. Das erste, jedenfalls aus der Originalgegend, ist wohl sicher, das zweite hat dickere Stammglieder, weiter entfernte Pseudobulben und größere, bis 15¹/₂ cm lange Blätter.

? *C. aemulum* W. W. Sm. in Not. Bot. Gard. Edinb., XIII., 195 (1921). NW-Y.: Auf Bäumen in der str. St. des birm. Mons. in der Salwin-Schlucht ober Tschamutong, 1720 m (9814, fruchtend).

C. an *Bulbophyllum* sp. SW-Kw.: Bebuschte, trockene Kalkfelsen der wtp. St. bei Hwangtsaoba, 1400 m (10287, ster.).

Cyperorchis Bl.

C. gigantea (Wall.) Schltr. in Rep. sp. nov., XX., 107 (1924) (*Cymbidium giganteum* Wall. in Lindl., Gen. Sp. Orch., 163 [1840], non Sw. 1799). NW-Y.: Epiphytisch in der str. St. des birm. Mons. am Salwin bei Dara unter Tschamutong sehr viel und in der Schlucht ober diesem Orte, 1700—1925 m (9558).

C. longifolia (D. Don) Schltr., l. c., 108 (*Cymbidium longifolium* D. Don). NW-Y.: Wie voriges im wtp. Regenmischwald unter Lussu über dem Salwin, 28⁰, 2300 m (9104).

Cymbidium Sw.

C. lancifolium Hook. NW-Y.: Auf Granit- und Schiefererde im str. Regenlaubwald des birm. Mons. in der Seitenschlucht Naiwanglong des Irrawadi, 27⁰ 53′, 1725—2150 m (9414).

C. Forrestii Rolfe in Not. Bot. Gard. Edinb., XIII., 23 (1913). Y.: In Yünnanfu verkauft, angeblich von Wuding (13059). Im NW im Mekong-Tal, 27⁰ 30′—28⁰ 20′, 1900—2200 m (Gebauer). Im NE in der wtp. St. an Felsen und ihrem Fuß im Wald bei Tschoudjiawan und Tschoudjiadsetang, 2550, 2600 m (Maire).

Gebauers Pflanze hat den Mittellappen der Lippe länger als die anderen, fällt aber wohl in die Variationsweite der Art. Maires Pflanzen können nicht zu dem aus der Gegend beschriebenen *C. yunnanense* Schltr. gehören, da der Mittellappen keineswegs quadratisch ist. Jene von Tschoudjiawan hat seitlich außerhalb der Enden der Lippenwülste je einen verdickten Buckel. Dieser scheint aber nach Schlechters Bemerkung etwas anders zu sein als die in der Diagnose unverständlich beschriebenen Wülste an den Lippenkielen seines *C. pseudovirens* in Rep. sp. nov., Beih. XII., 351 (1922). Die vorliegenden japanischen Exemplare von *C. virescens* Lindl. haben keineswegs ungelappte Unterlippen, sondern mehr oder weniger vorspringende runde Seitenlappen. In den Rippen scheint auch kein Unterschied zu liegen, wohl aber in der Form und Nervatur des Mittellappens.

C. pumilum Rolfe. NW-Y.: Kristallinische Felsen der str. St. bei Serä am Mekong, 28⁰ 7′, 2460 m (7977) und wahrscheinlich auch unter Bahan am Salwin.

? **C. pendulum** (Roxb.) Sw. SW-Kw.: Dürre Gebüsche der wtp. St. bei Hwangtsaoba, Kalk, 1400 m (10280).

Steril, in den gegen die Spitze verschmälerten Blättern gleich Pantling 441 aus Sikkim, während *C. aloifolium* (L.) Sw. ganz parallele Blattränder hat, ein Unterschied, der dem von King u. Pantling in Ann. Bot. Gard. Calc., VIII., 190 angegebenen in der Blüte hinzuzufügen wäre.

Phalaenopsis Bl.

P. Wilsoni Rolfe. NW-Y.: Mekong-Tal, 27⁰ 30′—28⁰ 20′, 1900—2200 m (Gebauer).

Vanda R. Br.

** **V. rupestris** Hand.-Mzt. in Sitzgsanz. Ak. W. W., LXII., 241 (1925).
Sect. *Teretifoliae* Pfitz.
Radices fasciculatae, permultae, simplices, usque ad 50 cm longae, crassae, taeniatae, 3—5 mm latae, albae, stellatim ad rupes expansae. Caules foliati valde abbreviati vix 2 cm longi et scapi complures 5—10 cm longi debiles subflexuosi fasciculati. Folia imbricata, fasciculata, equitantia ad 12, 12—28 cm longa, carnosa, complicata, ut teretia et 2—2½ mm crassa videantur, longe acuminata, sicca pluricostata, atroviridia, 1½ cm supra basin articulata et decidua. Scapus basi squamis paucis arcte superpositis, scariosis, ovatis, 6—7 mm longis cinctus, dein totus floribus 6—10 aequidistantibus obsitus. Bracteae squamis similes, usque ad 1 cm longae, paucinerviae, deflexae, persistentes. Pedicelli

crassiusculi, cum ovariis $2^1/_2$—$3^1/_2$ cm longi. Flos 3 cm diametro, albi labello rubro-signato (e nota ad vivum). Sepala et petala aequalia, patula, ex unguibus brevibus et latis ovata, 8 mm lata, rotundata, haec ·margine minute erosa. Labellum iis paulo brevius; lobi laterales subrectanguli 4 mm lati antice paulum rotundati et subemarginati, erecti; lobus medius latissime ovatus, 11—12 mm latus, patulus, rotundatus, margine undulato inferne recurvo, basi callo $3^1/_2$ mm lato et longo trilobo instructus; calcar 12 mm longum, dimidium infundibulare ore 4 mm latum, dein paulum incurvum, 2 mm latum, acutiusculum. Columna 6 mm longa, recta, apice 6 mm lata incurva. Pollinia $1^1/_2$ mm longa.

NW-Y.: Phyllitfelsen der str. St. am Yangtse nw von Lidjiang zwischen Djitsung und Bölo, 27⁰ 34—43′, 2075—2150, 4. VI. 1916 (8802).

Proxima *V. Kimballianae* Rchb. f., quae differt caulibus foliatis magis elongatis, floribus maioribus, labelli lobis lateralibus angulo anteriore falcato-acuminatis, lobo medio rubro tenuiter fimbriato, calcare tenuiore et longiore.

Saccolabium Bl.

(*Gastrochilus* D. Don, nom. rejic.)

* *S. gemmatum* Lindl. in Bot. Reg., XXIV., Misc. Not., 50 (1838). NW-Y.: Epiphytisch am Salwin an der Mündung des Tjiontson-lumba und in der Schlucht ober Tschamutong, 13. VII. 1916 (9559), 1675—1700 m.

Palmae

Trachycarpus H. Wendl.

T. Fortunei (Hook.) H. Wendl. (*T. excelsa* [Thunb.] H. Wendl. Beccari in Ann. Bot. Gard. Calc., XIII., 278 [1931] p. p.). Offenbar wild in trockenen Wäldern der str. bis in die wtp. St., 250—1760 m. H.: Dungtai-schan bei Hsianghsiang. Ober Tungdjiapai bei Hsikwangschan. SW-Kw.: Auf den Karst-hügeln bei Djitschangping nächst Muyu-se (10399) und bei Gaotscha zwischen Hwangtsaoba und Djiangdi. Y.: Angeblich um den Beida-ho bis Kougai. Gepflanzt überall um die Dörfer in Y. bis an die tp. St., 2800 m, nach NW bis Hsinyingpan zwischen Yungbei und Yungning (3244), Ngulukö bei Lidjiang (4147), Yissutsa s von Weihsi und Tsedjrong am Mekong, 28⁰ (10014). Ebenso in S. bis ins Becken von Yenyüen und wenig bis zum See e von Yungning.

Da ich keine japanische Pflanze gesehen habe, halte ich mich hier an Rehder, Man. cult. Tr. Shr., 75 (1927) und erwähne die entgegengesetzte neueste Ansicht. Rehders Beschreibung ist aber leicht mißzuverstehen, denn die primären Abschnitte sind 5 cm breit und die letzten lineal.

* *T. Martiana* (Wall.) Wendl. in Bull. Soc. Bot. Fr., VIII., 429 (1861) (*Chamaerops M.* Wall., Plt. As. rar., III., 5, t. 211 [1832]). NW-Y.: In der str. St. des birm. Mons. an den Felsen kristallinischen Kalkes in der Salwin-Schlucht ober Tschamutong, bis unter Niualo, 1725—1900 m, 15. VIII. 1916 (9818) und von hier verpflanzt im Dorfe Sitjitong dort (9802).

Blüten oder Früchte liegen nicht vor. Nach meiner Erinnerung und einem von Dr. J. Rock zugesandten Lichtbilde haben die etwa 7 m hohen Bäume mindestens 20 cm dicke Stämme nach Abfallen der Blattscheiden, die nur unter

den frischen Blättern einen kurzen Büschel bilden. Diese sind unterseits wachsweiß und auf den Nerven rötlich drüsenpunktig, das Originalexemplar ebenso,
aber kaum weißlich, 9802 hat aber keine Punkte. Die Teilung stimmt überein,
die Blätter sind aber weicher und fast flach und die Spitzen der äußeren Abschnitte
fast gleich (beim Typus die äußere um $\pm$ 1$^1/_2$ cm kürzer als die innere). Die
Art wurde von HEIM, Minya Gongkar, 106 (1933) nach einer nur auf Licht-
bildern beruhenden Bestimmung SCHICKS für Setschwan angegeben.

T. nana BECC. **Y.**: Gebüsche, *Pteridium*-Wiesen, einzeln in *Pinus yunnanensis*-Wäldern, häufig in Mischwäldern aus dieser, *Keteleeria, Castanopsis
Delavayi* und *Quercus Delavayi* oder *Q. Franchetii* in der wtp. St., vielleicht
nicht auf Kalk, 1700—2600 m. Zerstreut zwischen Lufeng und Schidse am
Wege von Yünnanfu nach Dali (8660). Einzeln ober Dapogwan nw von Lunggai
am Yangtse. Sehr häufig von Yungbei (Yungpe) (13005) nach E bis unter Weischa
bei Hwaping.

* *Didymosperma* H. WENDL.

* *D. nanum* (GRIFF.) WENDL. et DRUDE in KERCHOVE, L. Palm., 243 (1878)
(*Wallichia nana* GRIFF. in Calc. Journ. Nat. Hist., V., 488 [1845]). **S-Y.**: Im
tr. Regenwaldrest flußabwärts gegenüber Manhao nahe der Grenze von Tonking,
Tonschiefer, 200 m, 5. III. 1915 (5915).

Araceae

Acorus L.

A. calamus L. var. **vulgaris** L., Sp. Pl., 324 (1753). In Seen, Sümpfen
und Gräben der str. bis in die tp. St. **Y.**: 1890—2820 m. Viel auf den Schilfinseln im Kunyang-hai bei Yünnanfu. Im NW bei Ngulukö nächst Lidjiang
(4229). Djinkou und Basulo zwischen Djientschwan und Weihsi. **S.**: Ningyüen,
1610 m (1967). Tschoso gegen den See e von Yungning. **E-Kw.**: Zwischen
Duyün und Maotsaoping, um 800 m.

A. Tatarinowii SCHOTT (*A. gramineus* ENGL. in Pflzenr., IV/23 B., 312
p. p. et excl. var. *pusillus*. — *A. g.* var. *crassispadix* LINGSH. in Rep. sp. nov.,
Beih. XII., 312 [1922]). In Felsritzen in kleinen Bergbächen und an ihren
Ufern in der wtp. bis in die str. St. auf Sandstein und Tonschiefer, 500—1300 m.
SW-H.: Häufig auf dem Yün-schan bei Wukang (12079). Um Hsüning bis
gegen Ngaidso und Lianglitang. **Kw.**: Madjiadwen zwischen Duyün und Guiding
(10652). **NE-Y.**: Lungdji im mittelchin. Fl. (MAIRE). Hongkong (HANCE
973). Taimo-schan (FABER). Indien: Kasia (HOOKER u. THOMSON).

Blätter dünner als beim folgenden, auffallend dunkel grün, mit zahlreichen,
stark vortretenden Nerven, von denen mehrere stärker sind; über 6 (bis 14) mm
breite kommen wohl in jeder Aufsammlung vor. Spatha mindestens so lang bis
mehrmals länger als der viel dickere Kolben, nach oben meist laubig verbreitert.
Aus Japan kommt ihm ICHIKAWA 77 am nächsten.

A. gramineus SOLAND. ENGL., l. c., p. p. et var. *pusillus* (SIEBD.) ENGL.
in DC., Mon. Phan., II., 218 (1879). **II.**: In Tschangscha kultiviert, angeblich
von Gewässern bei Tjiaotoopu (11607). **W-S.**: Omei (FABER). **W-Y.**: Im birm.
Mons. bei Tengyüe (FORREST 17683).

Blätter dicker, trocken hellgrün oder bräunlich, mit trocken kaum vortretenden, sondern eher eingesenkten Nerven oder einem deutlichen Mittelnerv, viel schmäler, selten bis 6 mm breit. Spatha bis doppelt so lang wie der ganz dünne Kolben, (meist borstig-) lineal, oft nur ganz kurz. Vom vorigen offenbar gut geschieden.

Rhaphidophora Hassk.

(*Raphidophora* Engl.)

R. Hookeri Schott in Bonplandia, V., 45 (1857). Y.: Im S im tr. Regenwaldrest flußabwärts gegenüber Manhao, Tonschiefer, 200 m (5917). Im NW im str. Regenlaubwalde des birm. Mons. in der Seitenschlucht Naiwanglong des Irrawadi, 27⁰ 53′, Granit, 1850 m (9399).

? *R. hongkongensis* Schott. S-Y.: An Tonschieferfelsen kletternd im tr. Regenwaldrest unter Yaotou zwischen Möngdse und Manhao, 650 m (5946, nur ein steriles Stück).

* *R. Peepla* (Roxb.) Schott, l. c., 45 (*Pothos P.* Roxb., Fl. Ind., I., 454 [1820]). NW-Y.: Häufig im str. Regenlaubwalde des birm. Mons. am Salwin um Tschamutong (9549) bis zur Seilbrücke ober Wuli, 1700—2100 m, 13. VII. 1916, s. Naturb. SW-China, Abb. 122.

R. decursiva (Roxb.) Schott, l. c., 45 (*Pothos d.* Roxb., l. c., 456). Y.: Im S an Tonschieferfelsen kletternd im tr. Regenwald unter Yaotou zwischen Möngdse und Manhao, 650 m (5939). Im NW ebenso an Granit in der str. St. des birm. Mons. in der Seitenschlucht Naiwanglong des Irrawadi, 27⁰ 53′, 1850 m. SE-Kw.: Am Du-djiang zwischen Sandjiang und Tintang, 350 m.

Amorphophallus Bl.

A. variabilis Bl. W-F.: Steinige Stelle am Fuße des Tienhwa-schan w von Dingdschou, Sandstein (Plt. sin. 406?). Ki.-F.-Grenze: Steinige, schattige Stellen am Fuße des Dunghwa-schan zwischen Schitscheng und Ninghwa, c. 600 m (Plt. sin. 308).

Die erste Nummer besteht nur aus Knolle mit Schaft und einer Skizze des Fruchtstandes. Die zweite stimmt in dem spitzen Kolbenanhang mit 2 Zeichnungen Schotts aus dem Herbar Utrecht, deren eine, als *Brachyspatha variabilis*?, die Spatha um ein Drittel kürzer als den Kolben, die andere, ohne ?, eine noch kürzere zeigt, während sie bei meiner Pflanze ihm gleichlang ist, bei einer Faberschen aus China aber kürzer. Sterile, in Fäden aufgelöste Blüten wie hier hat auch ein Exemplar ohne Herkunftsangabe im Wiener Museum.

A. Rivieri Durieu (*A. Konjak* C. Koch, nom. nud.). S.: In Gärten der wtp. St. in Dugungpu am Zuflusse des Yalung gegen Yenyüen, 2225 m (2194).

A. Mairei Lévl. in Rep. sp. nov., XIII., 259 (1914), e typo. NW-Y.: An Wassergräben in der str. St., 1925—2200 m. Dsato am Yangtse n von Lidjiang, 27⁰ 8′ (7005). Schuti am Schou-tschu w von Yungning. Unter Weihsi. S.: Dseia bei Muli, in der wtp. St. 2600 m. SW-Kw.: Im Karstland zwischen Nanmutschang und Taiping, 1250 m.

Die gesammelte Pflanze nur im beblätterten Zustand, die Notizen nicht sicher dazugehörig. Das blühende Originalexemplar steht der vorigen Art sehr nahe und unterscheidet sich durch fast zylindrische (nicht trichterförmige), im ausgebreiteten Zustand schmälere, c. 12 cm breite und anscheinend nicht gefleckte Spatha; auch sind die Griffel meist länger als die Fruchtknoten. Vielleicht wilde Stammform von *A. Rivieri*.

Remusatia SCHOTT

*** R. vivipara** (LODD.) SCHOTT in SCHOTT et ENDL., Melet. Bot., 18 (1832) (*Caladium viviparum* LODD., Bot. Cab., t. 281 [1820]). Kalkfelsen der str. St., 1375—1700 m. **Y.**: Nw von Yünnanfu in der Schlucht gegen Fumin (SCHOCH 349). Schlucht ober Hsindschwang über dem Yangtse e von Yungbei (13015). **S.**: Dschenbaörl am Zuflusse des Yalung se von Yenyüen, 27° 5′, 23. IX. 1914 (5282).

Gonatanthus KLOTZSCH

G. pumilus (D. DON) ENGL. et KRAUSE in Pflzenr., IV/23 E., 19 (1920) (*Caladium pumilum* D. DON, Prodr. Fl. Nep., 21 [1825]. — *Gonatanthus sarmentosus* KLOTZSCH 1841). NW-Y.: In Gewässern der str. St. in der Yangtse-Schlucht e von Lidjiang, 1450—2100 m (3415). Hierher auch FORREST 22403 als *Remusatia vivipara* vel aff.

Colocasia SCHOTT

C. antiquorum SCHOTT. **S.**: Feuchte Stellen der str. St. im Djientschang bei Dötschang, 1450 m (1163). **Y.**: Gebaut bei Dali und sonst mehrfach in der wtp. St. Im NW an einem Wassergraben bei Yulo am Yangtse nw von Lidjiang (phot.) und besonders viel gebaut am Salwin.

Alocasia NECK.

A. odora (ROXB.) C. KOCH (*A. macrorrhiza* FORB. et HEMSL., non [L.] SCHOTT). **Y.**: In tr. Regenwaldresten flußabwärts gegenüber Manhao, 200 m (5916) und um ein Saugloch ober Yaotou zwischen Manhao und Möngdse, 1100 m, s. Naturb. SW-China, Abb. 69. **SE-Kw.**: Seitenschluchten des Du-djiang unterhalb Sandjio, str. St., 300—400 m.

Arisaema MART.

A. talense ENGL. in Pflzenr., IV/23 F., 156 (1920). Gebüsche und Heidewiesen der wtp. bis in die tp. St., 1850—3000 m. Tschuhsiung. Mehrfach zwischen Yungbei und Yungning. Im NW ober Dsilidjiang und um Ngulukö bei Lidjiang, am Yangtse ober Schigu w von hier (GEBAUER). Im NE bei Dungtschwan (MAIRE). Ob dieses im E überall um Sidsung?. **S.**: Um Duörlliangdse (2874) und Gaitiu zwischen Yenyüen und Yungning. Ob dieses bei Dseia nächst Muli? (5zählig). ? **SW-Kw.**: Zwischen Ahung und Tjiaolou ne von Hwangtsaoba, um 1600 m.

Besonders MAIRES ♂ und ♀ Pflanzen haben sehr breite Blattabschnitte (var. *latisectum* ENGL., l. c.). Jene GEBAUERS (teste K. KRAUSE) haben undeutlich fußförmig 5zählige Blätter. Dies läßt es nicht unmöglich erscheinen, daß die Art zu *A. saxatile* BUCHET in Not. Syst., II., 124 (1911) gehört. Zwei Exemplare MAIRES, ebenfalls von Dungtschwan, das eine 3-, das andere 5zählig, haben einen etwas längeren, herabgeschlagenen Kolbenanhang und gestielte ♂ Blüten und könnten auch zur Sektion *Tortuosa* ENGL. Beziehungen haben.

A. lichiangense W. W. Sm. in Not. Bot. Gard. Edinb., VIII., 178 (1914). NW-Y.: Bei Lidjiang, v. E. (3739). In wtp. Föhrenwäldern s von Sunggwe, 2100 m? S.: Im wtp. Stecheichenwald bei Datu im Gebiete von Muli in dem nw von Yungning herabkommenden Tale, 2600 m (s. Karst. u. Schenck, Vegetatb., 20. R., T. 42 B).

A. candidissimum W. W. Sm., l. c., X., 8 (1917). Trockene Hänge der wtp. bis in die tp. und str. St., 2250—2950 m. NW-Y.: Bei Lidjiang, v. E. (3737). Zwischen Baörlso und Daschan s von Yungning. Zwischen Fongkou und Laodselou über dem Yangtse n von Lidjiang. Unter Losiwan nw von hier. S.: Dadsui am See e von Yungning. Unter Yiwanschui am Zuflusse des Wolo-ho zwischen Yungning und Yenyüen (2938). Unter Gwandien jenseits des Linbinkou nw von hier (2826).

Spadicis appendix rectiuscula vel in semicirculum deorsum curvata, 2 usque 4½ cm longa, 1— fere 3 mm crassa; ♀ pars florifera 1½ cm longa, ovariis hexagono-globosis, stigmatibus parvis, disciformibus, breviter fimbriatis.

Zunächst verwandt jedenfalls mit der vorigen Art.

** ***A. bathycoleum*** Hand.-Mzt. in Sitzgsanz. Ak. W. W., LXI., 122 (1924). (Abb. 43).

Sect. *Attenuata* Engl.

Unifolium, dioicum, tubere depresse. globoso, 1½ cm crasso. Pedunculus tenuis, 13—22 cm longus, cataphyllis 1—2 acutis et petioli ala aequali illis longiore ad medium involutus. Petiolus gracilis, 1½—6 cm longus; lamina sub anthesi paulum evoluta, crassiuscule herbacea, viridis, ternata, segmentis sessilibus, lanceolatis, acutis, medio quam petiolus 2—6^{plo} longiore, ad 10—13 mm lato, lateralibus subduplo vel duplo minoribus, raro simplex nec a segmento mediano descripto diversa; costa lata subtus prominula et saepe purpurascens; nervi numerosissimi subparalleli porrecti, alternatim validiores, (in statu praesente) ± 1 mm inter se distantes, sat procul a margine integro in unum confluentes. Pedunculus plantae ♀ petiolo usque duplo brevior, ♂ eo fere 2—4^{plo} longior. Spatha viridis (e nota ad vivum) vel pallide flavida, 8½—17 cm longa, tubo e basi vix obtusa infundibulari-cylindrico, 1—1½ cm diametiente, ore subhorizontaliter truncato, marginibus reflexis, nec constricto nec auriculato, lamina eo ± aequilonga et paulo latiore, ovato-lanceolata vel lanceolata, acuta vel longiacuminata, planiuscula, paululum prona. Spadix tenuis, a basi ad 2—3 cm floribus laxe obsitus, ♀ purpurascens; appendix parte illa tenuior, pallida, 1¼—1½ mm crassa, jam intra spatham in caudam filiformi-subulatam, 9—16 cm longam, purpurascentem supra os arcuatam et dependentem sensim angustata. Flores sessiles, ♂ antheris 4 minutis poro magno aperiundis. Floris ♀ styli quam ovarium striatulum dimidio longiores.

Abb. 43. *Arisaema bathycoleum* Hand.-Mzt. ♂ (7021). ²/₅ nat. Gr.

Buschwälder und Waldlichtungen der tp. St., 2900—3250 m. NW-Y.: Ober Duinaoko e von Lidjiang, 4. VII. 1914 (3448, ♀ Typus). N von hier gegen Tsasopie am Wege nach Yungning, 27⁰ 22′, 11. VII. 1915 (7021, ♂ Typus). Zwischen Hwadjiaoping und Dahota e von Dschungdien. S.: Mehrfach um Muli.

Proximum *A. yunnanense* BUCHET differt segmentis (saltem medio) ansatis, spathae tubo duplo et ultra minore oblique truncato, lamina dorso gibboso-concava, spadicis appendice multo breviore. *A. talense* simili modo distat.

A. Maireanum ENGL., det. K. KRAUSE. NW-Y.: Bei Lidjiang, v. E. (3738). Wahrscheinlich auch dieses in der wtp. St. bei Haba se von Dschungdien, 2650 m und in S.: Bei Muli, 2800 m.

**** A. hunanense** HAND.-MZT.

Sect. *Auriculata* ENGL.

(Tuber fragmentarium). Cataphylla lineari-lanceolata, membranacea, rotundata, pedunculum ad 15 cm amplectentia. Folia 2; petioli 45—55 cm longi, ad medium fere vaginati, crassi; lamina pedatisecta, segmentis 9, oblanceolatis, 10—25 cm longis, longitudine 3—4$^\text{plo}$ angustioribus, subito et breviter acuminatis et longe mucronatis, basi sensim angustatis, medio vix ansato, lateralibus in ansa communi 3—4 cm longa subsessilibus, extimis asymmetricis, membranaceis; nervi laterales primarii c. 4—6 mm distantes, in nervum a margine 3—5 mm distantem conjuncti. Pedunculus petiolis multo brevior, vaginam summam c. 6 cm superans, crassus. Spathae (e sicco intus rubescentis) tubus cylindricus, c. 7 cm longus, ad 2 cm latus, faucis marginibus semiorbiculari-subauriculatis; lamina ovato-lanceolata, c. 6 cm longa, longe acuminata. Spadicis ♀ inflorescentia densa, c. 2¹/₂ cm longa et duplo angustior; appendix sensim attenuata, medio 2 mm crassa, superne prorsus curvata et exserta, 6 cm longa vel longior, ad 1¹/₂ cm floribus rudimentariis subuliformibus 4—5 mm longis laxe obsita. Ovaria ellipsoidea, c. 3 mm longa, in stylos breves stigmatibus discoideis subpenicillatis coronatos truncato-contracta. (Planta ♂ ignota).

H.: Im wtp. Laubwalde ober dem Dorfe Tungdjiapai bei Hsikwangschan im Bezirke Hsinhwa, Sandstein, 750 m, 14. V. 1918 (12827).

Simillimum videtur *A. Wrayi* HEMSL. malaccensi, quod differt folio singulo, evaginato, pedunculo longiore quam petiolus, spatha minus acuminata.

Nach einem einzigen Exemplar beschrieben, aber sicher neu. Die Kolbenspitze ist beschädigt, vielleicht noch viel länger ausgezogen.

*** A. flavum** (FORSK.) SCHOTT, Prodr. Syst. Ar., 40 (1860) (*Arum f.* FORSK., Fl. Aeg.-Arab., 157 [1775]). NW-Y.: Im Mekong-Tal, 27⁰ 30′—28⁰ 20′, 1900 bis 2200 m (GEBAUER). E von Atendse, 3350 m (sicher nicht!) (FORREST 20107). S.: Dürre Hänge der str. St. zwischen Wali und Datjiaoku über dem Yalung n von Yenyüen, Phyllit, 1725—2125 m, 29. V. 1914 (2693).

A. consanguineum SCHOTT. Wälder, Gebüsche und Matten der wtp. bis in die tp., selten die ktp. St. Y.: 1900—3000 m. Schlucht unter der Haiyense bei Yünnanfu (SCHOCH 177). Nordhang des Dji-schan ne von Dali. Überall s von Yungning. Im NW zwischen Hodjing und Lidjiang (phot.). Hier (GEBAUER). Haba se von Dschungdien. Im birm. Mons. ober Bahan am Salwin, 27⁰ 58′, und ober Schutsche am Djiou-djiang w von dort. Im E von Yünnanfu bis jenseits Sidsung überall. Im NE bei Dungtschwan (MAIRE). S.: 2400—3700 m. Überall um Muli; hier bei Datu nw von Yungning, s. KARST. u. SCHENCK, Vegetatb., 20. R., Taf. 42 B. Yabikou über dem Wolo-ho, Duörlliangdse (2875) und Hungga bis auf den Rücken Daörlbi zwischen Yungning und Yenyüen. Schamenkou und Luhungti nw von hier. Zwischen Datscho und Molien jenseits des Yalung n von hier, 28⁰ 10′ (2575). **H.**: Ober Tungdjiapai bei Hsikwangschan nächst Hsinhwa, 750 m (11837). Im SW auf dem Yün-schan bei Wukang (Plt. sin. 111). **Ki.**: Kuling bei Djiudiang (FABER).

Blattabschnitte der sehr großen Nr. 11837 bis gegen 8 cm breit.

A. fraternum SCHOTT. NW-Y.: Bei Lidjiang, v. E. (3736).

* **A. echinatum** (WALL.) SCHOTT in SCHOTT et ENDL., Melet. Bot., 17 (1832) (*Arum e.* WALL., Pl. As. rar., II., 30, t. 136 [1831]). NW-Y.: Bambusdschungel in der tp. St. an der Ostseite des Passes Tschiangschel zwischen Salwin und Irrawadi, 27⁰ 52′, Glimmerschiefer, 3275 m, 3. VII. 1916 (9243).

A. purpureogaleatum ENGL. in Pflzenr., IV/23 F., 185 (1920). STAPF in Bot. Mag., CLIV., t. 9212 (1930). Wälder, Gebüsche, Felsen und Matten der wtp. und str. St., 1600—2500 m. Y.: Haiyen-se bei Yünnanfu (SCHOCH 178). Im NW im Yangtse-Tal ober Schigu nw von Lidjiang (GEBAUER). Häufig um Meidsiping und Losiwan an seinem Zufluß se von Dschungdien (6849). Im birm. Mons. häufig am Salwin ober Tschamutong (9790). Im E unter Pienschan zwischen Sidsung und Loping (10146). Im NE bei Banpiengai (MAIRE). SW-**Kw.**: Sattel zwischen Ahung und Tjiaolou ne von Hwangtsaoba.

A. ambiguum ENGL., l. c., 187 (1920). **II.**: Schattige, kräuterreiche Stellen im str. Hartlaubwalde des Yolu-schan bei Tschangscha, Sandstein, 150 m (11667).

* **A. tortuosum** (WALL.) SCHOTT in SCHOTT et ENDL., Melet. Bot., 17 (1832) (*Arum t.* WALL., Pl. As. rar., II., 10 [1830]). S.: Gebüsche der wtp. St. ober Oti bei Kwapi n von Yenyüen, Kalk, 2400 m, 1. VI. 1914 (2792). Vielleicht auch dieses bei Dseia nächst Muli.

Kolben kurz, entsprechend der Abbildung von *A. Steudelii* SCHOTT im Wiener Museumsherbar, das aber einhäusig ist.

* **A. speciosum** (WALL.) MART. in Flora, XIV., 458 (1831) (*Arum s.* WALL., Tent. Fl. Nep., 29, t. 20 [1824]). NW-Y.: Im tp. Regenlaubwald des birm. Mons. auf dem Rücken Alülaka unterhalb Tschamutong am Salwin, Schiefer, 2850 m, 26. VI. 1916 (9089).

Fadenfortsatz des Kolbens bis meterlang, liegt geschlängelt auf dem Blatt und hängt jenseits herab.

A. lobatum ENGL. var. **Rosthornianum** ENGL. S.: In der tp. St. Im Grunde der Waldschlucht des Soso-liangdse im Daliang-schan e von Ningyüen, 2700 m (1731). Bambusdschungel im Wald am Hange des Daörlbi ober Hungga halbwegs zwischen Yenyüen und Yungning, 3500 m (2956).

A. biauriculatum W. W. SM. in sched. (*A. auriculatum* W. W. SM. in Not. Bot. Gard. Edinb., VIII., 177 [1914], non BUCHET 1911). NW-Y.: In den tp. Regenmischwäldern des birm. Mons. besonders im Hochgekräute auf Glimmerschiefer und Granit. Zwischen Mekong und Salwin, 3000—3200 m, im Tale vom Si-la nach Tseku, 28⁰ (8874) und in jenem vom Schöndsu-la nach Londjre am Mekong, 28⁰ 6′ (8191). Vom Salwin gegen den Irrawadi im Tjiontson-lumba w von dort, um 2850 m.

Steht wohl der vorigen Art zunächst.

A. sikokianum FRANCH. et SAV., Enum. Pl. Jap., II., 507 (1879) (*A. Sazensoo* [BUERG. ined.] MAK.) **var. serratum** (MAK.) HAND.-MZT. (*A. Sazensoo* var. *s.* MAK. in Bot. Mag. Tok., XV., 132 [1901]. — *A. S.* var. *serrato-dentatum* ENGL. in Pflzenr., IV/23 F., 205 [1920]). **H.**: Wald der wtp. St. ober Tungdjiapai bei Hsikwangschan nächst Hsinhwa, Sandstein, 750 m (11834). Im SW im Wald ober dem Tempel Gwanyin-go am Yün-schan bei Wukang, Tonschiefer, 1250 m.

Größtes Endblättchen 25 × 15 cm, aber nur 5zählig, daher nicht zur var. *Henryanum* (ENGL.) HAND.-MZT. (*A. Sazensoo* var. *H.* ENGL.) zu stellen. Zur v a r. *m a g n i d e n s* (N. E. BR.) HAND.-MZT. (*A. amurense* MAXIM. var. *m.* N. E. BR.) gehört auch ein Exemplar von WILSON 373. ENGLERS Nomenklatur l. c. entspricht nicht den Regeln.

A. elephas BUCHET in Not. Syst., I., 370 (1911). STAPF in Bot. Mag., CL., t. 9058. Feuchtschattige Wälder und Bambusdschungeln der tp. bis in die wtp. und ktp. St., 2300— gegen 4000 m. **Y.**: Dji-schan ne von Dali. Ober Hsiangschuiho (phot.) und unter dem Passe Dsuningkou bei Dienso (6561) s von Hodjing. Unter Baodu zwischen Yungbei und Yungning. Im NW bei Haba, um Alo und auf dem Rücken gegen Da-Niutschang se von Dschungdien. Westseite des Passes Lenago zwischen Yangtse und Mekong, 27⁰ 43′ (GEBAUER). Im birm. Mons. zwischen Salwin und Schweli, 25⁰ 6′ und 25⁰ 30′ (FORREST 29808, 24789). **S.**: Ober Yiwanschui am Rücken Daörlbi halbwegs zwischen Yungning und Yenyüen (2944). Unter Podjio n und ober Niutschang se von hier.

**** A. Handelii** STAPF ined.

Sect. *Lunata* ENGL.

Dioicum, monophyllum. Tuber depressum, c. $4^{1}/_{2}$ cm latum, fibris numerosis elongatis. Cataphylla 1—2, lanceolata, acuta, membranacea, 3—17 cm longa vel (leg. WARD) linearia, 36 cm longa et $1^{1}/_{2}$ cm lata. Petiolus, 17—50 cm longus crassus, levis vel verrucosus, evaginatus; lamina membranacea, viridis, sicca $\pm$ pallescens, trisecta; segmenta sessilia, medium late obovatum vel obcordatum, 7—19 cm longum et fere duplo latius, antice latissime truncatum et breviuscule apiculatum, lateralia eo paulo usque subduplo longiora, latissime ovata vel subrhomboidea, usque ad 30 cm longa, longitudine $\pm$ aequilata, breviacuminata, basi obliqua cuneato-angustata; nervi laterales numerosi, obliqui, ante marginem arcuato-conjuncti, cum venis elongato-reticulatis tenuiter prominui. Pedunculus petiolo brevior, $4^{1}/_{2}$—16 cm longus, gracilior, levis. Spatha albo-viridis vel purpureo-striata (e nota ad vivum); tubus cylindricus, 5—6 cm longus, c. 2 cm latus, in laminam galeato-incurvam, eo $\pm$ aequilongam, abrupte subcaudato-acuminatam productus. Spadicis ♂ inflorescentia c. 3 cm longa, sparsiflora; flores stipitibus crassis 1—2 mm longis, plerique diandri, antherarum thecis disjunctis et lunatis; appendix in stipite c. 1 cm longo, basi abrupte dilatata et usque ad 2 cm crassa, dense papilloso-verrucosa, sigmoideo-curvata, dein attenuata, levis et in flagellum tenue longissime exsertum producta, tota 20 usque 30 cm longa. Spadicis ♀ inflorescentia 3—$4^{1}/_{2}$ cm longa, densiflora; ovaria ovoidea, c. 4 mm longa, stigmatibus subsessilibus discoideis; appendix ut in ♂, sed basi 5—10 mm tantum crassa et interdum sublevis.

NW-Y.: Tp. Regenmischwälder des birm. Mons. zwischen Mekong und Salwin, in Menge in dem vom Si-la nach Tseku herabkommenden Tale, 3050—3200 m,

15. VI. 1916 (8873, Typus), an der Westseite im Saoa-lumba, 3500 m, jedenfalls in derselben Gegend, 1907 (MONBEIG 271), zwischen Salwin und Irrawadi im Tjiontson-lumba w von hier, 2800 m, und weiter n, VII. 1919 (FORREST 19317). Wo?, 4. VII. 1913 (WARD 646). Glimmerschiefer und Granit.

Proximum praecedenti, quod differt spatha superne paulum tantum inclinata vix galeata et spadicis appendice levissima minus incurva saepe vix horizontaliter porrecta.

* *A. verrucosum* SCHOTT in Österr. Bot. Wochenbl., VII., 341 (1857) (*A. salwinense* HAND.-MZT. in Sitzgsanz. Ak. W. W., LXI., 123 [1924]). NW-Y.: Häufig in tp. Regenmischwäldern des birm. Mons. im Tjiontson-lumba, einem w Seitentale des Salwin unterhalb Tschamutong, Granit, 2950—3150 m, 2. VII. 1916 (9203). Zwischen Nmaika und Salwin, 26° 10′ (FORREST 18089 als *A.* aff. *costatum* WALL.).

Die Art, deren Antheren SCHOTT richtig mit „rima confluente aperientibus" beschrieb, wurde von ENGLER unzutreffend in die Sect. *Wallichiana* seiner Fassung gestellt, deren Leitart aber ebenfalls mit halbmondförmigem Spalt aufspringende Antheren hat. Dies verleitete mich zur Neuaufstellung, die ich aber l. c., LXII., 150 (1925) wieder einzog.

Pinellia TEN.

P. ternata (THUNB.) BREITENB. in Bot. Zeitg., XXXVII., 687 (1879) (*P. tuberifera* TEN.). SW-H.: Auf Erde unter Felsen der str. St. bei Wangdjiapu zwischen Wukang und Hsinning, 400 m (11237). Kräuterreiche Grashänge der wtp. St. beim Tempel Gwanyin-go auf dem Yün-schan bei Wukang, 1200 m (12433).

Pistia L.

P. Stratiotes L. var. *cuneata* ENGL. in Fl. Bras., III/2., 214 (1879). S-Y.: In einer warmen Quelle der tr. St. bei Manhao nahe der Grenze von Tonking, Tonschiefer, 200 m (5781).

Lemnaceae

Spirodela SCHLEID.

S. polyrrhiza (L.) SCHLEID. In stehenden Wässern, Reisfeldern, Kanälen der wtp. und str. St. Y.: 1800—2500 m. Jöschuitang n von Yünnanfu (458). Djientschwan. Im NW bei Yedsche am Mekong, 27° 42′ (7950). Im NE in der Ebene von Dungtschwan (MAIRE). S.: Ningyüen, 1650 m (1265). Kw.: Überall um Nganschun und Nganping, 1400 m.

Lemna L.

L. minor L. Reisfelder der wtp. und str. St., 1550—1950 m. Y.: Schilungba bei Yünnanfu (187). Im NW bei Yedsche am Mekong (7951, fr.). S.: Um Huili und anderwärts. Liso im Djientschang (1192).

L. trisulca L. NW-Y.: Massenhaft in Sickerquellen der schwarzgründigen Wiesen der tp. St. bei Ngulukö nächst Lidjiang, Kalk, 2820 m (4234).

Pandanaceae

Pandanus L.

P. sp. S-Y.: Im tr. Regenwaldrest unter Yaotou zwischen Möngdse und Manhao, Tonschiefer, 650 m (5941).

Sterile, niedrige Pflanze. Blätter 1,7 m lang, 3—4 cm breit, dünn, flach. Endteil abgebrochen. Sägezähne besonders im vorderen Teil auffallend dicht und klein, die vordersten nicht größer. Wahrscheinlich neu.

Typhaceae

Typha L.

T. orientalis PRESL. Sümpfe, Moorwiesen, Bachränder der wtp. und str. St. **H.**: Am Kohlenflöz jenseits des Sattels Duschu-ling bei Hsikwangschan nächst Hsinhwa, 650 m (12616). Im SW bei Sandjingtjiao jenseits Dsingdschou, 450 m. **Kw.**: Zwischen Lungli und Lungdsu, 1100 m (10561). **Y.**: Bestände bildend n von Dengtschwan bei Dali, 2100 m (8732). Im NW bei Losiwan zwischen Lidjiang und Dschungdien, 2350 m (4814).

In Reisfeldern, wie KRONFELD angibt, habe ich sie nie gesehen.

Nachträge und Berichtigungen

zu Teil VII, soweit solche nicht an leicht auffindbaren Stellen von anderen veröffentlicht sind.

S. 9, Z. 22 von oben lies Bätö statt Bödö.

S. 14, Z. 5 von oben lies *P. amabilis* (NELS.) REHD. in Journ. Arn. Arb., I., 53 (1919) (*P. Kaempferi* [LINDL.] GORD. —) und streiche Z. 15 bis 18 „folgt".

S. 15, Z. 3—5 von oben streiche „In der tp." bis „(7923)" und setze dies auf S. 16 zu *Pinus insularis* Z. 19 nach „NW-Y.:"

S. 15, Z. 6 von oben lies 3300 m (3033, var. —

S. 16, Z. 18 von oben lies Wachstum statt Wachstums.

S. 18, Z. 16 von oben unter *Ephedra equisetina* streiche Nr. 2420 und ihren Fundort und siehe FLORIN in Sv. Vet. Ak. Handl., 3. s., XII/1., 33 (1933) (*E. likiangensis*).

S. 20, Z. 10 von unten lies BAT. statt BATT.

S. 27, Z. 7 von oben lies *C. mollissima* BL., cfr. REHD. in Journ. Arn. Arb., XI., 154 (*C. Bungeana* BL.).

S. 27, Z. 21 von unten lies Badschai. Zwischen —.

S. 32, Z. 17—18 von oben. Die Nr. 10135 gehört möglicherweise zu *L. Naiadarum* (HCE.) CHUN in Journ. Arn. Arb., IX., 152 (1928), teste CHUN, soweit sich dies ohne reife Früchte sagen läßt.

S. 33, nach Z. 7 von oben füge ein:

 L. **sp.?** NW-Y.: In der str. St. im Wäldchen an der Quelle bei Djitsung am Yangtse nw von Lidjiang, 27⁰ 34', Kalk, 2075 m (7832).

 Steriler, schlaffer, etwas spreizklimmender Strauch. Diesjährige Blätter breit, bis 14 × 7 cm, trocken lederbraun, lackglänzend, unterseits von zerstreuten Papillen grau, vorjährige viel kleiner. Sonst ähnlich *L. spicata.*

S. 39, Z. 21 von unten lies nud. statt und.

S. 43, Z. 10 von oben lies trieben statt tieben.

S. 48, Z. 11 von unten füge ein: Meine Beschreibung der ♂ Kätzchen von *Quercus Jenseniana* siehe in Sinensia, II., 123 (1932).

S. 49, Z. 8 von oben lies ♂ statt ♀.

S. 54, nach Z. 18 von unten füge ein:

 J. **sp.?** E-Y.: Im Laubwalde der wtp. St. im mittelchin. Fl. auf dem Karsthügel bei Djindjischan e von Loping, 1600 m (10185).

 Steriler, dünner Trieb. Nur bis 9 Blättchen. Haare nicht oder kaum gebüschelt; keine Drüsen. Durch die scharfe Zähnung am ehesten an das Exemplar WILSON, Veitch Exp. 393 von *J. cathayensis* erinnernd.

S. 56, unter *Pterocarya Forrestii* Z. 10 von oben lies: Floris ♀ bracteae (FORREST 13901) valde pilosae (ut in typo *P. Delavayi*). Fructus alae (F. 13378) glabrae.

S. 60, Z. 21 von unten lies in Plt. Wils., III., statt l. c.

S. 89, Z. 12 von oben vor „Im NE" füge ein: Y.:

S. 98, unterste Zeile lies *F. Esquirolii* LÉVL. et VANT. REHDER in Journ. Arn. Arb., XVII., 79 statt *F. stenophylla* HEMSL. Dort S. 73—82 auch genaue Bestimmung der übrigen LÉVEILLÉschen *Ficus*-Arten.

S. 100, Z. 13 von oben lies *pyriformis* statt *piriformis.*

S. 104, Z. 2 von oben nach „und" füge ein: diese.

S. 106, Z. 5 von oben streiche *T. cannabina* LOUR.; Z. 6 lies autt., non [WILLD.] BL. statt [DECNE.] BL.

S. 106, Z. 21 von unten lies *T. cannabina* LOUR., salt. p. p. MERRILL in Transact.
Amer. Phil. Soc., XXIV/2., 131 (1935) (*T. amboinensis* [WILLD.] BL. — *T. virgata*
[ROXB.] BL. —.

S. 106, Z. 14 von unten streiche den Punkt nach nec.

S. 106, zu *T. Dielsiana* Z. 7 von unten füge nach „serrulata" ein: vel e CHENG in
Contr. Biol. Lab. Sc. Soc. Ch., IX., 249 (1934) etiam serrata vel crenato-serrata.

S. 112, Z. 1 lies Abb. 2, Nr. 7, 8 statt Textb. 2, Abb. 7, 8.

S. 113, Z. 7 von unten lies Abb. 2, Nr. 1, 2 statt Textb. 1, Abb. 1, 2.

S. 115, Z. 3 von unten lies III/1., 3 statt III 1.,) 3.

S. 121, Z. 9 lies ♀ statt ♂.

S. 127, Z. 6 von oben lies 9 statt 11.

S. 129, Z. 12 von oben lies *P. Hilliana* statt **P. Hilliana.**

S. 131, Z. 12 von unten streiche das Komma am Ende.

S. 131, Z. 3 von unten lies *anisophylla* statt *ansiophylla.*

S. 136, Z. 12 von oben lies III statt I.

S. 137, Z. 19 von unten lies *P.* statt P.

S. 142, Z. 2 von oben lies III statt I.

S. 150, nach Z. 11 von oben füge ein:

B. Delavayi GAGNEP. in Not. Syst., IV., 126 (1928) (*Pouzolzia elegans* C. H.
WR. in Journ. Linn. Soc., Bot., XXVI., 489, p. p., quoad pl. yuennanensem, non
WEDD.). Die Fundorte der letztgenannten sind von S. 153, Z. 20—14 von unten
hierher zu stellen.

B. elegantula (W. W. SM. et JEFFR.) HAND.-MZT. (*Pouzolzia e.* W. W. SM.
et JEFFR. in Not. Bot. Gard. Edinb., IX., 119 [1916]), e typo). **S.**: Trockene Stellen
der str. St. zwischen Datung und Delipu, 27⁰ 43′, Schiefer, 1300 m (2046). Hierher
wahrscheinlich auch einige der zu *Pouzolzia elegans* gestellten Notizen.

Die ♂ Blüten und die Früchte des Originals zeigen ebenfalls die Gattungsmerkmale von *Boehmeria*.

S. 152, Z. 10 von oben zu *B. nivea* füge ein: **H.**: Ngandjiapu bei Hsikwangschan
und viel im Gebüsch am Fluß bei Lengschuidjiang ober Hsinhwa. Im SW sehr
bezeichnend im *Rubus*-Gebüsch am Yün-schan bei Wukang. **Kw.**: Wild bei
Duyün. Mehrfach gepflanzt um Nanmutschang. **Y.**: Wenig gebaut bei Baodu
zwischen Yungbei und Yungning, 2325 m.

S. 153, Z. 20 von unten streiche *Pouzolzia elegans* und stelle Z. 20—14 von unten
auf S. 150 zu *Boehmeria Delavayi*.

S. 154, Z. 13 und 14 von unten lies *O.* statt *V.*

S. 154, Z. 20 von oben nach Y. füge ein (10 289).

S. 158, nach Z. 21 von oben füge ein:

Olacaceae

Schoepfia SCHREB.

S. jasminodora SIEBD. et ZUCC. **Y.**: Gebüsche, trockenere und üppige Wälder
der wtp., selten der str. St., 1600—2200 m. Djindien-se bei Yünnanfu (364). Becken
Hsiaodsang jenseits des Pudu-ho n von hier, 25⁰ 40′ (553). Hwagung (6092) und
unter Djiunienping (6133) bei Fumin nw von hier. Weiter w zwischen Magai und
Gwannandün und bei Hoschaodien e des Dsolin-ho (6215). Jenseits Dschennan w
von Tschuhsiung. Beyendjing (TEN 139, 176). Im NW ober Ahsi gegen Lidjiang.
Im birm. Mons. in der Seitenschlucht Naiwanglong des e Irrawadi-Oberlaufes,
27⁰ 53′ (9397). Im E im mittelchin. Fl. bei Djindjischan e von Loping.

S. 158, Z. 13 von unten streiche das Komma nach 11 279.

S. 160, Z. 13 von unten zu *Viscum ramosissimum* füge nach „sp." ein: und darüber
auf dem Passe Linbinkou, 3150 m (2420).

Spärliche, fruchtende Reste aus einem zugrunde gegangenen Sammlungsteil,
deren Zugehörigkeit nicht sicherer ist als jene des sterilen Exemplars.

S. 161, Z. 9 von oben lies [1913] statt (1913).

S. 161, Z. 15 von oben lies Nganping statt Nganiping.

S. 161, nach Z. 8 von unten füge ein:

C. giganteum Don, Prodr. Fl. Nep., 75 (1825) (*C. amaranticolor* Coste et Reyn. in Bull. Hb. Boiss., 2. sér., V., 979 [1905]), det. Aellen, mit dem Fundort Mells unter *C. album,* der Z. 15—16 von unten zu streichen ist.

S. 162, Z. 6 von oben lies *D. amaranthoides* (Lam.) Merr., Interpr. Herb. Amb. 211 (1917) (*D. baccata* [Retz.] Moq.).

S. 164, zu *Mirabilis himalaica* füge Z. 2 von unten nach „2400 m" ein: W-S.: Min-Tal von Sungpan bis Maodschou (Weigold), und nach Z. 5:

Die untersuchte Blüte hat 4 Staubgefäße. Das Vorkommen verbindet Yünnan mit Schenhsi. Die Unterscheidbarkeit der var. *chinensis* Heim. in Notizbl. Bot. Gart. Berl., XI., 455 (1932) von dem einzigen in Wien vorliegenden Exemplar aus dem Himalaya scheint mir fraglich.

S. 165, Z. 6 von oben streiche var. *mutabilis* und setze statt dessen:

Commicarpus Standl.

C. chinensis (L.) Heim. in Nat. Pflzfam., 2. Aufl., XVIc., 117 (1934) (*Boerhaavia repanda* Willd.), det. Heimerl. Y. (5066). Im NE in der Ebene von Tjiaodjia (Maire).

Klein, mit ungelappten Blättern, kürzer gestielten Pleiochasien und 4 Staubgefäßen (in 4 untersuchten Blüten), doch bilden Maires Exemplare durch ansehnlichere Gesamtblütenstände einen deutlichen Übergang zu typischen Pflanzen, bei denen ausnahmsweise auch 4 Staubgefäße gefunden wurden.   Heimerl.

S. 170, nach Z. 20 von oben füge ein:

R. kialense Franch. NW-Y.: Bei Lidjiang, v. E. (4141 p. p.). S.: Modermatte der ktp. St. auf dem Rücken Daörlbi halbwegs zwischen Yenyüen und Yungning, Kalk, 3775 m (2995, steril, aber wahrscheinlich, Z. 10—11 zu streichen). Hierauf beziehen sich die Bemerkungen Z. 27—13 von unten.

S. 171, Z. 1 von oben lies *R. palmatum* statt *R. pälmatum.*

S. 170, Z. 14 von unten, nach „1200 m" füge ein (11210).

S. 182, Z. 8 von oben lies 7 statt 6.

S. 182, Z. 16 von unten lies *P. muricatum* Meisn. (*P. hastatosagittatum* Mak.)

S. 191, unter *S. Alsine* var. *alpina,* Z. 8 von unten lies Fiori in N. Fl. anal. Ital., I., 470 (1923) statt Hand.-Mzt.

S. 192, Z. 22 von unten lies *subumbellata* statt *subumbetlata.*

S. 194, Z. 17 von oben lies *C. Beeringianum* Cham. et Schldl., cfr. Hultén in Sv. Vet. Ak. Handl., VIII/2., 248 (1930) (*C. Fischerianum* var. *Beeringianum*).

S. 195, Z. 2 von unten lies nahestehende statt nahestehenden.

S. 196, Z. 6 von unten lies vorigen statt folgenden.

S. 197, Z. 12 von unten lies *Littledalei* statt *Litteldalei.*

S. 202, Z. 16 von oben lies *Spergularia* statt *Sporgularia.*

S. 207 in der Abbildungserklärung lies 2f. statt 1/2.

S. 209, Z. 3 von unten füge an: In N-Hubei scheinen *D. superbus* und *longicalyx* vorzukommen, wahrscheinlich regional oder standortlich geschieden, denn *D. superbus* var. *oreadum* (Hce.) Pamp. in N. Giorn. Bot. Ital., n. s., XVII., 265 (1910) ist offenbar richtig *D. longicalyx.*

Auf Tafel I fehlt die Ziffer 7 (rechts über 8).

S. 213, zu *Mallotus nepalensis* füge der letzten Zeile an: H.: Wälder ober Tungdjiapai bei Hsikwangschan und gemein im SW auf dem Yün-schan bei Wukang.

S. 214, zu *M. apelta* füge Z. 20 von oben nach Hsianghsiang ein: Yün-schan bei Wukang, e unter dem Gipfel.

S. 214 zu *M. contubernalis* füge Z. 9 von unten nach „(11964)" ein: Viel w von Widin im SW von Tschangscha.

S. 215, Z. 7 von unten lies (1916. Schneider 1045).

S. 219, Z. 17 von unten lies *A. Esquirolii* Lévl. in Rep. sp. nov., IX., 327 (1911). Rehder in Journ. Arn. Arb., XIV., 229 (1933) (*A. persicariifolia* Lévl. — *A. attenuata* Hand.-Mzt.).

S. 220, Z. 14 von oben lies *A. Esquirolii* ** var. *microcalyx* (*A. attenuata* var. *m.* HAND.-MZT.).

S. 223, Z. 6 von oben lies HOOK. statt *Hook.*

S. 234, Z. 11 von unten füge an: Tschekiang (CHING 1720), und Z. 8 von unten: CHINGS Pflanze wird von CHIEN in Contr. Biol. Lab. Sc. Soc. Ch., VIII., 236 (1933) fälschlich unter *D. glaucescens* BL. angeführt. Das Original von *D. Oldhami* hat unterseits glauke Blätter.

S. 234, Z. 7 von unten statt *D. macropodum* MIQ. lies * *D. himalayense* (BENTH.) MÜLL. arg. (*D. macropodum* HUTCH. in Plt. Wils., II., 522 [1916] salt. p. p., quoad WILS., Veitch Exp. 20. ROSENTH. in Pflzenr., IV/147 a., 9 [1919] p. p., quoad idem et LIMPRICHT 268) und füge nach Z. 6 von unten an:

Alle von mir zitierten Exemplare und LIMPRICHT 150 aus Tschekiang: Tienmu-schan haben unterseits von Wachspapillen glauke Blätter und gehören nicht zu *D. macropodum.* Die Papillen schließen allerdings nicht so ganz dicht zusammen wie bei HOOKERS Pflanzen, sind darin aber etwas veränderlich, und die sonstige Übereinstimmung mit ihnen, allerdings in Ermanglung ganz junger ♀ Blüten, ist eine vollständige. Jedenfalls kann keine andere Art in Betracht kommen. CHIEN führt l. c. keines dieser Exemplare an. Sein Schlüssel würde auf das weit verschiedene *D. glaucescens* führen.

S. 239, Z. 23 von unten lies statu statt stato.

S. 241, nach Z. 21 von oben füge ein:

Dialypetalae

S. 258, Z. 15 von unten unter *Benzoin umbellatum* füge nach „Tschangscha" ein: Hartlaubwald des Dungtai-schan bei Hsianghsiang, Sandstein, 150 m (12738).

S. 262, Z. 19 von oben füge an: CHIEN und CHENG behaupten in Contr. Biol. Lab. Sc. Soc. Ch., IX., 278 (1934), CHINGS Nr. 5667 sei nicht diese, sondern *S. Delavayi.* Mein Exemplar ist aber *S. disciflora.*

S. 265, Z. 10 von oben lies IV statt V.

S. 265, unter *Akebia trifoliata* var. *australis* Z. 19 von unten füge an: Lengschuidjiang am Tsi-djiang ober Hsinhwa (Holzprobe).

S. 270, unter *Caltha scaposa* füge Z. 22 von oben nach (9268) ein: ‚zwischen den Pässen Pangblanglong und Buschao.

S. 276, Z. 17 von oben lies *pycnocentro* statt *pachycentro.*

S. 276, Z. 13 von unten beginne mit **.

S. 278, Z. 19 von unten nach 2850 m füge ein: (3491).

S. 283, Z. 5 von oben lies 7 statt 6.

S. 290, Z. 12 von unten lies 1845 statt 1843.

S. 302, Z. 20 von oben streiche das ?, Z. 21 füge nach [1916] ein: ‚e typo.

S. 305, Z. 11 von oben lies *R. cantoniensis* DC. 1824. MERRILL in Transact. Amer. Phil. Soc., n. s., XXIV/2., 155, excl. syn. *R. chinensis, brachyrhynchus* et *arcuans* (*Hecatonia pilosa* LOUR. 1790. — *Ranunculus Langsdorffii* SPRENG. — *R. pensylvanicus* FORB. et HEMSL. p. p., non L. f.). Z. 13—14 streiche „*R. brachyrhynchus* — — e descr".

S. 305, statt Z. 19 von oben bis 23 „vergleicht" lies: MERRILL identifiziert l. c. *R. cantoniensis* mit *R. chinensis,* einer gut verschiedenen Art, die um Kanton nicht vorkommt. Mit diesem und nicht mit *R. cantoniensis* identisch ist nach einem von H. Prof. FERNALD mir freundlichst geliehenen Originalexemplar *R. brachyrhynchus,* wie schon BAILEY in Gent. Herb., I., 23 (1920) festgestellt hat. *R. arcuans* ist nach einem ebensolchen, wie ich richtig erkannt hatte, der diesen Arten ganz fernstehende *R. Sieboldii.*

S. 305, Z. 22 von unten statt non L. lies: p. p., non L. f. — *R. brachyrhynchus* mit dem Zitat von Z. 14 von oben, e typo.

S. 309, Z. 6 von unten streiche den einen *.

S. 312, Z. 1 von oben füge einen zweiten * ein.

S. 315, Z. 23 von oben lies *A. Geum* LÉVL. COMBER in Not. Bot. Gard. Edinb., XVIII., 229 (*A. ovalifolia*).

S. 316, Fußnote, lies *obtusiloba* statt *obtusifolia* (dreimal).

S. 320, Z. 6 von unten lies tp. statt ktp.

S. 334, nach Z. 9 von unten füge ein:

Ceratophyllaceae

Ceratophyllum L.

C. submersum L. **Y.**: In der wtp. St. im Örl-hai zwischen Dali und Hsiagwan, 2070 m.

S. 357, Z. 14 von unten lies *montanum* statt *monatnum*.

S. 358, Z. 8 von oben lies Bail., Gent. Herb., I., 25 (1920) statt Hand.-Mzt.

S. 359, Z. 6 von unten lies *paucifolia* statt *pauciflora*.

S. 362, Z. 13 von unten lies Mudidjin statt Mududjin.

S. 364, Z. 20 von oben lies St. Zwischen statt St., zwischen.

S. 364, Z. 12 von unten beginne mit **.

S. 366, Z. 20 von unten nach — füge ein **.

S. 372, zu *Capsella Bursa-pastoris* füge Z. 3 von unten ein: S.: Molien n von Yenyüen. Schwarzgründige Wiesen am See e von Yungning.

S. 380, Z. 18 von oben lies *Davidii* statt *Fargesii*.

S. 381, Z. 24 von oben lies wtp. statt tp.

S. 383, zu *Idesia polycarpa* füge Z. 12 von oben an: S.: Am Bach der wtp. St. am Sattel zwischen Tjiaodjio und Lemoka im Lolo-Lande e von Ningyüen, Sandstein, 2250 m (1610).

S. 390, nach Z. 6 von oben füge ein:

Clematoclethra Maxim.

C.?sp. NW-Y.: Im Wäldchen der str. St. bei der starken Quelle bei Djitsung am Yangtse nw von Lidjiang, 27° 34′, Kalk, 2075 m (7832).

Steril. Mächtige Liane mit 5 cm dicken Stämmen, mehrschichtiger, in großen, papierartigen, grauen Lagen abblätternder Rinde. Ganz kahl. Blätter fast kreisrund, kurz bespitzt, reichlich klein stachelspitzig gezähnelt; Blattstiele rot.

S. 390, Z. 6 von unten streiche das erste Wtp.

S. 391, Z. 20 von oben lies IV statt V.

S. 403, Z. 10 von oben lies *napaulense* statt *nepalense*.

S. 403, Z. 18 von oben und S. 411, Z. 11 von oben beginne mit **.

S. 407, Z. 3 von unten streiche den einen *.

S. 422, Z. 9 von oben unter *Saxifraga nutans* streiche „Tannenwälder — — Niutschang".

S. 431, Z. 6 von unten füge nach „Schiefern" ein: im birm. Mons. und an seiner Grenze.

S. 432, Z. 2 von unten lies *trinervis* statt *trinervia*.

S. 433. Die Z. 19 von oben gehört in Z. 16 nach (7194).

S. 435, Z. 12 von oben beginne mit **.

S. 446, zu *Schizophragma integrifolium* füge nach Z. 19 von oben an: Das sehr saftreiche Holz riecht frisch stark nach Baumwanzen.

S. 447, Z. 6 von oben lies *Juglans* statt *Junglans*.

S. 455, Z. 7 von oben lies gewöhnliche statt gewöhnlich.

S. 508, Z. 6 von unten lies Wall p. p.

S. 509, Z. 13 von oben lies den statt dem.

S. 511, Z. 21 von unten lies *Leschenaultiana* statt *Leschenaultii*.

S. 514, Z. 16 von oben lies: mehr ausgebreitet.

S. 516, Z. 1 von oben lies *stromatodes* statt *decandra*.

S. 533, Z. 4 von oben streiche das Komma.

S. 537, Z. 5 von oben lies 1841 statt 1941.

S. 538, nach Z. 2 von oben füge ein:

Pithecellobium MART.
(,,*Pithecolobium*")

P. sp., det. W. W. SM. S-Y.: Trockene Hänge der tr. St. s gegenüber Manhao nahe der Grenze von Tonking, Tonschiefer, 200—400 m, 2. III. 1915 (5873).
 Steriler Baum. Nach W. W. SM. zu vergleichen mit *P. turgidum* MERR. in Philip. Journ. Sc., XV., 239 (1919) (jetzt *Albizzia turgida* MERR. in Ic. Pl. Sin., IV., t. 165 [1935]), aber Blätter ausgesprochen lederig, bald mit, bald ohne Endblättchen, und mit vortretendem Nervennetz, das nicht beschrieben ist. Darin ähnlich *P. lobatum* BENTH., das ebenfalls viel zartere und dünnere Blätter hat. Auffallend ist die lederbraune, oberseits olivengrün überlaufene Farbe der trockenen Blättchen.

S. 541, Z. 24 von oben füge nach 9 einen — ein.

S. 542, füge zu *Pterolobium punctatum* Z. 20 von unten an: S-Y.: Gartenhecken der str. St. in Möngdse, 1300 m (5745, Früchte, det EVANS).

S. 545, Z. 22 von oben lies **H.** statt H.

S. 545, nach Z. 11 von unten füge ein:

Priotropis WIGHT et ARN.

P. cytisoides (ROXB.) WIGHT et ARN. (*Crotalaria szemaënsis* GAGNEP.) und die Zeilen 10—6 von unten.

S. 546, Z. 8 und 6 von unten vor den Fundortsangaben füge ein: **Y.**:

S. 553, Z. 7 von oben lies **G. pauciflora** (PALL.) FISCH. (*G. Delavayi* FRANCH.). Eine Pflanze von Nertschinsk (SENSINOFF) hat 4 Blüten, KARO 17 hat 5 Blüten, eine zweifellos reine *pauciflora* aus Tschili (BOHLIN 6) 6 Blüten; daher fallen alle Unterschiede. MAIRES Pflanzen aber gehören zu *G. multiflora* BGE. oder stellen eine eigene, meist 8blütige Art dar.

S. 554, zu *Astragalus nigrescens* füge Z. 24 von oben an: **S.**: Daörlbi halbwegs zwischen Yenyüen und Yungning (2978).

S. 554 streiche Z. 21—16 von unten und setze meine Fundort von *A. tataricus* zu *A. muliensis*, dessen Blüten zur Gänze violett sind. WEIGOLDS Pflanze stellt eine neue Art dar.

S. 555, zu *A. dumetorum*, Z. 14 von unten statt ,,nullae" lies: 1—2 mm longae, lineares, acutae. Calycis tubus sparse, margo et dentes densius fusco-pilosi.

S. 560, Z. 19 von unten lies brevius statt brevior.

S. 561, Z. 10 von oben lies brevius (zweimal) und longius statt brevior und longior.

S. 565, Z. 2 von unten lies *sikkimense* statt *sikikmense*.

S. 574, zu *Dalbergia mimosoides* füge Z. 5 von unten an: **Y.**: Überall auf dem Hochland bis jenseits Beyendjing. Gwanyinschan und spärlich zwischen Lidjiang und Hodjing. Im NW bei Sangaidse am Yangtse nw von hier, am Mekong unter Kakatang und Yedsche und im birm. Mons. wenig an der Mündung des Tjiontsonlumba in den Salwin unter Tschamutong. **S.**: Dseia bei Muli. Zwischen Banschan und Pudi am Wege von Huili nach Yenyüen.

S. 575, Z. 10 von oben lies PRAIN statt KING.

S. 578, Z. 4 von unten nach ,,3450 m" füge ein: **Y.**:

S. 588, Z. 18 von oben lies *papyracea* statt *payracea*.

S. 589, Z. 8 von oben lies *chrysantha* statt *chrytantha*.

S. 603, Z. 7 von oben nach *C. alpina* füge ein: (*C. caulescens* [KOM.] NAK. ap. HARA in Journ. Jap. Bot., X., 588 [1934] cum varr. *robusta* NAK., l. c., 589, *pilosula* HARA, l. c., *glabra* HARA, l. c., 590, f. *rosulata* HARA, l. c., 591, f. *ramosissima* HARA, l. c.). Die dort S. 591—592 angegebenen Unterschiede gegenüber der europäischen Pflanze sind nicht vorhanden, die Formen finden sich hier wieder und wurden mit Recht nie unterschieden. HARA zitiert dazu meine *C. imaicola*, die ich für Japan nicht angebe, statt *C. alpina*.

S. 603, Z. 19 von oben lies *C. Pricei* Hay., Ic. Pl. Form., V., 72 (1915) (*C. imaicola* [Asch. et Magn.] Hand.-Mzt.).

S. 603, Z. 8 von unten lies — — ** var. *angustifolia* Hand.-Mzt. (*C. imaicola* var. *a* H.-M.).

S. 603, Z. 3 von unten lies — — var. *Mairei* (Lévl.) Hand.-Mzt. (*C. imaicola* var. *M.* [Lévl.] H.-M.).

S. 604, Z. 5 von unten nach 42 setze). statt ,

S. 605, Z. 16 von oben nach (1875) füge ein: p. p. und nach [1859]: . — *C. Maximowiczii* [Lévl.] Hara in Journ. Jap. Bot., X., 598 [1934].

S. 605, Z. 19 von oben füge an: Franchet und Savatiers Kombination beruht auf Maximowiczs Varietät, ist mit deren Zitat rechtsgültig veröffentlicht und bleibt nach den Amsterdamer Beschlüssen für diese Art gültig.

S. 605, Z. 14 von unten füge an: Vergl. *C. Kitagawae* Hara in Journ. Jap. Bot., X., 595 (1934).

S. 605, Z. 10 von unten lies Osb. statt *Osb.*

S. 616, Z. 4 von oben füge an: *E. subsessilis* wird von Merrill in Transact. Amer. Philos. Soc., n. ser., XXIV., 256 (1935) samt *E. Henryi* Hce., *E. decipiens* Hemsl., *E. glabripetalus* Merr. und *E. kwangtungensis* Hu als Synonym zu *E. sylvestris* (Lour.) Poir. gestellt. Nach der Beschreibung Sp. Moores in Journ. of Bot., LXIII., 282 (1925) steht der Identifizierung von *E. Henryi* und *decipiens* nichts im Wege, wenn die Beschreibung des Kelches als außen kahl ungenau ist; *E. glabripetalus* aber unterscheidet sich durch kahle Blumenblätter und pinselhaarige Antheren; *E. kwangtungensis* läßt sich ohne Kenntnis der Blüten nicht sicher unterbringen. Nach dem mir jetzt vorliegenden reichlicheren Material sind die von mir angegebenen Unterschiede des *E. subsessilis* konstant und kommt noch die größere Zahl seiner Staubgefäße und der durchwegs kurze Blattstiel dazu. Die als *E. sylvestris* ausgegebene fruchtende Nr. 4142 Clemens' aus Indochina ist nicht dieser, sondern entweder *E. dubius* A. DC. oder *E. Bonii* Gagnep.

S. 618, Z. 8 von unten lies X statt IX.

S. 620, Z. 10 von oben lies *yunnanense* statt *yunnense*.

S. 621, Z. 13 von unten lies X statt IX.

S. 638, Z. 21 von oben lies *D. Burmanniana* statt D. Burm.

S. 639, Z. 7 von unten lies *Delavaya* statt *Delavayi*.

S. 640 zu *A. Wilsonii* füge nach Z. 10 von unten ein: Das untere Lappenpaar auch beim Wiener Exemplar der Originalnummer sehr stark ausgebildet. Teilfrüchte $3^1/_2$ cm lang.

S. 643, Z. 21 von oben lies *Aesculus* statt *Aeculuus*.

S. 647, Z. 24 von oben, S. 648, Z. 5 von oben, S. 649, Z. 2 von unten, S. 651, Z. 22 von oben und Z. 3 von unten lies X statt IX.

S. 655, Z. 21 von oben lies jene statt diese.

S. 657, Z. 17 von oben, S. 658, Z. 1 von oben und S. 667, Z. 18 von unten lies X statt IX.

S. 670, Z. 20 von oben lies X, Abb. 4 statt IX, Abb. 166.

S. 681, Z. 3 von oben lies X statt IX.

S. 681, Z. 5 von oben lies rectangula statt rectagula.

S. 682, Z. 11 von unten lies vor statt var.

S. 684, Z. 16 von unten lies *A. Kurzii* Crb. in Kew Bull., 1911, 60 (*A. tomentosum* [Bl.] Koord., Exkfl. Java, II., 731 [1912],[1] non Lam. 1783).

S. 689, zu *Cornus oblonga* füge Z. 13 von oben nach „NW" ein: Waldschlucht der wtp. St. unter Schuba zwischen Yangtse und Mekong, 27° 45', Sandstein, 2600 bis 2800 m (8818).

S. 691, Z. 1 von oben lies *Delavayi* statt *Delavay*.

S. 699, Z. 16 von unten lies *magnificus* statt *magnificum*.

---

[1] Die von Bloembergen in Blumea, I., 263 zitierte Kombination Wangerins ist eine comb. nuda.

S. 729, zu *Heracleum nepalense* füge Z. 4 von oben an: Hierher wohl wenigstens z. T. die Notizen vom Da-Niutschang ober Bödö auf Wiesen, Bergbach ober Alo, Westseite des Piepun (s. KARST. u. SCHENCK, Vegetatb., 22. R., Taf. 47), hier bis 3975 m, se von Dschungdien, und im birm. Mons. zwischen Mekong und Salwin in Hochstaudenfluren im Saoa-lumba und unter dem Doker-la.

S. 729, zu *H. yungningense* füge Z. 14 von unten an: S.: Gebüschrand bei der Alm Bätö ober Muli? (phot.).

Nach S. 730, in der Erklärung zu Tafel IX lies: Habitusbilder $^1/_2$ nat. Gr. statt nat. Gr.

S. 731 am Kopf füge ein:

Sympetalae

S. 736, Z. 16 von oben lies demum statt demem.

S. 763, Z. 4 von unten lies XIV statt XIII.

S. 811, Z. 19 von oben lies *integrifolia* statt *tntegrifolia*.

S. 812, Z. 12 von oben lies (L.) statt (MEY.) und füge vor *Ipomaea u.* ein: *Convolvulus umbellatus* L., Sp. Pl., 155 [1753].

S. 821, Z. 15 von oben streiche *M. trichocarpa* und setze die Fundorte unter *M. pustulosa. Omphalodes trichocarpa* ist eine ganz andere Pflanze (s. Österr. Bot. Zeitschr., LXXXV., 217 [1936]).

S. 836, Z. 11 von unten lies (RETZ.) VOIGT, Hort. Suburb. Calc., 501 (1845) statt (VAHL) O. KTZE. — — (1891), und RETZ., Obs. Bot., V., 25 [1789] statt VAHL.

S. 880, Z. 3 von oben lies ***D. speluncae* HAND.-MZT. (*D. minutus* H.-M., non KRÄNZL. 1927).

S. 883, Z. 11 von oben lies DIELS in Not. Bot. Gard. Edinb., VII., 355 (1912), excl. specimine, statt DIELS in LÉVL. — —.

S. 883, Z. 5 von unten lies 356 statt 354 und Z. 4 von unten 357 statt 355.

S. 889, Z. 7 von unten lies (ROXB.) statt (WALL.).

S. 897, Z. 4 von unten lies *Dianthera b.* RETZ. in Vetensk. Akad. Handlg. [1775], 297, t. 9. statt *Justicia b.* — —).

S. 899, Z. 9 von unten lies Knoten statt Internodien.

S. 901, Z. 6 von unten lies *Bodinieri* var. *Giraldii* statt *Giraldiana*.

S. 909, in der Fußnote fehlt ^{1}.

S. 913, Z. 9 von oben lies * *S. hederacea* KTH. et BOUCHÉ in Ind. Sem. Hort. Berol., 1845, 10 (*S. lantienensis*), und Z. 14 von unten füge an: Da mir ein mit meiner Pflanze übereinstimmendes Exemplar aus Japan unterkam (Y. TANAKA 7 LXXV) und die kurze Originalbeschreibung gut stimmt, zweifle ich nicht an der Identität, obwohl es in Berlin kein Originalexemplar gibt.

S. 916, Z. 8 von oben lies 170 statt 70.

S. 924, Z. 18 von oben streiche den einen *.

S. 930, Z. 13 von unten, nach l. c. füge ein: ,60.

S. 978, Z. 15 von oben lies *suborbisepala* statt *soborbisepala*.

S. 980, Z. 8 von unten lies *detonsa* statt *dentonsa*.

S. 994, Z. 13 von oben und S. 996, Z. 1 von oben lies (DECNE.) statt (DC.) und DECNE. in DC.

S. 1006, Z. 19 von unten lies Arn. statt Art.

S. 1007, Z. 8 von unten lies 1929 statt 1902.

S. 1023, Z. 18 von unten lies *scandens* statt *tomentosa*.

S. 1023, Z. 14 von unten lies *P. Rehderiana* HAND.-MZT. (*P. Bodinieri* LÉVL., Fl. Kouy-Tch., 371 [1915], e typo, non 1914. HANDEL-MAZZETTI in Sinens., V., 21. — *P. Wallichii* REHD. in Journ. Arn. Arb., XVI., 325, non HOOK. f.) statt *P. Bodinieri* LÉVL., l. c. (1914).

S. 1029, Z. 16 von oben streiche den einen *.

S. 1034, Z. 11 von oben lies XVI statt XV.

S. 1040, Z. 7 von unten lies var. *chinense* (DIELS et GRÄBN.) HAND.-MZT. (*T. hirsutum* var. *c.* DIELS et GRÄBN. in — —).

S. 1043, Z. 22 von oben lies XIII statt VIII.

S. 1044, Z. 16 von oben lies XVI statt XV.

S. 1045, Z. 16 von unten lies: besser als var.

S. 1046, Z. 7 von oben lies XVI statt XV.

S. 1049, Z. 22 von oben lies XVI statt XV.

S. 1052, Z. 9 von oben streiche den einen *.

S. 1053, Z. 23 von oben lies XVI statt XV.

S. 1053, Z. 19 von unten lies XVI statt XV.

S. 1053, Z. 9 von unten lies XVI statt XV.

S. 1054, Z. 12 von unten streiche **.

S. 1085 streiche Z. 7—6 von unten.

S. 1086, Z. 14 von oben lies I., 304 (1891) statt III/2., 128 (1898), comb. nud.

S. 1088, Z. 9 von oben lies *minutifolia* statt *minutiflora* (dies nur auf der Original-
etikette).

S. 1093, Z. 10 von unten füge zu *E. breviscapus* bei: Caulis simplex vel infra medium
cymoso-ramosus, foliis decrescentibus vel omnino reductis. Calathia cum radio
usque ad 28 mm lata. Ligulae involucro ± duplo longiores, ad 1 mm latae.

Die Art steht zunächst *E. bellidioides* (Ham.) Benth., dessen Exemplare Vierhapper offenbar nicht gefunden hatte und den er nicht erwähnt. Dieser unterscheidet
sich durch länger gestielte, an der Spitze gezähnte Grundblätter und noch längeren
Strahl.

S. 1094, nach Z. 7 von oben füge ein:

E. himalajensis Vierh. in Beih. Bot. Centrbl., XIX/2., 491 (1906) und stelle
die Fundorte 8285 und Forrest 14782 von *E. elongatus* hierher. Außerdem: NW-Y.:
Berge ne von Dschungdien, 3000 m (Forrest 16513). Jedenfalls am Mekong, vor
1908 (Monbeig). Hier am 28° 12′, 2000 m (Forrest 14155 beide als *E. acris*).

Die Originalexemplare der Art sind klein und schwach. Große, bis 60 cm hohe,
starre, schmalblätterige, bis 27köpfige Formen sind ganzrandig, und die langen,
auffallend borstigen drüsenlosen Haare fehlen an solchen meist ganz, mitunter nur
teilweise. Am reichlichsten sind sie bei Monbeigs Exemplar vorhanden. Auch die
Drüsen sind, z. B. bei meiner Pflanze, teilweise nur sehr spärlich. Solche Exemplare
werden *E. elongatus* sehr ähnlich, unterscheiden sich aber durch Pappus und Strahl.
Sie sind in Hookers *E. alpinus* var. *multicaulis* inbegriffen, doch hat Vierhapper,
l. c. 460 diesen auf die seinem Typus entsprechenden trimorphen Formen beschränkt,
die allerdings den dimorphen sonst so gleich sind, daß ich an nächste Verwandtschaft
glauben und hier den Ausgangspunkt der *Trimorpha*- und *Euerigeron*-Typen sehen
möchte.

E. Jaeschkei unterscheidet sich von kleinen *himalajensis*-Exemplaren nur
durch die Drüsenlosigkeit und ist von *E. breviscapus* u. a. durch den nur halb so
langen Strahl, den Vierhapper hier zu wenig beachtete, bedeutend verschieden.
Weiter kann ich auf die himalaischen Arten nicht eingehen, zumal da auch ich *E.
monticola* Wall. nicht kenne.

S. 1094, Z. 9 von oben stelle zu *E. patentisquamus* die Nr. 4362 (von *E. multiradiatus*)
und füge an: Die von Jeffrey anscheinend nicht mit vollständiger Sicherheit
zu seiner Art gestellte Nr. 256 Jaeschkes ist *E. eriocalyx* (Ledeb.) Vierh. in
Beih. Bot. Centrbl., XIX/2., 521 (1906). Die chinesischen Pflanzen sind oft mehrköpfig, während auch sehr kräftige Originalexemplare von *E. alpinus* β *eriocalyx*
Led. einköpfig bleiben. Das Abstehen der Hüllschuppen hat keine Bedeutung.
Im Vegetativen gleicht die Art schmalblätterigen Exemplaren von *E. multiradiatus*.

S. 1094, Z. 25 von oben lies *E. elongatus* statt ***E. elongatus***.

S. 1096, Z. 10 von oben lies ***B. sinuata*** (Lour.) Merr. in Transact. Amer. Phil.
Soc., n. ser., XXIV/2., 388 (1935) (*Gnaphalium sinuatum* Lour., Fl. Cochinch.,
497 [1790]. — *Blumea laciniata* [Roxb.] DC.) statt ***B. subcapitata***.

S. 1096, am Grunde füge ein:

B. repanda (Roxb.) Hand.-Mzt. (*Conyza r.* Roxb., Fl. Ind., ed. 2., III.,
431 [1832]. — *Blumea procera* [Wall. ined.] DC.). Dazu die Nr. 6023 von *B. pubigera*.
Streiche die Bemerkung dort.

S. 1102, Z. 14 von unten setze CHANG in Sinens., VI., 549 (1935) statt HAND.-MZT. Das Heft ist mit Oktober 1935 datiert, erschien aber viel später, vielleicht erst 1936, aber jedenfalls früher als meine Veröffentlichung.

S. 1109, Z. 20 von oben unter *Wedelia Wallichii* streiche [L.] DC. und nom. confus. CLARKES Deutung kann nicht richtig sein.

S. 1118 zu *Petasites versipilus* Z. 23 von unten füge nach ovarium ein: ut ovaria florum ♀ nonnullorum centralium (sterilium?) tenuiter et longe flaccide.

S. 1119, Z. 9—7 von unten streiche 4868 und ihren sowie MAIRES Fundort und füge nach Z. 6 von unten ein:

* *E. angustifolia* DC. Y.: Hügel w von Tengyüe (FORREST 9310). Zwischen Schweli und Tengyüe, V. 1912 (F. 7879). Tschuhsiung (s. oben) (4868). Dschenfungschan (s. oben) (MAIRE).

S. 1119, Z. 4 von unten lies *E. prenanthoidea* DC. statt *E. sagittata* (*E. flammea*) und statt der letzten Zeile und der beiden ersten auf S. 1120:

Wegen der kahlen Früchte, schmäleren Hüllen und kürzeren Blüten hierher gehörig. Blattform recht veränderlich, aber die oberen Blätter kleiner als die unteren und nicht so breit, manchmal überhaupt nicht, umfassend.

S. 1127, nach Z. 18 von unten füge ein:

— — * var. *Lobbii* HOOK. f., Fl. Brit. Ind., III., 355 (1881) (*Inula lanuginosa* CHANG in Sinens., III., 202 [1933]). S-Y.: Möngdse, Wälder (HENRY 9810), SE-Berge (H. 11429), 1500 m.

— — var. *Fargesii* (FRANCH.) HAND.-MZT. (*Vernonia Fargesii* FRANCH.). Dazu die Fundorte von S. 1085, Z. 7—6 von unten. Von der vorigen Varietät durch Fehlen der Strahlblüten verschieden.

S. 1134, Z. 16 von oben setze ** statt *.

S. 1137, Z. 7 von oben, nach [1926] füge ein: . — *L. oligantha* [MIQ.] HAND.-MZT. in KARST. u. SCHENCK, Vegetatb., 22. R., H. 8, Taf. 44B [1932], comb. nuda).

S. 1174, nach Z. 24 von unten füge ein:

A. nervosa FRANCH. und dazu den TENschen Fundort von *A. glabra*, der dort zu streichen ist.

S. 1175, Z. 9 von oben setze *A. scabrida* als Synonym unter *A. yunnanensis* Z. 11.

S. 1175, Z. 15—20 von oben: Typische *A. pteropoda* ist nur 8501. Alle anderen gehören zu var. *macrocephala*, die besser als Art: *A. Mairei* LÉVL. in Monde d. Pl., XVIII., 31 (1916) zu betrachten ist und MAIRES Pflanze von Lagu als deren var. *leiophylla* (FRANCH.) HAND.-MZT. (*A. pteropoda* var. *leiophylla* FRANCH.).

S. 1175, Z. 19 von oben versetze MAIRES Fundort Maliwan zu *A. spicata* (*A. pteropoda* var. *obovata* FRANCH.), Z. 6 von oben.

S. 1181, Z. 13 von oben lies *L. indica* L., teste RAMSBOTTOM, e typo (*L. squarrosa* [THUNB.] MIQ.).

S. 1185, Z. 16 von unten nach „MOORE" füge ein: (*C. Hookeriana* C. B. CL. 1876, non BALL 1873).

S. 1185, Z. 12—11 von unten „Körbe" bis „Sikkim" kann wegbleiben. Z. 10—9 von unten streiche „Von" bis „überzeugt". Z. 6 von unten füge an: Nur das Originalexemplar GILLS hat ganz reife Achänen, deren einige mir Herr Direktor RAMSBOTTOM freundlichst schickte. Sie sind bis 3 mm lang und ihre Hälse nur $^1/_3$ mm. Nur weil der samentragende Teil dick angeschwollen, ist dieser besonders deutlich abgesetzt. Meine Pflanzen haben $3^1/_2$—5 mm lange Achänen, und an ihrer Zugehörigkeit ist kein Zweifel.

S. 1276, Z. 2 von oben lies *melanostachys* statt *melanostachya*.

Sachverzeichnis

SYMBOLAE SINICAE

BOTANISCHE ERGEBNISSE DER EXPEDITION DER AKADEMIE DER WISSENSCHAFTEN IN WIEN NACH SÜDWEST-CHINA 1914/1918

UNTER MITARBEIT VON

VIKTOR F. BROTHERUS · HEINRICH HANDEL-MAZZETTI
THEODOR HERZOG · KARL KEISSLER · HEINRICH LOHWAG
WILLIAM E. NICHOLSON · SIEGFRIED STOCKMAYER
FRANS VERDOORN · ALEXANDER ZAHLBRUCKNER
UND ANDEREN FACHMÄNNERN

HERAUSGEGEBEN VON

HEINRICH HANDEL-MAZZETTI

IN SIEBEN TEILEN

MIT 30 TAFELN

VII. TEIL

ANTHOPHYTA

VON

HEINRICH HANDEL-MAZZETTI

1. LIEFERUNG

MIT 3 TEXTABBILDUNGEN UND 4 TAFELN

WIEN

VERLAG VON JULIUS SPRINGER

1929

SYMBOLAE SINICAE

BOTANISCHE ERGEBNISSE DER EXPEDITION DER AKADEMIE DER WISSENSCHAFTEN IN WIEN NACH SÜDWEST-CHINA 1914/1918

UNTER MITARBEIT VON

VIKTOR F. BROTHERUS · HEINRICH HANDEL-MAZZETTI
THEODOR HERZOG · KARL KEISSLER · HEINRICH LOHWAG
WILLIAM E. NICHOLSON · HEINRICH SKUJA
FRANS VERDOORN · ALEXANDER ZAHLBRUCKNER
UND ANDEREN FACHMÄNNERN

HERAUSGEGEBEN VON

HEINRICH HANDEL-MAZZETTI

IN SIEBEN TEILEN

MIT 30 TAFELN

VII. TEIL

ANTHOPHYTA

VON

HEINRICH HANDEL-MAZZETTI

5. LIEFERUNG

MIT 12 TEXTABBILDUNGEN

WIEN

VERLAG VON JULIUS SPRINGER

1936